仪表工

完全自学一本通

（图解双色版）

陈 刚　过晓明　主编

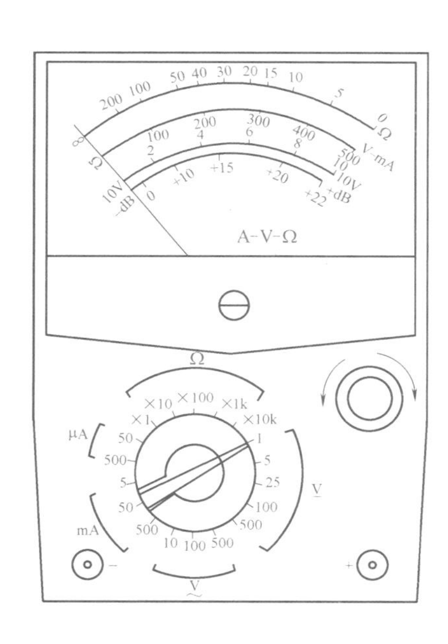

化学工业出版社
· 北 京 ·

内容简介

《仪表工完全自学一本通（图解双色版）》首先对仪表的基础知识进行了详细的梳理，其中包括仪表的理论知识、使用技能、仪表维护等；再对仪表工识图做了详细解读，对仪表工提高基础技能有很大帮助；之后分章节对多种仪表进行了细致分析和讲解，包括温度测量仪表、压力测量仪表、流量测量仪表、液位测量仪表、在线分析仪表以及调节阀，从结构到安装方法，再到使用与维修，尽数道来；同时本书在最后三章深入讲解了仪表控制方面的关键技术，内容全面而深入，实用性强。

本书从理论到实践，以大量图解的方式讲解专业知识，通俗易懂，可供读者在清晰的知识架构下提升技能。本书适合从事仪器仪表制造加工、安装、维护保养的专业技术人员以及仪表工程师阅读参考。

图书在版编目（CIP）数据

仪表工完全自学一本通：图解双色版 / 陈刚，过晓明主编.
—北京：化学工业出版社，2022.6（2025.2重印）
ISBN 978-7-122-40859-4

Ⅰ. ①仪… Ⅱ. ①陈…②过… Ⅲ. ①仪表-图解 Ⅳ.
① TH7-64

中国版本图书馆 CIP 数据核字（2022）第 034413 号

责任编辑：雷桐辉　张兴辉　　　文字编辑：王　硕
责任校对：宋　玮　　　装帧设计：王晓宇

出版发行：化学工业出版社（北京市东城区青年湖南街 13 号　邮政编码 100011）
印　　装：三河市航远印刷有限公司
787mm × 1092mm　1/16　印张 $27^1/_2$　字数 743 千字　　2025 年 2 月北京第 1 版第 5 次印刷

购书咨询：010-64518888　　　售后服务：010-64518899
网　　址：http://www.cip.com.cn
凡购买本书，如有缺损质量问题，本社销售中心负责调换。

定　　价：99.00 元

前言

随着生产过程自动化技术的迅速发展，工业企业对仪表工的职业素质提出了更高的要求。仪表工在生产过程中对检测与过程控制仪表进行日常维护和故障处理，涉及知识面十分广泛，不但要精通各种常见检测仪表的工作原理和结构特点，而且要有一定的过程控制知识，还需要一定的化工工艺知识和化工设备等知识。为此，我们组织编写了本书。

本书内容主要包括：仪表工基础知识、仪表工识图、温度测量仪表、压力测量仪表、流量测量仪表、液位测量仪表、在线分析仪表、调节阀、控制系统、可编程控制器（PLC）、DCS 控制系统等。

本书在编写时以好用、实用为原则，指导自学者快速入门、步步提高，逐渐成为仪表工行业的骨干。书中以图解的形式，配以简明的文字说明具体的结构、安装与维修等知识，有很强的针对性和实用性，克服了传统教材中理论内容偏深、偏多、抽象的弊端，注重操作技能，并吸取一线工人师傅的经验总结。根据行业习惯，书中使用的部分名词、术语、标准等未使用最新国家标准。本书未标单位处单位均为 mm。

本书图文并茂，内容丰富，浅显易懂，取材实用而精练。本书可作为技工学校、中等职业院校、高等职业院校培训用教材，也可供从事自动化工作的工程技术人员及技术工人使用。

本书由陈刚、过晓明主编。参加编写的人员还有：王荣、张能武、唐雄辉、刘文花等。我们在编写过程中参考了相关文献资料，在此表示感谢。

由于时间仓促，编者水平有限，书中不妥之处在所难免，敬请广大读者批评指正。

编　者

目录

第一章　基础知识　1

第二章　仪表工识图　57

第六章　液位测量仪表　208

第七章　在线分析仪表　228

第八章 调节阀 280

第九章 可编程控制器 307

第十章 控制系统 337

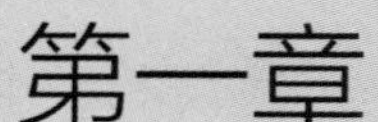

基础知识

第一节　仪表基础知识

一、仪表分类

仪表分类方法很多，根据不同原则可以进行相应的分类。例如按仪表所使用的能源分类，可以分为气动仪表、电动仪表和液动仪表（很少见）；按仪表组合形式，可以分为基地式仪表、单元组合仪表和综合控制装置；按仪表安装形式，可以分为现场仪表、盘装仪表和架装仪表；随着微处理机的蓬勃发展，根据仪表有否引入微处理机（器）又可以分为智能仪表与非智能仪表；根据仪表信号的形式可分为模拟仪表和数字仪表。

检测与过程控制仪表最通用的分类，是按仪表在测量与控制系统中的作用进行划分，一般分为检测仪表、显示仪表、调节（控制）仪表和执行器 4 大类，见表 1-1。

检测仪表根据其被测变量不同，根据化工生产 5 大参量又可分为温度检测仪表、流量检测仪表、压力检测仪表、物位检测仪表和分析仪表（器）。

表 1-1　检测与过程控制仪表分类表

按功能	按被测变量	按工作原理或结构形式	按组合形式	按能源	其他
调节（控制）仪表	—	自力式	—	气动	—
		组装式	基地式	电动	
		可编程	单元组合	—	
显示仪表	—	模拟和数字 指示和记录 动圈，自动平衡电桥，电位差计	—	电、气	单点，多点，打印，笔录
检测仪表	压力	液柱式，弹性式，电气式，活塞式	单元组合	电、气	智能
	温度	膨胀式，热电偶，热电阻，光学，辐射	单元组合	—	智能
	流量	节流式，转子式，容积式，速度式，靶式，电磁，漩涡	单元组合	电、气	智能

续表

按功能	按被测变量	按工作原理或结构形式	按组合形式	按能源	其他
检测仪表	物位	直读，浮力，静压，电学，声波，辐射，光学	单元组合	电、气	智能
	成分	pH值，氧分析，色谱，红外，紫外	实验室和流程	—	—
执行器	执行机构	薄膜，活塞，长行程，其他	执行机构和阀可以进行各种组合	气、电、液	—
	阀	直通单座，直通双座，套筒（笼式）球阀，蝶阀，隔膜阀，偏心旋转，角形，三通，阀体分离		—	直线，对数，抛物线，快开

显示仪表根据记录和指示、模拟与数字等功能，又可以分为记录仪表和指示仪表、模拟仪表和数显仪表，其中记录仪表又有单点记录和多点记录之分（指示仪表亦可以有单点和多点之分），其中又有有纸记录或无纸记录，若是有纸纪录又分笔录和打印记录。

调节仪表可以分为基地式调节仪表和单元组合式调节仪表。由于微处理机的引入，又有可编程调节器与固定程序调节器之分。

执行器由执行机构和调节阀两部分组成。执行机构按能源划分有气动执行器、电动执行器和液动执行器，按结构形式可以分为薄膜式、活塞式（气缸式）和长行程执行机构。调节阀根据其结构特点和流量特性不同进行分类，按结构特点分通常有直通单座、直通双座、三通、角形、隔膜、蝶形、球阀、偏心旋转、套筒（笼式）、阀体分离等，按流量特性分有直线、对数（等百分比）、抛物线、快开等。

这类分类方法相对比较合理，仪表覆盖面也比较广，但任何一种分类方法均不能将所有仪表分门别类地划分得井井有条，它们中间互有渗透，彼此沟通。例如变送器具有多种功能，温度变送器可以划归温度检测仪表，差压变送器可以划归流量检测仪表，压力变送器可以划归压力检测仪表，若用静压法测液位则可以划归物位检测仪表，因此很难将变送器确切划归哪一类。另外，单元组合仪表中的计算和辅助单元也很难归并。

二、仪表主要性能指标

（1）概述

在工程上仪表性能指标通常用精确度（又称精度）、变差、灵敏度来描述。仪表工校验仪表通常也是调校精确度、变差和灵敏度3项。变差是指仪表被测变量（可理解为输入信号）多次从不同方向达到同一数值时，仪表指示值之间的最大差值；或者说是仪表在外界条件不变的情况下，被测参数由小到大变化（正向特性）和被测参数由大到小变化（反向特性）不一致的程度，两者之差即为仪表变差，如图1-1所示。变差大小取最大绝对误差与仪表标尺范围之比（百分比）：

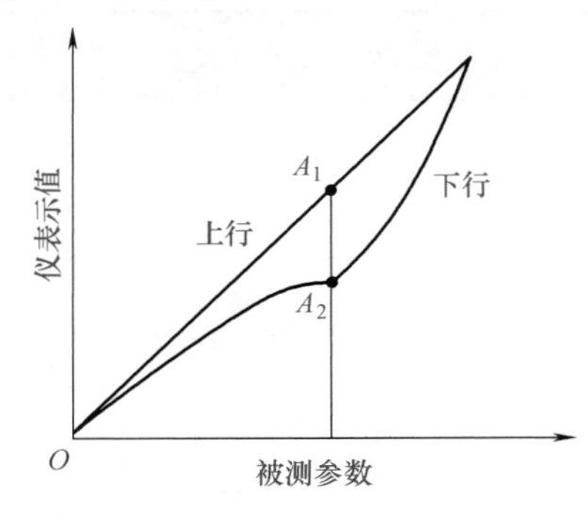

图1-1　仪表变差特性

$$\text{变差}=\frac{\Delta_{max}}{\text{标尺上限值}-\text{标尺下限值}}\times 100\% \qquad (1\text{-}1)$$

其中　$\Delta_{max}=|A_1-A_2|$

变差产生的主要原因是仪表传动机构的间隙、运动部件的摩擦、弹性元件滞后等。随着仪表制造技术的不断改进，特别是微电子技术的引入，许多仪表全电子化了，无可动部件，模拟仪表改为数字仪表等，所以变差这个指标在智能型仪表中显得不那么重要和突出了。

灵敏度是指仪表感知被测参数变化的灵敏程度，或者说是对被测的量变化的反应能力，是在稳态下，输出变化增量对输入变化增量的比值：

$$s=\frac{\Delta L}{\Delta x} \tag{1-2}$$

式中 s——仪表灵敏度；

ΔL——仪表输出变化增量；

Δx——仪表输入变化增量。

灵敏度有时也称“放大比”，也是仪表静特性曲线上各点的斜率。增加放大倍数可以提高仪表灵敏度，单纯加大灵敏度并不改变仪表的基本性能，即仪表精度并没有提高，相反，有时会出现振荡现象，造成输出不稳定。仪表灵敏度应保持适当的量。

然而对于仪表用户，诸如化工企业仪表工来讲，仪表精度固然是一个重要指标，但在实际使用中，往往更强调仪表的稳定性和可靠性，因为化工企业检测与过程控制仪表用于计量的为数不多，而大量的是用于检测。另外，在过程控制系统中使用的检测仪表，其稳定性、可靠性比精度更为重要。

（2）精确度

仪表精确度简称精度，又称准确度。精确度和误差可以说是孪生兄弟，因为有误差的存在，才有精确度这个概念。仪表精确度简言之就是仪表测量值接近真值的准确程度，通常用相对百分误差（也称相对折合误差）表示。相对百分误差公式如下：

$$\delta=\frac{\Delta x}{\text{标尺上限值}-\text{标尺下限值}}\times 100\% \tag{1-3}$$

式中 δ——检测过程中相对百分误差；

标尺上限值－标尺下限值——仪表测量范围；

Δx——绝对误差，是被测参数测量值 x_1 和被测参数标准值 x_0 之差。

所谓标准值是用精确度比被测仪表高 3 ～ 5 倍的标准表测得的数值。

从式（1-3）中可以看出，仪表精确度不仅和绝对误差有关，而且和仪表的测量范围有关。绝对误差大，相对百分误差就大，仪表精确度就低。绝对误差相同的两台仪表，其测量范围不同，那么测量范围大的仪表相对百分误差就小，仪表精确度就高。精确度是仪表很重要的一个质量指标，常用精度等级来规范和表示。精度等级就是最大相对百分误差去掉正负号和 %。按国家统一规定划分的等级有 0.005，0.02，0.05，0.1，0.2，0.35，0.5，1.0，1.5，2.5，4 等。仪表精度等级一般都标注在仪表标尺或标牌上，如 0.5 等，数字越小，说明仪表精确度越高。

要提高仪表精确度，就要进行误差分析。误差通常可以分为疏忽误差、缓变误差、系统误差和随机误差。疏忽误差是指测量过程中人为造成的误差，一则可以克服，二则和仪表本身没有什么关系。缓变误差是由仪表内部元器件老化过程引起的，可以用更换元器件、零部件或通过不断校正加以克服和消除。系统误差是指对同一被测参数进行多次重复测量时，所出现的数值大小或符号都相同的误差，或按一定规律变化的误差，可以通过分析计算加以处理，使其最后的影响减到最小，但是难以完全消除。随机误差（偶然误差）是由于某些目前尚未被人们认识的偶然因素所引起，其数值大小和性质都不固定，难以估计，但可以通过统计方法从理论上估计其对检测结果的影响。误差来源主要指系统误差和随机误差。在用误差表示精度时，它是指随机误差和系统误差之和。

（3）复现性

测量复现性是在不同测量条件（如不同的方法，不同的观测者，不同的检测环境）下对同一被检测的量进行检测时，其测量结果一致的程度。测量复现性作为仪表的性能指标，表征仪表的特性尚不普及，但是随着智能仪表的问世、发展和完善，复现性必将成为仪表的重要性能指标。

测量的精确性不仅仅是仪表的精确度，它还包括各种因素对测量参数的影响，是综合误差。以电动Ⅲ型差压变送器为例，综合误差如式（1-4）所示：

$$e_{综} = \pm(e_0^2 + e_1^2 + e_2^2 + e_3^2 + e_4^2 + \cdots)^{1/2} \tag{1-4}$$

式中 e_0——（25±1）℃状态下的参考精度，±0.25% 或 ±0.5%；

e_1——环境温度对零点（4mA）的影响，±1.75%；

e_2——环境温度对全量程（20mA）的影响，±0.5%；

e_3——工作压力对零点（4mA）的影响，±0.25%；

e_4——工作压力对全量程（20mA）的影响，±0.25%。

将 e_0、e_1、e_2、e_3、e_4 的数值代入式（1-4）得：

$$e_{综} = \pm[(0.25\%)^2 + (1.75\%)^2 + (0.5\%)^2 + (0.25\%)^2 + (0.25\%)^2]^{1/2}$$
$$= \pm 1.87\%$$

这说明 0.25 级电动Ⅲ型差压变送器测量精度由于温度和工作压力变化的影响，由原来的 0.25 级下降为 1.87 级，说明这台仪表复现性差。这也说明对同一被测的量进行检测时，由于测量条件不同，受到环境温度和工作压力的影响，其测量结果一致的程度差。

若用一台全智能差压变送器代替上例中电动Ⅲ型差压变送器，对应于式（1-4）的 $e_0=\pm 0.0625\%$，$e_1+e_2=\pm 0.075\%$，$e_3+e_4=\pm 0.15\%$，代入式（1-4）得 $e_{综}=\pm 0.18\%$，由此可见全智能差压变送器测量综合误差（$e_{综}=\pm 0.18\%$）要比电动Ⅲ型差压变送器综合误差（$e_{综}=\pm 1.87\%$）小得多，说明全智能差压变送器对温度和压力进行补偿、抗环境温度和工作压力影响能力强。可以用仪表复现性来描述仪表的抗干扰能力。

测量复现性通常用不确定度来估计。不确定度是由于测量误差的存在而对被测量值不能肯定的程度，可采用方差或标准差（取方差的正平方根）表示。不确定度的所有分量分为两类：A 类，用统计方法确定的分量；B 类，用非统计方法确定的分量。

设 A 类不确定度的方差为 s_i^2（标准差为 s_i），B 类不确定度假定存在的相应近似方差为 u_j^2（标准差为 u_j），则合成不确定度为：

$$\rho = \sqrt{\sum s_i^2 + \sum u_j^2}$$

（4）稳定性

在规定工作条件内，仪表某些性能随时间保持不变的能力称为稳定性（度）。仪表稳定性是化工企业仪表工十分关心的一个性能指标。由于化工企业使用仪表的环境相对比较恶劣，被测量的介质温度、压力变化也相对比较大，在这种环境中投入仪表使用，仪表的某些部件随时间保持不变的能力会降低，仪表的稳定性会下降。衡量或表征仪表稳定性现在尚未有定量值，化工企业通常用仪表零点漂移来衡量仪表的稳定性。仪表投入运行一年之中零位没有漂移，说明这台仪表稳定性好；相反，仪表投入运行不到 3 个月，仪表零位就变了，说明仪表稳定性不好。仪表稳定性的好坏直接关系到仪表的使用范围，有时直接影响化工生产。仪表稳定性不好造成的影响往往比仪表精度下降对化工生产的影响还要大。仪表稳定性不好，仪表维护量增大，是仪表工最不希望出现的事情。

（5）可靠性

仪表可靠性是化工企业仪表工所追求的另一个重要性能指标。可靠性和仪表维护量是相辅相成的，仪表可靠性高说明仪表维护量小；反之，仪表可靠性差，仪表维护量就大。化工企业检测与过程控制仪表，大部分安装在工艺管道及各类塔、釜、罐、器上，而且为保证化工生产的连续性，生产环境多数为有毒、易燃易爆的环境，给仪表维护增加了很多困难。一是考虑化工生产安全，二是考虑到仪表维护人员人身安全，所以化工企业使用检测与过程控制仪表要求维护量越小越好，亦即要求仪表可靠性尽可能地高。

随着仪表更新换代，特别是微电子技术引入仪表制造行业，仪表可靠性大大提高。仪表生产厂商对这个性能指标也越来越重视，通常用平均无故障时间（MTBF）来描述仪表的可靠性。一台全智能变送器的 MTBF 比一般非智能仪表如电动Ⅲ型差压变送器要高 10 倍左右，可高达 100~390 年。

第二节　计量知识

一、法定计量单位

我国的法定计量单位（以下简称法定单位）包括：

① 可与国际单位制单位并用的我国法定计量单位（表 1-2）；

② 国际单位制的基本单位（表 1-3）；

③ 国际单位制的辅助单位（表 1-4）；

④ 国际单位制中具有专门名称的导出单位（表 1-5）；

⑤ 由以上单位构成的组合形式的单位；

⑥ 由词头和以上单位所构成的十进倍数和分数单位词头（表 1-6）。

表 1-2　可与国际单位制单位并用的我国法定计量单位

量的名称	单位名称	单位符号	换算关系和说明
时间	分 [小]时 日，天	min h d	1min=60s 1h=60min=3600s 1d=24h=86400s
平面角	[角]秒 [角]分 度	″ ′ °	1″=（π/648000）rad（π 为圆周率） 1′=60″=（π/10800）rad 1°=60′=（π/180）rad
旋转速度	转每分	r/min	1r/min =（1/60）s^{-1}
质量	吨	t	1t=10^3kg
体积	升	L（l）	1L=1dm^3=$10^{-3}m^3$
能	电子伏	eV	1eV≈1.602177×10^{-19}J
级差	分贝	dB	—
长度	海里	n mile	1n mile=1852m（只用于航行）
速度	节	kn	1kn=1n mile/h（只用于航行）
线密度	特[克斯]	tex	1tex=1g/km

表 1-3　SI 基本单位

量	单位名称	单位符号
长度	米	m
质量	千克（公斤）	kg
时间	秒	s
电流	安［培］	A
热力学温度	开［尔文］	K
物质的量	摩［尔］	mol
发光强度	坎［德拉］	cd

表 1-4　SI 辅助单位

量	单位名称	单位符号
平面角	弧度	rad
立体角	球面度	sr

表 1-5　具有专门名称的 SI 导出单位

量	SI 单位			
	名称	符号	用其他 SI 单位表示	用 SI 基本单位表示
频率	赫［兹］	Hz	—	s^{-1}
力	牛［顿］	N	—	$m \cdot kg \cdot s^{-2}$
压强（压力），应力	帕［斯卡］	Pa	N/m^2	$m^{-1} \cdot kg \cdot s^{-2}$
能，功，热量	焦［耳］	J	$N \cdot m$	$m^2 \cdot kg \cdot s^{-2}$
功率，辐［射能］通量	瓦［特］	W	J/s	$m^2 \cdot kg \cdot s^{-3}$
电荷［量］	库［仑］	C	—	$s \cdot A$
电位（电势），电压，电动势	伏［特］	V	W/A	$m^2 \cdot kg \cdot s^{-3} \cdot A^{-1}$
电容	法［拉］	F	C/V	$m^{-2} \cdot kg^{-1} \cdot s^4 \cdot A^2$
电阻	欧［姆］	Ω	V/A	$m^2 \cdot kg \cdot s^{-3} \cdot A^{-2}$
电导	西［门子］	S	A/V	$m^{-2} \cdot kg^{-1} \cdot s^3 \cdot A^2$
磁通［量］	韦［伯］	Wb	$V \cdot s$	$m^2 \cdot kg \cdot s^{-2} \cdot A^{-1}$
磁感应强度，磁通［量］密度	特［斯拉］	T	Wb/m^2	$kg \cdot s^{-2} \cdot A^{-1}$
电感	亨［利］	H	Wb/A	$m^2 \cdot kg \cdot s^{-2} \cdot A^{-2}$
摄氏温度	摄氏度	℃	—	K
光通量	流［明］	lm	—	$cd \cdot sr$
［光］照度	勒［克斯］	lx	lm/m^2	$m^{-2} \cdot cd \cdot sr$
［放射性］活度（放射性强度）	贝可［勒尔］	Bq	—	—

表 1-6　用于构成十进倍数和分数单位词头

所表示的因数	词头名称	词头符号	所表示的因数	词头名称	词头符号
10^{18}	艾［克萨］	E	10^{-1}	分	d
10^{15}	拍［它］	P	10^{-2}	厘	c
10^{12}	太［拉］	T	10^{-3}	毫	m
10^{9}	吉［咖］	G	10^{-6}	微	μ
10^{6}	兆	M	10^{-9}	纳［诺］	n
10^{3}	千	k	10^{-12}	皮［可］	P
10^{2}	百	h	10^{-15}	飞［母托］	f
10^{1}	十	da	10^{-18}	阿［托］	a

二、常用计量器具

这里介绍的常用计量器具通常称为标准仪表（器），主要用于检定和调校在生产经营过程中使用的检测与过程控制用仪表（检测、控制和计量）。化工企业中最常用的计量器具有直流数字电压表、直流数字万用表、标准电阻箱、标准压力表、标准直流电压电流源、标准气压源等。

（一）标准电压电流源

标准电压电流源输出高精度、高稳定性的电压和电流信号，作为标准信号输入被检定或被调校的仪表，是不可缺少的校验仪表。它通常用于检定、校验温度变速器、电子记录仪、电动调节器、数字显示仪表、电气阀门定位器、数据巡回采集仪、DCS（分散控制系统）系统现场控制单元等。

以日本横河株式会社产品 2553 为例，其工作原理如图 1-2 所示。齐纳二极管产生一个基准电压 V_s 进入积分回路，以对应仪器正面盘上设定值的脉冲宽度时间进行积分。积分器输出 V_1 进入采样保持电路，保持最终值。输出 V_H 进入放大器，根据设定的量程进行放大，从而得到最终输出值 V_o。

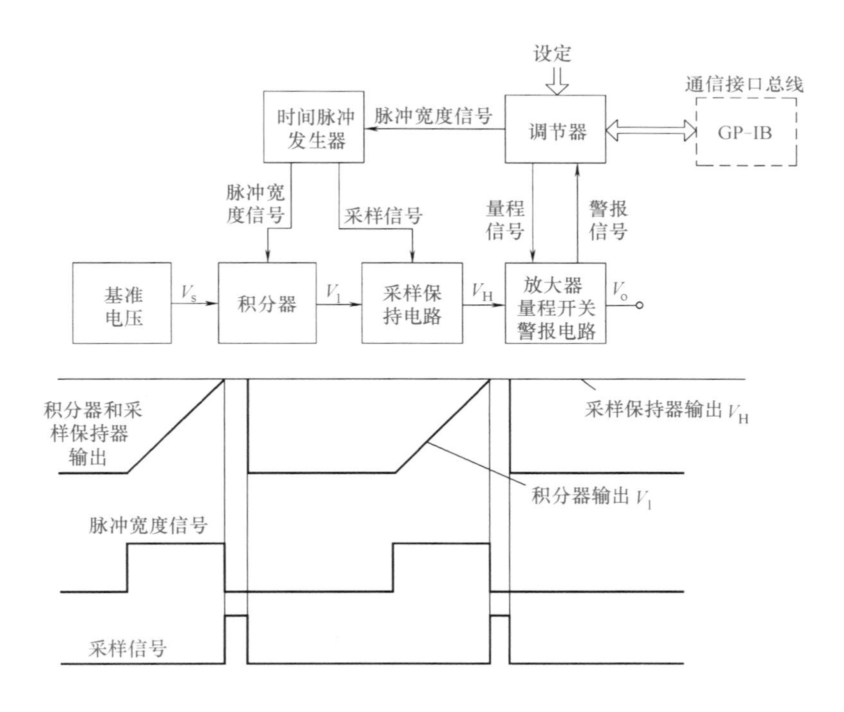

图 1-2　2553 标准电压电流源工作原理图

日本横河标准电压 / 电流源型号规格见表 1-7。

（二）标准气动压力信号源

气动压力信号源提供高精度、高稳定性的气动压力信号，作为检定或调校各类差压变送器、低压压力变送器、法兰差压变送器、气动记录仪、气动调节器等仪表的标准输入信号，是使用频度相当高的检定（也称标准）仪表。

表 1-7　日本横河标准电压 / 电流源型号规格

型号	规格	量程	输 出	精度	分辨率	输出阻抗
7651	DCV	10mV	−12.0000 ～ +12.0000mV	±（设定的 0.018%+4μV）	100nV	2Ω
		100mV	−120.000 ～ +120.000mV	±（设定的 0.018%+10μV）	1μV	2Ω
		1V	−1.2 ～ +1.2V	±（设定的 0.01%+100μV）	10μV	<2Ω
		10V	−12 ～ +12V	±（设定的 0.01%+200μV）	100μV	<2Ω
		30V	−32 ～ +32V	±（设定的 0.01%+500μV）	1mV	<2Ω
	DCA	1mA	1.20000～+1.20000mA	±（设定的 0.02%+0.1μA）	10nA	>100MΩ
		10mA	−12.0000～+12.0000mA	±（设定的 0.02%+0.5μA）	100nA	>100MΩ
		100mA	−120.000～+120.000mA	±（设定的 0.02%+5μA）	1μA	>100MΩ
2552	DCV	1000mV	0 ～ 1199.999mV	±（设定的 0.005%）或 ±10μV	1μV	—
		10V	0 ～ 11.99999V	±（设定的 0.005%）或 ±50μV	10μV	
		100V	0 ～ 119.9999V	±（设定的 0.005%）或 ±500μV	100μV	
		1000V	0 ～ 1199.999V	±（设定的 0.005%）或 ±5mV	1mV	
2553	DCV	10mV	0 ～ 12.000mV	±（量程的 0.02%+4μV）	1μV	>1.5Ω
		100mV	0 ～ 120.00mV	± 量程的 0.02%	10μV	>1.5Ω
		1V	0 ～ 1.2000V	± 量程的 0.02%	100μV	>1.5Ω
		10V	0 ～ 12.000V	± 量程的 0.02%	1mV	>1.5Ω
	DCA	1mA	0 ～ 1.2000mA	± 量程的 0.02%	0.1μA	10MΩ
		10mA	0 ～ 12.000mA	± 量程的 0.02%	1μA	10MΩ
		100mA	0 ～ 120.00mA	± 量程的 0.02%	10μA	1MΩ
2554	DCV	10mV	0 ～ 11.999mV	±（设定的 0.05%+1μV）	1μV	—
		100mV	0 ～ 119.99mV	±（设定的 0.05%+10μV）	10μV	
		1V	0 ～ 1.1999V	±（设定的 0.05%+100μV）	100μV	
		10V	0 ～ 11.999V	±（设定的 0.05%+1mV）	1mV	
		100V	0 ～ 119.99V	±（设定的 0.05%+10mV）	10mV	
	DCA	1mA	0 ～ 1.1999mA	±（设定的 0.05%+0.1μA）	0.1μA	—
		10mA	0 ～ 11.999mA	±（设定的 0.05%+1μA）	1μA	
		100mA	0 ～ 119.99mA	±（设定的 0.05%+1mA）	10μA	
2555	DCV	10mV	0 ～ 11mV	±（0.1%+10μV）	2μV	—
		100mV	0 ～ 110mV	±（0.1%+100μV）	20μV	
		1V	0 ～ 1.1V	±（0.1%+1mV）	200μV	
		10V	0 ～ 11V	±（0.1%+10mV）	2mV	
	DCA	1mA	0 ～ 1.1mA	±（0.2%+1μA）	200nA	—
		10mA	0 ～ 11mA	±（0.2%+10μA）	2μA	
		100mA	0 ～ 110mA	±（0.2%+100μA）	20μA	
2422	DCV	100mV	0 ～ ±120.00mV	±（读数的 0.1%+ 量程的 0.02%）	10μV	
		1V	0 ～ ±1200.0mV	±（读数的 0.05%+ 量程的 0.02%）	100μV	
		10V	0 ～ ±12.000V	±（读数的 0.05%+ 量程的 0.02%）	1mV	
		30V	0 ～ ±36.00V	±（读数的 0.05%+ 量程的 0.06%）	10mV	
	DCA	20mA	0 ～ ±24.00mA	±（读数的 0.1%+ 量程的 0.1%）	10μA	—
255001	DCV	同 2552			—	—
	DCA	100μA	0 ～ 119.9999mA	±（设定的 0.02%）	—	—
		1mA	0 ～ 1.199999mA	±（设定的 0.01%）		
		10mA	0 ～ 11.99999mA	±（设定的 0.01%）		
		100mA	0 ～ 119.9999mA	±（设定的 0.01%）		
		1A	0 ～ 1.199999A	±（设定的 0.03%）		
		10A	0 ～ 11.99999A	±（设定的 0.1%）		
		30A	0 ～ 35.9999A	±（设定的 0.2%）		
2560、	DCV	100V，1V 100mA，10mA	同 2553			—
		100V	0 ～ 120.00V	±（0.15%+20mV）	—	—
		500V	0 ～ 600.0V	±（0.15%+200mV）		
		1000V	0 ～ 1200.0V	±（0.15%+200mV）		
		100mV	0 ～ 120.00mV	±（0.2%+0.02mV）	—	—

续表

型号	规格	量程	输出	精度	分辨率	输出阻抗
2560	DCA	100mA 100mV, 10mV	同 2553			—
		1A 10A 30A	0 ～ 1.2000A 0 ～ 12.000A 0 ～ 36.00A	±（0.2%+0.2mA） ±（0.2%+2mA） ±（0.2%+20mA）	—	—
		10μA 50μA 100μA	0 ～ 12.00μA 0 ～ 60.00μA 0 ～ 120.0μA	±（0.3%+5nA） ±（0.3%+20nA） ±（0.3%+20nA）	—	—
2558	ACV	100mV 1V 10V 100V 300V 1000V	1.00 ～ 120.00mV 0.0100 ～ 1.2000V 0.100 ～ 12.000V 1.00 ～ 120.00V 3.00 ～ 360.00V 10.0 ～ 1200.0V	50Hz/60Hz，±（设定的 0.08%+ 量程的 0.015%） 小于量程的 20% 量程的 ±0.02%	10μV 100μV 1mV 10mV 100mV 100mV	—
	ACA	100mA	1.00 ～ 120.00mA	（50A 量程）	10μA	—
		1A	0.0100 ～ 1.2000A	50Hz/60Hz，±（设定的 0.15%+ 量程的 0.015%）	100μA	
		10A	0.100 ～ 12.000A			
		50A	0.50 ～ 60.00A	小于量程的 20% 量程的 ±0.04%	1mA 10mA	

以日本产品 2656 标准气动压力信号源为例，其工作原理如图 1-3 所示。

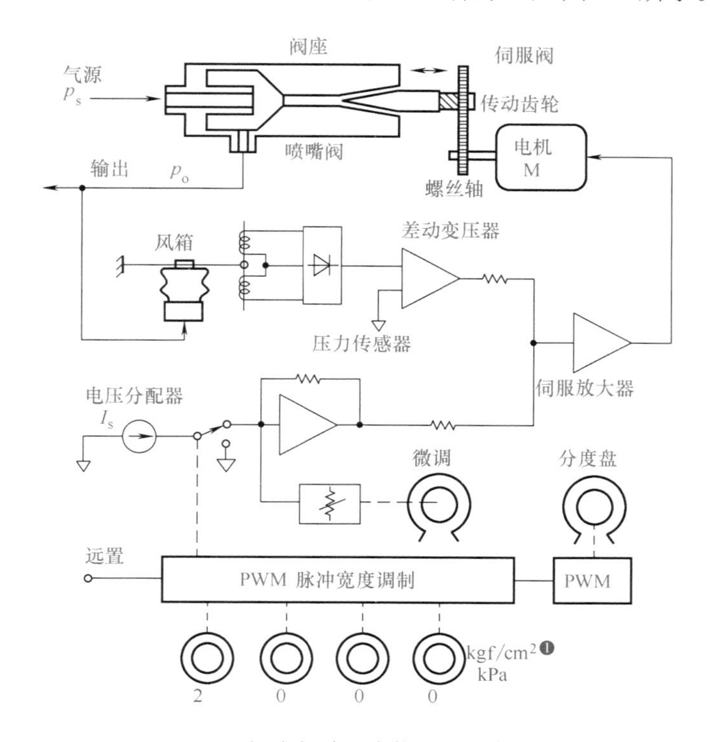

图 1-3　2656 标准气动压力信号源工作原理图

❶ 1kgf=9.80665N。

仪表主要由电压分配器、伺服阀和压力传感器组成。由压力设置盘设定信号，通过 D/A 转换电路、脉冲宽度调制产生一个直流标准电压。标准电压与来自压力传感器的反馈电压差通过伺服放大器放大，输入伺服阀组件中的电机。伺服阀组件由喷嘴阀、阀座、电机和传动齿轮组成。气动输入压力信号（p_s）通过阀座与喷嘴阀之间开度逸出，电机通过传动齿轮减速，驱动喷嘴阀和螺丝轴。由于螺丝轴转动，喷嘴阀活动方向如箭头所示，它改变压缩空气流量，调节输出压力 p_o，输出压力反馈至压力传感器，反馈电压输出使喷嘴阀活动，直至和标准电压偏差为零。至此，气动压力输出值即为压力设定盘上的设定值。

这类仪表不但输出高精度、高稳定性的气压信号，且在检定仪表时，输入信号量程确定后，输入信号可以自动地分 4 步（25%、50%、75%、100%）或 5 步（20%、40%、60%、80%、100%）输入被检定仪表，十分方便。例如检定 1 台低差压变送器，量程为 6250Pa。分 5 步检定，即 1250Pa、2500Pa、3750Pa、5000Pa 和 6250Pa，自动输入差压变送器，观察差压变送器输出（如 1151 型）是否为 7.2mA、10.4mA、13.6mA、16.8mA 和 20mA。假如没有自动设置功能，首先要输入 20% 即 1250Pa，人工调整（用定位器）要用很长时间慢慢靠近，而且很难做到恰好是 1250Pa（1249.5Pa 或 1250.5Pa），费时而且影响输入精度。有自动设置功能既保证一定的输入精度，又省时省事，大大提高工作效率。

2656 主要型号规格如表 1-8 所示。

表 1-8　2656 标准气动压力信号源型号规格

型　号	265700 带 GP-IB 接口 265701 带 RS-232-C 接口	265710 带 GP-IB 接口 265711 带 RS-232-C 接口
输入压力	（280±20）kPa	（50±10）kPa
输出压力范围	0 ～ 200.00kPa 0 ～ 2.0000kgf/cm² 0 ～ 1500.0mmHg ❶ 0 ～ 20000mmH₂O ❷	0 ～ 25.000kPa 0 ～ 0.25000kgf/cm² 0 ～ 185.00mmHg 0 ～ 2500.0mmH₂O
分辨率	0.01kPa 0.0001kgf/cm² 0.1mmHg 1mmH₂O	0.001kPa 0.00001kgf/cm² 0.01mmHg 0.1mmH₂O
精度	±0.05% 满量程或 ±0.1% 设定压力	
输出设定	5 位数字	
输出配置设定	输出 = 设定 ×n/m（m=1 ～ 20，n=0 ～ m，n/m ≤ 100%）	
输出功能	自动步进输出功能，扫描输出功能，在设定范围内 0 ～ 100% 线性输出	
输出监测 偏差监测	10 段液晶棒图显示 0 ～ 100% 设定显示最终偏差	
前后倾斜 90° 左右倾斜 30°	±0.1kPa	±0.05kPa

（三）直流数字电压表

（1）工作原理

直流数字电压表工作原理如图 1-4 所示。被测信号（直流电压模拟信号）经输入电路，通过 A/D 变换器，模拟信号转换成数字信号，数字信号通过电子计数器计数，再由数字显示器以数字形式输出（显示）。

❶ 1mmHg=133.3224Pa。

❷ 1mmH₂O=9.80665Pa。

直流数字电压表中A/D变换器最常用的有双积分式和逐次比较式两种。

① 双积分式数字电压表。双积分式数字电压表工作原理如图1-5所示。U_x是被测直流电压，U_R是基准电压。测量工作可分成采样、比较和暂停三个阶段。这类仪表抗干扰能力强，性能价格比高，一般用于直流电压测量和检测仪表校正等。

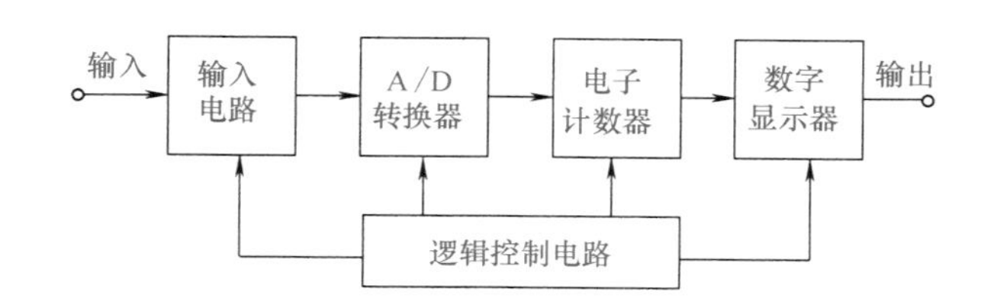

图1-4　直流数字电压表工作原理图

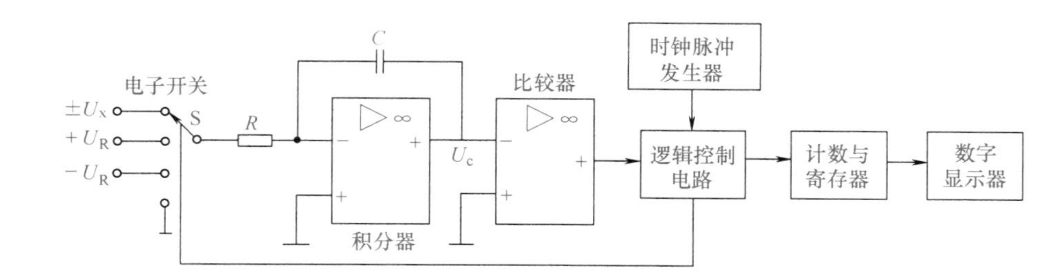

图1-5　双积分式数字电压表工作原理图

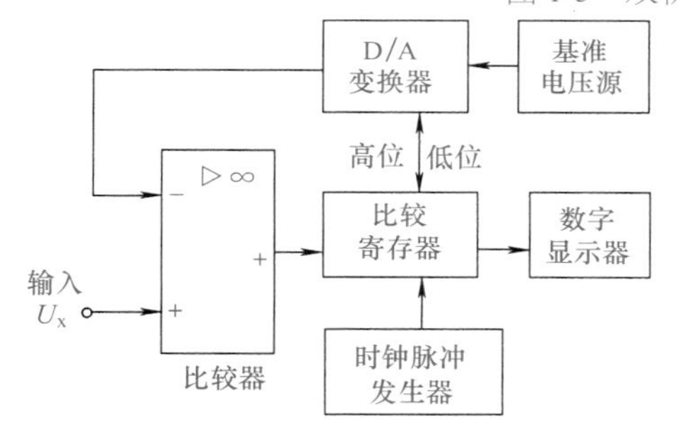

图1-6　逐次比较式数字电压表工作原理图

② 逐次比较式数字电压表。逐次比较式数字电压表工作原理如图1-6所示。在数字信号控制下，D/A变换器输出数值不同的基准量化电压，经比较器与输入的待测模拟电压U_x进行比较，从最高位开始经反馈系统自动调节，逐次比较，逐步逼近，至两个电压平衡为止。此时，比较寄存器所储存的二进制数码即表示被测电压大小。这类仪表测量速度快，每秒可达数千次，但抗干扰能力弱，一般用于多点巡回检测系统中多路直流电压测量。

（2）型号规格

常用直流数字电压表型号规格见表1-9。

日本横河公司数字多用表型号规格（包括数字电压表）见表1-10。

表1-9　常用直流数字电压表型号规格

型号	显示位数	最高分辨率/μV	量程/V	准确度（固有误差）	输入电阻/MΩ	备注
PZ8	4½	10	0.2	0.03%读数±2字	≥500	逐次比较式
			2	0.02%读数±2字		
			20	0.03%读数±2字	1	
			200			
			1000			
PZ12A	4	10 配用FH20直流毫伏单元可扩展到0.1	0.6	0.01%读数±2字	≥5×100	双积分式
			6			
			60	0.02%读数±2字	10	
			600			
			1000			

续表

型号	显示位数	最高分辨率 /μV	量程 /V	准确度（固有误差）	输入电阻 /MΩ	备注
PZ26b	3¾	10	0.06	0.2% 读数 ±2 字	≥ 100	双积分式
			0.6	0.1% 读数 ±1 字		
			6			
			60		10	
			600			
			1000			
PZ38	4½	10	0.2	0.03% 读数 ±2 字	500	
			2	0.02% 读数 ±2 字	10^3	
			20	0.03% 读数 ±2 字	10	
			200			
			1000			
DS14-1-1A	4¾	10	0.6	0.005% 读数 ±3 字	—	
			6	0.003% 读数 ±1 字		
			60	0.003% 读数 ±3 字		
			600			
DS26A	5	10	0.8	0.01% 读数 ±6 字	10^3	
			8	0.006% 读数 ±3 字		
			80	0.01% 读数 ±5 字	10	
DS26B	6		800	0.01% 读数 ±3 字		
			1000	0.03% 读数 ±2 字		

表 1-10 日本横河数字多用表型号规格

型号		7555				7560（7561，7562）			2501A
数位		5½				6½			6½
直流电压	量程	200mV	2000mV	20V	1000V	200mV	2000mV	1000V	1.000V
	最大读数	199.999	1999.99	19.9999	999.99	199.9999	1999.999	1199.999	0.99999
	分辨率	1μV	10μV	100μV	10mV	0.1μV	1μV	1mV	0.01μV
	精度	0.005%+6	0.0035%+3	0.007%+4	0.008%+3	0.004%+30	0.0025%+10	0.005%+10	0.005%+5
	输入阻抗	>1GΩ	>1GΩ	10MΩ	10MΩ	1GΩ	1GΩ	10MΩ	—
直流电流	量程	2000μA	20mA	200mA	2000mA	2mA	20mA	2000mA	—
	最大读数	1999.99	19.9999	199.999	1999.99	1.99999	19.9999	1999.99	
	分辨率	10nA	100nA	1μA	10μA	10nA	100nA	10μA	
	精度	0.07%+100	0.07%+20	0.07%+20	0.4%+200	0.05%+100	0.05%+20	0.1%+40	
	输入阻抗	<11Ω	<11Ω	<0.3Ω	<0.3Ω	<110Ω	<11Ω	<0.3Ω	
电阻	量程	200Ω	2000Ω	20kΩ	200MΩ	200Ω	2000Ω	200MΩ	100MΩ
	最大读数	199.999	1999.99	19.9999	199.999	199.9999	1999.99	199.999	—
	分辨率	1mΩ	10mΩ	100mΩ	10kΩ	100μΩ	1mΩ	1kΩ	0.1mΩ
	精度	0.008%+6	0.007%+4	0.007%+3	2%+20	0.007%+40	0.005%+25	2%+200	0.003%+2
交流电压	量程	200mV	2000mV	20V	700V	200mV	2000mV	700V	500V
	最大读数	199.999	1999.99	19.9999	699.999	199.999	1999.99	699.999	—
	分辨率	1μV	10μV	100μV	10mV	1μV	10μV	10mV	1μV
	精度	0.9%+200	0.8%+200	0.8%+100	1.0%+100	0.9%+200	0.8%+100	1.0%+100	0.07% 读数
	输入阻抗	1MΩ	1MΩ	1MΩ	1MΩ	1MΩ	1MΩ	1MΩ	+0.03% 量程

续表

	型号	7555				7560（7561，7562）			2501A
	数位	5½				6½			6½
交流电流	量程	2000μA	20mA	200mA	2000mA	2mA	20mA	200mA	—
	最大读数	1999.99	19.9999	199.999	1999.99	1.99999	19.9999	199.999	
	分辨率	10nA	100nA	1μA	100μA	10nA	100nA	1μA	
	精度	1.5%+350	1.3%+300	1.3%+300	1.5%+300	1.4%+350	1.2%+300	1.2%+300	
	输入阻抗	<11Ω	<11Ω	<0.3Ω	<0.3Ω	<110Ω	<11Ω	<1.2Ω	

（四）多功能便携式校准仪

这类仪表的主要特点是集数字多用表和标准电压电流源的功能于一体，可兼作标准测量仪表，标定被检定仪表的输出信号，又可以作为标准信号源，输出标准电压、电流或电阻信号到被检定仪表。这类仪表配上压力模块，可以输出标准气动压力信号，这样前面介绍的三种标准仪器的功能都集中于一体了。

这类仪表的另一个特点就是小巧坚固，携带方便，就地检定和调校仪表十分方便，尤其是新建项目仪表安装要一次调校、二次调校，使用这类标准仪表更显出它的优越性。

这类仪表第三个特点是测试和检定数据自动记录并存储在仪表中，可以通过文件系统和打印机自动打印检测数据，亦可按要求设置软件编制检定报告。

进口便携式（手持式）生产过程认证校准仪主要型号规格见表 1-11。

表 1-11 进口 Fluke-701/702 主要型号规格

项目	702			701		
	量程	测量精度	源输出精度	量程	测量精度	源输出精度
直流电压	110mV/1.1V/11V/ 110V/300V	0.025%	0.02%	110mV/1.1V/11V/110V/300V	0.05%	0.03%
直流电流	30mA/110mA	0.025%	0.01%	30mA/110mA	0.025%	0.01%
电 阻	11Ω/110Ω/1.1kΩ/11kΩ	0.05%	0.02%	11Ω/110Ω/1.1kΩ/11kΩ	0.1%	0.05%
频 率	1.00 ～ 109.99Hz 110.0 ～ 1099.9Hz 1.100 ～ 10.999kHz 11.00 ～ 50.00kHz	5 个	1 个	1.00 ～ 109.99Hz 110.0 ～ 1099.9Hz 1.100 ～ 10.999kHz 11.00 ～ 50.00kHz	5 个	1 个
热电偶	E/N/J/R/T/K/B/S/C	0.5℃	0.5℃	E/N/J/R/T/K/B/S/C	0.5℃	0.5℃
热电阻	100Ω，Pt 120Ω，PtNi	0.5℃	0.5℃	100Ω，Pt 120Ω，PtNi	0.5℃	0.5℃
压力模块	7kPa 34kPa 100kPa 200kPa 700kPa 3450kPa 7000kPa	—	0.05%	7kPa 34kPa 100kPa 200kPa 700kPa 3450kPa 7000kPa	—	0.05%

三、企业计量标准及量值传递

（1）企业计量标准

为了保证检测与过程控制仪表的完好，需要定期进行修理和校正，根据《中华人民共和国计量法》和有关法规的要求，对这些仪表以及其他计量器具要定期进行检定，企业根据生产经营管理和保证产品质量的要求，有必要建立量值传递标准，也称企业计量标准。企业计量标准通常分为两个部分，一是企业最高标准，二是次级标准，也称工作标准。对于石化、化肥、氯碱行业等大中型企业，在力学和电磁量传递系统中有企业最高标准和工作标准，大型化机企业在长度量传递系统中有企业最高标准和工作标准；对于中小型企业、橡胶行业、精细化工行业，一般只有企业最高标准而不设工作标准。

对于企业要不要建立计量标准，建多少个标准比较好，提出以下原则供参考：

① 从企业生产、经营、保证产品质量等的实际需要出发，同时兼顾及时、方便、适用等因素，要考虑到化工生产的特点及对仪表的要求；

② 进行必要的经济分析。

根据原则①，初步确定企业应建计量标准；根据原则②，进行经济分析，以获得最佳方案。

经济分析大致如下：

计量器具检定一般采取两种方法，一是送检，二是自检。对两者费用做一粗略概算，加以比较，从而确定最佳方案。

a. 计量器具送检所需费用：

$$F_A=NSP_1+P_2$$

式中 F_A——企业计量器具年送检费用；
N——送检计量器具总数；
S——年送检次数；
P_1——每件计量器具检定费用；
P_2——其他费用，如差旅费、修理费等。

b. 计量器具自检所需费用：

$$F_B=P_A+P_B+P_C+P_D$$

式中 F_B——企业自建计量标准年投资费用；
P_A——建标总投资每年折旧费用（总投资 / 使用年限）；
P_B——每年维护费用；
P_C——配备检定人员年平均费用；
P_D——认证考核年平均费用。

若

$$F_A \geqslant F_B$$

则建标为好。即使是 F_B 稍大于 F_A，如有可能也应该建标，因为企业建标还包含着社会效益（如有可能，可以对外开展技术服务，增加收益），同时它也标志着企业计量水平的一个方面。若 $F_A \ll F_B$，则送检为好。

建立企业计量标准，要符合以下四个条件。

第一，根据计量法等有关法规，企业各项最高标准器具要经过有关人民政府计量行政部门主持考核合格后才能使用。要求计量标准必须做到准确、可靠和完善，要求计量标准器、配套仪器和技术资料应具备以下内容：

a. 计量标准器及附属设备的名称、规格型号、精度等级、制造厂编号；

b. 出厂年、月；

c. 技术条件及使用说明书；

d. 定点计量部门检定合格证书；

e. 政府计量部门考核结果及考核所需的全部技术文件资料；

f. 计量标准器使用履历表。

第二，具有计量标准器正常工作所需要的温度、湿度、防尘、防震、防腐蚀、抗干扰等环境条件和工作场所。

第三，计量检定人员应取得所从事的检定项目的计量检定证件。

第四，具有完善的管理制度，包括计量标准的保存、维护、使用制度，周期检定制度和技术规范。

（2）量值传递定义

量值传递系统是指通过检定，将国家基准所复现的计量单位量值通过标准逐级传递到工作用计量器具，以保证对被测对象所测得的量值准确一致的工作系统。量值传递是计量领域中的常用术语，其含义是单位量值的大小，通过基准、标准直至工作计量器具逐级传递下来。它是依据计量法、检定系统和检定规程，逐级地进行溯源测量的范畴。其传递系统是根据量值准确度的高低，规定从高准确度量值向低准确度量值逐级确定的方法、步骤。

（3）企业量值传递系统

以某化工企业为例，其量值传递系统可用图表示。

① 长度量值传递系统图，如图 1-7 所示。

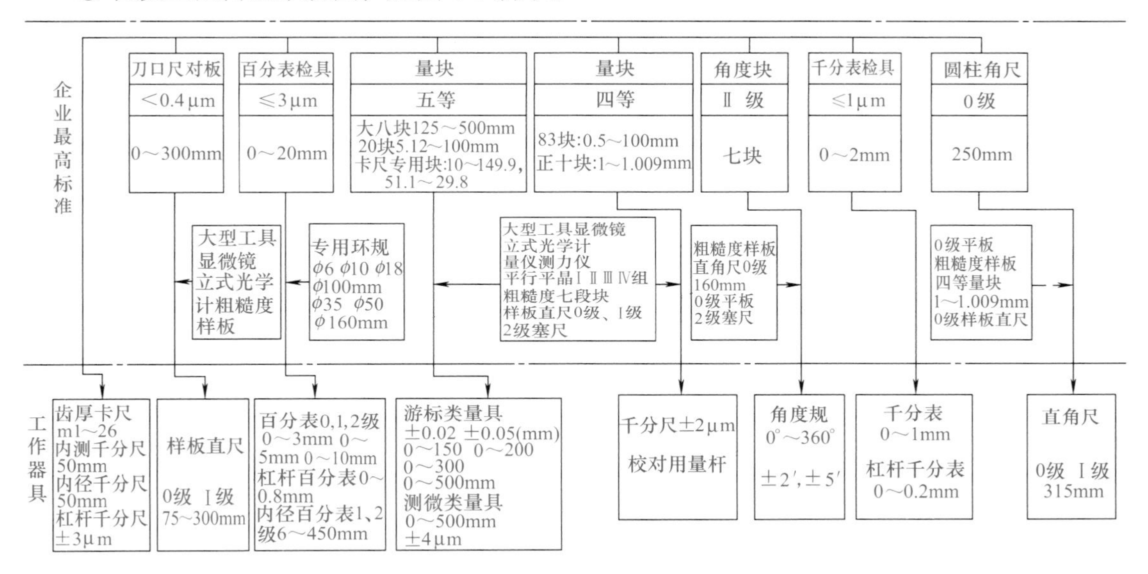

图 1-7　长度量值传递系统图

② 温度计量量值传递系统图，如图 1-8 所示。

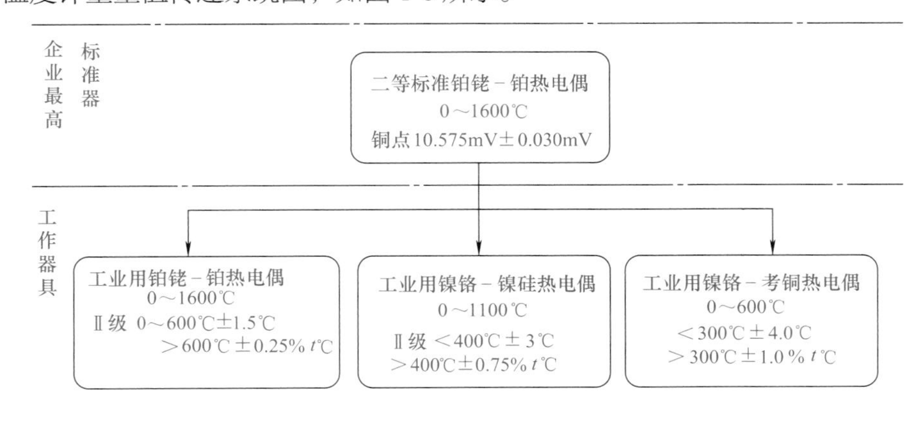

图 1-8　温度计量量值传递系统图

③ 电磁计量量值传递系统图，如图 1-9 所示。

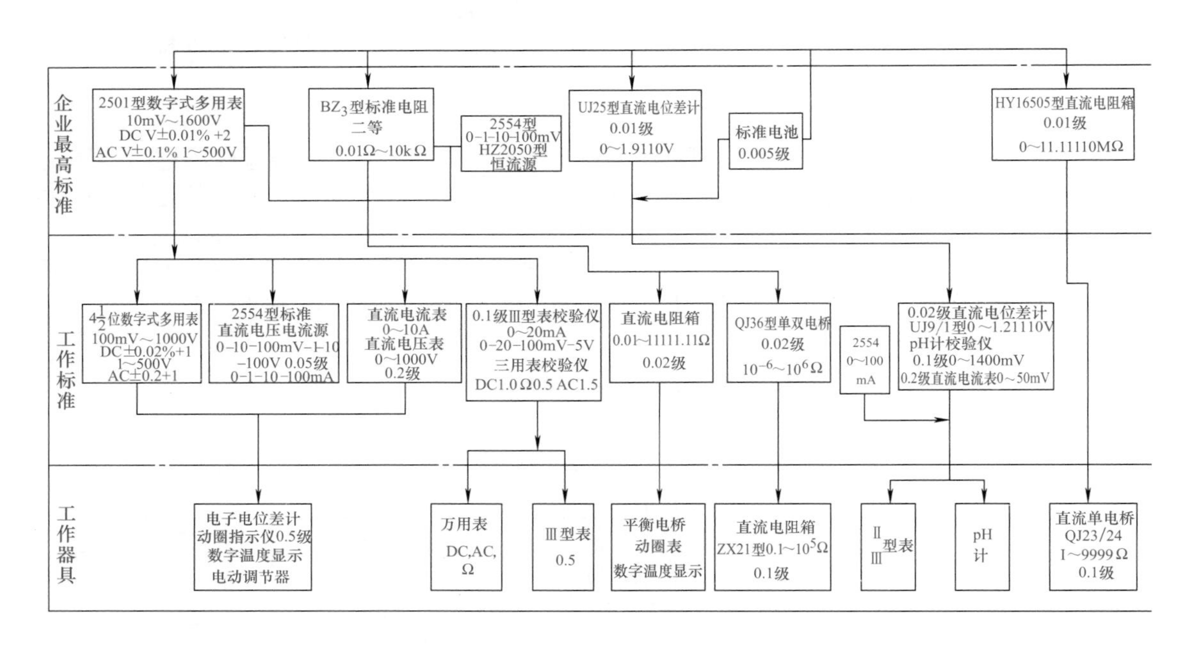

图 1-9　电磁计量量值传递系统图

④ 力学计量量值传递系统（质量）图，如图 1-10 所示。

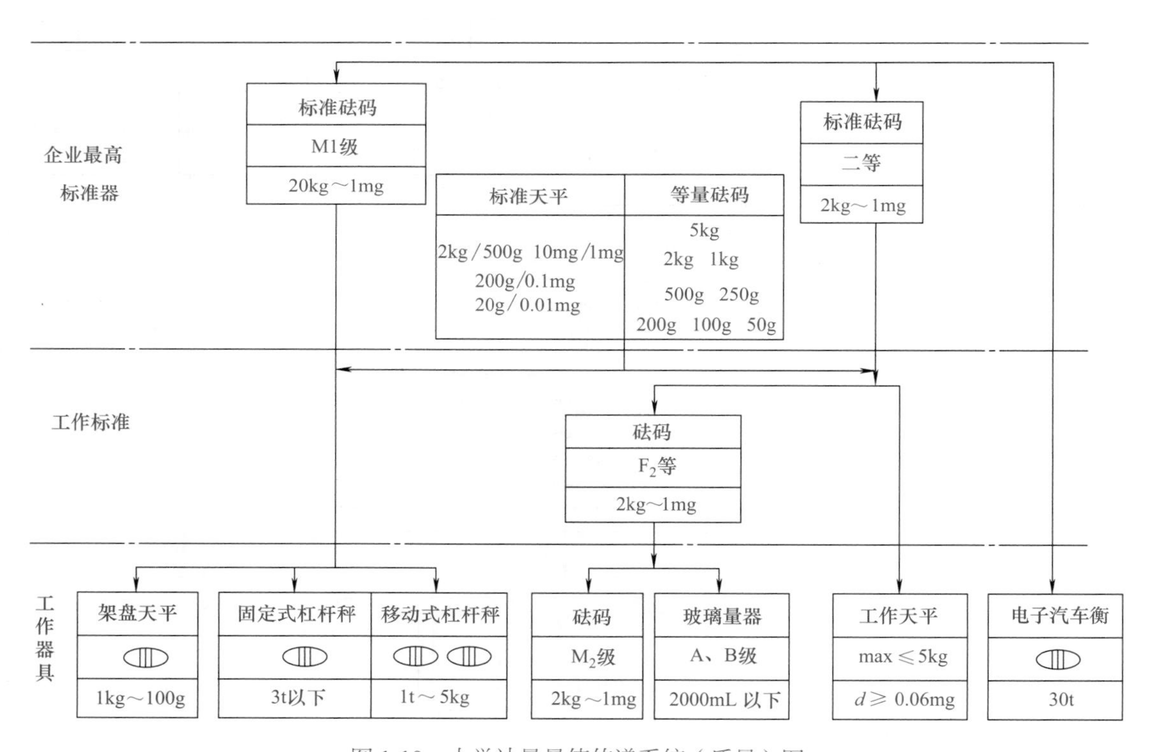

图 1-10　力学计量量值传递系统（质量）图

⑤ 力学计量量值传递系统（压力）图，如图 1-11 所示。
⑥ 力学计量量值传递系统（流量）图，如图 1-12 所示。

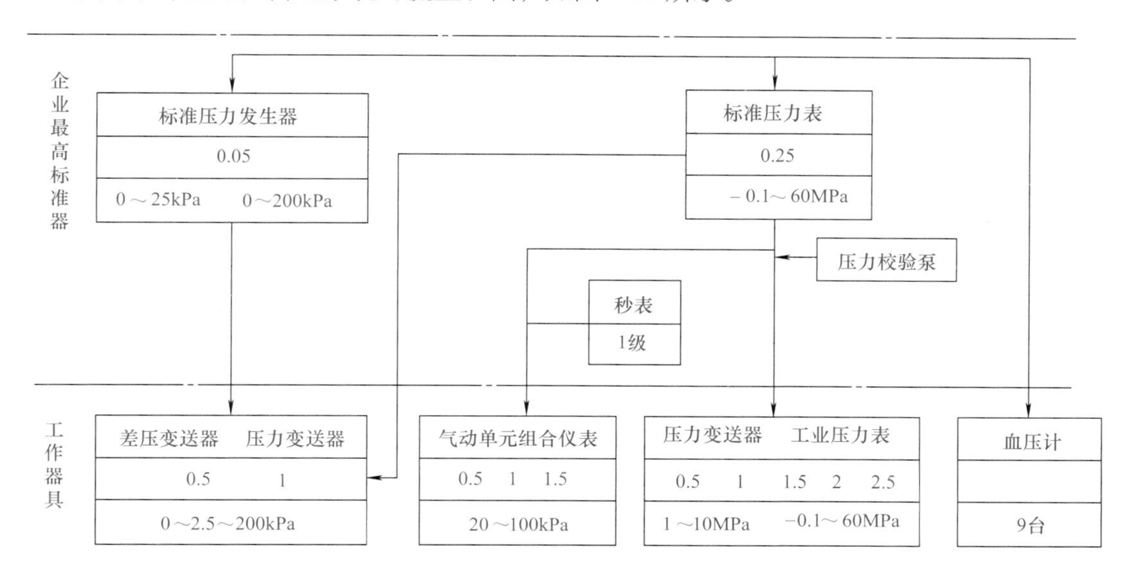

图 1-11 力学计量量值传递系统（压力）图

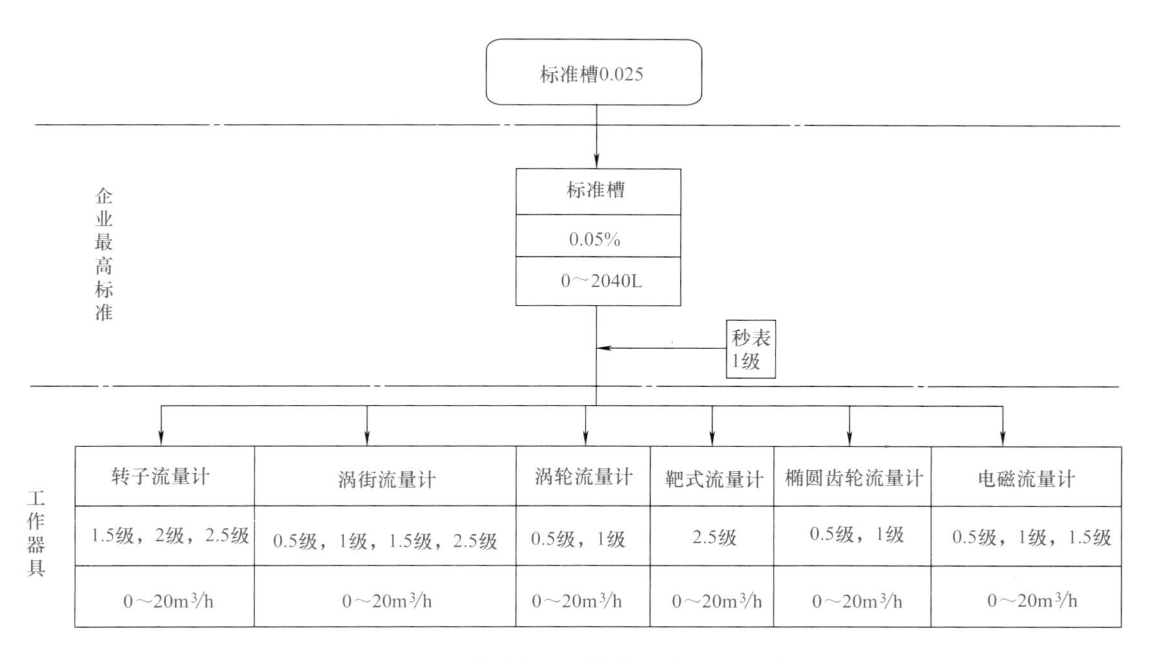

图 1-12 力学计量量值传递系统（流量）图

⑦ 化学计量量值传递系统（黏度）图，如图 1-13 所示。
⑧ 化学计量量值传递系统（酸度）图，如图 1-14 所示。
⑨ 光学计量量值传递系统图，如图 1-15 所示。
企业可以根据具体情况和需要建立若干个标准，可以很多，也可以少几个，其他量值传递系统图不一一列出。

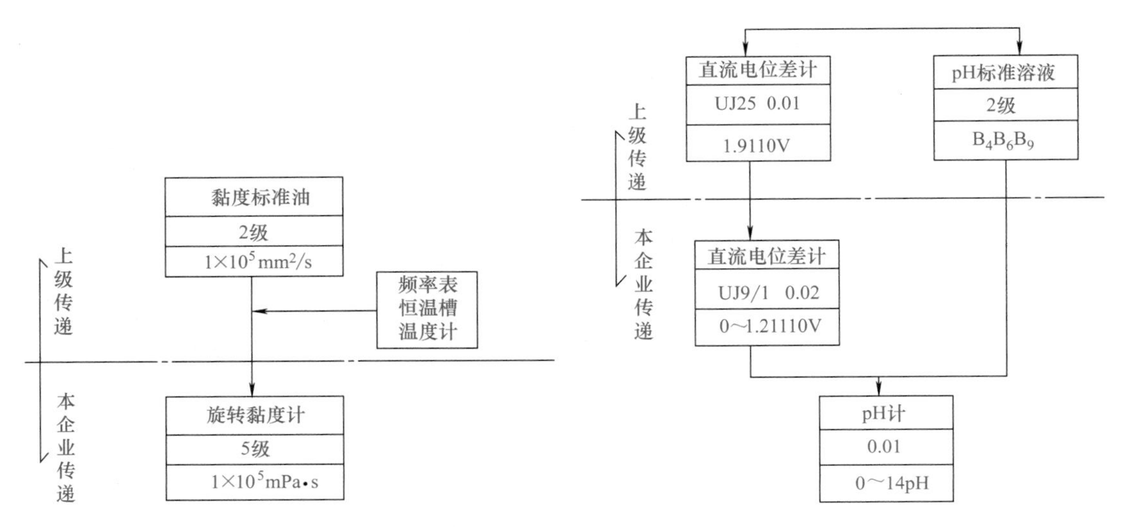

图 1-13 化学计量量值传递系统（黏度）图

图 1-14 化学计量量值传递系统（酸度）图

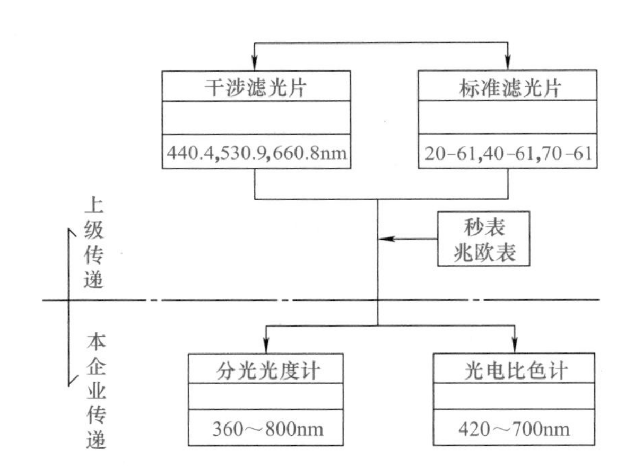

图 1-15 光学计量量值传递系统图

第三节 通用及标准仪表使用技能

一、万用表的使用

万用表又称多用表、三用表、万能表等，是一种多功能、多量程的携带式测量仪表，一般可用来测量交、直流电压，直流电流和直流电阻等多种物理量，其测量原理如图 1-16、图 1-17、图 1-18 所示，有些还可测量交流电流、电感、电容和晶体管直流放大系数等。

常用的 MF47 型万用表的功能见表 1-12。

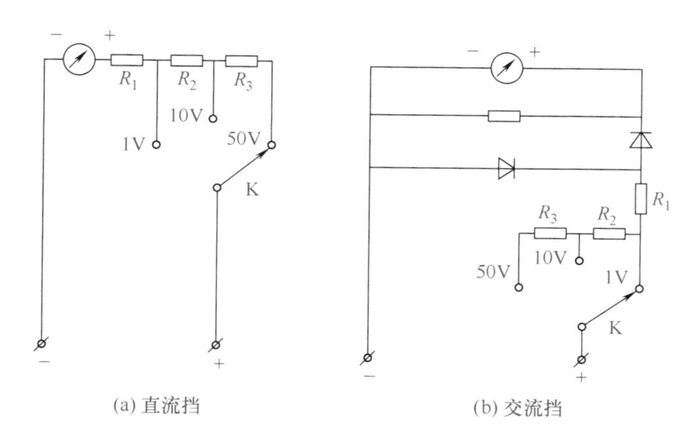

(a) 直流挡　　(b) 交流挡

图 1-16　测交、直流电压原理

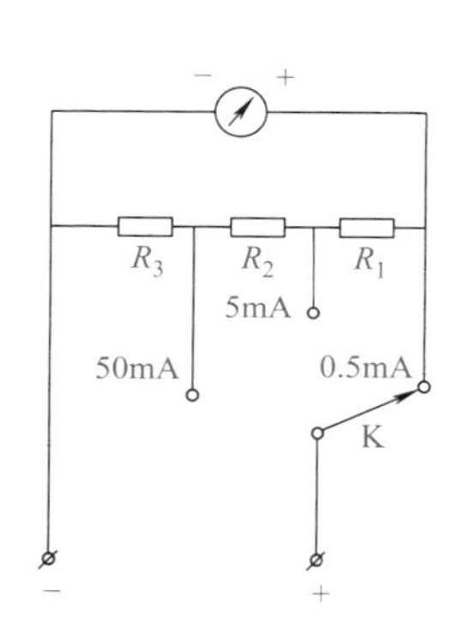

图 1-17　直流电流挡

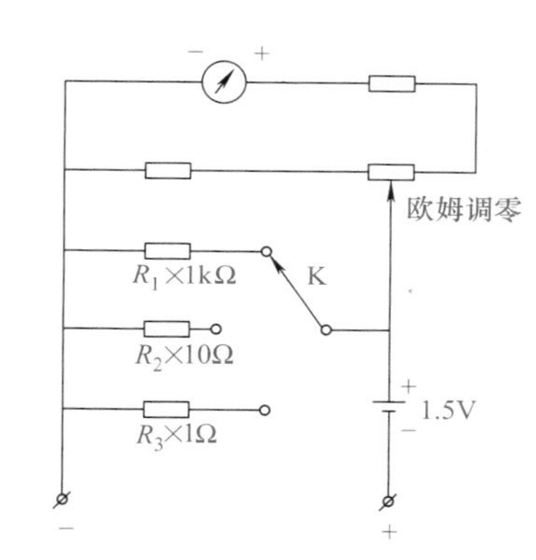

图 1-18　电阻挡

表 1-12　MF47 型万用表的功能

测量参数	测量范围分挡	灵敏度及电压降	精度等级
直流电流	0 ～ 0.05mA ～ 0.5mA ～ 5mA ～ 50mA ～ 500mA ～ 5A	0.3V	2.5
直流电压	0 ～ 0.25V ～ 1V ～ 10V ～ 50V ～ 250V ～ 500V ～ 1000V ～ 2500V	20000Ω/V	2.5 5.0
交流电压	0 ～ 10V ～ 50V ～ 250V ～ 500V ～ 1000V ～ 2500V	4000Ω/V	5.0
直流电阻 /Ω	$R\times1$，$R\times10$，$R\times100$，$R\times1$k，$R\times10$k	“$R\times1$”中心刻度为 22Ω	2.5
音频电平 /dB	-10 ～ +22	0dB/1mW，600Ω	—
晶体管 $\bar{\beta}$ 值（h_{FE} 值）	0 ～ 300		—
电感 /H	20 ～ 1000		—
电容 /μF	0.001 ～ 0.3		—

万用表按其显示方式分为模拟式（指针式）和数字式两大类，目前仍以模拟式为多。万用表类型虽多，但其基本原理和使用方法相同。

（一）表盘上符号的含义

表盘上符号的含义见表 1-13。

表 1-13　表盘上符号的含义

符号	意义	符号	意义
DC 或—	直流	→	仪表要求水平放置
AC 或~	交流	$\underset{\sim}{V}$	交流电压
≃	交、直流	$\underline{V}$	直流电压
	表头为磁电式结构	$\underline{mA}$	直流电流（mA）
	装有整流器	Ω	电阻
Ⅲ	具有三级防磁能力	20000Ω/V	电压灵敏度 （表示该仪表的内阻为两万欧每伏）
	经 6kV 高压试验	4.0 ~	测交流时，仪表准确度为 4.0 级
2.5	测直流时，仪表准确度为 2.5 级	—	—

（二）使用方法

（1）使用前准备

① 检查机械零点。若不指于零，可调节机械调零旋钮，使指针指于零。

② 红表笔插在“+”插孔，黑表笔插在“-”插孔。

（2）测量直流电压

① 转换开关旋至“V”挡位，正确选择量程，所选量程应大于被测电压，若不知被测电压大小，则应先以最大量程试测，然后逐次旋至适当量程上（使指针接近满刻度或大于 2/3 满刻度为宜）。

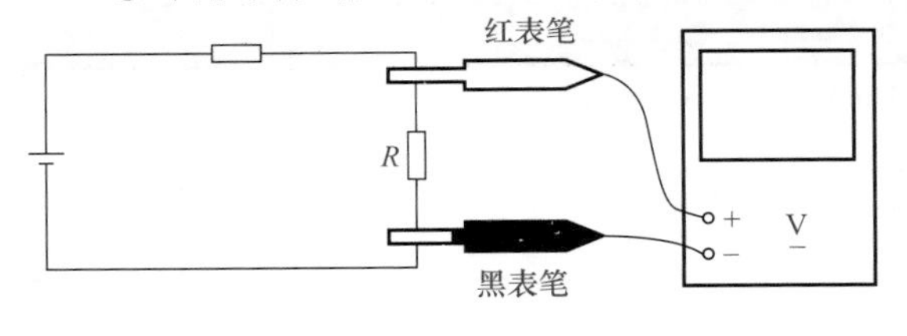

图 1-19　直流电压测量

② 万用表并接于被测电路，且注意极性，即红表笔接高电位端，黑表笔接低电位端，如图 1-19 所示。

③ 正确读数。在标有“—”或“DC”符号的刻度线上读取数据。

（3）测量交流电压

① 转换开关旋至“$\underset{\sim}{V}$”挡位，正确选择量程，其方法与测直流电压相同。

② 万用表并接于被测电路，没有极性之分。

③ 正确读数。在标有“~”或“AC”符号的刻度线上读取数据。

（4）测量直流电流

① 转换开关旋至“mA”挡位，正确选择量程，方法与测量交、直流电压时相同。

② 万用表串接于被测电路中，并注意极性，即应使电流从红表笔端流入，由黑表笔端流出（见图 1-20）。

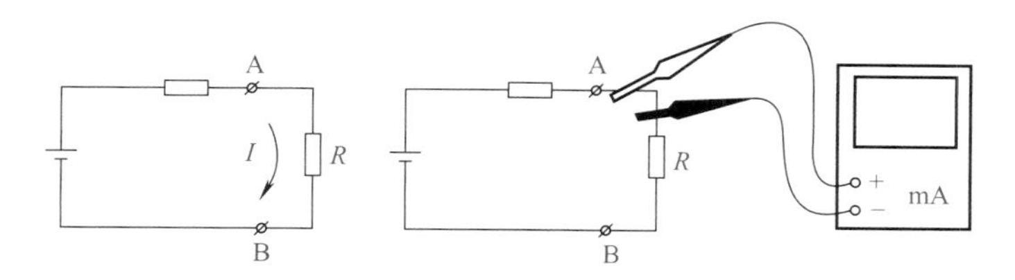

图 1-20 直流电流的测量

③ 正确读数。在标有符号“—”或“DC”的刻度线上读取读数。

（5）测量电阻

① 转换开关旋至“Ω”挡位，正确选择量程，即尽量使指针指在刻度线的中间部分。若不知被测电阻大小，可选择高挡位试测一下，然后选取合适的挡位。

② 调节零点。将两表笔短接，调节“Ω”调零旋钮，使指针指在 0Ω 刻度线上。每次换挡后必须调零。

③ 测量。将表笔接于被测电阻两端。

④ 正确读数。在标有“Ω”符号的刻度线上读取数据，再乘以转换开关所在挡位的倍率。即：

$$被测电阻值 = 刻度线示数 \times 倍率$$

（6）使用万用表注意事项

万用电表使用不当，不但影响测量精度，还有可能损坏仪表。为此，必须注意下列事项。

① 不允许带电测量电阻。

② 决不可误用“Ω”挡或“mA”挡测量电压。

③ 读数时视线应与表盘垂直，视线、指针和刻度应在一直线上，以提高读数的准确度。

④ 正确使用有效数字，应读到估计值位。

⑤ 为防止因操作粗心、选挡不当而损坏仪表，一般在万用表用毕之后，应将转换开关旋至交流电压挡的最大量程上。

⑥ 万用表长期不用时应把内部电池取出，以防止电池变质渗液，使仪表损坏。

⑦ 在利用万用表测量高压时，首先要改用专测高压的绝缘棒和引线，测量时，黑色表笔预先接地或接被测一端，用单手将红表笔接高压测量点，以确保人身安全。

（三）指针式万用表

指针式万用表的型号很多，但使用方法基本相同，现以 MF30 为例介绍它的使用方法及注意事项，图 1-21 为它的面板图。

MF30 指针式万用表的使用方法及注意事项如下。

① 测试棒要完整，绝缘要好。

② 观察表头指针是否指向电压、电流的零位，若不是则调整机械零位调节器使其指零。

③ 根据被测参数种类和大小选择转换开关位置和量程，应尽量使表头指针偏转到满刻度的 2/3 处。如事

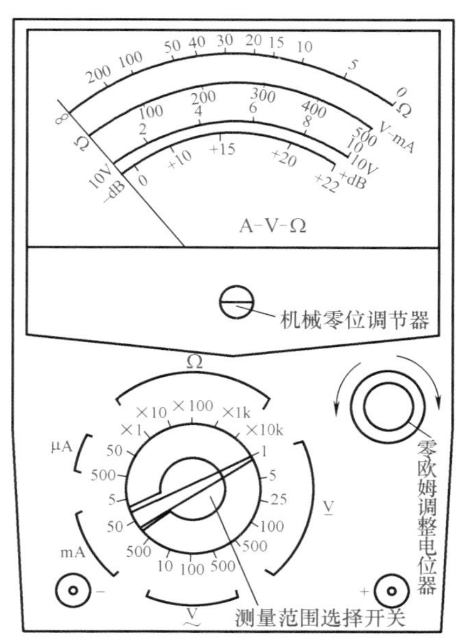

图 1-21 DT-890 型数字万用表的面板

先不知道被测量的范围，应从最大量程挡开始逐渐减小至适当的量程挡。

④ 测量电阻前，应先对相应的欧姆挡调零（即将两表棒相碰，旋转调零旋钮，示在0Ω处）。每换一次欧姆挡都要进行调零。如旋转调零旋钮，指针无法达到零位，则可能是表内电池电压不足，需更换新电池。测量时将被测电阻与电路分开，不能带电操作。

⑤ 测量直流量时注意极性和接法：测直流电流时，电流从“+”端流入，从“-”端流出；测直流电压时，红表棒接高电位，黑表棒接低电位。

⑥ 读数时要从相应的标尺上去读，并注意量程。被测量对象是电压或电流时，标尺读数即测量值；被测量对象是电阻时，则读数 = 标尺读数 × 倍率。

⑦ 测量时手不要触碰表棒的金属部分，以保证安全和测量准确性。

⑧ 不能带电转动转换开关。

⑨ 不要用万用表直接测微安表、检流计等灵敏电表的内阻。

⑩ 测晶体管参数时，要用低压高倍率挡（$R\times100\Omega$ 或 $R\times1\text{k}\Omega$）。注意“-”为内电源的正端，“+”为内电源的负端。

⑪ 测量完毕后，应将转换开关旋至交流电压最高挡，有“OFF”挡的则旋至“OFF”。

（四）数字式万用表

（1）数字式万用表的特点

① 数字式万用表由功能选择开关把各种输入信号分别通过相应的功能变换，变成直流电压，再经 A/D 转换器直接用数字显示被测量的大小，其分辨率大大提高。

② 数字式万用表电压挡的内阻比普通万用表高得多，因而精度高、功耗小。数字式万用表具有比较完善的过流、过压保护电路，过载能力强。

③ 数字式万用表插入“+”插孔的红表笔在测电阻挡时是高电位端，这一点与普通万用表完全相反，在使用中必须注意。

数字式万用表的显示位数一般为 4 ～ 8 位，若最高位不能显示 0 ～ 9 的所有数字，即称作“半位”，写成“1/2”位。例如，袖珍式数字万用表共有 4 个显示单元，习惯上叫三位半数字万用表。由于采用了数显技术，测量结果一目了然。

3½ 位袖珍式数字万用表与指针式万用表的主要性能比较见表 1-14。

表 1-14　3½ 位袖珍式数字万用表与指针式万用表的主要性能比较

3½ 位袖珍式数字万用表	指针式万用表
①数字显示，读数直观，没有视差	表针指示，读数不方便，且有误差
②测量准确度高，分辨率为 100μV	准确度低，灵敏度为 100mV 至几百毫伏
③各电压挡的输入电阻均为 10MΩ，但各挡电压灵敏度不等，如 200mV 挡为 50MΩ/V，而 1000V 挡为 10kΩ/V	各电压挡输入电阻不等，量程越高，输入电阻越大，500V 挡一般为几兆欧，各挡电压灵敏度基本相等，通常为 4 ～ 20kΩ/V，直流电压挡的灵敏度较高
④采用大规模集成电路，外围电路简单，液晶显示	采用分立元件和磁电式表头
⑤测量范围广，功能全，能自动调零，操作简单	一般只能测量电流、电压、电阻，需要调机械零点，测量电阻时还要调欧姆零点
⑥保护电路较完善，过载能力强，使用故障率低	只有简单的保护电路，过载能力差，易损坏
⑦测量速度快，一般为 2.5 ～ 3 次 /s	测量速度慢，测量时间（不包括读数时间）需一至几秒
⑧抗干扰能力强	抗干扰能力差
⑨省电，整机耗电一般为 10 ～ 30mW（液晶显示）	电阻挡耗电较大，但在电压挡和电流挡均不耗电
⑩不能反映被测电量的连续变化	能反映变化过程和变化趋势
⑪体积很小，通常为袖珍式	体积较大，通常为便携式
⑫价格偏高	价格较低
⑬交流电压挡采用线性整流电路	采用二极管作非线性整流

（2）数字式万用表的性能和使用方法

下面以DT-890型数字万用表为例，来说明数字式万用表的性能和使用方法。

DT-890型数字万用表的面板如图1-22所示，该表前后面板主要包括：LCD显示器、电源开关、量程选择开关、h_{FE}插孔、输入插孔、电容插孔、测电容零点调节器及在后盖板下的电池盒。

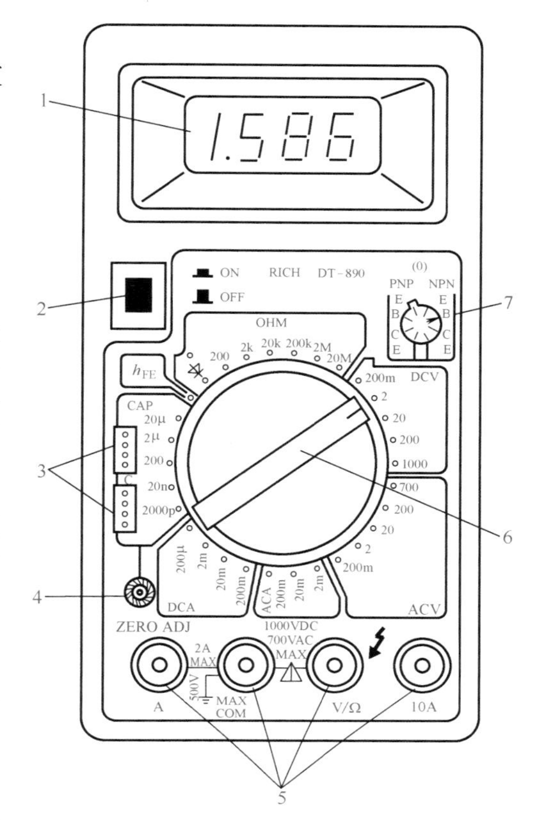

图1-22　DT-890型数字万用表的面板

1—LCD显示器；2—电源开关；3—电容插孔；4—测电容零点调节器；5—输入插孔；6—量程选择开关；7—h_{FE}插孔

液晶显示器采用FE型大字号LCD显示器，最大显示值为1999或-1999，仪表具有自动调零和自动显示极性功能，即如果被测电压或电流的极性错了，不必改换表笔接线，而在显示值前面出现负号“-”，也就是说此时红表笔接低电位，黑表笔接高电位。

当叠层电池的电压低于7V时，显示屏的左上方显示低电压指示符号“LO BAT”，超量程时显示“1”或“-1”，小数点由量程开关进行同步控制，使小数点左移或右移。

电源开关右侧注有“OFF”（关）和“ON”（开）字样，将开关按下，接通电源，即可使用仪表，测量完毕再按开关，使其恢复到原位（即“OFF”状态），以免空耗电池。

量程开关为30个基本挡和两个附加挡，其中蜂鸣器和二极管测量为公用挡，h_{FE}（晶体管放大系数）采用8芯插座，分PNP和NPN两组。

压电陶瓷蜂鸣片装在电池盒下面，当被检查的线路接通时，能同时发出声、光指示，面板上的半导体发光二极管发出红光。

输入插孔共有4个，分别标有“10A”“A”“V/Ω”和“COM”，在“V/Ω”与“COM”之间标有“MAX 700V AC，1000V DC”的字样，表示从这两个孔输入的交流电压不超过700V（有效值），直流电压不得超过1000V，即测量电压、电阻时表笔插入此两插孔。测电阻时插入“V/Ω”插孔的表笔为电源高压端；插入“COM”端插孔的表笔为电源负端。测直流电压时，当“V/Ω”插孔引出的红表笔接被测端高电位时，显示测量数字为正，反之为负；另外，在“A”与“COM”之间标有“MAX 2A”，表示输入的交、直流电流最大不超过2A，若超过2A且小于10A，可用“10A”与“COM”两插孔。

仪表背面有电池盒盖板，可按指定方向拉出活动抽板，即可更换电池。为检修方便，表内装0.2 A快速熔丝管。

DT-890型数字万用表主要技术特性基本挡（30个）如下：

DCV（直流电压测量）：200mV、2V、20V、200V、1000V。

ACV（交流电压测量）：200mV、2V、20V、200V、700V。

DCA（直流电流测量）：200μA、2mA、20mA、200mA。

ACA（交流电流测量）：2mA、20mA、200mA。

Q：200Ω，2kΩ，20kΩ，200kΩ，2MΩ，20MΩ。

C：2000pF，20nF，200nF，2μF，20μF。

检查二极管及线路通断（蜂鸣器）h_{FE} 测量。

附加挡（2 个）如下：

DCA：10A。

ACA：10A。

DT-890 型采用 9V 叠层电池供电，整机功耗 30 ～ 40mW。

（3）数字式万用表的操作测量方法及步骤

数字式万用表的操作测量方法及步骤见表 1-15。

表 1-15　数字式万用表的操作测量方法及步骤

类别	操作方法
交、直流电压的测量	• 使用时，将黑表笔插入“COM”插孔，红表笔插入“V/Ω”插孔。 • 将功能选择开关置于 DCV（直流）或 ACV（交流）的适当量程挡（若事先不知道被测电压的范围，应从最高量程开始逐步减至适当量程挡），并将表笔连接到被测电路两端，显示器将显示被测电压值和红表笔的极性（若显示器只显示“1”，表示超量程，应使功能选择开关置于更高量程挡）。 • 测试笔插孔旁的△表示直流电压不要高于 1000V，交流电压不要高于 700V
交、直流电流的测量	• 将黑表棒插入 COM 插孔，当被测电流≤ 200mA 时，红表棒插入 A 孔；被测电流在 20mA ～ 10A 之间时，将红表棒插入 10A 插孔。 • 将功能选择开关置于 DCA（直流）或 ACA（交流）的适当量程挡，测试棒串入被测电路，显示器在显示电流大小的同时还显示红表棒端的极性
电阻的测量	• 将黑表棒插入 COM 插孔，红表棒插入 V/Q 插孔（红表棒极性为“+”，与指针式万用表不相同）。 • 功能选择开关置于 OHM 的适当量程挡，将表棒接到被测电阻上，显示器将显示被测电阻值
二极管的测量	• 黑表棒插入 COM 插孔，红表棒插入 V/Q 插孔。 • 功能选择开关置于“—▷|—”挡，将表棒接到被测二极管两端，显示器将显示二极管正向压降的值（mV）。当二极管反向时，则显示“1”。 • 两个方向均显示“1”，表示二极管开路；两个方向均显示“0”，表示二极管击穿短路。这两种情况均说明二极管已损坏，不能使用。 • 该量程挡还可做带声响的通断测试，即当所测电路的电阻在 70Ω 以下时，表内的蜂鸣器发声，表示电路导通
晶体管放大系数 h_{FE} 的测试	• 将功能选择开关置于 h_{FE} 挡。 • 确认晶体管是 PNP 型还是 NPN 型，将 E、B、C 三脚分别插入相应的插孔，显示器将显示晶体管放大系数 h_{FE} 的近似值（测试条件是 J_B=10μA，U_{CE}=2.8V）
电容的测量	• 将功能选择开关置于 CAP 适当量程挡，调节电容调零器使显示器为 0。 • 将被测电容器插入“Cx”测试座中，显示器将显示其电容值

二、兆欧表的使用

（一）兆欧表的使用操作及安全注意事项

（1）手摇式兆欧表的使用

测量前应对兆欧表进行开路和短路试验，以确定兆欧表是否正常。使“L”和“E”两端子的连接线处于开路状态，摇动手柄，指针应指在“∞”处，再把“L”和“E”两端子连接线短接一下，指针应指“0”。

测量前必须将被测设备电源切断，并对地短路放电，有大电容的电路在测量前应对电容进行放电。连接好测量线，并确认被测部件不带电后，按顺时针方向由慢到快地转动摇把，转速达到 120r/min 时，保持匀速转动，一边摇一边读指示值，不能停下来读数。

一般测量绝缘电阻用“L”和“E”端即可，但测量高阻值的绝缘电阻和电缆线的绝缘电阻时，一定要接好屏蔽端钮“G”，为防止被测物表面泄漏电流，必须将被测物的屏蔽环或不需测量的部分与兆欧表的“G”端相连接。

测量电器及仪表的绝缘电阻时线路端“L”应接被测设备的导体，接地端“E”应接接地的设备外壳，屏蔽端“G”应接被测设备的绝缘部分。不能把“L”和“E”端接反了。兆欧表三个接线柱用的引线，一定要用三根单独的电线，测量时不允许绞合在一起使用，以避免测量误差。

（2）数字式兆欧表的使用

数字式兆欧表应根据测试项目选择测试电压及电阻量程。测试前先检查测试电压选择及LCD上测试电压的提示与所需的电压是否一致。按下测试按钮进行测试，当LCD屏的显示稳定后即可读数。最高位显示“1”表示超量程，要换用更高一挡的量程。

进行绝缘电阻测试，LCD显示读数不稳定，可能是环境干扰或绝缘材料不稳定造成的，可将“G”端接到被测物体的屏蔽端，使读数稳定。空载时有数字显示属正常现象，不会影响测试结果。

（3）安全注意事项

使用前要对兆欧表进行检查，接线柱应完好，手柄要正常，摇动手柄应有手沉感，表指针应无扭曲、卡住等现象。使用之前，指针可以停留在刻度盘的任意位置。

兆欧表的输出电压高达几百至上千伏，人员必须站在绝缘物上操作。在测试过程中及兆欧表停运之前，严禁用手触及引线的电极。测量结束后，对含有电容的设备要进行放电。禁止在雷电时或高压设备附近测绝缘电阻；测试过程中，被测设备上不能有人工作。对电容式变送器及变频器，不能用输出电压大于100V的兆欧表来测试它们的绝缘电阻。

数字式兆欧表长时间不使用时，应把电池取出，以防电池漏液腐蚀仪表。表壳上有静电时，触摸仪表表面，指针出现偏转，或LCD显示器乱跳字。当零位无法调整时勿进行测量。静电影响了仪表读数，可使用含有防静电剂或去污剂的湿布擦拭仪表外壳。

数字式兆欧表测试电压选择键不按下时，仪表的输出电压插孔上有可能会输出高压。测试时不允许手触摸测试端，且不能随意更换测试线，以保证读数准确及人身安全。

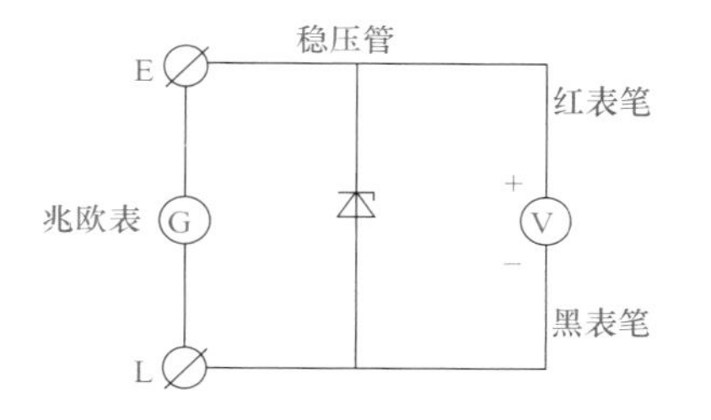

图1-23　稳压二极管测试接线图

（二）兆欧表在仪表维修中的应用

兆欧表在仪表维修中的应用见表1-16。

表1-16　兆欧表在仪表维修中的应用

类别	说明
检查试电笔	电笔是仪表维修中最常用的工具。其可靠才能保证安全。放置时间较长，或借过他人的电笔，使用前应进行检查。附近没有确认的市电相线做测试时，可将电笔的笔尖及手握金属体用电线分别接至兆欧表的E、L两接线柱上，摇动手柄，电笔的氖灯亮说明电笔正常，反之电笔有问题。用本方法还可以检查氖灯是否正常。因为氖灯启辉电压低、耗电微小，用万用表无法判断其好坏
测量高阻值电阻	仪表维修中遇到高阻值的电阻，怀疑其有问题，用万用表的电阻挡难于测量其阻值时，可用兆欧表来测量。把被测电阻离线后，接至兆欧表的E、L两接线柱上，摇手柄到规定的转速，表针所指读数即为被测电阻的阻值
测试稳压二极管	型号不明、标识不清楚的稳压二极管，可以采用手摇式兆欧表与指针万用表配合测量稳压值。测试电路如图1-23所示，万用表置20V DC挡，然后摇动兆欧表手柄至额定转速，万用表所指电压即为该稳压管的稳压值。举一反三还可测量三极管的耐压

三、钳形表的使用

当用一般电流表测量电路电流时，常用的方法是把电流表串联在电路中。在施工现场临时需要检查电气设备的负载情况或线路流过的电流时，要先把线路断开，然后把电流表串联到电路中。这一工作既费时又费力，很不方便，如果采用钳形电流表测量电流，就无需把线路断开，而直接测出负载电流的大小。但钳形表准确度不高，通常为2.5级或5级，所以它只适用于对设备或线路运行情况进行粗略了解，不能用作精确测量。但由于其测量时不需切断电路，使用方便，故在安装和维修工作中应用较广。

（1）钳形表的结构

钳形表是由电流互感器和整流系电流表组成，外形结构如图 1-24 所示。电流互感器的铁芯在捏紧扳手时即张开，如图 1-24（a）中虚线位置所示，使被测电流通过的导线不必被切断就可进入铁芯的窗口，然后放松扳手，使铁芯闭合。这样，通过电流的导线相当于互感器的初级绕组，而次级绕组中将出现感应电流，与次级相连接的整流系电流表便指示出被测电流的数值。

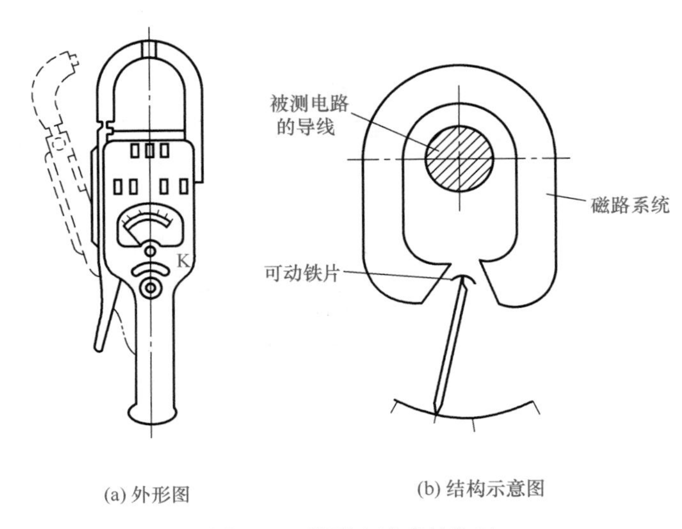

(a) 外形图　　(b) 结构示意图

图 1-24　钳形电流表结构图

（2）钳形表的使用方法

钳形表使用方便，但准确度较低，通常只用于在不便于拆线或不能切断电路的情况下进行测量。

① 先估计被测电流大小，将转换开关置于适当量程；或先将开关置于最高挡，根据读数大小逐次向低挡切换，使读数超过刻度的 1/2，得到较准确的读数。

② 测量低压可熔保险器或低压母线电流时，测量前应将邻近各相用绝缘板隔离，以防钳口张开时可能引起相间短路。

③ 有些型号的钳形电流表附有交流电压量限，测量电流、电压时应分别进行，不能同时测量。

④ 测量 5A 以下电流时，为获得较为准确的读数，若条件许可，可将导线多绕几圈放进钳口测量，此时实际电流值为钳形表的示值除以所绕导线圈数。

⑤ 测量时应戴绝缘手套，站在绝缘垫上。读数时要注意安全，切勿触及其他带电部分。

⑥ 钳形电流表应保存在干燥的室内，钳口处应保持清洁，使用前应擦拭干净。

（3）常用钳形表主要技术数据（见表 1-17）

表 1-17　常用钳形表主要技术数据

型号	名 称	准确度等级	量限
T301	钳形交流电流表	2.5	10/25/50/100/250A，10/25/100/300/600A，10/30/100/300/1000A
T302	钳形交流电流、电压表	2.5	10/50/250/1000A，300/600V

续表

型号	名 称	准确度等级	量限
MG20	锥形交直流电流表	5	100/200/300/400/500/600A
MG21	钳形交直流电流表	5	750/1000/1500A
MG24	袖珍式钳形交流电流、电压表	2.5	5/25/50A，300/600V；5/50/250A，300/600V
MG26	袖珍式钳形交流电流、电压表	2.5	5/50/250、10/50/150A，300/600V
MG28	袖珍式多用钳形表	5	交流：5/25/50/100/250/500A，50/250/500V 直流：0.5/10/100mA，50/250/500V 电阻：1/10/100kΩ
MG31	袖珍式钳形表	5	交流：5/25/50A，450V 电阻：50kΩ
			交流：50/125/250A，450V 电阻：50kΩ
MG33	袖珍式钳形表	3	交流：5/50、25/100、50/250A，150/300/600V 电阻：300Ω
MG36	袖珍式多用钳形表	5	交流：50/100/250/500/1000A，50/250/500V 直流：0.5/10/100mA，50/250/500V 电阻：10Ω/100kΩ/1MΩ 晶体管放大系数：0 ～ 250
MG41	电压、电流、功率三用钳形表	2.5	交流电流：10/30/100/300/1000A 交流电压：150/300/600V
VAW		5	交流功率：1/3/10/100kW

四、万用电桥的使用

电桥分直流电桥和交流电桥两大类。直流电桥主要用来测量电阻，交流电桥主要用来测量电容、电感等元件的参数。具备测量 R、L、C（电阻、电感、电容）功能的电桥，称为万用电桥。用电桥法在低频（如 1kHz）情况下测元件的参数，测量的准确度将远远高于伏安法和万用表法。下面以 QS18A 型万有电桥为例，介绍其基本结构及使用方法。

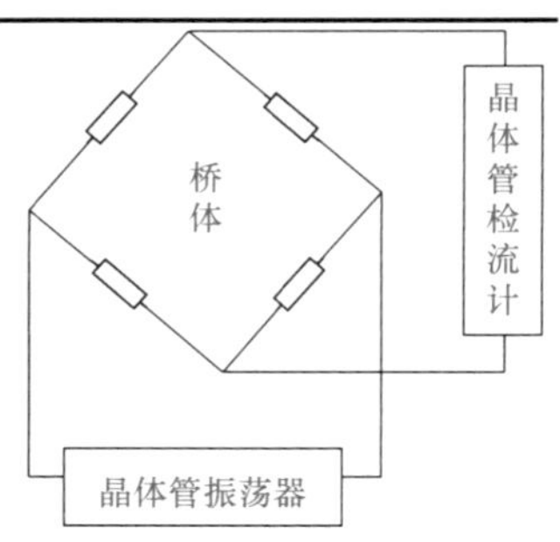

图 1-25 QS18A 型万用电桥的基本结构

（1）基本结构

QS18A 型万用电桥的基本结构如图 1-25 所示，主要由桥体、1kHz 晶体管振荡器和晶体管检流计 3 部分组成。

电桥面板如图 1-26 所示。面板说明如下：

“外 - 内 1kHz”开关——用来选择内部或外部电源。

“外接”插孔——用来外接音频电源。

“量程”选择开关——根据面板所指量程进行选择。

“被测”接线柱——用来连接被测元件。

“测量选择”开关——用来选择元件测试内容及作电源开关用。

“损耗微调”——用来微调平衡时的损耗，通常放在“0”位。

损耗倍率开关——在测电容时旋至“D×1”或“D×0.1”挡，测电感时旋至“Q×1”挡。

“损耗平衡”——用来指示被测电容、电感的损耗读数。

“灵敏度”旋钮——用以控制电桥放大器的增益。

“读数”旋钮——可粗调 / 细调电桥的平衡状态。

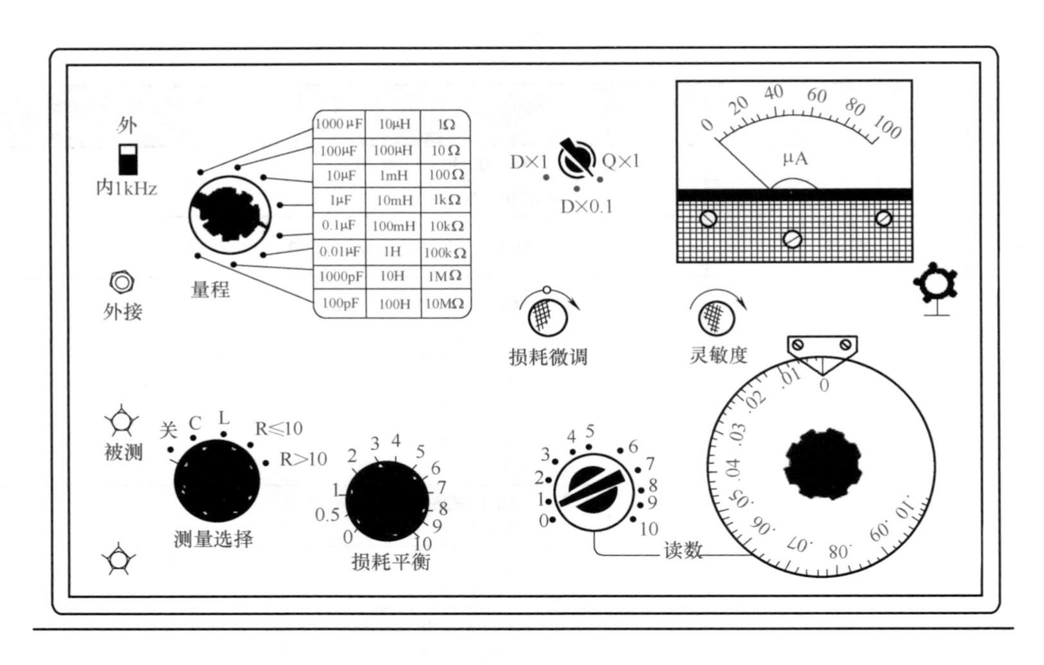

图 1-26　QS18A 型万用电桥面板

（2）使用方法

① 测电阻操作步骤：第一步，估计被测电阻大小，将量程开关置于合适位置。如被测电阻在 10Ω 以内，应将量程开关置于“10Ω”位置；测量选择开关置于“R ≤ 10”位置。第二步，调节读数旋钮，使电桥平衡，则被测电阻值为：R_x=“量程”开关指示值 × “读数”指示值。

② 测电容操作步骤：第一步，估计被测电容大小，将量程开关置于合适位置。如被测电容为 4.7μF，应将量程选择开关置于“10μF”挡；测量选择开关置于“C”位置；损耗倍率开关置于“D × 0.1”挡。第二步，反复调节“读数”和“损耗平衡”旋钮，直到电表指零，可逐渐增大“灵敏度”使电桥平衡，则被测电容及损耗因数分别为：

C_x=“量程”开关指示值 × “读数”指示值

D_x= 损耗倍率开关指示值 × “损耗平衡”指示值

③ 测电感操作步骤：第一步，估计被测电感大小，将量程开关置于合适位置；将测量选择开关置于“L”位置；损耗倍率开关置于“Q × 1”挡。第二步，反复调节“读数”和“损耗平衡”旋钮，直到电表指零，电桥平衡。则被测电感及品质因数分别为：

L_x=“量程”开关指示值 ×“读数”指示值

Q_x= 损耗倍率开关指示值 ×“损耗平衡”指示值

五、电位差计的使用

（一）数字电位差计的使用

（1）使用操作

UJ33D-2 型数字电位差计的面板排列如图 1-27 所示，使用操作步骤见表 1-18。

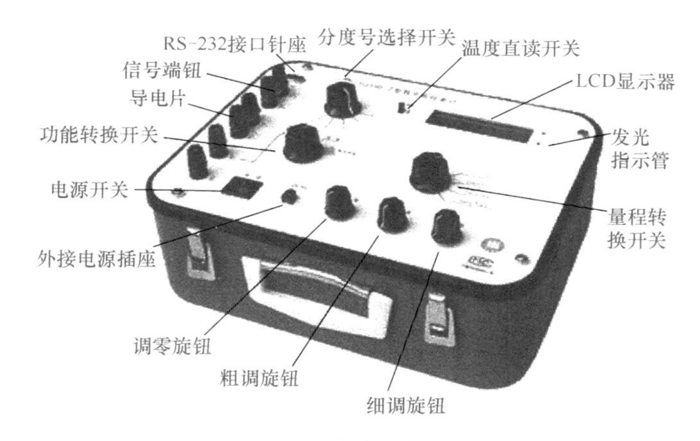

图 1-27　UJ33D-2 型数字电位差计面板排列图

表 1-18　数字电位差计使用操作步骤

类别	说明
测量电压或电势	测量电压或电势的接线方法按图 1-28 所示，功能选择开关旋至“调零”，量程转换开关根据需要选择 20mV 或 50mV 挡，调节调零旋钮使数字显示为零。功能选择开关置“测量”，选择合适的量程，LCD 显示的数值即为所测量的电压或电势值 －　+　P_-　C_-　V_X　G　UJ33D-2 图 1-28　测量电压或电动势接线图
输出电压	按图 1-29（a）所示输出电压的接线方法进行接线，按下电源开关至“1”，或插上外接 9V 直流电源，显示屏立即显示读数，注意信号端钮与短路导电片必须旋紧，功能转换开关旋至“输出”，量程转换开关旋至合适量程，调节粗、细调旋钮以获得所需要的输出电压。在 200mV、2V 挡位使用时不需预热，开机即可获得符合精度要求的电压输出。但在 20mV、50mV 挡位使用要预热 5 ～ 10min，并需要在使用前调零。 在校准低阻抗仪表时应采用四端钮输出方式，以消除测量导线压降带来的读数误差，此时应去掉信号端钮上的导电片，接线方法如图 1-29（b）所示，LCD 显示的读数就是输入给被校表的实际电压值 +　被校仪表　－　P_+　C_+　P_-　C_-　UJ33D-2 (a) 常规输出方式 +　被校仪表　－　P_+　C_+　P_-　C_-　UJ33D-2 (b) 四端钮输出方式 图 1-29　输出接线示意图
保护端方式	在使用数字电位差计时如果有共模干扰，会引起 LCD 的显示跳字不稳定，这时应将输入、输出低端 C 同仪器保护端 G 相连接，如图 1-28 所示

续表

类别	说明
温度直读	功能转换开关根据需要旋至“测量”或“输出”，接线方法同测量或输出方式，分度号选择开关置所需热电偶分度号位置，量程转换开关置20mV（S、T）或75mV（K、E、J），温度直读开关拨至向上位置，即显示当前测量值或发生毫伏电势时所选择分度号的温度读数。量程选择如错置于200mV或2V挡，仪器将以全“2”闪烁方式显示，提示量程选择有错
关机	按下电源开关至“0”，或拔去外接电源插头，数字电位差计即停止工作；仪器如果长时间不使用，应将底部电池盒内的电池取出

（2）维护保养

仪器使用一段时间后，应检查电池的容量，即把功能选择开关旋至“电池检查”，量程旋至2V挡，当LCD显示读数低于1.3时应更换电池。

如果开机无显示，应检查电池是否未装好，如果显示严重跳字，有可能是电池接触不良或电池将要用完，或者是信号端钮与短路导电片未旋紧所致。使用中如果LCD闪烁显示，排除干扰外，应先检查信号端钮与短路导电片是否旋紧。

数字电位差计要固定专人保管，为保证仪器的准确性，应定期送上一级计量部门检定。

（二）直流电位差计的使用

直流电位差计是仪表维修必备的测量仪器之一，主要用来测量热电偶的热电势，以便快速、准确地检测温度值，也可对各种直流毫伏信号仪表及电子电位差计进行校准。配合标准电阻、过渡电阻，还能对直流电阻、电池进行测量。

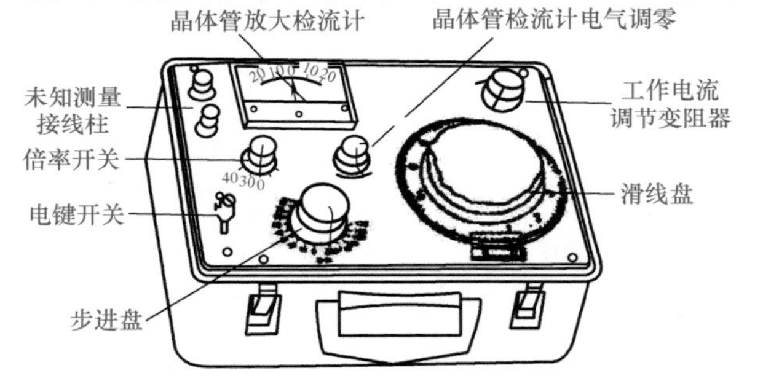

图1-30　UJ36a型直流电位差计面板排列图

（1）使用操作

以UJ36a型直流电位差计为例，介绍直流电位差计的使用。面板排列如图1-30所示，操作使用步骤如下：

① 把被测的电压或电动势按极性接在“未知测量接线柱”两端。

② 把“倍率开关”旋至所需位置，同时也接通了仪器的工作电源和检流计放大器电源，预热3min后，即可调节检流计使之指零。

③ 把“电键开关”扳向“标准”，调节“晶体管检流计电气调零”电阻，使检流计指零。

④ 再把“电键开关”扳向“未知”，调节“步进盘”和“滑线盘”使检流计再次指零，则未知电动势或电压F_X=（步进盘读数＋滑线盘读数）× 倍率。

⑤ 把“电键开关”扳向“标准”，调节“晶体管检流计电气调零”电阻，使检流计指零。“倍率开关”旋向“G1”时，电位差计处于 ×1位置，检流计短路。“倍率开关”旋向“G0.2”时，电位差计处于 ×0.2位置，检流计短路。在“未知测量接线柱”可输出标准直流电动势。

⑥ 连续测量时，要经常校对仪器的工作电流，以防工作电流变化而造成测量误差。

⑦ 使用中如果调节多圈变阻器不能使检流计指零，则应更换1.5V干电池；如果晶体管检流计灵敏度低，则更换9V干电池。

（2）维护保养

电位差计使用完毕，将“倍率开关”旋至断的位置，避免浪费电源，“电键开关”应放在中间位置；如长期搁置不用，要把干电池取出。长期不用，在开关、旋钮接触处会产生氧化而造成接触不良，使用前应对开关和滑线盘多旋转几次，使其接触良好；如果接触仍不理想，建议用汽油清洗后，再涂上一层无酸性凡士林保护。电位差计应保持清洁，避免直接的阳光曝晒和剧烈振动。电位差计要有专人保管，并应定期送上级计量部门检定。

六、数字直流电桥的使用

（1）使用操作

电桥测量电阻时接线方式有四线制、三线制和两线制 3 种：四线制用来测量标准电阻器、精密电阻器等；三线制用来测量热电阻；两线制用来测量一般的电阻元件，如线绕电阻及碳膜、金属膜电阻等。

电桥采用四线制测量方法，要用四个测量接线柱，其中 C_1、C_2 为电流端，P_1、P_2 为电位端。电桥由电流端输出测试电流，被测电阻压降由电位端引入电桥。连接方法如图 1-31 所示。图中（a）所示为四线式电阻器测量连接方法，由理论分析可知，尽管四测量导线有导线电阻，而且各连接点存在接触电阻，但只要按图正确连接，电桥便能有效地消除以上两种电阻对测量精度的影响，电桥测得的是 A、B 两点之间电阻值 R_{AB}。图中（b）所示为两线式电阻器测量时的连接方法，也采用四线式测量方法。对于 1kΩ 以上电阻器，可以采用两线式测量法，接线柱 C_1 与 P_1、C_2 与 P_2 用导线分别短接，再引出二根测量导线进行测量。由于受测试电流的限制，对于三线制的热电阻元件不宜用本电桥进行测量。

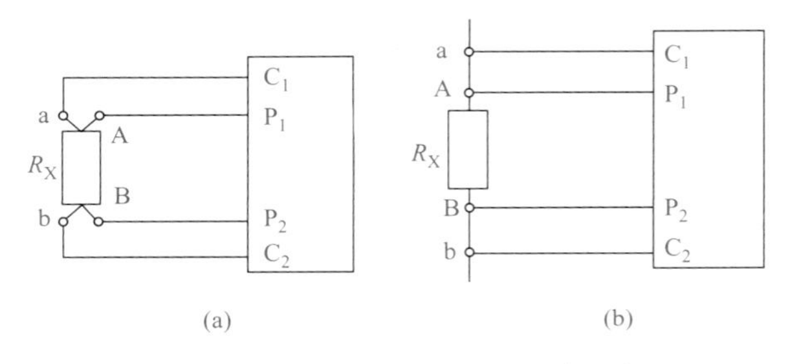

图 1-31　电桥测量电阻器时的接线示意图

接好测量导线，就可以进行测量了，步骤如下：

① 按下“POWER”电源开关，预热 5min。进行量程选择，根据被测电阻值大小选择合适的量程，显示器同时显示小数点和单位。如果无法估计被测电阻的阻值，则应从最高量程起依次旋向低量程，直到测量值最高位落在显示器的万位或千位上，使读数值有足够位数，以确保测量精度。

② 按下“METER”测量键，则显示器显示的稳定示值即为被测电阻的阻值。测量完毕，应将“METER”测量键及时复位。按下显示器右边的“H”保持键，指示灯亮，测试数据将保持不变。要取消保持功能，可按“H”键进行复位。

③ 当被测电阻值大于满度值时，显示值为 1×××，其中 × 为该位不显示。当被测电阻值远大于满度值，或者测量端开路时，显示器左边会出现“ALM”提示符，同时示值为 0。

④ 显示器上方出现“LOW BATT”提示符，表示干电池电压过低，应更换干电池。

（2）维护保养及注意事项

① 测量低值电阻，如 2Ω 挡量程，由于测试电流较大，测量时间应尽量短，以延长干电池使用寿命；待显示器读数值稳定，即可利用保持功能，并将“METER”测量键复位。电桥测量端是允许开路的，但不能长时间短接。

② 测量电感线圈的电阻值时，如变压器、电动机等，必须严格遵守：先连接测量导线，选择合适量程，再按下“METER”测量键的操作步骤。显示器从溢出状态到数字由大逐渐变小，其读数稳定时的数值即为电感线圈的电阻值。测量完毕要拆卸导线，或在测量过程中改变量程，都必须先将“METER”测量键复位，等电感放电完毕，才可进行上述的操作，以防电感反电动势损坏电桥。当测量导线较长时，四根测量导线应绞合在一起，以防止

干扰。

③ 当被测对象的温度系数较大时，为了避免被测对象温升对测量结果的影响，当显示器示值稳定时，应使用保持功能，且“METER”测量键应及时复位。

④ 高阻测量时应防止泄漏电阻和干扰的产生。即测量导线表面要保持清洁干燥，以防表面泄漏，并应避免电磁及静电的干扰。

⑤ 电桥如果长时间不用，应取出所有干电池。

⑥ 电桥要有专人保管，存放环境不应有腐蚀性气体或有害物质。

七、直流电阻电桥的使用

直流电阻电桥是仪表维修必备的测量仪器之一，主要用来测量电阻及各型热电阻的电阻值，以便快速、准确地得到检测温度值，也可对各种热电阻显示仪表及电子电桥计进行校准。

（1）使用操作

QJ23a 型直流电阻电桥的面板排列如图 1-32 所示，使用操作步骤如下：

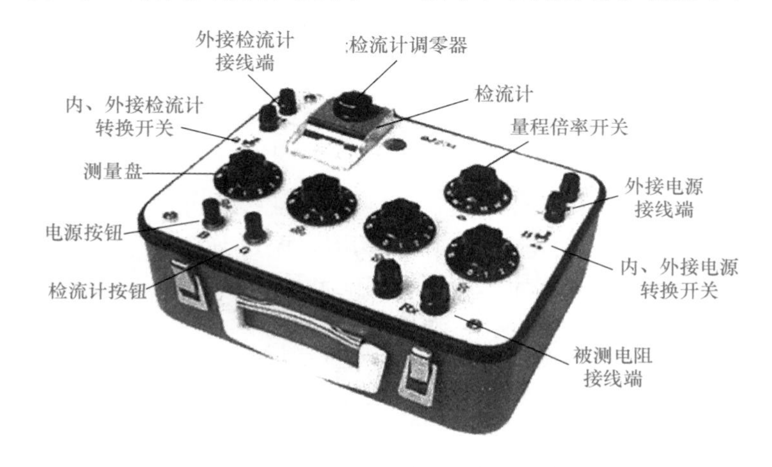

图 1-32　QJ23a 型直流电阻电桥面板排列图

① 大多数情况下，当被测电阻小于 10kΩ 时，都可使用仪器的内附检流计及内接电源进行测量。通常，内、外接检流计转换开关应扳向“内接”，则内附检流计接入电桥线路。内、外接电源转换开关扳向“内接”，则电桥内附电源接入电桥。

② 先调整检流计零位。如使用的是电子式检流计，则采用的是电位器调零，先安装检流计的工作电源，电池极性不能接反。单独按下“B”钮，不能同时按“G”钮，然后调整表头上方的调零旋钮，使指针指示在零位。松开“B”钮时，指针有时会不在“零”位，略有偏差但不会影响测量结果。

③ 将被测电阻连接到被测电阻接线端 R_X 上，根据被测量电阻的估计值，来选择量程，把量程倍率开关旋转至相应挡位，同时按下“B”和“G”按钮，观察检流计指针偏转方向。如指针向“+”方向偏转，表示被测电阻大于估计值，需增加测量盘示值，使检流计指零；如果检流计仍偏向“+”，则可增加量程倍率，再调节测量盘使检流计指零。如指针向“-”方向偏转，表示被测电阻小于估计值，需减少测量盘示值使检流计指向零位；测量盘示值减少到 1000Ω 时，若检流计仍然是偏向“-”边，则应减少量程倍率，再调节测量盘使检流计指向零位。当检流计指零时，电桥平衡，则：被测电阻值 = 量程倍率 × 测量盘示值。测量结束同时松开“B”和“G”按钮。

④ 当内附检流计灵敏度不够时，可外接高灵敏度的检流计，应把内、外接检流计转换开关扳向“外接”，则内附检流计被短路，电桥通过外接检流计接线端接入外接检流计。

⑤ 当采用提高电源电压方法增加电桥灵敏度时，可外接电源电压使用。则应把内、外接电源转换开关扳向“外接”，由外接电源接线端接入外接电源来供电。

⑥ 使用完毕应将内、外接检流计转换开关扳向“外接”，使内附检流计被短路。内、外接电源转换开关扳向“外接”，以切断内部电源。同时松开“B”和“G”按钮。

（2）维护保养及注意事项

① 在测量感抗负载的电阻，如电机、变压器时，必须先按电源按钮“B”，再按检流计按钮“G”；断开时，先放开按钮“G”，再放开电源按钮“B”。

② 在测量时，连接被测电阻的导线电阻要小于 0.002Ω。当测量小于 10Ω 的电阻时，要扣除导线电阻所引起的误差。

③ 在进行任何阻值测量时，调节倍率盘，尽量使“×1000Ω”测量盘的示值不为 0，使测量盘有足够读数位数，以确保测量精度。

④ 测量过程中“B”“G”按钮尽量间断使用，以延长电池寿命。如果电桥工作正常但灵敏度明显下降，则应更换电池。

⑤ 电桥只能对不带电的电阻器进行测量；严禁带电测量以防损坏电桥。

⑥ 电桥应存放在没有腐蚀性气体的室内，并要避免阳光暴晒及防止剧烈振动。仪器长期不用时，应将内附电池取出。

⑦ 电桥初次使用或停用时间较长，使用前应将各旋钮开关旋动数次，以保证接触良好。

八、热电偶检定装置的使用

（1）标准仪器和设备

标准仪器和设备说明见表 1-19。

表 1-19　标准仪器和设备

类别	说明
标准仪器	在检定 300 ～ 1600℃范围的工业热电偶时，主要的标准仪器是一、二等铂铑 $_{10}$- 铂热电偶和一、二等铂铑 $_{30}$- 铂铑 $_{6}$ 热电偶及标准镍铬 - 镍硅热电偶。正确选择和使用标准热电偶是保证检定质量的重要因素。 标准热电偶应具备的条件： ①二等标准铂铑 $_{10}$- 铂热电偶，其成分与工业热电偶相同，但负极铂丝纯度 $R_{100}/R_0 \geqslant 1.3920$，式中 R_{100}、R_0 分别为铂丝在温度为 100℃、0℃时的电阻值。 ②标准铂铑 $_{10}$- 铂热电偶在参考端温度为 0℃，测量端温度为 1084.62℃（铜凝固点）时，其热电动势为（10.575±0.030）mV。 ③一、二等标准铂铑 $_{10}$- 铂热电偶的稳定性，是以检定时在铜点测得的热电势和上一次检定结果比较来判断，其差值不应超过 5.10μV。 ④使用中的标准热电偶应按周期进行检定，检定周期由使用情况定，一般为一年
测量仪器	检定热电偶常用的测量仪器有直流电位差计和直流数字电压表以及同等级的其他电测设备。电测设备的精度等级可根据被检热电偶的检定规程要求来定
检定炉	为了减少导热误差，保证热电偶的插入深度，检定炉长度不应小于 600mm，直径不小于 300mm，最高使用温度应能满足被检热电偶测温上限要求。检定炉温场沿轴向分布应中间高、两端低，温场最高处应位于炉子轴向中心，偏离中心位置不得超过 20 ～ 30mm
多点转换开关	在测量回路中连接多点转换开关，是为了满足对多支热电偶检定的需要，检定贵重金属热电偶的多点转换开关的热电动势不应大于 0.5μV，检定廉价金属热电偶的多点转换开关的热电动势不应小于 1μV
其他设备	①热电偶退火装置一套，0.5 级测量范围 0 ～ 15A 的交流电流表一只。 ②冰点恒温器。 ③热电偶焊接装置一套

（2）检定方法

热电偶检定装置的检定方法见表 1-20。

表 1-20　热电偶检定装置的检定方法

<table>
<tr><th>类别</th><th>检定方法</th></tr>
<tr><td>双极法</td><td>在各检定点上分别测量标准与被检热电偶的热电势值并进行比较，计算其偏差或相应热电势值。双极法检定连接线路见图 1-33。 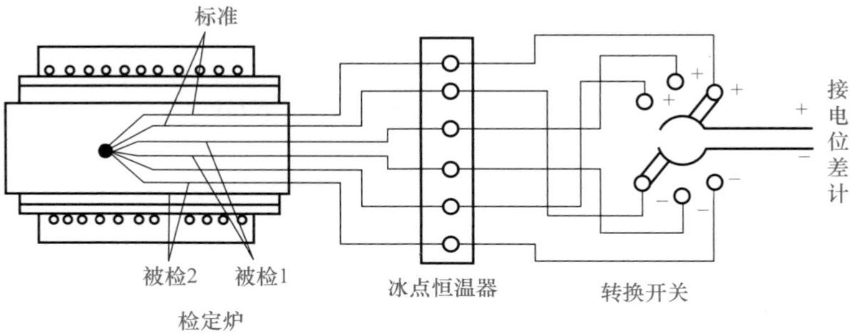

标准
被检2　被检1
检定炉
冰点恒温器
转换开关
接电位差计

图 1-33　双极法检定连接线路

（1）双极法检定特点
①直接测量热电偶的电势值。
②标准和被检热电偶可以是不同型号。
③热电偶测量端可以不捆扎在一起，但必须保证处于同一温度中。
（2）检定时注意
①炉温必须严格按规定控制，否则就会带来较大测量误差。
②标准与被检参考端温度不为 0℃时，做数据处理要把参考端温度修正到 0℃</td></tr>
<tr><td>同名极法</td><td>在各检定点上分别测量被检热电偶正极与标准热电偶正极及被检热电偶负极与标准热电偶负极之间的微差热电势，然后用计算的方法求得被检热电偶的偏差或相应电势值。
同名极法连接线路如图 1-34 所示。 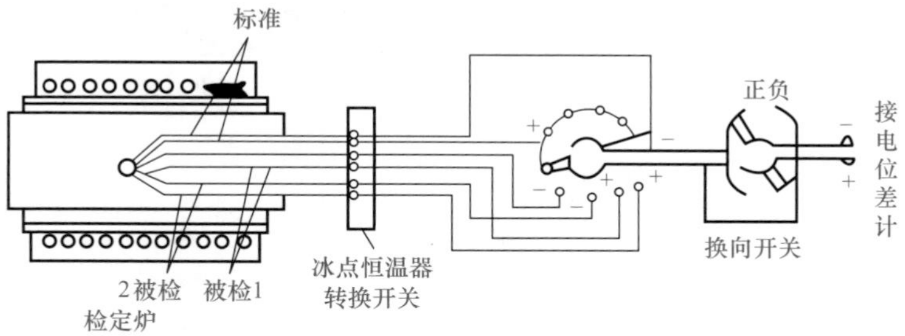

标准
正负
接电位差计
换向开关
冰点恒温器
转换开关
2被检　被检1
检定炉

图 1-34　同名极法检定连接线路

（1）同名极法检定特点
①读数过程中允许炉温变化大（一般为 ±10℃）。
②能够直接测出标准与被检热电偶的单极热电动势的差值。
（2）检定时注意事项
①标准和被检热电偶必须是同一型号，才能比对。
②对标准和被检热电偶的捆扎要求较严，否则容易产生误差</td></tr>
<tr><td>微差法</td><td>用微差法检定热电偶是将标准和被检热电偶（同型号）置于检定炉内，并将它们反向串联，直接测量其热电动势的差值。微差法检定连接线路如图 1-35 所示。
（1）微差法检定特点
①操作简单、读数迅速、计算方便。
②能直接读出差值。
③检定时对炉温要求不严。</td></tr>
</table>

续表

<table>
<tr><th>类别</th><th>检定方法</th></tr>
<tr><td>微差法</td><td>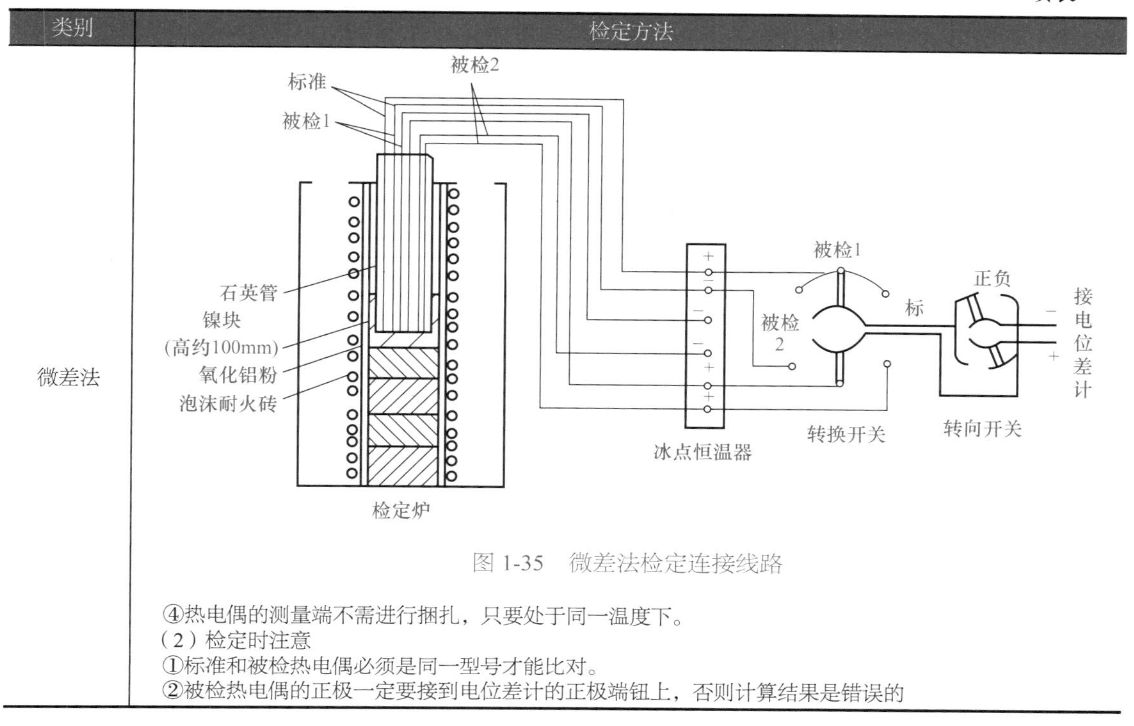
图 1-35　微差法检定连接线路
④热电偶的测量端不需进行捆扎，只要处于同一温度下。
（2）检定时注意
①标准和被检热电偶必须是同一型号才能比对。
②被检热电偶的正极一定要接到电位差计的正极端钮上，否则计算结果是错误的</td></tr>
</table>

对经检定符合要求的热电偶发给检定证书，对不合格的热电偶发给检定结果通知书。热电偶的检定周期一般为半年，特殊情况下可按使用条件来确定。

九、热电阻检定装置的使用

利用导体或半导体的电阻值随温度变化来测量温度的元件称电阻温度计。它是由热电阻体、连接导线和显示或记录仪表构成的，广泛用来测量 -20 ～ 850℃范围内的温度，具有测温范围宽、精度高、稳定性好、可远距离测量、便于实现温度控制和自动记录等优点，是使用广泛的一种测温仪表。

（一）工业热电阻的基本参数

工业热电阻的基本参数见表 1-21。

表 1-21　工业热电阻的基本参数

类别	说明
分度号与标称电阻值	工业铂热电阻、铜热电阻在 0℃的标称电阻值及分度号见表 1-22
温度测量范围及允许偏差	所谓允许偏差，即热电阻实际的电阻与温度关系偏离分度表的允许范围。工业铂、铜热电阻的温度测量范围及以温度表示的允许偏差 E_t，见表 1-22
工业热电阻的电阻值和电阻比的误差	热电阻在 100℃及 0℃的电阻比 W_{100}，对标称电阻比 W_{100} 的允许误差 ΔW_{100}，见表 1-23
热响应时间	当温度发生阶跃变化时，热电阻的电阻值变化至相当于该阶跃变化的某个规定百分比所需要的时间，称热响应时间
额定电流	为了减少热电阻自热效应引起的误差，对热电阻元件都规定了额定电流。额定电流是指在测量电阻时，允许在某元件中连续通过的最大电流，一般为 2 ～ 5mA

热电阻检定装置是用来检定热电阻的标准仪器及配套设备的总称。热电阻基本参数中的前三项，是热电阻检定工作中要完成的项目。

表 1-22 热电阻的标称电阻值及分度号

热电阻名称		温度测量范围/℃	分度号	温度为0℃时的标称电阻值 R_0/Ω	E_t/℃
铂热电阻	A级	20～850	Pt10 Pt100	10 100	±（0.15+0.002|t|）
	B级		Pt10 Pt100	10 100	±（0.304−0.005|t|）
铜热电阻		−50～150	Cu50 Cu100	50 100	±（0.30+0.006|t|）

注：1. 表中 |t| 是以摄氏度表示的温度的绝对值；

2. A级允许偏差不适用于采用两线制的铂热电阻；

3. 对 R_0=100Ω 的铂热电阻，A级允许偏差不适用于 t > 650℃的温度范围；

4. 两线制热电阻偏差的检定包括内引线的电阻值。对具有多支感温元件的两线制热电阻，如要求只对感温元件进行偏差检定，则制造厂必须提供内引线的电阻值。

表 1-23 工业热电阻的电阻值和电阻比的误差

热电阻名称	代号	分度号	温度为0℃时的标称电阻值 R_0/Ω		电阻比 W_{100}（R_{100}/R_0）	
			名义值	允许误差	名义值	允许误差
铜热电阻	WZC	Cu50	50	±0.05	1.428	±0.002
		Cu100	100	±0.1		
铂热电阻	WZP（IEC）	Pt10	10（0～850℃）	A级 ±0.006 B级 ±0.012	1.385	±0.001
		Pt100	100（200～850℃）	A级 ±0.06 B级 ±0.12		
镍热电阻	WZN	Ni100	100	±0.1	1.617	±0.003
		Ni300	300	±0.3		
		Ni500	500	±0.5		

（二）工业热电阻检定装置

（1）选用的计量标准器及配套设备

① 二等标准铂电阻温度计。二等标准铂电阻温度计的主要技术要求如下：

a. 温度计在水三相点温度（0.01℃）时的电阻 R_{tp} 应为（25±1.0）Ω 或（100±2.0）℃。

b. 二等标准铂温度计应满足下面两个条件之一：

条件一：W(29.7646℃)≥1.11807。

条件二：W(100℃)≥1.39254。

W(100℃)为温度计在100℃时的电阻值 R(100℃)与 R_{tp} 之比，即 W(100℃)=R(100℃)/R_{tp}。

c. 温度计的二次检定周期的检定结果之差，换算为温度在水三相点时不超过15mK；在100℃时，不超过12mK；在锡凝固点（231.928℃）时不超过18mK；在锌凝固点（419.527℃）时，不超过25mK。

新制造及修理后的温度计的稳定性应满足以下要求：温度计在上限温度（或450℃）退火100h，退火前后 R_{tp} 和 W 的变化，换算为温度后不应超过10mK和17mK。

d. 温度计通过1mA电流，在水三相点温度时的自热效应不超过4.0mK。

e. 在锌凝固点时，温度计两电位引线之间的杂散热电势不应超过1.5μV。

② 二等标准水银温度计检定铜电阻时作标准使用。

（2）配套设备

工业热电阻检定装置配套设备说明见表1-24。

表 1-24　工业热电阻检定装置配套设备说明

类别	说明
0.02 级直流电位差计或测温电桥及配套装置	采用直流电位差计测量电阻时，还需配有 0.01 级的标准电阻（其阻值为 10Ω 和 100Ω 各一个）、直流毫安表、油浸式多点转换开关以及直流电源（其稳定度不得低于 5×10^{-6}A/h）。 用测温电桥测量电阻时，只需配有油浸式四点转换开关，用于引线换向，消除引线电阻
冰点槽	用来测定热电阻在 0℃时的电阻值和冻制水三相点时用，其高为 600mm，内径大于 250mm
金属水沸点炉	用来测定热电阻在 100℃时的电阻值。炉的基本结构是在炉子的圆筒内装有一定量的蒸馏水，炉子下部用加热器，沸腾的蒸馏水面上是饱和蒸汽。温度计插管焊接在炉子的顶盖上，悬挂在饱和蒸汽中即可反映出水的沸点温度
油恒温槽和水沸点槽	内部采用不锈钢板制成，并采用磁力搅拌器装于槽体下部，用精密电子温度控制器控温，具有控温精度高、温场均匀、加热速度快等特点。 水沸点槽各插孔之间的最大温差不大于 0.01℃。油恒温槽工作区域（盖板下 100 ～ 1350mm）的垂直温差不大于 0.02℃，水平温差不大于 0.01℃

（3）主要技术指标与检定方法

主要技术指标与检定方法说明见表 1-25。

表 1-25　主要技术指标与检定方法说明

类别	说明
外观检查	主要检查装配质量，包括各部件是否完好无缺，装配是否牢固，各种标志是否齐全，特别是绝缘性能是否符合要求（铂电阻的绝缘电阻不大于 100MΩ，铜电阻不小于 20MΩ），可用兆欧表进行测定
示值检查	热电阻实际电阻值对分度表标称电阻值以温度表示的允许偏差 E_t 和热电阻在 100℃和 0℃的电阻比 W_{100}，以及对标称电阻比 W_{100} 的允许偏差 ΔW_{100}，见表 1-23 与表 1-24
检定方法	热电阻检定时只需测定其 0℃和 100℃时的电阻值。这种电阻值可采用电位差计或电桥测定。其检定方法采用比较法，即将标准温度计与被检温度计同时放入冰点槽或油恒温槽内进行比较。 检定两线制感温元件时，应对感温元件每根引线接出两根导线，然后按图 1-36 所示接线 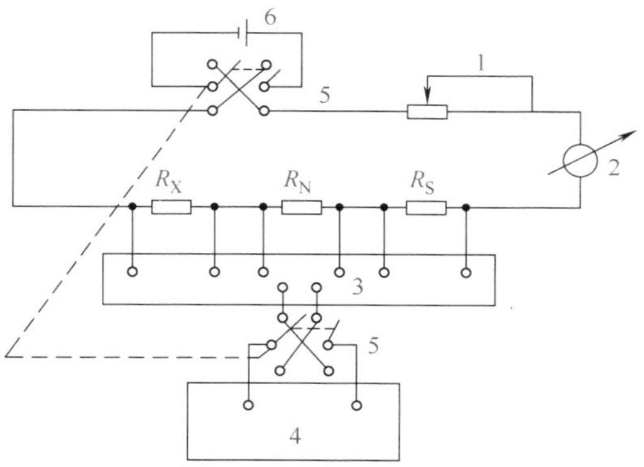 图 1-36　测量两线制感温元件接线示意图 1—电阻箱；2—毫安表；3—油浸式双刀多点转换开关；4—电位差计；5—电流反向开关；6—直流稳压电源；R_N—标准电阻；R_S—标准电阻温度计；R_X—被检热电阻
三线制热电阻	由于使用时不包括引线电阻，因此在检定电阻值时需采用两次测量方法，以便消除引线电阻的影响。图 1-37 为用补偿法测定三线制感温元件电阻接线图 。 第一次测量如图 1-37（a）所示，包括一根引线电阻。第二次测量如图 1-37（b）所示，包括两根引线电阻。用第一次测量结果的两倍减去第二次测量结果的数值，即为感温元件实际电阻值。热电阻的检定周期一般不超过一年

续表

类别	说明
三线制热电阻	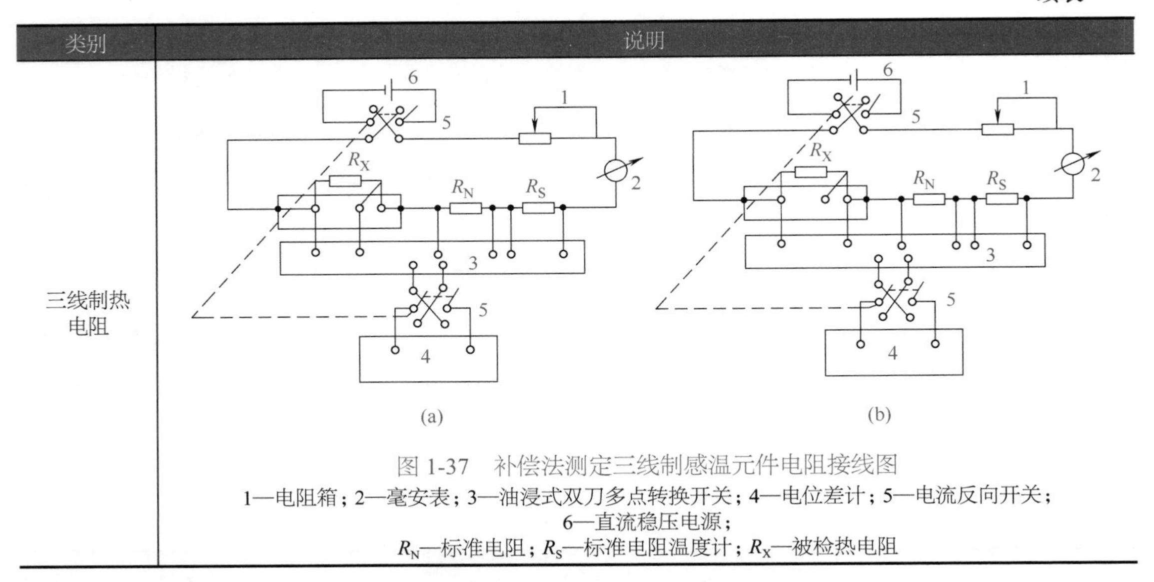 图 1-37　补偿法测定三线制感温元件电阻接线图 1—电阻箱；2—毫安表；3—油浸式双刀多点转换开关；4—电位差计；5—电流反向开关；6—直流稳压电源； R_N—标准电阻；R_S—标准电阻温度计；R_X—被检热电阻

十、示波器的使用

使用示波器能直接观察电信号的波形，分析和研究电信号的变化规律，还可测试多种电量，如：幅值、频率、相位差和时间等。若配以传感器，还能对一些非电量进行测量。下面以 SR-8 型双踪示波器为例介绍它的面板旋钮和使用方法。

（1）SR-8 型双踪示波器使用

SR-8 型双踪示波器是全晶体管化的便携式通用示波器。它的频带宽度为 DC15MHz，可以同时测定两种不同电信号的瞬间过程，并把它们的波形同时显示在屏幕上，以便进行分析比较。该双踪示波器可以把两个电信号叠加后再显示出来，也可作单踪示波器使用。

SR-8 型双踪示波器使用说明见表 1-26。

表 1-26　SR-8 型双踪示波器使用说明

类别	说明
Y 轴系统	该系统的前置放大器分别由两个结构相仿的电路组成，借助电子开关能同时观察和测定两个时间信号，因此，前置通道 YA 和 YB 的性能和精度是相同的。 ①输入灵敏度：10mV/div ～ 20V/div，按 1-2-5 进位分 11 挡级，处于校准位置时，误差≤ 5%，微调增益比≥ 2.5 ： 1。 ②频带宽度。“AC”（交流耦合）：10Hz ～ 15MHz，≤ 3dB。“DC”（直流耦合）：0 ～ 15MHz，≤ 3dB。 ③输入阻抗。直接输入，1MΩ/35pF。经探极耦合（10 ： 1），10MΩ/15pF。 ④最大输入电压。DC 耦合：250V[DC+（ACp-p）]。AC 耦合：500V（ACp-p）
X 轴系统	①扫描速度：0.2μs/div ～ 1s/div，按 1-2-5 进位分 21 挡级，误差≤ 5%。微调比＞ 2.5 ： 1。扩展 ×10 时，其最快扫描速度可以达到 20ns/div。误差除了 0.2μs/div 挡≤ 15% 外，其余各挡均≤ 10%。 ②频带宽度。0 ～ 500kHz，≤ 3dB。 ③输入阻抗。1MΩ/35pF。 ④ X 外接灵敏度≤ 3V/div
主机校准信号	波形：矩形波。 频率：1kHz，误差≤ 2%。 幅度：1V，误差≤ 3%。 工作环境：温度为 -10 ～ +40℃；相对湿度≤ 85%。 电源：电压为 220V（±10%），频率为 50Hz（±4%）。 功率消耗：约 55V · A。 连续工作时间：8h

（2）SR-8 型双踪示波器面板旋钮及说明

该示波器面板如图 1-38 所示，其说明见表 1-27。

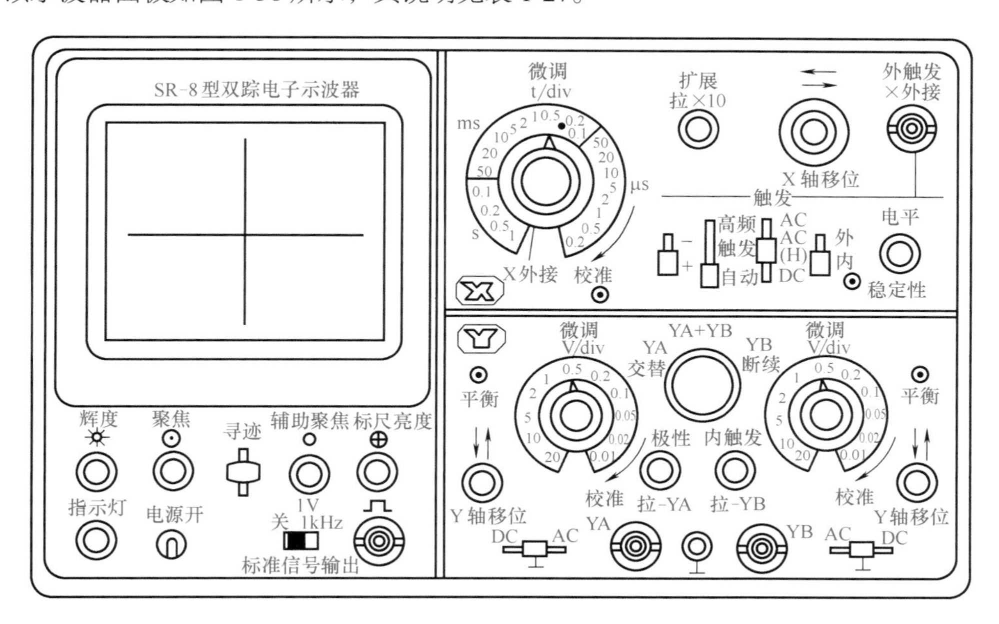

图 1-38　SR-8 型双踪示波器面板

表 1-27　示波器面板图说明

类别	说 明
显示部分	①“电源开”——控制本机的总电源开关。当此开关接通后，指示灯立即发光，表示仪器已接通电源。 ②“指示灯”——接通电源的指示标志。 ③“*”——辉度，用于调节波形或光点的亮度。顺时针转动时，亮度增加；逆时针转动时，亮度减弱直至显示亮度消失。 ④“⊙”——聚焦，用于调节波形或光点的清晰度。 ⑤“○”——辅助聚焦，它与“聚焦”控制旋钮相互配合调节，提高显示器有效工作面内波形或光点的清晰度。 ⑥“⊕”——标尺亮度，用于调节坐标轴上刻度线亮度的控制旋钮。当顺时针旋转时，刻度线亮度将增加；反之则减弱。 ⑦“寻迹”——当按键向下按时，偏离荧光屏的光点回到显示区域，从而寻到光点的所在位置，实际上它的作用是降低 *Y* 轴和 *X* 轴放大器的放大量，同时使时基发生器处于自励状态。 ⑧“校准信号输出”。此插座为 BNC 型。校准信号由此插座输出
Y 轴插件	①显示方式开关——用作转换两个 *Y* 轴前置放大器 YA 及 YB 工作状态的控制件，它有以下五个作用位置。 “交替”——YA 和 YB 通道处于交替工作状态。它的交替工作转换是受扫描重复频率所控制，以便显示双踪信号。 “YA”——YA 通道放大器单独工作。仪器作为单踪示波器使用。 “YA+YB”——YA 和 YB 两通道同时工作。通过 YA 通道的“极性”作用开关，可以显示两通道输入信号的和或差。 “YB”——YB 通道放大器单独工作，“断续”受电子开关的自励振荡频率（约 200kHz）的控制，使两通道交换工作，从而显示双踪信号。 “断续”——电子开关以 250kHz 的固定频率，轮换接通 YA 和 YB 通道，从而实现双踪显示，适用于信号频率较低时。 ②“DC—⊥—AC”——*Y* 轴输入选择开关，用以选择被测信号反馈至示波器输入端的耦合方法。当开关置于“DC”位置时，能观察到含有直流分量的输入信号。当开关置于“AC”位置时，只耦合交流分量，切断输入信号中含有的直流分量。当开关置于“⊥”位置时，*Y* 轴放大器的输入端与被测输入信号切断，仪器内放大器的输入端接地，这时很容易检查地电位的显示位置。它有操作简便的优点，一般在测试直流电平时作参考用。

续表

类别	说明
Y 轴插件	③“微调 V/div”——灵敏度选择开关及其微调装置。灵敏度选择开关系套轴装置，黑色旋钮是 Y 轴灵敏度的粗调装置，从 10mV/diV ～ 20V/diV 分 11 个挡级，可按被测信号的幅度选择最适当的挡级，以便观测。 当“微调”装置的红色旋钮以顺时针方向转至满度时，即“校准”位置，可按黑色旋钮所指示的面板上标称值读取被测信号的幅度值。 “微调”的红色旋钮是用来连续调节输入信号增益的细调装置，当此旋钮以逆时针转到满度（非校准位置）处时，其变化范围应大于 2.5 倍，因此，可连续调节“微调”装置，以获得各挡级之间的灵敏度覆盖。唯在做定量测试时，此旋钮应处在顺时针满度的“校准”位置上。 ④“平衡”。当 Y 轴放大器输入级电路出现不平衡时，显示的光点或波形会随“V/div”开关的“微调”转动而作 Y 轴轴向位移，“平衡”控制器可把这种变化调至最小。 ⑤“↓↑”——Y 轴移位。它用来调节波形或光点的垂直位置。当显示位置高于所要求的位置时，可逆时针方向调节，使波形向下移；如位置偏低，可顺时针方向调节，使显示的被测波形向上移动，调到所需的位置上。 ⑥“极性 拉 -YA”。在 YA 通道系统中，设有极性转换按拉式开关，当此开关拉出时，YA 通道为倒相显示。 ⑦“内触发 拉 -YB”。该按拉式开关用于选择内触发源。在“按”的位置上（常态），扫描的触发信号取自经放大后 YA 及 YB 通道的输入信号。在“拉”的位置上，扫描的触发信号只取自 YB 通道的输入信号，通常适用于有时间关系的两路跟踪信号显示。 ⑧ Y 轴输入插座。其为 BNC 型插座。被测信号由此直接或经探头输入
X 轴插件	①“微调 t/div”——扫描速度开关。在用示波器显示电压与时间关系曲线时，通常以 Y 轴表示电压，X 轴表示时间。 示波器屏幕上光点沿 X 轴方向的移动速度由扫描速度开关“t/div”所决定。该开关上“微调”电位器按顺时针方向转至满度，并接上开关后，即为“校准”位置，此时面板上所指示的标称值即扫描速度值。 ②“微调”——置于扫描速度选择套轴开关上的红色旋钮，是用来连续改变扫描速度的细调装置。此旋钮以逆时针旋至满度时为非校准位置，其扫描速度变化范围应大于 2.5 倍。以顺时针转至满度并接通开关时的位置是“校准”位置。 ③“校准”。此为扫描速度校准装置，可借助较高精度的时标信号对扫描速度校准。 ④“扩展 拉 ×10”——本机的扩展装置系按拉式开关。在“按”的位置上仪器作正常使用。在“拉”的位置时，X 轴放大显示，可扩大 10 倍，此时，面板上的扫描速度标称值应以 10 倍计算，放大后的允许误差值应相应增加。 ⑤“⇄ X 轴移位”为套轴旋钮，用来调节时基线或光点的位置。顺时针旋转时，时基线向右移；逆时针旋转时，时基线向左移。其套轴上的小旋钮系细调装置。 ⑥“外触发 × 外接”插座为 BNC 型插座，可作为连接外触发信号的插座，也可用作 X 轴放大器外接信号输入插座。 ⑦“电平”用来选择输入信号波形的触发点，使在某一所需的电平上启动扫描。当触发电平的位置越过触发区域时，扫描将不被启动，屏幕上无波形显示。 ⑧“稳定性”，系半调整器件，用来调整扫描电路的工作状态，以达到稳定的触发扫描，调准后不需经常调节。 ⑨“内 外”——触发源选择开关。在“内”的位置上，扫描触发信号取自 Y 轴通道的被测信号；在“外”的位置上，触发信号取自外来信号源，即取自“外触发 × 外接”输入端的外触发信号。 ⑩“AC AC（H）DC”——触发耦合方式选择开关。有三种耦合方式。在外触发输入方式下，也可以同时选择输入信号的耦合方式。 “AC”触发形式属交流耦合方式，由于触发信号的直流分量已被切断，因而其触发性能不受直流分量的影响。 “AC（H）”触发形式属低频抑制状态，通过高通滤波器进行耦合，高通滤波器起抑制低频噪声或低频信号的作用。 “DC”触发形式属直流耦合方式，可用于对变化缓慢的信号进行触发扫描。 ⑪“高频 触发 自动”——触发方式开关。其作用是按不同的目的或用途转换触发方式。置于“高频”时，扫描处于“高频”同步状态，机内产生约 50kHz 的自励信号，对被测信号进行同步扫描，本方式通常用于观察较高频率信号的波形。开关置于“触发”，是观察脉冲信号常用的触发扫描方式，由来自 Y 轴或外接触发源的输入信号进行触发扫描。开关置于“自动”时，扫描处于自励状态，不必调整“电平”旋钮，即能自动显示扫描线，适用于观测较低频率信号。 ⑫“+ -”——触发极性开关，用于选择触发信号的上升沿或下降沿部分来对扫描进行触发。 “+”扫描是以输入触发信号波形的上升沿进行触发并使扫描启动。 “-”扫描是以输入触发信号波形的下降沿进行触发并使扫描启动
后面板	电源插座专供本机总电源输入用。采用本机提供的电源插头插保险丝座，用 1A 的保险丝管
底盖板	“YA 增益校准”“YB 增益校准”分别调准 YA、YB 通道的灵敏度

（3）使用方法

示波器的使用方法见表 1-28。

表 1-28　示波器的使用方法

<table>
<tr><th>类别</th><th>说明</th></tr>
<tr><td>时基线的调节</td><td>将各控制件位置置于附表所示位置。如看不到光迹，判断光迹偏离方向，然后松开按键，把光迹移至荧光屏中心位置

附表　时基线显示时控制件作用位置
<table>
<tr><th>控制件名称</th><th>作用位置</th><th>控制件名称</th><th>作用位置</th></tr>
<tr><td>辉度</td><td>适当</td><td>DC—⊥—AC</td><td>⊥</td></tr>
<tr><td>显示方式</td><td>YA 或 YB</td><td>触发方式</td><td>自动或高频</td></tr>
<tr><td>极性　拉 YA</td><td>常态（按）</td><td>扩展　拉 ×10</td><td>常态（按）</td></tr>
<tr><td>Y 轴移位（↓↑）</td><td>居中</td><td>X 轴移位（⇄）</td><td>居中</td></tr>
</table></td></tr>
<tr><td>聚焦及辅助聚焦的调节</td><td>聚焦调节旋钮用于调节光迹的聚焦（粗细）程度，使用时以图形清晰为佳。把光点或时基线移至荧光屏中心位置，然后调节聚焦及辅助聚焦，使光点或时基线最清晰</td></tr>
<tr><td>输入信号的连接</td><td>以显示校准信号（1V1000Hz 方波）为例，用同轴电缆将校准信号接入 YA 通道，YA 通道的输入耦合开关置于“AC”位置，根据输入信号的幅度调节旋钮的位置，灵敏度开关（V/div）置于“0.2”挡，并将其微调旋至满度的校准位置上，触发方式置于“自动”。将旋钮指示的数值（如 0.2V/div，表示垂直方向每格幅度为 0.2V）乘以被测信号在屏幕垂直方向所占格数，即得出该被测信号的幅度，此时，荧光屏上应显示出约 5div 的矩形波。
调节扫描速度，应根据输入信号的频率调节旋钮的位置，将该旋钮指示数值（如 0.5ms/div，表示水平方向每格时间为 0.5ms），乘以被测信号一个周期占有格数，即得出该信号的周期，也可以换算成频率</td></tr>
<tr><td>高频探头的应用</td><td>在使用高频探头测量时，输入阻抗提高到 10MΩ，但同时也引进了 10 ∶ 1 的衰减，使测量灵敏度下降到未使用高频探头的 1/10。所以在使用高频探头测量电压时，被测电压的实际值应是荧光屏上读数的 10 倍
在使用高频探头测量快速变化的信号时，必须注意探头的接地点应选择在被测点附近</td></tr>
<tr><td>“交替”与“断续”的选择</td><td>①“交替”显示方式的特点是：扫描周期要比被测信号周期长，即扫描频率要比信号频率低，否则就无法观测到一个完整周期的波形。这种显示方式在采用低速扫描时，会产生明显的闪烁现象，甚至可以看出两个通道的转换过程。因此，“交替”显示方式不适用于观测频率较低的信号。
②“断续”显示方式的特点是：电子开关频率要比扫描频率高得多，否则当二者频率相近时，波形将产生明显的间断现象。因此，“断续”显示方式不适用于观测频率较高的信号。
③“交替”或“断续”显示方式的触发都应选择“内触发”，因为采用这两种显示方式所显示的波形都是经多次扫描形成的，只有取用被测信号本身作触发信号，才能做到每次扫描起点一致，也才能保证所显示的波形稳定。
对两个信号作一般比较时，如观测频率、幅度、波形失真等，采用上述“内触发”方式是可以的，但是，当涉及这两个信号之间的相位关系及时间关系时，因为触发信号是有极性的，所以只能采用其中一个通道的信号作为触发信号，这样就有了一个统一的时间标准，相位关系就能如实地显示出来。例如，SR-8 型双踪示波器的“拉 -YB”拉出后，扫描的触发信号即取自 YB 通道的输入信号。两个输入信号中，选哪一个信号作为触发信号，就应把该信号从 YB 输入端输入。
还应注意，在观测脉冲信号时，触发方式开关应置“常态”</td></tr>
</table>

（4）使用示波器的注意事项

① 使用前，应检查电网电压是否与仪器的电源电压要求一致。检查旋钮、开关、电源线有无问题，示波器的电源线应选用三芯插头线，机壳应良好接地，防止机壳带电引发事故。

② 使用时，辉度不宜调得过亮，不能让光点长期停留在一点。若暂不观测波形，应将辉度调暗。

③ 调聚焦时应注意采用光点聚焦而不要用扫描线聚焦，这样才能使电子束在 X、Y 方向

都能很好地聚拢。

④ 输入电压幅度不能超过示波器允许的最大输入电压。

⑤ 注意信号连接线的使用。当被测信号为几百千赫以下信号时，可用一般导线连接；当信号幅度较小时，应当用屏蔽线连接，以防干扰；测量脉冲信号和高频信号时，必须用高频同轴电缆连接。

⑥ 要合理使用探头。在测量低频高压电路时，应选用电阻分压器套头；在测量高频脉冲电路时，应选用低电容探头，并注意调节微调电容，以保证高频补偿良好。探头和示波器应配套使用，一般不能互换，否则会导致误差增加或高频补偿不当。

⑦ 定量观测应在屏幕的中心区域进行，以减小测量误差。

⑧ 对于 X 轴扫描带有扩展的示波器，若利用示波器本身的扫描频率能正常测试，则应尽量少用扩展功能，因为利用扩展功能要增大亮度，有损示波器的寿命。

⑨ 示波器不能在强磁场或电场中使用，以免测量时受干扰。

十一、过程校验仪的使用

（1）使用过程中的安全注意事项

现场过程校验仪是一种便携式仪器。其品种较多，但基本功能是相同的。但在使用过程中应注意根据测量要求选择正确的功能和量程挡。测量及输出电流时，要使用正确的插孔、功能及量程挡。进行电阻或通断测量前，应先切断电源并对高电压的电容器进行放电。表笔的一端已插入校验仪插孔，则另一端的表笔不能碰触电压源。在更换不同的测量或输出功能时，应先拆除测量线。测量时，手指不要碰触表笔的金属部分；测量时，应先接公共线然后再接带电的测量线；拆线时，应先拆除带电的测量线。不能在有爆炸性气体、蒸汽及灰尘大的环境中使用校验仪。出现电池低电量显示时，应更换电池。

（2）输出功能

输出功能有：直流电压、直流电流、欧姆、模拟变送器、热电偶、热电阻、频率、脉冲、开关量、压力。它的测量和输出是两个相互独立的通道，可同时实时地测量和输出过程信号；进行多重数据显示，可同时显示输入测量值和输出设定值等。过程校验仪还提供24V DC 的回路电源。可进行两线制、三线制的热电阻测量。有的校验仪还具有快速响应的开关测试功能，可进行开关动作时的过程参数测量。

（3）测量功能

测量功能有：直流电压、直流电流、欧姆、频率、热电偶、热电阻、开关量测量、测量值的显示保持及平均值处理。

（4）操作使用方法

现以 VICTOR25 多功能过程校验仪为例，对其操作使用进行介绍。

① 用校验仪测量温度和对测温仪表进行校准的方法见表 1-29。

表 1-29　用校验仪测量温度和对测温仪表进行校准的方法

类别	说明
测量热电偶温度	校验仪内存有八种常用热电偶的分度表，还具有冷端温度补偿功能，因此测量温度是很方便的。测量热电偶温度时，把热电偶接至校验仪的输入端，接线如图 1-39 所示。连接热电偶转接头到输入端子，把热电偶的正、负极分别连接到转接头的 +、- 端。使用测量键“FUNC”选择热电偶测量功能，用“RANGE”键选择相应的热电偶分度号，进入热电偶测量温度时，冷端补偿功能是自动开启的，则校验仪显示的温度就是实际温度了。例如：热电偶热端温度为 1000℃，冷端为 20℃，则热电偶产生的热电势只有 980℃，使用校验仪的“RJ-ON”功能后，自动补偿 20℃，则校验仪显示即为实际温度 1000℃了。按下“RJ-ON”键则关闭冷端温度补偿功能

续表

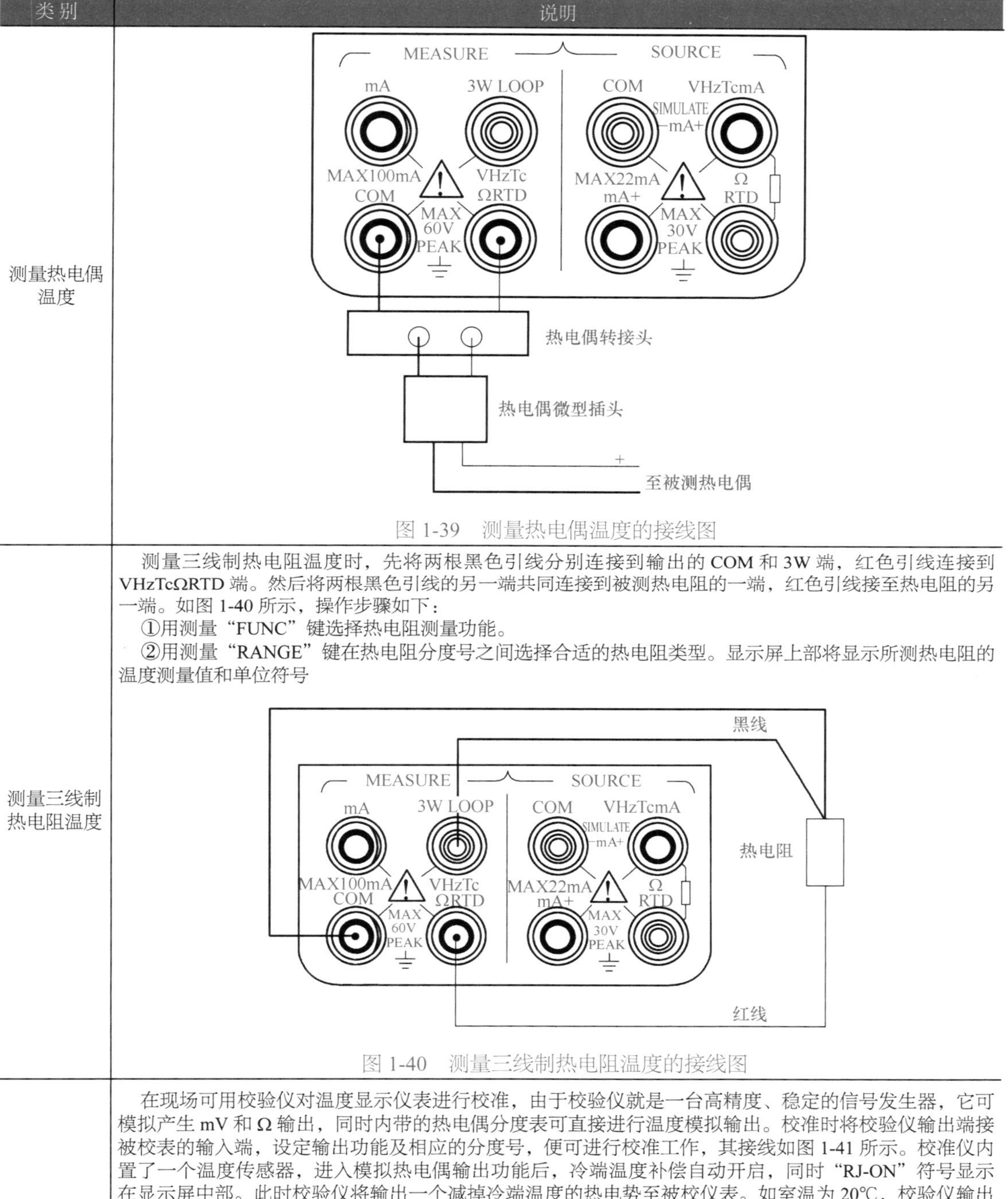

类别	说明
测量热电偶温度	图 1-39　测量热电偶温度的接线图
测量三线制热电阻温度	测量三线制热电阻温度时，先将两根黑色引线分别连接到输出的 COM 和 3W 端，红色引线连接到 VHzTcΩRTD 端。然后将两根黑色引线的另一端共同连接到被测热电阻的一端，红色引线接至热电阻的另一端。如图 1-40 所示，操作步骤如下： ①用测量“FUNC”键选择热电阻测量功能。 ②用测量“RANGE”键在热电阻分度号之间选择合适的热电阻类型。显示屏上部将显示所测热电阻的温度测量值和单位符号 图 1-40　测量三线制热电阻温度的接线图
校准热电偶温度显示仪表	在现场可用校验仪对温度显示仪表进行校准，由于校验仪就是一台高精度、稳定的信号发生器，它可模拟产生 mV 和 Ω 输出，同时内带的热电偶分度表可直接进行温度模拟输出。校准时将校验仪输出端接被校表的输入端，设定输出功能及相应的分度号，便可进行校准工作，其接线如图 1-41 所示。校准仪内置了一个温度传感器，进入模拟热电偶输出功能后，冷端温度补偿自动开启，同时“RJ-ON”符号显示在显示屏中部。此时校验仪将输出一个减掉冷端温度的热电势至被校仪表。如室温为 20℃，校验仪输出 1000℃时，若无“RJ-ON”则被校仪表将显示 1020℃，但设置了“RJ-ON”，被校仪表将显示 1000℃。操作步骤如下： ①用“FUNC”键选择模拟热电偶功能，用“RANGE”键在 8 种热电偶分度号中选择需要的热电偶类型。显示屏中部会显示所选择的热电偶类型标识符，下部会显示默认的输出值和单位符号。 ②用输出设定键“▲ / ▼”按位对输出值进行设置。每一对“▲ / ▼”键对应于显示值的每一位，每按一次“▲ / ▼”键将会增加或减小输出的设定值，并且可以不间断地设置输出值。按下“▲ / ▼”键不放会按顺序连续地增减设定值，当增减到最大或最小值时，输出设定值不再变化。按“ZERO”键将输出设定值设为默认的初始值。

续表

类别	说明
校准热电偶温度显示仪表	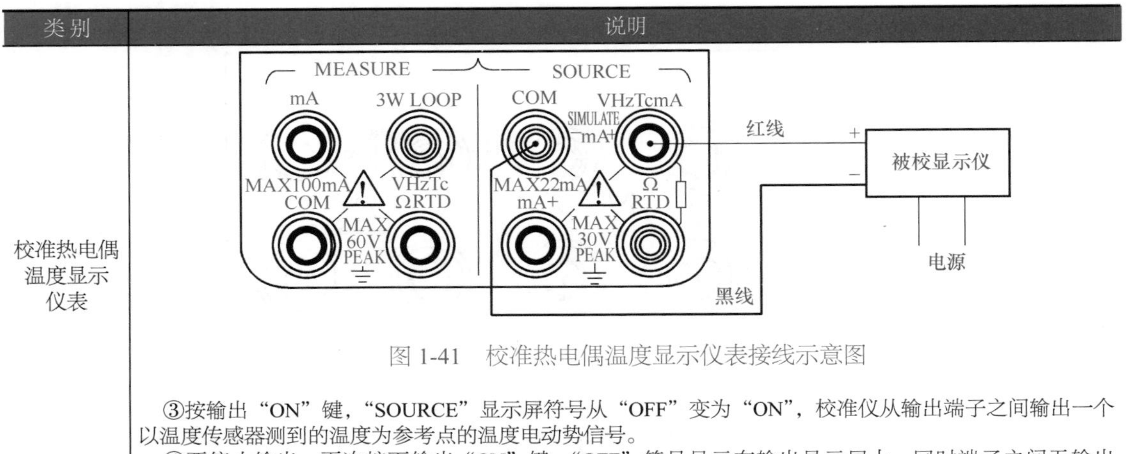 图 1-41　校准热电偶温度显示仪表接线示意图 ③按输出“ON”键，“SOURCE”显示屏符号从“OFF”变为“ON”，校准仪从输出端子之间输出一个以温度传感器测到的温度为参考点的温度电动势信号。 ④要停止输出，再次按下输出“ON”键，“OFF”符号显示在输出显示屏上，同时端子之间无输出信号

② 用校验仪测量和输出电流。生产中常用的两线制变送器有压力、差压变送器，温度变送器，它们的输出线与电源线是共用的，其输出为 4 ～ 20mA DC 电流信号。VC25 具有同时输出和测量并提供 24V 回路电源的功能，非常适合对两线制变送器进行测量和校准。

用校验仪测量电流和输出电流的方法见表 1-30。

表 1-30　用校验仪测量电流和输出电流的方法

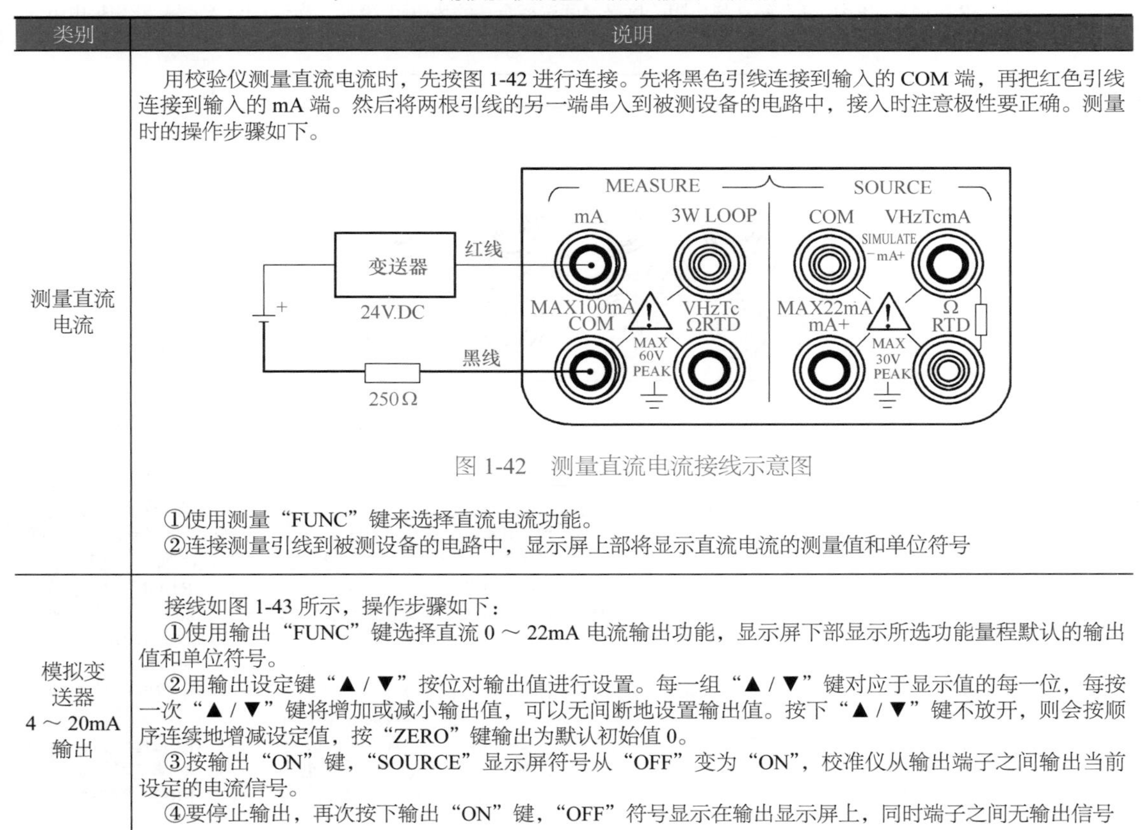

类别	说明
测量直流电流	用校验仪测量直流电流时，先按图 1-42 进行连接。先将黑色引线连接到输入的 COM 端，再把红色引线连接到输入的 mA 端。然后将两根引线的另一端串入到被测设备的电路中，接入时注意极性要正确。测量时的操作步骤如下。 图 1-42　测量直流电流接线示意图 ①使用测量“FUNC”键来选择直流电流功能。 ②连接测量引线到被测设备的电路中，显示屏上部将显示直流电流的测量值和单位符号
模拟变送器 4 ～ 20mA 输出	接线如图 1-43 所示，操作步骤如下： ①使用输出“FUNC”键选择直流 0 ～ 22mA 电流输出功能，显示屏下部显示所选功能量程默认的输出值和单位符号。 ②用输出设定键“▲ / ▼”按位对输出值进行设置。每一组“▲ / ▼”键对应于显示值的每一位，每按一次“▲ / ▼”键将增加或减小输出值，可以无间断地设置输出值。按下“▲ / ▼”键不放开，则会按顺序连续地增减设定值，按“ZERO”键输出为默认初始值 0。 ③按输出“ON”键，“SOURCE”显示屏符号从“OFF”变为“ON”，校准仪从输出端子之间输出当前设定的电流信号。 ④要停止输出，再次按下输出“ON”键，“OFF”符号显示在输出显示屏上，同时端子之间无输出信号

续表

<table>
<tr><th>类别</th><th>说明</th></tr>
<tr><td>模拟变送器
4 ～ 20mA
输出</td><td>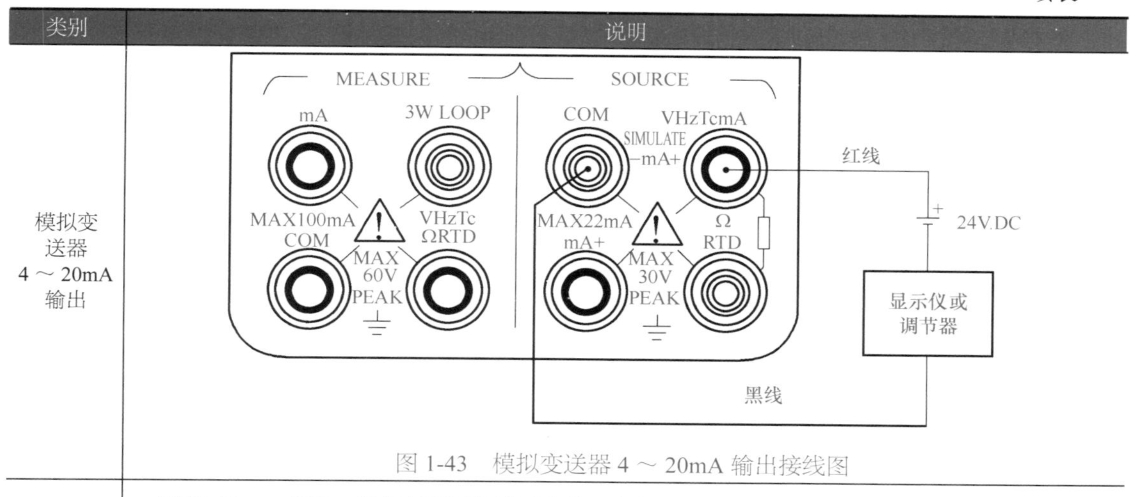
图 1-43　模拟变送器 4 ～ 20mA 输出接线图</td></tr>
<tr><td>校准变送器</td><td>接线如图 1-44 所示，校准过程是利用校验仪的回路电源测量电流功能。操作步骤如下：
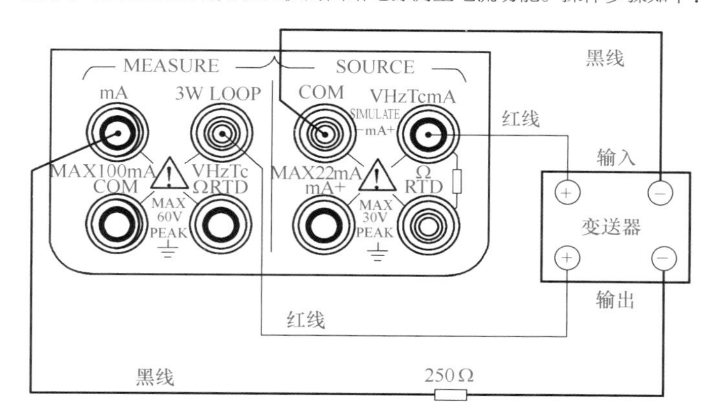
图 1-44　校准变送器接线图
选择校验仪的电流测量功能，先按“LOOP”键。显示屏幕会出现“LOOP”符号，此时校准仪内的 24V.DC 回路电源会打开；然后把校准仪连接到变送器的电流输出端。再设定校验仪的输出信号类型，就可以进行校准变送器的工作了。其操作步骤可参考表 1-29 中“校准热电偶温度显示仪表”部分进行。因为，按图 1-44 所示的接线方式，校验仪可输出的信号类型可以是直流电压、热电偶、频率、脉冲、开关量。至于采用什么信号完全取决于用途，因此可根据变送器所需的信号类型进行选择和操作</td></tr>
</table>

③ 用校验仪校准差压、压力变送器。将 VC25 的输入设置为提供回路电压同时测量电流，输出设置为压力，通过改变外部压力源的输出压力，便可对差压、压力变送器进行校准。接线如图 1-45 所示。校准前应选择压力模块（DPM）的量程，先把压力模块和校准仪连接起来，然后进行压力模块连接的设置，按测量“ON”键，使显示屏显示“CMSET：PCM”，表示与 PC 机通信设置。再按最右边的一组“▲ / ▼”键在 PCM、DPM 和 CAT 之间切换，选择“DPM”后，按输出“ON”键，显示屏上半部显示“SAVE”标志一秒。压力模块和校准仪已正常连接，即可进行以下操作。

a. 使用输出“FUNC”键选择压力输出功能，显示屏下部将显示“0kPa”。当测量的压力单位为 MPa 时，可按输出“RANGE”键在 MPa 和 kPa 之间进行切换。

b. 按输出“ON”键，校准仪会自动识别所连接压力模块的型号并自动设定其量程。如果连接失败，校准仪显示屏下部会显示“NO.　OP”标志。

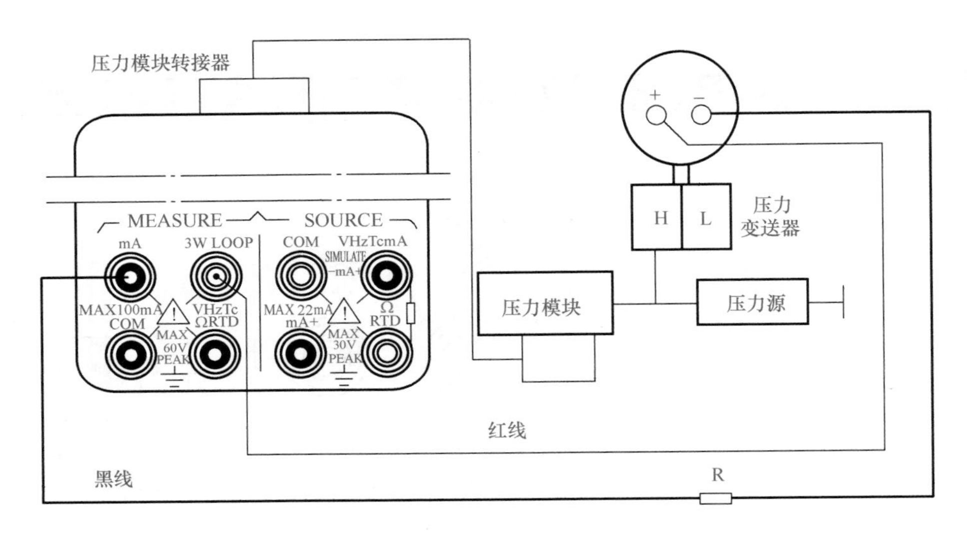

图 1-45　用校验仪校准差压、压力变送器连接示意图

按照压力模块说明书的说明，把模块归零。归零步骤因模块的类型有所不同，按“ZERO”键对校准仪归零，同时“△”符号显示在显示屏左下部，所加压力大于模块测量量程的 5% 时，归零操作不可进行。

c. 用压力源向压力模块加压，显示屏下部将显示所加的压力。同时显示屏上部会显示变送器的输出电流值。

d. 当压力输入显示正常后即可对变送器进行校准。校准的操作方法参考以上几节内容即可，不再赘述。

第四节　仪表维护基础知识

一、仪表测量误差及质量指标

（1）测量误差

在测量中仪表本身不完善、测量人员操作不当、测量中客观条件的变化等种种原因，都会使测量值与被测量的真实值不符，即存在测量误差。由于真值难以得到，故在实践应用中都用实际值来代替真实值，即用比测量仪表更精确的标准仪表的测量值来代替真值，则测量的绝对误差可表示为：

$$\varDelta_C=L-A$$

式中　$\varDelta_C$——绝对误差；

L——测量值；

A——实际值。

测量误差还可以用相对误差和引用误差来表示。

① 相对误差。相对误差为绝对误差与实际值之比，常用百分数表示，即相对误差 $\varDelta_X$ 为：

$$\varDelta_X=\frac{L-A}{A}\times 100\%$$

对于数值不同的测量值，相对误差更能比较出测量的准确度，即相对误差越小，准确度就越高。

② 引用误差。引用误差为绝对误差与所用测量仪表的量程之比，也以百分数表示，即：

$$\Delta=\frac{\Delta_C}{A_{max}-A_{min}}\times 100\%$$

式中 Δ_C ——测量的绝对误差；

A_{max} ——测量仪表的上限值；

A_{min} ——测量仪表的下限值。

（2）误差的分类

按测量误差的性质和特点，通常把测量误差分为系统误差、随机误差、粗大误差三类，其说明见表 1-31。

表 1-31　误差的分类

类别	说明
系统误差	在相同测量条件下多次重复测量同一量时，如果每次测量值的误差基本恒定不变，或者按某一规律变化，这种误差称为系统误差。系统误差主要来源有以下三个方面。 ①测量仪器和测量系统不够完善。如仪表刻度不准、校准用的标准仪表有误差都会造成测量系统误差。 ②仪表使用不当。如测量设备和电路的安装、调整不当，测量人员操作不熟练、读数方法不对引起的系统误差。 ③外界环境无法满足仪表使用条件。如仪表使用时的环境温度、湿度、电磁场等不满足要求所引起的系统误差。 但系统误差的出现一般是有规律的，其产生的原因基本是可控的，因此在仪表的安装、使用、维修中应采取有效措施消除影响；对无法确定而未能消除的系统误差数值加以修正，以提高测量数据的准确度
随机误差	当消除系统误差后，在同一条件下反复测量同一参数时，每次测量值仍会出现或大或小、或正或负的微小误差，这种误差称为随机误差。由于其无规律，偶然产生，故又称偶然误差
粗大误差	由于操作人员的错误操作和粗心大意等原因，造成测量结果显著偏离被测量的实际值所出现的误差，称为粗大误差，粗大误差常表现为数值较大，且没有什么规律。因此在仪表维修中，仪表工要有高度的责任心，严格遵守操作规程，并有熟练的操作技术，来避免粗大误差的产生

（3）仪表质量指标

要正确选择、使用、维修仪表，就要了解仪表的质量指标。常用的仪表质量指标有 6 类（见表 1-32）。

表 1-32　常用的仪表质量指标分类说明

类别	说明
精（准）确度	精（准）确度是指仪表的示值与被测量（约定）真值的一致程度。它包含了系统误差、随机误差、回差、死区等影响。工业仪表通常用引用误差来表示仪表的准确程度，即绝对误差与仪表量程的比值，用百分比表示，即： $\Delta=\frac{\Delta_C}{A_{max}-A_{min}}\times 100\%$ 式中 Δ_C——测量的绝对误差； A_{max}——测量仪表的上限值； A_{min}——测量仪表的下限值。 国家根据各类仪表的设计制造质量不同，对每种仪表都规定了基本误差的最大允许值，即允许误差。允许误差去掉百分号（%）的数值，就是仪表的精确度等级。我国仪表的精确度等级有 0.01、0.02、0.05、0.1、0.20、0.5、1.0、1.5、2.5、4.0、5.0 等，并标在仪表刻度标尺或铭牌上。仪表精确度的数值越小，准确度越高。对于不宜用引用误差或相对误差表示与精确度有关因素的仪表，如热电偶、热电阻，则用英文字母或罗马数字、约定符号、阿拉伯数字表示，并按字母或罗马数字的先后次序表示精确度等级的高低。 计算实例：有一台量程为 0 ～ 800℃，准确度等级为 0.5 级的温度显示仪，该表在规定使用条件下的最大测量误差（绝对误差）为多少？

续表

类别	说明
精（准）确度	解：由仪表的精确度等级定义可得该仪表的基本误差应不大于 0.5%，即： $$\frac{\Delta_C}{A_{max}-A_{min}}\times100\%\leqslant0.5\%$$ 则 $$\Delta_C\leqslant0.5\times\frac{A_{max}-A_{min}}{100}=0.5\times\frac{800-0}{100}=4\ (℃)$$ 因此，该仪表在规定使用条件下使用时，其最大测量误差为 ±4℃
变差	变差反映仪表正向特性与反向特性不一致的程度。仪表在规定的使用条件下，从上、下行程方向测量同一参数，两次测量值的差与仪表量程之比的百分数就是仪表的变差。即： $$\Delta_b=\frac{\Delta_{max}}{A_{max}-A_{min}}\times100\%$$ 式中 Δ_b——仪表的变差； Δ_{max}——正、反向特性之差的最大值； A_{max}——测量仪表的上限值； A_{min}——测量仪表的下限值。 仪表变差不应超过允许误差值。为了测出仪表变差，在校准仪表时，应进行上、下行程的校准
灵敏度	仪表输出信号的变化与产生该变化的被测信号变化之比，称为仪表的灵敏度，即： $$S=\frac{\Delta_\alpha}{\Delta A}$$ 式中 S——灵敏度； Δ_α——输出信号的变化量，对于模拟仪表常指仪表指针的角位移或线位移； ΔA——引起 Δ_α 变化的被测信号的变化量。 如果仪表各刻度点的灵敏度都相同，则仪表输入与输出就是线性关系，反之则为非线性关系
不灵敏区	仪表的不灵敏区是指不能引起输出变化的被测信号的最大变化范围。可以在仪表的某一刻度上，逐渐增加或减小输入信号，并记下仪表输出开始反应时，增、减两个方向的输入信号值，计算出它们的差值，该差值即为仪表在该刻度的不灵敏区，各刻度中不灵敏区最大的值即为仪表的不灵敏区。如某温度表的显示稳定在 120℃，当被测温度增加到 120.1℃时，显示开始增加，当被测温度降低到 119.9℃时，显示开始减小，则该显示仪在 120℃刻度的不灵敏区为：120.1℃ −119.9℃ =0.2℃。 有时也把能引起仪表响应的输入信号的最小变化称为仪表的灵敏度限或分辨率。按规定，灵敏度限不能大于仪表允许误差的一半
稳定性	稳定性是指仪表示值不随时间和使用条件变化的性能。时间稳定性以稳定度表示，即示值在一段时间内随机变化量的大小。使用条件变化的影响用影响误差表示。如环境温度的影响以温度每变化 1℃时仪表的变化量有多大来表示。仪表的稳定性指标是选择仪表时要考虑的，即在测量精度满足使用要求的前提下，应选择稳定性好的仪表
反应时间	用仪表测量工艺参数时，由于仪表有惯性，显示值的变化总要落后于被测参数的变化。即从测量开始到仪表正确显示出被测量的这一段时间就是仪表的反应时间。为了保证测量结果的正确性，应根据工艺参数选择、使用仪表。反应时间过长的仪表，不能用于测量工艺参数变化快、动作频繁的场合

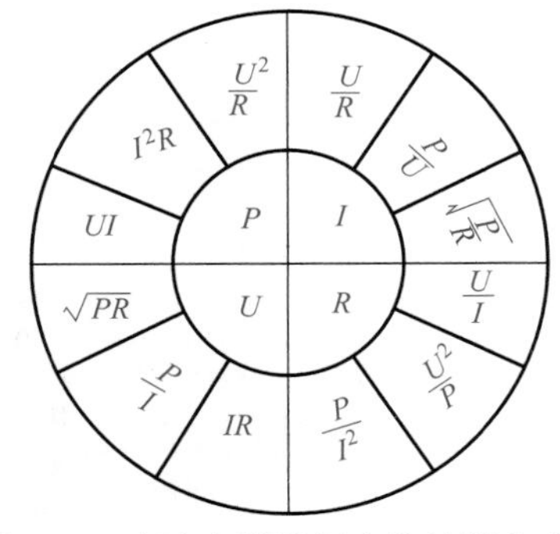

图 1-46 直流电路欧姆定律计算公式图

二、仪表常用电路基础

（1）直流电路的欧姆定律

直流电路的欧姆定律计算公式如图 1-46 所示。

（2）分压电路和分流电路

分压电路和分流电路见表 1-33。

表 1-33　分压电路和分流电路

<table>
<tr><th>类别</th><th>说明</th></tr>
<tr><td>分压电路</td><td>电位器在仪表电路中得到广泛应用，它的作用是得到一个可以改变的电压输出，其电路如图 1-47 所示，它有一个可以滑动的触点 c 把电阻 RP 分成两部分，当滑动触点进行滑动时，可连续地改变两部分电阻的比例关系，这两部分电阻相当于两个串联电阻，当电位器为 X 型线性规律时，则两电阻上的电压变化规律如下：
$$U_1=U\frac{R_1}{R_1+R_2}$$
$$U_2=U\frac{R_2}{R_1+R_2}$$
以上公式就是分压公式。使用以上这一对公式，根据总的电压和两电阻的值，就可以算出每个电阻上的电压。随着电位器滑动触点 c 位置的改变，输出电压 U_2 也会跟着变化。当滑动触点 c 从 a 端滑动到 b 端时，输出电压逐渐降为零。
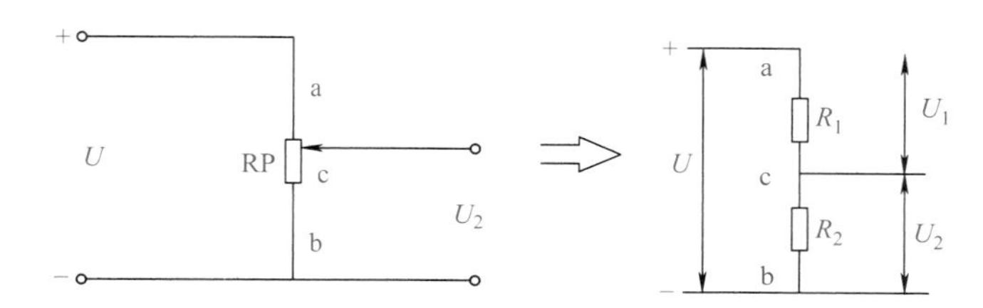

图 1-47　电位器及其等效电路图
分压电路在仪表中的应用例子：有台数字显示仪，其最大输入电压为 0 ～ 5V DC，但是变频器送来的信号只有 0 ～ 10V DC 的，这时就可以利用分压的办法来解决，即先把 0 ～ 10V DC 信号接至串联电阻 R_1 和 R_2 进行分压，如图 1-47 中的等效图所示。然后从 R_2 上取出 0 ～ 5V DC 的信号接至显示仪输入端即可。电阻 R_1 和 R_2 阻值的选择，可综合变频器的输出阻抗和输入电阻来决定，但电阻精度和温度系数要能满足使用要求</td></tr>
<tr><td>分流电路</td><td>两个并联电阻两端的电压是一样的，但两个电阻的阻值不相同时，流过其中的电流是不相同的。流过各个电阻的电流如下：
$$I_1=I\frac{R_2}{R_1+R_2}$$
$$I_2=I\frac{R_1}{R_1+R_2}$$
以上公式就是分流公式。这一对式子表示了两并联电阻的电流分配的规律，如果知道了总电流及电阻，就可以求出每个电阻中流过的电流。
分流电路在仪表中的应用例子，最直接的就是分流电路在万用表中的应用。许多万能输入信号的数显仪，其对线性电流的测量大多是采取外接分流电阻的形式，如对 4 ～ 20mA 的电流输入可以用 250Ω、50Ω、25Ω 的分流电阻，将其变换为 1 ～ 5V、0.2 ～ 1V、100~500mV 的电压信号输入给数字显示仪</td></tr>
</table>

（3）电桥电路

在工作中会遇到图 1-48 所示的电桥电路。图中：电阻 R_1、R_2、R_3、R_X 是电桥的四个桥臂；电桥的一条对角线 bd 之间接检流计 A，电源 E 通过电阻 R_0 接在 a、c 之间，构成桥路的另一条对角线。可见电桥电路是由四个桥臂电阻和两条对角线所组成的。

若电桥的四个桥臂电阻的值满足一定的关系，即：

$$\frac{R_1}{R_X}=\frac{R_2}{R_3}$$

这时 b、d 两点的电位差为零，接在对角线 bd 之间的检流计 A 中无电流流过，这种情况称为电桥的平衡状态。也可将上式改写成：$R_1R_3=R_2R_X$。当用电桥测量电阻值时，则被测电阻 R_X 的电阻值为：

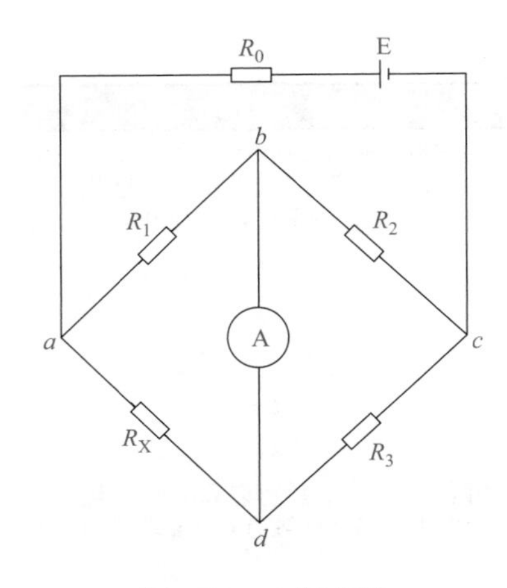

图 1-48　电桥电路

$$R_X = \frac{R_3}{R_2} R_1$$

电桥电路在仪表中的应用例子：仪表校准、维修用的标准仪器直流电阻电桥，与热电阻配用的显示仪表，有的就是通过电桥电路来测量热电阻的阻值，从而间接得到温度值。

（4）集成运算放大器

集成运算放大器简称运算放大器，是由多级直接耦合放大电路组成的高增益模拟集成电路。与分离元件构成的电路相比，运算放大器具有稳定性好、电路计算容易、成本低等优点，因此得到广泛应用。其可完成信号放大、信号运算、信号处理、波形变换等功能。其按性能可分为通用型、高阻型、高速型、低温漂型、低功耗型、高压大功率型等多种产品。

最基本的运算放大器电路及运算放大器的特性见表 1-34。

表 1-34　最基本的运算放大器电路及运算放大器的特性

<table>
<tr><th>类别</th><th>说明</th></tr>
<tr><td>最基本的运算放大器电路</td><td>典型的运算放大器是反相放大器，如图 1-49 所示。输入信号 V_i 是由“—”号端加入的，其输出电压 V_o 和输入电压反相，电压增益为：
$$G = \frac{V_o}{V_i} = \frac{R_2}{R_1}$$
故输出电压为：$$V_o = \frac{R_2}{R_1} V_i$$
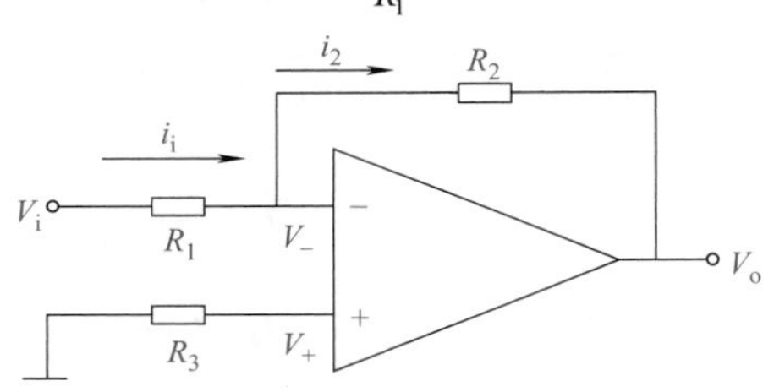

图 1-49　反相放大器电路原理图
同相放大器，如图 1-50 所示。输入信号 V_i 是由“+”号端加入的，其输出电压 R_o 和输入电压同相，电压增益为：
$$G = \frac{V_o}{V_i} = 1 + \frac{R_2}{R_1}$$
故其输出电压为：$$V_o = \left(1 + \frac{R_2}{R_1}\right) V_i$$
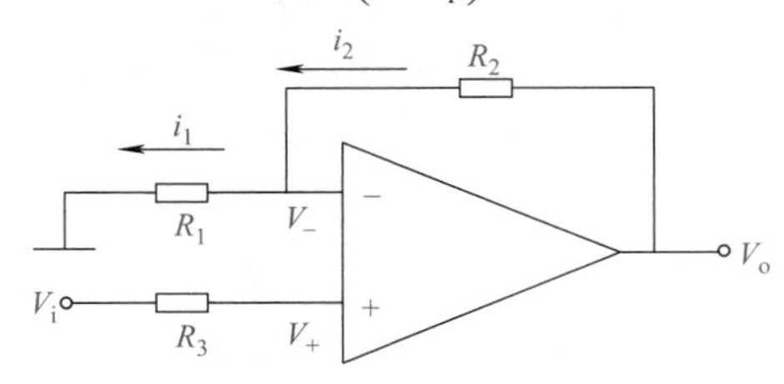

图 1-50　同相放大器电路原理图
所谓“同相”和“反相”是指输入信号的极性相对于由它引起的输出信号的极性而言的</td></tr>
</table>

续表

类别	说明
运算放大器的特性	充分认识和理解运算放大器的特性，对学习和应用运算放大器以及仪表维修工作将是很有帮助的。简述如下。 ①运算放大器两个输入端之间的电压总为零，这是运算放大器最重要的特性。两个输入端之间的“虚短路”以及“输入阻抗非常大”，意味着运算放大器不需要输入电流，也可认为运算放大器的输入电流等于零。 ②运算放大器的同相端电位等于反相端电位，即运算放大器工作正常时，两输入端有相同的直流电位。前提是输出电压在直流电源的正电压和负电压之间，且输出电流小于运算放大器额定输出电流。 ③运算放大器的电压增益等于无限大，即可用很小的输入电压获得非常大的输出电压。运算放大器通电后，只需在输入端两端加上毫伏级的电位，就可以很容易地使输出进入正的或负的饱和状态。 ④运算放大器的输出阻抗 $Z=0$，即在电路设计和电源所允许的范围内，可以从运算放大器输出端拉出电流，且在输出端不会出现明显的电压降。 ⑤运算放大器可把输出电压的波动范围限制在直流电源的正电压和负电压之间，即运算放大器具有电压限幅能力。其输出电压的波动幅度取决于运算放大器的正直流电源电压值和负直流电源电压值。 ⑥标准运算放大器的输出电流通常限制在 10mA 以内，运算放大器能自动把进出电流限制在安全工作区

三、仪表维护基本技能

（1）仪表及系统供电的恢复

仪表及系统供电除正常停电外，突然断电常常是随机性的，大面积的断电有配电室跳闸断电，雷击断电；局部或单台仪表断电，除了保险熔丝自然老化熔断外，大多是由短路、接地故障引起的。不管什么原因引起了断电，为了保证生产都应该及时恢复供电。

有人可能会说恢复供电不就是按下复位按钮，扳扳开关吗？恢复供电操作的确很简单，但马上能找到开关位置，就不是那么简单了。马上找到开关位置全靠平时的观察和记忆。因此，建议一定要把供电开关的安装位置记住，这虽然没有技术含量，但却很重要。

首先记住仪表的总电源是从哪个电气配电室来的。开关装在配电室的几号屏上，有没有标志牌，建议在笔记本上记一记。还要记住仪表的电源箱位置及各台仪表的供电开关。有人可能会说：都有标志牌还用去记吗？还要记。如果标志牌的字模糊了、标志牌不在了，复不了电还可再查，但是若要检修拆下仪表，把开关记错就不安全了。因此，在笔记本上记下仪表各个供电开关的位置，对工作是有利的。还有双电源供电的切换开关，这也许是自动操作的，但记住没有坏处。

常遇到的一种情况是仪表的保险熔丝断了，更换后还是断，说明有短路、接地故障。可先把仪表端的电源线拆下，用绝缘胶带把拆下线头包住，然后再送电，如果还是炸保险，说明供电线路有问题，重点检查供电线路。如果保险熔丝不断了，则仪表内部有短路故障。

（2）仪表停车、开车要做的工作

工艺停车，或者是全厂大检修，就会涉及仪表停车及开车问题。仪表工做好相关工作也是很重要的。首先要了解工艺停车时间和设备检修计划，并要和工艺人员密切配合。

仪表停车、开车要做的工作见表 1-35。

表 1-35　仪表停车、开车要做的工作

类别	说明
仪表停车要做的工作	①根据设备检修进度，拆除安装在该设备上的仪表或检测元件，如热电偶、热电阻、法兰式差压变送器、浮筒液位计、电容液位计、压力表等，以防止在检修设备时损坏仪表。在拆卸仪表前先停仪表电源或气源。 ②拆卸仪表时，一定要注意确认设备内物料已排空才能进行。 ③拆卸热电偶、热电阻、变送器后，电源电线和信号电线接头，要分别用绝缘胶布包好，并妥善固定。 ④拆卸压力表、压力变送器时，要先旋松安装螺纹，进行排气、排残液，待气液排完后再卸下仪表，以防测量介质冲出伤人。电气阀门定位器要关闭气源，并松开过滤器减压阀接头。 ⑤拆卸孔板要注意孔板方向，并要防止工艺管道一端下沉，必要时应作支撑

续表

类别	说明
仪表开车要做的工作	仪表开车顺利，说明仪表开车准备工作做得好。否则，仪表工就会在工艺开车过程中手忙脚乱而难以应付，严重时会影响生产。由仪表原因造成工艺停车、停产，是仪表工应忌讳的事。因此，仪表开车时一定要做好以下工作： ①要和工艺密切配合，根据工艺设备、管道试压试漏要求，及时安装仪表，不要因仪表影响工艺开车进度。 ②全厂大修，拆卸仪表数量多时，一定要注意仪表位号，并对号安装。若仪表不对号安装，出现故障时很难发现。 ③仪表供电的恢复。现场仪表和控制室内仪表安装接线完毕，经检查无误后，可对仪表电源箱，及每一台仪表进行供电。并检查测量 24V DC 电源输出是否正常。 ④节流装置安装要注意方向，尤其是孔板要防止装反。环室要和管道同心，孔板垫片、环室垫的材料及尺寸要合适。节流装置安装完毕，要及时打开取样阀，以防开车时没有取样信号。 ⑤由于检修工艺人员动火焊接法兰等原因，在工艺管道内可能有焊渣、铁锈等杂物，开车时应先打开旁路阀，经过一段时间后再开流量计、调节阀等的进口阀及出口阀，最后关闭旁路阀，避免出现堵塞故障。 ⑥对用隔离液的差压变送器、压力变送器，开车前要在隔离器及导压管内加满隔离液。用差压变送器测量蒸汽流量时，要等平衡器及导压管积满冷凝水后再开表，防止蒸汽未冷凝而出现振荡现象或损坏仪表。 ⑦热电偶及补偿导线接线时要注意正负极性，不能接反。热电阻的 A、B、C 三根导线不能接错了。 ⑧仪表开车前应进行联动调校，即检查变送器、检测元件和控制室显示仪表、盘装、架装、配电器、DCS 输入接口输出值是否一致。检查控制器输出、手操器输出和调节阀的阀位指示是否一致。对于与联锁系统有联系的仪表，要等仪表运行正常，工艺操作正常后再切换到联锁位置。 ⑨仪表用空气源管道大多采用碳钢管，经过运行会出现一些锈蚀，由于开停车的影响，锈蚀会剥落；仪表空气处理装置用的硅胶时间长了会出现粉末，也会带入气源管内。因此，开车前后应进行导压管的吹洗、排污工作

（3）仪表零点的检查及调整

当操作工对仪表的指示值有怀疑时，就需要对仪表进行检查，最常用的方法就是先检查仪表的零点是否正确。对压力、差压变送器则大多采取停运后检查零点的方法。

仪表零点的检查及调整见表 1-36。

表 1-36　仪表零点的检查及调整

类别	说明
压力变送器的检查及调零	检查零点时，要先把压力卸除，使变送器处于没有受压的状态。对于导压管较长、变送器安装位置低于取样点的蒸汽或液体压力的测量，即使压力卸除了，在导压管内仍会有冷凝水或液体存在，由于液柱静压力的影响，变送器的输出电流将大于零点电流，这是需要注意的，可采取排污来解决。还有就是要查证，原来是否采取过正迁移措施来抵消静压力的影响，以免出现错误判断，而把正常零点调乱了
差压变送器的检查及调零	检查差压变送器的零点时，要先关闭三阀组的负压阀，再开平衡阀，后关正压阀。打开平衡阀的作用就是使变送器的正、负测量室的压差等于零。对于没有迁移的变送器，观察其输出是否是 4mA，若不是则应调零。举例如下。 1511 差压变送器，其调整螺钉位于变送器壳体铭牌下面，上方标记为“Z”的是零点调整螺钉；而下方标记为“R”的是量程调整螺钉。可通过调整“Z”螺钉使变送器的输出为 4mA。顺时针转动调整螺钉，可使变送器的输出增大。 3051 差压变送器调零时，可用 HART 通信器快捷键 1、2、3、3、1 指令进行调整。操作方法如下：从手操器主菜单中选择 1.Device Setup（装置设置），2.Diagnostics and Service（诊断和服务），3. Calibration（标定），3.Sensor Trim（传感器微调），1.Zero Trim（零点微调），按照指令对零点进行调整。 已使用迁移的变送器，它的正、负测量室压差等于零时，其输出不会是 4mA，但可根据迁移后的量程范围，来计算它的输出电流应该是多少，并可依此来确定变送器的性能是否稳定
检查热电偶温度仪表的方法	在使用现场，热电偶的冷端温度不可能等于 0℃，显示仪表大多具有冷端温度自动补偿功能。所以，通常采用的检查方法是短接显示仪表的输入端，观察仪表的显示值是否为室温，如果指示为室温，说明仪表基本是正常的。当然室温只是通俗的说法，严格来讲，短接输入端后仪表的显示值是仪表输入端子附近的环境温度。 当操作工对仪表显示的温度值有疑问时，可使用直流电位差计或其他标准表，先测量热电偶的热电势 U_X，再根据参比端或者室温的温度值，查热电偶分度表，得到该温度所对应的热电势 U_o，然后把 U_X 和 U_o 相加，得到总的热电势，再查热电偶分度表就得到被测量的真实温度了。如有一支 S 分度的热电偶，测得热电偶的热电势 U_X 为 12.94mV；室温 28℃，查表得 U_o=0.161mV，则 U_X+U_o=12.94+0.161=13.101（mV），查热电偶分度表知，实际温度为 1295.2℃

续表

类别	说明
检查热电阻温度仪表的方法	当操作工对仪表显示的温度值有疑问时，可使用直流电阻电桥或其他标准表，测量热电阻的电阻值，再查热电阻分度表，得到该电阻值所对应的温度，就可以判断仪表的误差了。也可以用直流电阻电桥代替热电阻，向显示仪输入电阻值来检查显示仪，以判断仪表是否正常。当热电阻或导线接触不良时，仪表的显示温度将是偏高的。如果出现偏低，则可能有短路现象

（4）压力、差压变送器的启停

检查压力、差压变送器的零位，对变送器进行定期排污，都会涉及变送器的启停。因此，正确地启停压力、差压变送器也是需要掌握的技能之一。

① 就地安装压力变送器的停运及投运。就地安装的压力变送器的安装方式与弹簧压力表基本是一样的，即只有一只取样阀门，有的还有一只排放阀。就地安装压力变送器的停运及投运方法见表1-37。

表1-37 就地安装压力变送器的停运及投运

类别	说明
停运方法	停运时把压力变送器的取样阀关闭，缓慢打开排放阀，把被测压力卸掉即可。没有排放阀时，只能通过慢慢旋松压力变送器的接头螺纹来卸除压力，操作时小心介质压力伤人
投运方法	投运时只需打开压力变送器的取样阀门

② 远引安装的压力变送器停运及投运。远引安装的压力变送器至少有三个阀门及导压管与其相连接：取样阀门用于取样和切断工艺介质；排污阀用来冲洗导压管、排除导压管内的冷凝液或气体；导压管与压力变送器连接用的截止阀又称为二次阀。远引安装的压力变送器停运及投运方法见表1-38。

表1-38 远引安装的压力变送器停运及投运方法

类别	说明
停运方法	停运时把压力变送器的二次阀关闭，再通过压力变送器测量室上的排液、排气阀或者导压管排污阀卸除压力即可。必要时还应当把取样阀门关闭。有隔离液的变送器则不能随意打开排污阀门来卸除压力
投运方法	一般测量介质的变送器投运时打开二次阀门即可。但对已排空了导压管的蒸汽压力测量，则先关闭二次阀及排污阀，再开取样阀，然后开排污阀冲洗导压管，关闭排污阀以后，等半小时以上，使导压管内积满蒸汽冷凝水再开二次阀。并使用变送器测量室的排气阀，排除空气。 在进行以上操作时，应把与之相关的控制系统切换至手动，并通知工艺操作人员

③ 差压变送器的停运及投运。差压变送器至少有五只阀门与其相连接：两只取样阀用来取样和切断工艺介质；两只排污阀用来冲洗导压管，或排除导压管里的冷凝液或气体；而导压管与变送器的连接都是使用三阀组或者五阀组，差压变送器的停运及投运大多就是对三阀组的操作。差压变送器的停运及投运方法见表1-39。

表1-39 差压变送器的停运及投运方法

类别	说明
停运方法	差压变送器停运时，关三阀组的步骤是：先关负压阀；再开平衡阀；最后关正压阀。变送器较长时间停运时，一次阀和三阀组的正、负压阀都应关闭，平衡阀应打开，以保证变送器测量室两侧的压力相等，处于平衡状态
投运方法	差压变送器投运时，开三阀组的步骤是：先开正压阀；再关平衡阀；最后开负压阀。 启停蒸汽流量，用隔离器的变送器和平衡容器的液位变送器时，开关三阀组时不能出现正压、负压阀和平衡阀同时打开的情况，因为即使短时间打开，也有可能发生平衡容器里的冷凝水、隔离器里的隔离液流失的情况，导致仪表示值不正确，严重时甚至无法投运变送器。必要时还要用变送器测量室上的排液、排气阀，排除其中的空气或者冷凝水

（5）压力、差压变送器的排污方法

压力、差压变送器和浮筒液位计等都需要进行排污，因为测量介质含有粉尘、油垢、微小颗粒，会在导压管或取样阀门内沉积，其直接或间接地影响了测量。按规定应定期进行排污。排污前先要把变送器停运，但取样阀是不关闭的。对于使用隔离液的变送器则不能随意排污，但要定期更换隔离液。

排污前，必须和工艺人员联系，在征得工艺人员同意后才能进行；流量或压力控制系统排污前，应先将自动切换到手动。排污完成，投运变送器后，应观察变送器的输出是否正常；对于控制系统，则还应将手动切换至自动，并通知工艺人员仪表已可正常使用。

压力、差压变送器的排污方法见表 1-40。

表 1-40　压力、差压变送器的排污方法

类别	说明
压力变送器的排污操作	先把压力变送器的二次阀关闭，打开排污阀排污。关闭排污阀后，观察导压管及阀门接头有无泄漏现象，若有则应进行处理。导压管及阀门的接头使用时间长了，有时摇动了导压管或阀门，就有可能出现泄漏现象。对于一般测量介质，打开二次阀就可投运变送器了。对于蒸汽压力，则要等蒸汽冷凝水充满导压管后才能开二次阀。投运后再把压力变送器测量室上的排液、排气阀旋松，这样既可把测量室内的介质置换一下，又可排液、排气
差压变送器的排污操作	对一般测量介质的差压变送器先关三阀组的负压阀，再开平衡阀，后关正压阀。打开排污阀，对正、负导压管进行排污。关闭排污阀后，观察导压管及阀门接头有无泄漏现象。然后把正、负压阀打开，再把变送器正、负测量室上的排液、排气阀旋松，进行排液、排气。然后关闭平衡阀就可投运变送器了。 对有冷凝器的差压变送器，如用于蒸汽流量测量等，关三阀组的方法及排污方法同上。但投运时要等蒸汽冷凝水充满导压管后才能投运变送器
锅炉汽包水位的快速排污操作	锅炉汽包水位变送器排污后，要有足够的冷凝水后才能投运，通常要用一个多小时。除采取人工加水的方法外，还可用汽包的水来向双室平衡容器内加水，就可以即时排污、即时投运变送器。现按图 1-51 对操作步骤进行说明。 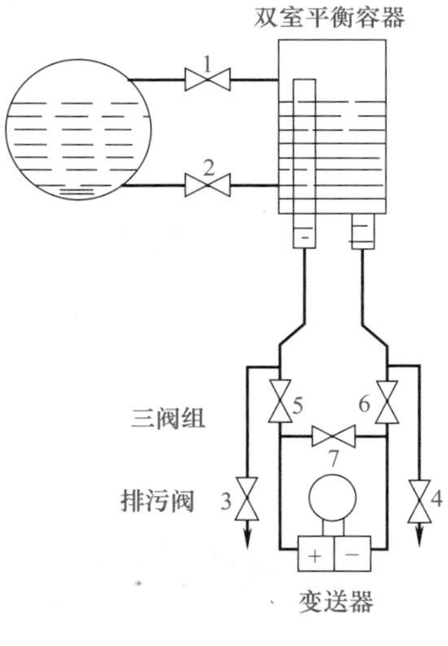 图 1-51　锅炉汽包水位快速排污操作示意图 ①先同时关三阀组的正、负压阀 5、6，开平衡阀 7。 ②关液相阀 2，开汽相阀 1，交替开关排污阀 3、4，用蒸汽冲洗正、负导压管。 ③关汽相阀 1，开液相阀 2，交替开关排污阀 3、4，再用锅炉汽包的热水冲洗正、负导压管。 ④先关排污阀 3，后关排污阀 4，这样双室平衡容器正、负压室及导压管内都充满了热水。 ⑤开正压阀 5，关平衡阀 7，开负压阀 6，再开汽相阀 1，变送器即投入运行

（6）热电偶和热电阻的识别方法

工业用热电偶和热电阻保护套管的外形几乎是一样的。有的测温元件外形很小，如铠装型的，两者外形又基本相同，在没有铭牌，又不知道型号的情况下，可采用以下方法识别。

首先是看测温元件的引出线，通常热电偶只有两根引出线，有三根引出线的就是热电阻了。但对于有四根引出线的，需要测量电阻值来判断是双支热电偶，还是四线制的热电阻。先从四根引出线中找出电阻几乎为零的两对引出线，再测量这两对引出线间的电阻值：如果为无穷大，则就是双支热电偶，电阻值几乎为零的一对引出线就是一支热电偶；如果两对引出线的电阻在 10 ～ 110Ω 之间，则是单支四线制的热电阻，看它的电阻值与什么分度号的热电阻最接近，则就是该分度号的热电阻。

只有两根引出线时，可以用数字万用表测量电阻值来判断，由于热电偶的电阻值很小，电阻几乎为零；如果测量时电阻值很小，可能就是热电偶。热电阻在室温状态下，其最小电阻值也将大于 10Ω。常用的热电阻有：Pt10、Pt100 铂热电阻，Cu50、Cu100 铜热电阻。在室温 20℃时，其电阻值：Pt10 为 10.779Ω，Pt100 为 107.794Ω，Cu50 为 54.285Ω，Cu100 为 108.571Ω。室温大于 20℃时其电阻值更大，比较两者的电阻值大多可判断了。如果是热电阻，也就可以知道是什么分度号的热电阻。

还可找一个容易得到的热源，通过加热测温元件来判断和识别。如可接一杯饮水机的热水，将测温元件的测量端放入热水中，用数字万用表的直流毫伏挡测量它有没有热电势，有热电势的就是热电偶；根据热电势查找热电偶分度表，就可以判断是什么分度号的热电偶了。没有热电势时，则测量其电阻值有没有变化，有电阻值上升趋势的就是热电阻。还可使用电烙铁或电烘箱加热测温元件的测量端来判断识别。

（7）熟悉报警系统的灯光及其工作状态

报警系统使用不同形式、不同颜色的灯光来区别报警状态。各种颜色灯光的含义如下：

闪光——容易引人注意，常用来表示刚出现的故障或第一故障；

平光——“确认”以后继续存在的故障或第二故障；

红色灯光——超限报警或危急状态；

黄色灯光——低限报警或预告报警；

绿色灯光——运转设备或工艺参数处于正常运行状态。

为了保证报警系统正常工作，需要定期检查报警系统的灯光、音响回路是否正常。但在报警状态下不能进行试灯，以避免误判。对于一般事故闪光报警系统，它的各种工作状态如表 1-41 所示，对灯光及报警状态的熟悉是最基本的要求。

表 1-41　一般事故闪光报警系统工作状态表

工作状态	正常	有报警信号输入	按消音按钮后	报警信号消失后	按试灯按钮后
灯的状态	不亮	闪光	平光	不亮	闪光
音响状态	不响	响	不响	不响	响

（8）弹簧管压力表色标与测量介质的关系

弹簧管压力表，由于测量的介质不同，其外观的颜色也是不同的，其色标的含义如表 1-42 所示。在维修、更换压力表时是不允许混用的，如氧气压力表要求禁油，普通压力表的弹簧管是铜的，如果用来测量氨介质的压力就会被腐蚀，因此氨用压力表的弹簧管要用不锈钢的。

表 1-42　弹簧管压力表色标与测量介质的关系

测压介质	氧	氢	氯	氨	乙炔	其他可燃性气体	其他惰性气体或液体
色标颜色	天蓝色	绿色	黄色	褐色	白色	红色	黑色

（9）压力、流量取样口方位与测量介质的关系

在水平或倾斜的管道上安装压力和流量取样部件时，取样口的方位如下：

① 测量气体压力、流量，在管道上半部。

② 测量蒸汽压力，在管道的上半部，以及下半部与管道水平中心线成 0° ～ 45° 夹角的范围内。测量蒸汽流量，在管道的上半部与管道水平中心线成 0° ～ 45° 夹角的范围内。

③ 测量液体压力、流量，在管道的下半部与管道的水平中心线成 0° ～ 45° 夹角范围内。

第二章
仪表工识图

第一节　常用电工电子图形符号

一、常用控制图形符号

（1）连接线图形符号

仪表圆圈与过程测量点的连接引线，以及通用的仪表信号线和能源线的符号是细实线。当有必要标注能源类别时，可采用相应的缩写标注在能源线符号之上。例如 AS-0.14 为 0.14MPa 的空气源，ES-24DC 为 24V 的直流电源。

当通用的仪表信号线为细实线而可能造成混淆时，可在细实线上加斜短画线（斜短画线与细实线成 45° 角）作为通用信号线符号。

仪表连接线图形符号见表 2-1。

表 2-1　仪表连线图形符号

类别	图形符号	备注
仪表与工艺设备、管道上测量点的连接线或机械连动线	（细实线；下同）	—
通用的仪表信号线		—
连接线交叉		—
连接线相接		—
表示信号的方向		—
气压信号线		短画线与细实线成 45° 角

续表

类别	图形符号	备注
电动信号线	或	短画线与细实线成 45° 角
导压毛细管		短画线与细实线成 45° 角
液压信号线		—
电磁、辐射、热、光、声波等信号线（有导向）		—
电磁、辐射、热、光、声波等信号线（无导向）		—
内部系统链（软件或数据链）		—
机械链		—
二进制电信号	或	短画线与细实线成 45° 角
二进制气信号		短画线与细实线成 45° 角

（2）仪表图形符号

仪表图形符号是直径为 12mm（或 10mm）的细实线圆圈。仪表位号的字母或阿拉伯数字较多，圆圈内不能容纳时，可以断开，如图 2-1（a）所示。处理两个或多个变量，或处理一个变量但有多个功能的复式仪表，可用相切的仪表圆圈表示，如图 2-1（b）所示。当两个测量点引到一台复式仪表上，而两个测量点在图纸上距离较远或不在同一张图纸上时，则分别用两个相切的实线圆圈和虚线圆圈表示，如图 2-1（c）所示。

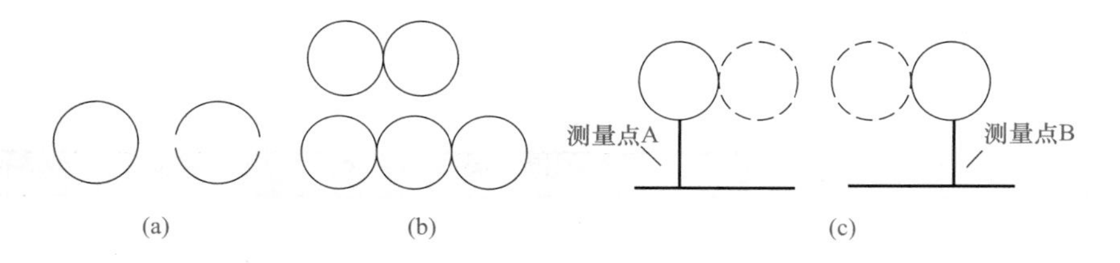

图 2-1　仪表图形符号

分散控制系统仪表图形符号是直径为 12mm（或 10mm）的细实线圆圈，外加与圆圈相切的细实线方框，如图 2-2（a）所示。作为分散控制系统一个部件的计算机功能图形符号，是对角线长为 12mm（或 10mm）的细实线六边形，如图 2-2（b）所示。分散控制系统内部连接的可编程逻辑控制器功能图形符号如图 2-2（c）所示，外四方形边长为 12mm（或 10mm）。

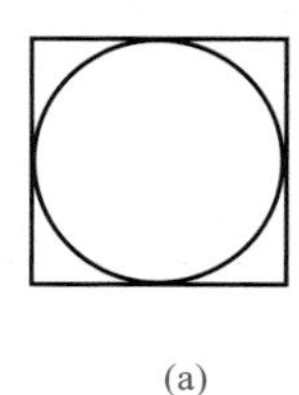
(a)
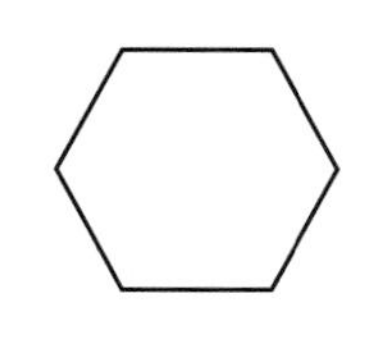
(b)
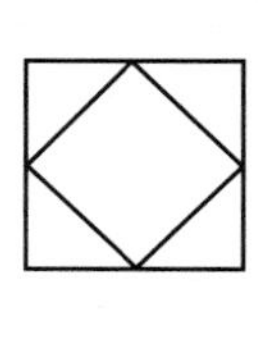
(c)

图 2-2　分散控制系统仪表图形符号

其他仪表功能图形符号如图 2-3 所示。

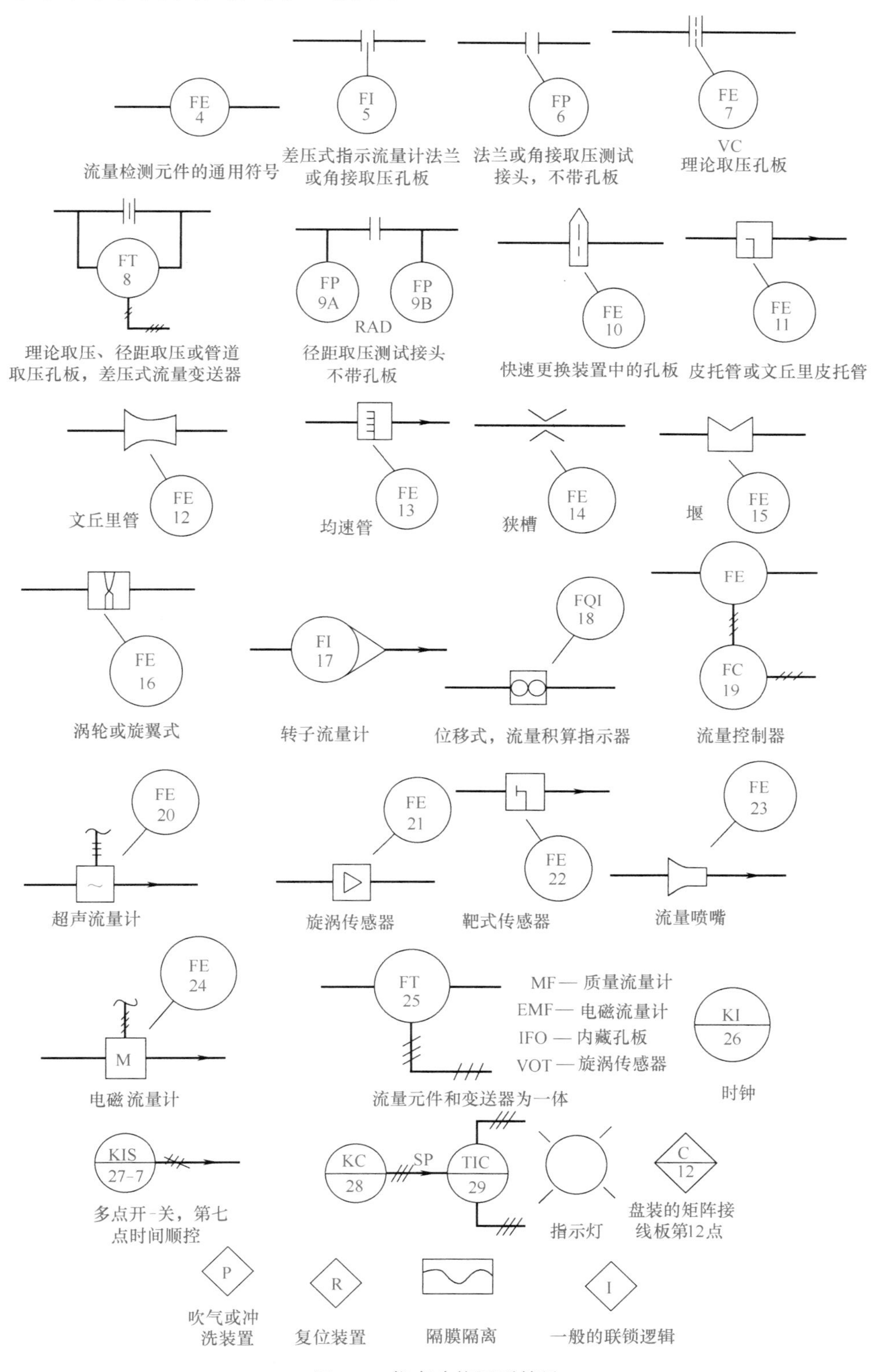

图 2-3 仪表功能图形符号

（3）带控制点流程图和仪表位号表示方法

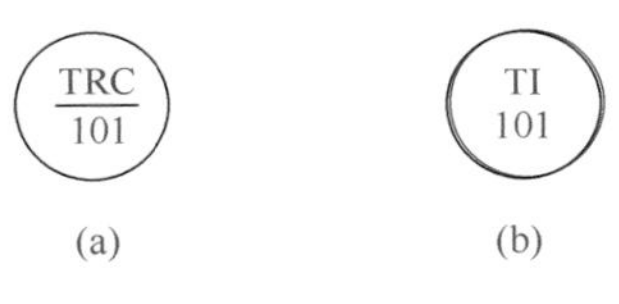

图 2-4　仪表位号表示方法

仪表位号表示方法是：字母代号填写在圆圈上半圈中，回路编号填空在圆圈下半圈中，集中仪表盘面安装仪表，圆圈中有一横，如图 2-4（a）所示；就地安装仪表中间没有一横，如图 2-4（b）所示。

根据图形符号、文字代号以及仪表位号表示方法，可以绘制仪表系统图，其方法见表 2-2。

表 2-2　带控制点流程图

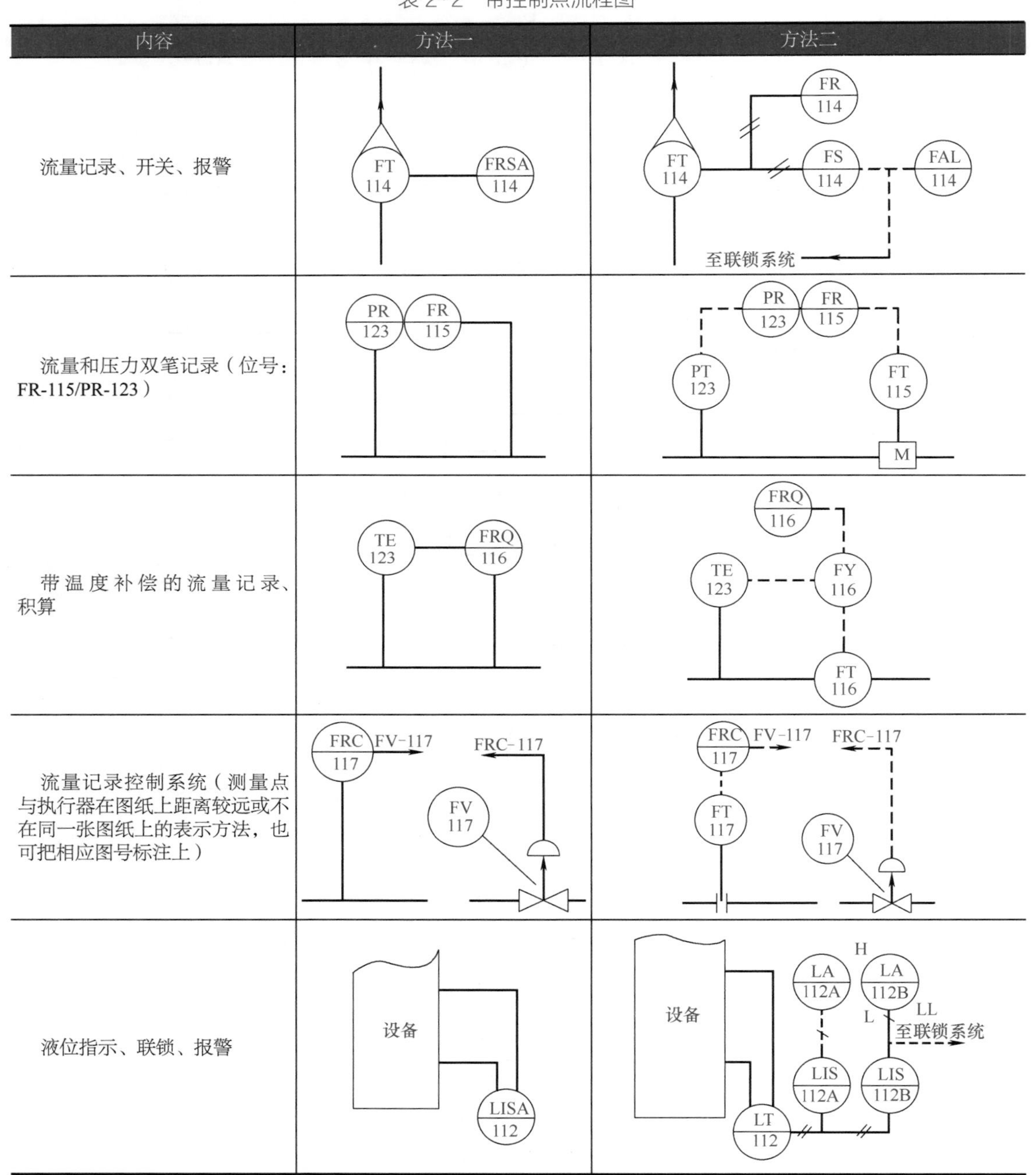

内容	方法一	方法二
流量记录、开关、报警	FT 114；FRSA 114	FR 114；FT 114；FS 114；FAL 114；至联锁系统
流量和压力双笔记录（位号：FR-115/PR-123）	PR 123；FR 115	PR 123；FR 115；PT 123；FT 115；M
带温度补偿的流量记录、积算	TE 123；FRQ 116	FRQ 116；TE 123；FY 116；FT 116
流量记录控制系统（测量点与执行器在图纸上距离较远或不在同一张图纸上的表示方法，也可把相应图号标注上）	FRC 117；FV-117；FRC-117；FV 117	FRC 117；FV-117；FRC-117；FT 117；FV 117
液位指示、联锁、报警	设备；LISA 112	设备；H；LA 112A；LA 112B；L；LL；至联锁系统；LIS 112A；LIS 112B；LT 112

续表

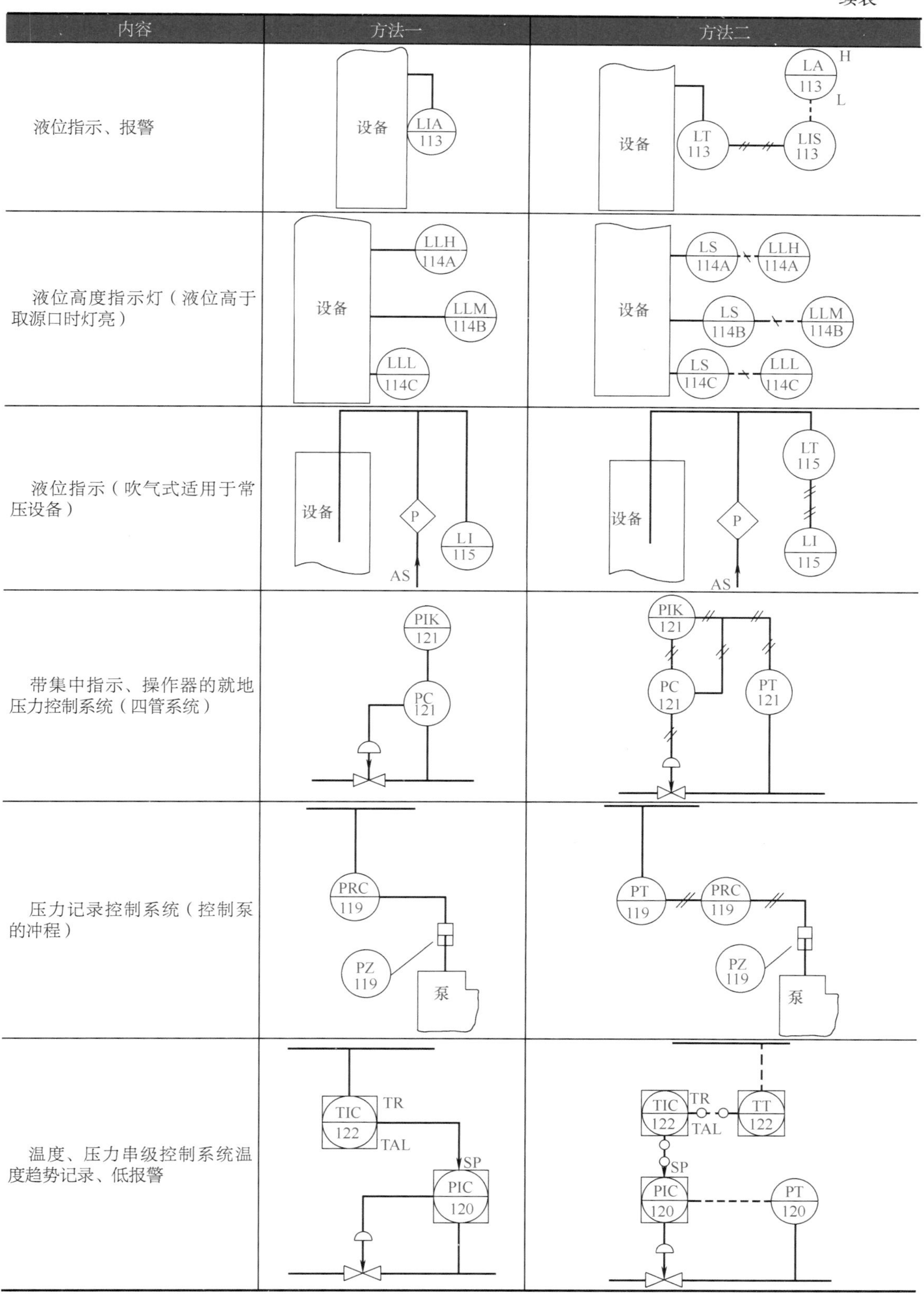

内容	方法一	方法二
液位指示、报警		
液位高度指示灯（液位高于取源口时灯亮）		
液位指示（吹气式适用于常压设备）		
带集中指示、操作器的就地压力控制系统（四管系统）		
压力记录控制系统（控制泵的冲程）		
温度、压力串级控制系统温度趋势记录、低报警		

续表

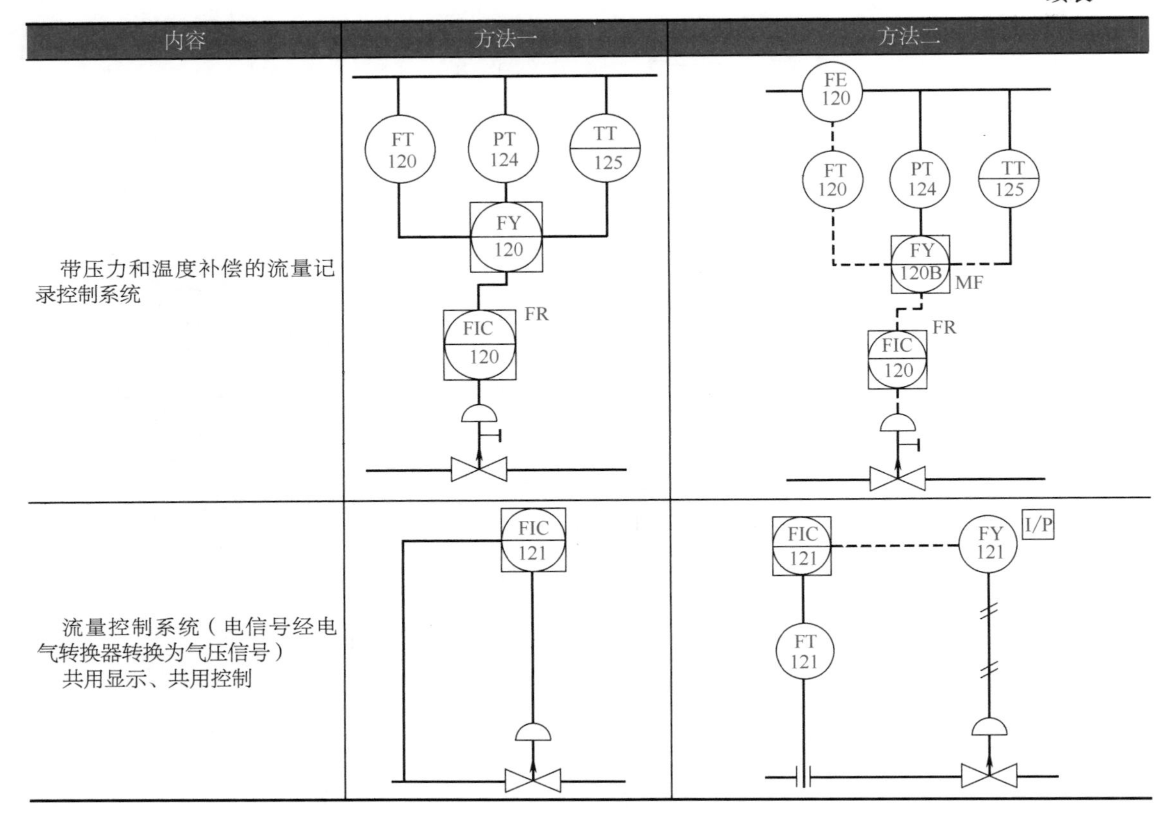

二、常用电工电子图例符号

常用电工电子基本图形符号及说明见表 2-3。

表 2-3　常用电工电子基本图形符号及说明

新符号	旧符号	说明
—— 或 - - -	——	直流
～	～	交流
$\overline{\sim}$	$\overline{\sim}$	交直流
～	～	低频（工频）
≈	≈	中频（音频）
≋	≋	高频（超声频、载频或射频）
$\underset{- - -}{\frown\frown}$	$\underset{- - -}{\frown\frown}$	具有交流分量的整流电流
M	M	中间线
N	N	中性线
+	+	正极
—	—	负极

续表

新符号	旧符号	说明
		热效应
		电磁效应 过电流保护的电磁操作
		电磁执行操作
		正阶跃函数
		负阶跃函数
		正脉冲
		负脉冲
		交流脉冲
		热执行器操作（如热继电器、热过电流保护）
		理想回转器
		理想电流源
		理想电压源
		等电位
		永久磁铁
		接触器（在非动作位置触点断开）
		接触器（在非动作位置触点闭合）
		负荷开关（负荷隔离开关）
		具有自动释放功能的负荷开关

续表

新符号	旧符号	说明
	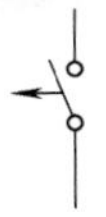	熔断器式断路器
	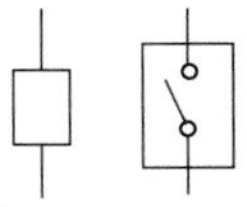	断路器
	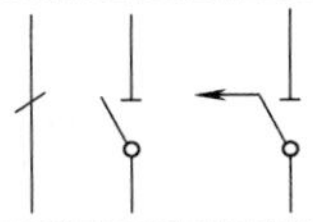	隔离开关
		熔断器，一般符号
	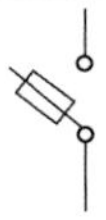	熔断器式开关
	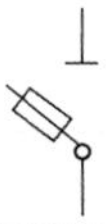	熔断器式隔离开关
	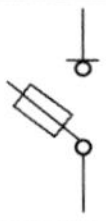	熔断器式负荷开关
	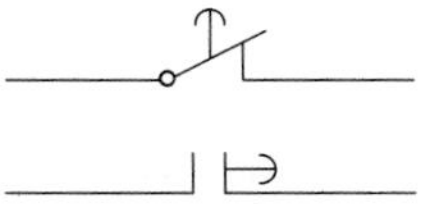	当操作器件被吸合时延时闭合的动合（常开）触点
	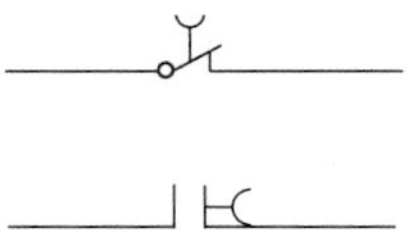	当操作器件被释放时延时断开的动合（常开）触点
	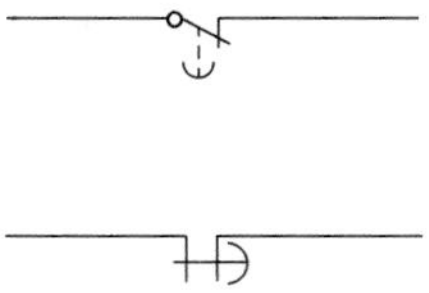	当操作器件被释放时延时闭合的动断（常闭）触点
	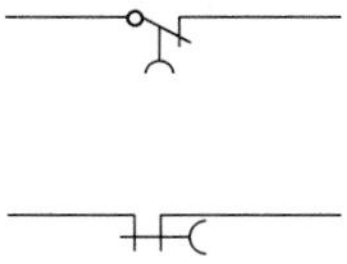	当操作器件被吸合时延时断开的动断（常闭）触点
		当操作器件被吸合时延时闭合和释放时延时断开的动合（常开）触点

续表

新符号	旧符号	说明
 E-	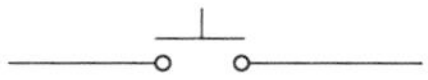	按钮开关（不闭锁）
	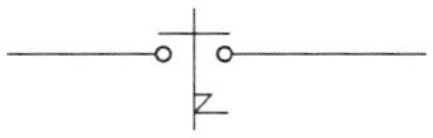	旋钮开关、旋转开关（闭锁）
		位置开关，动合（常开）触点
		位置开关，动断（常闭）触点
 θ	 t°>	热敏开关，动合（常开）触点，θ 可用动作温度代替
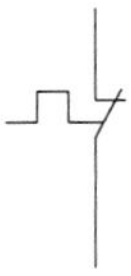	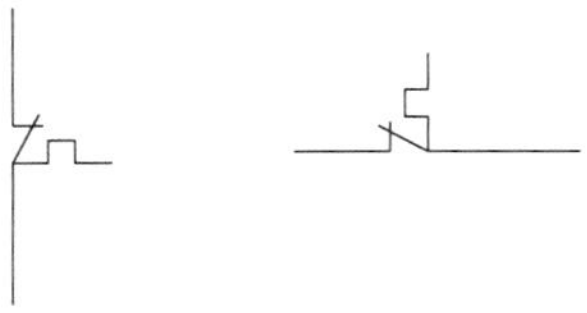	热敏自动开关的动断（常闭）触点
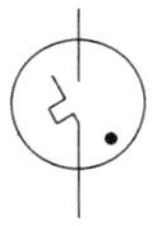	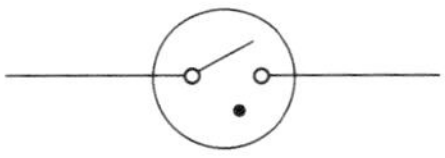	具有热元件的气体放电管荧光灯启动器
		阴接触件（连接器的）插座
		阳接触件（连接器的）插座
		插头和插座
	 或	动断（常闭）触点
—	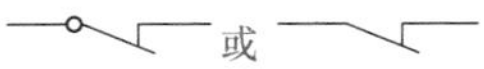 或	
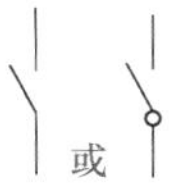 或	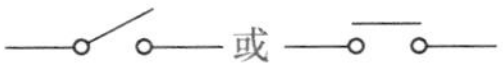 或	动合（常开）触点
—	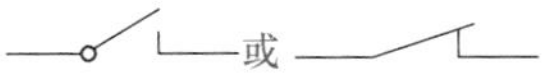 或	
	 或	先断后合的转换触点

续表

新符号	旧符号	说明
或	或	当操作器件被吸合时延时闭合的动合（常开）触点
	或	中间断开的双向触点
或		当操作器件被释放时延时断开的动合（常开）触点
或		当操作器件被吸合时延时断开的动断（常闭）触点
或		当操作器件被释放时延时闭合的动断（常闭）触点
或	或	开关，一般符号
E		带动断（常闭）和动合（常开）触点的按钮
		接触器（在非动作位置触点断开）
	—	手动开关，一般符号
		断开的连接片
或		接通的连接片
		手动操作
	—	储存机械能操作
M	D	电动机操作
	—	脚踏操作
	—	凸轮操作
		接地，一般符号

续表

新符号	旧符号	说明
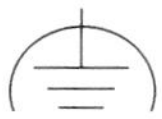	—	抗干扰接地
		保护接地
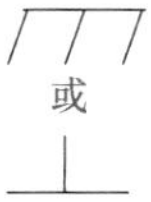 或	 或	接机壳或接底板
		闪络、击穿
	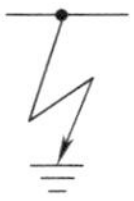	导线间对地绝缘击穿
		故障
	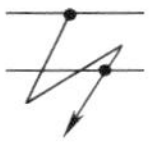	导线间绝缘击穿
		柔软导线
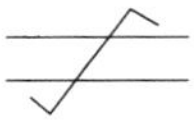	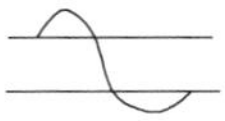	二股绞合导线
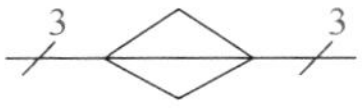 3 3	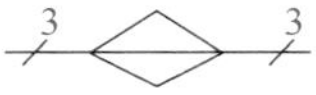 3 3	电缆直通接线盒（示出带三根导线）单线表示
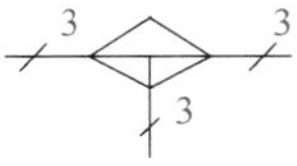 3 3 3	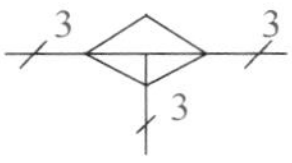 3 3 3	电缆连接盒、电缆分线盒（示出带三根导线 T 形连接）单线表示
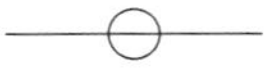	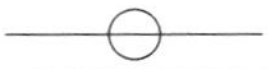	架空线路
F *T* *V* *S*  *F*	*F* *T* *V* *S* 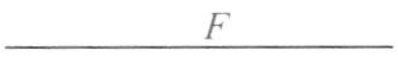 *F*	电话 电报和数据传输 视频通路（电视） 声道（电视或无线电广播） 示例：电话线路或电话电路
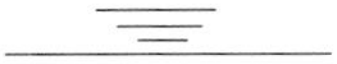	—	地下线路
	—	滑触线
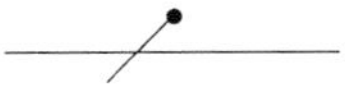	—	中性线
	—	保护线
	—	具有保护线和中性线的三相配线

续表

新符号	旧符号	说明
(1) (2)	—	接地装置 （1）有接地极 （2）无接地极
		端子
		同轴电缆
或		导线的连接
或	或	导线的多线连接
		电缆终端头
	—	滑动（滚动）连接器
	=	滑动连接变阻器
		电阻器的一般符号
	或	可变电阻器
U	U	压敏电阻器
		有两个固定抽头的可变电阻器
		有两个固定抽头的电阻器
+	+ −	极性电容器
		滑动触点电位器
	或	可变电容器
		电感器、线圈、绕组、扼流圈

续表

新符号	旧符号	说明
		磁芯（铁芯）有间隙的电感器
		带磁芯（铁芯）的电感器
	—	带磁芯（铁芯）连续可调的电感器
		分流器
		半导体二极管，一般符号
	—	发光二极管
		隧道二极管
		单向击穿二极管（稳压二极管）
		双向击穿二极管（双向稳压二极管）
		双向二极管、交流开关二极管
		PNP 型晶体管
		NPN 型晶体管
		集电极接管壳的 NPN 型晶体管
		光电二极管
		光敏电阻
	E	光电池
	—	两相绕组
3 或		三个独立绕组

续表

新符号	旧符号	说明
		三角形连接的三相绕组
		开口三角形连接的三相绕组
		中性点引出的星形连接的三相绕组
		星形连接的三相绕组
		曲折形或双星形互相连接的三相绕组
		双三角连接的六相绕组
	或	集电环或换向器上的电刷
M	D	直流电动机
G	F	直流发电机
G ~	F ~	交流发电机
M ~	D ~	交流电动机
*	*	电机一般符号 符号内的星号必须用下述字母代替： CS—同步变流机 G—发电机 GS—同步发电机 M—电动机 MG—能作为发电机或电动机使用的电机 MS—同步电动机 SM—伺服电机 TG—测速发电机 TM—力矩电动机 IS—感应同步器
M	D 或 D	串励直流电动机
M	D	并励直流电动机
M	D	他励直流电动机
M	D	永磁直流电动机

续表

新符号	旧符号	说明
 M 1～	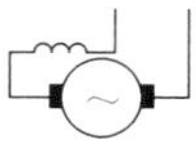	单相交流串励电动机
 MS 1～		单相永磁同步电动机
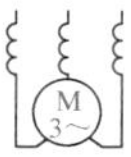 M 3～		三相交流串励电动机
 M 3～		单相笼型异步电动机
 M 3～		三相笼型异步电动机
 M 3～	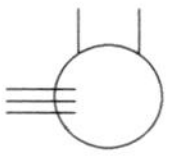	三相绕线转子异步电动机
 TG ～	—	交流测速发电机
 TG —	—	电磁式直流测速发电机
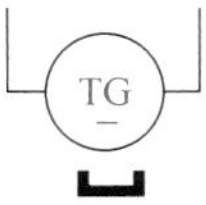 TG —	—	永磁式直流测速发电机
 或	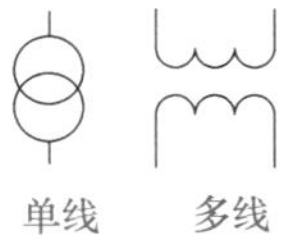 单线 多线	双绕组变压器，一般符号
 或	 单线 多线	三绕组变压器，一般符号
 或	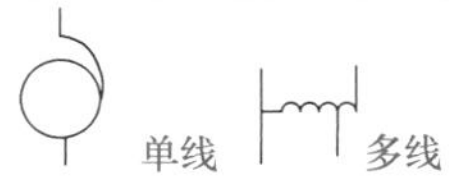 单线 多线	自耦变压器，一般符号
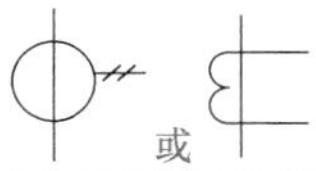 或	 单线 多线	电流互感器、脉冲变压器
 或		电抗器、扼流圈，一般符号

续表

新符号	旧符号	说明
或	单线 多线	电压互感器
或	单线 多线	具有两个铁芯和两个二次绕组的电流互感器
或	单线 多线	在一个铁芯上有两个二次绕组的电流互感器
	—	直流变流器方框符号
	—	桥式全波整流器方框符号
	—	整流器、逆变器方框符号
	—	整流器方框符号
	—	逆变器方框符号
		原电池或蓄电池
		蓄电池组或原电池组
$U<$	$U<$	欠压继电器线圈
$I>$	$I>$	过渡继电器线圈
V	V	电压表
W	W	功率表
A	A	电流表
A $I\sin\varphi$	A	无功电流表
var	—	无功功率表
$\cos\varphi$	$\cos\varphi$	功率因数表
Hz	f	频率表

续表

新符号	旧符号	说明
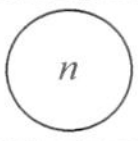 n	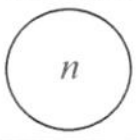 n	转速表
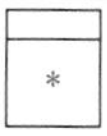 *	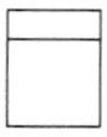	积算仪表，如电能表（星号按照规定予以代替）
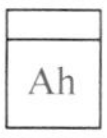 Ah	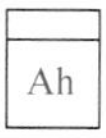 Ah	安培小时计
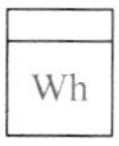 Wh	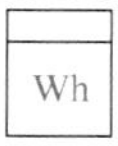 Wh	电能表（瓦时计）
		示波器
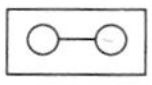		直流电焊机
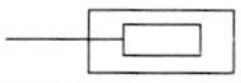	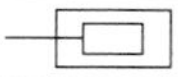	电阻加热装置
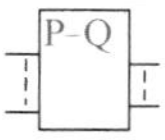 P-Q	—	减法器
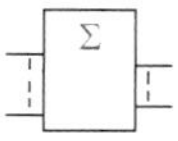 Σ	—	加法器
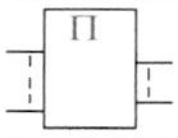 Π	—	乘法器
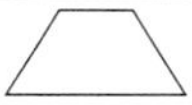	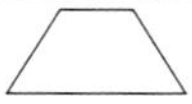	火灾报警装置
		热
		烟
		易爆气体
		手动启动
		电铃
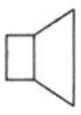	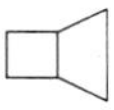	扬声器
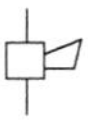	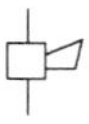	发声器
		电话机
		照明信号
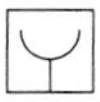		手动报警器
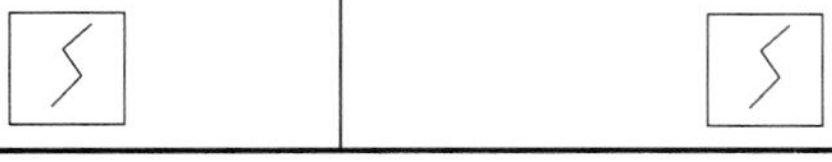		感烟火灾探测器

续表

新符号	旧符号	说明
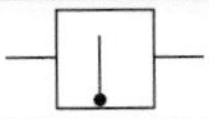	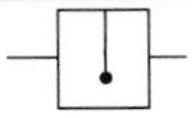	感温火灾探测器
		气体火灾探测器
		火警电话机
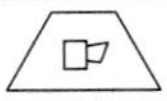	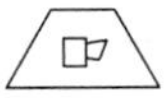	报警发声器
	—	有视听信号的控制和显示设备
	—	在专用电路上的事故照明灯
		自带电源的事故照明灯装置（应急灯）
	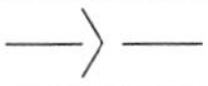	逃生路线，逃生方向
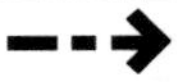	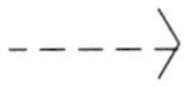	逃生路线，最终出口
		二氧化碳消防设备辅助符号
	—	氧化剂消防设备辅助符号
		卤代烷消防设备辅助符号

第二节 管道仪表流程图的识读

一、管道仪表流程图中常用图例符号

（1）仪表功能字线代号

仪表功能字线代号见表 2-4。

表 2-4 表示仪表安装位置图形符号

字母	首位字母		后继字母		
	被测变量或引发变量	修饰词	读出功能	输出功能	修饰词
A	分析		报警		
B	烧嘴、火焰		供选用	供选用	供选用
C	电导率			控制	
D	密度	差			
E	电压（电动势）		检测元件		
F	流量	比（分数）			
G	供选用		视镜；观察		
H	手动				高
I	电流		指示		
J	功率	扫描			

续表

字母	首位字母		后继字母		
	被测变量或引发变量	修饰词	读出功能	输出功能	修饰词
K	时间、时间程序	变化速率		操作器	
L	物位		灯		低
M	水分或湿度	瞬动			中、中间
N	供选用		供选用	供选用	供选用
O	供选用		节流孔		
P	压力、真空		连接点、测试点		
Q	数量	积算、累计			
R	核辐射		记录		
S	速度、频率	安全		开关、联锁	
T	温度			传送	
U	多变量		多功能	多功能	多功能
V	振动、机械监视			阀、风门、百叶窗	
W	重量、力		套管		
X	未分类	X轴	未分类	未分类	未分类
Y	事件、状态	Y轴		继动器、计算器、转换器	
Z	位置、尺寸	Z轴		驱动器、执行机构未分类的最终执行元件	

对于表中所涉及的问题简要说明如下：

①“首位字母”在一般情况下为单个表示被测变量或引发变量的字母，又称为变量字母。在首位字母附加修饰字母后，其意义改变。

②“后继字母”可根据需要分为一个字母（读出功能）或两个字母（读出功能＋输出功能），有时也用三个字母（读出功能＋输出功能＋读出功能）。

③“分析”（A）指分析类功能，并未表示具体分析项目。需指明具体分析项目时，则在表示仪表位号的图形符号（圆圈或正方形）旁标明。

④“供选用”指该字母在本表相应栏目中未规定具体含义，可根据使用者的需要确定并在图例中加以说明。

⑤“高”（H）、“中”（M）、“低”（L）应与被测量值相对应，而并非与仪表输出的信号值相对应。H、M、L 分别标注在表示仪表位号的图形符号（圆圈或正方形）的右上、中、下处。

⑥“安全”（S）仅用于紧急保护的检测仪表或检测元件及最终控制元件。

⑦字母“U”表示“多变量”时，可代替两个以上首位字母组合的含义；表示“多功能”时，可代替两个以上后继字母组合的含义。

⑧“未分类”（X）表示作为首位字母和后继字母均未规定具体含义，在应用时，要求在表示仪表位号的图形符号（圆圈或正方形）外注明其具体含义。

⑨“继动器（继电器）”（Y）表示是自动的，但在回路中不是检测装置，其动作由开关或位式控制器带动的设备或器件控制。表示继动、计算、转换功能时，应在仪表图形符号（圆圈或正方形）外（一般在右上方）注明其具体功能，但功能明显时可不予标注，常用附加功能符号见表 2-5。

（2）仪表能源字母组合标志

仪表能源字母组合标志见表 2-6。

表 2-5　附加功能符号应用示例

名称	常规仪表		DCS	
运算器	+ FY 102	− PY 213	× TY 105	÷ PY 213
选择器	> TY 105	< TY 205	< PY 213	> PY 413
转换器	I/P PY 4	P/I LY 207	A/D FY 302	D/A LY 251
函数发生器			$f(x)$ FY 103	$f(t)$ TY 251

表 2-6　仪表能源字母组合标志

字母组合	全称	含义	字母组合	全称	含义
AS	Air Supply	空气源	IA	Instrument Air	仪表空气
ES	Electric Supply	电源	NS	Nitrogen Supply	氮气源
GS	Gas Supply	气体源	SS	Steam Supply	蒸汽源
HS	Hydraulic Supply	液压源	WS	Water Supply	水源

（3）仪表安装位置图形符号

仪表安装位置图形符号见表 2-7。

表 2-7　仪表安装位置图形符号

项 目	主要位置操作员监视用①	现场安装正常情况下操作员不监视	辅助位置操作员监视用
离散仪表	IPI②		
共用显示 共用控制			
计算机功能			
可编程序逻辑控制功能			

①正常情况下操作员不监视，或盘后安装的仪表设备或功能，仪表图形符号列可表示为：

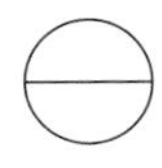
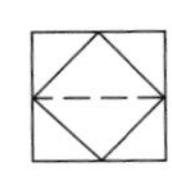
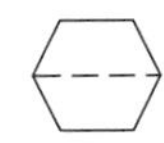

②在需要时标注仪表盘号或操作台号。

（4）测量点的图形符号

测量点（包括检出元件）是由过程设备或管道符号引到仪表圆圈的连接引线的起点，一般无特定的图形符号，如图 2-5（a）所示。

若测量点位于设备中，当有必要标出测量点在过程设备中的位置时，可在引线的起点加一个直径为 2mm 的小圆符号或加虚线，如图 2-5（b）所示。必要时，检出元件或检出仪表可以如图 2-1 所列的图形符号表示。

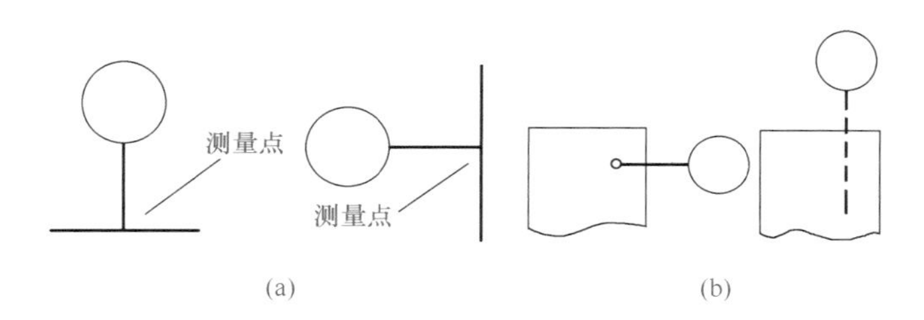

图 2-5　测量点的图形符号

（5）常用执行器图形符号

执行器是由执行机构和控制阀体两部分组成的，执行机构、控制阀体的图形符号如图 2-6 和图 2-7 所示。以带弹簧的气动薄膜控制阀为例表示的能源中断时阀位的图形符号如图 2-8 所示。

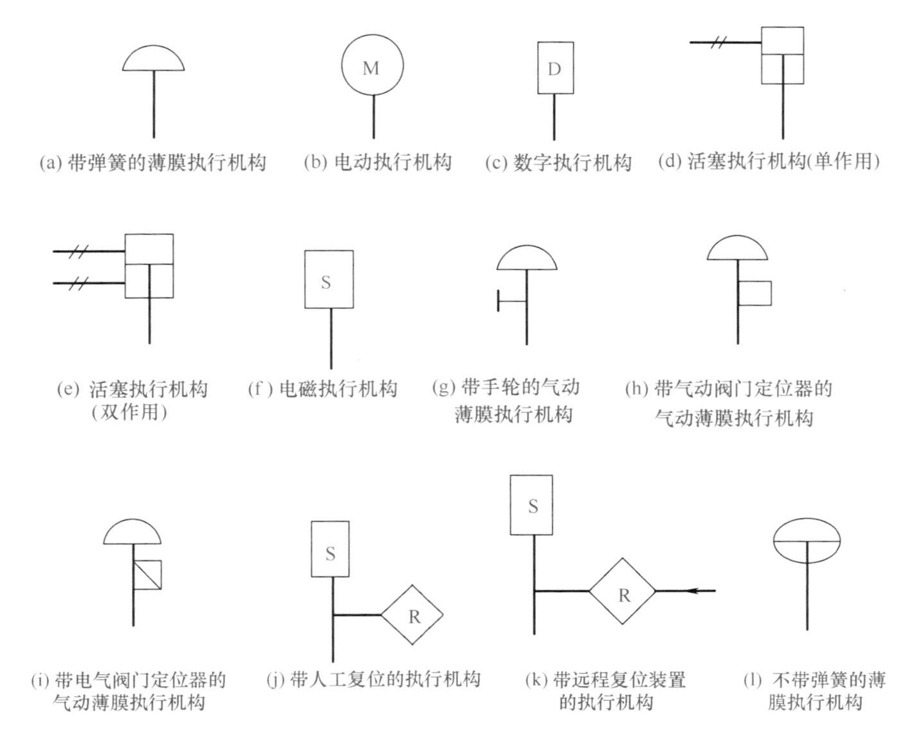

图 2-6　执行机构图形符号

（6）管道、管件及阀门图例符号

在工艺流程图中，管道及管件用以表明主、次要管道，伴热性质，介质流向等相关工艺信息，其图例见表 2-8。

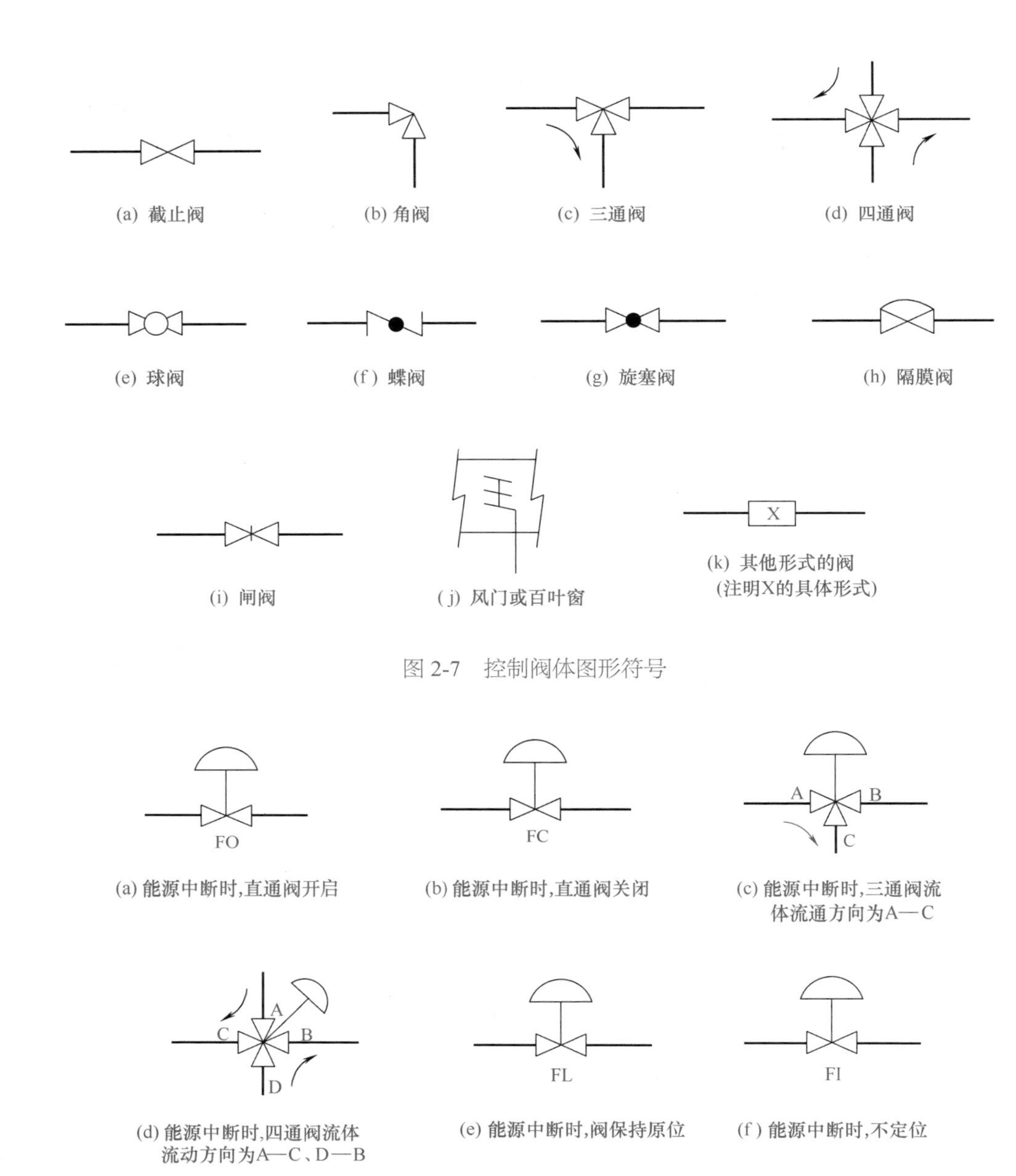

图 2-7　控制阀体图形符号

图 2-8　能源中断时阀位的图形符号（以带弹簧的气动薄膜控制阀为例）

表 2-8　管道、管件图例符号

名称	图例	说明
主要管道		线宽为 3*b*，*b* 为一个绘图单位
次要管道		线宽为 *b*
软管		
催化剂输送管道		线宽为 6*b*
带伴热管道		

续表

名称	图例	说明
管内介质流向	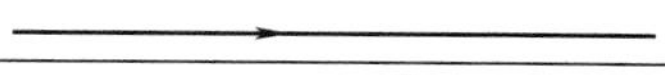	
进出装置或单元的介质流向	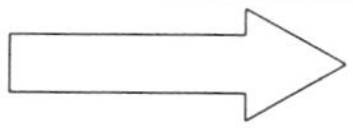	
装置内图纸连接方向	 T1 T2	T1 为图纸号，T2 为管道编号或属性
成套供货设备范围界限		
管道等级分界符	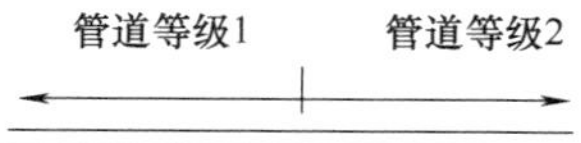 管道等级1 管道等级2	竖杠分界线可用 Y 表示
异径同心管	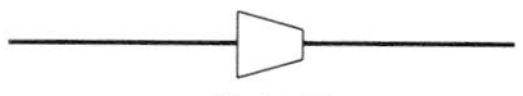 $D_1 \times D_2$	D_1 为大端管径，D_2 为小端管径，单位为 mm
异径偏心管	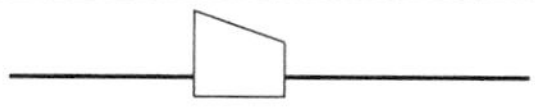 $D_1 \times D_2$	
波纹膨胀节	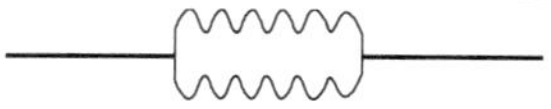	
相界面标示符	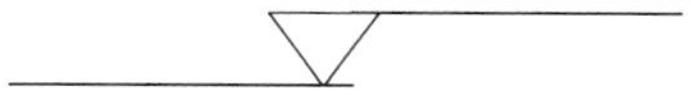	
管帽		

（7）阀门图例符号

部分阀门执行机构的图例符号见图 2-6。部分工艺阀门图例符号见表 2-9。

表 2-9　部分工艺阀门图例符号

名称	图例	名称	图例
截止阀	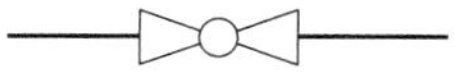	减压阀	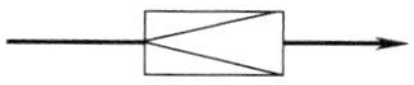
闸阀		针形阀	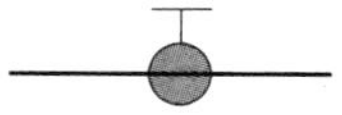
带泄放口闸阀	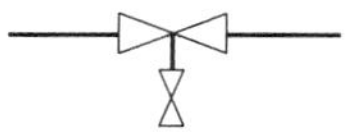	旋塞阀	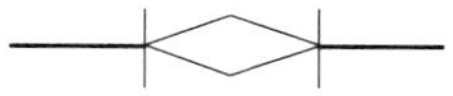
角式截止阀	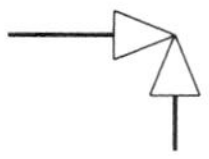	三通旋塞阀	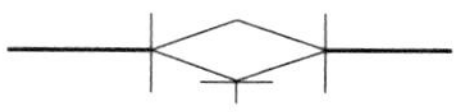
安全阀（有标注）	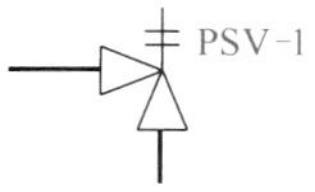 PSV-1	四通旋塞阀	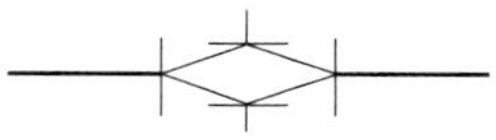
重锤式安全阀（双杆）	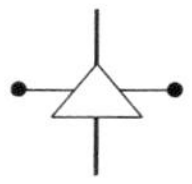	滑阀	

续表

名称	图例	名称	图例
重锤式安全阀（单杆）		塞阀	
疏水阀		自力式压力调节阀	
自力式温度调节阀		自力式差压调节阀	

（8）塔、炉图例符号

塔常用于产品分离，常见的类型有板式塔、填补塔等。其图例如图 2-9 所示。

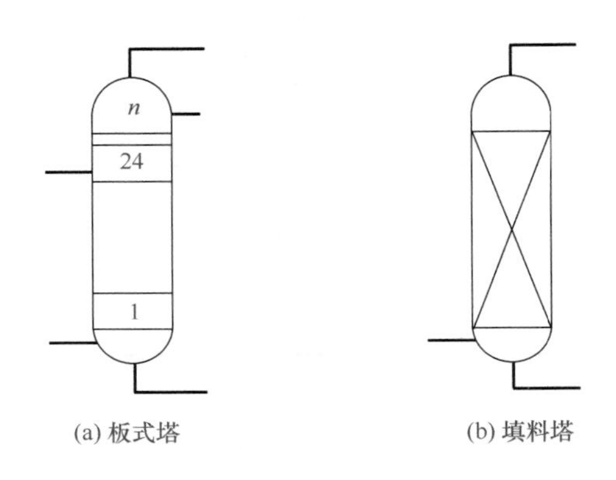

(a) 板式塔　　(b) 填料塔

图 2-9　塔图例符号

炉类包括加热炉、空气预热器等设备，具体如图 2-10 所示。

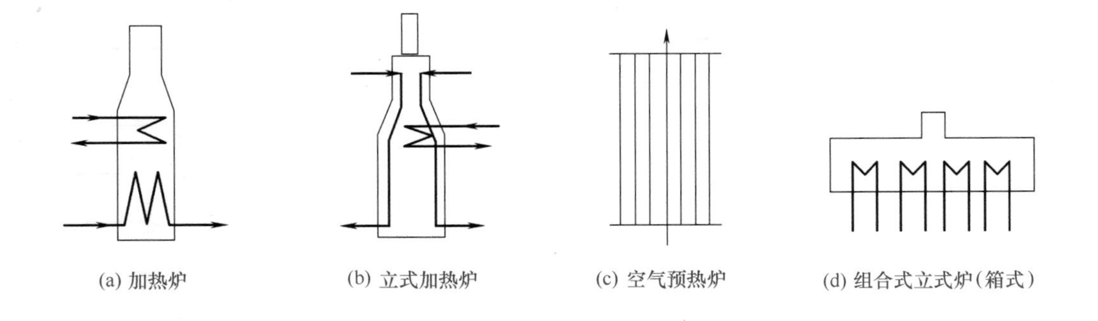
(a) 加热炉　　(b) 立式加热炉　　(c) 空气预热炉　　(d) 组合式立式炉（箱式）

图 2-10　炉图例符号

（9）换热设备图例符号

换热设备图例符号见表 2-10。

表 2-10　换热设备图例符号

名称	图例	说明
管壳式换热器		伸入圆内的为管程
管壳式冷却器或冷凝器		穿过圆内的为管程
管壳式换热器或冷却器		—
板式换热器		—
重沸器或加热器		—
釜式重沸器		—
卧式重沸器与冷凝器		—
浸没式冷却器		—
干式空气冷却器		—
蒸汽发生器		—

二、管道仪表流程图识读方法

管道仪表流程图（P&ID）又称施工流程图或工艺安装流程图，它是在方案流程图的基础上绘制而成的。其中包含了所有设备（包括备用设备）和全部管路（包括辅助管路、各种控制点以及阀门、管件等）。它是在工艺物料流程图的基础上，用过程检测和控制系统设计符号，描述生产过程自动化内容的图纸。它是自动化水平和自动化方案的全面体现，是自动化工程设计的依据，亦可供施工安装和生产操作时参考，其主要内容见表 2-11。

表 2-11　管道仪表流程图主要内容

类别	说明
设备示意图	带位号、名称和接管口的各种设备示意图
管路流程线	带编号、规格、阀门、管件等及仪表控制点（压力、流量、液位、温度测量点及分析点）的各种管路流程线
标 注	设备位号、名称、管段编号、控制点符号、必要的尺寸及数据等
图 例	图形符号、字母代号及其他的标注、说明、索引等
标题栏	注写图名、图号、设计项目、设计阶段、设计时间和会签栏等

（1）管道仪表流程图画法规定

管道仪表流程图画法规定见表 2-12。

表 2-12　管道仪表流程图画法规定

<table>
<tr><th colspan="2">类别</th><th>说明</th></tr>
<tr><td colspan="2">图样画法</td><td>管道仪表流程图采用展开图形式，按工艺流程顺序，自左至右依次画出一系列设备的图例符号，并配以物料流程线和必要的标注、说明。图中设备及机器大致按 1 ∶ 100 或 1 ∶ 200 的比例绘制，过大、过小时可单独适当缩小或放大，但需保持设备间的相对大小。
工艺物料流程图在保证图形清晰的前提下，可不按比例绘制。原则上一个主项（工段或装置）绘一张图样，若流程复杂，可分数张绘制，但应使用同一图号。
整幅图可不按比例绘制，标题栏中“比例”一栏不予标注</td></tr>
<tr><td rowspan="3">设备和机器表示方法</td><td>设备和机器画法</td><td>用细实线画出设备、机器的简略外形和内部特征。一般不画管口，需要时可用单线画出</td></tr>
<tr><td>相对位置</td><td>对于图中设备之间的相对位置，在保证图面清晰的原则下，主要考虑便于连接管线和注写符号、代号。应避免管线过长和设备过于密集</td></tr>
<tr><td>标 注</td><td>图上的标注按本章相关“工艺流程图图例符号”进行。
在管道仪表流程图上，要在两处标注设备位号：一处是在图的上方或下方，位号排列要整齐，并尽可能与设备对正；另一处是在设备内或近旁，此处只标注位号，不标注名称</td></tr>
<tr><td rowspan="2">管道表示方法</td><td colspan="2">在管道仪表流程图中，应画出全部物料管道，对辅助管道、公用系统管道，可只绘出与设备（或工艺管道）相连的一小段，并标注物料代号及所在流程图号。流程图中的管道应水平或垂直画出，尽量避免斜线</td></tr>
<tr><td>管道画法</td><td>各种常用管道规定画法可参见本章相关“工艺流程图图例符号”中图例。在绘制管道图时，应尽量避免管道穿过设备或交叉管道在图上相交。当表示交叉管道相交时，一般应将横向管道断开。管道转弯处，一般应画成直角而不画成圆弧。
管道上应画出箭头，以表示物料流向。各流程图之间相衔接的管道，应在始（或末）端注明其接续图的图号及来自（或去）的设备位号或管段号，如图 2-11 所示。矩形框应画在靠近左侧或右侧图框处。一般来向画在左侧，去向画在右侧
自
图××××××
去
图××××××
图 2-11　来向和去向</td></tr>
</table>

续表

类别		说明
管道表示方法	管道标注	每段管道都应标注。横向管道，在管道上方标注；竖向管道，在管道左侧标注。管道标注内容包括管道号、管径和管道等级三部分，标注方法按本书相关“工艺流程图图例符号”进行。 管径为管道的公称通径。公制管以 mm 为单位，不注明单位符号；英制管以 in 表示，并在数字后面注出单位符号。 管道等级是根据介质的温度、压力及腐蚀等情况，由工艺设计确定的。有隔热、隔音措施的管道，在管道等级之后要加注代号
阀门和管件表示方法		在管道上的阀门及其他管件，用细实线按国家标准所规定的符号在相应位置画出，并注明规格代号，如图 2-12 所示。阀门和管件的符号可参考本章相关“工艺流程图图例符号”中的图例。 无特殊要求时，管道上的一般连接件，如法兰、三通、弯头等均不画出 12－150 阀的公称直径 阀的种类 DN125/100 公称直径大头/小头 图 2-12　阀门及异径接头在管路上的画法
自动控制方案表示方法		在工艺物料流程图上，按照过程检测和控制系统设计符号及使用方法，把已确定的自动控制方案按流程顺序标注出来。绘图时，设备进出口的测量点尽可能标注在设备进出口附近。有时为了照顾图面质量，可适当移动某些测量点的标注位置。管网系统的测量点最好都标注在最上一根管线的上面。控制系统的标注可自由处理。 仪表控制点以细实线在相应的管路上用代号、符号画出，并应大致符合安装位置。其代号、符号的含义参见本章相关“常用仪表及控制系统图例符号”

（2）管道仪表流程图读图步骤

识读管道仪表流程图时，可参考下列步骤进行：

① 了解流程概况。了解流程包括如下两方面的含义。

a. 从左到右依次识读各类设备，分清动设备和静设备，理解各设备的功能，如精馏塔用于组分分离、锅炉用于产生蒸汽、加热炉用于原油裂解等。当然，要正确地理解各类设备的功能及典型工艺，应掌握这一方面的基础。

b. 在熟悉工艺设备的基础上，根据管道中所标注的介质名称和流向分析流程。

② 熟悉控制方案。一般典型工艺的控制方案是特定的，举例如下：

a. 精馏工艺控制方案。对于精馏工艺，其控制方案中包括提馏段温度控制系统或精馏段温度控制系统、塔压控制系统、塔顶冷凝器液位控制系统、回流罐液位控制系统、塔釜液位控制系统、回流量控制系统及进料流量控制系统等。

b. 加热炉工艺控制方案。加热炉主要用于原油裂解，它是利用燃料燃烧所产生的高热量对加热管内的介质加热的一种典型工艺，其控制方案中包括加热炉出口温度与燃料流量的控制系统、原油流量控制系统、加热炉炉膛负压控制系统、燃料油与雾化蒸汽及空气的比值控制系统等。

c. 锅炉工艺控制方案。锅炉工艺用于生产蒸汽，它主要包括燃烧工艺、蒸汽发生和汽水分离工艺。控制方案中包括锅炉汽包水位控制系统、蒸汽压力控制系统、过热蒸汽温度控制系统、燃烧过程控制系统和炉膛压力控制系统等。

其他如反应器、压缩机、泵类设备等均有其典型的控制方案，在此不再赘述。

③ 控制方案分析。管道仪表流程图中表达了工艺过程的控制方案，这些控制方案有的是用模拟仪表实现的，也有用计算机控制系统来实现的，在识读时可参考相关图符含义进行区分和辨别。

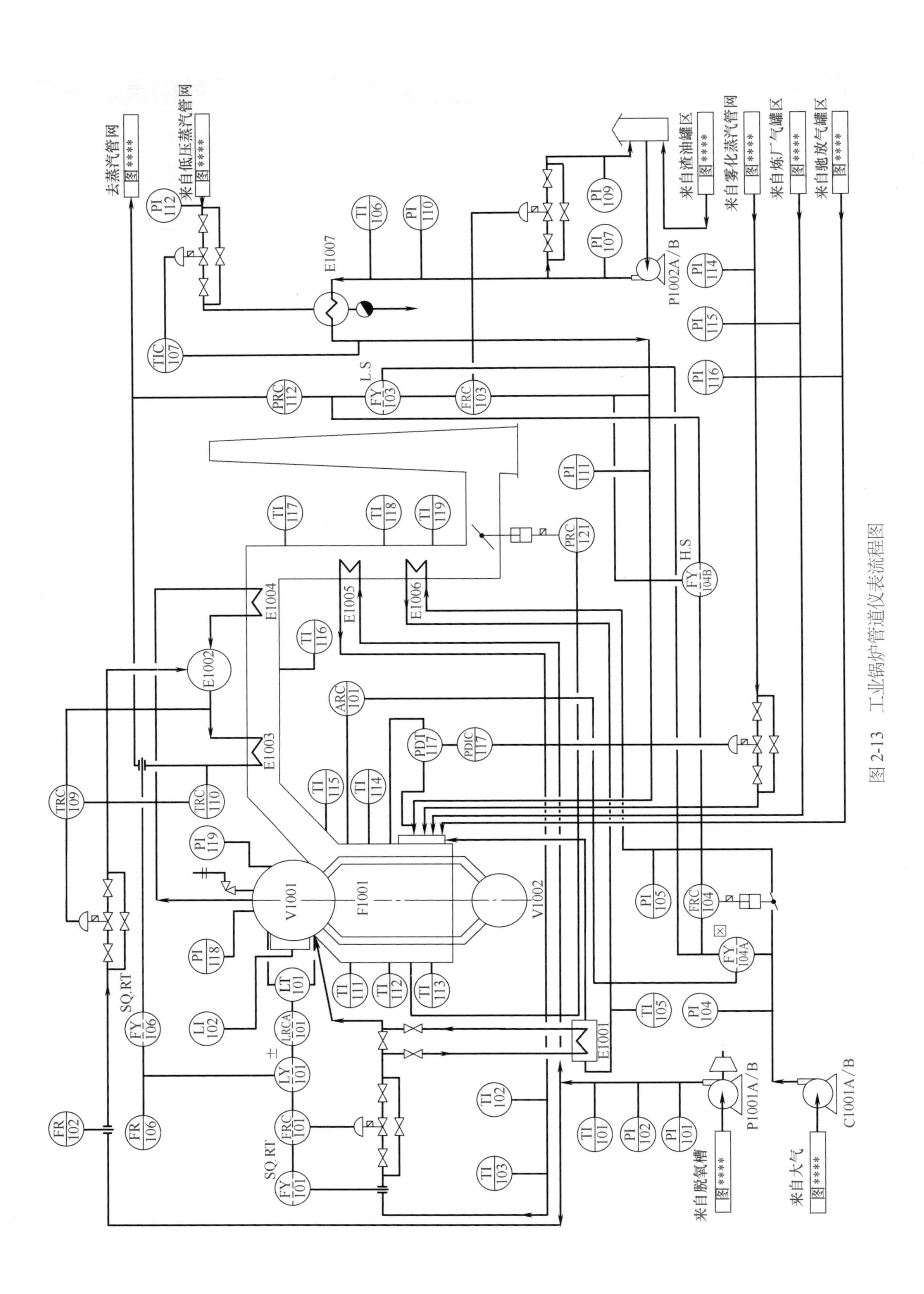

图 2-13 工业锅炉管道仪表流程图

识读管道仪表流程图，还需要综合工艺、设备、机器、管道、电气等多种专业知识。

三、工业锅炉管道仪表流程图的识读

工业锅炉是重要的动力设备，其产生的中温、中压蒸汽为多种机械和设备提供动力和能源。用户要求锅炉提供质量合格的蒸汽，而且锅炉产气量要与负荷相适应。

锅炉设备是一个复杂的控制对象。工艺内部各变量相互关联，操作要求高。水、水蒸气、渣油、空气、炼厂气和驰放气等以液态或气态在密闭的管道和设备内，进行着传热过程和氧化反应，同时伴随着高温、高压、易燃、易爆、有毒、有灰尘、有较大噪声等过程，对自控系统及仪表提出一些苛刻要求。整个工艺过程中存在着较大的容量滞后、纯滞后和严重的非线性。

工业锅炉管道仪表流程如图 2-13 所示。图中：P1001A/B 为给水泵；C1001A/B 为送风机；E1001 为换热器；V1001 为汽包；F1001 为锅炉；V1002 为联箱；E1003 为一段过热器；E1002 为减温减压器；E1004 为二段过热器；E1005 为省煤器；E1006 为空气预热器；E1007 为渣油预热器；P1002A/B 为渣油泵。

（1）水、汽系统工艺流程

从水处理工段来的脱盐、脱氧水，温度在 104℃左右，由给水泵 P100lA/B 加压至 6.0MPa，分成两路，一路经省煤器 E1005 预热至 243℃进入汽包 V1001；另一路进入减温减压器 E1002。汽包水位控制在以水平中心线为基准的 ±50mm 范围内。汽包中的饱和水温度为 240℃，压力为 3.8MPa；饱和蒸汽温度为 255℃，压力为 3.8MPa；饱和蒸汽首先送入二段过热器 E1004 加热至 354℃，再进入减温减压器，蒸汽温度为 343℃，然后送入一段过热器 E1003 进行加热，出口温度为 450℃，压力为 3.9MPa，最后将过热蒸汽送入蒸汽管网。

（2）燃烧系统工艺流程

从油罐区送来的渣油经渣油泵 P1002A/B 加压至 2.4 ～ 2.7MPa，流量在 7t/h 左右，分两路输送。一路经渣油预热器 E1007 加热，油温在 150 ～ l70℃送至炉前，流量约为 5t/h。渣油与雾化蒸汽一起由四个油枪喷入炉膛，进行燃烧。另一路渣油从油枪前经控制阀返回渣油罐，称为回油，流量约为 2t/h。

从大气中来的空气由送风机 C1001A/B 将压力增加至 6.3kPa 左右。经空气预热器 E1006 预热，空气温度上升至 250℃左右，经风量测量装置送至炉前，经控制阀与渣油量成比例地进入炉膛，对雾化的渣油起助燃作用。炉膛温度为 1070 ～ 1200℃，压力为 -20 ～ -40Pa。渣油燃烧后生成的热量以热辐射、对流和热传导的方式传递给蒸汽发生系统。燃烧过程中产生的高温烟气，经两级蒸汽过热器、省煤器和空气预热器降温，低温烟气由引风机送至除尘系统，最后经烟囱排入大气。

（3）工艺对自动控制的要求

对于一个像工业锅炉这样复杂的动力装置，工艺生产对自动控制提出了多方面的要求（见表 2-13）。工业锅炉管道仪表流程图如图 2-13 所示。

表 2-13　工艺对自动控制的要求

类别	说明
控制汽包水位	锅炉汽包水位是确保安全生产和提供优质蒸汽的重要变量。中型锅炉与大型锅炉相比，当蒸发量显著增加时，汽包容积相对减小，水位变化速度很快，稍不注意就会造成汽包满水或烧成干锅。无论在何种情况下绝对不允许锅炉缺水。因为缺水是很危险的。水位过低，就会影响自然循环的正常进行；严重时会使个别上升管形成自由水面，产生流动停滞，致使金属管壁局部过热而爆管。因此，生产工艺要求严格控制汽包水位，将其保持在汽包中心线上下约 50mm 的范围内，使水的蒸发始终处于最大面积状态

续表

类别	说明
控制蒸汽压力	锅炉设备运行中首要考虑的是安全性和可靠性。锅炉汽包本体是一个压力容器，压力波动有一定的界限。如果锅炉中的饱和水蒸气骤然膨胀，会引起炉体爆炸，这不仅会造成重大设备破坏和全厂性停产，给生产带来严重的经济损失，而且有可能造成人身安全事故。为了避免这一恶性事故的发生，除了锅炉本体需要设置安全阀以外，在锅炉运行过程中要求将蒸汽压力控制在 3.8MPa ± 0.2MPa 范围内是绝对必要的。 在锅炉运行过程中，蒸汽压力是衡量蒸汽供求关系是否平衡的重要指标，是锅炉产汽质量的重要参数。蒸汽压力过高或过低，对于导管和设备都是不利的。压力过高，会影响机、炉和设备的安全；压力太低，就不可能为各用热设备提供足够的动力。同时，蒸汽压力的突然波动会造成锅炉汽包水位的急剧波动，出现“虚拟水位”，影响正确操作。在锅炉运行中蒸汽压力的降低，表明蒸汽消耗量大于锅炉产汽量；反之，蒸汽压力升高，表明蒸汽消耗量小于锅炉产汽量。因此，严格控制蒸汽压力，是确保安全生产的需要，也是维持正常负荷平衡的需要
控制蒸汽温度	过热蒸汽温度是生产中的重要变量，是锅炉水、汽通道中的最高温度。通常，过热管正常运行温度接近过热管材料所允许的最高温度。蒸汽温度过高会烧坏过热管，同时，还会造成汽轮机等后序负荷设备因内部器件过度热膨胀而受损，严重影响设备的运行安全。过热蒸汽温度过低，设备效率下降，汽轮机最后几级蒸汽湿度增加，造成汽轮机叶片磨损，以致不能正常运行。因此，工艺要求将过热蒸汽温度控制在 450℃ ±3℃范围内
控制燃烧系统	为了保证锅炉经济燃烧和安全运行，就应使渣油量与空气量保持适当的比例。因此，保持燃料经济燃烧是燃烧过程的重要条件，是提高锅炉效率和经济指标的关键措施。 对于燃烧系统的操作，应将过剩空气降低到近于理想水平而又不出现冒黑烟，实现最佳的空气渣油量比值。经验表明，当空气渣油量比值在 90000/5.4 时，炉膛火焰为麦黄色，达到最佳进油配风状况。如果偏离了最佳的空气渣油量比值，势必要增加热量损失或增加燃料消耗，降低技术经济指标，并造成周围环境的污染
控制炉膛负压	在锅炉正常运行中，炉膛压力必须保持在规定的范围内。如果负压过小，局部区域容易喷火，不利于安全生产；负压过大，漏风严重，总风量增加，烟道出口温度上升，热量损失增大，也不利于经济燃烧。通常要求把炉膛压力控制在 −20 ～ −40Pa 范围内

第三节　自控工程图的识读

一、仪表回路图和接地的识读

在仪表回路图中，所有的设备和元件具有清楚的标记和标志，这些标记和标志由图形符号和文字符号组合而成。所有的标志和数字与管道仪表流程图一致。相互连接的电线、电缆、多芯气动管缆和单芯气动管线以及液压管线都有编号，接线箱、接线端子、接管箱、接口、计算机输入 / 输出（I/O）连接、接地系统、接地连线和信号电平也使用标记。图中标明设备的安装地点（例如现场、盘前、电缆中继箱和计算机 I/O 机柜等）、能源（例如电源、气源、液压源、设计电压、压力等）和其他使用要求。

仪表回路图按系统的功能可分为检测系统仪表回路图、信号报警系统仪表回路图和控制系统仪表回路图等；按仪表的类型可分为 DCS 仪表回路图和模拟仪表回路图等。

（一）仪表回路图的识读

（1）仪表回路图的内容

① 一幅仪表回路图通常只包括一个回路。

② 仪表回路图分为左、右两大区域，左边为现场，右边为控制室。根据实际情况，现场又分为工艺区和接线箱。控制室的分区又分为两种情况：在 DCS 仪表回路图中，控制室可分为端子柜、辅助柜、控制站和操作台等区；在模拟仪表回路图中，控制室分为架装和盘装等区。

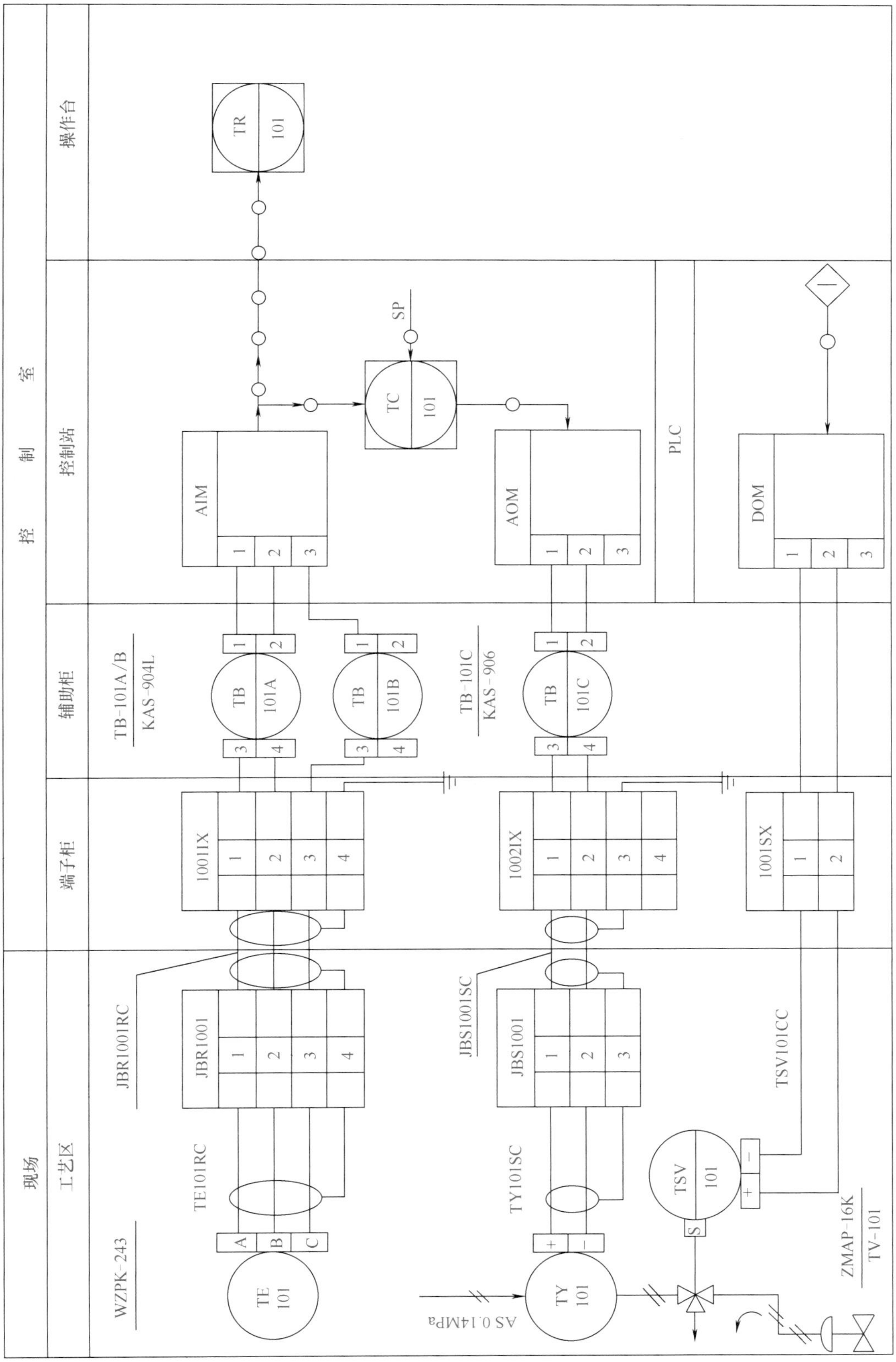

图 2-14　DCS 仪表回路图

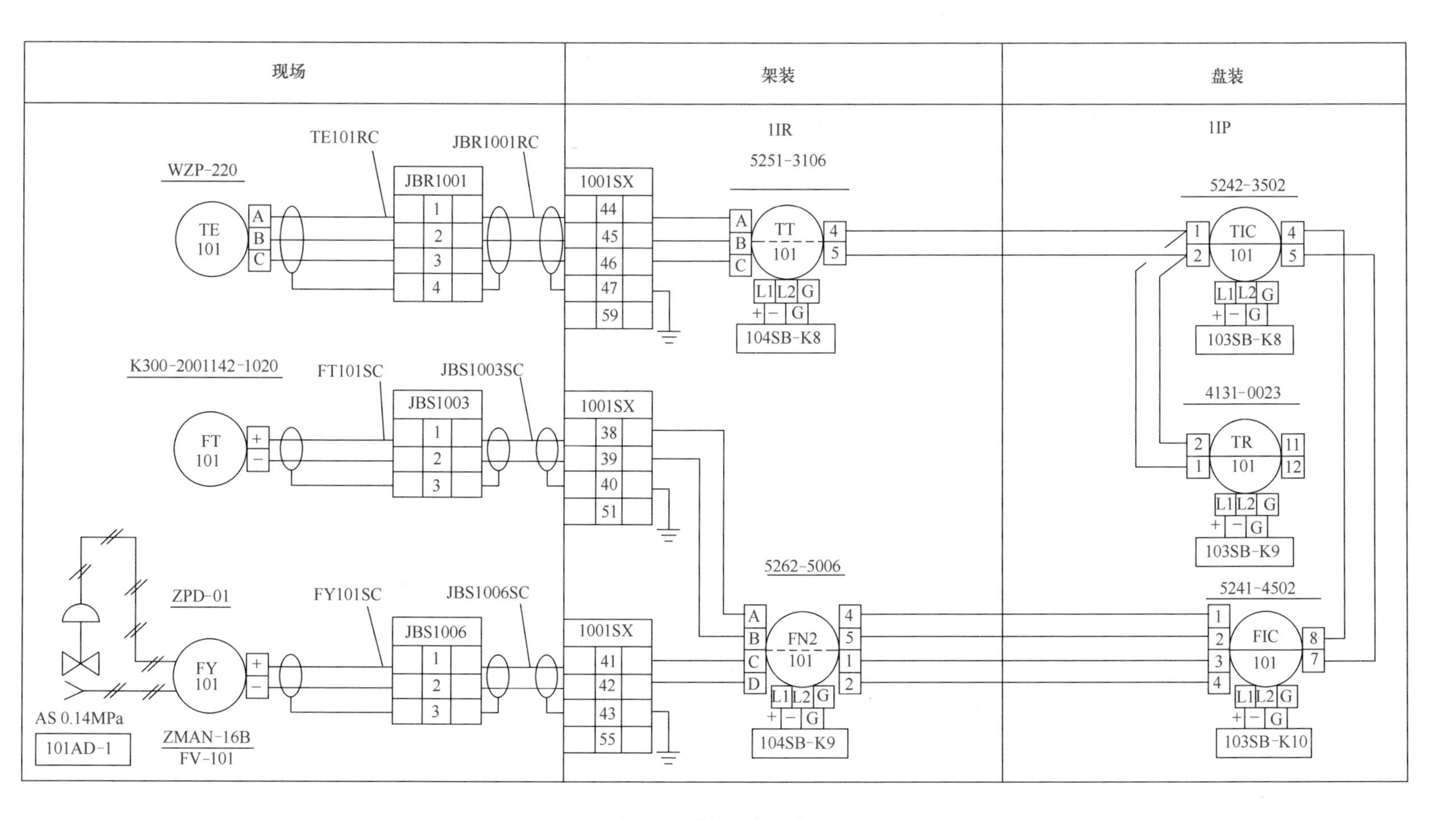

图 2-15　模拟仪表回路图

③ 用规定的图形符号表示接线端子板、穿板接头、仪表信号屏蔽线、仪表及仪表端子或通道编号等。

④ 用规定的文字符号标注所有仪表的位号和型号，标注电缆、接线箱（盒）和端子排及端子等的编号。

⑤ 用细实线将回路中的各端子连接起来，用系统链将 DCS 中的各功能模块及 I/O 卡件连接起来。

（2）识读仪表回路图

① DCS 仪表回路图。某工厂自控工程设计中，DCS 仪表回路图如图 2-14 所示。这是一个温度控制系统，图中，TE101RC、JBR1001RC、TY101SC、JBS1001SC、TSV101CC 等均为电缆（线）编号，WZPK-243 为热电阻的型号，KAS-904L、KAS-906 为安全栅的型号，ZMAP-16K 为控制阀的型号。这些仪表的技术性能可以从相关仪表的选型样本中查阅。AIM、AOM、DOM 分别为模拟量输入模件、模拟量输出模件、数字量输出模件的代号，AS 0.14MPa 为气源。

② 模拟仪表回路图。某工厂自控工程设计中，模拟仪表回路图如图 2-15 所示。这是一个温度与流量的串级控制系统，图中，TE101RC、JBR1001RC、FT101SC、JBS1003SC、FY101SC、JBS1006SC 等均为电缆（线）编号，WZP-220 为热电阻的型号，5251-3106 为温度变送器的型号，K300-2001142-1020 为流量变送器的型号，5242-3502 为温度控制器的型号，4131-0023 为记录仪的型号，5241-4502 为流量控制器的型号，5262-5006 为安全栅的型号，ZPD-01 为电气阀门定位器的型号，ZMAN-16B 为控制阀的型号，这些仪表的技术性能可以从相关仪表的选型样本中查明。1IP 为 2 号仪表盘的代号，1IR 为 2 号仪表盘后安装架的代号，AS 0.14MPa 为气源。

（二）接地系统图的识读

接地是指用电仪表、电气设备、屏蔽层等用接地线与接地体连接，以保护自控设备及人身安全，抑制干扰对仪表系统正常工作的影响。

仪表接地系统图用来表示控制室和现场仪表设备的接地系统，主要内容包括接地点位置、分类、接地电缆的敷设以及规格、数量和接地电阻值要求等。

按接地的设置情况和接地的作用不同，接地可分为保护接地和工作接地。下面对中华人民共和国行业标准《仪表系统接地设计规定》（HG/T 20513—2000）作一简要介绍。

（1）保护接地与工作接地

保护接地与工作接地说明见表 2-14。

表 2-14　保护接地与工作接地

类别	说明
保护接地	保护接地是将用电仪表的金属外壳和自控设备在正常情况下不带电的金属部分与接地体之间做良好的金属连接，以防止不带电的金属导体由于绝缘损坏等意外事故带上危险电压，保证人身和设备安全。 要求做保护接地的自控设备有：仪表盘、仪表操作台、仪表柜、仪表架和仪表箱；DCS/PLC/ESD 机柜和操作站；计算机系统机柜和操作台；供电盘、供电箱、用电仪表外壳、电缆桥架（托盘）、穿线管、接线盒和铠装电缆的铠装护层以及其他各种自控辅助设备。 安装在非爆炸危险场所的金属仪表盘上的按钮、信号灯、继电器等小型低压电器的金属外壳，当与已作保护接地的金属表盘框架电气接触良好时，可不做保护接地。低于 36V 供电的现场仪表、变送器、就地开关等，若无特殊需要可不做保护接地。 凡已做了保护接地的地方即可认为已做了静电接地。在控制室内使用防静电活动地板时，应做静电接地。静电接地可与保护接地合用接地系统

续表

类别	说明
工作接地	工作接地是指仪表系统的工作接地，即为了保证仪表可靠地正常工作而设置的接地，而不是电力系统的工作接地。它包括信号回路接地、屏蔽接地和本质安全仪表（简称本安仪表）接地。 在自动化系统和计算机等电子设备中，非隔离的信号需要建立一个统一的信号参考点，并应进行信号回路接地（通常为直流电源负极）。隔离信号可以不接地。这里隔离是指每一输入（出）信号和其他输入（出）信号的电路是绝缘的，对地是绝缘的，电源是独立且相互隔离的。 仪表系统中用以降低电磁干扰的部件如电缆的屏蔽层、排扰线、仪表上的屏蔽接地端子，均应做屏蔽接地。在强雷击区，室外架空敷设的不带屏蔽层的普通多芯电缆，其备用芯应按照屏蔽接地。如果是屏蔽电缆，屏蔽层已接地，则备用芯可不接地，穿管多芯电缆备用芯也可不接地。 本安仪表系统在安全功能上必须接地的部件，应根据仪表制造厂的要求做本安接地。齐纳安全栅的汇流条必须与供电的直流电源公共端相连，齐纳安全栅的汇流条（或导轨）应做本安接地。隔离型安全栅不需要接地
接地系统	接地系统由接地连接和接地装置两部分组成。接地连接包括接地连线、接地汇流排、接地分干线、接地汇总板和接地干线等。接地装置包括总接地板、接地总干线和接地极等，如图 2-16 所示。 仪表及控制系统的接地连接采用分类汇总，最终与总接地板连接的方式。交流电源的中线起始端应与接地极或总接地板连接

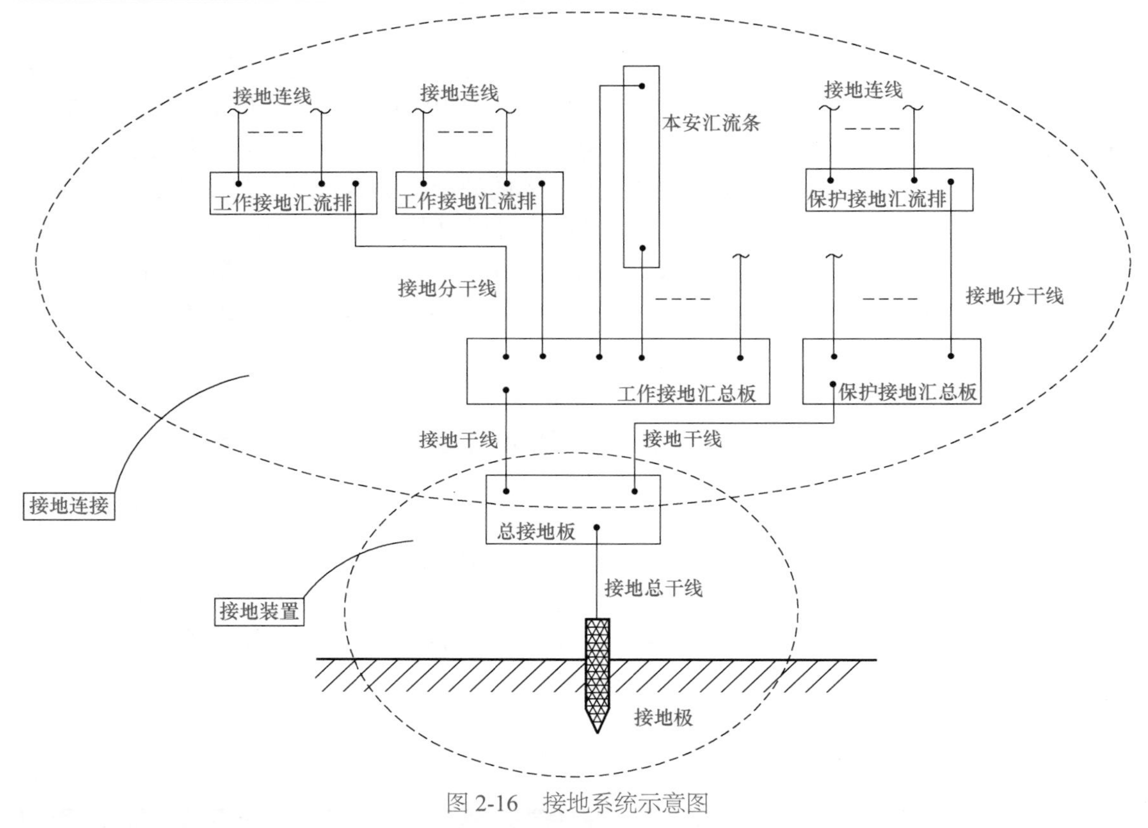

图 2-16　接地系统示意图

（2）接地连接方法

接地连接方法见表 2-15。

表 2-15　接地连接方法

类别	连接方法
现场仪表接地连接方法	对于现场仪表电缆汇线槽、仪表电缆保护管以及 36V 以上的仪表外壳的保护接地，每隔 30m 用接地连接线与就近已接地的金属构件相连，并应保证其接地的可靠性及电气的连续性。严禁利用储存、输送可燃性介质的金属设备、管道以及与之相关的金属构件进行接地。 现场仪表的工作接地一般应在控制室侧接地，如图 2-17 所示。对被要求或必须在现场接地的现场仪表，应在现场侧接地，如图 2-18 所示

续表

类别	连接方法
现场仪表接地连接方法	图 2-17　信号回路在集中安装仪表侧接地时的工作接地方法 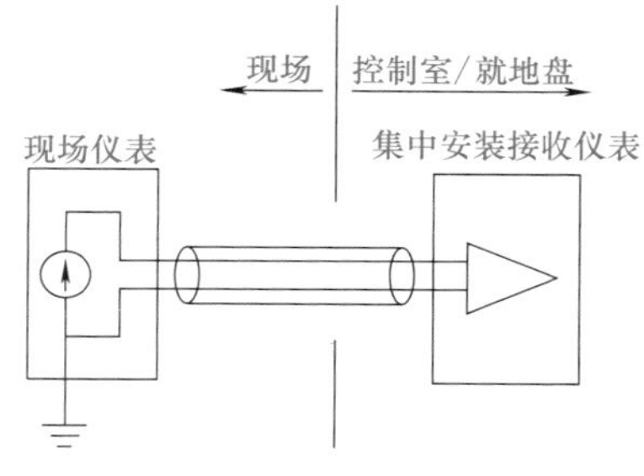 图 2-18　信号回路在现场仪表侧接地时的工作接地方法
控制室仪表接地连接方法	控制室（集中）安装仪表的自控设备（仪表柜、台、盘、架、箱）内应分类设置保护接地汇流排、信号及屏蔽接地汇流排和本安接地汇流条。各仪表设备的保护接地端子和信号及屏蔽接地端子通过各自的接地连线分别接至保护接地汇流排和工作接地汇流排。各类接地汇流排经各自的接地分干线分别接至保护接地汇总板和工作接地汇总板。 齐纳式安全栅的每个汇流条（安装轨道）可分别用两根接地分干线接到工作接地汇总板。齐纳式安全栅的每个汇流条也可由接地分干线于两端分别串接，再分别接至工作接地汇总板。 某工厂自控设计中控制室接地系统图如图 2-19 所示。图中设有两个接地极，一个为工作接地极，另一个为保护接地极。工作接地极和保护接地极分别单独设置，彼此之间互不相连。图中各接地线上所标注的数字为接地线的截面积，单位为 mm^2 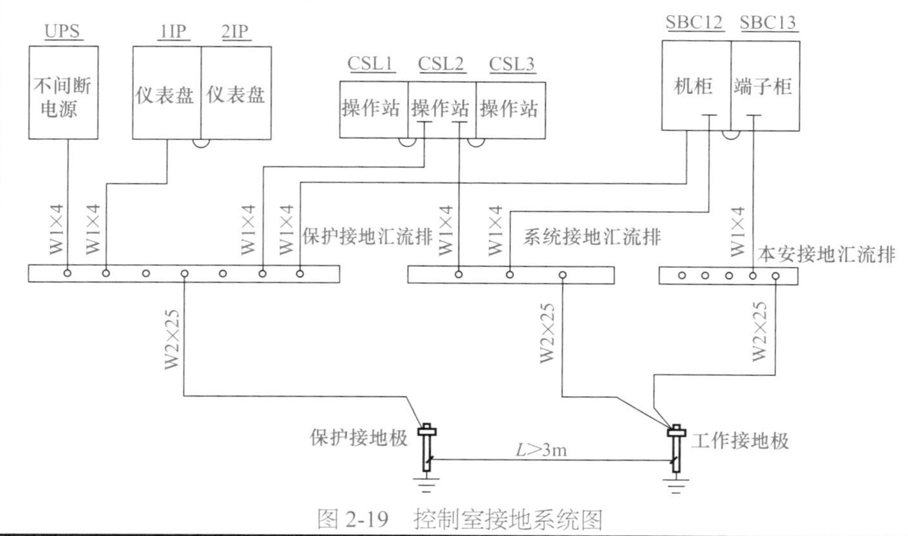 图 2-19　控制室接地系统图

续表

类别	连接方法
连接电阻、对地电阻和接地电阻	从仪表设备的接地端子到总接地板之间导体及连接点电阻的总和称为连接电阻。仪表系统的接地连接电阻不应大于 10Ω。接地极的电位与通过接地极流入大地的电流之比称为接地极对地电阻。接地极对地电阻和总接地板、接地总干线及接地总干线两端的连接点电阻之和称为接地电阻。仪表系统的接地电阻不应大于 4Ω

（3）接地连接的规格及结构要求

接地连接的规格及结构要求见表 2-16。

表 2-16　接地连接的规格及结构要求

<table>
<tr><th>类别</th><th>说明</th></tr>
<tr><td>接地连接线规格</td><td>接地系统的导线应采用多股绞合铜芯绝缘电线或电缆，接地系统的导线应根据连接仪表的数量和长度按附表 1 中的数值选用
附表 1　接地连接线规格
<table>
<tr><th>连线类型</th><th>连线规格 /mm²</th><th>连线类型</th><th>连线规格 /mm²</th></tr>
<tr><td>接地连线</td><td>1 ～ 2.5</td><td>接地干线</td><td>10 ～ 25</td></tr>
<tr><td>接地分干线</td><td>4 ～ 16</td><td>接地总干线</td><td>16 ～ 50</td></tr>
</table></td></tr>
<tr><td>接地汇流排、连接板规格</td><td>接地汇流排一般采用 25mm × 6mm 的铜条制作，也可用连接端子组合而成。接地汇总板和总接地板应采用铜板制作，铜板厚度不应小于 6mm，长、宽尺寸按需要确定</td></tr>
<tr><td>接地连接结构要求</td><td>所有接地连接线在接到接地汇流排前、所有接地分干线在接到接地汇总板前、所有接地干线在接到总接地板前均应保证良好绝缘。
接地汇流排（汇流条）、接地汇总板、总接地板应用绝缘支架固定。接地系统的各种连接应保证良好的导电性能。接地连线、接地分干线、接地干线、接地总干线与接地汇流排、接地汇总板的连接应采用铜接线片和镀锌钢质螺栓，并采用防松和防滑脱件，或采用焊接，以保证连接的牢固可靠。接地总干线和接地极的连接部分应分别进行热镀锌或热镀锡。
接地系统应设置耐久性的标识，标识的颜色见附表 2
附表 2　接地系统标识的颜色
<table>
<tr><td>保护接地的接地连线、汇流排、分干线、汇总板、干线</td><td>颜 色</td></tr>
<tr><td>信号回路和屏蔽接地的接地连线、汇流排、分干线、工作接地汇总板、干线</td><td>绿色 + 黄色</td></tr>
<tr><td>本安装地分干线、汇流条</td><td>绿色 + 蓝色</td></tr>
<tr><td>总接地板、接地总干线、接地极</td><td>绿色</td></tr>
</table></td></tr>
</table>

二、仪表盘布置图和接线图的识读

（一）识读仪表盘正面布置图

（1）仪表盘正面布置图的内容

在仪表盘正面布置图中，表示出仪表在仪表盘、操作台和框架上的正面布置位置，标注出了仪表位号、型号、数量、中心线与横坐标尺寸，并表示出了仪表盘、操作台和框架的外形尺寸及颜色。

仪表盘正面布置图一般以 1 ∶ 10 的比例绘制。当仪表采用高密度排列时，也可用 1 ∶ 5 的比例绘制。盘上安装的仪表、电气设备及元件，在其图形内（或外）水平中心线上标注了仪表位号或电气设备、元件的编号，中心线下标注了仪表、电气设备及元件的型号。而每块仪表盘也在下部标注出了其编号和型号。

为了便于标明仪表盘上安装的仪表、电气设备及元件等的位号和用途，在它们的下方均设置了铭牌框。大铭牌框用细实线矩形线框表示，小铭牌框用一条短粗实线表示，不按

比例。

仪表在盘正面的位置尺寸是这样标注的：横向尺寸线从每块盘的左边向右边，或从中心线向两边标注；纵向尺寸线应自上而下标注，所有尺寸线均不封闭（封闭尺寸加注了括号）。

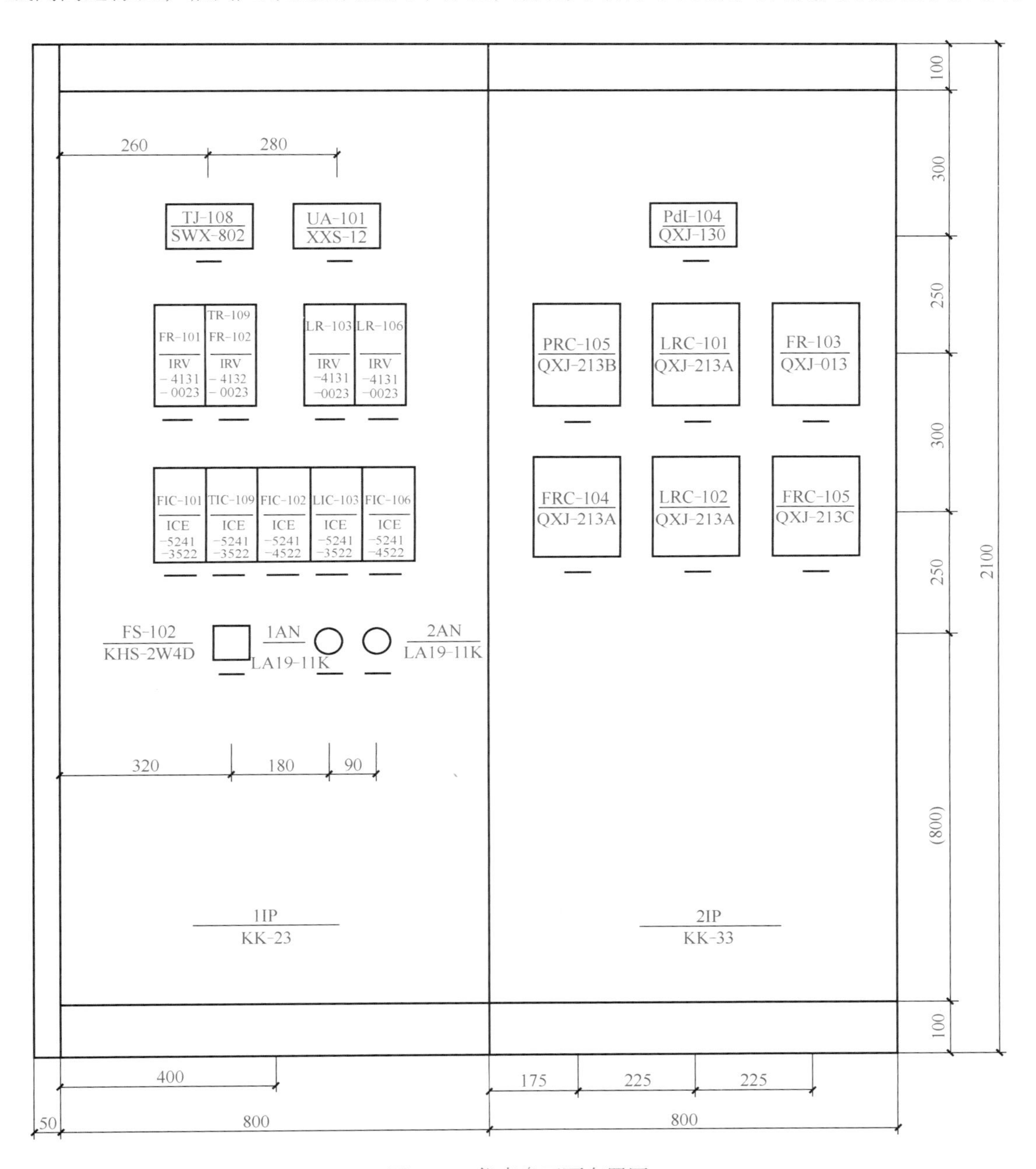

图 2-20　仪表盘正面布置图

（2）识图举例

某工厂自控设计中的仪表盘正面布置情况如图 2-20 所示。这里选用了框架式仪表盘。其中，1 号盘 1IP 上配置了电动控制仪表，2 号盘 2IP 上配置了气动控制仪表。仪表盘的颜色为苹果绿色。首尾两块仪表盘设置了装饰边，其宽度为 50mm。安装在盘面上的全部仪表、电气设备及元件，分盘完整地列在设备表中。仪表盘中的仪表及电气设备的型号和规格见表 2-17。读图时，应将仪表盘正面布置图和设备表中的内容结合起来，予以对照，以便了解其详细而准确的信息。

表 2-17　仪表盘正面布置图中的设备和材料

位号或符号	名称及规格	型号	数量	备注
1IP				
1IP	框架式仪表盘（2100×800×900）	KK-23	1	
FIC-101，TIC-109，LIC-103	指示调节器	ICE-5241-3522	3	
FIC-102，FIC-106	指示调节器	ICE-5241-4522	2	
FR-101	记录仪，0 ～ 6300kg/h，方根刻度	IRV-4131-0023	1	
FR-106	记录仪，0 ～ 5000kg/h，方根刻度	IRV-4131-0023	1	
TR-109/FR-102	记录仪，0 ～ 100℃，0 ～ 1600kg/h，方根刻度	IRV-4132-0023	1	
LR-103	记录仪，0 ～ 100%	IRV-4131-0023	1	
TJ-108	数字温度巡检仪，Pt 100，0 ～ 100℃	SWX-802	1	
UA-101	闪光报警器	XXS-12	1	
FS-102	塑料分头转换开关	KHS-2W4D	1	
1AN	控制按钮	LA19-11K	1	消声
2AN	控制按钮	LA19-11K	1	试验
	小铭牌框		14	
2IP				
2IP	框架式仪表盘（2100×800×900）	KK-33	1	
PRC-105	气动指示记录调节仪，0 ～ 1.0MPa	QXJ-213B	1	
FRC-104	气动指示记录调节仪，0 ～ 8000kg/h，方根刻度	QXJ-213A	1	
LRC-101，LRC-102	气动指示记录调节仪，0 ～ 100%	QXJ-213A	2	
FRC-105	气动指示记录调节仪，0 ～ 5000kg/h，方根刻度	QXJ-213C	1	
FR-103	气动 - 笔记录仪，0 ～ 800m^3/h，方根刻度	QXJ-013	1	
PdI-104	气动条型指示仪，0 ～ 100%	QXJ-130	1	
	小铭牌框		7	

（二）仪表盘背面接线图

（1）仪表盘（箱）内部接线（接管）的表示方法

仪表盘（箱）内部仪表与仪表、仪表与接线端子（或穿板接头）的连接有三种表示方法，即直接连线法、相对呼应编号法和单元接线法，见表 2-18。

表 2-18　仪表盘（箱）内部接线（接管）的表示方法

类别	说明
直接连线法	直接连线法是根据设计意图，将有关端子（或接头）直接用一系列连线连接起来，直观、逼真地反映了端子与端子、接头与接头之间的相互连接关系。但是，这种方法既复杂又累赘。当仪表及端子（或接头）数量较多时，线条相互穿插、交织在一起，比较繁乱，寻找连接关系费时费力，读图时容易看错。因此，这种方法通常适用于仪表及端子（或接头）数量较少，连接线路比较简单，读图不易产生混乱的场合。在仪表回路图或与热电偶配合的仪表盘背面电气接线图中，可采用这种方法。 单根或成束的不经接线端子（或穿板接头）而直接接到仪表的电缆电线（如热电偶）、气动管线和测量管线，在仪表接线点（或气接头）处的编号，均用电缆、电线或管线的编号表示，必要时应区分（+）、（-）等，如图 2-21 所示。图中，OXZ-110、EWX$_2$-007 分别为气动指示仪和电子平衡式温度显示记录仪的型号，3V-1、3V-2 和 3V-3 是气源管路截止阀的编号

续表

类别	说明
相对呼应编号法	相对呼应编号法是根据设计意图，对每根管、线两头都进行编号，各端头都编上与本端头相对应的另一端所接仪表或接线端子或接头的接线点号。每个端头的编号以不超过8位为宜，当超过8位时，可采取加中间编号的方法。 在标注编号时，应按先去向号，后接线点号的顺序填写。在去向号与接线点号之间用半字线“-”隔开，即表示接线点的数字编号或字母代号应写在半字线的后面，如图2-22所示。图中，QXJ-422、QXZ-130、DXZ-110、XWD-100、DTL-311分别为气动指示记录调节仪、气动指示仪、电动指示仪、小长图电子平衡式记录仪和电动调节器等仪表的型号。 与直接连线法相比，相对呼应编号法虽然要对每个端头都进行编号，但省去了对应端子之间的直接连线，从而使图面变得比较清晰、整齐而不混乱，便于读图和施工。在仪表盘背面电气接线图和仪表盘背面气动管线连接图中，普遍采用这种方法
单元接线法	单元接线法是将线路上有联系而在仪表盘背面或框架上安装又相邻近的仪表划归为一个单元，用虚线将它们框起来，视为一个整体，编上该单元代号，每个单元的内部连线不必绘出。在表示接线关系时，单元与单元之间，单元与接线端子组（或接头组）之间的连接用一条带圆圈的短线互相呼应，在短线上用相对呼应编号法标注对方单元、接线端子组或接头组的编号，圆圈中注明连线的条数（当连线只有一条时，圆圈可省略不画）。这种方法更为简捷，图面更加清晰、整齐，一般适用于仪表及其端子数量很多，连接关系比较复杂的场合。在电动控制仪表数量较多的仪表盘背面电气接线图中，可采用这种方法。图2-23中，KXG-114-10/3B、IRV-4132-0023、ICE-5241-3522、ICG-4255分别为供电箱、两笔记录仪、控制器和脉冲发生器的型号。图中的TIC-109和FIC-102是串级控制系统中的主、副控制器，TR-109/FR-102是显示温度和流量的记录仪，它们的信号之间有联系而安装又比较贴近。因此，可以将它们划归为一个单元，并给予一个单元编号为A1。 按照以单元接线法绘制的图纸进行施工时，对施工人员的技术要求较高，不仅要求他们熟悉各类自动化系统的构成，还要求他们熟悉各种仪表的后面端子的分布和组成，否则，很容易产生线路接错，影响施工质量，造成返工等后果。因此，在采用单元接线法时，要充分考虑施工安装人员的技术水平。一般情况下，不宜滥用这种方法

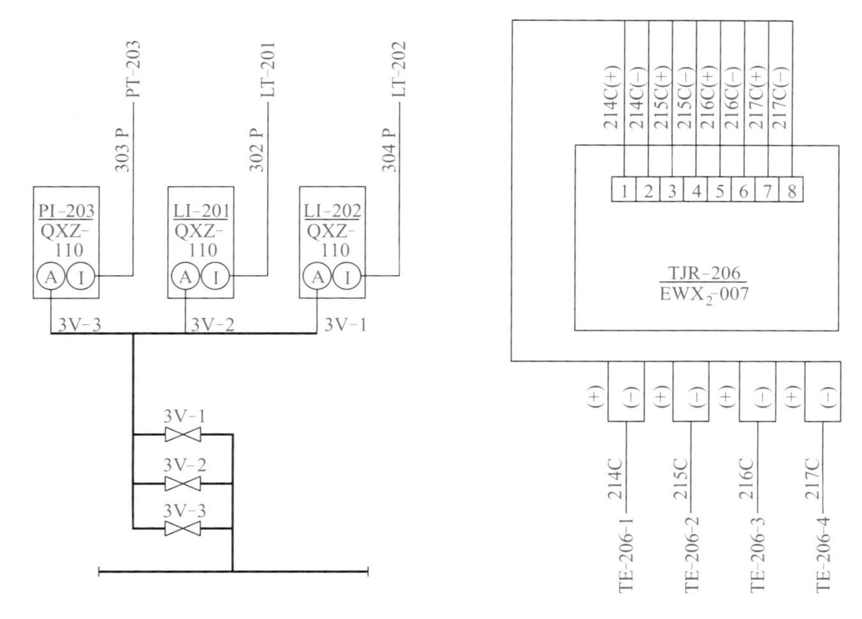

图2-21　直接连线法

（2）仪表电缆、管缆编号方法

控制室与接线箱、接管箱之间电缆、管缆的编号采用接线箱、接管箱编号法。控制室或接线箱、接管箱与现场仪表之间电缆、管缆的编号采用仪表位号编号法。控制室内端子柜与机柜、辅助柜、仪表盘、操作台等之间或机柜、辅助柜、仪表盘、操作台等之间电缆的编号均采用对应呼号编号法。

仪表电缆、管缆编号方法见表2-19。

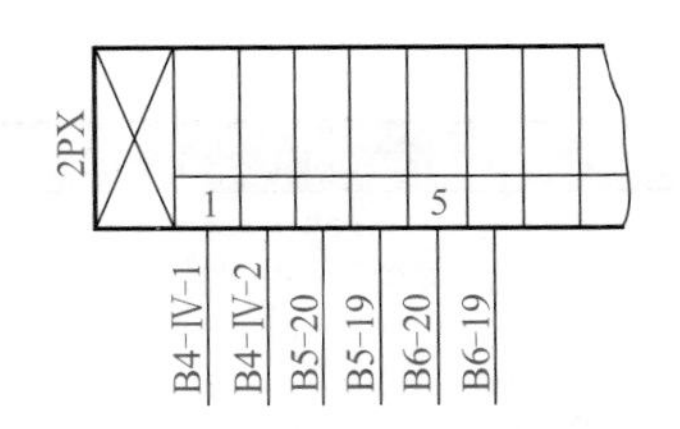

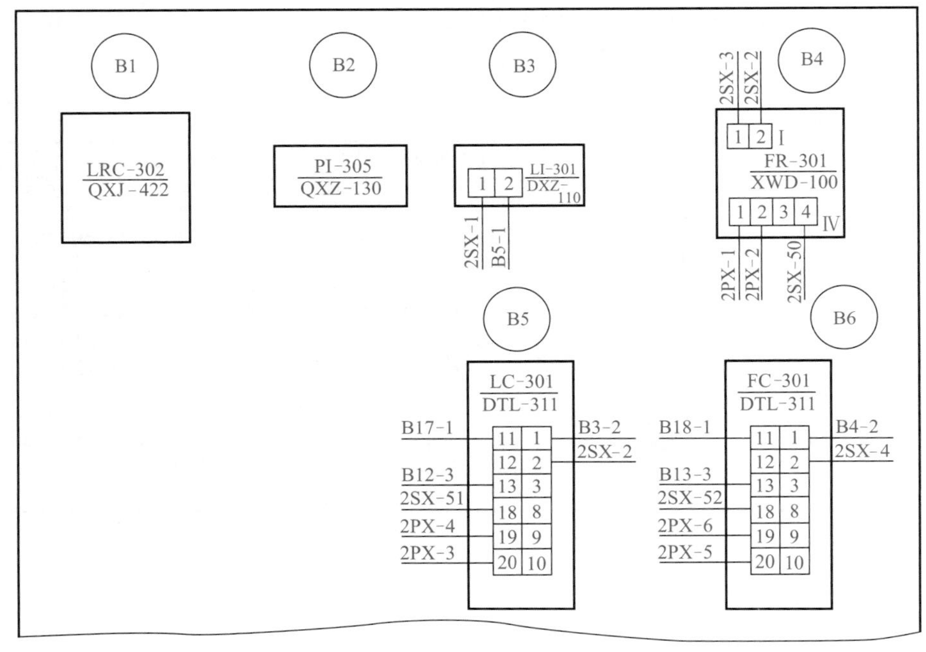

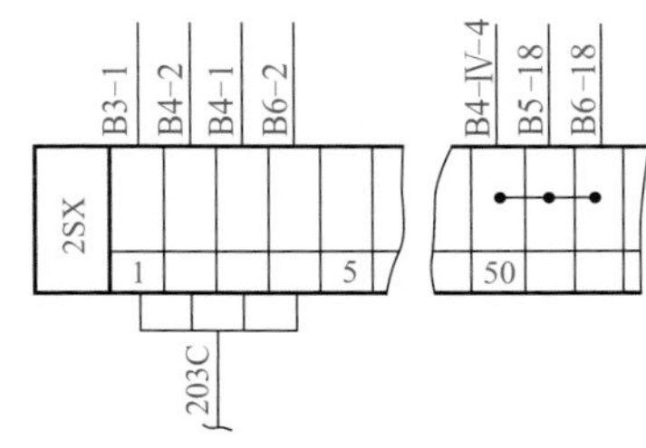

图 2-22　相对呼应编号法

表 2-19　仪表电缆、管缆编号方法

类别	说明
接线箱、接管箱编号法	单根电缆、管缆的编号由接线箱、接管箱的编号与电缆、管缆文字代号组成。多根电缆、管缆的编号，是由单根电缆、管缆编号的尾部再加顺序号所组成。例如，控制室与编号 JBS1234 标准信号接线箱之间连接的标准信号电缆的编号为 JBS1234SC。连接两根电缆时，其编号分别为 JBS1234SC-1 和 JBS1234SC-2。控制室与编号 CB5678 接管箱之间连接的气动信号管缆的编号为 CB5678TB。连接三根管缆时，其编号分别为 CB5678TB-1、CB5678TB-2 和 CB5678TB-3
仪表位号编号法	控制室或接线箱、接管箱与现场仪表之间电缆、管缆的编号由现场仪表与电缆、管缆文字代号组成。例如，现场仪表位号是 FT-2001、PV-3006，控制室或接线箱与变送器、控制阀之间的信号电缆的编号为 FT2001SC、PV3006SC。如果是本安电缆，则编号为 FT2001SiC、PV30065SiC。现场仪表位号是 TE-4321，控制室或接线箱与测温元件之间的热电阻信号电缆的编号为 TE4321RC。如果是热电偶补偿电缆，则编号为 TE4321Tc。现场仪表位号是 PT-7654，控制室或接管箱与变送器之间的气动信号管缆的编号为 PT7654TB

续表

类别	说明
对应呼号编号法	端子柜、机柜、辅助柜、仪表盘、操作台等之间电缆的编号由柜（盘、台）的编号与连接电缆的顺序号组成。例如，编号 TC05 端子柜与编号 DC06 机柜之间连接的三根电缆编号分别为 TC05-DC06-1、TC05-DC06-2 和 TC05-DC06-3。编号 AC01 辅助柜与编号 CD02 操作台之间连接的两根电缆编号分别为 AC01-CD02-1 和 AC01-CD02-2

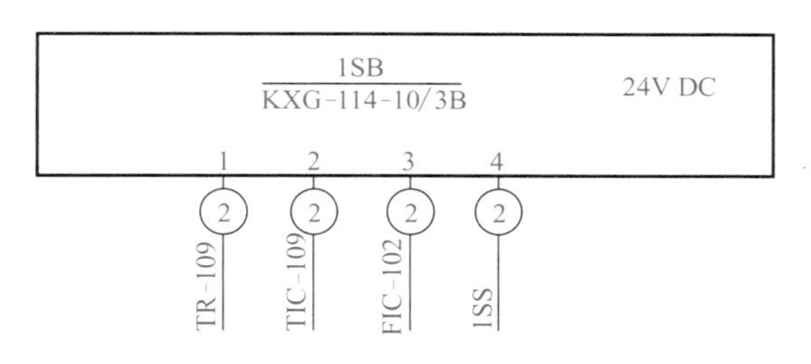

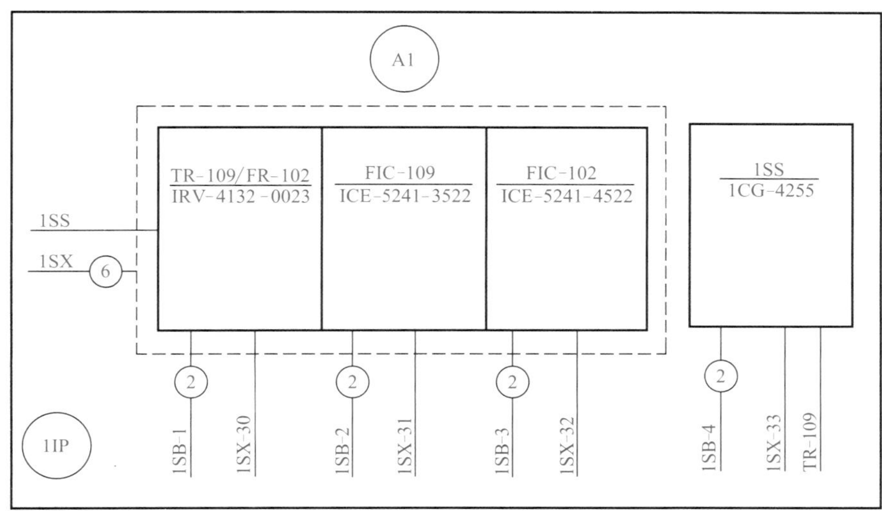

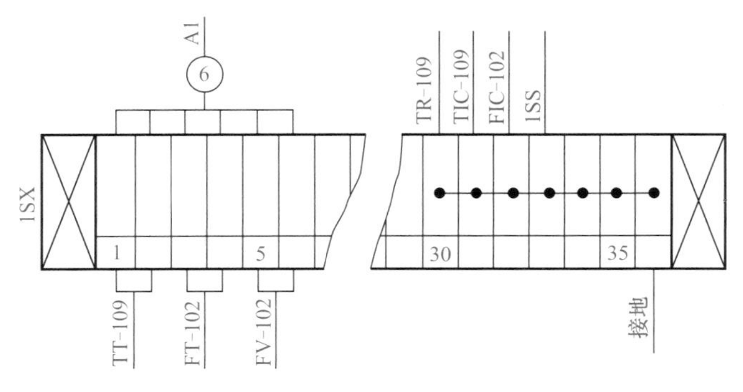

图 2-23　单元接线法

（三）识读仪表盘背面气动管线连接图

（1）仪表盘背面气动管线、阀门及接头的选用

仪表盘背面仪表与仪表之间，仪表与接头、阀门之间连接用的管线通常采用 $\phi6\times1$（直径 × 壁厚）的紫铜管。气源支管通常采用 $\phi22\times3$ 的黄铜管。从控制室盘后至现场的管线一般通过穿板过渡接头连接，接头规格为 $\phi6\times\phi6$。气源供气阀门一般选用 $\phi6\times\phi6$ 的气动管路截止阀。

（2）仪表盘背面气动管线连接图的绘制要求

仪表盘背面气动管线连接图的内容包括所有盘装和架装气动仪表中仪表与仪表之间、仪表与各接头之间、仪表与气源截止阀之间的管线连接情况，安装用的管件、阀门、管线等设备、材料的统计表等。

在图纸的中心部位绘出了仪表盘、仪表盘背面及框架上安装的全部气动仪表、设备。一般不按比例，不标注尺寸，但相对位置与仪表盘正面图相符（与本图接管无关的仪表及设备省略不画）。盘背面所有的气动仪表及设备通常在图形符号内标注位号和型号，标注方法与正面布置图相同，标注内容与正面布置图是相符合的，特殊情况下标注在图形外部。中间编号标注在位于仪表图形符号上方的圆圈内，编号方法与仪表盘背面电气接线图相同。仪表盘的编号标注在盘轮廓线内的左下方或右下方的圆圈内。

在图中如实地绘出盘背面气动仪表的接头，并注明各个气接头的字母代号。在图纸的上方绘制出穿板接头，并标注出穿板接头的字母代号及各个接头的编号。在仪表盘下方绘制出气源供气管路、气源支管及供气阀门，并对各个供气阀进行编号标注。

气动仪表之间如需跨盘连接，一般先上穿板接头，再跨盘连接。

在标题栏上方分盘列出盘背面安装用设备材料统计表。

（3）识图举例

某工厂自控工程设计中，仪表盘背面气动管线连接情况如图 2-24 所示，图中采用的设备材料的型号和规格见表 2-20。读图方法与仪表盘背面电气接线图相同。

表 2-20　仪表盘背面气动管线连接图中的设备和材料

位号或符号	名称	型号	数量或尺寸
2V-1 ～ 2V-6	气动管路截止阀，PN1，DN5	JE・QY1	6
2IP			
	镀锌活接头，0.5in❶		1
2BA	直通穿板过渡接头，M16 × 1.5，DN4	YC5-1	12
	三通中间接头，M10 × 1，DN4	YC5-5	3
	黄铜管，ϕ22 × 3		0.7m
	紫铜管，ϕ6 × 1		40m
LI-101，LI-102	电接点压力表，0 ～ 0.1MPa	YX-150A	2

（四）识读仪表盘背面电气接线图

（1）仪表盘背面电气接线图的内容

仪表盘背面电气接线图的内容包括所有盘装和架装用电仪表中的仪表与仪表之间、仪表与信号接线端子之间、仪表与接地端子之间、仪表与电源接线端子之间、仪表与其他电气设备之间的电气连接情况及设备材料统计表等。

在图纸的中部，按不同的接线面绘出了仪表盘及盘上安装（或架装）的全部仪表、电气设备和元件等的轮廓线，其大小不按比例，也不标注尺寸，相对位置与仪表盘正面布置图相符。即在仪表盘背面接线图中，仪表盘及仪表的左右排列顺序与仪表盘正面布置图中的顺序是一致的。

仪表盘背面安装的所有仪表、电气设备及元件，在其图形符号内（特殊情况下在图形符号外）标注了位号、编号及型号（与正面布置图相一致），标注方法与仪表盘正面布置图相同。中间编号用圆圈标注在仪表图形符号的上方。仪表盘的顺序编号标注在仪表盘左下角或右下角的圆圈内。

❶ 1in=0.0254m。

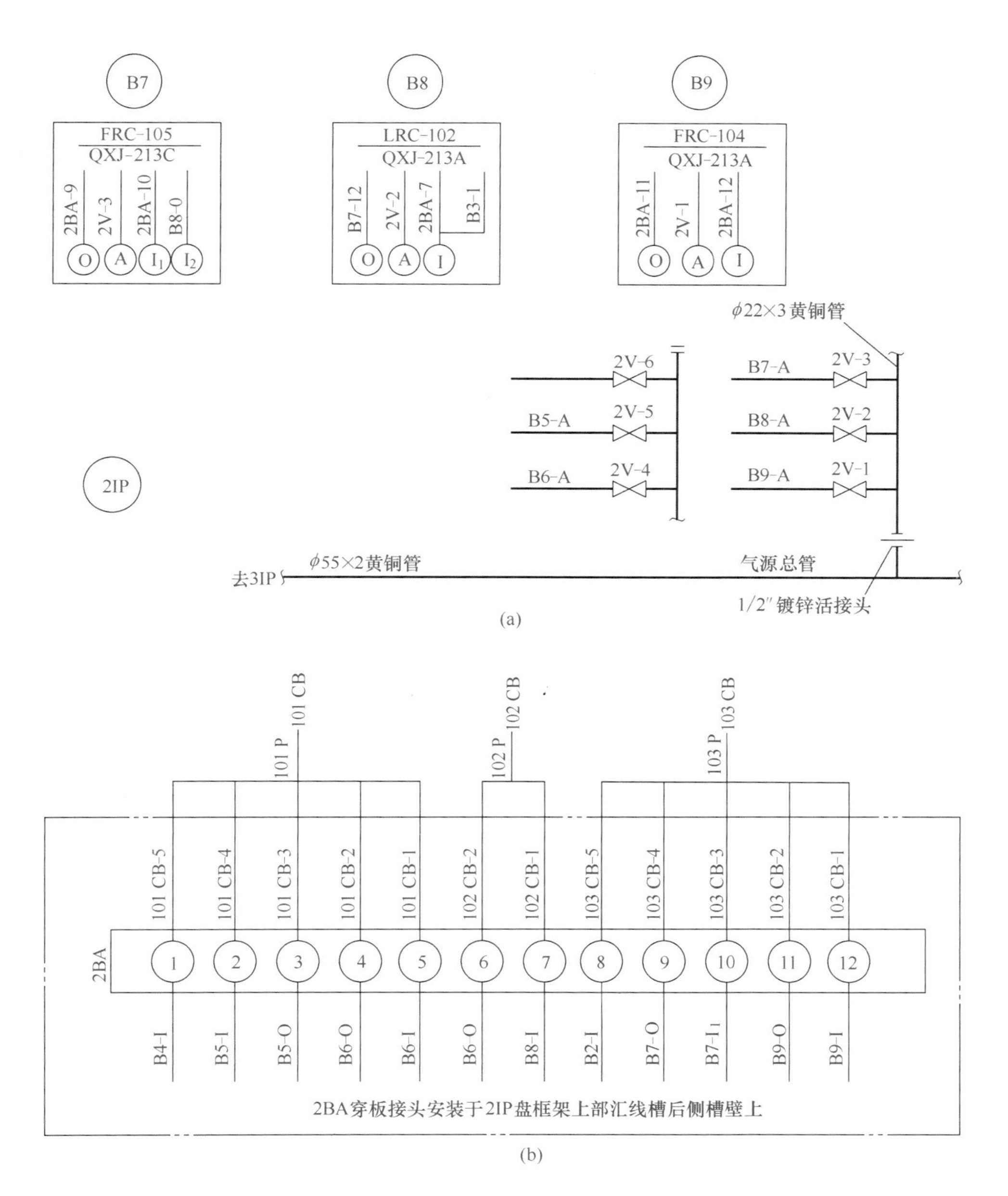

图 2-24　仪表盘背面气动管线连接图

为了简化盘后仪表接线端子编号的内容，便于读图和施工，通常使用仪表的中间编号。

仪表及电气设备、元件的中间编号由大写英文字母和阿拉伯数字编号组合而成。英文字母表示仪表盘的顺序编号，如 A 表示仪表盘 1IP，B 表示仪表盘 2IP……其余类推。数字编号表示仪表盘内仪表、电气设备及元件的位置顺序号。中间编号的编写顺序是先从左至右，后从上向下依次进行，例如 A1，A2，A3……

在图中如实地绘制出仪表、电气设备及元件的接线端子，并注明仪表的实际接线点编号，与本图接线无关的端子省略不画。

仪表盘背面引入、引出的电缆、电线均已编号，并注明去向。当进、出仪表盘及需要跨盘接线时，需先下接线端子板，再与仪表接线端子连接。本质安全型仪表信号线的接线端子板应与非本质安全型仪表信号线端子板分开。

在标题栏的上方，分盘列出仪表盘背面安装用的设备材料表。

（2）识图举例

某工厂自控设计中仪表盘背面电气接线图如图 2-25 ～图 2-30 所示。图中采用的设备材料的型号和规格见表 2-21。盘后框架上安装的接线端子板等，当按接线面表示时，不易表达端子间的连接关系，一般做法是移到仪表盘外处理。通常将电源接线端子板画在仪表盘的上方，而信号接线端子板等画在仪表盘的下方。读图时，要按照各个端子的编号，寻找设备之间的连接关系，弄清信号出、入的来龙去脉和电源的供求关系。

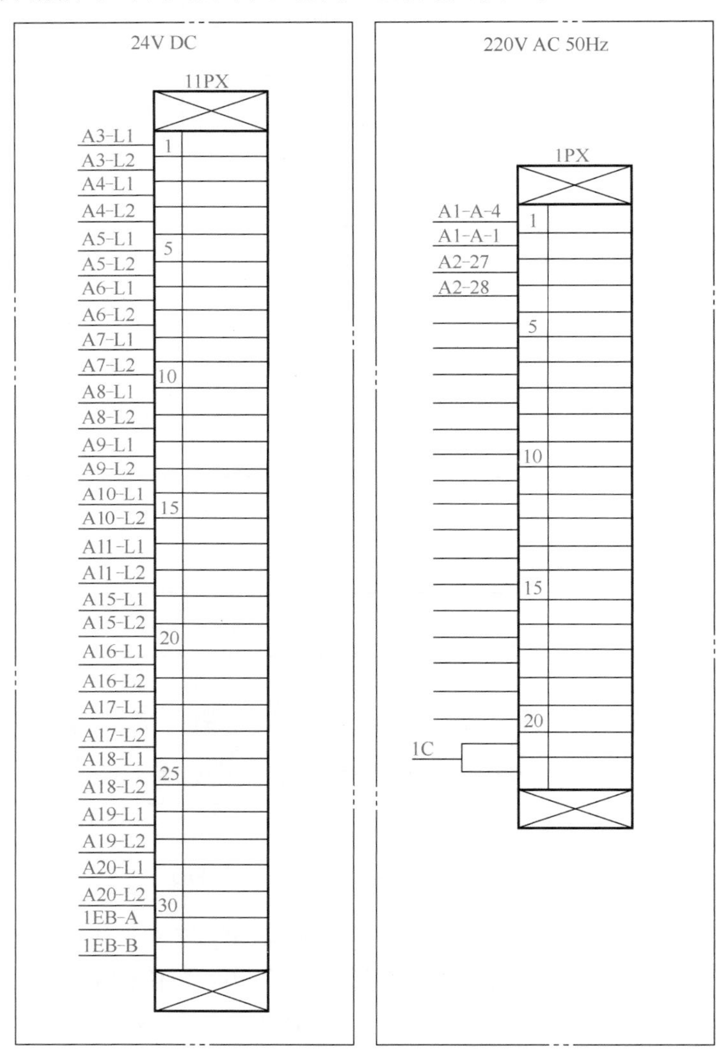

图 2-25　1IP 仪表盘背面电气接线图（一）

表 2-21　仪表盘背面电气接线图中的设备和材料

位号或符号	名称及规格	型号	数量
1SB	供电箱	KXG-110-10/3	1

续表

位号或符号	名称及规格	型号	数量
11SB	供电箱	KXG-120-25/3	1
1EB	电源箱	UDN-5223-0040	1
1DL	电铃，220V AC，50Hz	DDJ1	1
FN-101，FN-102，FN-106	安全保持器，双回路	ISB-5262-5006	3
LN-103	安全保持器，单回路	ISB-5262-1006	1
TT-109	温度变送器	ITE-5251-3106	1
1SS	脉冲发生器	ICG-4255	1
1SX，1IX	一般型接线端子	D-1	50
1SX，1IX	连接型接线端子	D-2	30
1SX，1IX	标记型接线端子	D-9	6
—	铜芯塑料线，1×1.0	BV	250m

注：表中 1SB 和 11SB 供电箱均安装于 1IP 仪表盘后框架上部。

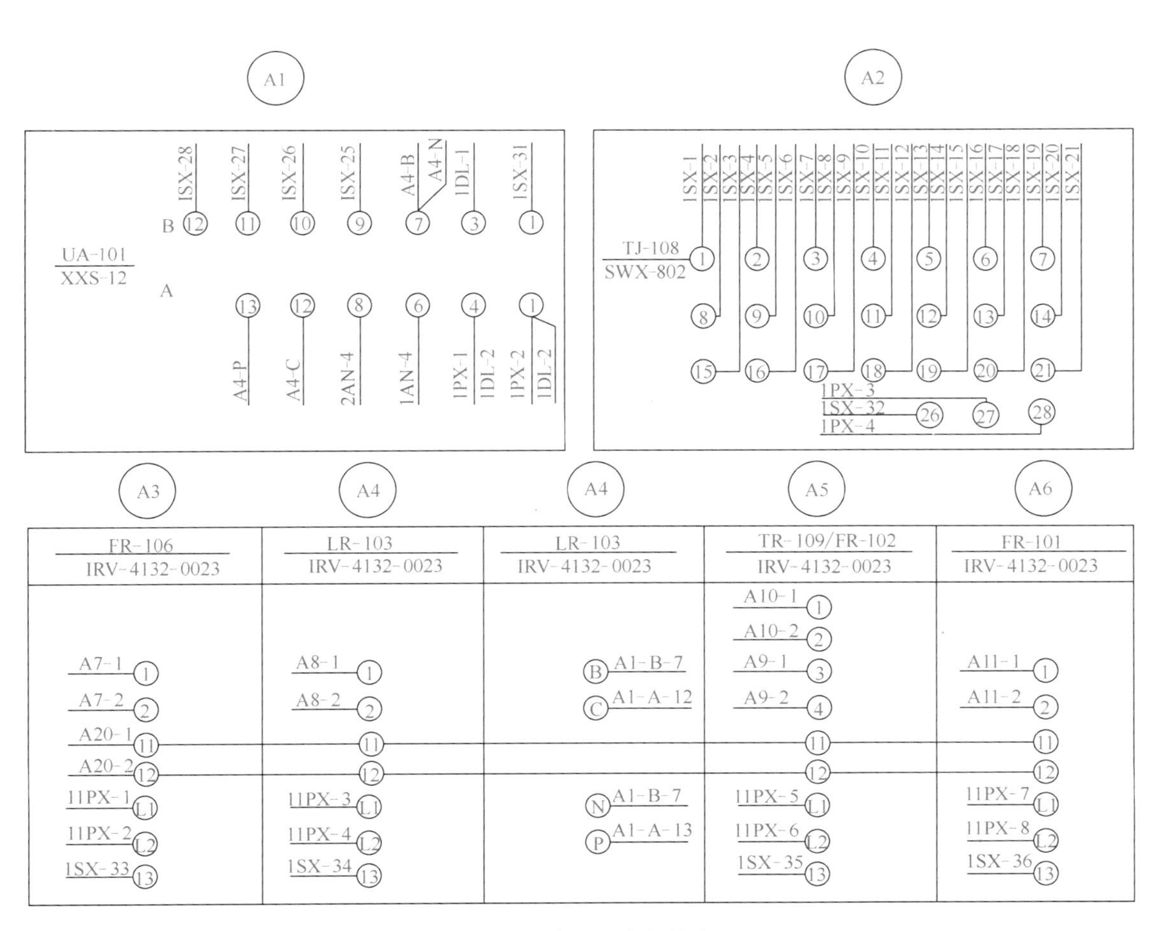

图 2-26　1IP 仪表盘背面电气接线图（二）

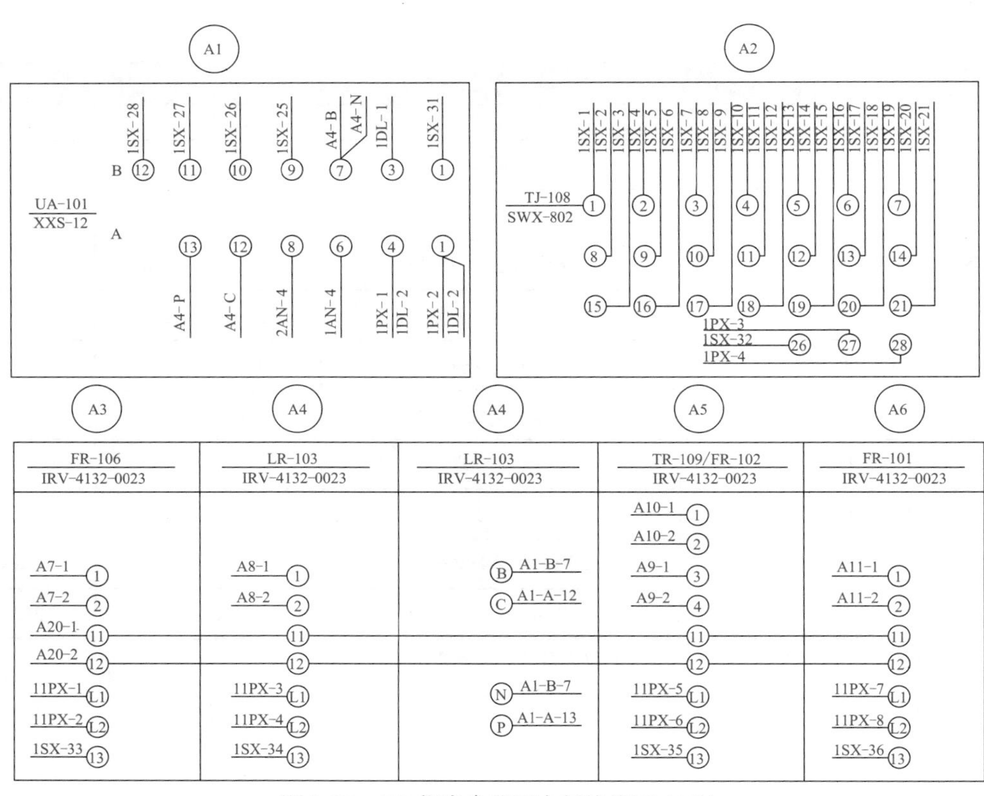

图 2-27　1IP 仪表盘背面电气接线图（三）

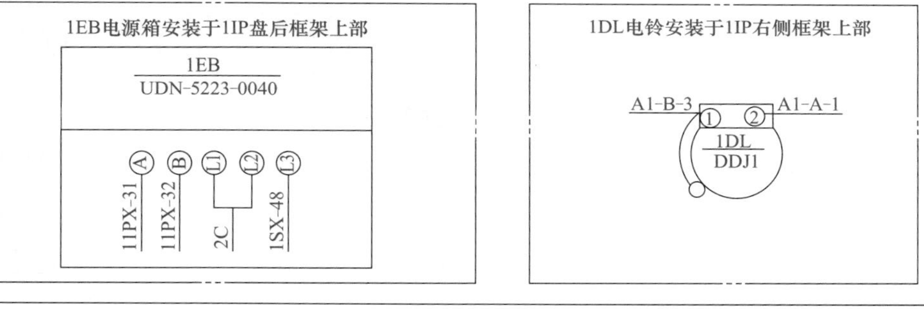

A15	A16	A17	A18	A19	A20
FN-106 ISB-5262-5006	LN-103 ISB-5262-1006	FN-102 ISB-5262-5006	FN-101 ISB-5262-5006	TT-109 ITE-5251-3106	1SS ICG-4255
1IX-1 Ⓐ 1IX-2 Ⓑ 1IX-3 Ⓒ 1IX-4 Ⓓ	1IX-5 Ⓐ 1IX-6 Ⓑ	1IX-7 Ⓐ 1IX-8 Ⓑ 1IX-9 Ⓒ 1IX-10 Ⓓ	1IX-11 Ⓐ 1IX-12 Ⓑ 1IX-13 Ⓒ 1IX-14 Ⓓ	1SX-22 Ⓐ 1SX-23 Ⓑ 1SX-24 Ⓕ	
A7-4 ① A7-5 ② A7-1 ④ A7-2 ⑤ 11PX-19 L1 11PX-20 L2 1SX-42 ⑬	A8-1 ④ A8-2 ⑤ 11PX-21 L1 11PX-22 L2 1SX-43 ⑬	A12-9 ① A12-12 ② A9-1 ④ A9-2 ⑤ 11PX-23 L1 11PX-24 L2 1SX-44 ⑬	A11-4 ① A11-5 ② A11-1 ④ A11-2 ⑤ 1PX-25 L1 1PX-26 L2 1SX-45 ⑬	A10-1 ④ A10-2 ⑤ 11PX-27 L1 11PX-28 L2 1SX-46 ⑬	A3-11 ① A3-12 ② 1PX-29 L1 1PX-30 L2 1SX-47 ⑬

图 2-28　1IP 仪表盘背面电气接线图（四）

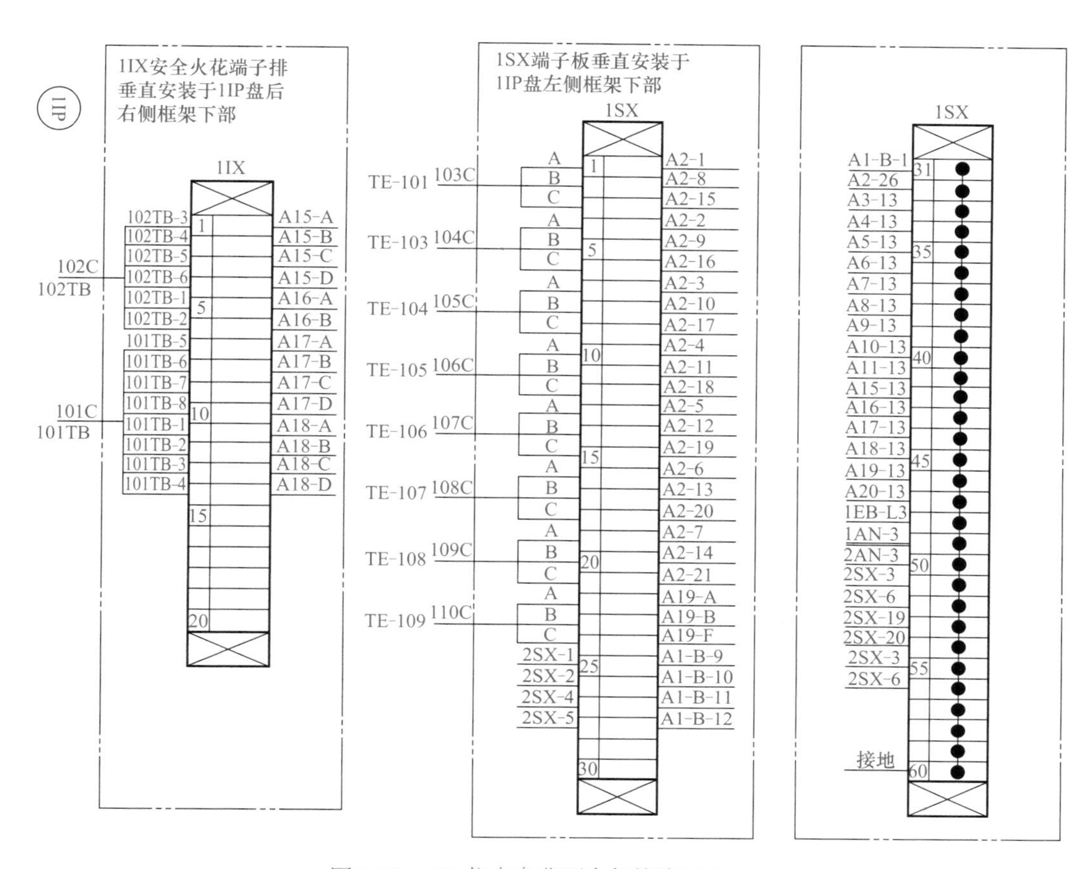

图 2-29　1IP 仪表盘背面电气接线图（五）

三、仪表供电及供气系统图的识读

（一）仪表供电系统图的内容

在仪表供电系统图中，用方框图表示出供电设备（例如不间断电源装置 USB、电源箱、总供电箱、分供电箱和供电箱等）之间的连接系统，标注出供电设备的位号、型号、输入与输出的电源种类、等级和容量以及输入的电源来源等，如图 2-31 所示。供电系统图中的设备和材料见表 2-22。

（二）供电箱接线图的内容

在供电箱接线图中，表示出了总供电箱、分供电箱和供电箱的内部接线；标注其电源的来源、电压种类、电压等级和容量、各供电箱的位号和型号，各供电回路仪表的位号和型号以及容量等。在分配供电回路时，应留有一定的备用线路，电源总容量也应留有一定富余量，以备临时供电之用，如图 2-32 所示。供电箱接线图中的设备和材料见表 2-23。

（三）仪表供气系统图

仪表的供气装置是由空气压缩站和供气管路传输系统两大部分组成的。空气压缩站把来自大气的空气加压、冷却、水汽分离、除尘、除油、干燥和过滤后，送至储气罐中供仪表使用。供气管路传输系统是用来传输压缩空气的配管网络，空气压缩站储气罐中的压缩空气由供气管路传输系统送至用气仪表及部件。

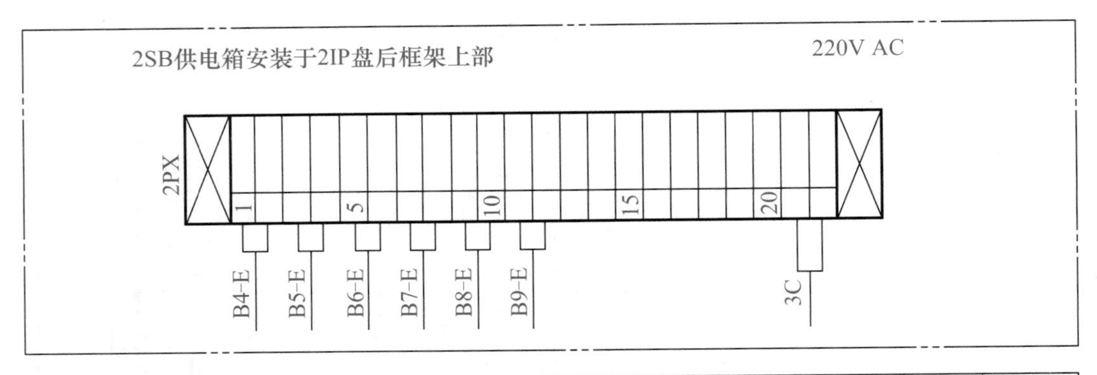

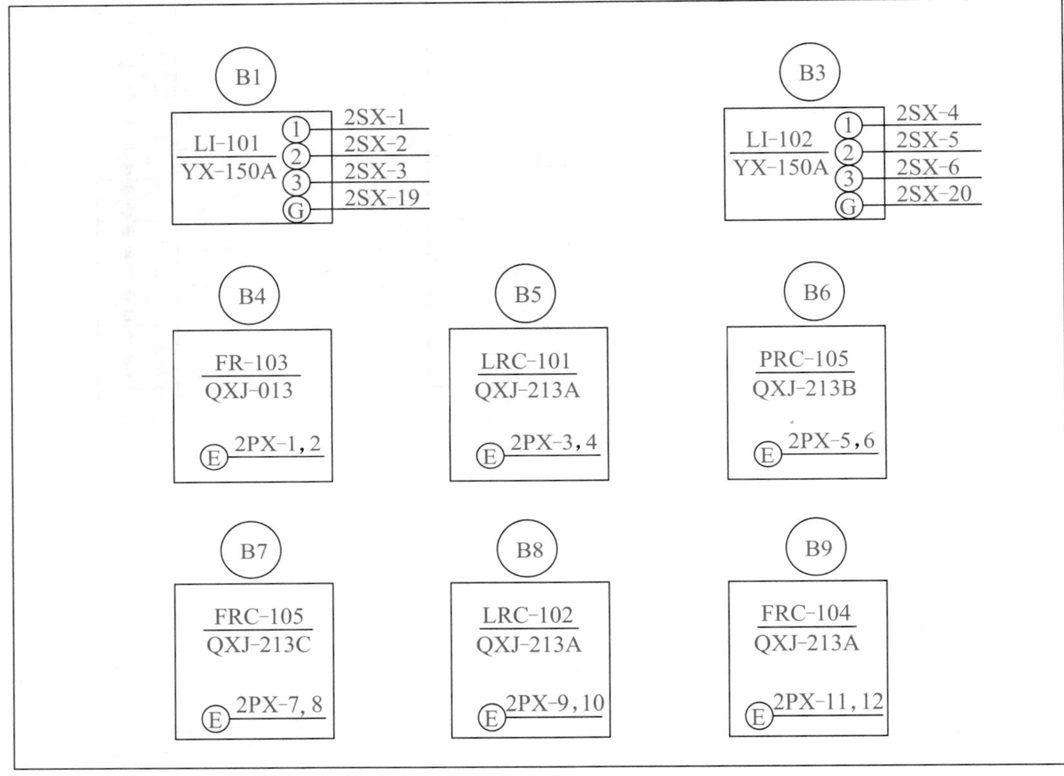

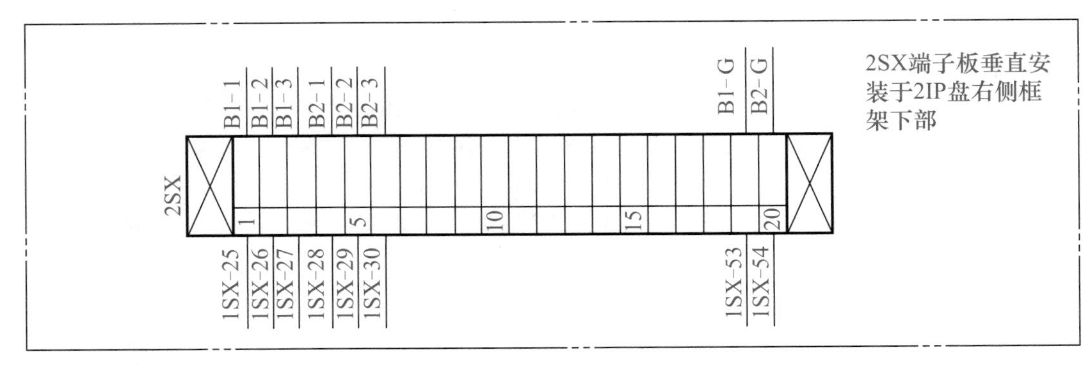

图 2-30　1IP 仪表盘背面电气接线图（六）

注：1. 盘后配线采用汇线槽。

2. 图中 E 端子表示 220V AC，50Hz 电源插座。

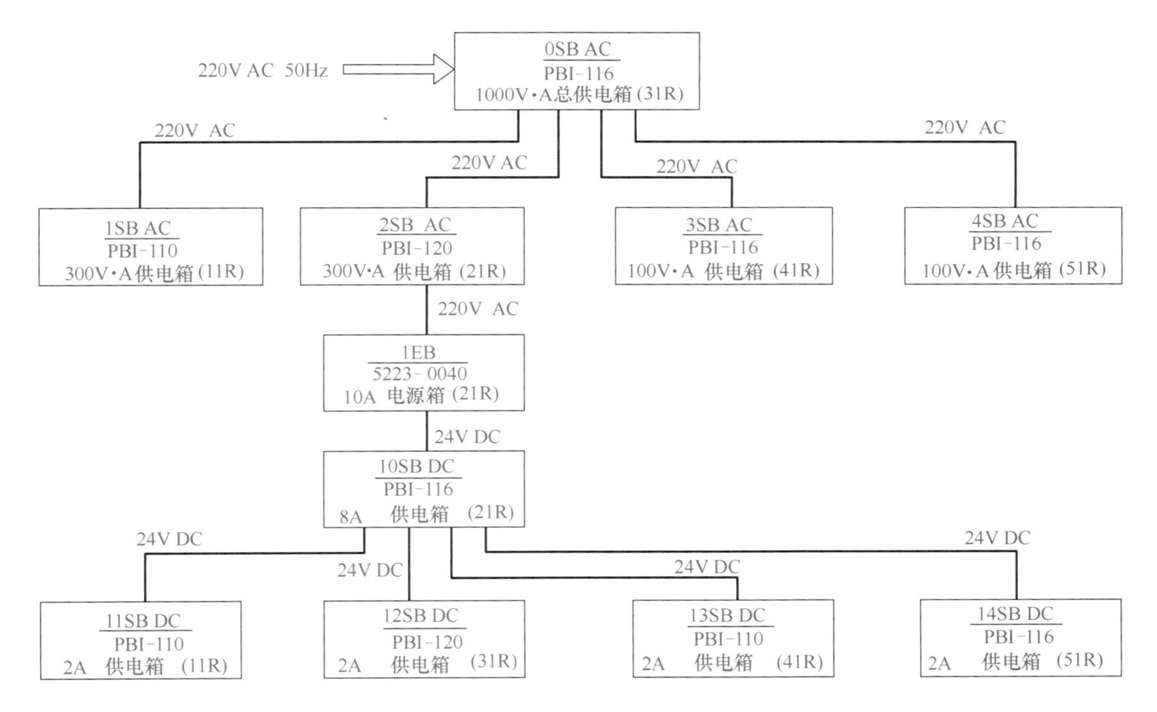

图 2-31 仪表供电系统图

表 2-22 供电系统图中的设备和材料

位号或符号	名称	型号	数量
0SB AC	总供电箱	PBI-116	1
1SB AC	供电箱	PBI-110	1
2SB AC	供电箱	PBI-120	1
3SB AC	供电箱	PBI-116	1
4SB AC	供电箱	PBI-116	1
10SB DC	供电箱	PBI-116	1
11SB DC	供电箱	PBI-110	1
12SB DC	供电箱	PBI-120	1
13SB DC	供电箱	PBI-110	1
14SB DC	供电箱	PBI-116	1
1EB	电源箱	5223-0040	1
—	电力电线 2×15	BVV	600m
—	电力电线 2×15	VV	—

表 2-23 供电箱接线图中的设备和材料

位号或符号	名称及规格	型号	数量
0SB	总供电箱	KXG-120-25/3	1

传输压缩空气的管路系统，即供气系统。仪表供气系统的负荷包括指示仪、记录仪、分析仪、信号转换器、气路电磁阀、继动器、变送器、电气阀门定位器、执行器等气动仪表和吹气液位计、吹气法测量用气、正压防爆通风用气、仪表修理车间气动仪表调试检修用气、仪表吹扫用气等。仪表用气源一般采用洁净、干燥的压缩空气。需要时，可采用氮气作为临时性的备用气源。

0SB	电缆	对象位号	名称或型号	需要容量/W	熔断器容量/A	引向
K1	31EC VV 2×1.5	AT-301	GXH-301	60	1	分析室 3IP
K2	32EC VV 2×1.5	AT-302	RD-100	60	1	分析室 3IP
K3	33EC VV 2×1.5	FRQ-902	CWD-612	12	1	L
K4	34EC VV 2×1.5	FRQ-903	CWD-612	12	1	L
K5	35EC VV 2×1.5	101SB	KXG-114-10/3	160	1.5	1IR
K6	36EC VV 2×1.5	102SB	KXG-114-25/3	92	1	4IR
K7						
K8						
K0 (N, L)	3P-IP VV 2×4 220V AC 50Hz	来自电气专业		600		1#配电室3P

图 2-32 供电箱接线图

（1）气源装置容量

气源装置设计容量即产气量，应满足用气仪表负荷的需要。对工艺管道和设备的吹扫、充压、置换用气为非仪表用气负荷，不应由此供气。

仪表总耗气量大小，决定于气源装置的设计容量。仪表总耗气量，一般采用汇总方式计算。也可以采用多种简便的方法，估算仪表耗气总量，即：按控制阀数汇总，每台控制阀耗气量为 1 ～ 2m^3/h；控制室用气动仪表每台耗气量为 0.5 ～ 1m^3/h；现场每台气动仪表耗气量为 1.0m^3/h；正压通风防爆柜每小时换气次数大于 6 次。

（2）现场仪表供气方式

现场仪表供气方式分为单线式、支干式和环形供气三种（见表 2-24）。

表 2-24 现场仪表供气方式

类别	说明
单线式供气方式	单线式供气是直接由气源总管引出管线，经过滤减压器后为单个仪表供气，如图 2-33 所示。这种供气系统多用于分散负荷，或耗气量较大的负荷。例如，在为大功率执行器供气时，为了不影响相邻负荷的供气压力，应尽可能在气源总管上取气源
环形供气方式	环形供气方式是将供气主管首尾相接构成一个环形闭合回路。当供气管网对多套装置的仪表供气时，根据用气仪表的具体位置，从环形总管的适当位置分出若干条干线，由各条干线分别向各个用气区域供气。环形供气配管系统如图 2-34 所示。这种供气方式多限于界区外部气源管线的配置。需要时，界区内部也可以采用环形供气方式
支干式供气方式	支干式供气是由气源总管分出若干条干线，再由每条干线分别引出若干条支线，每条支线经过一只截止阀、过滤器、减压阀后为每台仪表供气。支干式供气配管系统如图 2-35 所示。这种供气系统多用于集中负荷，或为密度较大的仪表群供气

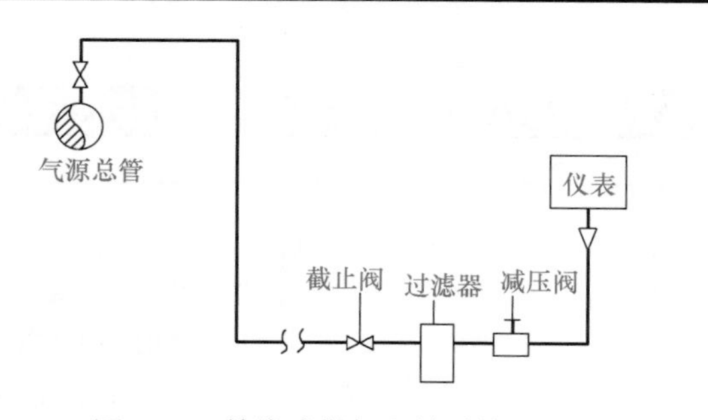

图 2-33 单线式供气配管系统图

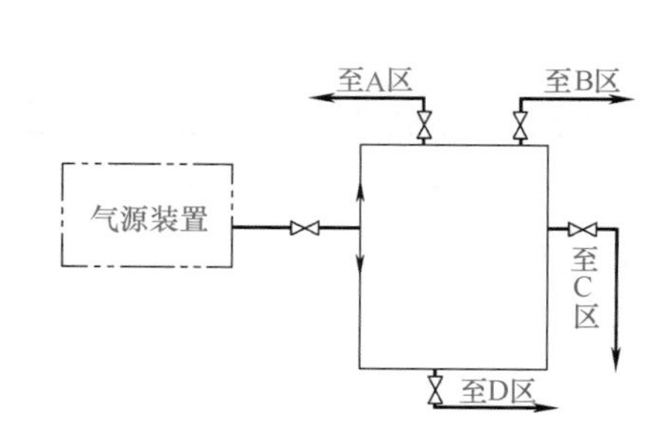

图 2-34 环形供气配管系统图

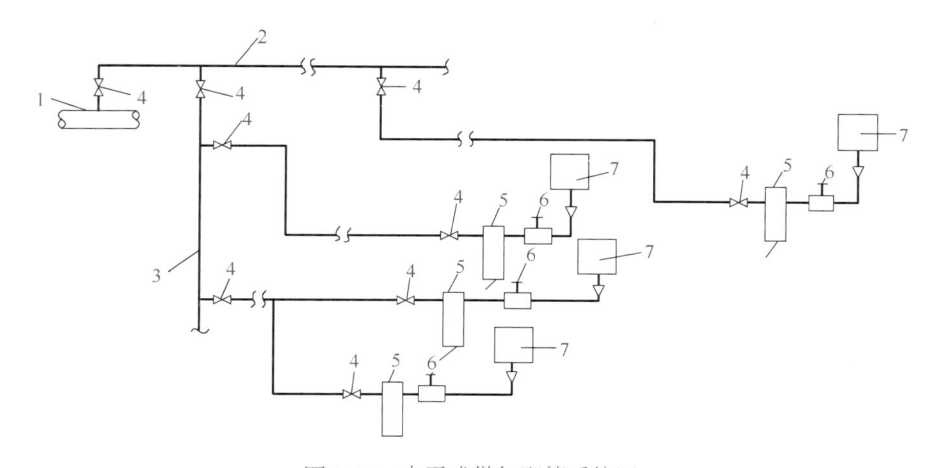

图 2-35　支干式供气配管系统图

1—气源总管；2—干管；3—支管；4—截止阀；5—过滤器；6—减压阀；7—仪表

（3）控制室供气

当模拟仪表控制室内使用的气动仪表比较多时，可以采用集合供气的方法。集合供气就是用一套公用的气源过滤、减压装置，将符合仪表压力要求的气源引入一条直径较大的集气管，即气源总管，再由气源总管分别通过各条气源支管为每台仪表供气，如图 2-36 所示。

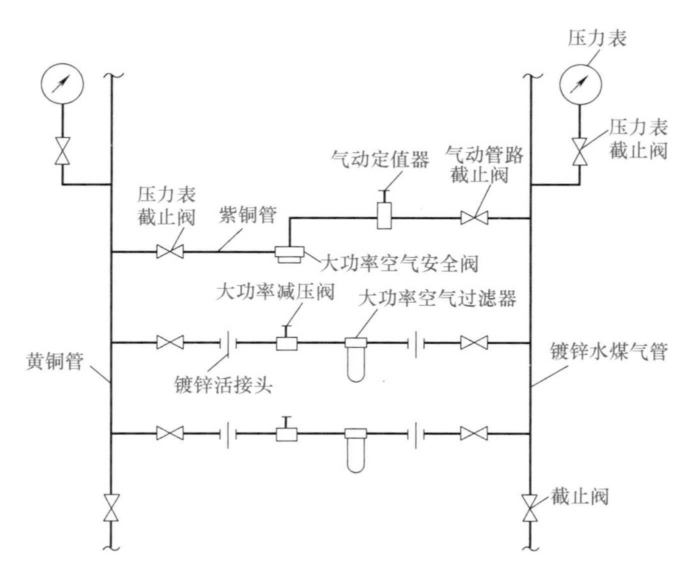

图 2-36　集合型供气配管系统图

为了保证供气装置能安全持续地供气，控制室的总气源应并联安装两组或两组以上的空气过滤器及减压阀。一路工作，另一路备用。当采用两组时，每组容量均按总容量选取；采用三组时，每组容量均按总容量的 1/2 选取。控制室内应设有供气系统的监视与报警仪表。通常有气源总管压力指示和压力低限报警。过滤减压装置引出侧，应安装压力控制器和安全排放阀。对供气压力为 0.14MPa（G）的供气系统，其起跳值为 0.16 ～ 0.2MPa（G）。如果设有第二备用气源，应设有第二气源的压力指示与压力低限报警。第二气源投入运行时，应有声光信号显示。

（4）仪表供气系统图的内容

仪表供气系统图中应表示出仪表供气干管或空气分配器至各用气仪表之间各种供气管线的规格、长度及标高，各种阀门的型号和规格，供气仪表的位号，并绘制出设备材料表。

例：某工厂现场仪表供气系统图如图 2-37 所示。图中采用的设备和材料见表 2-25。

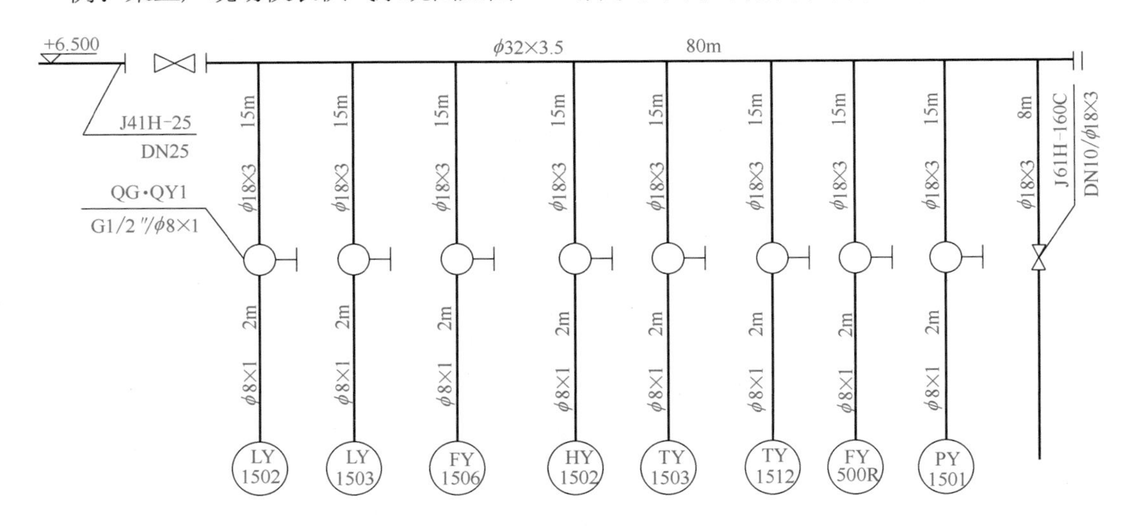

图 2-37　仪表供气系统图

表 2-25　仪表供气系统图中的设备和材料

位号及符号	名称及规格	型号及材料	数量或尺寸
—	无缝钢管，$\phi18\times3$	20 钢	1725m
—	无缝钢管，$\phi32\times3.5$	20 钢	160m
—	无缝钢管，$\phi45\times3.5$	20 钢	130m
—	不锈钢管，$\phi8\times1$	0Cr18Ni9	228m
—	气源球阀，PN2.5，G1/2″/$\phi8\times1$	QG · QY1 0Cr18Ni9	114 个
—	焊接式截止阀，PN16，DN10/$\phi18\times3$	J61H-160C	3 个
—	法兰式截止阀，PN2.5，DN25（法兰 S025-2.5，RF 20）	J41H-25	2 个
—	法兰式截止阀，PN2.5，DN40（法兰 S040-2.5，RF 20）	J41H-25	1 个
HG 20592-97	法兰，S025-2.5，RF 20	20 钢	6 片
HG 20592-97	法兰，S040-2.5，RF 20	20 钢	3 片
HG 20592-97	法兰盖，BL25-2.5，RF 20	20 钢	2 片
HG 20592-97	法兰盖，BL40-2.5，RF 20	20 钢	1 片
HG 20613-97	双头螺栓，M16 × 90	35CrMoA	36 个
HG 20613-97	六角螺母，M16	30CrMo	72 个
HG 20629-97	垫片，RF25-2.5，XB350	石棉橡胶板	6 个
HG 20606-97	垫片，RF40-2.5，XB350	石棉橡胶板	3 爪
—	直通终端接头	YZG1-1 NPT1/4-ϕ80Cr18Ni9	39 个
—	直通终端接头	YZG5-1 G1/2-ϕ18 20 钢	39 个

四、控制室平面布置图的识读

（1）DCS 控制室平面布置图的内容及图例的识读

在 DCS 控制室平面布置图中，描绘了控制室内的所有仪表设备的安装位置，例如 DCS

操作站、DCS 控制站、仪表盘、操作台、继电器箱、总供电盘、端子柜、安全栅柜、辅助盘和 UPS 等。

中央控制室平面布置图一般是按 1 ∶ 50 或 1 ∶ 100 的比例绘制的。根据工艺生产装置区中厂房布置关系，标出中央控制室及辅助房间的定位轴线编号，并用方位标记表明其朝向。

在自控施工图中，控制室平面布置图，电缆、管缆平面敷设图，仪表电缆桥架布置图等都是在生产装置区建筑物平面图上完成的，这类图上一般标有建筑物定位轴线和编号。在建筑物平面图上，凡是在承重墙、柱、梁等主要承重构件的位置所画的轴线，称为定位轴线。定位轴线标注的方法如图 2-38 所示。定位轴线编号的基本原则是：在水平方向，从左向右依次用阿拉伯数字标注；在竖直方向，自下向上依次用拉丁字母（I、O、Z 一般不用）标注。数字和字母分别用点画线引出。定位轴线有助于制图和读图时确定设备、部件和管线等的位置，计算电缆、管缆、管线等的长度。

在平面布置类图纸中，一般按上北下南、左西右东的惯例表示厂房建筑物的位置和朝向。但有时由于图纸中内容布置等原因，建筑物的朝向可能与通常的惯例不一致，需要用方位标记加以注明。方位标记如图 2-39 所示，其箭头方向 N（North）表示正北方向。

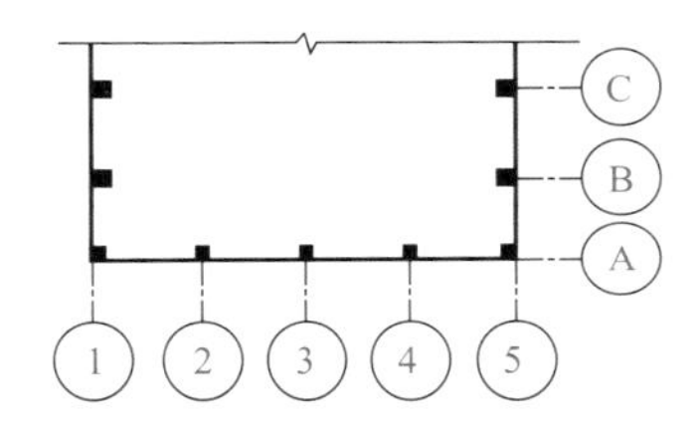

图 2-38　定位轴线标注

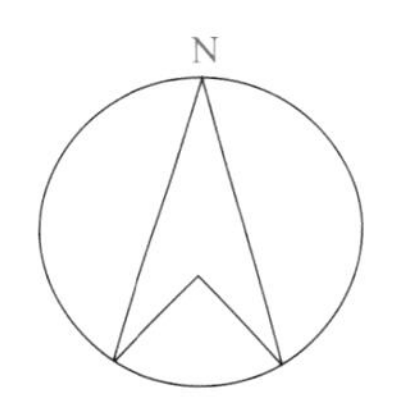

图 2-39　方位标记

根据控制室的建筑要求，门、窗和上、下楼梯等是用规定的符号画出的。读图时要注意控制室的朝向和开门方向。

图中用规定的符号标出了控制室所在楼层平面及操作室和机柜室的相对标高，单位为 m。相对标高是选定某一参考面或参考点为零点而确定的高度尺寸。它一般采用室外某一平面或某层楼平面作为参考零点而计算高度。用相对标高也可以标注安装标高或敷设标高。

图中还标注出电缆入口处。图纸右下角一般为标题栏及设备材料表，从中可以了解控制室内的所有仪表设备的名称、规格、型号和数量等信息。

识图举例：工厂 DCS 中央控制室的平面布置图如图 2-40 所示，控制室中的设备见表 2-26。控制室位于控制楼一楼，其面积为 18000mm × 8700mm，室内活动地板高出室外基础地面 400mm。中央控制室设置于生产装置区的南北方向 A-B-C-D，东西方向 8-7-6-5-4-3-2-1 区域，朝向为坐北朝南。操作室面积为 9000mm × 8700mm，室内设有 4 台 GUS 操作站（设备序号为 1），1 台 PLC 操作站（设备序号为 2），3 块成套盘（设备序号为 4 ～ 6），1 块辅助操作盘和 3 台打印机（设备序号为 7 和 3）。机柜间面积为 9000mm × 8700mm，其中设有 3 台 HPM 高性能过程管理站（设备序号为 9 ～ 11），1 台 LCN 机柜（设备序号为 8），1 个 PLC 现场控制站（设备序号为 12），3 个中间端子柜（设备序号为 16 ～ 18），1 个隔离报警器柜（设备序号为 15），1 个配电柜（设备序号为 19），2 个继电器柜（设备序号为 13 和 14），1 个语音系统柜（设备序号为 20）。这些设备的类型，在控制室内的布置形式、位置、前后区域面积分配，间距尺寸大小等是读图的重点内容。楼中还设有 DCS 维修间、仪表维修间、仪表备件间、仪表值班室和空调机室等辅助房间。

表 2-26　DCS 中央控制室设备

序号	位号或符号	名称	数量	序号	位号或符号	名称	数量
1	GUS	全局用户操作站	4	12		PLC 现场控制站	1
2		PLC 操作站	1	13，14	1RC，2RC	继电器柜	2
3		打印机	3	15	1AC	报警器柜	1
4 ～ 6		成套盘	3	16 ～ 18	1MC，2MC，3MC	中间端子柜	3
7	101IP	操作盘	1	19	PDP	配电柜	1
8		LCN 机柜	1	20		语音系统柜	1
9 ～ 11	HPM	高性能过程管理站	3	21		火灾报警盘	1

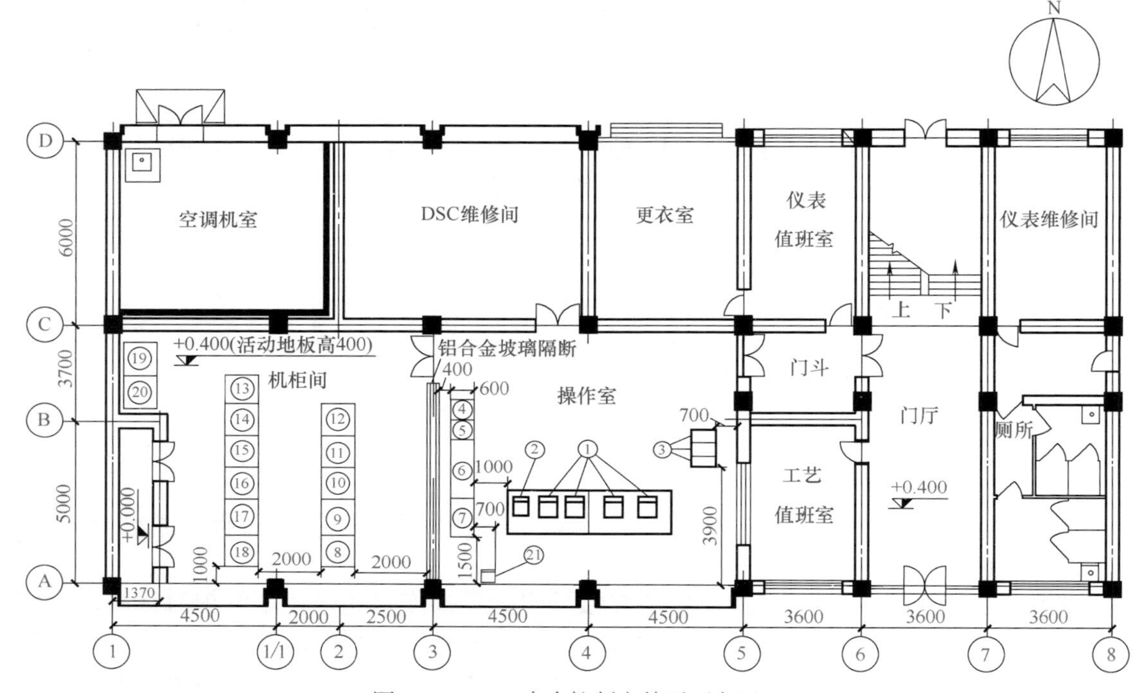

图 2-40　DCS 中央控制室的平面布置图

（2）识读常规仪表控制室平面布置图及图例

在常规仪表控制室平面布置图中，标示出了安装位置，例如仪表盘、操作台、继电器箱、总供电盘、端子柜、安全栅柜、辅助盘等的安装位置。

常规仪表控制室平面布置图一般采用 1 ∶ 50 的比例绘制。根据已确定的控制室在工艺生产装置区中的位置，标出了其定位轴线编号。根据控制室的建筑要求，用规定的符号画出了围墙、墙柱、门和窗。注意控制室的朝向和开门方向。在图纸右下角通常有标题栏和设备表，从中可以了解控制室内的所有仪表设备的名称、规格、型号和数量等信息。

识图举例：某工厂模拟仪表控制室的平面布置图如图 2-41 所示。

这间控制室的建筑面积为 9000mm × 6000mm，以室外装置区地坪为基准，室内地面标高为 +0.60m，控制室设置于生产装置区的南北方向 Q-R-S，东西方向 9-8-7-6 区域，朝向为坐北朝南，南墙上设有三个大玻璃窗供自然采光，东南角和西南角分别设有双向弹簧门。仪表盘排列成直线形，两侧分别设置一个侧门。图中，1IP ～ 6IP 为框架式仪表盘，其顶部设有半模拟仪表盘 1GP ～ 3GP（图中未示出）。图中的设备见表 2-27。阅读模拟仪表控制室平面布置图时，重点要关注仪表盘的排列形式、结构类型和盘前后的区域面积等。

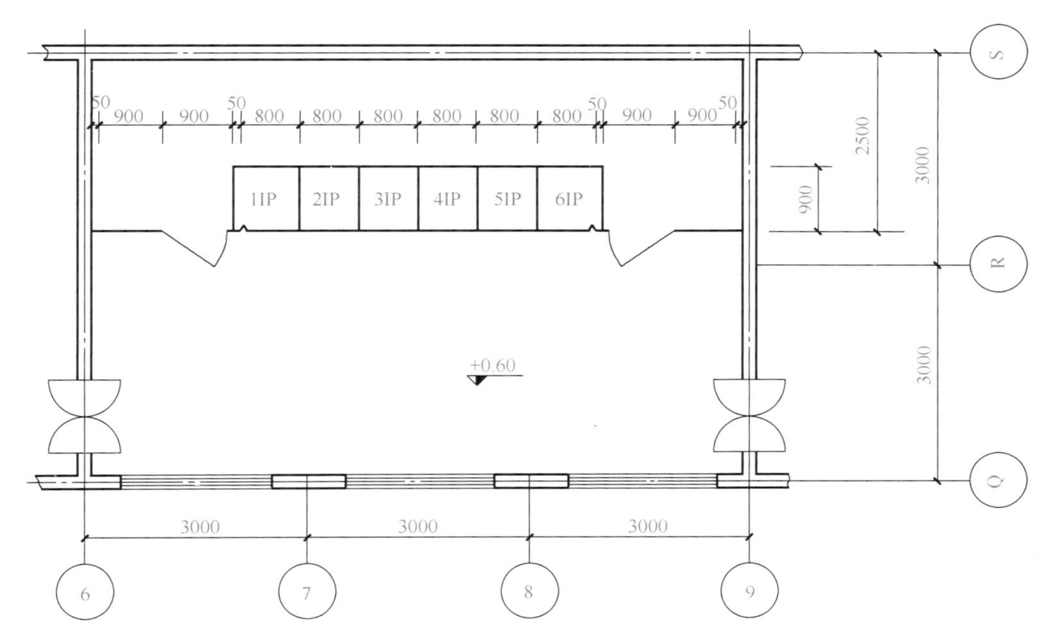

图 2-41 模拟仪表控制室平面布置图

表 2-27 模拟仪表控制室设备

位号或符号	名称及规格 /（mm × mm × mm）	型号	数量
1IP	框架式仪表盘（2100 × 800 × 900）	KK-23	1
6IP	框架式仪表盘（2100 × 800 × 900）	KK-32	1
2IP ～ 5IP	框架式仪表盘（2100 × 800 × 900）	KK-33	1
	屏式仪表盘（2100 × 900）	KP-43	1
	屏式仪表盘（2100 × 900）	KP-34	1
	左侧门（2100 × 900）	KMZ	1
	右侧门（2100 × 900）	KMY	1
1GP	半模拟盘（700 × 1600）	KN-43	1
2GP	半模拟盘（700 × 1600）	KN-33	1
3GP	半模拟盘（700 × 1600）	KN-34	1
	半模拟盘（700 × 1800）	KN-43	1
	半模拟盘（700 × 1800）	KN-34	1

第四节　仪表安装材料代码与常用图形符号

一、仪表安装材料代码

仪表安装材料代码由两位英文字母和三位数字组成，分别表示材料的类别、品种及规格。

（1）材料分类

仪表安装材料分为七个类别，由材料代码的第一位英文字母表示，见表 2-28。

表 2-28 仪表安装材料分类代号

代号	类别	说明
C	辅助容器	如冷凝器、冷却器、过滤器、分离器等
E	电气材料	如穿线盒、挠性管、电缆管卡等
F	管件	如镀锌铸铁管件、卡套管件、焊接管件等
P	管材	如塑料管、铝管、铜管、钢管等
S	型材	如角钢、圆钢、槽钢等
U	紧固件	如法兰、垫片、螺栓、螺母等
V	阀门	如球阀、闸阀、多路阀等

（2）材料品种

仪表安装材料代码的第二位英文字母表示该类材料中的不同品种。例如，C 类中的 C 表示冷凝器和冷却器，S 表示隔离器；S 类中的 C 表示槽钢，L 表示钢板；U 类中的 B 表示螺栓、螺柱、螺钉，F 表示法兰、法兰盖，G 表示垫片、透镜垫，N 表示螺母，W 表示垫圈；V 类中的 C 表示截止阀，G 表示闸阀，B 表示球阀，I 表示仪表气动管路用阀，M 表示多路闸阀。

（3）材料名称、规格和材质

仪表安装材料代码中第 3、4、5 位的序号表示材料的规格、材质等。若无特殊说明，本书中仪表安装材料表中的材料规格，均以 mm 为单位。在所选的耐酸材料中，由于酸性介质的种类较多，只选用弱酸性介质适用的碳钢。没有注明材料的材质由工艺给出。安装材料表中，H 表示接头长度，δ 表示垫片厚度。

二、仪表安装图常用图形符号

仪表安装图常用图形符号见表 2-29。

表 2-29 仪表安装图常用图形符号

名称	图形符号	名称	图形符号
压力表	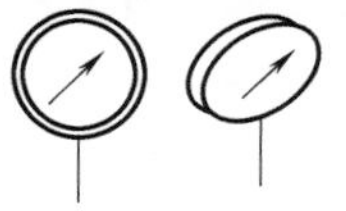	变送器（压力或差压）	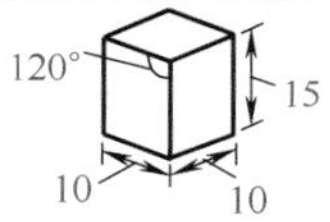 120° 15 10 10
二阀组	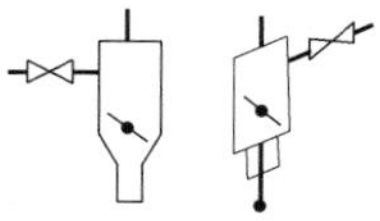	多阀组	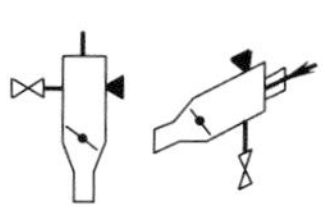
二阀组与变送器组合安装	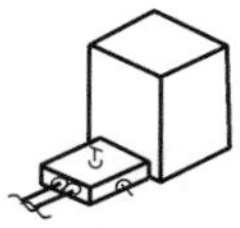	三阀组	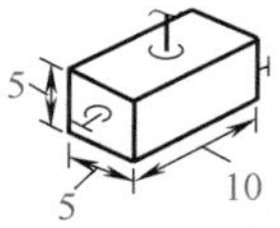 5 5 10
五阀组	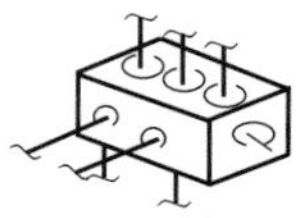	三阀组与变送器组合安装	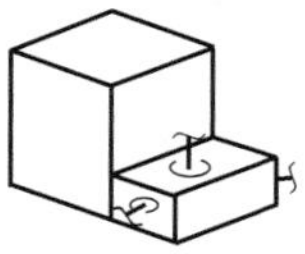
五阀组与变送器组合安装	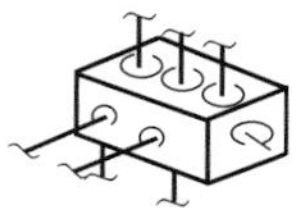	节流装置	

续表

名称	图形符号	名称	图形符号
转子流量计	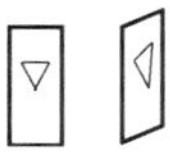	空气过滤器减压阀	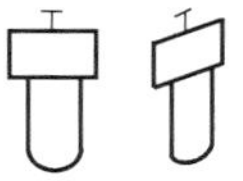
膜片隔离压力表		变送器（压力或差压）	
浮筒液面计		法兰式液面变送器	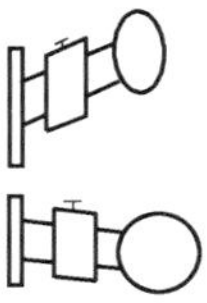
远传膜片密封差压变送器	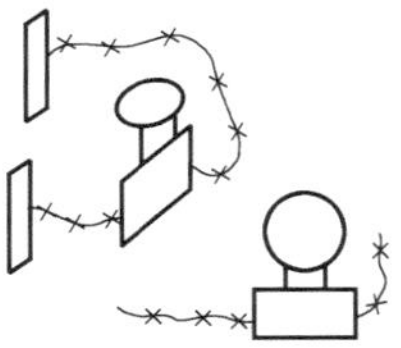	带垫片正反扣压力表接头	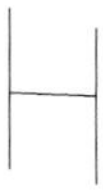
分析取样系统过滤器	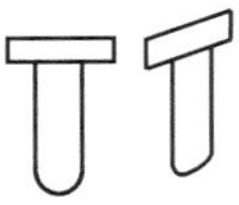	带垫片压力表接头	
分析系统用减压器	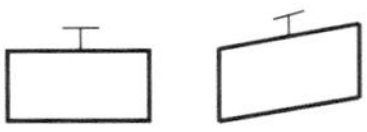	冷凝弯	
冷却罐	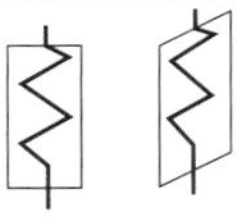	冷凝圈	
夹套式冷却器	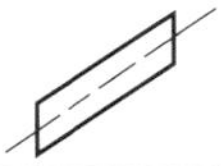	焊接点	
干燥瓶	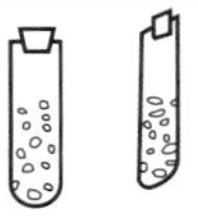	分工范围	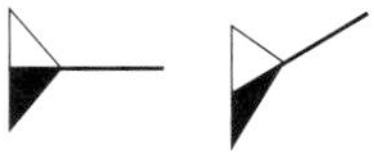
导压管或气动管线		直通中间接头或活接头	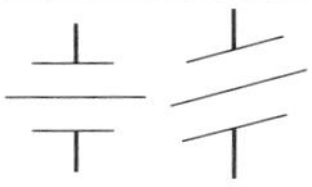
毛细管		弯通中间接头	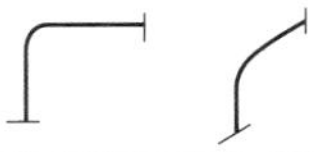
坡度	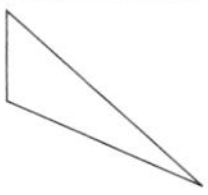	直通终端接头	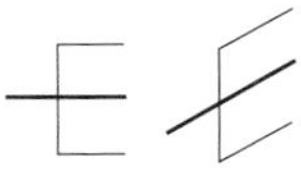
工艺设备或管道	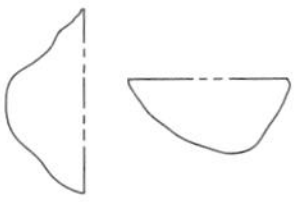	三通中间接头	

续表

名称	图形符号	名称	图形符号
取源法兰接管		直通穿板接头	
取源管接头	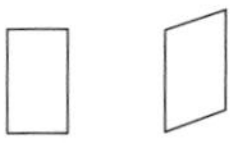	隔离容器	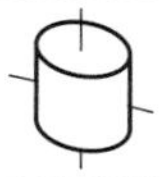
阀门	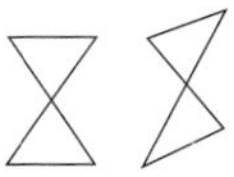	角形阀	
法兰		冷凝器	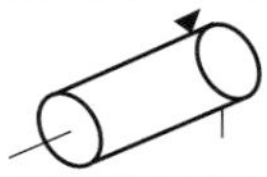
法兰连接阀门	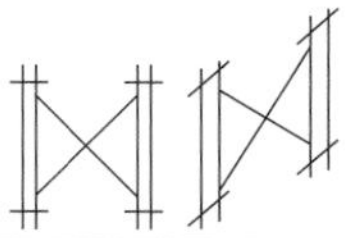	大小头异径接头，异径短节	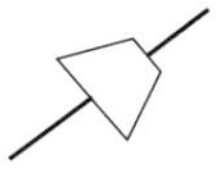
限流孔板	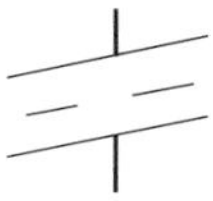	分离容器	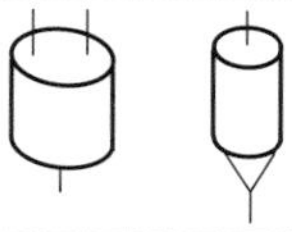
止回阀	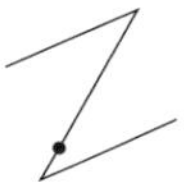	弯通终端接头	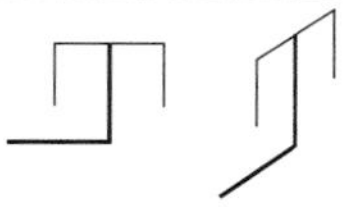
伴热管		保温	
疏水器		保温箱或保护箱	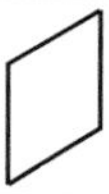
防爆密封接头	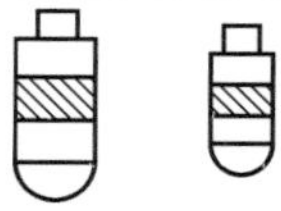	防水密封接头	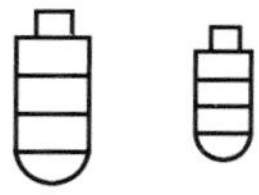
防爆铠装电缆密封接头	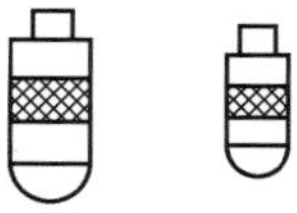	接管式防爆密封接头	
接管式防水密封接头	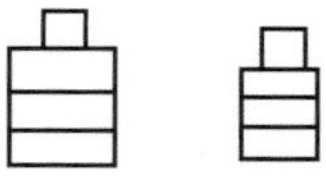	防爆密封接头挠性管	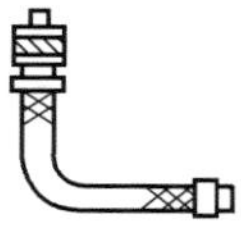
小型异径三通接头			

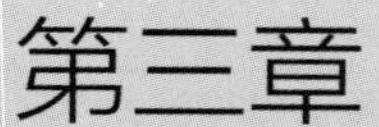

第三章 温度测量仪表

第一节 温度测量仪表的结构

一、温度测量的基本概念及仪表分类

（1）温度测量的基本概念

温度是表征物体冷热程度的物理量。温度只能通过物体随温度变化的某些特征来间接测量，而用来量度物体温度数值的标尺叫温标。它规定了温度的读数起点（零点）和测量温度的基本单位。目前国际上用得较多的温标有华氏温标、摄氏温标、热力学温标和国际实用温标。

摄氏温标规定：在标准大气压下，冰的融点为 0 摄氏度，水的沸点为 100 摄氏度，中间划分 100 等份，每等份为 1 摄氏度，符号为℃。

华氏温标规定：在标准大气压下，冰的融点为 32 华氏度，水的沸点为 212 华氏度，中间划分 180 等份，每等份为 1 华氏度，符号为℉。

摄氏温度值 t 和华氏温度值 t_F 有如下关系：

$$t = \frac{5}{9}(t_F - 32)$$

热力学温标又称开尔文温标，它规定分子运动停止时的温度为绝对零度，符号为 K。

国际实用温标是一个国际协议性温标，它与热力学温标相接近，而且复现精度高，使用方便。国际计量委员会在第 18 届国际计量大会第七号决议中授权 1989 年会议通过了 1990 年国际温标——ITS-90，我国自 1994 年 1 月 1 日起全面实施 ITS-90 国际温标。

（2）温度测量仪表的分类

温度测量仪表按测温方式可分为接触式和非接触式两大类。接触式测温仪表比较简单、可靠，测量精度较高，但因测温元件与被测介质需要进行充分的热交换，所以需要一定的时间才能达到热平衡，存在测温的延迟现象；同时，受耐高温材料的限制，不能应用于很高的温度测量。非接触式测温仪表是通过热辐射原理来测量温度的，测温元件不需要与被测介质接触，测温范围广，不受测温上限的限制，也不会破坏被测介质的温度场，反应速度一般也比较快，但是会受到物体的发射率、测量距离、烟尘和水汽等外界因素的影响，其测量误差较大。

常用测温仪表的种类及优缺点见表 3-1。

表 3-1　常用测温仪表种类及优缺点

测温方式	温度计种类		常用测温范围 /℃	优点	缺点
非接触式测温仪表	辐射式	辐射式 光学式 比色式	400 ～ 2000 700 ～ 3200 900 ～ 1700	测温时不破坏被测温度场	低温段测量不准，环境条件会影响测温准确度
	红外线	热敏探测 光电探测 热电探测	−50 ～ 3200 0 ～ 3500 200 ～ 2000	测温时不破坏被测温度场，响应快，测温范围大	易受外界干扰
接触式测温仪表	膨胀式	玻璃液体	−50 ～ 600	结构简单，使用方便，测量准确，价格低廉	测量上限和精度受玻璃质量的限制，易碎，不能记录和远传
		双金属	80 ～ 600	结构紧凑，牢固可靠	精度低，量程和使用范围有限
	压力式	液体 气体 蒸汽	−30 ～ 600 −20 ～ 350 0 ～ 250	耐振，坚固，防爆，价格低廉	精度低，测温距离短，滞后大
	热电偶	铂铑铂 镍铬 - 镍硅 镍铬 - 康铜	0 ～ 1600 0 ～ 900 0 ～ 600	测温范围广，精度高，便于远距离、多点、集中测量和自动控制	需要冷端温度补偿，在低温段测量精度较低
	热电阻	铂 铜 热敏	−200 ～ 500 −50 ～ 150 −50 ～ 300	测温精度高，便于远距离、多点、集中和自动控制	不能测高温

二、热电偶

（1）热电偶的种类

常用热电偶可分为标准热电偶和非标准热电偶两大类。所谓标准热电偶是指国家标准规定了其热电势与温度的关系、允许误差，并有统一的标准分度表的热电偶，它有与其配套的显示仪表供选用。非标准化热电偶在使用范围或数量上均不及标准化热电偶，一般也没有统一的分度表，主要用于某些特殊场合的测量。

（2）热电偶的结构形式

为了保证热电偶可靠、稳定地工作，对它的结构要求如下：

① 组成热电偶的两个热电极的焊接必须牢固；

② 两个热电极彼此之间应很好地绝缘，以防短路；

③ 补偿导线与热电偶自由端的连接要方便可靠；

④ 保护套管应能保证热电极与有害介质充分隔离。

按热电偶的用途不同，常将其制成表 3-2 的几种形式。

表 3-2　热电偶的结构形式

类别	说明
普通型热电偶	常用普通型热电偶是应用最多的，主要用来测量气体、蒸汽和液体等介质的温度。根据测温范围及环境的不同，所用的热电偶电极和保护套管的材料也不同，但因使用条件基本类似，所以这类热电偶已标准化、系列化。其按安装时的连接方法可分为螺纹连接和法兰连接两种，图 3-1 所示为普通型热电偶结构图。

续表

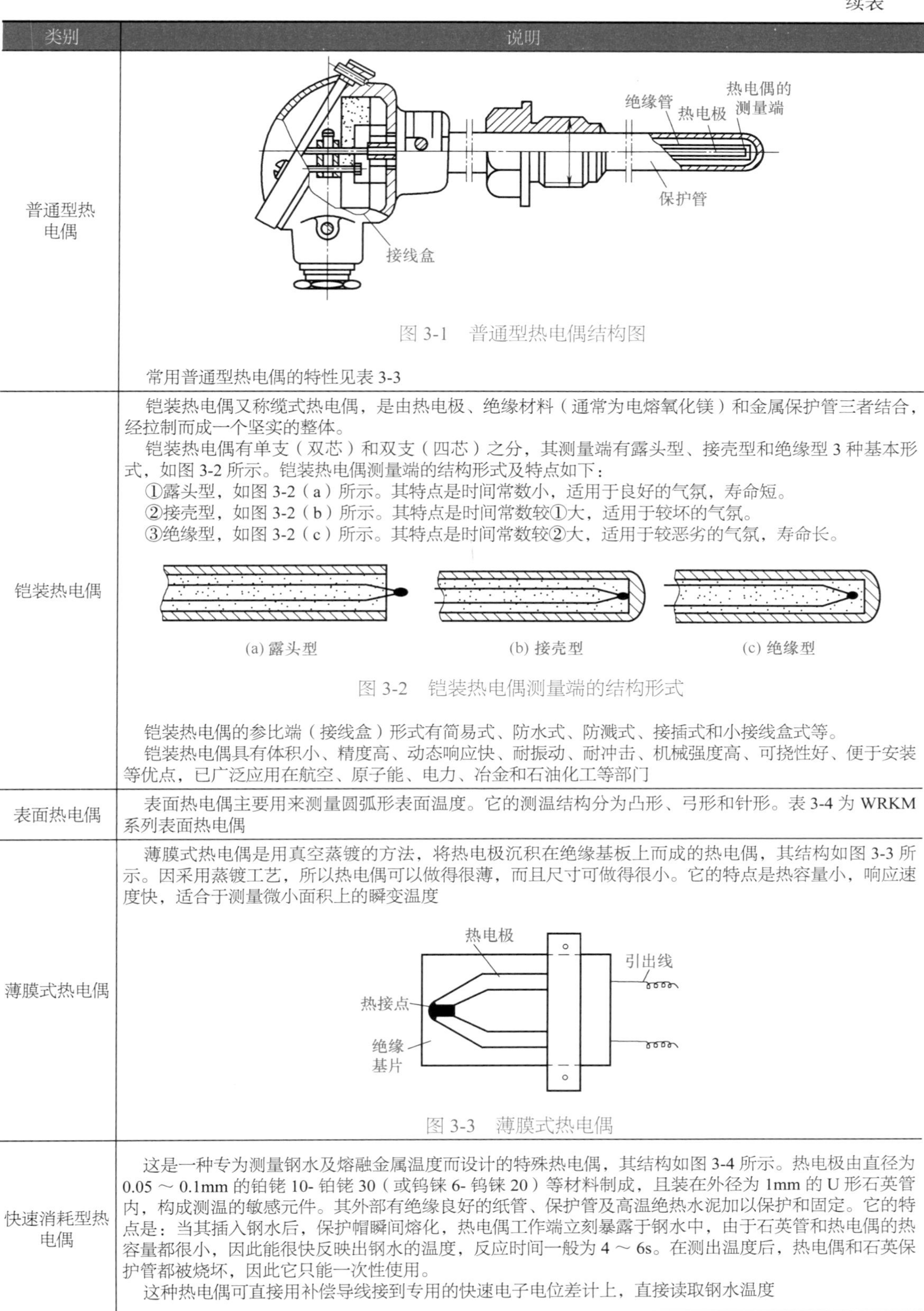

类别	说明
普通型热电偶	 图 3-1　普通型热电偶结构图 常用普通型热电偶的特性见表 3-3
铠装热电偶	铠装热电偶又称缆式热电偶，是由热电极、绝缘材料（通常为电熔氧化镁）和金属保护管三者结合，经拉制而成一个坚实的整体。 铠装热电偶有单支（双芯）和双支（四芯）之分，其测量端有露头型、接壳型和绝缘型 3 种基本形式，如图 3-2 所示。铠装热电偶测量端的结构形式及特点如下： ①露头型，如图 3-2（a）所示。其特点是时间常数小，适用于良好的气氛，寿命短。 ②接壳型，如图 3-2（b）所示。其特点是时间常数较①大，适用于较坏的气氛。 ③绝缘型，如图 3-2（c）所示。其特点是时间常数较②大，适用于较恶劣的气氛，寿命长。 (a) 露头型　(b) 接壳型　(c) 绝缘型 图 3-2　铠装热电偶测量端的结构形式 铠装热电偶的参比端（接线盒）形式有简易式、防水式、防溅式、接插式和小接线盒式等。 铠装热电偶具有体积小、精度高、动态响应快、耐振动、耐冲击、机械强度高、可挠性好、便于安装等优点，已广泛应用在航空、原子能、电力、冶金和石油化工等部门
表面热电偶	表面热电偶主要用来测量圆弧形表面温度。它的测温结构分为凸形、弓形和针形。表 3-4 为 WRKM 系列表面热电偶
薄膜式热电偶	薄膜式热电偶是用真空蒸镀的方法，将热电极沉积在绝缘基板上而成的热电偶，其结构如图 3-3 所示。因采用蒸镀工艺，所以热电偶可以做得很薄，而且尺寸可做得很小。它的特点是热容量小，响应速度快，适合于测量微小面积上的瞬变温度 图 3-3　薄膜式热电偶
快速消耗型热电偶	这是一种专为测量钢水及熔融金属温度而设计的特殊热电偶，其结构如图 3-4 所示。热电极由直径为 0.05 ～ 0.1mm 的铂铑 10- 铂铑 30（或钨铼 6- 钨铼 20）等材料制成，且装在外径为 1mm 的 U 形石英管内，构成测温的敏感元件。其外部有绝缘良好的纸管、保护管及高温绝热水泥加以保护和固定。它的特点是：当其插入钢水后，保护帽瞬间熔化，热电偶工作端立刻暴露于钢水中，由于石英管和热电偶的热容量都很小，因此能很快反映出钢水的温度，反应时间一般为 4 ～ 6s。在测出温度后，热电偶和石英保护管都被烧坏，因此它只能一次性使用。 这种热电偶可直接用补偿导线接到专用的快速电子电位差计上，直接读取钢水温度

续表

类别	说明
快速消耗型热电偶	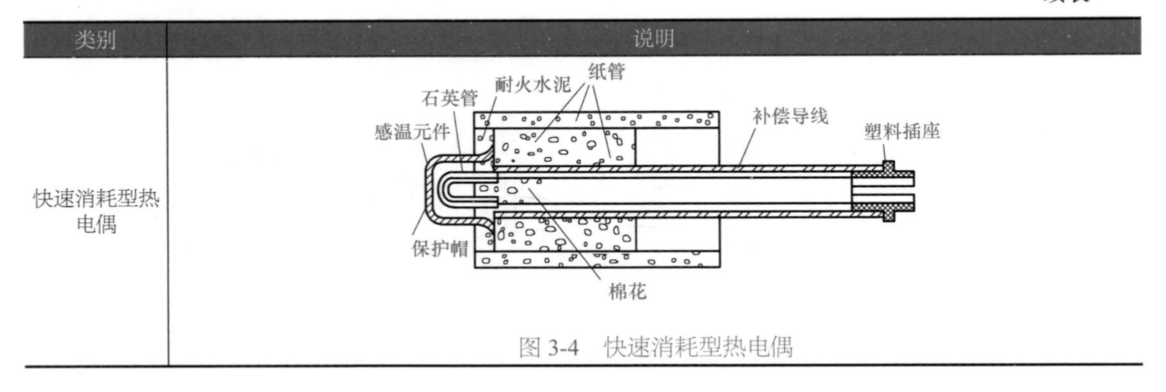图 3-4　快速消耗型热电偶

表 3-3　常用普通型热电偶的特性

热电偶名称（分度号）	电极材料		最大温度范围 /℃	主要优缺点	
	极性	识别		优点	缺点
铂铑 30- 铂铑 6（B）	正	较硬	0 ～ 1700	①适用于测量 1000℃以上的高温 ②常温下热电动势极小，可不用补偿导线 ③抗氧化、耐化学腐蚀	①在中低温领域热电动势小，不能用于 600℃以下 ②灵敏度低 ③热电动势的线性不好
	负	稍软			
铂铑 13- 铂（R）	正	较硬	0 ～ 1450	①精度高、稳定性好，不易劣化 ②抗氧化、耐化学腐蚀 ③可作标准	①不适用于还原性气氛（如氢气、金属蒸气） ②热电动势的线性不好 ③价格高
	负	柔软			
铂铑 10- 铂（S）	正	较硬	0 ～ 1450		
	负	柔软			
镍铬 - 镍硅（K）	正	不亲磁	-200 ～ 1250	①热电动势线性好 ② 1000℃下抗氧化性能良好 ③在廉金属热电偶中稳定性更好	①不适用于还原性气氛 ②同贵金属热电偶相比时效变化大 ③因短程有序结构变化而产生误差
	负	稍亲磁			
镍铬硅 - 镍硅（N）	正	不亲磁	-270 ～ 1300	①热电动势线性好 ② 1200℃以下抗氧化性能良好 ③短程有序结构变化影响小	①不适用于还原性气氛 ②同贵金属热电偶相比时效变化大
	负	稍亲磁			
镍铬 - 铜镍（E）	正	暗绿	-200 ～ 900	①在现有的热电偶中，灵敏度最高 ②同 J 型相比，耐热性能良好 ③两极非磁性	①不适用于还原性气氛 ②热导率低，具有微滞后现象
	负	亮黄			
铁 - 铜镍（J）	正	亲磁	0 ～ 750	①可用于还原性气氛 ②热电动势较 K 型高 20% 左右	①正极易生锈 ②热电特性漂移大
	负	不亲磁			
铜 - 铜镍（T）	正	红色	-200 ～ 350	①热电动势线性好 ②低温特性好 ③稳定性好 ④可用于还原性气氛	①使用温度低 ②正极易氧化 ③热传导误差大
	负	银白色			

表 3-4　WRKM 系列表面热电偶

名称	测温范围 /℃	型号	用途
手柄式圆柱表面热电偶	0 ～ 250	WRKM-101	各种 ϕ130mm 以上圆柱体、滚筒表面测温
手柄式平面表面热电偶	0 ～ 250	WRKM-102	各种固体介质平面表面测温
直柄式圆柱表面热电偶	0 ～ 250	WRKM-201	各种 ϕ130mm 以上圆柱体、滚筒表面测温
直柄式平面表面热电偶	0 ～ 250	WRKM-202	各种固体介质平面表面测温
直柄式弓形表面热电偶	0 ～ 250	WRKM-203	圆柱凸型表面测温
直柄式指针形表面热电偶	0 ～ 500	WRKM-204	蒸汽、液体测温
直柄式薄片型表面热电偶	0 ～ 250	WRKM-205	各种机械设备、各种狭缝处测温
直柄式注射型表面热电偶	0 ～ 200	WRKM-206	轮胎胶料内部测温

（3）热电偶冷端的温度补偿

由于热电偶的材料一般都比较贵重（特别是采用贵金属时），而测温点到仪表的距离都很远，为了节省热电偶材料，降低成本，通常采用补偿导线把热电偶的冷端（自由端）延伸到温度比较稳定的控制室内，连接到仪表端子上。必须指出，热电偶补偿导线只起延长热电极的作用，使热电偶的冷端移动到控制室的仪表端子上，它本身并不能消除冷端温度变化对测温的影响，不起补偿作用。因此，还需采用其他修正方法来补偿冷端温度（$t_0 \neq 0$℃时）对测温的影响。

在使用热电偶补偿导线时必须注意型号相配，极性不能接错，补偿导线与热电偶连接端的温度不能超过 100℃。

（4）一体化热电偶温度变送器

一体化热电偶温度变送器是国内新一代超小型温度检测仪表。它主要由热电偶和热电偶温度变送器模块组成，可用以对各种液体、气体、固体的温度进行检测，应用于温度的自动检测、控制的各个领域，也适用于各种仪器以及计算机系统的配套使用。

一体化温度变送器的特点是将传感器（热电偶）与变送器综合为一体。变送器的作用是对传感器输出的温度变化信号进行处理，转换成相应的标准统一信号输出，送到显示、运算、控制等单元，以实现生产过程的自动检测和控制。

一体化热电偶温度变送器的变送模块，对热电偶输出的热电势经滤波、运算放大、非线性校正、V/I 转换等电路处理后，变换成与温度成线性关系的 4 ～ 20mA 标准电流信号输出。它的原理框图如图 3-5 所示。

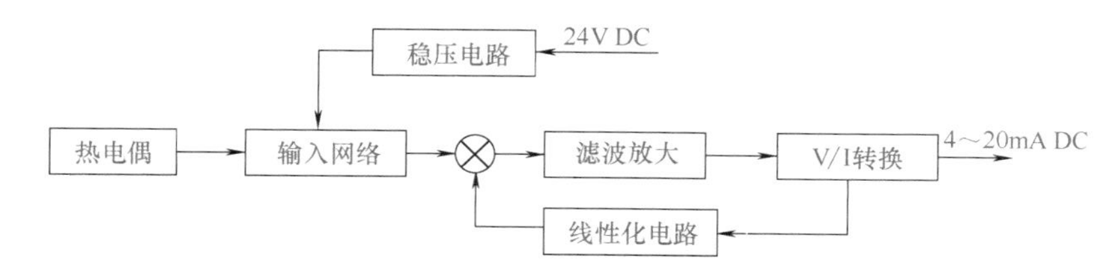

图 3-5　一体化热电偶温度变送器工作原理框图

一体化热电偶温度变送器的变送单元置于热电偶的接线盒里，取代接线座。安装后的一体化热电偶温度变送器外观结构如图 3-6 所示。变送器模块采用全密封结构，用环氧树脂浇注，具有抗振动、防腐蚀、防潮湿、耐温性能好的特点，可用于恶劣的环境。

变送器模块外形如图 3-7 所示。图中“1”“2”分别代表热电偶正、负极连接端子；“4”“5”为电源和信号线的正、负极接线端子；“6”为零点调节；“7”为量程调节。一体化热电偶温度变送器采用两线制，在提供 24V DC 电源的同时，输出 4 ～ 20mA DC 电流信号。

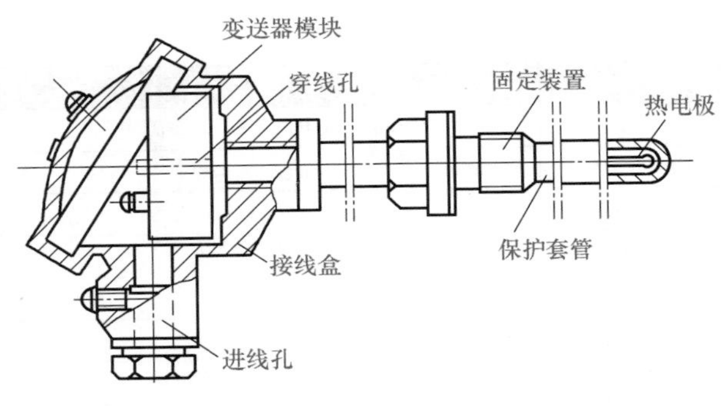

图 3-6　一体化热电偶温度变送器的外形结构

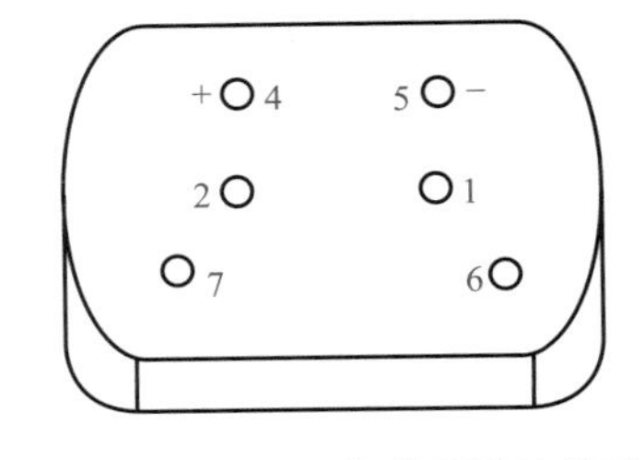

图 3-7　变送器模块外形

两根热电极从变送器底下的两个穿线孔中进入，在变送器上面露一点再弯下，对应插入“1”和“2”接线柱，拧紧螺栓。将变送器固定在接线盒内，接好信号线，封接线盒盖后，则一体化热电偶温度变送器组装完毕。

变送器在出厂前已经调校好，使用时一般不必再做调整。当使用中产生了误差时，可以用“6”“7”两个电位器进行微调。单独调校变送器时，必须用精密信号源提供 mV DC 信号，多次重复调整零点和量程即可达到要求。

一体化热电偶温度变送器的安装与其他热电偶安装要求基本相同，但特别要注意感温元件与大地间应保持良好的绝缘，否则将直接影响检测结果的准确性，严重时甚至会影响仪表的正常运行。

三、热电阻

热电阻是中低温区最常用的一种温度检测器。它的主要特点是测量精度高，性能稳定。其中铂热电阻的测量精确度是最高的，它不仅广泛应用于工业测温，而且被制成标准的基准温度计。在 IPTS-68 中规定 −259.34 ～ 630.74℃温域内以铂电阻温度计作为基准仪。

（1）热电阻测温原理及材料

热电阻是基于金属导体的电阻值随温度的增加而增加这一特性来进行温度测量的。

热电阻大都由纯金属材料制成，目前应用最多的是铂和铜，此外，现在已开始采用铟、镍、锰、铑等材料制造热电阻。

① 铂热电阻的温度特性。在 0 ～ 850℃范围内：

$$R_t=R_0(1+At+Bt) \tag{3-1}$$

在 −200 ～ 0℃范围内：

$$R_t=R_0[1+At+Bt^2+C(t-100)t^3] \tag{3-2}$$

式中的系数 A、B、C 各为：

$$A=3.90802\times10^{-3}℃^{-1}$$

$$B=-5.802\times10^{-7}℃^{-2}$$

$$C=-4.27350\times10^{-12}℃^{-4}$$

铂电阻阻值与温度的分度关系由式（3-1）和式（3-2）决定。

② 铜热电阻的温度特性。在 −50 ～ 150℃范围内：

$$R_t=R_0(1+At+Bt^2+Ct^3) \tag{3-3}$$

式中，$A=4.28899\times10^{-3}℃^{-1}$，$B=-2.133\times10^{-7}℃^{-2}$，$C=1.233\times10^{-9}℃^{-3}$。

铜电阻和温度的分度关系由式（3-3）决定，铂热电阻和铜热电阻的技术性能见表 3-5。

表 3-5　常用热电阻的技术性能

名称	分度号	温度范围	温度为 0℃时阻值 R_0/Ω	电阻比 R_{100}/R_0	主要特点
铂电阻（WZP）	Pt10	-200 ～ 850℃	10 ± 0.01	1.385 ± 0.001	测量精度高，稳定性好，可作为基准仪器
	Pt50		50 ± 0.05	1.385 ± 0.001	
	Pt100		100 ± 0.1	1.385 ± 0.001	
铜电阻（WZC）	Cu50	-50 ～ 150℃	50 ± 0.05	1.428 ± 0.002	稳定性好，便宜；但体积大，机械强度较低
	Cu100		100 ± 0.1	1.428 ± 0.002	
镍电阻（WZN）	Ni100	-60 ～ 180℃	100 ± 0.1	1.617 ± 0.003	灵敏度高，体积小；但稳定性和复制性较差
	Ni300		300 ± 0.3	1.617 ± 0.003	
	Ni500		500 ± 0.5	1.617 ± 0.003	
铟电阻		3.4 ～ 90K	100		复现性较好，在 4.5 ～ 15K 温度范围内，灵敏度比铂电阻高 10 倍；但复制性较差，材质软，易变形
铑铁热电阻		2 ～ 300K	20、50 或 100	$R_{4.2K}/R_{273K}$ 约为 0.07	有较高的灵敏度，复现性好，在 0.5 ～ 20K 温度范围内可做精测量；但长期稳定性和复制性较差
铂钴热电阻		2 ～ 100K	100	$R_{4.2K}/R_{273K}$ 约为 0.07	热响应性、自热小，力学性能好，温度低于 30K 时，灵敏度大大高于铂；但不能作为标准温度计

（2）热电阻的结构

热电阻的结构类型及说明见表 3-6。

表 3-6　热电阻的结构类型及说明

类别	说明
普通型热电阻	工业常用热电阻感温元件（电阻体）的结构及特点见表 3-7。从热电阻的测温原理可知，被测温度的变化是直接通过热电阻阻值的变化来测量的，因此，热电阻体的引出线等各种导线电阻的变化会给温度测量带来影响。为消除引线电阻的影响，一般采用三线制或四线制
铠装式热电阻	铠装式热电阻是由感温元件（电阻体）、引线、绝缘材料、不锈钢套管组合而成的坚实体，如图 3-8 所示，它的外径一般为 $\phi2$ ～ 8mm，最小可达 $\phi1$mm。 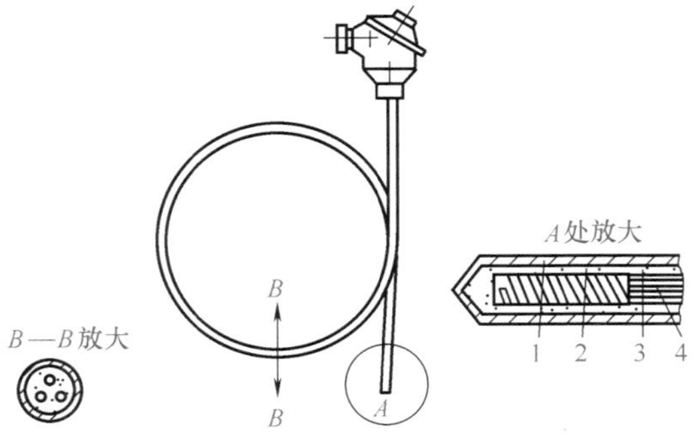 图 3-8　铠装热电阻结构 1—金属套管；2—感温元件；3—绝缘材料；4—引出线 与普通型热电阻相比，它有下列优点： ①体积小，内部无空隙，热惯性小，测量滞后小； ②力学性能好，耐振，抗冲击； ③能弯曲，便于安装； ④使用寿命长

续表

类别	说明
端面热电阻	端面热电阻感温元件由特殊处理的电阻丝材绕制，紧贴在温度计端面，其结构如图 3-9 所示。它与一般轴向热电阻相比，能更正确和快速地反映被测端面的实际温度，适用于测量滑动轴承和其他机件的端面温度 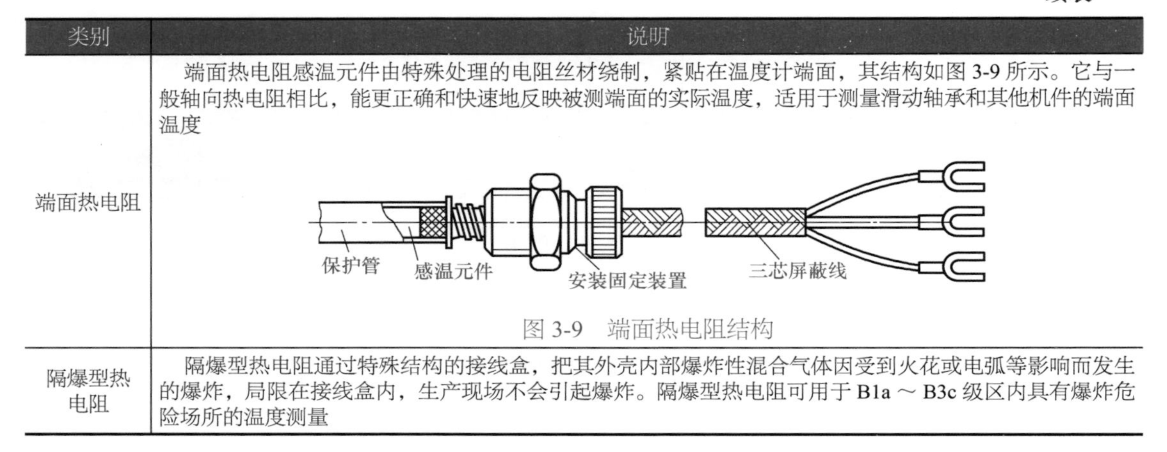 图 3-9　端面热电阻结构
隔爆型热电阻	隔爆型热电阻通过特殊结构的接线盒，把其外壳内部爆炸性混合气体因受到火花或电弧等影响而发生的爆炸，局限在接线盒内，生产现场不会引起爆炸。隔爆型热电阻可用于 B1a ～ B3c 级区内具有爆炸危险场所的温度测量

表 3-7　感温元件的结构及特点

类别	结构示意图	特点
铂热电阻	釉　铂丝　陶瓷骨架　引出线 陶瓷骨架铂热电阻	体积小，可以小型化，耐振性能较玻璃骨架好。温度测量上限可达 900℃
	玻璃外壳　铂丝　骨架　引出线 玻璃骨架铂热电阻感温元件	体积小，可以小型化，缺点是耐振性能差，易碎
	绝缘件　铂丝　云母骨架　引出线 云母骨架铂热电阻	耐振性能好，时间常数小
铜热电阻	骨架　漆包铜线　引出线 铜热电阻感温元件	结构简单，价格低廉

（3）一体化热电阻温度变送器

一体化热电阻温度变送器与一体化热电偶温度变送器类似，将热电阻与变送器融为一体，温度值经热电阻检测后，转换成 4 ～ 20mA DC 的标准信号输出。变送器原理框图与图 3-5 相类似，仅将热电偶改为热电阻，同样经过转换、滤波、运算放大、非线性校正、V/I 转换等电路处理输出。

一体化热电阻温度变送器的变送模块与一体化热电偶温度变送器的变送模块一样，也置于接线盒中，其外形如图 3-10 所示。热电阻与变送器融为一体组装，消除了常规测温方式中连接导线所产生的误差，提高了抗干扰能力。

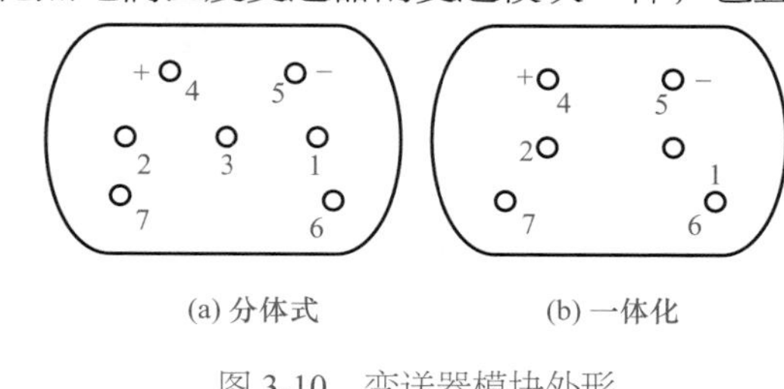

图 3-10　变送器模块外形

图 3-10 所示中，“1”“2”为热电阻引线接线端子，“3”为热电阻三线制输入的引线补偿端接线柱。若采用两线制输入，则“3”与“2”必须短接。

四、智能温度变送器

（1）系统组成

智能温度变送器由软件和硬件两部分组成，软件包括输入选择、增益调整、冷端补偿运算、显示及通信控制等。硬件包括输入回路、冷端温度的检测与补偿回路、数字程控放大电路、CPU、A/D 转换、电流、电压、数字输出及通信接口等。系统结构框图如图 3-11 所示。各部分的主要功能见表 3-8。

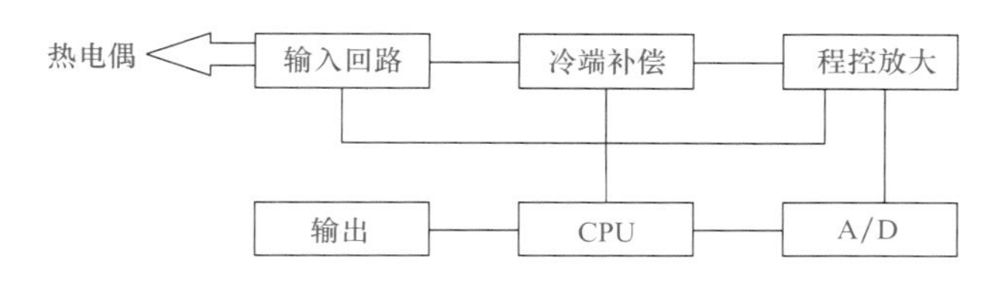

图 3-11　温度变送器原理框图

表 3-8　各部分的主要功能

类别	说明
输入回路	主要包括热电偶选择电路、指示电路、存储电路等，其作用是完成不同型号的热电偶与变送器的连接
冷端补偿	热电偶的测温原理表达式： $E(t,\ 0)=E(t,\ t_0)+E(t_0,\ 0)$ 式中　t——热电偶工作端温度； t_0——热电偶的冷端温度。 可见，热电偶的热电势与工作端温度 t 和冷端温度 t_0 有关，不同的被测温度对应着不同的热电势 $E(t_0,\ 0)$。但当工作端温度不变而冷端温度发生变化时，同样可引起其输出热电势的变化而产生检测误差。 使用智能温度变送器时，将热电偶的冷端直接引至温度变送器中，则其冷端温度亦为变送器所处环境的温度。达拉斯公司生产的 DS1620 型数字温度变送器，在 -55 ～ 125℃之间温度转换成对应的 9 位（8 位数据，1 位符号）二进制数字，其分辨率为 0.5℃，数据以串行方式输出。根据热电偶的型号与串行口读入的数据，CPU 运行相应的补偿程序，得出对应的冷端温度 t_0，再进行查表处理，即完成对热电偶冷端温度的补偿。例如，当变送器与 S 型热电偶连接测温时，计算机读入的数据为 000110010（即符号位为 0，数据是十进制的 50），则可知此时冷端温度为 25℃，与之对应的电势 $E(t_0,\ 0)$=0.143mV，将此电势信号与热电偶两端的 $E(t,\ t_0)$ 进行相加，查表得出被测温度 t；而当变送器与 K 型热电偶连接，计算机读入数据为 100010100（符号位为 1，数据为十进制的 20）时，热电偶的冷端温度为 -10℃，电势为 $E(t_0,\ 0)$=-0.397mV。可见 DS1620 进行热电偶的冷端温度补偿非常方便，并且可以实现冷端温度的完全补偿。用 DS1620 进行测温或用作温度补偿器件，既可以优化系统的软件、硬件设计，节省 A/D 转换通道，简化运算与转换过程，同时又可以降低成本，也提高可靠性。 此外，DS1620 还具有外部程序设定的上、下限触发信号输出，可用于各种联锁报警控制系统
数字电位器组成的程控放大电路	X9312 是阻值为 100kΩ，有 99 个级差的非易失性数字电位器，其存储的阻值可保存 100 年之久。选好电阻网络，根据需要任意调整其放大倍数，然后将其锁定，锁定后的数据断电不消失。当改换热电偶型号，需要重新调整系统增益时，只需在 X9312 的电阻增减控制端输入相应的脉冲即可，调整后再次锁定。开机后，X9312 保存最后一次锁定的数据。 X9312 是一种很理想的数字电位器，它不需要机械调整，也没有接触不良、间隙、松动等现象，它的使用使智能温度变送器保持最佳增益和最大灵敏度
通信接口	变送器采用了具有差动平衡传输功能的 RS422 信号标准，它具有较强的抗共模干扰能力及负载能力，在 9600bit/s 时，通信距离可达 1200m，而且允许在传输线上并联挂接多个变送器，因此，它特别适合于组成多参数的远距离检控系统

（2）系统的抗干扰

温度变送器常工作在生产现场，将传感器送来的一次信号变换成统一的标准信号，进行远距离传输。因此，温度变送器良好的抗干扰性能，是检控系统正常运行的可靠保证。智能温度变送器采取了以下几方面的抗干扰措施（表 3-9）。

表 3-9　智能温度变送器抗干扰措施

类别	说明
元件布局	放置元件时，尽可能将相关的元件放置在一起或附近，每个器件的电源和地线之间加入 0.01μF 的去耦电容。模拟信号、数字信号相对独立或分开，减小或消除数字信号对模拟信号的干扰
系统地线布设	温度变送器按以下原则进行地线的设计。 温度是缓慢变化的信号，变送器工作频率低，对它进行单点接地措施。系统的数字电源、模拟信号电源由两组变压器单独供电，保证电源不混用，模拟、数字信号的地线也从各自的电源引出，最后选取适当的位置进行连接，实现一点接地
软件数字滤波	变送器在不同的工业现场，综合运用软件进行各种滤波，如平均值、中值、滑动平均等。软件滤波使设备的成本下降、体积减小、滤波性能提高

此外，对信号的传输也有严格的抗干扰要求：在远距离传输时，应选用双绞屏蔽线作为传输介质，并将屏蔽层接地，抑制各种杂散的电磁干扰和静电干扰；同时为减小分布电容的影响，应缩短双绞线的节距来提高传输线的抗干扰能力。在干扰严重的场所，可用光电隔离器件对传输线进行浮置处理，以提高系统的可靠性。通信线采用单独设置的走线管或电缆桥架，避开动力线，更要防止与动力线平行走线。

第二节　温度测量仪表的安装

一、安装方式及注意事项

（1）温度一次仪表安装方式

温度一次仪表安装按固定形式可分为四种（见表 3-10）：法兰固定安装；螺纹连接固定安装；法兰和螺纹连接共同固定安装；简单保护套插入安装。

表 3-10　温度一次仪表安装方式

类别	说明
法兰安装	适用于在设备上以及高温、腐蚀性介质的中低压管道上安装温度一次仪表，具有适应性广、利于防腐蚀、方便维护等优点。 法兰固定安装方式中的法兰一般有五种： ①平焊钢法兰。 ②对焊钢法兰。 ③平焊松套钢法兰。 ④卷边松套钢法兰。 ⑤法兰盖
螺纹连接固定安装	一般适用于在无腐蚀性介质的管道上安装温度计。炼油部门按习惯也在设备上采用这种安装形式，具有体积小、安装较为紧凑的优点。高压（PN22MPa，PN32MPa）管道上安装温度计采用焊接式温度计套管，属于螺纹连接安装形式，有固定套管和可换套管两种形式。前者用于一般介质，后者用于易腐蚀、易磨损而需要更换的场合。 螺纹连接固定中的螺纹有五种，英制的有 1″、¾″和 ½″，公制的有 M33×2 和 M27×2。 热电偶多采用 1″或 M33×2 螺纹固定，也有采用 ¾″ 螺纹的，个别情况也用 ½″螺纹固定。 热电阻多用英制管螺纹固定，其中以 ¾″为最常用，有些也用 ½″。 双金属温度计的固定螺纹是 M27×2。 压力式温度计的固定螺纹是 ¾″和 M27×2 两种。 G¾″与 M27×2 外径很接近，并且都能拧进 1 ～ 2 扣，安装时要小心辨认，否则焊错了温度计接头（凸台）就装不上温度计
法兰与螺纹连接共同固定安装	当配附加保护套时，适用于有腐蚀性介质的管道、设备上的安装

类别	说明
简单保护套插入安装	有固定套管和卡套式可换套管（插入深度可调）两种形式，适用于棒式温度计在低压管道上作临时检测的安装。 测温元件大多数安装在碳钢、不锈钢、有色金属、衬里或涂层的管道和设备上，有时也安装在砖砌体、聚氯乙烯、玻璃钢、陶瓷、搪瓷等管道和设备上。后者的安装方式与安装在碳钢或不锈钢管道和设备上有很大不同，但与安装在衬里或涂层设备和管道上基本相同，取源部件也类似，可以参考。 温度计在管道上插入深度、附加保护套长度见表 3-11

表 3-11　温度计在管道上插入深度和附加保护套长度　　单位：mm

名称	压力式温度计	热电偶										热电阻										双金属温度计	
安装方式	直形接头直插	直形接头直插		45°角接头斜插		法兰直插		高压套管 PN $\frac{22}{32}$ MPa 固定套管		高压套管 PN $\frac{22}{32}$ MPa 可换套管		直形接头直插		45°角接头斜插		法兰直插		高压套管 PN $\frac{22}{32}$ MPa 固定套管		高压套管 PN $\frac{22}{32}$ MPa 可换套管		直形内外螺纹接头直插	
连接件标称高度 H	60	60	120	90	150	150		41		≤ 70		60	120	90	150	150		41		≤ 70		内 80 外 60	内 140 外 120
DN	L_3	L					L_1	L	L_3	L	L_2	L					L_1	L	L_3	L	L_2	L	
65	—	—	—	—	—	—	—	100	100	100	70	—	—	—	—	—	—	100	100	—	—	—	—
80	—	100	150	150	200	200	195	100	100	100	70	100	150	150	200	200	195	100	100	150	115	125	200
100	—	100	150	150	200	200	195	100	100	150	115	150	200	150	200	200	195	100	100	150	115	125	200
125	—	150	200	150	200	200	195	100	100	150	115	150	200	200	250	250	245	150	150	150	115	150	200
150	210	150	200	200	250	250	245	150	150	150	115	150	200	200	250	250	245	150	150	200	165	150	250
175	235	150	200	200	250	250	245	150	150	150	115	150	200	200	250	250	245	150	150	200	165	200	250
200	260	150	200	200	250	250	245	150	150	200	165	200	250	250	300	250	245	200	200	200	165	200	250
225	—	200	250	250	300	250	245	—	—	—	—	200	250	250	300	300	295	—	—	—	—	200	300
250	—	200	250	250	300	300	295	—	—	—	—	200	250	250	300	300	295	—	—	—	—	250	300
300	—	200	250	300	300	300	295	—	—	—	—	250	300	300	400	300	295	—	—	—	—	250	300
350	—	250	300	300	400	300	295	—	—	—	—	250	300	300	400	300	295	—	—	—	—	300	400
400	—	250	300	400	400	400	395	—	—	—	—	300	300	400	400	400	395	—	—	—	—	300	400
450	—	300	300	400	400	400	395	—	—	—	—	300	400	400	500	400	395	—	—	—	—	400	400
500	—	300	400	400	500	400	395	—	—	—	—	400	400	500	—	400	395	—	—	—	—	400	400
600	—	400	400	500	—	500	495	—	—	—	—	400	500	—	—	500	495	—	—	—	—	400	500
700	—	400	500	—	—	—	—	—	—	—	—	500	—	—	—	—	—	—	—	—	—	500	—
800	—	500	—	—	—	—	—	—	—	—	—	—	—	—	—	—	—	—	—	—	—	—	—

注：L 为插入深度；L_1 为套管长度；L_2 为可换套管长度；L_3 为连接头 + 套管长度。

（2）温度仪表安装注意事项

① 温度一次仪表的安装位置应选在介质温度变化灵敏且具有代表性的地方，不宜选在阀门、焊缝等阻力部件的附近和介质流束呈死角处。

就地指示温度计要安装在便于观察的地方。

热电偶的安装地点应远离磁场。

温度一次部件若安装在管道的拐弯处或倾斜安装，应逆着流向。

双金属温度计在管径 DN ≤ 50 的管道上安装或热电阻、热电偶在管径 DN ≤ 70 的管道上安装时，要加装扩大管。

压力式温度计的温包必须全部浸入被测介质中。

② 温度二次仪表要配套使用。热电阻、热电偶要配相应的二次仪表或变送器。特别要注意分度号，不同分度号的表不能误用。

③ 热电偶必须用相应分度号的补偿导线。热电阻宜采用三线制接法，以抵消环境温度的影响。每一种二次仪表都有其外接线路电阻的要求，除补偿导线或电缆的线路电阻外，还须用锰铜丝配上相应的电阻，以符合二次仪表的要求。

④ 电阻体通常使用三芯电缆或四芯电缆中的三芯，每一芯的电阻值可用下法测得。

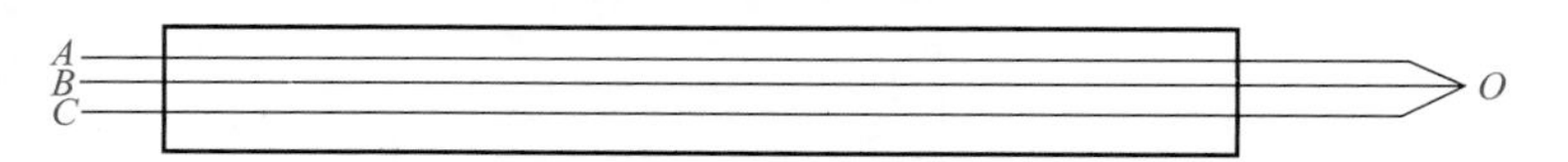

a. 把电缆一端三根线拧在一起；

b. 用电桥分别测得 R_{AB} 为 N_1，R_{AC} 为 N_2，R_{BC} 为 N_3；

c. 解下列三元一次方程组：

$$\begin{cases} R_A + R_B = N_1 \\ R_A + R_C = N_2 \\ R_B + R_C = N_3 \end{cases}$$

得：

$$R_A = \frac{N_1 + N_2 - N_3}{2}$$

$$R_B = \frac{N_1 + N_3 - N_2}{2}$$

$$R_C = \frac{N_2 + N_3 - N_1}{2}$$

若为四芯电缆，一芯是备用的，把三芯拧在一起，很容易把第四芯找出来（与另二芯之间电阻为很大的这一芯即是）。

⑤ 补偿导线或电缆通过金属挠性管与热电偶或热电阻连接。

⑥ 同一条管线上若同时有压力一次点和温度一次点，压力一次点应在温度一次点的上游侧。

⑦ 温度二次仪表安装较为简单。把单体调校合格的二次仪表按安装说明书分别安装在指定的仪表盘上或框架上即可。

温度二次仪表是近年来发展较快的一类显示仪表，大多数指针指示的二次仪表（即动圈指示仪）逐步被外形尺寸完全一致的数字显示温度表所代替，但在安装上没有多大变化。

二、常用温度仪表安装方式

常用温度仪表安装方式如图 3-12 至图 3-18 所示。

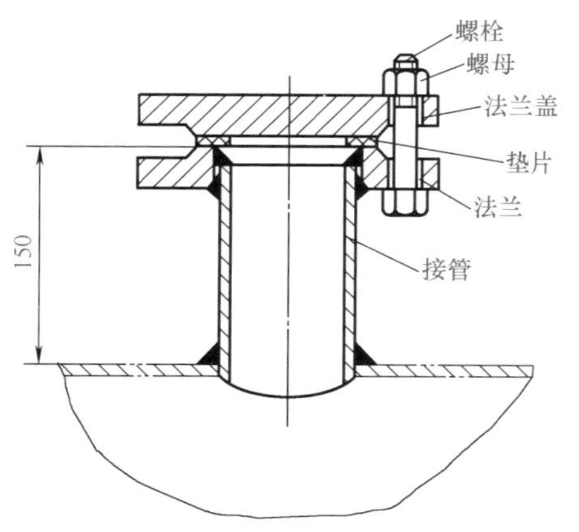

图 3-12　温度计用平焊法兰接管在钢管道、设备上焊接

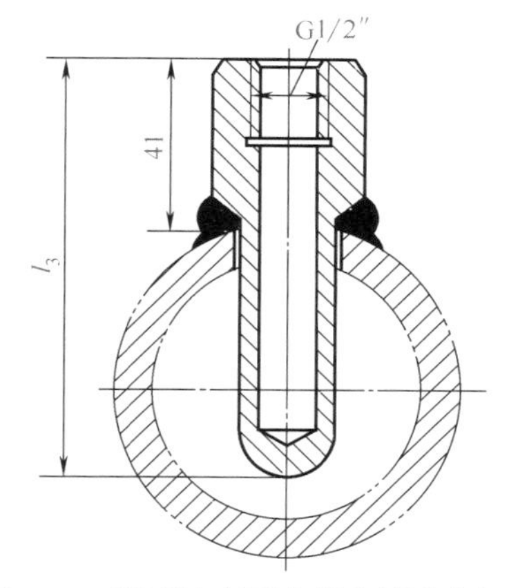

图 3-13　温度计高压套管在管道上焊接

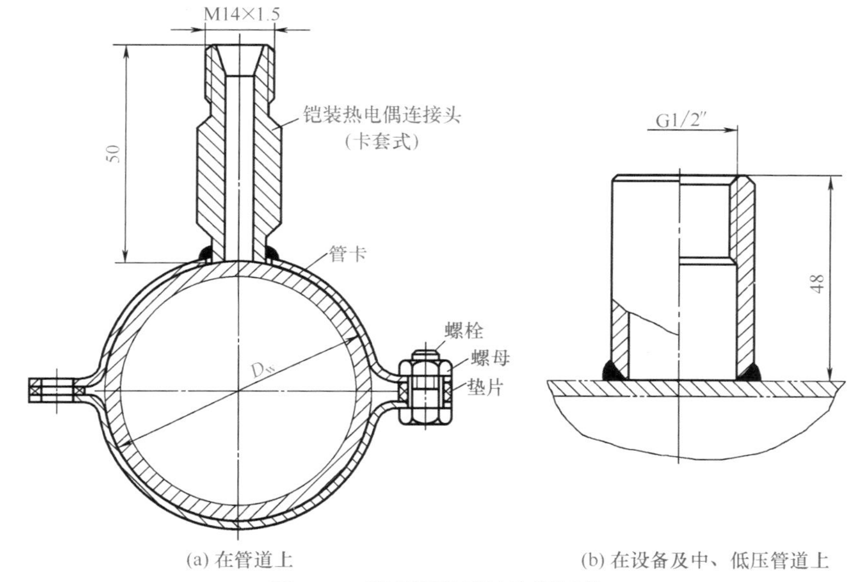

(a) 在管道上　　(b) 在设备及中、低压管道上

图 3-14　测表面温度的取源部件

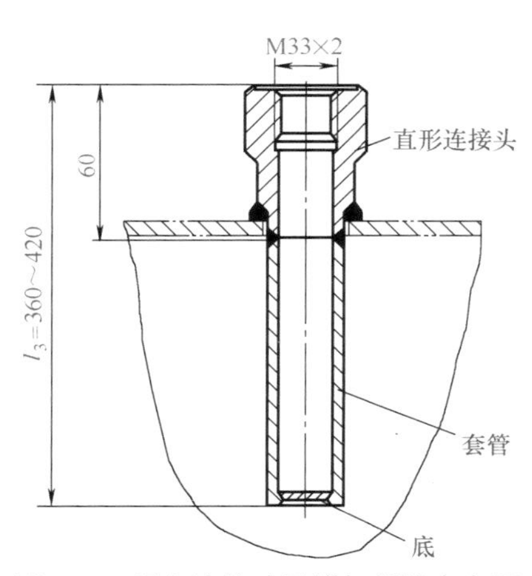

图 3-15　温包连接头及附加保护套在钢或耐酸钢设备上焊接

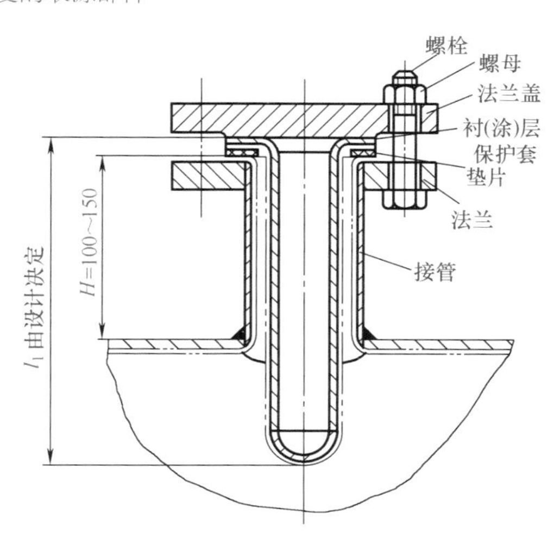

图 3-16　温度计用光滑面搭焊法兰

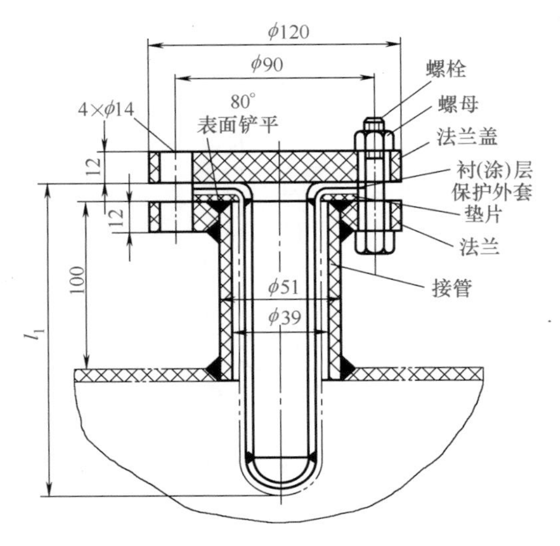

图 3-17　聚氯乙烯管道、设备上的测温取源部件

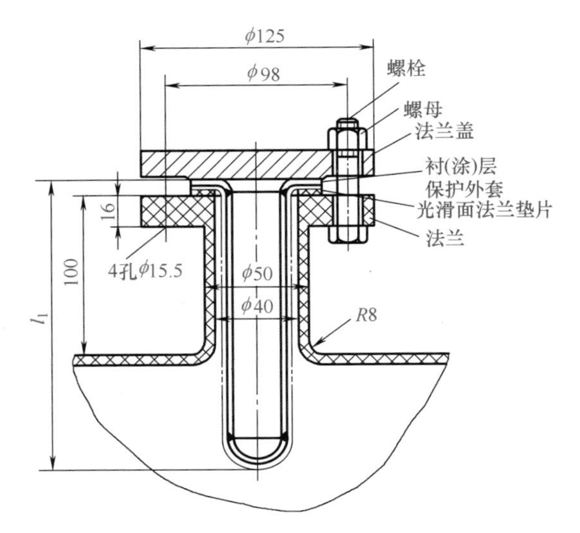

图 3-18　玻璃钢管道、设备上的测温取源部件

第三节　温度测量仪表的维修

一、热电偶的维修

（1）热电偶故障检查、判断及处理

热电偶故障检查、判断及处理见表 3-12。

表 3-12　热电偶故障检查、判断及处理

类别	说明
温度显示最小	温度显示最小，可能有反极性的热电势输入给仪表。AI 系列数字显示仪热电偶极性接反，上排 PV 大窗口会显示一个带┫符号的温度值，下排 SV 小窗口显示闪动，并轮换显示“orAL”及温度给定值（“orAL”表示输入信号超过仪表量程范围）。短路仪表输入端子 2、3 能显示室温，且下排 SV 小窗口不再闪动并显示温度给定值，说明显示仪正常，对换输入信号线极性看显示能否正常，如果还不正常，输入热电势信号给显示仪，检查显示仪是否正常。 热电偶正负极标志看不清楚时，对于 S 型、R 型热电偶，用手轻轻折一下电极，较软的是负极；对于 K 型、N 型热电偶，用磁铁吸电极，亲磁的是负极；对于 J 型热电偶，亲磁的是正极
温度显示最大	AI 系列数字显示仪的显示超过仪表量程上限时，上排 PV 大窗口会显示一个较大的温度数值，同时下排 SV 小窗口显示闪动，并轮换显示“orAL”及温度给定值。温度显示最大的原因如下： ①仪表设置有传感器断路检测功能，热电偶或接线断路，仪表显示最大值并报警。应检查热电偶及连接电路有无断路故障。 可按图 3-19 所示，先短接 XS 的 1、2 接线端，观察仪表能否显示室温。不能显示，说明端子 1、2 至显示仪 2、3 端的接线断路。能显示室温，在 XS 端子拆下接在 1 号端的补偿导线，用万用表测量该补偿导线及 2 号端的电阻，测量热电偶及补偿导线的电阻值，若电阻值很大或无穷大，则热电偶或补偿导线有接触不良或断路的故障，应检查接线螺钉是否松动，尤其是热电偶接线盒内的螺钉，会由于高温而氧化，有害、潮湿气氛会使螺钉或补偿导线腐蚀，而出现接触电阻增大或不导电现象。热电偶接线盒内的接线螺钉有四颗，明显可见的是将补偿导线与接线柱固定在一起的两颗螺钉，另两颗螺钉把热电偶丝与接线柱固定在一起，由于不太明显，往往忽视对其的检查，而会找不到故障点。 ②热电偶与显示仪的分度号不匹配，仪表也可能会显示最大；常发生在新安装的系统，或更换热电偶或显示仪后，可分别对热电偶及显示仪进行检查，还应检查参数设置，分度号，量程上、下限的设置是否正确。对找出的错误进行更正

续表

类别	说明
温度显示最大	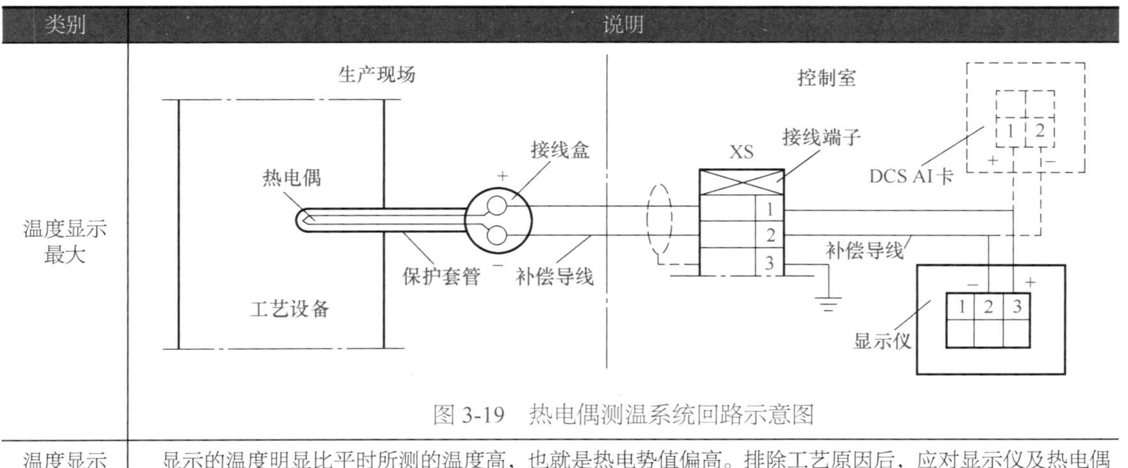 图 3-19　热电偶测温系统回路示意图
温度显示偏高	显示的温度明显比平时所测的温度高，也就是热电势值偏高。排除工艺原因后，应对显示仪及热电偶进行检查。对于新安装及更换的仪表，重点检查显示仪与热电偶的分度号是否搭配错误
温度显示偏低	显示的温度明显比平时所测的温度低，也就是热电势值比实际值低。排除工艺原因后，应对显示仪及热电偶进行检查。对于新安装及更换的仪表，先检查显示仪与热电偶的分度号是否搭配错误；热电偶与补偿导线的极性接反也会使仪表显示偏低。热电偶热电势值比实际值低时，可按图 3-20 所示的步骤检查和处理。 温度显示偏低的极端情况是显示温度一直在室温附近不变化。这说明没有或只有很小的热电势输入给仪表。有的数字显示仪，热电偶的极性接反了，仍然会显示室温。热电偶至显示仪表的补偿导线出现短路，仪表将显示接近室温的温度。 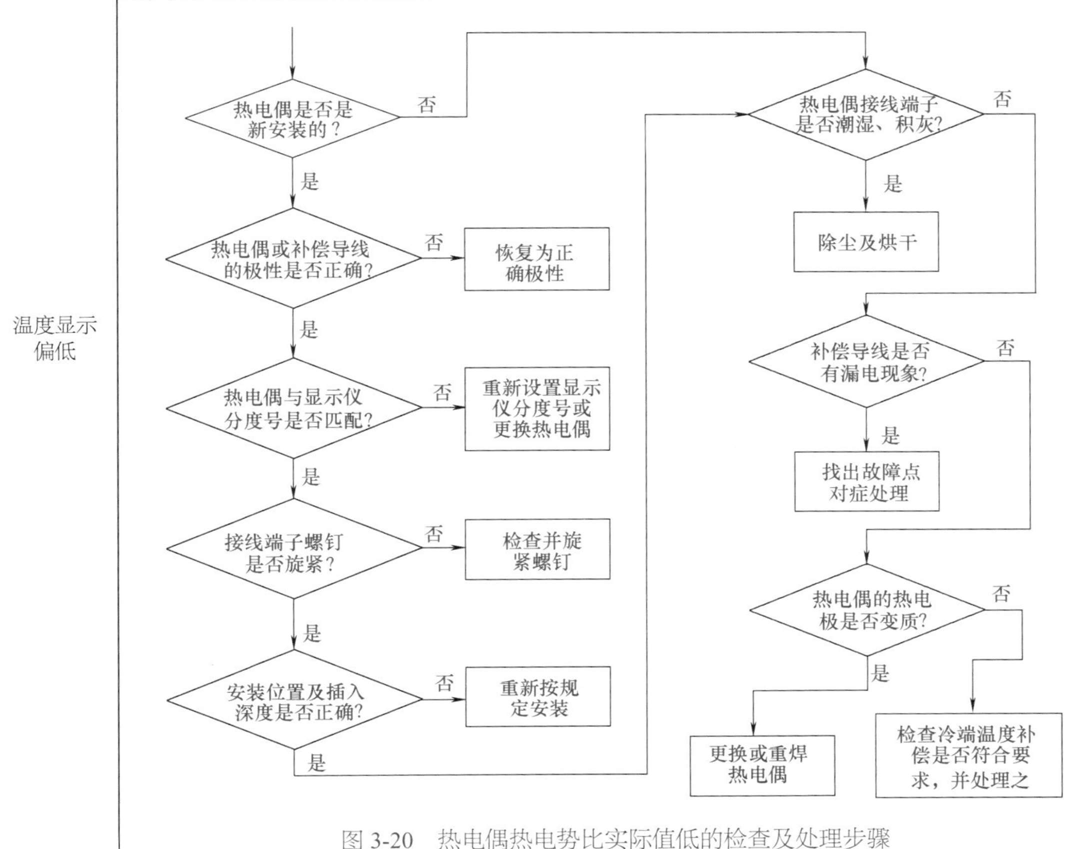 图 3-20　热电偶热电势比实际值低的检查及处理步骤

续表

类别	说明
温度显示偏低	检查时在热电偶接线盒内拆除一根补偿导线，然后在XS接线端子处，用万用表测量电阻值，若电阻值很小则有短路故障。根据经验，短路点多数发生在热电偶附近，由于热电偶附近的温度较高，穿线管又靠近工艺管道，在高温环境下补偿导线的绝缘层易老化脱落、损坏，导致短路和接地故障；若补偿导线对地有电阻则有接地或漏电故障。若测量没有短路现象，用标准表输入热电势给显示仪，来判断显示仪有无故障，有故障则拆下修理
温度显示波动	温度显示波动泛指仪表显示值不稳定，时有时无，时高时低，乱跳字等现象。温度显示波动大多是输入给显示仪的热电势不稳定造成的。 短路显示仪表信号输入端，能显示室温，且显示稳定，说明显示仪正常，波动来源在显示仪之前。用标准表测量热电势，观察热电势是否波动，若没有波动，可能是有干扰。若被测热电势有波动，可能是接触不良造成的，可用电阻法检查。 若波动很明显且波动幅度很大，则热电偶保护套管可能已出现泄漏，把热电偶从套管中抽出来检查，如果热电偶的瓷珠已发黑或潮湿、带水，可确定保护套管已泄漏。检查、处理热电偶保护套管，一定要注意安全，要先了解被测介质的性质，并采取必要的安全措施，要有专人配合进行检查，绝不能盲目行事。 热电偶接线盒密封不良，保护套管内进入水汽，使其绝缘能力下降，会引发不规则的接地或短路现象，对热电势进行了不规则的分流，表现在显示仪上就是显示值无规律地波动。 有的热电偶由于安装环境气氛的影响，使用一段时间后会出现热电极老化变质问题，热电偶的热端焊点出现裂纹，形成似断非断的状态，也会出现波动故障。 热电偶输出热电势不稳定，可按图3-21所示的步骤检查和处理。 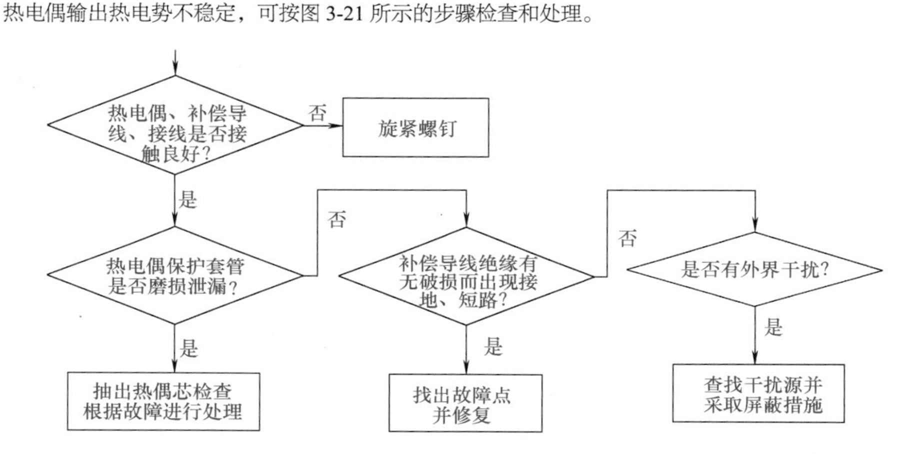 图3-21　热电偶输出热电势不稳定的检查及处理步骤 电加热电炉测温系统，高温时耐火砖及热电偶保护套管绝缘能力下降，加热用的交流电会泄漏到热电偶而出现干扰。交流用电设备的电磁场感应、变频器产生的谐波干扰等，都会串入热电偶测量回路形成干扰。 怀疑有干扰，可用电子交流毫伏表或数字万用表交流电压挡测量干扰电压，测量XS接线端子1、2端间的串模干扰电压，或1、2端对地的共模干扰电压；有干扰则可采取措施消除

(2)热电偶维修

热电偶的故障现象、检查及排除见表3-13。

表3-13　热电偶的故障现象、检查及排除

故障现象	故障诊断分析	故障排除及小结
氧化器T503测点温度突然波动，显示值超温	出故障前装置的三个测点温度显示平稳，但感觉T503与其他两点的温差有点大，正在找原因时，T503温度突然波动，最低时为500℃左右，最高时接近仪表量程上限800℃，另两点温度正常。测量该点热电势的确很高，判断热电偶有问题	故障处理：更换一支新的热电偶后，温度显示恢复正常。维修小结：同一个装置的多点温度测量中，当某个点的温度显示突然大幅度波动时，不用过多考虑显示仪表问题，可直接针对该热电偶查找故障。本例中更换热电偶后恢复正常。换下的热电偶没有人再去关注它、检查它，所以不清楚热电偶故障的真正原因是什么，只能推测是热电偶老化变质故障而已

续表

故障现象	故障诊断分析	故障排除及小结
煤气炉炉顶出口煤气温度显示大幅度波动，但停炉时基本不波动	根据以往经验，这是热电偶保护套管被磨损已泄漏的前兆。煤气炉出口煤气中含有粉尘，热电偶保护套管的磨损很严重，用不了几个月就要更换；更换迟了，保护套管就被磨通，热电偶与煤气直接接触，煤气中含有水汽，使热电偶出现接地、短路现象，导致热电势波动，表现在显示仪上就是温度大幅度波动，停炉时基本不波动是由于没有煤气通过管道，停炉时也没有人去关心温度的真实性	更换保护套管，热电偶若损坏则一起更换。选择使用耐磨热电偶保护套管解决了问题
合成塔催化剂温度显示波动	催化剂温度测量使用11支铠装热电偶，一直很正常，有一天操作工反映：有5个点的显示记录严重波动。仪表工检查接触没有问题，观察发现检修工在合成塔旁进行电焊作业，只要一焊接，仪表就波动。停止焊接，仪表就不波动，看来是干扰造成仪表波动。对出现问题的5支热电偶进行检查，发现这5支热电偶都有接地现象，没有出现问题的另6支热电偶没有接地现象	故障处理：对这5支热电偶的热点采取浮空措施，解决了干扰问题。具体方法：重新焊接热电偶，焊接前把填充剂去除2～4mm深，用镊子绞合两电极，绞线要尽量短，然后用气焊焊接，使热点等于或短于热电偶铠装护套，使其不能和铠装护套相碰，如图3-22所示。新焊接的热电偶校准合格后使用。 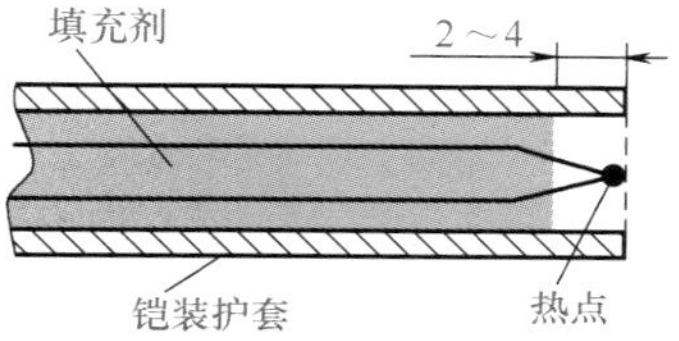 图3-22　铠装热电偶焊接示意 维修小结：本例中为了减少测温的时间常数，采用了露端式铠装热电偶，在同一保护套管中多支热电偶的插入深度不同，就会出现插入浅的热电偶热点碰着插入深的热电偶铠装护套，而铠装护套又与保护套管接触，形成热电偶的接地现象。该例故障是电焊机引发的，是地电流造成的，电流回路是：工艺管道→合成塔→热电偶保护套管→热电偶铠装护套→热电偶的热点→补偿导线→显示仪表→地。该干扰属于共模干扰。克服共模干扰的有效方法就是使热电偶浮空
变换炉三段出口温度偶尔会波动。一旦波动，温度就乱显示	仪表工到现场后显示又不波动了，为了避免再出现波动，对测量回路的接线端子进行了紧固。没有几天波动又出现，检查发现补偿导线电阻值高达80Ω，经检查系补偿导线中间绞合的接头接触不良	故障处理：重新对补偿导线的接头进行处理，把绞合连接改为螺钉连接。 维修小结：一根补偿导线的电阻有80Ω，显然不正常。在电缆桥架、分线盒用分段测量电阻的方法检查，检查分线盒时发现该点的补偿导线被绝缘胶带包扎，拆开发现补偿导线是用绞合方式连接的。按规定，补偿导线中间不应该有接头，不知施工方当时出于什么原因留下了隐患。接头受到现场环境的氧化、腐蚀、振动，其接触电阻增大并变化，导致显示仪表显示波动和乱显示。 对于中间没有接头的导线，分段检查、测量要断电后进行；在万用表的两个表笔上各焊上一颗大头针，用来刺穿导线的绝缘层与导线接触进行测量，来判断导线是否短路或断路
T1603的温度显示曲线大幅波动	观察历史曲线波动幅度一开始并不明显，随着时间的推移，波动幅度越来越大。在机柜处测量现场来的热电势信号，也是波动的毫伏信号。曾怀疑有干扰，但原来很正常，最近在热电偶及电缆桥架附近没有新增加大功率的用电设备。考虑从接触不良着手进行检查。检查发现热电偶的外皮有裂纹，且裂纹处有潮湿的氧化镁脱落现象，热电偶有损坏现象	故障处理：更换热电偶，显示恢复正常。对热电偶采取了减振措施。 维修小结：本例铠装热电偶直接插在设备预留的套管中使用，过长部分则盘绕后绑在设备上，振动使热电偶与设备产生摩擦，时间一长热电偶的外皮被磨坏，水蒸气从破损处渗透到氧化镁中，引起绝缘层膨胀，使裂纹再次扩大；由于绝缘电阻下降使热电偶接地，加上有振动，因此接地电阻忽大忽小，反映在温度曲线上就是大幅度的波动

续表

故障现象	故障诊断分析	故障排除及小结
某厂热处理电炉温度控制，高温段仪表显示总是比标准表测的温度高25℃左右，有时甚至高38℃以上，并且控温效果也差	对控制仪表进行校准，更换一支新的热电偶使用，问题依然存在。既然仪表和热电偶都正常，就有可能存在干扰。测量显示仪表输入端的对地交流电压，正端对地干扰电压有30V左右，显示偏差是共模干扰造成的	故障处理：使热电偶保护套管浮空。 维修小结：电炉温度升至800℃以上时，耐火砖的绝缘电阻会下降，非金属热电偶保护套管的绝缘电阻也下降，电炉的加热电源会通过漏电阻→热电偶保护套管→热电偶电极→补偿导线→仪表输入、放大电路的接地点→地构成一个回路，漏电流经过放大就成了一个可观的误差。简单处理方法就是使整支热电偶浮空，切断漏电流的通路
变换炉二段中层催化剂温度显示偏低，且伴有微小波动现象	检查控制室内的接线端子，没有发现异常。检查变换炉上热电偶，发现热电偶接线盒内负极接线螺钉松动	故障处理：紧固热电偶接线盒内的接线螺钉。 维修小结：本例中热电偶接线盒内接线螺钉松动，接触不良使接触电阻增大，等于增大了热电偶的内阻，而出现温度偏低故障；工艺管道有振动，接线螺钉松动处的接触电阻也跟着变化，这个不稳定的接触电阻导致输出热电势的不稳定，这就是温度显示偏低，且伴有微小波动现象的原因
常减压装置塔顶温度，一到下雨天温度就降低近20℃，天晴后该温度就恢复正常	控制室测量热电势稳定，对测得的温度工艺不认可，理由是天晴时这个温度就恢复正常，现场检查发现热电偶接线盒有进水现象，抽出热电偶芯发现有轻微带水现象	故障处理：对热电偶及保护套管进行干燥处理，并紧固了热电偶的密封螺钉。 维修小结：该铠装热电偶系外加保护套管，安装在操作平台下面，由于与保护套管之间的密封螺钉没有上紧，一到下雨天，平台上的雨水漏下，就随着螺钉密封面进入保护套管内，出现一下雨就进水。雨水在高温环境中蒸发、冷凝，在保护套管中形成饱和蒸汽状态，从而降低了热电偶的热端温度。晴天雨水蒸发干后故障就自然消除了
加氢装置的一个测温点温度降低40℃左右	本例用的是双支热电偶，在仪表盘后对热电势进行测量，两支热电偶的热电势差距很小，仪表工认为温度是可信的，没有再进行检查，但工艺人员一直说温度不正常。到现场检查热电偶，打开热电偶接线盒后发现里面有柴油浸泡且轻微有气泡冒出，是热电偶保护套管泄漏	故障处理：更换热电偶保护套管。 维修小结：检查发现了安全隐患。该装置属于新开工，为此对安装的热电偶保护套管进行了检查和耐压试验，将检测出不合格热电偶保护套管退回生产厂进行更换
操作工反映上位机显示的温度有时正常，但有时又会偏低	查看温度记录历史曲线有上述现象，但没有规律且偏低值是变化的。先旋紧所有接线端子，但没有改观。排除了接触不良，考虑是不是热电偶有问题。有人提出：该安装点振动较大，会不会影响到补偿导线绝缘层的磨损？到现场检查发现热电偶接线盒出线口处补偿导线绝缘层磨损并碰壳	故障处理：对补偿导线绝缘层进行包扎。 维修小结：本例故障在热电偶安装、使用中偶尔会发生。安装时把补偿导线的绝缘层剥得太多，使补偿导线与热电偶接线盒出线口相碰。设备的温度高且振动大，会使补偿导线绝缘层老化及磨损，由于振动使导线有时碰壳，有时又不碰壳，就出现不碰壳时显示正常，一碰壳就偏低的故障现象
第二热交换器出口煤气温度比正常值低50℃左右	在仪表盘接线端子测量热电势，换算后温度为335℃，试车前仪表都经过校准，测量值应该是可信的。工艺人员坚持认为温度偏低，要求处理。拟对热电偶进行更换，拆卸后发现该热电偶芯较短，查对设计表确定该热电偶用短了	故障处理：更换为长度合适的热电偶。 维修小结：本例故障属于热电偶插入深度不够，使温度显示始终偏低的故障，对这类故障只有拆卸热电偶芯才能发现问题。工艺人员认为该温度偏低，是根据变换炉的一段反应温度判断的，可看出仪表与工艺的协调、配合很重要
大检修更换变换炉入口热电偶，开车时该温度一直在室温附近	断开记录仪输入端一根线，测量有没有短路现象，发现电阻值在150Ω左右。到现场看，铭牌上标的是WZP，是把热电阻当热电偶用了	故障处理：更换为热电偶。 维修小结：有的装配式热电偶与热电阻的外形几乎一样，不经过认真核对，易误将热电阻当成热电偶用，导致该测点显示温度一直在室温附近。这样的情况不应该发生
某厂的电加热炉上，六个测温点都出现控温不理想的情况。温度偏差现象严重	检查6支热电偶都正常。电工检查电加热棒也没有问题。重新整定温度控制的PID参数及投运自整定，控温效果仍然不理想。深入检查发现热电偶补偿导线与加热棒的电缆放在同一个线槽内	故障处理：把补偿导线与加热棒的电缆分开敷设，仪表就正常了。 维修小结：热电偶补偿导线与加热棒电缆放在同一个线槽内就是错误做法，很容易出现干扰。一定要把仪表的信号线与电力线分开敷设

二、热电阻的维修

（1）热电阻故障检查、判断及处理

现根据仪表显示的故障现象，结合图3-23对如何检查及判断故障进行介绍（见表3-14）。

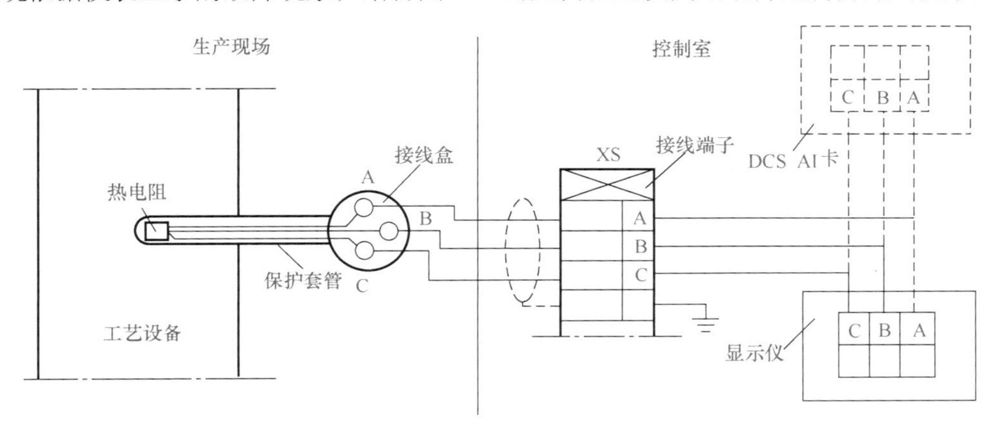

图 3-23　热电阻三线制测温系统回路示意图

表 3-14　热电阻故障检查、判断及处理

类别	说明
温度显示最小	温度显示最小是指显示超过了仪表量程下限值。AI 系列数字显示仪，上排 PV 大窗口会显示一个负的温度值，下排 SV 小窗口显示闪动，并轮换显示“orAL”及温度给定值。断开仪表输入端子 A 或 B 的接线能显示最大，下排 SV 小窗闪动，并轮换显示“orAL”及温度给定值，说明显示仪正常，故障在热电阻或连接导线。温度显示最小的原因及检查方法如下： （1）热电阻或连接导线有短路现象　通电状态下拆下显示仪输入端的 A 线能显示最大，说明显示仪正常，是测温回路有短路故障。断开显示仪电源，拆下仪表端子的接线 A 或 B，用万用表测量 A 和 B 导线的电阻，电阻很小表明热电阻或连接导线有短路故障。现场拆下热电阻接线盒内的导线 A 或 B，测量感温元件，若电阻值很小则感温元件有短路现象，若热电阻的电阻值正常，则短路点在导线，用万用表查找短路点，查出短路点对症处理。 （2）输入给仪表的电阻值小于其量程下限故障原因 ①测量回路局部短路，如热电阻感温元件、连接导线的绝缘损坏而出现漏电。用万用表检查测温回路的电阻，用兆欧表检查测温回路对地绝缘电阻及连接导线间的绝缘电阻，判断有没有局部短路或接地现象。要把导线从显示仪上拆下后再测试，以防损坏仪表。 ②感温元件与显示仪分度号不匹配，把 Cu50 热电阻用在了 Pt100 分度的显示仪上，或者显示仪的参数设定不正确。断开热电阻接线，测量感温元件的电阻值，来判断有没有用错热电阻。若匹配正确，则可对显示仪的参数设定进行检查。 ③把热电偶当成了热电阻使用。测量感温元件时电阻值只有几欧姆或接近零，排除短路因素，则可能是把热电偶当成热电阻使用了，把感温元件从保护套管中抽出来观察就可确定。 （3）三线制接线的 C 线断路　如果仪表输入端子 C 的接线断线，仪表会显示最小。C 线连接桥路供电电源，用万用表测量仪表端子 C 与 A、B 端子间的电压，万用表的正端（红表笔）接 C 端子，测出有直流电压（如 AI 系列仪表有 0.5V 左右），说明仪表输入端子 C 线已断路。基本测不出电压，说明 C 线没有断路。C 线断路的可能原因是：C 线接线端子螺钉氧化锈蚀严重或松动。用万用表测量都能发现故障点。 （4）三线制接线法中把 A、B、C 三线接错　在现场还是偶有接线错误发生，原因有：责任心不强，初学者没有搞懂测量原理，导线使用时间过长，线号模糊不清。虽然各型产品三线制的线号标注不统一，但只要把这三根线的用途搞清楚，接线就不会有困难。三线制接线如图 3-24 所示，B、C 两导线接在一起与热电阻的一端连接，A 导线与热电阻的另一端连接；A、B 线接热电阻，C 线接电源。当接线错误时，把这三根导线从显示仪拆下，用万用表电阻挡测量这三根线，找出电阻值很小的两根线，这两线就是 B 和 C，余下的一根就是 A 线，就可进行正确接线 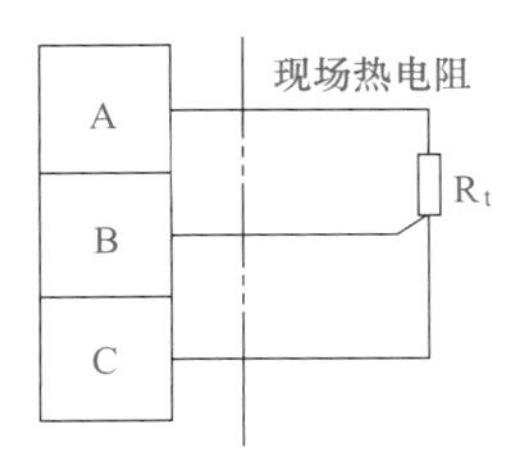 图 3-24　热电阻三线制接线示意

续表

类别	说明
温度显示最大	仪表显示最大是指显示超过了仪表量程上限值。AI 系列数字显示仪，上排 PV 大窗口显示一个较大的温度值，同时下排 SV 小窗口显示闪动，并轮换显示“orAL”及温度给定值。温度显示最大的原因如下： ①热电阻或接线有断路故障，温度将显示最大值并报警。先短接接线端子 XS 的 A、B 接线端，观察仪表能否显示最小，如果没有显示最小，可能是端子 XS 至显示仪 A、B 端的接线有断路故障，可用万用表检查该线路是否正常。如果能显示最小，再继续向现场检查；在 XS 端子拆下接在 A 号端的导线，用万用表测量 A 导线及 B 端的电阻值，即测量热电阻及连接导线的电阻值，如果电阻值很大或无穷大，说明热电阻或连接导线有接触不良或断路的故障。应重点检查导线是否严重氧化，接线螺钉是否松动，尤其是热电阻接线盒内的螺钉及导线，由于高温环境使其氧化，有害、潮湿气氛使螺钉或导线腐蚀，而出现接触电阻增大或不导电故障。热电阻接线盒内的接线螺钉有四颗，明显可见的是用来将连接导线与接线柱固定在一起的两颗螺钉，而不太明显的是把热电阻引线与接线柱固定在一起的另两颗螺钉。 ②热电阻与显示仪表分度号不匹配，错用了热电阻，把 Pt100 热电阻与 Cu50 分度显示仪混用；新安装或更换显示仪后，没有进行正确的参数设置。分别检查热电阻及显示仪，找出错误并更正。显示仪本身有故障，或参数设置有误，可用电阻箱输入电阻信号给显示仪进行判断
温度显示偏高	显示的温度明显比平时所测的温度高，最直接的因素就是热电阻值比实际应有的偏高了。排除工艺原因，就应对显示仪及热电阻进行检查。重点检查热电阻、连接导线、显示仪之间的连接电路是否有接触不良的故障，如果 A 线或 B 线的接触电阻增大，仪表显示会偏高。应对接线端子进行检查，对症进行处理，如去除氧化层、紧固接线螺钉等。 干扰引发的偏高故障偶有发生，先对显示仪、热电阻、连接导线进行检查，如果都正常，再考虑电磁干扰
温度显示偏低	显示的温度明显比实际的温度低。也就是热电阻值偏低；C 线的接触电阻增大，仪表显示也会偏低，排除工艺及显示仪原因后，应检查热电阻。热电阻由于绝缘不良在电阻丝间产生漏电或分流，使仪表显示偏低。水蒸气进入保护套管，随着温度的降低，在绝缘材料、内引线、感温元件的表面凝结，使绝缘能力下降，导致温度显示偏低；用氧化镁做绝缘材料的铠装热电阻中，氧化镁极易吸潮，其绝缘电阻会随温度的升高而降低。 绝缘电阻降低：一种是热电阻及连接导线对地绝缘电阻下降；另一种是热电阻感温元件引线间、连接导线间绝缘电阻下降，可用兆欧表检查和判断。受潮引起的绝缘电阻下降，或接地故障，用电烘箱进行干燥处理，大多能恢复使用。 热电阻插入深度不够也会导致显示偏低故障。通过测量保护套管及感温元件长度来判断是否合乎要求
温度显示波动	对于温度显示值不稳定，显示时有时无、时高时低等故障，用电阻箱输入电阻信号给显示仪或卡件，若能正常显示温度且不再波动，波动来源应该在显示仪之前。可以用万用表测量热电阻，若被测电阻值有波动，最可能的原因是接触不良现象。 若波动很明显、波动幅度很大，重点检查热电阻及连接导线，把热电阻从保护套管中抽出检查，热电阻的瓷珠发黑或潮湿、带水，是保护套管有泄漏，应更换。 热电阻接线盒密封不良，保护套管中进入水汽，使绝缘能力下降，会引发不规则的接地或短路故障，表现在显示仪上就是温度显示无规律地波动或偏低，用兆欧表测量绝缘电阻（把接线拆下再进行测量）。 热电阻受安装环境气氛影响，或者有制造隐患，则使用一段时间后出现老化变质问题，或出现似断非断的状态，也会出现温度显示波动现象。可更换热电阻来解决。确定波动是显示仪有故障造成的，把显示仪拆下修理
温度显示有时正常、有时不正常	不正常故障表现是显示不准确，有时显示为溢出，有时显示波动，有时偏低。检查接线没有问题，既不漏电也不接地，用万用表测量感温元件的阻值正常，检查时一样问题也没有发现，搞得仪表工一头雾水。但测温回路在重新接线或重新送电后大多会恢复正常显示，但稍后或过几天又出现故障。这类故障很可能是热电阻的软故障，只要更换为新的热电阻都能恢复正常。热电阻软故障，有的文献将其称为热电阻的软击穿，或热电阻的齐纳击穿。引发热电阻软击穿的原因大致如下： ①热电阻元件质量差，元件的绝缘电阻低、所用金属质量差、制作工艺水平低就容易出现软故障。 ②热电阻元件的工作温度经常在上限或下限附近，易出现软故障。 ③流过热电阻元件的工作电流过大。尤其是质量差的热电阻元件，在温度较高的工作状态下，测量回路激励电流大于 0.6mA 时易出现软击穿。 热电阻在脱离工作环境后能恢复正常，在低温下能正常工作，即软击穿故障消失，这是热电阻元件软击穿的重要特点，也为判断软击穿故障提供了思路。处理方法就是更换热电阻

（2）热电阻维修

热电阻的故障现象、检查及排除见表 3-15。

表 3-15　热电阻的故障现象、检查及排除

故障现象	故障诊断分析	故障排除及小结
（温度显示最小）操作工反映热水塔出口水温波动，后来显示为零下	用万用表测量 A、B 两线的电阻，电阻值小于 50Ω，但检查热电阻元件正常。看来短路点应该在信号线。检查发现信号线的穿线管被包在工艺管线保温层内，抽出信号线发现线皮已熔化，确定是导线短路	故障处理：更换信号线后显示正常。 维修小结：本例热电阻的信号线被包在工艺管线保温层内，保温层内有蒸汽管，这才是信号线线皮熔化的原因。因此，仪表穿线管要远离高温设备或管道，严禁包覆于保温层内，必要时应采取隔热措施
（温度显示最大）饱和塔入口热水温度显示最大	拆下 A、B 线，测量两线的电阻值为无穷大，测温回路断路。到现场发现，接至热电阻的导线全断了	故障处理：重新进行接线，显示恢复正常。 维修小结：本故障发生在设备大检修后开车生产时。经询问，原来是大检修时管工更换工艺管道，用气焊拆除旧管道时碰断了仪表导线
（温度显示波动）温度显示曲线波动	温度曲线波动，可用观察法来检查判断。汇总起来遇到的情况如下： ①接触不良。热电阻接线端子螺钉氧化或松动。 ②保护套管进水。 ③保护套管泄漏	故障处理：①拧紧螺钉。②用白纱带拖干保护套管内的水，更换热电阻芯。③更换保护套管。 维修小结：①接触不良是最常见的故障，热电阻测温回路中，除检查仪表盘内接线端子、显示仪输入端子，重点应检查现场热电阻接线盒的端子；②现场环境温度高、有害气氛多、易氧化及腐蚀、易进水，普通热电阻接线盒密封性能差，常会出现保护套管进水的故障；③保护套管泄漏可能是产品质量不过关，或者保护套管的材质选择不当
操作工反映精盐水温度波动大，有时还显示最大	用万用表测量回路的电阻，电阻值读数不稳定，拆下感温元件检查，发现电阻体腐蚀现象严重	故障处理：更换热电阻后正常。 维修小结：这是热电阻受腐蚀损坏的例子，是现场环境所致。加强热电阻的密封，定期检查也是一个措施
（温度显示偏高）TRC-202 用双支 Pt100 热电阻，调节器与记录仪的温度显示不一致，调节器正常显示 45℃，记录仪显示 88℃明显偏高	在仪表盘后端子测量测温回路的电阻值，记录仪的输入电阻值有 140Ω，扣除导线电阻 6Ω 后对应温度接近 88℃，看来记录仪回路有问题，显示偏高大多是由接触不良引起。紧固机柜接线端及记录仪输入端的螺钉，无改观，对热电阻接线盒的接线进行检查	故障处理：对热电阻接线盒的端子螺钉进行紧固后，记录仪的显示恢复正常。 维修小结：紧固接线端子后故障消除，说明该故障是接触不良、导线接触电阻过大引起记录仪显示偏高
（温度显示偏低）制备硝酸一次风温度突然降低 40℃左右，造成一次风量变高	停车检修时曾对接线螺钉紧固过，热电阻也正常。检查发现现场过线箱接线螺钉松动，这是温度突然下降的原因	故障处理：紧固过线箱螺钉后，温度显示恢复正常。 维修小结：本例是 C 线接触不良引起的显示偏低故障。检修时曾对接线螺钉进行紧固，但忽视了现场过线箱，导致出现本故障。仪表维修工作要做到认真、细致才能有成效；对接线端子必须定人、定时检查，对带有联锁的温度点更应如此
（显示忽好忽坏）电机绕组温度有一个测点显示不正常。显示值逐渐下降至比正常值低 20℃左右，检查接线并重新连接后显示恢复正常，但过上几天又出现以上故障	每次检查连接导线及热电阻都正常，找不到故障原因，曾对换了卡件的输入点及卡件，还是有该现象；看来只有更换热电阻	故障处理：更换热电阻感温元件后，显示恢复正常，再没有出现以上故障。 维修小结：检查线路及热电阻都没有发现异常，但每次拆动接线后温度显示都会正常，是个很难解释的现象，但正是这个现象提示了热电阻有软击穿的可能。热电阻元件软击穿的特点是：热电阻在脱离工作环境后能恢复正常，即软击穿故障消失。在检查中拆除接线相当于使热电阻脱离了工作环境。对使用薄膜热电阻元件的场合更需要重视软击穿故障

三、补偿导线的维修

（1）补偿导线人为故障的检查、判断及处理

补偿导线人为故障的检查、判断及处理见表 3-16。

表 3-16　补偿导线人为故障的检查、判断及处理

类别	说明
补偿导线与热电偶极性接反的故障规律	补偿导线产生的热电势，大小等于热电偶与显示仪表之间的温差电势。正常时在冷热端温度不变的情况下，随着热电偶与补偿导线连接处温度的变化，热电偶的温差电势增大，补偿导线的温差电势减小，反之亦然，达到补偿热电偶与显示仪表之间的温度变化所产生的影响，即显示仪表测到的是热电偶产生的热电势与补偿导线产生的补偿电势的叠加电势。当补偿导线与热电偶的极性接反时，其故障表现有如下规律： ① $t_n > t_0$ 时补偿导线的补偿电势为正，是热电偶产生的热电势加上补偿导线产生的补偿电势。补偿导线接反相当于加上一个负值会使显示偏低，仪表显示的温度低于实际温度，这是现场常遇到的状态。 ② $t_n < t_0$ 时补偿导线的补偿电势为负，是热电偶产生的热电势减去补偿导线产生的补偿电势。补偿导线接反相当于减去一个负值会使指示偏高，仪表显示的温度高于实际温度，这种状态在冬季或白昼温差较大的地方才会出现。 ③ $t_n=t_0$ 时补偿导线的补偿电势为零，对测量没有影响。仪表显示的温度与实际温度相同。这仅是一种理想状态，不可能存在，却容易造成不易发现的隐患，不易引起注意。当误差变大引起注意时，又很难查找到故障的真正根源
补偿导线与热电偶极性接反的判断方法	在仪表安装、维修工作中，常会出现补偿导线与热电偶的极性接反的情况，使显示温度比实际值高或低，往往不易发现，结合图 3-25 所示，对补偿导线与热电偶极性接反的故障现象进行说明，图中细线分别为补偿导线和热电偶的正极。t 为被测温度；t_n 为热电偶接线盒附近的温度，也就是补偿导线与热电偶连接处的温度；t_0 为控制室内的温度，也就是显示仪与补偿导线连接处的温度。 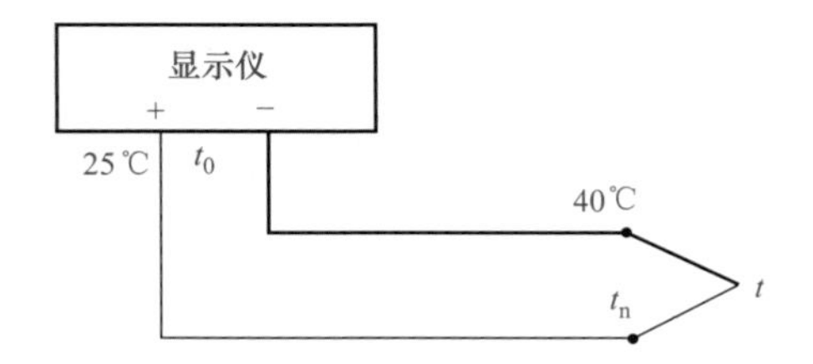 图 3-25　补偿导线与热电偶极性接反示意图 补偿导线与热电偶的极性接反，产生的误差是补偿导线两端温度差值所对应的总热电势的两倍，即总热电势误差的绝对值是 $2E_B(t_n, t_0)$。且 t_n 与 t_0 的温差越大，误差就越大，可见仪表显示值还会随着 t_n 的变化而变化。而当 t_n 与 t_0 的温差很小时，即使补偿导线极性接反了，附加误差也会很小且很难发现，这种潜在的因素会随着季节及气候的变化而出现较大误差。 判断补偿导线与热电偶的极性是否接反，可采用简单计算方法。如图 3-23 所示，t_n=40℃，t_0=25℃，误差近似为：2×（40−25）=30（℃）。怀疑仪表的显示有误差，可分别测量热电偶接线盒处的温度 t_n 及显示仪输入端子处的温度 t_0，将两温度值相减后乘 2，看该温度是否接近仪表的显示误差，如果接近，应检查补偿导线与热电偶的极性是否接反。 若补偿导线接反，当 $t_n > t_0$ 时，仪表显示值偏低，可将两根线相互调换一下，比较仪表显示值，仪表显示值较高，说明补偿导线正、负连接正确。若补偿导线接反，当 $t_n < t_0$ 时，仪表显示值偏高，仍用上述方法，仪表显示值较低说明补偿导线正、负连接正确。以上判断的前提是测量端温度要稳定。 还有一种极端情况是，热电偶与补偿导线的极性接反，与显示仪表的正、负极也接反。产生的误差仍可用上述的方法进行分析。误差有两种情况：当 $t_n > t_0$ 时，$E_B(t_n, t_0)$ 为正毫伏值，总热电势 E_X 减小，仪表的显示将偏低；当 $t_n < t_0$ 时，$E_B(t_n, t_0)$ 为负毫伏值，总热电势 E_X 增加，仪表的显示将偏高
补偿导线与热电偶分度号不匹配的判断方法	补偿导线与热电偶分度号不匹配的情况只有两种，一种是工作不认真出现的差错，另一种是不懂，以为只要是补偿导线就行，不考虑分度号的问题而出现错误匹配。 补偿导线与热电偶配错，可用直观检查法，先确定热电偶分度号的正确性，然后看补偿导线的绝缘层着色，来判断是否与所用的热电偶相匹配。 能从理论上进行一些分析，对判断故障更有利。可用“中间温度定则”来分析，为了更直观理解，只考虑测量回路输入给显示仪的总热电势，不考虑仪表的冷端温度补偿问题。如图 3-26 所示的测量回路，被测温度 t=580℃，热电偶接线盒处的温度 t_n=50℃，显示仪周围环境温度 t_0=20℃，被测温度的实际热电势应该是多少？ 补偿导线与热电偶正确匹配与温度 t_n 无关，总热电势为： $E_K(t, t_0)=E_K(580, 20)$ $=24.055-0.798$ $=23.257(mV)$

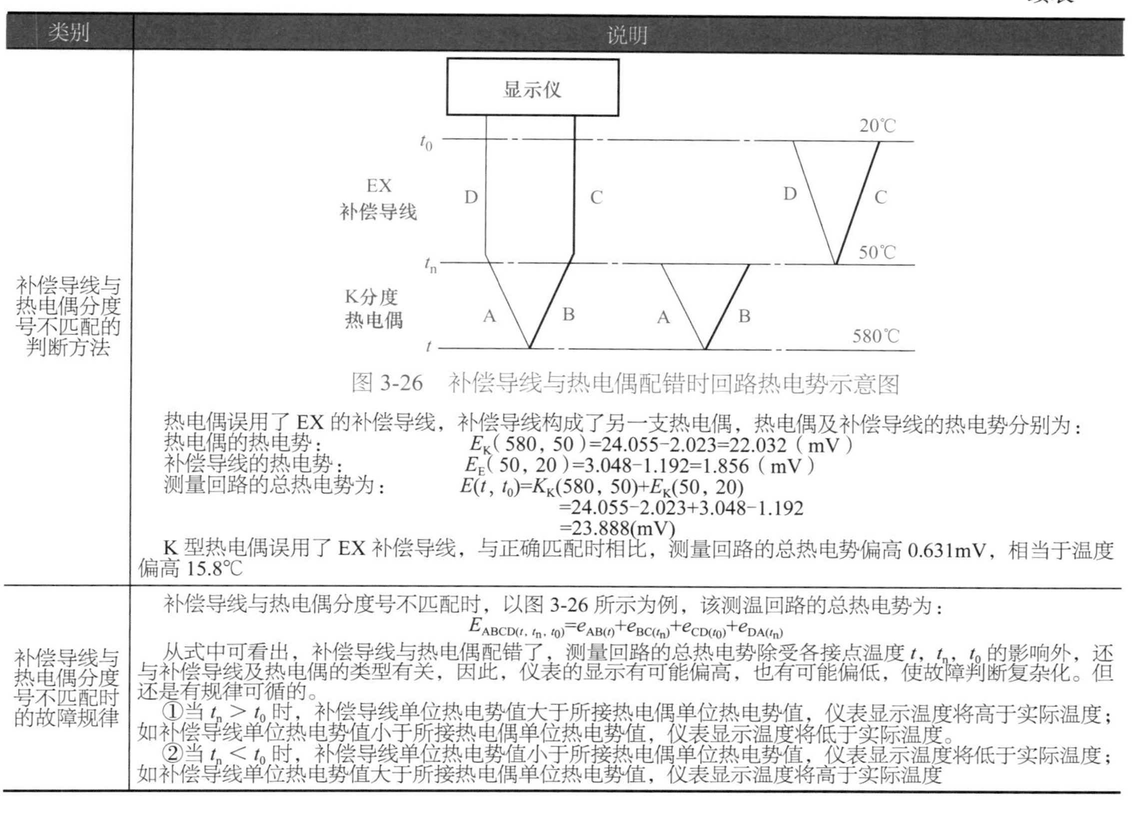

类别	说明
补偿导线与热电偶分度号不匹配的判断方法	图 3-26　补偿导线与热电偶配错时回路热电势示意图 热电偶误用了 EX 的补偿导线，补偿导线构成了另一支热电偶，热电偶及补偿导线的热电势分别为： 热电偶的热电势：　$E_K(580, 50)=24.055-2.023=22.032$（mV） 补偿导线的热电势：　$E_E(50, 20)=3.048-1.192=1.856$（mV） 测量回路的总热电势为：　$E(t, t_0)=K_K(580, 50)+E_K(50, 20)$ $=24.055-2.023+3.048-1.192$ $=23.888$(mV) K 型热电偶误用了 EX 补偿导线，与正确匹配时相比，测量回路的总热电势偏高 0.631mV，相当于温度偏高 15.8℃
补偿导线与热电偶分度号不匹配时的故障规律	补偿导线与热电偶分度号不匹配时，以图 3-26 所示为例，该测温回路的总热电势为： $E_{ABCD(t,\ t_n,\ t_0)}=e_{AB(t)}+e_{BC(t_n)}+e_{CD(t_0)}+e_{DA(t_n)}$ 从式中可看出，补偿导线与热电偶配错了，测量回路的总热电势除受各接点温度 t，t_n，t_0 的影响外，还与补偿导线及热电偶的类型有关，因此，仪表的显示有可能偏高，也有可能偏低，使故障判断复杂化。但还是有规律可循的。 ①当 $t_n > t_0$ 时，补偿导线单位热电势值大于所接热电偶单位热电势值，仪表显示温度将高于实际温度；如补偿导线单位热电势值小于所接热电偶单位热电势值，仪表显示温度将低于实际温度。 ②当 $t_n < t_0$ 时，补偿导线单位热电势值小于所接热电偶单位热电势值，仪表显示温度将低于实际温度；如补偿导线单位热电势值大于所接热电偶单位热电势值，仪表显示温度将高于实际温度

（2）补偿导线的维修

补偿导线的故障现象、检查及排除见表 3-17。

表 3-17　补偿导线的故障现象、检查及排除

故障现象	故障诊断分析	故障排除及小结
校准过的 K 分度热电偶，安装到现场后显示温度比实际温度低近 40℃	检查接线端子及紧固螺钉，没有改观。按以往经验，补偿导线极性接反则显示温度会比实际温度低，检查的确是补偿导线接反	故障处理：对原补偿导线的接线极性进行更改。 维修小结：热电偶极性接反仪表指示零下，很容易判断。而补偿导线极性接反不容易发现。更换热电偶和显示仪要注意接线极性的正确性，特别要注意补偿导线的极性
某厂热处理炉使用 S 热电偶测温，感觉温度总是偏低	测量热电偶输出的热电势，以判断是热电偶还是控制仪有问题，拟在控制柜后接线端子处测量，拆下补偿导线负极时发现绝缘层为蓝色，而 SC 补偿导线的负极应该是绿色，确定是用错了补偿导线	故障处理：将 KCA 补偿导线更换为 SC 补偿导线后测温恢复正常。 维修小结：本例故障原因是电工缺乏补偿导线知识，只知道热电偶必须使用补偿导线，结果使用了 KCA 补偿导线，将 S 分度的热电偶信号连接到控制仪表，使炉温偏差很大
某热处理电炉温控仪显示偏低，并出现加热温度升高时显示温度反而降低的现象	到现场发现，从热电偶接线盒引出来一截屏蔽铜导线	故障处理：更换为配 K 分度的补偿导线后，温度显示恢复正常。 维修小结：经询问，由于热电偶接线盒处温度较高，原用的补偿导线绝缘层老化脱落，电工就找了一截 2m 左右的屏蔽铜导线，按长度把补偿导线剪断更换。热电偶的冷端温度就没有延伸到温控仪，是导致温度显示偏低的原因。实测热电偶接线盒处温度有时高达 50℃。而控制间温度基本保持在 25℃，两处温差最高时达 25℃；加热温度升高时，电炉周围的环境温度也升高，热电偶接线盒处温度也升高，而控制间温度基本不变，使热电偶冷端与温控仪输入端的温差增大，就出现加热温度升高时显示温度反而降低的现象

第四章

压力测量仪表

第一节　压力测量仪表的结构

一、概述

压力是工业生产中的重要参数之一，为了保证生产正常运行，必须对压力进行监测和控制。但需说明的是，这里所说的压力，实际上是物理概念中的压强，即垂直作用在单位面积上的力。

在压力测量中，常有绝对压力、表压力、负压力或真空度之分。所谓绝对压力是指被测介质作用在容器单位面积上的全部压力，用符号 p_j 表示。用来测量绝对压力的仪表称为绝对压力表。地面上的空气柱所产生的平均压力称为大气压力，用符号 p_q 表示。用来测量大气压力的仪表叫气压表。绝对压力与大气压力之差，称为表压力，用符号 p_b 表示，即 $p_b=p_j-p_q$。当绝对压力值小于大气压力值时，表压力为负值（即负压力），此负压力值的绝对值，称为真空度，用符号 p_z 表示。用来测量真空度的仪表称为真空表。既能测量压力值又能测量真空度的仪表叫压力真空表。

二、压力的测量与压力计的选择

压力计可分为液柱式、弹性式、电阻式、电容式、电感式和振频式等。压力计测量压力范围宽广，可以从超真空（如 133×10^{-13}Pa）直到超高压（如 280MPa）。压力计从结构上可分为实验室型和工业应用型，压力计的品种繁多，因此根据被测压力对象很好地选用压力计就显得十分重要。

（1）就地压力指示

当压力在 2.6kPa ～ 69MPa 时，可采用膜片式压力表、波纹管压力表和波登管压力表。如在进行接近大气压的低压检测时，可用膜片式压力表或波纹管压力表。

（2）远距离压力显示

需要进行远距离压力显示时，一般用气动或电动压力变送器，也可用电气压力传感器。

当压力范围为 140 ～ 280MPa 时，则应采用高压压力传感器。当进行高真空测量时可采用热电真空计。

（3）多点压力测量

进行多点压力测量时，可采用巡回压力检测仪。

对被测压力达到极限值时需报警的，则应选用附带报警装置的各类压力计。

正确选择压力计除上述几点考虑外，还需考虑表 4-1 给出的几点。

表 4-1　压力表的选择

类别	说明
量程的选择	根据被测压力的大小确定仪表量程。对于弹性式压力表，在测稳定压力时，最大压力值应不超过满量程的 3/4；测波动压力时，最大压力值应不超过满量程的 2/3。最低测量压力值应不低于全量程的 1/3
精度选择	根据生产允许的最大测量误差，以经济、实用的原则确定仪表的精度级。对于一般工业用压力表，1.5 级或 2.5 级已足够，科研或精密测量用 0.5 级或 0.35 级的精密压力计或标准压力表
使用环境及介质性能的考虑	考虑：环境条件，如高温、腐蚀、潮湿、振动等；被测介质的性能，如温度的高低、腐蚀性、易结晶、易燃、易爆等。以此来确定压力表的种类和型号
压力表外形尺寸的选择	现场就地指示的压力表一般表面直径为 ϕ100mm，在标准较高或照明条件差的场合用表面直径为 ϕ200 ～ 250mm 的，盘装压力表直径为 ϕ150mm，或用矩形压力表

三、压力传感器

压力传感器是压力检测系统的重要组成部分，由各种压力敏感元件将被测压力信号转换成容易测量的电信号作输出，给显示仪表显示压力值，或供控制和报警使用。

压力传感器的种类很多，常用压力传感器的性能比较见表 4-2。

表 4-2　几种常用的压力传感器的性能比较

类别			精度等级	测量范围	输出信号	体积	温度影响	抗振动冲击性能	安装维护
电位器式			1.5	低、中压	电阻	大	小	差	方便
应变式	粘贴式	膜片式	0.2	中压	20mV	小	大	好	方便
		弹性梁式（波纹管）	0.3	负压及中压	24mV	较大	小	差	方便
	非粘贴式	应变筒式（垂链膜片）	1	中、高压	12mV	小	小	好	利用强制水冷，有较小的温度误差，测量方便
		张丝式	0.5	低压	10mV	小	小	好	方便
霍尔式			1.5	低、中压	30mV	小	大	差	方便
气膜式			0.5	低、中压	200mV	小	大	较好	复杂
差动变压器式			1	低、中压	100mA①（30mV）①	大	小	差	方便
压电式			0.2	微、低压	1 ～ 5V①	小	小	较好	方便
压阻式			0.2	低、中压	10mV	小	大	好	方便
电容式			1	微、低压	1 ～ 3V①（20mA）	较大	大	好	复杂
振频式			0.5	低、中、高压	频率	小	大	差	复杂

①表示输出信号经过放大。

（1）应变式压力传感器

应变式压力传感器是把压力的变化转换成电阻值的变化来进行测量的。应变片是由金属导体或半导体制成的电阻体，其阻值随压力所产生的应变而变化。对于金属导体，电阻变化率$\frac{\Delta R}{R}$的表达式为：

$$\frac{\Delta R}{R} \approx (1+2\mu)\varepsilon$$

式中　μ——材料的泊松系数；

　　　ε——应变量。

图 4-1 为国产 BPR-2 型压力传感器的结构示意图。

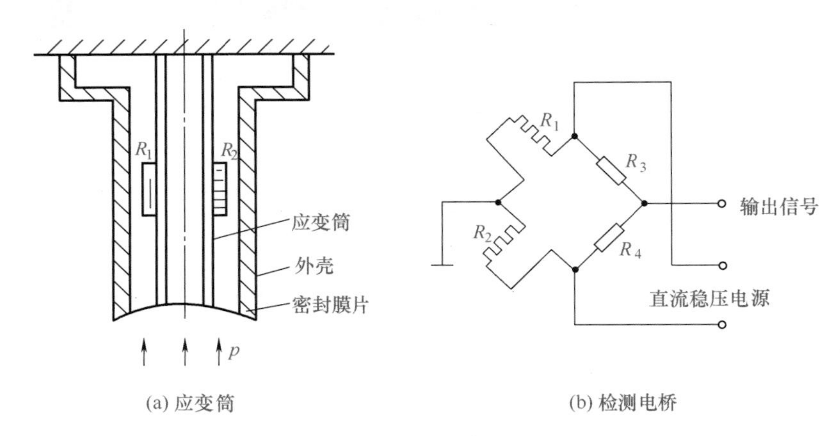

图 4-1　应变式压力传感器结构原理图

在图 4-1（a）中，应变筒的上端与外壳固定在一起，下边与密封膜片紧密接触，两片康铜丝应变片 R_1 和 R_2 用特殊胶黏剂粘贴在应变筒的外壁上。R_1 沿应变筒的轴向粘贴作为测量片，R_2 沿应变筒的径向粘贴作为温度补偿片。必须注意，应变片与筒体之间不能产生相对滑动，并且要保持电气绝缘。当被测压力 p 作用于膜片而使应变筒作轴向受压变形时，沿轴向贴置的应变片 R_1 也将产生轴向压缩应变 ε_1，于是 R_1 的阻值变小；而沿径向贴放的应变片 R_2，由于应变筒的径向产生了拉伸变形，将产生拉伸应变 ε_2，于是 R_2 的阻值变大。

应变片 R_1、R_2 与另两个固定电阻 R_3、R_4 组成一个桥式电路，如图 4-1（b）所示，R_1 和 R_2 的阻值变化使桥路失去平衡，从而获得不平衡电压作为传感器的输出信号。本传感器桥路的电源为 10V（直流），最大的输出为 5mV 直流信号，再经前置放大成为电动单元组合仪表的输入信号。

BPR-2 型压力传感器有 0 ～ 1MPa、0 ～ 10MPa 和 0 ～ 30MPa 等多种量程可供选用。选择时测量上限一般以不超过仪表量程的 80% 为宜。本传感器主要适用于变化较快的压力测量，其非线性及滞后误差小于 ±1%。

（2）压电式压力传感器

压电式压力传感器的原理是基于某些晶体材料的压电效应。目前广泛使用的压电材料有石英和钛酸钡等，当这些晶体受压力作用发生机械变形时，在其相对的两个侧面上产生异性电荷，这种现象称为“压电效应”。

晶体上所产生的电荷的大小与外部施加的压力成正比，即：

$$q=\eta p$$

式中　q——压电量（电荷数）；

　　　p——外部施加的压力；

　　　η——压电常数。

这种压力传感器的特点：体积小，结构简单，不需外加电源，灵敏度和响应频率高，适用于动态压力的测量，广泛地应用于空气动力学、爆炸力学、发动机内部燃烧压力的测量等。其测量范围可从 0 ～ 70MPa，精确度可达 0.1%。压电式传感器的结构如图 4-2 所示。图中，由受压薄壁筒给出预载力，并用一挠性材料制成的非常薄的膜片进行密封。预载筒外的空腔可以连接冷却系统，以保证传感器工作在环境温度一定的条件下，这样就避免了温度变化造成预载力变化而引起测量误差。

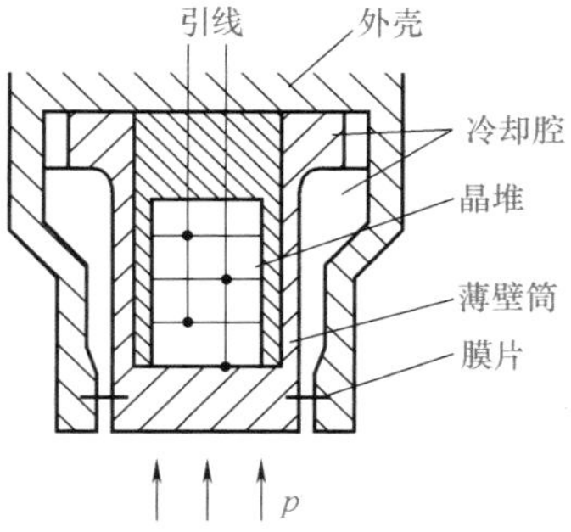

图 4-2　压电式压力传感器结构原理图

（3）光导纤维压力传感器

光导纤维压力传感器与传统压力传感器相比，有其独特的优点：利用光波传导压力信息，不受电磁干扰，电气绝缘好，耐腐蚀，无电火花，可以在高压、易燃易爆的环境中测量压力、流量、液位等。它灵敏度高，体积小，可挠性好，可插入狭窄的空间中进行测量，因此得到重视，并且得到迅速发展。

图 4-3 为 Y 形光导纤维压力传感器结构原理图。它由金属膜片杯、Y 形光导纤维、光源、光接收器及支架等组成。膜片与 Y 形光导纤维端面间距离约为 0.1mm。这种传感器能测 0 ～ 35MPa 动态压力，也可测量低压，输出信号较大。

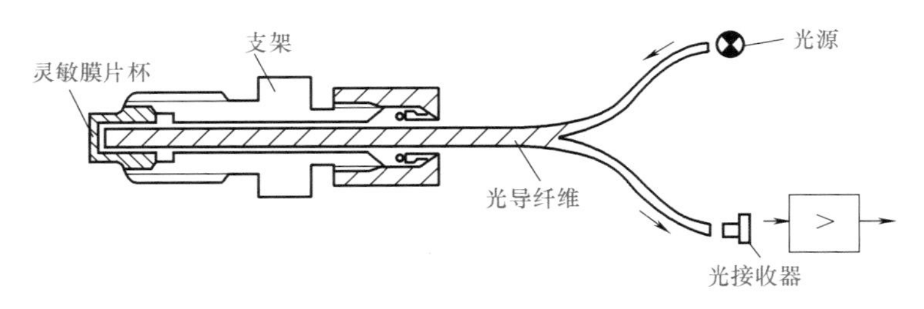

图 4-3　光导纤维压力传感器示意图

当被测压力作用于膜片杯时，膜片发生位移，从而改变了光导纤维与膜片之间的距离，使光导纤维接收到反射光量变化，此光量由光电元件接收器接收，并且转换成电量，经放大器放大后，显示被测压力值。

传感器要求光源稳定，否则要采取补偿措施，以消除光源波动对测量结果的影响。

四、智能压力变送器

（一）电容式压力变送器

电容式压力变送器是根据变电容原理工作的压力检测仪表，是利用弹性元件受压变形来改变可变电容器的电容，从而实现压力 - 电容的转换。

电容式压力变送器具有结构简单、体积小、动态性能好、电容相对变化大、灵敏度高等优点，因此获得广泛应用。

电容式压力变送器工作环节由检测环节和变送环节组成。检测环节感受被测压力的变化，将其转换成电容的变化；变送环节则将电容变化量转换成标准电流信号 4 ～ 20mA DC 输出。

（1）结构组成与检测原理

电容式压力变送器的检测环节，如图 4-4 所示，其核心部分是一个球面电容器。

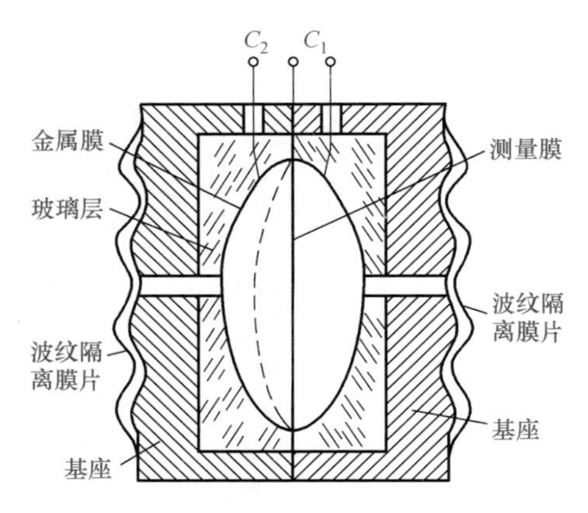

图 4-4　两室结构的电容式差压变送器

在检测膜片左右两室中充满硅油，当隔离膜片分别承受高压 p_1 和低压 p_2 时，硅油的不可压缩性和流动性，将差压 $\Delta p=p_1-p_2$ 传递到检测膜片的左右面上。由于检测膜片在焊接前加有预张力，所以当差压 $\Delta p=0$ 时十分平整，使定极板左右两个电容的电容量完全相等，$C_1=C_2=C_0$，电容量的差值 $\Delta C=0$。在有差压作用时，检测膜片发生变形，动极板向低压侧定极板靠近，同时远离高压侧定极板，使电容 $C_1>C_2$，测出电容量的差值 $\Delta C=C_1-C_2$，其值大小与被测差压值成正比。

采用差动电容法的好处：灵敏度高，线性好，并可减少由于介电常数 ε 受温度影响而引起的检测误差。

（2）1151SMART 型智能变送器

美国 Rosemount 公司生产的 1151SMART 型智能变送器，是带微机智能式现场使用的一种多功能变送器。其特点是变送器采用单片微机，功能强、灵活性高、性能好、可靠性强；检测范围从 0 ～ 1.2kPa 到 0 ～ 41.37MPa，量程比可达 15 ∶ 1；可用于压力（表压）、差压、液位和绝对压力的检测；最大正迁移为 500%，最大负迁移为 600%；0.1% 的精确度可稳定 6 个月以上；具有一体化的零位和量程按钮；具有自诊断功能；带不需电池即可工作的不易失只读存储器，可与 268 型远传通信器、RS3 集散系统和 RMV9000 过程控制系统进行数字通信而不需中断输出；采用 HART 总线可寻址远程转换通信协议。

1151SMART 型智能变送器的原理框图如图 4-5 所示。

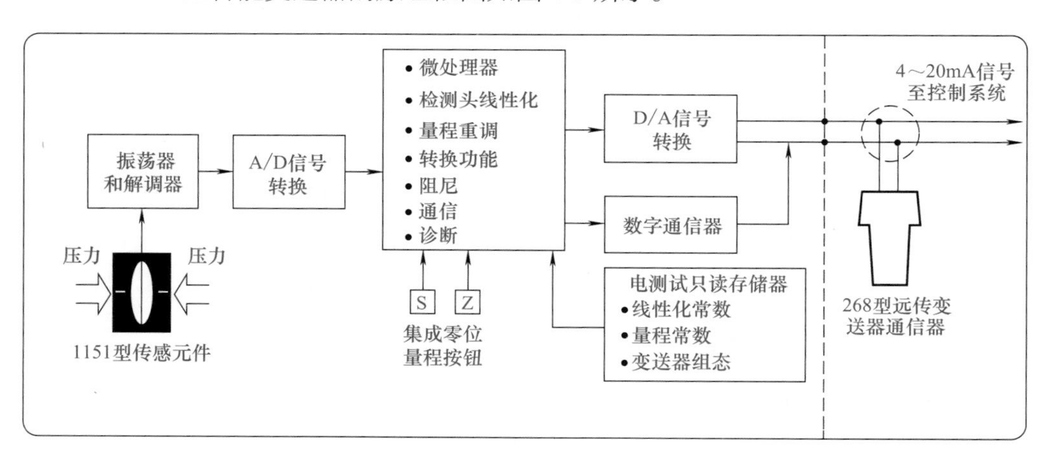

图 4-5　1151SMART 型智能变送器原理框图

（二）扩散硅式压力变送器

扩散硅式压力变送器，其实质是以硅杯压阻传感器为核心的变送器。它以 N 型单晶硅膜片作敏感元件，通过扩散杂质，形成 4 个 P 型电阻，并组成电桥。当膜片受压力后，由于半导体的压阻效应，电阻值发生变化，使电桥有相应的输出。

（1）传感器结构

扩散硅式压力变送器的传感器结构如图 4-6 所示，主要由硅膜片（硅杯）及扩散电阻、引线、外壳等组成。传感器膜片有上下两个受压腔，分别与被测的高、低压室连通，用以感受压力的变化。硅杯尺寸十分小巧紧凑，直径约为 1.8 ～ 10mm，膜厚 δ=50 ～ 500μm。

压力传感器具有体积小、重量轻、结构简单、稳定性好和精度高等优点。

（2）ST3000 系列智能压力、差压变送器

ST3000 系列智能压力、差压变送器，就是依据扩散硅应变电阻原理进行工作的。它在硅杯上除具有感受差压的应变电阻外，还同时具有感受温度和静压的元件，即把差压、温度、静压 3 个传感器中的敏感元件都集成在一起，组成带补偿电路的复合传感器，将差压、温度和静压这 3 个变量转换成 3 路电信号，分时采集后送入微处理器。微处理器利用这些信息数据进行运算处理，产生一个高精度的输出。

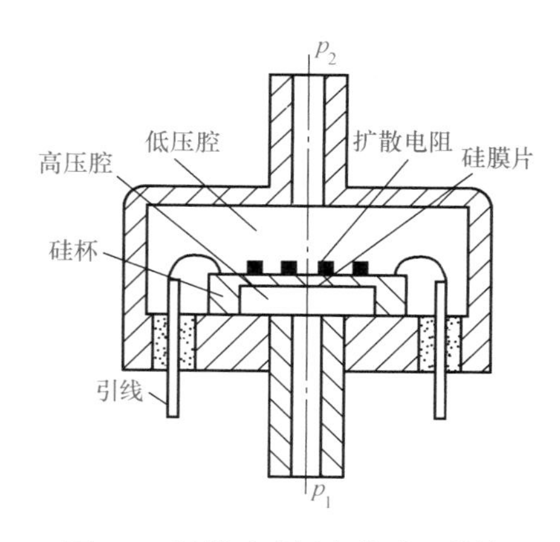

图 4-6　扩散硅式压力传感器结构

ST3000 系列智能压力、差压变送器组成原理、工作过程及接线方式见表 4-3。

表 4-3　ST3000 系列智能压力、差压变送器组成原理、工作过程及接线方式

类别	说明
组成原理	图 4-7 为 ST3000 系列变送器的结构原理图。图中 ROM 中存有微处理器工作的主程序，是通用的。PROM 里所存内容则根据每台变送器的压力特性、温度特性的不同而有所不同。它是在编程、检验后，分别写入各自的 PROM 中。此外，传感器所允许的整个工作参数检测范围内的输入输出特性数据，也都存入 PROM 中，以便用户对量程或测量范围有灵活迁移的余地。 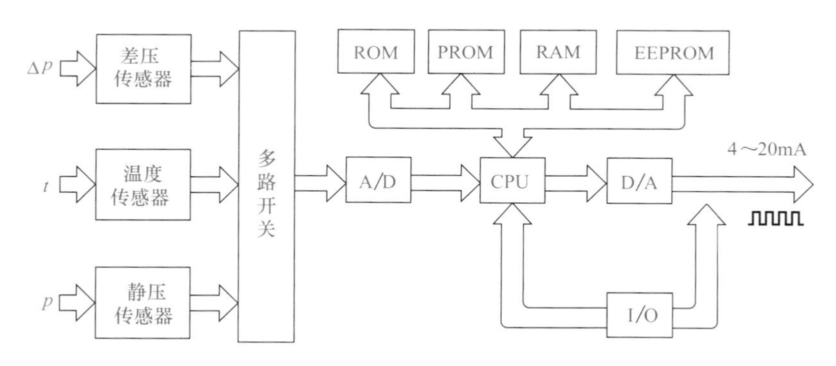 图 4-7　ST3000 系列智能变送器结构原理 RAM 是微处理器运算过程中不可缺少的存储器，也是通过通信器对变送器进行各项设定的记忆硬件，包括变送器的位号、检测范围、线性或开方输出、阻尼时间常数、零点和量程等。一旦经过现场通信器逐一设定，即使把现场通信器从连接导线上拔掉，变送器亦按照已设定的各项数值工作，这是因为 RAM 已经把指令存储起来了。 EEPROM 是 RAM 的后备存储器，是用电信号可擦除改写的 PROM。在正常工作期间，其内容和 RAM 是一致的。但遇到意外停电时，RAM 中的数据立即丢失，而 EEPROM 里的数据仍保存下来。当供电恢复后，它能自动地将所保存的数据转移到 RAM 中，这样就不必用后备电池，也能保证原有数据不丢失。 数字输入输出接口 I/O 的作用：一方面使来自现场通信器的脉冲信号能从 4 ～ 20mA DC 信号导线上分离出来送入 CPU；另一方面将变送器的工作状态、已设定的各项数据、自诊断信号、检测结果等，送到现场通信器的显示器上。 现场通信器为便携式，既可以在控制室里与某个变送器的信号导线相连，用于远方设定或检查；也可到现场接在变送器的信号线端子上，进行就地设定或检查。只要连接点与电源间有不小于 250Ω 电阻就能进行通信

续表

<table>
<tr><th>类别</th><th>说明</th></tr>
<tr><td>工作过程</td><td>ST3000系列变送器由易于维护的单元结构组成，主要有测量头、PROM板、噪声滤波器、避雷器的端子板及通用电子部件等单元。其中测量头截面结构如图4-8所示。
被测差压（或压力）通过隔离膜片、封入液传递到位于测量头内的传感器上，引起传感器的电阻值做相应变化。此阻值的变化被传感器芯片上的电桥检出，并由A/D转换器转换成数字信号送至发信部；与此同时，温度、静压两个辅助传感器的检测输出，也被转换成数字信号并送至发信部。在发信部将数字信号经微处理器运算放大处理，转换成一个对应于被测变量的4～20mA DC模拟信号输出。
由于半导体传感器的大范围的输出输入特性数据被存储在PROM中，因此变送器的量程比可做得非常大，达到400 ： 1；因变送器配有微处理器，所以仪表的精确度可达到0.1级，在半年之内总漂移不超过全量程的0.03%，并且时间常数在0～32s之间可调。利用现场通信器，在中央控制室就可以对1500m以内的各个智能变送器进行各种运行参数的选择和标定。
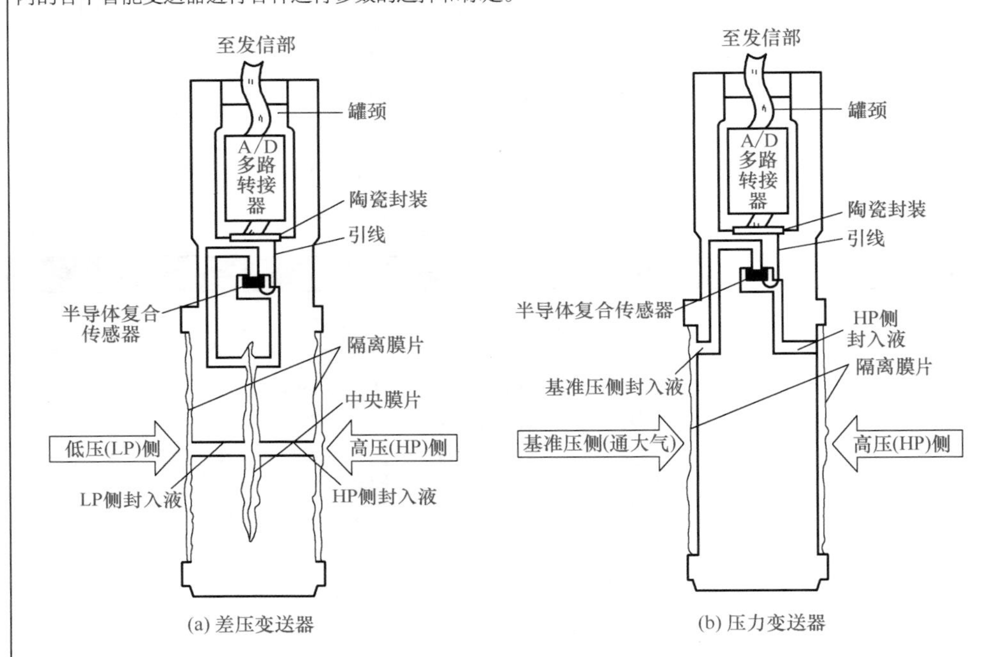

图4-8　测量头截面结构
现场通信器是带有小型键盘和显示器的便携式装置。不需敷设专用导线，借用原有的两线制直流电源兼信号线，用叠加脉冲传递指令和数据。使变送器的零点及量程、线性或开方都能自由选定或调整，各种参数分别以常用物理单位显示在现场通信器上。设定或调整完毕，可将现场通信器的插头拔下，变送器立刻按新的运行参数工作</td></tr>
<tr><td>系统接线</td><td>如图4-9所示，ST3000系列压力、差压变送器所用的现场通信器为SFC型，具有液晶显示及32个键的键盘，由电池供电，用软导线与检测点连接，具有以下功能：
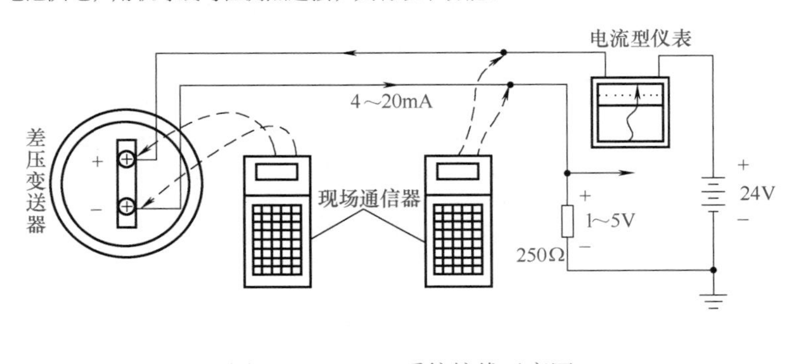

图4-9　ST3000系统接线示意图</td></tr>
</table>

续表

类别	说明
系统接线	①组态功能，包括给变送器指定位号、检测范围、输出与输入特性（线性或开方）、阻尼时间常数等。 ②检测范围的改变，不需到现场调整。 ③变送器的校验，不必将变送器拆送到工作室，也不需要专用设备便可校准零点和量程。 ④自诊断功能强，其包括组态的检查、通信功能检查、变送功能检查、参数异常检查等，诊断结果以不同的形式在显示器上显示，便于维修。 ⑤变送器的输入 / 输出显示。以百分数显示当时的输出，以工程单位显示当时的输入。 ⑥可进行恒流输出设定。这一功能是把变送器改作恒流源使用，可在 4 ～ 20mA 范围内任意输出某一直流电流，以便检查其他仪表的功能，这时输出电流恒定不变，与输入差压无关。 智能变送器与现场通信器配合起来，给运行维护带来极大方便。维护人员不必往返于各个生产现场与控制室之间，更无需登塔顶或深入地沟去拆装调整，远离危险场所或高温车间便能进行一般性的检查和调整。这样，既省时省力，又保证了维护质量

CPU 的应用也直接提高了变送器的精确度，主要体现在 PROM 中存入了针对本变送器的特性修正公式，使其检测精度达到 0.1 级。

第二节　压力测量仪表安装

一、压力管路连接方式

（1）按阀门和管接头分类

① 管路连接系统主要采用卡套式阀门与卡套或管接头。其特点是耐高温，密封性能好，装卸方便，不需要动火焊接。

② 管路连接采用外螺纹截止阀和压垫式管接头，是化工常用的连接形式。

③ 管路连接系统采用外螺纹截止阀、内螺纹闸阀和压垫式管接头，是炼油系统常用的连接形式。

上述三种方法可以随意选用，但在有条件时，尽可能选用卡套式连接。

（2）压力测量常用阀门

压力测量常用阀门及说明见表 4-4。

表 4-4　压力测量常用阀门及说明

类别	说明
卡套式阀门	采用卡套式连接时，应采用卡套式阀门，如卡套式截止阀、卡套式节流阀和卡套式角式截止阀。这种阀可作为根部阀（一次阀），也可作切断阀，也可作放空阀和排污阀。 常用的卡套式截止阀是 J91-64、J91-200 和 J91-100，每一种型号都有 J91H-64c、J91W-64P，通径大小有 $\phi5$ 与 $\phi10$ 两种规格，连接的外管可以是 $\phi12$ 和 $\phi14$（外径）。卡套式节流阀有 J11-64、J11-200 和 J11-400，每种型号都有 J11H-64C 和 J11W-64P 两种规格，通径都是 $\phi5$，但外接螺纹有 M20 × 1.5 和 G½″ 两种规格。卡套角式截止阀的型号为 J94W-160P，其通径有 $\phi3$ 与 $\phi6$ 两种规格
内、外螺纹截止阀	这类截止阀也可作为一次阀、切断阀、放空阀和排污阀。 常用的内螺纹截止阀的型号有 J11-40 ～ 400，公称通径为 $\phi5$ ～ $\phi10$，螺纹规格为 Z½″ 或 ZG½″，外螺纹截止阀的型号有 J11-200 ～ 400，公称通径为 $\phi5$，连接螺纹为 Z¼″ 或 ZG¼″、Z⅜″ 或 ZG⅜″、Z½″ 或 ZG½″。外螺纹截止阀的型号有 J21-25 ～ 320，公称通径为 $\phi5$、$\phi10$ 和 $\phi15$ 三种，外螺纹的规格有 G½″、G¾″ 和 G1″。角式外螺纹截止阀的型号有 J24-160 ～ 320，公称通径有 $\phi3$、$\phi5$ 和 $\phi10$ 三种，外螺纹接管为 $\phi14$ 和 $\phi18$。以上各阀的公称压力最高可达 32MPa 和 40MPa
常用压力表截止阀	除上述阀门接上 M20 × 1.5 接头可互接压力表外，还有带压力表接头的截止阀，其型号为 J11-64、J11-200 和 J11-400，适合于高、中、低压力测量。压力表接头为 M20 × 1.5 和 G½″ 两种。国产 Y-100 以上大的圆盘式弹簧管压力表，其接头几乎全是 M20 × 1.5

二、压力取源部件安装

（1）安装条件

压力取源部件有两类。一类是取压短节，也就是一段短管，用来焊接管道上的取压点和取压阀门。一类是外螺纹短节，即一端有外螺纹，一般是 KG½″，一端没有螺纹。在管道上确定取压点后，把没有螺纹的一端焊在管道上的压力点（立开孔），有螺纹的一端直接拧上内螺纹截止阀（一次阀）即可。

不管采用哪一种形式取压，压力取源部件安装必须符合下列条件：

① 取压部件的安装位置应选在介质流速稳定的地方；

② 压力取源部件与温度取源部件在同一管段上时，压力取源部件应在温度取源部件的上游侧；

③ 压力取源部件在施焊时要注意端部不能超出工艺设备或工艺管道的内壁；

④ 测量带有灰尘、固体颗粒或沉淀物等混浊介质的压力时，取源部件应倾斜向上安装。在水平工艺管道上应顺流束成锐角安装；

⑤ 当测量温度高于 60℃的液体、蒸汽或可凝性气体的压力时，就地安装压力表的取源部件应加装环形弯或 U 形冷凝弯。

（2）就地安装压力表

水平管道上的取压口一般从顶部或侧面引出，以便于安装。安装压力变送器，导压管引远时，水平和倾斜管道上取压的方位要求如下：流体为液体时，在管道的下半部，与管道水平中心成 0°～45° 的夹角范围内，切忌在底部取压；流体为蒸汽或气体时，取压方位一般为管道的上半部，与管道水平中心线成 0°～45° 的夹角范围内。

（3）导压管

安装压力变送器的导压管应尽可能短，并且弯头尽可能少。

导压管管径的选择：就地压力表一般选用 $\phi18\times3$ 或 $\phi14\times2$ 的无缝钢管；压力表环形弯或冷凝弯优先选用 $\phi18\times3$；引远的导压管通常选用 $\phi14\times2$ 无缝钢管；压力高于 22MPa 的高压管道应采用 $\phi14\times4$ 或 $\phi14\times5$ 优质无缝钢管；在压力低于 16MPa 的管道上，导压管有时也采用 $\phi18\times3$，但它冷煨很难一次成形，一般不常用；对于低压或微压的粉尘气体，常采用 1″ 水煤气管作为导压管。

导压管水平敷设时，必须要有一定的坡度，一般情况下，要保持 1 ∶ 10～1 ∶ 20 的坡度。在特殊情况下，坡度可达 1 ∶ 50。管内介质为气体时，在管路的最低位置要有排液装置（通常安装排污阀）；管内介质为液体时，在管路的最高点设有排气装置（通常情况下安装一个排气阀，也有的是安装气体收集器）。

（4）隔离法测量压力

腐蚀性、黏稠的介质的压力采用隔离法测量，分为吹气法和冲液法两种。吹气法进行隔离，用于测量腐蚀性介质或带有固体颗粒悬浮液的压力；冲液法进行隔离，适用于黏稠液体以及含有固体颗粒的悬浮液。

采用隔离法测量压力的管路中，在管路的最低位置应有排液的装置。灌注隔离液有两种方法。一种是利用压缩空气将隔离液引至一专用的隔离液罐，从管路最低处的排污阀注入，以利管路内空气的排出，直至灌满顶部放置阀为止。这种方法特别适用于变送器远离取压点安装的情况。另一种方法是变送器邻近取压点安装时，隔离液从隔离容器顶部丝墙处进行灌注。为易于排净管路内的气泡，第一种方法为好。

（5）垫片

压力表及压力变送器的垫片通常采用四氟乙烯垫。对于油品，也可采用耐油橡胶石棉板制作的垫片。蒸汽、水、空气等不是腐蚀性介质，垫片的材料可选普通的石棉橡胶板。

（6）接头螺纹

压力变送器的接头螺纹与压力表（Y-100 及其以上）接头一样，是 M20×1.5。

（7）阀门

用于测量工作压力低于 50kPa，且介质无毒害及无特殊要求的取压装置，可以不安装切断阀门。

（8）焊接要求

取压短节的焊接、导压管的焊接，其技术要求与同一介质的工艺管道焊接要求完全一样（包括焊接材料、无损检测及焊工的资格）。

（9）安装位置

就地压力表的安装位置必须便于观察。泵出口的压力表必须安装在出口阀门前。

三、常用压力表的安装

常用压力表测量管路连接安装图与安装材料见表 4-5~ 表 4-10。

表 4-5　压力表安装图（压力表截止阀）

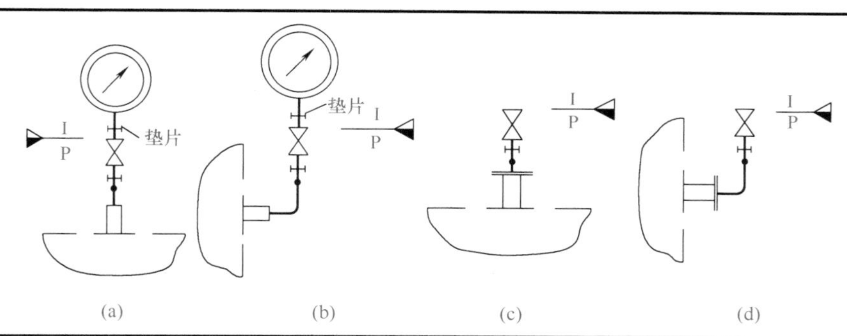

材料名称	材料规格	材质
垫片	ϕ18/8，δ=2	LF2

表 4-6　压力表安装图（无排放阀）

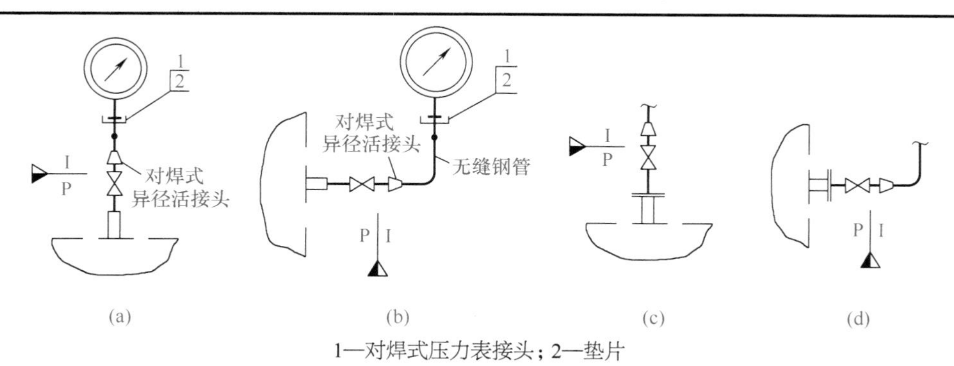

1—对焊式压力表接头；2—垫片

件号	材料名称	材料规格	材质
1	垫 片	ϕ18/8，δ=2	LF2
2	对焊式压力表接头	PN16，M20×1.5/ϕ14	C.S（碳钢）
	对焊式异径活接头	PN16，ϕ22/ϕ14	C.S
	无缝钢管	ϕ14×3	20 钢

表 4-7　压力表安装图（带排放阀）

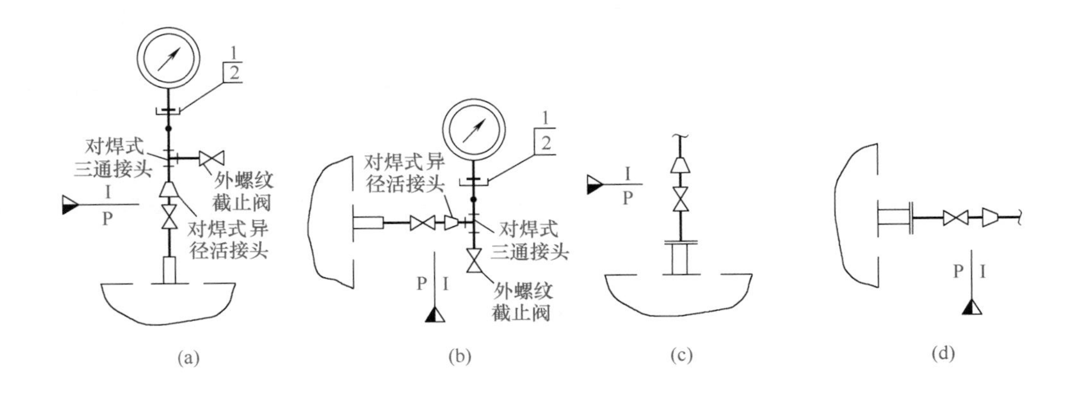

件号	材料名称	材质	材料规格
1	垫片	LF2	ϕ18/ϕ8，δ=2
2	对焊式压力表接头	C.S	PN16，M20×1.5/ϕ14
	对焊式三通接头	C.S	PN16，ϕ14
	外螺纹截止阀	C.S	PN16，DN10，ϕ14/ϕ14
	对焊式异径活接头	C.S	PN16，ϕ22/ϕ14

表 4-8　隔膜压力表安装图

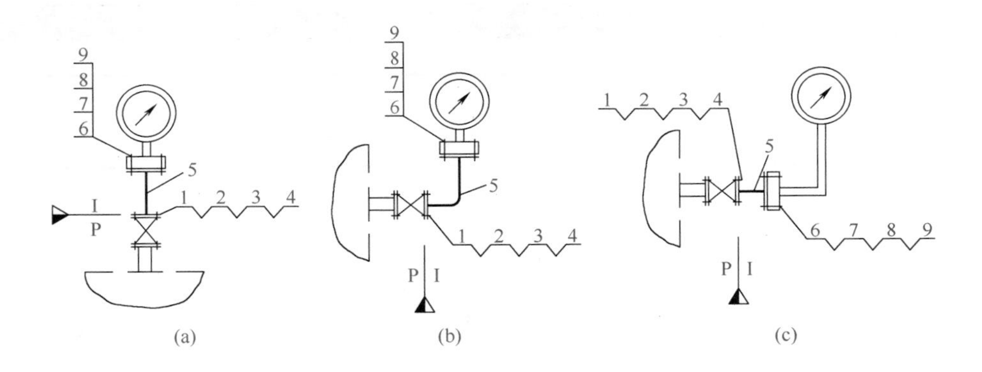

件号	材料名称	材料规格	材质	件号	材料名称	材料规格	材质
1	垫片	ϕ18/ϕ8，δ=2	LF2	6	法兰		
2	法兰	PN32，DN6		7	垫片	ϕ18/ϕ8，δ=2	LF2
3	螺栓			8	螺栓		
4	螺母			9	螺母	M18×4	25 钢
5	无缝钢管		20 钢				

表 4-9　压力表引远安装图（二阀组）

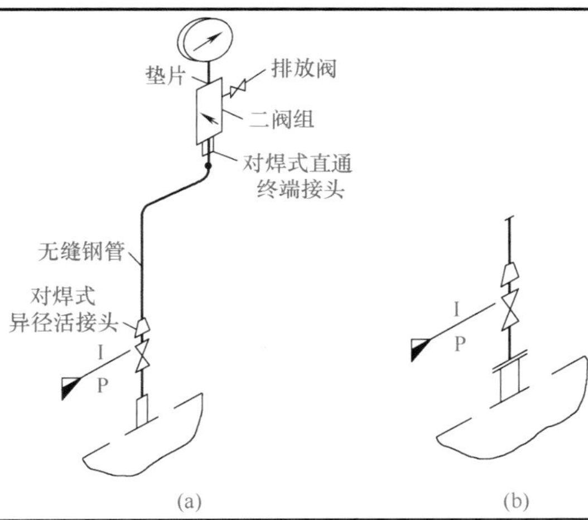

材料名称	材料规格	材质
对焊式异径活接头	PN16，ϕ22/ϕ14	C.S
无缝钢管	ϕ14×3	20 钢
对焊式直通终端接头	PN16，ϕ14/ZG1/2″	C.S
二阀组	PN15，DN15，ZG1/2″（F）/2×M20×1.5	C.S
排放阀		C.S
垫片	ϕ18/ϕ8，δ=2	LF2

表 4-10　压力表安装图（带排放阀）

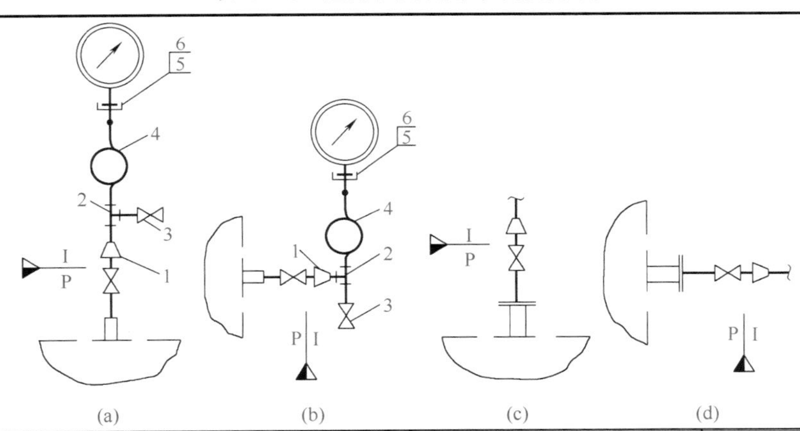

件号	材料名称	材料规格	材质
1	对焊式异径活接头	PN6.3，ϕ22/ϕ14	C.S
2	对焊式三通接头	PN6.3，ϕ14	C.S
3	外螺纹截止阀	PN6.3，DN10，ϕ14/ϕ14	C.S
4	外螺纹球阀	PN6.3，DN10，ϕ14/ϕ14	C.S
5	对焊式压力表接头	PN6.3，M20×1.5/ϕ14	C.S
6	垫片	ϕ18/ϕ8，δ=2	石棉橡胶

四、压力变送器的安装

压力变送器管路连接见表 4-11~ 表 4-18，其中表 4-18 中的图为哑图。哑图是与其他相关安装图配套的安装图，材料表中未标注的材料规格和材质由与之配套的相关资料给出。

表 4-11　测量气体压力管路连接图

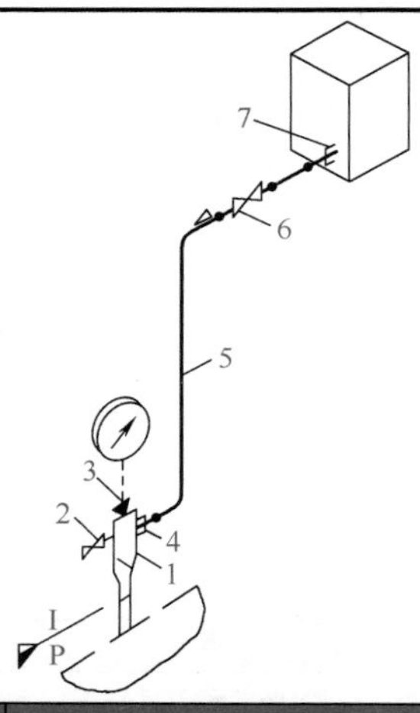

件号	材料名称	材料规格	材质
1	多路截止阀	PN16，DN15，ZG1/2″（M）/3×ZG1/2″（(F）	C.S
	多路闸阀	PN16，DN15，ZG1/2″（M）/3×ZG1/2″（F）	C.S
2	排放阀		
3	堵头	ZG1/2″	C.S
4	对焊式直通终端接头	PN16，ZG1/2″/ϕ14	C.S
5	无缝钢管	$\phi14\times3$	20
6	外螺纹截止阀	PN16，DN10，ϕ14/ϕ14	C.S
7	对焊式直通终端接头	PN16，1/2″ NPT/ϕ14	

表 4-12　测量气体压差管路连接图（五阀组）

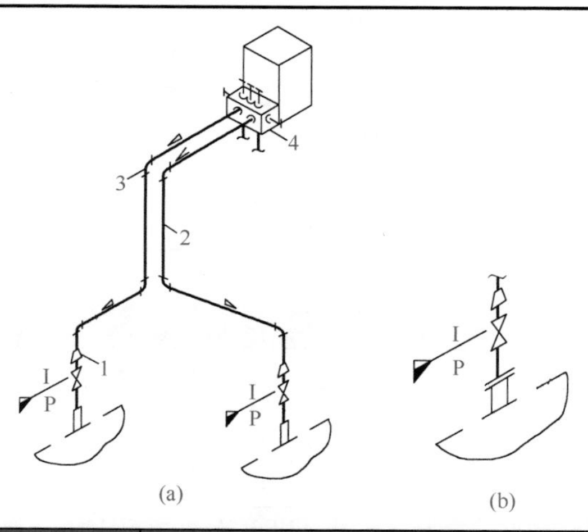

件号	材料名称	材料规格	材质
1	承插焊异径短节	PN16，ϕ22/S.Wϕ18	C.S
2	无缝钢管	$\phi18\times4$	C.S
3	承插焊 90° 弯通接头	PN16，ϕ18	C.S
4	五阀组	PN16，DN5	C.S

表 4-13　测量蒸汽压力管路连接（变送器高于取压点，二阀组）材料

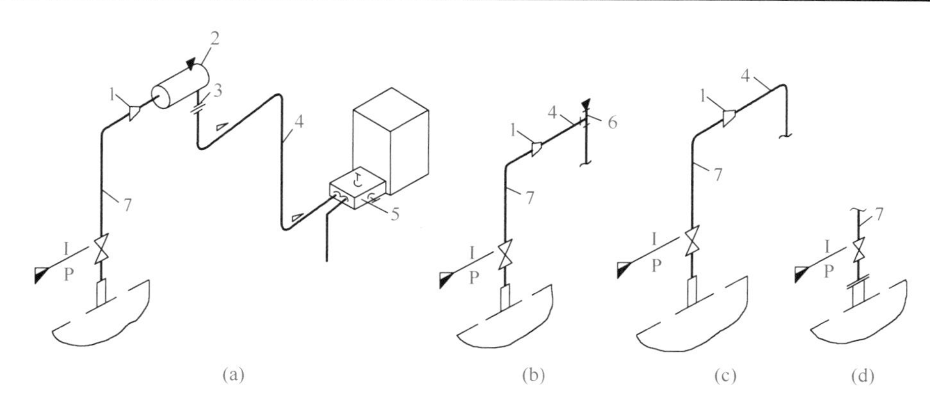

(a)　(b)　(c)　(d)

件号	材料名称	材料规格	材质
1	卡套式异径活接头	PN6.3，ϕ22/F.Tϕ14	C.S
2	冷凝容器	PN6.3，DN100，ϕ14	C.S
3	卡套式直通中间接头	PN6.3，ϕ14	C.S
4	无缝钢管	$\phi 14 \times 2$	20 钢
5	二阀组	PN16，DN5	C.S
6	卡套式三通接头	PN6.3，ϕ14	C.S
7	无缝钢管	$\phi 22 \times 3$	20 钢

表 4-14　测量蒸汽压力管路连接（变送器低于取压点，二阀组）材料

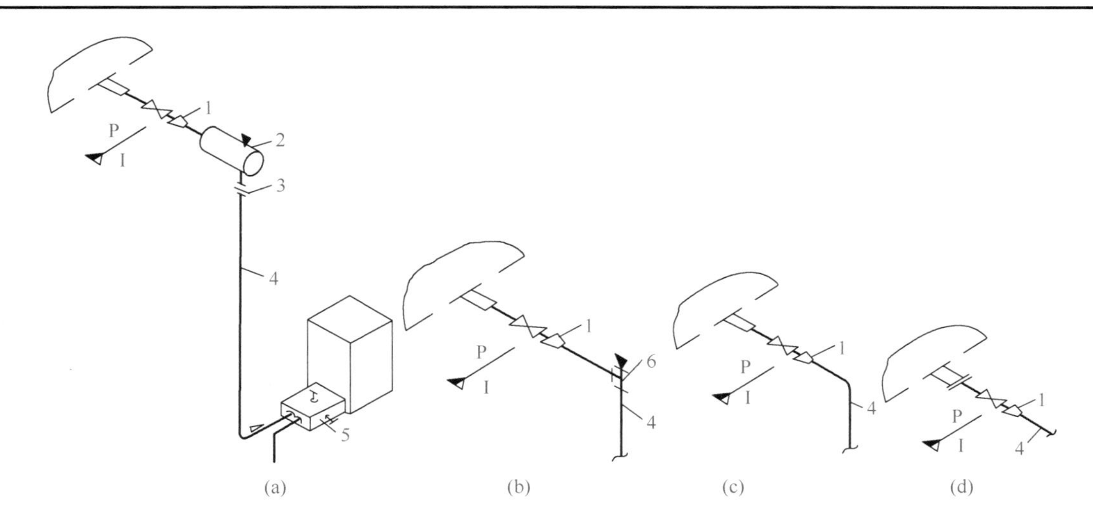

(a)　(b)　(c)　(d)

件号	材料名称	材料规格	材质
1	对焊式异径活接头	PN6.3，ϕ22/ϕ14	C.S
2	冷凝容器	PN6.3，DN100，ϕ14	20 钢
3	对焊式直通中间接头	PN6.3，ϕ14	C.S
4	无缝钢管	$\phi 14 \times 2$	20 钢
5	二阀组	PN16，DN5	C.S
6	对焊式三通接头	PN6.3，ϕ14	C.S

表 4-15　测量液体压力管路连接（变送器低于取压点，法兰式多路阀）材料

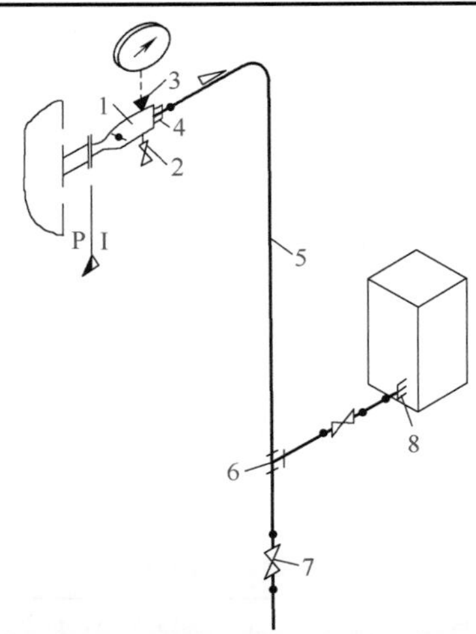

件号	材料名称	材料规格	材质
1	多路截止阀	PN6.3，DN15，出口 3×ZG1/2″（F）入口法兰	C.S
	多路闸阀	PN6.3，DN15，出口 3×ZG1/2″（F）入口法兰	C.S
2	排放阀		C.S
3	堵头	ZG1/2″	C.S
4	对焊式直通终端接头	PN6.3，ZG1/2″/ϕ14	C.S
5	无缝钢管	ϕ14×2	20 钢
6	对焊式三通接头	PN6.3，ϕ14	C.S
7	外螺纹截止阀	PN6.3，DN100，ϕ14/ϕ14	C.S
	外螺纹球阀	PN6.3，DN100，ϕ14/ϕ14	C.S
8	对焊式直通终端接头	PN6.3，1/2″ NPT/ϕ14/ϕ14	C.S

表 4-16　测量液体压差管路连接（五阀组）材料

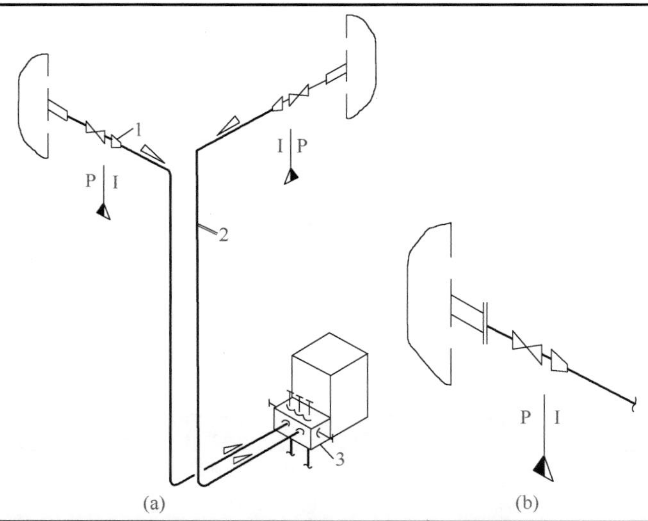

(a)　　(b)

件号	材料名称	材料规格	材质
1	对焊式异径活接头	PN16，ϕ22/ϕ14	C.S
2	无缝钢管	ϕ14×3	20 钢
3	五阀组	PN16，DN5	C.S

表 4-17　测量高压介质压差管路连接（三阀组）材料

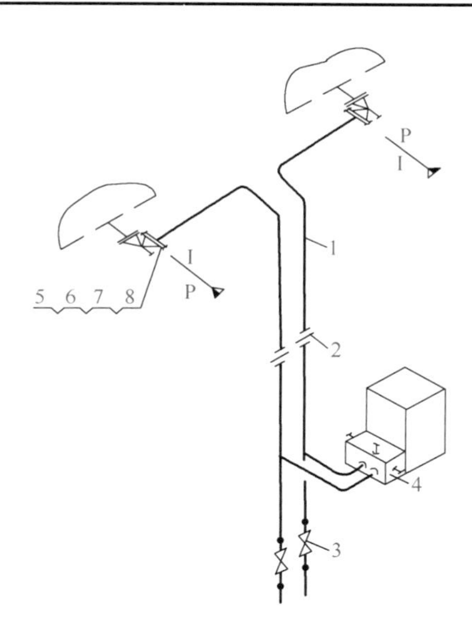

件号	材料名称	材料规格	材质
1	无缝钢管	ϕ14×4	20 钢
2	高压活接头	PN32，DN6，ϕ14	C.S
3	外螺纹截止阀	PN32，PN5，ϕ14/ϕ14	C.S
4	三阀组	PN32，DN5	C.S
5	螺纹法兰	PN32，DN6	35 钢
6	透镜垫	PN32，DN6	20 钢
7	双头螺柱	M14×2，L=80	40 钢
8	螺母	M14×2	25 钢

表 4-18　冲液法测量压力管路连接（流量控制器）材料

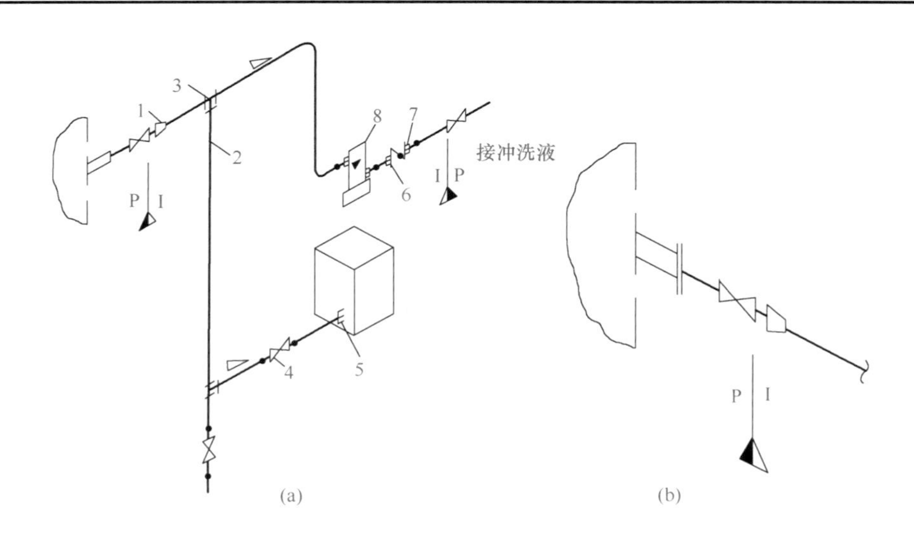

续表

件号	材料名称	材料规格	材质
1	对焊式异径活接头	PN6.3，ϕ22/ϕ14	C.S
2	无缝钢管	ϕ14×2	20 钢
3	对焊式三通接头	PN6.3，ϕ14	C.S
4	外螺纹截止阀	PN6.3，DN10，ϕ14/ϕ14	C.S
5	对焊式直通终端接头	PN6.3，1/2″ NPT/ϕ14	C.S
6	内螺纹止回阀	PN6.3，DN15，G1/2″	C.S
7	对焊式直通终端接头	PN6.3，G1/2″ /ϕ14	C.S
8	金属转子流量计		

第三节　压力测量仪表的维修

一、包端管压力表在测量运行中的常见故障及处理方法

包端管压力表在测量运行中的常见故障及处理方法见表 4-19。

表 4-19　包端管压力表在测量运行中的常见故障及处理方法

故障现象	可能原因	处理方法
压力表无指示	导压管上的切断阀未打开	打开切断阀
	导压管堵塞	拆下导压管，用钢丝疏通，用压缩空气或蒸汽吹洗干净
	弹簧管接头内污物淤积过多而堵塞	取下指针和刻度盘，拆下机芯，将弹簧管放到清洗盘中清洗，并用钢丝疏通
	弹簧管裂开	更换新的弹簧管
	中心齿轮与扇形齿轮磨损过多，以致不能啮合	更换两齿轮
指针抖动大	被测介质压力波动大	关小阀门开度
	压力计的安装位置振动大	固定压力计或在许可的情况下把压力计移到振动较小的地方，也可装减振器
压力表指针有跳动或呆滞现象	指针与表面玻璃或刻度盘相碰，有摩擦	矫正指针，加厚玻璃下面的垫圈或将指针轴孔铰大一些
	中心齿轮轴弯曲	取下齿轮，在铁镦上用木榧矫正敲直
	两齿轮啮合处有污物	拆下两齿轮，进行清洗
	连杆与扇形齿轮间的活动螺栓不灵活	用锉刀锉薄连杆厚度
压力去掉后，指针不能恢复到零点	指针打弯	用镊子矫直
	游丝力矩不足	脱开中心齿轮与扇形齿轮的啮合，逆时针旋动中心轴以增大游丝反力矩
	指针松动	校验后敲紧
	传动齿轮有摩擦	调整传动齿轮啮合间隙
压力指示值误差不均匀	弹簧管变形失效	更换弹簧管
	弹簧管自由端与扇形齿轮、连杆传动比调整不当	重新校验调整
指示偏高	传动比失调	重新调整

续表

故障现象	可能原因	处理方法
指示偏低	传动比失调	重新调整
	弹簧管有渗漏	补焊或更换新的弹簧管
	指针或传动机构有摩擦	找出摩擦部位并加以消除
	导压管线有泄漏	逐段检查管线，找出泄漏之处，予以排除
指针不能指示到上限刻度	传动比小	把活节螺栓向里移
	机芯固定在机座位置不当	松开螺栓，将机芯向逆时针方向转动一点
	弹簧管焊接位置不当	重新焊接

二、弹簧管压力表的维修

（一）弹簧管压力表的现场故障及处理

弹簧管压力表的现场故障及处理方法见表 4-20。

表 4-20　弹簧管压力表的现场故障及处理方法

故障类别	处理方法
压力无指示或不变化	压力表常会出现取样阀或导压管堵塞故障，堵塞严重时压力表将无指示，是很危险的故障，工艺人员麻痹大意就有可能出现超压事故。取样阀或导压管有轻微堵塞，压力表指针会出现反应迟钝或不灵敏，工艺压力有变化但压力指示不变化，可排污、冲洗取样阀及导压管。 压力表指针与中心轴松动或指针卡住，会出现压力表无指示或指示不变化，可敲打压力表外壳，观察指针的变化来判断故障
压力表指针不回零	常见的是被测介质压力瞬间加大，将压力表的指针冲到止销下面而不能回零。不回零的原因还有：指针松动，游丝有问题；游丝力矩不足，游丝变形，扇形齿轮磨损；表接头被污物堵塞。可在卸除压力后，观察压力表指针能否回零，仍不回零则拆下修理和校准。 被测介质是液体或冷凝液，压力表安装位置低于测压点，导压管内的液体或冷凝液的静压力，会使压力表指针不回零，这是正常现象，只需排污就会回零。有隔离液时不能进行排污
压力表指针有跳动或停滞现象	可能原因有：指针松动，指针与表玻璃或刻度盘相碰而有摩擦，扇形齿轮与中心轴摩擦，或者有污物。压力表指针振松、振掉，表内的扇形齿轮与轴齿轮脱开，大多是安装在振动大的设备上引起的，无法采取减振措施时，可更换为耐振压力表
压力表内有积液	从压力表玻璃看到表盘的下部有积液，可能是表的密封损坏而漏进水。或者弹簧管有泄漏故障，需要拆下修理

（二）弹簧管压力表的调修

（1）指针安装方法

调校、修理弹簧管压力表，需要把指针收下和装上许多次，可用起针器取下指针。把指针装到压力表上的操作方法如下。

弹簧管压力表指针安装位置有带止销和不带止销两种。“止销”就是仪表盘面上，在零点处挡住指针，不使指针跑到零点以下的那个小钉，也叫“限止钉”。带止销的压力表装指针的位置，一般是在零点以上标有数字的第一个点上，如一只 0 ～ 1.0MPa 的压力表，标有数字的点是 0.2、0.4、0.6、0.8、1.0 几个点。可把压力升到 0.2MPa，把指针定在 0.2MPa 位置。也可以不在第一个点上装指针，而改在其他点上装指针；示值经过反复调整，还是有一两个点超差，可以通过改变安装指针的位置，使超差的那一两个点的差数，分一部分到其他各点上，使各点都有一点误差而又不超出允许误差。

对于不带“止销”的压力表，没有加压时在零点位置上装指针。压力真空表是不带“止销”的。在没有压力时把指针装在零点的刻线宽度范围内。

现场的压力表指针经常处于摆动状态，有的还快速地振动，因此，将指针紧紧地装在中心轴上很重要。通常是用钟表榔头将指针敲紧，敲击时，一只手将指针稳住，使其在敲击过程中不会摆动，另一只手用榔头将指针敲紧。更换指针时，应特别注意指针轴孔是否与中心轴匹配，若指针轴孔大于中心轴，会出现指针安装不紧固的现象。

（2）刻度误差的调整

刻度误差的调整方法见表 4-21。

表 4-21　刻度误差的调整

类别	说明
零点和上限刻度的调整	刻度误差的调整可参考图 4-10 进行。未加压时把指针固定在零点处，按以上“（1）指针安装方法”进行。然后加压至上限压力值，可松开刻度调节螺栓来调整 L_2 的长短，使指针指示到上限刻度线。通过重复调整，使零点和上限刻度均达到要求 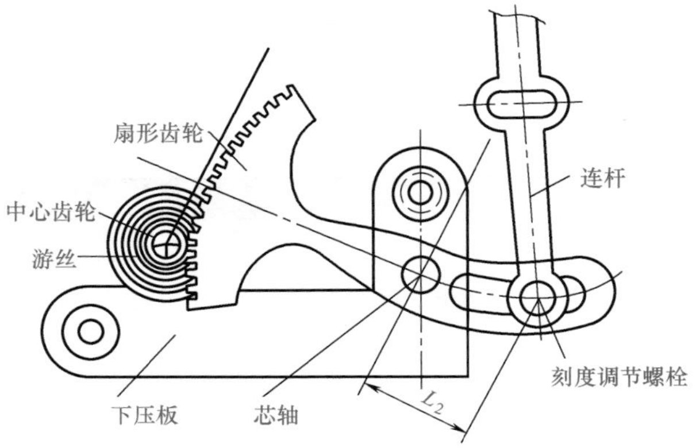 图 4-10　弹簧管压力表传动机构示意图
中间刻度的调整	加压后如误差和刻度是正比关系；是正误差时将 L_2 调长一些；是负误差时将 L_2 调短一些。 加压后，零点刻度和上限刻度附近误差都未超差，而中间刻度超差，并与刻度成正比关系时，可调整 L_2 的长短来改变连杆与扇形齿轮之间的夹角，使误差缩小。当压力加至刻度的 50% 时连杆与扇形齿轮的中心线之间的夹角一般应为 90°。 零点刻度和上限刻度附近的误差不合格，而中间刻度误差合格时，用前面两种方法反复调整，一般都能解决
其他误差的调整	某刻度误差不合格，通常是中心齿轮与扇形齿轮接触不良或中心齿轮轴弯曲造成的。可根据具体原因消除之，如缺牙时，需更换同规格的新齿轮。变差大，一般是因为传动机构摩擦过大、连接有松动，或者游丝力矩不足，可根据实际情况进行处理
刻度误差调整方法	压力表的刻度误差大致有三种情况： a. 各点的差数基本一样； b. 差数越来越大或越来越小； c. 个别（一两个）点超出允许误差。 差数前大后小或后大前小的现象，实际上仍属于 b 情况。a、b 两种情况属于有规律的变化，调整比较容易。对 a 情况只需重新安装指针即可。b 情况：差数越来越大，应将刻度调节螺栓向外移动，将 L_2 调长一些，以增长力臂；差数越来越小，应将刻度调节螺栓向内移动，将 L_2 调短一些，以缩短力臂。c 情况为不规则的变化，产生原因较多，调整要复杂些，如：拉杆与扇形齿轮的角度不对，应调整其角度；游丝的张力不够，应调整或更换游丝；中心轴与表盘不同心，应移动机芯位置，使其同心。调试时应尽量将 c 情况调整成 a、b 两种情况，再进行调整就比较容易。 调动刻度调节螺栓时，用左手食指夹着刻度调节螺栓的螺母，右手拿螺丝刀拨动螺栓，用左手食指感觉出螺栓的移动量。掌握正确方法，就可以用较少的调整次数拨动到准确位置

（三）弹簧管压力表常见故障及处理

弹簧管压力表常见故障现象及处理方法见表 4-22。

表 4-22　弹簧管压力表常见故障现象及处理方法

故障现象	处理方法
游丝紊乱	游丝紊乱是压力表常见故障，原因大多是使用中超压受到较大冲击，拆卸机芯过程中人为损坏。游丝紊乱会引起零点误差大；指针跳变，增大了偶然误差；连杆传动摩擦力增加，使仪表误差增大。应对游丝紊乱最有效的方法就是更换同规格的游丝，若没有可更换的备件，可对已紊乱的游丝进行整理再使用
传动机构磨损	传动机构俗称机芯。机芯的扇形齿轮、中心齿轮的齿啮合面和配合轴孔局部磨损时，会出现仪表卡针或指示误差大的现象。压力表长时间测量一个压力范围基本固定，但又不太稳定的压力时，长时间的磨损易导致本故障，可更换同规格的机芯来修复
指针不回零	指针不回零的原因有：指针与刻度盘面或表玻璃摩擦，可以把指针尖都稍微弯曲一下来消除摩擦；游丝太松，可适当调整游丝的张力；弹簧管出现“残余形变”属于无法修复的故障。传动机构、游丝正常的表，经过调校大多可以使指针正常回零

三、压力变送器的维修

（1）压力变送器故障检查、判断及处理

压力变送器电流信号回路如图 4-11 所示。图中 A 为与常规仪表连接的回路图，B 为与 DCS 连接的回路图。现场至控制室的接线基本是一样的，两种供电方式的故障现象与检查方法基本是相通的，现根据图 4-11 对故障检查、判断及处理进行介绍（见表 4-23）。

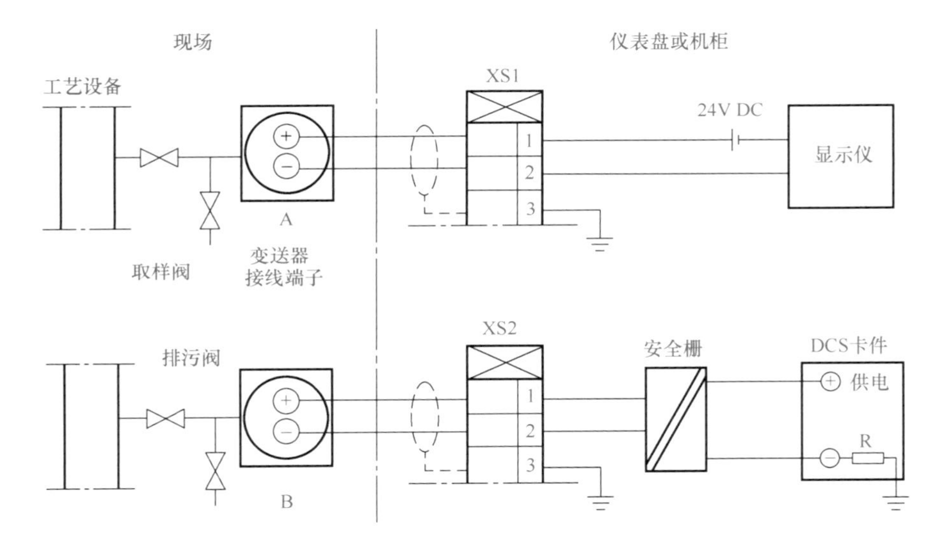

图 4-11　压力变送器测量回路图

表 4-23　压力变送器常见故障现象及处理方法

故障现象	处理方法
没有压力显示	工艺设备已有压力但变送器没有压力信号输出，原因有：取样阀门没有打开，导压管堵塞，排污阀门没有关闭；变送器供电或连接电缆故障，变送器的元器件损坏。按以下方法检查和处理。 ①观察显示仪及变送器表头有无显示值。指针式表头指示零下，LCD 表头没有任何显示，说明变送器的供电中断，检查供电开关是否合上、熔丝是否熔断、连接电缆有无断线。 ②用万用表先测量 24V DC 供电电压，或 DCS 卡件的供电电压。若供电正常，再测量 XS 端子 1、2 间的电压，或者变送器接线端子间的电压，该电压在24V左右，测量变送器表头端的电压，在18V以上，说明线路与变送器的连接基本正常。所测电压为“0V”，原因有可能是测量回路开路，回路中将没有电流；可断开任一根接线，串入万用表测量电流来判断。 ③没有电流，检查信号电缆的接线是否松动或断开，接线端子有无氧化、腐蚀现象，必要时紧固螺钉。检查安全栅的输入、输出电流，判断故障是在安全栅前还是后。仍无电流则原因可能是变送器有故障。

续表

故障现象	处理方法
没有压力显示	④对于新安装或更换的变送器，检查变送器的量程是否正确、智能变送器的参数设定是否正确。量程设定大了，仪表的显示可能会很小。 ⑤工艺管道有压力，但变送器仅有 4mA 左右的电流信号，输出电流上不去，在显示仪上就没有压力显示。取样阀没有打开、排污阀没有关闭、导压管有堵塞、变送器的正压室有泄漏等，都会导致本故障。对于智能变送器可用手操器检查，检查是否设置固定输出为 4mA 模式
压力显示不稳定、波动大	压力参数有点波动属于正常波动。有别于显示值不稳定、显示时有时无、显示时高时低等故障现象，检查此类故障时，可先将控制系统切换至手动来观察波动情况，如果压力曲线波动仍很频繁，应该是工艺原因。对于新投用的压力控制系统，应检查调节器的参数整定及调节阀是否有振荡现象。压力显示波动通过调整变送器的阻尼时间也会有所改善。当变送器附近有大功率的用电设备时，还应考虑电磁干扰的问题。 ①如果波动很明显，显示时有时无，显示时高时低，应重点检查测量回路的连接情况，如接线端子的螺钉有没有松动、氧化、腐蚀而造成接触不良。怀疑变送器或显示仪有问题时，在有压力的状态下把取样阀关闭，使变送器保持一个固定的压力，观察输出电流是否稳定，以判断变送器是否有故障；或者输入给显示仪一个固定的电流值，观察是否能稳定地显示，来判断显示仪是否正常。 ②测量管路及附件的故障率远远高于变送器。应检查导压管路、变送器测量室内是否有气体（测量液体及蒸汽时）或液体（测量气体时）；导压管的伴热温度过高或过低，使被测介质出现汽化或冷凝；都有可能造成显示波动，可通过排污阀排放，或通过变送器测量室的排空旋塞排放。导压管内有杂质，污物出现似堵非堵状态，也会造成显示波动，解决办法就是排污
压力显示误差大	压力显示误差大实质就是压力显示不正确，但要判断是否真的显示不正确，因为操作工说压力不准确也只是经验判断，关键要看所参照的压力表能否作为标准值。否则，显示不正确的依据不充分，就不能对变送器进行调整，不然越调越乱。 ①对导压管进行排污、冲洗来判断测量管路及取样阀门是否畅通。新安装使用的压力测量系统中，导压管内有铁锈、杂质、焊渣是常有的事，可通过多次排污、冲洗来避免堵塞现象的发生。排除了导压管路及工艺的原因后，检查范围就缩小到测量电路。 ②检查变送器的设定及零点是否正确；检查显示仪或板卡的量程与变送器是否一致；可对变送器进行调零和校准。使用有安全栅的回路，可测量安全栅输入端及输出端的电流是否相同，来判断安全栅是否超差，必要时进行更换
压力显示超过量程上、下限	变送器的输出电流超过量程上、下限，先观察就地安装压力表的指示，判别是工艺的问题还是仪表的问题。就地压力表指示如超过了变送器的量程范围，应该是工艺的问题；就地压力表指示在正常压力范围内，说明变送器有问题。 ①首先确定变送器有没有报警输出，可观察表头的显示来确定。智能变送器自诊断检测到有故障，变送器将会使输出电流达到正常饱和值以外，而输出电流是低值还是高值取决于故障模式报警跳线的位置。有报警输出时，可按报警信息提示进行检查和处理。 ②显示在量程下限，说明输入给显示仪或卡件的电流信号小于 4mA，对于新安装或更换的变送器，应先检查信号线极性是否接反。检查变送器能否进行零点调整，若调零点没有作用，可能变送器有问题。若变送器正常，但压力显示仍在零点以下，可采用电流信号对安全栅、隔离器进行检查，以判断是否正常；如果变送器有故障，只有拆下处理或更换。 ③显示超过量程上限，可以采取人为减小压力的方法来检查。打开导压管的排污阀使导压管内的压力下降，变送器的表头有下降变化，说明变送器是可以工作的，否则变送器有问题，或者是工艺压力真的很高
压力显示不变	这是指工艺压力有变化，但变送器的输出电流没有变化。 ①进行排污来确定导压管是否通畅、取样阀门有没有堵塞或打开，否则要对变送器进行检查。小型压力变送器，如 E+H 的 PMC、PMP 系列，FOXORO 的 IAP10、IGP10 系列，其结构紧凑、重量轻，都是直接安装在过程设备或管道上，对于这类变送器应拆下来检查，观察接头内有没有被杂质堵塞，可对症进行处理。 ②关闭取样阀，再打开排污阀进行卸压，观察变送器的零点电流是否正常，若仍没有变化，可能是变送器损坏。对智能变送器可检查其零点电流设定是否正确，最后检查外接电路及系统其他环节有无问题

（2）压力变送器维修

压力变送器的故障现象、检查及排除见表 4-24。

表 4-24　压力变送器的故障现象、检查及排除

故障现象	故障诊断分析	故障排除及小结
锅炉炉膛负压突然没有压力显示	先将燃烧控制系统切换至手动操作。检查发现微压变送器的取样胶管老化断裂并脱落，导致微压变送器正压口与大气相通	故障处理：更换取样胶管，燃烧控制系统恢复正常。 维修小结：本例微压变送器的量程为 -25 ～ +25Pa，对应 4 ～ 20mA。取样胶管断裂使变送器正压口与大气相通，使微压变送器的输出电流为 12mA，DCS 的显示为 0Pa。如果没有切换至手动操作，控制系统将按正压来控制鼓、引风变频器，使鼓风机的转速下降，引风机的转速上升。一旦燃烧控制系统失控，将会影响生产
新更换的压力变送器没有压力显示	检查发现没有供电电压，进一步检查发现信号隔离器有故障	故障处理：更换信号隔离器。 维修小结：本例是人为故障，在更换变送器时仪表工没有停电就拆线，拆下的线又没有包胶布。当事人回忆，抽信号线时曾看到一下火花，当时也不在意，换好变送器后居然没有电了。本故障中 24V 正极接地，造成了信号隔离器损坏
（压力显示不稳定、波动大）某设备的压力显示值波动，一停变频器，仪表显示就正常	肯定是变频器造成的干扰，但检查和处理干扰很麻烦，反复采取很多抗干扰措施，效果不明显，最后发现是电动机没有接地线引发的干扰	故障处理：在电动机接线盒内加接地线，压力显示值不波动了。 维修小结：本例中首先想到的就是仪表和模块的接地，检查都已接地。然后试着加隔离模块，单独接地，一点效果也没有。压力变送器的输出信号是 0 ～ 10V DC，是不是抗干扰能力没有 4 ～ 20mA DC 的好？更换变送器的理由又不充分。对变频器的接地进行整改仍无效果，与变频器有关的就剩电动机了，偶然打开电动机的接线盒看了看，发现电动机的地线没有接，接上地线，故障消失
蒸汽压力变送器的数值和控制室二次表的数值同时波动	进行排污开表后仍然波动。关闭取样阀观察变送器的显示，显示压力还是波动，反复检查发现信号线屏蔽层接地电阻很大，接近 200Ω	故障处理：对接地线进行处理后重新接地，波动现象消失。 维修小结：开始排污没有作用；拆下变送器回仪表室检查没有波动现象。估计有干扰，所以才检查信号线的接地，一检查就发现了问题
（压力显示误差大）新安装的微压变送器零点不正确	安装前校准了仪表，安装后发现零点不正确，即 0Pa 时输出电流不是小于 4mA，就是大于 4mA	故障处理：重新调整仪表的零点，使之符合要求。 维修小结：微压变送器的量程很小，变送器感压元件的自重会影响变送器的输出，安装微压变送器后出现零点变化很正常。安装时应尽量使变送器的压力敏感元件轴向垂直于重力方向，但现场安装很难做到。因此，安装固定后再微调变送器的零点，是一种简单有效的方法
某蒸汽压力显示偏低	测量变送器的输出，比现场压力表指示低 0.3MPa 左右，拆开变送器发现端子盒内有水	故障处理：对端子盒进行干燥处理后显示正常，并用塑料布对变送器进行了包裹处理 维修小结：变送器端子盒进水，造成了信号线的绝缘电阻下降，使变送器的输出电流分流，出现了压力显示偏低的故障
对压力变送器例行检查零点时，发现零点偏高 0.03MPa	打开排污阀排空导压管，变送器应该显示 0MPa，但其显示为 0.03MPa。用手操器检查发现，“C21：LOW RANGE”为 0.03MPa，看来测量下限值设置有误	故障处理：将“C21：LOW RANGE”设置为 0MPa，“C22：HIGH RANGE”为 2.0MPa，仪表零点恢复正常。 维修小结：一开始拟进行调零，有人提出这表才用了半年，零点不应该变化，建议先检查设定。用手操通信器检查发现，“C21：LOW RANGE”为 0.03MPa，“C22：HIGH RANGE”为 2.0MPa，把 C21 改为 0.00MPa 后，C22 变为 1.97 MPa。EJA 变送器改变量程下限值时，上限值也自动随之改变，因此量程不变；而改变上限值时，下限值不会随着改变，因此量程改变。从型号知该表的出厂量程为 0.03 ～ 3MPa，订货时考虑全厂通用，没有提供实际量程；看来是安装人员只设定了变送器的量程上限，而忽视了零点的设置
氮氢气压缩机三级出口压力显示比就地压力表低	控制台的显示比就地压力表低 0.6MPa，对压力表及压力变送器进行检查及校准，都是准确的；但两表的显示仍不一样。反复检查才发现压力变送器的排污阀有泄漏	故障处理：更换排污阀后，两表的显示值一致。 维修小结：仪表正常，就应该对导压管路及附件进行检查。本例中由于厂房环境嘈杂，排污阀的泄漏声被淹没，没能及时发现。检查气体导压管路有无泄漏，可在接头、管口涂肥皂水来发现泄漏点

续表

故障现象	故障诊断分析	故障排除及小结
冷凝罐负压显示为正压	到现场观察，就地的U形管压力计指示的仍是正常的负压值，检查变送器正常。按经验判断导压管有积液	故障处理：拆开与变送器连接的导压管接头，待一会再接上导压管，负压显示正常。 维修小结：拆开导压管后，导压管的一端通大气，一端通负压设备，这样靠负压把导压管中的积液吸到设备中去，导压管畅通后仪表显示恢复正常
（压力显示超过量程上、下限）发酵工段蒸汽压力控制系统失灵，压力显示最大，电动调节阀全关	将系统切换至手动，检查发现现场来的压力信号超过20mA，检查变送器零点不正常。判断变送器有故障	故障处理：更换变送器后，系统恢复正常。 维修小结：经过对换下的1151变送器进行检查，把故障范围缩小在电流控制输出部分，进一步检查，发现电流转换器三极管Q3的C、E极的电阻仅有数十欧，看来Q3已击穿损坏致使输出电流过大
（压力显示不变化或变化缓慢）检修更换蒸汽压力变送器后，输出电流反应迟缓，有时电流突然跑高，停表卸压变送器很缓慢地回到零点	怀疑导压管或阀门有堵塞现象，但从排污看不像有堵塞。拆下变送器接头，发现垫片内孔几乎看不出来	故障处理：重新更换垫片，变送器恢复正常。 维修小结：垫片选择不当，上紧接头时垫片被挤压，内孔收小，导致压力传递不通畅，使变送器的输出电流反应迟缓，有时压力高；冲开垫片，电流又突然跑高，卸压时变送器输出电流很缓慢地回到零点，就是垫片的原因造成的
球磨机的油泵停了，压力开关还是显示正常的绿色	观察现场就地压力表显示基本为零，从DCS查看，该测点置“Off”，状态是活动（active）的	故障处理：更换压力开关后恢复正常。 维修小结：当球磨机的油压低于报警值时，压力开关应动作并显示红色，但还是显示绿色（正常）。从经验判断，应该是压力开关有问题，拆下调校发现不正常，确定压力开关有故障

四、电接点压力表及压力开关的维修

（1）电接点压力表的维修

电接点压力表是在弹簧管压力表的基础上增加了一套电接点装置，通过电接点的通、断信号来对被测压力进行控制或报警。容易出故障的是电接点装置，常见故障如下。

① 被测压力大幅度波动，压力表受振动，使压力指针弹高与给定指针重合在一起，压力上升或下降，压力指针卡在下限或上限给定指针上，适当调整压力表指针的高度就可恢复。

② 电接点由于氧化、腐蚀而出现接触不良，或者触点使用电压较高或电流较大，易产生火花和电弧，使触点损坏或接触不良，清洗或用细砂布进行抛光处理，或者更换电接点都能奏效。电接点压力表出现不报警故障时，可按图4-12进行检查和处理。

（2）压力开关的维修

压力开关常见故障现象、故障原因及处理方法见表4-25。

表4-25　压力开关常见故障现象、故障原因及处理方法

故障现象	故障原因	故障处理
压力开关无输出信号	微动开关损坏	更换微动开关
	开关设定值调得过高	调整到适宜的设定值
	与微动开关相接的导线未连接好	重新连接使接触可靠
	感压元件装配不良，有卡滞现象	重新装配，使动作灵敏
	感压元件损坏	更换感压元件
压力开关灵敏度差	传动机构如顶杆或柱塞的摩擦力过大	重新装配，使动作灵敏
	微动开关接触行程太长	调整微动开关的行程
	调整螺钉、顶杆等调节不当	调整螺钉和顶杆位置
	安装不平和倾斜安装	改为垂直或水平安装
压力开关发信号过快	进油口阻尼孔大	把阻尼孔适当改小，或在测量管路上加装阻尼器
	隔离膜片碎裂	更换隔离膜片
	系统压力波动或冲击太大	在测量管路上加装阻尼器

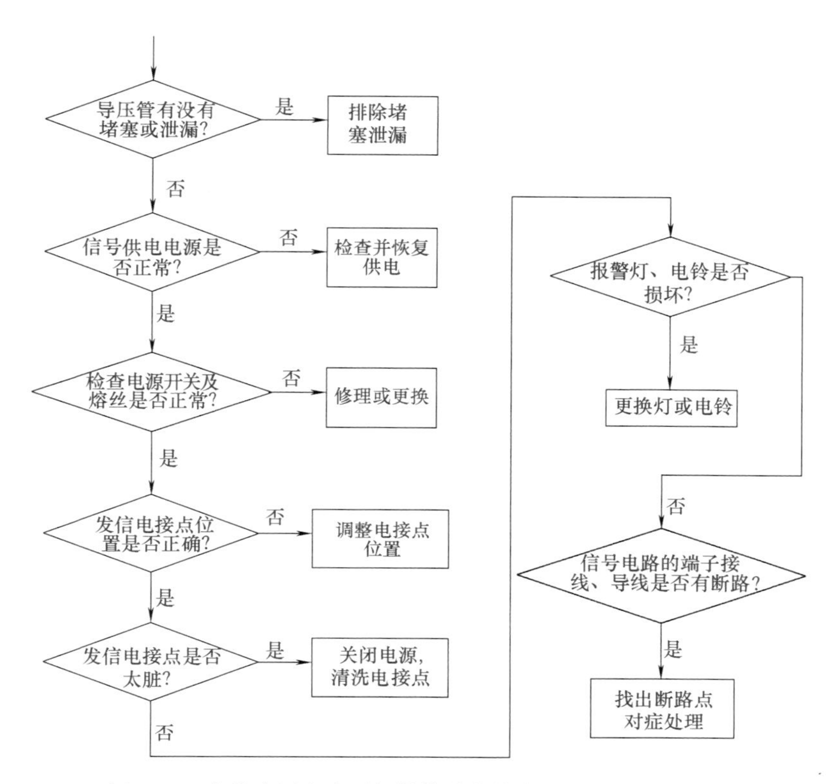

图 4-12　电接点压力表不报警故障的检查、判断及处理方法

第五章 流量测量仪表

第一节 流量测量仪表的结构

一、概述

工业生产过程中另一个重要参数就是流量。流量就是单位时间内流经某一截面的流体数量。流量可用体积流量和质量流量来表示，其单位分别为 m^3/h、L/h 和 kg/h 等。

流量计是指测量流体流量的仪表，它能指示和记录某瞬时流体的流量值；计量表（总量表）是指测量流体总量的仪表，它能累计某段时间间隔内流体的总量，即各瞬时流量的累加和，如水表、煤气表等。

工业上常用的流量仪表可分为以下两大类。①速度式流量计：以被测量流体在管道中的流速作为测量依据来计算流量的仪表。如差压式流量计、变面积流量计、电磁流量计、漩涡流量计、冲量式流量计、激光流量计、堰式流量计和叶轮水表等。②容积式流量计：它以单位时间内所排出的流体固定容积的数目作为测量依据。如椭圆齿轮流量计、腰轮流量计、刮板式流量计和活塞式流量计等。

二、转子流量计

转子流量计又称面积式流量计或恒压降式流量计，也是以流体流动时的节流原理为基础的一种流量测量仪表。转子流量计的特点：可测多种介质的流量，特别适用于测量中小管径雷诺数较低的中小流量；压力损失小且稳定；反应灵敏，量程较宽（约 10 ∶ 1），示值清晰，近似线性刻度；结构简单，价格便宜，使用维护方便；还可测有腐蚀性的介质流量。但转子流量计的精度受测量介质的温度、密度和黏度的影响，而且仪表必须垂直安装。

（1）转子流量计的工作原理

转子流量计是由一段向上扩大的圆锥形管子 1 和密度大于被测介质密度，且能随被测介质流量大小上下浮动的转子 2 组成，如图 5-1 所示。

从图 5-1 可知，当流体自下而上流过锥管时，转子因受到流体的冲击而向上运动。随着转子的上移，转子与锥形管之间的环形流通面积增大，流体流速降低，冲击作用减弱，直到流体作用在转子上向上的推力与转子在流体中的重力相平衡。此时，转子停留在锥形管中某一高度上。如果流体的流量再增大，则平衡时转子所处的位置更高；反之则相反。因此，根据转子悬浮的高低就可测知流体流量的大小。

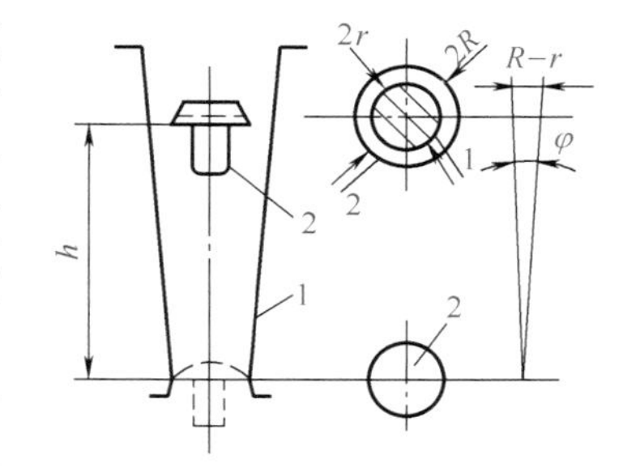

图 5-1　转子流量计原理

由上述可知，平衡流体的作用力是利用改变流通面积的方法来实现的，因此称它为面积式流量计。此外，无论转子处于哪个平衡位置，转子前后的压力差总是相同的。这就是转子流量计又被称为恒压降式流量计的缘故。它的流量方程式为：

$$Q=\alpha\pi\left[2hr\tan\varphi+(h\tan\varphi)^2\right]\sqrt{\frac{2gV(\rho_f-\rho)}{F\rho}} \tag{5-1}$$

式中　r——转子的最大半径；

φ——锥形管的倾斜角；

V——转子的体积；

$V(\rho_f-\rho)$——转子在流体中的质量；

ρ_f——转子材质密度；

ρ——流体的密度；

F——转子的最大截面积；

α——与转子几何形状和雷诺数有关的流量系数。

由式（5-1）可知：

Q 与 h 之间并非线性关系，但因 φ 很小，可以视作线性，所以被引入测量误差，故精度较低（±2.5%）；影响测量精度的主要因素是流体的密度 ρ 的变化，因此在使用之前必须进行修正。

（2）转子流量计的种类及结构

转子流量计一般按锥形管材料的不同，可分为玻璃管转子流量计和金属管转子流量计两大类。前者一般为就地指示型，后者一般制成流量变送器。金属管转子流量计按转换器不同又可分为气远传、电远传、指示型、报警型、带积算等；按其变送器的结构和用途又可分为基型、夹套保温型、耐腐蚀型、高温型、高压型等。

图 5-2 为电远传金属管转子流量计工作原理图。当流体流过仪表时，转子上升，其位移通过封镶在转子上部的磁钢与外面的双面磁钢耦合传出，由平衡杆带动两套四连杆机构，分别实现现场指示和使铁芯相对于差动变压器产生位移，从而使差动变压器的次级绕组产生不平衡电势，经整流后，输出 0 ～ 10mV 或 0 ～ 50mV 的电压信号。如要输出标准电流信号，则可将整流后的电信号再经功率放大等，最后输出 0 ～ 10mA 或 4 ～ 20mA 的标准直流电信号，便于远传进行指示、记录或调节等。

三、电磁流量计

（1）电磁流量计的工作原理及结构

电磁流量计是利用法拉第电磁感应定律进行流量测量的，其工作原理犹如变压器的工作原理，即电源向励磁线圈提供电流，励磁电流经线圈产生磁场，该磁场作用于导电的介质中形成感应电势，最后，从电极上获取与被测流体流速成正比的电压信号。

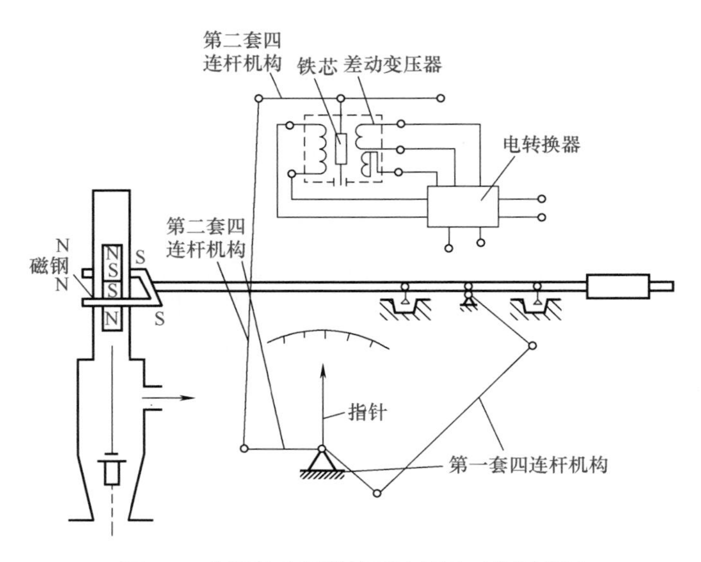

图 5-2　电远传金属管转子流量计工作原理图

电磁流量计通常由传感器和转换器两部分组成。被测流体的流量经传感器变换成感应电势，然后由转换器将感应电势转换成统一的 4 ～ 20mA DC 信号输出，以便进行显示或控制。其结构如图 5-3 所示。

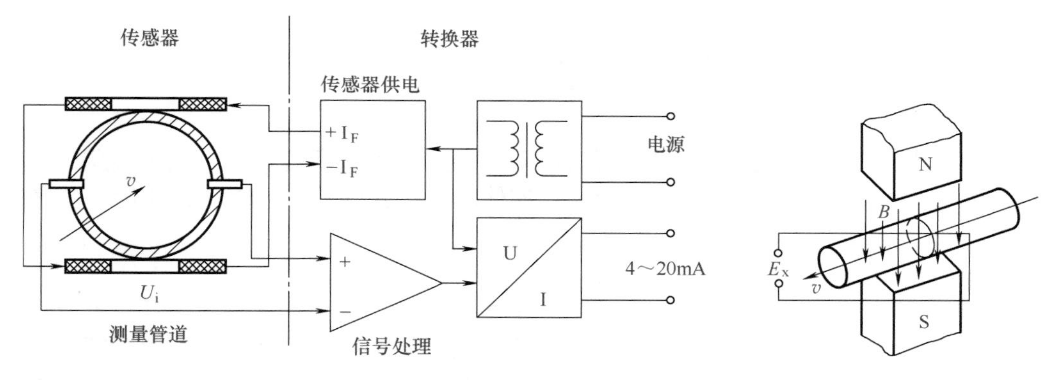

图 5-3　电磁流量计基本结构图　　　图 5-4　电磁流量计原理图

（2）电磁流量计的测量原理

电磁流量计是利用电磁感应原理制成的流量测量仪表，可用来测量导电液体体积流量（流速）。变送器几乎没有压力损失，内部无活动部件，用涂层或衬里易解决腐蚀性介质流量的测量。检测过程中不受被测介质的温度、压力、密度、黏度及流动状态等变化的影响，没有测量滞后现象。

电磁流量计是电磁感应定律的具体应用，当导电的被测介质垂直于磁力线方向流动时，在与介质流动和磁力线都垂直的方向上产生一个感应电动势 E_x（单位为 V。如图 5-4 所示）：

$$E_x=BDv \tag{5-2}$$

式中　B——磁感应强度，T；

D——导管直径，即导体垂直切割磁力线的长度，m；

v——被测介质在磁场中运动的速度，m/s。

因体积流量 Q（单位：m^3/s）等于流体流速 v 与管道截面积 A 的乘积，直径为 D 的管道的截面积 $A=\frac{\pi}{4}D^2$，故：

$$Q=\frac{\pi D^2}{4}v$$

将公式 $Q=\frac{\pi D^2}{4}v$ 代入公式 $E_x=BDv$ 中，即得：

$$E_x=\frac{4B}{\pi D}Q$$

$$Q=\frac{\pi D}{4B}E_x \tag{5-3}$$

由式（5-3）可知，当管道直径 D 和磁感应强度 B 不变时，感应电势 E_x 与体积流量 Q 之间成正比。但是式（5-3）是在均匀直流磁场条件下导出的，由于直流磁场易使管道中的导电介质发生极化，会影响测量精度，因此工业上常采用交流磁场 $B=B_m\sin\omega t$，得：

$$Q=\frac{\pi D}{4}\times\frac{E_x}{B_m\sin\omega t} \tag{5-4}$$

式中　ω——交变磁场的角频率；

B_m——交变磁场磁感应强度的最大值。

由式（5-4）可知，感应电势 E_x 与被测介质的体积流量 Q 成正比。但变送器输出的 E_x 是一个微弱的交流信号，其中包含各种干扰成分，而且信号内阻变化高达几万欧姆，因此，要求转换器是一个高输入阻抗，且能抑制各种干扰成分的交流毫伏转换器，将感应电势转换成 4 ～ 20mA DC 统一信号，以供显示、调节和控制，也可送到计算机进行处理。

（3）电磁流量计的特点与应用

电磁流量计有许多特点，在应用时对有些问题必须特别注意。

电磁流量计的特点如下：

① 测量导管内无可动部件和阻流体，因而无压损，无机械惯性，所以反应十分灵敏。

② 测量范围宽，量程比一般为 10 ∶ 1，最高可达 100 ∶ 1。流速范围一般为 1 ～ 6m/s，也可扩展到 0.5 ～ 10m/s。流量范围可测几十毫升每小时到十几万立方米每小时。测量管径范围可从 2mm 到 2400mm，甚至可达 3000mm。

③ 可测含有固体颗粒、悬浮物的溶液（如矿浆、煤粉浆、纸浆等）或酸、碱、盐溶液等具有一定电导率的液体体积流量，也可测脉动流量，并可进行双向测量。

④ E_x 与 Q 成线性关系，故仪表具有均匀刻度，且流体的体积流量与介质的物性（如温度、压力、密度、黏度等）、流动状态无关，所以电磁流量计只需用水标定，即可用来测量其他导电介质的体积流量而不用修正。

电磁流量计也有其局限性和不足之处：

① 使用温度和压力不能太高。具体使用温度与管道衬里的材料发生膨胀、变形、变质的温度有关，一般不超过 120℃；最高使用压力取决于管道强度、电极部分的密封状况以及法兰的规格等，一般使用压力不超过 1.6MPa。

② 应用范围有限。电磁流量计不能用来测量气体、蒸汽和石油制品等非导电流体的流量。

③ 当流速过低时，要把与干扰信号相同数量级的感应电势进行放大和测量是比较困难的，而且仪表也易产生零点漂移，因此，电磁流量计的满量程流速的下限一般不得低于0.3m/s。

④ 流速与速度分布不均匀时，将产生较大的测量误差，因此，在电磁流量计前必须有一个适当长度的直管段，以消除各种局部阻力对流速分布对称性的影响。

四、质量流量计

在工业生产过程中，有时需要测量流体的质量流量，如化学反应的物料平衡、热量平衡、配料等，都需要测量流体的质量流量。质量流量是指在单位时间内，流经封闭管道截面处流体的质量。用来测量质量流量的仪表统称为质量流量计。

质量流量计有以下特点：

① 对示值不用加以理论的或人工经验的修正；

② 输出信号仅与质量流量成比例，而与流体的物性（如温度、压力、黏度、密度、雷诺数等）无关；

③ 与环境条件（如温度、湿度、大气压等）无关；

④ 只需检测、处理一个信号（即仪表的输出信号），就可进行远传和控制；

⑤ 只需一个变量对时间进行积分，所以流量的计算简单。

质量流量计一般可分为直接式（内补偿式）与推导式（外补偿式）两类。直接式质量流量计又可分为热力式、科氏力式、动量式和差压式等几种；推导式质量流量计又被分为温度压力补偿式和密度补偿式两种。

（1）直接式质量流量计

直接式质量流量计是一种流量测量装置，其敏感元件的反应与真正的质量流量成正比。

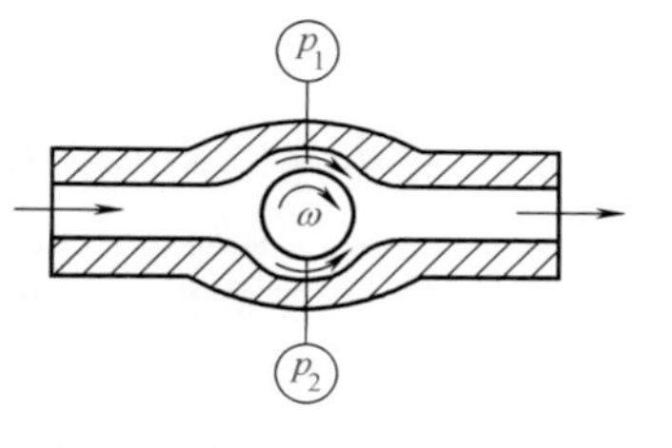

图 5-5　应用马氏效应的质量流量计的作用原理图

图 5-5 为差压式直接质量流量计的作用原理图。它是根据马格纳斯诱导回流效应（简称马氏效应），在仪表的壳体内安装一个圆筒，把仪表分割成两个相等的通道。当圆筒静止时，流经通道的质量流量相等，则 p_1 与 p_2 的压力相等。当圆筒以恒定的速度 ω 按顺时针方向旋转时，则旋转圆筒的圆周速度必将叠加到流体的流速上。显然，p_1 处的流速增大，p_2 处的流速减小，两者增减的速度均为旋转圆筒的圆周速度，即：

$$u_1=u_m+u_0$$

$$u_2=u_m-u_0$$

式中　u_1，u_2——分别为 p_1 点和 p_2 点的流速；

u_m——圆筒静止时各测点通道的流速；

u_0——圆筒旋转时所产生的速度。

根据伯努利方程和流量基本公式可求得差压式质量流量计的基本公式：

$$p_1-p_2=\frac{M}{A}u_0$$

式中，M 为质量流量；A 为一边通道的截面积。若圆筒由同步电动机带动，确保其转速恒定，则 u_0 为常数。当结构及几何尺寸确定后，则 A 也是常数。可见，只要测出 p_1 和 p_2 的压力差，就能得到与该压力差成正比的质量流量。

（2）科氏力质量流量计

科氏力质量流量计是目前应用较多，发展较快的一种直接式质量流量计，是美国 Micromotion 公司首先开发出来的，所以也称 Micromotion 流量计。它有以下特点：

① 可直接测量质量流量，与被测介质的温度、压力、黏度及密度等参数变化无关；

② 无可动部件，可靠性较高，维修容易；

③ 线性输出，测量精度高，它可达 ±0.1% ～ ±0.2%，并和 DCS 计算机连用；

④ 可调量程比宽，最高可达 1 ∶ 100；

⑤ 适用于高压气体、各种液体的测量，如腐蚀性、脏污介质、悬浮液及两相流体（液体中含气体量＜ 10% 体积）等的测量。科氏力质量流量计的整个测量系统，一般由传感器、变送器及数字式指示累积器等 3 部分组成（如图 5-6 所示）。传感器是根据科里奥利（Coriolis）效应制成的，由传感管、电磁驱动器和电磁检测器 3 部分组成。传感管的结构种类很多，有的是两根 U 形管，有的是两根 Ω 形管，有的是两根直管等，如图 5-7 所示。电磁驱动器使传感管（如 U 形传感器）以其固有频率振动，而流量的导入使 U 形传感管在科氏力的作用下产生一种扭曲，在它的左右两侧产生一个相位差，根据科里奥利效应，该相位差与质量流量成正比。电磁检测器把该相位差转变为相应的电平信号送入变送器，经滤波、积分、放大等电量处理后，转换成与质量流量成正比的 4 ～ 20mA 模拟信号和一定范围的频率信号两种形式输出。综上可知，科氏力质量流量计与温度、压力、密度和黏度等参数的变化无关，无需进行任何补偿，故称为直接式质量流量计。

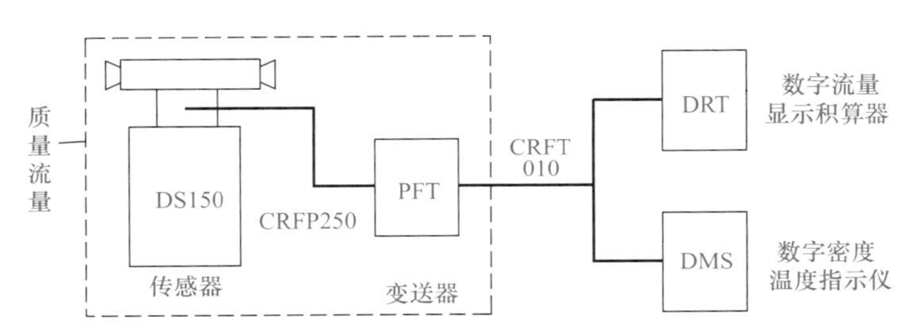

图 5-6　质量流量计组成框图

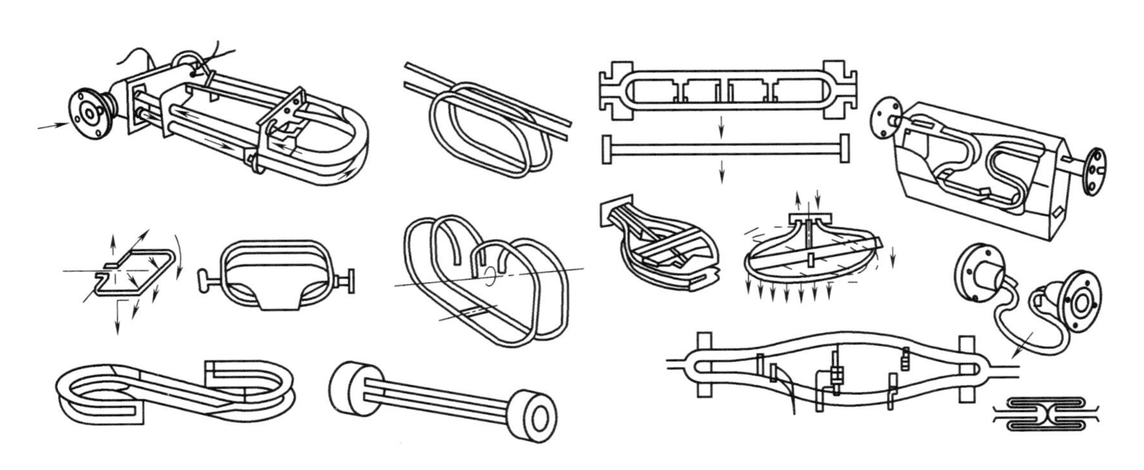

图 5-7　Coriolis 式质量流量计的测量管形状

（3）推导式质量流量计

推导式质量流量计是一种体积流量测量装置。它的输出需经过补偿才能换算成质量流量。它的实现方法有很多。特别是智能仪表和微机的应用，使推导式质量流量计发展极快。

① 由流量变送器和密度计组合成的质量流量计测量流量的变送器有涡轮流量计、电磁流量计、漩涡流量计、超声波流量计等，它们和连续测量 ρ 的密度计相组合，通过 ρQ 乘积的运算，最后可得质量流量 M。

② 温度、压力补偿式质量流量计在测出管道中被测流体的体积流量的同时，也测出被测点的介质温度和压力，并对上述三者进行适当运算，即可求得质量流量。

③ 微型机多通道质量流量计。微型机多通道质量流量计接收来自多通道标准节流装置经差压变送器、压力变送器和温度变送器的信号，采用微型计算机在线自动运算补偿 4 个参数（密度 ρ、流量系数、流束膨胀系数 ε、节流元件的开孔直径 d），按要求设定一个参量（干度 X），并在线自动运算、显示、打印出流体的瞬时质量流量和累计总量。

④ 国外流量计算机。使用微型机实现压力、温度补偿的方法是我国目前应用比较广泛的流量测量方法。但是随着石化工业的蓬勃发展，天然气、石油产品在管道中的传输和销售都需要解决计量问题。另外，又因国际上能源日趋短缺，燃料价格上涨，要求计量准确。因此，国外许多工业发达国家纷纷研究出各种流量计算机，详见表 5-1。

表 5-1　国外流量计算机一览表

型号	功能	连接的变送器	依照标准	厂家
2231 型	配孔板测量天然气的体积流量	差压、压力、温度、密度变送器	AGA3	丹尼工业股份有限公司
2232 型	配孔板测量天然气的体积和质量流量	差压、密度变送器	AGA3	
2233 型	配涡轮测量液态烃的体积、质量流量	压力、温度、密度变送器	API1101 API2540	
2234 型	配孔板测量乙烯气体的质量流量	压力、温度、差压、密度变送器	AGA3	
2236 型	配涡轮测量液态丙烯的体积、质量流量	压力、温度变送器	API2565	
UMC-2000 型	配孔板或涡轮测量天然气的体积和质量流量	压力、温度、差压、密度变送器	AGA3、5	ITT 巴腾公司
MC-3000 型	配孔板测量天然气的体积、质量、能量流量；配涡轮测量石油流量	压力、温度、差压、密度变送器	AGA3、5 API2540	
1001A 型	配孔板测量天然气的体积、质量、能量流量，通过组合也可测其他气体或液体的流量	差压、温度、压力、密度、卡路里热值变送器	AGA3、5 AGANX-19	华富控制仪表有限公司
1120 型	配涡轮、漩涡流量计等测量液态烃的体积、质量流量。经过组合可带自动校验装置	压力、温度、密度变送器	API2540 API1101 API2531	
MPB 气体流量计算机	配涡轮测量天然气体积、质量流量	压力、温度、密度变送器	AGANX-19	洛克威尔国际公司
FCD900	配孔板测量天然气或液态烃的体积、质量、能量流量	差压、温度、压力或密度、卡路里热值变送器	ISO5167 AGA3、5 API2530 ASTM1250D	沙拉索泰自动化有限公司
FCT900	配涡轮测量天然气或液态烃的体积、质量、能量流量。可带自动校验装置校正涡轮系数	温度、压力或密度、卡路里热值变送器	ISO2715 AGA5、7 ASTM1250D	
FC910	配孔板或涡轮测量天然气和液态烃的体积、质量、能量流量	差压、温度、压力或密度、卡路里热值变送器	ISO5167 ISO2715 AGA3、7 AGA5 ASTM1250D	

续表

型号	功能	连接的变送器	依照标准	厂家
781 型（用编程器送数）782 型（用键盘送数）	配孔板或涡轮测量天然气的体积、质量流量	差压、温度、密度、压力变送器	AGANX-19	KDG 仪器仪表有限公司
7900 过程（流量）计算机	配孔板或涡轮测量天然气和液态石油产品的体积、质量、能量流量	温度、压力、密度、卡路里热值变送器	ISO5167 AGA3、5	索拉铁龙传感器集团公司

从表 5-1 中可见，这些流量计算机不仅采用温度、压力进行补偿，还采用密度、基本卡路里热值变送器进行补偿。

五、漩涡流量计

（1）漩涡流量计工作原理

漩涡流量计是在流体中安装一根或多根非流线型阻流体，流体在阻流体两侧交替地分离释放出两串规则的漩涡，这种漩涡称为卡曼涡街，如图 5-8 所示。在一定的流量范围内漩涡分离频率正比于管道内的平均流速，采用各种形式的检测元件测出漩涡频率，可以推算出流体的流量。

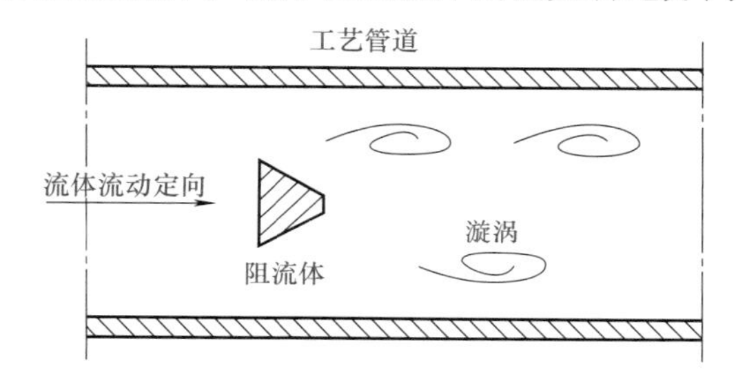

图 5-8　卡曼涡街示意图

（2）漩涡流量计结构

漩涡流量计由传感器和转换器两部分组成。传感器由阻流体（即漩涡发生体）、检测元件、壳体等组成；转换器由前置放大器、滤波整形电路、D/A 转换器、输出接口电路等组成，如图 5-9 所示。智能型的除上述基本电路外，还把微处理器、显示、HART 通信等功能模块组合在转换器内。

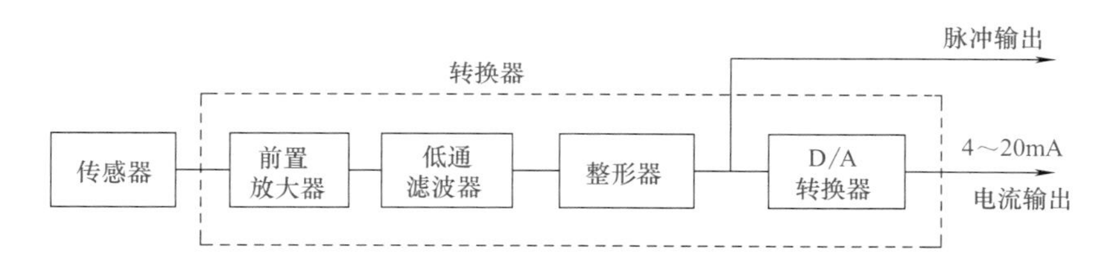

图 5-9　漩涡流量计结构示意图

六、差压式流量计

（1）差压式流量计的工作原理及结构

差压式流量计测量系统如图 5-10 所示，流体在管道中流动，经节流装置时，由于流通面积突然减小，流动必然产生局部收缩，流速加快，根据能量守恒原理，动压和静压能在一定条件下互相转换，流速加快必然导致静压能的下降，因而在节流装置的上、下游之间产生了静压差，这个静压差的大小和流过此管道的流体的流量有关。通过差压变送器测量出节流装置前后的压差，就可以知道被测流量的大小了。

（2）节流装置

节流装置与差压变送器配套测量流体的流量，仍是目前炼油、化工生产中使用最广的一种流量测量仪表。目前工业生产中应用有各种各样的节流装置，如图 5-11 所示。

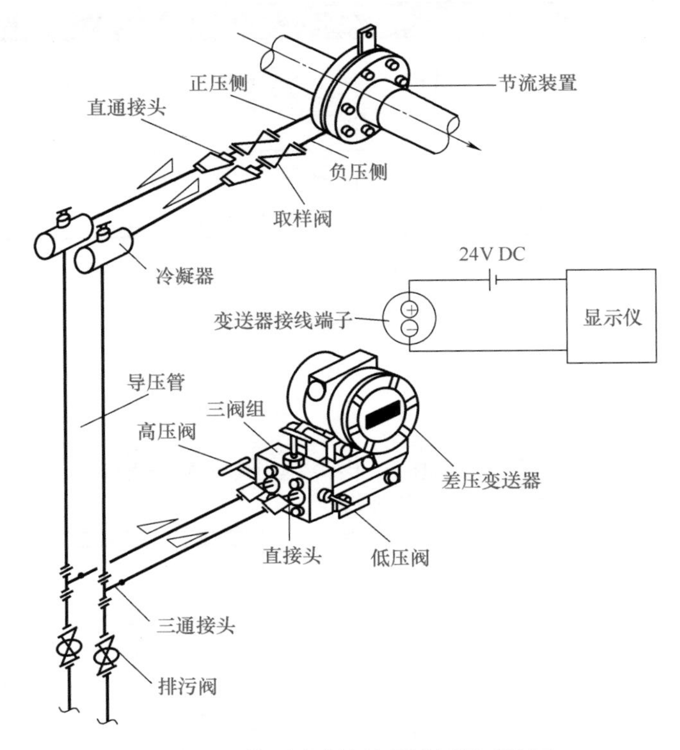

图 5-10 差压式蒸汽流量计测量系统图

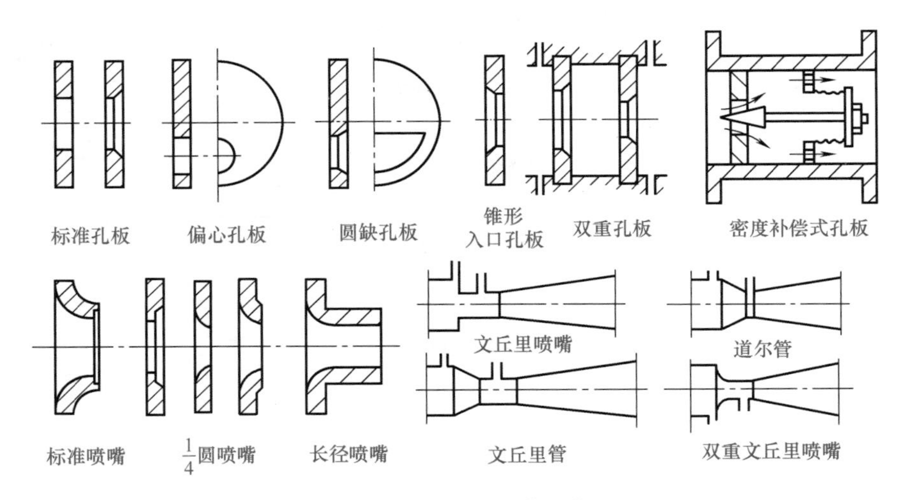

图 5-11 各种形式的节流装置

图 5-11 所示的节流装置中，应用最多的是孔板、喷嘴、文丘里管和文丘里喷嘴。这 4 种节流元件试验数据完整，产品已标准化，所以称它们为“标准节流装置”。其他形式的节流元件，如双重孔板、圆缺孔板等，由于形状特殊，研究尚不深透，缺乏足够的实验数据，所以尚未标准化，故称它们为特殊节流装置。这类特殊装置设计制造后，必须先进行标定，然后才能使用。

节流元件具有结构简单、便于加工制造、工作可靠、适应性强、使用寿命长等优点。

① 测量原理。在管道中流动的流体具有动能和势能，在一定条件下这两种能量可以相互转换，但参加转换的能量总和是不变的。应用节流元件测量流量就是利用这个原理来实现的。

根据能量守恒定律及流体连续性原理，节流装置的流量公式可以写成：

体积流量 $Q = \alpha\varepsilon F_0\sqrt{2\Delta p / \rho_1}$

质量流量 $M = \alpha\varepsilon F_0\sqrt{2\Delta p \rho_1}$

式中 M——质量流量，kg/s；

Q——体积流量，m^3/s；

α——流量系数；

ε——流束膨胀系数；

F_0——节流装置开孔截面积，m^2；

ρ_1——流体流经节流元件前的密度，kg/m^3；

Δp——节流元件前后压力差，即 $\Delta p=p_1-p_2$，Pa。

在计算时，根据我国现用单位的习惯，如果 Q 的单位为 m^3/h，M 的单位为 kg/h，F_0 的单位为 mm^2，Δp 的单位为 Pa，ρ 的单位为 kg/m^3，则上述流量公式可换算为实用流量计算公式，即：

$$Q = 0.003999\alpha\varepsilon d^2\sqrt{2\Delta p / \rho_1}$$

$$M = 0.003999\alpha\varepsilon d^2\sqrt{\rho_1\Delta p}$$

式中 d——节流元件的开孔直径，$F_0 = \frac{\pi}{4}d^2$。

我国自 1993 年 8 月 1 日起采用 GB/T 2624—1993 标准，代替 GB 2624—1981 标准。本标准适用于角接取压、法兰取压、D 和 $D/2$ 取压的孔板、喷嘴和文丘里管的节流装置；同时也只适用于管道公称通径为 50 ～ 1200mm 的流量测量和管道雷诺数大于 3150 的场合。

GB/T 2624—1993 新标准采用流出系数 C 来代替过去的流量系数 α。两者的换算关系如下：

$$C=\alpha/E$$

式中 E——渐近速度系数，$E = 1/\sqrt{1-\beta^4}$。

② 节流装置的取压方式。节流装置的取压方式，就孔板而言有 5 种，如图 5-12 所示；就喷嘴而言只有角接取压和径距取压两种。

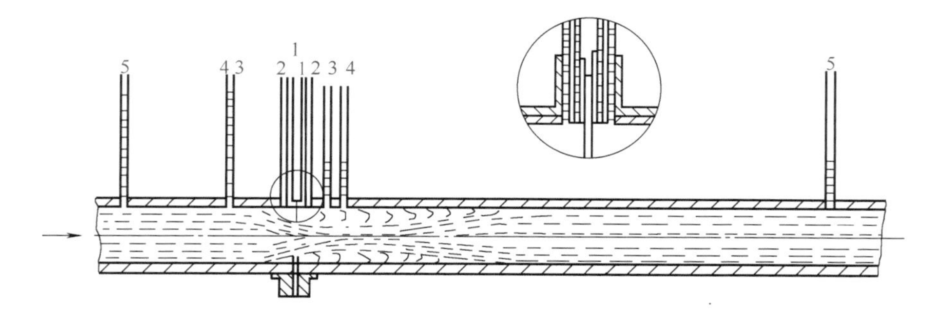

图 5-12 节流装置的取压方式

1-1—角接取压法；2-2—法兰取压法；3-3—径距取压法；4-4—理论取压法；5-5—管接取压法

节流装置的取压方式见表 5-2。

表 5-2　节流装置的取压方式

<table>
<tr><th>类别</th><th>说 明</th></tr>
<tr><td>角接取压</td><td>上、下游侧取压孔轴心线与孔板（喷嘴）前后端面的间距各等于取压孔直径的一半，或等于取压环隙宽度的一半，因而取压孔穿透处与孔板端面正好相平。角接取压包括环室取压和单独钻孔取压，如图 5-12 中 1-1</td></tr>
<tr><td>法兰取压</td><td>上、下游侧取压孔中心至孔板前后端面的间距均为（25.4 ± 0.8）mm，如图 5-12 中 2-2</td></tr>
<tr><td>径距取压</td><td>上游侧取压孔中心与孔板（喷嘴）前端面的距离为 D，下游侧取压孔中心与孔板（喷嘴）后端面的距离为 $\frac{1}{2}D$，如图 5-12 中 3-3</td></tr>
<tr><td>理论取压</td><td>上游侧的取压子中心至孔板前端面的距离为 $D \pm 0.1D$；下游侧的取压孔中心线至孔板后端面的间距随 $\beta = \frac{d}{D}$ 的值大小不同而异，d 为节流元件的开孔直径。详见以下附表
附表　理论取压时下游取压孔位置
<table>
<tr><th>d/D</th><th>下游取压孔位置</th><th>d/D</th><th>下游取压孔位置</th></tr>
<tr><td>0.10</td><td>0.84D（1 ± 0.30）</td><td>0.50</td><td>0.63D（1 ± 0.25）</td></tr>
<tr><td>0.15</td><td>0.82D（1 ± 0.30）</td><td>0.55</td><td>0.59D（1 ± 0.20）</td></tr>
<tr><td>0.20</td><td>0.80D（1 ± 0.30）</td><td>0.60</td><td>0.55D（1 ± 0.15）</td></tr>
<tr><td>0.25</td><td>0.78D（1 ± 0.30）</td><td>0.65</td><td>0.50D（1 ± 0.15）</td></tr>
<tr><td>0.30</td><td>0.76D（1 ± 0.30）</td><td>0.70</td><td>0.45D（1 ± 0.10）</td></tr>
<tr><td>0.35</td><td>0.73D（1 ± 0.25）</td><td>0.75</td><td>0.40D（1 ± 0.10）</td></tr>
<tr><td>0.40</td><td>0.70D（1 ± 0.25）</td><td>0.80</td><td>0.34D（1 ± 0.10）</td></tr>
<tr><td>0.45</td><td>0.67D（1 ± 0.25）</td><td></td><td></td></tr>
</table></td></tr>
<tr><td>管接取压</td><td>上游侧取压孔的中心线距孔板前端面为 2.5D，下游侧取压孔中心线距孔板后端面为 8D，如图 5-12 中 5-5</td></tr>
</table>

以上 5 种取压方式中，角接取压方式用得最多，其次是法兰取压。

（3）标准孔板

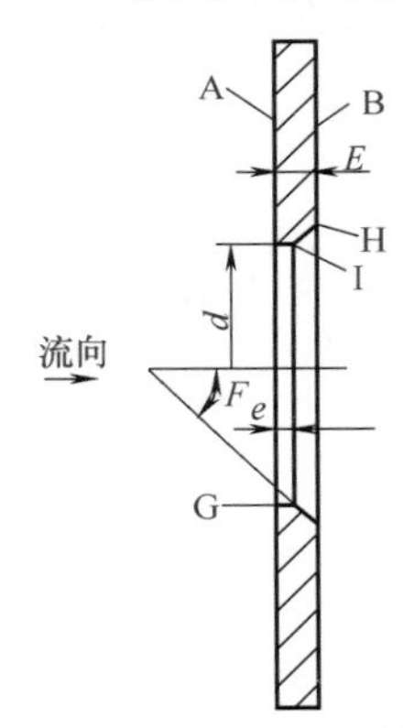

图 5-13　标准孔板的基本结构

标准孔板的基本结构如图 5-13 所示。

标准孔板各部分的加工要求如下：

孔板前端面 A 不允许有明显的划痕，其加工表面粗糙度要求：50mm ≤ D ≤ 500mm 时，为 Ra3.2μm；500mm < D ≤ 750mm 时，为 Ra6.3μm；750mm < D ≤ 1000mm 时，为 Ra12.5μm。孔板的后端面 B 应与 A 平行，其表面粗糙度可适当降低。上游侧入口边缘 G 和圆筒形下游侧出口边缘 I 应无刀痕和毛刺，要求入口边缘 G 十分尖锐。

标准孔板各部分的尺寸要求如下：孔板开孔圆筒形的长度 e 要求是 $0.005D \leqslant e \leqslant 0.02D$，表面粗糙度不能低于 Ra1.6μm，其出口边缘无毛刺。孔板的厚度 E 应为 $e \leqslant E \leqslant 0.05D$，当管道直径为 50 ～ 100mm 时，允许 E=3mm。随着管道直径 D 的增加，E 也要适当加厚。当 $E > e$ 时，其斜面倾角 F 应为 $30° \leqslant F \leqslant 45°$，表面粗糙度为 Ra3.2μm，孔板的平面度在 99% 以上。孔板开孔直径 d 的加工要求非常精确：当 $\beta \leqslant 0.67$ 时，d 的公差为 $\pm 0.001d$；当 $\beta > 0.67$ 时，d 的公差为 $\pm 0.0005d$。

① 角接取压标准孔板。角接取压的标准孔板有两种取压方式，一种为环室取压方式，另一种为单独钻孔方式，如图 5-14 所示。

图 5-14 所示的上半部分为环室取压，p_1 由前环室取出，p_2 由后环室取出，前环室宽度 $c \leqslant 0.2D$，后环室宽度 $c' \leqslant 0.5D$，环室壁厚 $f \leqslant 2a$（a 为环形缝隙的宽度），环腔横截面积 gh 至少为 50mm^2，g、h 均不得小于 6mm。取压孔应是圆形的，直径为 $4\text{mm} \leqslant \phi \leqslant 10\text{mm}$。

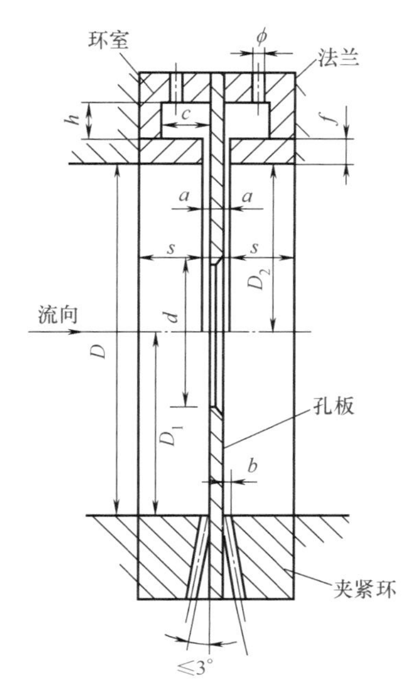

图 5-14　角接取压的取压装置

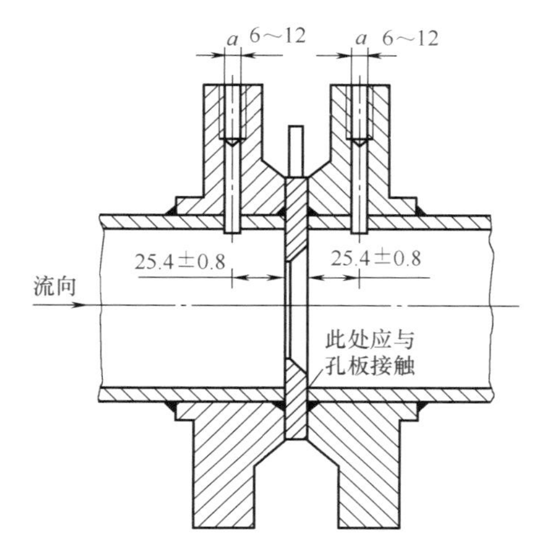

图 5-15　法兰取压的取压装置

图 5-14 所示的下半部分为单独钻孔取压方式示意。孔板上游侧的静压力 p_1 由前夹紧环取出，p_2 由后夹紧环取出。取压孔应为圆筒形，与孔板前后端面的夹角应小于或等于 3°。

对两种取压孔的直径 ϕ 规定如下：

$\beta \leqslant 0.65$ 时，$0.005D \leqslant \phi \leqslant 0.03D$；

$\beta > 0.65$ 时，$0.01D \leqslant \phi \leqslant 0.02D$。

② 法兰取压标准孔板。图 5-15 为标准孔板使用法兰取压的安装图。从图中知法兰取压孔在法兰盘上，上下游取压孔的中心线距孔板的两个端面的距离均为（25.4 ± 0.8）mm，并垂直于管道的轴线。取压孔直径 $d \leqslant 0.08D$，最好取 d 为 6 ～ 12mm。

法兰取压标准孔板可适用于管径 D=50 ～ 750mm 和直径比 β=0.1 ～ 0.75 的范围内。

七、冲板式流量计

随着工业生产日趋复杂和生产过程自动化水平的不断提高，固体流量测量显得越来越重要。固体流量仪表种类很多，如电容式流量计、电导率式流量计、冲板式流量计及皮带秤等。

冲板式流量计是一种用于测量自由落下的粉粒状介质的固体流量计，利用被测介质在检测板上的冲击力，通过转换和放大输出与瞬时质量流量成比例的标准电信号或气信号，可与各种显示仪表、调节仪表配套使用，以实现固体流量的指示、积算、记录和控制报警等。

冲板式流量计的分类：按测力方式可分为测垂直分力和水平分力两种；按结构形式可分为天平式和直行程式两种；按检测器形式可分为斜板型和锥塔型两种；按转换原理可分为位移式和力平衡式两种；按输出信号可分为标准电信号和标准气信号两种。

冲板式流量计是以动量原理工作的。从送料器加入的粉粒状介质从高度为 h 处自由下

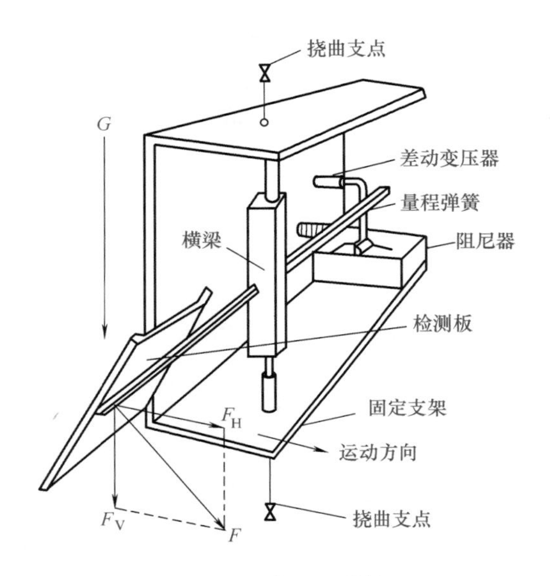

图 5-16　变送器结构

落，冲击在检测板上所产生的冲击力，以及在检测板上流动时所呈现的滞留量，与被测介质的瞬时质量流量 M 成正比。

冲板式流量计由变送器和放大器两部分组成。图 5-16 所示为检测变送器的一种基本结构。变送器由检测板、差动变压器、量程弹簧、阻尼器、静态校验机构、横梁、挠曲支点和壳体等组成；同时，还包括整流装置、导流器和校验门。

放大器起功率放大和转换作用，以标准信号输出。线性器用来校正输出信号，使其准确地与被测介质的瞬时流量成线性关系。

DE10 冲板传感器及 DME270 变送器组成的冲板式流量计，可以在线连续测量：建筑材料，如生料水泥、熟料水泥、石灰石、石灰岩、石膏、木屑等；化工方面，包括化肥、塑料粉末、塑粒子和硅石等；食品或动物饲料，如咖啡、快餐食品、茶叶、可可粉、谷物、麦芽等；以及能源工业的煤粉、飞灰、焦炭等。

八、超声波流量计

利用超声波测量流体的流速、流量的技术，不仅仅用于工业计量，而且也广泛地应用在医疗、海洋观测、河流等各种计量测试中。

超声波流量计的主要特点是：流体中不插入任何元件，对流束无影响，也没有压力损失；能用于任何液体，特别是具有高黏度、强腐蚀、非导电性等性能的液体的流量测量，也能测量气体流量；对于大口径管道的流量测量，不会因管径大而增加投资；量程比较宽，可达 5 ∶ 1；输出与流量之间呈线性。超声波流量计的缺点：当被测液体中含有气泡或有杂音时，将会影响声的传播，降低测量精度；超声波流量计实际测定的流体流速分布不同时，将会影响测量精度，故要求变送器前后分别应有 10D 和 5D 的直管段；此外，它的结构较复杂，成本较高。

（1）测量原理

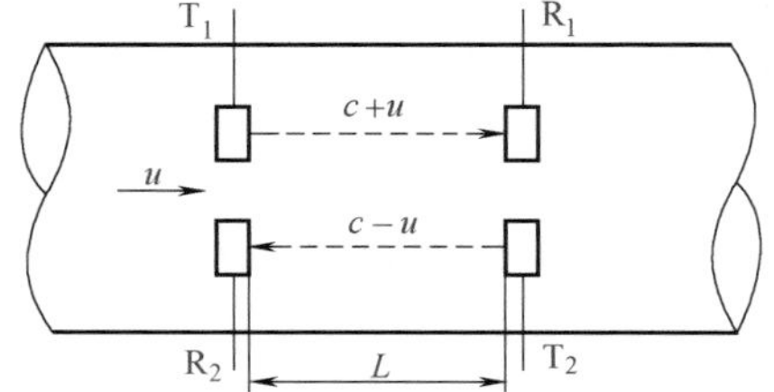

图 5-17　超声波测速原理

设静止流体中的声速为 c，流体流动的速度为 u，传播距离为 L，如图 5-17 所示。当声波与流体流动方向一致（即顺流方向）时，其传播速度为 $c+u$；而声波传播方向与流体流动方向相反（即逆流方向）时，其传播速度为 $c-u$。在相距为 L 的两处分别放置两组超声波发生器与接收器（T_1、R_1 和 T_2、R_2），当 T_1 顺方向，T_2 逆方向发射超声波时，超声波分别到达接收器 R_1 和 R_2 所需要的时间分别为 t_1 和 t_2：

$$t_1=\frac{L}{c+u}$$

$$t_2=\frac{L}{c-u}$$

由于在工业管道中，流体的流速比声速小得多，即 $c \gg u$，因此 t_1 和 t_2 的差为：

$$\Delta t = t_2 - t_1 \approx \frac{2Lu}{c^2} \qquad (5\text{-}5)$$

由式（5-5）可知，当声波在流体中的传播速度 c 已知时，只要测出时差 Δt 便可求出流速 u，进而就能求出流量 Q。利用这个原理进行流量测量的方法称为时差法。此外还可以用相差法、频差法等。

相差法的测量原理：如果超声波发生器发射连续超声脉冲或周期较长的脉冲列，则在顺流和逆流发射时所接收到的信号之间便要产生相位差 $\Delta\varphi$，即：

$$\Delta\varphi = \omega\Delta t = \frac{2\omega Lu}{c^2} \qquad (5\text{-}6)$$

式中　ω——超声波的角频率。

由式（5-6）可知，当测得 $\Delta\varphi$ 后，即可求出 u，进而求得流量 Q。此法用测量相位差 $\Delta\varphi$ 代替了测量微小时差 Δt，有利于提高测量精度。但存在着声速 c 对测量结果的影响。

频差法的测量原理：为了消除声速 c 的影响，常采用频差法。由前可知，上、下游接收器接收到的超声波的频率之差 Δf 可用式（5-7）表示：

$$\Delta f = \frac{c+u}{L} = \frac{c-u}{L} = \frac{2u}{L} \qquad (5\text{-}7)$$

由式（5-7）可知，只要测得 Δf 就可求得流量 Q，并且此法与声速无关。

（2）SP-2 系列智能型超声波流量计简介

SP-2 系列智能型超声波流量计，是参照当前世界上最先进的超声波流量计的原理，而设计生产的一种高级超声波流量计。它具有以下特点：

① 采用了最先进的数学模型作为设计指导思想，所有公式全由微机自动选择调整。

② 为提高测量精度，仪表不仅具有严密的温度补偿，还可对不同管道、不同流速进行自动的雷诺数补偿。

③ 采用人机对话形式，各种参数均由按键输入。

④ 不同管道所需的不同参数均由软件自动调整。

⑤ 具有保证仪表安装到正确位置的指示装置。

⑥ 充分发挥了仪表软件功能。仪表具有灵敏的自动跟踪的“学习机能”和智能化的抗干扰功能，以保证仪表能长期稳定可靠地工作。

⑦ 有完备的显示和打印功能，可随时显示和定时打出时间、流速、瞬时流量、累积流量，以及流量差值等参数。

⑧ 可输出 4 ～ 20mA DC 标准信号，以便远传。

⑨ 可在管外或管内安装。这种流量计可在直径 100 ～ 2200mm 的管道上测 0 ～ 50℃，流速为 ±（0 ～ 9）m/s，不含过多杂质和气泡，能充满管道的水及其黏度不过大的介质流量。此种仪表安装时，一般上游要有 10D 以上，下游 5D 以上的直管段。

第二节　常用流量测量仪表的安装

一、转子流量计的安装

转子流量计是由一个上大下小的锥管和置于锥管中可以上下移动的转子组成。从结构特点上看，它要求安装在垂直管道上，垂直度要求较严，否则势必影响测量精度。第二个要求是流体必须从下向上流动。若流体从上向下流动，转子流量计便会失去功能。

转子流量计分为直标式、气传动与电传动三种形式。对于流量计本身，只要掌握上述两个要点，就会较准确地测定流量。

还须注意的是转子流量计是一种非标准流量计。因为其流量的大小与转子的几何形状、大小、重量、材质、锥管的锥度，以及被测流体的雷诺数等有关，因此虽然在锥管上有刻度，但还附有修正曲线。每一台转子流量计有其固有的特性，不能互换，特别是气、电远传转子流量计。若转子流量计损坏，但其传动部分完好时，不能拿来就用，还须经过标定。

安装注意事项：

① 实际的系统工作压力不得超过流量计的工作压力；

② 应保证测量部分的材料、内部材料和浮子材质与测量介质相容；

③ 环境温度和过程温度不得超过流量计规定的最大使用温度；

④ 转子流量计必须垂直地安装在管道上，并且介质流向必须由下向上；

⑤ 流量计法兰的额定尺寸必须与管道法兰相同；

⑥ 为避免管道引起的变形，配合的法兰必须在自由状态对中，以消除应力；

⑦ 为避免管道振动并最大限度减小流量计的轴向负载，管道应有牢固的支架支撑；

⑧ 截流阀和控制流量都必须在流量计的下游；

⑨ 直管道要求在上游侧 5DN，下游侧 3DN（DN 是管道的通径）；

⑩ 用于测量气体流量的流量计，应在规定的压力下校准。如果气体在流量计的下游释放到大气中，转子的气体压力就会下降，引起测量误差。当工作压力与流量计规定的校准压力不一致时，可在流量计的下游安装一个阀门来调节所需的工作压力。

对于电远传转子流量计，在安装时还应注意：

① 电缆直径为 8 ～ 13mm；

② 电缆要有滴水点（电缆 U 形弯曲），以防雨水顺电缆进入接线盒；

③ 电缆不能承受任何机械负载；

④ 电缆进口处放完电缆后，必须用胶泥封口，同时把多余的电缆进出孔也用胶泥封住；

⑤ 按规定妥善接地。

对危险地点的安装还应注意：

① 电源必须取自有可靠保证的安全电路的供电单元，或电源隔离变换器；

② 电源安装在危险场合外面或安装在一个合适的防爆罩子内；

③ 要检查转子流量计是否有防爆等级证明，不符合条件的流量计不能在危险场合安装。

二、电磁流量计的安装

电磁流量计是一种很有发展前途的流量计，特别适宜于化工生产使用。它能测各种酸、碱、盐等有腐蚀性介质的流量，也可测脉冲流量；它可测污水及大口径的水流量，也可测含有颗粒、悬浮物等物体的流量。它的密封性好，没有阻挡部件，是一种节能型流量计。它的转换简单方便，使用范围广，并能在易爆易燃的环境中广泛使用，是近年来发展较快的一种流量计。

国产的电磁流量计已经系列化、标准化。管径可以小到 40mm，大到 1200mm 以上。标定简单，不管检测什么介质的流量，都可用水标定。只是它的密封性因压力与温度的影响，受到了限制，使用范围限制在压力低于 1.6MPa，温度 5 ～ 60℃范围之内。

电磁流量计安装注意事项如下：

① 电磁流量计，特别是小于 DN100mm（4″）的小流量计，在搬运时受力部位切不可在

信号变送器的任何地方，应在流量计的本体；

② 按要求选择安装位置，但不管位置如何变化，电极轴必须保持基本水平；

③ 电磁流量计的测量管必须在任何时候都是完全注满介质的；

④ 安装时，要注意流量计的正负方向或箭头方向应与介质流向一致；

⑤ 安装时要保证螺栓、螺母与管道法兰之间留有足够的空间，便于装卸；

⑥ 对于污染严重的流体的测量，电磁流量计应安装在旁路上；

⑦ DN ＞ 200mm（8″）的大型电磁流量计要使用转接管，以保证对接法兰的轴向偏移，方便安装；

⑧ 最小直管段的要求为上游侧 5DN，下游侧 2DN；

⑨ 要避免安装在强电磁场的场所；

⑩ 电磁流量计的环境温度要求为：产品温度＜ 60℃时，环境温度＜ 60℃；产品温度＞ 60℃时，环境温度＜ 40° 。

为避免因夹附空气和真空度降低损坏橡胶衬垫引起测量误差，可参照建议位置安装，如图 5-18 所示。

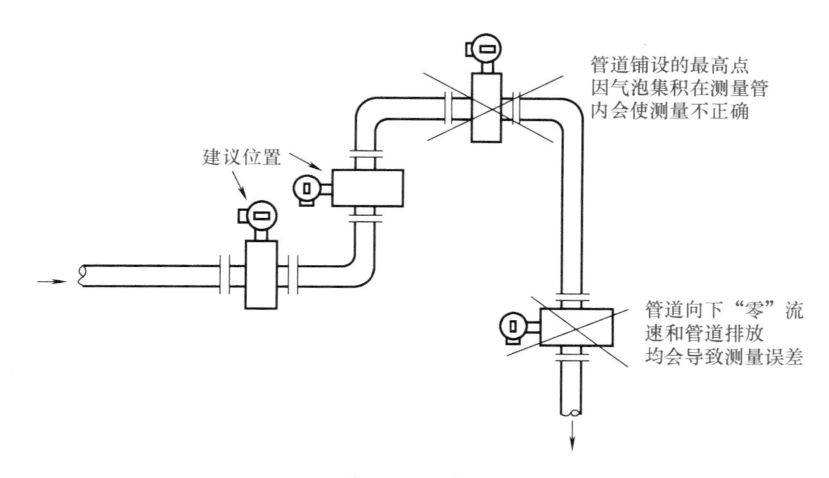

图 5-18　电磁流量计的安装（一）

水平管道安装电磁流量计时，应将其安装在有一些上升的管道部分，如图 5-19 所示。如果不能，应保证足够的流速，防止各种气体或蒸汽集积在流动管道的上部。

在敞开进料或出料时，流量计安装在低的一段管道上，如图 5-20 所示。

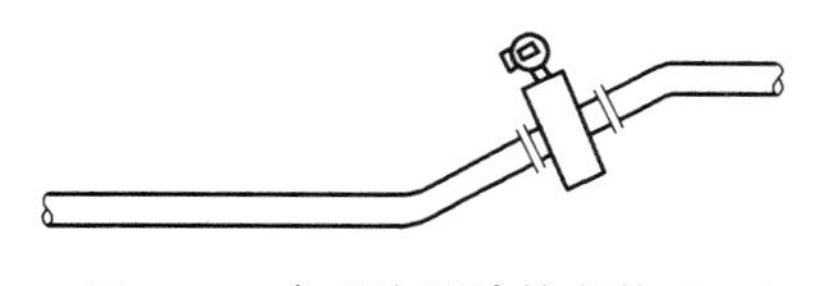

图 5-19　电磁流量计的安装（二）

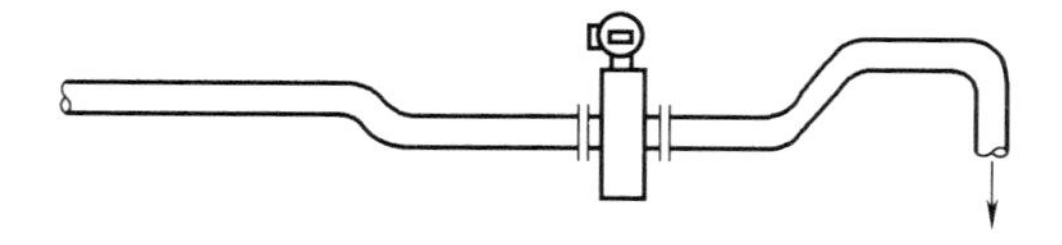

图 5-20　电磁流量计的安装（三）

当管道向下且超过 5m 时，要在下游安装一个空气阀（真空），如图 5-21 所示。

在长管道中，调节阀和截流阀始终应该安装在流量计的下游，如图 5-22 所示。

流量计绝不可安装在泵的吸口一端，如图 5-23 所示。

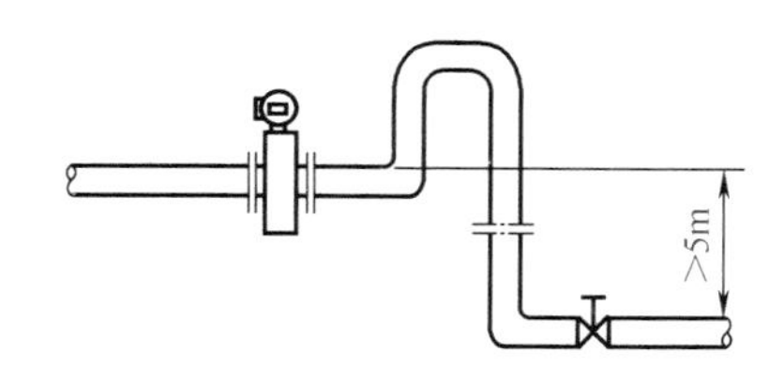

图 5-21　电磁流量计的安装（四）

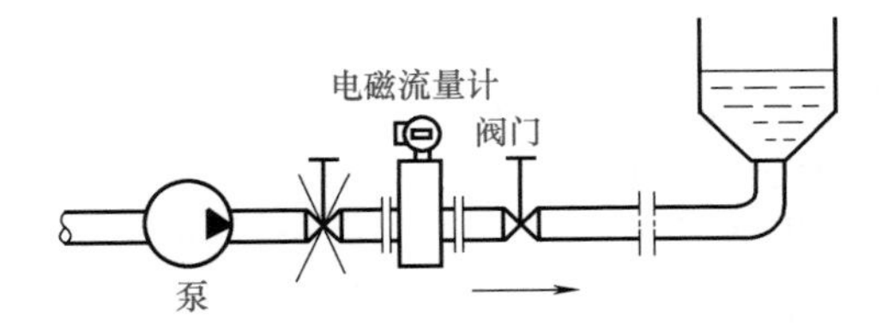

图 5-22　电磁流量计的安装（五）

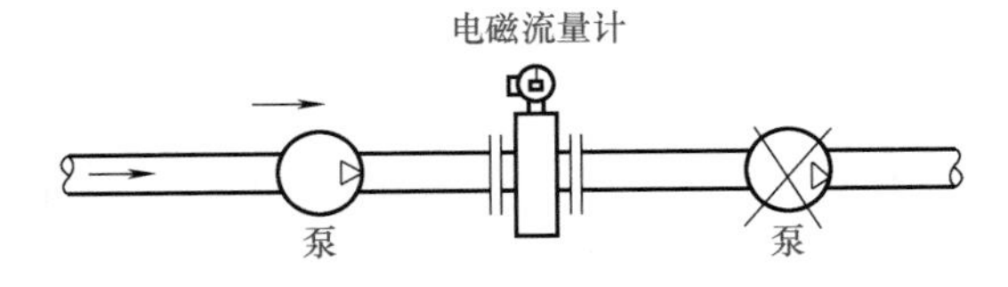

图 5-23　电磁流量计的安装（六）

在系统温度超过 100℃的场所，要提供相应装置补偿管道受热的轴向膨胀：

① 短的管道采用弹性垫圈；

② 长的管道安装挠性管道部件（如肘形弯管）。

流量计安装应与管道轴成一直线。

管道法兰面必须平行，容许的最小偏差为：

$$L_{max}-L_{min} < 0.5mm$$

式中，L_{max}、L_{min} 为两个法兰最大与最小的距离。

三、质量流量计的安装

科氏流量计与液体的其他任何参数如密度、温度、压力、黏度、导电率和流动轨迹都无关，并且能对均匀分布的小固体粒子（稀浆）和含有气泡的液体进行测量。

科氏流量计安装要点如下：

① 传感器的刚性和无应力支撑，如图 5-24 所示；

② 通常传感器是用两个金属紧固夹进行安装的，紧固夹固定到一个安装板或支柱上，如图 5-25 所示，L_1 可以与 L_2 相等，也可以不等；

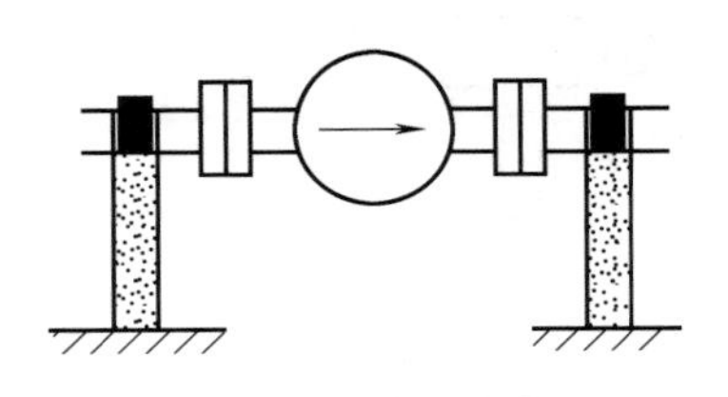
图 5-24　传感器的支撑

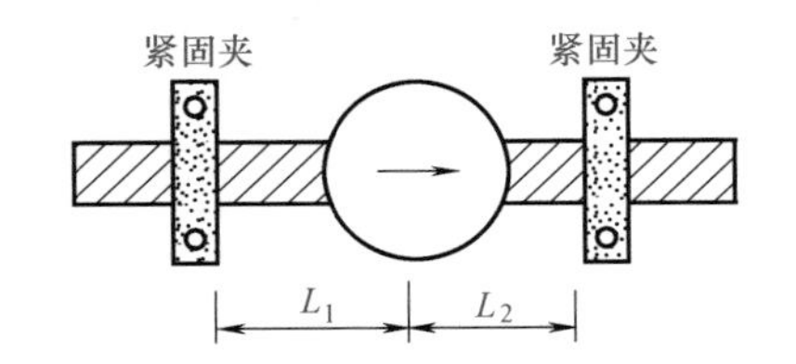

图 5-25　传感器的安装

③ 避免把传感器安装在管道的最高位置，因为气泡会集结和滞留，在测试系统中引起测量误差；

④ 如果不能避免过长的下游管道（一般不大于 3m），应多装一个通流阀；

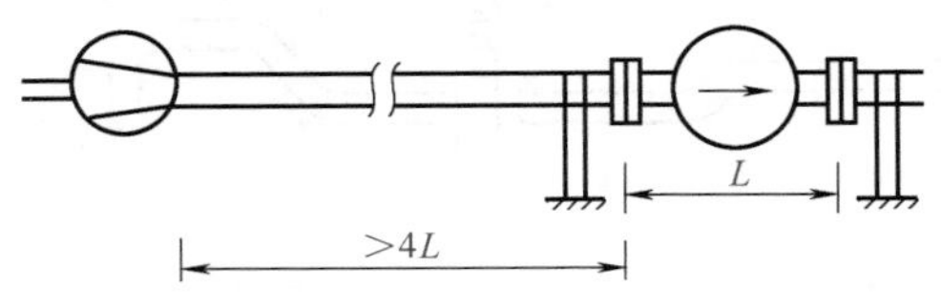

图 5-26　传感器与输送泵的距离

⑤ 与输送泵的距离至少要大于传感器本身长度的 4 倍（两法兰之间距离），如果泵引起多余的振动，必须用挠性管或连接管进行隔离，如图 5-26 所示；

⑥ 调节阀、检查观察窗等附加装置都应安装在离传感器至少 1×L 远处；

⑦ 垂直铺设管道，管道的刚度要足够支撑传感器，有时可以不在靠近传感器的地方安装支架，但必须使管道支撑得非常牢固，必要时，也要加支架，支架的距离为 1 ～ 2L；

⑧ 支架不能安装在法兰或外壳上，一般离法兰的距离为 20 ～ 200mm；

⑨ 一般不使用挠性软管，只有在振动大的场合才使用，使用软管时，在隔一段 1 ～ 2L 的刚性管后连接；

⑩ 质量流量计可以垂直安装，也可水平安装。

四、涡轮流量计的安装

涡轮流量计是另一类型的流量计，它属速度流量计。它的安装要求较高，安装环境较苛刻。安装时，特别要安装好涡轮，使涡轮与轴承的阻力为最小，以便涡轮在轴承上运转自如。

涡轮流量计不能在强磁场与强电场环境下安装，否则将会产生很大干扰而影响其测量精度，因此使用受到较大的限制。它的调试也较麻烦，日常维护量也较大。

五、差压式流量计的安装

差压变送器及其他差压仪表，如常用来作现场指示、记录和累积的双波纹管差压计，其仪表本身的安装不复杂，且与压力变送器的安装相同，但它的导压管敷设比较复杂，为使差压能被正确测量，尽可能缩小误差，配管必须正确。

测量气体、液体流量的管路在节流装置近旁连接分差压计，差压计相对节流装置的位置的高低有三种情况。测量蒸汽流量的管路连接分差压计，该分差压计的安装位置可有低于和高于节流装置两种情况。还有许多管路连接法，如隔离法、吹气法、测量高压气体的管路连接等。

小流量时，也可采用 U 管指示。差压指示要表示流量的大小时，要注意差压是与对应的流量的平方成正比关系。小流量用差压计来检测，会降低其精度。

常用流量测量管路连接图如图 5-27~ 图 5-32 所示。

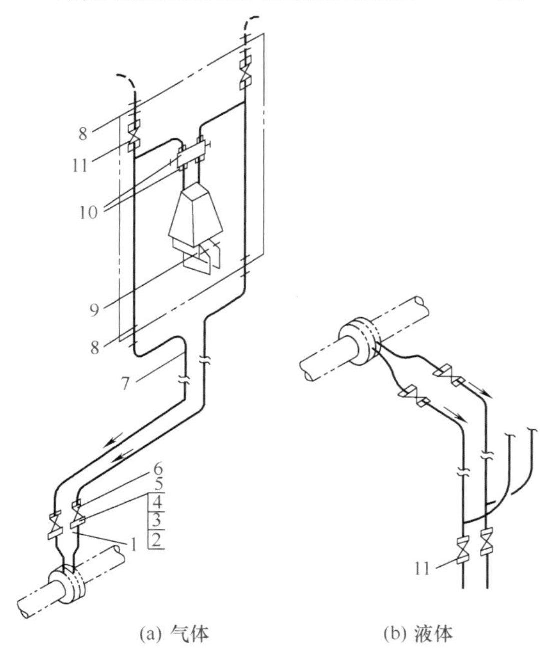

注：图中 8 和 11 均为（b）所采用，（a）不采用。

图 5-27　测量气体、液体流量管路连接图（差压计高于节流装置）

1—无缝钢管；2—法兰；3—螺栓；4—螺母；5—垫片；6—取压球阀（PN25 时）或取压截止阀（PN64 时）；7—无缝钢管；8—直通穿板接头；9—直通终端接头；10—二阀组附接头；11—卡套式球阀（PN25 时）或卡套式截止阀（PN64 时）

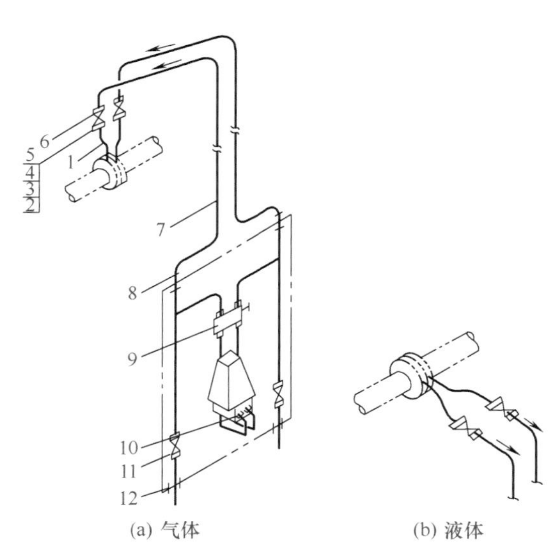

图 5-28　测量气体、液体流量管路连接图（差压计低于节流装置）

1—无缝钢管；2—法兰；3—螺栓；4—螺母；5—垫片；6—取压球阀（PN25 时）或取压截止阀（PN64 时）；7—无缝钢管；8—直通穿板接头；9—三阀组附接头；10—直通终端接头；11—卡套式球阀（PN25 时）或卡套式截止阀（PN64 时）；12—填料函

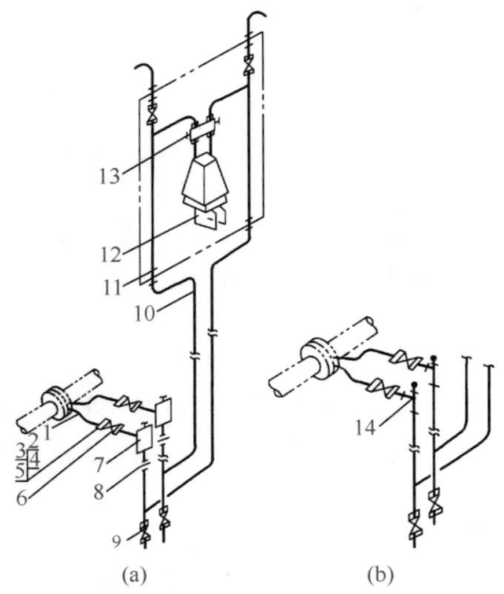

注：1.（a）装有冷凝容器，适用于各种差压计测量蒸汽流量；（b）采用冷凝管，仅适用于QDZ、DDZ型力平衡式中、高、大差压变送器测量蒸汽流量。
2. 若有特殊需要，也可将三阀组安装在变送器的下方。

图 5-29 测量蒸汽流量管路连接图（差压计高于节流装置）

1—无缝钢管；2—凸面法兰；3—螺栓；4—螺母；5—垫片；6—截止阀；7—冷凝容器；8—直通中间接头；9—卡套式截止阀；10—无缝钢管；11—直通穿板接头；12—直通终端接头；13—三阀组附接头；14—三通中间接头

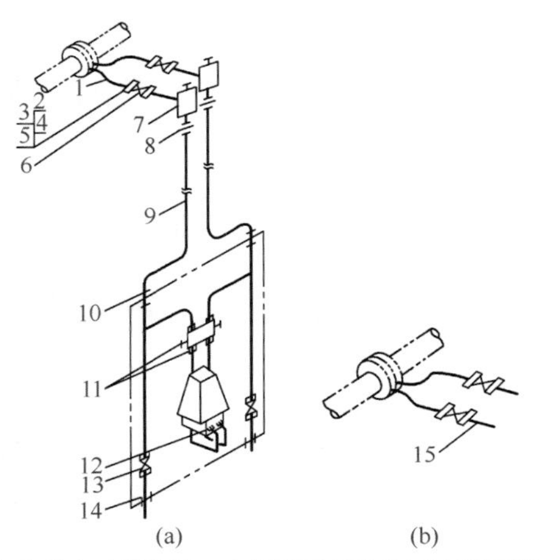

注：（a）设有冷凝容器，它适用于各种差压计测量蒸汽流量；（b）采用冷凝管，仅适用于QDZ、DDZ型力平衡式中、高、大差压变送器测量蒸汽流量。

图 5-30 测量蒸汽流量管路连接图（差压计低于节流装置）

1—无缝钢管；2—凸面法兰；3—螺栓；4—螺母；5—垫片；6—截止阀；7—冷凝容器；8—直通中间接头；9—无缝钢管；10—直通穿板接头；11—三阀组附接头；12—直通中间接头；13—卡套式截止阀；14—填料函；15—三通中间接头（带堵头）

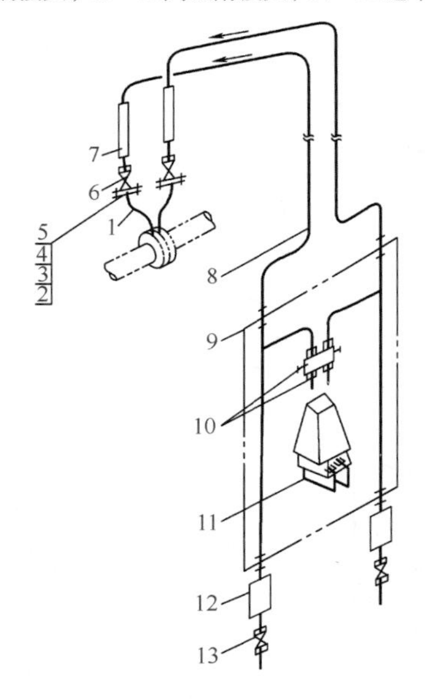

注：1. 本图适用于气体相对湿度较大的场合。
2. 若差压计高于节流装置，则从节流装置引出的导压管可由保温箱的下方引至三阀组及差压计，并取消12、13设备及减少2个直通穿板接头。

图 5-31 测量湿气体流量管路连接图

1—无缝钢管；2—法兰；3—螺栓；4—螺母；5—垫片；6—取压球阀（PN25时）或取压截止阀（PN64时）；7—短管；8—无缝钢管；9—直通穿板接头；10—三阀组附接头；11—直通终端接头；12—分离器；13—卡套式球阀（PN25时）或卡套式截止阀（PN64时）

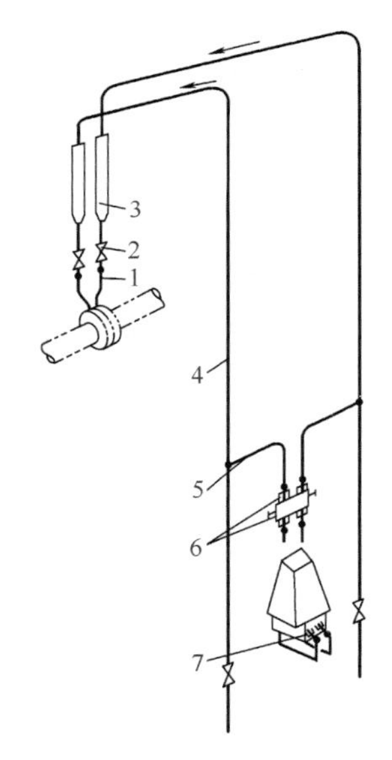

图 5-32 测量粉尘气体流量管路连接图

1—无缝钢管；2—内螺纹填料旋塞；3—短管；4—水煤气管；5—无缝钢管；6—三阀组附接头；7—直通终端接头

六、节流元件的安装

（1）节流元件种类及使用场合

节流元件一般指孔板，还有喷嘴与文丘里管。

孔板：除标准孔板外还有圆缺孔板、端头孔板、双重孔板等，它们的使用场合见表 5-3。

表 5-3 节流元件种类及使用场合

类别	说明
标准孔板	它是用得最广泛的一种节流元件。它的公称压力由 0.25MPa 到 32MPa，公称直径为 50 ～ 1600mm，适用于绝大多数流体，包括气体、蒸汽和液体的流量检测和控制
标准喷嘴	公称压力由 0.6MPa 到 6.4MPa，公称直径由 50mm 到 400mm，取压形式为环室取压、法兰上钻孔取压和宽边钻孔取压，并能与紧密面为平面、榫面、凸面的法兰配套使用
标准短文丘里喷嘴	公称压力由 0.6MPa 到 6.4MPa，公称直径由 100mm 到 400mm，$\left(\frac{d}{D}\right)^2$ 必须大于 0.1，且仅能与平面法兰配套使用
标准文丘里喷嘴	公称压力≤ 0.6MPa，公称直径由 200mm 到 800mm，仅能与平面法兰配套使用
圆缺孔板	公称压力由 0.25MPa 到 6.4MPa，公称直径由 500mm 到 1600mm。取压形式可为环室取压和宽边钻孔取压。能与紧密面为平面、榫面、凸面的法兰配套使用
端头孔板	公称直径为 50mm 至 600mm，取压形式有环室取压和安装环上钻孔取压两种。能安装在管道的入口或出口上
双重孔板	公称压力由 0.25MPa 至 6.4MPa，公称直径由 100mm 到 400mm。取压形式可为环室取压和宽边钻孔取压。能与紧密面为平面、榫面、凸面的法兰配套使用
1/4 圆喷嘴	公称压力由 0.25MPa 至 6.4MPa，公称直径由 25mm 至 100mm。取压形式可为环室取压和宽边钻孔取压。能与紧密面为平面、榫面、凸面的法兰配套使用

（2）节流装置的取压方式

常见的节流装置取压方式有三种，即环室取压、法兰取压和角接取压。

① 环室取压。环室取压是应用较多的一种节流装置取压形式，适用于公称压力 0.6 ～ 6.4MPa，公称直径 50 ～ 400mm 的场合。它能与孔板、喷嘴和文丘里喷嘴配合，也能与平面、榫面和凸面法兰配套使用。环室分为平面环室、槽面环室和凹面环室三类。

② 法兰取压。就是在法兰边上取压。其取压孔中心线至孔板面的距离为 25.4mm（1″）。它较环室取压有加工简单，且金属材料消耗小、容易安装、容易清理脏物、不易堵塞等优点。

根据法兰取压的要求和现行标准法兰的厚度、现场备料以及加工条件，可采用直式钻孔型和斜式钻孔型两种形式（见表 5-4）。

表 5-4 常见的节流装置取压方式

类别	说 明
直式钻孔型	当标准法兰的厚度大于 36mm 时，利用标准法兰进一步加工即可。如果标准法兰的厚度小于 36mm，则需用大于 36mm 的毛坯加工。取压孔打在法兰盘的边沿上，与法兰中心线垂直
斜式钻孔型	当采用对焊钢法兰且法兰厚度小于 36mm 时，取压孔以一定斜度打在法兰颈的斜面上即可

不同公称压力与公称直径的孔板钻孔如表 5-5 所示。

表 5-5　不同压力、直径的孔板钻孔

公称压力 /MPa	公称直径 DN/mm		
	直式		斜式
	标准法兰	加厚的法兰毛坯	标准法兰
0.6	1000	700 ～ 900	—
1.6	400 ～ 600	250 ～ 350	—
4.0	175 ～ 500	—	50 ～ 150
6.4	125 ～ 400	—	50 ～ 100

法兰钻孔取压节流装置安装图如图 5-33 及图 5-34 所示。

图 5-31 安装注意事项如下：

a. 节流装置包括带柄孔板、带柄喷嘴、整体圆缺孔板等。

b. 焊接采用 45° 角焊，焊缝应打光，无毛刺。

图 5-32 安装注意事项如下：

a. 安装时应保证法兰端面对管道轴线的垂直度。

b. 法兰与管道对焊后应进行处理，使内壁焊缝处光滑，无焊疤及焊渣。

c. 安装时注意锐孔板和法兰的配套，锐孔板的安装正、负方向及引压口的方位均应符合设计要求。

d. 锐孔板的安装应在管线吹扫后进行。

法兰上钻孔DN=150～400

法兰上钻孔DN =450～1600

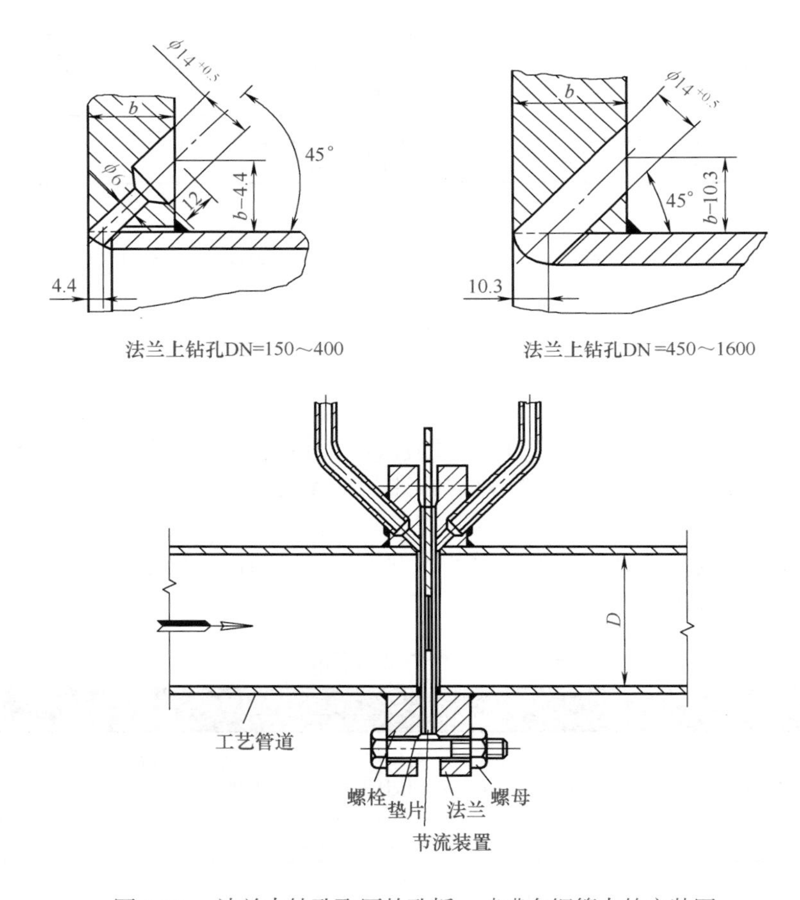

图 5-33　法兰上钻孔取压的孔板、喷嘴在钢管上的安装图

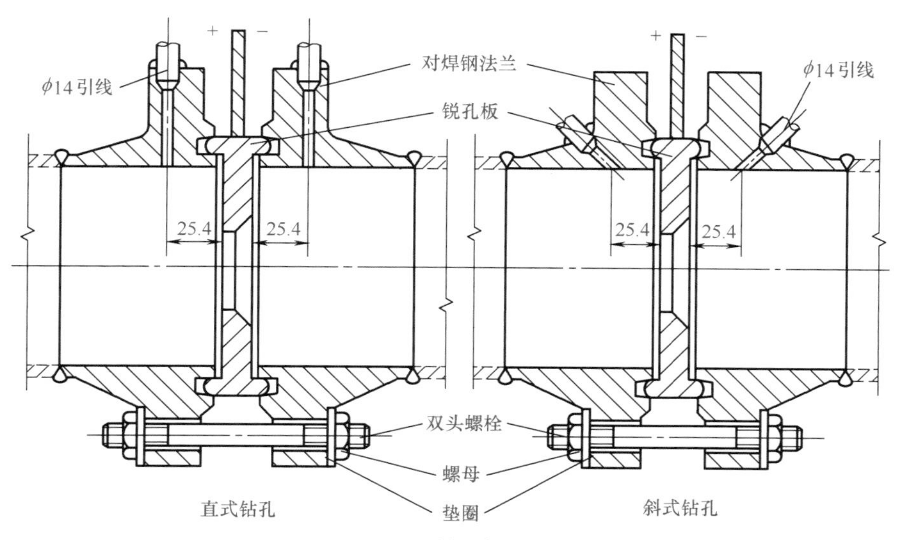

图 5-34 锐孔板安装图

法兰钻孔取压的注意事项见表 5-6。

表 5-6 法兰钻孔取压的注意事项

类别	说明
法兰内径	为了不影响流量测量精度，法兰内径应与所在管道内径相同。当采用标准法兰加工时，会遇到两种情况：一是当标准法兰内径小于锐孔板所在管道的管子内径时，需将标准法兰内径扩孔，使之与管内径相同；二是当标准法兰内径大于锐孔板所在管道的管子内径时，安装时需要更换一段长度为（20 ～ 30）D，内径与法兰内径相同的管道
取压孔与法兰面距离 M 值的确定	按规定法兰取压法取压孔中心线至锐孔板面的距离为 25.4mm，其误差不超过 1.0mm。此外当锐孔板厚度大于 6mm 时，锐孔板上游面至低压取压孔中心线的距离不应超过 31.5mm，因此： ①锐孔板厚度 $\delta \leqslant$ 6mm 时，M 值主要根据垫片厚度确定； ②当锐孔板厚度 $\delta >$ 6mm 时，为了满足锐孔板上游面到下游取压孔的距离不大于 31.5mm，应将锐孔板下游面的夹持边缘车去一部分，以符合要求
斜式钻孔定点方法	当外钻孔时，斜式钻孔关键在于 β 角的确定（倾斜角度）。钻点的确定原则首先是保证 M 值，以满足对取压点距离的要求。在此前提下争取 β 角尽可能大一些，以便于钻孔加工。具体步骤如下： 先用图解法解出合理的 β 角。 定坐标 x、y，如图 5-35 所示。 直线Ⅰ的方程： $y-\frac{1}{2}(D_{\mathrm{m}}-d_1)=K(x-b)$ 式中，K 为直线Ⅰ的斜率，由采用的标准法兰查出。 直线Ⅱ的方程： $y=(x-M)\tan\beta$ 图 5-35 求补钻孔点 N 直线Ⅰ、Ⅱ的交点 A 的横坐标 N 即为钻孔点。解方程组，即得： $x=\dfrac{\frac{1}{2}(D_{\mathrm{m}}-d_1)+M\tan\beta-Kb}{\tan\beta-K}$ 即：$N=\dfrac{\frac{1}{2}(D_{\mathrm{m}}-d_1)+M\tan\beta-Kb}{\tan\beta-K}$ 找出 N，依据 β 角，向内钻孔即可。 当内钻孔时，按 M 值在法兰内壁定点往外钻孔，然后从外边扩孔即可。此时 β 角不做严格要求

（3）节流装置安装注意事项

① 节流装置安装有严格的直管段要求。一般可按经验数据“前 8 后 5”来考虑，即节流装置上游侧要有 8 倍管道内径的距离，下游侧要有 5 倍管道内径的距离。

② 节流装置安装前后 $2D$ 的直管段内，管道内壁不应有任何凹陷和用肉眼看得出的突出物等不平现象。管道的锥度、椭度或者变形等所产生的最大允许误差：当 $d/D \geqslant 0.55$ 时，不得超过 ±0.5%；当 $d/D < 0.55$ 时，不得超过 ±2.0%。

③ 节流装置的端面应与管道的几何中心相垂直，其偏差不应超过 1%。法兰与管道内口焊接处应加工光滑，不应有毛刺及凹凸不平现象。节流装置的几何中心线与管道中心线相重合，偏差不得超过 $0.015D\left(\dfrac{D}{d}-1\right)$。

④ 节流装置在水平管道上安装时，取压口方位如图 5-36 所示。

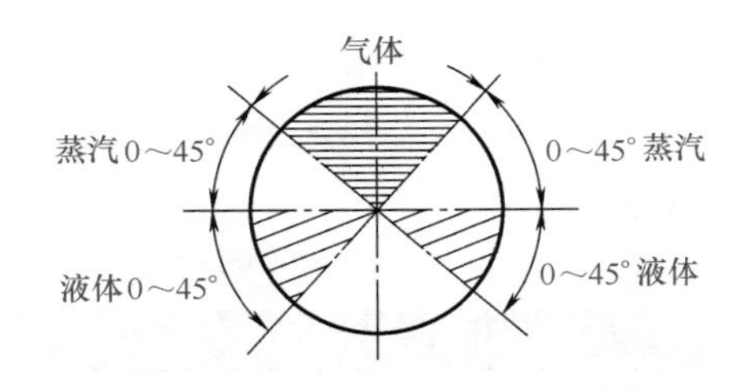

图 5-36　节流装置在管道上的取压口方位

⑤ 节流装置的安装必须在工艺管道吹扫后进行。

⑥ 在水平和倾斜的工艺管道上安装孔板或喷嘴，若有排泄孔，排泄孔的位置：对液体介质，应在工艺管道的正上方；对气体及蒸汽介质，应在工艺管道的正下方（一般钻一个 $\phi3$ 的小孔作为排泄孔）。

⑦ 环室与孔板有“+”号的一侧应在被测介质流向的上游侧。当用箭头标明流向时，箭头的指向应与被测介质的流向一致。

⑧ 节流装置的垫片应与工艺管道同一质地，并且直径不能小于管道内径。

常用节流装置安装方式见图 5-37~ 图 5-43。

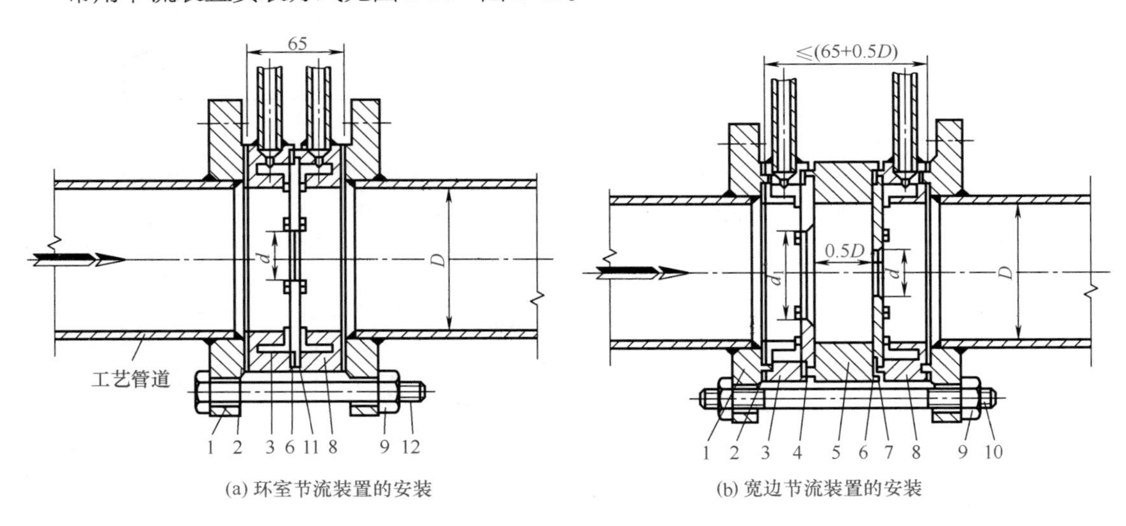

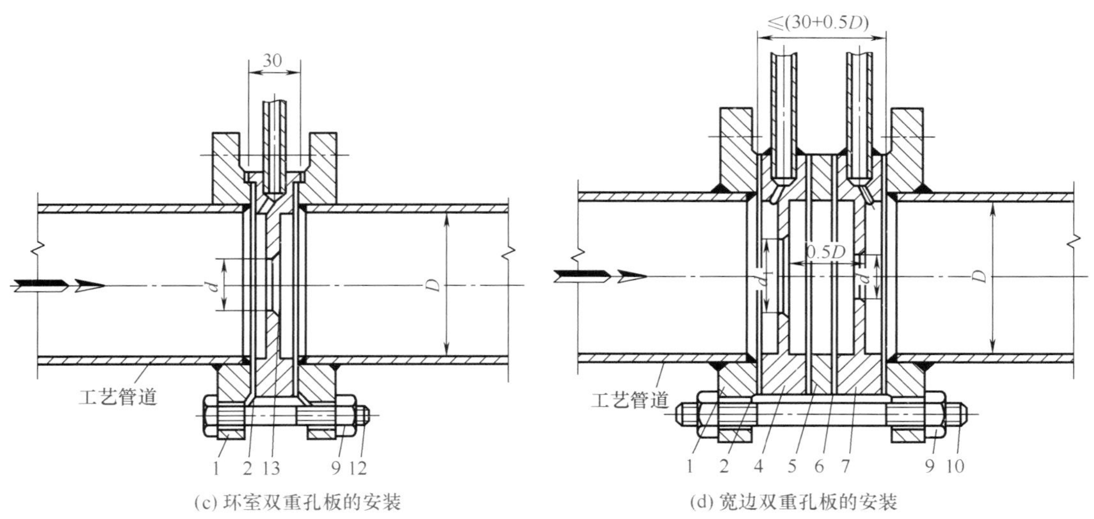

注：焊接采用45°角焊，焊缝应打光无毛刺。

图 5-37　带平面（槽面、凹面）密封面的节流装置在钢管上的安装图

1—法兰；2—垫片；3—正环室；4—前孔板；5—中间环；6—垫片；7—后孔板；8—负环室；9—螺母；10—双头螺栓；11—环室节流装置；12—螺栓；13—宽边节流装置

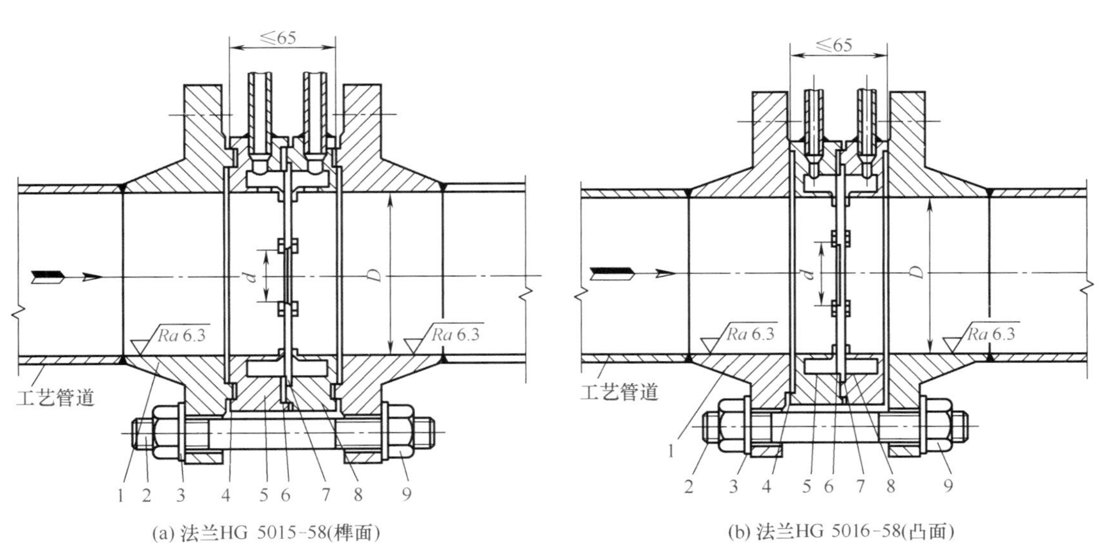

注：1.法兰内孔在安装前应扩孔至管道计算直径D；2.法兰与工艺管道焊接处的内侧应打光磨平。

图 5-38　带槽面（凹面）环室（或宽边）的孔板、喷嘴、1/4 圆喷嘴在钢管上的安装图

1—对焊法兰；2—光双头螺栓；3—光垫圈；4—垫片；5—正环室；6—垫片；7—节流装置；8—负环室；9—光六角螺母

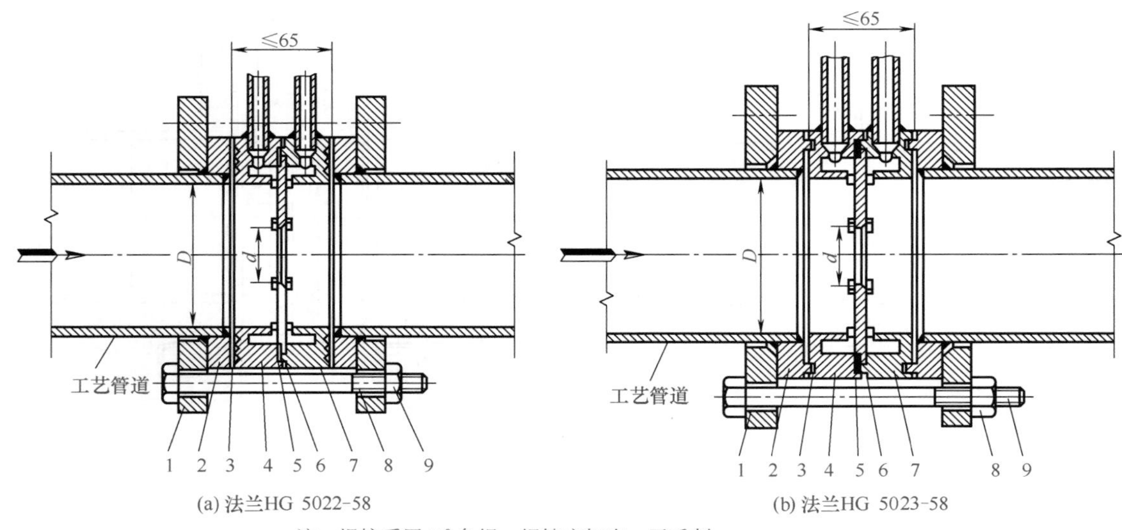

图 5-39 带平面（槽面）密封面的节流装置在不锈钢管上的安装图

1—法兰；2—焊环；3—垫片；4—正环室；5—垫片；6—节流装置；7—负环室；8—螺栓；9—螺母

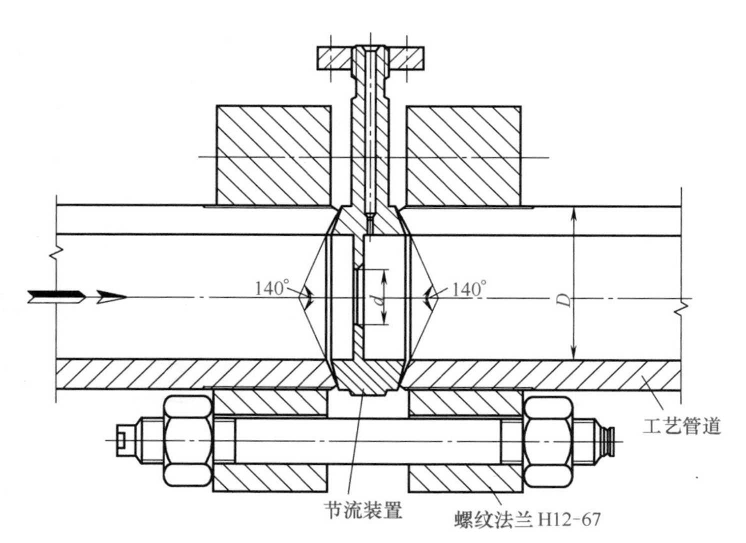

注：节流装置和工艺管道的偏心度不得超过$0.015D(D/d-1)$和$0.0075D$。

图 5-40 孔板、喷嘴在钢管上的安装图

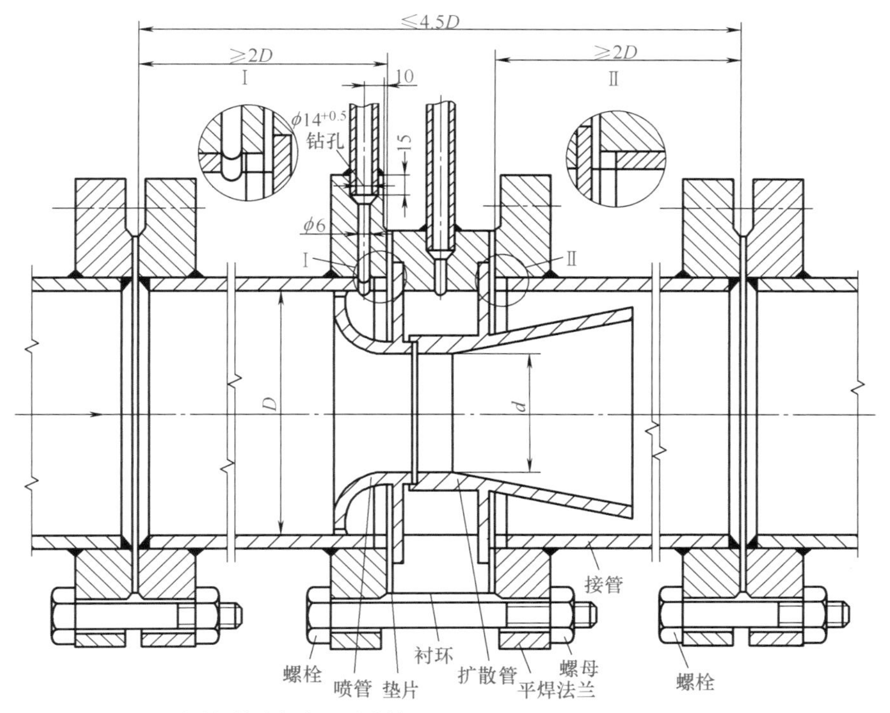

注：1.法兰焊缝应打光，无毛刺；
2.在法兰上钻孔应在法兰与管子焊好后进行，钻孔位置应与螺栓孔错开；
3.接管内径D只能有正公差。

图 5-41 短式文丘里喷嘴在钢管上的安装图

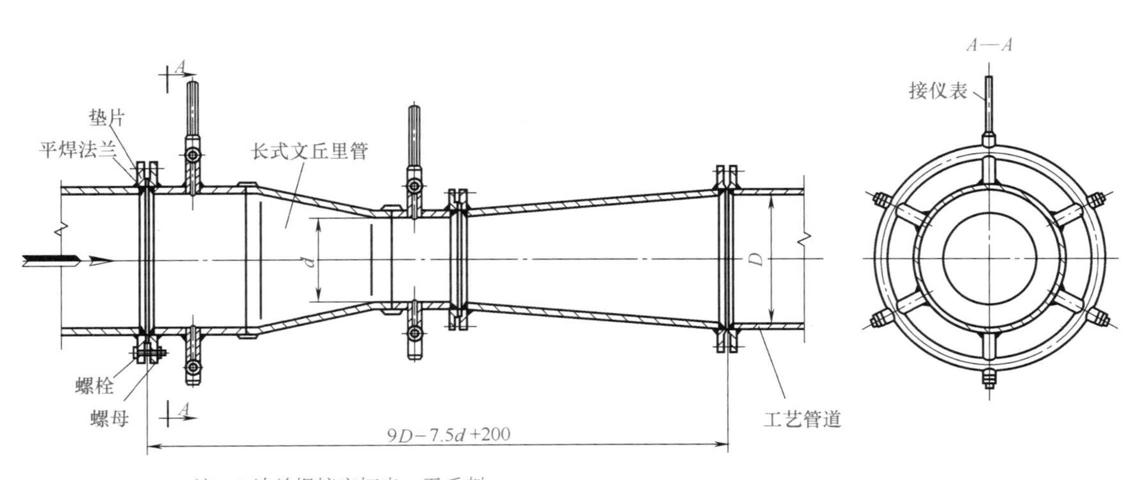

注：1.法兰焊接应打光，无毛刺；
2.在法兰上钻孔应在法兰与管子焊好后进行，钻孔位置应与螺栓孔错开；
3.接管内径D只能有正公差。

图 5-42 长式文丘里喷嘴在钢管上的安装图

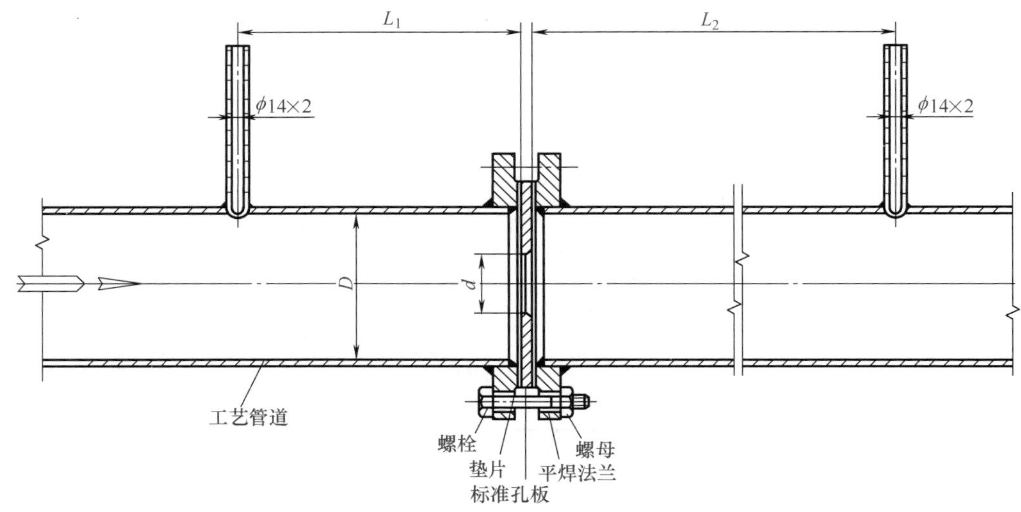

注：1.法兰焊接采用45° 角焊，焊缝应打光，无毛刺。
2.当采用管接取压时，L_1=2.5D，L_2=8D。
3.当采用径距取压时，L_1=2.5D，L_2=8D。

图 5-43　管接取压和径距取压的孔板在钢管上的安装图

第三节　常用流量测量仪表的维修

一、转子流量计的维修

（1）转子流量计常见故障及处理

转子流量计常见故障及处理方法见表 5-7。

表 5-7　转子流量计常见故障及处理方法

常见故障	处理方法
转子或指针停在某一位置不动	转子或指针停到某一位置不动，最直接的原因就是转子被卡死不会旋转了，是转子流量计最常出现的故障。仪表自身原因有：转子导向杆与止动环不同心，造成转子卡死。工艺原因有：流体太脏或结晶卡死，开启阀门过快，使得转子快速向上冲击止动器，造成止动器变形而将转子卡死。可按以下方法检查和处理。 ①观察转子是否真的被卡住。使用橡胶锤敲击仪表安装法兰来振动转子。转子由于磁性吸附作用，会有许多金属颗粒附着其上，致使转子上下移动受阻卡住。敲击振动后，部分颗粒渣会随介质流出流量计，转子能随流体变化而旋转，说明杂质较少，可随流体冲走，使流量计恢复正常。 ②若敲击仪表安装法兰振动转子没有效果，应拆下仪表检查和清洗，铲除附着物或污垢层。若导向杆弯曲，对导向杆进行校直。金属转子流量计的磁耦合转子组件的磁铁上附着的大多是铁粉或颗粒。新安装的仪表运行初期应利用旁路管，充分冲洗管道；为防止管道产生铁锈，可在表前装设过滤器。在转子组件清洗完成后，应检查转子运行的灵活性，可用手指推动转子到上导向，松手后转子应能自由下落到下导向，并且有很清晰的金属撞击声，在导向杆上多试几个位置，观察转子的滑行状况，都很灵活，说明转子组件装配良好
流量有变化但转子或指针移动迟滞	也就是流量有变化但仪表的反应不灵敏。转子与导向杆间有微粒等异物，磁耦合转子组件上附有磁性物质或颗粒，都会使转子转动迟滞，处理办法仍然是拆卸清洗。 转子导向杆与止动环不同心也会造成转子卡死。处理时可将变形的止动器取下整形，检查与导向杆是否同心，若不同心应进行校正，然后将转子装好，手推转子，感觉转子上下通畅无阻尼及卡住现象即可。转子流量计一定要垂直或水平安装，不能倾斜，否则容易引发卡表或使转子、指针移动迟滞。 检查指示部分的连杆、指针是否有卡住现象，可触摸磁铁耦合连接的连杆，用手感觉传动是否灵活，不灵活则进行调整；检查旋转轴与轴承是否有异物阻碍运动，对症进行清除或更换零部件；磁铁磁性下降也会导致本故障。用手上下移动转子，观察指针能否平稳地跟随着移动，若不能跟随或者跟随不稳定，则应更换磁铁。维修时为防止永久磁铁的磁性减弱，严禁两耦合件互相撞击

续表

常见故障	处理方法
没有流量显示	该故障是针对远传仪表而言，检查及处理方法如下： （1）现场仪表无显示 ①液晶显示器不亮且无显示，先检查仪表的供电是否正常，再检查接线是否正确。检查线路或电路板是否接触不良时，可重新上紧螺钉或拔插电路板试一试。 ②若指针不会动，可利用磁耦合原理，改变现场远传显示部分与转子部分的上下相对位置，来模拟转子的移动位置。在移动显示部分时指针能够正常改变显示，证明显示部分正常。如果指针没有改变显示，应检查远传显示及信号电源有无故障。指针变形或松动，玻璃面板损坏挤压指针或将指针卡住，都会导致现场仪表无显示；可调整、更换指针或更换玻璃面板。 （2）控制室仪表无显示 控制室仪表无显示是指现场有电流信号输出，但控制室的仪表无显示的故障。用一个回路的概念来分析判断、查找故障点，用现场校验仪对控制室仪表、卡件、隔离栅进行检查，从仪表的输入端送电流信号，测量输出端的电流信号是否正常，通过测试大多能发现故障。怀疑电路板有问题，可用相同的备件进行代换来确定故障
测量误差大	这是指实际流量与指示流量不一致。原因及处理方法如下： ①工艺介质的腐蚀，造成转子质量、体积、直径有变化；锥管内管径的变化会影响测量精度。更换转子后仍有较大误差，只有返厂重新标定，或者更换新表。 ②转子、锥管附有污垢、杂质等异物，应拆卸进行清洗，清洗要用棉布等软物，不能用金属件，不要用砂纸擦除污物，防止损伤锥管内壁和转子的直径、体积。 ③工艺流体的物性与设计的流体密度、黏度等不一致；气体、蒸汽、压缩性流体温度或压力的变化。只能按变化后的物性参数来进行流量值的修正。 ④流体脉冲、气体压力急剧变化都会使流量指示值波动，也会造成转子的偶发跳动，或周期性的振荡；只能在工艺管道安装缓冲装置，或者调整仪表的阻尼。 ⑤被测液体中混有气泡、气体中混有液滴、测量液体的仪表内部死角会存留气体，将影响转子的浮力，对小流量仪表及低流量测量影响较大，只有采取排液、排气措施来解决。 ⑥对新安装投用的仪表应检查安装是否符合要求，垂直度及水平夹角是否优于2°，仪表安装的直线段是否达到表前5*D*，表后250mm要求。转子流量计在出厂前是按照用户提供的流体条件，如密度、温度、压力等，经过换算后用水进行标定的，在现场是不能互换使用的，安装时用错了仪表就会出现测量误差。同理，如果工艺流体的密度、温度、压力等参数偏离设计条件太多，也会出现测量误差。 ⑦在转子流量计使用中，受工艺管道振动的影响，磁铁、指针、配重、旋转磁钢等活动部件可能会出现松动现象，使测量出现较大误差。可用手推指针的方法来判断该类故障。首先将指针按在RP位置，看输出是否为4mA，流量计显示是否为0%，再依次对其他刻度进行检查。若发现不正常，可对部件进行调整及紧固
电流输出信号不正常	该类故障包括无电流信号输出、输出电流小于4mA、输出电流与流量不符、流量为零时仍有较大的电流输出等。可能的原因及处理方法如下： ①先检查仪表供电是否正常，接线有没有错误，接线端子有没有氧化、锈蚀而出现接触不良的现象。 ②机械机构出故障。可检查矢量连杆机构是否移位或变形；可适当进行调整，可通过矢量连杆机构对零点和量程进行粗调，再通过转角放大器对零点和量程进行细调。 ③现场仪表有指示，输出电流不正常，大多是变送电路有故障。可采用分部检查来缩小故障范围，通过测量电流信号，来判断接线、卡件、DCS端的故障点。可用手将转子向上移动，观察电流是否增大，带指针的可以用手推动指针，看电流有没有变化，如果有变化，说明变送电路基本正常。 ④仪表的输出电流小于4mA或者大于20mA，有可能是仪表设置了故障报警输出。一般仪表的故障报警输出分别为3.8mA或22mA，可通过检查设定值来确定

（2）转子流量计维修

转子流量计维修时的故障现象、检查及排除方法见表5-8。

表5-8　转子流量计维修时的故障现象、检查及排除方法

故障现象	故障诊断分析	故障排除及小结
（转子或指针停在某一位置不动）新装置进行试车，流量计经常出现堵塞及转子卡死的现象	拆开流量计发现转子上吸了很多的铁锈，还有很多电焊渣把转子卡死	故障处理：条件允许时，可先用水、氮气或者空气对工艺管道进行冲洗，然后把流量计拆下换上短节，待工艺管道置换完成后再装流量计，大多能解决问题。 维修小结：新投运的装置，安装施工过程中在工艺管道里，或多或少都会有焊渣、铁锈及各种尘粒等存在，这些物质进入流量计，常会造成转子被卡的故障出现。在用的流量计可以加装磁性过滤器。在装置停车检修时要拆下流量计进行清洗，开车时使用旁路阀门。投运时不要猛开阀门，以避免瞬时流量过大造成转子被卡死的故障

续表

故障现象	故障诊断分析	故障排除及小结
（仪表显示不稳定有波动）某装置上新安装的4台金属转子流量计，电流输出波动大	观察DCS显示，流量读数在20%范围内波动，而现场的机械指针并没有波动。断开24V电源用现场校验仪对仪表供电，仪表显示正常。怀疑仪表供电有问题或受到干扰，检查DCS控制柜，发现仪表电源线的屏蔽层没有接地	故障处理：将电源线的屏蔽层接地，故障消失。 维修小结：后来发现仪表线缆桥架上边有高压电缆，这是一例由电磁干扰引发的故障。电磁干扰的出现具有随机性，有时可能漏接地线而仪表仍能正常工作，有时接了地线就有很大的改观。为了避免干扰引发的故障，一定要遵守仪表安装、维修规程的规定
（流量有变化但转子或指针移动迟滞）操作站的流量显示不正常	从经验判断现场仪表转子卡的可能性很大，现场检查发现现场表的指针移动迟滞，敲击振动流量计，指针移动迟滞没有改观，与工艺人员联系拆下处理	故障处理：拆下流量计，用尖嘴钳拆下卡簧，卸下取出转子，发现有许多金属颗粒附在转子上，用水进行清洗并正确安装后，现场表的指针及操作站的显示恢复正常。 维修小结：工艺管道中总会有杂质存在，尤其是铁锈等磁性物质，被转子的永久磁铁吸住，致使转子上下移动受阻，从而使指针移动迟滞，严重时会将转子全卡死
某转子流量计指针移动迟滞	敲击并振动流量计，指针移动迟滞没有明显改观，拆下仪表进行处理	故障处理：发现转子上附着的污物并不多，但移动转子不灵活，怀疑部件变形，调整转子及变形部件使之上下同心，重新组合安装，投运后仪表恢复正常。 维修小结：转子卡的原因大多是转子上附有污物或金属颗粒，而部件变形造成转子移动不灵活的故障在现场偶有发生。校正同心后要用手推动转子，或者上下晃动，观察转子能否灵活地自由移动，再进行正确的装配。转子部件变形，除受介质冲击力引起外，可能与安装也有一定关系，仪表要垂直安装不能倾斜，上固定螺钉时，要对角上紧使之受力均匀
（没有流量显示）新安装的转子流量计，现场指示正常，但DCS无流量显示	流量计的输出电流仅有4mA，拆下信号线，用现场校验仪送电流信号，DCS有显示，说明故障在变送器端；检查发现电路板松动	故障处理：断电，重新拔插电路板后，流量计输出电流正常。 维修小结：现场指示正常，重点应检查输出电流是否正常。确定故障在变送器后，找了一块同样的电路板进行代换，在拆卸的过程中发现电路板有松动现象，估计问题出在这，断电重新拔插电路板后，输出电流正常。电路板的松动有可能是运输、搬运中，仪表受到振动和颠簸造成的
FIR503转子流量计现场有显示，但操作台突然显示0%	经测量现场仪表输出电流有16mA左右，安全栅输入端电流与其相符，但安全栅的输出电流仅为4mA左右	故障处理：更换安全栅后，操作台有流量显示。 维修小结：正常使用中突然没有显示，大多是电源、线路出故障，或者仪表内部电路有故障。现场仪表有电流输出，说明供电、接线没有问题，可从现场电流回路着手，分步检查到控制室，当发现电流到什么地方不正常时，这也就是故障点了
（测量误差大）某金属管转子流量计，现场仪表指示正常，但电流输出偏高	与工艺人员协商停表，关闭工艺阀门观察，仪表指针能回到零点，但DCS的显示仍偏高，显示60%流量值，测量回路电流有13mA左右，检查供电正常。用兆欧表测试电缆的对地电阻，发现正极对地电阻值小于5MΩ，看来电缆的绝缘性能也大大下降	故障处理：更换电缆线后，仪表恢复正常。 维修小结：本例中曾怀疑是供电电源的问题，另外供电仪表恢复正常；后将有故障的仪表信号接至其他测点上试，故障现象仍然存在，这时才怀疑信号电缆可能有问题，测量电缆对地绝缘电阻才发现了故障的原因
某转子流量计的流量常会缓慢下降，直到显示为零	检查阀门、流量计都没有堵塞现象。观察发现被测介质有液体夹带气体现象	故障处理：加装排气装置后，问题基本解决。 维修小结：仪表测量的是180℃左右的乙二醇，在高温工况下通过阀门时由于有压降会使乙二醇部分气化，使流过转子流量计的介质中含有大量的气泡，导致转子的升力不够，而出现转子慢慢下降的现象，出现了流量显示值缓慢下降的故障。只有消除气化现象才能从根本上解决问题，但难度很大，目前能做的就是定期进行排气

二、电磁流量计的维修

（1）电磁流量计故障检查、判断及处理

电磁流量计有一体式和分体式两种结构，两种结构方式的故障现象与检查方法基本是相通的，现结合图5-44所示进行介绍，图中A、B为流量信号，C为公共端，SA、SB为屏蔽端；

EX1、EX2 为励磁电源；G 为接地。

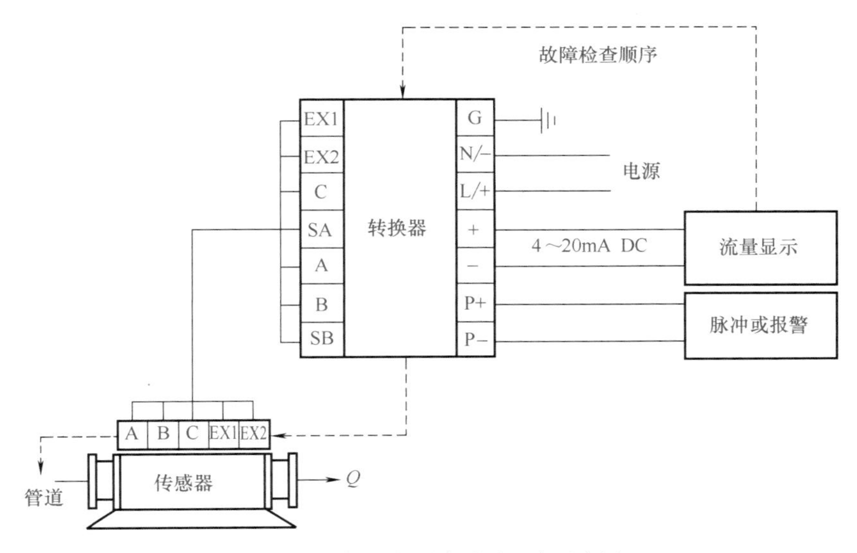

图 5-44 电磁流量计测量回路示意图

电磁流量计的信号一般为 2.5 ～ 8mV，流量较小时可能只有几微伏。检查故障时先检查显示仪是否正常，按显示仪→转换器→传感器→测量管道的顺序进行检查，如图中虚线箭头所示方向。大口径的流量传感器，更换工程量大、涉及面广，一定要反复检查，根据各项检查确定传感器是否应该卸下更换和修理。

电磁流量计常见故障及处理方法见表 5-9。

表 5-9 电磁流量计常见故障及处理方法

常见故障	处理方法
仪表显示最小或无显示	传感器没有流量信号输出。原因有电源故障，连接电缆故障；传感器或转换器元器件损坏；工艺原因（液体流动状况改变，工艺管道内壁附着层出现问题）。可按以下方法检查和处理。 ①观察仪表有无故障报警显示，按报警代码的含义进行相应检查和处理。若没有报警显示，检查仪表供电是否正常，开关是否合上，熔丝是否熔断。用万用表测量各级电压判断故障。 ②供电正常，再对连接电缆进行检查，检查励磁电缆及信号电缆的接线是否松动，接线端子有无氧化、腐蚀现象，必要时紧固螺钉。 ③检查励磁线圈电阻值是否正常，线圈是否开路、匝间是否短路，端子或线圈的绝缘电阻是否下降。用万用表测量励磁线圈 EX1、EX2 端子间的电阻值，但要断开与之相连的电缆线，电阻值通常在 80 ～ 150Ω 左右，各产品略有差异。对匝间短路判断就较困难，只能与原来的记录值比较来判断。由于传感器安装现场环境的原因，励磁线圈回路绝缘电阻下降是常出现的故障，其绝缘电阻小于 100MΩ 时，应检查传感器的电缆密封圈、端子盒的密封垫片是否受损，传感器是否浸入水或潮气；可用电吹风的热风进行烘干，能拆卸的励磁线圈受潮时可整体放入电烘箱烘干。重视引线口密封是克服受潮的重要措施。 ④对于新安装或更换的传感器，应核对传感器箭头与流体方向是否一致。要工艺人员配合确定传感器是否充满液体。传感器能否充满液体与其安装位置有关联，要按规定安装。 ⑤传感器衬里层有污物附着会使仪表绝缘电阻下降，可拆下传感器进行观察，没有条件拆下传感器时，可测量电极的接触电阻和电极的极化电压，间接检查和判断附着层状况。 a. 电极接触电阻的测量。测量电极与液体的接触电阻，实际上是测量电极对地的电阻值，来间接判断电极和衬里层表面的状况，为分析故障提供依据，前提是必须有原始测量数据作基础。新安装的仪表投运正常，就应测量并记录两电极的接触电阻值，以后定期进行测量与记录，分析比较这些记录数据，两电极的接触电阻值之差应小于 10% ～ 20%，否则可能有故障。 两电极的接触电阻值之差增加，可能有一只电极的绝缘性能有较大的下降。某电极对地电阻值增大，有可能是该电极表面被绝缘层覆盖。某电极对地电阻值减小，有可能是该电极表面或衬里表面附有导电层积物。 测量电极接触电阻时，应断开传感器的接线，并应在液体满管状态下测量。所用指针万用表要用同一型号、同一量程的表；如 ×1k 挡。红表笔接地，黑表笔接电极；测量时表笔接触端子后马上读取指针偏转的最大值，不要反复测量，以免极化而产生误差。

续表

常见故障	处理方法
仪表显示最小或无显示	b. 电极极化电压的测量。可用数字万用表的2V DC挡，测两电极对地之间的极化电压。两次测量值基本相等，说明电极未被污染或未被层积物覆盖，否则说明电极被污染或被层积物覆盖。极化电压通常在数毫伏至几百毫伏之间。 ⑥若转换器没有流量测量信号显示，先检查传感器和转换器的接线有没有问题；确定传感器正常，怀疑转换器有问题时，可用备件，或同型号正常仪表的电路板替换检查、判断
仪表显示最大	仪表显示最大实际上就是流量显示超过量程上限，仪表自身的原因有：信号回路断路，连接电缆故障，接线错误等；传感器与转换器配套错误；仪表设定错误。工艺原因有管道中没有流体。可按以下方法检查和处理。 ①用第3章介绍的对分检查法。对转换器前后进行分割检查，以缩小故障查找范围。将转换器信号输入端子A、B、C短接，流量显示为零，说明转换器及显示仪表正常，可判断故障在转换器之前。 ②对传感器的输出信号线A、B、C进行短接，流量显示为零，说明信号电缆良好。流量显示仍为最大，仍保持A、B、C短接，用万用表在转换器A、B、C端子处测量信号电缆及连接端子的电阻值，判断信号电缆是否正常。若信号电缆正常再进行以下检查。 ③用万用表测量两电极的电阻值，电阻值很大，或者无穷大，有可能是传感器的电极未被液体浸泡，即两只电极或一只电极未接触到液体，可能是测量管道没有充满液体，在正常情况下仪表应该有空管报警信号。 ④第③项检查都正常，可用模拟信号检查仪表的零点及满度是否正常；还应检查设定参数，如管径、量程、测量单位、仪表常数等的设定是否正确。对于分体式仪表应检查传感器与转换器有没有配错。 ⑤显示仪表或转换器有故障也会使流量显示最大，可用模拟信号进行检查判断。怀疑转换器有故障，可用备用电路板代换现用电路板，以判断转换器有无故障
仪表显示偏高或偏低	流量显示值与实际流量不相符。原因有：仪表的零点没有调校、设定好，传感器安装位置不符合要求，传感器前、后直管段达不到要求，不能满管或液体中含有气泡；传感器电极的电阻发生变化，电极的绝缘电阻下降；信号电缆的绝缘下降；转换器设定有错误。工艺原因有：传感器上、下游流体的流动状况不符合要求。可按以下方法检查和处理。 ①表测量值是否准确，工艺人员大多是根据经验来判断的，而仪表工则是根据校准数据及校准时限来评判的，因此，要参考历史测量数据，并与其他流量计的测量结果进行比对，再从工艺流程的物料平衡来估算，使工艺与仪表达成共识，以利故障的检查和处理。 ②新安装的仪表如果出现测量不准确的问题，应检查传感器和转换器是否配套，核对口径、量程、测量单位的设定是否正确。可用模拟信号输入给转换器，对零点及满量程进行检查。检查管路是否充满液体，液体中有没有气泡等。传感器安装位置不符合要求，直管段不够，传感器前有调节阀门，都将影响传感器上游流体的流动状态，使测量出现误差。 ③检查电缆与端子接触是否良好，电缆及屏蔽层的接地是否合乎要求。用兆欧表对电缆及电极的绝缘电阻进行测试，检查电极的绝缘电阻必须在传感器离线状态下进行，拆下传感器，放空液体，用干布擦干衬里表面并使之干燥，然后用500V的兆欧表，分别测试两只电极对金属法兰盘的电阻，要求电极的绝缘电阻大于100MΩ。小于该阻值，应对电极进行烘干处理，用电吹风吹热风使电极的绝缘电阻上升。 ④传感器是与工艺流体直接接触的仪表，受工艺介质的影响最大，有条件拆卸时，一定要对传感器管内进行检查及清洗，检查管内壁是否有层积物，电极表面是否有层积物或结垢，这些都会导致电极绝缘电阻下降，而使测量出现误差
仪表显示波动	电磁流量计的信号一般为2.5～8mV，流量较小时可能只有几微伏，信号小易受外界干扰影响。干扰源主要有管道上的杂散电流、静电、电磁波、磁场。电磁干扰是导致仪表显示波动的原因之一。而仪表自身的原因有：电缆与端子氧化、锈蚀出现接触不良，电路板接触不良，电子元件虚焊等，传感器安装时不认真，把入口垫片内圈做小挡住流体通道而产生涡流，对测量造成影响。励磁线圈的绝缘电阻下降是由于测量电极受污染、结垢。工艺原因有：工艺流体具有脉动性质，如往复泵出口流量。设计、安装不当使传感器安装位置不符合要求，或者测量管未能充满液体，被测量的液体含有较多气泡，也会造成显示波动。可按以下方法检查和处理。 ①克服电磁干扰最有效的措施就是良好的接地，传感器的接地电阻要小于100Ω。有时虽然有良好的接地，但管道的杂散电流干扰也会影响流量计的正常显示，可在原接地外侧数米处再增加新的接地点。静电或电磁波也会对仪表造成干扰，因此，信号线一定要用厂家配套的电缆，并做好接地，尽量缩短传感器与转换器的距离，仍然解决不了仪表的波动故障时，只能将分体式的仪表更换为一体式的。 ②仪表显示一会正常一会波动，大多是电气线路接触不良引起的。应检查转换器的接线及接线端子，可拨动接线、摇动电缆、用螺丝刀敲打转换器外壳，观察显示有没有变化。 ③进行了第②步检查，没有发现问题，可到现场检查传感器，检查线路的接触状态，检查信号插座有没有被腐蚀，插座若受腐蚀只有更换。励磁线圈的绝缘电阻如果明显下降，应采取烘干的方法来提高绝缘电阻。传感器的接线盒受潮，绝缘电阻下降也会引起显示波动，用电吹风吹干水汽，使绝缘电阻上升到20MΩ以上。除测量绝缘电阻外，大多时候需要停用传感器，才能对电极及测量腔室进行检查，才能发现测量腔室内结垢、电极沉积污垢等问题，对症进行清洗或更换。 ④显示波动很多时候是工艺原因引起的，流体本来就是脉动的，如往复泵输送的液体，只能把传感器安装在远离脉动源的地方，利用管道的阻力来减弱流体的脉动，条件所限，只能在传感器前加装滤波器或缓冲器来减弱脉动。传感器的安装位置选择不当，使测量管道有气泡或液体不能充满管道，工艺液体含有气体，都可能使仪表显示出现波动。以上原因需要工艺配合查找及共同处理

续表

常见故障	处理方法
仪表的零点不稳定	零点不稳定是指没有流量时显示的零点不稳定。原因有：仪表的零点没有调校、设定好；仪表测量回路绝缘电阻下降；传感器接地不符合要求，接地不完善，受电磁干扰等。工艺原因有：管道未充满液体或者液体内含有气泡；工艺流体有微小的流动等。可按以下方法检查和处理。 ①信号测量回路的绝缘电阻下降，大多是电极绝缘电阻下降引起的；但也不要忽视了信号电缆、接线端子绝缘电阻下降的可能性。表壳、导线连接处密封出现问题，现场的潮气、酸雾、粉尘就会侵入到仪表接线盒或电缆保护层，使绝缘电阻下降。信号测量回路的绝缘电阻可用兆欧表测试，可分别对信号电缆及传感器进行测试。 ②传感器电极如果被污染或层积物覆盖，常会出现零点不稳定或输出波动的故障。对电极进行检查，应在满管状态下测量电极的接触电阻，再在空管状态下测量电极的绝缘电阻。操作方法如下。 a. 满管状态下测量电极的接触电阻，需拆下信号电缆线，用万用表测量每个电极与接地点的电阻值，两电极接触电阻之差应在 10% ～ 20% 范围内，超过了该范围就会引发仪表零点不稳定。 b. 空管状态下测量电极的绝缘电阻，要先对测量管道进行放空，并拆下传感器及相关接线，用干布擦干净传感器的内表面，待完全干燥后，用 500V 兆欧表测量每个电极与接地点电阻值，绝缘电阻必须要大于 100MΩ，否则有可能引发仪表零点不稳定。 ③传感器的接地电阻要小于 100Ω。当传感器用于绝缘管道或防腐衬里管道的测量时，检查传感器两端是否加装了接地短管或接地环；整套仪表不要和电机、电器共用接地点。原来使用正常的仪表，突然出现零位不稳定或显示波动的故障，应观察在传感器附近，有没有新增加的电气设备，如大功率电机、变频器、电焊机等，这些设备在使用时可能会影响接地电位的变化，从而使仪表的零点不稳定或显示波动

（2）电磁流量计维修

电磁流量计维修时的故障现象、检查及排除方法见表 5-10。

表 5-10　电磁流量计维修时的故障现象、检查及排除方法

故障现象	故障诊断分析	故障排除及小结
（仪表显示最小或无显示）某柴油机厂工具车间，用电磁流量计测量和控制饱和食盐电解液流量，间断使用两个月后，发现流量显示值越来越小，直到流量信号接近为零	现场检查测量电极的电阻很小，拆下传感器检查，发现传感器绝缘层表面沉积了薄薄一层黄锈，黄锈层是电解液中大量氧化铁沉积所致	故障处理：擦拭清洁后仪表恢复正常。 维修小结：本例是导电沉积层使电极短路而出现的故障，传感器测量管绝缘衬里表面若沉积导电物质，流量信号将被短路而出现故障。导电物质是逐渐沉积的，要运行一段时间才会显露出来。开始运行正常，使用一段时间，出现流量显示值越来越小现象时，应考虑有此类故障的可能性
操作工反映在用的水流量计突然没有显示	检查供电正常。用万用表测量显示仪输入端的电流信号，没有电流信号，用模拟信号输入转换器，没有电流信号输出，判断转换器有故障	故障处理：没有备用电路板进行代换，只能返厂修理。 维修小结：电磁流量计突然没有显示，应先查找电源，如果电源正常，只有两种可能，一是接线断线，二是电子元器件损坏，可围绕该两点进行检查
（仪表显示最大）AXFA14 型电磁流量计，显示为最大并伴有报警声	第一行显示故障为过程报警；第二行从字面看为超量程，查用户手册为输入信号错误；第三行提示检查接线或接地。按提示检查，到现场检查传感器电缆及接线，结果发现接地线断路	故障处理：把接地线接好后，报警消除，仪表显示恢复正常。 维修小结：查用户手册知，该报警为“过程报警”，说明仪表正常，但是出现了过程方面的错误，使仪表工作失常；要求检查信号电缆和接地是否正常。由于在参数设定时把 G21 设为 20mA，故报警发生时输出电流固定为 20mA，因此，报警时仪表显示最大。引起此类报警故障的原因还有：信号电缆、电源电缆、励磁电缆有问题；信号线圈损坏；接地不正常
某电磁流量计在下大雨后显示最大且系统报警	检查各项参数设置没有问题，拆开后盖发现有进水现象	故障处理：用电吹风将有水的地方吹干。检查接线时发现励磁线圈短接处有被压破的痕迹，重新用胶布将压破处包好；重新开表，流量显示正常且报警消除。 维修小结：拆卸检查本表时发现导线有被压破的痕迹，看来是在产品装配时不小心将线的绝缘层压破，又碰上下雨天使得表头进水，由于励磁线接地，仪表的输出超过量程。这一错误信号还引发了系统报警

续表

故障现象	故障诊断分析	故障排除及小结
（仪表显示偏高或偏低）一台新装分体式电磁流量计，比实际流量偏高40%左右	反复检查及设置参数多次，故障无改观。后来偶然发现转换器和另一台库存仪表的转换器混了	故障处理：更换转换器后，故障消除。 维修小结：本例故障安装时只注意传感器而忽视了转换器。两套仪表测量口径不相同，一台DN80，另一台是DN100。分体式电磁流量计出厂时，传感器和转换器是按规定的口径、流量范围、设定参数实流校准的。传感器和转换器必须配套使用，只要观察传感器和转换器的编号是否一致，就可避免以上故障发生
某纸厂同一管道上装有两台相同的流量计，流量累计值不一致，造纸车间的流量计比制浆车间的流量计偏低了4m^2，同时还伴有流量显示波动现象	先怀疑是由流量不满管引起，把传感器后面的阀关小，试图通过阻流使传感器满管，没有作用。更换转换器仍没有改观。拟停车时拆传感器进行检查；在拆卸中发现传感器的密封垫片有损坏，有一小块连着的垫片一直悬在管道中	故障处理：更换密封垫片后，流量显示稳定，且两台流量计的累计值一致。 维修小结：传感器的密封垫片损坏后，悬在管道中的坏垫片影响了纸浆的流动，从而使仪表出现了波动及测量误差
操作工反映某总管流量计的显示越来越小，几乎为零	总管流量计显示变小时，分管道流量仍有50%的显示，工艺开大分管道的阀门，总管流量计的显示有上升趋势，判断故障在转换器之前。对传感器进行检查，测量励磁线圈电阻有120Ω左右是正常的。拆除信号电缆，测量信号端子对地电阻仅有0.5kΩ左右。电极的绝缘电阻明显下降	故障处理：停车拆下传感器检查，发现测量导管内壁及电极上有污垢，清洗、擦拭、干燥后，仪表显示恢复正常。 维修小结：本例是由电极的绝缘电阻下降引发的故障。电磁流量计内壁及电极上有污垢产生故障是很常见的。本例属高电导率污垢，污垢的形成有个时间过程，电极间的电阻也是在慢慢下降的，实质是电极间的电动势被短路，反映在仪表上就是流量的显示越来越小
某化肥厂拥有4台西门子电磁流量计，使用中发现流量显示会越来越小	检查发现传感器两电极的接地电阻不相等，判断传感器有故障	故障处理：停车检修，拆下传感器检查，发现内壁沉积有结晶体，最厚处达30mm左右，电极表面已被结晶体覆盖，清洗之后，电磁流量计恢复正常。 维修小结：本例属于电极污垢引发的故障，传感器中的结晶体造成电极短路时，流量显示会越来越小
（仪表显示波动）一台新安装的电磁流量计，显示总是剧烈波动，甚至达到全量程的50%	检查了很久一直没有找到原因，后来才知道车间试车用的是去离子水	故障处理：换成自来水后仪表显示恢复正常。 维修小结：这是一例仪表所测介质与设计介质不符的特例。新安装的电磁流量计有问题时，除检查仪表自身的问题外，可能更需要了解现场的测量条件是否符合仪表的设计条件
某污水处理站的排放流量计显示波动或跑最大	本例故障现象与管道未充满液体极相似，用指针式万用表×1k挡测量两电极间的电阻值，表针只有微小的摆动，说明电阻值很大，判断电极回路呈开路状态。再观察该流量计就安装在排放口前，排放出的液体明显没有充满管道，排放量小时故障就出现了	故障处理：重新将流量计安装在U形管道内，确保传感器能在满管状态下测量。 维修小结：该电磁流量计原先是安装在排放口前，当排放量小的时候，管道内液面高度低于电极表面，电极会裸露在空气中，测量回路等于在开路状态；使流量计的测量值和输出处于一种随机状态，使显示不停地波动或到满度。当排放量大的时候，管道内液面高度高于电极表面，流量计还能正常显示，但由于液体中含有气体体积，测量误差会很大
（仪表的零点不稳定）某台水流量计工艺管道无流量时，仍有显示值在不停地变化	停产前该表是正常的，检修期间还拆下传感器进行检查及处理，传感器及电极应该没有问题，决定先校正零点	故障处理：将管道中充满水，然后关闭传感器两端的阀门，使流体在管道中处于满管静止状态。进入转换器菜单，将流量零点修正为±0.0000。零点重新校正后，流量计零点显示值稳定且不再变化。 维修小结：停产时曾对传感器进行过检修，排除了许多故障的可能性。而仪表使用时间久了，零点有所变化是有可能的，直接对仪表零点进行调整。通过转换器菜单，可检查各菜单内容是否符合初始设定值，以排除流量计在使用中被其他人员调整过设定值的可能性

续表

故障现象	故障诊断分析	故障排除及小结
新安装的 FIR601 水流量计显示波动较大	工艺人员确认水是满管，基本不会有气泡产生；请工艺人员关闭传感器下游阀门，使管道充满不流动的水，数字显示为 0.00%，输出电流为 4mA，仪表的零点是稳定的。要使显示波动减小，可适当调大仪表的阻尼时间	故障处理：调整阻尼时间为 10s，显示相对稳定。 维修小结：本例显示波动不是仪表的问题，而是由水流量不稳定造成的波动，而仪表显示的是真实的水流动状态。调大阻尼时间是使仪表显示的流量看着稳定点，但其会对测量的反应速度有所影响。长的阻尼时间能提高仪表显示及输出信号的稳定性，常用于流量控制系统；短的阻尼时间可以加快测量的反应速度，常用于总量累积的脉动流量系统

三、质量流量计的维修

（一）质量流量计常见故障与处理

（1）质量流量计常见故障

质量流量计常见故障主是硬件故障和软件故障，其故障形式见表 5-11。

表 5-11　质量流量计常见故障形式

故障形式		说明
硬件故障	安装不规范	不规范的安装可直接导致流量计零点漂移，带来测量误差；若安装错误则流量计不能工作
	接线问题	接线错误时变送器无法工作。如果接线时不认真，导致线圈回路阻值过大或过小，轻者带来测量误差，重者变送器无法工作
	工艺介质变化	若测量介质出现夹气、气化或两相流等现象，变送器会发出报警提示；严重时变送器停止工作
	变送器失效	变送器某部分器件有故障，可能导致变送器零漂超限带来测量误差；或者某部分器件失效，导致变送器失效无法工作；或者变送器的某种功能失效。此类故障可通过更换变送器来简单判断
	传感器失效	传感器测量管若渗漏，测量介质会注满表壳，导致测量管振动阻尼增大，变送器驱动电压随之飙升；或者介质温度过高，损伤测量管上的线圈，导致驱动、检测电压失衡。此类故障最难判断，因其绝少发生，且变送器并无对应的报警信息，只能凭经验综合多方面的因素来判断
软件故障	参数设置有误	不正确的流量和密度系数必然造成测量误差；若系数相差太大，则变送器报警并停止工作
	零点校准有误	流量计安装（包括新安装和拆下后再安装）后必须严格按要求进行零点校准，否则会造成误差；长期运行未拆卸的流量计也要定期进行零点校准，以消除安装后的应力累积效应。需特别注意，如果在有流量的情况下进行零点校准，则有可能破坏某些内存参数
	I/O 组态有误	I/O（输入/输出）有误，流量计系统虽能正常工作，但二次表却显示异常。若输出采用频率信号，则两端的脉冲当量应一致；若使用 RS-485 通信，则应确保通信协议的一致

（2）质量流量计常见故障处理与排除方法

质量流量计常见故障处理与排除方法见表 5-12 和表 5-13。

表 5-12　质量流量计常见故障处理

故障现象	故障原因	处理方法
瞬时流量恒示最大值	传输信号电缆线断或传感器损坏	更换电缆或更换传感器
转换器无显示	电源故障、保险管烧坏	检查电源、更换保险管
无交流电压但有直流电压	测量管堵塞	疏通测量管
	安装应力太大	重新安装
零位漂移	阀门泄漏	排除泄漏
	流量计的标定系数错误	检查消除
	阻尼过低	检查消除

续表

故障现象	故障原因	处理方法
零位漂移	出现两相流	消除两相流
	传感器接线盒受潮	检查、修复
	接线故障	检查接线
	接地故障	检查接地
	安装有应力	重新安装
	是否有电磁干扰	改善屏蔽，排除电磁干扰
显示和输出值波动	阻尼低	检查阻尼
	驱动放大器不稳定	检查驱动放大器
	密度显示值不稳	检查密度标定系数
	接线错误	检查接线
	接地故障	检查接地
	振动干扰	消除振动干扰
	传感器管道堵塞或有积垢	检查清理管道，清洗传感器
	两相流	消除两相流
质量流量显示不正确	流量标定系数错误	检查标定系数
	流量单位错误	检查流量单位
	零点错误	零点调整
	流量计组态错误	重新组态
	密度标定系数错误	检查消除
	接线、接地故障	检查接线、接地
	两相流	消除两相流
密度显示不正确	密度标定系数错误	检查消除
	接线、接地故障	检查接线、接地
	两相流、团状流	消除
	振动干扰	消除
有电源无输出	电源故障	检查传感器不同接线端间的电源
零点稳定但不能回零	安装问题	重新安装
	流体温度、密度与标校用水的差别较大	增大或减小调零电阻
	传感器测量管堵塞	疏通测量管

表 5-13　质量流量计故障排除方法

序号	步骤	下一步操作
1	检查流量的校准系数是否正确	（1）如果检查流量校准系数正确，进行第 2 步 （2）如果流量校准系数不正确，修改并进行第 15 步
2	检查流量单位	（1）流量单位正确，进行第 3 步 （2）如果流量单位错，修改并进行第 15 步
3	确认流量表已经准确地进行了零点标定	（1）如果流量表已准确地校准零点，进行第 4 步 （2）如果流量表没有准确地校准零点，进行零点校准并进行第 15 步
4	检查流量表的设置是按质量还是按体积进行测量的	（1）如果设置的是按质量测量，进行第 6 步 （2）如果设置的是按体积测量，进行第 5 步
5	检查密度校准系数是否正确	（1）如果密度校准系数正确，进行第 6 步 （2）如果密度校准系数不正确，修改并进行第 15 步
6	确认流体的密度读数是准确的	（1）如果密度读数正确，进行第 7 步 （2）如果密度读数错，进行第 11 步
7	确认流体的温度读数是准确的	（1）如果温度读数正确，进行第 8 步 （2）如果温度读数错，进行第 14 步

续表

序号	步骤	下一步操作
8	检查流量表的设置是按质量还是按体积进行测量的	（1）如果设置是按质量测量，进行第 11 步 （2）如果设置是按体积测量，进行第 9 步
9	参照数的总量是以固定的密度值为依据得来的	（1）如果总量是以固定值得来的，进行第 10 步 （2）如果总量不是以固定值得来的，进行第 11 步
10	将流量单位改为质量流量单位	进行第 15 步
11	检查是否有接地故障或接地不正确	（1）如果接地正确，进行第 12 步 （2）如果接地不正确或有故障，修理后进行第 15 步
12	检查是否存在两相流体	（1）如果没有两相流体，进行第 13 步 （2）如果存在两相流体，解决问题后，进行第 15 步
13	检查秤（或测量参考值）的准确性	（1）如果秤的读数准确，进行第 14 步 （2）如果秤的读数不准确，修理后进行第 15 步
14	检查流量表的接线是否正确	（1）如果流量表的接线正确，进行第 15 步 （2）如果流量表的接线不正确或有问题，修理或更换接线后，进行第 15 步
15	重新进行计量操作，检查是否还存在同样问题	（1）如果流速或总量正确，则说明已解决问题 （2）如果流速或总量不正确，重新进行第 2 步到第 15 步的操作

（二）故障实例分析

质量流量计维修时的故障现象、检查及排除方法见表 5-14。

表 5-14 质量流量计维修时的故障现象、检查及排除方法

（1）质量流量计现场使用后精度降低		
故障现象	故障诊断分析	故障处理
某装置中，采用了 20 多台质量流量计。其精度按仪表制造厂的样本显示应达 0.15%，可是现场测试结果均大于 0.3%	经计算，选型无误，且都满灌，现场检查发现，安装存在问题： ①质量流量计安装在泵的附近，泵启动后较大的振动必将干扰流量计的正常工作。 ②流量计的仪表支撑柱普遍较细，有些质量流量计的支撑架一边只有一个。当管道应力传输至仪表安装段时，其支撑件不足以抵御管道应力，将降低质量流量计的测量精度。 ③质量流量计的支撑件连在一起。当其中一台质量流量计受到振动干扰和应力时，将不可避免地传至其他流量计，并可能产生共振。 ④一些垂直安装的质量流量计固定支撑件不能稳定较重较大口径的质量流量计本体。管道由于流体通过或管线应力而产生的振动将影响质量流量计正确测量。 ⑤支撑件安装在流量计的流量管部或连接法兰处，也可能导致应力产生而干扰流量管振动频率，造成精度偏差	综上所述，引起质量流量计精度下降的原因是振动的干扰和应力的影响。对此，采取的措施为： ①远离振动泵 3m 以上。 ②支撑件位置在流量计上、下游 15*D* 内，仪表的两边分别设置两个固定的支撑架，以抵御流体流经管道时产生的振动和管道的应力（尤其是当附近有较重的阀门时）。支撑架必须从仪表本体上移开，其直径足以支撑质量流量计本体和管线的重量，并且隔离振动。 ③当垂直管道直径较大，支撑件不易制作时，可将安装流量计的管道设计成水平形式。 ④各个质量流量计的支撑件不可公用或连在一起，必须分开。 ⑤仪表出口管线最好高于流量计第 2 个支撑架后的管线，以产生一个小的背压，避免虹吸现象。 ⑥对振动过大的区域，应设置减振器或采用其他的减振措施
在羧甲基纤维素钠（CMC）生产的关键工艺——碱化反应中，需精确控制各种参加反应的化工原料用量。选用 Fisher-Rose-mount R 型质量流量计测量盐酸、浓碱及碱化混合液的质量。安装 3 套流量计（如图 5-45 所示）。在试车中，发现所测盐酸与工艺经验值比对存在一定误差	经检查，发现试生产时所加盐酸比正常生产时少，在质量流量计后部截止阀全开的情况下，盐酸不能完全充满介质，影响了仪表测量	稍微关小后部截止阀，重新测试，结果与工艺经验值相符。正常生产后，全开此截止阀，流量计亦工作正常

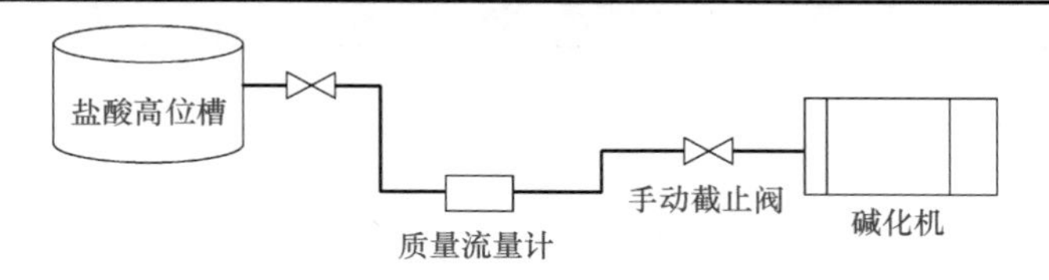

图 5-45　安装示意图

（2）新配管后质量流量计累积流量与实际量不符		
故障现象	故障诊断分析	故障处理
在调合装置生产工艺中，利用MP201泵将TK107立罐中的基础油加入调合釜BLR201中，科氏力质量流量计FQ201用来累计进入BLR201中的基础油总量。操作员预先在DCS的FQ201仪表面板上设置需加基础油的总量，对上次实测累积量清零，并启动本次计量功能，打开调合釜入口电磁阀V201并启动基础油泵MP201，FQ201开始对加入釜内的基础油计量。当实测累计量达到FQ201中操作员设置的目标量后，DCS内自动送出联锁信号关闭调合釜入口电磁阀并停泵。BLR201上安装了反吹风式液位变送器L1201，用于监测釜内液位，以吨为单位，也为FQ201累计量提供了一个参考值。近期根据生产需要，装置从一个卧罐TK204，新铺设一条管线至MP201泵，因此还可利用MP201泵将TK204罐中的基础油加入到BLR201中，如图5-46所示。 当采用新配管线加料后，利用TK204罐和MP201泵向BLR201输送8t基础油时，FQ201累计量达到8t后关阀停泵，BLR201釜上的液位计L1201只显示5.7t，远远低于所需量	①由于BLR201釜采用氮气反吹风法测量液位，因此最初怀疑氮气压力不够造成液位仪表显示偏低。查看公用工程画面上的氮气压力指示值，装置供氮正常。仪表维修人员确认液位计L1201工作正常。 ②用检尺方法测量液位，表明釜内实际数量远远小于8t。 ③由于采用的是新管线，怀疑管线处理后仍有残留的杂渣进入质量流量计中。利用TK107内的基础油向BLR201补加2.3t后再检尺，发现质量流量计工作正常。 ④由于FQ201是科氏力质量流量计，与被测介质的温度、密度、压力、黏度变化无关，因此排除原料密度的略微不同对FQ201的影响。 ⑤查看工艺管线，发现TK107至MP201入口采用的是4in管线，从MP201至BLR201采用3in管线，而从TK204至MP201入口之间新铺设的管线由于空间有限，而采用了2in管线。泵入口管线是2in，而出口管线为3in。在加油过程中，发现泵出口压力低，原来正常时FQ201的瞬时流量为30t/h，现在降至5t/h。由于新配工艺管线不合理，所以流量过低而形成缓流，无法完全充满质量流量计传感器部分的U形管，是引起本例故障的主要原因。 ⑥在科氏力质量流量计中，需对传感器管子进行电磁激励，使其振荡。当流体流过管子时，在科里奥利力作用下，管子会发生形变，通过测量管子形变而测得流体质量流量。在本例故障中，当被测液体在未充满管子的情况下缓慢流动时，对传感器管子造成不平衡振动，因而影响了传感器的性能和精确度，造成仪表读数不准	①关小泵出口手阀，增加泵出口压力，FQ201的瞬时流量由5.7t/h增加到8t/h，但仍然无法满足FQ201正常工作的条件，因此，只好采用方法②。 ②TK204罐内物料用完后，重新在罐底开4in口，并另选路径铺设4in管线至泵MP201入口处。重新送料，FQ201工作正常

注：1in=25.4mm。

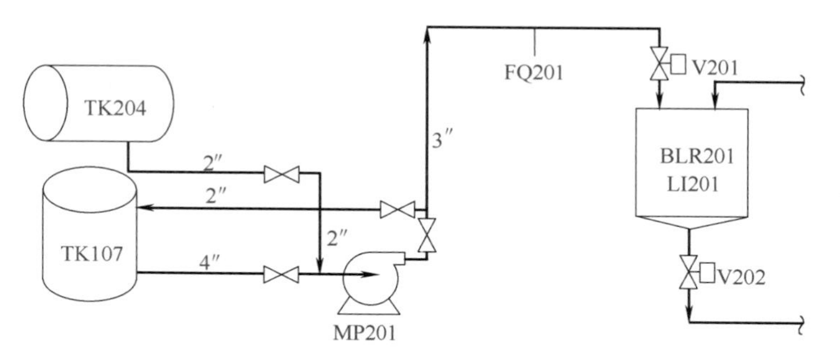

图 5-46　某装置基础油计量系统示意图

续表

(3)流量指示故障		
故障现象	故障诊断分析	故障处理
原料车间一测量纯苯质量流量计无流量指示，屏幕显示“SENSER ERROR”“TUBE NOT VIBRTING”，而实际却有纯苯流过	检查一次传感器的各项参数，检测线圈、励磁线圈电阻均在规定数值范围内。检查温度传感信号电阻时发现阻值显示较高，用手触摸管道，感觉温度很高。判断由于温度高造成纯苯气化而无法测量	联系工艺人员将物料温度降低到规定范围后，仪表指示正常
合成氨时，工艺人员送液氨一小时，一台测量液氨的EMERSON质量流量计仪表仍无指示	分析故障原因有液氨未充满管道、仪表检测单元有故障、显示单元有故障三种情况，经检查发现工艺条件正常，测量单元无故障，已起振，但显示单元有故障	更换仪表，显示单元故障消除
MEA车间精制塔进料时，一老式E+H的质量流量计流量无指示，转换器故障信息为“EEPROM ERROR”	检查转换器上参数信息，温度、密度参数显示均正确。但流量系数和口径参数显示错误，对其数据进行更正，但无法存储到数据存储器中。判断故障原因为“EEPROM”数据丢失	因该流量计为老式流量计，“EEPROM”置于一次传感器的电路板中，将电路板打开后，更换了同型号的“EEPROM”芯片后仪表指示正常
苯酐车间渣油流量计送料后无流量显示	该表为斯伦伯杰的质量流量计，从转换器的输入端子排测量A、B、C、D、E、F、G、H各点间阻值及绝缘情况，测量结果为A—B间电阻值指示最大，其他参数均在规定范围之内。将流量计插头拔下，测量A、B、C、D、E、F、G、H各点间阻值，测得结果均在规定范围之内。可以判断为中间专用电缆线或流量计插头有问题	将流量计插头打开，检查专用电缆和插头情况，打开后发现流量计插头的A端子与专用电缆的焊点脱开，重新焊接后开表正常
丁辛醇装置质量流量计FQ103开车送料后瞬时流量为零、累积流量没有变化	质量流量计需要介质充满管道后，才能正常指示，但由于送料管线过长，始终无法充满管道，造成流量计长时间没有变化	检查电源正常，仪表无故障。等待40min后仪表指示正常，流量累积开始变化
获取合成气外送渣油累计量时，使用质量流量计，仪表工月末清总量后，瞬时量回零，无指示	分析：经核实判断，有可能是按错了键，应按清总量键，误按在了零校准上了，由于在线进行零校准，提升了零点位置，因此指示为零。造成事故的原因主要是新使用此类仪表，仪表工还不熟悉操作。稳妥的办法是给显示仪加密，即使按错键，也不会出现此类错误	联系工艺人员停表，对质量流量计进行重新零校准，投运后，指示正常
乙烯流量计检定后指示误差大	该表为罗斯蒙特的质量流量计，送流量检定站检定后返回。检定结果表明仪表准确度较高，而且根据以往计量的数据判断运行一直很准确。此次检定完毕恢复安装后计量数据与以往数据相比明显误差较大，而工艺条件无变化。因此可以肯定仪表指示有误差。检查流量计的各项参数，发现流量系数值和温度、密度参数均为1.0，显然参数设置有问题	将流量系数值和温度、密度参数值重新输入后，仪表指示正常。分析故障原因为，操作人员在调用仪表参数时，误将流量计参数恢复为“原厂设置”，因此出现上述计量误差大的情况。 从该故障分析看，质量流量计工作后必须加设密码保护，防止参数被修改引起计量数据误差
苯酚车间的原料纯苯计量不准，日原料累计量差7t	据原料工反映，苯酚车间的纯苯最近一段时间计量误差较大，月盘点结果累计相差200t左右，相当于日计量误差7t左右。将流量计送到流量检定中心，送检结果证明计量表精度在规定范围之内。该流量计为斯伦伯杰DM100质量流量计，检查流量计的电源系统、回路接线无错误。流量计显示的温度、密度均正常。检查流量计参数设置，发现零点（ZERO）值为0，其他参数（K、C1、C2、D1、D2）均与检定报告单相符。于是将流量计前后截止阀关闭，对流量计进行零点校正，自动校正无法实现	根据以往记录的零点值采取手动（MAN）方式输入，仪表瞬时量显示下降了0.3t/h。由于该表为24h不间断进行收料，所以日累计量相差达到7t。经过手动输入零点值后，再未出现类似现象

续表

（3）流量指示故障		
故障现象	故障诊断分析	故障处理
甲苯流量计收纯苯过程中，仪表无流量指示。屏幕显示“SENSOR ERROR”“TUBE NOT VIBRTING”，而实际却有纯苯流过	检查一次传感器的各项参数，检测线圈、励磁线圈电阻均在规定数值范围内。检查温度传感信号电阻元件阻值指示开路，判断一次温度传感器损坏。由于温度传感器内置于检测管壁，无法进行更换，于是决定采取外接温度传感器进行补救	在质量流量计入口处加一短管，将普通 PT100 测温元件安装其中。引信号电缆至专用质量流量计电缆，并将流量计连同短管一起送至流量检定站进行标定。检定合格后恢复安装到现场，开表后运行正常
空分装置中一台 LZLB-6 型质量流量计因雷击，μR100 记录仪指示回零	检查转换器正常累计指示，μR100 记录仪指示回零，分析可能是由于雷击，接地不好造成质量流量计输出板损坏。测量 μR100 记录仪输入信号为零，确认是由于雷击，接地不好造成质量流量计输出板损坏，使记录仪指示回零	更换新的输出板后，记录仪指示正常
质量流量计指示故障，如何判断为一次传感器故障还是二次转换器故障?	首先从二次转换器的屏幕显示故障信息进行判断，根据信息提示可以初步判定故障原因。如 A：BB 的 KF-2500 流量计屏幕显示“TEMP HI”，说明现场温度高，则可以首先检查温度传感器信号及温度测量线路。如果确认温度传感器、温度测量线路无问题，则可判定二次转换器的温度输入卡故障。最全面的检查方法是，在二次转换器的输入端子处对一次传感器的各项参数进行测量，并与说明书提供的参数进行比较。如说明书提供“A-B”间电阻为 40 ～ 50Ω，而实际测的数据也在 40 ～ 50Ω 范围内，则可判定一次传感器参数正确。依次对其他参数进行测量。如果每组数据都在规定范围数据内，则可以确定一次传感器无故障	根据测得数据判断一次传感器或二次转换器故障后，分别检查处理一次线路问题或用备件替换相应故障插头及部分卡件

四、漩涡流量计的维修

（一）漩涡流量计常见故障与处理

（1）漩涡流量计在使用中存在的问题

漩涡流量计在使用中存在的问题见表 5-15。

表 5-15　漩涡流量计在使用中存在的问题

问题	说明
选型方面的问题	漩涡传感器在口径选型上或者在设计选型之后，由于工艺条件变动，规格的选择偏大，而实际选型中应选择尽可能小的口径，以提高测量精度。选型不当可能造成指示长期不准，指示波动大无法读数。大流量时还可以，小流量时指示不准现象明显
安装方面的问题	如果在安装时传感器前后面的直管段长度不够，将影响测量精度，并可能造成流量指示长期不准
二次仪表的问题	常见的二次仪表问题有电路板有断线之处，量程设定个别位显示不了，K 系数设定有个别位置显示不了，使得无法确定量程设定及其他参数的设定，这将使仪表指示不准
回路线路接线的问题	有些回路表面看线路连接得很好，但仔细检查，有的接头已松动，造成回路的中断，有的接头虽连接很紧，但由于剥线和接线的操作问题，紧固螺钉压在了线皮上，也可使得回路中断，这将会造成仪表始终无指示
二次仪表与后续仪表的连接问题	由于后续仪表的问题或者在后续仪表检修时，使得二次仪表输出的电流信号开路，可能造成二次仪表始终无指示等故障
使用环境问题	特别是安装在地井中的传感器部分，由于环境湿度大，所以线路板受潮，也可能造成指示值不准或无指示等故障

（2）漩涡流量计常见故障与处理

漩涡流量计常见故障现象、原因与处理方法见表 5-16。

表 5-16　旋涡流量计常见故障现象、原因与处理方法

故障现象	故障原因	处理方法
通电后无流量时有输出信号	输入屏蔽或接地不良，引入电磁干扰	改善屏蔽与接地，排除电磁干扰
	仪表靠近强电设备或高频脉冲干扰源	远离干扰源安装，采取隔离措施加强电源滤波
	管道有较强振动	采取减振措施，加强信号滤波，降低放大器灵敏度
	转换器灵敏度过高	降低灵敏度，提高触发电平
通电通流后无输出信号	电源出故障	检查电源与接地
	输入信号线断线	检查信号线与接线端子
	放大器某级有故障	检测工作点，检查元器件
	检测元件损坏	检查传感元件及引线
	无流量或流量过小	检查阀门，增大流量或缩小管径
	管道堵塞或传感器被卡死	检查清理管道，清洗传感器
	漩涡发生体结垢	清洗漩涡发生体
输出信号不规则不稳定	有较强电干扰信号	加强屏蔽和接地
	传感器被玷污或受潮，灵敏度降低	清洗或更换传感器，提高放大器增益
	传感器灵敏度过高	降低增益，提高触发电平
	传感器受损或引线接触不良	检查传感器及引线
	出现两相流或脉动流	加强工艺流程管理，消除两相流或脉动流现象
	管道振动的影响	采取减振措施
	工艺流程不稳定	调整安装位置
	传感器安装不同心或密封垫凸入管内	检查安装情况，改正密封垫内径
	上下游阀门扰动	加长直管段或加装流动调整器
	流体未充满管道	更换装流量传感器地点和方式
	发生体有缠绕物	消除缠绕物
	存在气穴现象	降低流速，增加管内压力
测量误差大	直管段长度不足	加长直管段或加装流动调整器
	模拟转换电路零漂或满量程调整不对	校正零点和量程刻度
	供电电压变化过大	检查电源
	仪表超过检定周期	及时送检
	传感器与配管内径差异较大	检查配管内径，修正仪表系数
	安装不同心或密封垫凸入管内	调整安装，修整密封垫
	传感器玷污或损伤	清洗更换传感器
	有两相流或脉动流	排除两相流或脉动流
	管道泄漏	排除泄漏
测量管泄漏	管内压力过高	调整管压，更改安装位置
	公称压力选择不对	选用高一挡公称压力传感器
	密封件损坏	更换密封件
	传感器被腐蚀	采取防腐和保护措施
传感器发出异常啸叫声	流速过高，引起强烈颤动	调整流量或更换通径大的仪表
	产生气穴现象	调整流量，增加液流压力
	发生体松动	紧固发生体
流量累积计数器不动作	计数器齿轮机构不灵活或卡死	清洗计数器齿轮或更换计数器
	计数器线圈断	重新绕制线圈或更换相同备件
	系数设置和编程器组件电路故障	检修相应组件电路或更换相应元部件
	显示板前组件电路故障	检修相应组件电路或更换相应元部件
	漩涡变送器无输出	检修或更换变送单元

（二）故障实例分析

漩涡流量计维修时的故障现象、诊断分析及排除方法见表 5-17。

表 5-17　漩涡流量计维修时的故障现象、检查及排除方法

（1）仪表无指示		
故障现象	故障诊断分析	故障处理
合成氨时一台测量水的漩涡流量计无指示	分析主要原因是仪表测量元件或仪表电路部分出现故障。经检查一次元件没坏，将仪表打开后发现仪表内有水，电路部分腐蚀	仪表更换后，问题解决
加氢装置球罐中的原料氢气流量采用漩涡流量计进行测量，正常球罐操作压力为 0.8 ～ 1.2MPa，由于氢气经常供应不足，导致球罐压力工作在 0.4MPa 压力以下，原料氢气流量也经常出现指示为零，而实际却有大量氢气进入球罐	检查流量计的信号回路和设置参数，未发现问题。分析认为氢气压力过低导致传感器无法检测到振动信号，因氢气压力低时的密度值小于漩涡测量的最小密度值，因此无法测量氢气流量	提高氢气系统压力后，仪表指示正常。 从该故障分析来看，氢气测量情况下，尽量不要选用漩涡流量计进行测量，尤其在压力较低、介质工作密度小的情况下禁用

（2）无流量时有指示		
故障现象	故障诊断分析	故障处理
硝酸 753 尾气漩涡流量计测量管道内无流体流动，但显示仪表有流量显示	造成漩涡流量计发生故障的主要原因有以下几种： ①新安装或新检修好的漩涡流量计安装在现场管道上后，在开表过程中有时显示仪表无指示。这往往是管道内无流量或流量很小，致使速度 v=0 或很小，在传感器内无漩涡产生。也可能是传感器内的检测放大器灵敏度调得太低导致的。如果管道内未吹净的焊渣、铁屑等杂物卡在探头与内壁之间，使探头不振动，也会引起一次表无指示。 ②管道内无流体流动，但显示仪表有流量显示。这是由仪表接地不良，引入了外部干扰引起的；也可能是灵敏度调得太高所致。实践证明，灵敏度不能调得太高，否则会引起流量偏高或指示波动；调得太低，显示仪表又无指示。一般应在无流量和无外界干扰的情况下，使显示仪表指零即可。 ③管道内有强烈的机械振动，也会使显示仪表有指示，而工业生产的现场管道常常受动力设备的影响而发生振动，这种振动所形成的噪声干扰，对漩涡流量计仪表的准确检测是非常有害的，严重时会导致仪表无法正常工作。如泵可以引起流体的压力脉动（静压脉动），而间歇性大幅度地开闭阀门，或负荷的突变，则可引起流体对仪表的大冲击。漩涡流量计最怕大范围的波动冲击，更怕介质中央夹杂的焊渣、石块等硬物的冲击，这些都会使噪声信号增大，以致影响测量精度。 ④流量显示仪表摆动，除了放大器灵敏度调整得不合适以外，另一个原因是流量计安装不正确，使流场产生振动。 ⑤漩涡传感器的探头与内壁只有很小的距离，极易被沙粒、污物堵住，使振动源不能振动，仪表指零。此时如用外力敲击几下一次表的壳体，有时会把探头与内壁之间的污物振动掉，使仪表恢复指示。有时二次表指示偏低且迟缓，是有污物堵在了探头与内壁之间，但未堵死，此时可旋动丝杠，使振动源旋转 180°，即把振动源倒过来，让流体反冲一下振动源，有时会解决问题。 ⑥有时一送电，仪表就指示某一刻度，且不管怎样调整灵敏度电位器，也总不变化，这往往是一次表内部某元件损坏所致。通过应用以上的方法进行排查，发现造成此故障的原因是该仪表的接地不良	将仪表的接地接好，仪表指示正常
一 YF100 型漩涡流量计，安装运行后一直正常，一次检修后，关死流量计前端阀门后，流量计仍有流量显示	经检查发现流量计附近有大功率电动机和高压线经过，分析可能是电动机及高压线产生的电磁信号干扰，检查屏蔽线接触良好，调整 NBC 噪声平衡参数 H01 及 TLA（触发器输入电平参数 HOB），故障依旧。调整流量计参数 H07，使其切除信号范围增大（即调整小信号切除参数，流量计指示为零），但流量计在小流量状态下，信号被覆盖，流量计无法检测。后来发现流量计一直显示 50Hz 的频率信号，根据计算 $Q_f=f\times 3.6/kt$（m^3/h），其结果与仪表瞬时流量示值一致，因此怀疑是工频电源交流信号的影响。将转换器和传感器完全接地，仍有流量显示，应是供电电源引起的故障	将普通的稳压电源换成开关电源，故障消除（开关电源与一般电源相比，有多级吸收滤波系统，能吸收各种高频、低频信号的干扰）。也可以在流量计前加装隔离型配电器，能起到抗干扰作用

续表

（3）仪表指示不准		
故障现象	故障诊断分析	故障处理
新安装的漩涡流量计指示长期不准，而且指示波动大	检查仪表回路接线、参数设定均无问题。流量计前后的直管段满足安装要求，测量介质温度在设计范围无汽化现象。最后判定只能是一次传感器出现问题，拆下传感器进行检查，将变送器拆下后，未发现腔室有挂料和凝堵现象。将变送器送到流量检定室进行检定，各个流量刻度都非常稳定和准确。于是决定恢复安装，现场安装时发现原来安装的垫片内径小于漩涡传感器内径，因此造成流量指示不准	更换合适的垫片后运行一直比较准确和稳定
工艺人员反映硫化床加料仪表流量指示偏低，根据反应器热点温度和补充的氢气量进行估算，流量在 $3m^3/h$ 左右，而测量仪表显示仅在 $1m^3/h$ 左右。传感器挂料后流量指示误差大	检查仪表回路接线、参数设定均无问题。测量介质温度在设计范围无汽化现象。分析认为一次传感器出现问题，拆下传感器后，发现腔室有物料和金属缠绕垫片的碎片附着在漩涡止流体上	对止流体进行清理，恢复安装后开表运行正常
高压 N_2 停用时，仪表仍有20% 的流量指示	现场检查仪表回路接线、参数设定均无问题。对其流量零点和小流量切除点进行修改，修改后流量确实指示为零。但当用量小于小流量切除点时，仪表又无法测量，检查现场工艺条件，发现现场管道固定不好，振动比较严重	将变送器前后的工艺管线分别进行固定，减少了管道振动，解决了问题
中压蒸汽由孔板流量计改造为漩涡流量计测量后，指示流量与原来的流量比较相差较大，指示量较以往数据低 10% 左右	检查变送器的线路未发现问题，检查二次记录仪表和一次仪表的量程参数设置均一致，原二次仪表的流量开方特性也已经改为线形。检查漩涡流量计的密度参数设置，设定参数为 $10.5kg/m^3$，而实际密度为 $11.6kg/m^3$	将密度参数按照 $11.6kg/m^3$ 设定后，显示数据与以往数据基本一致
原 T-103 塔加热用汽为 0.4MPa 蒸汽，由于 0.4MPa 蒸汽用量较大，供汽满足不了生产需求，于是工艺人员将 1.0MPa 蒸汽代替 0.4MPa 蒸汽使用。月底蒸汽能源数据盘点结果显示：1.0MPa 蒸汽缺口较大，而 0.4MPa 蒸汽虽有富余量，但与 1.0MPa 蒸汽缺口量不能平衡	计量人员到现场检查 0.4MPa 蒸汽和 1.0MPa 蒸汽的各仪表，认定问题出现在 T-103 塔加热用汽计量表，原因为 T-103 塔加热用汽改为 1.0MPa 蒸汽后相应的流量参数未进行修改	将原来为 0.4MPa 蒸汽的漩涡流量计的温度、压力、密度按照 1.0MPa 蒸汽的温度、压力、密度参数进行修改，重新核算量程后开表运行。此后的月份蒸汽能源盘点数据未出现过上述情况

（4）选型方面问题引起流量计在小流量时无法测量		
故障现象	故障诊断分析	故障处理
新苯胺车间的加碱流量仪表 FT-418 在调节阀阀位小于 56% 时无显示，而大于 56% 阀位时指示正常，不利于工艺操作	现场检查发现，FT-418 正常控制流量在 0.5 ～ $1.2m^3/h$，而选用的漩涡流量计口径为 DN40，正常测量范围是 4 ～ $30m^3/h$，因此在调节阀阀位小于 56% 时无显示。有显示的数值误差也比较大	更换小口径漩涡流量计，由于无现成的 DN25 以下的漩涡流量计，更换了一台 DN40 的电磁流量计。由于电磁流量计的低流速测量效果较漩涡流量计效果明显，运行后小于 $0.5m^3/h$ 的流量也能显示出来，大大地方便了工艺人员操作

（5）因设计错误而引起故障		
故障现象	故障诊断分析	故障处理
新苯胺车间的 4# 线管网蒸汽用于装置自产汽和外来用汽输送，当装置自产汽大于本身用汽量时则向外输送蒸汽，当自产汽小于本身用汽量时则向内输送蒸汽。为了能够分别测量自产汽和外用汽的流量，需要在 4# 线管网的一条管线上安装两台流量计进行测量。原设计为两台漩涡流量计分别从产汽和进汽方向相向安装。可是运行中发现两台流量计均有指示	因漩涡流量计测量的是漩涡信号，因此无论自产汽还是外来汽流过两台流量计，都会有漩涡信号在两台流量计经过，因此将会出现两台计量表同时有流量显示	将原设计的漩涡流量计改为孔板流量计测量方式，因为孔板产生差压信号，当向外产汽时，产汽计量表接收为正差压信号，因此显示有输出，而用汽计量表接收为负差压信号无输出，反之亦然。实施改造后，再未出现两台表同时有输出的情形

五、差压式流量计的维修

（1）差压式流量计故障检查、判断及处理

差压变送器与显示仪、积算仪、DCS 卡件配合使用，信号回路如图 5-47 所示。图中 A 为常规仪表回路，由电源箱或隔离栅供电，B 为 DCS 回路，由 DCS 卡件供电，两种回路的故障现象及检查方法一样。结合图 5-10、图 5-47 所示对故障检查及处理作介绍。

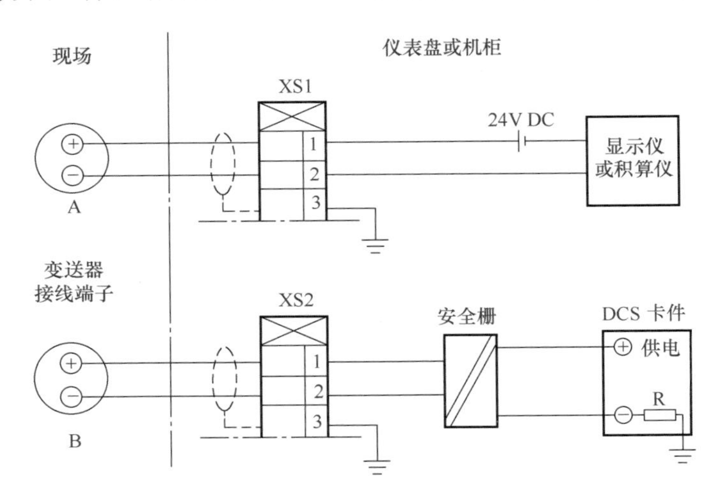

图 5-47　差压式流量计测量回路图

差压式流量计常见故障及处理方法见表 5-18。

表 5-18　差压式流量计常见故障及处理方法

类别	说明
流量显示最小或无显示	流量显示最小，实际上就是没有流量显示值，也就是变送器没有电流信号输出。原因有：取样阀门没有打开，导压管堵塞，蒸汽流量的冷凝水未完全冷凝，排污阀门没有关闭，变送器供电、连接电缆有故障，变送器的元器件损坏。工艺原因有：工艺管道内真的没有流体流动。按以下方法检查和处理。 ①观察显示仪及变送器表头有无显示值，表头指示零下或 LCD 表头没有任何显示，说明变送器供电中断，检查供电开关是否合上，熔丝是否熔断，连接电缆有无断线。 ②用万用表测量 24V DC 供电箱的电压，或 DCS 卡件的供电电压，若供电正常，再测量 XS 端子 1、2 间的电压，或者变送器接线端子间的电压，该电压在 18 ～ 23V，说明线路与变送器的连接基本正常。所测电压为“0V”，可能是测量回路开路，回路中将没有电流；或者是回路出现了短路，则回路中的电流将很大。可断开任一根接线，串入万用表测量电流来判断。 ③若没有电流，应检查信号接线是否松动或断开，接线端子有无氧化、腐蚀现象，必要时紧固螺钉。检查安全栅的输入、输出电流，可判断故障在安全栅前还是后，若都没有电流，应该是变送器有故障。 ④对于新安装或更换的变送器，应检查量程是否正确，智能变送器的参数设置是否正确。如果量程设定大了，仪表的显示可能会很小。 ⑤工艺管道有流量，但变送器仅有 4mA 左右的电流信号，流量输出电流就是上不去，在显示仪上就是没有流量显示，可按图 5-10 所示对导压管路进行检查。取样阀没有打开，排污阀或平衡阀没有关闭，平衡阀内漏或没有关严，正压管堵塞，变送器的高压室有泄漏，都会引发本故障。智能变送器可用手操器检查，检查变送器是否被设置为固定输出 4mA 模式。 ⑥对于现场的变送器可以采取人为加大差压的方法来检查，快速地打开负压管的排污阀，再快速地关闭它，用突然排污使负压管的压力下降，间接增大正、负导压管的压差；进行以上操作，变送器的表头有增大变化，说明变送器可以工作
流量显示在零点以下	流量显示在零点以下，表明输入给显示仪或卡件的电流小于 4mA，检查变送器能否调零，调零位没有作用，可能是变送器有问题。变送器能调零位，可人为加大差压，检查变送器的输出电流能否增大。确定变送器正常，但显示仍在零点以下，可用电流信号对安全栅、隔离器进行检查，判断其是否正常，查出故障对症处理。 以上检查没有发现问题，再检查电流信号极性是否接反，正、负导压管是否接错，正压管是否严重泄漏。仔细观察大多可以发现问题，即可对症处理

续表

类别	说明
流量显示偏高	流量偏高就是显示的流量明显比正常的流量多，即变送器的输出电流偏高。工艺参数偏离设计条件也会使流量显示偏高，如饱和蒸汽流量，当工作压力低于设计压力时，蒸汽密度的变化会使流量显示偏高。水流量工作温度低于设计温度，水密度的变化也会使流量显示偏高。 若不是工艺的原因，就应检查显示仪及变送器，先查零位是否有偏差；对于新安装或更换的节流装置或变送器，检查变送器及 DCS 的量程设定是否正确，变送器与节流装置是否配套。还应检查负压管是否泄漏，若测量液体的负压管积有气体，应进行排气处理。 工艺管道已经没有流量，显示仪还有流量显示或累积值，这也属于流量显示偏高。首先要确定变送器或显示仪有没有问题，检查仪表的零位是否正确。零位正确时，可用手操器设定智能变送器的输出为任意的电流值，观察流量显示，有输出并能正确显示，则变送器及显示仪正常，可重点检查仪表的测量管路，来判断差压失常的原因并进行处理
流量显示偏低	流量偏低就是显示的流量明显比正常的流量少，即变送器的输出电流偏低。仪表方面：差压测量信号传递失真，导压管、阀门、隔离器、冷凝器出现堵塞、泄漏，隔离液、冷凝水正、负管的液面不相等，都会造成差压信号失真，使流量测量出现误差。工艺参数偏离设计条件也会使流量显示偏低，如过热蒸汽流量，当工作温度低于设计温度时，蒸汽密度的变化会使流量显示偏低。水流量工作温度高于设计温度，水密度的变化会使流量显示偏低。排除工艺的原因，可对显示仪及变送器进行检查，检查显示仪或变送器的零位是否有偏差；对于新安装及更换的节流装置或变送器，应检查变送器及显示仪的量程设定是否正确，变送器与节流装置是否配套。可重点检查测量管路，如正压管是否泄漏，测量液体流量的正压管如积有气体，应进行排气处理。 平衡阀门关不严或内漏也会使流量显示偏低。变送器正常工作时，同时关闭三阀组的高、低压阀，使变送器保持一个固定的压力差，记录下显示值，经过一段时间后，观察显示值的变化：没有变化则平衡阀没有内漏；显示值下降，说明平衡阀内漏。检查时导压管接头必须无泄漏，否则会误判
流量显示波动	流量参数波动较频繁，其属于正常波动，有别于显示值不稳定。检查时将控制系统切换至手动，观察波动状态。手动操作流量波动仍很频繁，大多是工艺的原因。波动减少，可能是仪表的原因或 PID 参数整定不当。调整变送器阻尼时间，也可减少流量波动。 若流量波动明显，显示时有时无、时高时低，先检查测量回路接线端子的螺钉有没有松动、氧化、腐蚀造成的接触不良。若怀疑变送器或显示仪有问题，可断开变送器与显示仪的接线，在有流量的状态下把三阀组关闭，使变送器保持一个固定的差压，观察变送器的输出电流是否稳定，以判断变送器是否有故障；或者输入给显示仪一个固定电流值，观察显示是否稳定，以判断显示仪是否正常。 测量管路或附件的故障率远远高于变送器。不能忽视测量管路及附件的原因。液体或蒸汽流量显示波动，应检查导压管、变送器测量室内是否有气体，气体流量显示波动，应检查导压管、变送器测量室内是否有液体，若有气、液体，可通过排污阀排放，或用变送器测量室的排空旋塞排放。导压管的伴热温度过高或过低，使被测介质出现汽化或冷凝，也是流量显示波动的原因之一。导压管内有杂质，污物出现似堵非堵状态，也会造成显示波动，解决办法是排污或冲洗导压管
流量显示反应迟钝	若流量显示反应迟钝，先排污及冲洗导压管，并检查导压管及阀门有没有堵塞现象。没有问题时可试减少变送器的阻尼时间，如无改观，应对变送器进行检查及处理
流量显示最大	若新安装或更换的仪表出现流量显示最大，应检查显示仪的设定是否正确，核对变送器的量程与设计是否相符，如果都没有问题，到现场检查导压负管有没有严重泄漏。变送器的输出电流超过 20mA，可停表检查零位，变送器若有故障其零位大多会不正常。可更换变送器的电路板来判断故障

（2）差压式流量计维修

差压式流量计维修时的故障现象、检查及排除方法见表 5-19。

表 5-19　差压式流量计维修时的故障现象、检查及排除方法

故障现象	故障诊断分析	故障排除及小结
（显示最小或无显示）某蒸汽流量计开表无显示	检查该故障系由开表不当引发的	故障处理：待冷凝水充满导压管后，仪表显示正常。 维修小结：测量蒸汽的差压变送器投运时，需要将正、负导压管内的冷凝液充满，或者等待一段时间后，正、负导压管中形成了稳定的冷凝液，才能开表，变送器才能准确地测出压差。本例中新来的仪表工直接开表造成两侧的液柱不平衡，致使仪表无显示或显示不正确。该类故障在现场偶有发生。因此，应严格按操作规程开、停表

续表

故障现象	故障诊断分析	故障排除及小结
（流量显示在零点以下）操作工反映，某装置液态丙烯流量显示在零点以下	到现场观察，变送器显示为 -5%，打开平衡阀后，显示接近“0”。决定进行排污	故障处理：通过排污后，开表仪表显示为 60%，操作工说这才是正常流量。 维修小结：液态丙烯流量的导压管虽然已保温，但液态丙烯仍有可能出现气化，这样在导压管内就会产生积气，导致差压传递失真，出现负管的压力高于正管，这就是流量显示 5% 的原因。进行排污可排空导压管内液体中夹杂的气体，使流量显示恢复正常
原料气流量显示在零点以下	变送器与显示仪的零位均正常。检查发现导压正管有泄漏现象	故障处理：更换正管的接头垫片，并对导压管进行排污疏通。 维修小结：变送器与显示仪零位正常，不用过多考虑它们有问题。从故障现象看应该是正管的压力小于负管，才会使变送器输出电流小于 4mA，对测量管路进行检查发现了问题
（流量显示偏高）更换空气总管 HR 流量积算仪后，操作工反映流量显示偏高	到现场检查变送器，变送器正常，表头显示为 70%。积算仪显示为 $420m^3/h$，是满量程的 84% 左右，明显偏高。检查积算仪设定参数，发现二级参数 b_1=14，从说明书知该设定为：不补偿及未开方的输入信号	故障处理：将 HR 积算仪二级参数改为 b_1=21，不补偿已开方的输入信号，仪表显示恢复正常。 维修小结：这是差压式流量计重复开方的例子。在 $\sqrt{\Delta\rho}$ 变送器中开了方，在积算仪中再开一次方，就产生了显示偏高的误差。重复开方仅会发生在 $\sqrt{\Delta\rho}$ 变送器的测量系统中，仪表工稍不注意就会设定为在积算仪中开方，这错误还很难发现。操作工反映流量偏高，是根据所开空压机数量估算的
某锅炉出口蒸汽流量：白班及中班显示正常；夜班用汽量小，显示反而偏高。天天如此，很有规律	反复检查没有查出流量偏高的原因，跟班观察，发现导压负管排污阀泄漏	故障处理：更换排污阀后，显示恢复正常。 维修小结：查找故障费了不少时间，安排人跟班观察，感觉仪表负排污管有温度，检查是排污阀泄漏。为什么只影响夜班？因为夜班有个工段不生产，用汽量下降，锅炉负荷轻了，供汽压力比白班高了近 0.4MPa，蒸汽压力升高后泄漏大，造成仪表偏高的故障。由于负排污阀泄漏不严重，在蒸汽压力低时泄漏不明显，加之排污管口又是接入地沟，不易发现泄漏
甲醇计量表不送料时，开方积算器还跳字计数	查开方积算器 DJS-3220 有输出，检查小信号切除正常。观察变送器有输出，估计工艺管道有物料流过	故障处理：经询问，工艺人员肯定没有物料流过。怀疑导压管路液带气，关闭伴热蒸汽后故障消失。 维修小结：甲醇计量表的差压变送器有蒸汽伴热管，尽管伴热管位于两导压管的中间，但由于温度高，甲醇出现气化现象，致使正、负导压管存在差压，使变送器有电流输出。关闭伴热蒸汽后故障消失
（流量显示偏低）某蒸汽流量计原来显示一直正常，近期操作工反映显示偏低	检查变送器的零点正常。导压管路没有发现泄漏。再查发现平衡阀泄漏	故障处理：更换三阀组，仪表显示恢复正常。 维修小结：流量显示偏低而变送器的零点正常，不用过多考虑变送器有问题，应对导压管路及阀门进行重点检查，因为导压管路及阀门与工艺介质直接接触，与变送器相比更易出故障。检查平衡阀泄漏的方法，详见表 5-15 中的“流量显示偏低”内容
煤气流量显示偏低	检查变送器零位正常，重新开表仍偏低	故障处理：对导压管进行排污后，流量显示恢复正常。 维修小结：排污时正压管排出的气体与以往相比，感觉有点小，判断导压管有堵塞现象，因此，排污时用木棒敲打导压管，使附在导压管的杂质在振动下脱落，并被气流冲出
给水流量显示偏低	询问工艺人员得知给水流量没有减小，检查变送器零点正常，三阀组的平衡阀没有内漏，导压正管也没有发现泄漏；排污也没有发现堵塞现象，但显示无改观。有人建议对差压变送器测量室进行排气检查	故障处理：旋开变送器高压室丝堵排气，排气后流量显示恢复正常。 维修小结：本例仅是一种故障原因。流量显示偏低，先确定 DCS 变送器的显示是否一致。如果没有问题，应检查变送器及管路附件，导压正管及阀门有无堵塞、泄漏问题。安全栅有问题，量程设置不正确，没有进行开方，都有可能使流量显示偏低
操作工反映氨流量计显示偏低，流量越小，偏差越大	检查变送器的零点正常，关根部阀门再检查变送器零点，发现零点偏负，怀疑变压器油被冲跑	故障处理：重新灌装变压器油，按正确步骤进行开表，流量显示正常。 维修小结：该例属于操作不当引发的故障。仪表工开表时，同时打开正、负压阀门后，才关闭平衡阀，在差压的作用下，隔离罐正管的变压器油冲到负管内，使负管的变压器油油位高于正管的油位，这就是关根部阀门检查变送器零点时，零点偏负的原因，也是流量显示偏低的根本原因

续表

故障现象	故障诊断分析	故障排除及小结
（流量显示反应迟钝）某饱和蒸汽流量显示值上不去	多次检查变送器、导压管没有问题，怀疑工艺原因，建议工艺人员排放蒸汽冷凝水	故障处理：操作工排放蒸汽冷凝水后，仪表的流量显示值上去了。 维修小结：本例属于工艺原因引发的故障。当时调节阀已全开，但蒸汽流量就是上不去。正常时工艺管道上的疏水阀是可以排放冷凝水的。后来了解到由于疏水阀坏了，机修工安装了一个切断阀代替，又没有人去排放冷凝水，使工艺管道内蒸汽冷凝水积液太多，压力升高，阻止了蒸汽流量增大
（流量显示波动或显示不正常）新安装的煤气炉上下吹蒸汽流量有时有显示，但不会回零，有时显示零点以下，有时显示最大，有时工艺阀门开、关时蒸汽流量没有变化	检查变送器零点，发现有异常且零点经常变化，调好的零点过一会又变了，把变送器拆下校准后，再投运，以上故障又出现，在检查中发现工艺用汽时，导压管有温度，经检查发现三阀组方向装反了	故障处理：正确安装三阀组，仪表恢复正常。 维修小结：该三阀组没有标注方向，还把红、黑阀手柄装错。按红色手柄为高压阀的习惯安装，结果把三阀组装反，如图 5-48 所示。按常规方法操作三阀组，将高、低压阀关闭，开平衡阀，拟平衡正、负导压管内的压差，但实际是无法平衡的，在此状态下对变送器进行调零只会越调越乱。三阀组装反正、负冷凝器与平衡阀组成了一个 U 形管，有流量时冷凝液被冲跑，变送器无法正常工作。 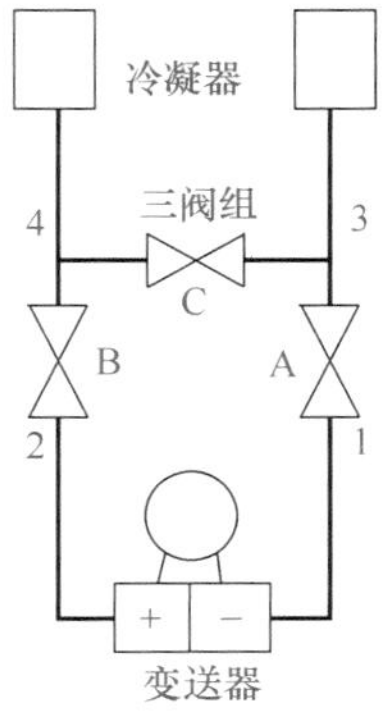 冷凝器 三阀组 4 3 C B A 2 1 + − 变送器 图 5-48　三阀组方向装反 安装三阀组前要检查上、下方向，按图 5-48 所示进行判断，关闭高、低导压阀 A、B，打开平衡阀 C，分别向四个接头吹气。如果向 3 接头吹气，从 4 接头会出气，说明接头 3、4 相通，则 3、4 接头应该与变送器连接，1、2 接头与导压管连接
某流量测量值一直偏低且带有波动	检查导压管、阀门、调校变送器，都正常，但操作工就是认为该表偏低，且记录曲线带有无规则的波动，最后查出信号线有破皮现象	故障处理：对信号线进行包扎处理，该表恢复正常。 维修小结：信号线破皮点发生在穿线管的接线盒处，信号线破皮使导线的绝缘性能下降，产生漏电流，引起测量值偏低，且不稳定
（流量显示最大）吸氨工段操作工反映氨气流量计显示最大	本表用变压器油作隔离液，检查发现导压管排污阀的地沟中有很多油渍，怀疑有漏油现象。再开表观察，发现负管的排污阀有油滴出，确定排污阀泄漏	故障处理：更换排污阀门，重新添加变压器油后，开表正常。 维修小结：经与工艺人员沟通，近期操作工感觉氨气流量偏高，这已是故障的前兆，由于负管的排污阀泄漏不太严重，没有引起注意。时间一长，负管中的变压器漏得太多，正管中的变压器油位高于负管，形成了较大的静压差，再加上流量产生的压差，两个综合压力使仪表显示最大

第六章
液位测量仪表

第一节　液位测量仪表的结构

一、差压式液位计

差压式液位计是利用容器内的液位改变时，液柱产生的静压也相应变化的原理而工作的。

（1）差压式液位计的特点

① 检测元件在容器中几乎不占空间，只需在容器壁上开一个或两个孔即可；

② 检测元件只有一、两根导压管，结构简单，安装方便，便于操作维护，工作可靠；

③ 采用法兰式差压变送器可以解决高黏度、易凝固、易结晶、腐蚀性、含有悬浮物介质的液位测量问题；

④ 差压式液位计通用性强，可以用来测量液位，也可用来测量压力和流量等参数。

（2）差压式液位计测量原理

图 6-1 为差压式液位计测量原理图。当差压计一端接液相，另一端接气相时，根据流体静力学原理，有：

$$p_B=p_A+H\rho g \tag{6-1}$$

式中　H——液位高度；

ρ——被测介质密度；

g——被测当地的重力加速度。

由式（6-1）可得：

$$\Delta p=p_B-p_A=H\rho g$$

在一般情况下，被测介质的密度和重力加速度都是已知的，因此，差压计测得的差压与液位的高度 H 成正比，这样就把测量液位高度的问题变成了测量差压的问题。

使用差压计测量液位时，必须注意以下两个问题：

① 遇到含有杂质、结晶、凝聚或易自聚的被测介质，用普通的差压变送器可能引起连接管线的堵塞，此时需要采用法兰式差压变送器，如图 6-2 所示；

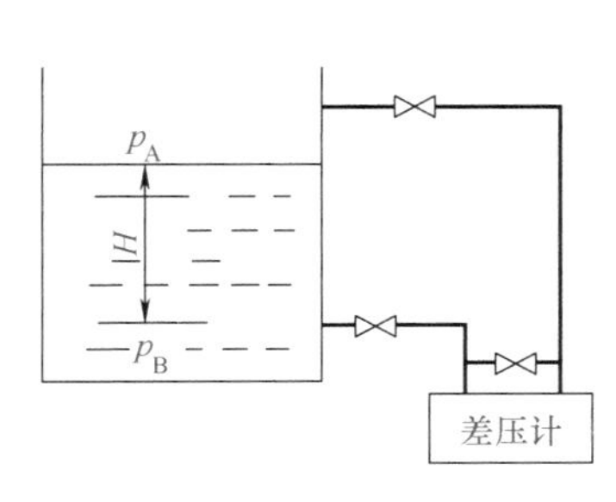

图 6-1　差压式液位计测量原理

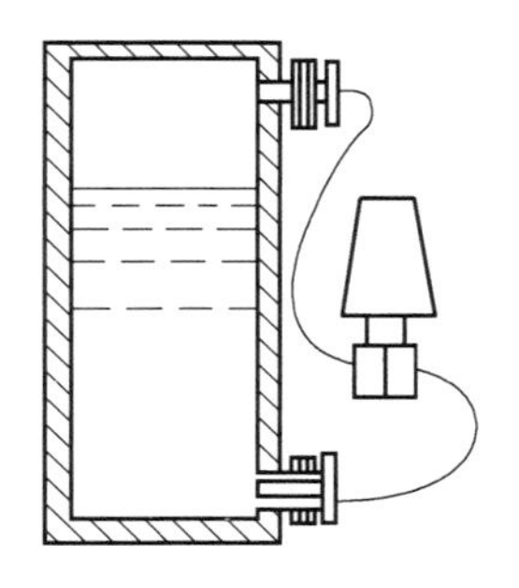
图 6-2　法兰式差压变送器测液位示意图

② 当差压变送器与容器之间安装隔离罐时，需要进行零点迁移。

DDZ- Ⅲ矢量法兰式液位变送器型号及规格见表 6-1。

表 6-1　DDZ- Ⅲ矢量法兰式液位变送器的型号与规格表

型号	量程范围	技术指标	用途
DBF1-311A- Ⅲ DBF1-312A- Ⅲ DBF1-321A- Ⅲ DBF2-311A- Ⅲ DBF2-312A- Ⅲ	0 ～ 5kPa、……、0 ～ 20kPa 0 ～ 15kPa、……、0 ～ 60kPa 0 ～ 60kPa、……、0 ～ 250kPa 0 ～ 5kPa、……、0 ～ 20kPa 0 ～ 15kPa、……、0 ～ 60kPa	输出：4 ～ 20mA DC 负载电阻：0 ～ 250Ω 基本误差：±1% 灵敏限：0.1% 变差：1% 工作压力：6.4MPa 电源：24V DC（±5%）	DBF 矢量液位变送器在自动控制系统中，主要用于检测，可连续测量黏性、腐蚀性、沉淀性、结晶性流体的压差，以及开口容器或受压容器的液位。它与节流装置开方器相配合，也可测量液体、气体、蒸汽的流量

二、浮球液位计

浮球液位计主要由浮球组件及电子转换电路组成，浮球是一个内空的金属球，通过连接法兰安装在容器上，浮球浮于液面之上，当容器内的液位变化时浮球也随之上下移动。机械结构的浮球液位计如图 6-3 所示，它将浮球的移动位移通过连杆机构转换为轴的转动，再通过转换装置把液位高度变为电信号，转换装置是个圆形滑线变阻器，浮球轴的角转动引起滑线变阻器阻值变化，经过变送器处理输出与液位对应的电流信号；通过显示仪表显示液体的实际高度，以达到液位检测和控制目的。浮球液位计根据测量范围、浮球连杆长度可分为普通型和宽量程型。

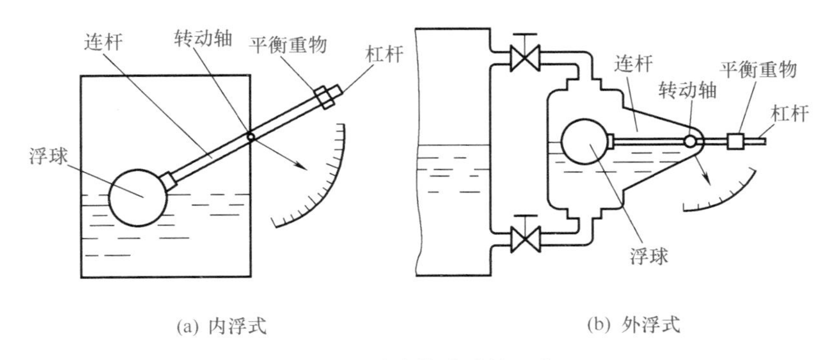

图 6-3　浮球液位计结构示意图

三、浮筒液位计

浮筒液位计由检测、转换、变送三部分组成：检测部分由浮筒、连杆组成；转换部分由杠杆、扭力管组件、传感器组成；变送部分由 CPU、A/D、D/A 及 LCD 显示器组成，如图 6-4 所示。浮筒浸没在外浮筒内的液体中，与扭力管系统刚性连接，外浮筒内液体的位置或界面高低的变化，引起浸没在液体内的浮筒的浮力变化，从而使扭力管转角也随之变化。液位越高，浮筒所受浮力越大，扭力管所受的力矩就越小，扭角也越小；反之则越大。扭角的变化被传递到与扭力管刚性连接的传感器，使传感器输出电压变化，被放大转换为 4 ～ 20mA DC 电流输出。

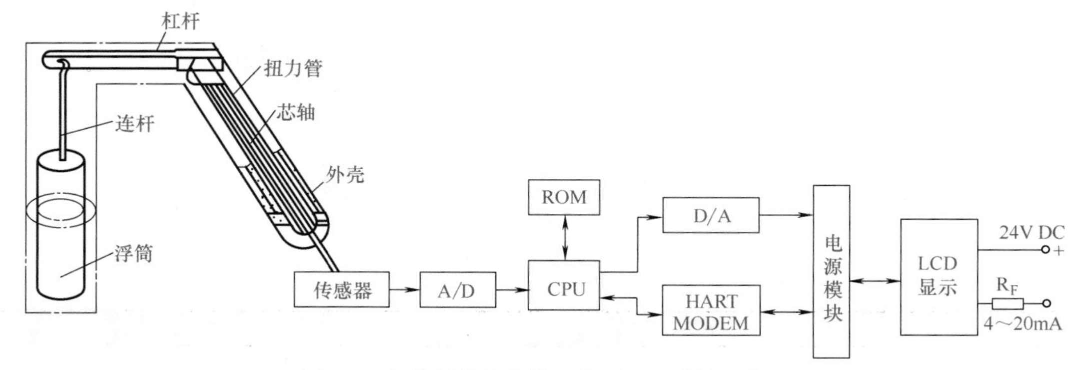

图 6-4　智能浮筒液位计工作原理及结构示意图

四、雷达液位计

雷达液位计（如图 6-5 所示）主要是由发射和接收装置、信号的处理器、天线、操作的

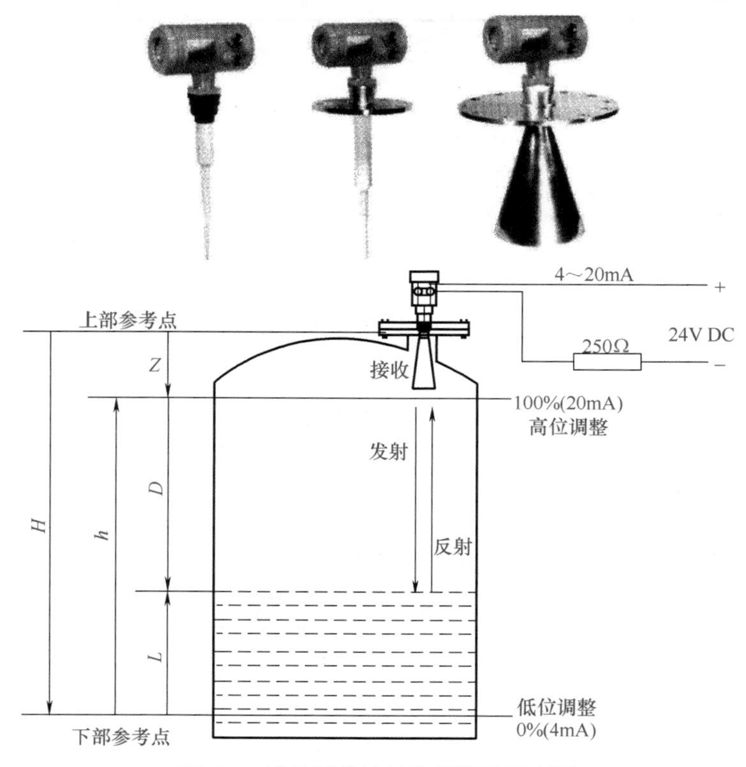

图 6-5　雷达液位计结构及测量示意图

面板、显示器、故障报警器等部件组成，是基于发射—反射—接收工作原理。雷达传感器的天线以波束的形式发射电磁波信号，发射波在被测物料表面产生反射，反射回来的回波信号仍由天线接收。信号经智能处理器处理后得出介质与探头之间的距离，送终端显示器进行显示、报警、操作等。

五、超声波液位计

超声波液位计（如图 6-6 所示）是利用声波碰到液面（或料位）时产生反射的原理，通过测出发射和反射波的时间差，从而计算出液面的高度。超声波液位计可以进行不接触测量；无可动部件，不受光线、粉尘、温度等外界条件影响；能测量强腐蚀、高黏度和有毒介质的液位及固体和粉状物料的料位，还可以测量界位、液位差以及测量明渠和堰的流量。

图 6-6　超声波液位计

由于空气中声速随温度的变化而变化，在较宽的温度变化条件下，为保证仪表的测量精度，应使用温度补偿探头，温度修正系数为 0.17%/℃。

超声波液位计的类型、品种颇多，要根据被测定的介质条件、测量范围、通信要求确定选用仪表。一般有三线或四线制，一体或分体制；通信有：4 ～ 20mA DC/HART/RS-485/FF/PROFIBUSDP 等。

第二节　液位测量仪表的安装

一、浮球液位计的安装

浮球液位计安装比较简单，在预定位置装上浮球后，注意应保证浮球活动自如。介质对浮球不能有腐蚀。它常用于在公称压力小于 1MPa 的容器内的液位测量，安装的要求也不高。

二、浮筒液位计的安装

浮筒液位计分为内、外浮筒，安装重点是垂直度。内装在浮筒内的浮杆必须自由上下，不能有卡涩现象，否则垂直度保证不了，就要影响测量精度。浮筒气动调节器是基地式仪表，浮筒作为发送部分。需要注意的是发送部分没有可调部件，若发现零位、量程、非线性等问题，只能改变凸轮与凸轮板的接触位置，而这种改变通常要请制造厂到现场服务予以解决，超出了安装的范畴。安装时除保证其垂直度（通常为 ±1mm）外，还要注重法兰、螺栓、垫片、切断阀的选择与配合。切断阀还须试压合格。

三、差压式液位计的安装

差压法测量液面是目前使用最多的一种液面测量法。用普通差压变送器可以测量容器内的液面，也可用专用的液面差压变送器测量容器液面，如单法兰液面（差压）变送器、双法兰液面（差压）变送器。其测量液面的原理完全一样，就是差压法。

用差压法测量液面又分常压容器（敞口容器）和有压容器两种方法。

常压容器测液位是差压法测液位的基本情况，如图 6-7 所示。

常压容器预留上、下两个孔，是为测液位准备的。上孔可以不接任何加工件，也可以配一个法兰盘，中心开个小孔，通大气。下孔接差压变送器的正压室。差压变送器的负压室放空。

安装要注意的问题是下孔（一般是预留法兰）要配一个法兰，法兰接管装一个截止阀，阀后配管直接接差压变送器的正压室即可。

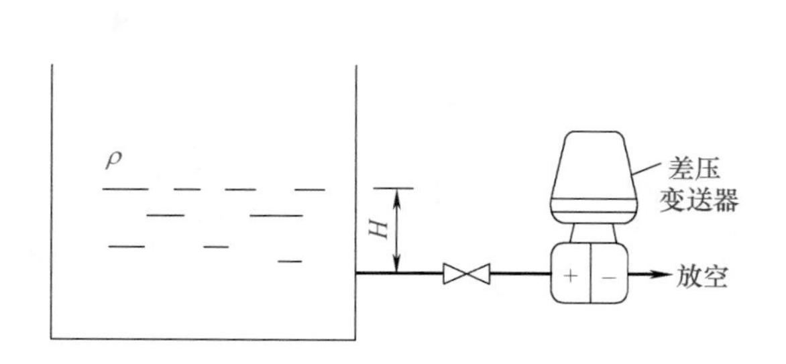

图 6-7　常压容器用差压法测量液位

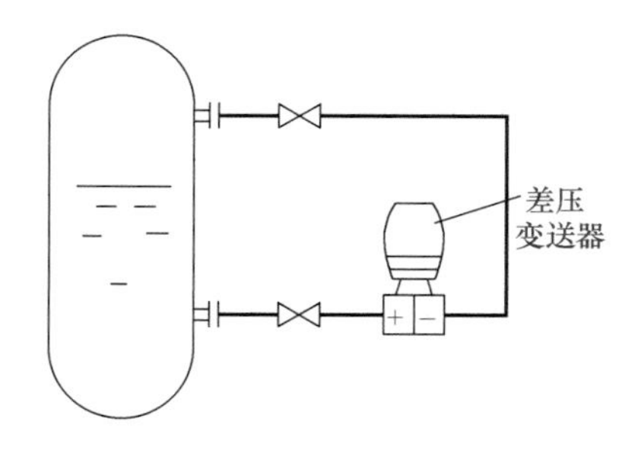

图 6-8　有压容器的液面测量（用差压法）

若测有压容器，只要把上孔与负压室相连，如图 6-8 所示。这种安装也很简单，按照设计要求，配上两对法兰（包括垫片和螺栓），配上满足压力与介质测量要求的两个截止阀及配管，上孔接负压室，下孔接正压室即可。

以上两种是差压法测液面的基本形式。测量条件变化，则安装略有变化。

由于安装条件的限制，在很多情况下，差压变送器安装在容器的下面，如图 6-9 所示，其正压室要多承受 ρh 的压力。若不对 ρh 的压力做合适的处理，就会使差压变送器的可变差压范围缩小，这样会使液面测量系统的精度下降。可行的办法是在负压室也加上 ρh 的压力，使它能平衡正压室的 ρh 压力，也就是把正压室的 ρh 压力迁移掉，这就是正迁移。方法很简单，安装完变送器后，迁移螺钉上调（在正压室加上 ρh 的压力，可用水来标定），使差压变送器的输出为 0。这种办法也适合于要求液面在较小范围内变化，而预留测量孔距离较大的情况。也可用正迁移迁移掉一部分正压，使液位在较小范围内变化，其输出增大，从而提高整个系统的精度。

生产实际中常常需要测量产生蒸汽的锅炉或废热锅炉的液位。负压是气、液两相混合，为测量正确起见，加装冷凝罐，如图 6-10 所示。

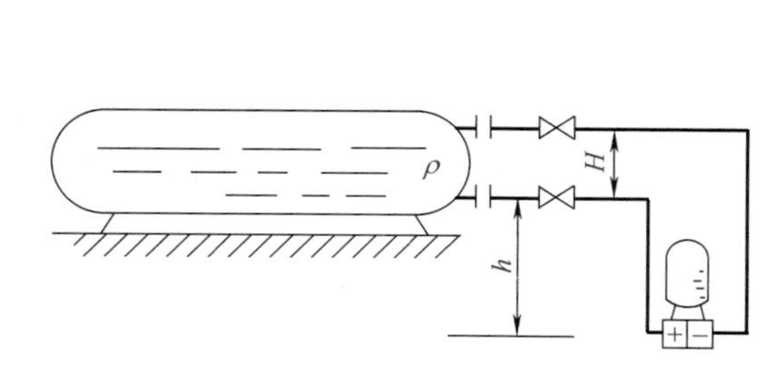

图 6-9　差压变送器安装在压力容器下面

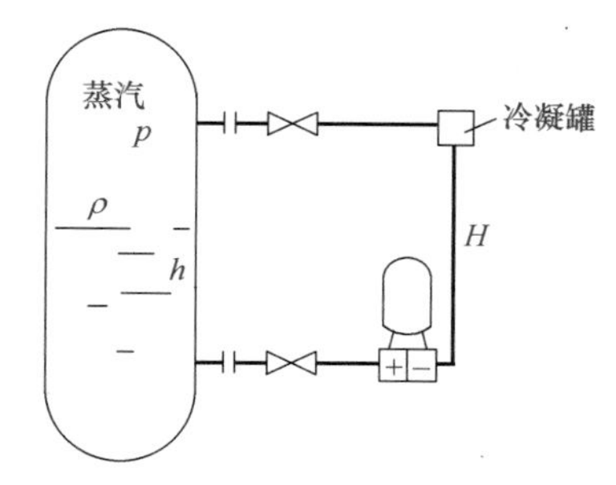

图 6-10　用差压法测废热锅炉液位

由图 6-9 所示可知，在正常情况下正压室所受的压力 $\rho h+p$ 要小于负压室所受的压力 $H\rho+p$，随着液面增高，$H-h$ 减小，正负压室的压力差也减小，差压计的输出同样也减小，这时，指示表的读数也减小。这与人们的习惯正好相反，但这可以用负迁移来消除。液位为0时，正压室受压为0，负压室受压为 $H\rho$。如果在负压室减去 $H\rho$ 的压力，相当于在正压室加上 $H\rho$ 的压力，这时正、负压室受压平衡，其输出为0。差压变送器附带了一组迁移弹簧。调整迁移弹簧，使液面为0时，其输出为“0”即可。输出为“0”的概念，对于气动差压变送器是0.02MPa，对于DDZ-Ⅱ变送器是0mA，对于DDZ-Ⅲ变送器是4mA DC。

有无迁移，不改变其安装方式和安装难度，只是在安装结束二次联调时，多调一次迁移弹簧。

典型物位仪表安装见图6-11至图6-14。

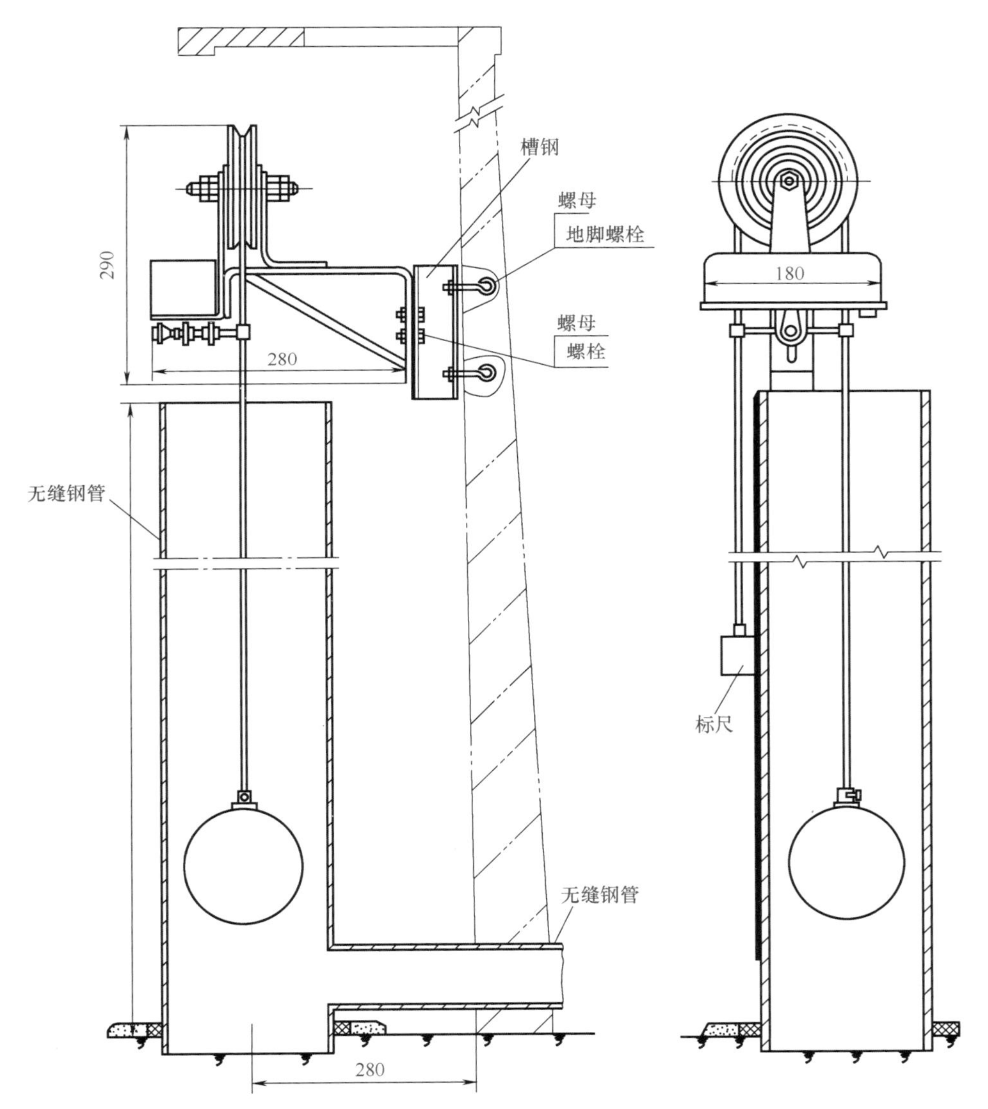

图6-11　FQ-Ⅱ浮标液面计在设备上的安装图

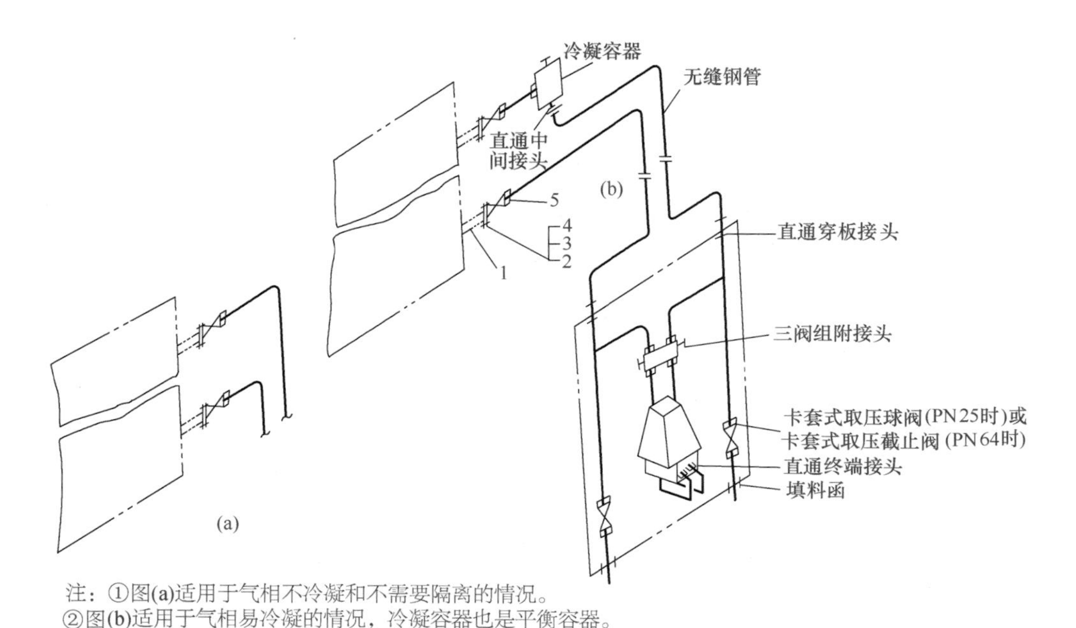

注：①图(a)适用于气相不冷凝和不需要隔离的情况。
②图(b)适用于气相易冷凝的情况，冷凝容器也是平衡容器。

图 6-12　差压式测量有压设备液面管路连接图

1—法兰接管；2—螺栓；3—螺母；4—热片；5—取压球阀（PN25 时）或取压截止阀（PN64 时）

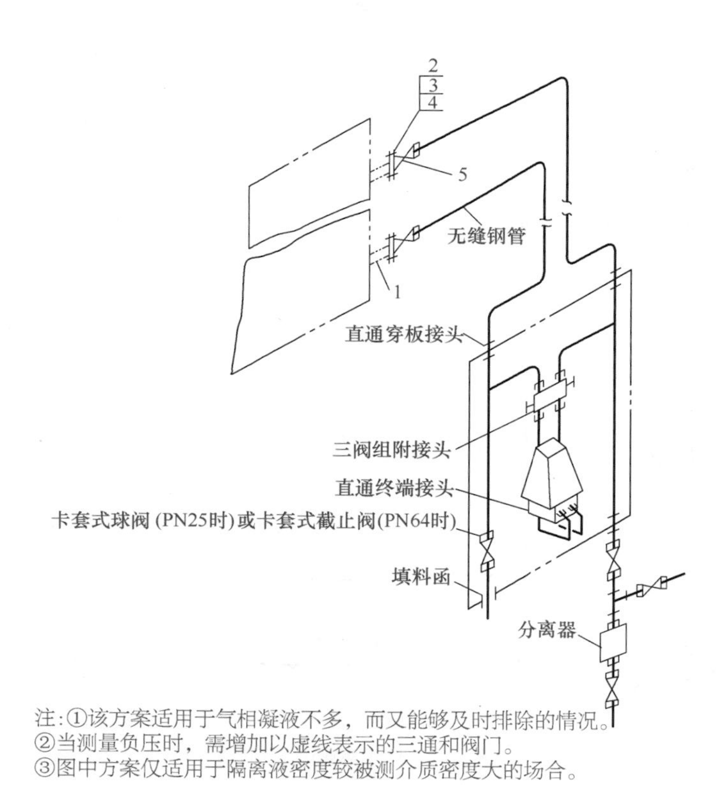

注:①该方案适用于气相凝液不多，而又能够及时排除的情况。
②当测量负压时，需增加以虚线表示的三通和阀门。
③图中方案仅适用于隔离液密度较被测介质密度大的场合。

图 6-13　差压式测量有压或负压设备液面管路连接图

1—法兰接管；2—垫片；3—螺栓；4—螺母；5—取压球阀（PN25 时）或取压截止阀（PN64 时）

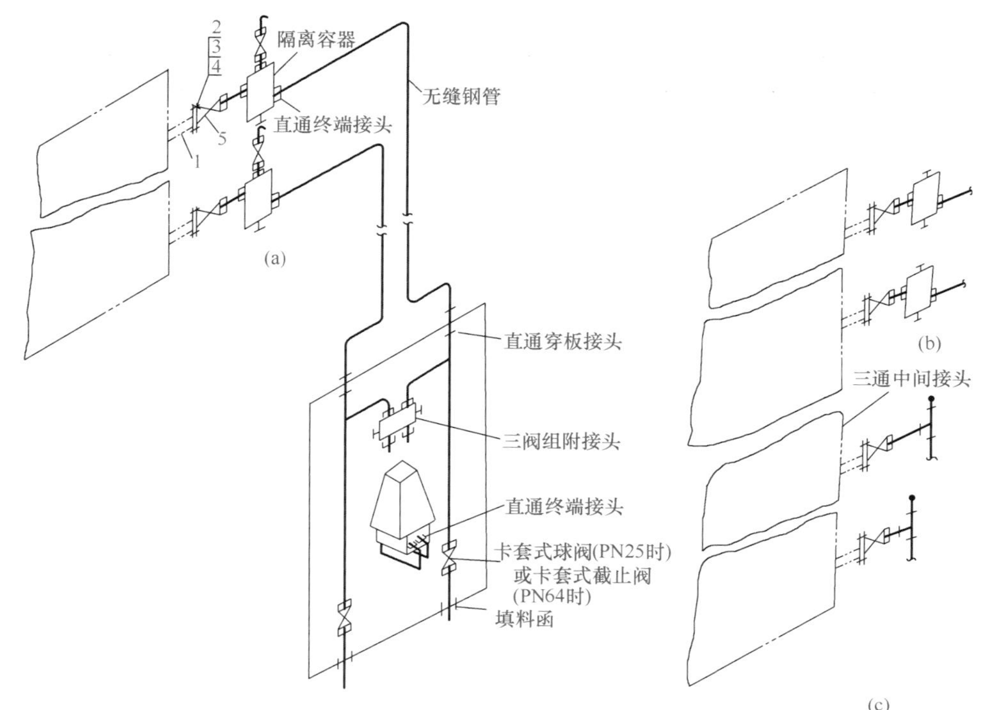

注：①图中包括隔离器和管内隔离两种方案，力平衡式差压变送器允许采用管内隔离的方案。
②当采用从隔离器顶部灌注隔离液以及不需要对管线进行吹扫时，应选用(b)。

图 6-14　带隔离差压式测量有压设备液面管路连接图

1—法兰接管；2—垫片；3—螺栓；4—螺母；5—取压球阀（PN25 时）或取压截止阀（PN64 时）

第三节　液位测量仪表的维修

一、差压式液位计的维修

（1）差压式液位计常见故障及处理方法

差压式液位计常见故障及处理方法见表 6-2 。

表 6-2　差压式液位计常见故障及处理方法

故障类型	处理方法
液位变送器安装方式不同时的故障判断方法	差压式锅炉汽包水位测量都用平衡容器，平衡容器利用连通器的原理工作，并利用水蒸气产生的冷凝水建立一个标准水位，通过测量标准水位与汽包水位之间的差压来间接测量汽包水位。 化工系统常将平衡容器的标准水位连接至变送器的低压侧，将汽包水位液相管连接至变送器的高压侧，称为变送器的反安装；反安装方式的变送器承受的差压为负。反安装方式变送器输出电流与差压、水位的关系如图 6-15 所示。变送器的量程是按 0 ～ ρHg 设定的，再把零点负迁移 ρHg，使水位在 0% 时输出电流为 4mA，水位在 100% 时输出电流为 20mA，则水位与电流的关系符合人们的习惯。 电力系统常将平衡容器的标准水位连接至变送器的高压侧，将汽包水位的液相管连接至变送器的低压侧，称为变送器的正安装；正安装方式的变送器承受的差压为正。正安装方式变送器输出电流与差压、水位的关系如图 6-16 所示。水位为 0% 时，差压为最大；水位为 100% 时，差压为最小。按 0 ～ ρHg 设定变送器的量程，正常（正向）电流输出为：水位在 0% 时输出为 20mA，水位在 100% 时输出为 4mA，该水位与电流的关系并不符合人们的习惯。

续表

<table>
<tr><th>故障类型</th><th>处理方法</th></tr>
<tr><td>液位变送器安装方式不同时的故障判断方法</td><td>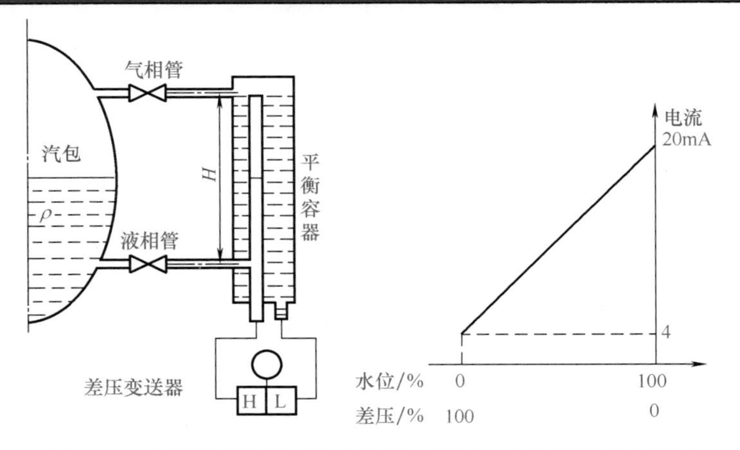

图 6-15　变送器反安装及输出电流、差压、水位的关系示意图
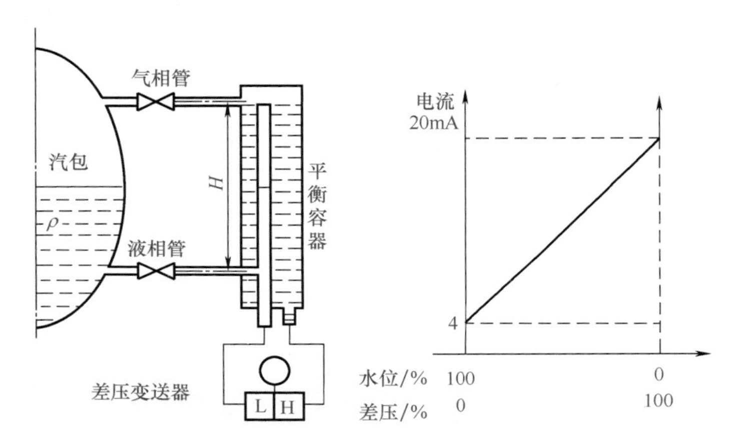

图 6-16　变送器正安装及输出电流、差压、水位的关系示意图
对于两种安装方式的变送器在判断故障时，可根据水位、水位产生的差压、变送器的零点与量程、变送器的输出电流关系，来判断工作是否正常，这些关系在图 6-15 及图 6-16 中已标出，在判断故障时可作为参考。
以上分析是针对模拟变送器，在判断智能变送器故障时，还应考虑安装中是否已对高、低压侧进行过转换；或者已用手操器进行过输出电流的逆转设定，如将 4 ～ 20mA 改为 20 ～ 4mA 输出。否则就有可能造成错误的判断</td></tr>
<tr><td>液位显示波动大</td><td>液位变化速度与容器的容积有很大关联，故障检查中应根据测量对象进行判断。液体储罐的容积大，液位的波动就较小或缓慢；锅炉汽包的容积小，水位的波动就大或快速。可通过观察其他液位计（如玻璃液位计等）来判断仪表是否有问题。可按以下方法检查和处理。
①先将控制系统切换至手动来观察液位的波动情况。手动时液位曲线波动仍很频繁，大多是工艺的原因。手动时波动减少了，可能是仪表的原因或 PID 参数整定不当。适当调整变送器的阻尼时间，重新设置滤波常数，重新进行 PID 参数的整定，可减少液位波动。
②液位显示突然出现大的变化和波动，显示最大或最小，显示时有时无，显示时高时低，此时重点检查测量回路的连接情况，检查接线端子的螺钉有没有松动、氧化、腐蚀造成的接触不良。怀疑变送器或显示仪有问题，可断开变送器与显示仪的接线，在有液位的状态下把三阀组关闭，使变送器保持一个固定的差压，观察输出的电流是否稳定，以判断变送器是否有故障，或者输入显示仪一个固定的电流值，观察是否能稳定地显示，来判断变送器及显示仪是否正常。
③测量管路及附件的故障率远远高于测量仪表。因此，应检查导压管路、变送器测量室内是否有气体，导压管路是否有杂质而出现似堵非堵状态。以上原因都有可能造成显示波动，解决办法就是进行排污，冲洗导压管路</td></tr>
</table>

续表

故障类型	处理方法
液位显示最大或超过量程上限	先确定液位变送器是否正常，可人为减少压差来判断，将系统切至手动控制。快速地打开正压管排污阀，再快速关闭它，通过突然排污使正压侧压力下降，间接改变正、负压侧的压差；进行以上操作时，变送器的表头及输出电流有下降变化，说明变送器是可以工作的。 超过量程上限有可能是工艺液位的确很高，如果工艺液位正常，可对平衡容器及导压管路进行检查。负压管有泄漏使平衡容器内的冷凝液流失，也会使液位显示偏高，严重时液位显示超过量程上限。泄漏故障比较容易发现，对症处理即可。 使用隔离液的液位测量系统，当隔离液被冲跑后，变送器低压室将没有静压力作用，但高压室始终有静压力作用，变送器输出电流将达 20mA，使液位显示最大。怀疑隔离液流失时，可将正、负取样阀关闭，用排气旋塞把压力泄除，然后打开隔离器上部的加液堵头，观察隔离液的流失情况，补充隔离液即可
没有液位显示	没有液位显示，仪表的原因有：取样阀门没有打开，导压管堵塞，平衡容器的冷凝水流失，排污阀门没有关闭；变送器供电故障，连接电缆故障，变送器的元器件损坏。工艺原因有：工艺容器的液位很低。可按以下方法检查和处理。 ①观察显示仪及变送器表头有无显示，指针式表头指示零下，LCD 表头没有任何显示，有可能是变送器供电中断，检查供电开关是否已合上，熔丝是否熔断，连接电缆有无断路。 ②用万用表测量供电箱电压，或 DCS 卡件的供电电压，供电正常，再测量变送器接线端子间的电压，电压在 18 ～ 24V 之间，说明线路与变送器的连接是正常的。所测电压很低或接近 0V，有可能是测量回路开路或短路，可断开任一根接线，串入万用表测量电流判断。 ③没有电流，检查信号电缆的接线是否松动或断开，接线端子有无氧化、腐蚀现象，必要时紧固螺钉。可检查安全栅的输入、输出电流，来判断故障在安全栅前还是后。如果仍无电流，可能是变送器故障。 ④对于新安装或更换的变送器，检查变送器的量程及迁移量是否正确，智能变送器的参数设定是否正确。量程或迁移设定错误，仪表的显示可能会很小。 ⑤用 HART 手操器进行回路测试，以确定测量回路接线及变送器输出是否正常。 观察变送器表头及 DCS 的显示，显示值与手动输入的电流值相符，说明变送器、回路接线、组态都正常。数值不相符，可能是接线有问题，变送器需要进行调整，或者安全栅有故障。 ⑥容器有液位，但变送器仅有 4mA 左右的电流信号，输出电流就是上不去。对负迁移的变送器进行检查，关闭三阀组的高、低压阀，打开平衡阀使变送器高、低压测量室的压差等于零，变送器的输出能上升至 20mA 或以上，变送器是正常的。用手操器检查智能变送器是否设置成固定输出为 4mA 模式。 ⑦取样阀门没有打开或堵塞，排污阀泄漏或没有关闭，导压管泄漏或堵塞，变送器测量室泄漏，冷凝液流失等都会引发本故障。可通过排污及冲洗导压管路来进行检查
液位显示在零点以下	变送器供电正常液位显示仍在零点以下，先检查变送器的零点迁移是否正确，迁移有没有变化。检查能否进行零点调整：调零点没有作用，可能是变送器有问题；变送器能调零点说明变送器正常。可采用电流信号对安全栅、隔离器进行检查，以判断是否正常。 电流信号极性接反，正、负导压管接错，正取样阀没有打开或堵塞，正压管严重泄漏，都会引发本故障，仔细观察大多能发现问题所在，对症处理即可
液位显示偏高或偏低	先检查变送器的零点及迁移量是否正常，若正常应检查安全栅及 DCS 的通道是否正常，可输入电流信号来判断其是否正常。排除电路原因后，应把检查重点放到测量管路。 ①显示偏高的检查。带负迁移的液位测量系统，负压侧有泄漏故障时，平衡容器或隔离器内的冷凝液或隔离液会流失且难以补充，导致负压侧的静压力降低，相当于负压管里面的液体没有达到所设定的负迁移量，而使液位显示偏高；通过观察找出泄漏点进行处理，或补充流失的冷凝液、隔离液。 平衡阀门泄漏使正、负压两侧的差压减小，使液位显示偏高，平衡阀门严重泄漏甚至会使差压为零，使液位显示为最大值。 ②显示偏低的检查。带负迁移的液位测量系统中，正压侧有泄漏现象时，正压侧的静压力降低，使液位显示偏低。正压管的隔离液流失，对液位显示影响不大，但没有了隔离液，正压取样管堵塞的概率会增加，正压管有杂质而出现堵塞现象，也会使液位显示偏低。对于轻微堵塞，通过排污、冲洗导压管大多可恢复正常。 ③双法兰变送器的检查。双法兰变送器测量液位偏高时，检查负压取压法兰膜盒是否泄漏，负压膜盒是否破损、毛细管是否泄漏。测量的液位偏低时，检查正压取压法兰膜盒是否泄漏，正压膜盒是否破损、毛细管是否泄漏，以上现象可通过观察来发现。 双法兰变送器安装不规范，取压法兰的垫片在安装中压住了膜盒；正、负毛细管没有并列敷设在同一环境。这些都会使测量的液位出现偏高、偏低故障

续表

故障类型	处理方法
液位变化迟缓	液位变化迟缓，先进行排污及冲洗导压管，来检查导压管及阀门有没有堵塞现象，或对症冲洗导压管及疏通阀门。以上都正常，可试着减少变送器的阻尼时间，无改观可对变送器进行检查及处理。 理论上讲，在迁移及量程确定后，双法兰差压变送器安装位置高、低对液位测量结果没有影响，但从现场实践来看，有时还是会有影响。把变送器安装在两个引压法兰的中间，当液位很低或长期处于较低液位状态时，正压侧膜盒将受到毛细管充灌液静压力的作用，使膜盒向外鼓出，会出现液位变化迟缓或测量不准确的故障，即使更换了新的变送器也无济于事，只有改变变送器的安装位置，使变送器处于或低于正压取样口的水平中心线，才可消除影响。 如果被测介质黏度较大，随着使用时间的推移，会在正压侧取样口附近聚集沉淀物而堵塞取样口，而出现液位变化迟缓及测量不准确的故障。解决办法：拆下法兰，清洗膜盒或清除取样口的沉淀物。经常发生堵塞，可改用插入式法兰变送器或带冲洗环的双法兰变送器
仪表显示与就地液位计有偏差	操作工常用就地液位计与仪表的显示值进行对比，来判断仪表是否准确，这一做法并不可取，但要一分为二地看问题，有可能是工艺的原因，也有可能是仪表的原因，可按以下方法检查和处理。 ①仪表显示与就地液位计指示对不上。先通过排污检查就地液位计和变送器的导压管有没有堵塞。向工艺人员询问就地液位计是否更换过，安装尺寸与原来是否一致，变送器及就地液位计的取样点高度是否一致，变送器的量程及零点迁移设置是否正确。 ②工艺介质成分的变化也会影响到差压式液位计的显示。工艺介质的密度发生变化，会导致变送器的量程发生变化，变送器测得的差压将出现偏差，使仪表显示值与就地液位计对不上。工艺介质密度变化如果属于短时间波动，工艺正常后显示也就恢复正常；如果确定工艺介质密度已改变，要对变送器的量程重新计算及设定。 ③双法兰变送器的膜盒受高温、介质腐蚀、过压影响，两根毛细管不在同一温度环境，或处于高温环境，或受到日光的强烈照射等因素的影响也会增大仪表测量误差，而出现与就地液位计对不上的问题。 ④锅炉汽包水位大多配有差压式水位计、玻璃水位计、双色水位计、电接点水位计等多台仪表，有时会出现多个水位计的指示不对应，司炉工不知以谁为准的问题，玻璃水位计经常会维修或更换，重新安装时会出现上、下移位，造成水位中心线的变动。差压式水位计的平衡容器却很少拆卸，水位中心线相对稳定。更换玻璃水位计后，可用透明塑料或胶管组成一个连通器，以平衡容器的中心线为基准，在玻璃水位计上做记号标出中点，有了统一的中点作参考，就可对比其他水位计的指示偏差

（2）差压式液位计维修

差压式液位计维修时的故障现象、检查及排除方法见表 6-3。

表 6-3　差压式液位计维修时的故障现象、检查及排除方法

故障现象	故障诊断分析	故障排除及小结
（没有液位显示）碳酸氢铵装置解吸塔冷凝器 LT-2 双法兰液位变送器指示最小	怀疑膜片上有结晶或膜片损坏，拆开法兰检查，发现正压室膜片已被腐蚀	故障处理：更换变送器后显示正常。 维修小结：本例膜片被腐蚀而损坏，致使正压侧的硅油流失而减少，造成毛细管传递的压力减小，而负压侧没有损坏，仍然承受和传递正常的压力，使仪表低压侧的压力大于正压侧，而出现显示最小的故障，故操作工反映没有液位显示
液位变送器开表时显示液位下限	对变送器进行排污，正、负取样阀都有介质排出；再检查变送器是正常的。再次排污才确定是正取样阀根部堵塞	故障处理：对根部阀进行疏通后液位显示正常。 维修小结：本例中，根部阀开度太小，导致结晶堵塞的发生。在进行第一次排污时，由于仪表工怕氨气呛人，所以一开阀有液体喷出就迅速关闭了阀门，而实际上只是排出了导压管中的部分介质，故造成了误判。再次排污时，把导压管中的介质全排完了才发现堵塞
（液位显示在零点以下）某蒸发器液位显示在零点以下	怀疑变送器断电，经检查供电正常。关闭三阀组后，打开平衡阀，液位显示最大，说明变送器正常。排污时发现负管排污量大且稳定，而正管排污量小且时有时无，说明正管堵塞	故障处理：进行排污及冲洗导压管，液位显示恢复正常 维修小结：本例为负迁移，可打开平衡阀门使变送器高、低压测量室的差压为零，检查变送器及迁移量是否正常，以缩小故障检查范围。有的工艺介质由于本身性质，容易出现结晶，本例就是工艺介质结晶形成导压管堵塞，有效措施就是缩短排污周期，有条件则改为法兰式变送器，可减少维护工作量
（液位显示到量程上限或超过量程上限）吸收塔液位显示最大，且不变化	用手操器检查变送器迁移及量程正常，回路测试也正确。检查发现负压取样阀门堵塞	故障处理：决定用蒸汽加热的方法使阀门疏通。用橡胶管缠在阀门上，通蒸汽加热数小时后，终于疏通了阀门，投运了仪表 维修小结：本例有平衡容器，如果平衡液流失，也会使仪表显示最大，在故障处理中先检查和重新充灌了平衡液，但仪表仍显示最大。检查导压管路并打开取样阀门，没有被测介质流出，说明阀门堵塞，由于生产无法拆下取样阀门，只能用蒸汽加热的方法来疏通阀门。为方便以后疏通阀门，已将截止阀改为球阀

续表

故障现象	故障诊断分析	故障排除及小结
（仪表的显示与就地液位计存在偏差）差压变送器 LT302、LT303 测量同一汽包水位，两台表的显示不一致，影响了水位控制系统的正常运行	分别检查差压变送器 LT302 和 LT303，都正常，怀疑导压管路及附件有问题，决定进行排污	故障处理：对两台变送器进行排污、冲洗导压管及平衡容器加水。重新开表两台表显示基本一致。水位控制系统正常投入运行 维修小结：两台变送器基本为同一测量点，量程及负迁移量是相同的。而导压管通畅不泄漏，负压侧的基准冷凝水位一致，是保证两台仪表水位显示一致的重要条件。本例中在检查导压管路及附件时，没有发现泄漏现象，排污观察也没有发现堵塞现象，重新对平衡容器加水后两表显示一致，看来偏差是两台变送器负压侧的冷凝水位不一致造成的。 锅炉汽包水位排污后要有足够的冷凝水才能投运，要用一个多小时。快速排污法可以排污后马上投运。结合图 6-17 所示介绍快速排污法。 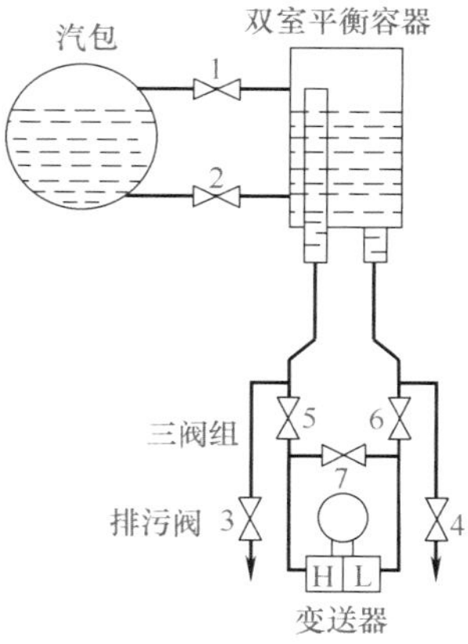 图 6-17 锅炉汽包水位快速排污操作示意图 a. 同时关闭三阀组的高、低压阀 5、6，开平衡阀 7。 b. 关液相阀 2，开气相阀 1，交替开关排污阀 3、4，用蒸汽冲洗正、负导压管。 c. 关气相阀 1，开液相阀 2，交替开关排污阀 3、4，再用锅炉汽包的热水冲洗正、负导压管。 d. 先关排污阀 3，后关排污阀 4，这样双室平衡容器正、负压室及导压管内都充满了热水。 e. 开高压阀 5，关平衡阀 7，开低压阀 6，再开气相阀 1，变送器即投入运行
检修后开车，除氧器水位显示最高	检查发现，负压侧平衡容器中没有水	故障处理：重新加水，排气后水位显示正常 维修小结：本例故障系疏忽造成。停产时曾更换导压管的排污阀门，因更换阀门，把平衡容器中的水全排掉，后来没有加水。该系统变送器的正压侧连接液相，负压侧连接气相，正常时平衡容器中的冷凝液是满的，变送器为负迁移，迁移量为 11.27kPa，当负压侧的静压失去后，进行过 11.27kPa 负迁移的变送器将输出至电流上限，故显示水位最高
新安装的 EJA 双法兰变送器开表输出就超过 20mA	观察内藏指示器显示为“Er 07”，输出超出上、下限，检查发现变送器量程为 0 ～ 25.8kPa，并不是正常的 -20.5 ～ 5.3kPa	故障处理：在现场进行负迁移及保存设置后，变送器输出电流正常 维修小结：本例是量程设置不对引发的故障。差压式液位变送器的迁移有两种做法：一种是按正常的量程校准完成后，就进行零点迁移；另一种按正常的量程校准完成后，安装到现场再进行迁移。本例属于后者，但已迁移过的仪表为什么量程没有变化呢？当事的仪表工也说不清楚是什么原因。分析有两种可能：一种是操作不熟练；另一种是设置完就马上断电（30s 内），导致数据没有保存，又回到了原来的设定值，但这种可能性不大
工艺冷凝液汽提塔液位突然显示最大	检查变送器的零点没有变化，再检查正、负压导压管也没有泄漏现象。排污时发现负压管排出来的是蒸汽，判断负压侧隔离器已没有隔离液	故障处理：重新灌隔离液后开表正常 维修小结：本例系设备产生负压，把变送器负压侧的隔离液都抽光了，变送器是负迁移，故出现满液位显示
（液位显示偏高或偏低）汽水分离器液位显示偏高	通知工艺人员解除联锁。检查双法兰变送器的零点，拆开上、下取压法兰，将其置于同一高度，仪表能回零；重新投运，显示还是偏高。检查变送器的量程、迁移等设置是正确的，再拆下法兰检查膜盒，发现负压侧硅油缺失	故障处理：更换变送器后，液位显示正常 维修小结：在检查膜盒时，发现正压侧膜盒弹性正常不变形，负压侧膜盒不变形，但无弹性，根据经验判断这是缺失硅油的表现。负压侧硅油缺失会导致显示偏高的故障

续表

故障现象	故障诊断分析	故障排除及小结
（液位显示波动大）某饱和蒸汽锅炉汽包水位投运时显示波动很大	观察记录曲线，波动有一定的规律性，在一定范围内来回波动。检查仪表没有发现问题，考虑是才投用的新表，决定先调整 1151 变送器的阻尼时间试试	故障处理：把阻尼时间调至 1.5s 左右，波动现象改观，并满足了投水位自控的要求 维修小结：本例中曾通过排污检查确定导压管没有堵塞现象。再观察玻璃水位计有较明显的上下波动，经与工艺人员探讨，工艺人员说由于锅炉的汽包容积较小，水在高温下沸腾会引起汽包水位的波动，这属于正常现象。变送器的输出电流有规律地波动，实际上就是检测到了汽包水位的波动。调整变送器的阻尼时间，可减少变送器输出电流的波动，但阻尼时间要调得合适，否则水位控制就会出现迟缓现象
某厂油罐底 EJA118N 双法兰液位计，当环境温度低的时候波动很大	工艺条件正常，已排除有干扰。拆开法兰检查没有发现堵塞现象。发现波动都出现在环境温度降低的时候，还发现只是法兰的根部有伴热，上、下法兰至变送器各 5m 左右的毛细管没有伴热	故障处理：对毛细管进行了伴热处理，环境温度低时没有再出现液位大幅波动的现象 维修小结：该液位正常时在 40% ～ 80% 之间，当环境温度持续偏低，尤其是零下七八摄氏度以下就会出现很大的波动，波动范围为 5% ～ 13%。怀疑与毛细管不伴热有关，考虑本故障可能与硅油有关，可能因使用时间长了硅油变稀。一般型硅油的最低环境温度为 -10℃或 -15℃，而本例环境温度为 -7 ～ 8℃接近下限，是否会有影响？加了伴热就正常，说明是有影响的
某液位控制系统时而正常时而波动	首先怀疑有接触不良现象，检查各接线端子没有发现问题。检查变送器、调节阀、调节器没有发现问题。控制系统的 PID 参数整定也是恰当的，用手动控制液位并不波动；最后把调节器拆下检查调校，才发现调节器多芯接插件接触不良	故障处理：重新调整插片，使其接触良好。投运后波动现象消除 维修小结：本例故障检查时只注意了外部问题，忽视了表内问题，费了不少时间还没有结果。在无奈的情况下才决定拆下调节器检查，在调节器调校中，拉出或推回机芯时发现电流表会变化，深入检查才发现是多芯接插件的问题
（液位变化迟缓）脱醛塔液位控制时，工艺人员反映仪表反应迟缓，有时会停留在某一位置不动	拆下变送器校准，重新装上后液位显示正常，第二天工艺人员反映该表又不随液位变化了。既然变送器正常，重点检查控制系统，发现调节阀不会随着调节器的输出信号动作，拆下调节阀检查，发现阀体内已被结晶物堵满	故障处理：清洗、检修调节阀后系统恢复正常 维修小结：液位控制系统最容易出现故障的就是测量管路、附件及调节阀。检查处理液位控制系统时，应把这两部分作为检查重点，因为电气部件的可靠性比机械部件要高。通过排污检查大多能发现管路、附件的问题；切换到手动控制，就可检查调节阀动作是否正常

二、浮球液位计的维修

（1）浮球液位计常见故障及处理方法

浮球液位计常见故障及处理方法见表 6-4。

表 6-4　浮球液位计常见故障及处理方法

故障现象	故障原因	处理方法
液位变化，但无输出	变送器损坏	更换变送器
	电源故障或信号线接触不良	修理电源或处理信号线故障
液位变化，输出不灵敏	密封腔的填料过紧	调整密封部件
	浮球变形	更换浮球
无液位，但显示为最大	浮球脱落或浮球变形	更换浮球
显示误差大	连接部件松动	调紧松动点
浮球不随液位变化，可放在任意位置	浮球被腐蚀穿孔或浮球破裂	更换浮球
显示误差大	平衡锤位置不正确	调整平衡锤位置

续表

故障现象	故障原因	处理方法
指示不随液位变化，扳动平衡杆感觉沉重	被测介质温度升高导致密封填料膨胀抱住主轴	调整散热器后的两个螺栓，同时转动平衡杆调节到松紧适合为止，重新调平衡
有泄漏现象	使用时间过长，密封腔的调料与主轴摩擦产生间隙	调整散热器后的两个螺栓，转动平衡杆调节到松紧合适为止

（2）浮球液位计维修

浮球液位计维修时的故障现象、检查及排除方法见表 6-5。

表 6-5　浮球液位计维修时的故障现象、检查及排除方法

故障现象	故障诊断分析	故障排除及小结
浮球液位计无规律地大幅度波动	查看实时趋势和历史趋势曲线，波动一会儿大一会儿小。到现场抬起配重查看仪表的零点、量程显示正常。拆开变送器的指示面板检查，没有发现异常，但在装回指示面板时发现，靠近变送器安装方向选择开关的螺栓一上紧，变送器显示会大幅波动，松开螺栓显示恢复正常，观察发现开关焊点与面板接线柱有短接现象	故障处理：用绝缘胶布包住选择开关焊点，上紧面板后，没有再出现显示波动现象 维修小结：本例故障的发现具有偶然性，此前曾检查浮球配重、浮球固定板、浮球转轴的灵活性都没有发现问题。检查变送器电路板是否有虚焊和松动的地方，也没有查出问题。就是在装回指示面板时偶然发现了故障点
工艺人员反映 L1412 的显示经常波动，没有波动时显示明显偏高	现场的玻璃液位计指示接近 0% 时，DCS 的显示有 38%，在现场压动配重杆，DCS 的显示有变化，反复调零点、量程后投用，仍有波动现象，怀疑变送器有问题	故障处理：更换变送器后，显示恢复正常 维修小结：拆下的变送器经检查，系电路板有问题。对于波动的故障，通常可采取在现场送电流信号来观察是否还有波动现象，先判断线路是否有接触不良故障
液位有变化，但仪表显示保持在 60% 左右不动	到现场把浮球配重杆压下，变送器显示 100%，放开配重杆显示有变化，但没有回到原先的 60%，按经验怀疑轴承的摩擦力过大	故障处理：对轴承的石墨填料加注润滑油，并反复抬、压浮球配重杆，显示恢复正常 维修小结：本例属于维护不到位出现的故障。浮球液位计密封采用石墨填料，受温度和环境的影响，石墨填料在使用中会逐渐老化，出现泄漏或摩擦力增大现象。摩擦力增大会造成浮球的回程误差加大，甚至出现液位不变和跳变的故障。因此，液位计的盘根要定期检查和维护，发现泄漏现象要紧固，出现摩擦力大的现象要加注润滑油
L203 液位无显示	检查供电箱电源正常，在变送器端测量电压稍高于 24V。抬、压浮球配重杆，变送器显示不变化，判断变送器有问题	故障处理：更换变送器后正常 维修小结：变送器端有电压，说明供电及线路正常。抬、压浮球配重杆模拟了液位的变化，变送器没有反应，可确定变送器有故障
工艺人员反映控制室的液位显示比现场仪表偏高	到现场发现表头指示仅为 60%，与工艺人员确定现场指示基本正确。抬动浮球配重杆，检查浮球零点、量程均显示正常，手感也不觉得摩擦力大。变送器才更换不到一个月，怀疑故障点应该在控制室或线路上，决定先对线路进行检查	故障处理：后来发现现场接线箱进水，信号线端子及导线有水，采取干燥措施后，DCS 的显示与现场仪表一致 维修小结：处理故障前查看了 DCS 液位实时趋势和历史趋势曲线，从 11：00 开始有小的波动，到 11：15 显示在 85% 左右变化。DCS 显示比现场仪表高 25% 左右，排除了浮球及变送器问题后，按经验判断可能与下雨有关，因为在 11：00 前曾下了一场大雨，11：00 有小波动，估计雨水也流入接线箱，最后彻底暴露了问题。检查接线箱时，发现箱盖已掉，只挂在一颗螺钉上，根本没有防水功能，该例故障属于维护不到位造成的

三、浮筒液位计的维修

（1）浮筒液位计常见故障及处理方法

浮筒液位计常见故障及处理方法见表 6-6。

表 6-6　浮筒液位计常见故障及处理方法

故障类型	处理方法
液位显示偏高或偏低	液位显示有偏差时，用手操器检查变送器的参数设置是否正确。浮筒液位计显示有偏差，很多时候与所测介质有关，当介质密度变化与设计、设定值相差较大时，液位显示值就会不准。有的气体、汽油等介质含硫量较高，易在浮筒吊杆处结晶或结块造成测量不准。 信号线路的原因引起 DCS 液位显示偏高或偏低，其现象是浮筒液位计与就地液位计的显示是对应的，但 DCS 的液位显示偏差较大，这类故障的原因很多是信号线路的接线端子、分线箱端子进水使信号线对地的绝缘电阻下降，或使信号线正负极间的绝缘电阻下降；严重时导致信号线接地、信号线间的短路故障；信号分流会使 DCS 的显示比现场仪表偏低，引入了地电流干扰会使 DCS 的显示偏高。故障常在雨季或卫生大扫除后发生，端子盒、分线箱密封不良很容易进水，可用塑料布包扎或用防爆胶泥密封来防水
没有液位显示或显示最小	本故障是指工艺的液化正常，但仪表无显示或显示最小，甚至显示负值。可进行排污，来检查取样阀门、取样管路有没有积垢、堵塞故障；可通过清洗、吹洗的方法来疏通堵塞，若取样阀门堵塞严重或泄漏则只有更换。可对外浮筒内部进行检查，浮筒破裂、浮筒挂料都会使液位显示变低或显示零下。 变送器连接电路出现断路，供电失常，变送器的放大板、显示板损坏都会使变送器无显示，或者输出电流下降，显示与输出电流不吻合。更换电路板后需要重新进行参数的设置。 变送器没有电流输出，检查接线是否正确；观察液晶表头是否有显示，若有显示但无输出电流，可能是输出管损坏，可更换电路板来确定。EEPROM 损坏，会造成仪表标定数据的丢失，也会引起无电流输出故障
液位显示最大	可按先机械后电气的次序检查。工艺介质的腐蚀、结晶、沉积物附着，工艺介质密度变化大，浮筒被卡，浮筒脱落，安装的垂直度不合乎要求，都会使液位显示最大；机械部分与工艺介质直接接触，故障率高于电气部分。浮筒被卡，可拆卸处理或清洗浮筒的污物；浮筒脱落，需要拆卸后挂浮筒，进行调校才能使用。工艺介质密度有较大变化，介质温度超过设计值太多，与工艺人员协商后，要重新计算，按新的量程进行调校使用。 确定机械部分没有问题，可对变送器的供电、零点、量程进行检查，检查零点是否有漂移或偏高现象，检查量程设置是否正确，可测量变送器输出电流来判断变送器、安全栅是否正常
液位显示波动	观察被测液位的历史记录曲线，看是什么样的波动，缓慢波动可能是介质波动或浮筒有机械故障。浮筒浸在介质中会有一定的惯性和阻尼，所以波动是不可能突变的。有很大的波动或者是突然出现的波动，大多是电路或信号线有问题，如变送器的接线接触不良或松动，可分段测量导线的电阻值来判断，还应检查仪表是否受到电磁干扰。 工艺液位经常波动，可加大阻尼时间和滤波来克服。被测液位波动较大，可考虑配置防波管。要了解工艺被测介质的性质，如某公司用浮筒液位计测量冷凝器液位，介质为氟利昂，液位显示经常出现波动，后来查明引起波动的原因是氟利昂里气泡太多，导致浮筒波动；可见生产工况对仪表测量的影响是很大的。因此在判断和处理故障时，不能只从仪表方面入手，还要考虑工艺方面的影响。设计选型有问题，浮筒的计算密度不对，安装位置不佳；被测介质的性质与设计值不符；工艺的压力、流量波动过大。这些都有可能引起液位显示的波动。 变送器输出电流不稳定，对变送器测量回路进行检查，检查变送器端子上的电压是否稳定，检查变送器连接线路有没有接触不良或接地等现象。用手操器使变送器输出 4mA 或 20mA 等固定电流，来判断变送器或安全栅是否有问题，并对症处理。 机械部分有故障，如扭力管的工作性能不稳定、浮筒挂钩损坏，会使仪表的输出电流不稳定，零点附近量程波动大，还会影响仪表的线性。机械故障要拆卸检查才能确定
液位变化迟钝	工艺液位变化时仪表显示也变化，但变化速度与实际液位不一致，可排污检查取样阀门及取样管有没有堵塞现象。液位变化迟钝很多是由于浮筒上有附着物或浮筒与外套筒有摩擦；可定时用蒸汽吹扫，或在仪表外套筒增加伴热。 液位计的气、液相取样管或取样阀门堵塞，尤其是气相管路堵塞，会导致测量筒与容器上部压力不平衡，浮筒上部憋压，使浮筒移动缓慢，导致液位显示变化缓慢。取样阀门开度过小，也会出现液位变化缓慢，与实际液位有偏差的故障，气相管有堵塞时该故障更明显
液位显示不变化	工艺液位正常并有变化但液位显示长时间没有变化，DCS 液位趋势曲线为直线，可通过排污来发现问题。排污时可敲打外浮筒，有时浮筒被卡住，浮筒与外浮筒相碰，通过敲打外浮筒就有可能恢复正常。若机械部分没有问题，就应该在变送器的电路上查找原因，如怀疑变送器的显示板或放大板有问题，可用备件代换来确定故障。更换电路板，需要重新输入参数并进行线性调整。 液位计的气、液相取样管或取样阀门堵塞，取样阀门开度过小，都会使被测液位长时间不变化，而液位趋势曲线为直线；尤其是液相取样管，经常会被管道内的杂质堵塞，管线较长时被堵塞的概率更高。气相取样管或取样阀门堵塞，取样阀门开度过小，会出现液位变化缓慢，与实际液位有偏差的故障。 测量介质易结晶，或者温度、压力的变化导致物料结晶，结晶物将浮筒、扭力管、挂钩卡死都会造成液位显示不变化的故障。对该类故障只有拆下修理，没有好办法彻底消除，但可采取一些措施来减小影响，如把外浮筒用保温材料包裹起来，减少外部温度的影响，以消除挥发物在浮筒内的结晶、结焦现象；如果被测介质可以吹蒸汽、热风，则可使用吹扫法来减少结晶、结焦现象。采取以上措施后，仍然受限于结晶问题时，只能考虑用其他测量方法

（2）浮筒液位计维修

浮筒液位计维修时的故障现象、检查及排除方法见表6-7。

表6-7 浮筒液位计维修时的故障现象、检查及排除方法

故障现象	故障诊断分析	故障排除及小结
（没有液位显示或显示最小）蒸汽冷凝器的液位无显示	对浮筒液位计进行排污，只有少量的冷凝水流出来，判断浮筒堵塞	故障处理：拆下外浮筒，打开后发现污物杂质几乎将浮筒塞满。清洗并重新校准后，仪表恢复正常 维修小结：本例是工艺原因造成的堵塞故障。该容器工艺人员没有按期进行清洗和排杂，使冷凝器中沉积了大量的杂质和污物，并堵塞了浮筒
（液位显示最大）硫黄装置汽提塔液位，玻璃液位计显示60%，而DCS显示为100%	到现场检查玻璃液位计是正常的。进行排污检查发现有污物阻塞现象	故障处理：停表，将浮筒内的污物清理干净，开表后液位显示正常 维修小结：本例是由于筒内的污物将浮筒卡在了100%处，因此浮筒输出电流量大。检查浮筒是否被卡，最有效的方法就是排污：关闭浮筒与设备相连的取样阀，打开排污阀排污，若仪表显示回零则判断浮筒未卡，如果仍为100%则可判断浮筒被卡。测量容易结晶、堵塞的介质液位时，首先要判断就地液位计是否存在堵塞的故障，在就地液位计正常的基础上再对仪表进行检查，以避免走弯路
（液位显示偏高）工艺人员反映DLC 3000浮筒液位计显示偏高	用375手操器进行两点液位标定，没有改观。经分析后认为：浮筒扭力管的刚性有可能发生变化	故障处理：重新标定干耦合点，具体操作如下： ①将表头下方的滑块推开，露出锁紧孔内锁紧扭力杆的六角螺母。使浮筒处于最低液位位置（即浮筒最重的位置），用套筒扳手伸入锁紧孔把螺母锁紧，将滑块推回原位。 ②进入On line（在线菜单）后，选Basic Setup（基本设置）→Sensor Calibrate（传感器标定）→Mark Dry Coupling（标记干耦合点）。干耦合点标定完成，仪表显示应基本在零点。若偏差较大可进入PV Setup（PV设置）检查Level Offset（零点迁移量）是否恢复为零，若不为零再重复做一次。 ③进入Two Point（两点校准）进行两点液位标定，仪表恢复正常 维修小结：本例仪表使用有8年多，扭力管的刚性有所变化也不奇怪，标定干耦合点的目的就是使扭力管工作在正常范围
操作工反映油罐玻璃液位计指示油位已为零，但浮筒液位计显示40%左右	与工艺人员确认油位的确已很低。查看DCS历史曲线，浮筒液位显示在8：50就保持在40%左右且不变化。到现场排污检查发现正侧取样管有堵塞现象	故障处理：继续排污至正压侧通畅，仪表投运后显示恢复正常 维修小结：本例属于运行维护不到位导致的故障。若排污制度能被有效地执行和检查，本故障是可以避免的
玻璃液位计和浮筒液位计都显示液位接近零，但DCS显示有20%的液位	在机柜里的安全栅前、后分别测量电流，发现安全栅前的电流为4.5mA，而安全栅后的电流为7.2mA，该电流与DCS的显示相符，看来安全栅有故障	故障处理：更换安全栅后，DCS的显示恢复正常 维修小结：按经验，两台仪表同时出故障的情况很少，应相信玻璃液位计和浮筒液位计的显示，DCS显示偏高应该是电流信号偏高造成的，可测量电流来检查问题所在。经测量，安全栅的输入、输出电流不一致，就可确定安全栅有问题。如果安全栅的输入、输出电流一致，就应该查找DCS板卡的原因
（液位显示偏低）除碳塔控制系统的液位显示偏低，控制失灵导致工艺液位上升	观察玻璃液位计的指示为80%，而仪表仅显示60%。检查变送器电路正常。拆下浮筒液位计进行校准，发现浮筒被腐蚀泄漏而进水	故障处理：更换浮筒，重新校准后，液位显示及控制恢复正常 维修小结：仪表显示偏低，把错误信号传递给控制系统，致使调节阀不断关小，造成除碳塔的液位不断上升。用水校准，发现每灌水校一次，零点和量程的变化非常大，怀疑浮筒有问题，取出检查才发现浮筒被腐蚀已进水
新安装的浮筒液位计，随着液位的升高，输出电流逐渐减小	浮筒内漏时会出现该故障。新表除质量问题，是不会出现内漏的。手操器检查设置，发现输出信号被设置成“反作用”	故障处理：把输出信号设置为“正作用”，仪表输出电流与液位变化一致 维修小结：智能变送器的设置项目较多，菜单大多是英文，稍有不慎就会出现设置错误，或者漏设的情况。新安装或更换的仪表，安装至现场后，再用手操器检查一遍设置，最好是由两人共同完成，出错概率将大大下降

续表

故障现象	故障诊断分析	故障排除及小结
（液位显示波动）锅炉汽包液位低负荷时波动小，高负荷时波动大	观察工艺供汽压力基本稳定，经检查浮筒及变送器没有问题，仔细检查发现液相取样阀没有全开	故障处理：把液相阀全打开后，液位稳定 维修小结：液位计的液相阀门开度小，进入液位计的水量少；气相阀是全开，蒸汽把液位计内的水再加热，使体积膨胀，液位虚高。锅炉减负荷后蒸汽压力升高，液位计内水位下降，如此反复就出现了波动。按规定，锅炉水位的气、液相阀门要全开，这也是安全检查的主要内容；任何操作上的不到位都会给维修工作带来麻烦
氨分离器液位控制系统的液位波动	检查液位变送器及相关线路，没有发现异常，决定进行排污	故障处理：排污及冲洗浮筒后，液位控制正常 维修小结：在开车时压缩机带出许多油污，有油污积聚在浮筒中，在低温下结为油泥，浮筒动作不灵活使液位信号滞后，调节器不能及时调节液位还产生误调节，使液位波动很大
工艺人员反映LT205液位波动很大	排污后确定浮筒取样管畅通。用铁钉从下方空处伸入，触碰浮筒并上下移动，表头显示有变化但变化很小	故障处理：将浮筒拆下调零点及量程，输出电流基本没有变化。再检查发现扭力管固定螺栓松动，扭力管位置已移动。重新调好扭力管位置并上紧螺栓，仪表恢复正常 维修小结：调校时发现输出电流变化很小，怀疑扭力管有问题。正常时扭力管有初始扭力存在，使浮筒传动连杆处于悬空位置，可以灵敏地感受浮筒所受浮力的微小变化。当扭力管固定螺栓松动时，扭力管在扭力的作用下，其初始扭力为零，且感受不到浮筒连杆的位移变化，在调校时输出电流基本没有变化
（液位变化迟钝）母液槽的玻璃液位计有变化，远传仪表的液位显示长时间不变化	判断取样管堵塞的可能性较大，到现场进行检查发现液相管不通畅	故障处理：关闭取样阀门，对取样管路进行疏通后，仪表显示恢复正常 维修小结：当液相取样管有堵塞现象时，母液槽内的液体不能流入外浮筒，则外浮筒内的液位不会变化，导致变送器的输出电流也不变化
某冷凝塔的液位不变化	检查供电及变送器都正常。现场排污发现显示有稍微变化，拆卸检查发现浮筒有被卡的现象	故障处理：停车检修时对液位计重新进行安装，一年内没有再出现此故障 维修小结：本例故障曾出现几次，当初发现筒体的垂直度不合格，但没有返工就验收，留下后患。重新安装解决了遗留问题
（液位显示不变化）某厂汽油分液罐的LT-106液位显示在25%无变化	估计是罐底污物积累过多，清理完毕投运，一周后又出现上述故障。再次排污清理投运，仍然显示在25%，用水校准仍无变化，用铁丝通浮筒，表头显示会变化	故障处理：用水反复冲洗浮筒内部后，调校、投运仪表，恢复正常 维修小结：液位显示在25%无变化，实际是浮筒内部太脏使浮筒贴壁，而不随液位变化。本例说明定期排污是保障浮筒液位计正常运行的重要条件

四、雷达液位计的维修

（1）雷达液位计常见故障及处理方法

雷达液位计常见故障及处理方法见表6-8。

表6-8　雷达液位计常见故障及处理方法

故障类型	处理方法
液位显示最大	产生此故障的原因大多是雷达液位计发射天线或隔离窗下面有水珠或污物。拆下液位计，用干净柔软的棉布擦干天线或隔离窗下面的水珠或污物，重新启动一般都可恢复正常。擦洗液位计发射天线，要用柔软的棉布蘸酒精、汽油等溶剂擦洗，不能用碱性溶剂擦洗。发射天线脏污的原因及处理方法如下。 ①容器内蒸汽冷却后形成的水珠附在发射天线上，阻碍了微波的发射。可采用隔离装置，有的厂采用特氟龙的隔离装置，取得了较好的效果。该材料既不妨碍微波的发射，又能起到隔离作用；隔离装置按一定方式安装后，可以将容器内的蒸汽与发射天线隔离，同时使附着在隔离装置上的冷凝水在形成后按一定形式分布，达到不影响微波发射之目的。 ②设备使用搅拌电机时甩浆，使安装套管及发射天线脏污，结垢。只要搅拌电机转动，就会扬起浆液，这是无法避免的。结垢问题可通过加大套管直径来解决，大直径套管结垢程度达到影响发射波在时间上要远大于小直径套管。而大直径的套管结垢达到一定程度后，在重力作用下，部分结垢会自行脱落。

续表

故障类型	处理方法
液位显示最大	③液位计安装不规范也会造成本故障，天线没有伸出套管、套管的直径太小、管壁粗糙有焊缝等，都有可能造成较多的干扰回波。通常可增大上盲区，用仪表的满罐处理功能对参数进行设置；若没有效果，应考虑重新定位安装。 ④天线上结垢或污物较少时，回波强度会减弱，只是偶尔跳至最大。通常采取断电重启；或者用回波重新搜索功能，从仪表所测的多个回波列表中，选择和实际液位相近的回波作为表面回波，就有可能使仪表恢复正常。天线上结垢或污物积聚严重时，有可能造成回波的强度低于门限值，在平稳条件下设置门限值为表面回波的 20% 较妥。如果用软件处理无法恢复，只有拆下，对天线上的结垢或污物进行清理。天线结垢或附有污物属于常见问题，定期清理天线上的结垢及污物，会使该类故障大大减少
液位显示波动	工艺液位正常，可通过修改时间常数，增加仪表的阻尼时间来解决显示波动。天线上有冷凝水或水珠，搅拌机使被测液位表面剧烈起伏，液位计安装在下料口上方，都会使容器内的干扰回波增强，使液位显示值波动。天线上有冷凝水珠，可采取断电重新启动的方法试试，若没有改观则只能将发射头拆下，把天线上的冷凝水擦干净，或重新搜索回波。 显示波动时考虑最多的是线路接触不良、有电磁干扰、电子电路有问题等；但不要忽视了显示仪或 DCS 卡件的影响，如有的 DCS 卡件带负载能力不足，会出现工艺液位正常，但仪表显示值频繁波动的故障。有时拔插一下卡件就可能恢复正常，否则应更换通道或卡件
液位有变化但显示为固定值不变化	当容器将排空或将满时，仪表仍输出一个明显与液位变化不相符的信号，例如容器内液位将满时显示仍为一个低液位值。产生该故障的原因如下。 ① 天线或天线附近有附着物，会产生干扰回波。天线上积聚有过多的污物会对微波产生强烈的反射，使仪表显示一个固定的高液位值。只要清理天线和天线附近的污垢及附着物，并擦拭发射天线，故障大多能消除。 ② 罐内有障碍物或固定物件，导致微波会有很强的反射，此时查看回波强度的数值都较大。故障大多发生在空罐状态时，先试用软件进行处理，目的就是抑制干扰回波，屏蔽虚假信号。注册干扰回波，把当前所测的回波作为虚假回波注册到回波列表中，注册后障碍物或罐内固定物件会引起干扰回波；或者采用“近现场抑制”功能来消除故障，通过设置近现场抑制距离，使仪表将此范围内的回波注册为干扰回波不进行测量。在安装法兰的焊缝、天线或天线附近有挂料时，效果较好。最有效的措施是重新选择仪表的安装位置，或与工艺人员联系对罐内障碍物或固定物件进行整改，以杜绝故障的发生
液位显示有偏差	液位显示为一固偏差时，先检查罐高的设置是否正确，使仪表的零点与工艺的参考零点一致。还应检查标尺液位与上位机的量程是否相同，不知道显示仪的量程时，如 VF03 液位计可通过动态设置（F11）的试验功能，使变送器分别输出 4mA 和 20mA 查询来解决。 先核实罐的高度，再检查基本参数的设置是否与罐高一致。可断电重启试试能否恢复正常，若未恢复正常，则只有拆下发射头检查天线上是否附有冷凝水，若有冷凝水或污物，将其清理及擦干净，再安装上观察是否正常，必要时进行一次回波搜索
液位显示最小	空罐时显示值不为零，如 5600 型仪表会显示“Invalid”的失波报警，大多是空罐时雷达表面回波信号丢失。可利用显示面板重新搜索回波；或者用仪表的空罐处理功能，处理靠近罐底部表面回波丢失的情况，如果表面回波丢失，本功能会使变送器显示零液位。 仪表的实际量程过小，空罐时回波信号丢失，应重新核实量程，或选择尺寸大一些的天线。有时工艺液位已快要满罐，但仪表却显示一个很低的液位，这是由于液位升高时罐内多重回波增加，而仪表把一束时间行程较大的回波识别为测量回波，导致计算结果错误。应修改现场抑制距离，屏蔽虚假信号，来消除多重回波的影响
雷达液位计常见故障	雷达液位计常见故障产生的原因及处理方法见表 6-9

表 6-9　雷达液位计常见故障检查及处理

故障现象	可能原因	处理方法
LCD 没有显示	电源故障或掉电	检查电源及接线是否正常
设置后出现不正确的测量值	参数设置与现场实际不相符	重新设置参数和功能
设置后显示为“0”或者有故障显示	仪表内部有故障	调出故障显示，按故障信息检查和处理，或返厂修理
液位显示 100%	天线有污物堆积	清洗天线
	天线的安装位置过高	降低天线的安装高度或者缩短管口
液位有变化但是显示保持不变	不同信号离开追踪窗口太频繁	设置追踪窗口为关

续表

故障现象	可能原因	处理方法
液位显示一直保持在实际高度以上	容器内有障碍物产生回波干扰	设置回波抑制功能
实际液位已很高但显示却很低甚至为空罐	多重或间接回波替代了主要回波	打开回波追踪功能 根据所测量的容器修改应用类型
液位显示变化缓慢	阻尼过高	降低传感器阻尼
	窗口追踪太低	关闭窗口追踪
液位显示的漂移太大	物料表面有斜坡	增大阻尼时间 使用瞄准器

（2）雷达液位计维修

雷达液位计维修时的故障现象、检查及排除方法见表 6-10。

表 6-10　雷达液位计维修时的故障现象、检查及排除方法

故障现象	故障诊断分析	故障排除及小结
加热器上用的 MT5000 雷达液位计，怎么调表都没有作用	检查发现出厂时的门槛电压设得太低，仅有 20mV	故障处理：调高门槛电压后，顺利完成了调表工作 维修小结：门槛电压要根据工况信号强度来定，一般为 400 ～ 600mV。为了排除工况产生的杂波干扰大多是减小增益，使正常信号波有所减弱，但过低后波峰低于门槛电压时就无返回信号
LT-2023 液位计的显示为最大	检查发现石英窗下面有水珠	故障处理：拆下罩子法兰和石英隔离窗法兰，用软布蘸酒精将石英玻璃擦干净。仪表显示恢复正常 维修小结：雷达液位计发射天线或隔离窗下面有水珠或污物，通常用水冲洗后大多能恢复正常。天线石英沾上了物料或污物，必须进行清洗。在清洗过程中不要拆开石英固定螺钉，不要用尖嘴钳，以免损伤石英表面的涂层。装回石英隔离窗法兰时，石墨不锈钢缠绕垫圈要换用新的
雷达液位计在空罐的情况下显示有 50% 的液位	断电重启后故障依然，调整“min level offset”没有作用，有人提议把另一台的参数复制过来试试	故障处理：参数复制过来后，仪表正常 维修小结：本例属于设置有问题故障。是人为还是什么原因引起的设定参数变化，到底是个别参数变化了还是若干参数变化了，谁也说不清楚。本例仅介绍一种故障处理方法
工艺的丙烯液位正常，但新装的 E+H 导波雷达液位计显示 60% 不再变化	断电试了一下没有效果，询问后知道调试人员怕麻烦设置时没有做抑制	故障处理：定在低液位时进入 MAPPING 菜单做抑制，完成后仪表显示恢复正常 维修小结：虽然雷达的电磁波不依赖介质传播，但是对介质的介电常数很敏感。本例中丙烯的介电常数较低，大部分的电磁波能量被反射，没有足够的能量到达液位并产生反射。仪表接收的是反射回波；水蒸气、介质结晶，雷达天线下的一些污物都会导致一定能量的回波。这样的回波就是干扰信号，做抑制就是把这些回波屏蔽掉。在容器没有液位时做抑制，效果最好，干扰都被屏蔽也就保证了测量的准确性
工艺液位正常，液位计的显示升到一定值后变化缓慢直至无变化	仪表的设置参数正常。拆卸连接法兰时，发现导波管内有微压力，判断导波管上部有气体	故障处理：开气相补偿孔处理，之后液位计恢复正常 维修小结：本例仪表系顶部安装方式，容器为常压，为了有较好的测量效果，在容器内设置了 DN80 的导波管。使用中导波管上部慢慢积聚有气体，液位升高造成导波管上部的气体憋压，液位升高时憋气压力也在慢慢升高，这就是液位变化缓慢的原因；当液位上升到一定位置后就不可能再上升了
乳化沥青罐倒罐检修时，工艺人员反映液位计不准确	检查接线及供电均正常，断电重启后故障依然，到现场拆下天线擦拭后无改观，但天线对着设备围栏时显示有变化，判断仪表正常。拆天线入孔有很多呛人的气雾冒出来，跟平时不一样，决定与工艺人员联系	故障处理：与工艺人员联系才知道，进入罐中的是其他罐检修吹洗的污油，油中还夹杂有铁锈等杂质，对这类介质雷达液位计无法测量。只有待工艺吹扫完才能安装使用 维修小结：在处理故障前曾查看 DCS 的液位趋势曲线，液位突然为最大，接着又大幅波动，数十秒后显示变为 85cm，后来又变为零，再也不变化。在处理本例故障中忽视与工艺人员的联系，耗费了时间和精力

五、超声波液位计的维修

（1）超声波液位计常见故障及处理方法

超声波液位计面板上设有系统报警指示警告，当系统出现故障时面板上会出现类似“и”的符号警示，通过面板操作可在诊断（OA）功能组里查出当前故障（OAO），仪表会给出错误代码，查说明书找出故障原因，针对错误进行处理。

超声波液位计采用模块化设计，当判断出是模块故障时可以进行更换模块处理。模块更换后，原仪表参数需要重新设定或通过计算机通信下载。超声波液位计常见故障与处理方法见表6-11。

表6-11 超声波液位计常见故障及处理方法

故障现象	故障原因	处理方法
屏幕没显示	电源电压不对	检查电源电压
	接线不正确	检查正负极是否接反，是否烧坏接线
数字固定不变或比实际液位高	盲区设定太小	重新设置盲区
	测量距离超出量程范围	改变安装位置或重新设置参数
	探头下有障碍物，有固定反射面	提高传感器安装位置
	物位进入工作盲区	
	仪表增益过高	减少接收增益的发射功率
示值不准，数字跳动	盲区设置处于临界状态	适当加大盲区
	传感器未垂直安装	检查并重新安装
	有干扰噪声或液面本身有波动	查明原因
	输出电流不稳定	
出现回波提示信号（在显示屏右下角出现小黑点）	检查接线（分体）	正确接线
	反射面不好，如有泡沫、波动大等	加大功率
	探头未垂直安装	重新安装，用毛巾捂住探头，若出现小黑点，则表明传感器回波正常

（2）超声波液位计维修

超声波液位计维修时的故障现象、检查及排除方法见表6-12。

表6-12 超声波液位计维修时的故障现象、检查及排除方法

故障现象	故障诊断分析	故障排除
某装置一台超声波液面计指示最大	经过检查未发现任何问题，由于超声波是向下发散的，所以要求进入的被测物体有一个足够的发散宽度，法兰到槽子的直管段太长导致超声波液面计测量不准	降低法兰到槽子的直管段长度，仪表好用，示值正常
某装置一台超声波液面计指示不准	通过对超声波液面计的检查未发现任何问题。由于该液面计安装不与被测介质的液面垂直，返回的声波信号接收不好，液面计指示不准	将液面计与被测介质的液面垂直安装，仪表好用，示值正常
超声波液面计送电后无显示	液面计送电后无显示，首先对24V电源进行检查，发现24V正负输出均无问题，在液面计一次表端测量电源也无问题，在检查电源后发现该超声波液面计的接线有问题。 LU-30型超声波液面计为三线制，分别是24V正、公用、信号三根线，接线时要把公用线一分为二，一路接24V负端，另一路接信号的负端。安装人员大意将线接错，导致一次表没电	对其进行重新接线，仪表好用，示值正常
工艺人员反映超声波液位计启动后，没有液位显示或显示时有时无	经检查发现仪表安装架振动	重新固定后正常

第七章

在线分析仪表

第一节　分析仪表的概述

分析仪器是用以测量物质（包括混合物和化合物）成分和含量及某些物理特性的一类仪器的总称。用于实验室的称为实验室分析仪器，用于工业生产过程的称为过程在线自动分析仪表，亦称为流程分析仪器。

在工业生产中，分析仪器为操作人员提供生产流程中的有用参数，或将这些参数送入计算机进行数据处理，以实现闭环控制或报警等。利用成分分析仪表，可以了解生产过程中的原料、中间产品及成品的质量。这种控制显然比控制其他参数（如温度、压力、流量等）要直接得多。特别是与微机配合起来，将成分参数与其他参数综合进行分析处理，将更容易提高调节品质，达到优质、高产、低消耗的目标。

成分自动分析仪表利用各种物质的性质之间存在的差异，把所测得的成分或物质的性质转换成标准电信号，以便实现远送、指示、记录或控制。

一、在线分析有关概念

在线分析有关概念说明见表 7-1。

表 7-1　在线分析有关概念

类别	说明
重复性	重复性（repeatability）是指由一个分析者用确定的试样，在较短的时间间隔内和相同的条件下，连续测量所得到结果的一致程度。重复性仅取决于仪器或系统的原理、设计及制造质量，是分析系统本身的特性
准确度	准确度（accuracy）是指多次测量（一般是三次）的平均值 $\bar{x}$ 与（约定）真值 μ 的符合程度，以相对误差表示的准确度用下式表示： $$准确度=\frac{\bar{x}-\mu}{\mu}\times 100\%$$ 用作分析器衡量标准的标准气体，其不确定度的最佳范围是 0.2% ～ 1%，根本达不到“真值”的标准，只能勉强看作“约定真值”。 准确度不但取决于仪器和系统的重复性误差及稳定性（漂移），还受标准气体不确定度的制约。分析器作为计量仪器，其检测准确度最受关注

续表

类别	说明
线性误差	线性误差（linearity error）是指仪器实际读数与通过被测量的线性函数求出的读数之间的最大差异
校准	校准（calibration）是指分析器分析一种或两种已知浓度与特性的标准物质（例如标准气体或标准溶液），然后将分析结果与标准物质的真值对照，并对分析器进行调节，以使分析结果与标准物质匹配一致的一组操作
漂移	漂移（drift）是指分析器在工作条件下，分析一个给定浓度的标准物质，在规定的时间间隔内示值的变化。漂移的时间间隔可在 15min、1h、7h、24h、7d、30d、3 个月、6 个月等中选取
代表性	代表性（representativeness）是指从一批物料中取样时，对于被测变量，样品能代表该批物料的程度
滞后时间	滞后时间（delay time，T_{10}）是样品处理系统的一个技术指标。 样品保持在规定流量下流动，从被测浓度或特性在系统入口端产生一阶跃变化时刻起，到分析器入口的变化通过并保持超出其稳定态差值 10% 时刻的时间间隔。 一个具体的样品传输和处理系统的滞后时间很难在现场进行测定，一般是按照标准规定的计算方法通过计算得到的
响应时间	T_{90} 指在线分析器指示启动到最终值的 90% 的时间间隔。 整个分析系统的响应时间（response time）由样品处理系统的滞后时间和仪器的响应时间两部分组成。通常来说，仪器的响应时间是无法改变的，要加快系统的响应只能减少样品处理系统的滞后时间
分压	分压（partial pressure）是含有气体混合物的密闭系统中总压力的一部分，是单一组分的压力
死体积	死体积（dead volume）是指样品处理系统某些部件的死空间，如样品传输管道拐角处一条管子过长的堵头、样品容器中样品无法流动的死角等，在该处样品无法流动或流动速度过于缓慢。不适当的死体积易于造成样品组成的掺混污染问题，或者会使样品传输滞后时间大为增加，这是非专业性设计经常表现出的典型弊端
再现性	再现性（reproducibility）是指在改变了的测量条件下，对同一被测量的测量结果之间的一致性。 重复性和再现性的区别是显而易见的。虽然都是指同一被测量的测量结果之间的一致性，但其前提不同。重复性是在测量条件保持不变的情况下，连续多次测量结果之间的一致性；而再现性则是指在测量条件改变了的情况下，测量结果之间的一致性。 在线分析数据与实验室分析数据进行比对时，宜采用实验室分析方法的再现性指标对在线分析数据的准确性进行衡量
水的露点	特定压力条件下，工艺介质中的水蒸气在一定温度下会冷凝出液滴，这个最先出现冷凝液时的温度就是该状态下水的露点（dew point）
喷射器	喷射器（ejector）是利用流体（蒸汽、水、空气等）的高速喷射功能来泵送另一种流体的装置或部件，它通过流体的高速喷射造成负压以抽吸另一种流体。利用蒸汽作动力源抽吸样品的喷射器也可称为蒸汽喷射泵，同样也有水喷式抽气泵或空气喷射泵。 喷射泵也可当作洗涤器使用，使样品和洗涤液更充分地直接混合
旁路过滤器	旁路过滤器（bypass filter）是一种自吹洗过滤器，利用样品流的洗涤作用，带走或吹洗掉被滤下的污染物，如粉尘等，所以也称自洁式过滤器；仅占总体积中较小比例如（1/5）～（1/3）的流体流经过滤介质（过滤元件），因此才称为“旁路”
终端过滤器	终端过滤器（end filter）是一种用于从气体中分离出液体或固体（或液体和固体），或从液体中分离固体的设备，全部流体都必须通过过滤介质，如过滤膜、过滤布、金属丝过滤网等。终端过滤器位于样品处理系统的下游，样品进入分析器之前的位置，常常并不是真正的终端，因此习惯上称后级过滤器或末级过滤器
单向阀	单向阀（check valve）是一种止逆阀，实际上可使流体在一个方向上无约束流动，如果有相反方向的流动，即自动关闭
安全阀	安全阀（relief valve）是一种常闭阀门，通常是以弹簧加压的。安全阀在某一设定的压力下开启，避免系统或部件形成过高的压力
薄膜	薄膜（membrane）是一种具有统一微小尺寸孔隙的惰性物质，这些孔隙允许气体分子传输通过，而粉尘和液体分子的传输受到约束和制约，因为液体分子的表面张力会引起分子的凝结和凝聚，形成尺寸远大于分子的分子群（分子团或分子链）。薄膜常用于过滤，习惯上也称为过滤薄膜
吹扫	为防止过滤器发生堵塞，常用压缩空气等介质对过滤器实施与样品流向相反的吹扫（purge），习惯上称为反吹或反吹扫
气密性	样气处理系统和部件都不可能绝对无泄漏，一般应经过气密性（gas tightness）试验，并测定其气密性指标。气密性是在某特定试验压力下，在规定时间间隔内试验压力降低的数值
层流	层流（laminar flow）是指流体不经过整体混合，流经管子或管道的流动状态，物质的运动方向朝着流动方向，几乎没有垂直方向的流动。层流就是不发生湍动，并以平行的层次流动

续表

类别	说明
湍流	湍流（turbulence）是指流体流经管道时，速度的方向和幅度发生很大变化的不规则流动方式，且流体能够完全充分混合。样品最好在湍流区或它的下游取样。层流状态的流体达到临界速度时，会变为湍流
堵塞	对一种物相的杂质过滤时，过滤器的过滤孔被杂质堵塞（blocking），对样品流的阻力急剧增大。样品流的凝聚也可能会使样品输送管线或部件发生堵塞
阻火器	阻火器（flame arrester）应用在易燃气体监测过程当中的多孔隙屏障，该多孔隙屏障透气但火焰无法通过和传播，其目的在于遏制易燃气体混合物可能引起的燃烧或爆炸。阻火器采用铜、不锈钢或蒙耐尔合金粉末烧结而成
检定（验证）	检定（验证，verification）是由法制计量部门或法定授权组织按照检定规程，通过实验，提供证明来确定测量器具的示值误差满足规定要求的活动。 检定与校验的区别是：校验是通过调整使仪器测量准确，而检定是核实仪器是否准确的过程
焦耳 - 汤普森热衰减效应	样品气压力急剧降低会形成热衰减而可能导致样气出现冷凝，这一现象称为焦耳 - 汤普森热衰减效应（Joule-Thomson effect）
记忆效应	①气相、液相或固相中，由于两种或更多相结合的物流的不完全混合而出现分层或条纹现象。这种记忆效应（memory effect）和物流切面上组成变化一样，可在物料结合处的下游检测出来。 ②样品处理系统的材料，对样品中的气相或液相组分的选择性吸附或吸收。随后样品中物质浓度减低或物理条件变化时，气体或液体会发生解吸或释放。这就是样品处理中原先较高浓度组分的“记忆效应”
体积效应（富集效应）	体积效应（富集效应，enrichment effect）是指从样品中除去一些组分，导致样品中被测浓度升高的效应，将产生体积误差（富集误差）。例如干法取样的样气处理系统，排除样气中的水分就会引起被测组分浓度升高。这种浓度升高在业界是认可的，属于干基测量，不必进行计算和修正还原
稀释效应	稀释效应（dilution effect）是由于向样品流中注入惰性组分而形成稀释流，导致被测组分浓度或特性变化的效应
亨利定律	亨利定律（Henry’s law）为一种物理化学原理。溶液上部大气压中的物质平衡分压与液体中该物质的浓度有关，这个浓度与平衡分压的比等于亨利定律恒量
壁效应	壁效应（wall effect）是液体在管道中流动时，由管道内壁的粗糙产生的对液体的摩擦效应。 聚集在器壁上的脏物、堆积物等会影响样品的代表性，降低样品传输的反应速度，微量分析时这种影响会显得很严重
吸收	吸收（absorption）是指一种或多种特定元素或化合物的分子聚集在相界，通常是固体物表面，甚至深入到固体的体内，并与含有特定元素或化合物的流体接触或发生化学反应
吸附（作用）	吸附（作用）（adsorption）是指使物料中某一种特定组分在液相或固相表面上的浓度比其实际浓度高的过程
黏附	黏附（adhesion）是指两个接触表面由于摩擦或其中一种物质的“黏性”而引起的附着现象
扩散	扩散（diffusion）是指气体分子向未被占据的空间渗透，依靠的是分子自然运动而不是抽气泵或风机等的驱动
在线气体分析器（过程气体分析器）	在线气体分析器（on-line gas analyzer）又称过程气体分析器（process gas analyzer），是一种和源流气体相连接，自动地长期连续给出输出信号的分析器，其输出信号是混合气体中一种或多种组分的含量。 试样流从源流气体中提取并输送到分析器测量的称取样式在线气体分析器。直接在源流体中测量的叫插入式（原位式）在线气体分析器
组分	组分（component）是指样品中可独立发生变化的化学成分
被测组分	被测组分（component to be measured）是指在线气体分析器将要对其含量进行测量的一种或多种组分
背景组分	背景组分（background components）是指源流体中除开被测组分之外的所有其他组分，它包括不相关组分、障碍组分和干扰组分
干扰组分	干扰组分（interfering components）是指会引起在线气体分析器产生干扰误差的背景组分，干扰组分与被测组分在某种特性上相似或接近

二、过程分析仪表的组成

一般的分析仪表主要由 4 部分组成，其原理框图如图 7-1 所示。各部分功能见表 7-2。

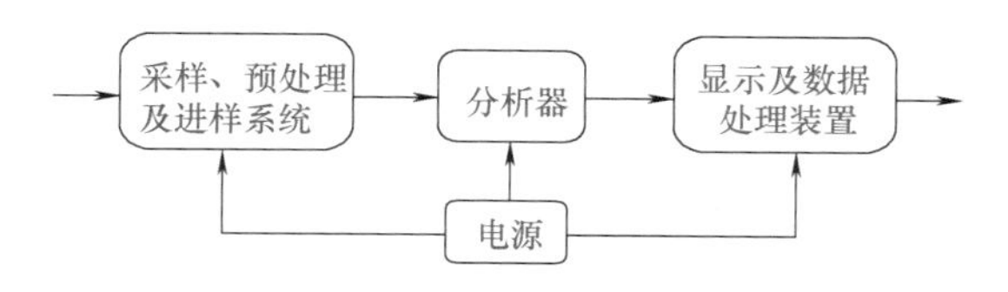

图 7-1　分析器的组成原理框图

表 7-2　各部分功能

类别	说明
采样、预处理及进样系统	这部分的作用是从流程中取出具有代表性的样品，并使其成分符合分析检查对样品的状态条件的要求，送入分析器。为了保证生产过程能连续自动地供给分析器合格的样品，正确地取样并进行预处理是非常重要的。如果忽视这一点，往往会使仪器不能正常工作。采样、预处理及进样系统一般由抽吸器、冷凝器、机械夹杂及化学杂质过滤器、干燥器、转化器、稳压器、稳定器和流量指示器等组成。必须根据被分析的介质的物理化学性能进行选择
分析器	分析器的功能是将被分析样品的成分量（或物性量）转换成可以测量的量。随着科学技术的进步，分析器可以采用各种非电量电测法中所使用的各种敏感元件，如光敏电阻、热敏电阻及各种化学传感器等
显示及数据处理装置	它用来指示、记录分析结果的数据，并将其转换成相应的电信号送入自动控制系统，以实现生产过程自动化。目前很多分析仪器都配有微机，用来对数据进行处理或自动补偿，并对整个仪器的分析过程进行控制，组成智能分析仪器仪表
电源	对整个仪器提供稳定、可靠的电源

三、取样与预处理系统

安装在生产流程中的分析仪表是否能正常地工作，很大程度上取决于取样与预处理系统性能的好坏。取样与预处理系统包括取样、输送、预处理（清除对分析有干扰的物质，调整样品的压力、流量和温度等），以及样品的排放等。

对取样与预处理系统的要求：

① 使样品从取样点流到分析器的滞后时间最短；

② 从取样点所取的样品应具有代表性，即与工艺管道（或设备）中的流体组分和含量相符合；

③ 能除去样品中造成仪器内部及管线堵塞和腐蚀的物质，以及对测量有干扰的物质，使处理后的样品清洁干净，压力、温度和流量均符合分析仪器工作要求。

（一）取样系统

取样系统包括取样点选择、取样探头和探头的清洗，其说明见表 7-3。

表 7-3　取样系统类型及说明

类别	说明
取样点选择	取样点选择应满足以下要求： （1）能正确地反映被测组分变化的地点； （2）不存在泄漏； （3）试样中含尘雾量少，不会发生堵塞现象； （4）样品不处于化学反应过程之中
取样探头	取样探头的功能是直接与被测介质接触而取得样品，并且初步净化试样。要求探头具有足够的机械强度，不与样品起化学反应和催化作用，不会造成过大的测量滞后，耐腐蚀，易安装、清洗等。 图 7-2 为敞口式探头结构示意图，图 7-2（a）所示为一般取样探头，为了取得相对清洁的气样，采用法兰安装。需要清洗探头时，打开塞子，用杆刷插入清洗；当气样中带有较大颗粒灰尘时，可采用带有取样管调整的探头，如图 7-2（b）所示，取样管的倾角可根据需要进行调整；图 7-2（c）所示为过滤式取样探头，它适用于气样中含有较多灰尘的场合；在需要取得气样温度及气流速度时，可选用图 7-2（d）所示的取样探头。以上 4 种探头只要取样管采用适当材料，可在 1000 ～ 1300℃温度使用

续表

类别	说明
取样探头	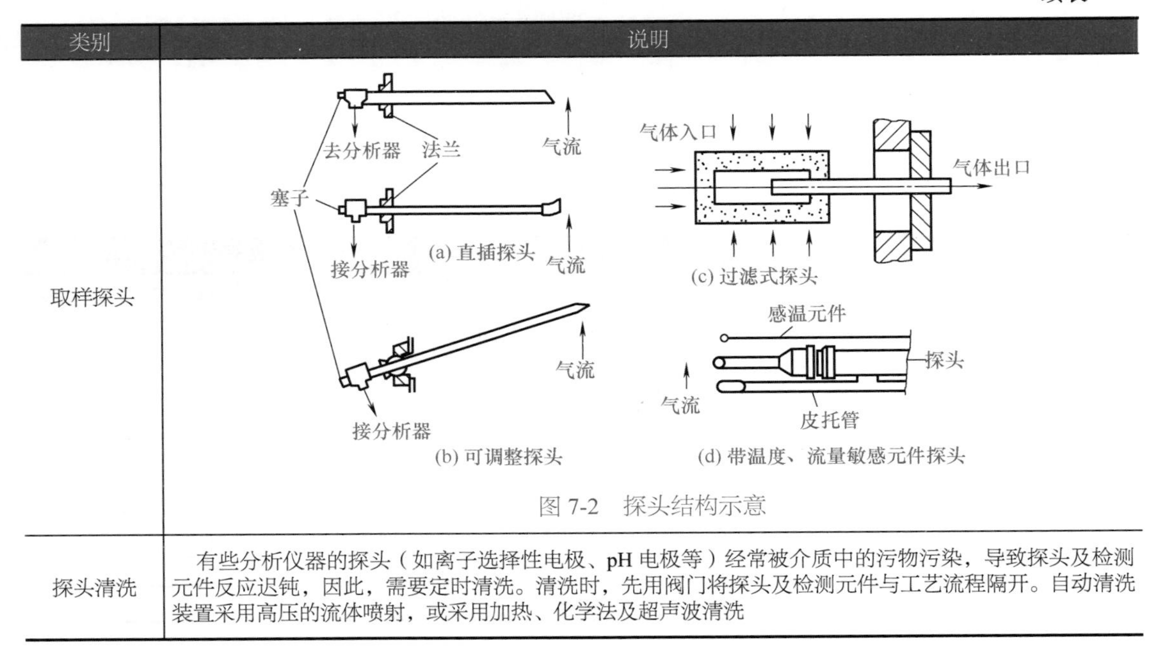 图 7-2　探头结构示意
探头清洗	有些分析仪器的探头（如离子选择性电极、pH 电极等）经常被介质中的污物污染，导致探头及检测元件反应迟钝，因此，需要定时清洗。清洗时，先用阀门将探头及检测元件与工艺流程隔开。自动清洗装置采用高压的流体喷射，或采用加热、化学法及超声波清洗

（二）试样预处理系统

预处理系统应除去分析样品中的灰尘、蒸汽、雾及有害物质和干扰组分等，保证样品符合分析仪器规定的使用条件。

（1）除尘

按微尘粒径不同，可采用不同的除尘方法。常用除尘器结构如图 7-3 所示。

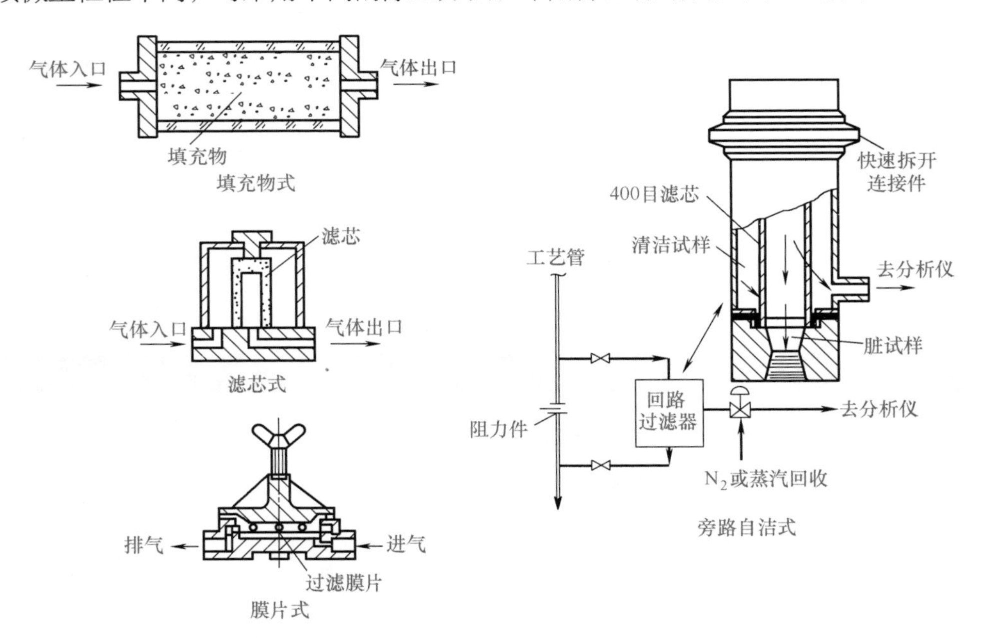

(a) 机械过滤器

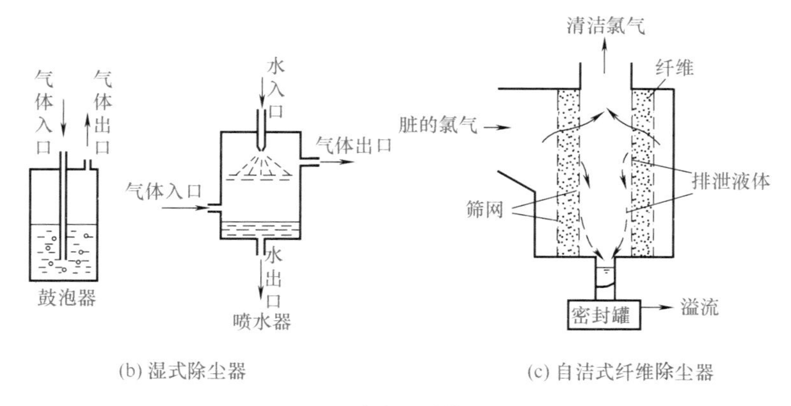

(b) 湿式除尘器　　(c) 自洁式纤维除尘器

图 7-3　过滤器结构示意图

机械过滤器的填充物可以用玻璃棉、动物毛等，不要用植物纤维，如脱脂棉等，因它们遇水后，透气性很差。多孔滤芯可由碳化硅、不锈钢、青铜等粉末烧结而成。过滤薄膜用玻璃纤维布或聚苯乙烯薄膜，它们可以除去 1μm 以上的微尘。自洁式过滤器采用 400 目多孔金属滤芯，其特点是过滤器由流过试样清洗，滤芯不会发生堵塞。

湿式除尘器的原理是气体试样经过水或其他介质时直接进行清洗、吸附、凝缩、起泡等过程，借助吸附力和聚合力将灰尘和其他杂质清除掉。当气样中含有固体、液体及雾杂质时，应采用自洁式纤维除尘器。气样先经过筛网除去尘粒，液体微粒及雾在纤维表面形成液膜，气样流动阻力使液膜与纤维表面分离，液膜本身重力使其向下移动，与此同时纤维得到清洗。

此外，尚有离心式除尘器，它是依靠旋转离心力，使粒度和密度较大的物质向四周飞散沉积，能除去 20μm 以上的微尘。

由于各类分析仪器对微尘敏感程度不同，因此需根据具体分析器所允许气样中含尘率，选用合适的除尘器。

各种除尘器的性能见表 7-4。

表 7-4　各种除尘器的性能

除尘器	原理	除尘粒径 /μm	含尘浓度	试样速度 /（m/s）	压力损失 /Pa	除尘率 /%	其他
重力沉降式	重力沉降	50 以上	大	0.1 ～ 0.4	650 ～ 2000	50 ～ 90	还能除去部分雾
惯性式	—	10 ～ 20 以上	大	5 ～ 10	1300 ～ 4000	小	还能除去部分雾
离心式	旋转气流离心力使气固分离	2 ～ 20 以上	大	8.5 ～ 15	6500 ～ 20000	50 ～ 90	还能除去部分雾
湿式	液体洗涤	1 ～ 5	小	1.5	250 ～ 1500	小	还能除雾
过滤式	多孔材质过滤作用	1 以上	小	0.15 ～ 0.3	60 ～ 150	85 以下	—
电气式	静电除尘	5 以下	小	1 ～ 20	150 ～ 250	85 ～ 90	适用于除微尘

（2）除湿

高温气样经过冷却产生凝结水，或气样本身湿度较大，甚至含有大量蒸汽或游离水。凝结水聚结在管内，可能使管道堵塞。如果气样中含有 CO_2、SO_2、SO_3 等可溶性成分，它们与凝结水形成腐蚀性酸，这样不仅腐蚀管道，还给分析结果带来较大误差。因此，要求送入分析器的气样必须是经过除湿器处理后的干燥气体。

常用除湿器是如图 7-4 所示的吸湿过滤器。气样通过干燥剂时，水分被干燥剂吸收。常用干燥剂列于表 7-5 中。应选用与气样不起化学反应及吸附作用的，并且气体通过干燥剂后的残留水又能符合分析仪器要求的干燥剂。使用时吸湿过滤器中干燥剂需经常更换，并且不能处理含水率高的试样。现在，还有用分子筛作干燥剂的自动活化吸湿器，它能较长时间工作，而且维护简单。

对于气体中含有较多游离水的试样，可采用图 7-5 所示的气水分离器进行除湿。当气体流速较小时，靠碰撞及重力作用，除去质量较大的游离水；流速较高时，气体沿分离片旋转，靠离心力析出水滴，通过气水分离器后的残留水含量为 5%。聚结在底部的冷凝水需定期排走。

表 7-5　常用干燥剂

干燥剂	气样通过后气样中残留水 / (mg/L)	干燥剂	气样通过后气样中残留水 / (mg/L)
五氧化二磷	0.00002	氯化钙	0.14
硅胶	0.003	生石灰	0.20
氢氧化钾	0.003		

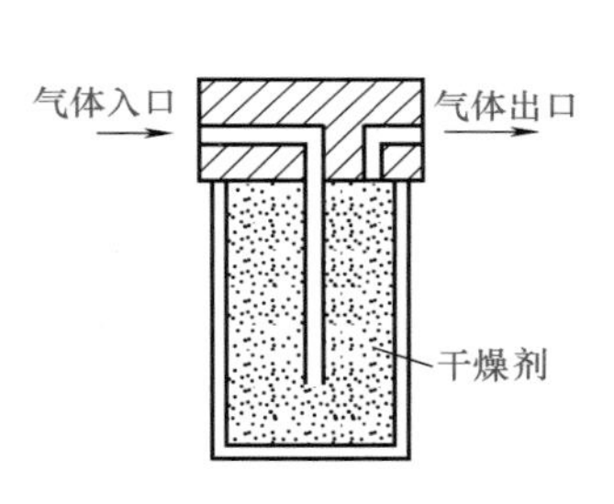

图 7-4　吸湿过滤器

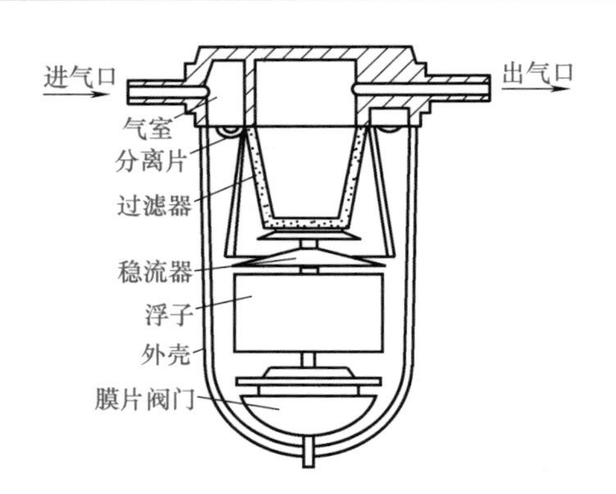

图 7-5　气水分离器工作原理图

（3）有害成分处理

当被分析的气样中含有腐蚀性物质，或对测量产生干扰，造成分析误差的组分时，应注意选用合适的吸附剂，采用吸收或吸附、燃烧、化学反应等方法除去。

此外，还可采用燃烧法，将气样通过催化剂作用在高温燃烧室燃烧，使有害成分通过燃烧转化为无害成分。

（4）压力调整及抽吸装置

当过程压力较高时，取样需采用减压阀和稳压阀，使试样压力符合分析系统的要求。常用针阀，也可用蒸汽减压阀或液体减压阀来进行减压。当过程压力较低时，必须采用抽吸装置将试样从过程中抽出并导入分析系统。常用抽吸装置有振动膜式泵、喷射泵及水流抽气泵等。

图 7-6 为适用于接近大气压的抽吸装置结构示意图。图（a）所示为水流抽吸泵，它分为负压及正压两种工作系统。负压工作系统中，在抽气室的负压作用下，气样经过水过滤器进行冷却与清洗后，冒出水面的气泡经过滤器滤去水滴及杂质后送入分析器的工作气室；另一路为参比空气，经调压器进入水过滤器的空气过滤室，然后再经过滤器滤去水滴及杂质

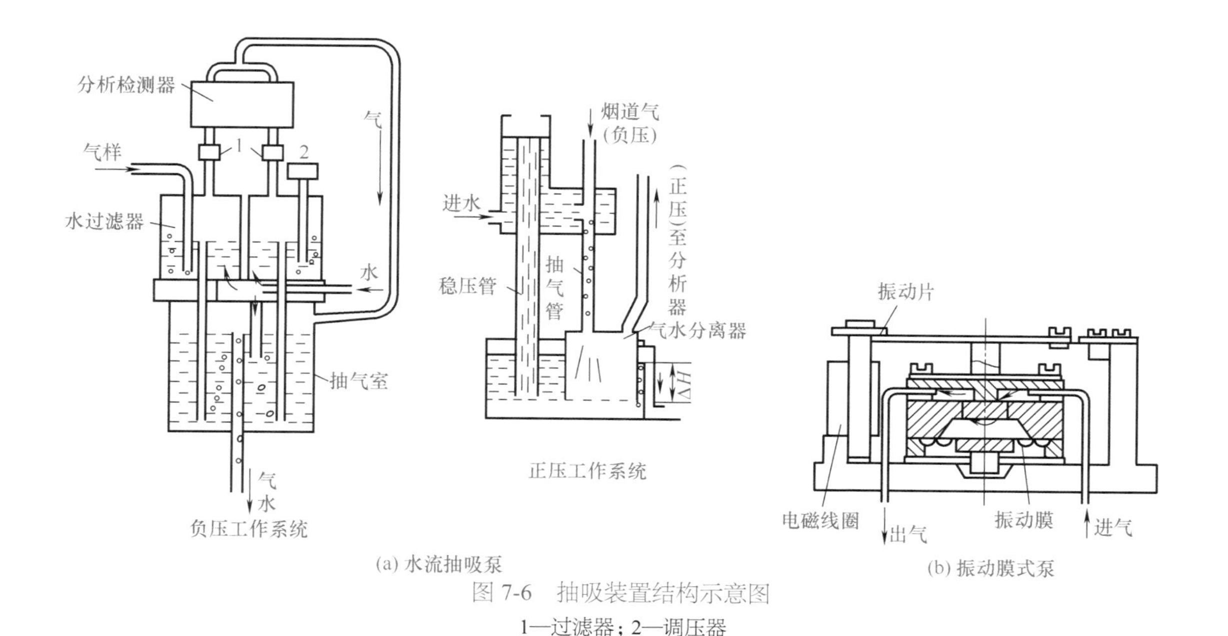

(a) 水流抽吸泵

(b) 振动膜式泵

图 7-6　抽吸装置结构示意图

1—过滤器；2—调压器

后进入参比气室。从工作气室和参比气室出来的两路气体合并后到达抽气室，随水流一起排出。抽气用水由水箱下部进水。进入抽气室的水，按一定比例分三路，其中两路向上，分别流入左、右水过滤室，一路向下，经过短管流入抽气室。落水的重力作用，使抽气室形成负压，从而达到抽气的目的。

正压工作系统的水流抽吸泵装于取样装置及分析检测器之间，被测气体在抽气管的负压作用下被抽入泵内，与水一起形成气水混合物，然后在气水分离器内形成正压，送入分析检测器。由于分析检测器在正压下工作，测量的可靠性较高。

对于有爆炸危险的场所，常采用蒸汽喷射泵抽吸气样；对负压较大的过程取样，常用真空泵或扩散泵等。

（5）取样与预处理系统的配置

取样与预处理系统的配置原则：输送管线及预处理装置不堵塞，不被腐蚀，不泄漏；并且试样经过输送和预处理后不影响分析精确度，仍具有代表性，响应时间快，试样符合分析仪器使用要求；另外还需考虑投资少、维护检修方便等。因此，系统配置的程序为除尘→除湿→减压→除有害成分→调压（或稳压稳流）→分析检测器→排放（或放空）。如工艺过程压力较高，则在取样口附近经减压阀减压后，再将样品送入预处理系统。

一般情况下，根据试样压力和温度，连接导管的内径为 4 ～ 6mm 的不锈钢管、铜管、铝管、聚氯乙烯管、尼龙管及玻璃管等。在有可能堵塞处，应局部加粗，避免堵塞。如在试样输送过程中因冷却而产生冷凝液时，则应安装加热伴管，同时还可设置冷凝液收集器。

工业上常见的基本取样系统有以下几种（表 7-6）。

表 7-6　工业上常见的基本取样系统

类别	说明
单点取样系统	如图 7-7 所示，它仅适用于正压操作的工艺过程，而且试样中无有害组分，无腐蚀性杂质，并且反应迅速

续表

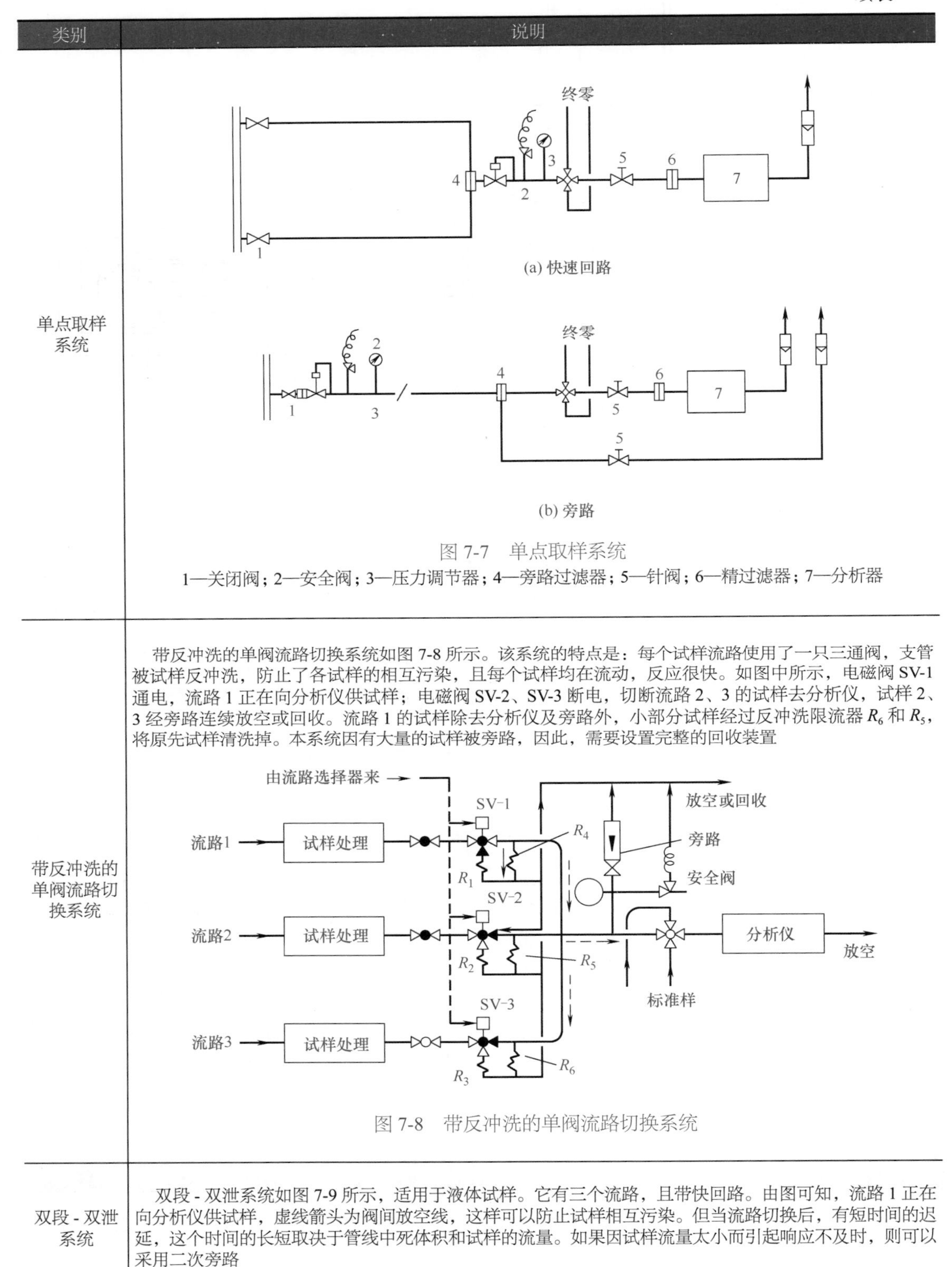

类别	说明
单点取样系统	(a) 快速回路 (b) 旁路 图 7-7　单点取样系统 1—关闭阀；2—安全阀；3—压力调节器；4—旁路过滤器；5—针阀；6—精过滤器；7—分析器
带反冲洗的单阀流路切换系统	带反冲洗的单阀流路切换系统如图 7-8 所示。该系统的特点是：每个试样流路使用了一只三通阀，支管被试样反冲洗，防止了各试样的相互污染，且每个试样均在流动，反应很快。如图中所示，电磁阀 SV-1 通电，流路 1 正在向分析仪供试样；电磁阀 SV-2、SV-3 断电，切断流路 2、3 的试样去分析仪，试样 2、3 经旁路连续放空或回收。流路 1 的试样除去分析仪及旁路外，小部分试样经过反冲洗限流器 R_6 和 R_5，将原先试样清洗掉。本系统因有大量的试样被旁路，因此，需要设置完整的回收装置 图 7-8　带反冲洗的单阀流路切换系统
双段 - 双泄系统	双段 - 双泄系统如图 7-9 所示，适用于液体试样。它有三个流路，且带快回路。由图可知，流路 1 正在向分析仪供试样，虚线箭头为阀间放空线，这样可以防止试样相互污染。但当流路切换后，有短时间的迟延，这个时间的长短取决于管线中死体积和试样的流量。如果因试样流量太小而引起响应不及时，则可以采用二次旁路

续表

类别	说明
双段 - 双泄系统	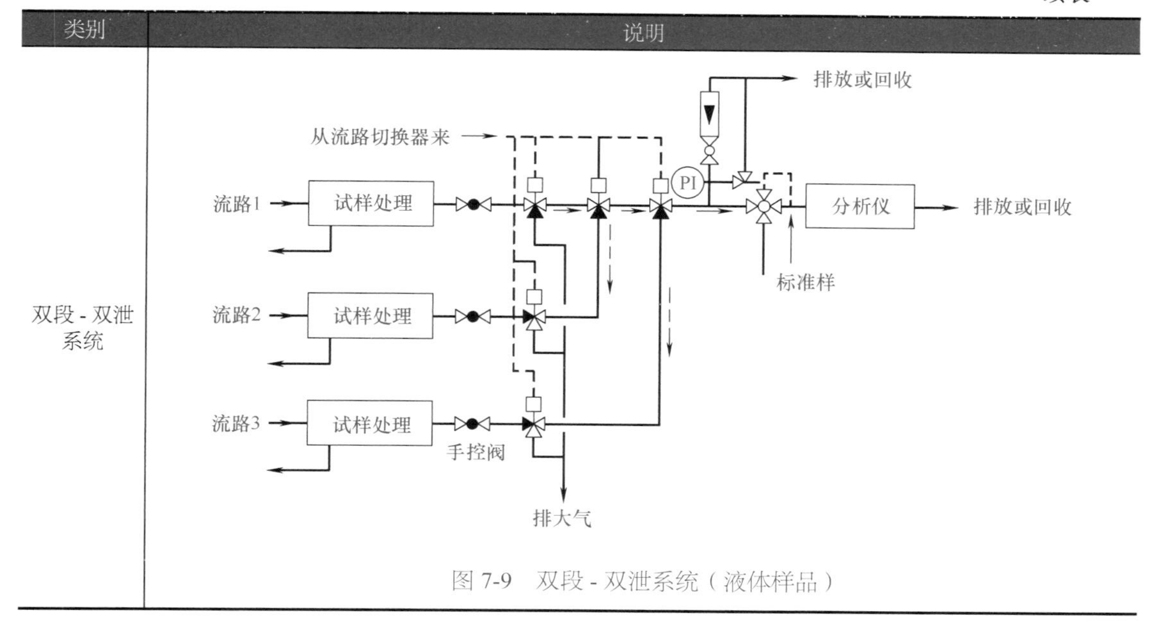 图 7-9　双段 - 双泄系统（液体样品）

如图 7-8 和图 7-9 所示，流路切换使用的是电磁阀。如在易燃易爆场所，可改用气动切换阀。

对于高温、高湿、腐蚀性强、尘粒重、杂质多的试样，可采用带过滤器取样探头，并且还需设置相应的预处理系统。

四、过程分析仪表的主要技术特性与选择

过程分析仪表按工作原理可分为磁导式分析器、热导式分析器、红外线分析器、工业色谱仪、电化学式分析器、热化学式分析器和光电比色式分析器等；此外还有超声波黏度计、工业折光仪、气体热值分析仪、水质浊度计及密度式硫酸浓度计等。

过程分析仪表的特点是专用性强，每种分析器的适用范围都很有限。同一类分析器，即使有相同的测量范围，但由于待测的试样的背景组成不同，并不一定都适用。目前我国对过程分析仪表各项技术性能的定义和指标还没有统一的规定，下面是一些基本的和主要的技术性能，仅供读者参考。

（1）精度

由于微机和计算技术的发展，使用微处理器的过程分析仪表能自动监测工作条件变化，自动进行补偿；并且不用标准试样，能及时地自动校正零点漂移或由其他原因引起的测量误差，也能对仪器本身进行故障诊断等。这些仪器的精度可达 ±0.5%。一般分析仪表精度为 ±（1 ～ 2.5）%，微量分析的分析器精度为 ±（2 ～ 5）%，个别的为 ±10% 或更大。

（2）灵敏度

灵敏度是指仪器输出信号变化与被测组分浓度变化之比，比值越大，表明仪器越灵敏，即被测组分浓度有微小变化时，仪器就有较大的输出变化。灵敏度是衡量分析仪器质量的主要指标之一。

（3）响应时间

响应时间表达被测组分的浓度发生变化后，仪器输出信号跟随变化的快慢。一般从样品含量发生变化开始，到仪器响应达到最大指示值的 90% 时所需的时间即为响应时间。

自动分析仪表的响应时间愈短愈好，特别是自动成分分析仪表的输出作在线自控信号时，更显得重要。

五、过程分析仪表的选用

目前分析气体的分析仪表已广泛应用于在线检测与控制，有些液体试样分析仪器在过程检测中应用也比较成熟。但因分析仪表品种繁多，选用时应根据具体试样及背景进行选择。

表 7-7 所列是我国目前已能生产的自动分析仪表。

表 7-7　过程分析器选用简表

待测组分（或物理量）	含量范围	背景组成	可选用的过程分析器
		气体	
H_2	常量，V%	Cl_2、N_2、Ar、O_2	热导式氢分析器
O_2	常量，V%	烟道气（CO_2、N_2）	①热磁式氧分析器 ②磁力机械式分析器 ③氧化锆氧分析器 ④极谱式氧分析器
		含过量氢	热化学式氧分析器
		SO_2	氧化锆氧分析器
	微量，$\times 10^{-6}$	Ar、N_2、He	①氧化锆氧分析器 ②电化学式微氧分析器
Ar	常量，V%	N_2、O_2	热导式氩气分析器
SO_2	常量，V%	空气	①热导式 SO_2 分析器 ②工业极谱式 SO_2 分析器 ③红外线 SO_2 分析器
CH_4	常量，V% 微量，$\times 10^{-6}$	H_2、N_2	红外线 CH_4 分析器
CO_2	常量，V%	烟道气（N_2、O_2） 窑气（N_2、O_2）	①热导式 CO_2 分析器 ②红外线 CO_2 分析器
	微量，$\times 10^{-6}$	H_2、N_2、CH_4 Ar、CO、NH_3	①红外线 CO_2 分析器 ②电导式微量 CO_2、CO 分析器
CO	微量，$\times 10^{-6}$	CO_2、H_2、N_2 CH_4、Ar、NH_3	①红外线 CO 分析器 ②电导式微量 CO_2、CO 分析器
C_2H_2	微量，$\times 10^{-6}$	空气或 O_2 或 N_2	红外线 C_2H_2 分析器
NH_4	常量，%	H_2、N_2 等	电化学式（库仑滴定）分析器
H_2S	微量，$\times 10^{-6}$	天然气等	光电比色 H_2S 分析器
可燃性气体	爆炸下限，%	空气	可燃性气体检测报警器
多组分	常量或微量	各种气体	工业气相色谱仪
水分	微量，$\times 10^{-6}$	空气或 H_2 或 O_2	①电解式微量水分分析器 ②压电式微量水分分析器
		惰性气体	
		CO 或 CO_2	
		烷烃或芳烃等气体	
		液体	
热值	800 ～ 10000kcal/m^3 ①	燃气、天然气或煤气	气体热值仪
溶解	微量，μg/L	除氧器锅炉给水	电化学式水中氧分析器
	微量，mg/L	水、污水等	极谱式水中溶解氧分析器
硅酸根	微量，μg/L	蒸汽或锅炉给水	硅酸根分析器
磷酸根	微量，mg/L	锅炉给水	磷酸根分析器

续表

待测组分（或物理量）	含量范围	背景组成	可选用的过程分析器
酸（HCl 或 H_2SO_4 或 HNO_3）	常量，V%	H_2O	①电磁式浓度计 ②密度式酸碱浓度计 ③电导式酸碱浓度计
碱（NaOH）			
盐	微量，mg/L	蒸汽	盐量计
Cu	mol/L	铜氨液	Cu 光电比色式分析器
对比电导率	—	阳离子交换器出口水	阳离子交换器失效监督仪
		阴离子交换器出口水	阴离子交换器失效监督仪
电导率	—	水或离子交换后的水	工业电导仪
浊度	微量，mg/L	自来水、工业用水	水质浊度计
pH	—	各种溶液	工业酸度计（电极为玻璃电极）
		不含氧化还原性物质和重金属离子或与锑电极能生成负离子物质的溶液	锑电极酸度计
钠离子	4 ～ 7pNa	纯水	工业钠度计
	常量（滴度）	联碱生产过程盐析结晶器液体	钠离子浓度计
黏度	0 ～ 50000cP②	牛顿型液体	超声波黏度计
折光率或浓度	—	各种溶液	工业折光仪（光电浓度变送器）

① 1cal ≈ 4.18J。

② $1cP=10^{-3}Pa\cdot s$。

第二节　工业气相色谱仪

用于生产流程中的全自动气相色谱仪称为工业色谱仪。气相色谱分析法是一项新的分离技术，由于它分离效能高，分析速度快，样品用量少，并可进行多组分分析，因而发展很快，是目前工业过程中应用最为普遍的一种成分分析仪，但色谱仪不能实现连续进样分析。气相色谱仪主要有实验室气相色谱仪和工业气相色谱仪。

一、气相色谱仪的组成

工业色谱仪由取样系统、分析单元、程序控制器、数据处理装置等部分组成，如图 7-10 所示。

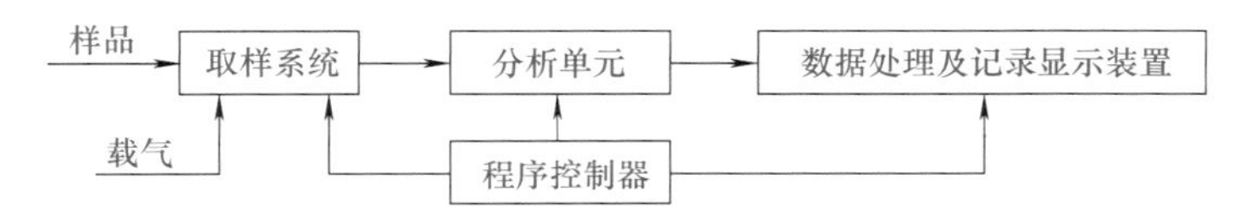

图 7-10　工业色谱仪的组成框图

取样系统包括压力调节阀、过滤器、流量控制器、样品温度调节装置和流路切换阀等。其任务是清除试样和载气中可能存在的雾气、油类、水分、腐蚀性物质和机械杂质等，并使进入分析系统的气样及载气的压力和流量保持恒定。

分析单元由色谱柱、检测器、取样阀、色谱柱切换阀等部分组成。其作用是被分析气样在载气流的携带下进入色谱柱，在色谱柱中各组分按分配系数的不同被先后分离，依次流出，并经过检测器进行测定。

程序控制器按一定的时间程序，对取样、进样、流路切换、信号衰减、零位调整、谱峰记录及数据处理等分析过程发出指令，进行自动操作。

数据处理装置将检测器的输出信号，经过一定的数据处理后进行显示、记录，或通过计算机实现生产过程自动化。

除上述基本部分外，工业色谱仪还应包括一些辅助装置，如供热导检测器用的稳压电源，作氢火焰离子化检测器的微电流放大器，及恒温箱的控制线路等。

二、气相色谱仪的安装与接线

下面以 SQG 系列工业气相色谱仪为例，介绍其安装与接线方法。

SQG 系列工业气相色谱仪有 3 种：SQG-101 型可连续分析合成氨脱硫后的半水煤气中的甲烷、二氧化碳、氮和一氧化碳 4 个组分；SQG-102 型可连续分析合成氨脱硫后的变换气中的二氧化碳、氧、氮和一氧化碳 4 个组分；SQG-103 型可连续分析进合成氨塔的原料气中的氨、氩、氮和甲烷 4 个组分。这 3 种型号除色谱柱内填装的固定相种类和柱长不同外，其他具体结构、电气线路都是一样的。

SQG 工业气相色谱仪能及时直接反映组分含量，避免繁重的色谱图计算工作。它为了用峰高来折算组分的浓度并从标尺上显示出来，采用了在出峰时自动停止记录纸移动的方式，使峰面积成为一条峰高的直线，各组分成为不同长度的平行直线，这种图线组成的图通常称为带谱图，非常清晰直观，如图 7-11 所示。

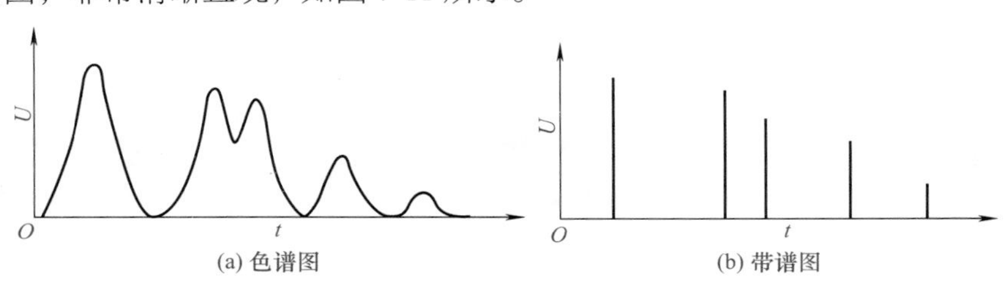

图 7-11　色谱图与带谱图

（1）SQG 色谱仪的组成

SQG 色谱仪由样气预处理系统、载气预处理系统、分析器、电源控制器和显示仪表 5 部分组成。图 7-12 为 SQG 色谱仪的构成框图。

① 样气预处理系统。它用来对样气进行除尘、干燥、净化，稳定样气压力，调节样气流量。它由针形调节阀（1）、（2），稳压器，干燥器和流量计等组成，如图 7-13 所示。

调节阀（1）用于调节稳压器压力，调节阀（2）用来调节样气的流量。稳压器内盛机油或甘油，来稳定样气压力。干燥器（Ⅰ）内装有无水氯化钙，对样气进行脱水处理；干燥器（Ⅱ）内装颗粒为 10 ～ 20 目的电石，进一步对样气进行干燥处理。干燥器的两端均填有脱脂棉和过滤片，用于除去尘埃，防止细微固体颗粒到气路中。

② 载气预处理系统。它用来对载气进行稳压、净化、干燥和流量调节。它由干燥器Ⅰ、Ⅱ，稳压阀、压力表、气阻和流量计组成。干燥器内装有 F-10 型变色分子筛，对载气进行脱水干燥处理。稳压器用于稳定载气压力，设置气阻的目的是提高柱前压力。

③ 分析器。它是仪表的心脏部件，用于对分析的样品进行取样、分离和检测。它包括十通平面切换阀取样系统、色谱柱分离系统和组分检测系统。组分检测系统为热导式、直通式气路，因此仪表响应快、灵敏度高。检测元件铂丝呈“弓”形，在常温下阻值为 27Ω 左

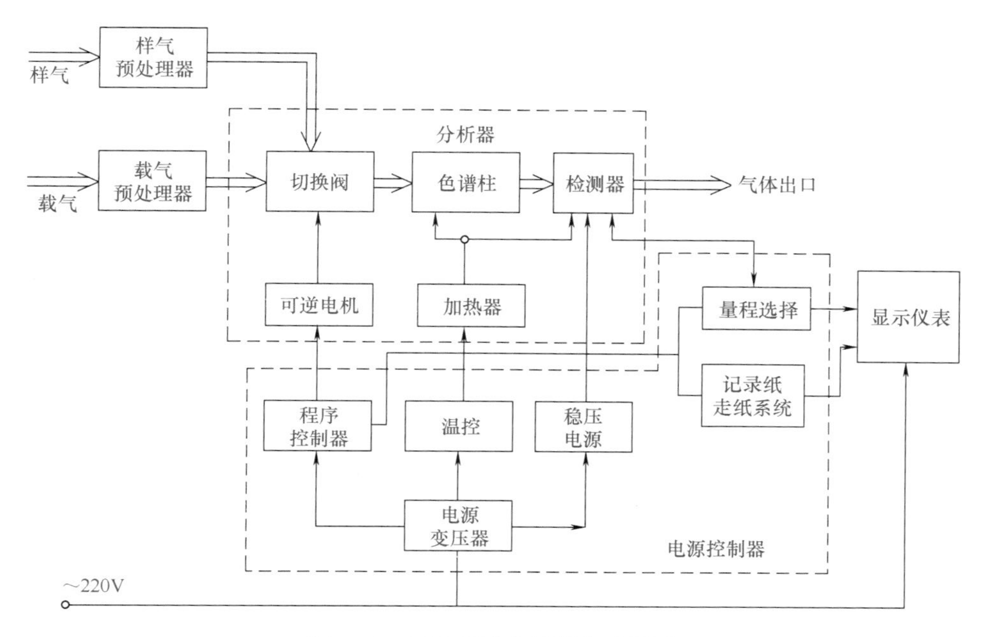

图 7-12　SQG 工业色谱仪构成框图

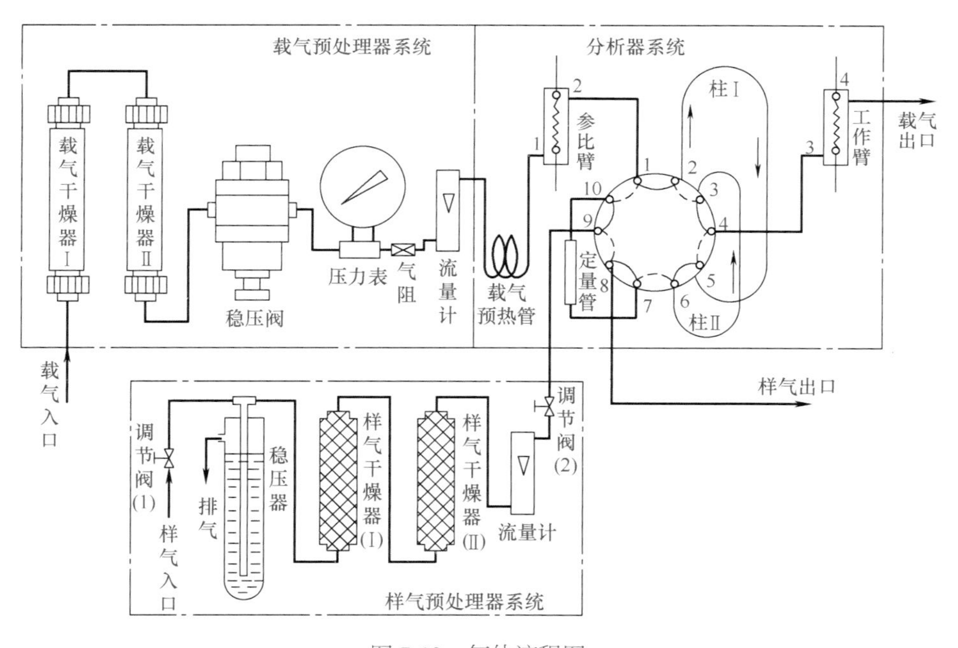

图 7-13　气体流程图

右。图 7-14 中Ⅰ、Ⅱ为参比臂，Ⅲ、Ⅳ为测量臂，组成一个双臂测量电路。热导检测器的结构、接线图见图 7-14。

（2）SQG 色谱仪的安装与接线

① 分析器的预处理系统和检测器一般安装在取样点附近，记录仪和电源控制器安装在控制室的仪表盘上。检测器安装在无强烈振动、无强磁场、无爆炸性气体、无大于或等于 3m/s 气流直吹、无太阳直晒的地方。

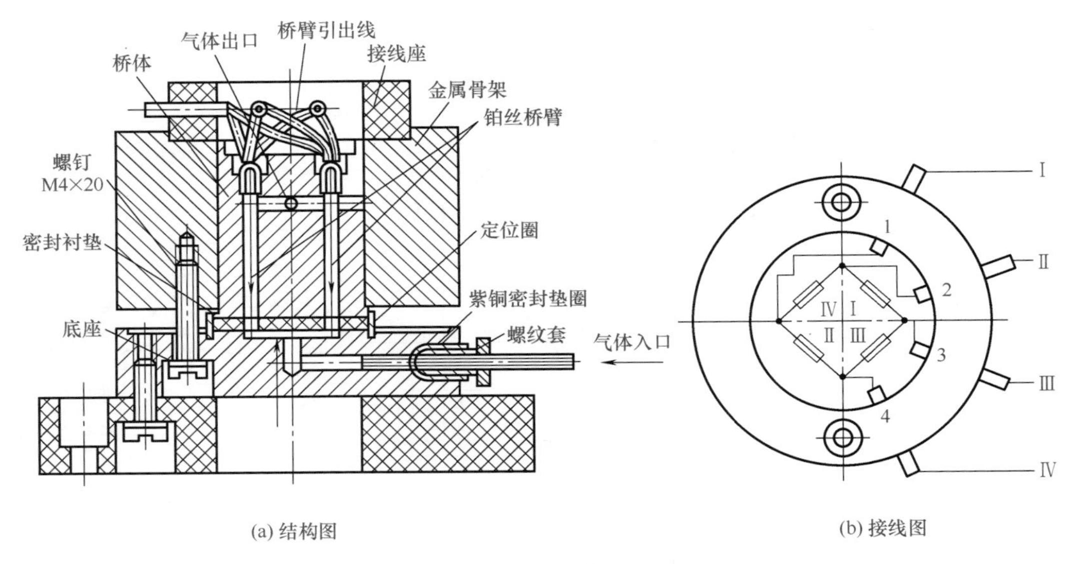

(a) 结构图

(b) 接线图

图 7-14　热导检测器

② 用 $\phi3\times0.5$（外径 × 壁厚）聚乙烯管连接载气系统（也可用不锈钢管）；按气体流程连接样气系统。全部气路系统连接完成后，必须进行密封性试验。

③ 按图 7-15 所示进行电气接线。其中检测器至电源控制器的红、白、黄、蓝 4 根线和电源控制器至记录仪的两根紫、橙线，都必须采用屏蔽线，并用穿线管保护。不允许将信号线和电源线穿在同一根管内或同用一根电缆。分析器需单独敷地线，它的各部分接地点全部连接在一起，然后统一接地。

④ 分析器需稳定的 220V AC 供电。

三、气相色谱仪的维护、常见故障及处理方法

（1）色谱仪的维护

色谱仪工作好坏与日常维护有密切关系，因此，必须对下列各项进行逐项检查，并认真地做好日常维护工作。

① 检查预处理器中，干燥器内的干燥剂是否失效，定期更换干燥剂和过滤片。

② 检查载气系统的压力、流量是否变化，定期用流量计核对。

③ 检查各气路是否有泄漏现象，保持密封性好。

④ 仔细观察加热指示灯的明灭周期（约 3min），监视温控电路的工作情况。

⑤ 根据程序指示灯的明灭情况，监视程序控制器的工作情况。

⑥ 定期对分析器的零点、工作电流进行核对，记录仪表的滑线电阻、滑动触头要经常清洗，以保证接触良好。

⑦ 定期对分析器用已知浓度的样气进行刻度校准。

（2）气相色谱仪的常见故障及处理方法

① 基线不稳定，见表 7-8。

② 无峰或峰太低，见表 7-9。

③ 出乱峰，见表 7-10。

④ 程序设置不当，见表 7-11。

⑤ 重复性差，见表 7-12。

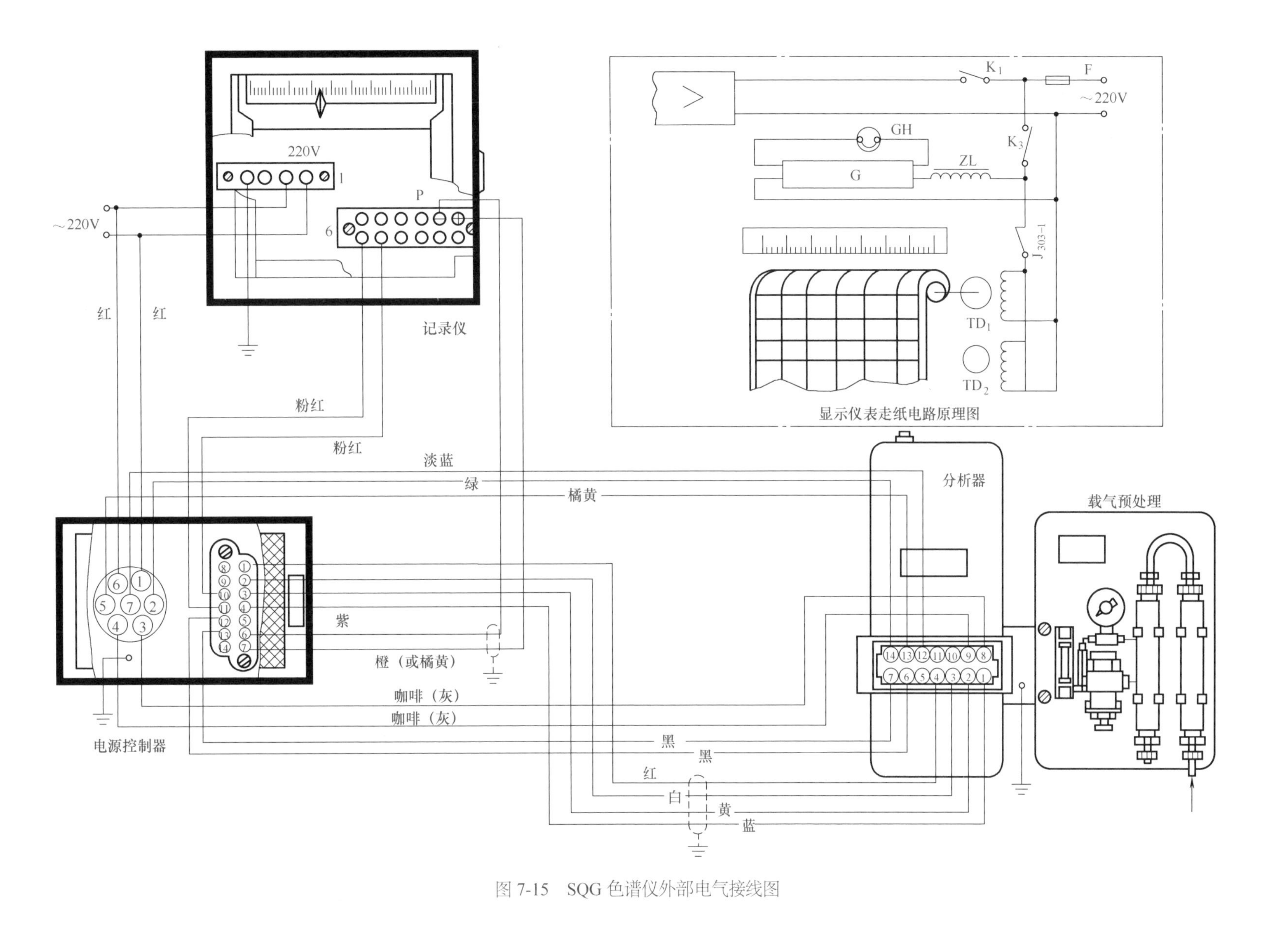

图 7-15　SQG 色谱仪外部电气接线图

表 7-8　基线不稳的故障现象、原因及处理方法

故障现象	故障原因	处理方法
基线漂移	炉温漂移	检查炉温和温控电路
	热导检测器不稳定	更换热丝，用无水酒精清洗
	载气流速不稳定或泄漏	检漏、重调载气流量
	色谱柱固定液流失严重	检查或更换色谱柱
基线噪声大	检测器污染	清洗热导池或火焰离子化检测器
	放大器漂移	检修或更换放大器
	记录器的放大器性能不好	检修放大器
	热导检测器供电不稳	检查供电电源电压及纹波
	载气未净化好或污染	检查和处理净化装置
	载气压力不稳，流速过高	检查和测试载气流速
	载气泄漏	检漏
	检测器污染或接触不良，或热丝松弛	检查和清洗热导池，更换热丝；检查和清洗火焰离子化检测器
	色谱柱被污染或固定液流失严重	检查色谱柱，用高纯载气吹扫，无法挽回时，更换柱系统
	输气管道局部堵塞	检查、吹扫
	放空管道不通畅	检查
	电路接触不良	接插件用无水酒精清洗吹干：插紧，拧紧各端子接线
	接地不良	改变一点接地点或浮空检查
	桥路供电稳定性不好或纹波太大	改变供电电源，观察变化，修复
	放大器噪声引起	输入端短路，修复
	信号电缆绝缘性能下降	电缆两端接头拆卸，用兆欧表检查
	加热器电源干扰	切断加热器电源，修理
	记录器灵敏度太高，工作不正常或电位器触头太脏	输入端短路确认，调节放大量，或修理，或用无水酒精擦洗电位器触头
基线无规则漂移	载气净化不好	再生或更换净化装置
	载气压力不稳或泄漏	检漏或测试流速，调节阀件上的压差应大于 0.05MPa
	载气中有空气使热丝氧化严重	热丝阻值大于 1Ω 以上时更换
	气路放空管位置处于风口或气流扰动大的区域	改变放空位置
	温控不稳	暂停用，确认后检查、修理
	色谱柱系统低沸点物挥发出来或高沸点物玷污	检查预处理系统，载气流速和程序器设定时间是否错或温控是否失控
	检测器被污染	用无水酒精清洗、烘干
	桥路稳压电源失控	检查电源稳定度和纹波
	接地不良	改变一点接地点或浮空，检查修理
	记录器已损坏	输入端短路，确认后修理
基线出现大毛刺、周期性干扰或波动	载气口有冷凝物或凝聚物，造成局部堵塞	检查测试出口流速
	载气输入压力过低或稳压阀失控	提高输入压力，使稳压阀压力大于 0.05MPa 或检查阀性能
	灰尘或固体颗粒进入检测器	清洗、烘干
	色谱柱填料填装过松或柱口过滤用玻璃门松动	检查和测定色谱柱气阻
	分析器安装环境振动过大	加防振装置

续表

故障现象	故障原因	处理方法
基线出现大毛刺、周期性干扰或波动	电源干扰	检查供电电路是否接在大功率设备上，改为单独供电
	供电电路不稳定	检查各级稳压电源和纹波
	电源插头接触不良	检查插头是否松动，用无水酒精清洗
	继电器电火花干扰	检查继电器灭弧组件
	恒温箱保温不好或温控电路失控	检查和测定温控精度，检查温控电路
	记录器滑线电阻接触不良	用无水酒精清洗
基线呈S形波动	恒温箱保温性能不好，随外界环境温度变化而变化	恒温箱外层加保温棉
	分析器安装在风口或气流变化大的环境中	更改安装分析器的地点
基线上漂至量程卡死	载气用完或泄漏严重	采用并列共用钢瓶，严格检漏

表 7-9　无峰或峰太低的故障现象、原因及处理方法

故障现象	故障原因	处理方法
无峰	未供载气或载气用完	检查，改用并列共用钢瓶
	载气泄漏完	检漏
	载气气路严重泄漏	做气密性检查，对色谱接头、检测器入口的泄漏做检查
	热导池未加桥流或桥路供电接线断	检查桥路供电
	桥路供电调整管或电路损坏	检查稳压或稳流电源，修复
	信号线或信号电缆折断，或信号线和屏蔽线、地线相碰	用万用表检查，或信号线两端拆卸开用兆欧表检查
	未加驱动空气或驱动空气压力不够	检查驱动空气压力
	取样阀未激励，不能取样	检查取样阀
	大气平衡阀未激励，样品不能流入定量管	检查大气平衡阀
	温控给定的温度太低，样品在柱上冷凝	检查温控电路，测定炉温温度
	汽化室温度太低，样品不能汽化	检查汽化室温度
	记录器损坏	输入端短路修理
	放大器损坏	输入端接标准信号检查，确认修复、更换
峰太低	桥流因电路故障降低	检查桥路供电电流
	载气流速太低	检查测定分析器出口载气流速
	取样阀漏，样品流量减少	检查取样阀的气密性
	大气平衡阀激励不好，样品流入定量管流速太低	检查大气平衡阀的气密性
	反吹阀或柱切断阀因程序时间设置不当，使组分被反吹、柱切或开关门设置不当	根据色谱的分离谱图重排反吹、柱切时间，重排组分出峰时间
	色谱柱因保留时间变化或载气流速变化导致组分被反吹或柱切	检查分析器出口和载气流速，用标准气检查色谱柱的分离谱图，重排程序时间或更换色谱柱
	预处理系统输送管线断或堵	检查样品输送管路
	衰减电位器衰减过头或运行中衰减量发生变化	检查或重新调整衰减电位器
	炉温降低	检查炉温并重新给定
	自动调零失控，基线漂移	将操作开关放在手动衰减或色谱挡，检查基线并处理
	放大器不稳定	重调放大器工作点
	继电器损坏或触点接触不良	更换继电器

表 7-10　出乱峰的故障现象、原因及处理方法

故障现象	故障原因	处理方法
圆顶峰	进样量大	改小定量管
	记录器增益太低	调整放大量
	超出检测器的线性动态范围	改小定量管
	记录器笔尖向满刻度运动时被卡	检查排除
平顶峰	进样量过大，色谱柱饱和	改小定量管
	放大器放大量太高或衰减电位器衰减量过小	重新检查和调整
	记录器、滑线电阻或机械传递系统有故障	检查和调整
前延峰	汽化室温度太低，样品未完全汽化	提高汽化室温度，汽化温度一般高于柱温 50 ～ 100℃
	柱温设定太低，样品在柱系统中被部分冷凝	提高柱温
	载气流速太低	检查载气稳压阀，检查柱出口流速，重调
	进样量过大，造成色谱柱过载	改小定量管
拖尾峰	柱温太低	提高柱温，但不可太高
	色谱柱选择不当，拖尾峰往往是极性较强的组分、腐蚀性组分，它们和柱填料间产生强作用力	重选色谱柱，改用极性较强的填料或适当加脱尾剂
	含极性组分的样品进样量大	改小定量管
出乱峰	预处理系统工作不正常，样品中有害组分进入色谱柱，损坏或造成柱系统严重污染	观察检查预处理系统并改进
	载气严重不纯，特别是换钢瓶后未做基线检查，污染柱系统	检查色谱基线，换载气瓶后检查
	载气流速或高或低，组分保留时间变化，重组分进入主分柱中，污染柱子，或重组分在下一个分析周期中流出，造成峰重叠	检查稳压阀件，阀前后压降必须大于 0.05MPa，阀才能正常工作，检查检测器和流速
	汽化室温度设定太高，样品分解	检查汽化室温度及温控系统
	温控失控造成柱温太高，固定液流失严重，柱温太低，重组分不能反吹，流入下一个分析周期中和下周期组分重合	检查温控精度，检查、修复温控电路
	色谱柱未老化，气液柱的大量溶剂被吹扫出	自制的气液柱，选择合适温度进行较长时间的老化
	气固柱未再生活化好，组分分离性能差，重复性差	严格再生活化气固柱条件
	固定液全部流出，色谱柱失效	检查色谱柱分离性能、更换
	色谱柱选择不当和样品发生反应、催化作用或分解	更换色谱柱
	样品在预处理系统中发生记忆效应或交叉污染	加大预处理系统中的快速回路流量和旁路放空量，检查管道是否局部堵塞
	系统载气泄漏较严重	检漏
	检测器被严重污染或检漏时起泡剂进入检测器	用无水酒精清洗检测器、烘干
	放大器部分元件损坏	放大器输入短路，检查修理、更换

表 7-11　程序设置不当及处理

故障现象	故障原因	处理方法
程序动作时的动作基线故障	程序动作时记录器干扰，程序器或信息器的继电器触点接触不良，电路的布线不合理	用信号短路法逐级检查电路中继电器触点，拨动软线，观察现象是否变化
	反吹、柱切、前吹时，由于经检测器的载气气路色谱柱更换，基线波动范围超过 ±（1% ～ 2%）是色谱柱和平衡柱的气阻值不相等引起	若为固定平衡柱，测试气阻并调节至相等。若为气阻阀，需耐心调节，有时还需改变柱前压力、旁路载气流量等

续表

故障现象	故障原因	处理方法
出乱峰	运行条件下，色谱分离情况正常时出乱峰，主要是反吹、前吹、柱切等的程序设定时间不准造成	标准样检查柱系统正常时，根据组分的谱图重新安排反吹、前吹、柱切时间
	反吹时间设置不当出乱峰、一些组分定量分析偏低	重组分进入预分柱、主分柱中，调整反吹时间
时间设置不当	前吹时间设置提前	部分前吹掉的组分进入主分柱中，调整前吹时间
	前吹时间设置太偏后，一些组分定量分析偏低	待分析部分被前吹，调整前吹时间
	柱切时间设置提前，进入主分析柱的部分组分被柱切，组分定量分析偏低	调整柱切时间
	柱切时间设置太偏后，对主分析柱有害的组分进入，使主分柱中毒	调整柱切时间
自动调零时故障	基线调零时基线跑至最大，调零电路保持电容或集成块损坏，调零电路故障引起	在自动调零时观察基线变化，修理、更换
	自动调零时基线不能快速回至零位或调零时指示摆动，因自动调零电路接触不好或有故障，记录器零位和放大器零位未调整好	自动调零电路接触不良，清洗触点，进一步检查自动调零电路，检查记录器零位
	自动调零时基线回零，调零信号消失，基线偏零，是放大电路中集成块失调电压未调好造成	自动调零电路正常，检查和调整放大器失调补偿电位器，使两者基线一致
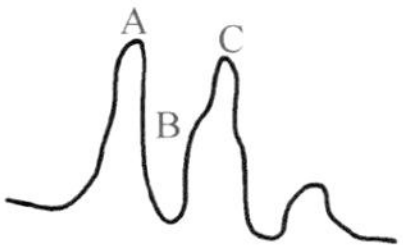 A C B	自动调零时间选择在B峰拖尾时，C峰浓度低，衰减量小，B峰浓度高，衰减量大，造成C峰定量偏低，影响下周期的正常分析	B峰拖尾严重，更换色谱柱。更改自动调零时间，必须将自动调零时间设置在基线稳定的区域或没有组分信号的区域
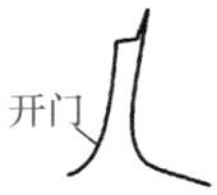 开门	开门过晚造成积分定量偏低；开门晚至峰值过后再开门，峰定量更会偏低	运行时观察开门时记录器指针是否突然上升来确认，在门谱挡检查谱图，调整开门时间
 开门 关门	关门过早造成积分定量偏低；关门在峰高之前，峰高定量更会偏低	运行时观察峰值下降过程中突然峰回零时确认，在门谱挡检查谱图，调整关门时间
 A B	关门后B峰出现两大峰，原因是A、B组分浓度相差较大。A峰拖尾，关门时，衰减电位器自动切换，由于衰减量小，以致A峰拖尾信号大于B峰信号，此时峰定量分析大大偏高	更换色谱柱。关门设置时间延后或另选择运行条件

表7-12　重复性差原因及处理

故障现象	故障原因	处理方法
峰谱重复性不好	预处理系统工作不正常	检查和改进
	无大气平衡阀，样品流速不稳定	检查预处理及样品流路稳压或稳流系统
	大气平衡阀在激励或释放时泄漏或窜气	检查、修理或更换取样平衡阀
	取样阀瓣因划伤窜气	检查、修复或更换取样阀瓣
	取样管道部分堵塞	逐段检查排除
	色谱柱填料装填太松，阻值变化造成保留值变化	测定气阻。重新装填或更换
	放大器工作不稳定或放大器中继电器触点接触不良	检查隐患，必要时更换继电器或电路元件

续表

故障现象	故障原因	处理方法
峰谱重复性不好	桥路供电不稳定，或高或低	连续监测桥路电流和纹波
	自动调零电路工作不稳定	在色谱或门挡谱检查
	衰减电位器接触不良	用无水酒精清洗，吹干后复原
	记录器灵敏度太低或过阻尼	检查和调整记录器
峰谱中一些组分突变	预处理系统中带气泡的液体未能消除气泡	预处理系统中增加气液分离器或采用其他方法除液沫
	预处理系统中带液体的气体未能分离液体或液沫	预处理系统中增加除液部件或采用其他方法除液或液沫
	压力较高，沸点相差大的气样因减压，节流膨胀带液或液沫	增加加热器或用其他办法防止气体中某些组分发生相变
	工艺异常时，预处理系统不能正常工作，使样品失真	改善或改进预处理系统
	预处理系统因快速回路或旁路流速调节不当引起记忆效应	重新调节快速回路或旁路放空容量
	载气严重不纯，基线波动大	色谱挡检查，更换载气瓶后必须检查，更换载气瓶

（3）故障实例分析

气相色谱仪的故障现象、故障分析诊断及排除见表 7-13。

表 7-13　气相色谱仪维修时的故障现象、故障分析诊断及排除方法

故障现象	故障分析诊断	排除方法
石化企业某装置一色谱分析仪运行一段时间后基线不稳定，发现色谱柱的基线噪声很大	噪声很大，说明存在很大的干扰源，它的原因可以归结为：检测器被污染；放大器发生了漂移；记录仪的放大器性能不好；热导检测器供电不稳；色谱柱被污染或固定液流失严重等。检查色谱柱没有发现异常，更换放大器后也没有什么变化，再用万用表测量时发现，供电电源变化频繁，改变供电电源	改变供电后仪表恢复正常
生产中，装置上一色谱分析仪无法正常投入使用	色谱分析仪在使用过程中必须保证预处理系统的可靠性，保证没有液相进入色谱柱中，否则会影响到色谱分析仪的正常使用。经全面检查发现工艺生产过程中将混醛液体窜入被测气体中，污浊色谱柱，导致色谱分析仪无法正常投用	更换色谱柱并重新标定后恢复正常
石化企业某装置一色谱分析仪使用一段时间后，发现色谱柱的谱峰越来越小，谱峰之间间隔越来越短，并有两个相互粘连无法分开	根据故障现象初步认为是色谱柱严重劣化所致	针对劣化原因采取以下措施。一是更换色谱柱，在有氧状态下特别是柱温较高的情况下，色谱柱劣化速度特别快。另一个是加装疏氧器，除掉载气中微量的氧气。经过处理后仪表顺利投运
石化企业某装置一型号为 GC1000S 的气相色谱仪各部分都正常，记录仪指示在最大值，改变极性则在负的最大值，调节仪器的粗细调旋钮毫无反应，热导池已清洗，而调节热导桥路电流能在正常值范围内变化	由于桥路正常，一般可以肯定桥路钨丝未断开，应该是热导池和色谱柱室等气路系统的原因。关掉桥路电流，分别提高热导池和柱室、检测室温度，进行色谱柱二次老化，同时间断性地从进样器注射溶剂，一段时间后，降温至使用前温度，加桥流恢复正常。 故障原因是被分析样品中含有高沸物，久而久之在色谱柱中积聚，常温下这些高沸物很难排除柱外，于是断断续续随载气流过热导池，记录仪就始终有信号输入而指示在最大值，因此需要提高温度，对色谱柱再次老化并用溶剂清理	经过清理后仪表正常运行

续表

故障现象	故障分析诊断	排除方法
装置气相色谱仪指示值突然指示 0%	检查色谱程序有无错误和缺失、色谱恒温箱内所有阀件有无漏气现象、二级预处理箱内进样压力状态，以及流路切换阀是否好用，经过检查发现流路切换阀卡死失灵	更换新的后，表指示正常
装置气相色谱仪指示值忽大忽小	检查色谱程序有无错误和缺失、检查色谱恒温箱内所有阀件有无漏气现象、检查一级预处理箱内进样压力状态、检查二级预处理箱内进样压力状态，检查流路切换阀是否好用，经过检查发现一级预处理箱内雾化器调压器失灵	更换新的雾化器，表指示正常
装置气相色谱中一个组分峰丢失	检查二级预处理箱内进样压力状态、色谱程序有无错误和缺失、色谱恒温箱内所有阀件有无漏气现象，观察色谱图几个周期，查找相应出峰时间是否对应程序，经过检查发现有效峰存在，出峰时间改变	重新调整出峰时间，其中一个组分峰找回，表指示正常
装置气相色谱仪指示值为零且点火 10s 后熄灭，当只通氮气时，气相色谱仪不熄火	检查色谱程序有无错误和缺失、色谱恒温箱内所有阀件接头有无漏气现象、一级预处理箱内进样压力状态、二级预处理箱内进样压力状态，经检查发现是色谱阻火器堵了	更换新的，表指示正常

第三节　氧分析器

一、概述

氧分析器是目前工业生产自动控制中应用最多的在线分析仪表，主要用来分析混合气体（多为窑炉废气）和钢水中的含氧量等。

过程氧分析器大致可分为两大类。一类是根据电化学法（如原电池法、固体电介质法和极谱法等）制成；另一类是根据物理法制成，如热磁式、磁力机械式等。电化学法制成的灵敏度高，选择性好，但响应速度较慢，维护工作量较大，目前常用于微氧量分析。物理法制成的响应速度快，不消耗被分析气体，稳定性较好，使用、维修方便，广泛地应用于常量分析。磁力机械式氧分析器更有不受背景气体热导率、热容的干扰，具有良好的线性响应，精确度高等优点。

二、氧化锆氧分析器

（一）作用及测量原理

（1）作用

氧化锆氧分析器是控制炉窑经济燃烧不可缺少的重要仪器，它有三个作用：节能，减少环境污染，延长炉龄。

（2）测量原理

纯氧化锆（ZrO_2）不导电，掺杂一定比例的低价金属物（如氧化钙、氧化镁、氧化钇等）作为稳定剂，就具有高温导电性，成为氧化锆固体电解质。在一片高致密的氧化锆固体电解质的两侧，用烧结的方法制成几微米到几十微米厚的多孔铂层作为电极，再在电极上焊上铂丝作为引线，就构成了氧浓差电池，如图 7-16 所示。电池左侧通入参比气体，其氧分

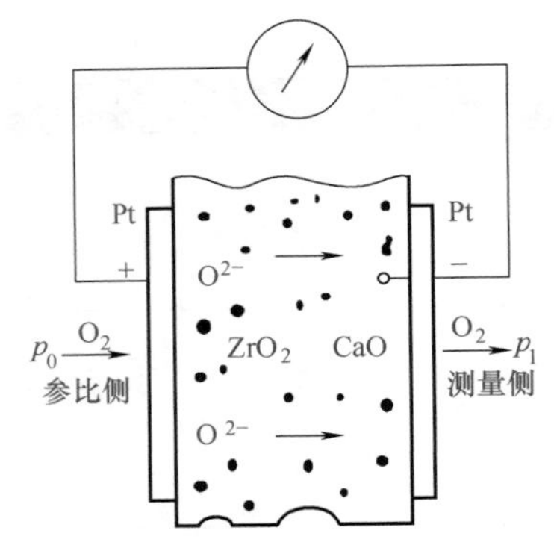

图 7-16　氧浓差电池原理图

压为 p_0；电池右侧通入被测气体，其氧分压为 p_1。

设 $p_0 > p_1$，在 650 ～ 850℃的高温下，氧就会从分压大的 p_0 侧向分压小的 p_1 侧扩散。这种扩散，不是氧分子透过氧化锆从 p_0 侧到 p_1 侧，而是氧分子离解成氧离子后通过氧化锆的过程。在 750℃左右的高温中，在铂电极的催化作用下，在电池的 p_0 侧发生还原反应，一个氧分子从铂电极取得 4 个电子，变成两个氧离子进入电解质，p_0 侧的铂电极由于大量给出电子而带正电，成为氧浓差电池的正极或阳极。

这些氧离子进入电解质后，通过晶体中的空穴向前运动到达右侧的铂电极，在电池的 p_1 侧发生氧化反应，氧离子在铂电极上释放电子并结合成氧分子析出，p_1 侧的铂电极由于大量得到电子而带负电，成为氧浓差电池的负极或阴极。

这样在两个电极上由于正负电荷的堆积而形成一个电势，称之为氧浓差电动势。氧浓差电动势的大小，与氧化锆固体电解质两侧气体中的氧浓度有关，它们的关系可用能斯特方程表示：

$$E = 1000\frac{RT}{nF}\ln\frac{p_0}{p_1} \tag{7-1}$$

式中　E——氧浓差电动势，mV；

R——气体常数，8.3145J/（mol·K）；

T——氧化锆探头的工作温度，K；

n——参加反应的电子数（对氧而言，n=4）；

F——法拉第常数，96500C/mol；

p_0——参比气体的氧分压；

p_1——被测气体的氧分压。

如被测气体的总压力与参比气体的总压力相同，则式（7-1）可改写为：

$$E = 1000\frac{RT}{4F}\ln\frac{c_0}{c_1} \tag{7-2}$$

式中　c_0——参比气体中氧的体积分数，一般用空气作参比气，取 c_0=20.6%（干空气氧含量为 20.9%；25℃、相对湿度 50% 时，氧含量约为 20.6%）；

c_1——被测气体中氧的体积分数。

从式（7-2）可以看出，当参比气体中的氧含量 c_0=20.6% 时，氧浓差电动势仅是被测气体中氧含量 c_1 和温度 T 的函数。被测气体中的氧含量越小，氧浓差电动势越大。这样，测量氧含量较低的烟气时响应值很大，容易得到准确结果。

能斯特方程只适合于理想的氧化锆测氧电池，简称理想电池。

理想电池必须符合以下几个条件：

① 内、外电极的温度相同，气压相同；

② 电池中除氧浓差电动势外，应无任何附加电势存在；

③ 参比气体和待测气体应为理想气体；

④ 电池反应应是可逆的；

⑤ 以空气作参比气时，应保证参比电极附近空气接近理想气体；

⑥ 氧化锆电解质应无电子导电。

但实际使用的氧化锆测氧电池即实际电池并不能完全满足以上条件，这是由于在氧化锆探头和被测烟气中存在许多影响因素，诸如内、外电极温度不等和气压不等，池温误差，电池的不对称性，烟气中 SO_2、SO_3 的腐蚀作用以及烟尘在电极上的沉积等，从而在不同程度上偏离能斯特方程，使其实际电势输出值偏离理论电势输出值，给测量结果带来误差。

（二）仪器类型及适用场合

根据氧化锆探头结构形式和安装方式的不同，可把氧化锆氧分析器分为直插式和抽吸式两类。

（1）直插式氧化锆氧分析器

直插式氧化锆氧分析器的突出优点是：结构简单、维护方便、反应速度快、测量范围广，特别是它省去了取样和样品处理环节，从而避免了许多麻烦，因而被广泛应用于各种锅炉和工业炉窑中。

直插式探头又有以下几种类型。

① 中、低温直插式氧化锆探头适用于烟气温度 0 ～ 650℃，最佳烟气温度 350 ～ 550℃的场合，探头中自带加热炉。

② 带导流管的直插式氧化锆探头也是一种中、低温直插式氧化锆探头，但探头只有 400 ～ 600mm，带有一根长的导流管，先用导流管将烟气引导到炉壁附近，再用探头进行测量。它主要用于大型、炉壁比较厚的加热炉。

直插式和导流式探头的外形如图 7-17 所示。

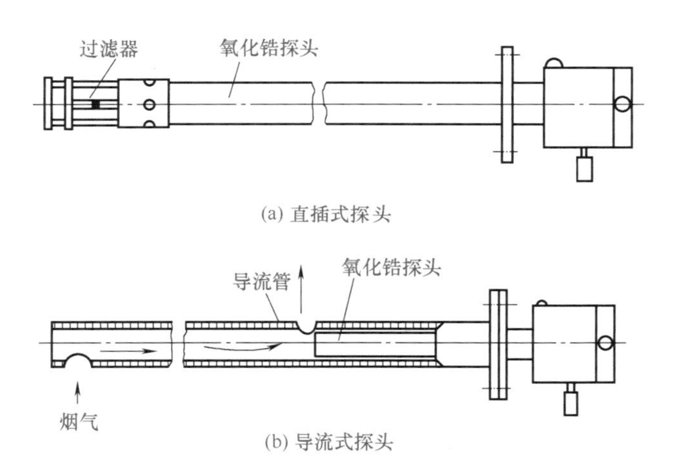

图 7-17　直插式探头和导流式探头外形图

燃煤炉宜选带过滤器的直插式探头，因易出现灰堵而不宜选导流式探头；燃油炉两者均可选用。

③ 高温直插式氧化锆探头本身不带加热炉，靠高温烟气加热，适用于 700 ～ 900℃的烟气测量，主要用于电厂、石化厂等高温烟气分析场合。

本节以日本横河公司的产品为例，说明仪器的结构，其系统配置如图 7-18 所示。

① 图 7-19 是氧化锆探头的组成示意图，图 7-20 和图 7-21 分别是氧化锆元件的外形结构和工作原理图。

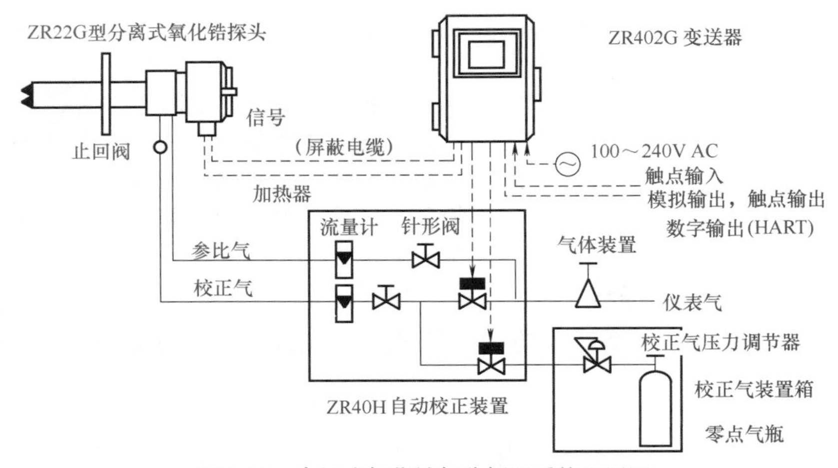

图 7-18　直插式氧化锆氧分析器系统配置图

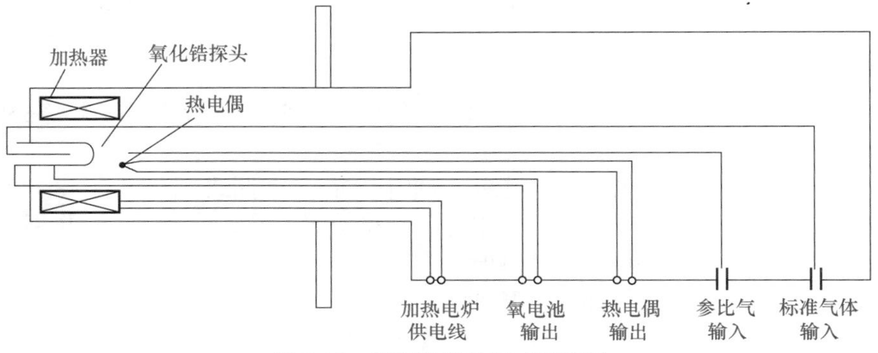

图 7-19　氧化锆探头组成示意图

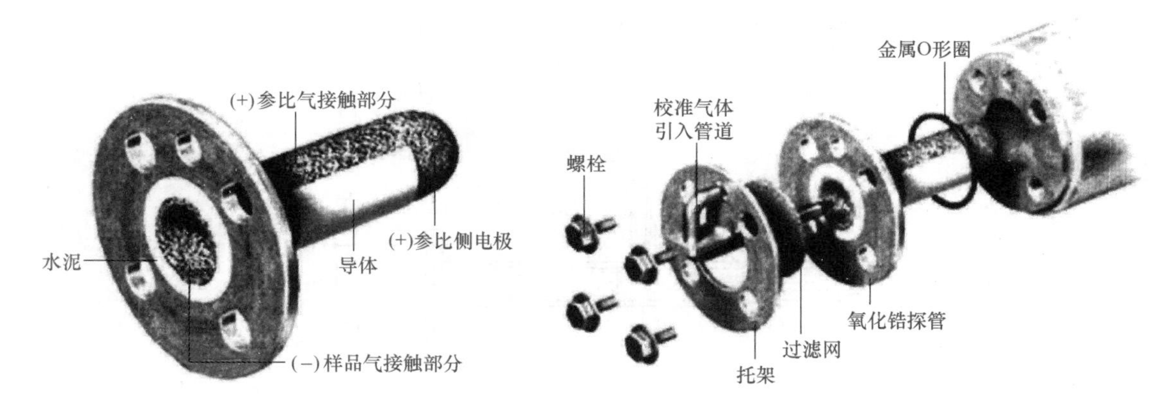

图 7-20　氧化锆元件的外形结构图

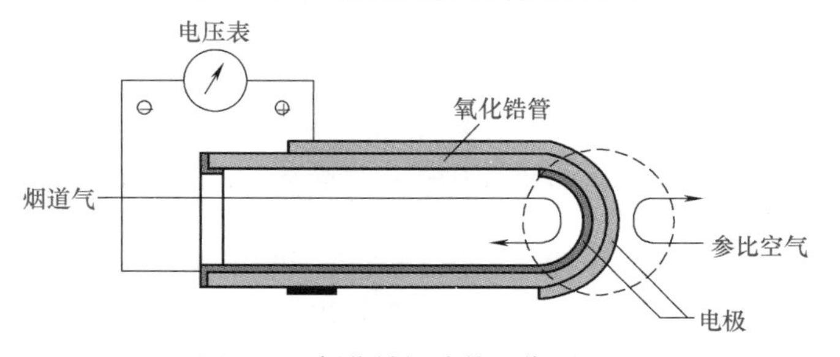

图 7-21　氧化锆探头的工作原理图

图中锆管为试管形，管内侧通被测烟气，管外侧通参比空气。锆管很小，管径一般为10mm，壁厚约1mm，长度约160mm。内外电极为多孔形铂电极，用涂敷和烧结方法制成，长度一般为20～30mm，厚度为几到几十微米。铂电极引线一般多采用涂层引线，即在涂敷铂电极时将电极延伸一点，然后用直径0.3～0.4mm的金属丝与涂层连接起来。

热电偶检测氧化锆探头的工作温度，多采用K型热电偶。加热电炉用于对探头加热和进行温控。

过滤网用于过滤烟尘，也可采用陶瓷过滤器或碳化硅过滤器。

参比气管路通参比空气，校准气管路在仪器校准时通入校准气。

② 转换器要完成对检测器输出信号的放大和转换。随着电子技术与计算机技术的发展，信号处理方面的问题都得到了很好的解决。

（2）抽吸式氧化锆氧分析器

抽吸式氧化锆氧分析器的探头安装在烟道壁或炉壁之外，将烟气抽出后再进行分析。它主要用于以下两种场合。

① 用于烟气温度700～1400℃的场合。例如，钢铁厂的有些加热炉烟气温度高达900～1400℃，这种场合就不能采用直插式探头进行测量。此时需将高温烟气从炉内引出，待其散热，温度降低后，再流过恒温的氧化锆探头。

② 用于燃气炉。由于采用天然气等气体燃料的炉子，烟道气中往往含有少量的可燃性气体，如H_2、CO、CH_4等。氧化锆探头的工作温度约在750℃，在高温条件下，由于铂电极的催化作用，烟气中的氧会和这些气体成分发生氧化反应而耗氧，使测得的氧含量偏低。当燃烧不正常烟气中可燃性气体含量较高时，与高温氧化锆探头接触甚至可能发生起火、爆炸等危险。

目前，石化行业的燃气炉均采用抽吸式氧化锆氧分析器，这种分析器在氧化锆探头之前增加了一个可燃性气体检测探头，可同时测量烟气中的氧含量和可燃性气体的含量。

抽吸式氧化锆氧分析器有多家公司生产，这里以Ametek公司的产品为例加以介绍。图7-22是Ametek公司WDG-IVC型烟道气中氧+可燃气体分析器的结构原理图，该分析器可同时测得烟气中氧和可燃气体（H_2+CO）两种成分的含量。

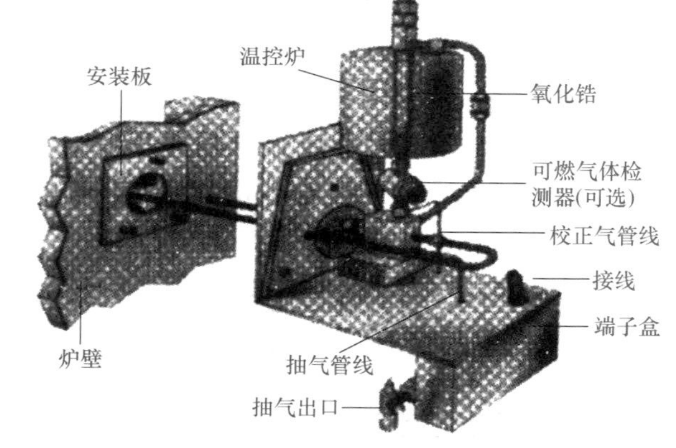

图7-22　WDG-IVC型烟道气中氧+可燃气体分析器结构原理图

采样探头插入烟道中，其端部装有不锈钢或陶瓷过滤器。烟气由空气抽吸器（喷射泵）从烟道中抽出，其中大部分烟气直接返回烟道，恒定流量的一小部分烟气（样气）先后流经可燃气体探头、氧化锆探头后返回烟道。样气流经的所有部件都由电加热器加热，使样气保持在露点温度以上。

由于样气进出口端的热力学压力相同，按理样气应该无法流过测量探头并返回烟道，但样气在垂直的氧化锆检测室中被加热至695℃，而样气被抽出后的温度一般在250℃左右，这一温度差造成的密度差使得样气发生自然对流，推动样气流经测量探头并返回烟道。

图7-23是Ametek公司WDG-IVCM型烟道气中氧+可燃气体+甲烷分析器的结构原理图，它适用于以天然气作燃料的锅炉和加热炉，可同时测得烟气中氧、可燃气体（H_2+CO）和甲烷三种成分的含量。

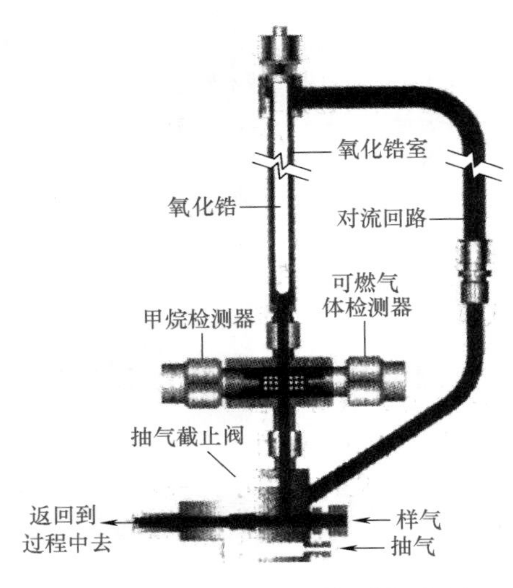

图 7-23　WDG-IVCM 型烟道气中氧 + 可燃气体 + 甲烷分析器结构原理图

2000 系列控制器与上述分析部件配套，负责检测信号的放大处理、探头的温度控制、系统压力补偿和故障自检。

（三）维护、常见故障及处理方法

（1）氧化锆氧分析器维护

① 需要对样品气进行控压处理，通常进仪器压力不得大于 0.05MPa 。

② 标气二次表输出压不得大于 0.03MPa。

③ 进入仪器的所有气路管线都必须经过严格的查漏，且此项工作应在仪器正常工作时进行，每半年还必须进行一次系统查漏。

④ 气路进仪器前，必须经过物理过滤器，若发现气阻现象，可先行检查过滤网（过滤器）。

⑤ 定期清洁分析仪风扇过滤网，每季度一次；环境恶劣时，需要经常清理，以防止通风不畅导致的仪器过热现象。

⑥ 仪器的安装部位应当水平，远离振动源，以防止检测器不水平而造成的样品对流不均所引起的误差。

⑦ 分析仪周围环境要求通风良好，切忌密闭空间，因氧量不均衡而引起的测量误差。

⑧ 分析仪周围切忌有可燃性气体，这会严重影响检测器的准确测量。

⑨ 由于检测是在高温下操作，当待测气体中含有 H_2 和 CO、CH_4 时，此物质会与氧发生反应，消耗部分氧，氧浓度降低，引起测量误差。所以仪器在测量含有可燃性物质的气体时应相应考虑此项因素，以避免测量失准。

⑩ 当测量含有腐蚀性气体的样本时，应先用活性炭过滤。

（2）氧化锆氧分析器常见故障与处理方法

氧化锆氧分析器常见故障与处理方法见表 7-14。

表 7-14　氧化锆氧分析器常见故障及处理

故障现象	故障原因	处理方法
仪表无指示	电炉未加热	检查温度控制电路的加热器、热电耦等，找出电炉不加热的原因，并处理
	信号输出回路开路	检查输出回路接线，确保接触良好
	锆管多孔铂电极断路	用数字万用表检查锆管内阻，在仪表规定的工作温度下，如果锆管两电极引线间的阻值大于 100Ω，则应更换锆管
仪表示值偏高	锆管破裂漏气	检查、更换锆管
	锆管产生小裂纹，导致电极部分短路渗透	检查、更换
	锆管老化	测量锆管内阻，方法是在仪表规定的工作温度下，用数字万用表检测两电极引线间的阻值，一支新的锆管内阻应小于 50Ω，如果锆管内阻大于 100Ω，可适当提高炉温继续使用。若仪表误差过大，超出允许误差范围时，应更换锆管
	炉温过低，造成锆管内阻过高	检查校正炉温
表头指针抖动	放大器放大倍数过高	检修放大器，调整放大倍数
	接线接触不良	检查并紧固接线端子
	插接件接触不良	清洗插接件

续表

故障现象	故障原因	处理方法
仪表示值偏低	样气中可能存在可燃气体	抽样检查样气，如果样气中的确有可燃气体存在，则应调整工况除去可燃气体，或者在样气中加装净化器除去可燃气体组分
	探头过滤器堵塞、气阻增大，影响被测气体中氧分子的扩散速度	反向吹扫、清洗过滤器，如果不能疏通，则更换过滤器
	炉温过高	检查校正炉温
	量程电势偏高	利用给定电势差校正量程电势
输出信号波动大	取样点位置不合适	和工艺人员配合检查、更改取样点位置
	燃烧系统不稳定，超负荷运行或有明火冲击锆管，气样流量变化大	和工艺人员配合检查，调整工艺参数，检查、更换气路阀件
	样气带水并在锆管中汽化	检查样气有无冷凝水或水雾，锆管出口稍向下倾斜，改进样气预处理系统
仪表无论置于哪一挡，示值均指示满量程	电极信号接反	正确连接
	锆管电极脱落，或经长期使用后铂电极蒸发	检查锆管两极间电阻，如果超过100Ω，则应更换锆管

三、顺磁式氧分析器

所谓顺磁式氧分析器，是根据氧气的体积磁化率比一般气体高得多，在磁场中具有极高顺磁特性的原理制成的一类测量气体中氧含量的仪器。目前主要有三种类型的顺磁式氧分析器，即热磁对流式、磁力机械式和磁压力式氧分析器。

（一）热磁对流式氧分析器

在热磁对流式氧分析器中，检测器内热磁对流的形式有内对流式和外对流式两种，检测器的结构也各不相同，为了便于区分，分别称之为内对流式热磁氧分析器和外对流式热磁氧分析器。它们的工作原理均基于热磁对流产生的热效应，其区别主要在于以下两点。

① 热敏元件与被测气体之间的热交换形式不同。内对流式检测器的热敏元件与被测气体之间是隔绝的，通过薄壁石英玻璃管进行热交换；而外对流式检测器的热敏元件与被测气体之间是直接接触换热。

② 热磁对流发生的位置不同。内对流式检测器中，热磁对流在热敏元件中间通道管的内部进行；而外对流式检测器中，热磁对流在热敏元件外部进行。

下面分别介绍它们的工作原理和结构。

（1）内对流式热磁氧分析器

① 工作原理。内对流式热磁氧分析器的工作原理如图7-24所示。其检测器也称为发送器，是一个中间有通道的环形气室，外面均匀地绕有电阻丝。电阻丝通过电流后，既起到加热作用，同时又起到测量温度变化的感温作用。电阻丝从中间一分为二，作为两个相邻的桥臂电阻 r_1、r_2 与固定电阻 R_1、R_2 组成测量电桥。在中间通道的左端设置一对小磁极，以形成恒定的不均匀磁场。

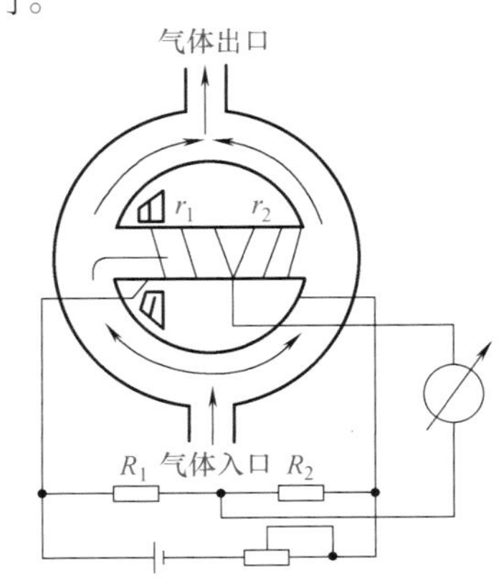

图7-24　热磁对流式氧分析器的工作原理

待测气体从底部入口进入环形气室后，沿两侧流向上端出口。如果被测混合气体中没有顺磁性气体存在，这时中间通道内没有气体流过，电阻丝 r_1、r_2 没有热量损失，电阻丝由于流过恒定电流而保持一定的阻值。当被测气体中含有氧气时，左侧支流中的氧受到磁场吸引而进入中间通道，从而形成热磁对流，然后由通道右侧排出，随右侧支流流向上端出口。环形气室右侧支流中的氧因远离磁场强度最大区域，受到磁场的吸引很弱，加之磁风的方向是自左向右的，所以不可能由右端口进入中间通道。

由于热磁对流的结果，左半边电阻丝 r_1 的热量有一部分被气流带走而产生热量损失。流经右半边电阻丝 r_2 的气体已经是受热气体，所以 r_2 没有或略有热量损失。这样就造成电阻丝 r_1 和 r_2 因温度不同而阻值产生差异，从而导致测量电桥失去平衡，有输出信号产生。被测气体中氧含量越高，磁风的流速就越大，r_1 和 r_2 的阻值相差就越大，测量电桥的输出信号就越大。由此可以看出，测量电桥输出信号的大小就反映了被测气体中氧含量的多少。

② 环形水平通道检测器。图 7-25 是一种环形水平通道检测器的结构图。用不锈钢制成环形气路通道，环形通道中间有一水平圆孔即中间通道，圆孔内安装一薄壁玻璃管即中间通道管。在玻璃管上均匀地缠绕电阻丝，此电阻丝从中间一分为二，分别作为测量电桥的两个相邻的桥臂——桥臂Ⅰ和桥臂Ⅱ（类似图 7-24 中的 r_1 和 r_2）。桥臂Ⅰ的左端置于两个极靴和之间的缝隙中。环形底座和上盖之间接合处垫上薄膜密封垫，并用螺栓紧固密封。

③ 环形垂直通道检测器。图 7-26 所示是一种环形垂直通道检测器，它在结构上与环形水平通道检测器完全一样，区别只在于中间通道的空间角度为 +90°，也就是把环室依顺时针方向旋转 90°。这样做的目的是提高仪表的测量上限。中间通道成为垂直状态后，在通道中除有自上而下的热磁对流作用力 F_M 外，还有热气体上升而产生的由下而上的自然对流作用力 F_r，两个作用力的方向刚好相反。

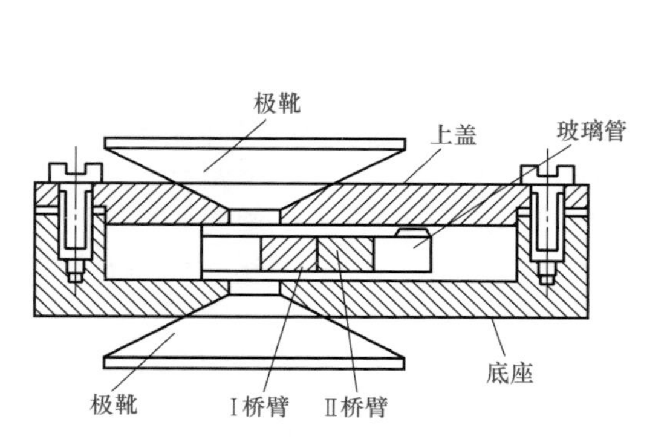

图 7-25　环形水平通道检测器结构

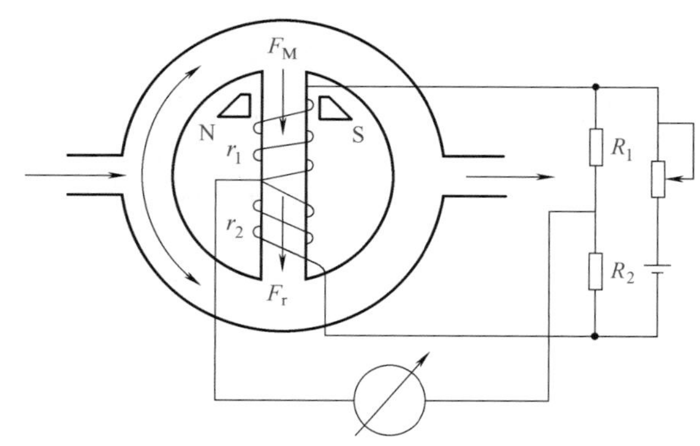

图 7-26　环形垂直通道检测器

在被测气体中没有氧气存在时，也不存在热磁对流，通道中只有自下而上的自然对流，此上升气流先流经桥臂电阻和 r_2，使 r_2 产生热量损失，而 r_1 没有热量损失。为了使仪表刻度起始点为零，此时应将电桥调到平衡，测量电桥输出信号为零。随着被测气体中氧含量的增加，中间通道有自上而下的热磁对流产生，此热磁对流会削弱自然对流。随着热磁对流的逐渐加强，自然对流的作用会越来越小，电阻丝 r_2 的热量损失也越来越小，其阻值逐渐加大，测量电桥失去平衡而有信号输出。氧含量越高，输出信号越大，当氧含量达到某一值时，F_M=F_r，热磁对流完全抵消自然对流，此时中间通道内没有气体流动，检测器的输出特性曲线出现拐点，曲线斜率最大，检测器的灵敏度达到最大值。氧含量继续增加，$F_M > F_r$，热磁对流大于自然对流，这时，中间通道内的气流方向改为由上而下，之后的情况与水平通道相似。

由此可见，在环形垂直通道检测器的中间通道中，自然对流的存在削弱了热磁对流，以至在氧含量很高的情况下，中间通道内的磁风流速依然不是很大，从而扩展了仪表测量上限值。实验证实，这种环形垂直通道检测器，当氧含量达到100%时，仍能保持较高的灵敏度。

环形水平通道检测器和环形垂直通道检测器在测量范围上的区别是：对于环形水平通道检测器而言，其氧含量测量上限不能超过40%；对于环形垂直通道检测器来说，其氧含量测量上限可达到100%，但是在对低氧含量测量时，其测量灵敏度很低，甚至不能测量。

安装内对流式热磁氧分析器时，必须保证检测器处于水平位置，否则会引起较大的测量误差。

（2）外对流式热磁氧分析器

① 工作原理。图7-27是一种外对流式检测器的工作原理示意图。检测器由测量气室和参比气室两部分组成，两个气室在结构上完全一样。其中，测量气室的底部装有一对磁极，以形成非均匀磁场，在参比气室中不设置磁场。两个气室的下部都装有既用来加热又用来测量的热敏元件，两热敏元件的结构参数完全相同。

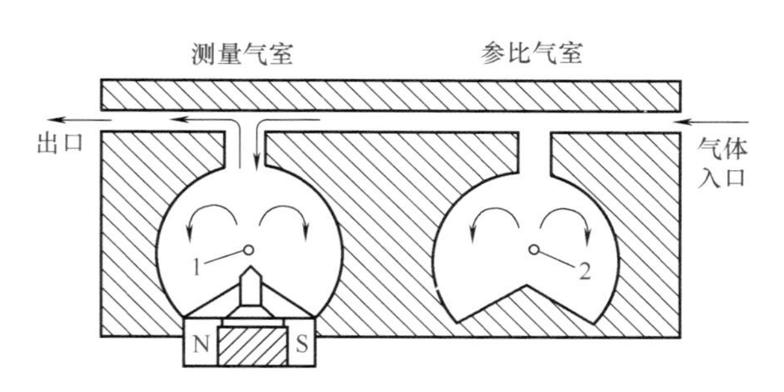

图7-27　外对流式检测器工作原理示意图

1—工作热敏元件；2—参比热敏元件

被测气体由入口进入主气道，依靠分子扩散作用进入两个气室。如果被测气体中没有氧气的存在，那么两个气室的状况是相同的，扩散进来的气体与热敏元件直接接触进行热交换，气体温度得以升高，温度升高导致气体相对密度下降而向上运动，主气道中较冷的气体向下运动进入气室填充，冷气体在热敏元件上获得能量，温度升高，又向上运动回到主气道，如此循环不断，形成自然对流。此时两个热敏元件阻值相等。

当被测气体中有氧气存在时，主气道中氧分子在流经测量气室上端时，受到磁场吸引进入测量气室并向磁极方向运动。在磁极上方安装有加热元件（热敏元件），因此，在氧分子向磁极靠近的同时，必然要吸收加热元件的热量而使温度升高，导致其体积磁化率下降，受磁场的吸引力减弱，较冷的氧分子不断地被磁场吸引进测量气室，在向磁极方向运动的同时，把先前温度已升高的氧分子挤出测量气室。于是，在测量气室中形成热磁对流。这样，在测量气室中便存在有自然对流和热磁对流两种对流形式，测量气室中的热敏元件的热量损失，是由这两种形式对流共同造成的。而参比气室由于不存在磁场，所以只有自然对流，其热敏元件的热量损失，也只是由自然对流造成的，与被测气体的氧含量无关。显然，由于测量气室和参比气室中的热敏元件散热状况不同，两个热敏元件的温度出现差别，其阻值也就不再相等，两者阻值相差多少取决于被测气体中氧含量的多少。

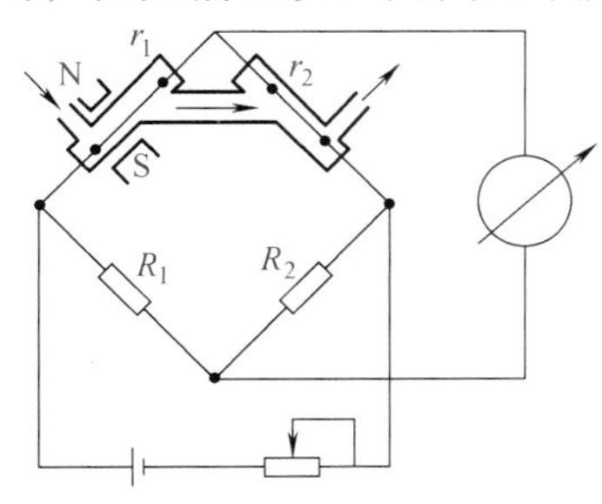

图7-28　双臂单电桥测量原理

若把两个热敏元件置于测量电桥中作为相邻的两个桥臂，如图7-28所示，那么，桥路的输出信号就代表了被测气体中氧含量。

② 测量电路。为了更好地补偿环境温度变化、电源电压波动、检测器倾斜等因素给测量带来的影响，外对流式检测器一般都采用双电桥结构，其气路连接如图7-29所示。图中四个气室分为两组，分别置于两个电桥中，每组两个气室中各有一个气室底部装有磁极，气室中的热敏元件作为线路中测量电桥和参比电桥的桥臂。测量气室通过被测气体，而参比气室则通过氧含量为定值的参比气，如空气。

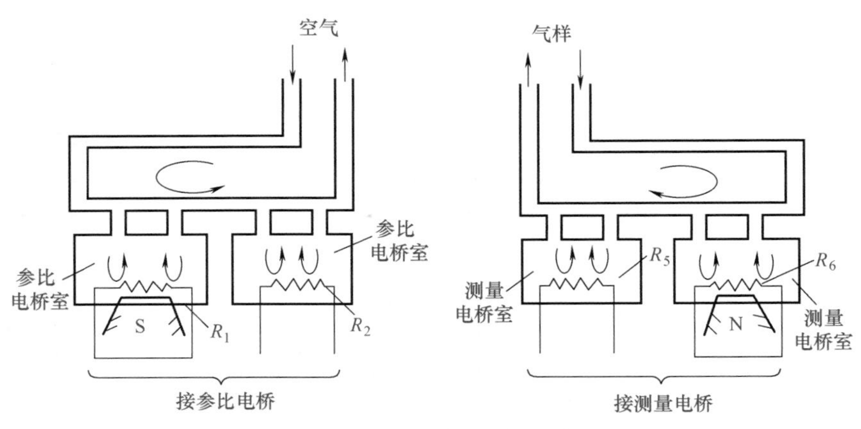

图 7-29　外对流式检测器气路连接图

（二）磁力机械式氧分析器

（1）工作原理

磁力机械式氧分析器的结构如图 7-30 所示。在一个密闭的气室中，装有两对不均匀磁场的磁极，它们的磁场强度梯度正好相反。两个空心球内充纯净的氮气或氩气，置于两对磁极的间隙中，金属带固定在壳体上，这样，哑铃只能以金属带为轴转动而不能上下移动。在哑铃与金属带交点处装一平面反射镜。

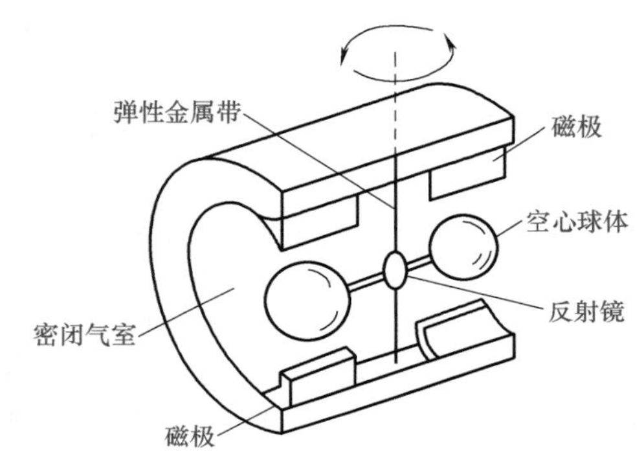

图 7-30　磁力机械式氧分析器检测部件结构图

被测样气由入口进入气室后，它就充满了气室。两个空心球被样气所包围，被测样气的氧含量不同，其体积磁化率 k 值也不同，球体所受到的作用力 F_M 就不同。如果哑铃上的两个空心球体积相同，体积磁化率相等，两个球体受到的力大小相等、方向相反，对于中心支撑点金属带而言，它受到的是一个力偶 M_M 的作用，这个力偶促使哑铃以金属带为轴心偏转，该力偶可用下式表示：

$$M_M=F_M\times 2R_P$$

式中，R_P 为球体中心至金属带的垂直距离，即哑铃的力臂。在哑铃做角位移的同时，金属带会产生一个抵抗哑铃偏转的复位力矩以平衡 M_M，被测样气中的氧含量不同，旋转力矩和复位力矩的平衡位置不同，也就是哑铃的偏转角度不同，这样，哑铃偏转角度的大小，就反映了被测气体中氧含量的多少。

对哑铃偏转角度的测量，大多是采用光电系统来完成的，如图 7-31 所示，由光源发出的光投射在平面反射镜上，反射镜再把光束反射到两个光电元件硅光电池上。在被测样气不含氧时，空心球处于磁场的中间位置，此时，平面反射镜将光源发出的光束均衡地反射在两个光电元件上，两个光电元件接受的光能相等，一般两个光电元件采用差动方式连接，因此，光电组件输出为零，仪表最终输出也为零。当被测样气中有氧气存在时，氧分子受磁场吸引，沿磁场强度梯度方向形成氧分压差，其大小随氧含量不同而异，该压力差驱动空心球移出磁场中心位置，于是哑铃偏转一个角度，反射镜随之偏转，反射出的光束也随之偏移，这时，两个光电元件接受到的光能量出现差值，光电组件有毫伏电压信号输出。被测气体中氧含量越高，光电组件输出信号越大。该信号经反馈放大镜放大作为仪表的输出信号。

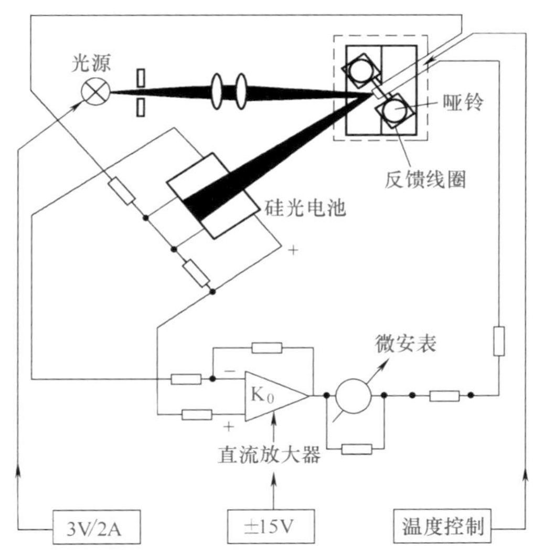

图 7-31　磁力机械式氧分析器原理示意图

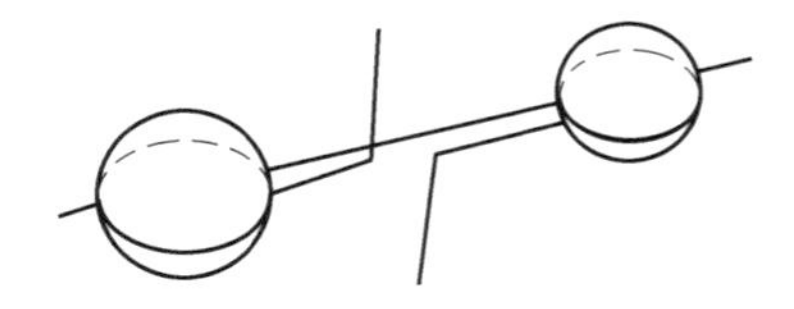
图 7-32　空心球体的一匝金属丝

为了改善仪器的输出特性，有的在空心球的外围环绕一匝金属丝，如图 7-32 所示。该金属丝在电路上接受输出电流的反馈，对哑铃产生一个附加复位力矩，从而使哑铃的偏转角度大大减小。

（2）主要特点

与热磁式氧分析器相比，磁力机械式氧分析器具有如下优点：

① 它是对氧的顺磁性直接测量的仪器，在测量中，不受被测气样导热性变化、密度变化等影响。

② 仪器输出与氧含量值在 0 ～ 100% 范围内成线性，测量精度较高，测量误差可低至 ±0.1%。

③ 灵敏度高，除了用于常量氧的测量以外，还可用于 0.1% 数量级的微量氧测量。

从以上几个方面可以看出，磁力机械式氧分析器优于热磁对流式氧分析器。

（3）使用注意事项

① 磁力机械式氧分析器基于对磁化率的直接测量，像氧化氮等一些强顺磁性气体会对测量带来严重干扰，所以应将这些干扰组分除掉。此外，一些较强逆磁性气体如氙气等也会引起不容忽视的测量误差，若气样中有含量较多的这类气体，也应予以清除或对测量结果采取修正措施。

② 氧气的体积磁化率是压力、温度的函数，气样压力、温度的变化以及环境温度的变化，都会对测量结果带来影响。因此，必须稳定气样的压力，使其符合调校仪表时的压力值。环境温度及整个检测部件，均应工作在设计的温度范围内，一般来说，各种型号的磁力机械式氧分析器均带有温度控制系统，以维持检测部件在恒温条件下工作。

③ 无论是短时间的剧烈振动，还是轻微的持续振动，都会削弱磁性材料的磁场强度，因此，该类仪器多将检测部件的敏感部分安装在防振装置中。当然，仪器安装位置也应避开振源并采取适当的防振措施。另外，任何电气线路都不允许穿过这些敏感部分，以防电磁干扰和振动干扰。

（三）磁压力式氧分析器

（1）测量原理

根据被测气体在磁场作用下压力的变化量来测量氧含量的仪器叫作磁压力式氧分析器。

其测量原理简述如下。

被测气体进入磁场后，在磁场作用下气体的压力将发生变化，致使气体在磁场内和无磁场空间存在着压力差，用式（7-3）表示：

$$\Delta P=\frac{1}{2}\mu_0 H^2 k \tag{7-3}$$

式中 ΔP——压差；

μ_0——真空磁导率；

H——磁场强度；

k——被测气体的体积磁化率。

由式（7-3）可以看出压差ΔP与磁场强度H的平方及被测气体的体积磁化率k均成正比。在同一磁场中，同时引入两种磁化率不同的气体，那么两种气体之间同样存在压力差，差值同两种气体磁化率的差值存在正比关系，见式（7-4）：

$$\Delta P=\frac{1}{2}\mu_0 H^2 (k_m - k_r) \tag{7-4}$$

式中 k_m——被测气体的体积磁化率；

k_r——参比气体的体积磁化率。

从式（7-4）可看出，当分析器结构和参比气体确定后，μ_0、H、k_r均为已知量，k_m与ΔP有着严格的线性关系，由式（7-5）：

$$k=k_1 c_1+\sum_{i=2}^{n} k_i c_i \approx k_1 c_1 \tag{7-5}$$

式中 k——混合气体的体积磁化率；

k_1——氧的体积磁化率；

c_1——混合气体中氧气的体积分数，简称氧含量；

k_i——混合气体中氧以外气体的体积磁化率；

c_i——混合气体中氧以外气体的体积分数。

可以得到：

$$k_m \approx k_1 c_1 \tag{7-6}$$

式中 k_1——被测混合气体中氧的体积磁化率；

c_1——被测混合气体中氧的体积分数。

将公式$k_m \approx k_1 c_1$代入公式$k=k_1 c_1+\sum_{i=2}^{n} k_i c_i \approx k_1 c_1$，得到：

$$\Delta P=\frac{1}{2}\mu_0 H^2 (k_1 c_1 - k_r) \tag{7-7}$$

由式（7-7）可以看出，被测气体中氧的体积分数c_1与压差ΔP有线性关系。这就是磁压力式分析器的测量原理。

（2）西门子公司磁压力式氧分析器

图7-33是西门子公司OXYMAT6型磁压力式氧分析器测量原理图。

如图7-33所示，样气经入口进入测量室。参比气经入口和两个参比气通道进入测量室。

微流量传感器中有两个被加热到120℃的镍格栅电阻，和两个辅助电阻组成惠斯通电桥，变化的气流导致镍格栅的阻值发生变化，使电桥产生偏移。

参比气可以在镍格栅中穿行，所以左右两个参比气通道是连通的。测量开始前，两路参比气压力相等，$\Delta P=0$，所以测量桥路无信号输出。当电磁铁通电励磁时，在其周围形成一个磁场，样气中的氧分子被吸引，朝磁场强度较大的右侧运动，并推动参比气逆时针流动，穿过传感器并产生输出信号。当电磁铁断电去磁时，磁场消失，由于参比气的设定压力比样气高，右侧通道中的气体反向流回测量室，此时参比气顺时针流动，反向穿过传感器并产生输出信号。

采用一定频率的通断电流，对电磁铁反复励磁和去磁，便可以在测量桥路中得到交流波动信号。信号强度与样气中氧含量成正比。

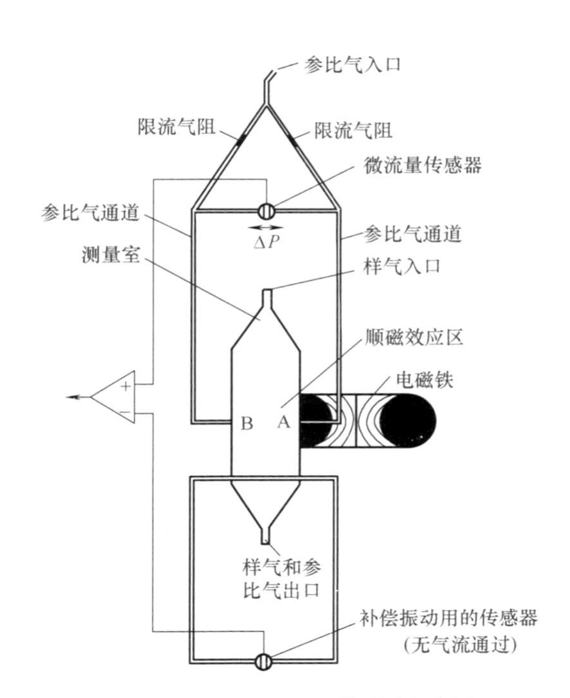

图 7-33 OXYMAT 6 型磁压力式氧分析器测量原理图

微流量传感器位于参比气路中，不直接接触样气，所以样气的导热、比热容和样气的内部摩擦对测量结果都不会产生影响。同时，也避免了样气的腐蚀，使传感器的抗腐蚀性能大大提高。

由于测量地点可能存在振动会造成测量误差，仪器额外设置了一个振动传感器，该传感器没有气体流通，其信号可用来对测量结果进行补偿。

（3）北分麦哈克公司 Oxyser-6N 型磁压力式氧分析器

北分麦哈克公司的 Oxyser-6N 型磁压力式氧分析器称为“磁压 - 温度效应式氧分析器”更为确切，由于其工作原理和一般的磁压力式氧分析器有所区别，所以单独对其加以介绍。

① 工作原理。图 7-34 是 Oxyser-6N 型磁压力式氧分析器的原理图。该分析器的检测器分为测量室和参比室两部分，它们之间用毛细管连接，测量室有两个测量电阻 R_3 和 R_4，参比室有两个参比电阻 R_1 和 R_2，四个桥臂电阻组成测量电桥。参比气 F_C 进入测量室后分成两路气流 F_A 和 F_B，两气流在出口处汇合。在分支气流 F_B 出口管路外有一永久性磁铁形成的磁场，当被测气 F_M 和参比气 F_C 的氧浓度相同时，两路参比气流量是相等的。如果两路气流不等，可以调螺钉来使 F_A 和 F_B 两路气流相等。

当被测气的氧含量比参比气的氧含量高时，在磁场作用下，在 F_B 的出口处形成阻力，以阻挡该通道的参比气的流动。由于参比气流量始终保持一定，必然要有一部分气流向出口不受磁场阻碍的通道 F_A 流去，此时出口处与测量电阻 R_3 和 R_4 处的气流必然有一个增大的压力差，此种现象称为磁压力效应。压力差增大，必然使测量元件 R_3 和 R_4 的散热效果增大，此时惠斯通电桥的输出值与被测气和参比气之间的氧浓度差成正比。参比电阻 R_1 和 R_2 的作用是对热对流的影响进行温度补偿。

② 主要特点。Oxyser-6N 型磁压力式氧分析器的主要特点是：该分析检测器的测量桥路不处于磁场中，因而被测气体的背景气对氧测量的影响较小；测量元件采用微流元件，非常灵敏，因而需要的参比气流量很小，低于 0.6L/h，一般容量为 40L、充装压力 10MPa 的高压气瓶可以使用 10 个月；分析器的灵敏度高，最小量程（O_2 体积分数）可到 0 ～ 1%O_2，特别适宜差值测量，例如测量 21% ～ 16%O_2 和 100% ～ 97%O_2 等；分析器稳定性好，倾斜对

分析器影响不大；分析器对流量、压力变化比较敏感，使用时必须满足分析器的使用条件；由于被测气体不流过敏感元件，被测气体中所含腐蚀性组分和脏污颗粒不会影响热敏电阻的工作。

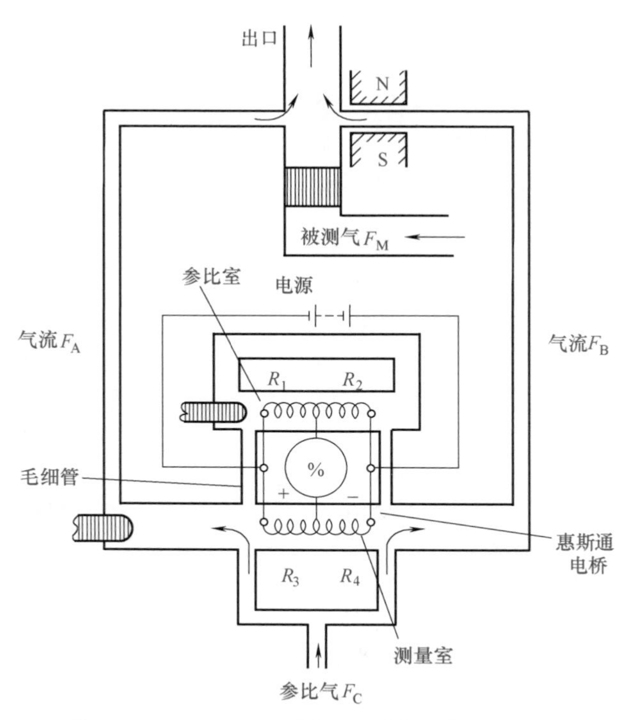

图 7-34　Oxyser-6N 型磁压力式氧分析器原理图

（四）顺磁式氧分析器测量误差分析

这里仅讨论仪器在使用过程中可能出现的几种附加误差（表 7-15）。

表 7-15　顺磁式氧分析器测量误差分析

类别	说明
气样温度变化引起的误差	理论推导可知，顺磁式氧分析器的示值与气样温度的平方成反比。但在实际使用中，温度变化造成的影响比理论推导更为严重。国外文献认为，顺磁式氧分析器的示值和气样温度的四次方成反比。试验证明，在常温情况下，气样温度每变化 1℃，热磁式氧分析器仪器的示值可变化 1% ～ 1.5%。 所以，温度变化是测量中产生误差的重要原因。在顺磁式氧分析器中普遍采取了恒温措施，设置了温控系统，恒温温度一般在 60℃左右，温控精度在 ±0.1℃以内
气样压力变化引起的误差	顺磁式氧分析器的示值与气样压力成正比。由于气样直接放空，大气压力或放空背压的变化都会使检测器中气样压力随之变化，从而影响到输出示值。 大气压力的变化，一是指季节或气候变化导致的气压变化，在同一地点，这种变化通常是很微弱的，对测量误差的影响一般可忽略不计，但在精密测量中仍需考虑其影响；二是指仪器安装地点海拔高度不同带来的测量误差，例如，大气压力由 101.3kPa 变化到 99.7kPa 时，仪器的示值约降低 2.63%，仪器投运之前用标准气进行校准，即可消除仪器生产地点和使用地点因大气压力的差异而带来的影响。 放空背压的变化通常发生在分析后气样经阻火器放空或多台分析仪集中放空等场合，如放空背压不稳定或频繁波动，可加装背压调节阀或采取其他稳压措施。 为了克服上述因素引起的测量误差，有些高精度的氧分析器中带有压力补偿措施
气样流量变化引起的误差	气样流量变化引起的误差较大，尤其是对热磁式氧分析器更是如此。当流量波动 ±10% 时，示值误差可达 1% ～ 5%。为了减少这种影响，在热磁式氧分析器的样品处理系统中需设置稳压阀，对于低量程的测量，还需配置稳流阀，有的仪器也采用扩散式结构的检测室来减小流量波动的影响。 对于磁力机械式和磁压力式氧分析器来说，在气样密度和空气相差较大时，需要重新寻找最佳流速，既达到输出响应最大，又使流速在一定范围内变化时，对输出无影响

续表

类别	说明
气样中背景气成分引起的误差	磁力机械式和磁压力式氧分析器基于对磁化率的直接测量，像氧化氮等一些强顺磁式气体会对测量带来严重干扰，所以不宜测量含有氧化氮成分的气样，如果氧化氮的含量很少，可设法将其除掉后再进行测量。此外，一些较强逆磁性气体如氙气等也会引起不容忽视的测量误差，若气样中有含量较多的这类气体，也应予以清除或对测量结果进行修正。 对于热磁式氧分析器而言，其测量原理不仅基于气体的磁效应，还与气体的热效应有关，气体的热导率以及密度等因素都会对热传导带来影响，尤其是热导率最高而密度最小的氢气和密度很大的二氧化碳的影响更为显著。例如，H_2 含量增加 0.5% 时，仪器示值将降低 0.1%O_2；CO_2 含量增加 1.5% 时，仪器示值将增加 0.1%O_2
气样经预处理后由于背景气成分变化引起的误差	样品处理系统的任务是将气样中对检测器有害的组分如水分、腐蚀性气体等以及干扰测量的组分除掉，如果这些除掉的组分含量较高，势必会引起样品组成发生变化，氧含量亦随之变化，从而造成测量误差。这种情况对氧分析器的测量，尤其是低量程测量影响十分严重。因此，要充分考虑其影响程度，采取措施尽量加以避免或对仪器示值进行修正。 一般情况下，工艺操作关心的是被测气体的干基组成，或被测气体在常温下的组成，高温工艺气体中往往含有常温下的过饱和水，将其降温除水后不会影响到样品的组成。但如果除水方法不当，也会破坏其组成。例如，在高温烟道气中，除含水以外还含有大量的 CO_2 和部分 SO_2，如采用水力抽气器取样，再经气水分离器加以分离，这实际上是一种水洗的处理方法。CO_2 和 SO_2 易溶于水，经过水洗处理后，一部分 CO_2 和 SO_2 溶入水中，改变了样品组成，加之冷却水中一部分溶解氧释放出来，这些都会使气样中氧的浓度增高，造成氧分析器测量值虚高。所以，不应采用这种方法处理烟道气样品，正确的方法是用压缩机或半导体冷却器降温除水
标准气体组成引起的误差	标准气体中的非氧组分与被测样气的背景组分相一致，可使测量误差减至最小。但这样的标准气体来源困难，一般均采用来源方便的 N_2 作零点气，并以 N_2 为底气配制量程气，当被测样气背景组分的体积磁化率与 N_2 的体积磁化率有较大差异时，这样校准的分析器零点和量程点必然存在误差。对于磁力机械式和磁压力式氧分析器来说，其零点的微小变化会给测量带来较大误差。所以，针对这种情况须采用零点迁移方法进行修正。 当用空气作为量程气和参比气时，必须使用新鲜干燥的空气。空气中的水分含量随环境温度、大气压力等因素变化而变化，组成空气的各种组分包括氧气在内，深度也会随之变化，如果使用未经干燥或干燥不好的空气来校准量程或作为参比气使用，势必会给仪表带来较大的测量误差

第四节　红外线气体分析器

一、结构组成

图 7-35 为典型的红外线气体分析器的结构组成示意图。各组成部分的作用如下。

（1）光源

辐射区的光源有两种，一种是单光源，一种是双光源，如图 7-36 所示。单光源只有一

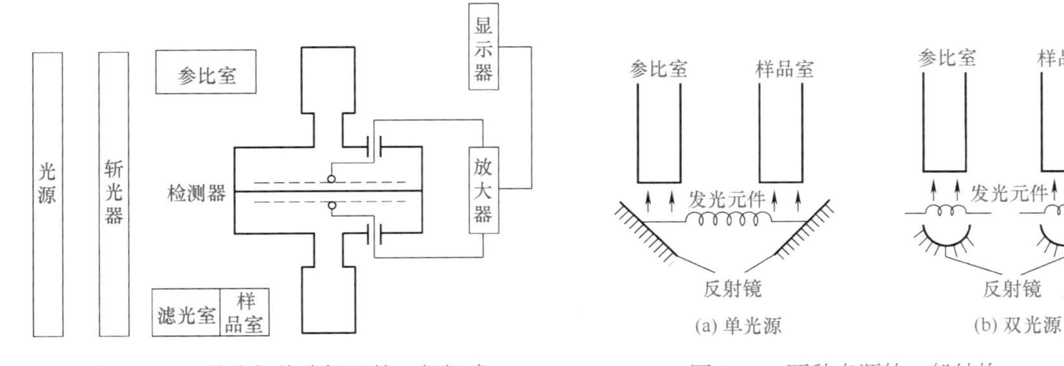

图 7-35　红外线气体分析器的一般组成

图 7-36　两种光源的一般结构

个发光元件，经两个反光镜构成一组能量相同的平行光束进入参比室和样品室。而双光源结构则是参比室和样品室各用一个光源。双光源因热丝发光不尽相同而产生误差。

光源的任务是产生具有一定频率（2 ～ 12Hz）的两束能量相等又稳定的平行红外光束。光源一般多用镍铬丝制成。

（2）样品室和参比室

多数红外线分析器的样品室和参比室是由黄铜制成的，要求内壁光滑、镀金，以使红外线在气室内多次反射而得到良好的透射效果。如测腐蚀性气体时，可选用玻璃、不锈钢或氟塑料的制品。

参比室中充有不吸收气体。试样则只能通过样品室。

（3）滤光室

滤光室通常有两种，一种是充气的滤光室，一种是干涉滤光片，能使红外线分析器根据需要更换干涉滤光片，以满足检测不同气体的需要。

（4）斩光器

它用来将光源发出的光辐射信号通过电动机调制成交变信号，从而可避免检测信号时间长而漂移。

（5）检测器

检测器的作用是接收从红外光源辐射出的红外线，并转换成电气信号。大多数红外线分析器都采用电容微音器式检测器。检测器的结构如图 7-37 所示。检测器的两个接收室分别充有待测气体和惰性气体的混合物。两个接收室间用薄金属膜片隔开。因此，当样品室发生了吸收作用时，到达接收室的试样光束比另一接收室的参比光束弱，于是检测器参比接收室中的气压大于样品接收室的气压。而金属隔膜和一个固定电极构成了一个振动电容的两个极板。此电容器的电容变化与样品室内吸收红外线的程度有关。故测量出此电容量的变化，即可确定出样品中待测气体的成分。

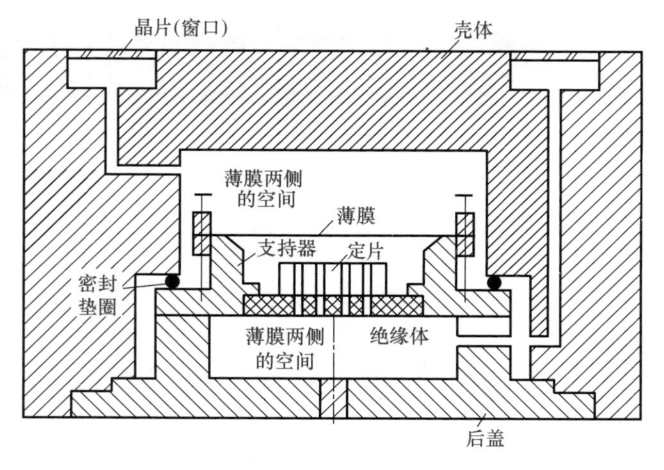

图 7-37 双通式检测器结构简图

（6）取样系统

常压测量时，红外线气体分析器的气样出口是通大气的。取样系统包括气体净化、减压、干燥、去除化学杂质和流量计等。如果样气是高温情况，则还需有冷却装置。图 7-38 所示为常用的取样系统之一。

在图 7-38 中，在水封稳压器 2 处放空一部分气体，以减小由工艺管道到过滤器间的气体滞后，并维持样气的压力稳定，避免分析器由于压力增高而破坏；机械杂质过滤器 3 用来

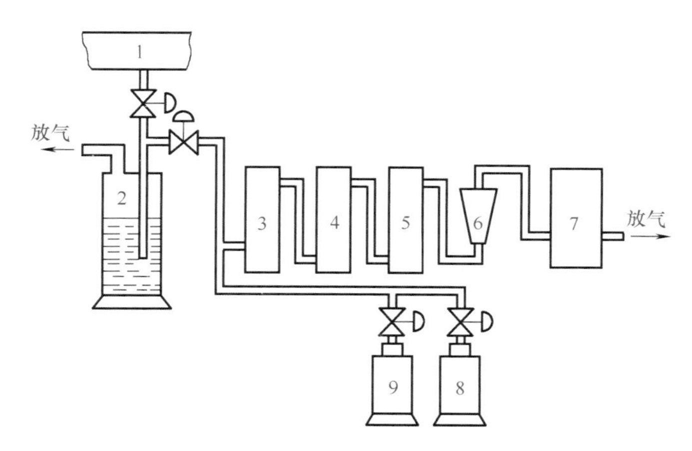

图 7-38　取样系统

1—工艺流程管道；2—水封稳压器；3—机械杂质过滤器；4—化学杂质过滤器；
5—干燥气；6—流量计；7—分析器；8—标准样气；9—零点样气

滤掉灰尘等机械杂质；化学杂质过滤器 4 是用来除掉低体积分数的干扰组分及腐蚀性气体，其中的填充物应根据被除去的气体性质而定；干燥器 5 中放置氯化钙，用来除去水分；6 为微型转子流量计，分析样品的流量一般为 0.2 ～ 1.0L/min；为了校对仪器零位和量程，备有量程样品气和零点样品气（一般为 N_2）各一瓶，以便在分析前对仪器进行调校等。

二、型号、功能及用途

红外线气体分析器的型号与功能见表 7-16。

表 7-16　红外线气体分析器的型号与功能

型号	测量对象及量程（体积分数）/%	输出信号	主要用途、功能	备注
GXH-101（U ras3G）	CO：0 ～ 0.01 ～ 100（任选） CO2：0 ～ 0.002 ～ 50（任选） CH4：0 ～ 0.01 ～ 100（任选）	0 ～ 20mA 或 4 ～ 20mA 0 ～ 10V 或 2 ～ 10V	①用于石油、化工等生产流程中的气体成分分析 ②用于热处理炉、加热炉等气氛控制 ③用于冶金、建材、轻工等工业窑炉、电站锅炉等最佳燃烧条件控制 ④用于环境污染源监控，环境中可燃气体、有毒气体的监测 ⑤用于科研、农业和医疗卫生部门的气体分析	电源：220V AC 50Hz
GXH-101EX	—	0 ～ 20mA 或 4 ～ 20mA 0 ～ 10V 或 2 ～ 10V	广泛用于石油、化工、冶金、建材、轻工及各种窑炉或烟道的气体分析，能连续自动测量、记录、指示流程中待测气体浓度，同时可作环境监测工具	电源：220V AC 50Hz

三、典型仪器结构

QGS-08 型红外线分析器是北京分析仪器厂从德国麦哈克（Maihak）公司引进的，具有国际先进水平，可连续测定气体和蒸汽的相对浓度。它适用于大气监测、废气控制、化工及石油工业等流程分析控制，也可用于实验室分析。

由于分析器为卧式结构，可以容纳较长的气室，因而可作气体浓度的微量分析（如 CO，0 ～ 30μL/L；CO_2，0 ～ 20μL/L）。它具有整体防振结构，改变量程或检测组分时只要更换气室或检测器即可。电气线路采用插件板形式，以便更换或增添新的印刷板，因此，它有良好

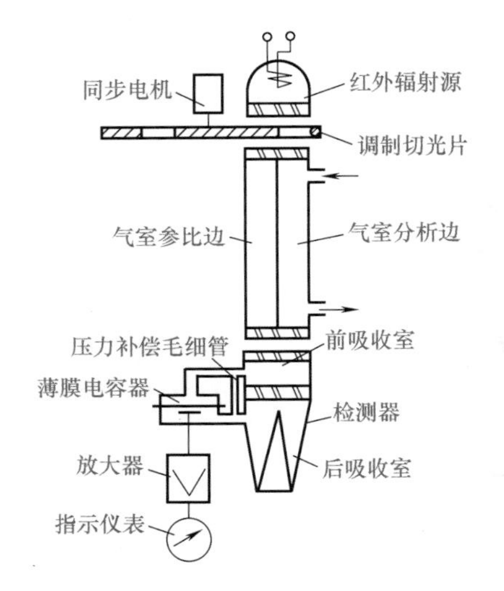

图 7-39　QGS-08 型红外线分析器原理示意图

的稳定性和选择性，维护工作量小。

（1）检测原理

QGS-08 型红外线分析器属于非分光型红外线分析仪，是带薄膜微音器型检测器。检测器由两个吸收室组成，它们相互气密，在光学上是串联的。先进入辐射的称为前吸收室，后面的称为后吸收室。前吸收室较薄，主要吸收带中心的能量，而后吸收室则吸收余下的两侧的能量。检测器的容积设计使两部分吸收能量相等，从而使两室内气体受热后产生相同振幅的压力脉冲。当被分析气体进入气室的分析边时，谱带中心的红外辐射在气室首先被吸收掉，导致前吸收室的压力脉冲减弱，因此压力平衡被破坏，所产生的压力脉冲通过毛细管加在差动式薄膜微音器上，被转换为电容量的变化。通过放大器把电容量变化成与浓度成比例的直流电压信号，从而测得被测组分的浓度。其结构原理如图 7-39 所示。

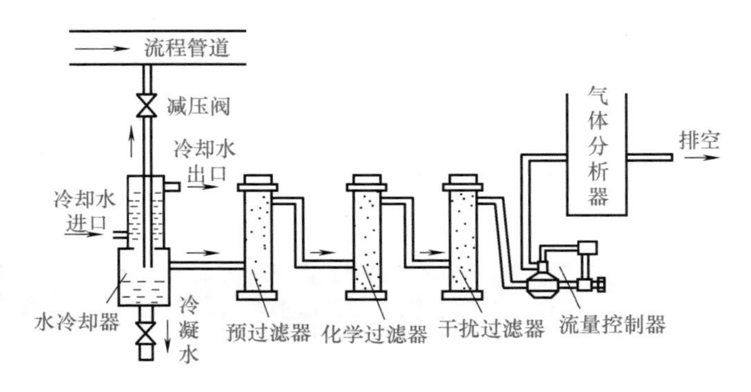

图 7-40　预处理装置系统图

为了保证进入分析器的气体清洁、干燥、无腐蚀性，它的预处理装置如图 7-40 所示。

气体温度超过 100℃时应加装水冷却器。预过滤器内装棉花，滤掉气样中的灰尘、机械杂质及焦油。化学过滤器滤掉 H_2S、SO_2 和 NH_3 等腐蚀性气体。化学过滤器内装有无水硫酸铜试剂（$CuSO_4$，96%；Mg，0.2%；石墨粉，2%。用水合成形状，300 ～ 400℃烘干）。当试剂失效后，便由原来的蓝色变成黑褐色。干燥过滤器内装有氯化钙或硅胶，用来干燥气体。

（2）QGS-08 型分析器结构

QGS-08 型分析器设计成嵌装式，也有壁挂型和简易型。

QGS-08 分析器的上面板装有指示仪表，在指示仪表下面装有电源开关、样气泵开关，以及故障报警、控温、电源和泵用的发光二极管。多量程时还有量程转换开关和表示量程的发光二极管。在下面板上装有检查过滤器。

电源和记录仪接线用插头连接，与控制输入和继电器接点用的插座，以及与样气入口和出口的接头一起安装在仪器的背面。

下面板可以抽出，便于直接接触分析器。分析器通过防振元件装在可抽出的恒温箱底座上。高频部件直接装在检测器上，这样更换检测器时不会影响电气温度补偿的作用。在可抽出的支座内还装有样气泵和电磁阀。

在仪器壳体上部装有电源部件、放大器和其他附加的印刷板。打开上部右方面板，即可方便地接触到印刷板。仪器备有的附加装置有以下几个部分（见表 7-17）。

表 7-17　仪器备有的附加装置

类别	说明
故障报警器	该装置监视电源电压和样气流量，并能发出泵工作中断或样气管道堵塞的信号。流量可调在 10L/h，需要时也可在 5 ～ 100L/h
量程转换器	只有一个气室时，量程转换的总比例为 1 ∶ 10。在上述比例范围内最多可有 4 个量程挡。 因 QGS-08 型分析器采用了双层气室，在两量程之间可取得很大的转换比（1 ∶ 10000），例如 0 ～ 100×10^{-6} 和 0 ～ 10%（体积分数）。 在操作板上，每个量程各有一个零点和一个灵敏度调节电位器，这样便可单独调校每个量程。零点和灵敏度的调节相互不影响。 当指示值超过或低于所调定的检测上限值时，仪器能自动地转换成较高或较低的量程。自动转换的量程最多有 3 个。 利用对数校正曲线，指示仪表能覆盖较大浓度的量程，同时在低浓度范围有较高的分辨率。所有量程的校正曲线均可用电气方法线性化。 量程压缩最大可达满量程的 70%，结合量程转换可得下列各量程：0 ～ 100×10^{-6}，（20 ～ 40）$\times10^{-6}$，（40 ～ 80）$\times10^{-6}$；或 0 ～ 50%，50% ～ 100%（体积分数）。在 4 个量程中最多能够压缩 2 个量程。 本仪器有 3 个极限值接点。这些接点可在所有量程内调节极限值。转换接点也可从外部接入。 把参比气通过气室参比边，把零点调节到刻度中点，分析器便可进行差动检测。例如（-20 ～ 20）$\times10^{-6}$（CO_2），以空气［约 300×10^{-6}（CO_2）］作为参比气体
带 2-10 进制编程输出的数字显示器	指示表头的变压器部件采用 $3\frac{1}{2}$ 位数字显示装置，该部件除有一个 20mA DC 的输出插孔外，还有一个二到十进制编码并行输出。显示值和小数点的位置与量程相一致。在转换量程时，显示值也随量程进行自动转换

四、仪表的安装、调整和维护

（1）仪表的安装和调整

① 安装的一般要求。要使本仪器能长期稳定运行，仪器应安装在温度稳定（避免风吹、日晒、雨淋和强热辐射等），无明显的冲击和振动、无强烈腐蚀性气体、无外界强电磁场干扰、无大量粉尘等地方。同时为了减少检测滞后，仪器尽可能地靠近取样点，外壳要可靠接地。对零气样和被测的样气，均需按仪器的要求进行严格处理。

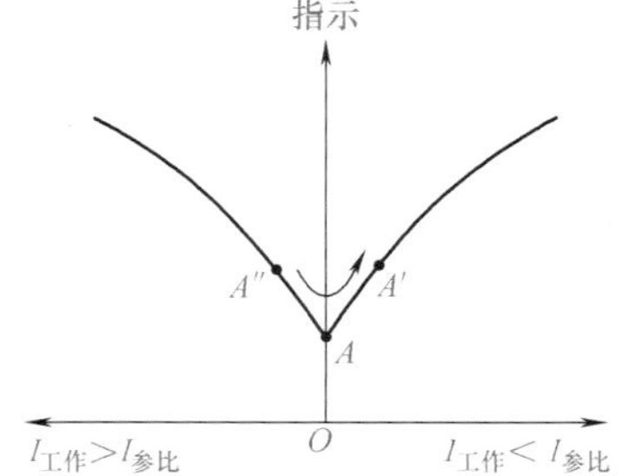

图 7-41　“回程”现象示意图

② 仪器的光路平衡调整。两束红外线能量相等的标志是仪表指示值最小，如图 7-41 曲线 A 点所示。检查光路平衡是否调整好，可通过“状态检查”按钮进行。当按下“状态检查”按钮时，工作边光源电流将被分流一部分，使工作边光能量减小，这相当于给了一个固定信号，仪表指示应由小到大，单方向偏转，说明“光路平衡”已调好。若出现指针向减小方向偏转或先向减小方向偏转，而后又向增大方向偏转，即出现了“回程”现象，说明“光路平衡”没有调好，应重新调整，直到不出现“回程”现象为止。

由检测器的检测原理可知，仪表输出电压 $U=f(\Delta C)$，只要 $I_{工作}\neq I_{参比}$，不论哪一个大，仪表都会有一个指示值，如图 7-41 所示。设仪表通零样气时，$I_{工作}>I_{参比}$，如图曲线中 A'' 位置，仪表有一个指示值；而当仪表改通被测组分浓度大于零的样气，$I_{工作}$逐渐减小，指示值沿着曲线经过 $I_{工作}=I_{参比}$这一平衡点（即 A 点）后，再向 $I_{工作}<I_{参比}$方向变化，表针的移动过程如图中箭头所示。先是减小，然后增大，此即“回程”现象。为了消除“回程”现象，一般在调整时使 $I_{参比}$稍大于 $I_{工作}$，当仪表通入零样气时，仪表指示在 A' 处。这样就不会再出现“回程”现象。

（2）分析仪表的维护

① 红外分析仪表是一种精密的光学测量仪表，其对使用条件要求十分严格，对运行中的仪表严格禁止打开检测箱，以防止检测箱温度发生变化影响仪表测量。

② 红外分析仪表对样品要求严格，样品的温度压力均应保持稳定，过高、过低的样品温度会影响到分析仪表的指示，过高的压力会损害检测池的使用寿命。

③ 红外分析仪表需要使用洁净的样品，而且样品中不能夹带有液相成分，否则会造成仪表的指示失灵，偏差过大的情况，甚至造成检测池的报废。

④ 由于测量原理的不同，红外分析仪表需要的样品流量较色谱分析仪要大很多，其需要较多的样品以较快的速度更新检测池内的样品，提高分析速度，减少分析仪表的滞后作用。

五、常见故障现象、原因及处理方法

红外分析仪常见故障、原因及处理方法见表7-18。故障实例分析见表7-19。

表7-18　红外分析仪常见故障、原因及处理方法

故障现象	故障原因	处理方法
仪表指示回零	切光马达启动力矩不足	检查切光马达和切光片
	切光马达坏	更换切光马达
	电源未接通	检查通电
	监测器电容短路	检查确认，联系厂家
仪表指示满度	连接电缆断路	检查电缆并修理
	双光源中的一组光源断路	检查并修理光源
	参比电压单端与地短路	检查并消除
仪表灵敏度下降	元件老化	更换
	电压下降	检查电源稳压
	受潮或管脚不清洁	用酒精清洗并吹干
	检测器漏气	联系厂家修理
	光源老化	更换发热丝
	光路透镜污染	拆下擦净或抛光
仪表零点连续正漂	工作气室被污染或腐蚀	用擦镜纸擦净，或送制造厂修理
	晶片上有尘埃	用擦镜纸擦净
	滤波气室漏气	检查密封并重新充气
	工作气室漏气	检查密封
仪表指示出现摆动干扰	马达和切光片啮合不好	重新啮合减速齿轮
	切光片松动	检查紧固
	电气系统滤波电容坏	更换电容
	稳压源不稳定	检查电压源并修理
	电气接触不良	检查接插件
	电气系统有虚焊	检查并消除

表7-19　红外分析仪维修时的故障现象、检查及排除方法

故障现象	故障分析诊断	排除方法
一氧化碳分析仪指示偏高	检查发现表前预处理系统工艺进料带液，测量介质带液，影响分析仪表测量的准确性，导致仪表指示偏高	打开排污活门将残液排出吹扫后，调节稳定表前气体流量，仪表指示恢复正常

续表

故障现象	故障分析诊断	排除方法
某装置 HQG-71A 型红外分析仪恒温系统失灵。开启恒温箱箱门，加热灯泡不亮，重新开启恒温箱开关，有时灯会闪一下，但随之熄灭	上述现象说明通过灯丝的电流不符合要求，能出现故障的地方也只有恒温开关、晶闸管、逆程二极管这三个点，然后依次检查。按下开关，用万用表测量其开关的通断情况，正常。按下晶闸管，测量后发现已坏，后又把晶闸管控制极上的逆程二极管按下测量，其反向电阻很小，达不到要求	更换晶闸管和二极管后，故障排除
某装置一台 QGS-04 型红外分析仪，在现场通入标准气校验时，零点与上限刻度干扰严重，反复调整，直至灵敏度电位器和调零电位器全拧到终端，零点和上限刻度仍不能兼顾	经检查仪表灵敏度基本正常，但重调光路平衡时达不到最小值，说明该台仪表的零点噪声增大，信噪比降低。而该表的零点噪声又是通过调零电位器调节反向电流消除的，当零点噪声在正常范围内时，调整上限刻度对零点虽然也有影响，但由于信号远大于噪声，所以影响并不明显，一旦零点噪声增大，在用灵敏度电位器调整刻度时，零点和刻度的相互牵制越来越严重，以致无法调到规定值。零点噪声主要来自光路系统和电气系统。根据零点噪声比较稳定，估计故障可能出自电气系统。 检查时将主放大器输入电缆摘除，输入电容正极对地短路，灵敏度电位器全开，调零电位器反时针关死，此时表头指示在最大位置，表示主放大器有故障，进而查找故障部位。全关灵敏度电位器，表头指示回零，说明故障出在灵敏度电位器前各级。用一只 100μF、50V 的电解电容正极接地，负极接各个基极，当电容接至 BG3 基极时表头指示立即回零，然后将电容改接至 BG2 基极，故障依然存在，说明故障出在第二级放大器上。焊下 3AG47 测试，集电极与发射极反向电阻很小，穿透电流大，应更换新管	更换新管后，重新接上输入电缆，调整光路平衡，调到五分度以下，此时通气校表不再出现零点和上限刻度严重牵制现象
HQG-71A 型红外分析仪灵敏度低，无论如何调动调零电位器，仪表指针不动	灯丝不发光或者发光很微弱，并且反光镜不洁净使得参比气和样气都通过很少或者没有通过红外光，所以指针不能动，因此光源电压、电流、反光镜这三处是可能产生故障的地方。用万用表量灯丝电压 5V 左右，正常，灯丝电流 1A 左右，略偏低	调整分压电位器使电流达到 1.2A，灯丝开始出现暗红色，然后用棉花（脱脂棉）蘸酒精擦洗反光镜，去掉雾状物。通电后，用遮光片挡住光源后，指针出现明显变化，灵敏度恢复正常

第五节　工业 pH 计

一、检测原理

电位测定法的基本原理是在被测溶液中插入两个不同的电极，其中一个电极的电位随溶液氢离子浓度的改变而变化，称为工作电极；另一个电极具有固定的电位，称为参比电极。这两个电极形成一个原电池，如图 7-42 所示，测定两电极间的电势就可知道被测溶液的 pH 值。

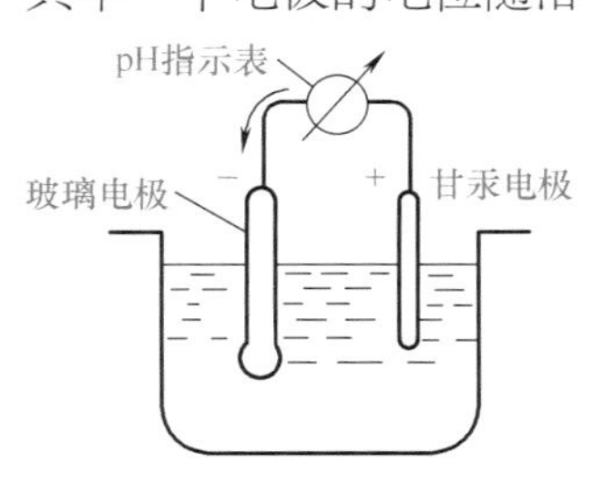

图 7-42　工业 pH 测量线路

二、参比电极和工作电极

（1）参比电极

常用的参比电极有甘汞电极和银 - 氯化银电极，其说明见表 7-20。

表 7-20　参比电极类型及说明

类型	说明
甘汞电极	在溶液 pH 值的测定中使用最普遍的参比电极是甘汞电极，其结构如图 7-43 所示。甘汞电极由一个内电极装入一个玻璃外壳制成。内电极的引线下端浸入汞中，汞下面装有糊状的甘汞（甘汞由 Hg_2Cl_2 和 Hg 共同研磨后加 KCl 溶液调制而成），并用浸在氯化钾溶液中的纤维丝堵塞。下部为溶液通道（一般为多孔陶瓷制成）。氯化钾溶液作为盐桥（由于钾离子 K^+ 和氯离子 Cl^- 的浓度较接近，可使溶液接界电位减小到最小）。盐桥连接内电极和被测溶液，使之形成电通路。由能斯特公式，甘汞电极的电位为： $$E = E_0 - \frac{RT}{F}\ln[Cl^-]$$ 式中　E_0——电极的标准电位； R——气体常数； T——溶液的绝对温度； F——法拉第常数； $[Cl^-]$——氯离子的浓度。 由此可见，甘汞电极的电位取决于氯离子的浓度 $[Cl^-]$，改变氯离子的浓度就能得到不同的电极电位。 采用不同浓度的氯化钾溶液，可以制得不同电位的甘汞电极。甘汞电极可分为饱和式、3.5N 式、1N 式和 0.1N 式等几种，常用的是饱和式甘汞电极，因为饱和氯化钾溶液的浓度易于保持。当氯化钾溶液为饱和，温度为 25℃时，甘汞的电极电位为 E=+0.2433V。 甘汞电极结构简单，电位较稳定，但电极电位受温度的影响较大
银 - 氯化银电极	其原理与甘汞电极相似。对于饱和的氯化钾溶液，在 25℃温度下，其电极电位 E=+0.297V。这种电极结构比较简单，电极电位在温度较高时仍然较稳定

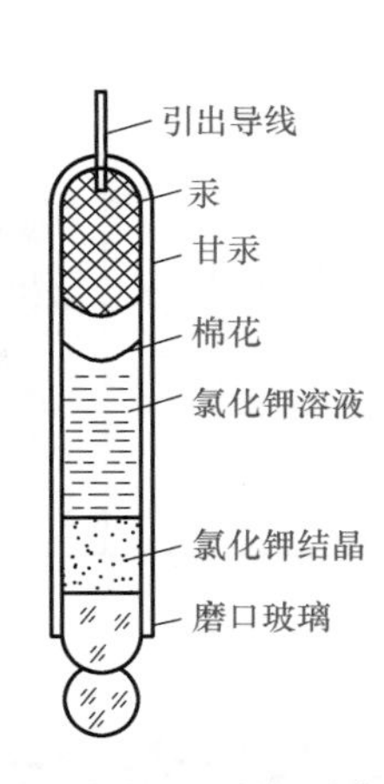

图 7-43　甘汞电极

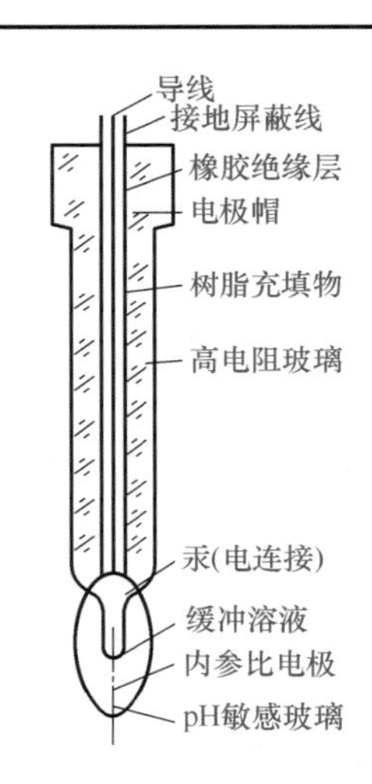

图 7-44　普通玻璃电极

（2）工作电极

pH 传感器的工作电极有玻璃电极、氢醌电极和锑电极等。工业上常用的是玻璃电极，锑电极主要用于测量半固体、胶状物及水油混合物中的 pH 值。

工作电极类型及说明见表 7-21。

表 7-21　工作电极类型及说明

类型	说明
玻璃电极	图 7-44 所示为一种常用普通式 pH 玻璃电极。当玻璃电极插入被测试样时，在 pH 敏感玻璃膜内部溶液（参比溶液）和被测溶液之间建立起氢离子的平衡状态，此时的电极电势为： $$E = E_a + \frac{2.303RT}{F}\lg\frac{[H^+]_0}{[H^+]}$$ 式中　E_a——不对称电位； $[H^+]_0$——参比溶液的氢离子的浓度。

续表

类型	说明
玻璃电极	对于给定的玻璃电极，$[H^+]_0$ 是一个常数，则电极电位只与被测溶液氢离子的浓度有函数关系。 同样，玻璃电极受温度的影响较大，必须把温度补偿电阻接入测量电路，以补偿温度对 pH 值测量的影响。玻璃电极的正常工作温度在 2 ～ 55℃之间
氢醌电极	将铂极片浸于饱和醌 - 氢醌溶液中，即形成氢醌电极，其电极电势为： $E = E_0 - \frac{2.303RT}{F}\mathrm{pH}$ 由上式可见，其电势 E 正比于溶液的 pH 值。氢醌电极的优点是结构简单，反应速度快，但受温度影响大，在高温下电极电位不稳定
锑电极	这是一种金属 - 金属氧化物电极。其电极电位产生于金属与覆盖其表面的氧化物的界面上。锑电极的结构也比较简单，可用于半固体等混合物中的 pH 值的测量，但测量精度不高

三、选型注意事项

工业 pH 计的选型中应注意如下几点：

① 应清楚被测溶液中可能存在的污染物和有害物质，以便设计适当的样品处理系统，并决定要不要采用自动清洗装置以及自动清洗的方法。

② 应根据样品的压力范围选取 pH 计或在样品处理系统中考虑减压措施。一方面要考虑电极的机械强度，另一方面要保证参比电极的盐桥溶液以一定的速度向外渗透，杜绝被测溶液倒流进参比电极造成电极污染。

③ 应根据被测溶液的温度范围选取 pH 计电极，若被测溶液的温度超过电极的耐温范围，就要在样品处理系统中采取温度调节措施。

④ 应根据需要的 pH 值测量范围选取 pH 计。用于不同测量范围的 pH 计，接液部件的材质不尽相同，而且电极玻璃的成分也有区别。低 pH 值的玻璃电极在高 pH 值介质中会产生较大的碱误差，锂质玻璃电极适用于 pH 值高的场合。

⑤ 被测溶液的电导率影响测量的精确度，像高纯水、脱盐水等电导率极低，常用的玻璃电极就不适用于这类液体的 pH 值测量。此时可选用低阻值玻璃电极，其玻璃半透膜的电阻低，适合测量高纯水和非水溶液的 pH 值。

⑥ 根据使用目的确定所需测量精度和时间常数，根据安装场所的危险区域划分选择 pH 计的防爆形式和级别等。

四、检测器安装支架

安装支架总体来说分为两种：一种是浸入式或称沉入式支架，另一种是流通式支架。

（1）浸入式支架

所谓浸入式支架是指直接插入到被测介质中的安装支架，通常呈杆状，被测介质通常是在敞口容器或池子中。图 7-45 所示是几种浸入式支架。

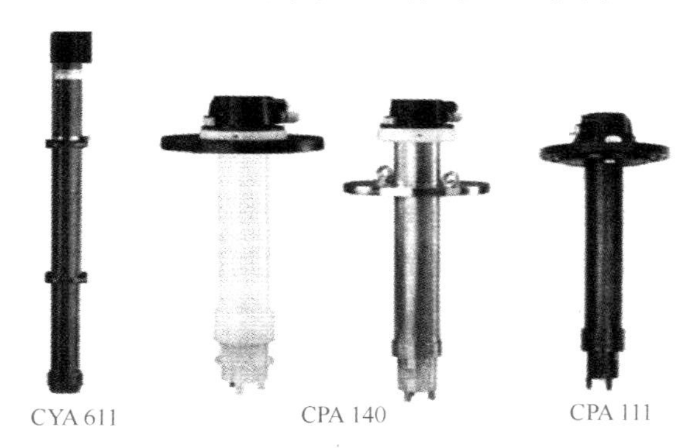

图 7-45　几种浸入式支架

不同的浸入式支架有着不同的长度、不同的材料和不同的安装方法。浸入式支架通常用于水处理、环境监测等行业。图 7-46 示出了两种典型的浸入式安装方式，通过横管的调节可以方便地取下支架和探头，便于日常的维护工作。

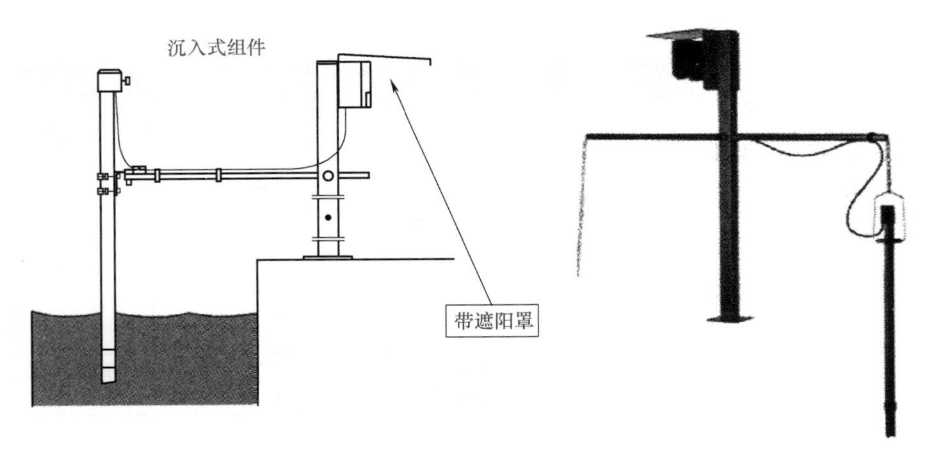

图 7-46　两种典型的浸入式安装方式

（2）流通式支架

所谓流通式支架是指在管道上安装的支架，它又可分为管道流通式和管道插入式两种。图 7-47 所示是几种管道流通式支架。管道流通式支架本身是流通管道的一部分，被测介质会从支架中通过。

图 7-48 所示是几种管道插入式支架。管道插入式支架将探头插入流通管道中，其优点是不受管道口径大小的限制，更换电极方便，同时还可给电极提供自动清洗和标定。

图 7-47　几种管道流通式支架　　图 7-48　几种管道插入式支架

五、电极的清洗

工业 pH 计在使用过程中通常会出现电极污染或表面结垢现象，其是被测溶液中的悬浮物、胶体、油污或其他沉淀物所致。电极受到污染或表面结垢，会使灵敏度和测量精度降低，甚至失效。因此，应根据实际情况对电极进行人工清洗或自动清洗。

（1）人工清洗

人工清洗电极的方法和注意事项如下：

① 对于悬浮物、黏性物以及微生物引起的污染，用湿水的软性薄纸擦净玻璃电极球泡和盐桥，然后用蒸馏水清洗和浸泡。

② 对于油污，可用沾中性洗涤剂或酒精的薄纸擦净玻璃电极球泡和盐桥，然后用蒸馏水清洗和浸泡。

③ 对于无机盐类玷污，可在 0.1mol/L 的盐酸溶液中浸泡几分钟，然后在蒸馏水中清洗。

④ 对于钙、镁化合物积垢，可用 EDTA（乙二胺四乙酸）溶液溶解，然后在蒸馏水中清洗。

⑤ 清洗电极不可使用脱水性溶剂（如重铬酸钾洗液、无水乙醇、浓硫酸等），以防破坏玻璃电极的功能。

（2）自动清洗

在工业测量中，对电极频繁地进行人工清洗是不适宜的。为了减少维护量，使 pH 测量正常进行，可以采用多种自动清洗方法（见表 7-22）。

表 7-22　多种自动清洗方法

类别	清洗方法
超声波清洗	这是一种应用较广的方法，许多厂家生产的 pH 计附有超声波清洗装置。 这种方法是在电极附近装设一个超声波清洗器，它利用超声波的冲击能量来剥落敏感玻璃膜上的附着物。也有些超声波清洗器是利用溶液中的悬浮磨料来清洗电极的，这种清洗方法不是等电极结垢后再清洗，而是根本不使电极结垢。 超声波的清洗效果随被测溶液的特性而异，此外还与超声波的振荡频率有关。一般来说超声波清洗对于普通的污垢有效，但是对于某些热的黏稠的乳胶状溶液，清洗效果不理想
机械刷洗	用电机或气动装置带动刷子旋转或上下直线运动以去掉电极上的污染物，这也是常见的一种清洗方法。 机械刷洗多采用间断方式，靠定时器在任意设定的时间内自动地用刷子洗净电极。这种方法简单易行，对于某些污染不严重和附着不牢固的污染物，清洗效果较好，有油和黏性污垢时也有效，如用于食品厂、造纸厂的排水等。 机械刷洗对于玻璃电极来说，会缩短电极寿命，所以一般多用于结构坚固的电极，如锑电极等
溶液喷射清洗	溶液喷射清洗就是在电极的附近装一个清洗喷头，按照清洗要求，喷头定期喷水或其他溶液如低浓度的盐酸、硝酸溶液，以冲刷或溶解电极上的污染物。 当电极的污染物是松、软、糊状的无机物结垢时，用溶液喷射方法效果较好。如用于糖厂蔗汁的 pH 值测量系统、某些工业污水处理的 pH 值测量系统等。 溶液喷射自动清洗装置一般由清洗喷头、过程控制器、供液单元组成。 某工业污水处理装置 pH 计的溶液喷射自动清洗系统如图 7-49 所示 气源　定值器　程序控制器　气源装置　接线盒　pH转换器　电极　药液储桶　被测溶液出口 图 7-49　pH 计的溶液喷射自动清洗系统
空气喷射清洗	在溶液喷射清洗系统里以压缩空气代替溶液从喷头喷出。这实际上是以被测液体作为洗涤液的溶液喷射清洗。如果被测液体中还含有固体颗粒，则这些颗粒也被空气夹带着以高速喷向电极，对电极起清洗作用
电极的“自清洗”	所谓电极的“自清洗”是指利用被测溶液自身的力量对电极进行清洗的方法，类似于旁通过滤器中的自清扫作用

在浸入式电极探头中，横河公司开发了一种浮动式电极支架，图 7-50 是其结构示意图。在支架的前端装有一个浮球，电极镶嵌在浮球内，电极面与浮球外表面平齐，被测液体流动和起伏波动时，冲刷电极表面，实现对电极的清洗。液面升降时，浮球随之升降。

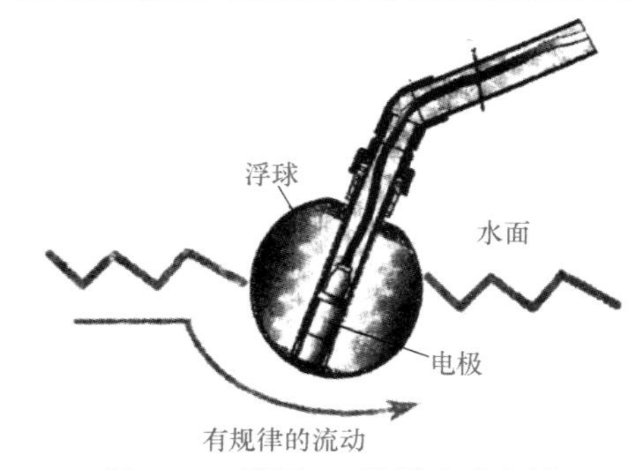

图 7-50　横河 pH 计浮动式电极支架结构示意图

在流通式发送器中，“自清洗”的方法有如下一些：把电极安装在高速流动的管道内，利用流体的流速对电极进行清洗；采用材料适当的小颗粒物质，在被测液流带动下，循环通过发送器，小颗粒物质与电极表面的结垢物摩擦而将其清除；在电极上套一个空心涡轮浮子，被测溶液流入时推动空心浮子内刮板转动将结垢刮除。

六、安装接线注意事项

pH 计在接线时必须注意绝缘、抗干扰和防爆方面的要求。

（1）检测器和转换器之间的接线

高阻抗信号的传送和放大，对静电干扰和泄漏电流都是很敏感的，所以要用专用的高质量屏蔽电缆来连接检测器（电极组件）和转换器（前置放大器）。此种电缆的电磁屏蔽和静电屏蔽性能优良，而且各个厂家都规定了专用电缆的长度。例如，国产 pHG-21B 型工业酸度计的高阻转换器和发送器之间的传输电缆，采用的是高绝缘同轴低噪声屏蔽电缆，一般长度不超过 40m，在此长度范围内，电缆内芯和外层金属之间的绝缘电阻应≥ $10^{12}\Omega$，分布电容应≤ 3000pF。

信号电缆一定要单独穿管，而且保护管要求接地良好。穿线管两头要密封，接头和端子要无水、无油污、无灰尘，也不能用手直接去触摸。如果需要包扎电缆接头，应该用绝缘性能良好的优质聚乙烯或聚四氟乙烯带。接头和端子要放在有干燥剂的密封盒内。敷设电缆时不要拉得太紧，并要固定牢靠，否则会因电缆活动，内部线芯和外部绝缘层发生摩擦而产生静电。

对于检测器和转换器一体化结构的工业在线 pH 计，其内部是密封的，并装有干燥剂。它的输出信号是低阻抗的，因此电磁干扰和静电干扰的影响减少了。安装接线时，其电缆的进出口应该密封好，其他密封件也要装好，防止潮气和待测液体进入表箱。

（2）pH 测量系统的接地

安全接地和一般测量系统相同。工作接地应在信号源处接地，即在现场接地，而不是在控制室侧接地。要严格保证一点接地，不允许出现第二个接地点。这是因为在工业 pH 计组成的测量系统中，参比电极已通过被测介质接地，如果系统中有第二个接地点，则二接地点之间就会构成回路，共模干扰使 pH 测量仪表指示值偏离正常值。

七、常见故障现象、原因及处理方法

工业 pH 计常见故障现象、原因及处理方法见表 7-23。

表 7-23　工业 pH 计常见故障现象、原因及处理方法

故障现象	故障原因	处理方法
指示波动	被测溶液压力和流速变化太快	检查被测溶液状态，如有必要则进行调整
	玻璃电极被污染或盐桥被堵塞	清洗玻璃电极或清洗盐桥，如仍不能进行测量，则更换
	测量线路绝缘不良	清洗和干燥电缆端子
响应缓慢	被测溶液的置换缓慢	检查被测溶液的状况，如有必要则进行改进
	玻璃电极没有充分浸泡	重新浸泡玻璃电极直至工作状态正常
	玻璃电极被污染或盐桥被堵塞	清洗玻璃电极或清洗盐桥，如仍不能进行测量，则更换
指示值单向缓慢漂移	玻璃电极球泡有微孔或裂纹	更换玻璃电极
	参比电极 KCl 溶液向外渗漏太快	更换参比电极
	参比电极内有气泡	检查并补充 KCl 溶液且排除气泡
	新电极浸泡时间不够	重新浸泡电极（24h 以上）

续表

故障现象	故障原因	处理方法
指针跳到刻度以外	电极室周围绝缘破坏	干燥电极室，如果O形环损坏，用备品更换
	玻璃电极被损坏	更换玻璃电极
	测量线路绝缘电阻降低	清洗和干燥电缆端子，使其绝缘电阻大于$10^{12}\Omega$
有明显的测量误差	被测溶液、压力和流速不满足电极的工作条件，带压KCl储瓶的压力不符合要求	检查被测溶液状态和带压KCl储瓶的压力，如有必要，应调整使之满足要求
	玻璃电极污染或盐桥堵塞	清洗玻璃电极或清洗盐桥，如仍不能进行测量，则更换
	电极室周围绝缘不良	干燥玻璃电极，如果O形环损坏，用备品更换
	玻璃电极的特性变坏	更换玻璃电极，然后用缓冲溶液进行校准
	参比电极内的溶液浓度变化	对可充满型敏感元件，更换内部溶液；对充满型敏感元件则清洗敏感元件内部并充满KCl溶液
	测量线路绝缘变坏	清洗和干燥电缆端子，使其绝缘电阻大于$10^{12}\Omega$
	pH变送器线路异常	修理或更换变送器的放大器
	参比电极损坏	更换参比电极
	电缆接线错误，接插件接触不良	对照接线图检查接线和接插件情况
	接地线不适当	检查、更换接地线或接地点
	温度补偿电阻开路或短路	修复或更换温度补偿电极

第六节　工业电导仪

一、概述

电导仪又称电导率分析仪，工业电导仪是我国对在线电导率分析仪的称谓。电导仪基于电解质在溶液中离解成正负离子，溶液的导电能力与离子有效浓度成正比的原理工作，通过测量溶液的导电能力间接得知溶液的浓度。当它用来测量锅炉给水、蒸汽冷凝液的含盐量时，常称之为盐量计。当它用来测量酸、碱等溶液的浓度时，又称为浓度计。

电导仪按其结构可分为电极式和电磁感应式两大类。

电极式电导仪的电极与溶液直接接触，因而容易发生腐蚀、污染、极化等问题，测量范围受到一定限制。它适用于“μS/cm”级，上限至10mS/cm的低电导率、非腐蚀性、洁净介质的测量，常用于工业水处理装置的水质分析等场合。

电磁感应式电导仪又称为电磁浓度计，其感应线圈用耐腐蚀的材料与溶液隔开，为非接触式仪表，所以不会发生腐蚀、污染问题。由于没有电极，也不存在电极极化问题，但电磁感应要求溶液的电导率不能太低。它适用于“mS/cm”级，下限至100μS/cm的高电导率、腐蚀性、脏污介质的测量，常用于强酸、强碱等浓度分析和污水、造纸、医药、食品等行业。

二、电导与电导率

电解质溶液与金属一样，是电的良导体。金属导体靠自由电子在外电场作用下的定向运动而导电，电解质溶液则是靠溶液中带电离子在外电场作用下的定向迁移而导电。当电流通过电解质溶液时，也会受到阻尼作用，同样可用电阻来表示，如式（7-8）：

$$R=\rho\frac{L}{A} \tag{7-8}$$

式中　R——溶液电阻，Ω；

ρ——电阻率，Ω · cm；

L——导体长度，cm；

A——导体横截面积，cm^2。

这里所谓导体是由两电极间的液体所构成，其长度、横截面积均为两电极间的电解质溶液所具有的长度和横截面积。在液体中常常使用电导和电导率的概念，电导是电阻的倒数，电导率是电阻率的倒数，可用式（7-9）表示：

$$G=\frac{1}{R}=\frac{1}{\rho}\times\frac{L}{A}=\gamma\frac{L}{A} \tag{7-9}$$

式中　G——电导，S（西门子，简称西；S=1/Ω）；

γ——电导率，S/cm［S/cm=1/（Ω · cm）］。

溶液电导率的物理意义是：边长为 1cm 的该种溶液的立方体所具有的电导。

三、电导检测器

电导检测器是用来测量溶液电导的一个装置，它又称电导池，是包括电极在内的充满被测溶液的容器。常用的电导检测器有两种，一种是筒状电极，另一种是环状电极。

电导检测器的类型及说明见表 7-24。

表 7-24　电导检测器的类型及说明

类型	说明
筒状电极	筒状电极由两个直径不同但高度相同的金属圆筒组成，如图 7-51 所示。其电极常数 K 为： $K=\ln\frac{R}{r}\times\frac{1}{2\pi L}$ 式中　R——外电极的内半径，m； r——内电极的外半径，m； L——电极的长度，m 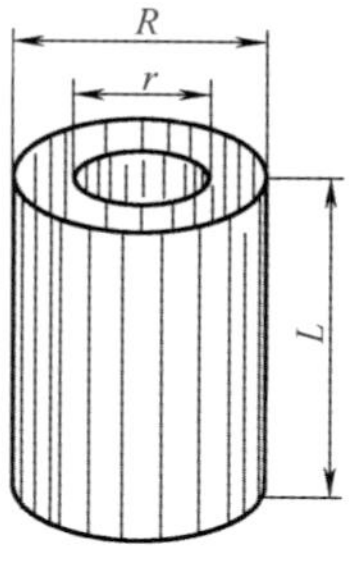 R r L 图 7-51　筒状电极
环状电极	环状电极是由两个同样尺寸的金属电极环套在一个玻璃内管上组成，如图 7-52 所示。其 K 为 $K=\frac{L}{\pi(R^2-r^2)}$ 式中　R——电极外套管内半径，m； r——电极环的外半径，m； L——两电极环的距离，m 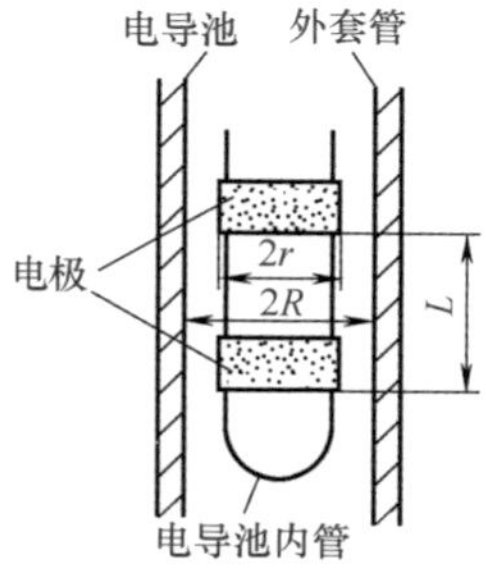 电导池 外套管 电极 2r 2R L 电导池内管 图 7-52　环状电极

续表

类型	说明
工作电导池和参比电导池	工作电导池如图 7-53（a）所示，由一根带有两个镀有铂黑的电极内管，和一个开有小孔的外套管组成。待测溶液从外套管的小孔通过电导池，在两电极间建立了待测溶液的电阻电路，它作为检测电桥的工作臂。参比电导池如图 7-53（b）所示，是由一根带有两个镀有铂黑的电极内管和一个封闭的外套管组成。管内充有已知浓度的待测溶液，在两电极间建立了已知溶液浓度的电阻电路，它作为检测电桥的参比臂 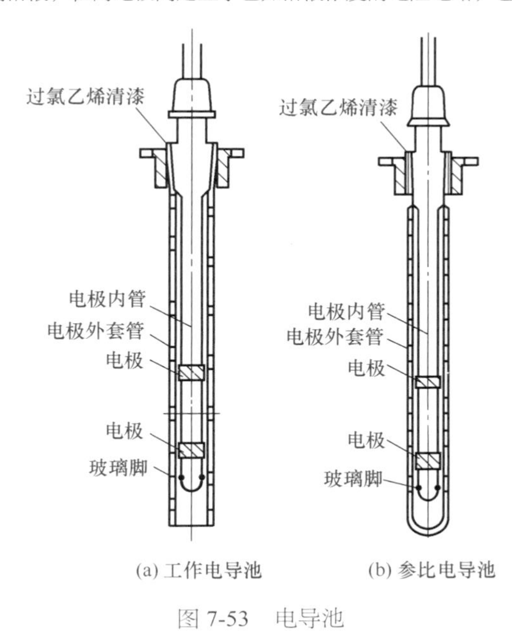 图 7-53　电导池

四、安装、维护和校准

（1）安装注意事项

① 电导池的安装不应选择在液体流动死区和环境不好的地方，并应考虑维护方便。

② 电导池应在被测液体中浸入足够的深度。电导池若装在泵系统中，应装在泵的压力侧，而不要装在真空侧。

③ 样品流速不应太大，否则会损坏电导池。样品流速低时，建议采用样品流入开口电导池的安装方式。

④ 电导池中被测液体不应含有气泡、固体物质，且沉淀不能堵塞电导池的通道。被测液体的温度和压力不得超过仪表技术条件所规定的范围。

（2）日常维护要求及注意事项

① 电导池的检查周期取决于设备状况和被测溶液的电导率。在正常情况下，一般每月检查一次。

② 检查项目如下：电导池是否有裂缝、缺口、磨损或变质的迹象；电极表面铂黑镀层是否完好；电极上有无腐蚀或变色的迹象；电极周围的防护层是否完好；有无因液体流速太大而引起电极位置变化的迹象；干的电导池的泄漏电阻是否符合要求；排空口是否堵塞等。

③ 当电导池安装在新的管道系统时，建议运行几天后就进行第一次检查。观察电极和池室上有无油污、铁锈、沉淀等物。若有，则应清洗干净。

④ 若被测溶液的电导率大大超过仪表测量范围的上限，应立即切断电源，并检查电导池是否损坏。

⑤ 若显示仪表出现不明原因的不正常现象，如灵敏度下降、死区增大、滞后增大、仪表指示不稳定和平衡困难等，这往往表明电极表面有损伤。应卸下电导池进行检查、清洗或更换。

（3）电极的清洗

一般可用洗涤剂清洗电极，洗涤剂的种类要根据受污染的类型来选择。大多数情况是采用铬酸或 1% ～ 2% 浓度的盐酸溶液清洗电极。清洗方法如下。

先将电极从外壳内拆下，将电极及外壳一起浸在清洗液中，注意电极的接线端不能浸入。再用毛刷刷洗电极及外壳内侧，洗净后用蒸馏水或脱盐水多次冲洗至水呈中性，然后将电极装入外壳内固定好。

如果是软泥、微粒沉积在电导池通道里，可用柔软干净的毛刷或棉花轻轻擦去电极上的沉积物。注意不要擦伤电极，对电极常数较低的电导池不要使用毛刷。

（4）电极常数的检验

在电导仪的使用、维护和校准过程中，往往需要对电极常数进行检验。测定电极常数的方法有两种：第一种是标准溶液法，第二种是参比电导池法。

① 标准溶液法。将待测电导池放入已知电导率的标准溶液中，用精度较高的电导仪或交流高阻电桥测出其电导值 G 或电阻值 R，设标准溶液的电导率为 $\gamma_{标}$，按式（7-10）计算被测电导池的电极常数：

$$K=\frac{\gamma_{标}}{G}=\gamma_{标}\times R \tag{7-10}$$

通常采用氯化钾溶液作为标准溶液，按 JB/T 8277《电导率仪测量用校准溶液制备方法》配制的氯化钾溶液在不同浓度、不同温度时的电导率值如表 7-25 所示。

表 7-25　氯化钾溶液的电导率值

近似浓度 /（mol/L）	电导率 /（S/cm）				
	15℃	18℃	20℃	25℃	35℃
1	0.09212	0.09780	0.10170	0.11131	0.13110
0.1	0.010455	0.011163	0.011644	0.012852	0.015353
0.01	0.0011414	0.0012200	0.0012737	0.0014083	0.0016876
0.001	0.0001185	0.0001267	0.0001322	0.0001466	0.0001765

注：表中所列之值未包括水本身的电导率，所以在测定电极常数时，应先用水做空白实验，即先求出水的电导率，并加在表 7-25 的数据中进行计算。另外，在测定时还需注意空气中 CO_2 的影响，CO_2 溶于水中会带来测量误差。

② 参比电导池法。把一个精度较高、经过检定且电极常数已知的参比电导池，与待测电导池放入同一溶液中，用精度较高的电导仪分别测出二者的电导值或电阻值，根据参比电极的常数计算出待测电极的电极常数。

当采用电导率很低的溶液时，其电导率往往不稳定，为此需要快速测量多次，计算其平均值。

五、常见故障现象、原因及处理方法

电导仪常见故障现象、原因及处理方法见表 7-26。

表 7-26　电导仪常见故障现象、原因及处理方法

故障现象	故障原因	处理方法
仪表指示为零	电源没有接通	检查供电电路
	电极回路断线	检查电极回路连线
仪表指示最大	检测器电极连线短路	检查电极连线
	溶液电导率已超过仪表满刻度值	用实验室电导仪测量溶液电导率，或将电导池内溶液排空
仪表指示偏高	检测器两电极端子间受潮	用洗耳球吸去端子间溶液，再用过滤纸吸干
故障实例分析	TG49 型电导仪检测器复合电极与信号电缆采用插头式连接，再连接到变送器接线端子上，其插头横截面图（如图 7-54 所示）中 1、2 间是复合电极 Ni100 温补电极，25℃下阻值为 114.4Ω；3、4 间短路，接电极外壁；5、6 间短路，接电极内壁；3、5 间接复合电极的输入信号；中间一极为接地，正常情况下与 1 ～ 6 各端子间的电阻无穷大。图上 1 ～ 6 号端子对应到变送器接线端子就是 11 ～ 16，按顺序一一对应 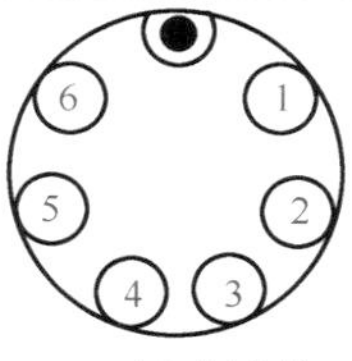 图 7-54　插头横截面图	
	故障现象：该表在工艺介质无变化的情况下，指示超量程（表量程为 20μs/cm），不见回落，手动分析结合便携式电导仪测量约为 5μs/cm，初步确定为仪表故障	
	故障检查、分析：从变送器端拆下 13、14、15、16 四个端子，同时用万用表测量 14、16 间电阻为 1.82kΩ。根据计算公式，对应表头应为 4μs/cm 左右，确定属于仪表故障。有以下方面的原因：①变送器不准；②信号传输线性能下降。 对变送器进行模拟校验，发现完好。检查信号线：电极信号经过一个插头与电缆连接后接至变送器，检查插头，旋开后发现插座内似有潮湿迹象，立即用万用表测量阻值，发现均为 8 ～ 12kΩ，绝缘不良	
	故障处理：将插座做干燥处理，处理后绝缘良好，仪表正常工作	

第八章 调节阀

第一节 调节阀的选型

一、调节阀结构形式的选择

调节阀结构形式的选择非常重要。在实际生产过程中，不少控制系统由于阀选型不当，导致控制系统运行不正常，甚至无法投入自动。而改变阀的结构形式后，控制系统不仅能自动控制，而且很平稳。还有些场合因阀选型不当而导致阀经常发生故障，并且缩短阀的寿命。如套筒阀与偏心旋转阀是近年来两种优良的新品种阀，在振动和噪声较大的场合选用套筒阀合适，而介质有黏性或带有微小颗粒时，则选用偏心旋转阀较合适。在选择阀的结构形式时，还应考虑调节介质的工艺条件和流体特性。表 8-1 给出了各种调节阀的特点。

表 8-1 调节阀选用参考表

名称	主要优点	应用注意事项
直通单座阀	泄漏量小	阀前后压差小
直通双座阀	流量系数及允许使用压差比同口径单座阀大	耐压较低
波纹管密封阀	适用于不允许有毒物泄漏的场合，如氢氟酸、联苯醚等	耐压较低
隔膜阀	适用于强腐蚀、高黏度或含有悬浮颗粒以及纤维的流体。在允许压差范围内可作切断阀用	耐压耐温较低，适用于对流量特性要求不高的场合（近似快开）
小流量阀	适用于小流量和要求泄漏量小的场合	—
角形阀	适用于高黏度或含悬浮物和颗粒状物料	输入和输出管道呈角形安装
高压阀（角形）	结构较多级高压阀简单，用于高静压、大压差、有气蚀、空化的场合	介质对阀芯的不平衡力较大，必须选配定位器
多级高压阀	基本上解决了以往调节阀在控制高压差介质时寿命短的问题	必须选配定位器
阀体分离阀	阀体可拆为上、下两部分，便于清洗。阀芯、阀体可采用耐腐蚀衬压件	加工、装配要求较高

续表

名称	主要优点	应用注意事项
三通阀	在两管道压差和温差不大的情况下能很好地代替两个二通阀，并可用作简单的配比调节	两流体的温差 $\Delta t < 150℃$
蝶阀	适用于大口径、大流量和浓稠浆液及悬浮粒的场合	液体对阀体的不平衡力矩大，一般蝶阀允许压差小
套筒阀（笼式阀）	适用于阀前后压差大和液体出现闪蒸或空化的场合，稳定性好，噪声低，可取代大部分直通单、双座阀	不适用于含颗粒介质的场合
低噪声阀	比一般阀可降低噪声 10 ～ 30dB，适用于液体产生闪蒸、空化和气体在缩流面处流速超过音速且预估噪声超过 95dB（A）的场合	流通能力为一般阀的 1/2 ～ 1/3，价格贵
超高压阀	公称压力达 350MPa，是化工过程控制高压聚合釜反应的关键执行器	价格贵
偏心旋转阀（凸轮挠曲阀）	流路阻力小，流量系数较大，可调比大，适用于大压差、严密封的场合和黏度大及有颗粒介质的场合。很多场合下可取代直通单、双座阀	由于阀体是无法兰的，一般只能用于耐压小于 6.4MPa 的场合
球阀（O 形，V 形）	流路阻力小，流量系数较大，密封好，可调范围大，适用于高黏度、含纤维、含固体颗粒和污秽流体的场合	价格较贵，O 形球阀一般作二位调节用，V 形球阀作连续调节用
卫生阀（食品阀）	流路简单，无缝隙、死角积存物料，适用于啤酒、番茄酱及制药、日化工业	耐压低
二位式二（三）通切断阀	几乎无泄漏	仅作位式调节用
低压降比（低 *S* 位）阀	在低 *S* 值时有良好的调节性能	可调比 *R* 为 10
料单座阀	阀体、阀芯为聚四氟乙烯，用于氯气、硫酸、强碱等介质	耐压低
全钛阀	阀体、阀芯、阀盖均为钛材，耐多种无机酸、有机酸	价格贵
锅炉给水阀	耐高压，为锅炉给水专用阀	—

二、调节阀流量特性的选择

调节阀相对开度和通过阀的相对流量之间的关系称为阀的流量特性，即：

$$\frac{Q}{Q_{\max}}=f\left(\frac{l}{L}\right)$$

式中 $Q/Q_{\max}$——相对流量，即调节阀某一开度下流量与阀全开时流量之比；

l/L——相对开度，即调节阀某一开度下的行程与阀的全行程之比。

阀前后压差一定时的流量特性称为理想流量特性或称固有流量特性。阀在调节系统中使用时的流量特性，称为阀的工作特性或安装特性。铭牌上阀的特性是理想流量特性。调节阀的理想流量特性有快开、线性（直线）、抛物线和对数 4 种，如图 8-1 所示。但抛物线流量特性与对数流量特性较为接近，前者可用后者来代替，而快开特性又主要用于位式控制和顺序控制，因而所谓调节阀流量特性的选择，一般为线性特性与等百分比特性（对数特性）的选择。

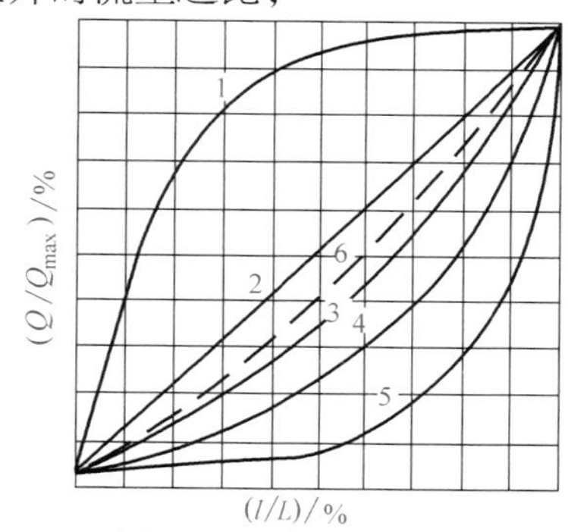

图 8-1 理想流量特性

1—快开；2—直线；3—抛物线；4—等百分比；5—双曲线；6—修正抛物线

（1）理想流量特性

① 直线流量特性。线性流量特性是指调节阀的相对开度与相对流量为直线关系，即：

$$\frac{d(Q/Q_{max})}{d(l/L)}=K$$

式中，K 为常数，即调节阀的放大倍数。积分后得：

$$Q/Q_{max}=\frac{1}{R}\left[1+(R-1)\frac{l}{L}\right]$$

式中，$R=Q_{max}/Q_{min}$ 表示可调范围。

② 等百分比流量特性。等百分比流量特性又称对数流量特性，是指相对行程的变化所引起的相对流量的变化，与该点的相对流量成正比关系，即：

$$\frac{d(Q/Q_{max})}{d(l/L)}=K(Q/Q_{max})$$

积分后得：

$$Q/Q_{max}=R\left(\frac{l}{L}-1\right)$$

（2）工作流量特性

一般来说，改变调节阀的阀芯与阀座间的流通截面积，便可控制流量。而在实际生产使用中，在改变流体流通截面积的同时，调节阀前后压差也是变化的，这时阀的理想流量特性畸变成工作流量特性。

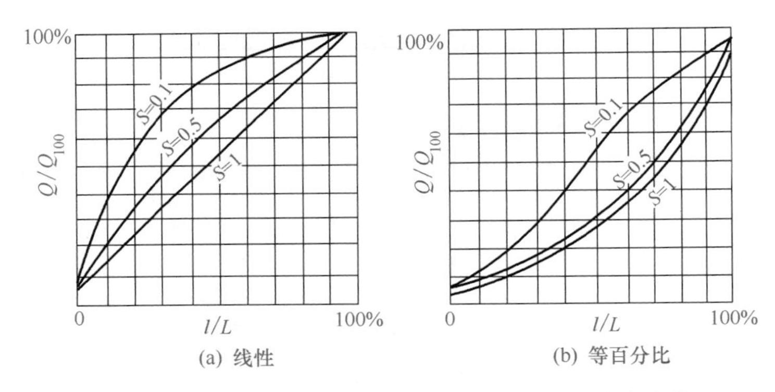

图 8-2　串联管道时调节阀的工作特性（以 Q_{100} 为参比值）

直线和等百分比调节阀在串联管道中的工作流量特性如图 8-2 所示。图中 Q_{100} 表示存在管道阻力时调节阀全开流量；S 是阀阻比，它的物理意义是调节阀全开时阀上的压差与系统总压差之比，即：

$$S=\Delta p_{阀全开}/\Delta p_{总}$$

由图 8-2 所示可见，阀阻比越小，特性曲线畸变越严重。

（3）调节阀理想流量特性的选择

调节阀理性流量特性的选择，一般多采用经验准则，可以从下面几个方面来考虑（见表 8-2）。

表 8-2　调节阀理想流量特性的选择

<table>
<tr><th>类别</th><th>说明</th></tr>
<tr><td>从自动控制系统的调节质量考虑</td><td>自动控制系统是由对象、变送器、调节器和调节阀等环节组成，为了使控制系统在整个操作范围内，即在负荷变动的情况下，调节器整定参数不变，系统仍能保持预定的品质指标，则要求系统的广义对象（对象、变送器、调节阀等环节合在一起）的总放大倍数保持不变。但在实际生产过程中，广义对象除调节阀外，其余部分（主要是对象）往往是非线性的，它的放大倍数随外部条件的变化而变化。因此，应适当地选择调节阀特性来补偿，使广义对象的总放大系数不变，达到预定的控制品质指标。系统对调节阀流量特性选取的原则是，使整个广义对象具有线性特性。即当广义对象（除调节阀外）具有非线性特性时，调节阀应足以克服它的非线性影响，而使整个广义对象为线性，如图 8-3 所示。所以合理地选择调节阀的流量特性，能克服对象的非线性影响

图 8-3　调节阀特性补偿示意图</td></tr>
<tr><td>从工艺配管情况考虑</td><td>考虑工艺配管情况时，可参照以下附表来选择相应的固有流量特性（理想流量特性）。

附表　考虑工艺配管状况
<table>
<tr><td>配管状况</td><td colspan="2">S=1 ～ 0.6</td><td colspan="2">S=0.6 ～ 0.3</td><td>S < 0.3</td></tr>
<tr><td>阀的工作特性</td><td>线 性</td><td>等百分比</td><td>线 性</td><td>等百分比</td><td>不宜控制</td></tr>
<tr><td>阀的理想特性</td><td>线 性</td><td>等百分比</td><td>等百分比</td><td>等百分比</td><td>不宜控制</td></tr>
</table>
从附表和图 8-2 所示可看出，当 S=1 ～ 0.6 时，所选理想特性与工作特性一致。当 S=0.6 ～ 0.3 时，若需要工作特性为线性，则应选理想特性为等百分比的阀；若需要工作特性为等百分比时，则理想特性曲线应比等百分比特性曲线更凹一些，此时可通过阀门定位器的反馈凸轮来补偿。当 S < 0.3 时，直线固有特性已畸变成为快开特性了，不利于控制</td></tr>
<tr><td>从负荷变化情况考虑</td><td>线性特性调节阀在小开度时流量相对变化量大，过于灵敏，容易引起振荡，阀芯、阀座易损坏，在 S 值小，负荷变化幅度大时不宜采用。等百分比特性调节阀的放大系数随阀门行程增大而增大，流量相对变化量恒定不变，因此，它对负荷波动有较强的适应性，在全负荷或半负荷生产时都能很好地调节，所以，在生产自动化中，等百分比的特性是应用最广泛的一种</td></tr>
</table>

三、调节阀结构材料的选择

合理选择阀的材质是一个非常重要的问题。选材一般应根据工艺介质的腐蚀性及温度、压力、气蚀、冲刷等几个方面而定，同时还要考虑其经济合理性。

（1）阀体材料的选择

阀体在耐压等级、使用温度范围和耐腐蚀性等方面，应不低于对工艺管道的要求，应优先在调节阀的定型产品中选取。目前国内调节阀阀体组件常用材料见表 8-3。

表 8-3　目前国产阀体组件常用材料

<table>
<tr><th>阀类型</th><th>阀内件名称</th><th>材料</th><th>使用温度/℃</th><th>使用压力/MPa</th><th>备注</th></tr>
<tr><td rowspan="6">一般单座、双座、角形、三通阀</td><td rowspan="3">阀体</td><td>HT20 ～ 40</td><td>-20 ～ 250</td><td>1.6</td><td rowspan="6"></td></tr>
<tr><td>ZG25B</td><td>-40 ～ 250</td><td>4.0</td></tr>
<tr><td>ZG1Cr18Ni9</td><td>-60 ～ 250 散热片</td><td>6.4</td></tr>
<tr><td>阀杆、阀芯、阀座</td><td>1Cr18Ni9</td><td rowspan="3">-60 ～ 250</td><td rowspan="3">1.6
4.0
6.4</td></tr>
<tr><td>垫片</td><td>2Cr13，1Cr18Ni9 夹石棉板</td></tr>
<tr><td>密封填料</td><td>V 形聚四氟乙烯</td></tr>
</table>

续表

阀类型	阀内件名称	材料	使用温度/℃	使用压力/MPa	备注
高温单座、双座、角形及三通阀	阀体、阀盖	ZG1Cr18Ni9、ZG25B	250～450 阀盖带散热片	4.0 6.4	
		ZG1Cr18Ni9	450～600 阀盖加长颈和散热片	4.0 6.4	只有直通单、双座有此产品
	阀杆、阀芯、阀座	1Cr18Ni9	250～600	4.0 6.4	
	垫片	2Cr13、1Cr18Ni9 夹石棉板			
	密封填料	V 形聚四氟乙烯、石墨、石棉			
低温单、双座阀	阀体、阀盖	ZG1Cr18Ni9	−60～−250 阀盖加长颈和散热片	0.6 4.0 6.4	
	阀杆、阀芯、阀座	1Gr18Ni9	−60～−250	0.6 4.0 6.4	
	垫片	浸蜡石棉橡胶板			
	密封填料	V 形聚四氟乙烯			
高压角形阀	阀体、阀盖	锻钢（25 或 40 钢） ZGCr18Ni9Ti ZGCr18Ni12Mo2Ti	−40～250	22.0	
			250～450 阀盖带散热片	32.0	
	阀芯	YG6X、YG8 可淬硬钢铬 1Cr18Ni9Ti、Cr18Ni12Mo2Ti 堆焊钴铬钨合金	−40～450		
	阀杆	2Cr13、1Cr18Ni9			
	阀座	2Cr13、可淬硬钢			
	密封填料	V 形聚四氟乙烯			
蝶阀	阀体、阀板	RT20 40	−20～250	0.6	
		ZG1Cr18Ni9，ZG1Cr18Ni9Ti，ZGCr18Ni12Mo2Ti	−40～−200		
	阀体	ZG2Cr5Mo 阀体外部可采用耐热纤维板	200～600	0.1	
	阀板、主轴	12Cr1MoV，1Cr18Ni9			
	轴承	GH132 及 GH132 渗铬		0.1	
	密封填料	高硅氧纤维（SiO_2 96% 以上）			
	阀体	ZG25 与介质接触的内层为耐热混凝土，外层为硅酸铝纤维或高硅氧纤维	600～800		
	主轴	Cr22Ni4N、Cr25Ni20Si2、Cr25Ni20			
	阀板	Cr19Mn12Si2N			
	轴承	GH132 及 GH132 渗铬			
波纹管密封阀	阀体、阀盖	ZG1Cr18Ni9	−60～150	1.0	
	阀杆、阀芯、底座波纹管	1Cr18Ni9			
	密封填料	V 形聚四氟乙烯（加在波纹管上部）			
小流量阀	阀体、阀杆、阀芯	1Cr18Ni9	−60～250	10	
	垫片	08，10 钢			

对水蒸气、含水较多的湿气体、易燃易爆的流体，不宜选用铸铁阀体。环境温度低于 -10℃的场合，阀内流体在伴热蒸汽中断时会发生冻结的场合，也不应选用铸铁阀体。

化学腐蚀是一个非常复杂的问题。工艺介质种类、浓度、温度及流速不同，对材料腐蚀的程度也不同。因此，一定要根据流体的具体情况选择耐腐蚀材料。

（2）阀内件材质的选择

阀内件是指阀芯和阀座等部件。阀芯、阀座耐腐蚀材料常用的有普通不锈钢（1Cr18Ni-9Ti），耐腐蚀程度要求较高的可采用钼二钛（Cr18Ni12Mo2Ti），在大部分腐蚀介质中均能采用全钛控制阀。同时，对腐蚀性流体，也应根据流体的种类、浓度、温度、压力的不同，选用合适的耐腐蚀材料。

另外，史太莱合金是钨铬钴合金，含钴 75% ～ 90%、铬 6% ～ 25%、钨少量，是耐磨损性能很强的材料，堆焊于阀芯和阀座的表面上能增强耐磨性。

（3）填料选择

调节阀的填料装于上阀盖填料室内，其作用是防止阀内介质因阀杆移动而向外泄漏。最常用的填料是聚四氟乙烯填料，它具有摩擦因数小、密封性能好和耐腐蚀性能好的优点，但耐温差，寿命较短，不能用于熔融状碱金属、高温的氟化氯和含有氟元素等介质。

调节阀用的填料列于表 8-4 中，可以根据流体性质、温度、压力进行选用。

表 8-4　调节阀用填料

填料号	类型	温度/℃	最高压力/MPa	用途
P-1	V 形聚四氟乙烯填料（一般防腐）	-180 ～ 200	4	各种化学药品和酸、碱（除熔化的碱金属）等几乎所有流体。用于禁止油类的工作场合。填料压盖上出现结晶和含有泥浆的不能用
P-2	圆锥形聚四氟乙烯填料（防腐）	-100 ～ 150	1	同 P-1，但工作压力不大于 1MPa
P-3	石棉和石墨的橡胶填料（防热）	400	—	适用于水蒸气，高温脂肪族烃（石油），脂肪醚类，动、植物油和氟利昂
P-4	因科镍钢增强石棉石墨填料（高温高压用）	≤ 600	35	与 P-3 相同，而且能经受更高的温度和压力
P-5	石棉加聚四氟乙烯填料（防腐）	-180 ～ 280	—	各种化学药品，酸、碱等所有流体。不可用于强酸，以及 P-1 填料不适用的场合
P-6	石棉加聚四氟乙烯填料（适用液态氧）	-180 ～ 260	—	液态氧、氧气、聚四氟乙烯填料不适用的流体
P-7	聚四氟乙烯编织填料（防腐防污染）	-180 ～ 200	—	同 P-5
P-8	聚四氟乙烯烃蜡处理的石棉石墨填料（适用于强酸）	400	—	适用于强酸

注：本表摘自吴忠仪表厂引进日本山武公司“调节阀填料 V-40”。

柔性石墨填料是一种新型填料。它具有密封性、自润滑性好，耐腐蚀，耐高、低温（-200 ～ 600℃）和受温度变化影响较小等特点。但它对阀杆摩擦力大，通常要使用阀门定位器才能很好工作。它不能用于高浓度、高温的强氧化剂，如浓硝酸、浓硫酸等介质。柔性石墨填料耐腐蚀性能列于表 8-5 中，可根据其适用范围进行选用。

表 8-5　柔性石墨耐化学腐蚀性能表

序号	化学品种类	浓度 /%	温度 /℃	序号	化学品种类	浓度 /%	温度 /℃
1	醋酸	全范围	全范围	16	氯化钠	全范围	全范围
2	硼酸	全范围	全范围	17	氯酸钾	0 ～ 10	60
3	铬酸	0 ～ 10	98	18	次氯酸钠	0 ～ 25	室温
4	盐酸	全范围	全范围	19	氟	全范围	149
5	硫化氢	全范围	全范围	20	氯	全范围	室温
6	硝酸	0 ～ 10	85	21	溴	全范围	室温
7	硝酸	浓	不可使用	22	碘	全范围	全范围
8	草酸	全范围	全范围	23	水	—	全范围
9	磷酸	0 ～ 85	全范围	24	水蒸气	—	全范围
10	硬脂酸	0 ～ 100	全范围	25	矿物油	0 ～ 100	全范围
11	硫酸	稀	170	26	丙酮	0 ～ 100	全范围
12	硫酸	浓	不可使用	27	苯	0 ～ 100	全范围
13	氢氟酸	全范围	全范围	28	汽油	0 ～ 100	全范围
14	氨水	全范围	全范围	29	二甲苯	0 ～ 100	全范围
15	氢氧化钠	全范围	全范围	30	四氯化碳	0 ～ 100	全范围

第二节　气动调节阀

一、气动调节阀的工作原理及结构

气动调节阀由气动薄膜执行机构和阀体两部分组成。气动薄膜执行机构主要由波纹膜片、平衡弹簧和推杆组成，其外形结构如图 8-4 所示。执行机构是执行器的推动装置，它接收标准气压信号后，经膜片转换成推力，使推杆产生位移，同时带动阀杆及阀芯动作，使阀芯产生相应位移，通过改变阀门的开度，来达到控制流体流量之目的。

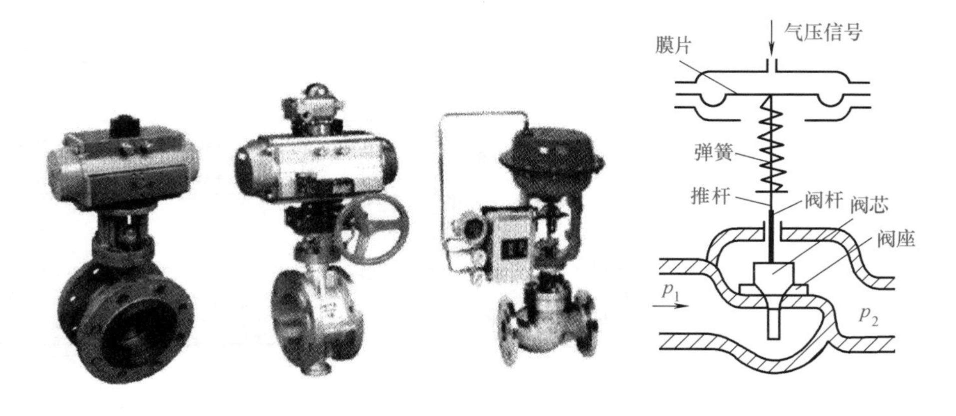

图 8-4　气动调节阀外形结构示意图

气动薄膜执行机构有正、反两种作用，其动作原理是相同的。当信号压力增大时，执行机构的推杆向下动作的叫作正作用式执行机构，信号压力是通入到波纹膜片的上方。当信号压力增大时，执行机构的推杆向上动作的叫作反作用式执行机构，而信号压力是通入到波纹膜片的下方。

调节阀有气关、气开两种形式，由气动执行机构的正、反作用和调节阀的正、反安装来决定。气关式调节阀有信号压力时阀关，无信号压力时阀开；气开式调节阀有信号压力时阀开，无信号压力时阀关。

调节阀的阀体都铸有公称压力、口径、介质流向等标志。若阀体上的字体是正的，阀芯和阀体属于正装，阀杆向下移时阀门关小。若阀体上的字体是倒的，阀芯和阀体属于反装，阀杆向下移时阀门打开。通过观察阀体上字体的倒、正，可判断调节阀属于正装还是反装。阀体正装、阀上字体也是正的，且配用的执行机构是正作用式，调节阀是气关式；阀上字体是倒的就是气开式。小口径或角形阀，配用正作用执行机构，调节阀为气关式；配用反作用执行机构，调节阀为气开式。

二、气动调节阀故障判断及维修

图 8-5 对气动调节阀主要部件可能出现的故障及产生原因进行了介绍，气动调节阀出现故障时，可按图中所示进行检查。

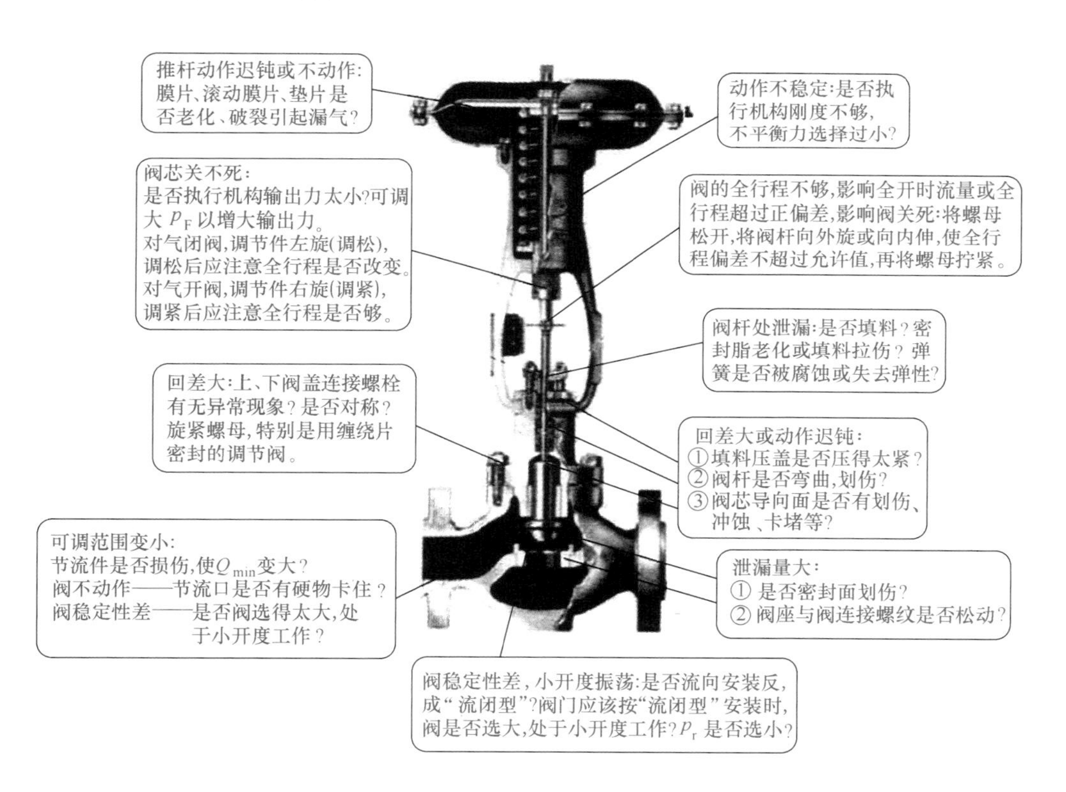

图 8-5 气动调节阀主要部件故障检查示意图

（1）气动调节阀不动作

先检查供气是否正常。供气管路泄漏，供气压力下降、管路堵塞，过滤器或减压阀堵塞，压缩空气中含有水分，都会使气动调节阀不动作。若供气正常，应检查前级有没有信号送过来，可检查电气阀门定位器的输入、输出信号来判断。用万用表测量定位器的输入电流正常，说明定位器之前的电流回路是正常的。若定位器没有输出，可检查定位器的供气是否中断、空气压力是否过低；检查定位器的波纹管是否泄漏导致没有输出压力；定位器中放大器的节流孔堵塞，压缩空气含水并在放大器球阀处积聚，也会导致定位器出现有气源但没有输出的故障。

定位器有输出但调节阀不动作的原因有：气动执行机构的弹簧因长期不用被锈死，气动执行机构的膜片损坏，调节阀阀杆变形、弯曲或折断，阀芯与阀座卡死，密封填料压盖太紧使阀杆的摩擦过大而卡住，此时可稍稍松开填料压盖的螺母试试。

气动调节阀不动作故障的检查及处理步骤如图 8-6 所示。

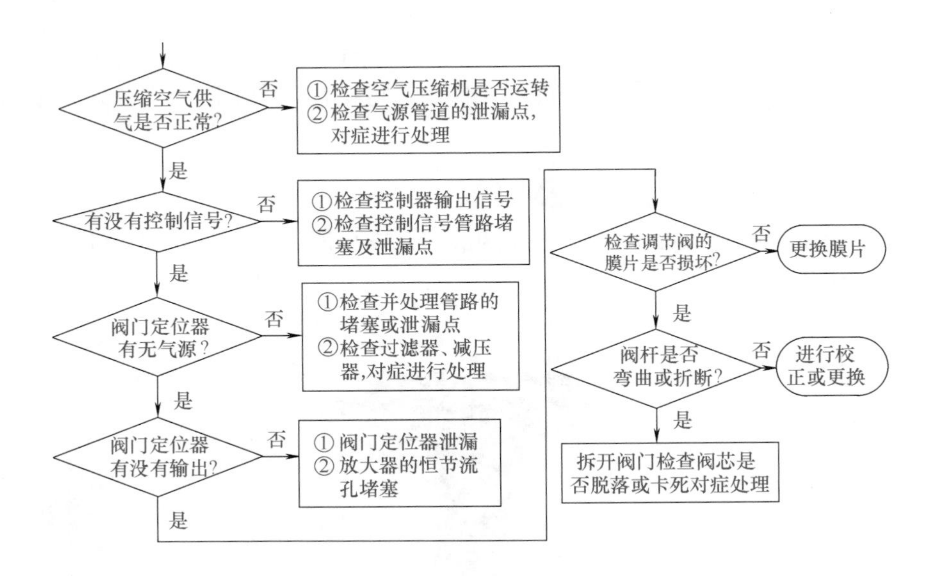

图 8-6 气动调节阀不动作的检查及处理

（2）气动调节阀动作迟钝

该类故障大多是由于阀杆、阀芯的摩擦力增大引起，可通过认真观察来发现。检查填料压盖是否压得太紧，若太紧，则可松开压盖进行调整，或滴点油对填料进行润滑来减少阀杆的摩擦力。经检查，阀杆有弯曲、变形或划伤的现象，应更换阀杆。检查阀门外部没有发现问题，如果仍怀疑阀有问题，可对阀芯、阀座进行检查，检查阀芯导向面是否有划伤、腐蚀、卡堵等现象；对阀芯、阀座清洗和清除堵塞物。

仪表供气压力低，阀门定位器响应性能差，都可能使气动调节阀动作迟钝，或全行程时间长。可提高压缩空气供气的压力和质量，对阀门定位器进行调校或更换来解决。

（3）气动调节阀出现波动、振荡或振动

在现场，气动调节阀出现的波动、振荡、振动现象有时是混杂交织在一起的，并且出现的原因及现象也有相似之处，如剧烈的波动可能就是振荡，强烈的振荡可能就是振动，有时很难区分。因此，将其归为同一类故障进行介绍（见表 8-6）。

表 8-6 气动调节阀的故障形式

类别	说明
气动调节阀整体振动	气动调节阀整体振动，即整个调节阀在管道或基座上频繁颤动，原因有：被控管道内的流体压力或流量波动很大，调节阀前后压差超过了额定压差，管道或基座振动大，引起整个调节阀振动；调节阀固有频率与系统固有频率接近会产生共振，使管道跳动，导致阀门的附件松动，并发出较大的响声，严重时还会造成阀杆断裂，阀座脱落，调节阀无法工作。对引起振动的管道和基座进行加固，来消除振动，且也有助于消除外来频率的干扰

续表

类别	说明
气动调节阀的阀杆上下频繁移动	先观察调节阀是否经常工作在小开度下。调节阀在接近全关闭位置时振荡，与工艺人员确认调节阀是否选大了，导致阀门长期处于小开度状态而出现振荡。 仪表气源含油、有微尘，会在电气转换器的喷嘴、挡板处逐渐积聚，时间长了积聚的污物太多时，排气通道不畅通，也会使调节阀在工作时产生波动。可清洁喷嘴、挡板来解决。 阀门定位器灵敏度过高，也会使调节阀工作不稳定而产生波动，可试调一下阀门定位器的灵敏度，观察阀门的波动有没有改观。阀门定位器正常但波动仍存在，说明调节阀有问题，检查执行机构的膜片是否漏气。膜片损坏漏气，定位器就会不停地调整输出，向气室内补充空气，导致调节阀不稳定。 有的控制系统要求调节阀的响应速度不能太快，如果阀的响应速度较快，或者是在快速响应系统中，当调节阀带定位器来加快速度时，很容易超调而产生振荡。可通过降低响应速度来解决，可将直线特性的阀改为对数特性的阀，或将定位器改用转换器或继动器
调节阀自身稳定性差，出现振荡	调节阀自身稳定性差出现振荡，可用不平衡力变化较小的阀门来代替原来的阀门，如用套筒阀代换单、双座阀。调节阀的填料压得太紧，会增大阀杆的摩擦力，使阀门动作迟滞而产生振荡；可观察阀杆上、下移动是否平稳，不平稳则检查填料是否过紧，适当旋松填料压盖的螺母，或加油润滑填料来减少阀杆的摩擦力。 调节阀的稳定性与阀关闭时的不平衡力 F_t 对阀的作用方向有关。调节阀使用流闭型阀芯，阀关闭时的不平衡力 F_t 对阀的作用方向是将阀芯压闭，阀的稳定性就差，容易使调节阀产生振荡；可通过改变阀的安装流向，把将阀芯压闭的 $+F_t$ 变成将阀芯顶开的 $-F_t$，来消除调节阀的振荡
不能改变调节阀的流向	若不能改变调节阀的流向，可通过增大弹簧范围来解决。弹簧范围是指一台阀在静态启动时的膜室压力到走完全行程时的膜室压力，如 20 ～ 100kPa，表示这台阀门静态启动时的膜室压力是 20kPa，关闭时的膜室压力是 100kPa。气动薄膜执行机构铭牌上标明的信号工作压力，就是弹簧范围的标称值，如 20 ～ 100kPa 的弹簧可调范围为 0 ～ 80kPa，其间可以有差值为 80kPa 的各对数值。为了得到更大的输出力以适应负载变化的要求，应尽量选用范围大的硬弹簧。对薄膜执行机构可充分利用定位器 250kPa 的气源，选用 60 ～ 180kPa 的弹簧，它对气开阀有 60kPa 的输出力，对气闭阀有 70kPa 的输出力，弹簧范围为 120kPa。而 20 ～ 100kPa 常规弹簧范围的弹簧，配 140kPa 的气源时的输出力，气开阀为 20kPa，气闭阀为 40kPa，无论从输出力还是从刚度上讲，选择 60 ～ 180kPa 的弹簧范围远远优于常规弹簧范围
膜室弹簧预紧力不够	膜室弹簧预紧力不够，会在低行程中产生振荡。薄膜执行机构弹簧预紧力的调整就是执行机构的零位调整。可按以下步骤进行： ①脱开阀芯连接；在没有信号的状态下，对阀杆位置做好记号。 ②充分放松预紧弹簧后，加上气压信号 20kPa。观察阀杆是否动作，若不动作，则应继续放松预紧弹簧，直到阀杆能动作。然后压紧预紧弹簧，直到阀杆回到原来所记录的位置。 ③重复进行步骤②，直到信号在零位和低于零位变化时，用手能感觉到阀杆有动作即可。 ④气开阀给膜室加上稍大于零位的信号，把阀芯推到关的位置，然后连接执行机构。气关阀给膜室加上稍小于满量程的信号，把阀芯推到关的位置，然后连接执行机构。 ⑤给膜室加气压信号，检查阀门的行程是否合乎要求。如果行程差得不是太多，可以连上阀门定位器进行调校；如果行程差得太多，可按以下方法处理。 气压信号还不到满量程，阀门就已开完，说明行程过大，可能是弹簧推力不足，应检查弹簧是否老化，装配是否有问题。如果行程不足，气关阀可对阀芯与执行机构的连接距离进行调整；气开阀应考虑弹簧装配是否有问题
执行机构刚度不够	执行机构刚度不够，会在全行程中产生振荡。提高膜室的工作压力，加大膜室的有效面积，增大弹簧系数，减小膜室的体积都能提高执行机构的刚度。 执行机构输出力矩过小，不能克服阀芯的不平衡力和填料的摩擦力，使调节阀出现波动，这时除增加弹簧预紧力外，可适当松动填料以减小摩擦力，还可适当提高供气压力来解决或应急

对于调节阀的波动、振荡现象必须结合整个控制系统进行分析，找出导致调节阀波动的真正原因，对症进行处理，才能从根本上消除调节阀波动、振荡的故障。

（4）气动调节阀泄漏的检查及处理

① 外部泄漏比较容易发现，如填料压盖没有压紧，四氟填料老化变质，密封垫片损坏，阀体与上下阀盖间紧固螺母松动，等等。填料压盖没有压紧，除螺栓自身松动原因外，大多是填料没有加够，在紧固前应增加填料，采取双层或多层混合填料的方式效果较好。四氟填料受温度的影响容易老化变质，可用柔性石墨填料来代换；没有使用密封油脂的阀门，可试加密封油脂来提高阀杆的密封性能。

更换新的填料时要把旧的填料取出来，其步骤是：把执行机构和阀体分开；拆卸上阀盖后取出阀杆和阀芯；用一截比阀杆稍粗点的管子，从填料底部插入，用力把旧填料从上阀盖顶部顶出来。而分离式的填料不用拆卸执行机构，用尖头工具把旧填料挑或钩出来。

用在压力高、压差大场合的调节阀，阀杆处很容易泄漏，更换填料或压紧填料压盖后，用不了多长时间又出现泄漏，应核实调节阀的流向。“流闭型”介质是从阀芯的大端往小端流动，“流开型”介质是从阀芯的小端往大端流动。“流闭型”的可改为“流开型”来提高阀杆密封效果。该方法实际就是把阀芯前后压力 p_1、p_2 对换，当 p_2 处于阀杆端时，阀杆的密封性好，如图 8-7 所示。

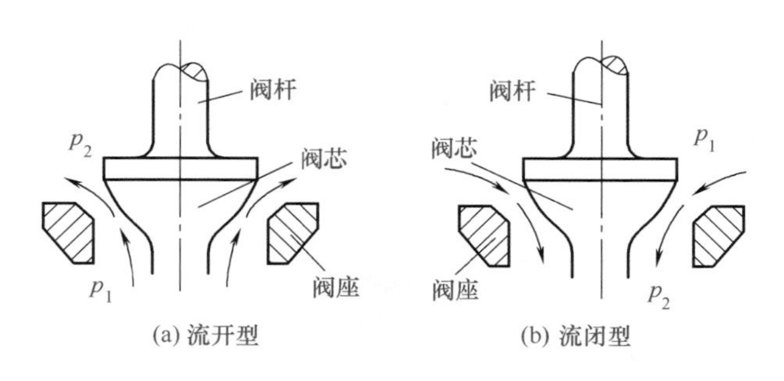

图 8-7　调节阀阀芯与介质流向示意图

② 内部泄漏最明显的现象就是阀门关不死。阀内有异物导致阀门关不死的故障，大多发生在新安装使用的阀门上，如工艺管道吹洗时，没有关闭调节阀前、后的切断阀，或没有走旁路。很多时候需要将阀门拆卸下来进行检查、清洗和去除堵塞物。易结晶或易堵塞的场合下，可改变阀门的结构形式来减少堵塞现象，可将直通单、双座阀改为套筒阀，用有自洁性能的角形阀。

调节阀前后的压差大，而执行机构输出力又不够时也会出现内漏故障。应检查压差大的原因，是工艺的因素，还是选型有误。增大气动执行机构的输出力，是提高密封性能的常用方法，如调整弹簧的工作范围，改用小刚度的弹簧，或增设定位器，调高气源压力；仍然没有改观时，只能改用更大推力的气动执行机构。

阀芯或阀座腐蚀、磨损是阀门内漏的主要原因。维修时需要对受损的阀芯、阀座进行修复或更换，调节阀是由于汽蚀磨损的，可以改用流闭型阀门。在调节阀出口加装节流孔板，来保持调节阀下游侧压力超过液体的蒸汽压，可防止高流速低压区形成的气泡；对于大压差使用，可采用两台调节阀串联来分配和限定阀门的压降。

（5）气动调节阀不能达到额定行程

调节阀使用一段时间常会出现此故障，先对阀门的行程进行调整。达不到要求，通常是执行机构或附件泄漏，执行机构弹簧的刚性达不到要求，推杆或阀杆弯曲、变形，阀芯损坏或阀芯、阀座内有杂物，介质流动方向不正确，填料摩擦力过大等原因引起的。损坏的弹簧、推杆、阀杆、阀芯、阀座应进行更换。

检查供气压力是否满足要求；检查执行机构或附件是否存在泄漏，可用肥皂水进行检查。介质流向不正确，进行反向即可。填料摩擦力过大时，可松开填料压盖，进行润滑、转动阀杆使阻力减小。不能忽视阀门定位器或电气转换器的正确调校，还应检查手动机构或行程止挡器的位置是否正确，必要时进行调整。

（6）气动调节阀维修

① 气动调节阀常见故障、原因及处理方法，见表 8-7 ～表 8-9。

表 8-7　电气转换器常见故障及处理方法

故障现象	故障原因	处理方法
气源压力波动	减压或供气管网有污物	清除污物
	反馈通道堵塞，反馈气量小	消除堵塞
	磁电转换部分有摩擦	消除摩擦
有输入信号时，输出信号小或没有输出	放大器有故障	检修放大器
	气阻堵塞	疏通节流孔
	喷嘴挡板位置不正	重调平行度
	信号线接反	正确接线
	线圈断开或短路	更换线圈
	背压或输出漏气	消除漏气
输出振动	输出管线长度不够	在输出管线上加气容
	喷嘴挡板有污物	清除污物
	放大倍数太高	重新调整
	输入信号交流分量过大	并联电容
无输入时有输出	背压气路堵塞	消除堵塞
	切换阀位置不正确	恢复“自动”位置
	放大器有污物	清洗放大器
输入 100% 信号时，输出小于 100kPa	输出管线漏气	消除漏气
	平行度不好	重新调整喷嘴挡板位置
	供气量不足	调整供气压力
	磁钢退磁	重新充磁或更换磁钢

表 8-8　电气阀门定位器故障及处理

故障现象	故障原因	处理方法
气源压力波动	减压阀或供气管网有污物	清除污物
	反馈通道堵塞，反馈气量小	消除堵塞
	磁电转换部分有摩擦	消除摩擦
有输入信号时，输出信号小或无输出	放大器有故障	检修放大器
	气阻堵塞	疏通节流孔
	喷嘴挡板位置不正	重调平行度
	信号线接反或接触不良	正确接线
	线圈断开或短路	更换线圈
	背压或输出漏气	消除漏气
输出不稳定	放大器、气阻或背压管路有污物	清除污物
	调节阀杆摩擦过大	消除摩擦
	膜头阀杆与膜片有轴向松动	消除松动
	放大倍数太高	重新调整
	输入信号交流分量过大	消除交流分量
	喷嘴挡板组装不良	调整挡板对喷嘴的中心线
无输入时输出压力不下降	背压气路堵塞	消除堵塞
	切换阀位置不正确	恢复“自动”位置
	放大器有污物	清洗放大器
线性度不好	背压漏气	消除漏气
	喷嘴挡板平行度不好	重新调整喷嘴挡板位置

续表

故障现象	故障原因	处理方法
线性度不好	膜头径向位移大	重新检修
	可动部件有卡碰现象	重新调整、消除卡碰
	放大器有污物	清除污物
	调节阀本身线性差	重新调整
	紧固件松动	消除松动
	安装调整不当	重新调校
回程误差大	紧固部件松动	紧固各部件，重新调校
	滑动件摩擦力大	消除摩擦
	力矩转换线圈支点错动	更换力矩转换组件

表 8-9　气动调节阀常见故障及处理

故障现象		故障原因	处理方法
阀不动作	定位器有气流，但无输出	定位器中放大器的恒节流孔堵塞	疏通
		压缩空气中有水分凝聚于放大器球阀处	排出水分
	有信号无动作	阀芯与衬套或阀座卡死	重新连接
		阀芯脱落（销断了）	更换销
		阀杆弯曲或折断	更换阀杆
		执行机构故障	更换执行机构
阀的动作不稳定	气源信号压力一定，但调节阀动作不稳定	定位器有毛病	更换定位器
		输出管线漏气	处理漏点
		执行机构刚度太小，推力不足	更换执行机构
		阀门摩擦力大	采取润滑措施
阀振动，有鸣声	调节阀接近全闭位置时振动	调节阀选大了，常在小开度时使用	更换阀内件
		介质流动方向与阀门关闭方向相同	流闭改流开
	调节阀在任何开度都振动	支撑不稳	重新固定
		附近有振源	消除振源
		阀芯与衬套磨损	研磨或更换
阀的动作迟钝	阀杆往复行程动作迟钝	阀体内有泥浆和黏性大的介质，有堵塞或结焦现象	清除阀体内异物
		四氟填料硬化变质	更换四氟填料
	阀杆单方向动作时动作迟钝	气室中的波纹薄膜破损	更换波纹薄膜
		气室有漏气现象	查找处理漏源
阀的泄漏量大	阀全闭时泄漏量大	阀芯或阀座腐蚀、磨损	研磨或更换
		阀座外圆的螺纹被腐蚀	更换阀座
	阀达不到全闭位置	介质压差太大，执行机构输出力不够	更换执行机构
		阀体内有异物	清除异物
填料及连接处渗漏	密封填料渗漏	填料压盖没压紧	重新压紧
		四氟填料老化变质	更换四氟填料
		阀杆损坏	更换阀杆
	阀体与上、下阀盖连接处渗漏	紧固六角螺母松弛	重新紧固
		密封垫损坏	更换密封垫片

② 气动调节阀故障实例，见表 8-10。

表 8-10　气动调节阀故障现象、检查分析及处理方法

调节阀阀卡故障		
故障现象	故障检查分析	处理方法
某石化装置流量调节系统调节阀（FISHER 调节阀）。工艺人员反映控制室给调节阀阀位信号但是阀不动作	现场检查发现连接定位器与阀杆的销断了，无法将输出送给调节阀，导致阀不动作。由于工艺管线振动较大，整个阀体及定位器随管线振动，导致销固定不牢固脱落，导致调节阀卡住不动作	更换销
合成气裂化气脱硫塔液位控制是 LV402 气动调节阀，溶液中含有硫膏。某日，工艺人员反映 LV402 调节阀关不到位，液位保持不住	检查、调校调节阀，阀关到 75% 就不动了，反复几次仍是关不到位，分析因 LV402 是套筒阀，介质中含有硫膏，黏度又很大，在套筒表面附着多了，就会使阀卡住，关不到位	拆检、清除套筒表面的硫膏回装后，调校正常
某液位控制系统调节阀在改变输入信号大小时，液位无变化	现场观察发现，调节阀在接收输入信号时阀位没有变化，现场排除了定位器的故障，判定为调节阀卡	将阀解体后清洁阀内卫生，重新安装后好用
某装置一台进料调节阀，该阀在 50% ~ 100% 动作正常，50% 以下不动作	确认工艺条件允许后，将该阀从中间解体，发现阀芯与套筒之间有异物卡住，导致调节阀不能动作	将阀芯与套筒分开后，进行研磨处理，回装调节阀后，该阀正常运行
调节阀阀芯、阀内件故障		
故障现象	故障检查分析	处理方法
空分车间基于节水考虑，将空冷塔改用循环水，在不停车的条件下，把进水口改在调节阀（气动双座调节阀）的上游侧，投入自动后，调节阀振动很大，有一天出现调节阀指示全开，但液位过高以至于水泵跳车，空分空冷塔液位调节失控阀全开而液位不降	根据调节阀虽然指示全开，但液位不降这一现象，判断可能是调节阀阀芯脱落，因调节阀振动过大而振脱阀芯。工艺人员打手动并把阀搭副线，对阀进行解体检查，发现调节阀确实阀芯脱落，重新固定阀芯，安装好阀，同时要求工艺人员利用停车机会尽快更改工艺管线，消除阀的振动	工艺人员利用停车机会更改工艺管线，消除阀的振动后，以后再未出现此现象
某石化装置一台流量调节阀投用后工艺人员反映该阀调节作用不明显	检查确认为阀芯结构不合理，无法起到调节作用	结合工艺条件，进行阀芯结构的重新选型，安装后调节阀运行正常，调节和控制作用正常
某化工厂锅炉装置有一高压减温水阀，全关后仍然有漏量	确认为调节阀本体故障，将该阀阀芯取下，发现该阀芯密封面被高压减温水冲刷，损坏严重	更换该阀芯，回装后该阀正常使用
一台蒸汽调节阀，在冬季有不能全开和全关的现象，并且泄漏量很大	分析：首先到现场有用信号发生器检查，发现阀门动作的力量很大，判断故障不是执行机构的问题，由工艺情况判断，问题可能在阀芯上。从腰兰处解体阀门，取出阀芯，发现阀芯弯曲	矫正后故障消失
一台蒸汽调节阀，操作人员反映调节器偏差跟踪，但始终消除不了	分析：检查信号回路，无问题；校验调节阀，行程及阀位都正确。从外观看无问题。此现象有可能是阀芯脱落，后经拆检确是阀芯脱落。因阀芯脱落，虽然执行机构动作，但内件不动作，因此不起调节作用，偏差也就消除不了	恢复后投用正常
合成氨一台调节介质为高压锅水的调节阀（气开阀），在阀开度为 0 时，仍然还有流量	分析引起这种现象的主要原因有：调节阀未全关、调节阀内件磨损、副线有漏量。现场检查调节阀已经全关、副线无漏量，将调节阀拆检后发现调节阀阀杆头部和阀座磨损严重	更换阀内件后，投运正常
膜片故障		
故障现象	故障检查分析	处理方法
工艺人员在对空分装置 Y 套分子筛进行操作时，V-1223Y 调节阀打不开	检查现场调节阀的气源部分，观察气源压力表发现气源压力没有，但电磁阀的输入输出回路一切正常，然后通过对现场控制柜内手动开关的反复试验，发现气路不太正常。通过仔细观察分析，发现还是现场调节阀有问题。由于 V-1223Y 调节阀安装位置很高，当仪表维护人员登上高处把调节阀的减压阀断开后，发现减压阀侧的气路正常，调节阀侧的气路不正常。经过眼观、耳听、手摸，发现调节阀的膜头有漏气现象，进一步判断是调节阀膜片漏。与工艺操作人员进行配合，将调节阀膜头部分拆开检修，发现膜片破裂	替换膜片，调节阀膜片重新安装完毕，调节阀恢复正常

膜片故障		
故障现象	故障检查分析	处理方法
某工厂在线使用的大口径调节阀，在运行当中经常出现膜片撕裂和支架断裂故障	膜片撕裂一般认为是橡胶膜片的质量问题或安装问题，后更换名牌厂家的优质膜片，仍然解决不了问题。进而解剖调节阀，怀疑是膜片托盘下沿有毛刺，用锉刀处理，甚至采用机械方法处理也解决不了问题	从膜片断裂的裂痕来看，是在膜片直立部位上半部，由于此处抗折能力较差，设想如把托盘加厚，使膜片受力折叠处下移至弯曲部位，以增加膜片的抗折能力，按照这一想法加厚托盘后，投入运行效果很好。膜片由于经不住反复弯折而断裂，致使托盘下弹簧突然放松而使支架受不平衡力而崩裂，从而造成支架断裂
某流量控制系统调节阀突然全关，被控量降到零，造成系统被迫停车事故	检查调节器输出正常，但调节阀全关，打手轮操作，配合工艺人员恢复正常生产。将定位器输出管拆下，用手堵上，掀动喷嘴挡板机构，输出信号可达 0.1MPa，说明问题可能出在调节阀上，向膜头送气信号，膜头泄气孔有气体放出，证明膜片破了	更换调节阀膜片后投入运行，使系统恢复正常
调节阀全开后流量低	用信号发生器在阀门定位器处加全开信号，发现阀行程不够，排除流量仪表故障，初步认定为阀内有异物卡住，关闭前后截止阀，用副线控制，打开导淋阀排放物料后，拆开调节阀腰兰，发现阀体内并无杂物。再次向定位器加全开信号，发现执行机构本身行程不够。拆开膜头，发现膜片上部有很多积冰。因该阀的上部防雨帽已经破损，夏季雨水进入膜头内，待冬季气温降低，雨水结冰，致使阀行程不足	清除积冰后，回装阀体，阀运行正常
某石化装置一台流量调节阀开不到位，DCS 给百分之一百，调节阀开度只到百分之七十	检查 4 ～ 20mA 信号正常，放大器拆了，里面气路膜片有氧化物，清除回装后调节阀还是开不到位；换新的阀门定位器，故障未解除。检查膜头放空帽，阀放空帽损坏，用 6mm 铜管接的，拆开发现管堵了	通开后阀开度正常

设计不当故障		
故障现象	故障检查分析	处理方法
在某调节系统运行中，发现当偏差大时，阀开度达极限值时，难以进行自动调节	在调节系统的设计时，由于工艺条件所提供的技术数据不准确，或由于计算调节阀的流通能力有差错等，引起调节阀口径选择过小，而造成调节系统无法进行调节。装置在生产过程中无法更换调节阀，应急的办法是打开调节阀的旁通，使其部分恒定调节量自旁通阀通过，其过渡过程曲线如图 8-8 所示。这就相当于晶体管电路中的静态工作点的设置（直流分量），故放大器的输出即为直流和交流信号的叠加 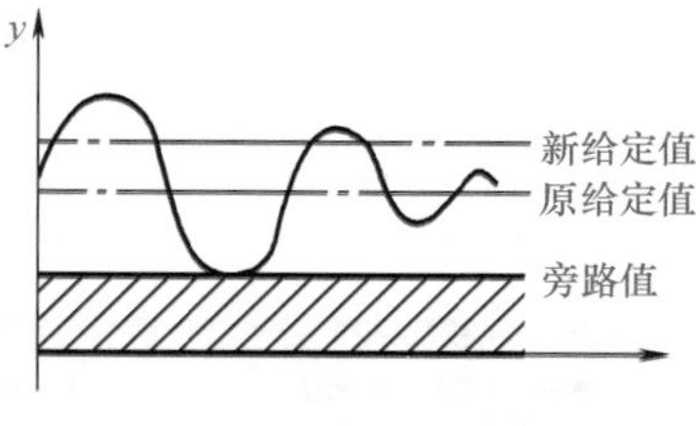 y 新给定值 原给定值 旁路值 图 8-8　带旁路的过渡过程曲线	据系统情况，使调节阀的旁通有合适的开度，以适当的旁通量来补充系统的调节量。待装置计划检修时更换口径合适的调节阀

阀体附件故障实例（定位器、电气转换器、电磁阀）		
故障现象	故障检查分析	处理方法
空分空压机防喘振阀（汽缸阀）电磁阀（三通电磁阀）卡，总是处于打开状态，造成调节失灵	检查定位器正常，电磁阀带电，放空的电磁阀一直处于排气状态，不正常，放空的电磁阀不应排气，用螺丝刀碰动阀芯，阀芯回位，多次试验后，时好时坏，阀芯卡	更换新的电磁阀后，调节阀受控正常

续表

阀体附件故障实例（定位器、电气转换器、电磁阀）		
故障现象	故障检查分析	处理方法
在一次检修后开车过程中，一台压力调节阀打不开，压力太高，导致安全阀起跳	检查故障原因时发现手动限位开关被强制，电磁阀未得电，调节阀没有打开，因操作人员疏忽，没有将复位开关及时复位导致电磁阀没有得电	将开关复位，电磁阀得电后调节阀打开
一台蒸汽调节阀（气开、机械式阀门定位器），DCS 输出 50%，但现场全关，不受控	分析引起这种现象的主要原因有：气源故障、阀门定位器放大器故障、阀门电 / 气转换部分故障、反馈单元故障。检查上述各个部分，发现阀门定位器反馈杠杆脱落	恢复后正常
工艺人员反映流量调节阀开度不够	检查发现定位器故障输出达不到最大，更换定位器投用后发现该阀变成两位式调节，定位器怎么调也无法起到作用。后经检查发现定位器凸轮的作用形式与原有的不同	改变凸轮的作用形式后该阀投用一切正常
某装置有一台正在运行的调节阀，控制室给出控制信号后，现场调节阀却不动作	确认控制室发出控制调节阀的电流信号到达阀门定位器，检查无误后，再检查阀门定位器的放大器恒节流孔、喷嘴及背压管是否阻塞，发现恒节流孔阻塞	清洗恒节流孔后，调节阀运行正常
某石化装置一台温度调节阀当“开”信号时，调节阀开得很慢，只能开到 50%。“关”信号时，调节阀关得非常慢，从开 50% 到全关需要 10min 以上。此状态的调节阀根本不能起到调节作用	根据故障现象分析，调节阀能开但开不到位，能关但反应太慢了。初判为调节阀排气阻塞故障。此阀为进口调节阀，作为温度调节正常的阀位波动并不大。可能的故障有三点：调节阀膜头排气口阻塞、气动放大器恒节流孔阻塞、电 / 气阀门定位器排气孔阻塞。按所判断的逐一检查，查出为电 / 气阀门定位器排气孔阻塞	把排气丝头拆下疏通，重新调校，调节阀全程开关自如，好用
某石化装置一台调节冷却水的调节阀（SIEMANS6DR4010 智能阀门定位器），调节阀输出波动	分析引起这种现象的主要原因有：调节器输出波动、阀门定位器故障。检查调节器输出不波动。检查阀门定位器，一直上下小幅度波动	更换阀门定位器后，故障消失
一台流量调节阀（气动薄膜调节阀），工艺人员反映手动、自动状态下均振荡	现场测量回路输出电流，DCS 卡件输出电流稳定，检查气源信号输出稳定，定位器输出气信号不稳定，判断结果为定位器的放大器故障	更换定位器后正常
焦化放火炬调节阀 HVl502 回讯器失灵，经常出现回讯漂移现象，而现场调节阀阀位不动作	现场分析为定位器的回讯器故障	与工艺人员联系，现场改副线控制，更换新的定位器调校准确后，调节阀运行正常
柴油加氢高分罐液面 LV-8109 全关，造成高分罐液位升高，液位开关高三取二联锁动作，以至全装置停车。高分罐内的介质是柴油、汽油、氢气，罐内压力高达 7.0MPa	现场检查判断液位开关高三取二信号确实发出，从而证实液位升高是由调节阀 LV-8109 关造成的，后经工艺人员确认操作人员没有给出关阀信号。检查调节阀和定位器发现调节阀全关是由于定位器失灵造成的，而定位器失灵的原因是风线进水	排出风线内的积水，加装气动三组件，更换分罐过滤器硅胶，再未发生因风线进水而停车现象
某石化装置调节阀关不严，影响工艺进行	现场检查阀没有关到位，调阀门定位器零点，阀杆向下关到位。投运试用一会，调节阀又关不严，阀门定位器零漂，仔细检查阀门定位器发现量程调整锁紧螺钉没有拧紧	重新调校零点、量程，拧紧量程调整锁紧螺钉，投“自动”再也没有上述故障出现
某温度调节系统温度调节阀突然关闭	现场检查发现反馈杠杆脱落。经检查发现：滑道全长 12cm。在滑道中部有长 6mm，深 3mm 的（不应该有凹陷）定位器反馈杆与滑道通过活动螺丝杆连接；螺丝杆直径 ϕ6mm，全长应为 40mm，其中 20mm 为螺纹长度，20mm 无螺纹，实际仅有 20mm 的螺纹长度（无螺纹部分已断裂）。 反馈杠杆脱落原因：定位器反馈杠杆与滑道连接螺丝杆由于部分断裂，连接长度不够。 螺丝杆部分断裂的原因： a. 从螺丝杆断裂的裂痕判断，原螺丝杆材质存在质量缺陷，断裂的两部分原来仅有 2/5 的连接接触面，连接强度不够。 b. 滑道不平滑，造成螺丝杆在移动过程中滑动力距增大，引起螺丝杆断裂	现更换一套新配件

阀体附件故障实例（定位器、电气转换器、电磁阀）		
故障现象	故障检查分析	处理方法
调节输出信号稳定，而调节阀严重波动，从而使被调量时大时小，造成整个系统大幅波动，致使安全阀起跳	仪表人员和工艺操作人员到现场对调节阀进行机械限位，检查发现调节器输出到现场电/气转换器的控制信号正常，分析判断问题可能在现场调节阀上。检查电/气转换器输出0.02～0.1MPa信号压力波动，说明问题出在电/气转换器上，进一步检查发现电/气转换器的调零振断。由于该阀为放空阀，阀体本身振动较大，安装于阀体上的电/气转换器长期处于振动状态，使得电/气转换器的调零弹簧振断，造成电/气转换器的输出信号压力波动，使阀位时大时小，致使安全阀起跳	更换电/气转换器的调零弹簧，调校好电/气转换器后，由工艺人员配合调整好阀位，正常工作
某石化装置液位控制系统调节阀是气动偏心旋转调节阀。开车后不久，液位出现大幅度波动，投不上自动	检查调节器，反应灵活，现场阀可以关到位，但从整个回路信号看，调节器输出在4mA以下时，电/气转换器才回零，阀才关严。此阀是气开阀，并且要求必须能关严，当它关严时，调节器输出已在零下，这样使得调节器在零点上下的调节范围进行调节，而调节器的最佳调节范围不能在两端，应是上下限中间某一位置	调整调节阀，调节器输出4mA时，阀位正好全关，范围在0%～40%之间，由副线操作，调整电/气转换器，联校后投入运行，自动稳定
某流量控制的调节阀（气关式气动薄膜调节阀）配用电气阀门定位器，在运行当中该阀经常出现波动。用肥皂水检查发现该阀门定位器的功率放大器外壳有漏气现象。某日该阀再次波动，采取提高气源气压的方法，该阀停止波动，但随后却突然全开	该放大器为一种力平衡式气动功率放大器，拆开检查发现问题出在背压室膜片上，该膜片为橡胶膜片，膜片有一边缘处较窄且凹陷进去，装配时未能压好而漏气，当输入信号变化，即背压变化时，调节阀就会波动。当时由于气压太高，膜片变形凹陷，使得背压室与排气室彻底相通，背压急剧下降，定位器输出为零，阀门全开。 用限位螺杆将阀位顶至工艺要求的开度。检查输入电信号、接线均无问题，再检查定位器电/气转换部分也有输出，但定位器的排气孔一直排气，定位器无输出，判断气动功率放大器有故障	更换同一型号定位器的气动功率放大器后，定位器有输出，经在线调校，调节阀恢复正常
电缆故障		
故障现象	故障检查分析	处理方法
某石化装置HV101调节阀突然出现故障，阀门处于全开状态	将调节阀切换到手动控制（HV101调节阀带手轮控制）检查，发现HV101阀门气路正常，但没有输入电流信号，控制室DCS上输出不受控，于是初步判断信号回路有异常，检查输出信号回路，确定从现场中间接线箱到现场HV101之间约50m的传输电缆中间有断路（因电缆老化造成电缆断路）	敷设一段临时电缆，HV101控制回路恢复正常
合成气氧气流量调节阀FV102（气动薄膜调节阀）是合成气系统入炉量的主要控制阀，氧气流量低和阀位关都是联锁参数值。某一阴雨天，氧气流量波动，现场阀位波动，为了安全只好倒炉处理	停用后调校阀门定位器，正常。调节器校验正常，加入模拟信号自动观察，运行稳定，两天后又阴雨，又出现阀位波动，波动时测量定位器输入信号电压有110V AC，电流信号不稳，怀疑有感应电，并且此现象均是在阴雨天出现，便怀疑由于潮湿和电缆有损坏，造成感应不稳定的交流电，使定位器输入信号波动，造成阀位波动，自调不稳	更换电缆，投入运行，此故障现象消失，恢复正常

第三节　电动调节阀

一、电动调节阀的工作原理及结构

电动调节阀由执行机构和调节阀两部分组成，如图8-9所示。执行机构接收来自调节器的控制信号，把它转换为驱动调节机构的输出；调节阀或挡板接受执行机构的操纵，通过改变调节阀或挡板的开度，达到调节被控介质流量的目的。

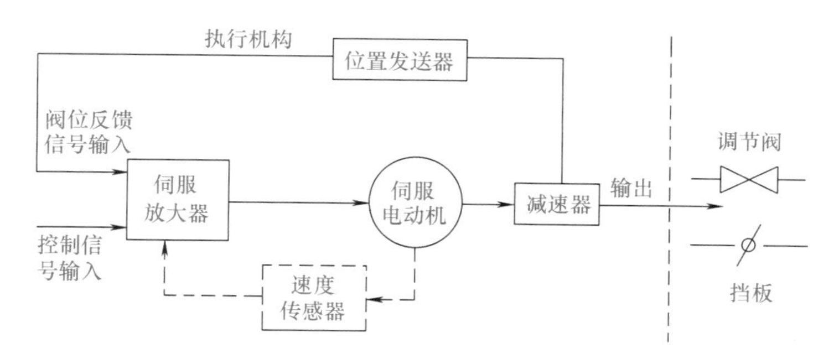

图 8-9 电动调节阀原理框图

智能电动调节阀又称为电子式电动调节阀，由微处理器、驱动电机、减速器和位移检测机构组成，液晶显示器和手动操作按钮用于显示各种状态信息和输入组态数据以及手动操作等。其结构原理如图 8-10 所示。控制系统输入的 4 ～ 20mA DC 控制信号经 A/D 转换，在微处理器内与阀位信号进行运算处理，用来驱动伺服电机的正、反转，经机械减速操纵作阀门的开度，使其自动定位在和输入信号相对应的位移行程，完成系统的控制。

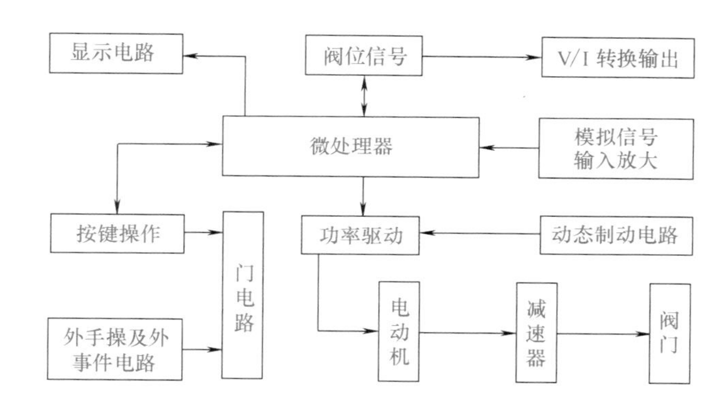

图 8-10 智能电动调节阀结构原理

二、电动调节阀故障判断及维修

检查电动调节阀故障时，先确认供电是否正常，连接线路是否有断路、短路、接触不良故障；然后检查阀位反馈电流是否正常；应重点检查安装在现场的电动执行机构、电气定位器、调节阀等机械部件。先判断是机械故障还是电气故障，然后有针对性地进行检查及处理，通常可按图 8-11 所示的步骤检查。

（1）电动调节阀不动作，或者动作失常

电动阀不动作大多是指控制信号改变时阀门没有响应。可以按各个信号回路逐一排查，如检查供电回路、信号同路、阀位反馈回路的连接导线是否正常，限位开关是否已限位；检查机械部件有没有卡死情况，如阀门是否堵转等。

电动调节阀不动作，或者动作失常排查说明见表 8-11。

（2）电动调节阀泄漏

① 电动调节阀泄漏是指执行机构已全关，但阀门仍有比较大的泄漏量。先用就地手轮关闭阀门，观察阀门能否关死；具体操作：把执行机构切换到就地控制状态，有的执行机构在操作就地手轮时就会自动切换到就地控制状态，然后转动执行机构的就地手轮，观察阀门

能否关死。执行本操作前应注意执行机构是否已经走到机构零位，如果有此情况，需要重新调整阀门与执行机构输出轴的相对位置。

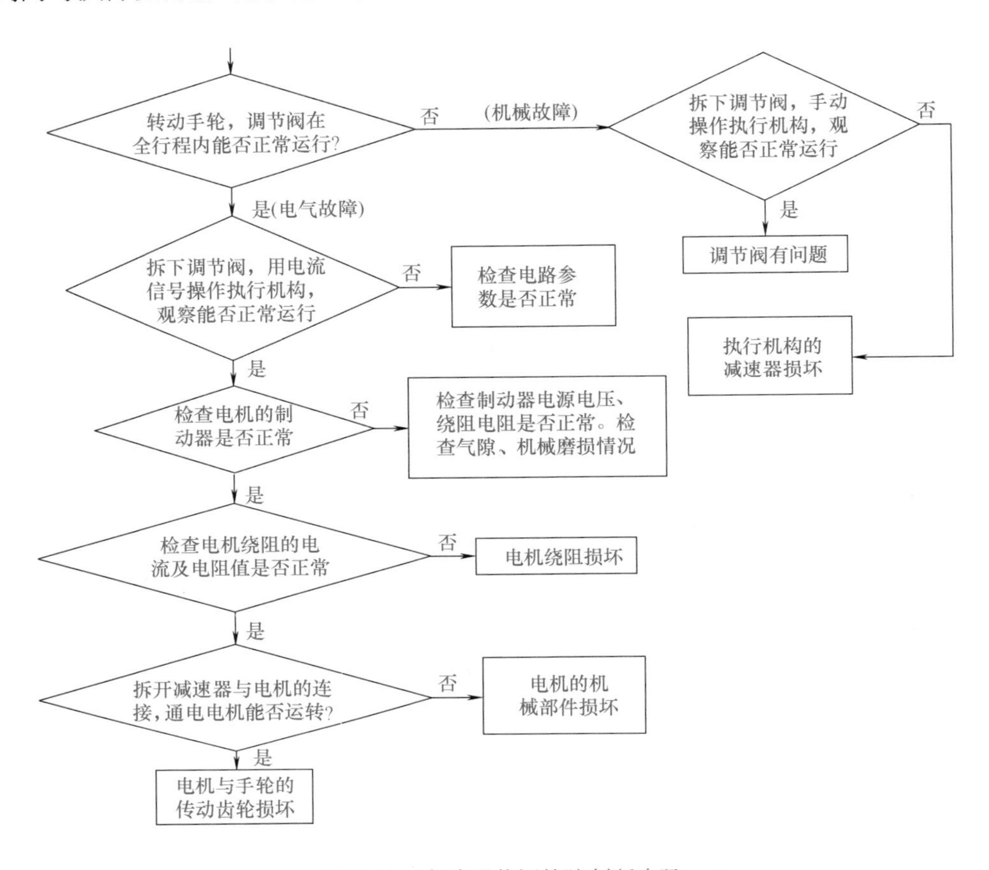

图 8-11　电动调节阀故障判断步骤

表 8-11　电动调节阀不动作，或者动作失常排查说明

类别	说明
检查电动阀在手动状态下能否正常工作	先检查电动阀在手动状态下能否正常工作。若在手动状态下不能正常工作，应检查接线是否正确，接线有无断路或脱落现象；检查手轮离合器是否在脱离位置；执行机构机械部分有问题时，只有把执行机构从阀门上拆下来检查和判断
手动状态下能正常工作	在手动状态下能正常工作，可拆开一根控制信号线，将电流信号接入执行机构模拟控制信号输入端，观察阀门能否按电流信号的变化来动作。如果为开关量信号，可用万用表测量信号是否正常。执行机构及阀门能正常动作，故障可能在控制回路。如果执行机构仍不动作，需检查伺服驱动板电路或电机是否正常
有输入信号，阀门仍不动作	有输入信号，阀门仍不动作，可检查控制板输入端电阻是否正常。先断开执行机构电源，再断开输入信号，用万用表测量模拟输入端的电阻。电流输入型的电阻一般在 500Ω 以下；各型仪表的输入电阻是不相同的，说明书如果有输入端阻抗参数值，可对比测量值是否与说明书一致；开关型执行机构自带伺服控制板，输入电阻一般在 1kΩ 以上。输入电阻正常，有可能是电路板的控制信号检测部分有问题，更换有故障的电路板即可
在用的调节阀突然不会动作	在用的调节阀突然不会动作，可对以下部件进行检查或处理： a. 执行机构电源跳闸，可能是执行机构内部加热器短路。可用万用表测量有无短路，若短路则应排除短路故障或更换加热器。还应检查伺服控制板（如伯纳德的 CI2701 板）上的熔丝是否熔断，必要时进行更换。 b. 检查执行机构内部的交流接触器是否损坏，断开电源，拆开执行机构检查交流接触的线圈电阻，及几个触点是否接通，如果不通，则需要更换交流接触器。

续表

类别	说明
在用的调节阀突然不会动作	c. 电动机外壳温度过高，可能是电机的热保护动作切断了电机的电源，等待电机冷却后，执行机构又可恢复工作，但应找出电机过热的原因；死区和惯性值设置不当，电机频繁启动，也会使电机温度升高。伯纳德的智能电动执行机构，可检查“TH”指示灯是否亮。电机过热保护装置跳闸会使“TH”灯亮，电机冷却后重新启动，“TH”灯会熄灭。 d. 怀疑电机有问题，可用万用表测量电机绕组的电阻来判断。电机电磁反馈开路，绕组首尾开路或者相间短路，说明电机已烧毁，应更换同型号的电机。 e. 检查力矩开关是否动作，力矩开关动作时 CI2701 板上的“TORQUE”指示灯会亮。如果是误动作导致力矩开关动作，可适当调整力矩开关，拧紧或者松动某一方向的弹簧，使该方向设定的力矩增加或者减少
设置有误也会使阀门不动作	设置有误也会使阀门不动作。伯纳德的智能电动执行机构如果置于菜单状态，可将选择旋钮置于“OFF”位置，然后再置于“LOCAL”位置，切换至工作状态。处于红外连接状态时，显示屏右上角会显示 IR，可关闭红外连接。PS 型智能电动执行机构在使用前应进行整定工作，整定的项目有执行机构的运转方向、阀位行程、死区、惯性常数。没有进行整定工作也会使执行机构不动作，可重新启动整定工作，采用手动整定即可

用就地手轮关闭阀门，如果关不死，说叫阀芯有损坏或者阀内有异物，应拆卸阀门进行检查和处理。对阀体的检查及处理，请参照本章第二节中“气动调节阀故障判断及维修”中的内容。

② 检查执行机构的反馈值与给定值是否在误差范围内，该误差一般应＜ 1.5%。如果跟踪误差过大，会出现阀位显示已到零位，但阀杆及阀芯并没有全关死。

③ 阀门的行程未设置好，行程通常是指零点，或称全关位置。各型电动执行机构的行程设置方法不同，应按照说明书的行程设置方法进行操作。执行机构大多带有限位开关，还需要对限位开关进行调整。

（3）电动调节阀出现波动或振荡

本故障是指电动调节阀在自动状态下，控制信号没有改变而调节阀在某一位置来回动作几下或永远动作，或者控制信号改变时调节阀运行到指定位置，要来回频繁动作许多下才能停下来或根本停不下来。执行机构及调节阀经常在振荡状态下运行，会使执行机构机械部件，以及调节阀的阀杆、阀芯严重磨损，大大缩短使用寿命，同时会造成被控参数不稳定和阀门开度不稳定等故障。解决方法如下。

① 调整阻尼电位器，直到运行与显示完全正常为止。有的执行机构称其为调节死区。可试着增大死区。增大死区能消除振荡，证明死区设得过小，死区通常设置为 0.75% ~ 1.5%。死区与调节精度的关系是死区增大，调节精度就减小；因死区调大使精度减小到允许误差范围外，通过增大死区来消除振荡的做法就不可取。出现大幅度振荡，可试将转速传感器连接端对换接线。

执行机构伺服放大器的灵敏度选用范围不当，也会引起执行机构出现振荡。可调整伺服放大器的不灵敏区范围，来提高执行机构的稳定性，以消除振荡故障。

② 在调节阀开、关行程正常的前提下，可把零点电流值调小一点，将满度电流值调大一点。这样可缓冲阀推杆与两个限位的冲击力度，以减少机械磨损。更换的调节阀流量特性与原用的不一样，也会引发振荡；应更换为流量特性一样的阀门，或者通过软件模块中的对应数据来改变特性，或按特性要求对输出值的上、下限进行必要的限幅。

③ 通过手轮来驱动执行机构，观察执行机构能否正常运行。运行迟钝，大多是减速器或终端控制器有问题，可进一步检查来排除故障。如果手轮驱动执行机构正常，可拆开信号输入线，输入电流信号驱动执行机构，执行机构不运行或运行迟钝，需检查伺服驱动板的电路参数或电机是否正常。

④ 检查调节阀的行程是否有变化。执行机构在使用前都已设定了行程，或限定了行程

范围，执行机构的行程有变化，且超过了限定值，尤其是行程过小时，执行机构就有可能产生振荡。可根据现场实际对阀的行程重新进行调校，使之恢复正常。

⑤ 执行机构的输入信号不稳定，也会引起调节阀振荡。检查接线是否松脱，串入电流表观察，以确定故障部位在执行机构前还是在执行机构及调节阀。被控对象变化引起信号源波动而造成执行机构振荡，可以在回路中加入阻尼器，或在管路中用机械缓冲装置，用机械阻尼方法来减少变送器输出信号的波动，以达到消除执行机构振荡之目的。

生产工况发生变化，PID 整定参数选择不当，也会引发调节阀的振荡；单回路控制系统中，比例带过小、积分时间过短、微分时间过大都可能产生系统振荡。可通过修改 PID 参数、加大比例带以增加系统的稳定性，来消除电动阀的振荡。多回路控制系统的输出值比较稳定时，电动阀有时还会出现反复的振荡现象，有可能是副环回路引起的，有可能是 PID 参数整定不合适产生各回路间的共振，可试着降低输出值的变化幅度，来提高稳定性。

⑥ 机械故障引发的振荡也是检查的重点。当阀门从开阀转变为关阀，阀位反馈电流不同步变化，原因很可能是执行机构的回差过大，可用就地手轮操作来判断：先往某一方向转动执行机构，反馈信号有变化，然后再转动执行机构往相反方向运行，如果反馈信号要过一会儿才有变化，证明执行机构的回差过大。引起回差过大的原因多数是机械间隙过大。可拆卸检查，修复或更换零部件来解决。

电机转子都有惯性，切断电机电源后执行机构输出轴会继续运行一段距离。执行机构都带有制动装置，执行机构的刹车制动不良、阀门连杆松动、阀门连杆轴孔间隙增大，也会引起执行机构的振荡，可通过重新调试来恢复。

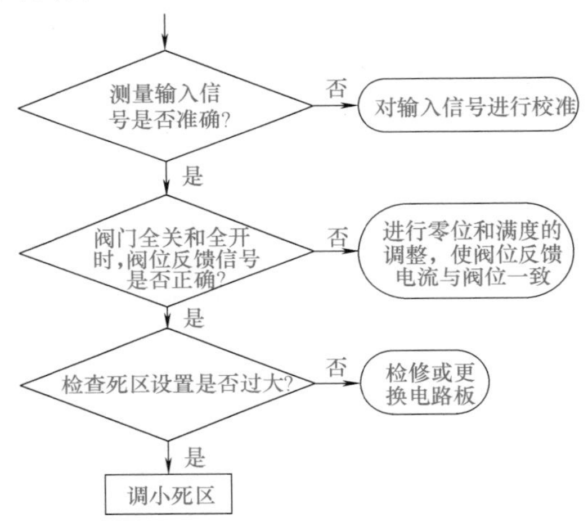

图 8-12　电动调节阀的阀位反馈信号不正常的检查处理步骤

（4）电动调节阀的阀位反馈信号不正常

① 电动调节阀的阀位反馈信号不正常时，可按图 8-12 所示的步骤进行检查和处理。

② 电动执行机构的阀位变送器大多采用电位器，通过执行机构的机械传动，带动电位器转动轴上的小齿轮，使得电位器的阻值发生变化，经转换，输出伺服模件所能接收的 4 ～ 20mA 信号，以反映阀门 0% ～ 100% 的开度。使用时间过长，电位器的碳膜磨损，常会出现接触不良的故障，导致阻值跳跃变化，表现在阀位反馈电流上就是反馈信号波动，或者反馈电流与控制信号不一致，两者偏差很大时，导致执行机构被强制切换到手动操作工位。

电位器有故障，应进行更换。直行程位置反馈电位器更换方法：先对齿轮组件的位置拍照，再进行拆卸；电位器轴上的齿轮有一个小孔是固定弹簧用的，要记好小孔的位置；对电位器及引线进行拍照，再进行更换；重新组装反馈组件时，应先把电位器、齿轮组件、弹簧组装好，固定安装板后再安装齿条，并检查从齿条底部往上推齿条到任意位置，松手后齿条应能自由下落。

③ 角行程电动执行机构运行时间过长，机械主轴与轴套之间有磨损，导致间隙增大，当主轴转动至某一角度时，会发生细微的抖动，主轴连着的齿轮转动也会产生跳动，在带动电位器小齿轮的同时，没有形成同步，使得电位器阻值不能正常反映挡板的开度。可对磨损的主轴和轴套进行修复或加工。

④ 检查阀位反馈信号是否正常。执行机构分别置于全关位置、全开位置和中间任意一

个位置，观察反馈信号是否为 0%、100% 和 0% ~ 100% 之间的一个数值。阀位反馈电流与阀位开度不一致，可手动操作执行机构，在达到全开和全关位置时，反复调整满度和零点电位器，使阀位反馈电流与阀位开度一致；这一过程相当于重新设置执行机构的行程。角行程执行机构也会出现同样的问题，解决方法也相同。

⑤ 智能电动执行机构出现显示阀位与实际阀位不一致，有可能是静电导致内部程序紊乱引起，可关断执行机构电源，然后再送电看能否恢复正常。或者重新设定上、下行程限位，然后再使执行机构动作几次，如果显示阀位与实际阀位还有偏差，有可能是计数器损坏，可更换计数器一试。

（5）智能电动调节阀设置故障的检查及处理

智能电动调节阀的执行机构使用有微处理器，大多又是纯英文的设置菜单，在使用、调校中需要设置的参数较多，常会发生参数设置错误、拨码开关位置不对等现象。需要认真地按电动执行机构的说明书进行设置及检查以避免错误的发生。

智能电动调节阀设置故障的检查及处理见表 8-12。

表 8-12　智能电动调节阀设置故障的检查及处理

类别	说明
电动调节阀不动作	应检查逻辑控制板 C12701 上的 13 个小开关和 16 个跳线块设置有无错误，逐一检查开关和跳线设置是否正确，按照说明书的功能表或用户订单进行设置。还应检查阀门位置控制板 GAM-K 上的设置开关位置是否有错误。检查 GAM-K 板的 10 个设置开关是否正确，并确保本地控制开关打到“AUTO”位置
电动调节阀只能运行本机方式，不能运行远程方式	应检查现场操作面板是否处于“远程”位置，应检查“GAM-K”板上的本机控制开关是否已处于“AUTO”位置。开关位置正确但仍有问题时，用万用表检查控制室来的电流信号极性是否接反
设置的数据参数无法保存	对照说明书检查设置操作是否正确，改变数据后，退出菜单时每次、每级都要选择“OK”退出。最后显示“CHANGE OK？”选择“OK”，数据就可以保存了。如果操作没有问题但仍无法保存设置的数据，很可能是主板损坏，需要更换
PS 型电动执行机构无法正确完成整定工作	通常会有提示信息。状态显示“Time Out”，表示整定超时，可启动手动整定来解决。状态显示“Travel Short”，表示阀门的行程过小，应重新设定阀门行程。状态显示“Zero Too High”，表示阀门行程的零位过高，应重新设定阀门行程零位。状态显示“Span Too Low”，表示阀门行程的满度过低，应重新设定阀门行程满度
阀门已全关或全开但不能停留在设定的行程位置	有可能是关阀及开阀限位（“LC/LO”）参数丢失，可通过帮助屏幕的显示来判断，如“H1”中的“阀位错误”指示条亮，说明当前阀位错误，应重新设定执行器的关阀及开阀限位。在现场有可能遇到装置停产时间长，电动执行器供电也关断，又恰遇到执行器的电池电量也耗完，在更换电池后应对执行器的关阀及开阀限位设定参数进行检查
控制信号丢失后阀门没能停在正确位置	生产中可能会出现电动调节阀失去控制信号的故障，如果对执行机构的功能没有完全了解，就有可能出现设置不当的情况。有的场合要求控制信号丢失时，执行机构应保持在原来的位置；而有的场合要求控制信号丢失时，阀门应全关或全开。如罗托克 IQ 型电动执行机构，如果控制信号丢失时的响应（FA）被关闭（OF），控制信号丢失后阀门只会全关。而通过故障保护方向（FF）设置，执行机构就可以按设置的安全位置运行，设为“SP”时控制信号丢失阀门保持原来的位置；设为“LO”时阀门运行至对应最小控制信号（4mA）的阀位；设为“HI”时阀门运行至对应最大控制信号（20mA）的阀位

（6）智能电动调节阀机械故障的检查及处理

智能电动调节阀机械故障的检查及处理见表 8-13。

表 8-13　智能电动调节阀机械故障的检查及处理

类别	说明
调节阀卡滞	调节阀的阀芯被腐蚀或磨损，阀杆或填料压盖过紧，调节阀前后压差太大，都有可能引发阀门卡滞，引起执行机构电动机过热或保护动作。断开执行机构电源，用手转动手轮试一试：转动手轮时感觉太轻，可能是手轮的卡销脱落或断裂；感觉太重或旋转不动，可能是减速器内有异物卡塞，阀芯与衬套、与阀座卡死，阀杆已变形。若执行机构动作正常，但仍不能正常使用，大多是执行机构与阀门连接松脱，或者阀门有故障

续表

类别	说明
调节阀动作迟钝或运行不平稳	大多是阀杆、阀芯的摩擦力增大引起的，可检查填料压盖是否压得太紧，可松开压盖试试，或加点油对填料进行润滑来减少阀杆的摩擦力；如果阀杆有弯曲、变形或划伤，应更换阀杆。检查阀门外部没有发现问题，应拆开阀门，对阀芯、阀座进行检查，检查阀芯导向面是否有划伤、腐蚀、卡堵等现象，可对阀芯、阀座清洗和清除堵塞物
调节阀关不死	调节阀内有异物会导致阀门关不死，需要将阀门拆卸进行检查、清洗和去除堵塞物。在易结晶或易堵塞的场合，可以考虑改变阀门结构形式来减少堵塞现象的发生，如可将直通单、双座阀改为套筒阀，或用有自洁性能的角形阀。 阀芯或阀座被腐蚀、磨损是阀门内漏的主要原因。维修中需要对受损的阀芯、阀座进行修复或更换。调节阀是由于汽蚀磨损的，可改用流闭型阀门来延长使用时间。 调节阀前后的压差大，执行机构输出力又不够时也会出现内漏。压差大有可能是工艺的原因，也有可能是选型有误。增大电动执行机构的输出力，是提高密封性能的常用方法
调节阀的力矩故障	原因可能是：调节阀力矩设定值设置过低，一般应设置为 70% ~ 80% 力矩值；调节阀有卡塞现象，如阀杆锈蚀，阀套未加润滑油，阀芯中有异物出现卡塞。可根据检查的情况对症进行处理
手动正常，电动不能切换	手自动离合器卡簧在手动方向卡死；可拆卸手轮，释放卡簧，重新装配

（7）智能电动调节阀电气故障的检查及处理

智能电动调节阀电气故障的检查及处理见表 8-14。

表 8-14　智能电动调节阀电气故障的检查及处理

类别	说明
电动机故障	功率较大的执行机构通常采用三相交流电动机驱动，执行机构动作频繁，使交流接触器的触点烧坏，而出现接触不良，会引发电动机缺相过热，正转或反转不能动作的故障。要对交流接触器进行重点检查，防止以上故障的发生。 功率较小的执行机构，一般采用单相交流电动机驱动，常用固态继电器来控制电动机。启动电容变质或损坏、固态继电器烧坏，会引发电动机不动作，或正转、反转不动作的故障。 电机发出连续的“嗡嗡”响声，通常是缺相或者出现堵转。对于缺相应检查三相电源是否都接通；堵转有可能是机械卡塞，也有可能是电机进水或受潮，可拆开电机检查和判断。送电就跳闸，应检查继电器控制板，或测量电机绕组的电阻值，来判断电机绕组是否已烧毁
控制模块故障	智能电动执行机构的主要控制模块有：主控模块、位置发送模块、电源模块。用万用表测量位置发送模块的反馈信号是否正常，电源模块的输出电压是否正常。位置发送模块出现故障，会使反馈信号失常，导致自动控制失灵。 对于主控模块大多采取更换备用模块，或在正常的执行机构上试验的方式来检查。常见故障有：模块的接线松脱、断开、虚连，致使模块工作失常。通过观察大多可以发现问题所在，对症处理即可。维修时要保证模块接线牢固可靠
电位器和限位开关故障	电位器和限位开关与执行机构的机械传动部件相连，如果与传动部件连接不良将出现故障。电位器与传动部件的连接松脱，使位置发送模块的输出信号不能正确反映阀位的实际位置，从而使电动执行机构控制失灵；显示阀位与实际阀位不一致时，需重新整定，连续动作几次并设置限位，如继续发生漂移，应更换计数器板。限位开关连接不当或接触不良，不能反映阀门的实际运行位置，使保护不起作用，导致机构的机械受损
电磁干扰故障	电动执行机构的电子电路，受到干扰会使执行机构动作不正常，使阀门频繁动作，稳定不下来。怀疑有干扰，应检查信号线的屏蔽接地是否良好，信号线应避开强电干扰源，以保证信号的正确传输

（8）电动调节阀常见故障与处理方法

① 电动调节阀常见故障、原因及处理方法，见表 8-15。

表 8-15　电动调节阀常见故障、原因及处理方法

故障现象	故障原因	处理方法
电机不转	电源相线、中线接反	调换电源接线
	分相电容损坏	更换
	电机一侧线圈不通或短路	测量电机线圈电阻

续表

故障现象	故障原因	处理方法
电机不转	机械部分失灵	检修电机
	操作器保险丝断或插座接触不良	检查操作器保险丝及插座
	操作器开关接触不好	检查操作器开关
无反馈信号	反馈信号回路线路不通	检查信号回路及接线
	导电塑料电位器接触不好	测量电位器阻值，检查焊接点
	位置反馈线路板电子元件损坏或反馈模块损坏	更换电子元器件及反馈模块
电动机温度过高	电机动作过于频繁	整定好调节系统参数，使调节器输出稳定
	制动器有卡滞现象	整定好制动器间隙
电机有惰走现象	制动器制动力太小	紧固制动器部分螺钉，调整制动器间隙
	制动轮与制动盘之间磨损严重，间隙变大，两只杠杆顶力有差异	更换制动盘，调整杠杆顶力

② 故障实例分析，见表 8-16。

表 8-16　电动调节阀故障现象、检查分析及处理方法

故障现象	故障检查分析	处理方法
锅炉启炉初期，给水电动调节阀调节机构不动作	分析：将电动执行机构转入“硬操”，机构仍不动作，观察主控模块反应正常，控制电路应该没问题。后来，手动转动调节阀门，异常费力。原来，启炉初期，给水调节阀前后压差过大，导致机构不能动作	手动开启阀门，减小压差后，动作正常
引风机挡板调节机构正向正常，但反向不动作，电动机过热	将电动执行机构转入“硬操”，反向操作，交流接触器吸合，但机构不动作，且电动机声音不正常，很快发热。经查，原因是反向交流接触器接点烧蚀，接触不良	更换接触器后正常
给水电动调节阀执行机构CRT 显示器上反馈显示为全开状态，但给水流量没有显示，且给定不起作用、调节失灵	将电动执行机构转入“硬操”，机构动作正常，检查给定和反馈信号回路，给定信号正常，但反馈信号一直保持在 50mA 左右，不随阀门位置变化而变化，造成反馈显示全开状态，而给水流量没有显示的故障。检查反馈电位器动作正常，阻值变化正确，那么，问题一定出在位发模块上	更换位发模块后，反馈正确，故障排除
给电动执行机构通电后发现电指示灯不亮，伺放板无反馈，给信号不动作	因电源指示灯不亮，首先检查保险管是否开路，经检查发现保险管完好。综合故障现象，可以推断故障有可能发生在伺放板的电源部分。接着检查电源指示灯，用万用表检测发现指示灯开路，因此电源指示灯开路会造成整个伺放板不工作	更换指示灯，故障排除
调试中发现，电动执行器的执行机构通电后，给信号开可以，关不动作	先仔细检查反馈线路，确认反馈信号无故障。给开信号时开指示灯亮，说明开正常。给关信号时关指示灯不亮，说明关晶闸管部分有问题。首先检查关指示灯，用万用表检测发现关指示灯开路，因此关和开指示灯不亮（开路）时晶闸管不动作	将其更换后故障排除
电动执行机构通电后给关信号（4mA），执行机构先全开后再全关	先拆除伺放板，直接给执行机构通电，发现仍然存在原故障。检查电阻，电阻阻值正常，说明电阻没问题；检查电机绕组，发现阻值正常，电机没问题。由此推断故障原因有可能是电容坏	重新更换电容，故障排除
现场只要送 AC220V 电源，保护开关立即动作（跳闸），执行机构伺放保险已烧	首先用万用表检测执行机构上的电机绕组，发现电机绕组的电阻趋向于零，说明电机已短路。再检测抱闸两端电阻，电阻趋向于无穷大，说明抱闸已坏，正常应是 1.45kΩ 左右。此情况应是抱闸坏了之后把电机抱死而现场没有及时发现，使电机长期处于堵转发热	更换新的抱闸和电机，把伺放板的保险管装上，重新调试，恢复正常运作
电动执行机构的动作方向不受输入信号的控制	先检查两个限流电阻和移相电容均没有异常，用万用表检查电机的绕组阻值，发现电机的电阻值为 1.45MΩ（且不时地发生变化），说明电机绕组不对	更换电机

续表

故障现象	故障检查分析	处理方法
电动执行机构的动作方向不受伺放板的控制	首先用万用表检测两个限流电阻和移相电容及电机的绕组阻值，检查结果和厂家最终数据一致。除了这三个因素以外再没有其他的可能性，发现其中一个限流电阻开路	替换限流电阻
无论现场给什么信号，电机都不动作	直接在电机绕组间通电，电机也不转；拆下抱闸，通电，电机还是不转；检测电机绕组阻值均正常，手轮摇执行机构动作正常。检测的结果都正常，就是通电时电机不转，此时怀疑电机的转子有问题，把电机拆开，发现转子用手都拧不动，原来转子和电机端盖之间已有一层坚固的灰，把这层灰清除之后，加上一点润滑油，用手就可以拧动了	重新把电机装好并与执行机构配合装上，通电正常，重新调试

第四节　阀门定位器和电磁阀的维修

一、阀门定位器的维修

阀门定位器维修时的故障现象、检查分析及处理方法见表 8-17。

表 8-17　阀门定位器维修时的故障现象、检查分析及处理方法

调节阀开度不正确		
故障现象	故障检查分析	处理方法
工艺人员反映碳化 PV-504 调节阀与控制室显示的开度相差太大	在手操器上用手动开关阀门并在现场观察，发现调节阀可以关闭，但开阀时调到 20%，调节阀已全开，怀疑阀门定位器有问题，检查发现单向放大器漏气。 拆开单向放大器检查，发现背压室的橡胶薄膜有很多裂纹，橡胶薄膜使用时间长就会老化，出现开裂及泄漏，造成单向放大器失灵，导致调节阀的开度不准确	更换有故障的定位器，联调后投用，调节阀恢复正常
工艺人员反映热水调节阀开不大，无法投自动	检查安全栅输出 4 ～ 20mA 时，阀门定位器的输出为 20 ～ 100kPa，看来都正常。但发现定位器输出最大（100kPa）时，调节阀的开度却很小，进一步检查，发现执行机构的膜室有漏气现象；拆卸检查发现执行机构膜室内上顶盘破碎，将膜片扎破。 当定位器输出最大（100kPa）时，调节阀开度很小，则故障的可能原因有：调节阀卡，或者是执行机构有故障。因此，检查的重点应在调节阀和执行机构	重新加工顶盘，更换膜片，调节阀恢复正常
调节阀动作不灵活		
故障现象	故障检查分析	处理方法
压缩机入口阀门定位器反馈连接机构脱落，引起停机	在一个月内已发生两次脱落故障，检查固定支架是稳固的，估计是受振动影响导致的脱落。 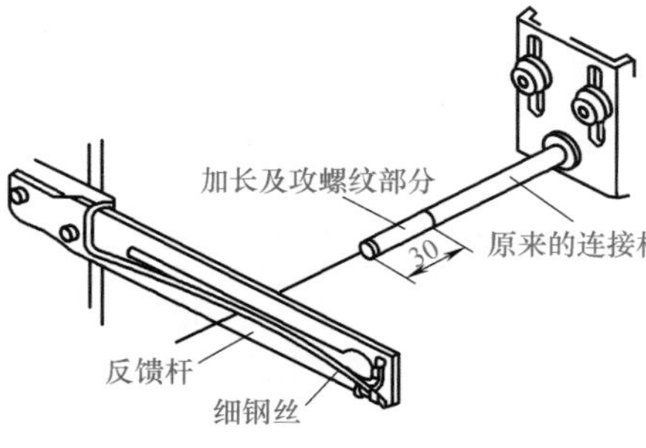 图 8-13　阀门定位器反馈连接机构示意图	把连接杆加长 30mm 并攻螺纹，用两个螺母进行限位，解决了脱落问题

续表

调节阀动作不灵活		
故障现象	故障检查分析	处理方法
压缩机入口阀门定位器反馈连接机构脱落，引起停机	阀门定位器反馈连接机构如图 8-13 所示，连接杆套在反馈杆的槽内。利用细钢丝的弹性卡住连接杆。当阀杆上下运动时，带动定位器反馈机构运动。定位器与调节阀连接的反馈连接机构脱落，定位器就没有反馈，成了高放大倍数的气动放大器。正作用的定位器，信号增加，输出也增加，反馈杆脱落输出跑最大；反作用的定位器，信号增加，输出将减小，反馈杆脱落输出跑最小；必然会引起联锁动作而停机	
调节阀关不严或开度不够		
故障现象	故障检查分析	处理方法
气动调节阀出现要开阀时开不大，要关阀时关不小	单独对气动执行机构进行检查发现它是正常的，检查后安装回气源管，调节阀就正常了。但过一段时间又出现上述故障。对 PS2 定位器初始化后还是存在该故障。当出现以上现象时拆动一下执行机构的气源管来应付生产。 后来看到一篇论文，该论文说："SIPART PS2 使用中常见故障是排气不通畅或憋压，导致'要开阀门开不了，要关阀门关不掉'。解决的办法是，稍微旋松定位器输出工作口的气路接头，使其留有微小的泄气量（根据该定位器的特点，基本不会增加系统的耗气量），这样就可排除，并可预防憋压。"按此方法排除了该故障	稍微旋松定位器输出工作口的气路接头，使其有微小的泄漏，问题得到解决
有输入电流信号，定位器不动作		
故障现象	故障检查分析	处理方法
精炼操作工反映 FV201 调节阀不动作	现场检查发现压缩空气气源有水，导致定位器进水出现故障。 本例故障的原因是：压缩空气总管至精炼工段的仪表空气管线安装不合理，使该段管路易积水且难排水。停产时对该空气管路进行了改造，消除了安全隐患。定位器的价格不菲，做好防水工作对延长定位器的使用寿命作用很大，除保障气源中不含水分外，对于露天安装的定位器，应采取安装防爆接头或外包塑料布等防水措施	排净了空气管线内的积水，同时更换定位器，调节阀恢复正常
新安装的气动调节阀不动作	检查 DCS 的输出信号正常，检查发现气源管没有接在定位器上。 本例故障属于人为故障，从检查到处理故障没有费多少时间，但结果却出人意料。到底是安装时漏接还是被人拔了，最后也没有定论，但暴露了安装施工的管理存在不足	把气源管接到定位器上后，阀门正常工作
DCS 输出信号为 0% 时，阀门定位器就黑屏	经测量 DCS 输出信号为 0% 时，电流仅有 2.2mA，检查设置发现设置是对的，看来 DCS 输出有问题，决定更换 AO 通道。 通常 DCS 输出信号为 0% 时，输出电流应该是 4mA，但测得电流仅有 2.2mA，也不能满足阀门定位器需要的最小工作电流 3.6mA，所以阀门定位器会黑屏不工作	更换 DCS 通道后，定位器恢复正常
HART 手操器与定位器无法通信		
故障现象	故障检查分析	处理方法
调校 FV201 阀门时，HART 手操器与 DVC6010 定位器无法通信	检查定位器能正常工作，HART 手操器的供电正常。测量定位器 LOOP 端的电压很低，只有 9.8V 左右，检查发现信号线接地。 模拟量控制时，定位器的最低电压必须有 10.5V，对于 HART 通信，最低电压必须有 11V。由于信号电缆破损，出现接地故障，使定位器的供电电压低于 11V，导致手操器与定位器无法通信。对信号线信号进行绝缘处理后，排除了接地故障，定位器 LOOP 端的电压恢复到 21V	对破损的信号电缆进行包扎，送电后通信恢复正常
智能定位器无法初始化或无法自校正		
故障现象	故障检查分析	处理方法
调校在用的 AVP300 型定位器，波动且无法切换到自动	调校前已检查并清洗过滤网、喷嘴及挡板，调校输入 18mA 电流有波动现象，因此，决定调整喷嘴初始位置。 在清洗过滤网、喷嘴及挡板时，可能改变了喷嘴、挡板的位置，所以才出现波动且无法切换到自动的故障。调整喷嘴位置后有改观，说明判断是正确的。 AVP 型定位器的自整定方法：输入 18mA 电流至定位器，用螺丝刀向右旋转零位 / 满度调整螺钉至停止为止（AVP100 型则按"UP"键），保持约 3s 直至阀门动作，自整定开始，松开螺丝刀。阀门自动进行全开、全关来回二次，然后在 50% 开度处稍做停留进行运算，运算结束，最终停留在对应输入 18mA 的开度位置，整个过程大约 3min。改变输入电流信号后核对阀门开度，自整定完成。保持输入信号在 4mA 以上至少 30s，就把自整定参数保存在定位器中	调整喷嘴初始位置，逆时针调整后有改观，再次调整后定位器动作基本正常，进行自整定后定位器恢复正常

续表

智能定位器无法初始化或无法自校正		
故障现象	故障检查分析	处理方法
调试硫回收工段的PV-2351直行程单座调节阀时，定位器初始化通不过	调整反馈杆上的驱动销钉位置，到达额定冲程的位置或更高的一个刻度位置后，用螺母拧紧驱动销钉。调整驱动销钉的位置后，顺利通过初始化。 本例故障所用定位器为S1PART PS2型。故障原因系反馈杆上驱动销钉的位置未达到额定冲程的位置	经检查，反馈杆上驱动销钉的位置安装不合理，重新安装
智能定位器参数设置错误故障		
故障现象	故障检查分析	处理方法
FV-1502调节阀调校时，控制室的给定信号与定位器显示不一致	检查发现给定信号为0%时，定位器显示为20%；给定信号为100%时，定位器显示100%。看来是零点不对，检查设置参数，参数6（SCLJR）被设置为0mA。 本例是SIPART PS2定位器参数设置错误引发的故障。参数6的功能为设定电流范围。在实践中发现，参数7及参数38设置错误，也会造成控制室给定信号与定位器显示不一致的故障	把参数6从0mA改为4mA后，控制室的给定信号与定位器显示一致
调试灰水处理工段调节阀，给定信号与阀门定位器显示不一致	检查发现给定信号为0%时，定位器显示为100%；给定信号为100%时，阀门定位器显示0%。检查设置参数，发现参数7及参数38设置错误。 SIPART PS2定位器的参数7（SDIR）的功能为设定值方向，参数38（YDIR）的功能为行程方向显示，由于设置参数时把上升、下降方向搞反了，所以出现错误的显示	把设置参数"RISE"（上升）改为"FALL"（下降）后，控制室的给定信号与阀门定位器显示一致

二、电磁阀的维护、维修

（1）电磁阀的维护

正确安装、使用、维护是电磁阀可靠工作的保证。安装或更换电磁阀时应注意工作介质的流向，尽可能安装在振动较小的地方。安装时要注意与阀门相连部位及阀门本体的密封，防止泄漏。室外安装时要防止雨水进入电磁阀。电磁阀安装在新的工艺管道上，使用前应对管道进行吹洗，把管道中的杂质、积污、焊渣清除，可避免电磁阀堵塞或卡死。

供电电源要与电磁阀铭牌上的规定一致，电磁阀应接地以保证安全。工艺停产期间，应将电磁阀前的手动截止阀门关闭。停产时间过长，要把电磁阀拆下保管，避免工艺管道的积垢留置在阀内，使阀门内部卡死而不能工作。

（2）电磁阀的维修

电磁阀维修时的故障现象及处理方法见表8-18。

表8-18　电磁阀维修时的故障现象及处理方法

故障现象	处理方法
通电后电磁阀不工作	先检查接线是否正常。再检查线圈是否断了。给电磁阀开或关的信号，听电磁阀是否有动作的声音，若听不到声音，线路或线圈肯定有问题。检查接线是否有接触不良、断路、短路现象，线路没问题就是电磁阀线圈断了，可拆下电磁阀的接线，用万用表测量，线圈电阻值不正常大多是电磁阀线圈烧坏。原因有线圈受潮，引起绝缘不好而漏磁，造成线圈内电流过大而烧坏；弹簧过硬、反作用力过大、线圈匝数太少、吸力不够也会使线圈烧坏。烧坏的线圈只有更换
通电后电磁阀没有打开	可检查阀盖螺钉是否松动，更换阀盖密封垫后才出现这一故障，应检查密封垫片是否过厚、过薄，或者螺钉松紧程度不一致。检查阀芯是否卡死，有导阀的应检查导阀阀口是否有堵塞现象
断电后电磁阀关不了	检查阀芯是否卡死，导阀阀口是否堵塞。若电磁阀关不死，应检查阀芯的密封垫片是否损坏，阀座是否松动。 阀芯卡死、堵塞故障可通过清洗来解决，清洗可用汽油或水，清洗后用压缩空气吹干，拆卸电磁阀时一定要记住各部件的顺序，避免回装时出错造成新的故障

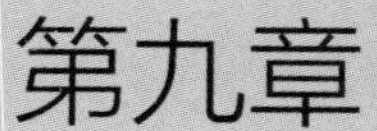

第九章

可编程控制器

第一节　可编程控制器（PLC）简介

一、PLC 的特点、应用范围及分类

（1）PLC 的主要特点

PLC 之所以高速发展，除了工业自动化的客观需要外，还因为它有许多适合工业控制的独特优点，它较好地解决了工业控制领域中人们普遍关心的可靠、安全、灵活、方便以及经济等问题，其主要特点如表 9-1 所示。

表 9-1　PLC 的主要特点

特点	说明
安装简单，维修方便	PLC 不需要专门的机房，可以在各种工业环境下直接运行，使用时只需将现场的各种设备与 PLC 相应的 I/O 端相连接，即可投入运行。各种模块上均有运行和故障指示装置，便于用户了解运行情况和查找故障
抗干扰能力强，可靠性高	在传统的继电器控制系统中，使用了大量的中间继电器、时间继电器。这些器件的固有缺点，如器件老化、接触不良及触点抖动等，大大降低了系统的可靠性。而在 PLC 控制系统中大量的开关动作由无触点的半导体电路完成，因此故障大大减少。 此外，PLC 在硬件和软件方面采取了措施，提高了其可靠性。在硬件方面，所有的 I/O 接口都采用了光电隔离，使得外部电路与 PLC 内部电路实现了物理隔离。各模块均采用屏蔽措施，以防止辐射干扰。电路中采用了滤波技术，以防止或抑制高频干扰。在软件方面，PLC 具有良好的自诊断功能，一旦系统的软硬件发生异常情况，CPU 会立即采取有效措施，以防止故障扩大。通常 PLC 具有“看门狗”功能。 对于大型的 PLC 系统，还可以采用双 CPU 构成冗余系统或者三 CPU 构成表决系统，使系统的可靠性进一步提高
程序简单易学，系统的设计调试周期短	PLC 是面向用户的设备。PLC 的生产厂家充分考虑到现场技术人员的技能和习惯，PLC 可采用梯形图或面向工业控制的简单指令形式。梯形图与继电器原理图很相似，直观、易懂、易掌握，不需要学习专门的计算机知识和语言。设计人员可以在设计室设计、修改和模拟调试程序，非常方便
采用模块化结构，体积小，重量轻	为了适应工业控制需求，除整体式 PLC 外，绝大多数 PLC 采用模块化结构。PLC 的各部件，包括 CPU、电源以及 I/O 等都采用模块化设计。此外，PLC 相对于通用工控机，其体积和重量要小得多

续表

特点	说明
丰富的I/O接口模块，扩展能力强	PLC针对不同的工业现场信号（如交流或直流、开关量或模拟量、电压或电流、脉冲或电位，以及强电或弱电等）有相应的I/O模块与工业现场的器件或设备（如按钮、行程开关、接近开关、传感器及变送器、电磁线圈及控制阀等）直接连接。另外，为了提高操作性能，有多种人-机对话的接口模块；为了组成工业局部网络，有多种通信联网的接口模块等

（2）PLC的应用范围

PLC在国内外已广泛应用于专用机床、机床、控制系统、自动化楼宇、钢铁、石油、化工、电力、建材、汽车、纺织机械、交通运输、环保以及文化娱乐等各行各业。随着PLC性能价格比的不断提高，其应用范围还将不断扩大。其应用场合可以说是无处不在，具体应用大致可归纳为如表9-2所示的几类。

表9-2　PLC的应用范围

类别	说明
顺序控制	顺序控制是PLC最基本、最广泛应用的领域，它取代传统的继电器顺序控制。PLC用于单机控制、多机群控制及自动化生产线的控制。例如数控机床、注塑机、印刷机械、电梯控制和纺织机械等
位置控制	目前大多数的PLC制造商都提供拖动步进电动机或伺服电动机的单轴或多轴位置控制模块，这一功能可广泛用于各种机械，如金属切削机床、装配机械等
计数和定时控制	PLC为用户提供了足够的定时器和计数器，并设置相关的定时和计数指令。PLC的计数器和定时器准确度高、使用方便，可以取代继电器系统中的时间继电器和计数器
模拟量处理	PLC通过模拟量的输入/输出模块，实现模拟量与数字量的转换，并对模拟量进行控制，有的还具有PID控制功能。例如用于锅炉的水位、压力和温度控制
数据处理	现代的PLC具有数学运算、数据传递、转换、排序和查表等功能，也能完成数据的采集、分析和处理
通信联网	PLC的通信包括PLC相互之间、PLC与上位计算机以及PLC和其他智能设备之间的通信。PLC系统与通用计算机可以直接或通过通信处理单元、通信适配器相连构成网络，以实现信息的交换，并可构成“集中管理、分散控制”的分布式控制系统，满足工厂自动化系统的需要

（3）PLC的分类

PLC的分类见表9-3。

表9-3　PLC的分类

类别		说明
按组成结构形式分类	整体式PLC（也称单元式PLC）	其特点是电源、中央处理单元和I/O接口都集成在一个机壳内
	标准模板式结构化的PLC（也称组合式PLC）	其特点是电源模板、中央处理单元模板和I/O模板等在结构上是相互独立的，可根据具体的应用要求，选择合适的模块，安装在固定的机架或导轨上，构成一个完整的PLC应用系统
按I/O点容量分类	小型PLC	小型PLC的I/O点数一般在128点以下
	中型PLC	中型PLC采用模块化结构，其I/O点数一般在256 ~ 1024点之间
	大型PLC	一般I/O点数在1024点以上的称为大型PLC

二、PLC的组成及工作原理

（一）PLC的硬件组成

PLC种类繁多，但其基本结构和工作原理相同。PLC的功能结构区由CPU（中央处理器）、存储器和输入/输出接口三部分组成，如图9-1所示。

（1）CPU（中央处理器）

CPU的功能是完成PLC内所有的控制和监视操作。中央处理器一般由控制器、运算器和寄存器组成。CPU 通过数据总线、地址总线和控制总线与存储器、输入/输出接口电路连接。

（2）存储器

在 PLC 中使用两种类型的存储器：一种是只读类型的存储器，如 EPROM 和 EEPROM；另一种是可读/写的随机存储器 RAM。PLC 的存储器分为 5 个区域，如图 9-2 所示。

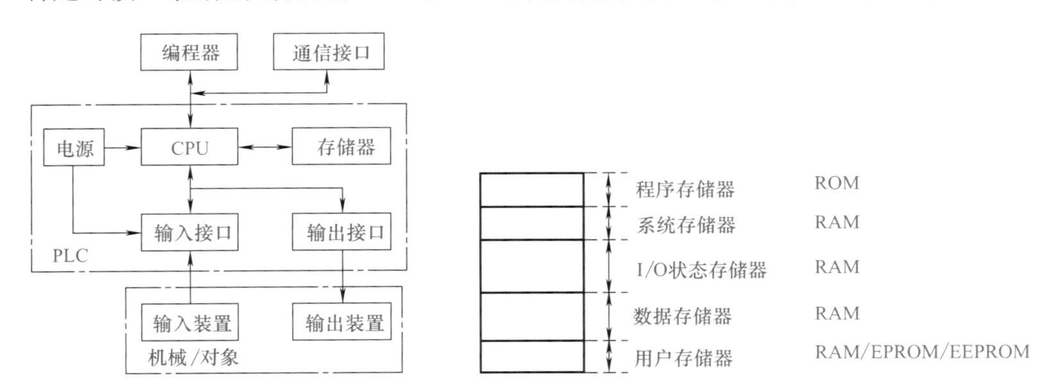

图 9-1　PLC 结构框图　　图 9-2　存储器的区域划分

程序存储器的类型是只读存储器（ROM），PLC 的操作系统存放在这里，程序由制造商固化，通常不能修改。程序存储器中的程序负责解释和编译用户编写的程序、监控 I/O 口的状态、对 PLC 进行自诊断以及扫描 PLC 中的程序等。系统存储器属于随机存储器（RAM），主要用于存储中间计算结果和数据、系统管理。有的 PLC 厂家用系统存储器存储一些系统信息如错误代码等。系统存储器不对用户开放。I/O 状态存储器属于随机存储器，用于存储 I/O 装置的状态信息，每个输入模块和输出模块都在 I/O 映像表中分配一个地址，而且这个地址是唯一的。数据存储器属于随机存储器，主要用于数据处理功能，为计数器、定时器、算术计算和过程参数提供数据存储。有的厂家将数据存储器细分为固定数据存储器和可变数据存储器。用户存储器，其类型可以是随机存储器、可擦除存储器（EPROM）和电擦除存储器（EEPROM），高档的 PLC 还可以用 FLASH。用户存储器主要用于存放用户编写的程序。存储器的关系如图 9-3 所示。

只读存储器可以用来存放系统程序，PLC 断电后再上电，系统内容不变且重新执行。只读存储器也可用来固化用户程序和一些重要参数，以免因偶然操作失误而造成程序和数据的破坏或丢失。随机存储器中一般存放用户程序和系统参数。当 PLC 处于编程工作时，CPU 从 RAM 中取指令并执行。用户程序执行过程中产生的中间结果也在 RAM 中暂时存放。RAM 通常由 CMOS 型集成电路组成，功耗小，但断电时内容消失，所以一般使用大电容或后备锂电池保证掉电后 PLC 的内容在一定时间内不丢失。

（3）输入/输出接口

PLC 的输入和输出信号可以是开关量或模拟量。输入/输出接口是 PLC 内部弱电（low power）信号和工业现场强电（high power）信号联系的桥梁。输入/输出接口主要有两个作用：一是利用内部的电隔离电路将工业现场和 PLC 内部进行隔离，起保护作用；二是调理信号，可以把不同的信号（如强电、弱电信号）调理成 CPU 可以处理的信号（5V、3.3V 或 2.7V 等），如图 9-4 所示。

输入/输出接口模块是 PLC 系统中最大的部分，输入/输出接口模块通常需要电源，输入电路的电源可以由外部提供，对于模块化的 PLC 还需要背板（安装机架）。

输入接口电路和输出接口电路说明见表 9-4。

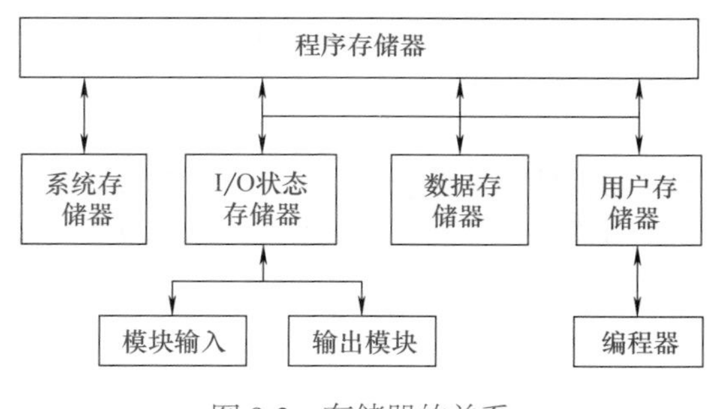

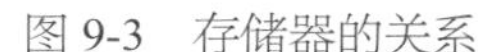
图 9-3　存储器的关系

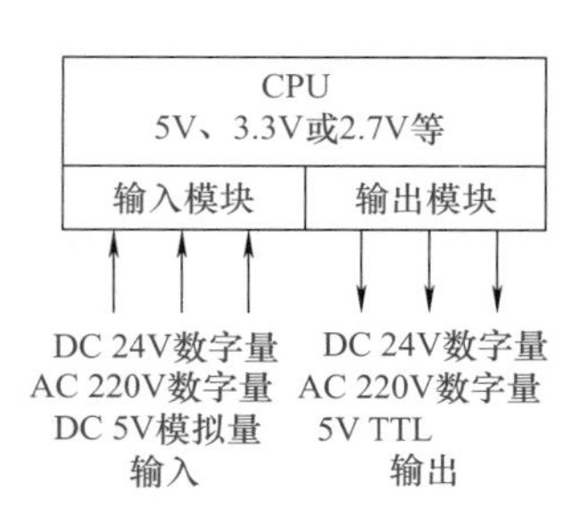

图 9-4　输入 / 输出接口

表 9-4　输入接口电路和输出接口电路说明

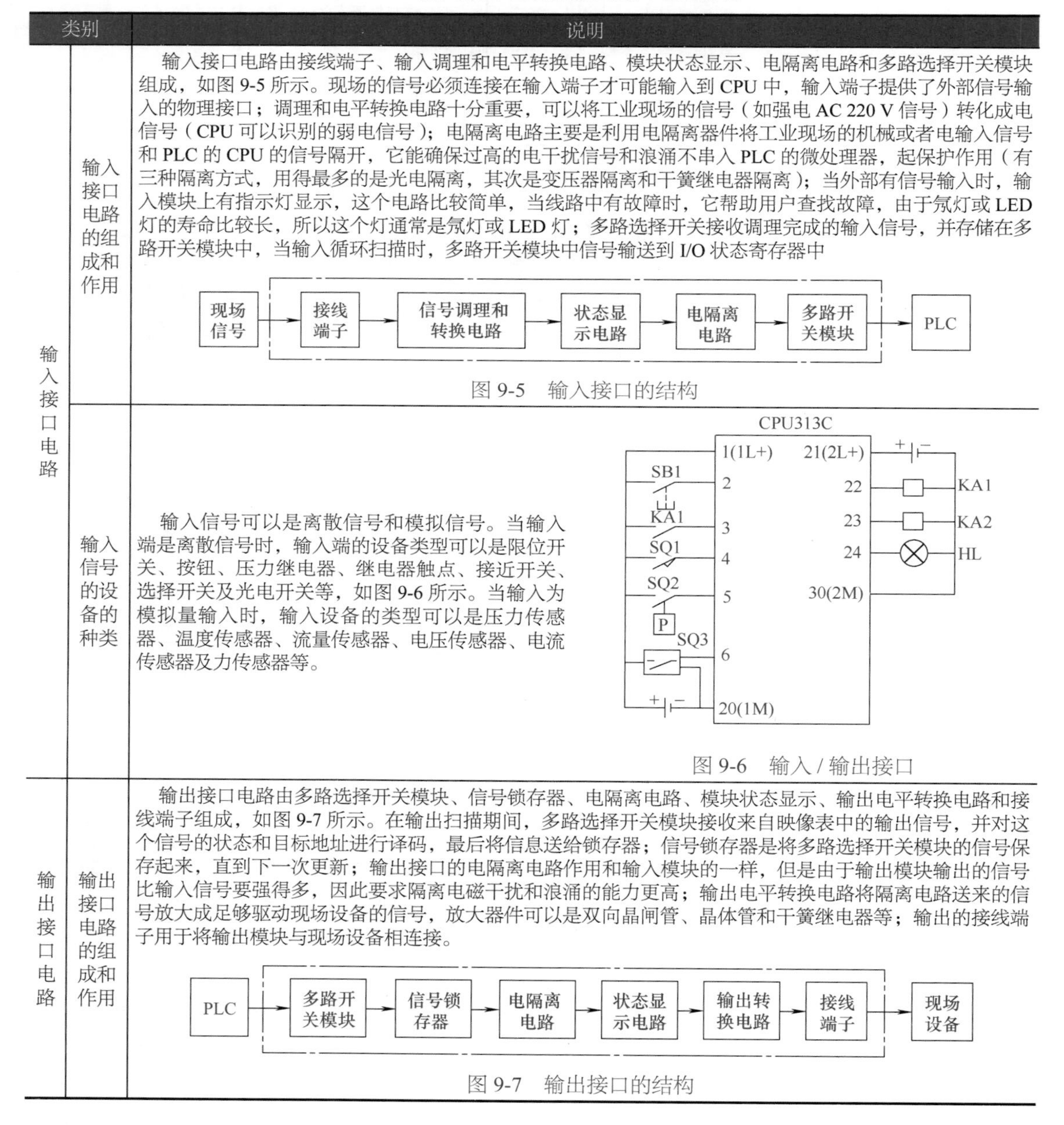

类别		说明
输入接口电路	输入接口电路的组成和作用	输入接口电路由接线端子、输入调理和电平转换电路、模块状态显示、电隔离电路和多路选择开关模块组成，如图 9-5 所示。现场的信号必须连接在输入端子才可能输入到 CPU 中，输入端子提供了外部信号输入的物理接口；调理和电平转换电路十分重要，可以将工业现场的信号（如强电 AC 220 V 信号）转化成电信号（CPU 可以识别的弱电信号）；电隔离电路主要是利用电隔离器件将工业现场的机械或者电输入信号和 PLC 的 CPU 的信号隔开，它能确保过高的电干扰信号和浪涌不串入 PLC 的微处理器，起保护作用（有三种隔离方式，用得最多的是光电隔离，其次是变压器隔离和干簧继电器隔离）；当外部有信号输入时，输入模块上有指示灯显示，这个电路比较简单，当线路中有故障时，它帮助用户查找故障，由于氖灯或 LED 灯的寿命比较长，所以这个灯通常是氖灯或 LED 灯；多路选择开关接收调理完成的输入信号，并存储在多路开关模块中，当输入循环扫描时，多路开关模块中信号输送到 I/O 状态寄存器中 图 9-5　输入接口的结构
	输入信号的设备的种类	输入信号可以是离散信号和模拟信号。当输入端是离散信号时，输入端的设备类型可以是限位开关、按钮、压力继电器、继电器触点、接近开关、选择开关及光电开关等，如图 9-6 所示。当输入为模拟量输入时，输入设备的类型可以是压力传感器、温度传感器、流量传感器、电压传感器、电流传感器及力传感器等。 图 9-6　输入 / 输出接口
输出接口电路	输出接口电路的组成和作用	输出接口电路由多路选择开关模块、信号锁存器、电隔离电路、模块状态显示、输出电平转换电路和接线端子组成，如图 9-7 所示。在输出扫描期间，多路选择开关模块接收来自映像表中的输出信号，并对这个信号的状态和目标地址进行译码，最后将信息送给锁存器；信号锁存器是将多路选择开关模块的信号保存起来，直到下一次更新；输出接口的电隔离电路作用和输入模块的一样，但是由于输出模块输出的信号比输入信号要强得多，因此要求隔离电磁干扰和浪涌的能力更高；输出电平转换电路将隔离电路送来的信号放大成足够驱动现场设备的信号，放大器件可以是双向晶闸管、晶体管和干簧继电器等；输出的接线端子用于将输出模块与现场设备相连接。 图 9-7　输出接口的结构

续表

类别		说明
输出接口电路	输出接口电路的组成和作用	PLC 有三种输出接口形式：继电器输出、晶体管输出和晶闸管输出形式。继电器输出形式的 PLC 的负载电源可以是直流电源或交流电源，但其输出响应频率较慢，其内部电路如图 9-8 所示。晶体管输出的 PLC 负载电源是直流电源，其输出响应频率较快，其内部电路如图 9-9 所示。晶闸管输出形式的 PLC 的负载电源是交流电源。西门子 S7-200 系列 PLC 的 CPU 模块暂时还没有晶闸管输出形式的产品出售，但三菱 FX 系列有这种产品。选型时要特别注意 PLC 的输出形式 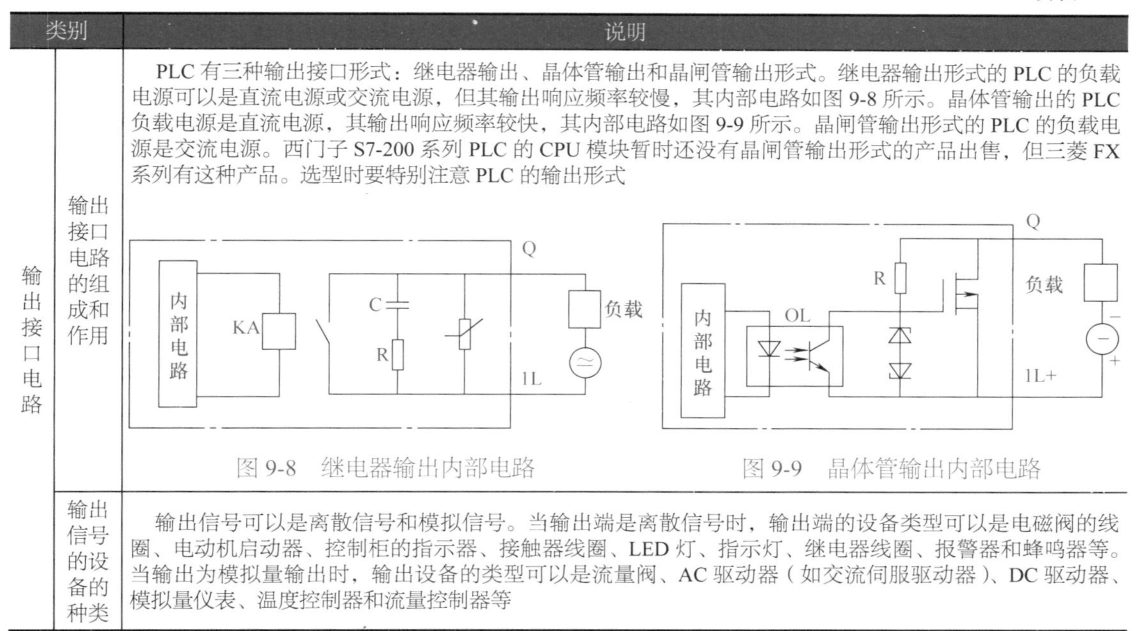 图 9-8　继电器输出内部电路　　图 9-9　晶体管输出内部电路
	输出信号的设备的种类	输出信号可以是离散信号和模拟信号。当输出端是离散信号时，输出端的设备类型可以是电磁阀的线圈、电动机启动器、控制柜的指示器、接触器线圈、LED 灯、指示灯、继电器线圈、报警器和蜂鸣器等。当输出为模拟量输出时，输出设备的类型可以是流量阀、AC 驱动器（如交流伺服驱动器）、DC 驱动器、模拟量仪表、温度控制器和流量控制器等

注意：PLC 的继电器型输出虽然响应速度慢，但其驱动能力强，一般为 2A，这是继电器型输出 PLC 的一个重要的优点。一些特殊型号的 PLC，如西门子 LOGO! 的某些型号驱动能力可达 5A 和 10A，能直接驱动接触器。此外，从图 9-8 中可以看出继电器型输出形式的 PLC 中，一般的误接线通常不会引起 PLC 内部器件的烧毁（高于交流 220V 电压是不允许的）。因此，继电器输出形式是选型时的首选，在工程实践中用得比较多。

晶体管输出的 PLC 的输出电流一般小于 1A，西门子 S7-200 的输出电流源是 0.75A（西门子有的型号的 PLC 的输出电流甚至只有 0.5A），可见晶体管输出的驱动能力较小。此外，如图 9-9 所示，可以看出晶体管型输出形式的 PLC 中，一般的误接线可能会引起 PLC 内部器件的烧毁，所以要特别注意。

例：某学生按图 9-10 所示接线，之后按下 SB1、SB2 和 SB3 按钮，发现输入端的指示灯没有显示，PLC 中没有程序，但灯 HL 常亮，接线没有错误，+24 V 电源也正常。学生的分析是输入和输出接口烧毁，请问该分析是否正确。

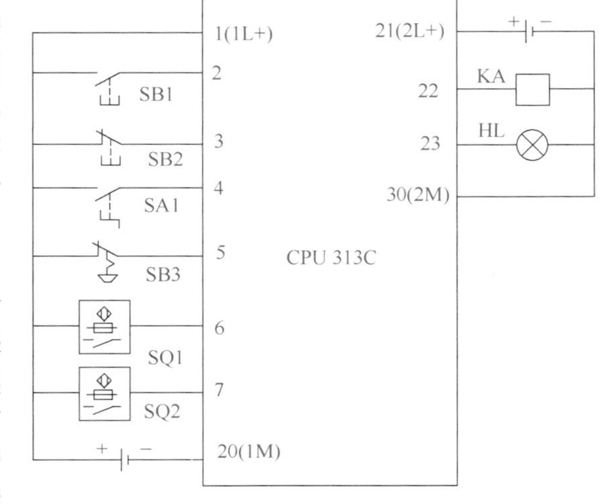

图 9-10　接线图

解：分析如下。

① 一般在实验室环境中，输入端口不会烧毁，因为输入接口电路有光电隔离电路保护，除非有较大电压（如交流 220V）的误接入，而且烧毁输入接口时一般也不会所有的接口同时烧毁。经过检查，发现接线端子 1M 是“虚接”，压紧此接线端子后，输入端恢复正常。

② 误接线容易造成晶体管输出回路的器件烧毁，晶体管的击穿会造成回路导通，从而造成 HL 灯常亮。

注意：本章中所有的 PNP 输入和 NPN 输入都是以传感器为对象，有的资料以 PLC 为对象，则变成 NPN 输入和 PNP 输入，请读者注意。

（二）PLC 的工作原理

PLC 是一种存储程序的控制器。用户根据某一对象的具体控制要求，编制好控制程序后，用编程器将程序输入到 PLC（或用计算机下载到 PLC）的用户程序存储器中寄存。PLC 的控制功能就是通过运行用户程序来实现的。

PLC 运行程序的方式与微型计算机相比有较大的不同。微型计算机运行程序时，一旦执行到 END 指令，程序运行便结束；而 PLC 从 0 号存储地址所存放的第一条用户程序开始，在无中断或跳转的情况下，按存储地址号递增的方向顺序逐条执行用户程序，直到 END 指令结束。然后再从头开始执行，并周而复始地重复，直到停机或从运行（RUN）切换到停止（STOP）工作状态。把 PLC 这种执行程序的方式称为扫描工作方式。每扫描完一次程序就构成一个扫描周期。另外，PLC 对输入、输出信号的处理与微型计算机不同。微型计算机对输入、输出信号实时处理，而 PLC 对输入、输出信号则是集中批处理。下面具体介绍 PLC 的扫描工作过程。其运行和信号处理示意如图 9-11 所示。

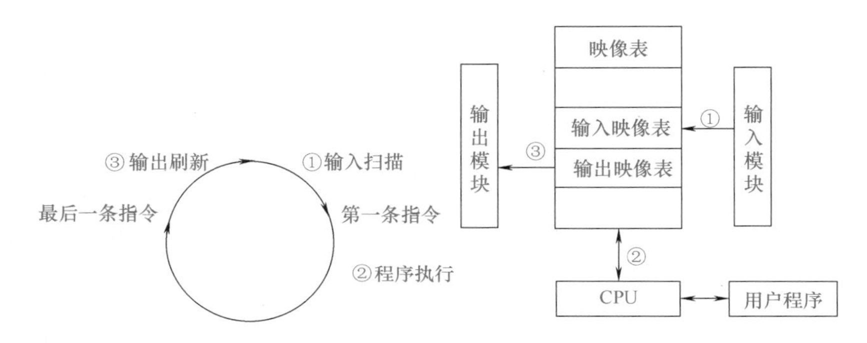

图 9-11　PLC 内部运行和信号处理示意图

PLC 扫描工作方式主要分为三个阶段：输入扫描、程序执行和输出刷新。其说明见表 9-5。

表 9-5　PLC 扫描工作方式

阶段	说明
输入扫描	PLC 在开始执行程序之前，首先扫描输入端子，按顺序将所有输入信号，读入到寄存器 - 输入状态的输入映像寄存器中，这个过程称为输入扫描。PLC 在运行程序时，所需的输入信号不是现时取输入端子上的信息，而是取输入映像寄存器中的信息。在本工作周期内这个采样结果的内容不会改变，只有到下一个扫描周期输入扫描阶段才被刷新。PLC 的扫描速度很快，取决于 CPU 的时钟速度
程序执行	PLC 完成了输入扫描工作后，按顺序从 0 号地址开始的程序进行逐条扫描执行，并分别从输入映像寄存器、输出映像寄存器以及辅助继电器中获得所需的数据进行运算处理。再将程序执行的结果写入输出映像寄存器中保存。但这个结果在全部程序未被执行完毕之前不会送到输出端子上，也就是说物理输出是不会改变的。扫描时间取决于程序的长度、复杂程度和 CPU 的功能
输出刷新	在执行到 END 指令，即执行完用户所有程序后，PLC 上将输出映像寄存器中的内容送到输出锁存器中进行输出，驱动用户设备。扫描时间取决于输出模块的数量

从以上的介绍可以知道，PLC 程序扫描特性决定了 PLC 的输入和输出状态并不能在扫描的同时改变，例如一个按钮开关的输入信号的输入刚好在输入扫描之后，那么这个信号只有在下一个扫描周期才能被读入。

上述三个步骤是 PLC 的软件处理过程，可以认为就是程序扫描时间。扫描时间通常由三个因素决定：一是 CPU 的时钟速度，越高档的 CPU，时钟速度越高，扫描时间越短；二是 I/O 模块的数量，模块数量越少，扫描时间越短；三是程序的长度，程序长度越短，扫描时间越短。一般的 PLC 执行容量为 1KB 的程序需要的扫描时间约是 1 ～ 10ms。

图 9-12 表达了 PLC 循环扫描工作过程。

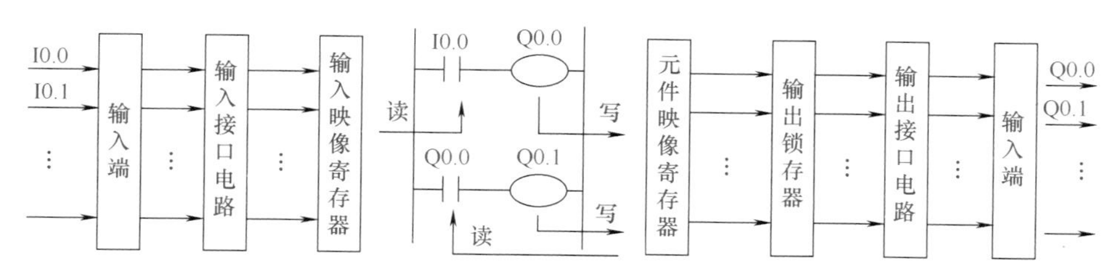

图 9-12　PLC 循环扫描工作过程

第二节　PLC 基本数字电路程序

任何复杂的 PLC 程序都是由基本的数字电路程序扩展和（或）组合而成。本章主要介绍 9 个基本数字电路程序，以演示如何利用 PLC 指令完成程序设计。

一、接通 / 断开电路

（1）瞬时接通 / 延时断开电路

瞬时接通 / 延时断开电路要求在输入信号有效时立即有输出，而当停止信号有效时，输出信号延迟一段时间才停止。

瞬时接通 / 延时断开电路的梯形图如图 9-13 所示，当按下启动按钮时，I0.0 常开触点闭合，Q4.0 线圈“通电”并自锁；当按下停止按钮时，I0.1 常开触点闭合，定时器线圈“得电”并开始计时，3s 定时结束后，定时器 T0 的常闭触点断开，Q4.0 线圈“断电”。瞬时接通 / 延时断开电路的时序图如图 9-14 所示。

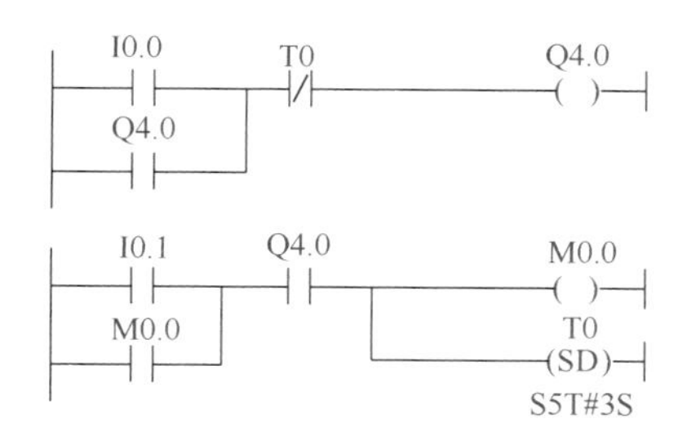

图 9-13　瞬时接通 / 延时断开电路的梯形图

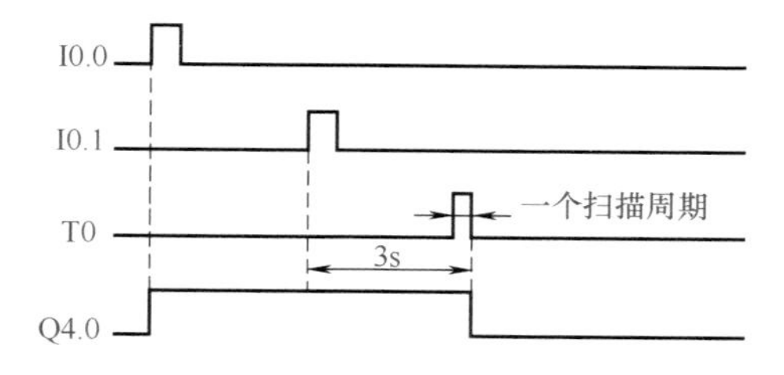

图 9-14　瞬时接通 / 延时断开电路的时序图

瞬时接通 / 延时断开电路中 Q4.0 线圈延时“断电”时间的更改，可以通过修改定时器 T0 的时间来实现。实例中采用最通用的接通延时定时器完成控制要求，瞬时接通 / 延时断开电路可以采用断开延时定时器等其他定时器来实现，读者可以自行编辑梯形图。

（2）延时接通 / 延时断开电路

延时接通 / 延时断开电路要求在输入信号有效时延时一段时间后才有输出，当停止信号有效时，输出信号也延时一段时间才停止。与瞬时接通 / 延时断开相比，延时接通 / 延时断开多加了一个输入延时。

延时接通 / 延时断开电路的梯形图如图 9-15 所示，当按下启动按钮时，I0.0 常开触点闭合，M0.0 线圈“通电”并自锁，同时启动定时器 T0，T0 线圈“得电”；直到 T0 的定时时间 2s 结束后，T0 的常开触点闭合，Q4.0 线圈才“通电”；当按下停止按钮时，定时器 T1 开始计时，计时时间 5s 过后，定时器 T1 常闭触点断开，Q4.0 线圈断电。延时接通 / 延时断开电路的时序图如图 9-16 所示。

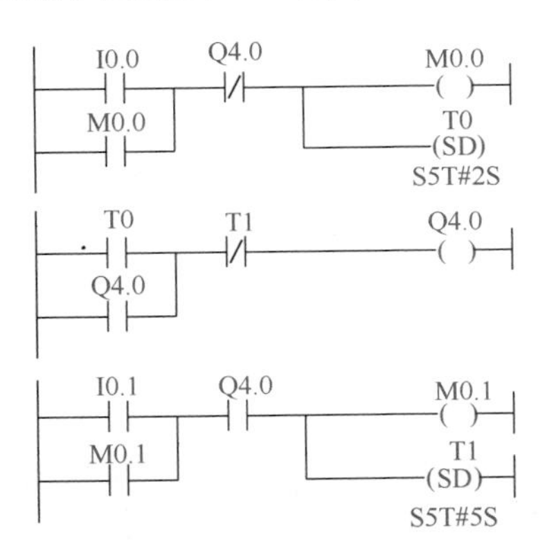

图 9-15　延时接通 / 延时断开电路的梯形图

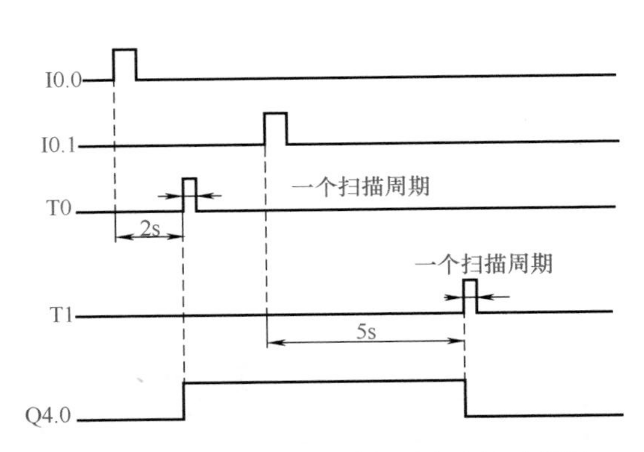

图 9-16　延时接通 / 延时断开电路的时序图

延时接通 / 延时断开电路中，Q4.0 线圈延时“通电”和延时“断电”时间可分别通过修改定时器 T0 和 T1 的设定时间来实现。实例中采用最通用的接通延时定时器完成控制要求，瞬时接通 / 延时断开电路可以采用断开延时定时器等其他定时器来实现，读者可以自行编辑梯形图。

二、启动、保持和停止电路

启动、保持和停止电路简称启保停电路，在梯形图中有着广泛的应用。应用工程中可以根据不同的控制要求选择不同的启保停电路；而在实际电路中，启动、停止信号可由多个触点组成的串、并联电路提供。

可以借鉴设计硬件继电器电路图的方法来设计一些简单的数字量控制系统的梯形图，可在一些典型的电路基础上，根据被控对象的具体要求不断修改、调试和完善梯形图。因此，电工手册中常用的继电器电路图可以作为设计梯形图的参考电路。

（1）复位优先型启保停电路

复位优先型启保停电路梯形图如图 9-17 所示，启动按钮和停止按钮提供的信号 I0.0 和 I0.1 为 1 状态的时间很短，一旦按下启动按钮，I0.0 常开触点和 I0.1 常闭触点均闭合，Q0.0 线圈“通电”，其常开触点同时闭合，启动按钮得到释放，I0.0 常开触点断开，能流经 Q4.0 常开触点和 I0.1 常闭触点流进 Q4.0，即自锁功能的实现。当按下停止按钮时，I0.1 常闭触点断开，使 Q4.0 线圈“断电”，其常开触点也断开。即便停止按钮得到释放，I0.1 常闭触点恢复闭合状态，Q4.0 线圈也依然“断电”。当再次按下启动按钮时，上个周期的触点重新动作，Q4.0 线圈会再次“通电”。

复位优先型启保停电路的功能可以用图 9-18 所示的 S（置位）和 R（复位）指令来实现，也可以用图 9-19 所示的 SR 置位复位触发器指令框来实现，图 9-20 为复位优先型启保停电路的逻辑时序图。由图可以发现，当同时按下启动和停止按钮时，程序执行 Q4.0 线圈复位。

（2）置位优先型启保停电路

置位优先型启保停电路梯形图如图 9-21 所示，当单独按下启动按钮或停止按钮时，功能等同于复位优先型启保停电路。当按下启动按钮时，I0.0 常开触点和 I0.1 常闭触点闭合，Q4.0 线圈“通电”，其常开触点同时闭合，能流经 Q4.0 常开触点流入 Q4.0 线圈，线圈“通电”；若按下停止按钮，I0.1 常闭触点断开，Q4.0 线圈“断电”。

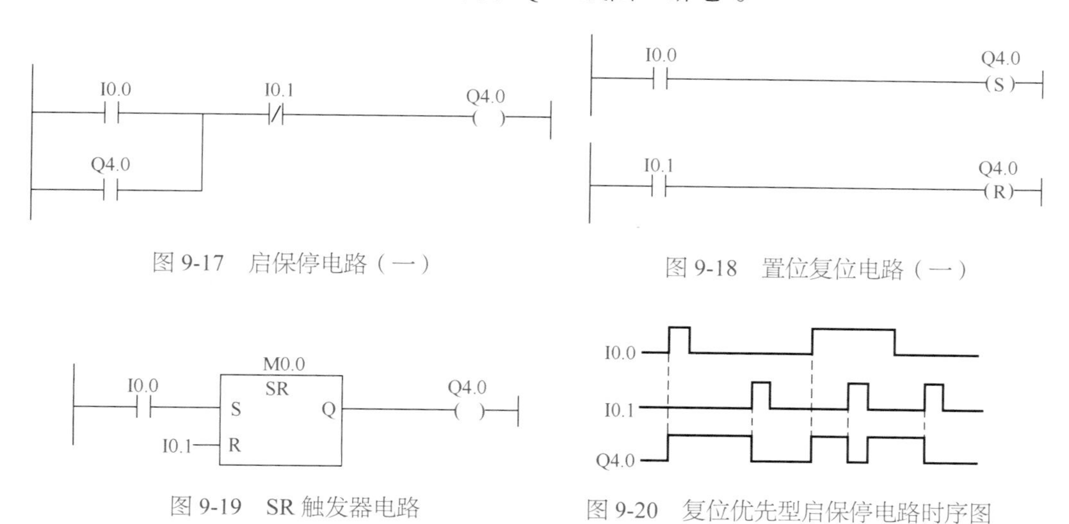

图 9-17　启保停电路（一）

图 9-18　置位复位电路（一）

图 9-19　SR 触发器电路

图 9-20　复位优先型启保停电路时序图

置位优先启保停电路的功能可由图 9-22 所示的 R（复位）和 S（置位）指令来实现，也可用图 9-23 所示的 RS 置位复位触发器指令框来实现。从图 9-24 所示的置位优先型启保停电路逻辑时序图可以发现，当启动按钮和停止按钮同时按下时程序执行 Q4.0 置位。

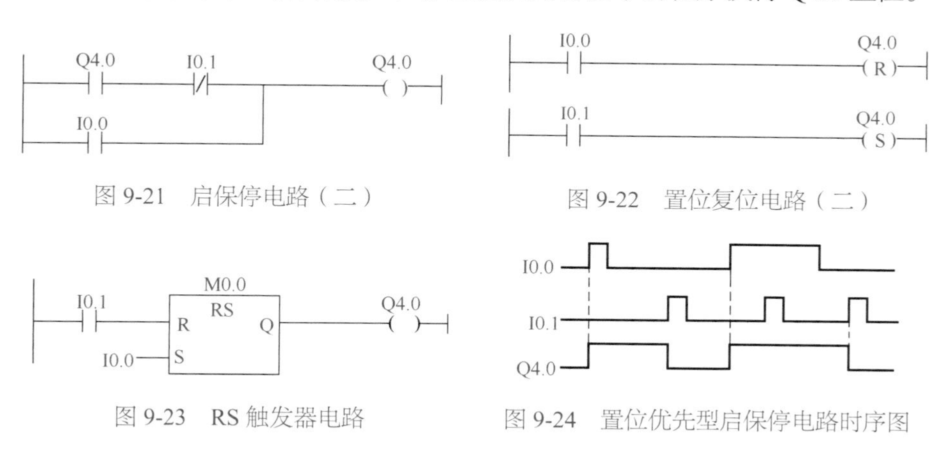

图 9-21　启保停电路（二）

图 9-22　置位复位电路（二）

图 9-23　RS 触发器电路

图 9-24　置位优先型启保停电路时序图

三、长时间定时电路

每一种 PLC 定时器都有其计时上限，S7 系列 PLC 定时器的最大计时时间为 9990s 或 2h46min30s，但是某些控制场合时间要求较长，超过了定时器的定时范围，此时就需要使用多个定时器组合或定时器与计数器组合的方式实现长时间定时。本节举两个例子加以说明，读者可举一反三采用其他方法实现。

（1）多个定时器组合的长时间定时电路

多个定时器组合的长时间定时电路梯形图如图 9-25 所示。当按下启动按钮时，I0.0 常开触点闭合，Q4.0 线圈“通电”并自锁，同时启动定时器 T0；到达定时时间 2h，定时器 T0 常开触点闭合，启动定时器 T1；定时时间 2h46min30s 后，定时器 T1 常闭触点断开，则 Q4.0 线圈“断电”。多个定时器组成的长时间定时电路时序图如图 9-26 所示。

多个定时器组合的长时间定时电路中，Q4.0 线圈“通电”的时间是由定时器 T0、T1 共同定时实现的，总的定时时间为两者的定时时间之和，即 Q4.0 线圈“通电”时间为 2h+

2h46min30s=4h46min30s。实例中时间是通过控制 Q4.0 线圈接通后长时间“通电”而实现的，也可应用于延时接通等实例中，读者可以自行编辑梯形图。

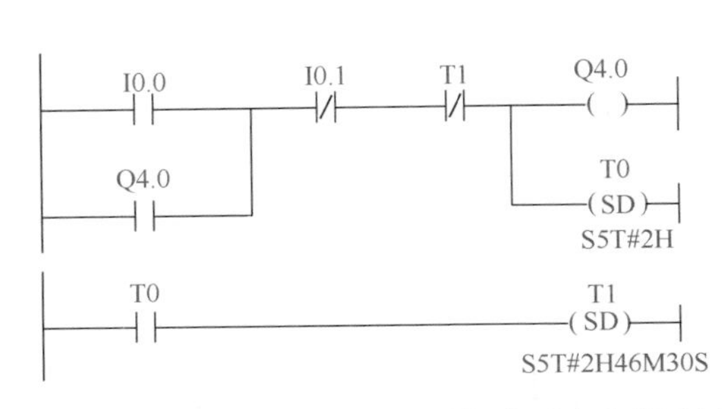

图 9-25　多个定时器组合的长时间定时电路梯形图

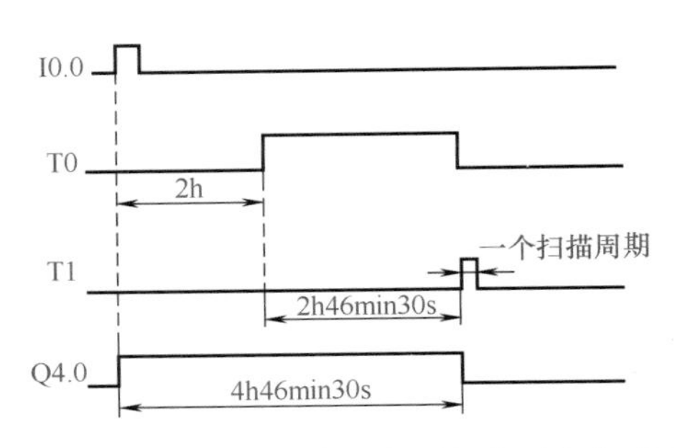

图 9-26　多个定时器组合的长时间定时电路时序图

（2）定时器和计数器组合的长时间定时电路

定时器和计数器组合的长时间定时电路的梯形图如图 9-27 所示，当按下启动按钮时，I0.0 常开触点闭合，计数器 C0 当前值预置为 10，C0 的常开触点闭合，M0.0 线圈“通电”并自锁，M0.0 常开触点闭合，Q4.0 线圈“通电”；同时启动定时器 T0，定时时间 2h 到时，定时器常开触点闭合，计数器 C0 加 1，定时器 T0 常闭触点断开一个扫描周期，定时器 T0 再次重新启动；如此循环，当计数器当前值达到设定 10 后，计数器 C0 当前值变为 0，C0 的常开触点断开，M0.0 线圈“断电”，M0.0 常开触点断开，Q4.0 线圈断电。定时器和计数器组合的长时间定时电路的时序图如图 9-28 所示。

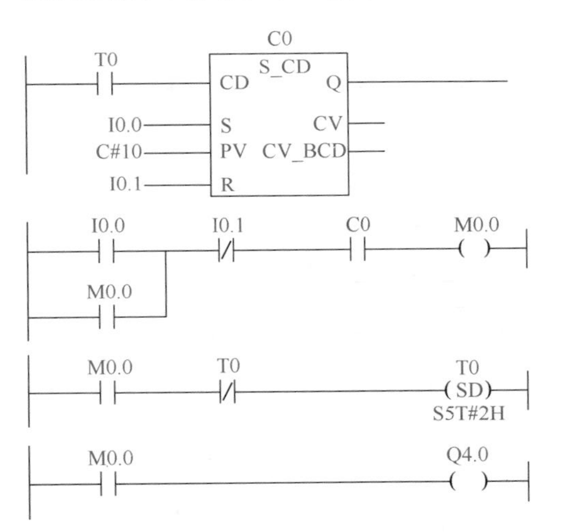

图 9-27　定时器和计数器组合的长时间定时电路梯形图

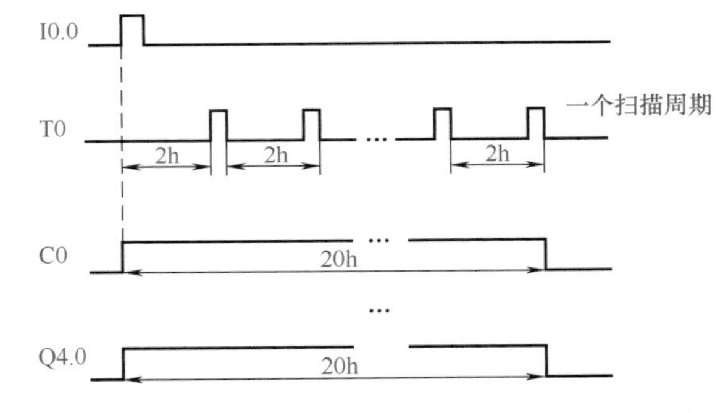

图 9-28　定时器和计数器组合的长时间定时电路时序图

定时器和计数器组合的长时间定时电路中，Q4.0 的“通电”时间是由定时器 T0 和计数器 C0 共同实现的，总的定时时间设定为定时器与计数器的乘积，即 Q4.0“通电”时间 $=2\text{h}\times10=20\text{h}$，其中扫描周期很短，可以忽略不计。实例中控制 Q4.0 线圈瞬时接通并长时间“通电”的信号完成长时间定时，也可应用于延时接通等实例中，读者可自行编辑梯形图。

四、自锁和互锁电路

自锁和互锁电路是梯形图控制程序中最基本的环节，其中：自锁电路在 PLC 程序中常用于启停控制；互锁电路是指包含两个或两个以上输出线圈的电路，同一时间最多只允许一个输出线圈通电，目的是避免由线圈所控制的对象同时动作。

（1）自锁电路

自锁电路的梯形图如图 9-29 所示。当只按下启动按钮时，I0.0 常开触点和 I0.1 常闭触点均闭合，Q4.0 线圈“通电”，其常开触点同时闭合，保证 Q4.0 线圈持续“通电”；只要按下停止按钮，I0.1 常闭触点打开，Q4.0 线圈才“断电”。自锁电路时序图如图 9-30 所示。

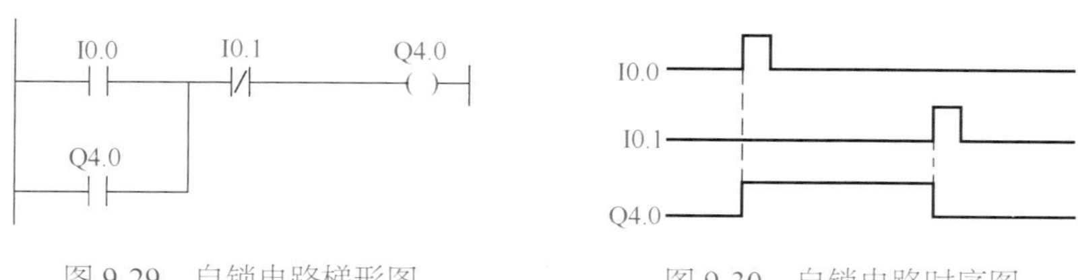

图 9-29　自锁电路梯形图　　图 9-30　自锁电路时序图

自锁电路梯形图中，I0.0 常开触点作为启动开关，I0.1 常闭触点作为停止开关，Q4.0 常开触点用于自锁。自锁电路常用于自复式开关作启动开关，或者只接通一个扫描周期的触点启动一个连续动作的控制电路。

（2）互锁电路

互锁电路梯形图如图 9-31 所示，当只按下启动按钮 I0.1 时，I0.1 常开触点和 I0.2 常闭触点均闭合，Q4.1 线圈“通电”，其常闭触点同时断开，因此，即使 I0.3 常开触点和 I0.2 常闭触点闭合，Q4.2 线圈也不会“通电”。只有当 I0.2 常闭触点断开，Q4.1 线圈“断电”后，再按下启动按钮 I0.3，I0.3 常开触点和 I0.2 常开触点均闭合，Q4.2 线圈才“通电”，其常闭触点同时断开。同样，此时即使 I0.1 常开触点和 I0.2 常闭触点均闭合，Q4.1 线圈也不会“通电”。互锁电路时序图如图 9-32 所示。

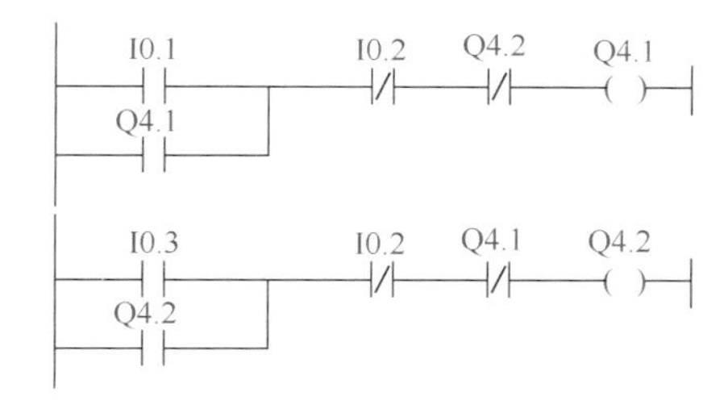

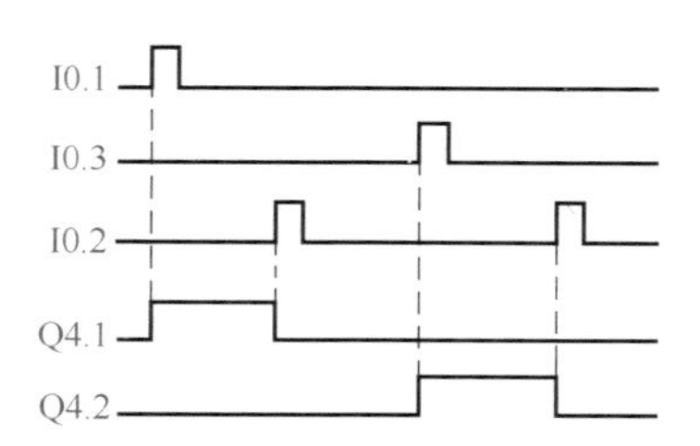

图 9-31　互锁电路梯形图　　图 9-32　互锁电路时序图

互锁电路梯形图中，Q4.1 和 Q4.2 的常闭触点分别与对方的线圈串联在一起，只要任何一个输出线圈“通电”，另一个输出线圈就不能“通电”，从而保证了任何时间、任何操作情况下两者均不能同时启动，这种控制称为互锁控制，Q4.1 和 Q4.2 常闭触点称为互锁触点。互锁控制常用于两个或两个以上的被控对象不允许同时动作的情况，如电动机的正、反向控制等。

五、振荡电路

振荡电路主要利用定时器实现周期脉冲触发，且可根据需要灵活地改变占空比。振荡电路又称闪烁电路，常用于报警、娱乐等场所，可以控制灯光的闪烁频率、通断时间比等，还可以控制电铃、蜂鸣器等。

振荡电路的梯形图如图 9-33 所示，当按下启动按钮时，I0.0 常开触点闭合，M0.0 线圈“通电”并自锁，M0.0 常开触点闭合，Q4.0 线圈“通电”；同时启动定时器 T0，定时时间 2s 达到后，定时器 T0 常开触点闭合，启动定时器 T1；定时时间 3s 达到后，定时器 T1 的常闭触点被触发一个扫描周期，定时器 T0 重新启动；如此循环往复，直到按下停止按钮时，I0.1

常闭触点打开，M0.0 线圈“断电”，M0.0 常开触点断开，Q4.0 线圈“断电”。振荡电路时序图如图 9-34 所示。

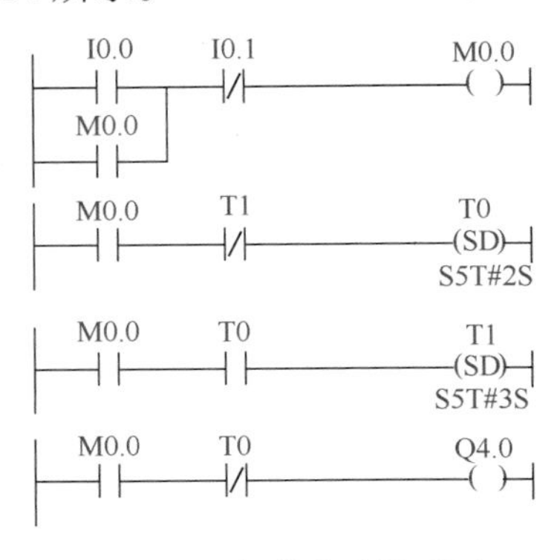

图 9-33　振荡电路梯形图

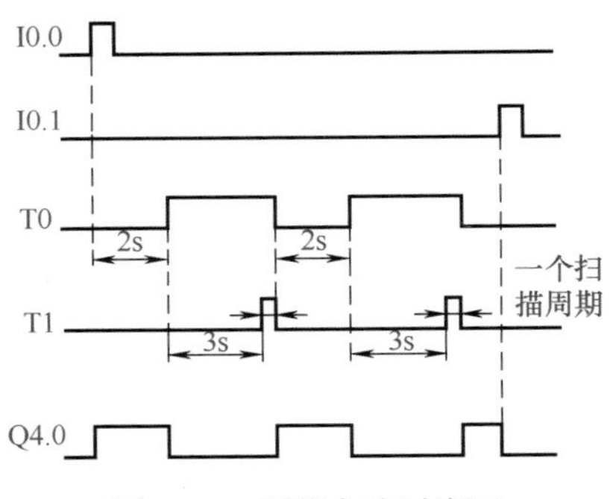

图 9-34　振荡电路时序图

六、脉冲发生电路

振荡电路也可看作脉冲发生电路，用于改变电路的频率与时间比，主要通过改变脉冲发生电路的频率与脉冲宽度实现，实际应用中，根据需要可以设计多种脉冲发生器。

（1）顺序脉冲发生电路

顺序脉冲发生电路梯形图如图 9-35 所示，当按下启动按钮时，I0.0 常开触点闭合，M0.0 线圈“通电”并自锁，Q4.0 线圈“通电”，同时启动定时器 T0；定时时间 1s 到时，定时器 T0 常开触点闭合，常闭触点断开，Q4.0 线圈“断电”，Q4.1 线圈“通电”，启动定时器 T1；定时时间 2s 达到后，定时器 T1 常开触点闭合，常闭触点断开，Q4.1 线圈“断电”，Q4.2 线圈“通电”，启动定时器 T2；定时时间 3s 到时，定时器 T2 常闭触点断开一个扫描周期，使其 T0 重新启动，Q4.2 线圈“断电”，Q4.0 线圈“通电”；如此往复循环，直到按下停止按钮时，I0.1 常闭触点断开，M0.0 线圈“断电”，M0.0 常开触点断开，Q4.0、Q4.1、Q4.2 线圈“断电”。顺序脉冲发生电路的时序图如图 9-36 所示。

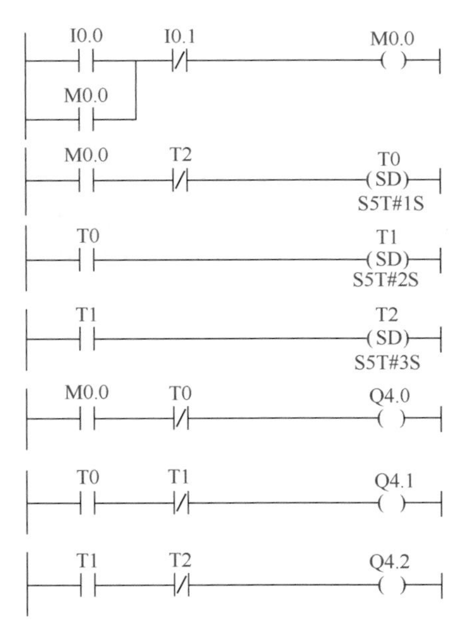

图 9-35　顺序脉冲发生电路梯形图

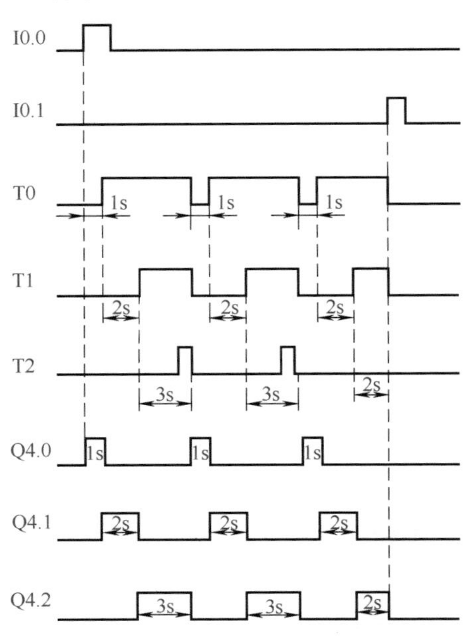

图 9-36　顺序脉冲发生电路的时序图

（2）脉冲宽度可控制电路

在输入信号宽度不规范的情况下，假设要求在每一个输入信号的上升沿产生一个宽度固定的脉冲，且脉冲宽度可调节，同时，假设输入信号的两个上升沿之间的宽度小于脉冲宽度，则忽略输入信号的第二个上升沿。

脉冲宽度可控制电路梯形图如图 9-37 所示，当按下启动按钮时，I0.0 常开触点闭合，M0.0 线圈“通电”并自锁，Q4.0 线圈“通电”，同时启动定时器 T0；定时时间 2s 到时，定时器 T0 常闭触点断开，M0.0 线圈“断电”，Q4.0 线圈也“断电”。脉冲宽度可控制电路的时序图如图 9-38 所示。

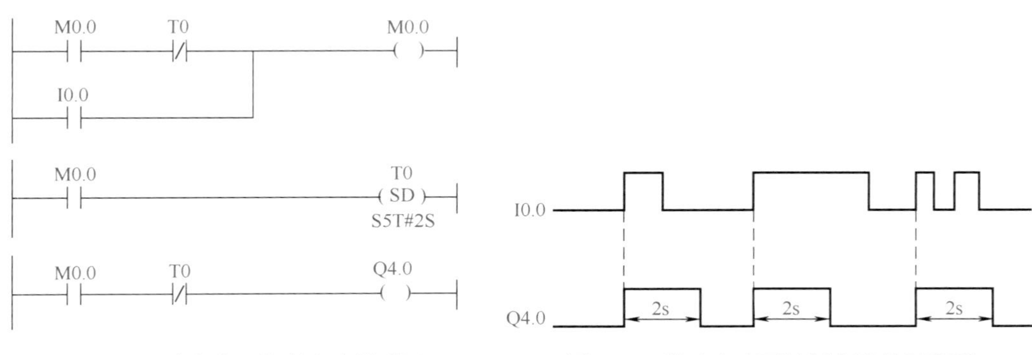

图 9-37　脉冲宽度可控制电路梯形图　　　　图 9-38　脉冲宽度可控制电路的时序图

脉冲宽度可控制电路中，采用输入信号的上升沿触发，将 I0.0 的不规则输入信号转化为瞬时触发信号，Q4.0 信号宽度可由定时器 T0 控制，且宽度不受输入信号 I0.0 接通时间的影响。

（3）延时脉冲产生电路

延时脉冲产生电路要求在输入信号延迟一段时间后产生一个脉冲信号，该电路常用于获取启动或关闭信号。

延时脉冲产生电路梯形图如图 9-39 所示，当按下启动按钮时，I0.0 常开触点闭合，M0.0 线圈“通电”并自锁，同时启动定时器 T0；定时时间 10s 到时，定时器 T0 常开触点闭合，Q4.0 线圈“通电”，Q4.0 常闭触点断开，M0.0 线圈“断电”，定时器 T0 常开触点断开，Q4.0 线圈“断电”。延时脉冲产生电路的时序图如图 9-40 所示。

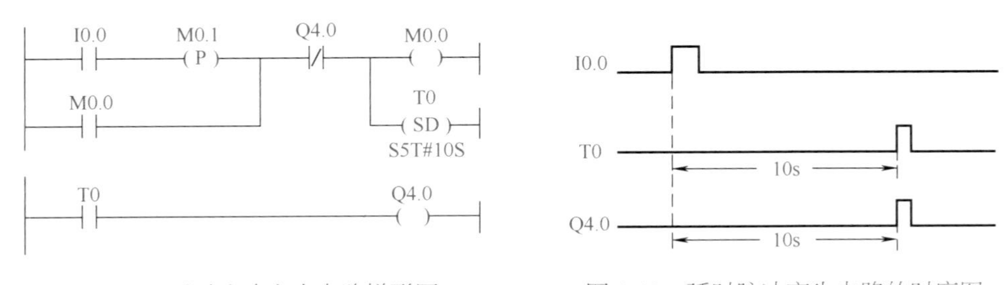

图 9-39　延时脉冲产生电路梯形图　　　　图 9-40　延时脉冲产生电路的时序图

延时脉冲产生的电路采用输入信号的上升沿触发，Q4.0 的延时时间由定时器 T0 控制，Q4.0 线圈“通电”时间仅为一个扫描周期，读者可根据需要加以调整。

七、分频电路

在许多控制场合中需要对控制信号进行分频处理，以二分频为例，如图 9-41 所示，将脉冲输入信号 I0.0 分频输出，脉冲输出信号 Q4.0 即为 I0.0 的二分频。分频电路梯形图中没有定时器和计数器，结构相对简单，读者可自行分析。分频电路的时序图如图 9-42 所示。

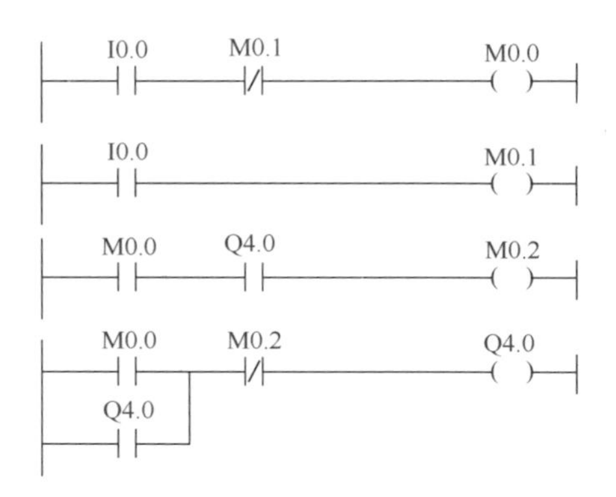

图 9-41　分频电路梯形图

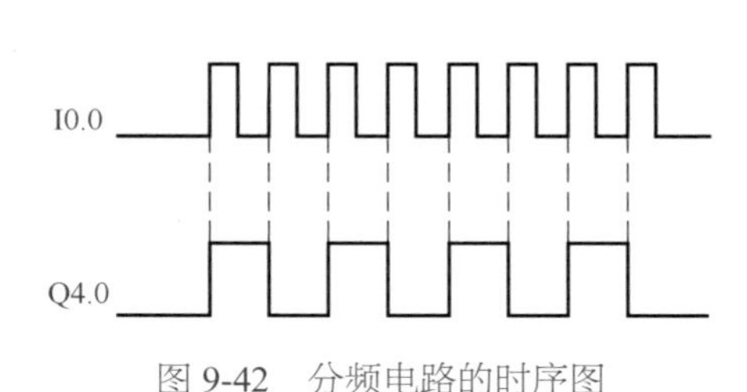

图 9-42　分频电路的时序图

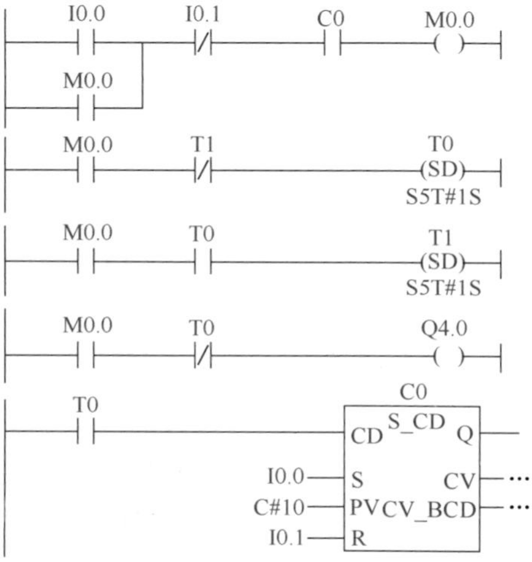

图 9-43　计数器应用电路梯形图

八、计数器应用电路

下面主要举例说明如何使用计数器，并对某些控制场合要求计数范围较大时，如何采用多个计数器组合来实现控制目的作简单介绍。

（1）计数器应用电路

计数器应用电路主要实现 10 次 2s 方波发生器的控制，梯形图如图 9-43 所示。当按下产生方波的按钮时，I0.0 常开触点闭合，计数器 C1 当前值预置为 10，C0 的常开触点闭合，M0.0 线圈“通电”并自锁，M0.0 常开触点闭合，Q4.0 线圈“通电”，同时启动定时器 T0；定时时间 1s 到时，定时器 T0 常开触点闭合，Q4.0 线圈“断电”，计数器 C0 加 1，启动定时器 T1；定时时间 1s 到时，定时器 T1 常闭触点断开一个扫描周期，定时器 T0 重新启动，如此循环，当计数器当前值达到设定值 10 之后，计数器 C0 当前值变为 0，C0 的常开触点断开，M0.0 线圈“断电”，M0.0 常开触点断开，Q4.0 线圈“断电”。计数器应用电路的时序图如图 9-44 所示。

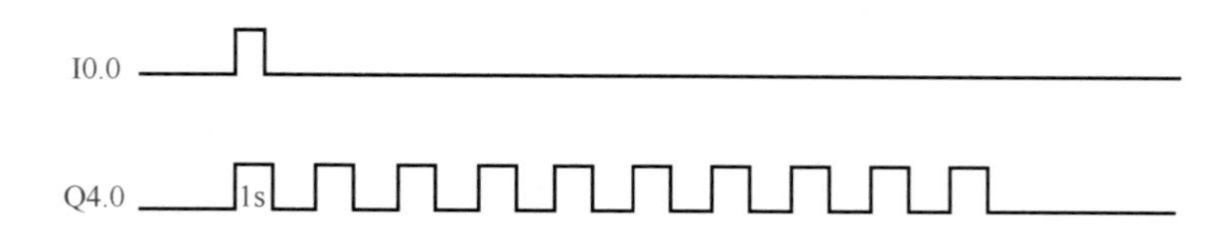

图 9-44　计数器应用电路的时序图

计数器应用电路中，若输出连续信号灯光，则当按下启动按钮后，输出端产生 1s 高电平、1s 低电平的方波信号，经过 10 个周期后，输出端为低电平，信号灯闪亮 10 次，显示输出端信号的变化过程。任意时间复位开关闭合则输出端产生低电平，信号灯灭，计数器输出值为 0。实例中计数器也可由加法计数器实现，读者可自行思考。

（2）多个计数器组成的延时电路

与定时器相同，每一种 PLC 计数器都有计数上限，S7 系列 PLC 计数器的最大计数值为 999，当实际需要的值超过计数器的计数范围时，可采用多个计数器组合的方式实现大范围计数。多个计数器组成的延时电路梯形图如图 9-45 所示，当按下启动按钮时，I0.0 常开触点闭合，计数器 C0 当前预置值为 10，C0 的常开触点闭合，计数器 C1 当前预设值为 20，C1 的常开触点闭合，Q4.0 线圈“通电”并自锁，Q4.0 常开触点闭合，同时启动定时器 T0；定时器时间 2h 到时，定时器 T0 常开触点闭合，计数器 C0 加 1，定时器 T0 常闭触点断开一个扫描周期，定时器 T0 重新启动，如此循环；当计数器 C0 当前值达到设定值 10 后，计数器 C0 当前值变为 0，C0 的常开触点断开，C0 的常闭触点闭合，计数器 C1 加 1，计数器 C0 重新预置为 10，如此循环；当计数器 C1 当前值达到设定值 10 后，Q4.0 线圈“断电”。多个计数器组成的延时电路时序图如图 9-46 所示。

在图 9-46 中，Q4.0 的“通电”时间是由定时器 T0、计数器 C0 和计数器 C1 共同定时实现的，总的定时时间为定时器与计数器之积，即 Q4.0“通电”定时时间 =2h × 10 × 20=400h，其中扫描周期很短，可以忽略不计。例子中控制的是 Q4.0 线圈瞬时接通并长时间“通电”的信号，也可应用到延时接通等实例中。

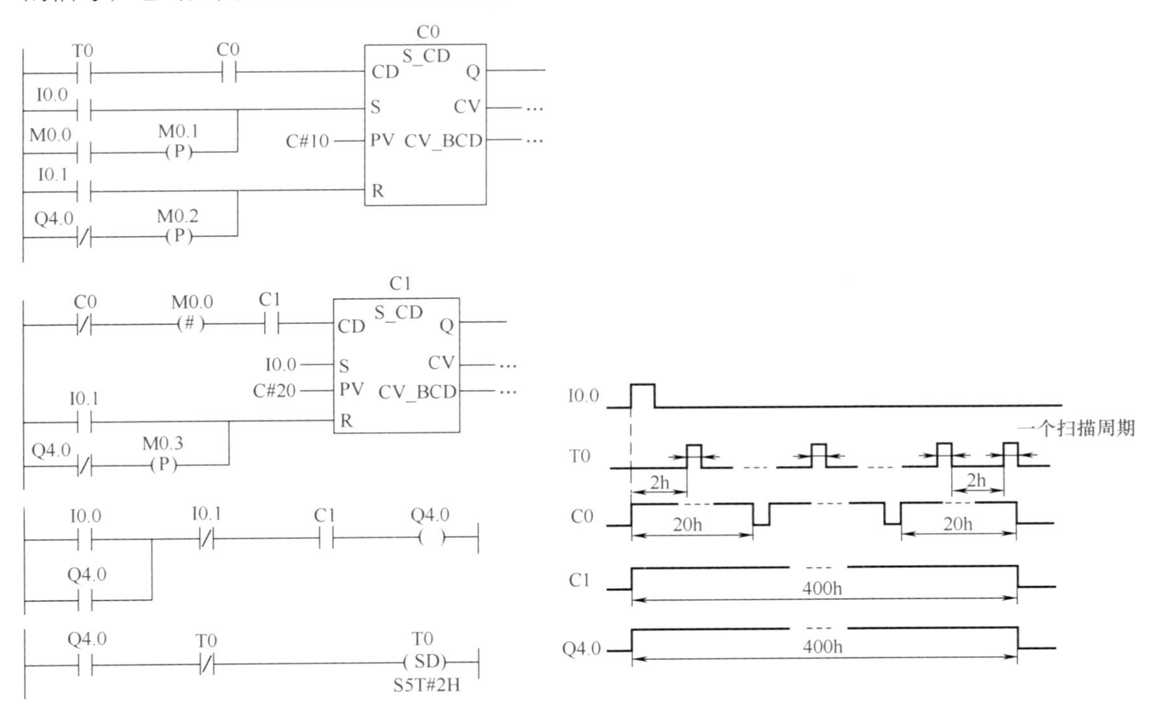

图 9-45　多个计数器组成的延时电路梯形图　　图 9-46　多个计数器组成的延时电路时序图

九、报警电路

报警是电气自动控制中不可缺少的重要环节，标准的报警功能是声光报警。当故障发生时，报警指示灯闪烁，报警电铃或蜂鸣器响起。操作人员知道故障发生后按下消铃按钮，将电铃关闭，报警指示灯从闪烁变为常亮，当故障消除后，操作人员熄灭报警灯。此外，电路中还应具备试灯和试铃按钮，用于日常检测报警指示灯和电铃。

报警电路的梯形图如图 9-47 所示，报警电路为基本指令的组合，结构较为简单，读者可自行分析。报警电路时序图如图 9-48 所示。

图 9-47　报警电路的梯形图

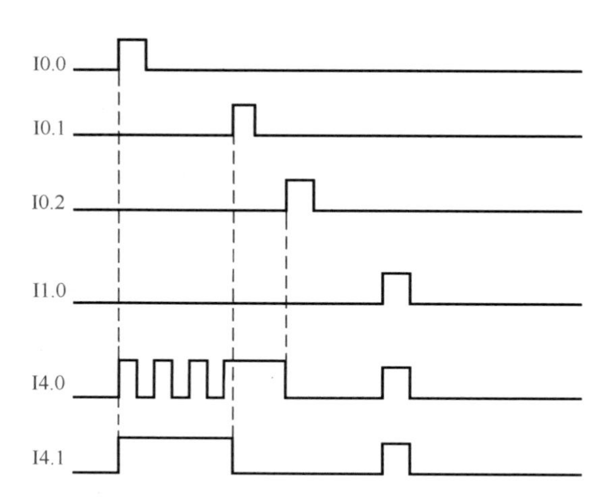

图 9-48　报警电路时序图

第三节　PLC 应用示例

PLC 可编程控制器在工业生产中广泛应用，本节以 PLC 完成液位控制、过程变量越限报警控制和自动包装机控制为例，简单说明 PLC 在企业的应用情况。

一、变量越限报警控制

PLC 用于化工生产中，对过程变量进行监视，当出现越限时，进行声光报警。下面根据不同报警要求，利用 OMRON PLC 依次介绍其控制梯形图。

（1）基本控制环节

① 工艺要求过程变量越限后立即用指示灯和电笛报警，当工艺变量恢复到正常之后，报警自动解除。按此要求，设计梯形图如图 9-49 所示。如工艺变量通过带电接点的压力仪表接到 PLC 的 0.00 点，10.00 接电笛，10.01 接指示灯。

当压力表越限后，电接点闭合，PLC 将该状态扫描储存在 0.00 中，执行该段梯形图。由于 0.00 存“1”（ON 状态），对应的常开触点闭合，10.00 和 10.01“通”，并将该结果刷新输出到 PLC 输出接点，灯和电笛接通。

当压力表恢复到正常值后，其电接点断开，0.00 内为“0”（OFF 状态）。0.00 对应的常开点断开，灯和电笛断开。

② 在实际中往往要求一旦变量超限，即使恢复到正常值，仍然进行声光报警，直到操作人员按下确定按钮后，报警才解除。

要想保持报警，必须把报警情况记住。如图 9-50 所示，采用自锁方法，一旦 0.00 接通，中间辅助点2.00接通，并通过它自己的常开触点锁住。只有当按下解除按钮（点动，接到0.01点上）且变量已经恢复到正常值后，由于0.01的常闭点断开而自锁解除，报警灯和电笛才断开。

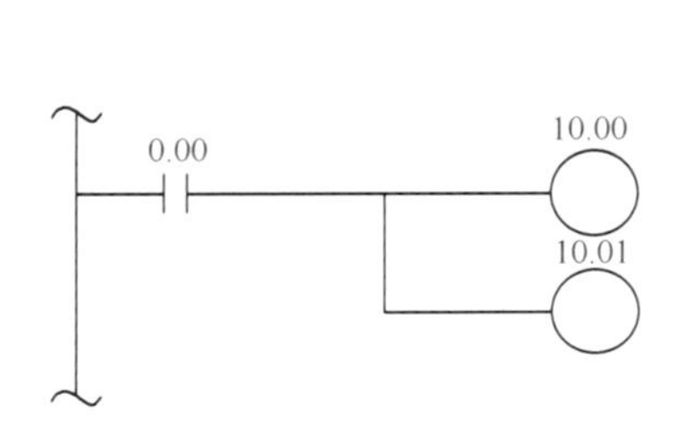

图 9-49　报警梯形图之一

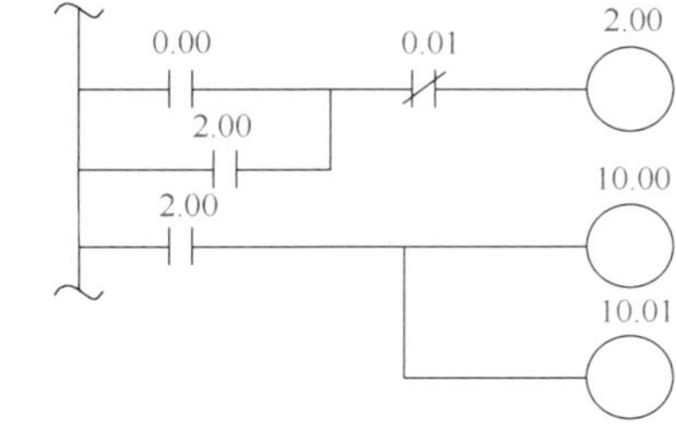

图 9-50　报警梯形图之二

记忆报警信息也可以采用KEEP指令来实现。

③ 在②的要求基础上，要求一旦报警，指示灯是闪亮的。图9-51为符合该要求的梯形图。闪亮即要求在通、断两个状态循环。一种方法是用两个定时器来实现通断控制；另一种方法是利用PLC内部的特殊继电器来实现。OMRON PLC有不少脉冲继电器，其中255.02是一种脉冲特殊继电器（0.5s通、0.5s断）。

④ 在③的要求基础上，如果允许按下消音按钮（点动），则电笛断开，灯光变成平光。图9-52为符合要求的梯形图。

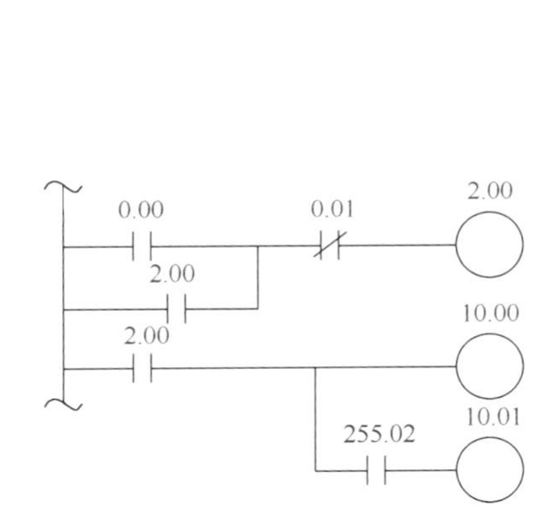

图 9-51　报警梯形图之三

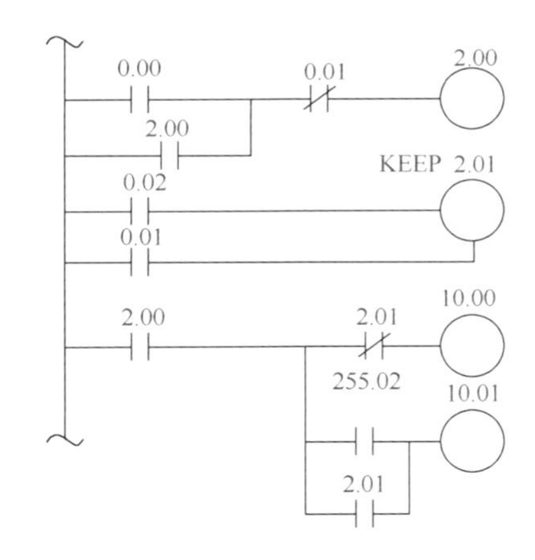

图 9-52　报警梯形图之四

消音按钮（接0.02）是点动的，因此，要保证松开后仍有效，需要在报警状态下记住该动作。可以自锁，也可用KEEP指令。在这里用KEEP指令实现，按下0.02使2.01保持接通。2.01的常闭点断开使电笛断开，其常开点闭合使255.02被短路，灯光变平光。当按下解除按钮后，记忆擦除。

（2）闪光报警系统

图9-53所示的加热炉的安全联锁保护系统中，共有三个联锁报警点，分别为：燃料流量下限、原料流量下限和火焰检测（熄火时检测装置触点导通）。要求用三个指示灯指示三个报警点。无论哪一变量工艺超限，立即联锁，切断压缩空气，且指示灯闪光、蜂鸣器响，以示报警。当按下消音按钮后，灯光变为平光，蜂鸣器不响；只有在事故解除后，人工复位，才能解除联锁，灯光熄灭。按下实验按钮，灯光变为平光，蜂鸣器响。

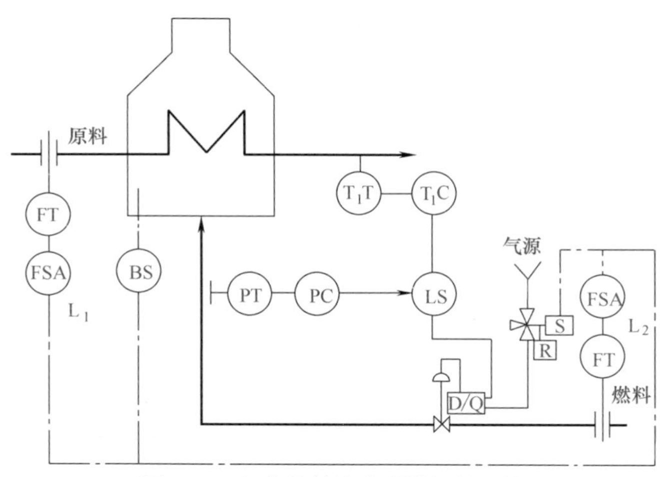

图 9-53　加热炉的安全联锁保护系统

在整个系统中有三个工艺检测输入、一个复位按钮、一个实验按钮和一个消音按钮，输出有三个指示灯和一个电磁阀。若采用 OMRON CPM2A-60CDR PLC 来控制，则输入、输出点分配见表 9-6。

表 9-6　输入、输出点分配表

输入		输出	
燃料流量下限检测 FL1	00001	燃料流量下限报警指示灯 L1	01001
原料流量下限检测 FL2	00002	原料流量下限报警指示灯 L2	01002
火焰检测 BS	00003	火焰熄火报警指示灯 L3	01003
消音按钮 AN1	00000	电磁阀 V	01000
复位按钮 AN2	00004	蜂鸣器 D	01004
实验按钮 AN3	00005		

按照前面的控制要求和输入、输出点分配情况，设计系统接线示意图如图 9-54 所示。控制梯形图较复杂，在此省略。

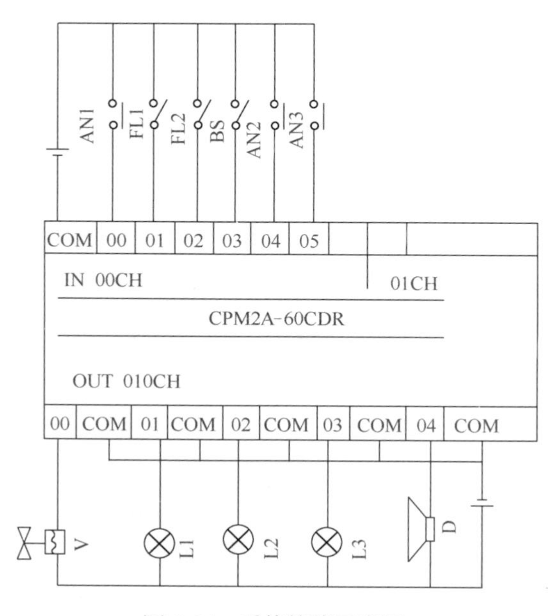

图 9-54　系统接线示意图

二、送料小车自动控制

（1）控制系统的要求

图 9-55 为送料小车的运行示意图。小车周期性往复运行，在每个周期要完成的运动过程如下：

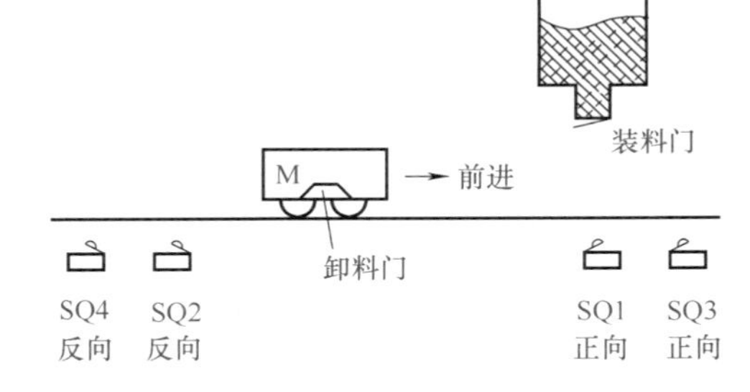

图 9-55　送料小车的运行示意图

① 按下正向启动按钮，送料小车前进，碰到限位开关 SQ1 后，送料小车停止，开始装料。

② 20s 后装料结束，送料小车后退，碰到限位开关 SQ2 后，送料小车停止，开始卸料。

③ 10s 后卸料结束，送料小车前进，碰到限位开关 SQ1 后，送料小车停止，开始装料。

④ 送料小车如此循环工作，直到按下停止按钮，送料小车停止。

（2）程序设计

PLC 采用 SIEMENS S7-200，程序设计过程如表 9-7 所示。

表 9-7　I/O 地址分配表

类别	说明
PLC 的接线图及 I/O 地址分配表	输入 / 输出设备与 PLC 的连接如图 9-56 所示。由于电磁阀线圈采用直流 36V 驱动，因此在 PLC 的输出中，电磁阀线圈与接触器分存不同的组。I/O 地址分配表见附表

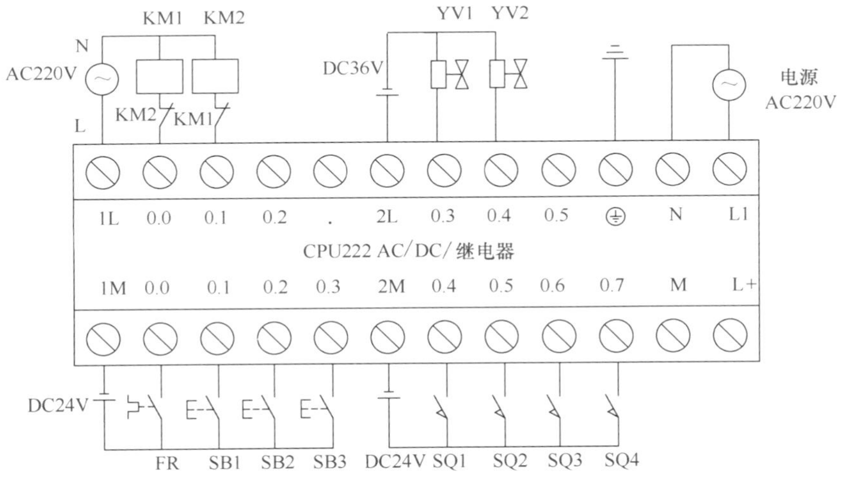

图 9-56　PLC 的 I/O 端连接图

附表　输入 / 输出设备与 PLC 的 I/O 地址分配表

输入设备			输出设备		
符号	功能	输入地址	符号	功能	输出地址
FR	热继电器	I0.0	KM1	电动机正转接触器	Q0.0
SB1	停止按钮	I0.1	KM2	电动机反转接触器	Q0.1
SB2	正转启动按钮	I0.2	YV1	装料电磁阀	Q0.3
SB3	反转启动按钮	I0.3	YV2	卸料电磁阀	Q0.4
SQ1	前进装料限位开关	I0.4			
SQ2	后退卸料限位开关	I0.5			
SQ3	前进限位保护开关	I0.6			
SQ4	后退限位保护开关	I0.7			

类别	说明
梯形图和时序图	送料小车自动控制系统梯形图如图 9-57 所示。控制过程时序图如图 9-58 所示 图 9-57　送料小车自动控制系统梯形图 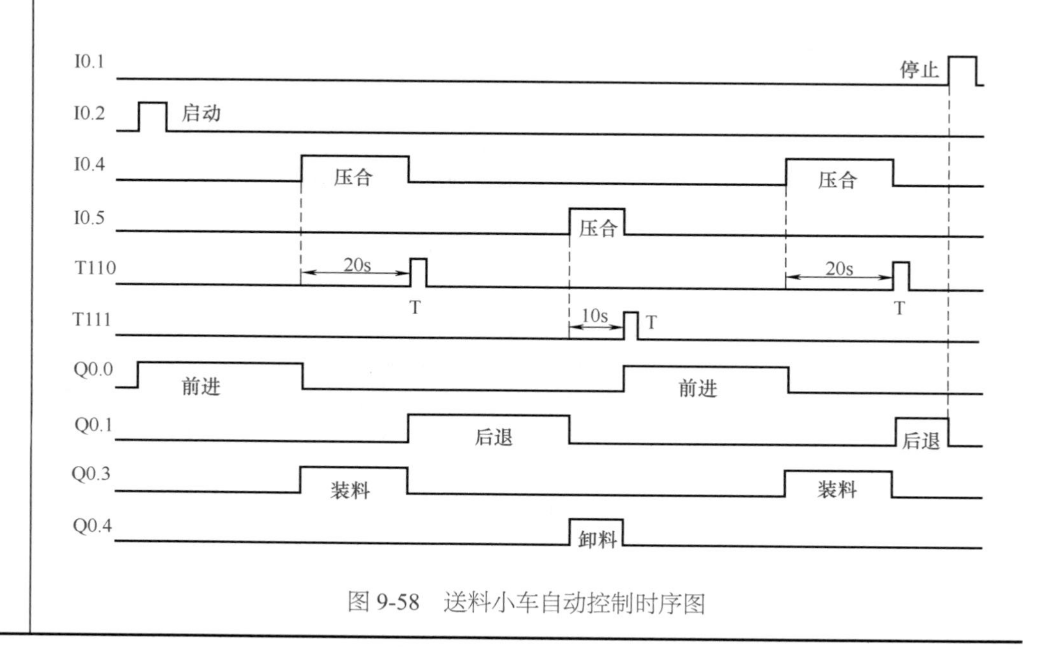 图 9-58　送料小车自动控制时序图

续表

<table>
<tr><th>类别</th><th>说明</th></tr>
<tr><td>工作过程</td><td>①正转启动到装料。按下 SB2 → I0.2 得电→常开接点 I0.2 闭合→线圈 Q0.0 得电→ KM1 吸合，电动机 M 正转启动，小车前进；常开接点 Q0.0 闭合，自锁；常闭接点 Q0.0 断开，实现内部互锁。
小车前进碰到限位开关 SQ1 → I0.4 得电→
{闭接点 I04 断开→线圈 Q0.0 断电→ KM1 释放→电动机 M 断电，小车停止。
常开接点 I0.4 闭合→ T110 开始延时；线圈 Q0.3 得电→装料电磁阀 YV1 得电，开始装料。

②反转启动到卸料。T110 延时 20s 到→
{常闭接点 T110 断开→线圈 Q0.3 断电→装料电磁阀 YV1 释放→装料结束。
常开接点 T110 闭合→线圈 Q0.1 得电→ KM2 吸合→电动机 M 反转，小车后退；常开接点 Q0.1 闭合，自锁；常闭接点 Q0.1 断开，实现内部互锁。

小车后退，限位开关 SQ1 释放→ I0.4 断电→常开接点 I0.4 断开→ T110 断电，复位→小车后退碰到限位开关 SQ2 → I0.5 得电→
{常闭接点 I0.5 断开→线圈 Q0.1 断电→ KM2 释放→电动机 M 断电，小车停止。
常开接点 I0.5 闭合→ T111 开始延时；线圈 Q0.4 得电→卸料电磁阀 YV2 得电，开始卸料。

③卸料结束到正转启动。T111 延时 10s 到→
{常闭接点 T111 断开→线圈 Q0.4 断电→卸料电磁阀 YV2 释放→卸料结束。
常开接点 T111 闭合→线圈 Q0.0 得电→ KM1 吸合→电动机 M 正转，小车前进；常开接点 Q0.0 闭合，自锁；常闭接点 Q0.0 断开，实现内部互锁。

小车如此往复循环工作。
④停止。无论电动机处于前进还是后退，只要按停止按钮 SBl，都可以使电动机停止，但在卸料和装料过程中不能停止工作。现在以电动机前进中停止为例，说明电机停止过程：
按下停止 SB1 → I0.1 得电→常闭接点 I0.1 断开→线圈 Q0.0 断电→ KM1 释放→电动机断开，停止运转；常开接点 Q0.0 断开，取消自锁。
⑤ 保护环节：
a. 当发生过载或断相时：热继电器 FR 动作→ FR 常开接点闭合→ I0.0 得电→常闭接点 I0.1 断开→线圈 Q0.0 或 Q0.1 断电→ KM1 或 KM2 释放→电动机断开，停止运转。
b. 当限位开关 SQ1 或 SQ2 损坏，不能正常工作时，SQ3 和 SQ4 起到限位保护的作用，使小车停止，避免事故发生</td></tr>
</table>

三、水箱液位控制

为了保证水箱液位保持在一定范围，分别在控制的上限和下限设置检测传感器，用 PLC 控制注入水电磁阀。当液位低于下限时，下限检测开关断开，打开电磁阀开始注水；当注水达到上限位置时，上限检测开关闭合，切断电磁阀。PLC 采用 OMRON 的 CPM2-60CDR。工艺要求如图 9-59 所示。

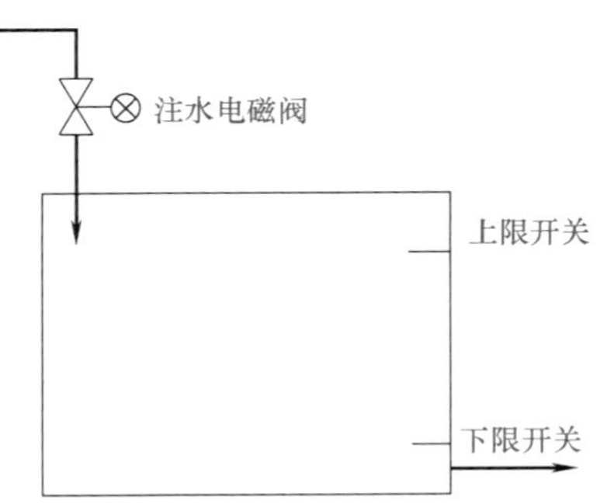

图 9-59　水箱液位控制示意图

输入、输出点分配如下：

上限检测开关，0.00；

下限检测开关，0.01；

电磁阀，10.00。

控制接线如图 9-60 所示，图 9-61 为液位控制梯形图。当液位低于下限时，下限开关与上限开关均断开，0.00 与 0.01 常闭触点闭合，使输出继电器 10.00 导通，注水电磁阀打开；一旦超过下限液位，虽然 0.01 触点断开，但由于 10.00 触点的自锁作用，仍保证注水阀打开，直至上限检测开关闭合，0.00 的常闭触点断开，输出继电器 10.00 断开，注水阀关闭。

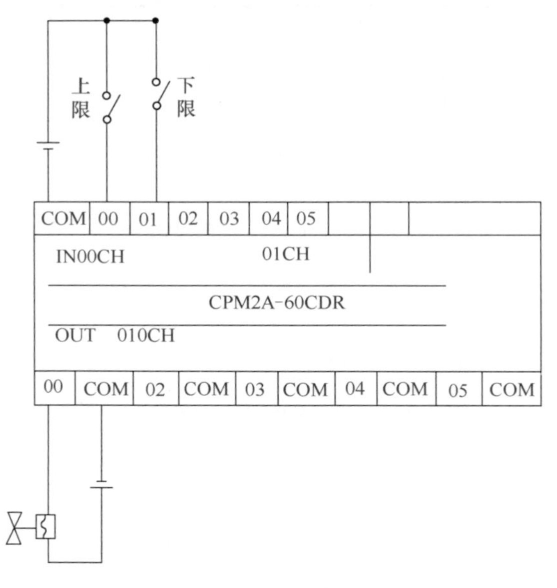

图 9-60　控制接线示意图

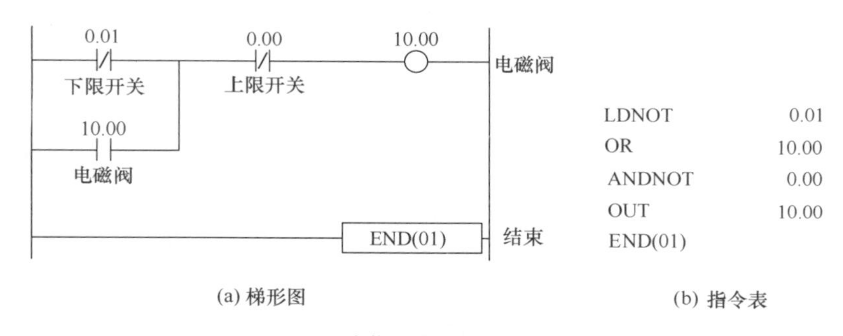

图 9-61　液位控制梯形图及指令表

第四节　PLC 的维修

一、PLC 的定期检修

PLC 的主要构成元器件是以半导体器件为主体，考虑到环境的影响，随着使用时间的增长，元器件总是要老化的，因此定期检修和做好日常维护是非常必要的。

对检修工作要设立一个制度，按期执行，保证设备运行状况最优。每台 PLC 都有确定的检修时间，一般以每 6 个月 ~ 1 年 1 次为宜。当外部环境条件较差时，可以根据情况把间隔缩短。

PLC 的定期检修内容见表 9-8。

表 9-8 PLC 的定期检修

检修项目	检修内容	判断标准
供电电源	在电源端子处测量电压波动范围是否在标准范围内	电压波动范围：（85% ～ 110%）供电电压
外部环境	环境温度	0 ～ 55℃
	环境湿度	（35% ～ 85%）RH，不结露
	积尘情况	不积尘
输入输出用电源	在输入输出端子处测电压变化是否在标准范围内	以各输入输出规格为准
安装状态	各单元是否可靠固定	无松动
	电缆的连接器是否完全插紧	无松动
	外部配线的螺钉是否松动	无异常
寿命元件	电池、继电器、存储器	以各元件规格为准

二、PLC 的故障检查和排除

应该说 PLC 是一种可靠性、稳定性极高的控制器。只要按照其技术规范安装和使用，出现故障的概率极低。但是，一旦出现了故障，一定要按步骤进行检查、处理，判断故障发生的具体位置，分析故障现象，找出原因，排除故障。特别是检查由于外部设备故障造成的损坏。一定要查明故障原因，待故障排除以后再试运行。

（1）自诊断

PLC 具有一定的自诊断能力，无论是 PLC 自身故障还是外部设备故障，绝大部分都可由 PLC 的面板故障指示灯来判断故障部位。

自诊断说明见表 9-9。

表 9-9 自诊断说明

类别	说明
电源指示（POWER）	当 PLC 的工作电源接通并符合额定电压要求时，该灯亮；否则，说明电源有故障
运行指示（RUN）	当编程器面板上“PROGRAM/MONITOR”开关打在“MONITOR”位置（非编程状态），基本单元的“RUN”端与“COM”端的开关接通，“STOP”端与“COM”端的开关断开（即 PLC 处于运行状态）时，该灯亮；否则，说明 PLC 接线不正确或者 CPU 芯片、RAM 芯片有问题
锂电池电压指示（BATT • V）	锂电池电压正常时，该灯一直不亮；否则，说明锂电池电压下降到额定值以下，提醒维修人员要在一周内更换锂电池（一般寿命 5 年）
程序出错指示（CUP • E）	当 PLC 的硬件和软件都正常时，该灯不亮；当发生故障时，该灯有两种发光情况。 若该灯闪烁，说明可能发生下列 3 种错误：程序出错；电池电压不足；噪声干扰或线间短路。若该灯常亮，则说明可能发生下列 2 种错误：外来浪涌电压瞬时加到 PLC，引起程序执行出错；程序执行时间大于 0.15s，引起监视器动作
输入指示	有多少个输入端子就有多少个输入指示灯。当正常输入时，输入指示灯应该亮；若正常输入而灯不亮或未加输入而灯亮，说明输入电路有故障
输出指示	有多少个输出端子就有多少个输出指示灯。按照控制程序，当某个输出继电器得电时，该继电器的输出指示灯就应该亮，若某输出继电器指示灯亮而该路负载不动作，或输出继电器线圈未得电而指示灯亮，说明输出电路有问题，可能是输出触点因过载、短路而烧坏

（2）检查基本步骤

检查基本步骤及流程图见表 9-10。

表 9-10　检查基本步骤及流程图

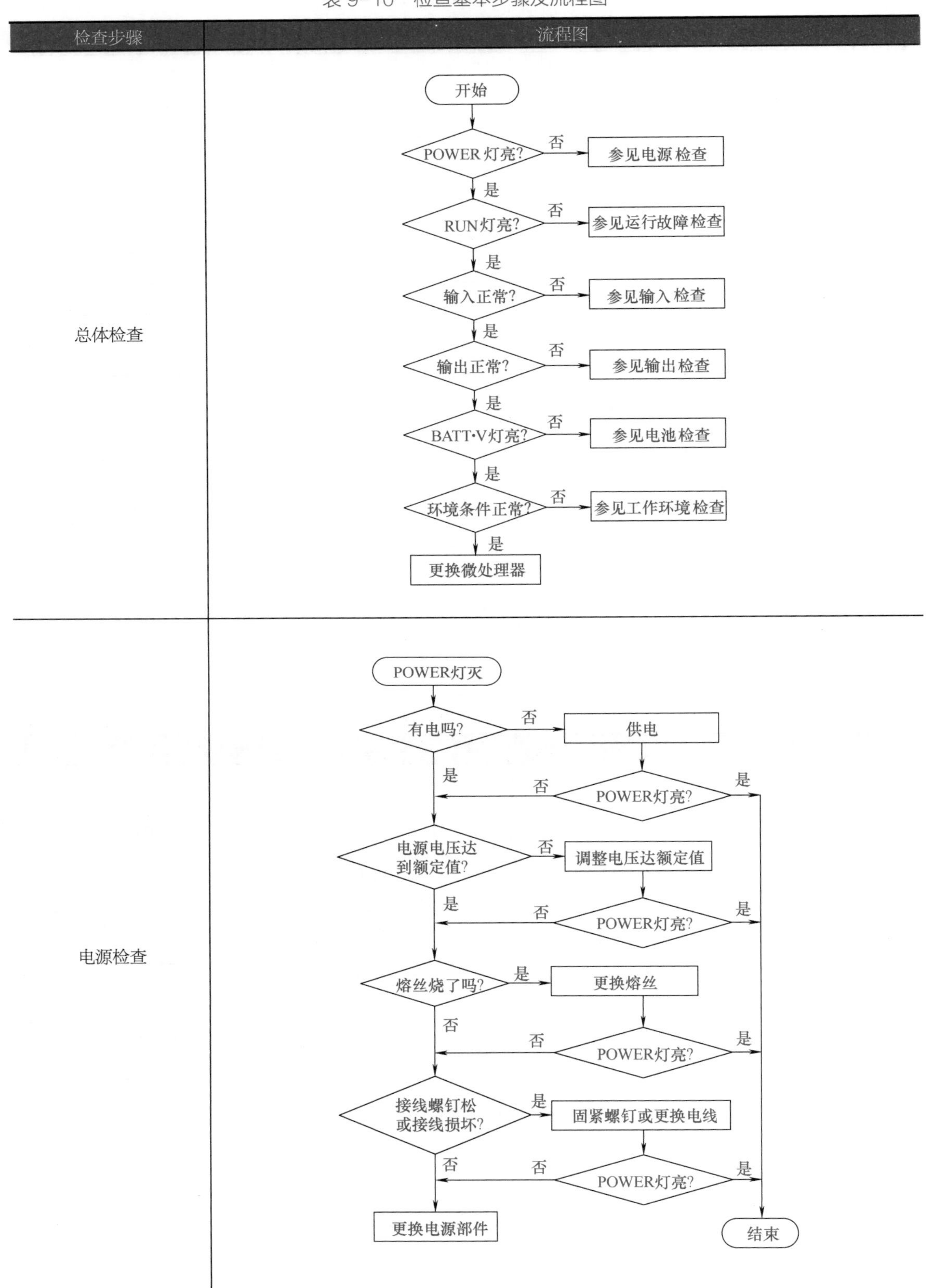

续表

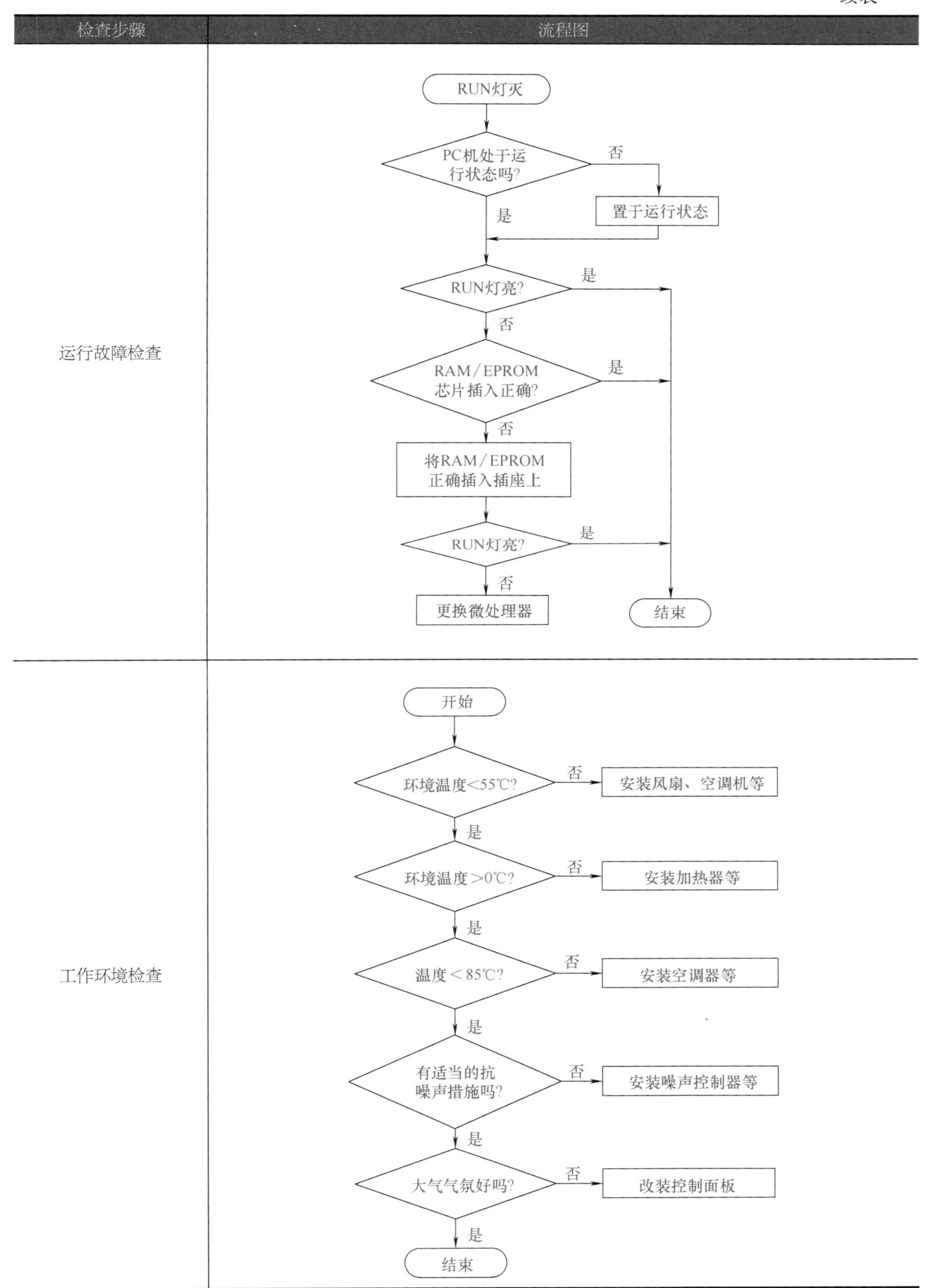
检查步骤
流程图
运行故障检查
RUN灯灭
PC机处于运行状态吗?
否
置于运行状态
是
RUN灯亮?
是
否
RAM/EPROM芯片插入正确?
是
否
将RAM/EPROM正确插入插座上
RUN灯亮?
是
否
更换微处理器
结束
工作环境检查
开始
环境温度<55℃?
否
安装风扇、空调机等
是
环境温度>0℃?
否
安装加热器等
是
温度<85℃?
否
安装空调器等
是
有适当的抗噪声措施吗?
否
安装噪声控制器等
是
大气气氛好吗?
否
改装控制面板
是
结束

续表

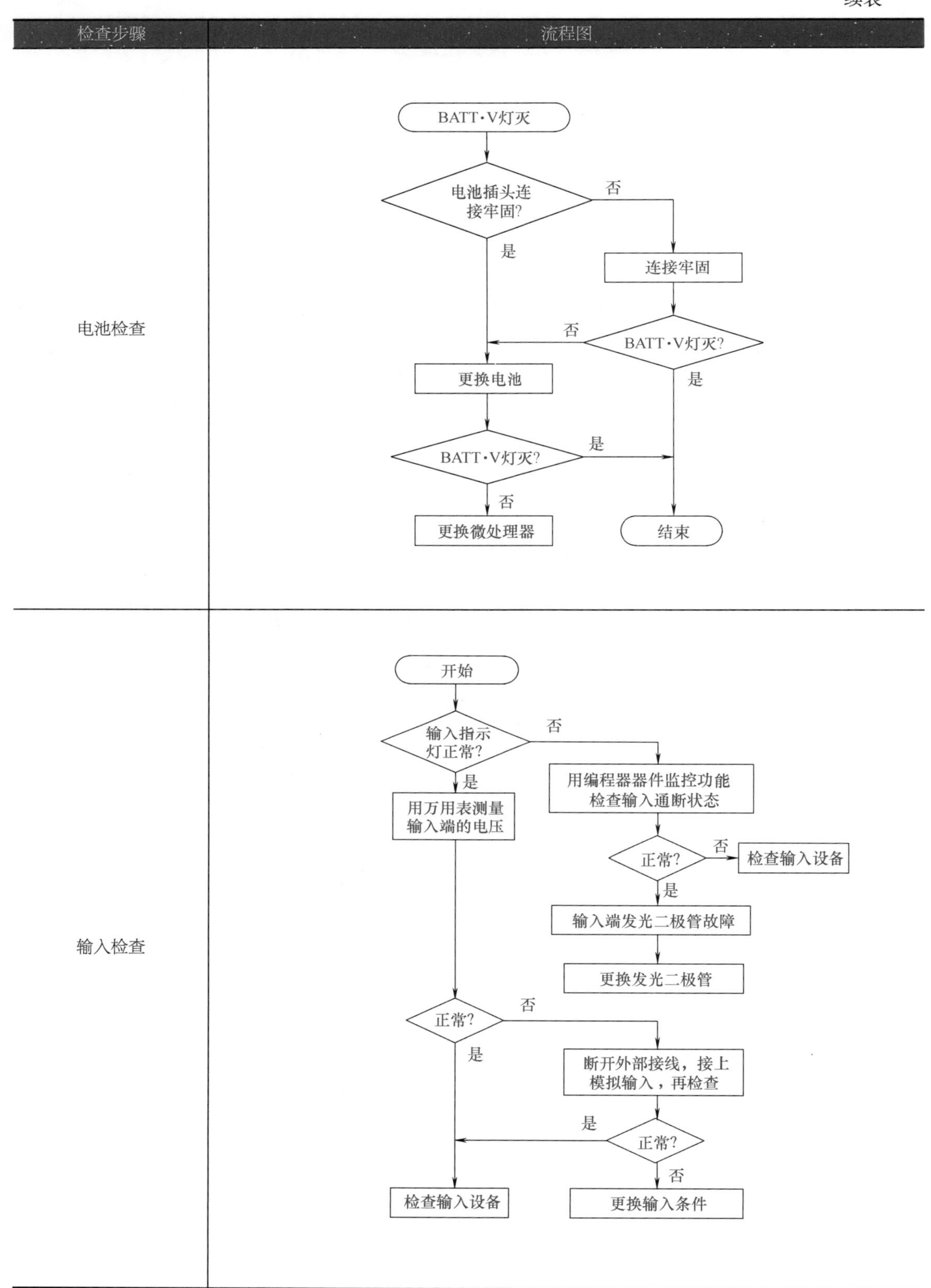

检查步骤
流程图
电池检查
BATT·V灯灭
电池插头连接牢固?
否
连接牢固
是
否
BATT·V灯灭?
是
更换电池
BATT·V灯灭?
是
否
更换微处理器
结束
输入检查
开始
输入指示灯正常?
否
用编程器器件监控功能检查输入通断状态
是
用万用表测量输入端的电压
正常?
否
检查输入设备
是
输入端发光二极管故障
更换发光二极管
正常?
否
是
断开外部接线，接上模拟输入，再检查
是
正常?
否
检查输入设备
更换输入条件

续表

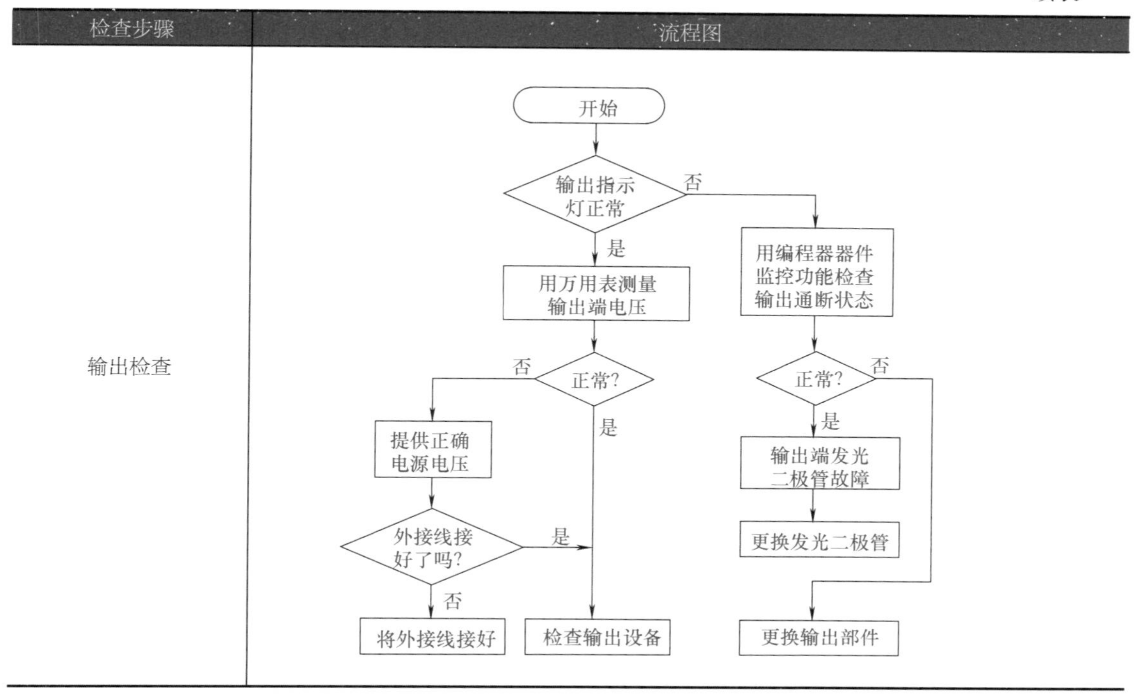

（3）常见故障的处理

在按上述流程操作时，还需做各种测试，并根据经验做出一定的判断。表9-11和表9-12分别列出了输入单元、输出单元的异常现象、推测原因及处理方法。

表 9-11　输入单元常见故障处理

故障现象	推测原因	处理
输入均不接通	（1）未加外部输入电源 （2）外部输入电压低 （3）端子螺钉松动 （4）端子板接触不良	供电 调整合适 拧紧 处理后重接
输入全部不关断	输入单元电路故障	更换 I/O 模块
特定继电器不接通	（1）输入器件故障 （2）输入配线断 （3）输入端子松动 （4）输入端接触不良 （5）输入接通时间过短 （6）输入回路故障	更换输入器件 检查输入配线 拧紧 处理后重接 调整有关参数 更换单元
特定继电器不关断	输入回路故障	更换单元
输入全部断开（动作指示灯灭）	输入回路故障	更换单元
输入随机性动作	（1）输入信号电压过低 （2）输入噪声过大 （3）端子螺钉松动 （4）端子连接器接触不良	查电源及输入器件 加屏蔽或滤波 拧紧 处理后重接
异常动作的继电器都以 8 个为一组	（1）“COM”螺钉松动 （2）端子板连接器接触不良 （3）CPU 总线故障	拧紧 处理后重接 更换 CPU 单元
动作正确，指示灯不亮	LED 损坏	更换 LED

表 9-12　输出单元常见故障处理

故障现象	推测原因	处理
输出均不能接通	（1）未加负载电源 （2）负载电源坏或过低 （3）端子接触不良 （4）熔丝熔断 （5）输出回路故障 （6）I/O 总线插座脱落	接通电源 调整或修理 处理后重接 更换熔丝 更换 I/O 单元 重接
输出均不关断	输出回路故障	更换 I/O 单元
特定输出断电器不接通（指示灯灭）	（1）输出接通时间过短 （2）输出回路故障	修改程序 更换 I/O 单元
特定输出继电器不接通（指示灯亮）	（1）输出继电器损坏 （2）输出配线断 （3）输出端子接触不良 （4）输出回路故障	更换继电器 检查输出配线 处理后重接 更换 I/O 单元
特定输出继电器不断开（指示灯灭）	（1）输出继电器损坏 （2）输出驱动管不良	更换继电器 更换输出管
特定输出继电器不断开（指示灯亮）	（1）输出驱动电路故障 （2）输出指令中接口地址重复	更换 I/O 单元 修改程序
输出随机性动作	（1）PLC 供电电源电压过低 （2）接触不良 （3）输出噪声过大	调整电源 检查端子接线 加防噪措施
动作异常的继电器都以 8 个为一组	（1）“COM”螺钉松动 （2）熔丝熔断 （3）CPU 总线故障 （4）输出端子接触不良	拧紧 更换熔丝管 更换 CPU 单元 处理后重接
动作正确但指示灯灭	LED 损坏	更换 LED

三、PLC 维修实例

PLC 维修实例见表 9-13。

表 9-13　PLC 故障现象、检查分析及处理方法

故障现象	故障检查分析	处理方法
某污水处理的 PLC 出现异常，储槽液位等 4 个模拟信号测点频繁波动，有时又能正常显示。由于有的测点涉及联锁停泵，装置无法运行	先后检查接线端子并紧固，更换 PLC 的 AI 卡件和接线端子，都没有效果。用信号发生器送 4 ~ 20mA 信号至 PLC 显示正常；深入检查发现 AO 点负端未接地	故障处理：将 AO 点负端与 24V 负端相连接后故障消失，PLC 恢复正常 维修小结：本例属于信号线公共端未接地导致的干扰故障。根据国际电工委员会关于工作信号的标准，在一个系统中应选择电位最低的一点（或线）作为信号公共点，本例中 24V 电源的负线电位最低，它就是信号公共点。由于输出信号负端未接地，相当于输出信号负线浮空，输出信号线通过线间电容拾取了一部分工频交流干扰信号，干扰信号经电路板与电线的分布电容形成回路，因而产生了较大的共模干扰，且干扰又是随机产生的，致使 PLC 失常，输出负线接地后干扰电压的影响比浮空时小多了
S7-300 PLC 的模拟量输入板卡接入电流信号没有反应	换为新卡后故障仍存在。把该卡换到别的位置，电流信号能正常使用，先怀疑背板有问题，更换后无效果，再检查发现外部回路有短路故障	故障处理：对短路点进行处理后，PLC 恢复正常 维修小结：本例属于外回路短路造成的故障，把该回路的接线拆下，模拟量全部正常。外部回路有故障，大多是某一个信号有问题，或者是接端子的电缆有问题，在检查处理此类故障时，可以暂不换卡，逐一按通道从端子拆下导线来试，加信号时一定要拆掉该通道的外接导线，直接从端子加信号，就可大致判断是 PLC 内部还是外部的问题

续表

故障现象	故障检查分析	处理方法
某公司的压缩机组在生产中突然联锁停机，但工艺条件是正常的	检查PLC控制器没有报警和联锁信号，但DCS有联锁信号存在。经过检查没有发现故障点，决定复位开车	故障处理：由于DCS联锁信号的存在，机组无法复位启动，只好将DCS的接线柜端子短接，来解除联锁信号，机组才得以开车。仔细检查发现控制继电器插座有问题，解除联锁并更换继电器插座后，没有再发生误停机事故 维修小结：该机组的联锁和报警信号，设计上是通过PLC控制继电器发出信号给DCS，来控制机组。联锁停机时PLC并没有输出动作信号，但PLC的外接继电器却输出了一个信号给DCS，DCS动作将机组停了，但工艺条件是正常的，看来这是一个误动作 工艺正常时PLC的输出为闭合“1”信号→外接继电器线圈带电→继电器的动合触点闭合为“1”信号→DCS的输入端为“1”信号→DCS的输出为“0”信号，不会报警和停机；工艺失常时PLC的输出为断开“0”信号→外接继电器线圈失压→继电器的动合触点断开为“0”信号→DCS的输入端为“0”信号→DCS的输出为“1”信号，就报警和停机。误停机时外接继电器线圈灯亮说明线圈是吸合的，看来是该动合触点断开为“0”信号，导致误报警及停机，判断是继电器插座有问题，更换继电器插座后没有再发生误停机事故
某泵房的雨水泵和污水泵自动控制同时失灵	检查发现PLC控制柜的触摸屏上雨水池和污水池的液位显示都为100%，用万用表测量两液位输入信号均在29mA左右，同时发现AI输入模块的SF报警灯是亮的。曾试过断电后重新启动PLC，但故障依然存在。最后判断AI模块有故障	故障处理：更换AI模块后，SF报警灯灭，雨水池液位显示46%，污水池液位显示89%。故障排除，雨水泵和污水泵恢复自动控制 维修小结：触摸屏上雨水池和污水池的液位显示为100%时，实际的雨水池液位不到50%，污水池液位不到90%，测得供电电压为24V左右是正常的，但两个液位的电流信号超过上限20mA很多，变送器同时出故障的概率应该是很低的
某工段的进料泵不能启动，导致PLC的程序无法执行	到现场检查，打开进料阀门，但进料泵没启动，检查各DI/DO模块，发现阀门打开反馈信号DI 3.5灯不亮，而阀门关闭信号DI 3.6灯却一直亮着，判断是位置反馈信号有问题。打开阀门接线盒盖，发现反馈在关闭位置，用手拨反馈装置竟然能转动，这就不正常了，检查发现是反馈装置的连接轴断了	故障处理：更换备件接好线调试之后，PLC程序自动工作恢复正常 维修小结：本例中进料阀的阀位反馈信号失常，使PLC接收的阀位反馈信号为关阀状态，使PLC判断进料阀是关闭的，所以进料泵就不能启动，导致应用程序无法正常执行下去
在用的S7-300PLC突然出现SF灯报警	检查各个输入点的工作状态，发现有一个点没有输入信号，经测量发现该点的压力变送器没有电流信号送过来	故障处理：检查发现压力变送器供电中断，重新供电后压力信号恢复正常，同时PLC的SF灯报警消失 维修小结：SF灯出现报警的故障原因很多，如外部I/O出错，硬件出错，固件出错，编程出错，参数出错，计算或时间出错，存储器卡有故障，无后备电池等。在检查故障时本着先易后难的原则，其中外部I/O是最易出故障的部位，先对其进行检查，就发现了故障点。出现SF灯报警，还可检查：模块上的24V电源是否正常；前连接端子有没有插好；信号线是否有问题；侧面的量程卡设置是否与硬件组态里的设置一致等

续表

故障现象	故障检查分析	处理方法
（某厂DCS与PLC的通信故障的检查及处理）在DCS的操作画面中，所有来自PLC的信号都出现了问题。信号保持不变，使显示的数据与现场实际情况不符，从表面现象看是DCS与PLC通信的调制解调器J478不工作。DCS与PLC的通信网络如图9-62所示，DCS的EFGW门路单元中的RS2为DCS与PLC通信的接口模块，它与调制解调器J478相连，PLC将信号通过调制后送至RS2，信号由门路单元中的NP2卡处理后由FC2总线处理卡送至CP-6耦合器，耦合后送至HF通信总线，而J478得到的信号是由984-785E卡送至J878，由J878送至J478。当J478不传送信号时可从软件和硬件两方面进行检查	①先把门路单元断电并重新启动，看能否激活DCS与PLC的通信，但故障仍然存在。然后又从DCS工程师站重新装载门路单元的所有软件，并重新启动门路单元，又对PLC的软件进行了检查，但故障仍然存在，排除了软件故障的可能性。 ②对DCS的硬件进行检查。用替换法将其他正常运行的站上的RS2、NP2、FC2和CP-6都进行了替换，对相关的连线也进行了测试，卡件和连线都是正常的，也就确定了DCS这边没有故障。 ③对PLC进行检查。当时PLC工作在A系列。PLC对逻辑的控制，A、B两个系列之间以及它与上位机之间的通信都能正常工作。对PLC内部的状态字进行了查对，没有发现问题。将A系列控制权切换到B系列时，发现PLC到DCS的通信能正常工作，但再将控制切换到A系列时，通信又中断了。经过检查及试验，把J878、J478有故障的可能性都排除了，焦点就集中到了A系列的CPU卡上	故障处理：更换了一块新的CPU卡后，系统恢复了正常的通信 维修小结：通过本例可看出，有些问题从表面现象上看是非常正常的，给人造成了错觉，导致在解决本例故障时走了不少弯路，但也积累了不少经验

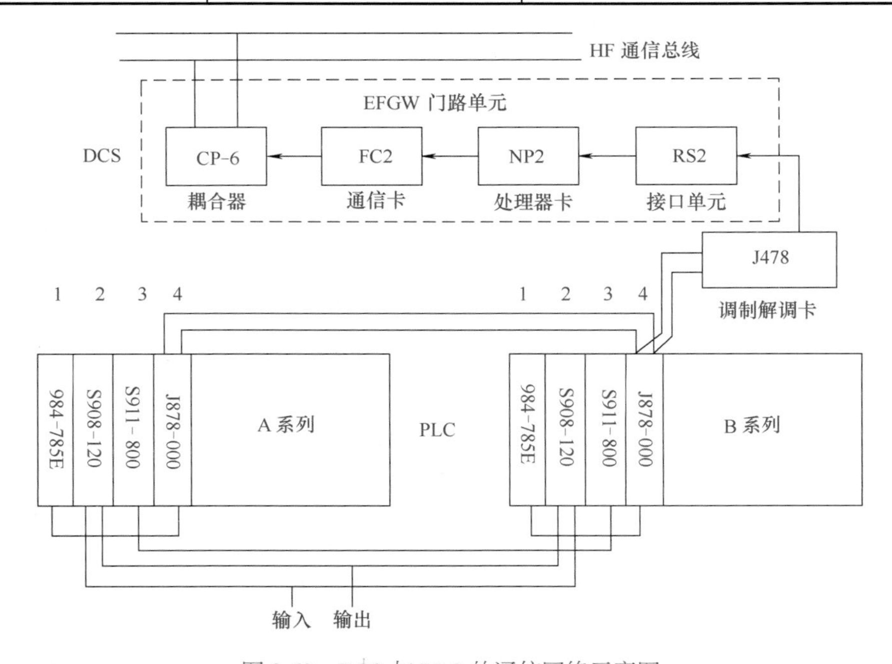

图9-62 DCS与PLC的通信网络示意图

第十章
控制系统

第一节　简单控制系统

一、概述

简单控制系统又称单回路反馈控制系统，通常是指由一个测量元件、变送器，一个控制（调节）器、一个执行器和一个被控对象所构成的一个回路的闭环系统。它是石油、化工等行业生产过程中最常见、应用最广泛、数量最多的控制系统。随着生产过程自动化水平的日益提高，控制系统的类型越来越多，复杂程度的差异也越来越大。本节所介绍的简单控制系统是使用最普遍、结构最简单的一种自动控制系统。

图 10-1 所示的液位控制系统与图 10-2 所示的温度控制系统都是简单控制系统的例子。图中⊗表示测量元件及变送器。调节器用小圆圈表示，圆内写有两位（或三、四位）字母，第一位字母表示被测变量，后继字母表示仪表的功能。图 10-1 所示的液位控制系统中，贮槽是被控对象，液位是被控变量，变送器将反映液位高低的信号送往液位调节器 LC。调节器的输出信号送往执行器（控制阀），执行器开度的变化使储槽输出流量发生变化以维持液位稳定。如图 10-2 所示的温度控制系统，是通过改变进入换热器的载热体流量，以维持换热器出口物料的温度在工艺规定的数值上。

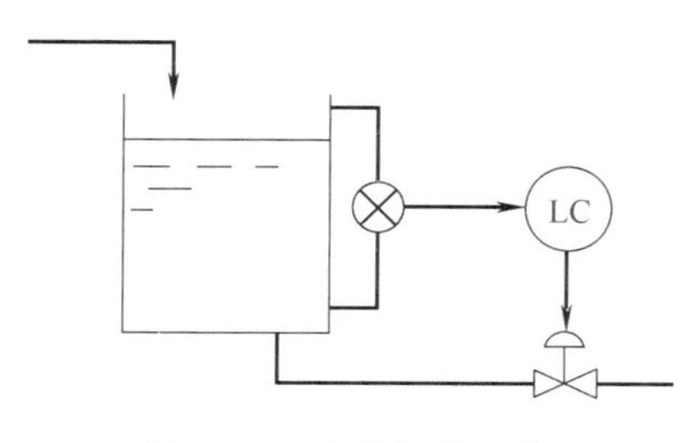

图 10-1　液位控制系统

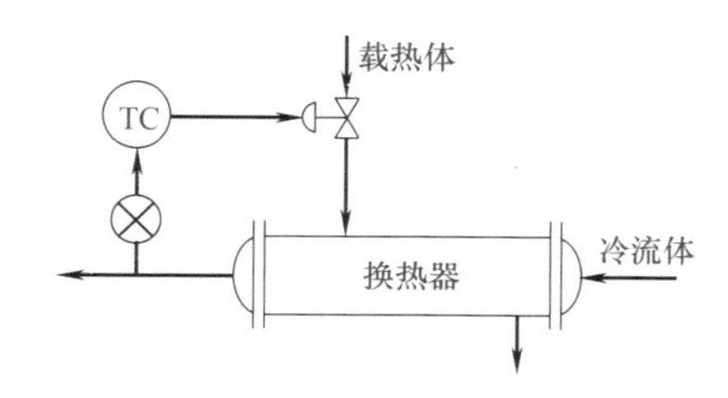

图 10-2　温度控制系统

简单控制系统的典型框图如图 10-3 所示。由图可知，简单控制系统由四个基本环节组成，即被控对象（简称对象）、测量变送装置、调节器和执行器。对于不同对象的简单控制系统，都可以用相同的框图来表示，这就便于对它们的共性进行研究。

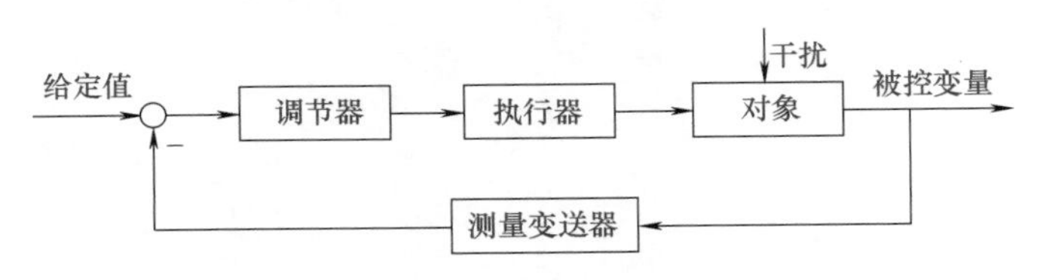

图 10-3　简单控制系统框图

简单控制系统的结构比较简单，所需的自动化装置数量少，投资低，操作维护也比较方便，因此在工业生产过程中得到了广泛的应用。由于简单控制系统最基本并应用广泛，因此，学习和研究简单控制系统的结构、原理及使用是十分必要的。

二、简单控制系统的组成

（1）被控变量的选择

生产过程中希望借助自动控制保持恒定值的变量称为被控变量。在构成一个自动控制系统时，被控变量的选择十分重要，它关系到系统能否达到稳定操作、增加产量、提高质量、改善劳动条件等目的，关系到控制方案的成败。如果被控变量选取不当，不管组成什么类型的控制系统，也不管配上多么精确的工业自动化仪表，都不能达到预期的控制效果。

被控变量的选择是与生产工艺密切相关的。影响一个生产过程正常操作的因素是很多的，但并非所有影响因素都需要且可能加以自动控制。必须深入实际、调查研究、分析工艺，找出影响生产的关键变量作为被控变量。所谓“关键”，是指这些变量对产品的产量、质量以及安全具有决定性的作用，且对这些变量进行人工操作时既紧张又频繁，或人工操作根本无法满足工艺要求的。

根据被控变量与生产过程的关系，控制可分为两种类型：直接指标控制与间接指标控制。如果被控变量本身就是需要控制的工艺指标（如温度、压力、流量、液位等），则称为直接指标控制；如果工艺是要求按质量指标进行操作的，照理应以质量指标作为直接指标进行控制，但有时缺乏各种合适的获取质量信号的工具，或虽能测量，但信号很微弱或滞后很大，这时可选取与直接质量指标有单值对应关系且反应又快的参数，如温度、压力等作为间接指标来控制。

被控变量的选择，有时是一件十分复杂的工作，除了前面所说的要找出关键变量外，还要考虑许多其他因素。下面先举一个例子略加说明，然后再归纳出被控变量选择的一般原则。

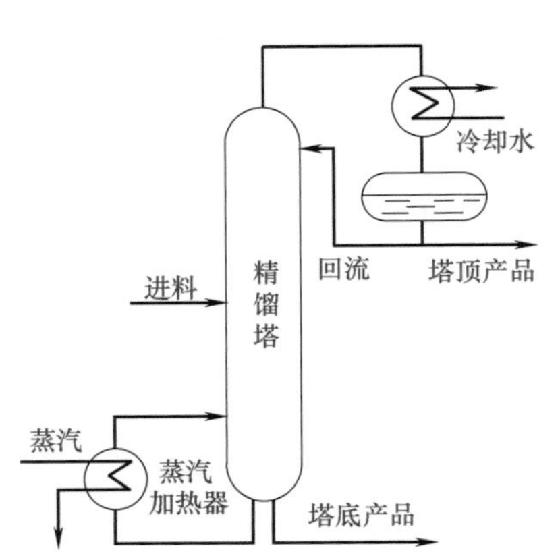

图 10-4　精馏过程示意图

图 10-4 是精馏过程的示意图。它的工作原理是利用被分离物各组分的挥发度不同，对混合物的各组分进行分离。假定该精馏塔的操作是要使塔顶产品达到规定的纯度，那么塔顶馏出物的组分的浓度 X_D 应作为被控变量，因为它就是工艺上的质量指标。

如果测量塔顶馏出物的组分浓度 X_D 尚有困难，那么就不能直接以 X_D 作为被控变量进行直接指标控制。这时可以在与 X_D 有关的变量中找出合适的变量作为被控变量，进行间接指标控制。

在二元系统的精馏中，当气液两相并存时，塔顶易挥

发组分的浓度 X_D、塔顶温度 T_D、压力 p 三者之间有一定关系。当压力恒定时，组分浓度 X_D 和温度间存在着单值对应关系。图 10-5 所示为苯、甲苯二元系统中易挥发组分浓度与温度间的关系。易挥发组分的浓度越高，对应的温度越低；相反，易挥发组分的浓度越低，对应的温度越高。

当温度 T_D 恒定时，组分浓度 X_D 和压力之间也存在着单值对应关系，如图 10-6 所示。易挥发组分浓度越高，对应的压力也越高；反之，易挥发组分的浓度越低，与之对应的压力也越低。由此可见，在组分浓度、温度、压力三个变量中，只要固定温度或压力中的一个变量，另一个变量就可以代替组分浓度 X_D 作为被控变量。在温度和压力中，究竟选哪一个变量作为被控变量好呢?

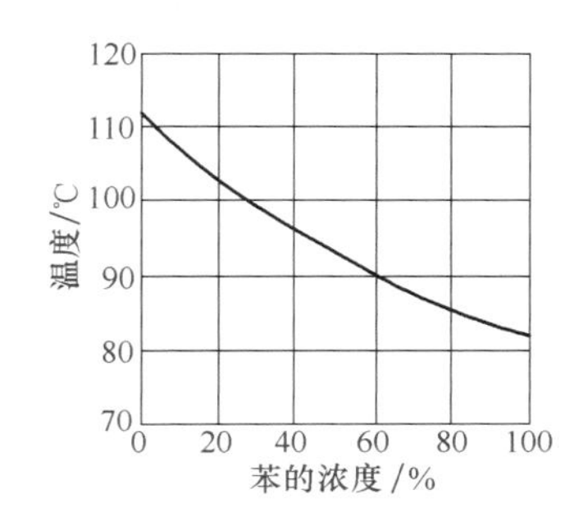

图 10-5 苯和甲苯溶液的温度 - 浓度图

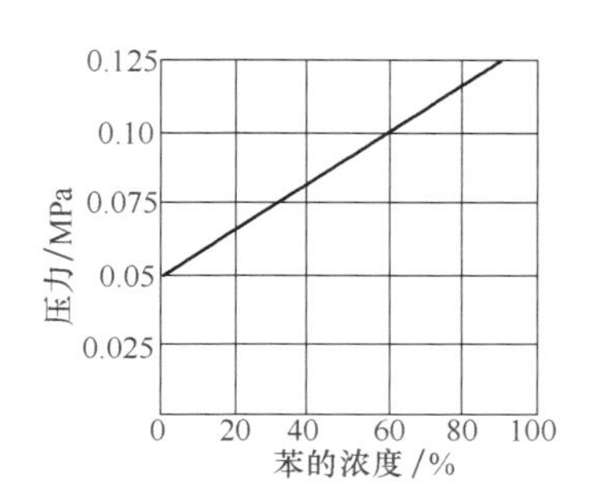

图 10-6 苯和甲苯溶液的压力 - 浓度图

从工艺理性角度考虑，常常选择温度作为被控变量。这是因为：第一，在精馏塔操作中，压力往往需要固定，只有将塔操作在规定的压力下，才易于保证塔的分离纯度，保证塔的效率和经济性。如果塔压波动，就会破坏原来的气液平衡，影响相对挥发度，使塔处于不良工况；同时，塔压的变化，往往还会引起与之相关的其他物料量（例如进、出量，回流量等）的变化。第二，在塔压固定的情况下，精馏塔各层塔板上的压力是基本一致的，这样各层塔板上的温度与组分浓度之间就有一定的单值对应关系。由此可见，固定压力下，选择温度作为被控变量对精馏塔的出料组分进行间接指标控制是可能的，也是合理的。

在选择被控变量时，还必须使所选变量有足够的灵敏度。在上例中，当 X_D 变化时，温度 T_D 的变化必须灵敏，有足够大的变化，容易被测量元件所感知。

此外，还要考虑简单控制系统被控变量间的独立性。假如在精馏操作中，塔顶和塔底的产品纯度都需要控制在规定的数值，据上文分析，可在固定塔压的情况下，对塔顶与塔底分别设置温度控制系统。但这样一来，由于精馏塔各塔板上的物料温度相互之间有一定影响，塔底温度升高，塔顶温度相应也会升高；同样，塔顶温度升高，亦会使塔底温度相应升高。也就是说，塔顶的温度与塔底的温度之间存在关联问题。因此，以两个简单控制系统分别控制塔顶温度与塔底温度，势必造成相互干扰，使两个系统都不能正常工作。所以采用简单控制系统时，通常只能保证塔顶或塔底一端的产品质量。若工艺要求保证塔顶产品质量，则选塔顶温度为被控变量；若工艺要求保证塔底产品质量，则选塔底温度为被控变量。如果工艺要求塔顶和塔底产品纯度都要严格保证，则通常需要组成复杂控制系统，增加解耦装置，解决相互关联问题。

从上述实例中可以看出，若要正确地选择被控变量，就必须了解工艺过程和工艺特点对控制的要求，仔细分析各变量之间的相互关系。选择被控变量时。一般要遵循下列原则：

① 被控变量应能代表一定的工作操作指标或能反映工艺的操作状态，一般都是工艺过程中比较重要的变量。

② 被控变量在工艺操作过程中常常要受到一些干扰影响而变化，为维持被控变量的恒

定，需要较频繁的控制。

③ 尽量采用直接指标作为被控变量。当无法获得直接指标信号，或其测量信号滞后很大时，可选择与直接指标有单值对应关系的间接指标作为被控变量。

④ 被控变量应比较容易测量，并具有小的滞后和足够大的灵敏度。

⑤ 选择被控变量时，必须考虑工艺合理性和国内仪表产品现状。

⑥ 被控变量应是独立可控的。

（2）操纵变量的选择

在被控变量选定以后，下一步就是要选择控制系统的操纵变量，去克服扰动对被控变量的影响。当工艺上容许有几种操纵变量可供选择时，要根据对象控制通道和扰动通道特性对控制质量的影响，合理地选择操纵变量。接下去应对工艺进行分析，找出有哪些因素会影响被控变量发生变化，并确定这些影响因素中哪些是可控的，哪些是不可控的。原则上，应将对被控变量影响较显著的可控因素作为操纵变量。下面举一实例加以说明。

图 10-7 所示是炼油和化工厂中常见的精馏设备。如果根据工艺要求，已选定提馏段某块塔板（一般为温度变化最灵敏的板——灵敏板）上的温度作为被控变量，那么，自动控制系统的任务就是通过维持灵敏板温度恒定，来保证塔底产品的成分满足要求。

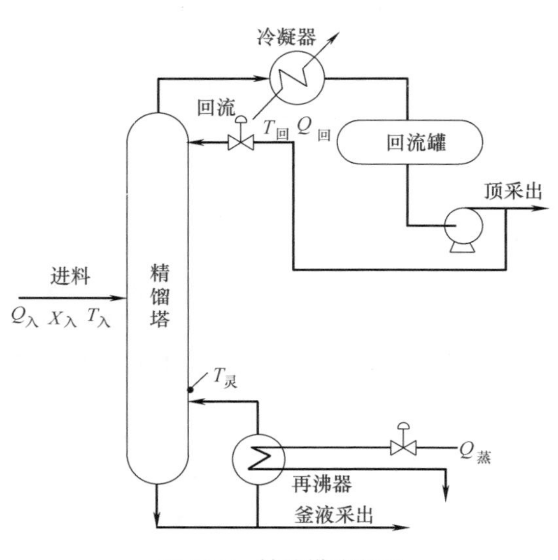

图 10-7　精馏塔流程图

从工艺分析可知，影响提馏段灵敏板温度 $T_灵$ 的因素主要有：进入流量（$Q_入$）、成分（$X_入$）、温度（$T_入$）、回流的流量（$Q_回$）、加热蒸汽流量（$Q_蒸$）、冷凝器冷却温度（$T_冷$）及塔压（P）等。这些因素都会影响被控变量 $T_灵$ 的变化，如图 10-8 所示。现在的问题是选择哪一个变量作为操纵变量。为此，可将这些影响因素分为两大类，即可控的和不可控的。从工艺角度来看，本例中只有回流量 $Q_回$ 和加热蒸汽量 $Q_蒸$ 为可控因素，其他均为不可控因素。当然，在不可控因素中，有些也是可以控制的，例如 $Q_入$、塔压 P 等，只是工艺上不允许用这些变量去控制塔内的温度（因为 $Q_入$ 的波动意味着生产负荷的波动；塔压的波动意味着塔的工况不稳定，这些都是不允许的）。在两个可控因素中，蒸汽流量的变化对提馏段温度的影响更迅速显著。同时，从经济角度来看，控制蒸汽流量比控制回流量所消耗的能量要小，所以通常应选择蒸汽流量作为操纵变量。

操纵变量和干扰变量作用在对象上，都会引起被控变量的变化。图 10-9 是其示意图。干扰变量由干扰通道施加在对象上，起着破坏作用，使被控变量偏离给定值；操纵变量由控制通道加到对象上，使被控变量回复到给定值，起着校正作用。这是一对相互矛盾的变量，它们对被控变量的影响都与对象特性有密切的关系。因此在选择操纵变量时，要认真分析对象特性，以提高控制系统的控制品质。

在化工生产中，工艺总是要求被控变量能稳定在设定值上，因为工艺变量的设定值是按一定的生产负荷、原料组分、质量要求、设备能力、安全极限和合理的单位能耗等因素综合平衡而确定的，工艺变量稳定在设定值上，一般都能得到最大的经济效益。然而由于种种外部和内部的因素，对工艺过程的稳定运转存在着许多干扰。因此，自控设计人员必须正确选择操纵变量，建立一个合理的控制系统，确保生产过程的稳定操作。

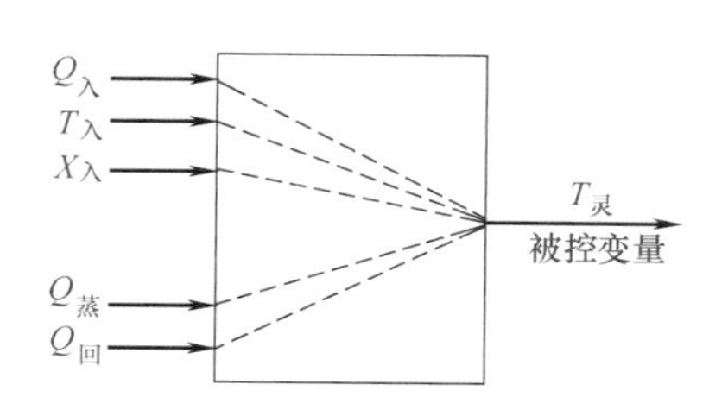

图 10-8　影响提馏段温度各种因素示意图

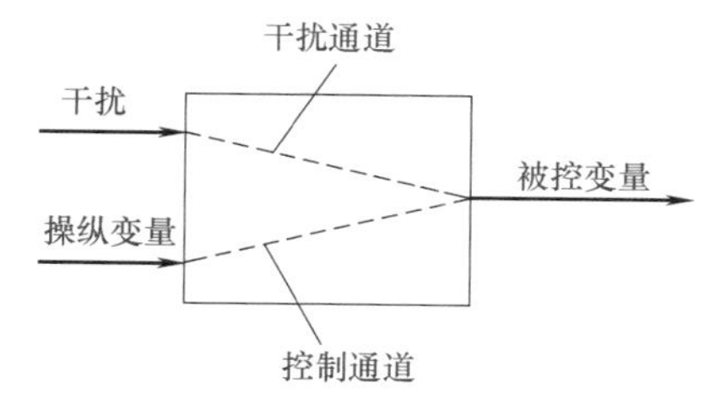

图 10-9　干扰通道与控制通道示意图

选择操纵变量时，必须考虑以下几个原则；

① 首先从工艺上考虑，它应允许在一定范围内改变；

② 在选择操纵变量时，应使扰动通道的时间常数大些，而使控制通道的时间常数适当地小些，控制通道的纯滞后时间越小越好；

③ 被选上的操纵变量的控制通道，放大系数要大，这样对克服扰动较为有利；

④ 应尽量使扰动作用点靠近调节阀处；

⑤ 被选上的操纵变量应对装置中其他控制系统的影响和关联较小，不会对其他控制系统的运行产生较大的扰动等。

另外，要组成一个好的控制系统，除了正确选择被控变量和操纵变量外，还应注意以下几个问题（见表 10-1）。

表 10-1　选择操纵变量时必须注意的问题

类别	说明
纯滞后	纯滞后使测量信号不能及时反映被控变量的实际值，从而降低了控制系统的控制质量，因此，必须注意被控变量的测量点（安装位置）应具有真正的代表性，并且纯滞后越小越好
测量滞后	它是指由检测元件时间常数所引起的动态误差。如测温元件测温时，由于存在着热阻和比热容，它本身具有一定的时间常数，因而测温元件的输出总是滞后于被控变量的变化，从而引起幅值的降低和相位的滞后。如果调节器接收的是一个幅值降低的、相位滞后的失真信号，它就不能正常发挥校正作用，控制系统的控制质量也会大大降低，所以必须选择快速检测元件，以减小测量滞后
传递滞后	为了减小传输时间，当气动传输管线长度超过 150m 时，在中间可采用气动继动器，以缩短传输时间。当调节阀膜头容积过大时，为减少容量滞后，可使用阀门定位器
选择控制规律	对滞后较大的温度、成分控制系统，可选用带微分作用的调节器，借助微分作用来克服测量滞后的影响。对滞后特别大（特别是有纯滞后存在）的系统，微分作用将难以见效，此时，为了保证控制质量，可采用串级控制系统，借助于副回路来克服纯滞后和对象时间常数等。一般的压力、流量和液位等简单控制系统常常采用比例积分作用即可

三、控制系统的投运

所谓控制系统的投运，是指当系统设计、安装就绪，或者经过停车检修之后，控制系统投入使用的过程。投运是一项很重要的工作，尤其对一些重要的控制系统而言更应重视。下面讨论一下投运前及投运中的几个主要问题（见表 10-2）。

表 10-2　投运前及投运中的几个主要问题

类别	说明
准备工作	对于工艺人员与仪表人员来说，投运前都要熟悉工艺过程，了解主要工艺流程、主要设备的功能、控制指标和要求，以及各种工艺参数之间的关系；熟悉控制方案，全面掌握设计意图，熟悉各控制方案的构成，对测量元件和控制阀的安装位置、管线走向、工艺介质性质等都要心中有数。对于仪表人员来说，还应该熟悉各种自动化工具的工作原理和结构，掌握调校技术；投运前必须对测量元件、变送器、调节器、控制阀和其他仪表装置，以及电源、气源、管路和线路进行全面检查，尤其是要对气压信号管路进行试漏
仪表检查	仪表虽在安装前已校验合格，投运前仍应在现场校验一次，在确认仪表工作正常后才可考虑投运。 对于控制记录仪表，除了要观察测量指示是否正常外，还特别要对调节器控制点进行复校。前面已经

续表

类别	说明
仪表检查	介绍过，对于比例积分调节器，当测量值与给定值相等时，调节器的输出可以等于任意数值（气动仪表在 0.02 ～ 0.1MPa 之间，电动仪表在 0 ～ 10mA 或 4 ～ 20mA 之间）。例如，将给定值指针与测量值指针重合（又称对针），这时调节器的输出就应该稳定在某一数值不变。如果输出稳定不住（还在继续增大或减小），说明调节器的控制点有偏差。此时，若要使调节器输出稳定下来，测量值与给定值之间必然就有偏差存在。如果调节器是比例积分作用的，这种测量值与给定值之间的偏差就是控制点偏差。当控制点偏差超过允许范围时，就必须重新校正调节器的控制点。当然，如果调节器是纯比例作用的，那么测量值与给定值之间存在偏差是正常现象
检查调节器的正、反作用及控制阀的气开、气关形式	调节器的正反作用与控制阀的气开、气关形式是关系到控制系统能否正常运行与安全操作的重要问题，投运前必须仔细检查。 自动控制系统是具有被控变量负反馈的闭环系统。也就是说，如果被控变量偏高，则控制作用应使之降低；相反，如果原来被控变量偏低，则控制作用应使之升高。控制作用对被控变量的影响应与干扰作用对被控变量的影响相反，才能使被控变量回复到给定值。这里，就有一个作用方向的问题。 在控制系统中，不仅是调节器，被控对象、测量变送器、控制阀也都有各自的作用方向。它们如果组合不当，使总的作用方向构成了正反馈，则控制系统不但不能起控制作用，反而破坏了生产过程的稳定。所以，在系统投运前必须注意检查各环节的作用方向。 所谓作用方向，就是指输入变化后，输出变化的方向。当输入增加时，输出也增加，则称为“正作用”方向；反之，当输入增加时，输出减少的称“反作用”方向。 对于调节器，当被控变量（即变送器送来的信号）增加后，调节器的输出也增加，称为“正作用”方向；如果输出随着被控变量的增加而减小，则称为“反作用”方向（同一调节器，其被控变量与给定值的变化，对输出的作用方向是相反的）。对于变送器，其作用方向一般都是“正”的，因为当被控变量增加时，其输出信号也是相应增加的。对于控制阀，它的作用方向取决于是气开阀还是气关阀（注意不要与控制阀的“正作用”及“反作用”混淆），当调节器输入信号增加时，气开阀的开度增加，是“正”方向，而气关阀是“反”方向。至于被控对象的作用方向，则随具体对象的不同而各不相同。当操纵变量增加时，被控变量也增加的对象属于“正作用”。反之，被控变量随操纵变量的增加而降低的对象属于“反作用”。 在一个安装好的控制系统中，对象、变送器的作用方向一般都是确定了的，控制阀的气开或气关形式主要应从工艺安全角度来选定。所以在系统投运前，主要是确定调节器的作用方向。 图 10-10 所示是一个简单的加热炉出口温度控制系统。为了在控制阀气源突然断气时，保证炉温不继续升高，以防烧坏炉子，采用了气开阀（停气时关闭），是“正”方向。炉温是随燃料的增多而升高的，所以炉子也是“正”方向作用的。变送器是随炉温升高，输出增大，也是“正”方向。所以调节器必须为“反方向”，才能当炉温升高时，使阀门关小，炉温下降。 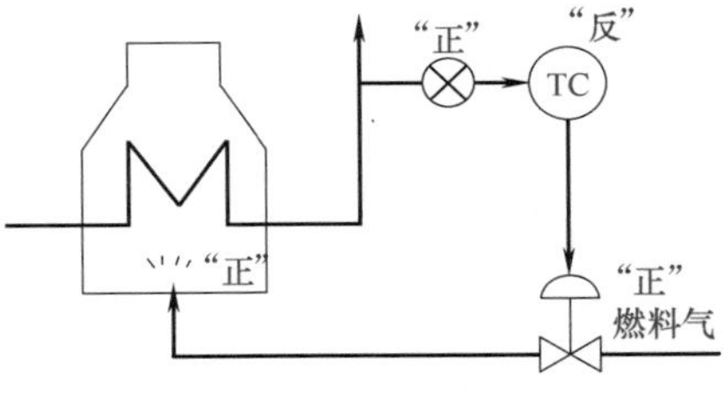 图 10-10　加热炉出口温度控制 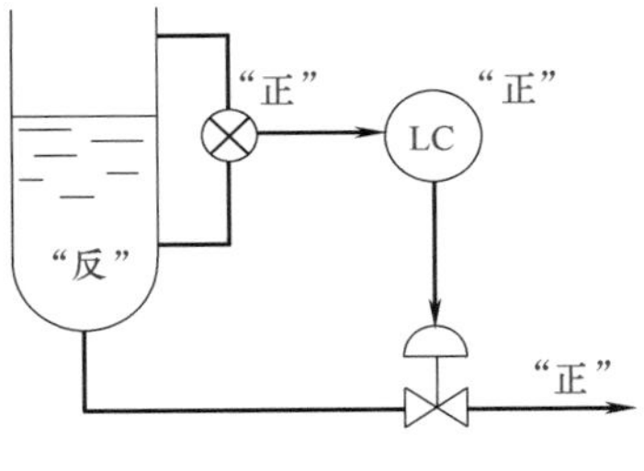 图 10-11　液位控制系统 图 10-11 所示是一个简单的液位控制系统。控制阀采用了气开阀，一旦停止供气，阀门自动关闭，以免物料全部流走，故控制阀是“正”方向。当控制阀打开时，液位是下降的，所以对象的作用方向是“反”的。变送器为“正”方向。这时调节器的作用方向必须为“正”才行。 总之，确定调节器作用方向，就是要使控制回路中各个环节总的作用方向为“反”方向，构成负反馈，这样才能真正起到控制作用
控制阀的投运	在现场，控制阀的安装情况一般如图 10-12 所示。在控制阀 4 的前后各装有截止阀，图中 1 为上游阀，2 为下游阀。另外，为了在控制阀或控制系统出现故障时不致影响正常的工艺生产，通常在旁路上安装有旁路阀 3。 开车时，有两种操作步骤：一种是先用人工操作旁路阀，然后过渡到控制阀手动遥控；另一种是一开始就用手动遥控。如条件许可，当然后一种方法较好。 当由旁路阀手工操作转为控制阀手动遥控时，步骤如下： 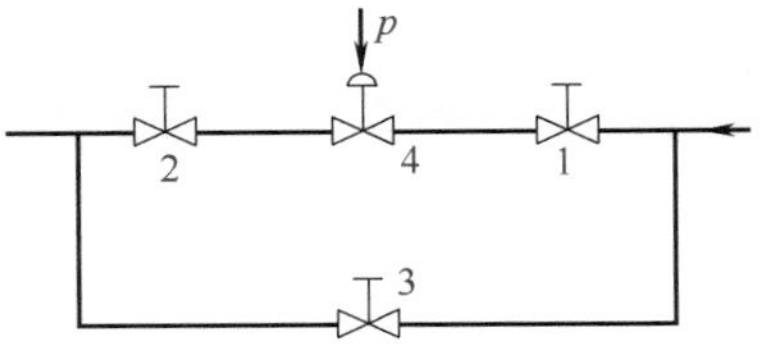 图 10-12　控制阀安装示意图 1—上游阀；2—下游阀；3—旁路阀；4—控制阀

续表

类别	说明
控制阀的投运	①将上游阀 1 和下游阀 2 关闭，手动操作旁路阀 3，使工况逐渐趋于稳定； ②用手动定值器或其他手动操作器调整控制阀上的气压 p，使它等于某一中间数值或已有的经验数值； ③先开上游阀 1，再逐渐开下游阀 2，同时逐渐关闭旁路阀 3，以尽量减少波动（亦可先开下游阀 2）； ④观察仪表指示值，改变手动输出，使被控变量接近给定值。 远距离人工控制控制阀叫手动遥控，可以有三种不同的情况： ①调节阀本身是遥控阀，利用定值器或其他手动操作器遥控； ②调节器本身有切换装置或带有副线板，切至“手动”位置，利用定值器或手操轮遥控； ③调节器不切换，放在“自动”位置，利用定值器改变给定值而进行遥控。但此时宜将比例度置于中间数值，不加积分和微分作用。 一般说来，当达到稳定操作时，阀门膜头压力应为 0.03 ~ 0.085MPa 范围内的某一数值，否则，表明阀的尺寸不合适，应重新选用控制阀。压力超过 0.085MPa，表明所选控制阀太小（对气开阀而言），可适当利用旁路阀来调整，但这不是根本解决的办法，它将使阀的流量特性变坏，当生产量的不断增加使原设计的控制阀太小时，如果只是依靠开大旁路阀来调整流量，会使整个自动控制系统不能正常工作。这时无论怎样整定调节器参数，都是不能获得满意的控制质量的
调节器的手动和自动的切换	通过手动遥控控制阀，使工况趋于稳定以后，调节器就可以由手动切换到自动，实现自动操作。 由手动切换到自动，或由自动切换到手动，因所用仪表型号及连接线路不同，有不同的切换程序和操作方法，总的要求是要做到无扰动切换。所谓无扰动切换，就是不因切换操作给被控变量带来干扰。对于气动薄膜控制阀来说，只要切换时无外界干扰，切换过程中就应保证阀膜头上的气压不变，也就是使阀位不跳动，如果正在切换过程中，发生了外界干扰，调节器立即发出校正信号操纵控制阀动作，这是正常现象，不是切换带来的扰动。为了避免这种情况，切换必须迅速完成。所以，总的要求是平稳、迅速，实现无扰动切换
调节器参数的整定	控制系统投入自动后，即可进行调节器参数的整定。整定方法前面已经介绍过，这里所要强调的是：不管采用哪种方法进行整定，所得到的自动控制系统在正常工况下由于经常受到各种扰动，被控变量不可能总是稳定在一个数值上长期不变。企图通过调节器参数整定，使仪表测量值指针总是保持不动，记录曲线为一条直线或一个圆，这是不现实的。记录曲线围绕给定值附近有一些小的波动是正常的。如果出现记录曲线是一条直线或一个圆，这时倒要检查一下测量记录仪表有无故障，灵敏度是否足够等

四、调节器参数的工程整定

一个自动控制系统的过渡过程或者控制质量，与被控对象的特性、干扰形式与大小、控制方案的确定及调节器的参数整定有着密切关系。对象特性和干扰情况是受工艺操作和设备特性限制的。在确定控制方案时，只能尽量设计合理，并不能任意改变它。方案一旦确定，对象各通道的特性就已成定局。这时控制质量只取决于调节器参数的整定了。所谓调节器参数的整定，就是按照已定的控制方案，求取使控制质量最好时的调节器参数值。具体来说，就是确定最合适的调节器比例度 δ、积分时间 T_I 和微分时间 T_D。

整定的方法很多，下面只介绍几种工程上最常用的方法。

（1）临界比例度法

这是目前使用较多的一种方法。它是先通过试验得到临界比例度 δ_K 和临界周期 T_K。然后根据经验总结出来的关系求出调节器各参数值。具体做法如下。

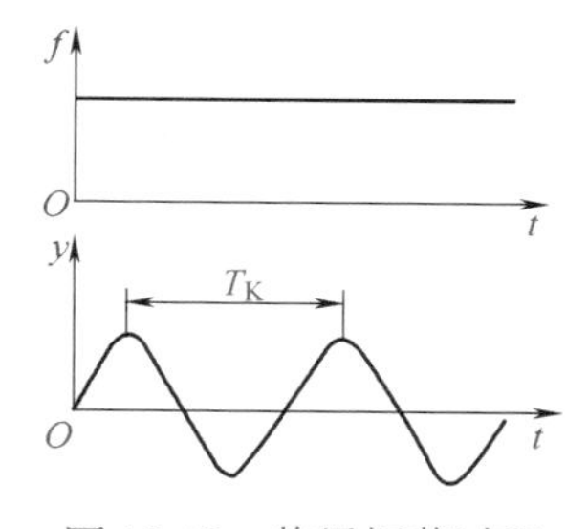

图 10-13　临界振荡过程

在闭合的控制系统中，先将调节器变为纯比例作用，即将 T_I 放在“∞”位置上，T_D 放在“0”位置上，在干扰作用下，从大到小地逐渐改变调节器的比例度，直到系统产生等幅振荡（即临界振荡），如图 10-13 所示。这时的比例度叫临界比例度 δ_K，周期为临界振荡周期 T_K，记下 δ_K 和 T_K。然后按表 10-3 中的经验公式计算出调节器的各参数整定数值。

临界比例度法比较简单方便，容易掌握和判断，适用于一般的控制系统。但是它对于临界比例度很小的系统不适用。因为若临界比例度很小，则调节器输出的变化一定很大，被控变量容易超出允许范围，影响生产的正常进行。

表 10-3　临界比例度法参数计算公式表

控制作用	比例度/%	积分时间 T_I/min	微分时间 T_D/min
比例	$2\delta_K$		
比例+积分	$2.2\delta_K$	$0.85T_K$	
比例+微分	$1.8\delta_K$		$0.1T_K$
比例+积分+微分	$1.7\delta_K$	$0.51T_K$	$0.125T_K$

临界比例度法是要使系统达到等幅振荡后，才能找出 δ_K 与 T_K，对于工艺上不允许产生等幅振荡的系统亦不适用。

（2）衰减曲线法

衰减曲线法是通过使系统产生衰减振荡来整定调节器的参数值的，具体做法如下。

在闭合的控制系统中，先将调节器变为纯比例作用，比例度放在较大的数值上，在达到稳定后，用改变给定值的办法加入阶跃干扰，观察记录曲线的衰减比，然后从大到小改变比例度，直至出现 4 ∶ 1 衰减比为止，如图 10-14（a）所示。记下此时的比例度 δ_S（叫 4 ∶ 1 衰减比例度），并从曲线上得出衰减周期 T_S。然后根据表 10-4 中的信息，求出调节器的参数整定值。

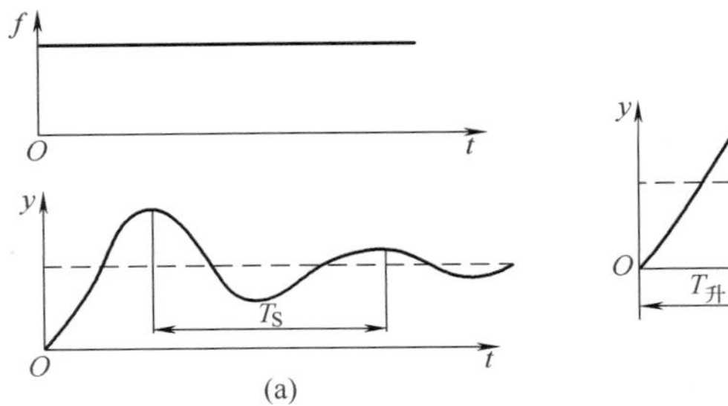

图 10-14　4 ∶ 1 和 10 ∶ 1 衰减振荡过程

有的过程 4 ∶ 1 衰减仍嫌振荡过强，可采用 10 ∶ 1 衰减曲线法。方法同上，得到 10 ∶ 1 衰减曲线［如图 10-14（b）所示］后，记下此时的比例度 δ'_S 和最大偏差时间 $T_升$（又称上升时间），然后根据表 10-5，求出相应的 δ、T_I、T_D 值。

表 10-4　4 ∶ 1 衰减曲线法调节器参数计算表

控制作用	δ/%	T_I/min	T_D/min
比例	δ_S		
比例+积分	$1.2\delta_S$	$0.5T_S$	
比例+积分+微分	$0.8\delta_S$	$0.3T_S$	$0.1T_S$

表 10-5　10 ∶ 1 衰减曲线法调节器参数计算表

控制作用	δ/%	T_I/min	T_D/min
比例	δ'_S		
比例+积分	$1.2\delta'_S$	$2T_升$	
比例+积分+微分	$0.8\delta'_S$	$1.2T_升$	$0.4T_升$

采用衰减曲线法必须注意以下几点：

① 加的干扰幅值不能太大，要根据生产操作要求来定，一般为额定值的 5% 左右，也有

例外的情况；

② 必须在工艺参数稳定情况下才能施加干扰，否则得不到正确的 δ_S、T_S 或 δ'_S 和 $T_{升}$值；

③ 对于反应快的系统，如流量、管道压力和小容量的液位控制等，要在记录曲线上严格得到 4 ∶ 1 衰减曲线比较困难，一般以被控变量来回波动两次达到基本稳定，就可以近似地认为达到 4 ∶ 1 衰减过程了。

衰减曲线法比较简便，适用于一般情况下的各种参数的控制系统。但当干扰频繁，记录曲线不规则，不断有小摆动时，由于不易得到正确的衰减比例度 δ_S 和衰减周期 T_S，这种方法难于应用。

（3）经验凑试法

经验凑试法是在长期的生产实践中总结出来的一种整定方法。它是根据经验先将调节器参数放在一个数值上，直接在闭合的控制系统中，通过改变给定值施加干扰，在记录仪上观察过渡过程曲线，运用 δ、T_I、T_D 对过渡过程的影响为指导，按照规定顺序，对比例度 δ、积分时间 T_I 和微分时间 T_D 逐个整定，直到获得满意的过渡过程为止。

各类控制系统中调节器参数的经验数据，列于表 10-6 中，供整定时参考选择。

表 10-6　各类控制系统中调节器参数经验数据表

被控变量	特点	δ/%	T_I/min	T_D/min
温度	对象容量滞后较大，即参数受干扰后变化迟缓，δ 应小；T_I 要长；一般需加微分	20 ~ 60	3 ~ 10	0.5 ~ 3
液位	对象时间常数范围较大。要求不高时，δ 可在一定范围内选取，一般不用微分	20 ~ 80	1 ~ 5	
压力	对象的容量滞后一般，不算大，一般不加微分	30 ~ 70	0.4 ~ 3	
流量	对象时间常数小，参数有波动，δ 要大；T_I 要短；不用微分	40 ~ 100	0.1 ~ 1	

表中给出的只是一个大体范围，有时变动较大。例如，流量控制系统的 δ 值有时需在 200% 以上；有的温度控制系统，由于容量滞后大，T_I 往往在 15min 以上。另外，选取 δ 值时应注意测量部分的量程和控制阀的尺寸。当量程范围小（相当于测量变送器的放大系数 K_m 大）或控制阀尺寸选大了（相当于控制阀的放大系数 K_V 大）时，δ 应选得适当大一些。

整定的步骤有以下两种。

① 先用纯比例作用进行凑试，待过渡过程已基本稳定并符合要求后，再加积分作用消除余差，最后加入微分作用是为了提高控制质量。按此顺序观察过渡过程曲线进行整定工作，具体做法如下。

根据经验并参考表 10-6 的数据，选出一个合适的 δ 值作为起始值，把积分阀全关、微分阀全开，将系统投入自动。改变给定值，观察记录曲线形状。如曲线不是 4 ∶ 1 衰减（这里假定要求过渡过程是 4 ∶ 1 衰减振荡的），例如衰减比大于 4 ∶ 1，说明选的 δ 值偏大，适当减小 δ 值再看记录曲线，直到呈 4 ∶ 1 衰减为止。注意，当把调节器比例度盘拨小后，如无干扰就看不出衰减振荡曲线，一般都要改变一下给定值才能看到，若工艺上不允许改变给定值，那只好等工艺本身出现较大干扰时再看记录曲线。δ 值调整好后，如要求消除余差，则要引入积分作用。一般积分时间可先取为衰减周期的一半值，并在积分作用引入的同时，将比例度增加 10% ~ 20%，看记录曲线的衰减比和消除余差的情况，如不符合要求，再适当改变 δ 和 T_I 值。如果是三作用调节器，则在已调整好 δ 和 T_I 的基础上再引入微分作用，而在引入微分作用后，允许把 δ 值缩小一点，把 T_I 值也再缩小一点。微分时间 T_D 也要凑试，以使过渡过程时间短，超调量小，控制质量满足生产要求。

经验凑试法的关键是“看曲线，调参数”。因此，必须弄清楚调节器参数值变化对过渡过程曲线的影响。一般来说，在整定中，观察到曲线振荡很频繁，须把比例度增大以减小振荡；当曲线最大偏差大且趋于非周期过程，须把比例度减小。当曲线波动较大时，应增大积分时间；曲线偏离给定值后，长时间回不来，则须减小积分时间，以加快消除余差的过程。如果曲线振荡得厉害，须把微分作用减到最小，或者暂时不加微分作用，以免加剧振荡；曲线最大偏差大而衰减慢，须把微分时间加长。经过反复凑试，一直调到过渡过程振荡两个周期后基本达到稳定，品质指标达到工艺要求为止。

在一般情况下，比例度过小，积分时间过小或微分时间过大，都会产生周期性的激烈振荡。但是，积分时间过小引起的振荡，其周期较长；比例度过小，振荡周期较短；微分时间过大，振荡周期最短。如图 10-15 所示，曲线 a 的振荡是积分时间过小引起的，曲线 b 是比例度过小引起的，曲线 c 的振荡是微分时间过大引起的。

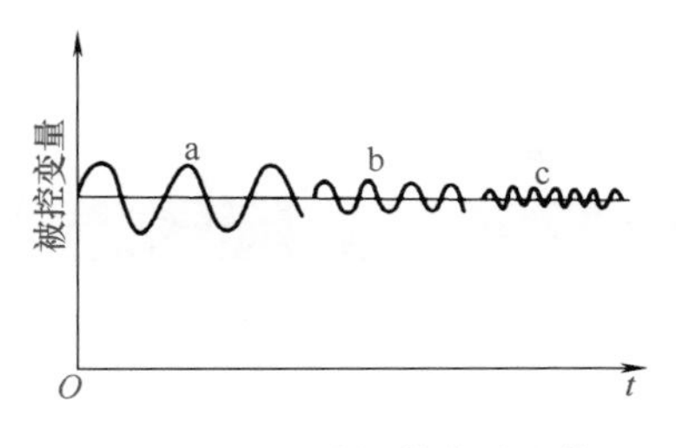

图 10-15　三种振荡曲线比较

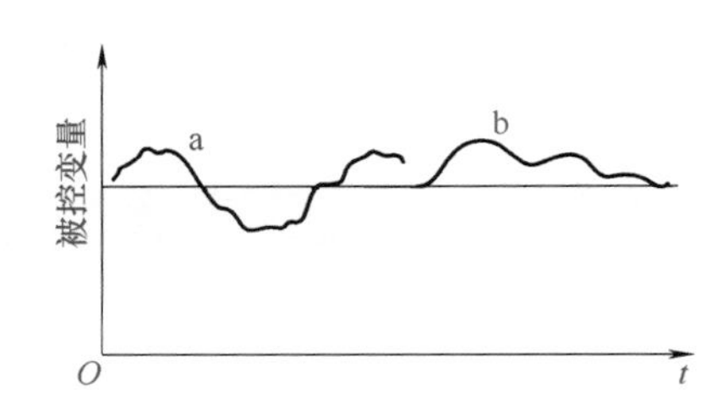

图 10-16　比例度过大、积分时间过大时两种曲线比较

比例度过小、积分时间过小和微分时间过大引起的振荡，还可以这样进行判别：从输出气压（或电流）指针动作之后，一直到测量指针发生动作，如果这段时间短，应把比例度增加；如果这段时间长，应把积分时间增大；如果时长最短，应把微分时间减小。

比例度过大或积分时间过大，都会使过渡过程变化缓慢。如何判别这两种情况呢？一般来说，比例度过大，曲线会东跑西跑，不规则地较大地偏离给定值，而且，形状像波浪般地绕大弯地变化，如图 10-16 曲线 a 所示。如果曲线通过非周期的不正常路径，慢慢地回复到给定值，就说明积分时间过大，如图 10-16 曲线 b 所示。应当注意，积分时间过大或微分时间过大，超出允许的范围时，不管如何改变比例度，都是无法补救的。

② 经验凑试法还可以按下列步骤进行：先按表 10-6 中给出的范围把 T_I 定下来，如要引入微分作用，可取 $T_\mathrm{D}=\left(\dfrac{1}{3}\sim\dfrac{1}{4}\right)T_\mathrm{I}$，然后对 δ 进行凑试，凑试步骤与前一种方法相同。

一般来说，这样凑试可较快地找到合适的参数值。但是，如果开始 T_I 和 T_D 设置得不合适，则可能得不到所要求的记录曲线。这时应将 T_D 和 T_I 做适当调整，重新凑试，直至记录曲线合乎要求为止。

经验凑试法的特点是方法简单，适用于各种控制系统，因此应用非常广泛。特别是外界干扰作用频繁，记录曲线不规则的控制系统，采用此法最为合适。但是此法主要是靠经验，在缺乏实际经验或过渡过程本身较慢时，往往费时较多。为了缩短整定时间，可以运用优选法，使每次参数改变的大小和方向都有一定的目的性。值得注意的是，对于同一个系统，不同的人采用经验凑试法整定，可能得出不同的参数值，这是由于对每一条曲线的看法，有时会因人而异，没有一个很明确的判断标准，而且不同的参数匹配有时会使所得过渡过程衰减情况一样。

最后必须指出，在一个自动控制系统投运时，调节器的参数必须整定，才能获得满意的控制质量。同时，在生产进行的过程中，如果工艺操作条件改变，或负荷有很大变化，被控对象的特性就要改变，因此，调节器的参数必须重新整定。由此可见，整定调节器参数是经常要做的工作，对工艺人员与仪表人员来说，都是需要掌握的。

五、简单控制系统的故障分析

（1）现场仪表系统故障的基本分析步骤

① 要比较透彻地了解生产过程、生产工艺情况及条件，了解仪表系统的设计方案、设计意图，仪表系统的结构、特点、性能及参数要求等。

② 要向现场操作工人了解生产的负荷及原料的参数变化情况，查看故障仪表的记录曲线，进行综合分析，以确定仪表故障原因所在。

③ 如果仪表记录曲线为一条死线（一点变化也没有的线称死线），或记录曲线原来为波动，现在突然变成一条直线，故障很可能在仪表系统。因为目前记录仪表大多采用 DCS 计算机系统，灵敏度非常高，参数的变化能非常灵敏地反映出来。此时可人为地改变一下工艺参数，看曲线变化情况。如不变化，基本断定是仪表系统出了问题；如有正常变化，仪表系统没有大的问题。

④ 改变工艺参数时，发现记录曲线发生突变或跳到最大或最小，此时的故障也常在仪表系统。

⑤ 故障出现以前仪表记录曲线一直表现正常，出现波动后记录曲线变得毫无规律或使系统难以控制，甚至连手动操作也不能控制，此时故障可能是工艺操作系统造成的。

⑥ 当发现 DCS 显示仪表不正常时，可以到现场检查同一仪表的指示值，如果它们差别很大，则很可能是仪表系统出现故障。

总之，分析现场仪表故障原因时，要特别注意被测控制对象和控制阀的特性变化，这些都可能是现场仪表系统故障的原因。所以，要从仪表系统和工艺操作系统两个方面综合考虑、仔细分析，检查原因所在。

（2）四大测量参数控制系统故障分析步骤

四大测量参数控制系统故障分析步骤见表 10-7。

表 10-7　四大测量参数控制系统故障分析步骤

类别	说明
温度控制系统故障分析步骤	分析温度控制系统故障时，首先要注意温度控制系统仪表的测量往往滞后较大。 ①记录指针突然跑到最大或最小，一般为仪表故障。因温度仪表系统测量滞后较大，不可能“突变”。故障多是热电偶、热电阻补偿导线断线或变送器放大器失灵造成。 ②记录指针快速振荡，多为控制参数 PID 整定不当造成。 ③记录指针大幅度波动，如当时工况有大变化，一般为工艺原因；如当时工况无大变化，一般为仪表原因。此时可将调节器切手动。若波动大大减小，则为调节器故障，否则为记录放大器故障。 ④如出现仪表记录线笔直、曲线漂移等异常现象，则应怀疑是否是假指示。仪表人员可拨动测量拉线盘，看上下行是否有力矩；如有力矩，属正常；如无力矩或力矩太小，则属仪表原因。 ⑤如工艺人员怀疑温度值有误差，仪表人员检查时，可先将调节器切手动，对照有关示值协助判断，必要时可用标准温度计在现场同一检测位置测试核对。 ⑥如在温度记录值无大变化的前提下，调节器输出漂移或输出电流突然最大或最小，一般为调节器放大器失灵或输出回路问题。 ⑦如调节器输出电流回不到零或有较大反差时输出反而增大，为调节器问题。 ⑧温度控制系统本身故障分析：检查调节阀输入信号是否变化，如不变化，调节阀动作，则调节阀膜头膜片漏了；检查调节阀定位器输入信号是否变化，若输入信号不变化，而输出信号变化，定位器有故障；检查定位器输入信号有无变化，再查调节器输出有无变化，如果调节器输入不变化，输出变化，则是调节器本身故障

续表

类别	说明
压力控制系统故障分析步骤	①压力控制系统仪表指示出现快速振荡波动时，首先检查工艺操作有无变化，这种变化多半是工艺操作和调节器 PID 参数整定不好造成。 ②压力控制系统仪表指示出现死线，工艺操作变化了但压力指示还是不变化，一般故障出现在压力测量系统中，首先检查测量引压导管系统是否有堵的现象，若不堵，检查压力变送器输出系统有无变化，若有变化，故障出在调节器测量指示系统
流量控制系统故障分析步骤	①流量控制系统仪表指示值达到最小时，首先检查现场检测仪表，如果正常，则故障在显示仪表。若现场检测仪表指示也最小，则检查调节阀开度；若调节阀开度为零，则常为调节阀到调节器之间故障。若现场检测仪表指示最小，调节阀开度正常，故障原因很可能是系统压力不够、系统管路堵塞、泵不上量、介质结晶、操作不当等。若是仪表方面的故障，原因有：孔板差压流量计可能是正压引压导管堵；差压变送器正压室漏；机械式流量计是齿轮卡死或过滤网堵等。 ②流量控制系统仪表指示值达到最大时，则检测仪表也常常会指示最大。此时可手动遥控调节阀开大或关小，如果流量能降下来则一般为工艺操作原因造成。若流量值降不下来，则是仪表系统的原因造成，此时检查流量控制系统的调节阀是否动作；检查仪表测量引压系统是否正常；检查仪表信号传送系统是否正常。 ③流量控制系统仪表指示值波动较频繁，可将控制改到手动。如果波动减小，则是仪表方面的原因或是仪表控制参数 PID 不合适；如果波动仍频繁，则是工艺操作方面原因造成
液位控制系统故障分析步骤	①液位控制系统仪表指示值变化到最大或最小时，可以先检查检测仪表看是否正常，如指示正常，将液位控制改为手动遥控液位，看液位变化情况。如液位可以稳定在一定的范围，则故障在液位控制系统；如稳不住液位，一般为工艺系统造成的故障，要从工艺方面查找原因。 ②差压式液位控制仪表指示和现场直读式指示仪表指示对不上时，首先检查现场直读式指示仪表是否正常，如指示正常，检查差压式液位仪表的负压导压管封液是否有渗漏：若有渗漏，重新灌封液，调零点；若无渗漏，可能是仪表的负迁移量不对了，重新调整迁移量使仪表指示正常。 ③液位控制系统仪表指示值变化波动频繁时，首先要分析液面控制对象的容量大小，来分析故障的原因。容量大一般是仪表故障造成。容量小时，首先要分析工艺操作情况是否有变化，如有变化，很可能是工艺造成的波动频繁。如没有变化，可能是仪表故障造成

（3）故障实例分析

故障实例分析见表 10-8。

表 10-8　简单控制系统的故障现象、检查分析及故障处理

故障现象	故障检查分析	故障处理
空分装置一液位自动控制系统，液位测量采用电动Ⅲ型差压变送器、计算机指示控制、气动薄膜调节阀。开车初期，投自动后液位波动很大，无法满足生产要求	开车初期，系统冷量未达到平衡，同时液位导压管内冷热不均，造成导压管内气液混合，且测量值本身波动很大，投入自调后，更加重了波动	首先打至手动状态，手动控制，对液位差变进行排表处理，对正负导压管从塔壁排至挂霜后，开表。待手动稳定一段时间以后，投入自动。经过以上处理之后，基本可以达到工艺要求，使波动较小
有一简单控制系统，调节器的偏差、调节器的输出均正常，但有偏差时调节器仍然按照原控制规律动作，而被调参数仍不回给定值，有时向反向动作	从故障现象看，系统中的测量部分、控制部分及信号传递无问题，故障可能在调节阀部分（阀杆位移、膜头堵塞、阀门定位器故障）或调节器输出到阀门定位器的传递信号线部分。检查调节器输出信号至调节阀间线路正常，检查调节阀膜头时发现膜头接头气路被砂粒堵塞，导致调节器不能正常工作	疏通后，系统恢复正常
有一靠 PV108 放空来控制中压蒸汽压力的简单控制系统。某日，操作工发现压力降低，调节器输出阀位正确，但是偏差消除不了	从故障现象看，调节器输出到安保器无问题，可能是安保器输出到阀门定位器、调节阀问题。先检查阀门定位器及调节阀，均无问题，再用万用表量安保器输出信号，结果无输出	更换输出安保器，系统即恢复正常
某装置一简单控制回路（DCS 控制系统，PID 调节器），在投入自动后，调节器无动作	调节器不动作的原因可能是：DCS 组态有问题、调节器自调参数不正确。检查 DCS 组态全部正确，但检查调节器 P、I、D 参数时发现不正确	将 P、I、D 参数正确设置后，投用正常

续表

故障现象	故障检查分析	故障处理
有一个单回路控制系统，投自动时经过长时间整定仍无法稳定投用，利用给定值加干扰后有回调趋势，并且调节周期和调节幅度正常，可是无法稳定	从故障现象看，这个系统的整定参数是合适的，无法稳定的原因不在参数上	重新分析回路，正确设定调节器正反作用，使系统达到负反馈，投用后正常
有一个控制回路从开车正常投用使用多年，工艺条件未变化，控制效果越来越差	原来能正常投用说明参数正常，效果逐渐变差说明有渐变条件影响控制。检查调节阀时，发现阀芯冲蚀严重	阀修复后投用正常
一控制回路，原来一直正常使用，后因输点通道坏，将AO点通道更换后，无法控制现场阀开度	因为换过通道引起故障，所以从改动处入手分析问题。因为AO卡通道更换过，并且重新下装，控制点找不到原先的通道，所以不能控制	将对应的控制点重新下装后，可以正常控制
一锅炉汽包液位控制系统原来正常投用，突然出现较大的波动，打到手动控制，液位波动	故障现象说明工艺操作条件已经和原来投用的条件不一样了，需要重新整定参数	经过加大控制强度，克服干扰波动后正常
某塔液位控制是单回路控制系统，在负荷调整的过程中发现液位不稳定，波动较大	检查发现液位调节阀LV0405阀开度只有7%，阀位不断变化，调节阀在小开度下易产生喘振，定位器输出不稳，因此调节阀不稳	将调节阀打开到15%以后调节阀恢复正常，使用前后手阀限量才保证了正常控制
某石化装置一液位单回路控制系统，由于负荷降低，LV402阀开度只有5%，结果产生了振动，液位不稳	调节阀在小开度下极易产生振动，振动时就影响阀门定位器振动，输出不稳，因此自调不稳	将前或后截止阀稍关小一些，限一部分流量，到阀位开到15%时，振动消失，阀门定位器也稳定了，投自动运行正常
一液位简单控制系统（DCS系统PID调节器，调节阀为气开调节阀）无法投入自动控制	无法投入自动的主要原因是：调节器参数不当、控制对象问题或调节阀有问题。检查上述几个故障点，在对调节阀检查时发现，调节阀内漏量很大，调节阀只要有小开度，就有很大的流量	对调节阀内件进行处理后，问题消失
某装置一重油温度控制系统如图10-17所示，重油通过热交换器，采用蒸汽加热。改变蒸汽调节阀开度，重油温度变化缓慢，投到自动控制时温度大幅波动	改变蒸汽流量，重油温度不能明显变化，说明检测系统有滞后，检查热电偶测量系统，确认没有问题，说明传热系统可能有问题。为了充分利用蒸汽潜热，中压蒸汽要冷凝成水后再通过疏水器定时排放掉。蒸汽和重油通过热交换器进行传热，热交换过程需要一定时间。中压蒸汽温度280℃，加热后重油为150℃，当加热蒸汽温度由280℃逐渐冷却，与热交换后的重油温度150℃相接近时，热交换几乎达到相对平衡（由于热阻存在，有一点温差），此时加热蒸汽尚未全部冷凝成液体，它仍占据着热交换器的空间，即使开大调节阀，新的蒸汽也补充不进来，即便补充也是微量。这样造成用于热交换的蒸汽温度达不到设计值280℃（虽然外来蒸汽温度是280℃），而是在280℃与蒸汽冷凝成水的温度之间变化。由于实际用于热交换的蒸汽温度低于设计值，热交换时间增加，造成温度测量滞后，测量滞后大就造成系统不稳定	针对该系统，整定PID参数，增加微分作用，加适量的积分作用，加大比例作用

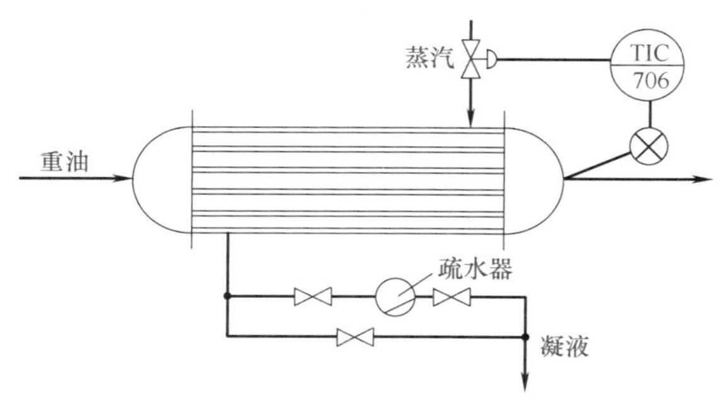

图10-17　重油温度控制系统

第二节　复杂控制系统

一、串级控制系统

（一）串级控制系统的基本概述及特点

（1）串级控制系统概述

串级控制系统是在简单控制系统的基础上发展起来的，当对象的滞后较大，干扰比较剧烈、频繁时，采用简单控制系统往往控制质量较差，满足不了工艺上的要求，可考虑采用串级控制系统。

管式加热炉是炼油、化工生产中重要装置之一。无论是原油加热还是重油裂解，对炉出口温度的控制都十分严格，这一方面可延长炉子寿命，防止炉管烧坏；另一方面可保证后面精馏分离的质量。为了控制炉出口温度，可以设置图 10-18 所示的温度控制系统，根据炉出口温度的变化来控制燃料阀门的开度，即改变燃料量来维持炉的出口温度在工艺所规定的数值上，这是一个简单控制系统。

由于燃料量的改变要通过炉膛才能使原料油的温度发生变化，所以炉子的调节通道容量滞后很大，时间常数约 15min，反应缓慢，调节精度低，但是工艺上要求炉出口温度的变化范围为 ±（1 ~ 2）℃。如此高的质量指标要求，图 10-18 所示的单参数单回路控制系统是难以满足的。为了解决容量滞后问题，还需对加热炉的工艺做进一步的分析。

管式加热炉对象是一根很长的受热管道，它的热负荷很大，它是通过炉膛与原料油的温差将热量传给原料油的，因此燃料量的变化首先是从炉膛的温度反映出来的，那么是否能以炉膛温度作为被控变量组成单回路控制系统呢？当然这样做会使调节通道容量滞后减小，约减少了 3min，但炉膛温度不能真正代表炉出口温度，即使炉膛温度控制好了，其炉出口温度也不一定能满足生产要求。为解决这一问题，人们在生产实践中，根据炉膛温度的变化，先控制燃料量，再根据炉出口温度与其给定值之差，进一步控制燃料量，以保持炉出口温度的恒定。模仿这样的人工操作就构成了以炉出口温度为主要被控变量的炉出口温度与炉膛温度的串级控制系统，图 10-19 是这种系统的示意图。它的工作过程是这样的：在稳定工况下，炉出口温度和炉膛温度处于相对稳定状态，控制燃料量的阀门保持在一定的开度，假定在某一时刻，燃料油的压力或组分发生变化，这个干扰首先使炉膛温度 θ_2 发生变化，它的变化使调节器 T_2C 进行工作，改变燃料的加入量，从而使炉膛温度的偏差随之减小。与此同时，炉膛温度的变化，或原料本身的进口流量或温度发生变化，会使炉出口温度 θ_1 发生变化，θ_1 的变化通过调节器 T_1C 不断地改变调节器 T_2C 的给定值。这样，两个调节器协同工作，直到炉出口温度重新稳定在给定值时过渡过程才告结束。

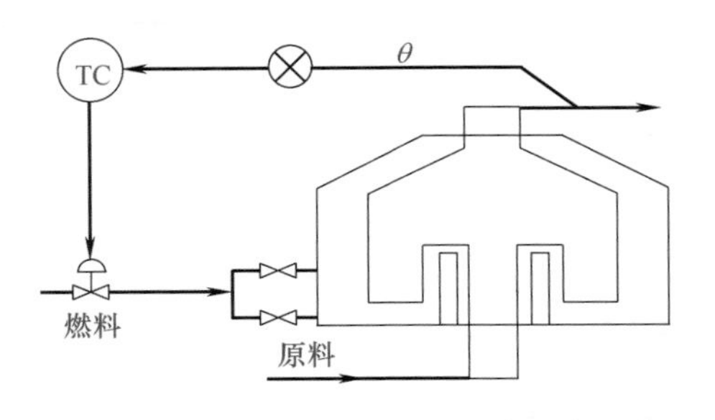

图 10-18　管式加热炉出口温度控制系统

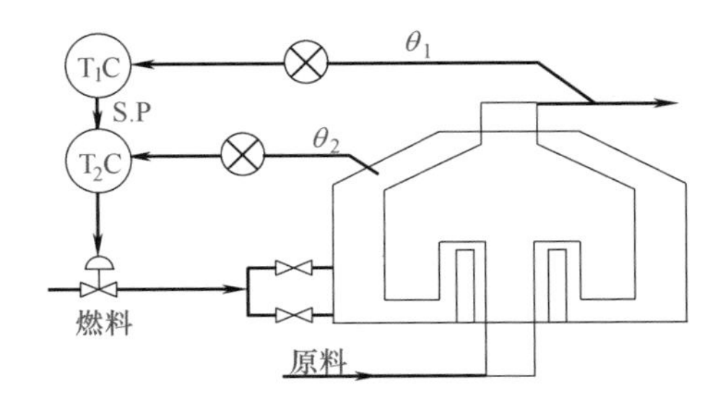

图 10-19　管式加热炉出口温度串级控制系统

图 10-20 是以上系统的框图。根据信号传递的关系，图中将管式加热炉对象分为两部

分。温度对象 2 的输出参数为炉膛温度 θ_2，干扰 F_2 表示燃料油的压力、组分等的变化，它通过温度对象 2 首先影响炉膛温度，然后再通过管壁影响炉出口温度 θ_1。干扰 F_1 表示原料本身的流量、进口温度等的变化，它通过温度对象 1 直接影响炉出口的温度 θ_1。

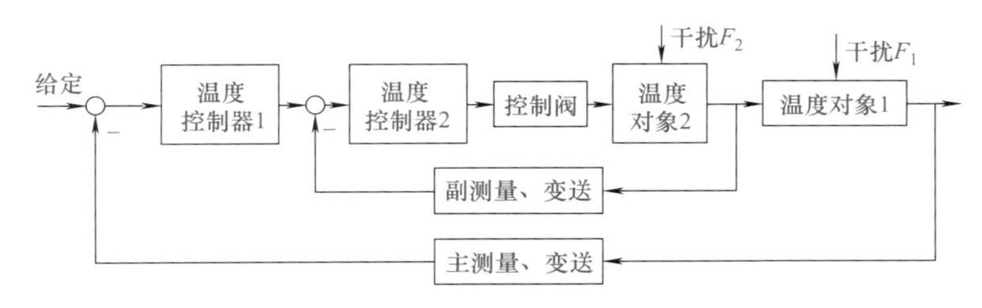

图 10-20 管式加热炉出口温度串级控制系统框图

从图 10-19 或图 10-20 可以看出，在这个控制系统中，有两个调节器，分别接收来自对象不同部位的测量信号。其中一个调节器的输出作为另一个调节器给定值，而后者的输出去控制控制阀以改变操纵变量，从系统的结构来看，这两个调节器是串接工作的，因此，这样的系统称为串级控制系统。

为了更好地阐述和研究问题，这里介绍几个串级控制系统中常用的名词（见表 10-9）。

表 10-9 串级控制系统中常用的名词

类别	说明
主变量	工艺控制指标，在串级控制系统中起主导作用的被控变量，如上例中的炉出口温度 θ_1
副变量	串级控制系统中为了稳定主变量或因某种需要而引入的辅助变量，如上例中的炉膛温度 θ_2
主调节器	按主变量对给定值的偏差而动作，其输出作为副变量给定值的那个调节器，称为主调节器（又名主导调节器）。如上例中的温度调节器 T_1C
副调节器	其给定值由主调节器的输出所决定，并按副变量对给定值的偏差而动作的那个调节器，称为副调节器（又名随动调节器）。如上例中的温度调节器 T_2C
主对象	对主变量表征其特性的生产设备，如上例中从炉膛温度检测点到炉出口温度检测点间的工艺生产设备，当然还包括必要的工艺管道
副对象	为副变量表征其特性的工艺生产设备，如上例中控制阀至炉膛温度检测点间的工艺生产设备。由上可知，在串级控制系统中，被控对象被分为两部分——主对象与副对象，具体怎样划分，与主变量和副变量的选择有关
主回路	由主测量、变送，主、副调节器，执行器（控制阀）和主、副对象所构成的外回路，亦称外环或主环
副回路	由副测量、变送，副调节器，执行器（控制阀）和副对象所构成的回路，亦称内环或副环

根据表 10-9 中所介绍的串级控制系统的专用名词，各种形式的串级控制系统都可以画成典型形式的框图，如图 10-21 所示。

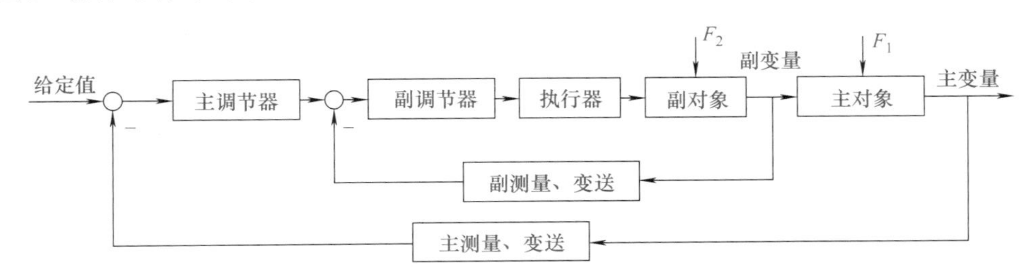

图 10-21 串级控制系统典型框图

（2）串级控制系统的特点

从总体上看，串级控制系统仍是定值控制系统，因此，主被控变量在扰动作用下的过渡过程和单回路定值控制系统的过渡过程，具有相同的品质指标和类似的形式。但是，串级控制系统在结构上增加了一个随动的副回路，因此，与单回路相比有以下几个特点：

① 对进入副回路的扰动具有较迅速、较强的克服能力；

② 可以改善对象特性，提高工作频率；

③ 可消除调节阀等非线性特性的影响；

④ 串级控制系统具有一定的自适应能力。

（二）串级控制系统的投运和参数整定

串级控制系统的投运和简单控制系统一样，要求投运过程保证做到无扰动切换。

串级控制系统由于使用的仪表和接线方式各不相同，投运的方法也不完全相同。目前较为普遍的投运方法，是先把副调节器投入自动，然后在整个系统比较稳定的情况下，再把主调节器投入自动，实现串级控制。这是因为在一般情况下，系统的主要扰动包含在副回路内，而且副回路反应较快，滞后小，如果副回路先投入自动，把副变量稳定，这时主变量就不会产生大的波动，主调节器的投运就比较容易了。再从主、副两个调节器的联系上看，主调节器的输出是副调节器的设定，而副调节器的输出直接去控制调节阀。因此，先投运副回路，再投运主回路，从系统结构上看也是合理的。

串级控制系统主、副调节器的参数整定方法主要有下列两种（见表 10-10）。

表 10-10　串级控制系统主、副调节器的参数整定方法

类别	说明
两步整定法	先整定副调节器参数，后整定主调节器参数的方法叫作两步整定法。整定过程如下。 ①稳定工况，主、副调节器都在纯比例作用下运行，将主调节器的比例度固定在 100% 刻度上，逐渐减小副调节器的比例度，求取副回路在 4 ∶ 1 或 10 ∶ 1 的衰减过渡过程时的比例度 δ_{2S} 和操作周期 T_{2S}； ②在副调节器比例度等于 δ_{2S} 的条件下，逐渐减小主调节器的比例度，直至也得到 4 ∶ 1 或 10 ∶ 1 衰减比下过渡曲线，记下此时主调节器的比例度 δ_{1S} 和操作周期 T_{1S}； ③根据上面得到的 δ_{1S}、δ_{2S} 和 T_{1S}、T_{2S}，按表 10-4 或表 10-5 的经验公式，算出主、副调节器的比例度、积分时间和微分时间； ④按“先副后主”“先比例后积分再加微分”的规律，将计算出的调节器参数加到调节器上； ⑤观察被控变量的过程曲线，适当调整，直到获得满意的过渡过程
一步整定法	所谓一步整定法，就是副调节器的参数按经验直接放置，主调节器的参数按单回路控制系统进行整定。从串级控制系统的特点可知，串级控制系统中的副回路动作较主回路动作一般都快得多，因此主、副回路的动态联系较弱，加上对副回路的调节质量一般没有严格的要求，所以，可凭经验进行一步整定。副调节器的经验数据可参照单回路调节器参数的经验数值，见以下附表。 附表　采用一步整定法时副变量的选择范围 副变量 / 放大系数 K_{C2} / 比例度 δ_{2S}/% 温度 / 5.0 ～ 1.7 / 20 ～ 60 压力 / 3.0 ～ 1.4 / 30 ～ 70 流量 / 2.5 ～ 1.25 / 40 ～ 80 液位 / 5.0 ～ 1.25 / 20 ～ 80 整定步骤如下： ①在生产正常，系统为纯比例运行的条件下，按照附表经验数值，把副调节器的比例度调到某一适当数值上； ②利用简单控制系统的任一种参数整定方法，整定主调节器的参数； ③如果出现“共振”现象，可加大主调节器或减小副调节器的整定参数值，一般即能消除

附表　采用一步整定法时副变量的选择范围

副变量	放大系数 K_{C2}	比例度 δ_{2S}/%
温度	5.0 ～ 1.7	20 ～ 60
压力	3.0 ～ 1.4	30 ～ 70
流量	2.5 ～ 1.25	40 ～ 80
液位	5.0 ～ 1.25	20 ～ 80

（三）串级控制系统维修实例

串级控制系统维修实例见表 10-11。

表 10-11 串级控制系统的故障现象、检查及故障处理

故障现象	故障检查	故障处理及小结
某温度 - 流量串级控制系统，温度控制不理想，达不到工艺的要求	经过分析判断，是控制系统设计时，把主、副参数弄反造成的	故障处理：对系统进行改造，把主、副控制参数进行了调换，重新进行 PID 参数整定后，系统投用正常，满足了工艺要求 故障小结：工艺塔底温度的控制中，温度应当是主控制参数，而蒸汽流量是副控制参数，温度调节器的输出是流量调节器的给定，而不是流量调节器是温度调节器的给定，否则无法起到提前克服蒸汽压力干扰的作用
某温度 - 流量串级控制系统，工艺人员认为控制效果不理想	经过分析判断，原因是副调节器的积分参数设置不当	故障处理：取消了副调节器的积分作用，调节效果可满足生产要求 故障小结：串级控制系统对主变量要求较高，本例的主调节器采用 PID 进行控制。控制过程中，副变量是不断跟随主调节器的输出变化而变化的，因此，通常副调节器只采用 P 作用就行。在最初的 PID 参数整定中，考虑到副变量为流量对象，时间常数较小，为了加强调节作用，在副调节器中引入了 I 作用，反而达不到控制指标。在后来的参数整定中。没有加入 I，工艺人员也满意了，所以就没有再使用积分作用
尿素车间二段蒸发器出口温度 - 压力串级控制系统，投运自动后主参数稳定，但副参数波动较大，给后工序造成较大影响。 控制系统如图 10-22 所示，主调节器 TIC1134 与副调节器 PIC1135 构成串级控制回路，主控制参数为分离器的温度，副控制参数为进二段加热器的低压蒸汽压力	产生波动是控制参数整定不当造成的，决定重新调整 PID 参数	故障处理：调整 PID 参数时，先调副回路，待稳定后再调主回路。观察调节过程，逐步调整调节器参数，直到压力和温度两个参数均出现更缓慢的衰减振荡的过渡过程为止。调整步骤如下： ①将副调节器的比例度调至一个适当的经验数值上，然后由大至小地调整主调节器的比例度，同时观察调节过程，直到出现缓慢的衰减振荡的过渡过程为止。 ②将主调节器的比例度固定在整定好的数值上，然后调整副调节器的比例度，观察记录曲线，以获得更缓慢的衰减振荡的过渡过程。 ③根据对象具体情况，适当给副调节器和主调节器加积分作用，以消除干扰作用下产生的余差；适当给主调节器加微分作用，以加快系统的响应，使超调减少，稳定性增加；但对干扰的抑制能力会减弱。负荷变化时注意调整 PID 参数，使工况稳定 故障小结：本例重新调整 PID 参数使用的是一步整定法。根据经验先确定副调节器的参数，压力控制比例度的设置经验值为 30% ~ 70%。主、副调节器都是纯比例作用时，在一定范围内，主、副调节器的放大倍数可任意匹配，即只要 $K_S=K_{C1}=K_{C2}$，系统就能产生 4 ∶ 1 的衰减过程，可以很方便地用匹配理论，来整定串级控制系统的参数
某锅炉减温水温度串级控制系统调节品质不高，自动投运率低	通过调研和现场实验分析，发现 PID 参数设置不当，调节阀输入、输出信号波动过大，操作画面不直观三个影响因素	故障处理：重新整定 PID 参数；调节阀的控制和反馈信号采用隔离器来克服干扰；制作更直观的操作画面。改造后的控制系统达到了优化目标 故障小结：PID 参数设置不合适，会导致自动控制的效果差，造成蒸汽温度超过生产要求的范围。原来的 PID 参数为：Ⅰ级减温水 P=1.2、I=0.4、D=0.1；Ⅱ级减温水 P=1.5、I=0.3、D=0.2。重新整定后的 PID 参数为：Ⅰ级减温水 P=1.3、I=0.5、D=0.3；Ⅱ级减温水 P=1.5、I=0.6、D=0.2。Ⅰ级、Ⅱ级减温水调节阀控制和反馈信号，选择无源两入两出的 MSC300 隔离器对这 4 个电流信号进行隔离屏蔽，有效地解决了调节阀原来输入、输出信号波动大，投自动时调节阀振荡频繁、影响调节品质的问题

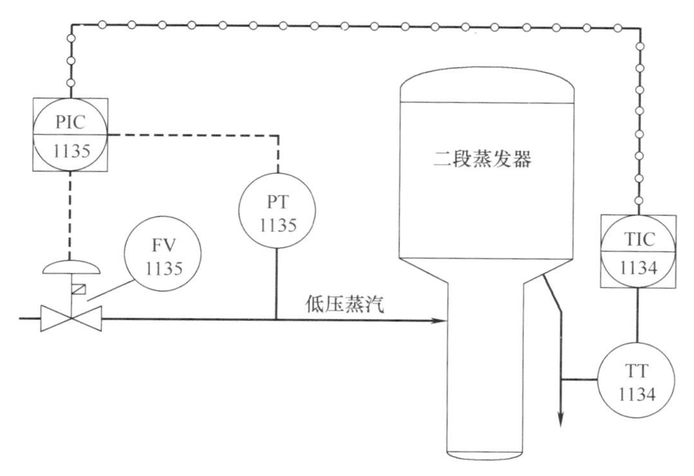

图 10-22 二段蒸发器出口温度 - 压力串级控制系统

二、比值控制系统

在炼油、化工等生产过程中，经常要求两种或两种以上的物料按一定比例混合后进行化学反应，否则会发生事故或浪费原料等。

工业生产上为保持两种或两种以上物料比值为一定的控制叫比值控制。

在比值控制系统中，首先要明确哪种物料是主物料，另一种物料按主物料来配比。系统中主物料或主流量，用 G_1 表示。一般情况下，总以生产中的主物料的流量作为主流量，或者以不可控物料的流量作为主流量。另一种物料随主流量的变化而变化，称之为从物料或副流量，用 G_2 表示。

（一）比值控制方案

常见的比值控制系统有单闭环比值、双闭环比值和串级比值等 3 种。

（1）单闭环比值控制系统

图 10-23 为单闭环控制方案图。从物料流量的控制部分看，是一个随动的闭环控制回路，而主物料流量的控制部分则是开环的，其框图如图 10-24 所示。主流量 G_1 经比值运算后使输出信号与输入信号成一定比例，并作为副流量调节器的给定信号值。

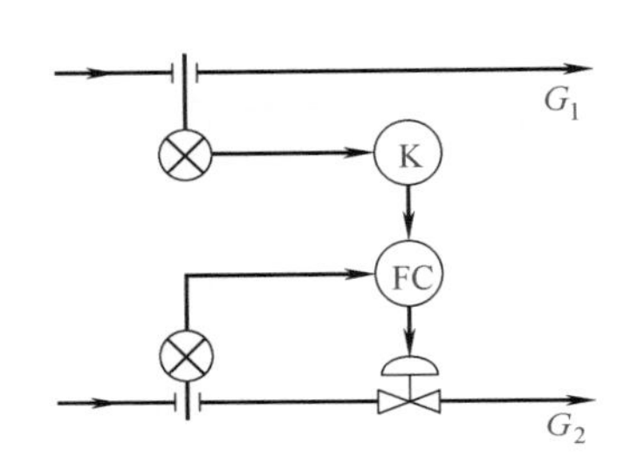

图 10-23　单闭环比值控制系统

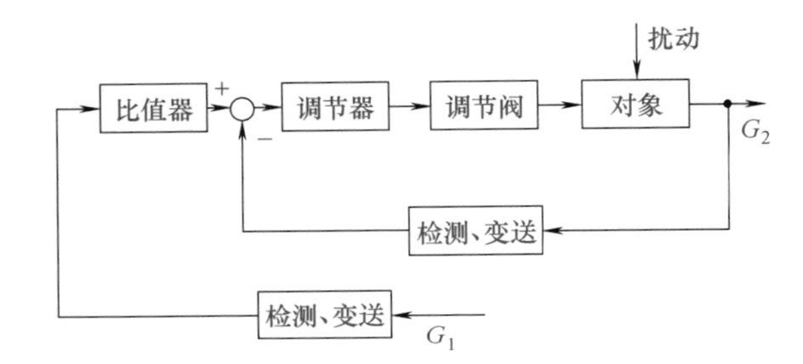

图 10-24　单闭环比值系统的框图

在稳定状态时，主、副流量满足工艺要求的比值，即 $K=G_2/G_1$ 为一常数。当主流量负荷变化时，其流量信号经变送器到比值器，比值器则按预先设置好的比值使输出成比例地变化，即成比例地改变了副流量调节器的给定值，则 G_2 经调节作用自动跟随 G_1 变化，使得在新稳态下 $G'_2/G'_1=K$ 保持不变。当副流量由于扰动作用而变化时，因主流量不变，即 FC 调节器的给定值不变，这样，对于副流量的扰动，闭合回路相当于一个定值控制系统加以克服，使工艺要求的流量比值不变。

单闭环比值控制系统的优点，是两种物料流量的比值较为精确，实施方便，从而得到了广泛的应用。但是这种控制方案下当主流量出现大的扰动或负荷频繁波动时，副流量在调节过程中，相对于调节器的给定值会出现较大的偏差，因此，这种方案对严格要求动态比值的化学反应是不合适的。

（2）双闭环比值控制系统

如果要求主流量也要保持定值，那么对主流量也要有一个闭合的控制回路，主、副流量通过比值器来实现比值关系，这样就构成了双闭环比值控制系统，如图 10-25 所示，其框图如图 10-26 所示。

双闭环比值控制系统实质上是由一个定值控制系统和一个随动控制系统所组成，它不仅能保持两个流量之间的比值关系，而且能保证总流量不变。与采用两个单回路流量控制系统相比，其优越性在于主流量一旦失调，仍能保持原定的比值。并且当主流量因扰动而发生变化时，在控制过程中仍能保持原定的比值关系。

双闭环比值控制系统除了能克服单闭环比值控制系统的缺点外，另一个优点是提降负荷比较方便，只要缓慢地改变主流量调节器的设定值，就可提、降主流量，同时副流量也就自动地跟踪主流量，并保持两者比值不变。

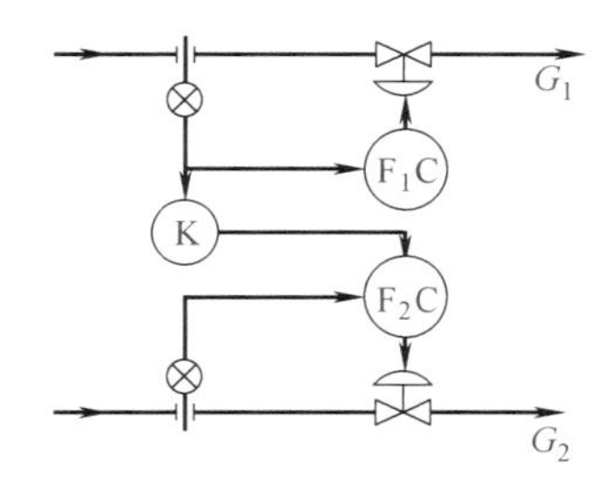

图 10-25　双闭环比值控制系统

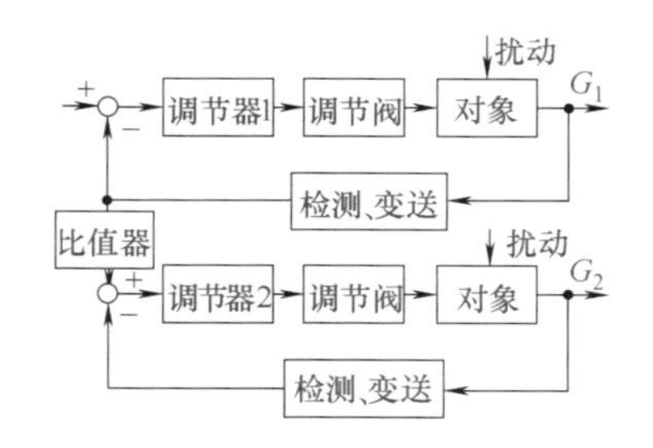

图 10-26　双闭环比值控制系统的框图

它的缺点是采用单元组合仪表时，所用设备多，投资高；而当今采用功能丰富的数字式仪表，它的缺点则可完全消失。

（3）串级比值控制系统

以上介绍的两种比值控制系统，其流量比是固定不变的，故也可称定比值控制系统。然而，在某些生产过程中，却需要两种物料的比值按具体工况而改变，比值的大小由另一个调节器来设定，比值控制作为副回路，从而构成串级比值控制系统，也称变比值控制系统。例如在合成氨变换炉生产过程中，用蒸汽控制一段触媒层温度，蒸汽与半水煤气的比值应随一段触媒层温度而变，这样就构成了串级比值控制系统，如图 10-27 所示，其框图如图 10-28 所示。

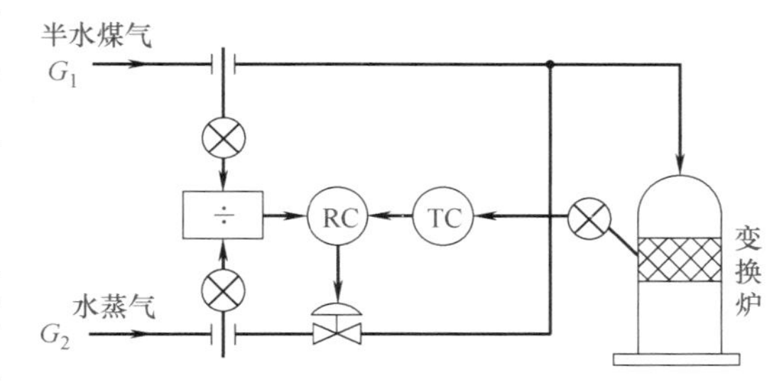

图 10-27　串级比值控制系统

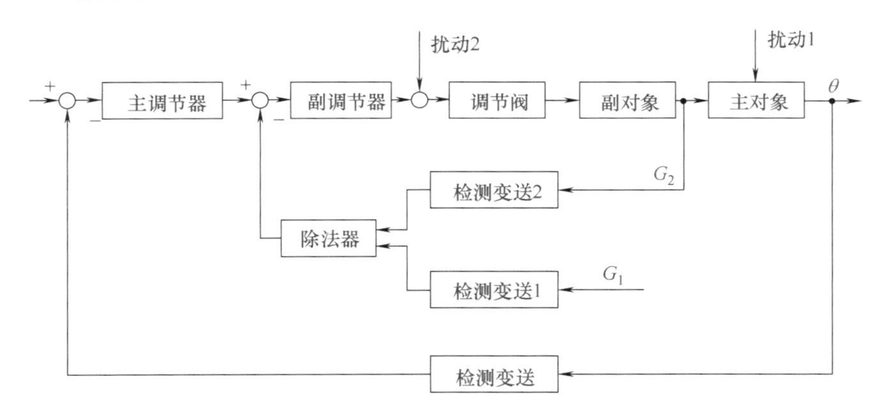

图 10-28　串级比值控制系统框图

若在稳定工况下，假设触媒层温度为 t_1，蒸汽与半水煤气的比值为 K_1。由于扰动的影响，触媒层温度由 t_1 变化到 t_2，为了把温度调回到给定值，就需要把蒸汽和半水煤气的比值由 K_1 变化到一个新的比值 K_2。又因半水煤气为不可控流量，因此通过改变水蒸气流量来达到变比值的目的。这种控制系统控制精度高，应用范围广。

（二）比值控制系统的实施方案

在比值控制系统中，可用两种方案达到比值控制的目的。一种是相除方案，即 G_2/

$G_1=R$，可把 G_2 与 G_1 相除的商作为比值调节器的测量值。另一种是相乘方案，由于 $G_2=RG_1$，可将主流量 G_1 乘以系数 R 作为从流量 G_2 调节器的设定值。

（1）相除方案

相除方案如图 10-29 所示。图中“÷”号表示除法器。相除方案可用在定比值或变比值控制系统中。从图 10-29 中可以看出，它仍然是一个简单的定值控制系统，不过其调节器的测量信号和设定信号值都是流量信号的比值，而不是流量信号本身。

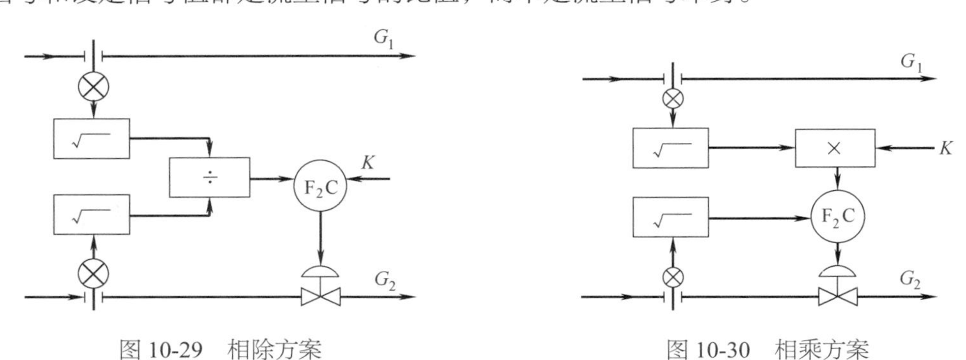

图 10-29　相除方案　　　　图 10-30　相乘方案

这种方案的优点是直观，能直接读出比值。它的缺点是由于除法器包括在控制回路内，对象在不同负荷下变化较大，负荷小时，系统稳定性差，因而目前已逐渐被相乘方案取代。

（2）相乘方案

相乘方案如图 10-30 所示。图中“×”号表示乘法器或分流器或比值器。从图 10-30 可见，相乘方案仍是一个简单控制系统，不过流量调节器 F_2C 的设定值不是定值，而是随 G_1 的变化而变化，是一个随动控制系统。并且比值器是在流量调节回路之外，其特性与系统无关，避免了相除方案中出现的问题，有利于控制系统的稳定。

以上各种方案的讨论中，比值系统中流量测量变送主要采用了差压式流量计，故在实施方案中加了开方器，目的是使指示标尺为线性刻度。但如果采用如椭圆齿轮等线性流量计时，在实施方案中不用加开方器。

有关比值控制系统的比值系数的计算问题读者可参阅其他参考书。

（三）比值控制系统的投运和参数的整定

比值控制系统在设计、安装好以后，就可进行系统的投运。投运的步骤大致与简单控制系统相同。系统投运前，比值系数不一定要精确设置，可以在投运过程中，逐渐进行校正，直到工艺人员认为比值合格为止。

对于变比值控制系统，因结构上是串级控制系统，因此，主调节器可按串级控制系统的主调节器整定。双闭环比值控制系统的主物料回路可按单回路定值控制系统来整定。但对于单闭环比值控制系统和双闭环的从物料回路、变比值回路来说，它们实质上均属于随动控制系统，即主流量变化后，希望副流量能快速地随主流量按一定的比例做相应的变化。因此，它不应该按定值控制系统 4 ∶ 1 最佳衰减曲线法的要求进行整定，而应该整定在振荡与不振荡的边界为好。其整定步骤大致如下：

① 根据工艺要求的两流量比值，进行比值系数计算。在现场整定时，根据计算的比值系数投运，在投运过程中再做适当调整，以满足工艺要求；

② 将 $T_i \to \infty$，在纯比例作用下，调整比例度（使 δ 由大到小变化），直到系统处于振荡与不振荡的临界过程为止；

③ 在适当放大比例度的情况下，一般放大 20%，然后慢慢地减小积分时间，引入积分作用，直至出现振荡与不振荡的临界过程或微振荡过程为止。

（四）比值控制系统维修实例

合成气在汽化炉的调整过程中，发现汽油比在低给定值 10% 时，炉温正常、有效，气才合格。

故障检查、分析：汽化炉的渣油裂解过程中，蒸汽的加入量是靠一个比值系统（汽油比，即汽 / 油）来控制的，汽油比下降，蒸汽量也减少，但炉温正常、有效气合格，这说明实际蒸汽量并没有减少。首先检查回路信号是否正常，通过测量，信号传输无问题，又对一次差变校验，无问题。又检查了可以进汽化炉的蒸汽管道的阀门，结果发现，停车用的事故蒸汽切断阀处于开位，蒸汽是从这进入汽化炉的。

故障处理：关闭事故蒸汽手阀，汽油比慢慢恢复正常。然后检查切断阀，原来是电磁阀气路堵，造成错误位置。更换了电磁阀，一切恢复正常。

三、选择性控制系统

一般控制系统都是在正常工况下工作的，当生产不正常时，通常的处理方法有两种。一种是切入手动，进行遥控操作；另一种是联锁保护紧急停车，防止事故发生，即所谓硬限控制。由于硬限控制对生产和操作都不利，近年来采用了安全软限控制。

所谓安全软限控制，是指当一个工艺参数将要达到危险值时，就适当降低生产要求，让它暂时维持生产，并逐渐调整生产，使之朝正常工况发展。能实现软限控制的控制系统称为选择性控制系统，又称为取代控制系统或超驰控制系统。

选择性控制系统种类很多，图 10-31 是常见的选择性控制系统示意图。在正常工况下，选择器选中正常调节器Ⅰ，使之输出送至调节阀，实现对参数Ⅰ的正常控制。这时的控制系统工作情况与一般的控制系统是一样的。但是，一旦参数Ⅱ将要达到危险值，选择器就自动选中调节器Ⅱ的信号，从而取代调节器Ⅰ操纵调节阀。这时对参数Ⅰ来说，控制质量可能不高，但生产仍在继续进行，并通过调节器Ⅱ的调节，使生产逐渐趋于正常，待到恢复正常后，调节器Ⅰ又取代调节器Ⅱ的工作。这样，就保证在参数Ⅱ越限前就自动采取新的控制手段，不必硬性停车。

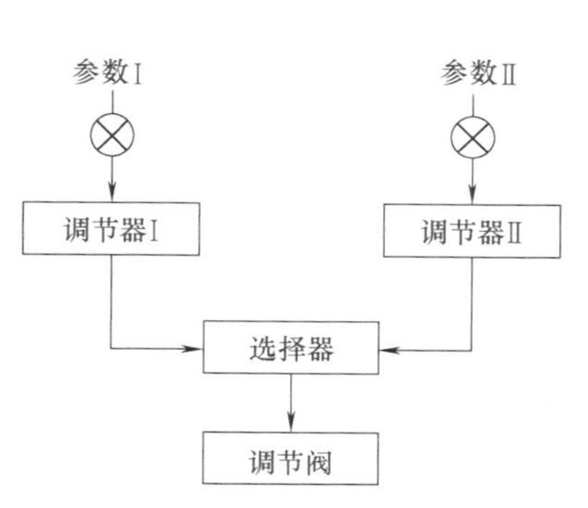

图 10-31　选择性控制示意图

（一）选择性控制系统的类型及选型

（1）选择性控制系统的类型

选择性控制系统在结构上的特点是使用了选择器。选择器可以接在两个或两个以上的调节器的输出端，也可接在几个变送器的输出端，对测量信号进行选择，以适应不同工况的需要。

选择性控制系统的类型及说明见表 10-12。

（2）选择性控制系统的选型

选择性控制系统的选型见表 10-13。

（二）积分饱和及其防止措施

对于具有积分作用的调节器，若处于开环状态，由于偏差存在，调节器的输出随着时间增加，会达到最大或最小极限值，这就是调节器的积分饱和现象。在选择性控制系统（被控变量选择性控制系统）中，两个调节器中总有一个是处于开环状态，不论哪个调节器，只要有积分作用存在，都有可能产生积分饱和现象。如果正常调节器有积分作用，则在用取代调节器控制，且工况尚未正常时，被控变量一定有偏差存在，正常调节器的输出就会积分到上限或下限极限值，直到工况恢复；如果偏差尚未改变极性，输出仍处于饱和状态，即使偏差已改变极性，输出仍有很大值，这样就不能迅速地切换回来，严重地影响控制质量。

表 10-12　选择性控制系统的类型及说明

类型	说明
选择器装在调节器与调节阀之间	这类选择性控制系统的特点是几个调节器合用一个调节阀。通常是两个调节器合用一只调节阀，其中一个调节器在正常工况下工作，另一个处于待命备用状态，遇到工艺生产不正常时，就由它取而代之，直到工况恢复正常，再由原来的调节器进行控制。 图 10-32 所示是辅助锅炉蒸汽压力与燃料压力组成的选择性控制系统。它的工作过程是：正常情况下，阀后压力低于脱火压力时，燃料压力调节器 P_2C 的输出信号 a 大于调节器 P_1C 的输出信号 b，由于低值选择器 LS 能自动选择低值输入信号作输出，因此，正常情况时 LS 的输出为 b，即按蒸汽压力来控制燃料阀门。而当燃料阀门太大，使调节阀阀后的压力接近脱火压力时，$a < b$，a 被 LS 选中，即由 P_2C 取代 P_1C 去控制阀门，使阀关小，避免了因阀后压力过高而造成喷嘴脱火事故。通过 P_2C 的调节，当阀后压力降低，而蒸汽压力回升，达到 $b < a$ 时，调节器 P_1C 再次被选中，恢复正常工况的自动控制 图 10-32　辅助锅炉压力选择性控制系统
选择器装在变送器与调节器之间	这种类型的选择性控制系统的特点，是几个变送器合用一只调节器。选择的目的有两种： ①选出最高或最低测量值。以固定床反应器中最高温度的控制为例。最高温度的位置可能会随催化剂的老化变质、流动等原因有所移动。反应器各处的温度都应当加以比较，选择其中高的用于温度控制，如图 10-33 所示。 ②选取可靠测量值。对于关键参数的检测点，如果变送器失灵机会较多，为了避免造成不可估计的损失，可在同一检测点安装两个以上的变送器，通过选择器选出可靠的检测信号值进行自动控制，以提高系统运行的可靠性 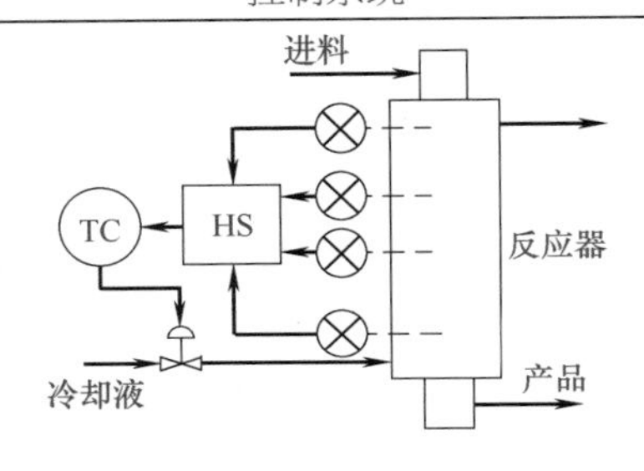 图 10-33　高选器用于控制反应器的峰值温度
操纵变量选择性控制系统	若一个被控变量有几种操纵变量可供选择，也可用选择性控制系统按不同工况选择不同的操纵变量。 例如，加热炉有几种燃料时，如图 10-34 所示，只要燃料 A 的流量不超过上限 G_{AH}，尽量用 A 燃料；当 A 的流量 $G_A > G_{AH}$ 时，则用燃料 B 来补充。温度调节器 TC 的输出为 m，正常时，$G_A < G_{AH}$，则低选择器 LS 的作用使燃料 A 的流量调节器 F_AC 的设定值 $G_{Ar}=m$，即 $m < G_{AH}$，F_AC 和温度调节器 TC 组成串级控制系统。因为此时 $G_{Ar}=m$，故 $G_{Br}=m-G_{Ar}=0$，故燃料 B 的阀门全关闭。当 $m > G_{AH}$ 时，即 $G_A > G_{AH}$，LS 选中 G_{AH} 作为输出，使 $G_{AH}=G_{Ar}$，F_AC 为定值流量控制，使 G_A 稳定在 G_{AH} 值上。这时，由于 $G_{Br}=m-G_{Ar}=m-G_{AH} > 0$，则温度调节器 TC 与燃料 B 的流量调节器 F_BC 组成串级控制，打开燃料 B 的阀门，来补充燃料 A 的不足，使加热炉出口温度保持一定。由此可见，运用 LS 可选择不同的操纵变量进行选择控制，保证加热炉出口温度的稳定 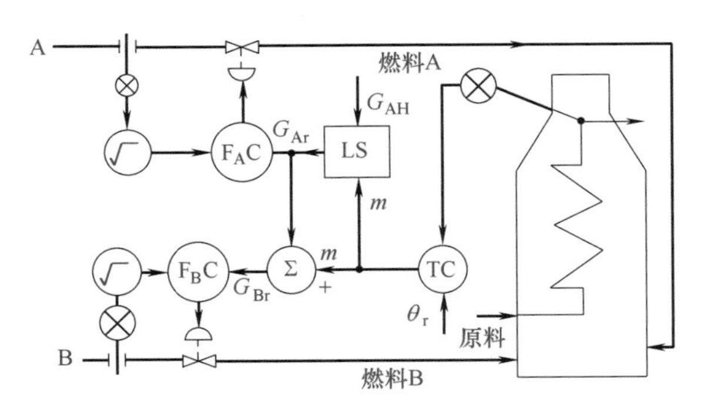 图 10-34　有几种燃料的选择性控制系统

表 10-13　选择性控制系统的选型

类别	说明
选择器的选型	选择器分为高值选择器和低值选择器两类。前者允许较大的信号通过，后者允许较小信号通过。 选型时可按照使系统脱离“危险”区域的手段，以及调节阀的开、关形式来选。如有可能，应尽量选用低值选择器，这样更加安全可靠。因为对调节阀气开、气关的选择，考虑的是在没有气压信号输入阀门的情况下阀门是处在全开的位置安全，还是全关的位置安全，所以，当选择器送出低信号时，往往较为安全，万一发生故障，危害性较小
调节器的选型	对于正常工况下运行的正常调节器，选型与简单控制系统的选型一样，采用 PI 或 PID 控制规律。对于不正常工况下运行的取代调节器的选型，则要求取代时动作迅速可靠，为此，一般常选用狭比例度的纯比例调节器，或采用双位调节器

常用的防积分饱和方法有三种（表 10-14）。

表 10-14　常用的防积分饱和方法

类别	说明
限幅法	采用高值或低值限幅器，使调节器的输出信号不超过工作信号的最高值或最低值。至于用高限器还是用低限器，则要根据具体工艺来决定。一般出现积分饱和的危险工况只能是一侧。如调节器处于待命开环状态，调节器由于积分作用会使输出逐渐增大，则要选用高限器；反之，则用低限器
积分切除法	所谓积分切除法，即当调节器具有 PI 作用时，一旦处于开环状态，立即切除积分功能，只具有比例控制规律。这是一种新型的特殊设计的调节器。若采用数字控制调节器或采用计算机进行选择性控制，只要利用它们的逻辑判断功能，编制出相应的程序即可，十分方便
积分外反馈法	调节器在开环状态下不选用调节器自身的输出值作反馈，而是借用其他相应的信号用外反馈的方法作为调节器的反馈信号，这样可以防止调节器积分饱和现象的产生。图 10-35 是采用外反馈法防止调节器积分饱和的示意图。这是两台均有积分功能的调节器，它们的输出经一台低选器 LS 进行选择。低选器的输出去控制调节阀，它们的反馈信号均是阀位信号。当调节器 1 处于工作状态时，调节器 1 的外反馈信号是其本身的输出，调节器 2 的外反馈信号是调节器 1 的输出，保证调节器 2 不产生积分饱和。反之，当调节器 2 被选中，而调节器 1 待命时，调节器 2 的输出作为调节器 1 的反馈信号，调节器 1 也不会出现积分饱和问题 图 10-35　积分外反馈防止积分饱和

（三）选择性控制系统维修实例

某合成氨厂节能控制系统中合成驰放气自动控制系统在投入自动控制运行中突然发生压力高报警。该系统是合成系统压力控制系统 PIC 和合成驰放气气体组分控制系统 AIC 组成的选择性控制系统（图 10-36）。

故障分析：该系统在投入自动控制时，由组分变送器 AT 测量出循环气中惰性气体 CH_4 和 Ar 的总量，由 AIC 控制以保证合成系统惰性气体组分为一定值，这样，可使合成气放空损失减到最小，起到节能效果。当合成系统压力超过额定值时，压力调节器 PIC 将根据压力变送器 PT 检测信号，使输出不断增大，通过 PIS 高选器，取代 AIC 调节器进行压力定值控制，以防止合成系统超压。

若发生系统压力高报警，应立即在现场用手轮操作，并首先判断压力变送器、报警器等无故障后，进一步检查压力调节器输出是否取代组分调节器输出值。若压力调节器工作正常，且输出值已达正常取代值而未通过高选器取代组分调节器，则判断为高选器故障。若为压力调节器故障，则迅速将此调节器切至手动，不断调大输出值，控制合成系统压力。

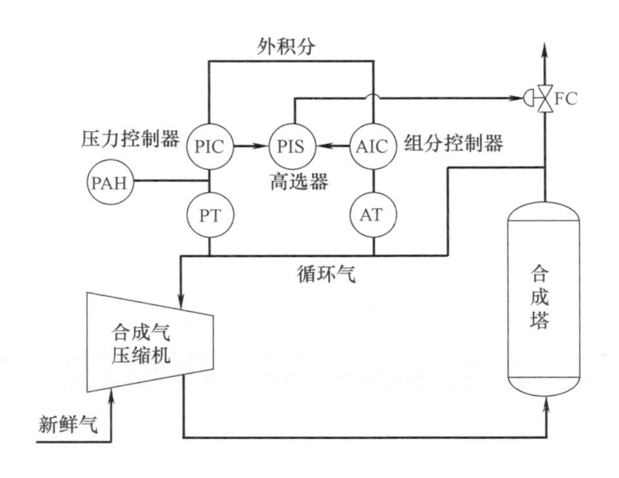

图 10-36　合成驰放气自动控制系统

四、分程控制系统

简单控制系统是一个调节器的输出带动一个调节阀动作，而分程控制系统的特点是一个调节器的输出同时控制几个工作范围不同的调节阀。例如一个调节阀在 20 ~ 60kPa 范围内工作，另一个调节阀在 60 ~ 100kPa 的范围内工作。其框图如图 10-37 所示。

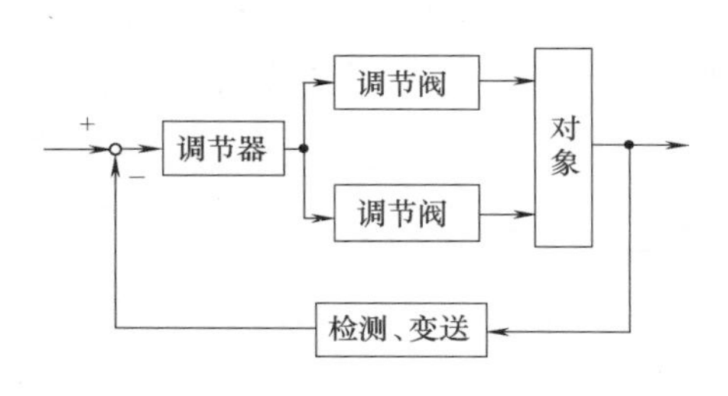

图 10-37　分程控制系统框图

分程是靠阀门定位器或电 - 气阀门定位器来实现的。如某调节器的输出信号范围是 0.02 ~ 0.1MPa 气信号，要控制 A、B 两只调节阀，那么只要在 A、B 调节阀上分别装上气动阀门定位器。A 阀上的定位器调整为：当输入 0.02 ~ 0.06MPa 时，输出为 0.02 ~ 0.1MPa。而 B 阀上的定位器调整为：当输入为 0.06 ~ 0.1MPa 时，输出为 0.02 ~ 0.1MPa。即当调节器输出在 0.02 ~ 0.06MPa 时，A 调节阀动作，而调节器输出在 0.06 ~ 0.1MPa 时，B 调节阀动作，从而达到了分程的目的。

（一）分程控制的应用

（1）采用几种根本不同的控制手段

图 10-38 所示为间歇式化学反应器，每次加料完毕后，为引发化学反应，必须先进行加热。待反应开始后，由于产生大量的反应热，若不及时带走反应热，则反应会越来越剧烈，以致发生爆炸事故，所以要通入冷水降温，将热量带走。为此，设计了如图 10-38 所示的分程控制系统。它由一个反作用调节器、气关式冷水调节阀 A 和气开式蒸汽调节阀 B 所组成。当调节器输出信号由 20 ~ 60kPa 变化时，A 阀从全开至全关；当信号由 60 ~ 100kPa 变化时，B 阀由全关至全开。两只调节阀的动作情况如图 10-39 所示。

反应与控制过程如下：加料后，反应开始前，反应器内温度低于设定值，反作用调节器输出信号增大，打开 B 阀，用加热蒸汽加热冷水而变成热水，再通过夹套对反应器加热升温，促使反应开始。由于是放热反应，一旦反应进行，将产生反应热，使反应温度迅速上升。当温度大于设定值后，调节器的输出值开始下降，渐渐关闭 B 阀，接着打开 A 阀，通入冷水，带走反应热量，直至把反应温度控制在设定值上。

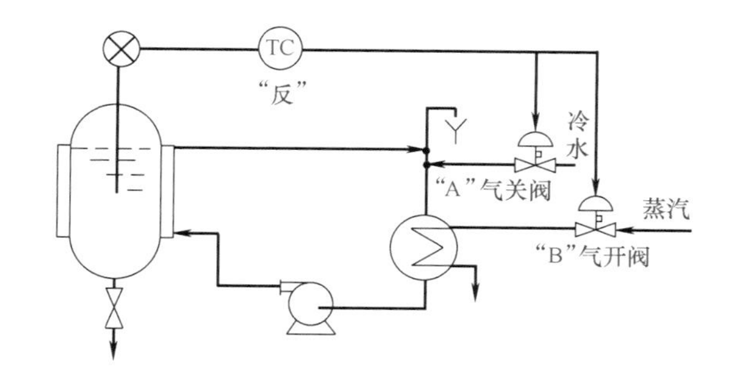

图 10-38　反应器温度分程控制

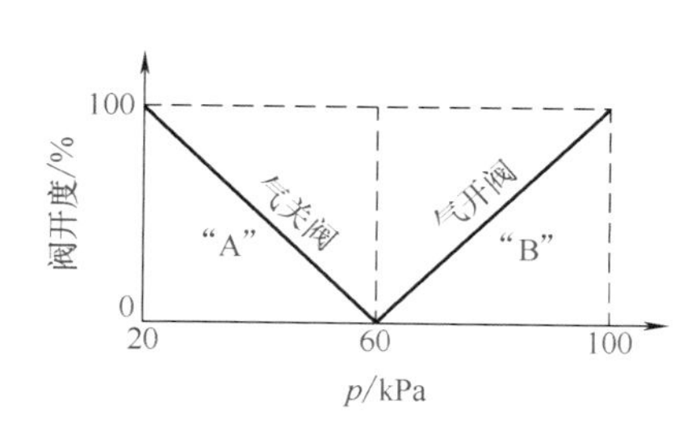

图 10-39　调节阀分程动作关系

（2）扩大调节阀的可调范围

在某些场合，调节手段虽然只有一种，但要求操纵变量的流量有很大的可调范围，例如大于 100。而国产统一设计的调节阀的可调范围最大也只有 30，满足了大流量就不能满足小流量，反之亦然。为此，可采用大、小阀并联使用，在小流量时用小阀，大流量时用大阀，这样就大大地扩大了可调范围。

设大、小两个调节阀的最大流通能力分别是 $C_{Amax}=100$，$C_{Bmax}=4$，可调范围 $R_A=R_B=30$。因为：

$$R=\frac{\text{阀的最大流通能力}}{\text{阀的最小流通能力}}=\frac{C_{max}}{C_{min}}$$

所以，小阀的最小流通能力：

$$C_{Bmin}=C_{Bmax}/R_B=4/30\approx0.133$$

当大、小阀并联组合在一起时，阀的最小流通能力为 0.133，最大流通能力为 104，因而调节阀的可调范围为：

$$R_T=\frac{C_{Amax}+C_{Bmax}}{C_{Bmin}}=\frac{104}{0.133}\approx782$$

这样分程后调节阀的可调范围比单个调节阀的可调范围约增大了 26 倍，大大地扩展了可调范围，从而提高了控制质量。

例如在中和反应过程中，若用中和 pH=2 的溶液所选用的调节阀，来中和 pH=5 的溶液时，阀门的开度要减小到原来的 1%。显然，若只用一个调节阀是达不到控制要求的，为此，必须采用大、小两只调节阀进行并联使用，这样就构成了分程控制系统。图 10-40 和图 10-41 分别为大、小调节阀分程控制原理图和分程动作示意图。

（二）分程控制系统对调节阀的要求

（1）关于流量特性的问题

因为在两只调节阀的分程点上，调节阀的流量特性会产生突变，这在大、小阀并联时更为突出。如果两只调节阀都是线性特性，情况更严重，如图 10-42（a）所示。这种情况的出现对控制系统调节质量是十分不利的。解决办法有两个：

① 采用两只对数特性调节阀，这样从小阀向大阀过渡时，调节阀的流量特性相对要平滑些，如图 10-42（b）所示；

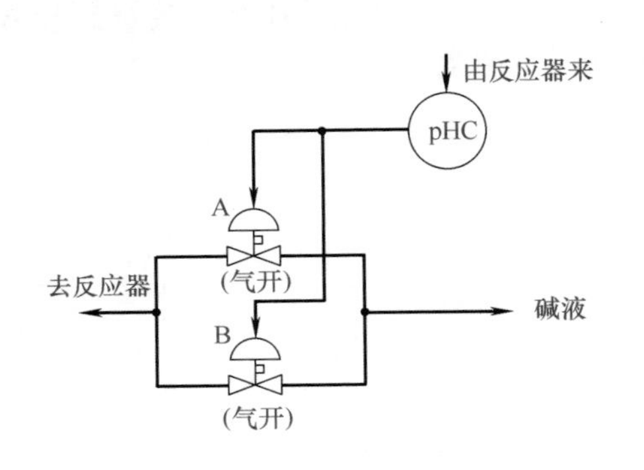

图 10-40　大、小阀分程控制

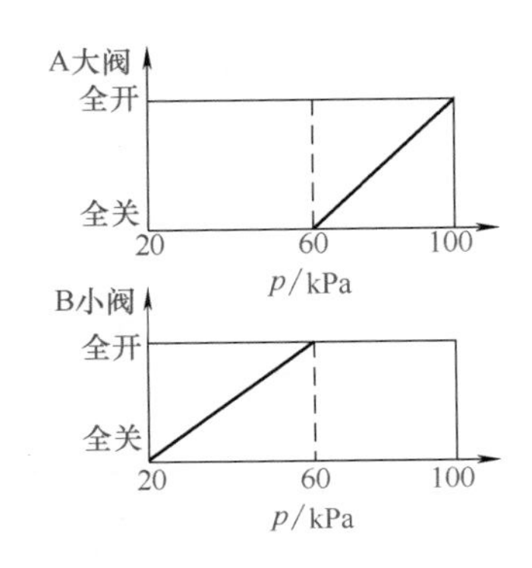

图 10-41　大、小阀分程动作示意图

② 采用分程信号重叠的方法，如两个信号段可分为 0.02 ~ 0.065MPa 和 0.055 ~ 0.1MPa，即不等小阀全开时，大阀已经小开了，这样流量特性会改善。

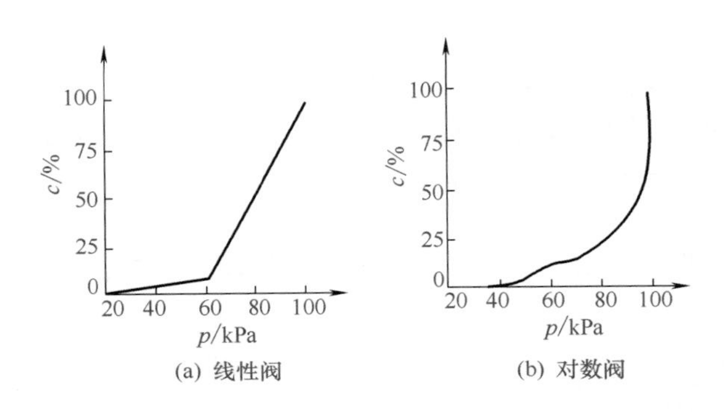

图 10-42　分程控制时阀的流量特性

（2）根据工艺要求选择同向或异向规律的调节阀

在分程控制系统中，调节阀的开关形式可分为两类。一类称同向规律调节阀，即随着调节阀输入信号的增加，两个阀门都开大或关小，如图 10-43 所示。另一类称为异向规律调节阀，即随着调节阀输入信号的增加，一个阀门关闭，而另一个阀门开大，或者相反，如图 10-44 所示。

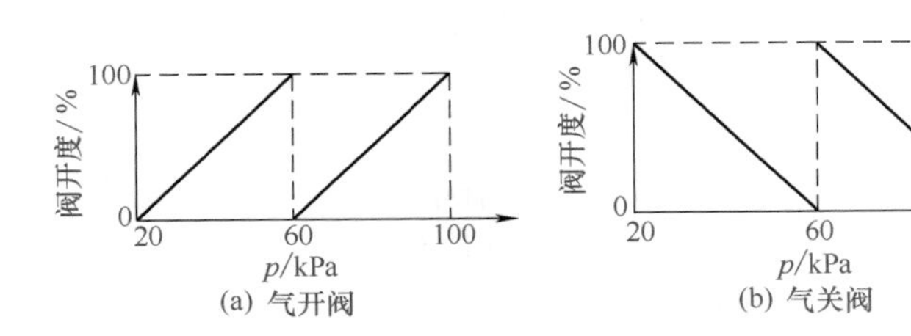

图 10-43　调节阀分程动作（同向）

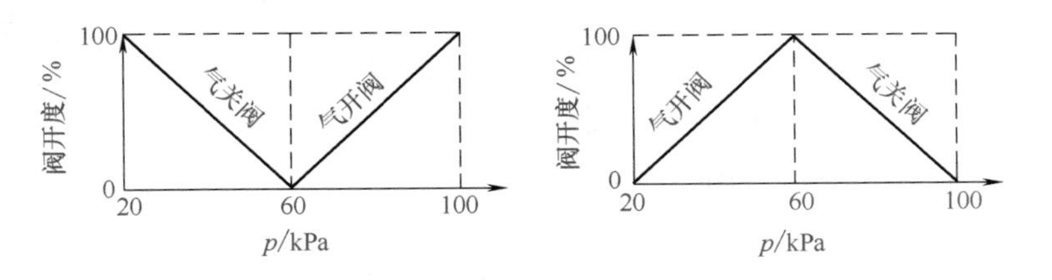

图 10-44　调节阀分程动作（异向）

（3）泄漏量问题

分程控制系统中，尽量应使两只调节阀都无泄漏，特别是对大、小阀并联使用时，如果大阀的泄漏量过大，小阀将不能正常发挥作用，调节阀的流量可调范围仍然得不到增加。

（4）调节器参数整定问题

当分程控制系统中两只调节阀分别控制两个操纵变量时，这两只阀所对应的通道特性差异可能很大，即广义对象特性差异很大。这时，调节器参数整定必须注意，需要兼顾两种情况，选取一组合适的调节器参数。

（三）分程控制系统维修实例

分程控制系统的测量、控制回路与简单控制系统回路基本相同，其输出也只有一路，因此，对分程控制系统的故障判断及处理，可参照简单控制系统的方法进行。

分程控制系统维修实例见表 10-15。

表 10-15　分程控制系统的故障现象、检查及故障处理

故障现象	故障检查	故障处理及小结
某换热器温度分程控制投自动不稳定，且蒸汽消耗量高（控制系统如图 10-45 所示，物料从换热器底部流入，经换热后从顶部流出，物料出口温度通过控制换热器的水量来控制，生产正常时通过调节水量来控制温度，如果温度达不到要求，可通过蒸汽加热来提升物料温度）	先怀疑调节器参数整定不理想，但重调参数效果仍不明显。通过学习其他企业的经验，决定试改变分程曲线	故障处理：使分程曲线的区间大小不一样，投用后控制比较稳定，跟踪也及时。 维修小结：通过 DCS 组态来改变分程曲线比较容易实现。本例原来两台调节阀以调节器输出 50% 为分界。现在以 25% 为分界，使分程曲线的区间大小不一样，如图 10-45 所示，使两台调节阀的动作快慢不同，区间长的 B 阀动作慢，区间短的 A 阀动作快，既符合了工艺要求，控制效果还满意
液位分程控制系统波动大	观察记录曲线像锯齿形波动，调节器输出始终在 45% ～ 55% 之间变化，即 B 调节阀始终处于开开、关关的位置，看来 B 调节阀选择大了	故障处理：应急处理方法，一是与工艺人员联系加大工艺介质的循环量，增大 B 阀的开度；二是用手轮关小 A 阀，间接增大 B 阀开度，使 B 阀脱开小开度工作状态。 维修小结：本例中由于调节阀的膜室较大，B 阀接收调节器 50% 以上的信号后，调节阀膜室有个充气过程，出现一个死区，PI 调节器在调节阀充气过程中输出已变大，待充气完之后 B 阀又开过头了，调节器输出又降低，低于 50% 以后 B 阀又关闭，重复以上过程，加之调节阀在低端的非线性，致使系统控制不好，记录曲线呈锯齿形波动
某压缩机防喘振控制系统的改造	该控制系统原来只用一个调节阀，为了适应大负荷下出现喘振后确保压缩空气紧急放空，调节阀的口径选择得较大，但在小负荷下出现喘振时放空量小，就需要将阀开得较小，正常时调节阀只能在小开度工作，而大阀门在小开度下工作，除调节阀的特性会发生变化外，还经常发生噪声和振荡，使控制质量降低。 为解决以上矛盾。将该系统改为分程控制系统，如图 10-46 所示。A、B 为两台同向动作的气关式调节阀，图中 A 阀在调节器输出信号为 20 ～ 12mA 时，由全关到全开，B 阀在调节器输出信号为 4 ～ 12mA 时，由全关到全开。在正常情况下，当负荷小时，B 阀处于全关，只通过 A 阀开度的变化来进行控制；当负荷大时，A 阀全开仍满足不了压缩空气放空量的时候，B 阀也开始打开，以补充 A 阀开时放气量的不足	

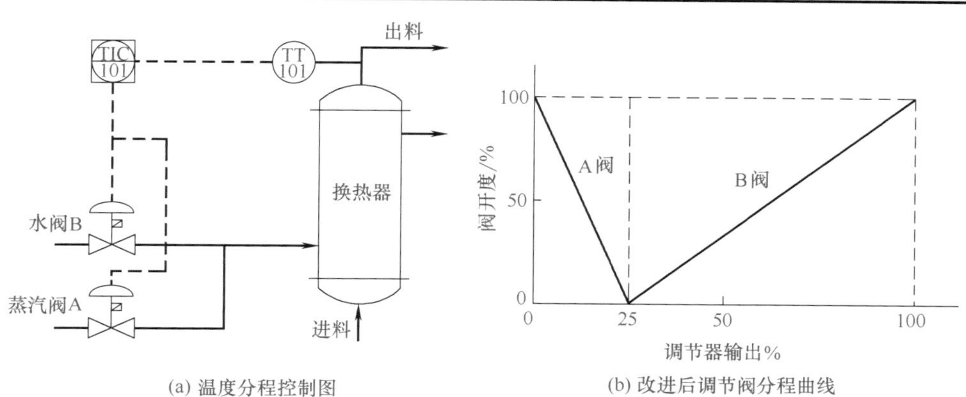

(a) 温度分程控制图　　(b) 改进后调节阀分程曲线

图 10-45　温度分程控制及阀门分程曲线图

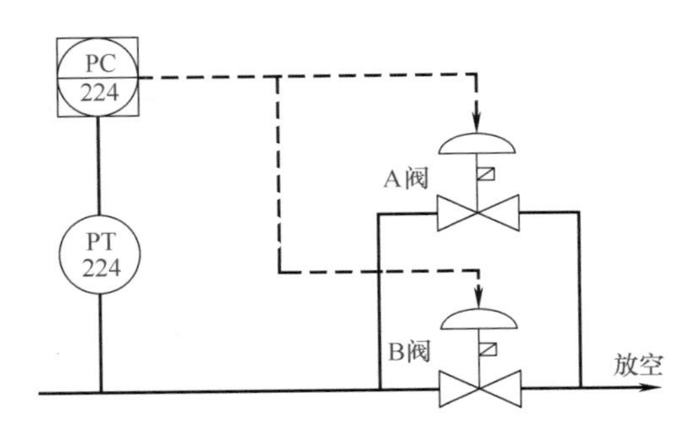

图 10-46　防喘振分程控制系统组成示意图

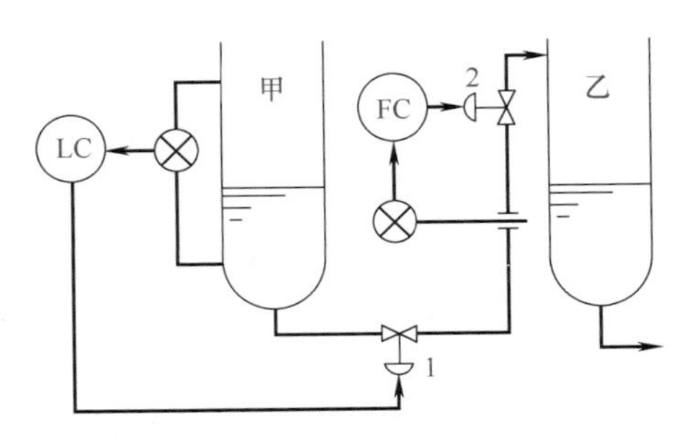

图 10-47　前后精馏塔的供求关系

五、均匀控制系统

（一）均匀控制的目的

在化工生产中，各生产过程都是前后紧密联系在一起的。前一设备的出料，往往是后一设备的进料，各设备的操作情况也是互相关联，互相影响的。如连续精馏的多塔分离过程就是一个最说明问题的例子，如图 10-47 所示。甲塔的出料为乙塔的进料，对甲塔来说，为了稳定操作需保持塔釜液位稳定，为此必然频繁地改变塔底的排出量，这就使塔釜失去了缓冲作用。而对乙塔来说，从稳定操作要求出发，希望进料量尽量不变或少变，这样甲、乙两塔间的供求关系就出现了矛盾。如果采用图 10-47 所示的控制方案，两个系统无法正常工作。如果甲塔的液位上升，则液位调节器就会开大出料阀 1，而这将引起乙塔进料量增大，于是乙塔的流量调节器又要关小阀 2。如此下去，顾此失彼，解决不了供求之间的矛盾。要想维持前后精馏塔的正常生产，只能使它们在物料供求上均匀协调，统筹兼顾，这就出现了均匀控制。在具体实现时要根据生产的实际情况，哪一项指标要求高，就多照顾一些，而不是绝对平均的意思。

均匀控制通常是对液位和流量两个参数同时兼顾，通过均匀控制，使这两个互相矛盾的参数符合下列要求。

① 两个参数在控制过程中都应该是变化的，且变化是缓慢的。因为均匀控制是指前后设备的物料供求之间的均匀，那么，表征前后供求矛盾的两个参数都不应该稳定在某一固定的数值。如图 10-48（a）所示，把液位控制成比较平稳的直线，因此下一设备的进料量必然波动很大，这样的控制过程只能看作液位定值控制而不能看作均匀控制。反之，图 10-48（b）中，把后一设备的进料量调成平稳的直线，那么，前一设备的液位就必然波动得很厉害，所以，它只能被看作流量的定值控制。只有如图 10-48（c）所示的液位和流量的控制曲线才符合均匀控制的要求，两者都有一定程度的波动，但波动比较缓和。

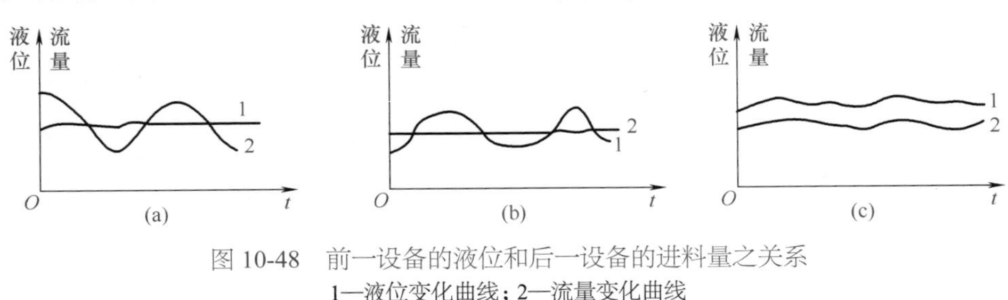

图 10-48　前一设备的液位和后一设备的进料量之关系
1—液位变化曲线；2—流量变化曲线

② 前后互相联系又互相矛盾的两个参数应保持在所允许的范围内波动。如图 10-47 所示，甲塔塔釜液位的升降变化不能超过规定的上、下限，否则就有淹过再沸器蒸汽管或抽干

的危险。同样，乙塔进料流量也不能超越它所能承受的最大负荷或低于最小处理量，否则就不能保证精馏过程的正常进行。为此，均匀控制的设计必须满足这两个限制条件。当然，这里的允许波动范围比定值控制过程的允许偏差范围要大得多。

所以，均匀控制的目的、要求与一般的定值控制有所区别，不能一律看待。有些工厂均匀控制系统配置不少，但真正使用得好的并不多，为什么呢？其原因是人们对两个工艺参数保持“均匀”“缓慢”变化的认识不足，工艺人员对某个工艺参数要求过分，这样就不能起到均匀控制的作用。

（二）均匀控制方案

实现均匀控制的方案主要有三种，即简单均匀控制、串级均匀控制和双冲量均匀控制。这里只介绍前两种方案。

（1）简单均匀控制

图 10-49 所示为简单均匀控制系统。它外表看起来与简单的液位定值控制系统一样，但系统设计的目的不同：定值控制是通过改变排出流量来保持液位为给定值，而简单均匀控制是为了协调液位与排出流量之间的关系，允许它们都在各自许可的范围内作缓慢的变化。

简单均匀控制系统中的调节器一般是纯比例作用的，而且比例度整定得很大，以便当液位变化时，排出流量只做缓慢的改变。有时为了克服连续发生的同一方向干扰所造成的过大偏差，防止液位超出规定范围，则引入积分作用，这时比例度一般大于 100%，积分时间也要放得大一些，至于微分作用，是和均匀控制的目的背道而驰的，故不采用。

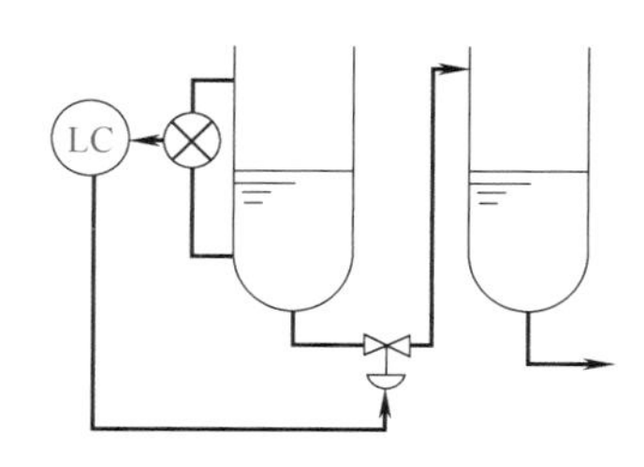

图 10-49　简单均匀控制

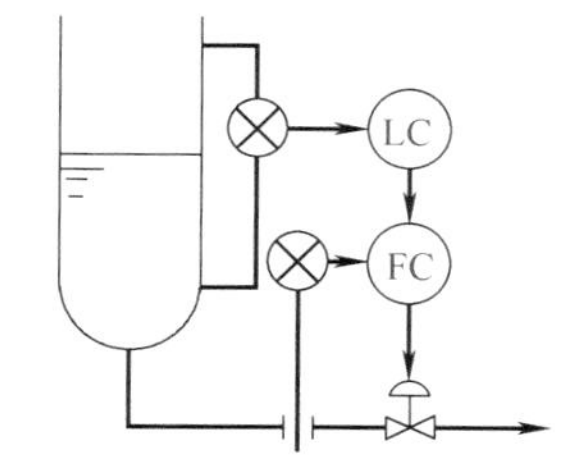

图 10-50　串级均匀控制

（2）串级均匀控制

前面讲的简单均匀控制系统，虽然结构简单，但有局限性。当塔内压力或排出端压力变化时，即使调节阀开度不变，流量也会随阀前后压力差变化而改变，等到流量改变影响到液位变化时，液位调节器才进行调节，显然这是不及时的。为了克服这一缺点，可在原方案基础上增加一个流量副回路，即构成串级均匀控制，图 10-50 是其原理图。

从图中可以看出，在系统结构上它与串级控制系统是相同的。液位调节器 LC 的输出，作为流量调节器 FC 的给定值，流量调节器的输出操纵控制阀。由于增加了副回路，可以及时克服由于塔内或排出端压力改变所引起的流量变化，这些都是串级控制系统的特点。但是，由于设计这一系统的目的是协调液位和流量两个参数的关系，使之在规定的范围内作缓慢的变化，所以它本质上是均匀控制。

串级均匀控制系统能够使两个参数间的关系得到协调，是通过调节器参数整定来实现的。这里参数整定的目的不是使参数尽快地回到给定值，而是要求参数在允许的一定范围内作缓慢的变化。参数整定的方法也与一般的不同，一般控制系统的比例度和积分时间是由大到小地进行调整，均匀控制系统却正相反，是由小到大地进行调整。因而，均匀控制系统的调节器参数数值都很大。

串级均匀控制系统的主、副调节器一般都采用比例作用，只在要求较高时，为防止偏差过大超过允许范围，才引入适当的积分作用。

（三）均匀控制系统维修实例

均匀控制系统维修实例见表 10-16。

表 10-16　均匀控制系统的故障现象、检查及故障处理

故障现象	故障检查	故障处理及小结
流量串级均匀控制系统，达不到控制指标，影响安全生产	该系统是首次投用，所以仪表人员对图 10-51 所示系统进行了全面的检查和分析，发现副调节器 FIC204 的作用方式选择为“正作用”	故障处理：将副调节器 FIC204 的作用方式改为“反作用”后，达到了控制指标。 维修小结：本例中根据工艺条件使用的是气开阀。塔内液位上升时，调节阀 FV204 应开大，主调节器 LIC212 应选“正作用”；塔底流出量增大时，调节阀应关小，因使用的是气开阀，所以把副调节器选为“反作用”。当液位上升时，主调节器输出增大，副调节器给定增大，相当于流量减少，故副调节器的输出增大，调节阀开大。本例中原来把副调节器的作用方式选择为“正作用”，则当液位上升时，主调节器输出增大，副调节器给定增大，相当于流量减少，故副调节器的输出减少，调节阀会关小，将导致塔内液位更高，塔底流出量更少，显然这是达不到控制指标的
某液位 - 流量串级均匀调节系统，投用时主回路稳定而副回路波动大，影响平稳操作	通过分析认为副回路波动是由调节器参数整定不合适造成的	故障处理：重新整定调节器参数。其操作步骤如下： ①将主回路液面调节器的比例度设为 150% 左右，然后调整副回路（流量调节）的比例度，一般在 100% ～ 200% 之间，观察调节过程，直到得到比较好的调节过程曲线。 ②将流量调节回路的比例度放在调整好的数值上，再由大到小调整液面调节回路的比例度，以取得更好的调节过程曲线。 ③适当地给液面调节加入积分作用，一般在 0.1 ～ 1。观察过程曲线，再微调主、副回路参数，以得到适合的比例度或积分时间。 维修小结：均匀调节系统是对被调参数同时兼顾的控制系统，即被控的两个参数（如液位与流量）是均分干扰引起的变化，两个参数有缓慢的变化，并不是一定要液位波动多大，流量也要波动多大，在维修中一定要根据生产实际正确理解“均匀”的主次

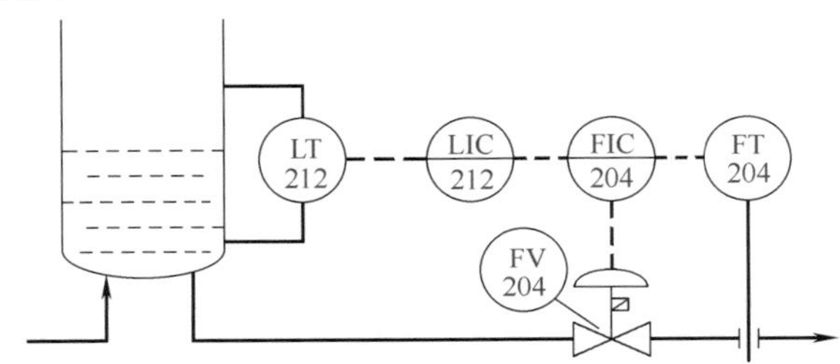

图 10-51　液位 - 流量串级均匀控制系统

六、多冲量控制系统

蒸汽锅炉是石油、化工、电力（火电厂）等工业部门的主要能源设备。

锅炉汽包液位是表征其生产过程的主要工艺指标，同时也是保证锅炉安全运行的主要条件之一。液位过高，使蒸汽产生带液现象，不仅降低了蒸汽的产量和质量，还会使过热器结垢，或使汽轮机叶片损坏；液位过低，轻则影响水汽平衡，重则烧干锅炉，严重时会导致锅炉爆炸等事故。所以锅炉水位是一个极为重要的被控变量。

所谓多冲量控制系统，是指在控制系统中，有多个参数信号，经过一定的运算后，共同控制控制阀，以使某个被控的工艺参数有较高的控制质量。在这里，冲量就是参数的意思，然而冲量本身的含义应为作用时间短暂的不连续的量，而且多参数信号系统也不只是这种类型，因此，多冲量控制系统的名称本身并不确切。考虑到在锅炉液位控制中已习惯使用这一名称，所以就沿用了。

多冲量控制系统在锅炉给水系统控制中运用比较广泛。下面以锅炉液位控制为例，来说明多冲量控制系统的工作原理。

在锅炉的正常运行中，汽包水位是重要的操作指标。给水控制系统就是用来自动控制锅炉的给水量，使其适应蒸发量的变化，维持汽包水位在允许的范围内，以使锅炉运行平稳可靠，并减轻操作人员的繁重劳动。

锅炉液位的控制方案有如下几种。

（一）单冲量液位控制系统

图 10-52 所示是锅炉液位的单冲量控制系统。它实际上是根据汽包液位的信号来控制给水量，属于简单控制系统。其优点是结构简单，使用仪表少，主要用于蒸汽负荷变化不剧烈、用户对蒸汽品质要求不十分严格的小型锅炉。它的缺点是不能适应蒸汽负荷的剧烈变化。在燃料量不变的情况下，若蒸汽负荷突然有较大幅度的增加，由于汽包内蒸汽压力瞬时下降，汽包内的沸腾突然加剧，水中的气泡迅速增多，将这个水位抬高，形成了虚假的水位上升现象。因为这种升高的液位不代表汽包贮液量的真实情况，所以称之为“假液位”。而单冲量液位控制系统却不但不开大给水控制阀，以增加给水量维持锅炉的物料平衡，相反却会关小给水控制阀的开度，减小给水流量，显然，这时单冲量液位控制系统帮了倒忙，引起锅炉汽包水位大幅度的波动，严重的甚至会使汽包水位降到危险的程度，以致发生事故。为了克服这种由于“假液位”而引起的控制系统的误动作，引入了双冲量液位控制系统。

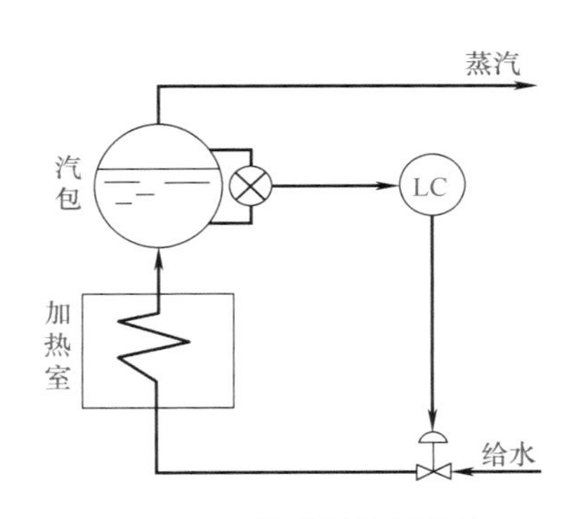

图 10-52　单冲量控制系统

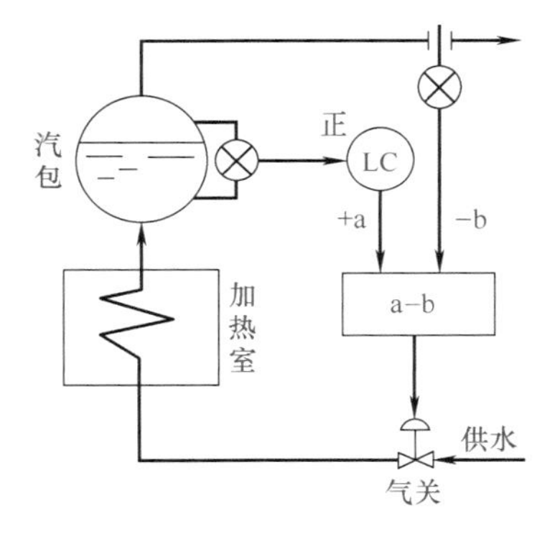

图 10-53　双冲量控制系统

（二）双冲量液位控制系统

图 10-53 所示是锅炉液位的双冲量控制系统。这里的双冲量是指液位信号与蒸汽流量信号。当蒸汽负荷的变化引起液位大幅度波动时，蒸汽流量信号的引入起着超前的作用（即前馈作用），它可以在液位还未出现波动时提前使控制阀动作，从而减少液位的波动，改善了控制品质。从结构上来说，这实际上是一个前馈 - 反馈控制系统。图中液位信号为正，以在液位增加时关小控制阀；蒸汽流量信号为负，以在蒸汽流量增加时开大控制阀，满足蒸汽负荷增加时对增大给水量的要求。

影响锅炉汽包液位的因素中还有供水压力的变化。供水压力变化会引起供水流量变化，进而引起汽包液位变化。双冲量液位控制系统对这种干扰的克服是比较迟钝的。它要等到汽包液位变化以后再由液位调节器来调整，使进水阀开大或关小。所以当供水压力扰动比较频繁时，双冲量液位控制系统的控制质量较差，这时可采用三冲量液位控制系统。

（三）三冲量液位控制系统

所谓“冲量”实际就是变量，多冲量控制中的冲量，是指引入系统的测量信号。由于三冲量控制系统的抗干扰能力和控制品质都比单冲量、双冲量控制系统要好，所以用得比较多，特别是在大容量、高参数的近代锅炉上应用更为广泛。

在锅炉控制中，主要冲量是水位；辅助冲量是蒸汽负荷和给水流量，它们是为提高控制品质而引入的。现今蒸汽锅炉趋向大、中型化，一般都采用水位、蒸汽流量（或压力）和给水流量进行三冲量控制，如图 10-54 所示。

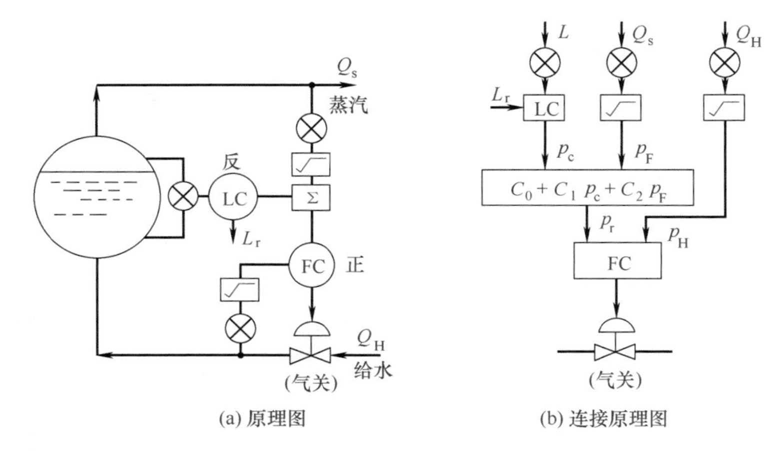

图 10-54　三冲量控制系统

图 10-54 所示实质是一个前馈加串级反馈的三冲量控制系统，给水流量为副回路。根据串级控制系统选择主、副调节器的正、反作用的原则，水位调节器 LC 选反作用，流量调节器 FC 为正作用，调节阀为气关阀。当水位由于扰动而升高时，因 LC 为反作用，它的输出下降，经加法器后，FC 的给定值下降而输出增加，调节阀开度减小，给水量减少，水位下降，保持在设定值上。当蒸汽流量增加时，FC 的给定值增加而输出减小，调节阀开大，水量增加，保持水、蒸汽平衡，使水位不变。副回路克服给水自身扰动，更进一步地稳定了水位的自动控制。

另外，还有一种较简单的三冲量控制方案，只用一个调节器和一个加法器，加法器可接在调节器之后或之前。图 10-55 所示为加法器接在调节器之后，这种接法的特点是可省去一个流量调节器，使结构简单，流量副回路相当于一个 100% 的比例调节回路。

图 10-56 所示为加法器接在液位调节器 LC 之前。它的特点是可采用一个多通道输入的调节器，亦可实现三冲量的自动控制。

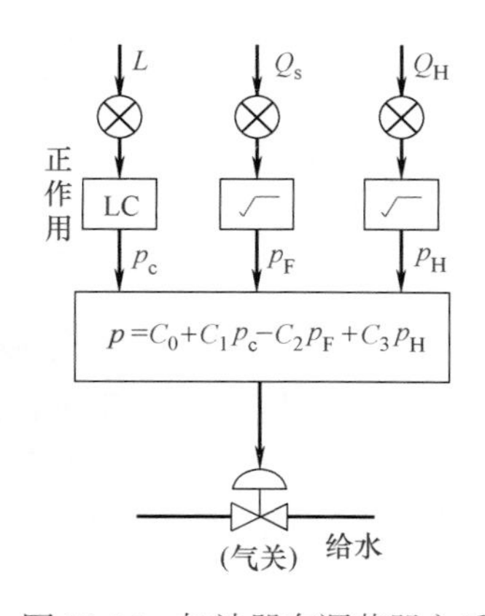

图 10-55　加法器在调节器之后

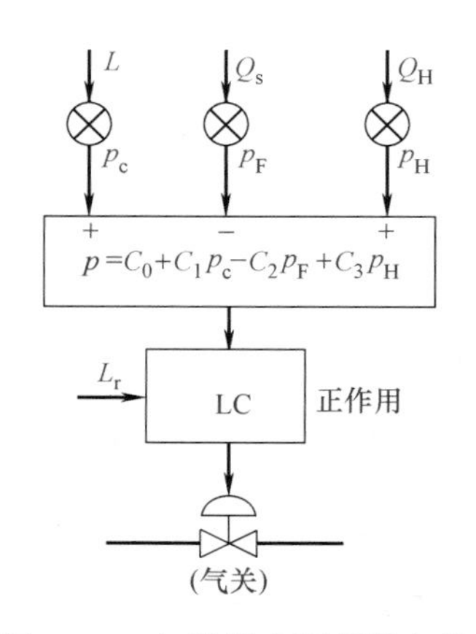

图 10-56　加法器在调节器之前

（四）多冲量控制系统维修实例

多冲量控制系统维修实例见表 10-17。

表 10-17　多冲量控制系统的故障现象、检查及故障处理

故障现象	故障检查	故障处理及小结
某锅炉三冲量给水控制系统，蒸汽负荷变化时会短时间出现“虚假水位”现象	原用的前馈 - 反馈单级控制系统，在蒸汽大负荷扰动时系统稳定时间过长，使调节质量下降，决定进行技术改造	故障处理：对 DCS 重新进行组态，将控制系统改为串级三冲量控制系统，达到了控制要求，司炉工很满意。 维修小结：蒸汽锅炉一旦供汽负荷增大，汽包水位在一段时间内不仅不下降，反而明显上升；当负荷减少时，在一段时间内水位反而有所下降，这就是“虚假水位”现象。 前馈 - 反馈单级控制系统的 PID 参数是按某一确定的负荷整定的，当负荷发生变化时，原来整定的参数满足不了要求；系统引入的蒸汽流量信号只能减弱假水位期间调节机构的误动作，不能从根本消除假水位现象。 改造后的串级三冲量控制系统如图 10-57 所示，图中主调节器 PID1 把水位信号作为主控信号，用来控制副调节器 PID2，副调节器 PID2 接收主调节器信号，还接收给水流量信号和蒸汽流量信号，通过前馈回路进行蒸汽流量和给水流量的比值调节，能迅速消除来自给水流量的扰动。 由于副回路的引入，控制系统对负荷变化的自适应能力提高，副回路的快速调节作用，使整个控制系统对进入副回路的干扰具有很强的克服能力，从而有效地克服了调节通道的滞后，提高了控制质量；而通过加强流量前馈信号，还可有效抑制“虚假水位”的干扰
某废热锅炉的液位显示迟钝并伴有较大波动	先把液位控制系统切至手动。检查设备上的浮筒液位计及差压液位计，发现差压液位计波动大，测量其输出电流也波动；但浮筒液位计波动很小，蒸汽压力波动也很小。进一步检查差压液位计，发现双室平衡容器的液相取样阀开度太小	故障处理：开大双室平衡容器液相取样阀门后，液位恢复正常且稳定可投运自控。 维修小结：本例属于阀门操作不到位引发的故障。双室平衡容器的气相取样阀门已全开，但液相取样阀门开度太小，使进入双室平衡容器的水量少，气相的热量把液相的水再加热，使体积膨胀，水位升高；待蒸汽压力高时，水位下降，如此反复。表面现象就是液位波动
某厂 20t/h 锅炉三冲量给水控制系统波动	现场观察调节阀不停地上下动作，蒸汽流量、汽包水位基本稳定，但给水流量波动不停，造成调节器输出波动	故障处理：调整给水流量变送器的阻尼时间为 10s，振荡现象基本消除。 维修小结：在该控制系统中汽包水位与给水流量是同极性，蒸汽流量是反极性，汽包水位除了出现汽水共腾现象外，正常时汽包水位的升降也是平缓的；余下的干扰因素只可能与给水流量信号有关了。最简单的就是先调给水变送器的阻尼，无效果时再考虑其他问题

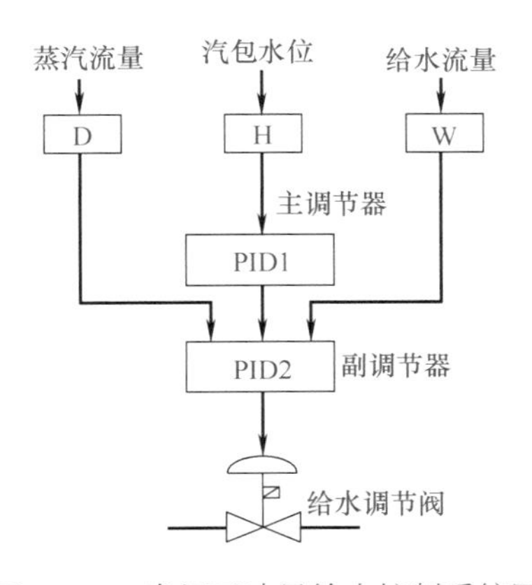

图 10-57　串级三冲量给水控制系统图

第三节　新型控制系统

一、自适应控制系统

自适应控制是针对不确定性的系统而提出的。这里的所谓“不确定性”是指描述被控对象及其环境的数学模型不是完全确定的，其中包含一些未知因素和随机因素。面对这些客观存在的各式各样的不确定性，如何综合适当的控制作用，使得某一指定的性能指标达到并保持最优或近似最优，这就是自适应控制系统所要研究解决的问题。

对于自适应控制系统来说，根据不确定性的不同情况，主要有两种类型：

① 系统本身的数学模型是不确定的，例如模型的参数未知而且是变化的，但系统基本工作在确定性的环境之中，这类系统称为确定性自适应控制系统；

② 不仅被控对象的数学模型不确定，而且系统还工作在随机环境之中，这类系统称为随机自适应控制系统。当随机扰动和测量噪声都比较小时，对于参数未知的对象的控制可以近似地按确定性自适应控制问题来处理。

随着控制理论与计算机技术的迅速发展，自适应控制也有了很大进步，形成了独特的方法与理论，在工业生产过程中获得了许多成功的应用。但是，发展到现阶段，无论从理论研究还是从实际应用的角度来看，比较成熟的自适应控制系统有以下两种形式。

（1）参考模型自适应控制系统

该系统主要由参考模型、被控对象、常规反馈控制器和自适应控制回路（自适应律）等四部分组成，系统的框图如图 10-58 所示。

由图可见，该类自适应控制系统实际上是在原来的反馈控制基础上附加一个参考模型和一个控制器参数的自动调整回路。这类系统主要用于随动控制。由于人们希望随动控制系统在给定输入 $r(t)$ 的作用下有一种理想的响应模式，所以引入一个参考模型作为理想模型。参考模型在输入 $r(t)$ 作用下的输出响应 $y_m(t)$ 直接表示系统希望的动态响应，当被控对象的输出 $y(t)$ 与 $y_m(t)$ 相一致时，认为系统达到了预期的控制指标。

控制器参数的自动调整过程是这样的：当给定输入 $r(t)$ 同时加到系统和参考模型上时，由于对象的参数不确定，控制器的初始参数不可能整定得很好，因此一开始系统的输出响应 $y(t)$ 与模型的输出响应 $y_m(t)$ 不会完全一致，结果产生偏差信号 $e(t)$。当 $e(t)$ 进入自适应调整回路后，经过由自适应律所决定的运算，产生适当的调整作用，直接改变控制器的参数。如果直接改变控制器的参数不方便，也可产生等效的附加控制作用，如图 10-58 中虚线所示，从而使系统输出 $y(t)$ 逐步与 $y_m(t)$ 接近，直到 $y(t)=y_m(t)$，$e(t)=0$ 后，自适应调整过程就自动结束，控制器参数也就自动整定完毕。当由于运行过程中系统的参数发生变化，因此 $y(t)$ 偏离 $y_m(t)$ 后，上述调整过程又能自动进行，所以系统对参数变化是有适应能力的。

设计这类自适应控制系统的关键问题是如何综合自适应律。关于自适应律的综合目前存在两种不同的方法，其中一种称为参数最优化的综合方法，即利用最优化技术搜索到一组控制器的参数，使得某个预定的性能指标达到最小。另一种方法是基于稳定理论的综合方法，其基本思想是保证控制器参数的自适应调整过程是稳定的，然后再使这个调整过程尽可能收敛得快一些。

（2）具有被控对象数学模型在线辨识功能的自适应控制系统

这类系统是典型的辨识和控制的结合体。系统原理就是通过在线辨识获取对象的数学模型，然后由控制器对系统进行控制。通常这类系统在设计辨识算法和控制算法时，考虑了随机扰动和测量噪声的影响，所以应该属于随机自适应控制系统这一类。

这类系统由被控过程、辨识器和控制器三部分组成，其框图如图 10-59 所示。

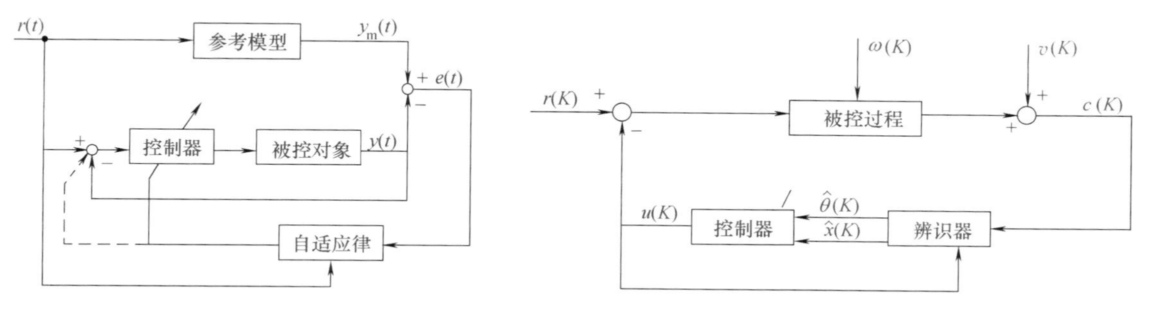

图 10-58　参考模型自适应控制系统框图

图 10-59　具有在线辨识功能的自适应控制系统

图中 r（K）为给定的参考输入，K 表示第 K 次采样时刻。ω（K）、v（K）分别为随机扰动和测量噪声，$\hat{\theta}$（K）、$\hat{x}$（K）分别表示对象的参数估计值和状态估计值，c（K）为对象的观测输出，u（K）为输入控制作用。

系统的工作过程是这样的：辨识器根据一定的估计算法，由系统的输出 c（K）和控制作用 u（K）在线随时地计算被控对象未知参数 θ（K）和未知状态 x（K）的估计值 $\hat{\theta}$（K）和 $\hat{x}$（K）。控制器再利用 $\hat{\theta}$（K）和 $\hat{x}$（K）以及事先指定的性能指标，综合出最优控制作用 u（K）。这样，经过不断的辨识和控制，系统的性能指标将渐近地趋于最优，这是由于在这类自适应控制系统中，被控对象的初始不确定性可以通过对对象参数和状态的在线估计而逐步得到减少。如果对象的参数估计 $\hat{\theta}$（K）和状态估计 $\hat{x}$（K）都是收敛的，而且最后都渐近地收敛到它们各自的真值，那么，最后的自适应控制也将收敛到其最优控制。

图 10-59 中的辨识器和控制器实质上都是一些递推计算公式。要实时地完成所需的递推运算必须采用数字计算机。因此，这类随机自适应控制系统实际上是一类计算机控制系统。设计这类自适应控制系统的理论基础是估计理论和随机最优控制理论。

二、双重控制系统

对于一个被控变量采用两个或两个以上操纵变量进行控制的控制系统称为双重或多重控制系统。这类控制系统采用不止一个调节器，其中有一个调节器的输出作为另一个调节器（称为阀位调节器）的测量信号。

图 10-60 所示是双重控制系统的应用实例。在蒸汽减压系统中，高压蒸汽通过两种控制方法减为低压蒸汽。一种方法是直接通过减压阀 V_1。这种控制方法动态响应快速，控制效果好，但是能量消耗在减压阀 V_1 上，不经济。另一种方法是通过蒸汽透平回收能量，同时使蒸汽压力降到用户所需压力。这种控制方法可以有效地回收能量，但是调节迟缓。图 10-60 所示的双重控制系统，是从操作优化的观点出发而设计的。图中 VPC 是阀位调节器，PC 是低压侧的压力调节器。正常情况下，大量蒸汽通过蒸汽透平机来减压，既回收了能量，又达到了蒸汽减压的作用。调节阀 V_1 的开度处于具有快速响应条件下的尽可能小的开度，例如开 10%。一旦蒸汽用量发生变化，在 PC 偏差开始阶段，主要通过调节阀 V_1 的快速调节，来迅速消除偏差。与此同时，通过阀位调节器 VPC 逐渐改变调节阀 V_2 的开度，使 V_1 的开度较平稳地回复到原来的开度。由此可见，双重控制系统既能迅速消除偏差，又能最终回复到较好的静态性能指标上。

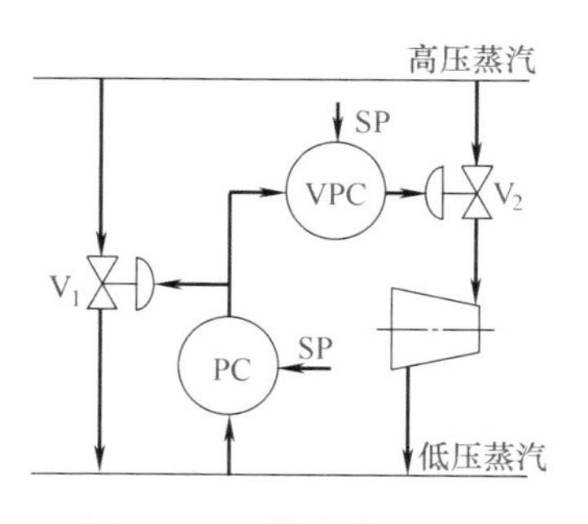

图 10-60　蒸汽减压系统

图 10-61（a）为双重控制系统框图，对它稍加变换，可画成图 10-61（b）所示的形式。图中 G_{o1}（s）、G_{o2}（s）分别是主、副广义对象的传递函数。通常主对象是具有快速响应的过程。G_{c1}（s）是主调节器传递函数，G_{c2}（s）是副调节器（这里称阀位调节器）的传递函数。可以看到，在稳态时，V_1 的开度回复到 VPC 的给定值 R_2 的开度上，故称 VPC 为阀位调节器。

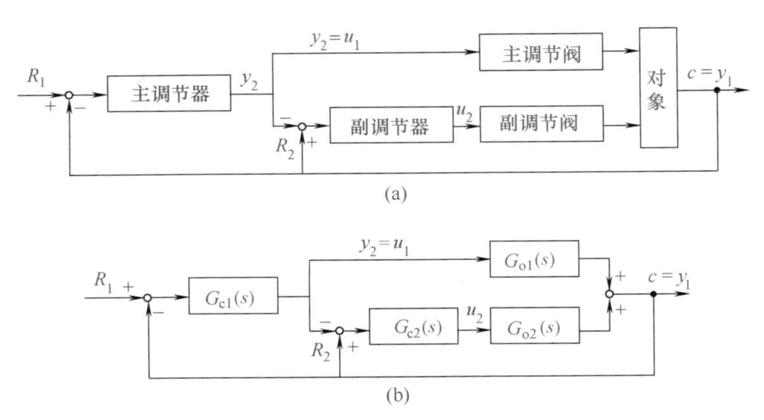

图 10-61　双重控制系统框图

从双重控制系统的框图可知，双重控制系统中只用了一个变送器，而使用两个调节器和两个调节阀。与串级控制系统相比，双重控制系统少用一个变送器，多用一只调节阀。它们都具有两个控制回路，但串级控制系统中两者是串联的，而双重控制系统中两者却是并联的，它们都具有很好的控制功能。

从整体来看，双重控制系统仍是一个定值控制系统，但双回路的存在，使双重控制系统能先用主调节器的调节作用，使 y_1 尽快回复到设定值 R_1，保证系统具有良好的动态响应，达到了“急则治标”的功效；同时，在偏差减小的时候，双重控制系统又充分发挥了阀位调节器缓慢的调节作用，从根本上消除偏差，并使 y_2 回复到设定值 R_2，这样就使系统具有良好的静态性能。双重控制系统较好地解决了动与静的矛盾，从而达到了操作优化的目的。

双重控制系统设计与实施中的一些问题见表 10-18。

表 10-18　双重控制系统设计与实施中的一些问题

类别	说明
主、副操纵变量的选择	符合工艺要求的慢响应对象，通常作为双重控制系统的副对象，因此，从提高系统动态响应性能角度出发，对双重控制系统的主操纵变量应选用响应快的变量
主、副调节器的选择	组成双重控制系统的主、副调节器均起定值控制作用，为了消除余差，主、副两个调节器均应选用具有积分作用的调节器，并且不用微分作用。这是因为，为了使 y_1 尽快回复到 R_1，常选用具有快速响应功能的操纵变量，所以不必再用微分作用。只有当主对象的时间常数也较大时，主调节器才适当加入微分作用。对于副调节器，由于它起缓慢的调节作用，所以可采用纯积分作用的调节器
主、副调节器正反作用方式的选择	与简单控制系统中调节器正、反作用的选择方法一样，双重控制系统一般也先根据工艺条件确定主、副调节阀的作用形式，然后，再根据快响应回路确定主调节器的正、反作用方式。最后根据慢响应回路确定副调节器的作用方式
双重控制系统的投运和参数整定	双重控制系统的投运工作与简单控制系统相同。在手动 - 自动切换时应无扰动切换。投运程序是先主后副，即先使快响应回路切入自动，然后再切入慢响应回路

双重控制系统的主调节器参数与快响应控制时的参数相类似，而副调节器参数常选用宽比例度和较大的积分时间，或可采用纯积分作用。

采用双重控制系统的特点，是用一个阀位调节器迫使调节阀的开度最终处于某一设定的开度，而这一调整过程通常是比较缓慢的，因此，这类控制系统一般需要有一个快响应的调节回路和一个慢响应的调节回路。表 10-19 给出几个应用实例说明这类系统应用的广泛性。

表 10-19　双重控制系统的应用

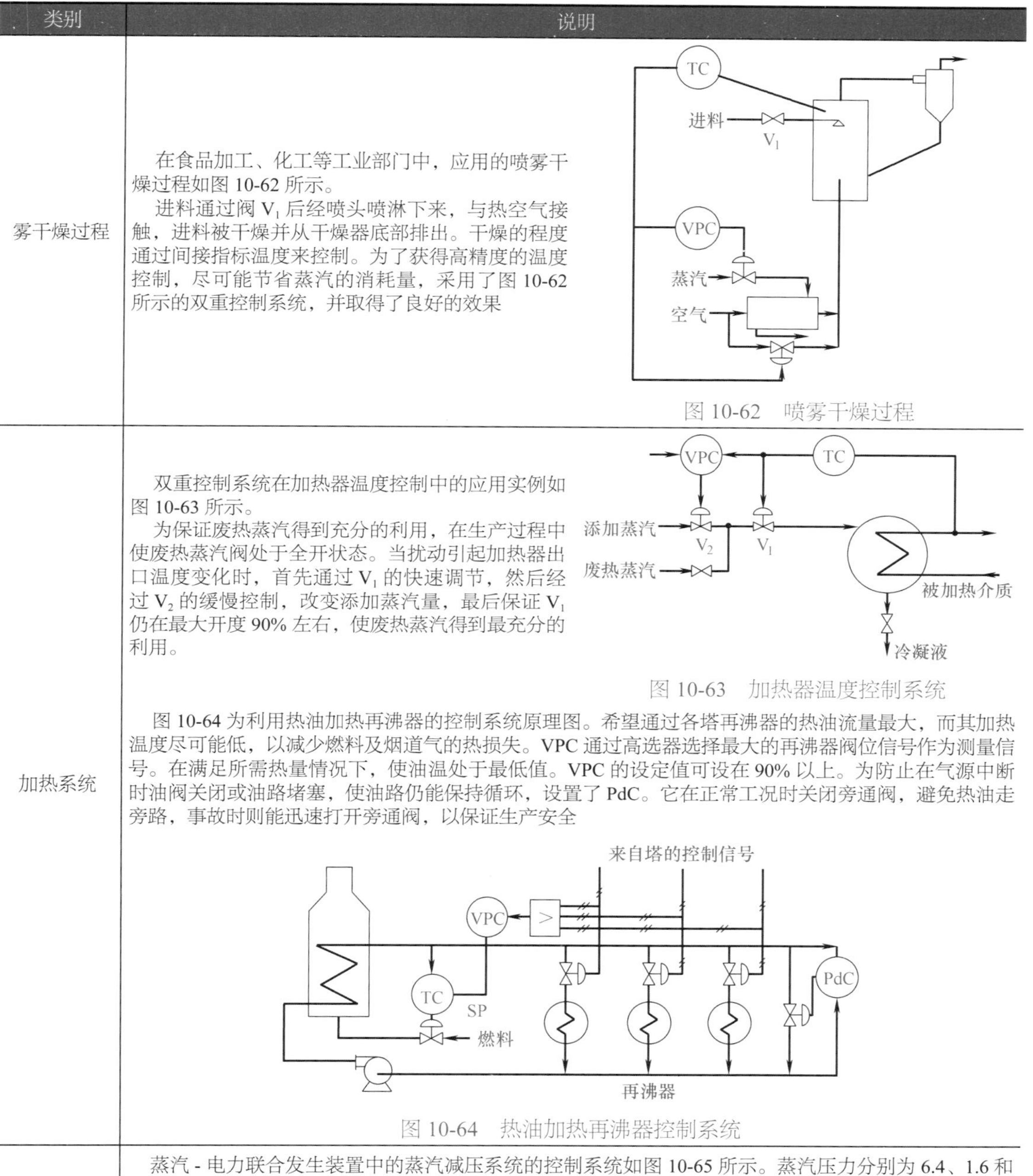

类别	说明
雾干燥过程	在食品加工、化工等工业部门中，应用的喷雾干燥过程如图 10-62 所示。 进料通过阀 V_1 后经喷头喷淋下来，与热空气接触，进料被干燥并从干燥器底部排出。干燥的程度通过间接指标温度来控制。为了获得高精度的温度控制，尽可能节省蒸汽的消耗量，采用了图 10-62 所示的双重控制系统，并取得了良好的效果 图 10-62　喷雾干燥过程
加热系统	双重控制系统在加热器温度控制中的应用实例如图 10-63 所示。 为保证废热蒸汽得到充分的利用，在生产过程中使废热蒸汽阀处于全开状态。当扰动引起加热器出口温度变化时，首先通过 V_1 的快速调节，然后经过 V_2 的缓慢控制，改变添加蒸汽量，最后保证 V_1 仍在最大开度 90% 左右，使废热蒸汽得到最充分的利用。 图 10-63　加热器温度控制系统 图 10-64 为利用热油加热再沸器的控制系统原理图。希望通过各塔再沸器的热油流量最大，而其加热温度尽可能低，以减少燃料及烟道气的热损失。VPC 通过高选器选择最大的再沸器阀位信号作为测量信号。在满足所需热量情况下，使油温处于最低值。VPC 的设定值可设在 90% 以上。为防止在气源中断时油阀关闭或油路堵塞，使油路仍能保持循环，设置了 PdC。它在正常工况时关闭旁通阀，避免热油走旁路，事故时则能迅速打开旁通阀，以保证生产安全 图 10-64　热油加热再沸器控制系统
蒸汽降压系统	蒸汽 - 电力联合发生装置中的蒸汽减压系统的控制系统如图 10-65 所示。蒸汽压力分别为 6.4、1.6 和 0.3MPa，供用户使用的 0.3MPa 低压蒸汽压力要求稳定。为了合理利用能量，正常时，全部由通过蒸汽透平的废气来满足。考虑用户用汽量变化大，本系统采用了由 3 个 VPC 组成的多重控制系统。正常时，V 在某一较小开度或接近于关闭，V_2 打开，V_3 关闭，PC 通过 V_1 来控制压力。当压力升高时，通过 V_3 利用二次蒸汽来回收热能。当压力降低时，首先通过 V 补充蒸汽，如阀 V 在某一开度还不能满足要求，则关闭 V_2，同时，通过 V_1 来缓慢改变透平负荷，使之处于满负荷。 3 个阀位调节器的设定值将根据压力的大小分别对 V 起作用。对应某一个稳定状态，只有一个 VPC 是起作用的，而透平在任何时候都进行满负荷运行

续表

<table>
<tr><th>类别</th><th>说明</th></tr>
<tr><td>蒸汽降压系统</td><td>
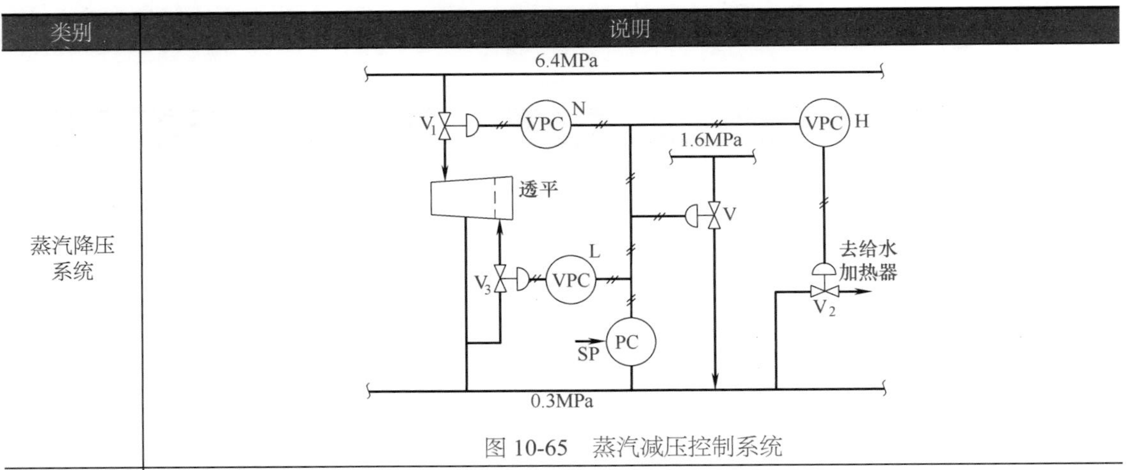

图 10-65　蒸汽减压控制系统
</td></tr>
<tr><td>合成反应器中温串级双重控制系统</td><td>
图 10-66 为合成反应器中温与入口温度的串级双重控制系统示意图。从图 10-66 所示可知，为了保证反应器沸腾床的正常工作，TRC 的输出同时控制正、逆两个调节阀，及时改变冷、热两路流量，减小反应器入口温度和压力的波动。图中 VPC 是阀位调节器，TRCA 为反应器中温调节器，TRC 为反应器入口温度调节器（副调节器）。当中温或入口温度变化时，TRC 立即输出一个控制信号，快速改变 V_1 与 V_2 的开度，调整冷、热两路流量，减小入口温度的偏差；与此同时，TRC 的输出作用在 VPC 上，VPC 的输出逐渐改变蒸汽调节阀的开度（V_3）。这样，调节的结果使经过 V_2 的热路流量变化的同时，温度也相应地发生了变化，从而加快了调节过程，减缓了 V_1、V_2 的动作幅度，减小了入口温度的偏差，提高了整个系统的控制质量。

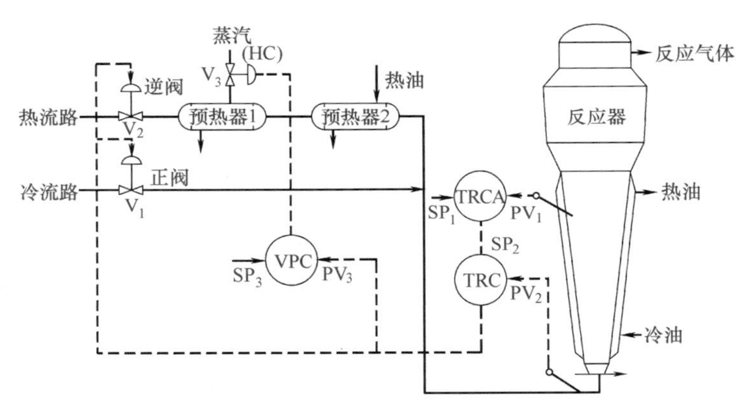

图 10-66　反应器串级双重控制系统示意图

合成反应器实现串级双重控制后，反应器入口温度波动减小了（由原来波动 ±15℃减小到 ±7℃左右，如图 10-67 所示），并确保了中温的偏差小于 ±0.5℃；同时，把第一预热器由遥控改为自控，大大减轻了操作人员的劳动强度，并且每年还节约了大量的加热蒸汽，提高了经济效益

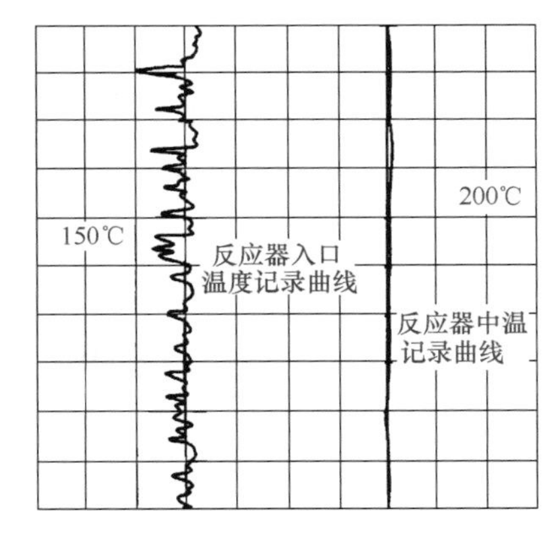

图 10-67　反应器中温和入口温度记录曲线
</td></tr>
</table>

三、模糊控制系统

众所周知，经典控制论解决线性定常系统的控制问题是十分有效的，但在工业生产中，却有相当数量的过程难以自动控制，如那些大滞后、非线性等复杂工业对象，以及那些无法获得数学模型或模型粗糙的复杂的非线性时变系统，按传统的方法难以实现自动控制。但一个熟练工人或技术人员，却能凭自己的丰富实践经验，用手工操纵来控制一个复杂的生产过程，这就使人联想到：能否把他们头脑中丰富的经验加以总结，将凭经验所采取的措施变成相应的控制规则，并且研制一个“控制器”来代替这些控制规则，从而对这个复杂的工业过程实现控制呢？实践证明，以模糊控制理论为基础的“模糊控制器”能完成这个任务。它与传统的控制相比，具有实时性好、超调量小、抗干扰能力强、稳态误差小等优点。

它与一般工业控制的根本区别是模糊控制并不需要建立控制过程的精确的数学模型，而是完全凭人的经验知识“直观”地控制，属于智能控制的范畴。这样的模糊控制策略如何实现呢？下面先从模糊控制器所必需的基本结构谈起。

（1）模糊控制系统的基本结构

图 10-68 为模糊控制系统的框图，根据从对象中测得的数据 y（被控变量，如温度、压力等），与给定值进行比较，将偏差 e 和偏差变化率 c 输入到模糊控制器。由模糊控制器推断出控制量 u，用它来控制对象。

由于对一个模糊控制来说，输入和输出都是精确的数值，而模糊控制原理是采用人的思维，也就是按语言规则进行推理，因此必须将输入数据变换成语言值，这个过程称为精确量的模糊化，然后进行推理及控制规则的形成，最后将推理所得结果变换成一个实际的、精确的控制值，即清晰化（亦称反模糊化）。模糊控制器的基本结构框图如图 10-69 所示。

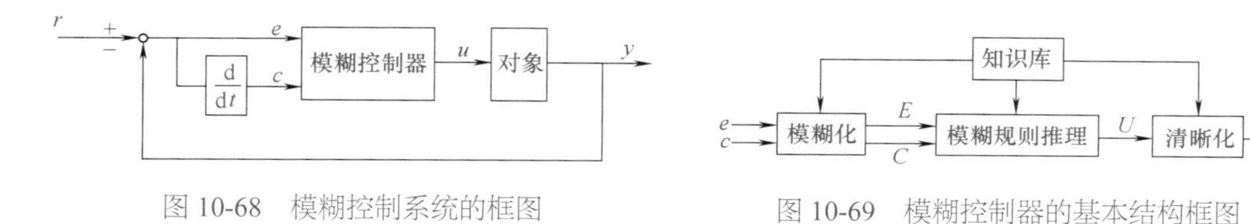

图 10-68　模糊控制系统的框图

图 10-69　模糊控制器的基本结构框图

（2）模糊控制的几种方法

模糊控制的几种方法见表 10-20。

表 10-20　模糊控制的几种方法

类别	说明
查表法	查表法是模糊控制最早采用的方法，也是应用最广泛的一种方法。 所谓查表法就是将输入量的隶属度函数、模糊控制规则及输出量的隶属度函数都用表格来表示，这样输入量的模糊化、模糊规则推理和输出量的清晰化都是通过查表的方法来实现。输入模糊化表、模糊规则推理表和输出清晰化表的制作都是离线进行的，可以通过离线计算将这三种表合并为一个模糊控制表，这样就更为省事了
专用硬件模糊控制器	专用硬件模糊控制器是用硬件直接实现上述的模糊推理。它的优点是推理速度快，控制精度高。现在世界上已有各种模糊芯片供选用。但与使用软件方法相比，专用硬件模糊控制器价格昂贵，目前主要应用于伺服系统、机器人、汽车等领域
软件模糊推理法	软件模糊推理法的特点就是模糊控制过程中输入量模糊化、模糊规则推理、输出清晰化和知识库这四部分都用软件来实现

四、预测控制系统

（1）预测控制系统的基本结构

图 10-70 为预测控制系统的基本结构图。尽管预测控制的算法很多，但归纳起来，主要

都是由四部分组成，即预测模型、反馈校正、滚动优化和参考轨迹，其说明见表 10-21。

表 10-21　预测控制的算法组成

类别	说明
预测模型	预测控制需要一个描述系统动态行为的模型作为预测模型。它应具有预测功能，即能够根据系统的现时刻的控制输入以及过程的历史信息，预测过程未来的输出值。在预测控制中各种不同算法，采用不同类型的预测模型，如最基本的模型算法控制（MAC）采用的是系统的单位脉冲响应曲线，而动态矩阵控制（DMC）采用的是系统的阶跃响应曲线。这两个模型互相之间可以转换，且都属于非参数模型，在实际的工业过程中比较容易通过实验测得，不必进行复杂的数据处理，尽管精度不是很高。但数据冗余量大，使其抗干扰能力较强。 预测模型具有展示过程未来动态行为的功能，这样就可像在系统仿真时那样，任意地给出未来控制策略，观察过程在不同控制策略下的输出变化，从而为比较这些控制策略的优劣提供了基础
反馈校正	在预测控制中，采用预测模型进行过程输出值的预估只是一种理想的方式，对于实际过程，由于存在非线性、时变、模型失配和扰动等不确定因素，基于模型的预测不可能准确地与实际相符。因此，在预测控制中，通过输出的测量值 $y(k)$ 与模型的预估值 $y_m(k)$ 进行比较，得出模型的预测误差，再利用模型预测误差来对模型的预测值进行修正。 由于对模型施加了反馈校正的过程，预测控制具有很强的抗扰动和克服系统不确定性的能力。预测控制中不仅基于模型，而且利用了反馈信息，因此预测控制是一种闭环优化控制算法
滚动优化	预测控制是一种优化控制算法。它是通过某一性能指标的最优化来确定未来的控制作用。这一性能指标还涉及过程未来的行为，它是根据预测模型由未来的控制策略决定的。 但预测控制中的优化与通常的离散最优控制算法不同，它不是采用一个不变的全局最优目标，而是采用滚动式的有限时域优化策略。也就是说，优化过程不是一次离线完成的，而是反复在线进行的，即在每一采样时刻，优化性能指标只涉及从该时刻起到未来有限的时间，而到下一个采样时刻，这一优化时段会同时向前推移。因此，预测控制不是用一个对全局相同的优化性能指标，而是在每一个时刻有一个相对于该时刻的局部优化性能指标
参考轨迹	在预测控制中，考虑到过程的动态特性，为了使过程避免出现输入和输出的急剧变化，往往要求过程输出沿着一条所期望的、平缓的曲线达到设定值 y_r。这条曲线通常称为参考轨迹。它是设定值经过在线“柔化”后的产物。 最广泛采用的参考轨迹为一阶指数变化的形式，它可以使急剧变化的信号转变为比较缓慢变化的信号

将上述四个组成部分与过程对象连成整体，就构成了基于模型的预测控制系统，如图 10-70 所示。

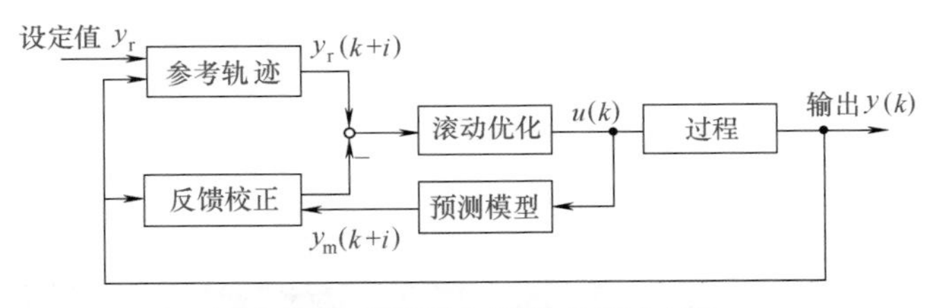

图 10-70　预测控制系统的基本结构

（2）预测控制系统的特点及应用

预测控制系统在控制方式、原理及其应用上具有以下特点。

首先，从控制方式上看，预测控制优于传统的 PID 控制。通常的 PID 控制，是根据过程当前的和过去的输出测量值和设定值的偏差来确定当前的控制输入。而预测控制不但利用当前的和过去的偏差值，还利用预测模型来预估过程未来的偏差值，以滚动优化确定当前的最优输入策略。

其次，从原理上来说，预测控制中的预测模型、反馈校正、滚动优化虽然只不过是一般控制理论中模型、反馈和控制概念的具体表现形式，但是，预测控制对模型结构的不唯一性使它可以根据过程的特点和控制要求，以最为方便的方法在系统的输入输出信息中建立起预测模型。预测控制的优化模式和预测模式的非经典性，使它可以把实际系统中的不确定因素体现在优化过程中，形成动态优化控制，并可处理约束和多种形式的优化目标。因此，可以认为预测控制的预测和优化模式是对传统最优控制的修正，它使建模简化，并考虑了不确定性及其他复杂性因素，从而使预测控制能适合复杂工业过程的控制。

另外，预测控制对数学模型要求不高且模型的形式是多样化的，能直接处理具有纯滞后特性的过程，具有良好的跟踪性能和较强的抗扰动能力，对模型误差具有较强的鲁棒性。

以上特点使预测控制更加符合工业过程的实际要求，在实际工业中已得到广泛重视和应用，而且必将获得更大的发展，特别是多变量有约束预测控制的推广应用，使工业过程控制出现新的面貌。

五、专家控制系统

专家控制是智能控制的主要内容之一，建立在控制理论和人工智能技术基础之上，为工业自动化控制的系统设计提供了新的方法。

不能将专家控制系统简单地看作带有实时功能的常规专家系统，应用于动态控制。因几乎所有现有的专家系统，包括设计、诊断、规划，以及修复等专家系统，其主要任务是完成一种咨询工作，被询问时提供适当的信息。专家系统通常运行在非实时环境下，而专家控制系统则运行在连续的实时环境之中。它使用实时信息处理方式，监控系统的动态性能，并给出适当的控制作用，使系统保持良好的运行状态。专家控制系统与专家系统之间的区别见表 10-22。

表 10-22　专家控制系统和专家系统的比较

比较内容	专家控制系统	专家系统
执行速度	高速，实时操作	低速，咨询为主
知识库	小巧而简单	庞大而复杂
知识来源	专家经验和在线学习	专门知识
推理方式	符号或数值推理，速度很快	主要是启发式推理，功能强大但耗时长
解释说明	非常简略	非常详尽
实现方式	常规语言	人工智能语言

与传统的先进控制系统相比，专家控制系统的基本特性，是基于知识的结构和处理不确定性问题的能力。尽管已有许多方法来提高传统先进控制系统处理不确定性问题的能力，如鲁棒控制、自适应控制等，但是它们仍然难以应用到工业过程中。这是因为传统先进控制系统采用的是纯粹的分析结构、线性和时不变约束等，而且难以被用户理解。通过引入专家系统技术，专家控制系统：具有灵活性、可靠性和处理不确定信息的能力；可以进行预测、诊断错误、给出补救方案，并且监视其执行，以保证控制性能。专家控制系统和常规先进控制比较，它们的主要区别见表 10-23。

表 10-23　专家控制系统和常规先进控制的比较

比较内容	专家控制系统	常规先进控制
系统结构	基于知识	基于模型
信息处理	符号推理和数值计算	数值计算
知识来源	文档或经验知识	文档知识
外界输入	可以是不完整的	必须是完整的
搜索方式	启发式或算法式	算法式
过程模型	可以是不完整或定性的	必须很精确
维护与升级	相当简单	通常很困难
解释说明	可以提供	一般没有
执行方式	启发式、逻辑式和算法式	纯算法式
用户感受	使用简单	使用困难

（1）专家控制系统分类

尽管专家控制的历史不长，但是各种各样的专家控制系统已经在控制工程中得到了广泛应用。根据系统的结构和功能的实现方法，专家控制系统可分为如表 10-24 所示的几类。

表 10-24　专家控制系统的分类

类别	说明
基于规则的专家整定和自适应控制器	基于规则的自整定控制器在过程控制中越来越多。常规控制器的参数，如 PID 参数的值，由控制工程师和装置操作员来确定，以 IF、THEN、ELSE 规则形式储存在知识库中。当系统运行时，通过一个模式分类和辨识器获取过程的特征行为。推理机构根据调整规则和分类模式自动地调整控制器的参数，使系统的性能得到提高。基于规则的自整定控制器的结构如图 10-71 所示。 专家整定控制器提供了一个将实时控制算法和逻辑运算结合在一起的结构。其各种不同的控制算法（如 P、PI、PD 和 PID）的控制参数都可以根据数据库和过程的分类进行选择和调整，例如根据死区时间和过程增益等。 图 10-71　基于规则的自整定控制器框图 基于规则的专家整定和自适应控制器已被广泛地应用在过程控制工程中，它们可以很容易地用微处理器实现。算法和启发式推理的综合，可以使编程和修改变得非常简单，这是实现智能过程控制的一种简单而有效的方法
专家监督控制系统	把专家系统技术引入到控制系统的监督层，是另外一种实现专家控制的常用方法。专家监督控制系统主要关心在线辨识、过程监测、故障检测诊断。它的结构通常包括一个含有信号处理和常规控制算法的直接控制层，和一个含有知识库和推理机构的监督层，用来在线进行性能检测、故障检测和诊断、目标优化、紧急情况处理和决策。图 10-72 展示了一个专家监督控制系统的典型结构。 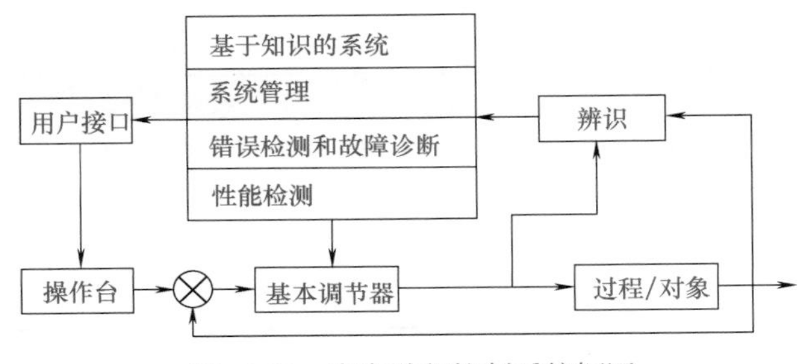 图 10-72　专家监督控制系统框图 专家监督控制系统是一种重要的基于知识的控制系统。它们通常被应用在流程工业和加工制造系统中，以实现高质量、低消耗，并进行故障诊断、紧急情况处理和危险预报等
混合型专家控制系统	它是一种复合式的智能控制系统，应用多层递阶结构，综合各种技术，包括专家系统技术、模式识别、模糊逻辑、神经元网络和计算机过程控制技术等。由于知识来源多种多样，在混合型专家控制系统中，多采用黑板式结构。“黑板”是通过适当地划分问题的范围，来最大限度地保证知识来源独立性的工作空间。这种结构可以容纳各式各样的知识，用户可以在任何知识源中存储或读取信息。“黑板”用来对有关问题中间决策进行记录和表格化。 混合型专家控制系统能够有效地在完整性与简洁性之间取得平衡，从而最大限度提高系统性能。如某个基于规则的方法只能够处理某些领域的问题，而一个神经元网络由于具备并行处理和在线学习的能力，可以在某些特定场合使用。这样，在一定条件下把专家系统技术和神经元网络结合起来，可以获得更好的控制效果。 混合型专家控制系统具有许多优良特性，如非单调性推理、模式精确匹配、面向对象规划、超越规则和实时性。尽管混合型专家控制系统不如基于规则的控制器和专家监督控制系统那样成熟，并存在一些有待进一步研究的问题，但它的发展对智能过程控制的重要性是显而易见的
实时专家智能控制系统	实时专家控制的方法是使用知识工程方法，应用专家系统的设计规则和实现形式，来构建一个实时专家智能控制系统（REICS），这是一个具备了所有专家系统特性的典型实时专家系统。它具备专家系统的模块化（灵活性）、启发式推理和透明性等。它还具备了一个控制系统所具有的特性，如实时操作、可靠性和自适应等。REICS 通常具有较复杂的结构，拥有强大的推理能力和相对完备的功能。开发一个实时专家智能控制系统是一项非常困难的任务，因为它必须满足闭环控制的苛刻要求，如在线信息的处理、动态推理、在线自学习和知识提炼、过程监督，以及用户的交互界面和解释说明等。实时专家智能控制系统的典型结构如图 10-73 所示。它由知识获取、知识库、知识库管理系统、系统参数数据库、实时推理机、信息预处理器、解释机制、控制算法集、数据通信接口软件、人机接口、动态知识获取模块等组成，可用于一些难以获得精确数学模型的复杂工业过程的控制。

续表

类别	说明
实时专家智能控制系统	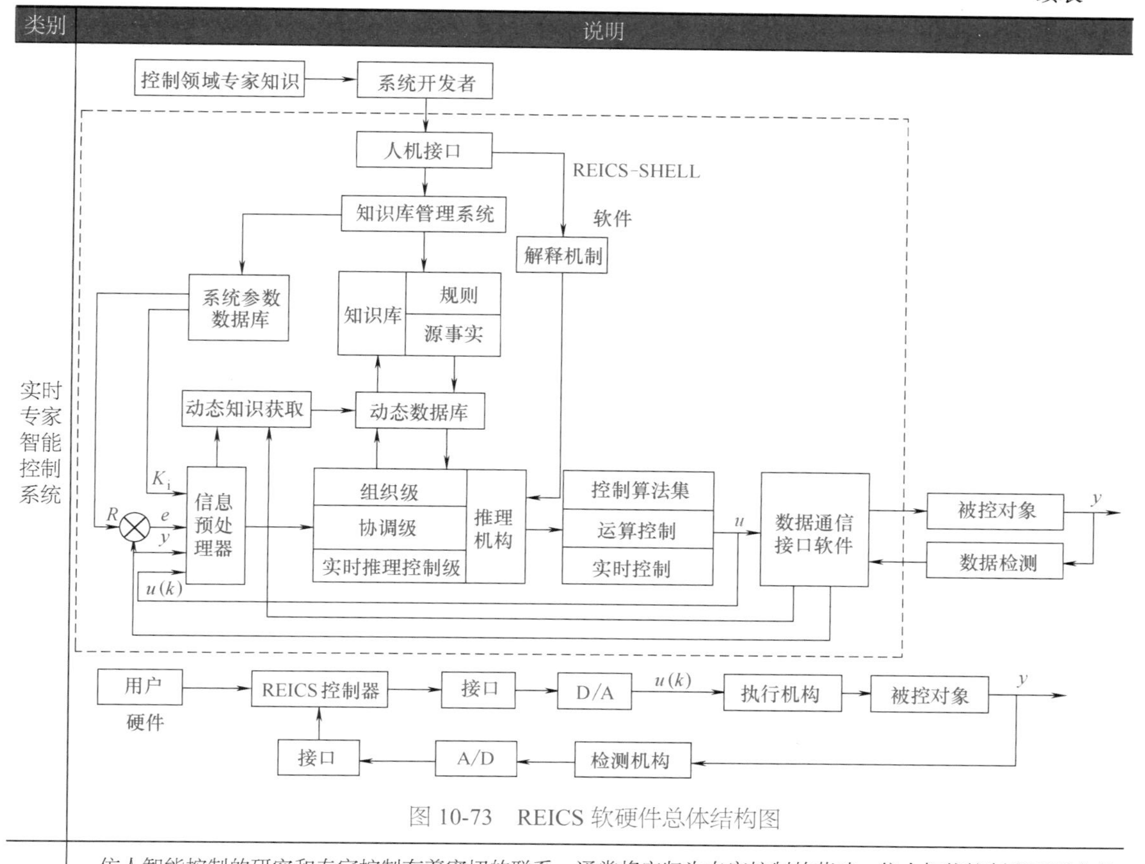 图 10-73 REICS 软硬件总体结构图
仿人智能控制系统	仿人智能控制的研究和专家控制有着密切的联系，通常将它归为专家控制的范畴。仿人智能控制所要研究的主要目标不是被控对象，而是控制器本身。研究控制器的结构和功能，如何更好地模拟控制专家宏观上大脑的功能和行为功能。仿人智能控制器的研究从分层递阶智能控制系统的最低层次（直接控制级）着手，直接对人的控制经验、技巧和各种直觉推理逻辑进行测辨、概括和总结，编制成各种简单实用、精度高、鲁棒性强、能实时运行的控制算法，用于实际控制系统。仿人智能控制方法的基本原理是模仿人的启发式直觉推理逻辑，即通过特征辨识，判断系统当前所处的特征状态，确定控制的策略，进行多模态控制或决策。 仿人智能控制器有多种模式，例如仿人比例控制、仿人智能积分控制、智能采样控制、仿人智能开关控制等。它通常可表示为一种高阶产生式系统结构，由目标级产生式和间接级产生式组成。具体的结构是分层递阶的，并遵照层次随“智能增加而精度降低”的原则，较高层次解决较低层次中的状态描述、操作变更以及规则选择等问题，间接地影响整个控制问题的求解。这种高阶产生式系统结构，实际上是一种分层信息处理与决策机构。 仿人智能控制拥有分层的信息处理和决策机构，具有在线特征辨识和特征记忆的特点，运用启发式直觉推理逻辑，使用建立在经典控制理论基础上的多模态控制方法，实现对控制对象的仿人式智能化控制，在很大程度上体现了专家控制的思想，具有专家控制的本质特征

（2）专家控制的应用示例

专家控制在流程工业中已有许多成功的应用，在解决一些传统控制方法难以解决的问题方面，专家控制往往能较好地完成复杂的控制任务。现以一个面向循环流化床锅炉（CFBB）的实时专家控制系统为例，对专家控制的一些基本问题和方法做一个简单的说明。

CFBB 燃烧系统专家控制智能系统如图 10-74 所示。整个控制系统体现了控制床温稳定（安全燃烧）和在此基础上维持主蒸汽压力稳定两个主要目标。在这个控制目标的指导下，把料床温度、炉出口温度模糊化量为 5 个值（如图 10-75 所示），其中 HH、H、M、L、LL 分别表示超高、高、中、低、超低等模糊概念。相应地，高、中、低为正常控制状态，超高、超低为紧急事故状态。系统求取床温及炉膛温度的变化率并模糊化为 7 个量（如图

10-76 所示）:HR、FR、SR、ST、SD、FD、LD 分别表示变化率的超升、快升、慢升、平稳、慢降、快降、超降等变化率的模糊化概念。其中超升、超降为紧急事故状态，其余为正常控制状态。

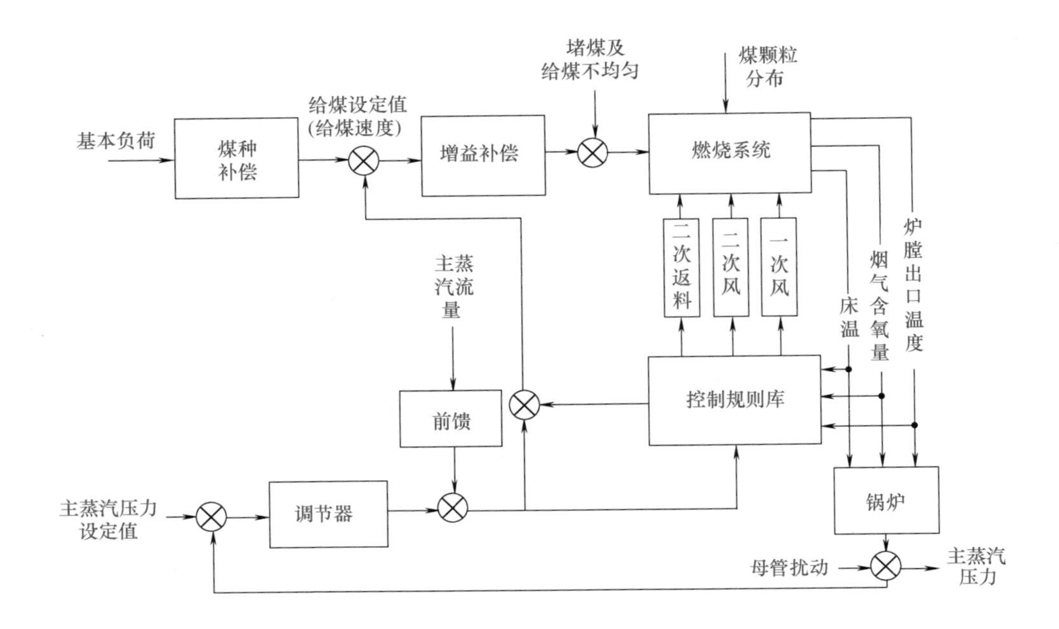

图 10-74　CFBB 燃烧系统专家智能控制框图

$T_{床}$	HH	H	M	L	LL
$T_{出口}$	HH	H	M	L	LL

图 10-75　温度模糊化量为 5 个值示意图

$\Delta T_{床}$	HR	FR	SR	ST	SD	FD	LD
$\Delta T_{出口}$	HR	FR	SR	ST	SD	FD	LD

图 10-76　温度模糊化量为 7 个值示意图

根据以上定义的模糊量，可定义燃烧系统的状态 S_T：

$$S_T=f（T_{床}，\Delta T_{床}，T_{出口}，\Delta T_{出口}）$$

式中，$T_{床}$、$T_{出口}$、$\Delta T_{床}$、$\Delta T_{出口}$分别表示床温、出口温度、床温变化率、出口温度变化率的模糊量；f为状态函数。

控制规则库设计如图 10-77 所示。

针对 CFBB 燃烧控制特点，把控制规则库的规则分为两类。

① 故障判断及事件处理规则，主要应付工艺设计不佳带来的堵煤、堵灰，以及外工况可能带来的熄火和结焦等。规则处理一般为计算机控制加报警，例如：

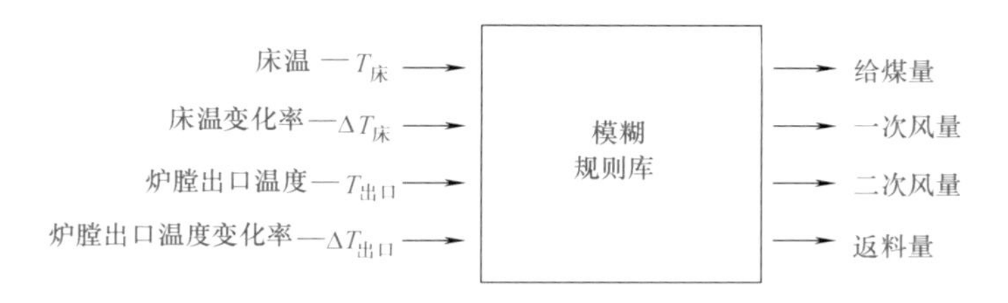

图 10-77　控制规则库示意图

if（$T_{床}$＜ 820℃）and（$\Delta T_{床}$缓降、快降）then（报警）
if（$T_{床}$＞ 970℃）and（$\Delta T_{床}$缓升、快升）then（报警）
……

② 正常状态控制规则库，是根据判断燃烧状态的 4 个决定量所组成的 15 × 15 的控制规则表，指明每个状态量 S_T 给出相应的控制输出量，包括给煤、一次风、二次风、三次返料的控制，例如：

if（$\Delta T_{床}$平稳）and（$\Delta T_{出口}$平稳）
and if（$T_{床}$＞ 950℃）and（$\Delta T_{出口}$高、中）then（减煤 3% ~ 5%）
if（$T_{床}$＞ 950℃）and（$\Delta T_{出口}$低）then（返料加大）
if（$T_{床}$≤ 850℃）and（$\Delta T_{出口}$高）then（返料减少）
if（$T_{床}$＜ 850℃）and（$\Delta T_{出口}$低、中）then（加煤 3% ~ 5%）
……

所有规则的表达方式均采用产生式规则，易于建立和修改，并且与专家表达方法基本一致，从而易于表达和理解。所有规则都以控制规则表的形式加以存放，可以在 DCS 上实时在线修改。

规则库的知识获取采用离线建立的方法，主要来源于 CFBB 的燃烧过程理论、工程师和操作人员的经验、现场实际摸索和运行过程的不断完善。

推理机采用广度优先搜索方法与查表相结合的方法，既保持广度优先、结构简单、可靠性好的优点，又通过查表法克服了效率较低的缺点。

该控制方案在浙大中控公司的 SUPCON JX-300DCS 平台上实施，并在某热电厂 NG-75/3.82-M4 型循环流化床锅炉上成功投运。经现场运行证明，整套系统燃烧控制投运率超过热电行业的自动化要求，基本上制止了结焦事故的发生，极大地减轻了操作人员的劳动强度，燃烧平稳，煤耗降低，取得了较好的经济效益和社会效益。

专家控制成功地解决了循环流化床锅炉的燃烧控制问题，显示出专家控制思想在过程控制领域的应用有很好前景。

六、神经网络控制系统

用神经元网络设计的控制系统，具有高度的自适应性和鲁棒性，对于非线性和不确定性系统也取得了满意的控制效果，这些效果是传统的控制方法难以达到的。目前，人工神经元网络已在对象建模、系统辨识、参数估计、自适应控制、预测控制、容错控制、故障诊断、数据处理等领域得到了广泛应用。

（1）基于模型的神经控制

与传统的控制理论方法不同，基于模型的神经控制方法，不是基于对象的数学模型，而是基于对象的神经元网络模型。基于模型的神经控制系统主要有如表 10-25 所示的几种控制结构。

表 10-25　基于模型的神经控制系统主要控制结构

类别	说明
直接逆控制	这种控制方法将神经网络直接作为控制器串联于实际系统之前，其系统结构如图 10-78 所示。 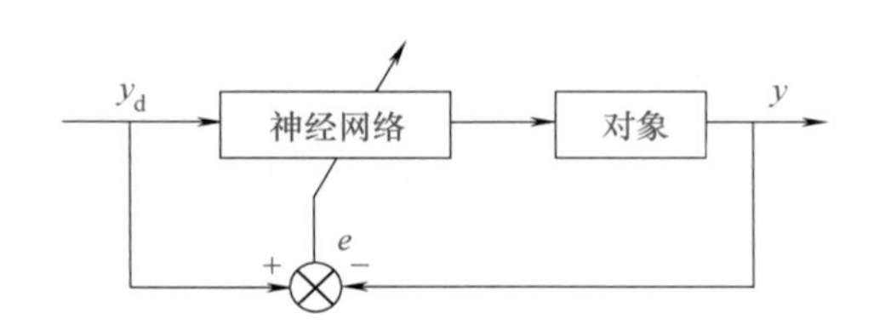 图 10-78　神经网络直接逆控制 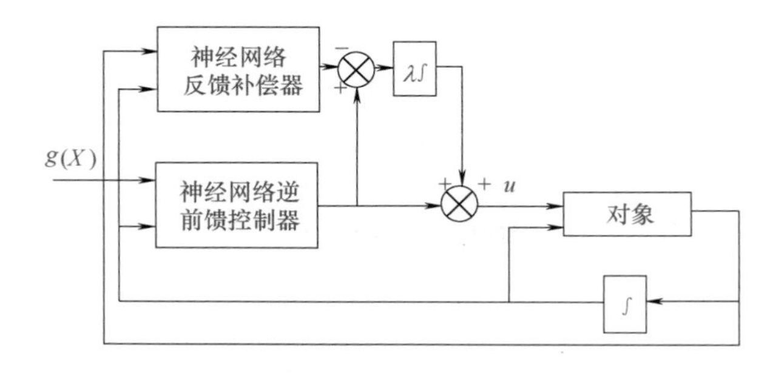 图 10-79　神经网络静态动态状态反馈控制 它的主要思想是利用神经网络的逼近能力对系统的逆动态进行建模，以使得整个系统的输入输出为恒等映射，从而实现高性能的控制。此法结构简单，可充分利用神经网络的建模能力，但系统初始响应取决于网络初始权值，控制开始投入时，系统的鲁棒性欠佳。仿真结果表明该控制策略具有良好的动静态性能。系统控制特性取决于模型的精确程度。当模型存在误差或对象扰动大时，系统容易不稳定。为此，在直接逆控制上加一个误差补偿动态反馈控制，构成如图 10-79 所示的静态动态状态反馈控制。理论证明，只要逆动态模型符号正确，就可以保证系统的稳定性
前馈加反馈复合控制	控制方案如图 10-80 所示。其中，前馈控制是基于不变性原理的控制方法，它可以显著提高系统的稳态精度和跟踪性能，而且系统的动态性能也比较容易得到保证。而反馈控制则有利于提高系统的稳定性。当前馈传递函数和系统逆模型一致时，这种方案可实现理想控制。但在实际系统中，由于系统的传递函数只是对真实系统在一定范围内的近似，而且由于系统中各种随机干扰的影响，前馈传递函数和系统的逆函数之间存在相当的偏差。对于许多非线性系统而言，其过程的逆函数是不可得的。因此常规的前馈调节器难以满足系统设计的要求。而人工神经网络能充分逼近任意非线性函数，如图 10-80 中用神经网络作为前馈控制器，利用它对系统的逆动态建模，以满足不变性原理的要求，实现跟踪控制。这种方法已在实际系统中得到广泛应用，体现了良好的控制性能 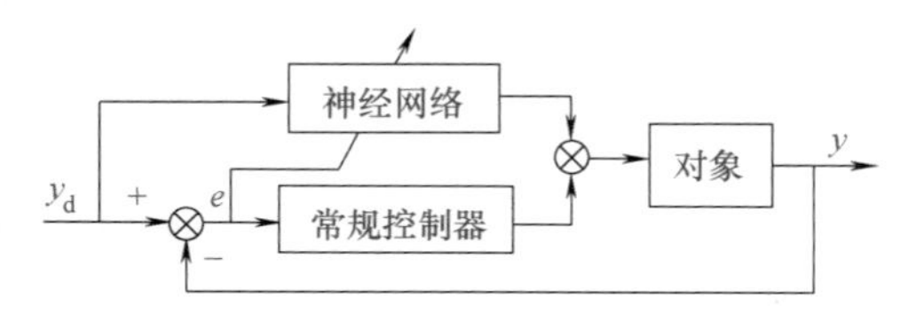 图 10-80　神经网络复合控制
神经网络内模控制	内模控制因有较强的鲁棒性和易于进行稳定性分析等优点，从而在过程控制系统中获得广泛应用。图 10-81 为神经网络内模控制系统图。 图中被控对象的前向动态神经网络模型与被控对象相并联。控制器采用被控对象逆动态的神经网络模型，并在控制器前串联了滤波器 f，它对误差信号进行柔化处理，将误差投射到控制器的适当空间，使得在闭环回路中引入期望的跟踪响应。而滤波器 g 则可以平衡扰动造成的模型失配，增强系统的鲁棒性。此控制方案应用于连续搅拌的反应釜和 pH 过程控制，仿真结果表明，这种控制增加了控制系统的快速性和鲁棒性，但它只能用于开环稳定系统

续表

类别	说明
神经网络内模控制	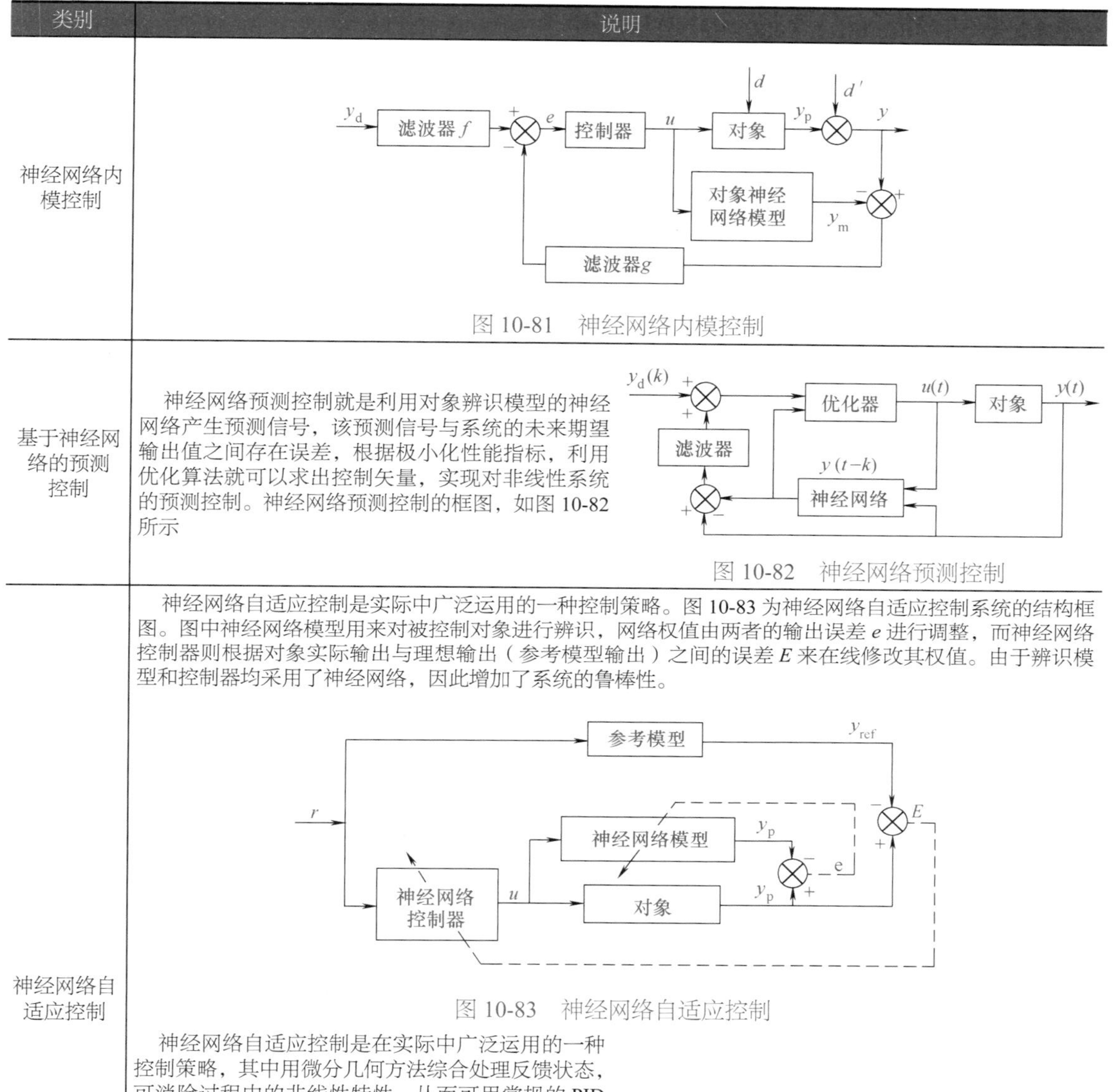 图 10-81　神经网络内模控制
基于神经网络的预测控制	神经网络预测控制就是利用对象辨识模型的神经网络产生预测信号，该预测信号与系统的未来期望输出值之间存在误差，根据极小化性能指标，利用优化算法就可以求出控制矢量，实现对非线性系统的预测控制。神经网络预测控制的框图，如图 10-82 所示 图 10-82　神经网络预测控制
神经网络自适应控制	神经网络自适应控制是实际中广泛运用的一种控制策略。图 10-83 为神经网络自适应控制系统的结构框图。图中神经网络模型用来对被控制对象进行辨识，网络权值由两者的输出误差 e 进行调整，而神经网络控制器则根据对象实际输出与理想输出（参考模型输出）之间的误差 E 来在线修改其权值。由于辨识模型和控制器均采用了神经网络，因此增加了系统的鲁棒性。 图 10-83　神经网络自适应控制 神经网络自适应控制是在实际中广泛运用的一种控制策略，其中用微分几何方法综合处理反馈状态，可消除过程中的非线性特性，从而可用常规的 PID 控制器对整个系统进行控制。但由于在这种控制方法中神经网络在线学习，因此当系统模型变化或出现扰动时，系统需修改大量的网络权值，从而降低系统的响应速度。实际上对许多对象而言，模型可以通过机理分析的方法来获得，只是模型的参数未知。针对这类系统，有人提出了如图 10-84 所示的神经网络参数自适应控制方法。其中，网络利用对象的输入 - 输出数据进行离线学习，实际运行时，模型参数由神经网络在线计算得到，进而可以算出所需的控制量。这样系统可根据对象的实际特性来选择相应的控制器，而且因系统在线调整参数少，可明显地改善动态性能 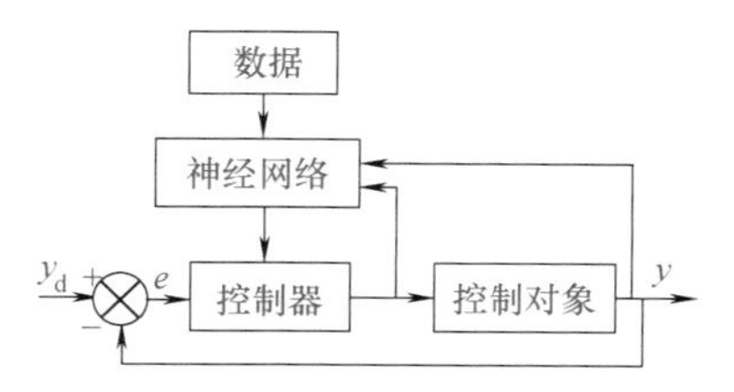 图 10-84　神经网络参数自适应控制

（2）其他神经网络控制系统

其他神经网络控制系统见表 10-26。

表 10-26　其他神经网络控制系统

类别	说明
基于神经网络的 PID 控制	PID 控制是实际系统中广泛使用的一种常规控制方法，它具有结构简单、计算量小、稳定性好、可靠性高、易于设计和易于工程实现等优点。但对于模型参数大范围变化或者具有较强的非线性因素的系统，如负载变化大的电力拖动系统，它就存在参数整定困难、控制品质和系统鲁棒性欠佳等缺点。而神经网络具有很强的学习性能和鲁棒性，因此将两者有机地结合，利用神经网络来在线整定 PID 调节器的参数，就可以增加系统的鲁棒性，实现高性能的控制
模糊神经网络控制	模糊系统是以模糊集合论、模糊语言变量及模糊逻辑推理的知识为基础，力图在一个较高的层次上对人脑思维的模糊方式进行工程化的模拟。而神经网络则是建立在对人脑结构和功能的模拟与简化的基础上。由于人脑思维的容错能力源于思维方法上的模糊性，以及大脑本身的结构特点，因此将二者综合运用便成为自动控制领域的一种自然趋势。模糊神经网络控制主要采用以下两种综合方式。 ①将人工神经网络作为模糊系统中的隶属函数和模糊规则的描述形式。将系统按动态响应分类，再利用控制对象的动态输出来建模。在此基础上，设计出了模糊 PI 控制器，并采用神经网络来决定模糊控制器的成员函数及模糊规则集，构成神经 - 模糊控制系统； ②改变传统神经元的运算规则和映射函数，使神经元在功能上表现为各种模糊运算规则，形成神经模糊网络。模糊与神经元和模糊或神经元构成模糊神经元系统，这种系统中可以嵌入先验知识，而且可以根据网络的连接权来解释网络的内部性能

第十一章 DCS 控制系统

第一节 DCS 控制系统简介

一、DCS 控制系统的组成及特点

集散控制系统（DCS）采用标准化、模块化和系列化设计，由过程控制单元、过程接口单元、操作站、管理计算机以及高速数据通道等五个主要部分组成。基本结构如图 11-1 所示，其说明见表 11-1。

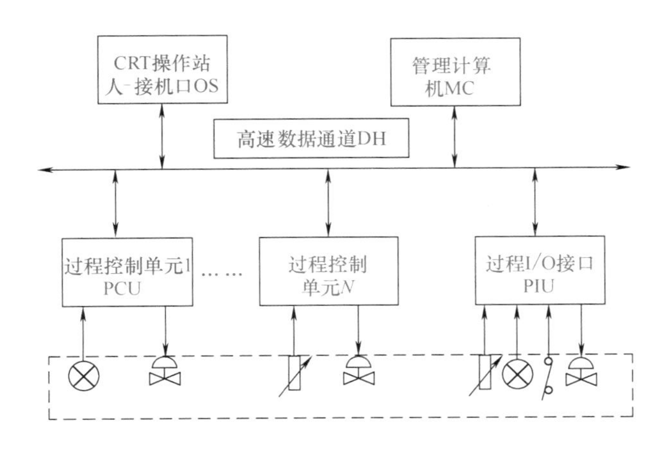

图 11-1 集散控制系统基本结构

从仪表控制系统的角度看，DCS 的最大特点在于其具有传统模拟仪表所没有的通信功能。从计算机控制系统的角度看，DCS 的最大特点则在于它将整个系统的功能分成若干台不同的计算机去完成，各个计算机之间通过网络实现互相之间的协调和系统的集成。在 DDC 系统中，计算机的功能可分为检测、计算、控制及人机界面等几大块，而在 DCS 中，检测、

计算和控制这三项功能由称为现场控制站的计算机完成，而人机界面则由称为操作员站的计算机完成。这是两类功能完全不同的计算机。往往在一个系统中有多台现场控制站和多台操作员站，每台现场控制站或操作员站对部分被控对象实施控制或监视，此时计算机的划分是功能相同而范围不同的。因此，DCS 中多台计算机的划分有功能上的，也有控制、监视范围上的。这两种划分就形成了 DCS 的“分布”一词的含义。

表 11-1　集散控制系统基本结构

类别	说明
过程控制单元	过程控制单元（process control unit，PCU），又叫作现场控制站。它是 DCS 的核心部分，对生产过程进行闭环控制，可控制数个至数十个回路，还可进行顺序、逻辑和批量控制
过程（I/O）接口单元	过程（I/O）接口单元（process interface unit，PIU），又叫作数据采集站。它是为生产过程中的非控制变量设置的采集装置，不但可完成数据采集和预期处理，还可以对实时数据做进一步加工处理，供 CRT 操作站显示和打印，实现开环监视
操作站	操作站（operating station，OS）是集散系统的人 - 机接口装置。除监视操作、打印报表外，系统的组态、编程也在操作站上进行。 操作站有操作员键盘和工程师键盘，实际上通过登录权限来区别。操作员键盘供操作人员用，可调出有关画面，进行有关操作，如修改某个回路的给定值；改变某个回路的运行状态；对某回路进行手工操作、确认报警和打印报表等。工程师键盘主要供技术人员组态用，所有的监控点、控制回路、各种画面、报警清单和工艺报警表等均由技术人员通过工程师键盘进行输入。 此外，DCS 本身的系统软件也存储在硬件中。当系统突然断电时，硬盘存储的信息不会丢失，再次上电时可保证系统正常装载运行。软盘和磁带存储器作为中间存储器使用。当信息存储到软盘或磁带后，可以离机保存，以作备用
高速数据通道	高速数据通道（data highway，DH），又叫高速通信总线、大道和公路等，是一种具有高速通信能力的信息总线，一般由双绞线、同轴电缆或光导纤维构成。它将过程控制单元、操作站和上位机等连成一个完整的系统，以一定的速率在各单元之间传输信息
管理计算机	管理计算机（manager computer，MC）。管理计算机是集散系统的主机，习惯上称它为上位机。它综合监视全系统的各单元，管理全系统的所有信息，具有进行大型复杂运算的能力以及多输入、多输出控制功能，以实现系统的最优控制和全厂的优化管理

DCS 有一系列特点和优点，主要表现在以下 6 个方面：分散性和集中性、自治性和协调性、灵活性和扩展性、先进性和继承性、可靠性和适应性、友好性和新颖性（见表 11-2）。

表 11-2　集散控制系统基本结构的特点和优点

类别	说明
分散性和集中性	DCS 分散性的含义是广义的，不单是分散控制，还有地域分散、设备分散、功能分散和危险分散的含义。分散的目的是使危险分散，进而提高系统的可靠性和安全性。 DCS 硬件积木化和软件模块化是分散性的具体体现。因此，可以因地制宜地分散配置系统。DCS 横向分子系统结构，如直接控制层中一台过程控制站（PCS）可看成是一个子系统；操作监控层中的一台操作员站（OS）也可看成是一个子系统。 DCS 的集中性是指集中监视、集中操作和集中管理。 DCS 通信网络和分布式数据库是集中性的具体体现，用通信网络把物理分散的设备构成统一的整体，用分布式数据库实现全系统的信息集成，进而达到信息共享。因此，可以同时在多台操作员站上实现集中监视、集中操作和集中管理。当然，操作员站的地理位置不必强求集中
自治性和协调性	DCS 的自治性是指系统中的各台计算机均可独立地工作，例如，过程控制站能自主地进行信号输入、运算、控制和输出；操作员站能自主地实现监视、操作和管理；工程师站的组态功能更为独立，既可在线组态，也可离线组态，甚至可以在与组态软件兼容的其他计算机上组态，形成组态文件后再装入 DCS 运行。 DCS 的协调性是指系统中的各台计算机用通信网络互联在一起，相互传送信息，相互协调工作，以实现系统的总体功能。 DCS 的分散和集中、自治和协调不是互相对立，而是互相补充。DCS 的分散是相互协调的分散，各台分散的自主设备是在统一集中管理和协调下各自分散独立地工作，构成统一的有机整体。正因为有了这种分散和集中的设计思想、自治和协调的设计原则，DCS 才获得进一步发展，并得到广泛应用

续表

类别	说明
灵活性和扩展性	DCS 硬件采用积木式结构，类似儿童搭积木那样，可灵活地配置成小、中、大各类系统。另外，还可根据企业的财力或生产要求，逐步扩展系统，改变系统的配置。 DCS 软件采用模块式结构，提供各类功能模块，可灵活地组态构成简单、复杂各类控制系统。另外，还可根据生产工艺和流程的改变，随时修改控制方案，在系统容量允许范围内，只需通过组态就可以构成新的控制方案，而不需要改变硬件配置
先进性和继承性	DCS 综合了“4C”（计算机、控制、通信和屏幕显示）技术，随着这“4C”技术的发展而发展。也就是说，DCS 硬件上采用先进的计算机、通信网络和屏幕显示；软件上采用先进的操作系统、数据库、网络管理和算法语言；算法上采用自适应、预测、推理、优化等先进控制算法，建立生产过程数学模型和专家系统。 DCS 自问世以来，更新换代比较快。当出现新型 DCS 时，老 DCS 作为新 DCS 的一个子系统继续工作，新、老 DCS 之间还可互相传递信息。这种 DCS 的继承性，给用户消除了后顾之忧，不会因为新、老 DCS 之间的不兼容，给用户带来经济上的损失
可靠性和适应性	DCS 的分散性带来系统的危险分散，提高了系统的可靠性。DCS 采用了一系列冗余技术，如控制站主机、I/O 板、通信网络和电源等均可双重化，而且采用热备份工作方式，自动检查故障，一旦出现故障立即自动切换。DCS 安装了一系列故障诊断与维护软件，实时检查系统的硬件和软件故障，并采用故障屏蔽技术，使故障影响尽可能地小。 DCS 采用高性能的电子元器件、先进的生产工艺和各项抗干扰技术，可使 DCS 能够适应恶劣的工作环境。DCS 设备的安装位置可适应生产装置的地理位置，尽可能满足生产的需要。DCS 的各项功能可适应现代化大生产的控制和管理需求
友好性和新颖性	DCS 为操作人员提供了友好的人机界面（human machine interface，HMI）。操作员站采用彩色 CRT 和交互式图形画面，常用的画面有总貌、组、点、趋势、报警、操作指导和流程图画面等。由于采用图形窗口、专用键盘、鼠标或球标器等，因此操作简便 DCS 的新颖性主要表面在人机界面，采用动态画面、工业电视、合成语音等多媒体技术，图文并茂，形象直观，使操作人员有身临其境之感。

二、DCS 硬件系统的组成

一套典型的 DCS 系统的硬件组成如图 11-2 所示，其中各部分的基本功能说明见表 11-3。

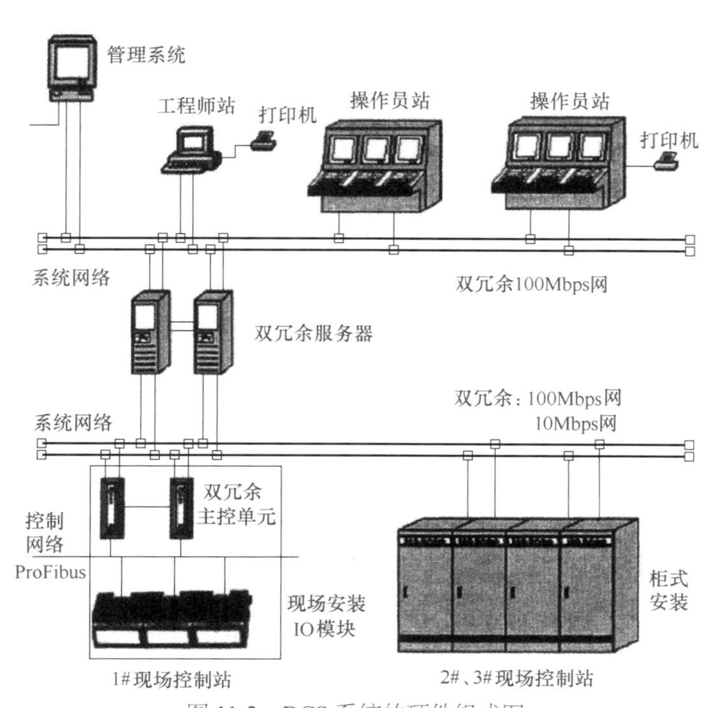

图 11-2 DCS 系统的硬件组成图

表 11-3　基本功能说明

类别	说明
操作员站	主要给运行操作工使用，作为系统投运后日常值班操作的人员接口（man machine interface，MMI）设备使用。在操作员站上，操作人员可以监视工厂的运行状况并进行少量必要的人工控制。每套 DCS 系统按照工艺流程的要求，可以配置多台操作员站，每台操作员站供一位操作员使用，监控不同的工艺过程，或者多人同时监控相同的工艺过程。有的操作员站还配置大屏幕显示
工程师站	主要给仪表工程师使用，作为系统设计和维护的主要工具。仪表工程师可在工程师站上进行系统配置、I/O 数据设定、报警和打印报表组态、操作画面组态和控制算法组态等工作。一般每套 DCS 系统配置一台工程师站即可。工程师站可以通过网络连入系统，在线（on line）使用，如在线监控设备运行情况，也可以不连入系统，离线（off line）做各种组态工作。在 DCS 系统调试完成投入生产运行后，工程师站就可以不再连入系统甚至不上电
系统服务器	一般每套 DCS 系统配置一台或一对冗余的系统服务器。系统服务器的用途可以有很多种，各个厂家的定义也有差别。总的来说，系统服务器可以用作：①系统级的过程实时数据库，存储系统中需要长期保存的过程数据；②向企业管理信息系统 MIS（management information system）提供实时的过程数据；③作为 DCS 系统向其他系统提供通信接口服务并确保系统隔离和安全
现场控制站	现场控制站是 DCS 的核心组成部分，集数据采集、预处理、控制运算、输出控制等功能于一体，其硬件组成包括以下几个部分： ①主控单元（main control unit，MCU）：主控单元也就是主控制器，是 DCS 中各个现场控制站的中央处理单元，是 DCS 的核心设备。在一套 DCS 系统中，根据危险分散的原则，按照工艺过程的相对独立性，每个典型的工艺段应配置一对冗余的主控制器，主控制器在设定的控制周期下，循环地执行以下任务：从 I/O 设备采集现场数据—执行控制逻辑运算—向 I/O 输出设备输出控制指令—与操作员站进行数据交换。 ②输入 / 输出设备（input/output，I/O）：用于采集现场信号或输出控制信号，主要包含模拟量输入设备（analog input，AI）、模拟量输出设备（analog output，AO）、开关量输入设备（digital input，DI）、开关量输出设备（digital output，DO）、脉冲量输入设备（pulse input，PI）及一些其他的混合信号类型的输入输出设备或特殊 I/O 设备。 ③电源、转换设备主要为系统提供电源，主要设备包含：AC-DC 转换器和不间断电源（UPS）等。 ④机柜：机柜用于安装主控制器、I/O 设备、网络设备及电源装置
通信网络及设备	①控制网络及设备（control network，CNET）：控制网络也就是现场总线网络，主要用于将主控制器与 I/O 设备连接起来，也可用于将主控制器和智能仪表、PLC 等设备连接。其主要设备包括通信线缆（即通信介质）、中继器、终端匹配器、通信介质转换器、通信协议转换器或有其他特殊功能的网络设备。 ②系统网络及设备（system network，SNET）：系统网络用于将操作员站、工程师站及系统服务器等操作层设备和控制层的主控制器连接起来。组成系统网络的主要设备有网络接口卡（网卡）、集线器（或交换机）、路由器和通信线缆等

三、DCS 控制系统的日常维护

提高 DCS 维修人员技术水平，加强管理、严格执行规章制度是确保 DCS 安全运行的关键。而加强巡回检查、保障设备运行环境、防范硬件故障、及时备份软件及数据、减少人为误操作，是防止 DCS 故障的有效手段。在日常工作中应做到：

① 巡检时观察系统供电是否正常，控制卡件是否有红灯亮，进入“故障诊断”画面，查看有无卡件运行故障提示，通信是否有异常提示。DCS 出现故障时应及时进行处理。对于影响系统安全的故障，让工艺人员切换至手动操作，并立即上报主管或相关部门，处理故障应有两人以上协商处理，避免发生人为失误，维修时必须使用防静电器具，以防止损坏集成电路设备。

② 系统运行中尽量避免组态修改。必须进行组态修改及下装时，要进行系统备份，以避免在硬盘故障不能恢复时，控制器实时数据库与工程师站备份数据库不匹配的问题。

③ 确保 DCS 机房及电子间内的环境温度在 19 ～ 23℃之间，空气洁净度及通风条件符合要求，机柜电缆进出线的密封要良好。要重点检查空调设备、电源设备及风扇的运行状况，定时清扫过滤网。通过眼看、耳听、手摸提前发现设备存在的故障隐患，并采取措施避免事故的发生。

④ 要有适量的备品备件储备。各型电源设备或模块、专用风扇和后备电池、控制器

CPU 卡、外设卡、I/O 卡，特别是控制卡、操作站 CPU 卡等应不少于一个备件。要有系统启动硬盘备份，避免系统启动硬盘损坏，不能恢复而造成 DCS 瘫痪。

第二节　DCS 的体系结构

一、DCS 体系结构的形成

（1）中央计算机集中控制系统的形成

在 20 世纪 60 年代前期，最大的工业控制计算机用来解决一些特定而明确的工业控制问题（如进行数据采集、数据处理、过程监视等），这类计算机通常称作专用机。由于专用机只用来处理一个特定的事情，因此，工程系统就必然需要一系列的这类计算机来解决各种各样的问题，如图 11-3 所示，而且各种专用机之间也不直接发生联系。若需要相互之间联系的话，也只有依靠数据传输介质（磁带、纸带、卡片）来传输。后来由于中央计算机的引入，各专用机都可连接到中央计算机，那么各专用机之间联系就可以通过中央计算机转换而实现（如图 11-4 所示）。这样无疑给系统的集成带来了方便。由于专用机之间可以不用人工干预就可以达到相互联系的目的，进而整个系统就有可能协调一致地运转，从而奠定了集中控制模式的基础。

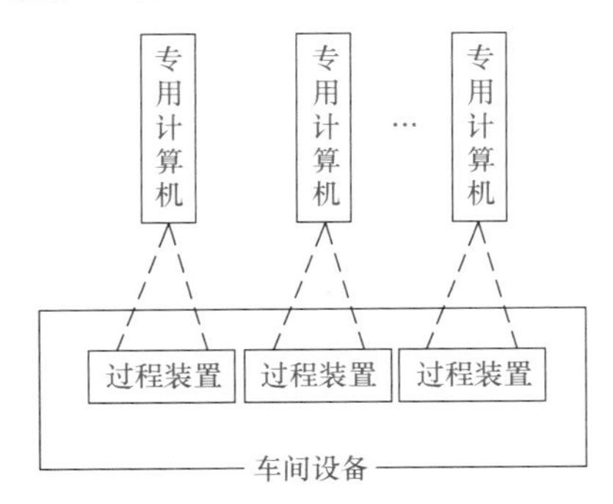

图 11-3　专用计算机控制系统

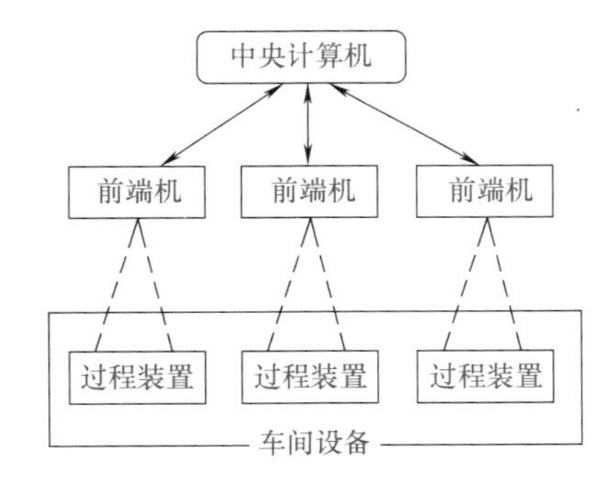

图 11-4　中央计算机的引入

到了 20 世纪 60 年代中期，出现了大型而高速的过程控制计算机，这就使得采用单独的一台大型控制计算机来代替先前的众多专用小型机，使监视和控制多个装置成为可能。这样的系统就形成了中央集中式的计算机控制系统。在当时，由于各工厂企业都有中央控制室，而分布在各车间的变送器、执行器以及其他的各种仪器仪表都直接连接到中央控制室，从而只要在中央控制室里安装一台大型计算机就可以实现这种中央计算机的集中控制模式，因此，由于既成事实的原因，中央计算机的集中控制模式很快得到了发展。尤其是在工厂的旧设备改造过程中，它的优势更加明显。

在中央计算机上必须完成以下功能：

① 过程监测。

② 数据采集。

③ 报警年和记录。

④ 数据存档。

⑤ 数据处理。

⑥ 过程控制。

另外，一些生产计划和工厂管理功能也可由中央计算机来处理。由此可以看出中央计算机的功能强大，集数据采集、过程控制、过程监视、操作和系统管理于一身。中央计算机集中控制模式持续到 20 世纪 70 年代中期，仍占主导地位。

（2）DCS 分层体系结构的形成

对于集中式计算机控制系统，其两大应用指标就是中央计算机的处理速度和计算机自身的可靠性，存在如下问题。

① 计算机的处理速度问题。计算机的处理速度越快，它在一定时间范围内就可以管理更多的被控设备，但处理速度是受当时技术条件限制的。

② 系统的复杂性问题。与传统控制一样，工厂中已有的仪器仪表装置（如所有的变送器、执行器等）都不得不连接到计算机上，这样在计算机和仪器仪表间就存在着成百上千的连接装置。故障集中，一处设备发生故障，不得不使整个系统停止工作。另外就是所有的控制功能都集中到单台计算机上来完成，而一旦计算机出了问题，就意味着所有功能都将失效，这是集中式计算机控制系统非常局限的一点。

③ 系统维修改造问题。若是利用中央计算机来进行技术改造，利用现存的连接装置，整个控制系统的完成就比较容易。若是要重建工厂就不容易了，因为计算机变得越来越便宜，而连接装置的造价则相对变化不大，这就会使得连接装置比计算机的花费还要大。

基于这种状况，必须寻求一种更加可靠的计算机自动化控制系统，其方案不外乎有以下两种。

① 使计算机本身更加可靠。

② 引入功能上可替代的集散型控制技术，以改善系统的可靠性。

对于第一种方案，就意味着要中央计算机更加可靠，其实施的方法可以采用大规模集成电路过程控制计算机或是采用多计算机（多 CPU）结构。后来的发展朝集散型控制技术方向发展，其原因可以归结如下。

20 世纪 60 年代末到 70 年代初，由于低成本的集成电路技术的发展，出现了小型、微型计算机，小型、微型计算机的功能更加完善，而且价格便宜，因而可以用这种小型计算机来替代中央计算机的局部工作，以对在其周围的装置进行过程监测和控制，把这些小型计算机称作第一级计算机。而中央计算机只处理中心自动化问题和管理方面的问题，从而产生了第二级自动化控制系统的结构，如图 11-5 所示。也有人把这种结构叫作分散式计算机系统，这种结构在 20 世纪 70 年代得到广泛的应用。在 20 世纪 70 年代末，起初多计算机自动化系统由制造商们推出，而一旦用户采用了分散式计算机控制系统，就必然会在满足自己应用的前提下，选择价格更加合理的不同厂家的计算机产品，而且当分散式控制系统逐渐建成后，就会与现存的过程控制计算机集成起来，一起完成它们的主要功能。这些小型计算机主要是完成实时处理、前端处理功能，而中央计算机只充当后继处理设备。这样，中央计算机不用直接跟现场设备打交道，从而把部分控制功能和危险都分散到前端计算机上，一旦中央计算机失效，依旧能保证设备的控制功能。

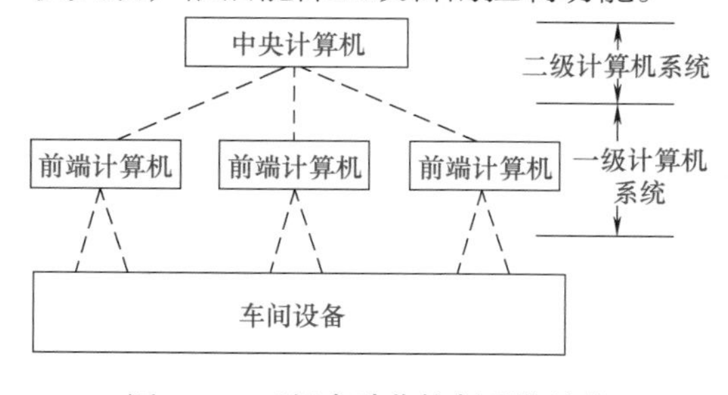

图 11-5　二级自动化控制系统结构

图 11-5 中所示的多计算机结构比较适合于小型工业自动化过程，在这些系统中存在的前端计算机较少，然而当控制规模增大后（诸如一座钢铁厂的自动化控制系统），就需要很多台前端计算机才能满足应用要求，从而使中央计算机的负载增大，难以在单台中央计算机的条件下及时地完成诸如模块上优化、系统管理等方面的工作，在这种应用的条件下，就出现了具有中间层

次计算机的控制系统。在整个控制系统中，中间计算机分布在各车间或工段上，处于前端计算机和中央计算机之间，并担当起一些以往要求中央计算机来处理的职能（如图11-6所示）。至此，系统结构就形成了三层计算机控制模式，这样的结构模式在工厂自动化方面得到了很广泛的应用，至今仍常常见到。例如，一座炼油厂有不同的车间，各车间都有相应的各式被控装置，用前端计算机对各式被控装置的诸种变量（如温度、压力、流量等）直接进行控制，并在各车间安装一台中间级控制计算机，令其向下与前端计算机相连，向上与中央计算机相连。把中央计算机与工厂办公室自动化系统连接起来，工厂自动化控制系统就集成到信息处理系统中，使工厂制造与办公室、实验室、仓库等商业和事务管理等系统构成一体。这也是现代化工厂的结构模式。

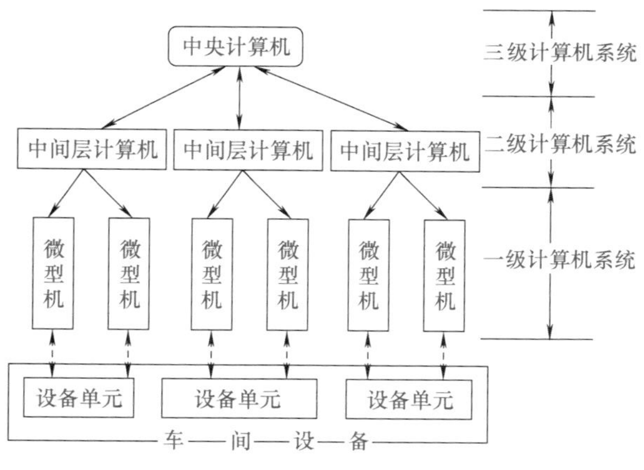

图11-6　具有三层结构模式的计算机控制系统

（3）DCS的分层体系结构

DCS按功能划分的层次结构充分体现了其分散控制和集中管理的设计思想，DCS从下至上依次分为直接控制层、操作监控层、生产管理层和决策管理层，如图11-7所示，其说明见表11-4。

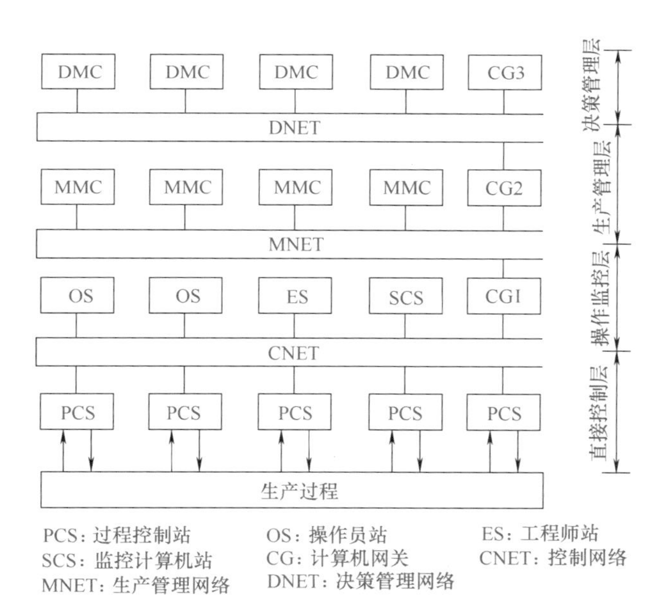

图11-7　DCS的层次结构

表11-4　DCS的分层体系结构说明

类别	说明
现场装置管理层次的直接控制层（过程控制级）	在这一级上，过程控制计算机直接与现场各类装置（如变送器、执行器、记录仪表等）相连，对所连接的装置实施监测、控制，同时它还向上与第二层的计算机相连，接收上层的管理信息，并向上传递所监控装置的特性数据和采集到的实时数据

续表

类别	说明
过程管理层（操作监控层）	在这一级上的过程管理计算机主要有监控计算机、操作站、工程师站。它综合监视过程控制级各站的所有信息、集中显示操作、修改控制回路的组态和参数、优化过程处理等
生产管理层（产品管理级）	在这一级上的管理计算机根据产品各部件的特点，协调各单元级的参数设定，是产品的总体协调员和控制器
决策管理层（X-T总体管理和经营管理层）	这一级居于中央计算机上，与办公室自动化相连，担负各类经营活动、人事管理等总体协调工作

二、DCS分层结构中各层的功能

前文已经就计算机控制系统的发展谈及集散控制系统的结构分层模式，并归纳出集散控制系统的四级典型功能层次，下面将着重阐述各层的功能。

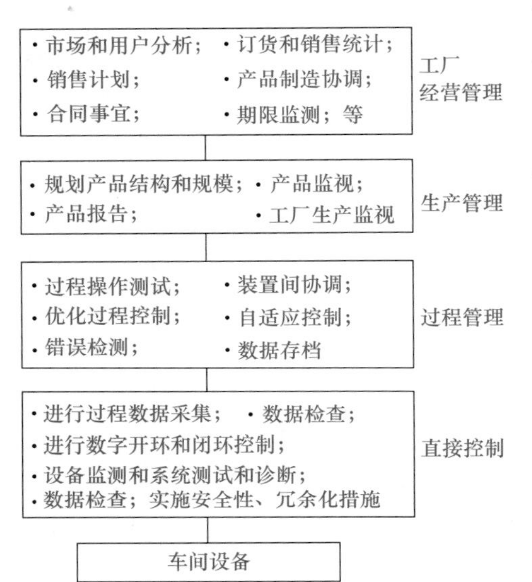

图 11-8　集散控制系统体系结构的各层功能

从图11-7中可以看出，新型的集散控制系统是开放型的体系结构，可方便地与生产管理的上位计算机相互交换信息，形成计算机一体化生产系统，实现工厂的信息管理一体化。图11-8列出了各层所实现的功能。

（1）直接控制级

直接控制级是集散型控制系统的基础，其主要任务有：

① 进行过程数据采集：对被控设备中的每个过程量和状态信息进行快速采集，以获得数字控制、开环控制、设备监测、状态报告等过程控制所需的输入信息。

② 进行直接数字的过程控制：根据控制组态数据库、控制算法模块实时控制过程量（如开关量、模拟量等）。

③ 进行设备监测和系统测试、诊断：把过程变量和状态信息取出后，分析是否可以接受以及是否可以允许向高层传输。进一步确定是否对被控装置实施调节；并根据状态信息判断计算机系统硬件和控制板件的性能（功能），在必要时实施报警、错误或诊断报告等措施。

④ 实施安全性、冗余化方面的措施：一旦发现计算机系统硬件或控制板有故障，就立即实施备用件的切换，保证整个系统安全运行。

例如，由原中国石油化工总公司和航空航天部联合研制的友力-2000集散控制系统的过程控制级就是由监测站或（和）控制站组成，可以完成A/D、D/A转换，信号调理，开关量的输入/输出，并把采集到的现场数据经由A/D转换、信号调理后得到的信号，或某些直接输入信号进行整理、分析，通过高速数据通道实时传到上一层计算机中，对于要求控制的量实施实时调节控制，当发现某一CPU板，或数据采集板，或信号输出板出现故障，立即向上报告，并根据条件实施切换，以确保系统的正常工作。

（2）过程管理级

在过程管理级主要是应付单元内的整体优化，并对其下层产生确切的命令，在这一层可实现的功能有：

① 优化过程控制：可以在确保优化执行条件的情况下，根据过程的数学模型以及所给定的控制对象进行优化过程控制，即使在不同策略条件下仍能完成对控制过程的优化。

② 自适应回路控制：在过程参数希望值的基础上，通过数字控制的优化策略。当现场条件发生改变时，经过过程管理级计算机的运算处理得到新的设定值和调节值，并把调节值传送到直接过程控制层。

③ 优化单元内各装置，使它们密切配合：以优化准则来协调单元内的产品、原材料、库存以及能源使用情况之间的相互关系。

④ 通过获取直接控制层的实时数据，进行单元内的活动监视、故障检测存档、历史数据的存档、状态报告和备用。

例如，MACS-II 集散控制系统的过程管理级由多台操作站和工程师站组成。操作站相互备份，完成数据、图形、状态的显示，历史数据的存档，故障声响报警，故障记录打印，故障状态显示，定时报表打印，实时动态调整回路参数，优化控制参数等过程控制功能。在工程师站上可进行控制优化，通过重新对控制回路的组态，经由数据高速公路下装到直接过程控制级以改变回路的控制算法，实施优化策略。

（3）生产管理级

生产管理级完成一系列的功能，要求有比系统和控制工程更宽的操作和逻辑分析功能，根据用户的订货情况、库存情况、能源情况来规划各单元中的产品结构和规模；并且可使产品重新计划，随时更改产品结构，这一点是工厂自动化系统高层所需要的，有了产品重新组织和柔性制造的功能就可以应对由用户订货变化所造成的不可预测的事件。由此，一些较复杂的工厂在这一控制层就实施了协调策略。此外，对于统观全厂生产和产品监视以及产品报告也都在这一层来实现，并与上层交互传递数据。在中小企业的自动化系统中，这一层可能就充当最高一级管理层。

（4）工厂经营管理级

经营管理级居于工厂自动化系统的最高一层，它管理的范围很广，包括工程技术方面、经济方面、商业事务方面、人事活动方面以及其他方面的功能。把这些功能都集成到软件系统中，通过综合的产品计划，在各种变化条件下，结合多种多样的材料和能量调配，以达到最优地解决这些问题。在这一层中，通过与公司的经理部、市场部、计划部以及人事部等办公室自动化相连接，来实现整个制造系统的最优化。

在经营管理这一层，其典型的功能为：

① 市场分析。

② 用户信息的收集。

③ 订货统计分析。

④ 销售与产品计划。

⑤ 合同事宜。

⑥ 接收订货与期限监测。

⑦ 产品制造协调。

⑧ 价格计算。

⑨ 生产能力与订货的平衡。

⑩ 订货的分发。

⑪ 生产与交货期限的监视。

⑫ 生产、订货和合同的报告。

⑬ 财政方面的报告等。

三、DCS 的基本构成

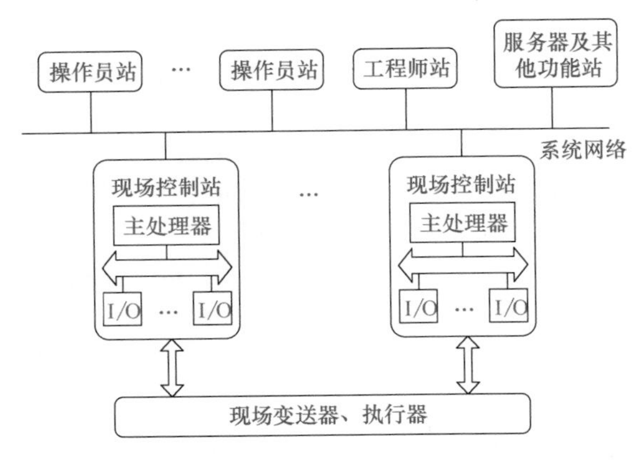

图 11-9　典型的 DCS 体系结构

一个最基本的 DCS 应包括四个大的组成部分：至少一台现场控制站、一台操作员站、一台工程师站（也可利用一台操作员站兼做工程师站）、一条系统网络。一个典型的 DCS 体系结构如图 11-9 所示，图中表明了 DCS 各主要组成部分和各部分之间的连接关系。

除了上述 4 个基本的组成部分之外，DCS 还可包括完成某些专门功能的站、扩充生产管理和信息处理功能的信息网络，以及实现现场仪表、执行机构数字化的现场总线网络。

（1）操作员站

操作员站主要完成人机界面的功能，一般采用桌面型通用计算机系统，如图形工作站或个人计算机等。其配置与常规的桌面系统相同，但要求有大尺寸显示器（CRT 或液晶屏）和高性能图形处理器，有些系统还要求每台操作员站使用多屏幕，以拓宽操作员的观察范围。为了提高画面的显示速度，一般都在操作员站上配置较大的内存。

（2）现场控制站

现场控制站是 DCS 的核心，系统主要的控制功能由它来完成。系统的性能、可靠性等重要指标也都要依靠现场控制站保证，因此对它的设计、生产及安装都有很高的要求。现场控制站的硬件一般都采用专门的工业级计算机系统，其中除了计算机系统所必需的运算器（即主 CPU）、存储器外，还包括了现场测量单元、执行单元的输入 / 输出设备，即过程量 I/O 或现场 I/O。在现场控制站内部，主 CPU 和内存等用于数据的处理、计算和存储的部分被称为逻辑部分，而现场 I/O 则被称为现场部分，这两个部分是需要严格隔离的，以防止现场的各种信号，包括干扰信号对计算机的处理产生不利的影响。现场控制站内的逻辑部分和现场部分的连接，一般采用与工业计算机相匹配的内部并行总线，如 Multibus、VME、STD、ISA、PCI04、PCI 和 Compact PCI 等。

由于并行总线结构比较复杂，用其连接逻辑部分和现场部分很难实现有效的隔离，成本较高，很难方便地实现扩充，现场控制站内的逻辑部分和现场 I/O 之间的连接方式转向了串行总线。

串行总线的优点是结构简单，成本低，很容易实现隔离，而且容易扩充，可以实现远距离的 I/O 模块连接。近年来，现场总线技术的快速发展更推进了这个趋势，目前直接使用现场总线产品作为现场 I/O 模块和主处理模块的连接已很普遍，如 CAN、Profibus、Devicenet、Lonworks 及 FF 等。由于 DCS 的现场控制站有比较严格的实时性要求，需要在确定的时间期限内完成测量值的输入、运算和控制量的输出，因此现场控制站的运算速度和现场 I/O 速度都应该满足很高的设计指标。一般在快速控制系统（控制周期最快可达到 50ms）中，应该采用较高速的现场总线，而在控制速度要求不是很高的系统中，可采用较低速的现场总线，这样可以适当降低系统的造价。

（3）工程师站

工程师站是 DCS 中的一个特殊功能站，其主要作用是对 DCS 进行应用组态。应用组态是 DCS 应用过程当中必不可少的一个环节，因为 DCS 是一个通用的控制系统，在其上可实现各种各样的应用。关键是如何定义一个具体的系统完成什么样的控制，控制的输入 / 输出量是什么，控制回路的算法如何，在控制计算中选取什么样的参数，在系统中设置哪些人机界面来实现人对系统的管理与监控，还有诸如报警、报表及历史数据记录等各个方面功能的定义，所有这些都是组态所要完成的工作。只有完成了正确的组态，一个通用的DCS才能够成为一个针对具体控制应用的可运行系统。

组态工作是在系统运行之前进行的，或说是离线进行的，一旦组态完成，系统就具备了运行能力。当系统在线运行时，工程师站可起到对DCS本身的运行状态进行监视的作用，能及时发现系统出现的异常，并及时进行处置。在DCS在线运行当中，也允许进行组态，并对系统的一些定义进行修改和添加，这种操作被称为在线组态。同样，在线组态也是工程师站的一项重要功能。

一般在一个标准配置的DCS系统中，都配有一台专用的工程师站，也有些小型系统不配置专门的工程师站，而将其功能合并到某台操作员站中，在这种情况下，系统只在离线状态具有工程师站，而在在线状态下就没有了工程师站的功能。当然也可以将这种具有操作员站和工程师站双重功能的站设置成可随时切换的方式，根据需要使用该站来完成不同的功能。

（4）服务器及其他功能站

在现代的DCS结构中，除了现场控制站和操作员站以外，还可以有许多执行特定功能的计算机，如专门记录历史数据的历史站、进行高级控制运算功能的高级计算站、进行生产管理的管理站等。这些站也都通过网络实现与其他各站的连接，形成一个功能完备的复杂的控制系统。

随着DCS的功能不断向高层扩展，系统已不再局限于直接控制，而是越来越多地加入了监督控制乃至生产管理等高级功能，因此当今大多数DCS都配有服务器。服务器的主要功能是完成监督控制层的工作，如监视整个生产装置乃至全厂的运行状态、及时发现并处置生产过程中各部分出现的异常情况、向更高层的生产调度和生产管理直至企业经营等管理系统提供实时数据和执行调节控制操作等。或者简单讲，服务器就是完成监督控制，或称SCADA功能的主节点。

在一个控制系统中，监督控制功能是必不可少的，虽然控制系统的控制功能主要靠系统的直接控制部分完成，但是这部分正常工作的条件是生产工况平稳、控制系统各部分工作状态正常。一旦出现异常情况，就必须实行人工干预，使系统回到正常状态，这就是SCADA功能的最主要作用。在规模较小、功能较简单的DCS系统中，可以利用操作员站实现系统的SCADA功能，而在系统规模较大、功能复杂时，则必须设立专门的服务器节点。

（5）系统网络

DCS的另一个重要的组成部分是系统网络，它是连接系统各个站的桥梁。由于DCS是由各种不同功能的站组成的，这些站之间必须实现有效的数据传输，以实现系统总体的功能，因此系统网络的实时性、可靠性和数据通信能力关系到整个系统的性能，特别是网络的通信规约，关系到网络通信的效率和系统功能的实现，因此都是由各个DCS厂家专门精心设计的。以太网逐步成为事实上的工业标准网络，越来越多的DCS厂家直接采用了以太网作为系统网络。

以太网在发展初期，是为满足事务处理应用需求而设计的应用系统，其网络介质访问的特点比较适用于传输信息的请求随机发生，每次传输的数据量较大而传输的次数不频繁，因网络访问碰撞而出现的延时对系统影响不大。而在工业控制系统中，数据传输的特点是需要周期性地进行传输，每次传输的数据量不大而传输次数比较频繁，而且要求在确定的时间内完成传输，这些应用需求的特点并不适宜使用以太网，特别是以太网传输的时间不确定性，更是其在工业控制系统中应用的最大障碍。但是以太网应用的广泛性和成熟性，特别是它的开放性，使得大多数 DCS 厂家都先后转向了以太网。近年来，以太网的传输速率有了极大的提高，从最初的 10Mbit/s 发展到现在的 100Mbit/s 甚至达到 10Gbit/s，这为改进以太网的实时性创造了很好的条件。尤其是交换技术的采用，有效地解决了以太网在多节点同时访问时的碰撞问题，使以太网更加适合工业应用。许多公司还在提高以太网的实时性和运行于工业环境的防护方面做了非常多的改进。因此当前以太网已成为 DCS 等各类工业控制系统中广泛采用的标准网络，但在网络的高层规约方面，目前仍然是各个 DCS 厂家使用自有的技术。

（6）现场总线网络

早期的 DCS 在现场检测和控制执行方面仍采用了模拟式仪表的变送单元和执行单元，在现场总线出现以后，这两个部分也被数字化，因此 DCS 将成为一种全数字化的系统。在以往采用模拟式变送单元和执行单元时，系统与现场之间是通过模拟信号线连接的，而在实现全数字化后，系统与现场之间的连接也将通过计算机数字通信网络，即通过现场总线实现连接，这将彻底改变整个控制系统的面貌。

由于现场总线涉及现场的测量和执行控制等与被控对象关系密切的部分，特别是它将使用数字方式传输数据而不是使用简单的 4 ～ 20mA 模拟信号，其传输的内容也完全不局限于测量值或控制量，而包含了许多与现场设备运行相关的数据和信息，因此现场总线的传输问题要比模拟信号的传输问题复杂得多，这就是现场总线虽已出现多年，但至今仍然不能形成如 4 ～ 20mA 这样统一标准的原因。这种多标准并存的局面很有可能长期延续下去，因为工业的应用是复杂多样的，而现场总线又涵盖了许多应用方面的内容（4 ～ 20mA 标准仅仅实现了各种物理量的电气表示，而不管被表示的物理量做什么用途），加上各个利益集团的竞争，因此在一个不会很短的时期内，无法用一个单一的标准来满足所有需求。

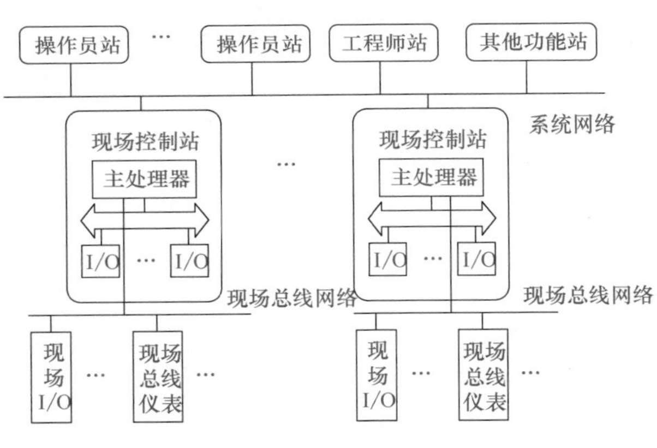

图 11-10　现场总线技术进入 DCS 后的系统体系结构

图 11-10 所示是采用了现场总线技术以后的 DCS 体系结构，如果仅仅使用现场总线连接现场控制站的主处理器和现场 I/O，即使用串行总线来代替并行总线，这对 DCS 的体系结构的改变还不是很大，而如果将现场总线引到现场，实现了现场 I/O 和现场总线仪表与现场控制站主处理器的连接，那么 DCS 的体系结构将发生很大的改变。

① 改变的是现场信号线的接线方式，将从 1 ∶ 1 的模拟信号线连接改变为 1 ∶ n 的数字网络连接，现场与主控制室之间的接出线数量将大大减少，而可以传递的信息量则大大增加。

② 现场控制站中有很大部分设备将被安装在现场，形成分散安装、分散调试、分散运行和分散维护，因此安装、调试、运行和维护的方式将不同，也必然需要有一套全新的方法和工具。

③ 改变回路控制的实现方式。由于现场 I/O 和现场总线仪表的智能化，它们已经具备了回路控制计算的能力，这便有可能将回路控制的功能由现场控制站下放到现场 I/O 或现场总线仪表来完成，实现更加彻底地分散。

在传统的单元式组合仪表的控制方式中，传统的仪表控制也是由一个控制仪表实现一个回路的控制，这和现场总线仪表的方式是一样的，而本质的不同是传统仪表的控制采用的是模拟技术，而现场总线仪表采用的是数字技术。另外，还有一个本质的不同是：传统仪表不具备网络通信能力，其数据无法与其他设备共享，也不能直接连接到计算机管理系统和更高层的信息系统，而现场总线仪表则可轻易地实现所有这些功能。

（7）高层管理网络

目前 DCS 已从单纯的低层控制功能发展到了更高层次的数据采集、监督控制、生产管理等全厂范围的控制、管理系统，因此再将 DCS 看成是仪表系统已不符合实际情况。从当前的发展看，DCS 更应该被看成是一个计算机管理控制系统，其中包含了全厂自动化的丰富内涵。从现在多数厂家对 DCS 体系结构的扩展就可以看到这种趋势。

几乎所有的厂家都在原 DCS 的基础上增加了服务器，用来对全系统的数据进行集中存储和处理。服务器的概念起源于 SCADA 系统，因为 SCADA 是全厂数据的采集系统，其数据库是为各个方面服务的，而 DCS 作为底层数据的直接来源，在其系统网络上配置服务器，就自然形成了这样的数据库。针对一个企业或工厂常有多套 DCS 的情况，以多服务器、多域为特点的大型综合监控自动化系统也已出现，这样的系统完全可以满足全厂多台生产装置自动化及全面监控管理的系统需求。

这种具有系统服务器的结构，在网络层次上增加了管理网络层，主要是为了完成综合监控和管理功能，在这层网络上传送的主要是管理信息和生产调度指挥信息。图 11-11 给出了这种系统结构。这样的系统实际上就是一个将控制功能和管理功能结合在一起的大型信息系统。

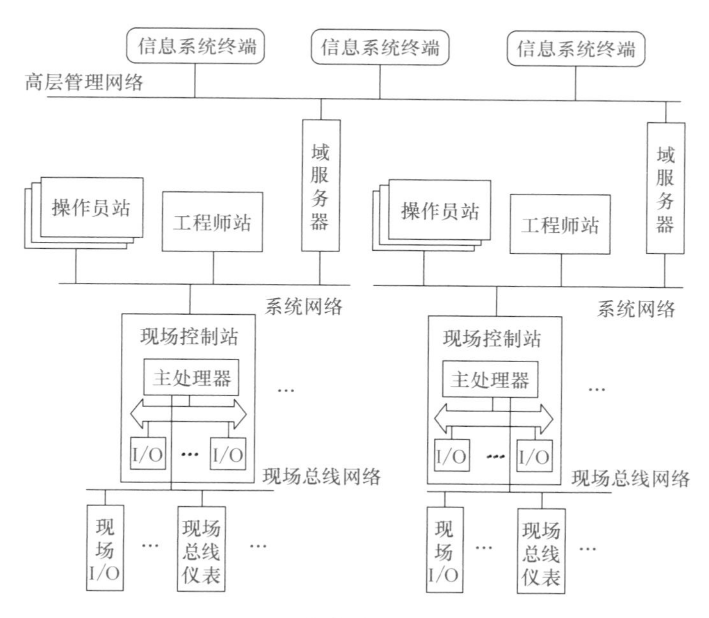

图 11-11　综合监控自动化系统

网络，特别是高层网络的灵活性，使得系统的结构也表现出非常大的灵活性，一个大型 DCS 不一定就是如图 11-11 所示的结构形式，如：可以将各个域的工程师站集中在管理网上，成为各个域公用的工程师站；或某些域不设操作员站而采用管理层的信息终端实现对现场的监视和控制；甚至将系统网络和高层管理网络合成一个物理上的网络，而靠软件实现逻辑的分层和分域。

四、DCS 体系结构的技术特点

信息集成化。系统网络是连接系统各个站的桥梁。由于 DCS 是由各种不同功能的站组成的，这些站之间必须实现有效的数据传输，以实现系统总体的功能。因此，系统网络的实时性、可靠性和数据通信能力关系到整个系统的性能，特别是网络的通信规约，关系到网络通信的效率和系统功能的实现。对于一个完整的系统来说，不仅要完成各个节点之间的数据传输，更重要的是通过数据的传输实现所需的功能，这就必须要注重数据所携带的信息以及这些信息的表达方式。也就是说，在网络通信中，更加重要的是信息内容，这是 OSI 模型的高层，即第七层协议所要解决的问题。

早期的仪表控制系统是由基地式仪表构成的。所谓基地式仪表，是指控制系统（即仪表）与被控对象在机械结构上是结合在一起的，而且仪表各个部分，包括检测、计算、执行及简单的人机界面等都做成一个整体，就地安装在被控对象之上。

DDC 将所有控制回路的计算都集中在主 CPU 中，这引起了可靠性问题和实时性问题，前文对此已有论述。随着系统功能要求的不断增加、性能要求的不断提高和系统规模的不断扩大，这两个问题更加突出，经过多年的探索，在 1975 年出现了 DCS，这是一种结合了仪表控制系统和 DDC 两者的优势而出现的全新控制系统，它很好地解决了 DDC 存在的两个问题。如果说 DDC 是计算机进入控制领域后出现的新型控制系统，那么 DCS 则是网络进入控制领域后出现的新型控制系统。

从仪表控制系统的角度看，DCS 的最大特点在于其具有传统模拟仪表所没有的通信功能。那么从计算机控制系统的角度看，DCS 的最大特点则在于它将整个系统的功能分配给若干台不同的计算机去完成，各个计算机之间通过网络实现互相之间的协调和系统的集成。在 DDC 系统中，计算机的功能可分为检测、计算、控制及人机界面等几大块。而在 DCS 中，检测、计算和控制这三项功能由称为现场控制站的计算机完成，而人机界面则由称为操作员站的计算机完成。这是两类功能完全不同的计算机。而在一个系统中，往往有多台现场控制站和多台操作员站，每台现场控制站或操作员站对部分被控对象实施控制或监视。

五、DCS 体系结构典型示例

在前文讨论了集散控制系统的分层体系结构，介绍了各层的功能。但对于某一具体集散控制系统的应用来说，它并不一定具有四层功能。大多数中小规模的控制系统只有第一、二层，少数情况使用到第三层的功能，在大规模的控制系统中才应用到完全的四层模式。就目前世界上优秀集散控制系统产品来看，多数局限在第一、二、三层，第四层的功能只附带在第三层的硬件基础上。

下面就几个典型的集散控制系统介绍它们的体系结构特点。

（1）TDC-3000 型集散控制系统的体系结构

目前，在世界上应用较广而又具有四层体系结构的首推 Honeywell 公司推出的 TDC-3000 集散控制系统。它是在 TDC-2000 的基础上，经过 5 年的研究，在 1983 年 1 月发表的，其宗旨就是要解决过程控制领域内的关键问题——过程控制系统与信息管理系统的协调，为实现全厂生产管理提供最佳系统。

TDC-3000 发展几十年来，已几经更新换代，但它的基本系统与基本设备仍具有很强的生命力，如图 11-12 所示。旧的设备与新开发的系统兼容，新一代系统兼容旧一代产品，这是它的最大特色。

由图 11-12 所示体系结构图可以看到，直接控制层由基本调节器和多功能调节器组成，可以进行基本回路调节，模拟量 I/O、过程 I/O 和顺序控制，可与单回路仪表、模拟开关等现场装置相连。

TDC-3000 型集散控制系统的体系结构说明见表 11-5。

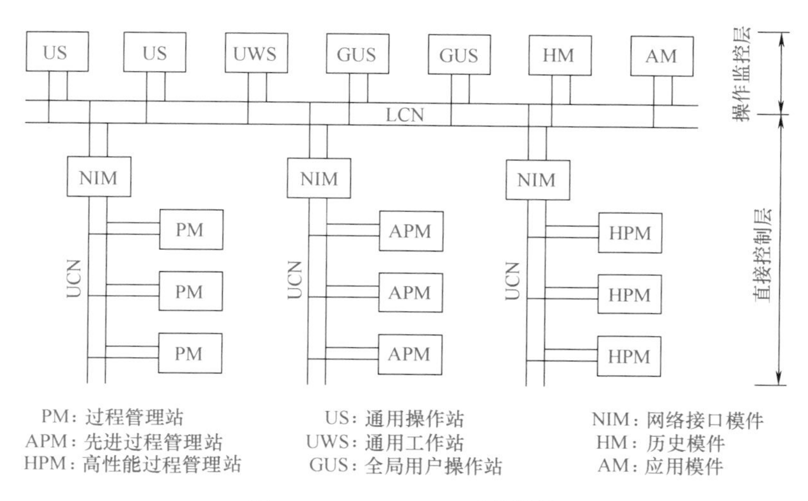

图 11-12 TDC-3000 系统结构

表 11-5 TDC-3000 型集散控制系统的体系结构说明

类别	说明
TDC-3000 有 3 种通信链路	①局部控制网络（LCN）是 TDC-3000 的主干网，令牌存取通信控制方式，符合 IEEE 802.4 标准，传输速率 5Mbit/s，总线拓扑结构。通过计算机接口与 DECnet/Ethernet 相连，与 EC-VAX 系统计算机联系构成综合管理系统，与个人计算机构成范围更广泛的计算机综合网络系统，从而将工厂所有计算机系统和控制系统联系成为一体，实现优化控制、优化管理的目的。 ②万能控制网络（UCN）是 1988 年开发的以 MAP 为基础的双重化实时控制网络，令牌传送载带总线网络，传输速率为 5Mbit/s，支持 32 个冗余设备，应用层采用 RS-511 标准。 ③数据高速通道（DH）是第一代集散控制系统的通信系统，采用串行、半双工方式工作，优先存取和定时询问方式控制，传输介质为 75Ω- 同轴电缆，传输速率为 250Kbit/s。DH 上设置了一个通信指挥器（HTD）来管理通信。任何 DH 之间的通信必须由 HTD 指挥，必须从 HTD 获得使用 DH 的权利
TDC-3000 提供 3 个不同等级的分散控制	①以过程控制设备（如 PM、LM 以及 DH 上各设备）为基础，并对控制元件进行控制的过程控制级。 ②先进的控制级包括比过程控制级更加复杂的控制策略和控制计算，通常称为工厂级。 ③最高控制级提供用于高级计算的技术和手段，例如，适用于复杂控制的过程模型、过程最优控制及线性规划等称为联合级
TDC-3000 的过程控制站	TDC-3000 的过程控制站包括：基本控制器（BC）、多功能控制器（MC）、先进多功能控制器（AMC）、逻辑控制器、过程控制器、逻辑管理站（LM）、过程管理站（PM）、单回路控制器（KMM）和可编程控制器（PLC）等
TDC-3000 有 4 种 CRT 操作站	①万能操作站（US）是全系统的窗口，是综合管理的人机接口。 ②增强型操作站（EOS）是 TDC-2000CRT 操作站的改进型。 ③本地批量操作站（LBOS）主要用于小系统。 ④新操作站（US）使用开放的 X-Window 技术，操作员能够同时观察工厂区、网络数据和过程控制数据
TDC-3000 在 LCN 上挂接多种模件	①万能操作站（US）。 ②历史模件（HM）可以收集和存储历史数据。 ③应用模件（AM）用于连续控制、逻辑控制、报警处理和批量历史收集，等等。其控制策略可用标准算法。此外，还有优化用工具软件包：回路自整定软件包、预测控制软件包、实时质量控制软件包（SPQC）、过程模型和优化软件包等。 ④可编程逻辑控制接口（PLCG）。 ⑤计算机接口（CG）提供与其他厂家如 DEC、IBM、HP 等主计算机之间的连接。 ⑥网络接口模件（NM）提供 UCN 和 LCN 之间的连接。 ⑦数据公路接口（HG）将数据高速通道（DH）与 LCN 相连

（2）Centum-XL 系统的体系结构

Centum-XL 是 1987 年日本横河电机推出的以“IF 整体自动化”为核心的集散控制系统，它能容纳横河几代产品于一体，包括 Centum、YS-80、Y-EWPACK、FA500（生产线控制器）

和 UXL 等。系统结构如图 11-13 所示。

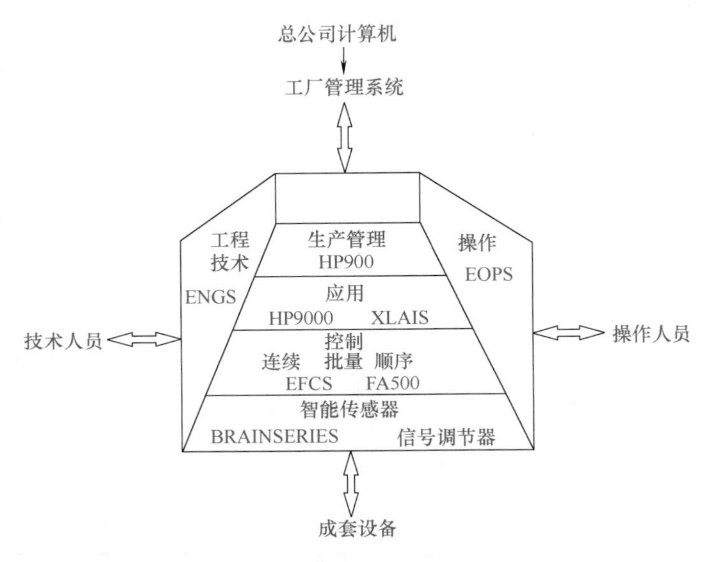

图 11-13 Centum-XL 系统结构

其技术特点见表 11-6。

表 11-6 技术特点

类别	说明
通信网络为三层	①局域网络，它有两个 LAN 系统。 a. SV-NET 系统，按 MAP 标准进行设计，传输速率为 10Mbit/s，可连接节点（机器台数）100 个，传送标准距离 500m，与光适配器一起使用最长可达 5.5km。 b. Ethernet 系统，以适应通信的开放化、网络化。 ②数据通道，Centum-XL 称为 HF 总线，双重化结构，传输介质为 8D-V 电缆，网络拓扑为总线型，控制方式为无主令牌传送，符合 PROWAY C 标准，传送速率为 1Mbit/s，可接 32 个节点（站），标准传送距离为 1km，和光通信系统一起使用最长距离可达 10km。 ③RL 总线：HXL 连接分散设置的操作站和控制单元的通信总线，可以双重化，传输介质为同轴电缆，令牌传输方式，传输速率为 1Mbit/s，传输标准距离为 1km，使用光适配器时最长可达 15km
操作站（EOPS）	采用 32 位微处理器是为了掌握住整个工厂的运行状态，进行必要的集中化控制的高性能人机接口，具有卓越的流程图机能、复合窗口等画面显示功能，可监视 16000 个工位点，2300 点趋势点记录，300 个流程图画面，调出速度为 1s
过程控制级	是由现场控制站和现场监测站所构成，它具有反馈控制、顺序控制、批量控制、算术运算及监视等机能。 现场控制站（EFMS）和双重化现场控制站（EFCD），采用 32 位微型计算机，可执行 80 个控制回路，顺序控制 786 点的接点输入 / 输出，在 1s 内完成。 现场监测站（EFMS）主要是为了进行温度信号的直接收集和监视的监视装置。不要信号变送器，最多可收集 255 点热电偶、测温电阻和 mV 信号等
工程技术站（ENGS）	工程技术站专司工程技术机能，包括诸如系统构成定义的系统生成机能、各种站的机能组态、流程图画面组态。应用机能包括 ECMP 计算机程序编制工作条件，自行文件、测试支援等。系统维修机能诸如系统维护、保养、远程维护保养、维护保养履历管理
ECMP 计算机站	ECMP 计算机站采用 32 位超级微型计算机，是系统内计算机，执行品种管理、运算处理（数加工 / 最佳化运算）、与上位机的通信接口以及控制系统固有的实时应用机能

（3）I/A Series 系统的体系结构

I/A Series 是 1987 年美国 Foxboro 公司推出的新一代集散控制计算机——智能自动化系统（I/A Series），从设计思想到系统结构，从硬件设计到软件思想都不同于老的产品。它的硬件、软件和通信都采用国际标准，为当今的工业自动化提供了灵活性、完整性、经济性和安全性，而且也为全厂信息集成和自动化系统提供了良好的结构。I/A Series 系统网络如图 11-14 所示。

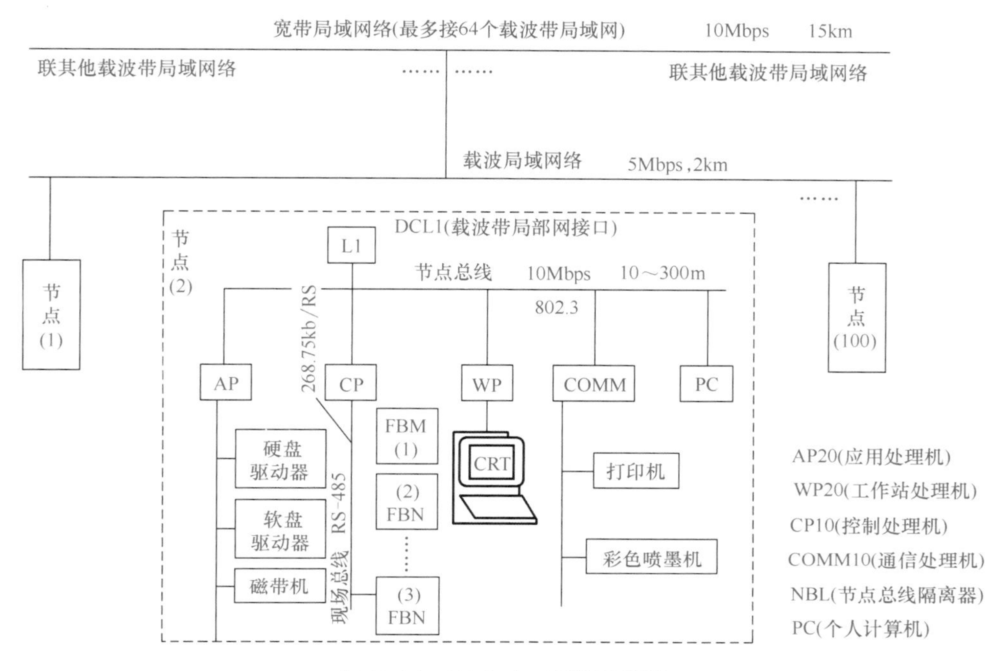

图 11-14 I/A Series 系统网络图

① I/A Series 的通信网络是一个四层结构（见表 11-7）。I/A Series 的主干是现代化的局域网络——宽带局域网络和载带局域网络，采用国际标准组织 ISO 的开放系统互连 OSI 通信规程与 MAP 协议兼容，使它能集成不同厂商的产品和系统。

表 11-7 通信网络的四层结构

类别	说明
带局域网络	是全系统的主干，它可延伸 15km，向下连接 64 个载带局域网络，传输速率为 10Mbit/s
载带局域网络	可挂接 100 个节点，传输速率为 5Mbit/s，传输介质为软性同轴电缆，最长距离为 2km，几个载带局域网络可以向上连接到宽带局域网络上，形成一个更大系统。I/A Series 的节点是由节点总线与所连接的工作站所组成
节点总线	传输介质为软性同轴电缆，通信规程符合 IEEE 802.3 标准，传输速率为 10Mbit/s，最长距离为 300m，可挂接 32 个工作站，这些工作站包括应用处理器、控制处理器、工作站处理器、节点扩展器、载带接口（DCLI）、个人计算机以及网间连接器（连接 Spectrum 系统）控制处理器通过现场总线挂接现场总线组件
现场总线	传输介质为双绞线，是一种单主站共用线串行数据通信总线，它遵从 EIARS-485 标准，传输速率为 268.75kbit/s 现场总线的数据交换均由主站启动，所连接的现场总线组件都被视为从站

② I/A Series 的硬件。现场总线模件包括模拟 I/O 模件、数字 I/O 模件、触点 I/O 模件以及智能变送器接口模件等 20 多种，适应了现场输入 / 输出的各种复杂要求。所有现场总线模件都带有单片机，采集和处理现场来的各种模拟量和数字量信号，也包括智能变送器来的信号；转换和输出控制信号，对现场来的脉冲进行计数，对事故序列进行监视，实现梯形逻辑控制。现场总线模件采用 CMOS 电子元器件，表面安装技术和环境保护技术，具有自诊断功能和冗余技术，提高了系统的可靠性。各种工作站说明见表 11-8。

表 11-8　各种工作站说明

类别	说明
控制处理器（CP）	可处理 60 个回路，实现用户所需的连续控制、梯形逻辑控制和顺序控制
操作站处理器（WP）	是为用户与系统功能间提供一个交互作用的环节，可完成各种显示、操作和组态功能。彩色 CRI 分辨率为 640×480，带触摸屏幕、鼠标、跟踪球操作器、字母数字键和组合式键盘，每个组合式键盘由带报警确认键的基本单元以及三块任意组合的报警指示键盘和数字键盘组成
通信处理器（COMP）	按优先等级打印来自网络中其他站的打印信息，如系统出错、过程报警、报表、文件和彩色图像等。报警信息优先级最高，将立即响应。它具有在网络中与远程站或上位机的通信功能
应用处理器（AP）	起着系统和网络管理、文件请求、数据库管理、历史数据及画面调用等作用。配有丰富的系统管理软件、组态软件和高级应用软件。执行各种应用功能如实时和历史数据、应用信息、系统和应用软件的组态

③ I/A Series 的软件。I/A Series 的软件类型及说明见表 11-9。

表 11-9　I/A Series 的软件类型及说明

类别	说明
系统软件采用国际工业标准	操作系统为 UNIX+VRTX。数据库管理系统为 IN-FORMIX。网络软件与 MAP 兼容
控制软件包	提供 30 多种功能模块，集连续控制、梯形逻辑控制和顺序控制于一身。可以实现常规 PID 控制、采样控制、非线性控制、前馈控制、超驰控制、串级控制等各种先进复杂的控制方案，并为顺序或批量控制中设备控制和联锁构成了一个理想的混合使用基础。控制软件包提供的 EXACT 自整定功能是人工智能在过程控制中的实际应用，它始终对过程动态的变化提供最好的响应
组态软件	包括系统组态程序、综合控制组态程序、画面组态软件、报警键盘组态功能和历史数据库组态功能。它是生成实用系统的有力工具
人机接口软件包	包括窗口、渐进菜单。各种画面显示明了，操作方便，组态灵活，而且提供用户要求的特殊操作环境，以保证全厂信息的安全访问
离线应用软件包	包括数据证实程序、生产模型程序、物理性能库、过程优化程序、电子表格、性能计算库和数学库等。为用户更好地应用 DCS 优化生产和优化管理提供途径

（4）INFI-90 系统的体系结构

INFI-90 系统如图 11-15 所示，正式命名为过程决策管理系统（Strategm Process Management System），它是贝利公司 1987 年的新一代 DCS，与 N-90DCS 完全兼容，而且还接纳了新技术，具备适应今后技术发展的特性。

① INFI-90 采用先进的微处理器（33MHz Motorola 68020 和 68030）、CKT 图形显示技术、高速安全通信技术和现代控制理论，形成了以过程控制站（PCU）、操作员接口站（OIS）、操作管理显示站和计算机接口站（CIU）与其他计算机通信设备为基础，做到物理位置分散、系统功能分散、控制功能分散以及操作显示管理集中的过程控制、过程决策管理的大型智能网络。

② INFI-90 的通信结构分为四层，它是能单独进行配置、保护的网络。

a. 第一层网络为 INFI-NET 中央环，可带载 250 个节点，传输速率为 10Mbit/s。

b. 第二层网络有两类：

• INFI-NET 环，可带载 250 个节，传输速率为 10Mbit/s；

• INFI-90 工厂环，可带载 63 个节点，传输速率为 500kbit/s。

c. 第三层网络为总线结构，名称为控制公路（Control Way）。通信介质为经过腐蚀的印刷电路板，可带载 32 个站（智能模件），传输速率为 1Mbit/s，采用无指挥器的自由竞争协议。

d. 第四层网络为总线结构，名称为受控总线，通信介质为经过腐蚀的印制电路板。它是一个并行总线，主要支持智能化模件的 I/O 通道。每个智能模件可带载 64 个 I/O 子模件，传输速率为 500kbit/s。

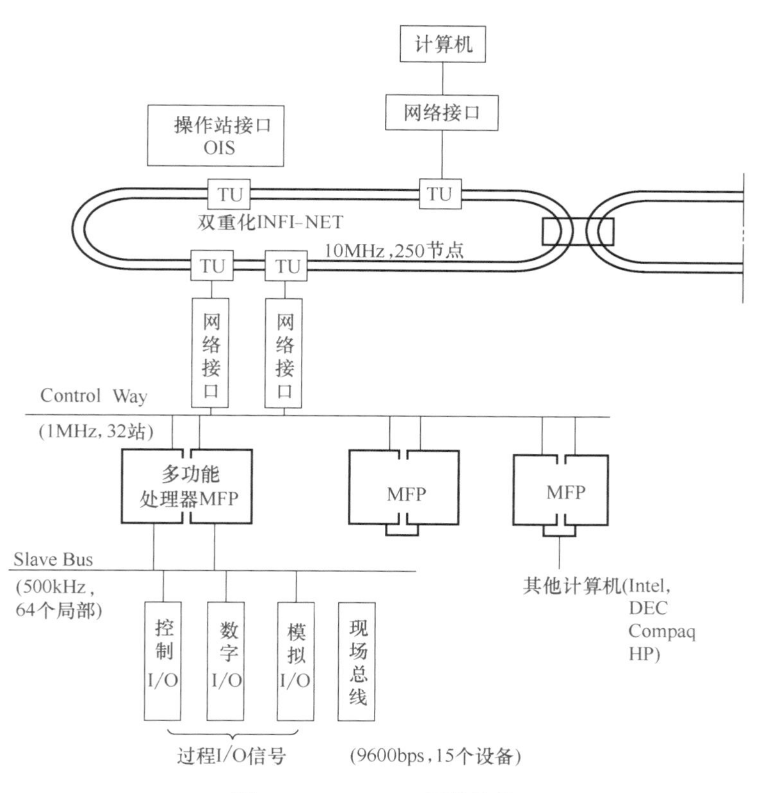

图 11-15　INFI-90 系统结构

③ INFI-90 使用无通信指挥器的存储转发通信协议，做到环路上的节点在通信中的地位是平等的，在同一时刻，每一节点均能接收和发送信息，并且依次传递，直至信息回到源节点，从而提高了环形网络的利用率、可靠性和可扩展性。

INFI-90 还使用了例外报告技术。所谓的“例外报告”与数据信息的有效变化值有关。一个数据点被传送必须是在这个数据有“明显”改变的时候，这个明显改变是用户设定的，此参数称为“例外死区”（即无报告区）。

采用例外报告，减少了不变化数据的传送，因而大大降低了传送信息量，提高了响应速度和系统的安全性。

④ INFI-90 硬件结构遵循模件结构的原则，过程控制站有四类模件：通信模件、智能化的多功能处理模件、I/O 子模件、电源模件。由这四类模件就可组成适应工艺要求的过程控制站，去完成过程控制、数据采集、顺序控制、批量处理控制以及优化等高级控制。

⑤ INFI-90 软件结构遵循模块化原则，做到高度模块化。在 MFP 的 ROM 中装入 11 大类 200 种功能码（标准算法），用户可以方便地加入自定义的功能码。用户还可以利用工程师站（EWS），选用适当的功能码，组成各种功能的组态控制策略，存入 BATRAM 中。EXPERT-90 这一专家系统的引入，构成优化策略，把过程控制提高到一个新的水平。

⑥ INFI-90 的 OSI 操作员接口站是一个集硬件、软件于一体的计算机设备，它支持多种外部设备，如人机对话手段，包括触摸屏幕、球标仪、键盘图形及文本打印机、彩色图形复制机、光盘存储器。操作员接口站如系列终端是选用 DEC 公司的 VAX 计算机，运行 VMS 操作系统，能与 DEC net/Ethernet 通信网络连接。

⑦ INFI-90 使用 CIU、MPF 的对外通道，可以和其他计算机、PLC 等设备通信，如 IBM、Intel、Compaq、DEC、HP 等多种计算机，使该系统更具有开发性以及可用性。

（5）MACS 的体系结构

MACS（Meet All Customer Satisfaction）集散控制系统是 Hollysys（和利时）公司的产品，其体系结构如图 11-16 所示。冗余的系统网络（S-NET）和管理网络（M-NET）之间通过冗余服务器互连，这两条 Ethernet（以太网）通信速率为 10Mbps 和 100Mbps。控制站挂在 S-NET 上，工程师站和操作员站挂在 M-NET 上。冗余服务器的功能是进行实时数据库的管理和存取、历史数据库的管理和存取、系统装载服务和文件存取服务。工程师站、操作员站和服务器选用工业 PC 机和工作站，采用 Windows NT/2000 操作系统及其配套软件和 IEC61131-3 标准规定的功能块图（function block diagram，FBD）、梯形图（ladder diagram，LD）、顺序功能图（sequence function chart，SFC）和结构文本语言（structure text，ST）组态方式。

MACS 的控制站由主控单元（MCU）和输入输出单元（IOU）两部分组成，两者之间通过控制网络（C-NET）互连，如图 11-17 所示。两个主控单元（MCU）构成冗余控制站，MCU 内有 3 块以太网（Ethernet）卡，其中第 1、2 块接冗余 S-NET，第 3 块作为双机数据备份线接口。MCU 内还有 1 块 CPU 卡、1 块 PROFIBUS-DP 总线卡和 1 块多功能卡。C-NET 选用 PROFIBUS-DP 总线，通信速率为（9.6kbit ~ 12Mbit）/s，其快慢取决于传输介质和传输距离。IOU 的各类 AI、AO、DI、DO 等模块挂在 C-NET 上，采用 DIN 导轨模块式结构形式，IO 模块和接线端子分离，便于带电插拔维护，IO 模块也可以冗余配置。控制站选用 QNX 实时多任务操作系统，制块、梯形逻辑块和计算机公式的运算周期可选为 50ms、100ms、……、1000ms。

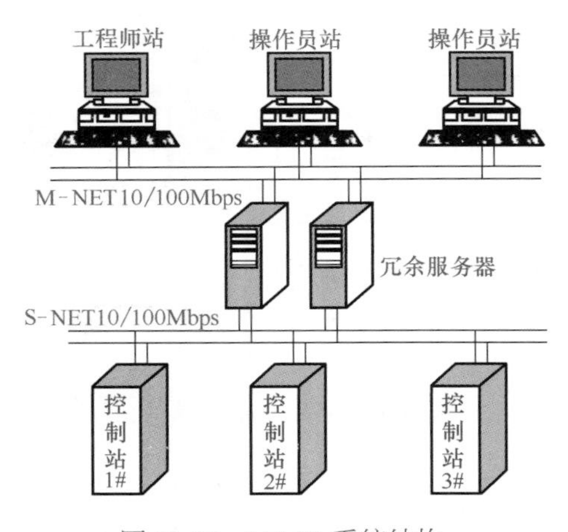

图 11-16　MACS 系统结构

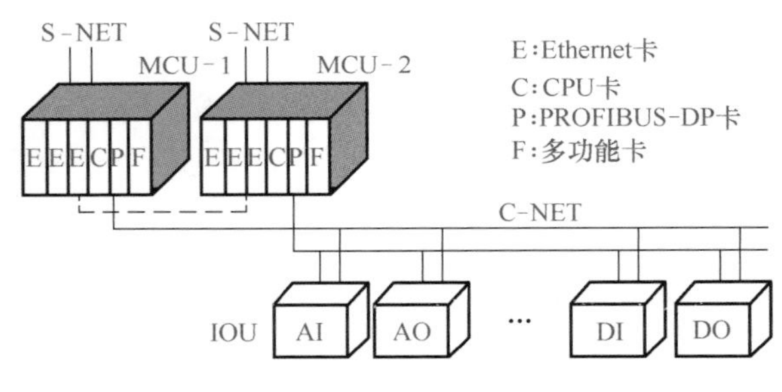

图 11-17　MACS 的控制站

第三节　DCS 控制系统的维修

一、DCS 的故障判断与处理

（1）人机接口的故障检查及处理

操作员站或工程师站死机的原因很多，且比较复杂，硬件方面的原因有：电源有问题，冷却风扇停转导致主机过热，CPU 负荷过重，内存条松动或质量不佳，可采用更换风扇等硬件，重新拔插内存条的方法来处理。硬盘老化或使用不当造成坏道、坏扇区，只有更换硬盘。硬盘空间不足，可定期整理和清理硬盘中的垃圾文件。软件方面的原因有：软件本身有缺陷，或者操作员操作错误，系统文件丢失，错误卸载了文件，历史数据及报表计算混乱等。有时死机是接地不良或设置错误引起的，有频繁死机现象时，应对接地系统进行认真检查。如无其他异常情况，只需要重启电脑，大多可恢复正常。

在生产中单独一台操作站出现异常，大多为操作站的硬件出现问题，如硬盘、电源、风扇有故障，通过检查更换相关配件即可恢复。软件出现问题也会导致操作站异常，这时要做的就是恢复该操作站的备份系统，在很多企业大多使用光盘及 GHOST 软件来恢复系统，有的还安装有一键恢复系统软件；恢复系统时按提示一步一步点击确定即可。

人机接口常见故障及处理方法见表 11-10。

表 11-10 人机接口常见故障及处理方法

故障现象	可能原因	处理方法
鼠标操作失灵	鼠标的接口接触不良	紧固鼠标接口螺钉
	鼠标积尘过多或损坏	清洗或更换鼠标
键盘功能不正常	键盘插头插座接触不良	重新拔插一下键盘
	按键接触不良	清洁或更换键盘
控制操作失效	打开的过程窗口过多	按需打开适量过程窗口
	过程通道硬件有故障	检查过程通道
打印机不工作	打印机设置有错误	进行正确的打印设置
	缺墨	更换墨盒

（2）电源或接地系统的故障检查及处理

DCS 系统电源出现故障，通常会有报警及灯光显示，而且会自动切换至备用电源。对单一电源故障，可切除进线电源后进行检查；维修有故障的电源，应在找到故障点后，制订切实可行的安全措施才能进行维修。

① 电源出现严重故障会导致 DCS 瘫痪，断电故障有时可能就发生在不起眼的小事上。如：供电接线头没有采用压接或压接不牢造成接触不良，或者接线螺钉松动；电源线的连接点因腐蚀产生接触不良，会导致电源线的阻抗增大和绝缘下降等；以上问题的出现都有可能导致供电瞬间中断或长时间断电。因此定期检查电源输出电压，在停产检修时应检查电源线路，紧固螺钉来保证供电无接线问题。电源模块出现故障，更换即可。要检查并保证两路电源同时带电，而且其保险熔丝要可靠。UPS 的电池寿命到期就要更换，不要等有故障再更换。

检查控制站的电源故障，可先观察电源指示灯的显示及冷却风扇工作是否正常。电源输出电压可通过万用表测量来判断，常用电压有 5V 和 24V，非特殊情况不要带电维修电源。

② 地线问题导致的故障、系统接地电阻增大、接地端与接地网断开、电源线和接地线布线不合理、没有做好防雷措施等，都会影响正常供电。接地系统出现故障一般不会有报警信号，但对 DCS 的输入输出信号影响较大，可能会出现多个数据显示不稳定，设备状态失常、误动作等故障。这时应测量系统的接地电阻是否合乎要求，如果接地系统有问题，对症进行处理。为了保障 DCS 系统的正常运行，应定期检查防雷接地设施及线路。

（3）过程通道的故障检查及处理

卡件故障有硬件故障和软件故障之分，通过更换卡件才能解决的为硬件故障，而通过对卡件进行复位可以解决的为软件故障。软件故障有时可能只反映在其中的某一个通道上，可通过实际测量来判断；更换卡件后故障仍存在，不妨试着重新对控制器进行下装，也许就能解决问题。

DCS 出现故障最多的是现场仪表部分，如变送器、热电偶、热电阻等，故障检查和处理可参考本书的相关章节。继电器和各种开关也是容易出现故障的元件，该类元件使用频繁，触点易打火或氧化，从而出现接触不良或烧毁的故障，该类元件大多采取更换的方式。

过程通道的故障检查及处理见表 11-11。

表 11-11 过程通道的故障检查及处理

类别	说明
I/O 卡件的检查及处理	I/O 卡件的检查及处理过程通道出现故障最多的是 I/O 卡件。现场维修数据表明，I/O 卡件中 AI 卡件端口烧毁的故障率最高。I/O 卡件故障的判断，通过观察卡件指示灯和查看故障诊断画面，可确认主控制器和数据转发卡等系统卡件故障。 对模拟量输入通道检查时，拆除输入线用信号发生器加信号，如电流、电阻、毫伏信号，若操作站的显示正常，故障点应在信号连线或是变送器、传感元件侧。检查模拟量输出通道，可在操作站上对设备进行操作，若输出信号正常，故障点应在外围设备或是连线上。检查开关量输入通道，可短接通道，操作站的显示正常，故障点应在外围设备或是连线上；检查开关量输出通道，可在操作站上对设备进行操作，如果卡件的输出继电器闭合，故障点应在外围设备或连线侧。 还可采取调换通道或更换备件来确定故障，对有故障的卡件大多采取更换的方式，拔插卡件时要做好安全防护措施，如佩戴防静电手环等，不要用手去摸元器件和焊点，以避免静电引入而造成损坏。代换卡件时要检查卡件与底座接插是否紧密，否则会由于接触不良而出现误判的问题。卡件是否能热拔插，各型产品不尽相同，应参照用户手册执行
线路及接线的检查及处理	检查接线端或导线接触不良，接线端与实际信号不一致，输入信号线接反、松动、脱落，模块与底座接插不良等。检查人为的错误，如把信号线接错通道，通信线接线方向或终端匹配器未接等。对人为故障只要加强检查，是可以杜绝和消除的
较难预料的故障检查及处理	较难预料的故障有：供电或通信线路不正常，过程通道的保险损坏，模件或电子元器件老化损坏等。对以上故障只有在出现时尽力修复，前提是要有备品备件来保障。有的故障因素可能很难发现，如某电厂在一个月内频繁出现通信故障，更换主机后故障依然存在，经过多次检查才排除了故障，原因是模件连接到主机箱的 SCSI 数据线两端接头损坏，更换数据线后问题迎刃而解
电磁干扰的检查及处理	电磁干扰是由对接地和防干扰措施注意不够引起的。备用电源的切换，使用无线通信设备可能会影响 DCS 的运行，大功率电器设备的启动和停止都会干扰 DCS 的控制信号，造成不必要的故障。要严格执行屏蔽和接地要求，信号线要远离干扰源，如某厂有不少温度点测量不准，经检查发现是电缆桥架各段槽板之间有漆层，而各段槽板之间又没有用导线连接，由于没有屏蔽作用，干扰信号串入了热电偶的测量回路中，导致 DCS 温度显示不准确。主 / 从控制器之间在装置运行时，除非万不得已，不要进行人为切换，以防产生干扰

（4）DCS 控制器故障检查及处理

DCS 的控制器质量可靠，但长时间运行后，由于种种原因，难免会出故障，硬件和软件有问题都有可能引发控制器出现故障。

DCS 控制器故障检查及处理见表 11-12。

表 11-12 DCS 控制器故障检查及处理

类别	说明
控制器故障	控制器有故障时其故障标志会出现红色，可根据标志中的文字及故障诊断信息进行检查及处理。控制器出现故障时，可查看系统报警来判断，如控制器、I/O 卡件、通信部件有故障，可对症进行处理。有时通过复位可解决，但有时复位后又下线，对有时正常有时又失常的故障，或者系统某一段回路各卡件有无规律地通信报警时，首先要检查的是通信部件，检查前端光纤设备、光电转换器、光纤熔接点是否正常。主控制器任一 SBUS 端口自检有故障时，在保证冗余控制卡工作正常的前提下，可试着重新拔插或者紧固该端口的通信电缆插头，或者更换通信电缆
主控制器 I/O 卡件故障	主控制器 I/O 卡件有故障，或者主控制卡上电复位时，内存自检，ROM 自检，自定义程序的任一自检报警有故障，在保证冗余控制卡工作正常的前提下，应更换有故障的控制器卡件。报警 RAM 读 / 写错误或 RAM 数据错误，应检查内存条、硬盘、电源是否正常
软件故障	软件有问题也会使控制器出现故障，有时通信卡在接收终端的数据信号时发生丢包现象，这样在控制器内将会产生垃圾文件，时间一长，垃圾文件越来越多，使程序出现紊乱，导致控制器无法正常工作；只有通过对控制器进行复位，清空控制器的程序后，重新安装程序来修复。有条件时可定期或不定期地清空控制器的程序，重新下装控制器的程序，这样可把被动维修变为主动维护

（5）DCS 测点显示有坏点的检查及处理

DCS 测点显示坏点，一种是画面数据中有个别测点或几个测点显示坏点，这时应重点检查现场仪表，如变送器是否没有电流信号送过来；检查热电偶、热电阻测温元件有无损坏；检查现场仪表有无故障；检查是否断电或信号线极性接反、接线松脱、开路、接地等。对以上故障可按图 11-18 的步骤检查。

另一种就是 DCS 画面数据全部显示坏点，观察机柜全部故障灯会闪动，这是最危险的，此时，操作工将失去对生产装置所有画面的监视和控制，而且还无法执行操作指令。但大多 DCS 的控制回路及保护功能仍是可以正常工作的，操作工只能依靠就地仪表的显示来维持生产。

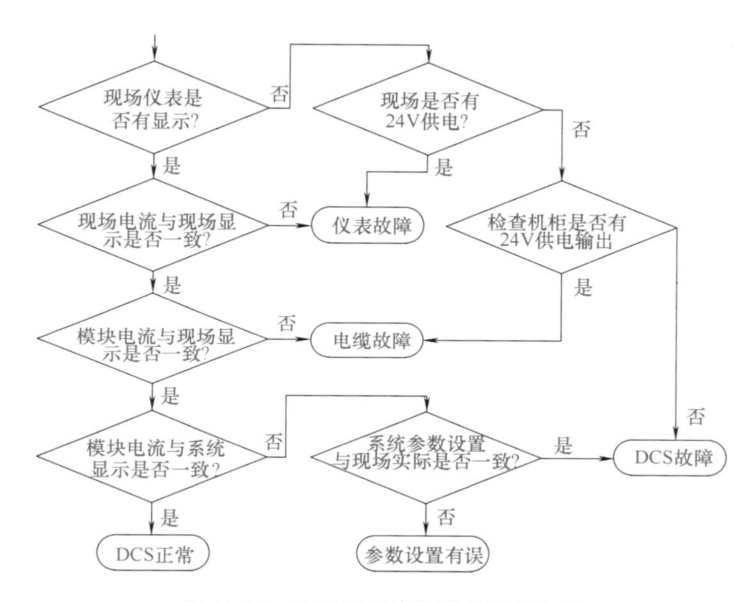

图 11-18　DCS 显示有坏点的检查步骤

全部显示坏点故障有可能是 DCS 服务器死机或者出现故障，如服务器电源模块损坏、硬盘丢失文件、主服务器退备用等故障；出现服务器全部故障时只能停产进行更换处理。DCS 网络出现通信中断故障，网络故障有硬故障和软故障，其检查及处理方法，可参考本节中网络通信故障检查处理相关章节。

（6）DCS 显示不正常的检查及处理

该故障大多是指 DCS 某个通道的数据不正常，需要判断故障点是在系统部分还是现场部分。通常的两种做法见表 11-13。

表 11-13　DCS 显示不正常的故障检查及处理

类别	说明
从 DCS 操作站往现场仪表检查	首先排除 DCS 故障，检查和确定卡件、插槽或母板是否有问题，对新投运的系统还应检查信号接线及卡件跳线是否正确。在 DCS 端子柜侧，用信号发生器送 4 ~ 20mA 电流信号给输入端子，观察显示是否正常；用万用表测量 DCS 输出端子的电流信号与 DCS 显示的信号是否一致，以上检查可确定 DCS 的 AI/AO 卡是否有故障。对端子板、IO 卡件要逐段排查，同时检查 DCS 组态中量程是否和现场仪表对应。从操作站往现场仪表检查的步骤如图 11-19 所示

续表

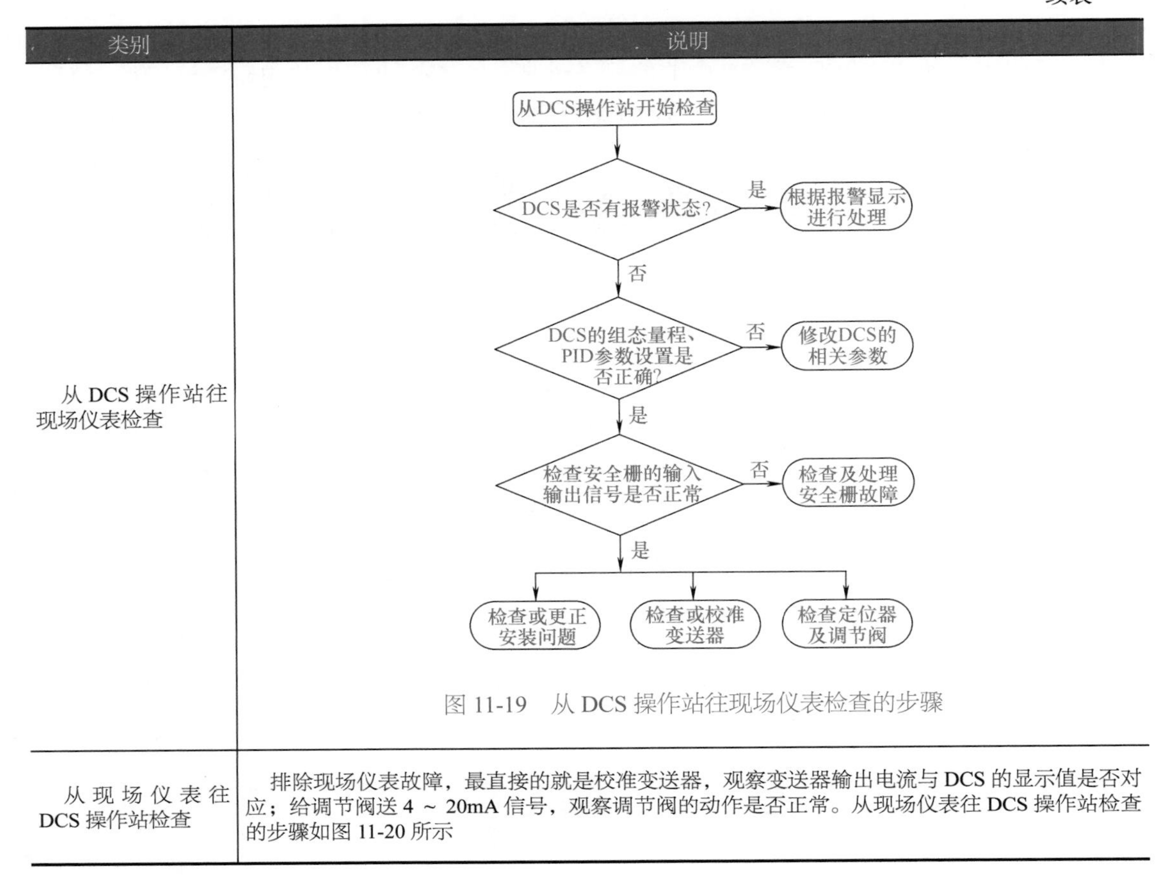

类别	说明
从 DCS 操作站往现场仪表检查	图 11-19　从 DCS 操作站往现场仪表检查的步骤
从现场仪表往 DCS 操作站检查	排除现场仪表故障，最直接的就是校准变送器，观察变送器输出电流与 DCS 的显示值是否对应；给调节阀送 4 ～ 20mA 信号，观察调节阀的动作是否正常。从现场仪表往 DCS 操作站检查的步骤如图 11-20 所示

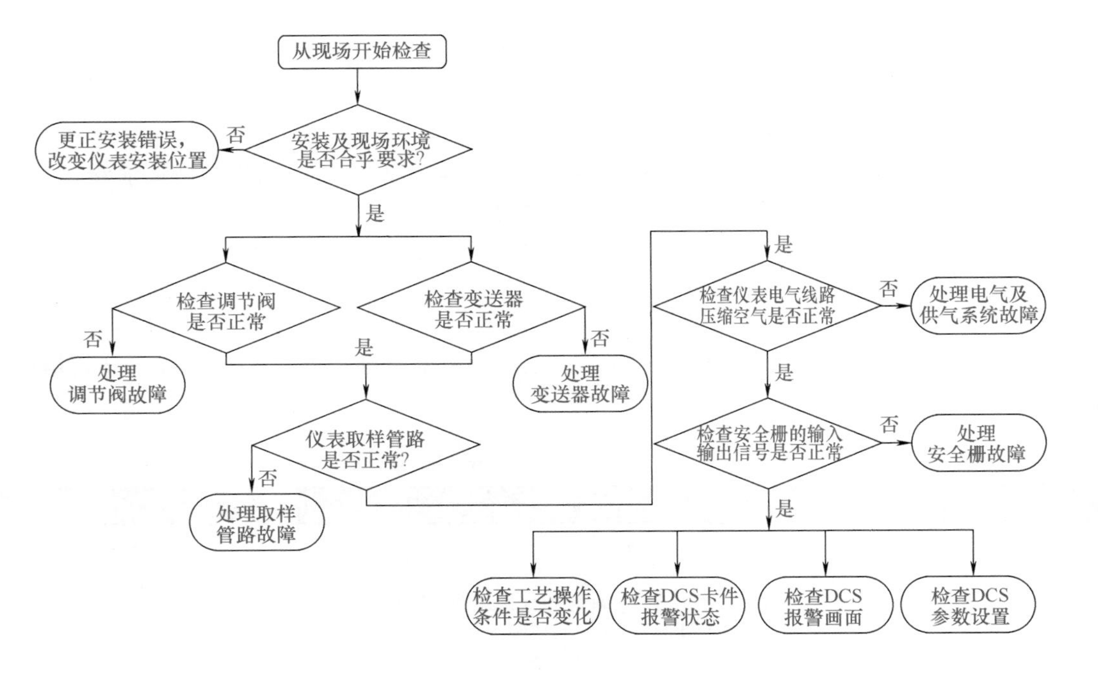

图 11-20　从现场仪表往 DCS 操作站检查的步骤

如果从两端检查过来都没有发现问题，可检查中间环节的信号，或做通断测试及绝缘测试，大多能发现故障部位。

（7）软件故障检查及处理

DCS 的软件出现故障的概率很低，但是一旦出现故障，影响面很大。DCS 软件出故障大多是由于组态有错误、组态与硬件不协调而出现的问题。常见故障有：数据库点组态与对应通道连接信号不匹配；鼠标端口设置有误，如把 USB 口设为 COM 口，而出现不能用鼠标操作的问题；有时软件的原因也会使网络通信太忙或阻塞引起系统管理混乱；不能进行打印操作；有的设备已安装驱动程序，但设备不工作；卡件上的指示灯状态不对；对应测点的显示值不正确等。首先要判断是 DCS 内部还是外部有问题。如果是 DCS 内部的问题，大多属于软件的问题，可从组态入手进行检查。如果是 DCS 外部有问题，大多是硬件的原因，可按硬件故障的检查方法进行检查及处理。

（8）网络通信故障的检查及处理

网络通信故障中由线路问题及硬件原因引起的居多，网络通信不正常的现象是操作站显示、控制的数据不更新或不同步，可通过读取故障诊断信息内容，有的放矢地检查和处理。先观察网卡运行灯是否正常闪亮、集线器电源灯是否亮、每个通道的收发灯是否闪亮，结合故障信息，确认后更换故障部件。如果网卡灯与集线器相应通道的灯不亮，通信线可能有故障，可进行检查及处理。

以上检查都正常但通信仍无法恢复，可能是软件有问题，可检查或重新安装软件。网络通信故障中由软件引发的情况有：组态不规范；生产中控制器的组态有变化，但应用软件组态只增加不减少，形成很多无效数据，而系统运行时仍在读取这些数据，网络上根本没有这些数据就会造成网络堵塞。最好就是删除无效数据，对组态进行优化。

① DCS 的通信网络大多用总线型冗余结构。总线出现故障时，处于故障通信总线范围内的所有过程处理模件、输入输出模件的外部故障灯会亮，表明该站内的通信总线出现硬件故障。常见故障有：远方总线故障和站总线故障。主站、总线电缆大多采用双通道，所以出现故障的概率较低，此类故障可通过切换远方总线运行方式查找。站总线故障有可能是 TK、FK 模件故障或站内通信电缆故障；模件大多为双通道，而站内通信电缆是单根，因此，检查总线故障的重点是通信电缆。

通信电缆有故障，从操作站或工程师站上可以发现一些现象，在操作站上会出现大量参数故障，通过对这些信号进行分析：其全部为某一机架的信号，而且参数的故障呈现一定的规律性，即从一个机架或机柜的某一个模件开始，在此机架内的所有信号连续出现故障标志，表明该机架的通信电缆可能出现故障。

在工程师站的诊断信息上会出现大量模件故障，而且模件的故障呈现一定的规律性，即从一个机架或机柜的某一个模件开始，在此机架内的所有模件连续出现故障信号，故障信号的标志为模件丢失，这表明该机架的通信电缆可能出现故障。

② 节点总线的传送介质采用同轴电缆，总线的干线任一处中断，都会使该总线上所有站的子设备出现通信故障。除进行检查，不要去触碰或插拔同轴电缆的线及插头，避免造成松动，增加出现故障的可能。检查时应测量终端电阻的阻值是否正常，若不正常则应进行更换或处理。

③ 就地总线一般是双绞线组成的数据通信网络。其连接的设备是与生产过程直接发生联系的一次元件或控制设备，所以工作环境恶劣，故障率高。防止此类故障的有效方法是，要将就地总线与就地设备的连接点进行妥善处理，拆装设备时，不得影响总线的正常运行，总线分支应安装在不易碰触的地方。

④ 通信线接线错误、通信线接触不良、拨码开关位置错误，都会使网络通信不正常。通信电缆线材损坏的情况不多，线端接头是检查的重点。通信接头出现接触不良、松动等现象时，应该重新做网线接头，否则后患无穷。

直连网线（568B）的两端芯线要一一对应，网线制作是按“1. 白橙，2. 橙，3. 白绿，4. 蓝，5. 白蓝，6. 绿，7. 白棕，8. 棕”的次序排列。可使用“网线测试仪”检查网线是否正常，将网线接在测试仪接口上后打开电源开关，测试仪两边的灯会依次闪亮：如果左右两边的灯闪亮顺序相同且都是12345678，说明被测网线是直连线；如果左边按12345678顺序闪亮，而右边是按36145278顺序闪亮，说明被测网线是交叉线。测试中如果左右两边的灯按顺序亮起，说明该网线制作正确。左边闪亮到某个灯时右边没有闪亮，说明该线有问题，可能是线序有错，或者网线有断路，线未插入水晶头中等故障。

正常时网卡的传输指示灯是闪亮的，如果不亮可检查网卡的设置、网卡的驱动程序是否正常，TCP/IP设置是否正确；可用ping命令来检查网卡及驱动程序是否正常。当控制站与工程师站、操作员站不能通信时，有可能是IP地址错误，通信相关软件、网线有问题。如要检查控制站与工程师站能否通信，可进入工程师站的“开始”→“运行”→输入“ping1××.0.0.××”（控制站的IP地址）→从跳出的显示框就可知道结果了。

⑤ 就如每个人都有一个身份证号码一样，网络通信中IP地址就相当于被联设备的“身份证号”，如果其地址标识错误，必然造成网络通信的混乱。所以，要防止各组件地址标识错误及重复，如交换机上地址重复等发生。更换网卡、数据转发卡、主控制器时，新的卡件地址与原来用的卡件地址必须相同；当维修中需要拔插卡件，如网卡、数据转接卡、主控制器等时，一定要记住卡件原来的安装位置，否则安装位置有变化会导致人为故障。更换网卡前，先记录网卡的IP地址，关闭主机后打开主机盖进行更换，插上网线，启动主机后安装网卡的驱动程序，设置网卡的IP地址。

（9）DCS组态下装过程的故障及处理

DCS组态下装分为在线下装和离线下装，下装又可分为增量下装和全下装。在线下装是指在装置运行状态下，将编好的程序通过下装软件下装到DPU中，而不影响装置的运行，但很多DCS系统并不支持在线下装。

离线下装不会对生产安全造成影响，但离线下装不能立即见到效果，而且有可能存在一些较隐蔽的缺陷，难于检查确认。一般可采取增量下装，可保留控制器中原有状态信息，仅自动对更改处进行下装。下装前不要对控制器做过多的修改，以避免离线组态与控制器中的组态存在较多差异，否则有可能出现一些莫名其妙的问题。

认真做好DCS组态修改的记录工作。对DCS组态做任何修改，均应做相应的文字记录。做DCS组态修改前，对需要修改的控制器站进行点信息一致性检查，确认点信息完全一致；检查有不一致处，应该有组态修改的文字记录予以确认。

修改组态应及时保存，编译过程中若发生任何错误报告，必须予以一一确认。做到零错误下装。下装前应进行系统状态的检查，检查控制器的主备状态、报警信息，检查系统中的点强制、点报警情况，做好记录，方便下装后与系统状态进行比对。

增量下装发生错误，可采用全下装来解决，但对下装的控制器要进行清空，清空结束后，再进行常规的下装操作。

二、DCS的维修实例

DCS的维修实例见表11-14。

表 11-14 DCS 的故障现象、检查及故障处理

（1）电源故障		
故障现象	故障检查	故障处理及小结
某厂锅炉 DCS 的很多显示参数突然变为坏点，导致停炉	观察 DCS 的显示屏发现，汽包水位、给水流量、主蒸汽流量、除氧器水位显示全为坏点，从经验判断，问题应该在现场变送器，检查发现变送器的 24V 电源总保险烧断	故障处理：更换保险后 DCS 系统恢复正常 维修小结：本例属于 24V 电源总保险烧断，造成锅炉变送器失灵故障。处理电源故障一般就是更换保险或电源模块，技术含量虽然不高，但影响却非常大；因此，预防电源故障，采取保障措施非常重要。如增加电源的冗余配置，检查电源的故障报警，定期检查电源模块及冷却风扇，定期更换保险管都是很有必要的
（2）过程通道故障		
故障现象	故障检查	故障处理及小结
浮筒液位计与玻璃液位计指示都正常，但是 DCS 显示最大	现场变送器输出电流正常，且与液位值对应，机柜间安全栅测得电流为 20mA。所以 DCS 显示最大。判断问题还是在现场，深入检查发现离变送器不远处接线盒有进水现象	故障处理：把接线盒内的水处理干净并吹干，DCS 显示恢复正常 维修小结：本例属于进水使信号线出现接地引发的故障。从机理上进行分析还是有一定难度的。对安全栅输出的 20mA 电流，有人认为接地引起安全栅保护限流；有人则认为接线盒进水，导致信号线不完全短路，短路处和变送器及安全栅形成了两个并联回路，才出现变送器输出电流正常，而安全栅输出电流最大的现象
某压力变送器显示为 0.85kPa，DCS 画面却显示 -1.7kPa	检查变送器、安全栅、卡件都是正常的，量程设置也没有问题，最后发现是 DCS 的组态域值不对	故障处理：更正 DCS 的组态域值后，压力显示恢复正常 维修小结：本例属于软件引发的故障。在现场出现该类故障大多是硬件的原因，检查方法有：换个 AI 点后观察 DCS 显示是否正常，量程不对应时可采取数值换算来判断；还可测量安全栅的输入、输出电流来确定故障部位；也可在安全栅处一分为二，用电流信号代替安全栅的输出，如果 DCS 显示正常，则重点检查安全栅之前的仪表及接线
通道软件故障两例	某补水调节阀不能开启，无论给出的指令是多少，现场测量的电流值始终为 4mA	对该模件进行复位后控制恢复正常
	定排疏水电动阀开启但无法关闭。现场检查对应的开关输出模件，第一通道输出为“1”，对应电动阀的开指令，而 DCS 中查看该通道的状态为“0”	更换模件无效，对主控制器进行下装后控制恢复正常
（3）控制器故障		
故障现象	故障检查	故障处理及小结
某电厂 I/A′ S 系统的机组副控制处理站（CP2007）下线	怀疑是 CP2007 的问题，将其更换至 CP2001 控制处理站的位置，故障现象仍存在	故障处理：更换 CP2007 控制器后正常 维修小结：在使用中 CP2007 副控制器经常下线，然后又自动上线，怀疑是 CP2007 本身有问题，为了进一步确定，将其更换至正常的另一台控制器 CP2001 的位置，投用后，其故障仍存在。对于同一台控制器，在不同位置所报故障相同，说明控制器本身有故障
散热风扇故障导致 DCS 主控制器出现故障		故障处理：更换散热风扇后，控制器恢复正常运行 维修小结：根据某电厂的统计数据，DCS 主控制器内的散热风扇如果出现故障，将使主控制器的故障率大大增加；5 年时间内该厂因主控制器内散热风扇异常导致的主控制器故障共计 13 次，这类故障的主控制器内散热风扇均有一个或几个运转不正常或完全不运转，一般在更换散热风扇后都能恢复正常工作

续表

（3）控制器故障		
故障现象	故障检查	故障处理及小结
某DCS系统出现多个模件频繁离线故障，离线时间间隔短的仅几秒，长的则几分钟甚至更长	检查DP总线无虚接现象。曾采取下装主控、更换模件等手段均无效。在拔插模件的过程中，当拔到某一块模件时DP链路恢复正常，再插回又有模件离线。判断是模件故障引起整个一段DP链路上模件离线。通过逐一排除的方法检查，查出有一块模件有故障	故障处理：更换有故障的模件后，系统恢复正常 维修小结：模件故障影响到一段DP总线上模件离线的故障较难判断，因为，离线的不一定是故障模件，故障模件也不一定会离线，在没有检测手段时，只能用逐一排除法进行检查。这种总线故障在只有一个模件故障时不会出现，而且模件内的故障点能用肉眼观察到，如本例中拆开模件发现有电容器不同程度爆裂的迹象。因此机组检修时可以对模件拆开检查，能起到很好的预防效果
（4）网络通信故障		
故障现象	故障检查	故障处理及小结
某厂2号机组的操作员站及大屏显示的参数突然变为坏点。持续2min后仍未恢复，DCS系统网络通信堵塞，系统处于瘫痪状态，机组被迫手动停机	检查发现有8个DPU自检状态显示处于离线状态，4对主/备用DPU均处于离线状态。检查离线状态DPU机柜，发现对应的DPU主机都在停机状态，进一步检查出现异常问题的DPU历史状态，发现第一出现异常问题的DPU为5号DPU，时间为23：06：50，错误信息为“传输故障”，从23：07：10起，6号DPU出现下网信息“I/O驱动出错”。并且在每1s内该信息报文重复广播450余次，此后历史记录显示其他DPU相应出现报警	故障处理：手动复位断网的DPU后恢复正常 维修小结：根据报警历史记录，6号DPU从23：07：10起，每秒钟都发出大量的“I/O驱动出错”的系统报文，至23：09：25停止发送。大量的报警信息导致DCS系统网络异常，使多个DPU离线。按系统设计原理，“I/O驱动出错”是在该DPU复位时，为记录复位原因而发出的一条系统报文。正常情况下，“I/O驱动出错”的报警通告次数应该是一次的，出现该报文后DPU应自行复位。从历史记录看，6号DPU并未复位，并持续发出报警信息。后来DCS厂商判断为Windows NT操作系统方面的安全漏洞，使得在特定条件下会引发重复报警
某厂DCS突然出现c线UCN电缆故障造成HPM控制器失效及数据时断时续，大约持续15min后系统恢复正常	观察历史记录发现某日9时左右发生UCN电缆B报警后，电缆A也同时报警，造成HPM6个冗余控制器失效，同时操作站出现数据时断时续现象。对系统盘柜的电源、接地等进行了检查，UCN电缆连接、电缆切换都很正常；确认故障为系统外界干扰所致。对现场多方数据调查对比与分析，最终发现干扰来源于距DCS控制室40m处某工号抽风电机变频柜。经试验，只要风机变频器一运行，DCS就受到干扰，冗余控制器就失效	故障处理：与工艺人员确认该风机属于间断使用，投用时一直运行在工频，用变频器驱动也没有实际意义，为杜绝对DCS的干扰，决定将变频器暂时停用，风机改为工频运行后，DCS没有再出现该故障 维修小结：本例属于典型的变频器高次谐波电磁干扰故障。克服干扰通常的做法是：变频器进出电源线加装滤波器；DCS系统要做好接地线，信号线路采用屏蔽电缆。屏蔽层应一端接地，信号线与动力线要远离敷设，避免不了时要相互垂直交叉敷设
某DCS系统通信故障的检查及处理过程［正常系统时，通信电缆的A缆与B缆会自动定期（约1 min）切换工作。出故障时A缆显示“SUSPECT”，强行置到A缆几次，总是迅速跳回到B缆工作状态，说明A缆确实有问题］	首先用代换法进行检查，先后代换过两个控制室的光纤扩展卡；用同轴电缆，一段一段进行测试；用网卡逐台节点代换并重启；用调制解调卡对两台NIM代换并重启；但故障现象依然存在。 停车大检修时，又进行了如下检查：断开与中央控制室设备的连接，仅由分控室的设备组成一个小系统。重新启动及对该区域的节点卡件与电缆再次代换，故障依旧，但初步确认故障位于该区域。怀疑某个节点卡笼的底板有问题，这种	故障处理：换上一个好的终端电阻，重新启动系统，A缆状态显示OK，DCS系统通信恢复正常 维修小结：本例故障检查花费了不少时间和精力，很值得总结。DCS系统资料对各种故障诊断的文字只有一般性的解释与处理方法提示，具体问题的解决仍需要维修人员长时间的经验积累与摸索。第一次怀疑电缆问题时，就没有考虑到终端电阻也会出问题，很多时候容易想当然地认为“某部分应该没问题”，从而影响对故障的判断与分析。因此。对复杂而功能强大的控制系统，有时把故障现象朝简单的方向考虑，可能反而更快地解决问题

续表

（4）网络通信故障		
故障现象	故障检查	故障处理及小结
某 DCS 系统通信故障的检查及处理过程［正常系统时，通信电缆的 A 缆与 B 缆会自动定期（约 1 min）切换工作。出故障时 A 缆显示“SUSPECT”，强行置到 A 缆几次，总是迅速跳回到 B 缆工作状态，说明 A 缆确实有问题］	LCN 节点卡笼采用双节点型。一个卡笼上可安装两台 LCN 节点设备的卡件，于是又逐一更换卡件在卡笼中的安装位置并重新启动，但故障依旧。 最后回过头来再次怀疑电缆与连接的问题，逐一检查通信终端电阻的阻值。结果发现 US6 上 A 缆的终端电阻阻值很大（应为 75Ω 左右），把旋盖拧开一看，电阻断在里面	
UCN 通信电缆抗干扰性能的改进（某厂闪速炉用的 TDC3000/TPS 系统，UCN 电缆检测到每小时数以千计的 UCN 冗余，A/B 电缆噪声和通信数据包丢失报警。这使得 DCS 系统 UCN 通信频繁出现通信中断故障，系统无法投入正常运行。若不及时解决 UCN 电缆噪声问题，一旦 UCN 通信的两根电缆同时出现故障，则会造成整个 DCS 系统瘫痪）	经分析，UCN 通信电缆干扰的主要来源有：空间辐射干扰，系统外引线的干扰，信号线引入的干扰，接地系统混乱造成的干扰	①改进整个系统接地，把系统和通信屏蔽接地与控制机柜的保护接地完全隔离分开，避免多点接地电位差不同造成的共摸干扰。 ②尽量将电磁干扰排除在通信电缆系统外，将闪速炉系统通信电缆穿过金属软管，且使软管一端接地。 ③用 TDK 公司的高频铁氧体磁环来解决高频辐射干扰，对每个节点（NODE）即站与站、TAP 连接头之间的 UCN 电缆上各加装三对高频磁环，**如图 11-21 所示**。 效果：完全消除了外界电磁干扰对 UCN 通信的干扰，解决了 DCS 系统通信故障问题

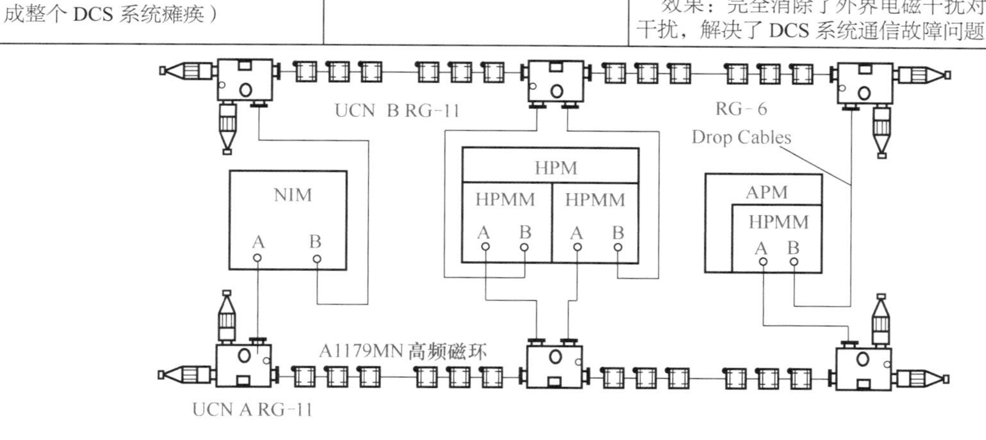

图 11-21　TDC3000/TPS UCN 电缆连接示意图

（5）干扰或雷电引发的故障		
故障现象	故障检查	故障处理及小结
某厂的 DCS 的机泵启停控制失灵	配电室到控制室用的是 24 芯普通电缆，怀疑有干扰，测量感应电压高达 90 ～ 130V	故障处理：将普通电缆更换为屏蔽电缆，把 DO 和 DI 信号线分别敷设后，机泵启停控制正常 维修小结：本例机泵启停 DO 信号和机泵启停后返回的信号 DI，在同一根电缆中，且全部为接点信号，机泵一启动，对应的电缆线芯上便通过 220V 交流电，此电压马上感应到其他线芯上，使感应电压高达 90 ～ 130V，致使 DCS 的机泵启停控制失灵
某 DCS 调试时，发现显示屏显示模糊	检查发现活动地板下接地母线未和接地铜板连接	故障处理：重新进行接地处理，显示屏恢复正常 维修小结：经过分析认为是接地不良所致，所以对接地线进行检查，发现了问题所在。由于接地不良引起 DCS 工作站显示不良的现象还有：显示模糊，线条有毛刺，或者显示数字不稳定等

续表

(5)干扰或雷电引发的故障		
故障现象	故障检查	故障处理及小结
某电化企业的CS3000系统在雷电后失灵	①检查发现部分信号出现开路报警，数值固定在报警前的状态，已无法进行正常操作。对DCS系统进行了全面检查，发现显示开路报警的十几个点分别集中在两块卡件上，即AMM42T/16点卡和AAM10/单点卡。 ②此外，DCS与PLC之间通信出现中断。检查DCS向PLC有信号发出，但PLC没有回应信号，判断PLC通信回路有故障	故障处理： ①停车后，更换16点卡件及下装后，氯气和氢气压力信号恢复正常。但单点卡更换后仍然显示开路报警，用万用表测得输入卡件的信号正常，判断卡件底座有问题，将该点接线更改至空余卡件上，更改对应地址后，液位信号恢复正常。 ②检查现场PLC通信卡件，电源指示正常，通信指示灯没有正常闪烁。将此PLC控制的工序停掉后，将PLC主控制卡的开关由RUN转换到OFF，几分钟后，重新切回至RUN。通信仍不正常。最后，将PLC柜按由分到总的顺序将空开断电，几分钟后，再按由总到分的顺序送电，待PLC主控制卡自身调整过后，通信指示灯闪烁正常，检查PLC无异常报警，且与DCS显示相对应 维修小结：本例故障造成了DCS的部分I/O模块及现场变送器、热电阻损坏。通过分析认为，打雷后强大的雷电脉冲通过电源及信号电缆，将雷电流引入导致DCS I/O模块及现场仪表损坏。控制室建筑物的防直击雷装置接闪时，引下线会流过强大的瞬间雷电流，对附近的DCS电源及I/O电缆产生电磁辐射；控制室周围发生雷击放电时，在各种金属管道及电缆线路上产生感应电压。感应电压通过这些管道和线路引入到控制室，传导到DCS上，也会对DCS产生干扰或损坏。 并采取以下措施：进一步完善DCS系统的接地，尽量减小接地电阻是有效防雷的基础，认真做好现场仪表的外壳接地。机柜的电源接地与UPS的电源接地必须接至同一个地。保证等电位。操作员站、工程师站、网络交换机、服务器主机、系统显示器等采用外壳接地，直接将电源地线连接至电气接地网
某厂气分装置DCS系统除温度参数正常外，压力、流量、液位显示突然变大	检查现场的压力、液位变送器与就地压力表、玻璃液位计指示相符。观察操作员站的CPU及卡件状态灯显示正常，检查历史趋势发现变送器显示突变。确定24V供电正常，但测安全栅输出端3对地之间的电压为19V，拆除3、4端的现场接线，电压仍为19V，并未回到24V，说明还有一个回路存在，同时说明与安全栅柜接地不一致。检查两机柜接地线，发现安全栅柜的接地线松动	故障处理：重新上紧螺钉接好地线后，DCS所有数据显示恢复正常 维修小结：本例中AAMl0模拟输入卡采用外供电接法，如图11-22所示，24V+电源通过端子排供电，经过安全栅、变送器回到电源的负端(0V)，也就是系统接地端。电源柜和安全栅柜接地见图，从图中可看出，电源柜和安全栅柜接地不等电势是引起显示偏高的原因。DCS系统接地是防止干扰的主要方法，本例属于本安接地，要求安全栅接地电位与直流电源负端等电位

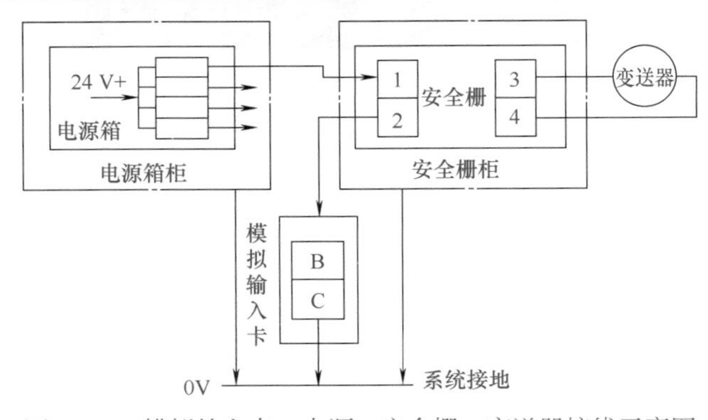

图11-22　模拟输入卡、电源、安全栅、变送器接线示意图

第四节　现场总线（FCS）

一、现场总线的特点和优点

现场总线系统打破了传统控制系统的结构形式。传统模拟控制系统采用一对一设备连线，按控制回路分别进行连接。现场总线系统由于采用智能现场设备，使控制系统功能不依赖控制室的计算机或控制仪表直接在现场完成，实现了彻底的分散控制。由于采用数字信号替代模拟信号，因此可以实现一线传输多个信号，同时又为多个设备提供电源，现场设备以外不再需要模拟 / 数字（A/D）、数字 / 模拟（D/A）转换部件。

（1）现场总线系统的技术特点（表 11-15）

表 11-15　现场总线系统的技术特点

类别	说明
系统的开放性	开放性是指对相关标准的一致性、公开性，强调对标准的共识与遵从。所谓开放系统，是指它可以与世界上任何地方遵守相同标准的其他设备或系统连接，通信协议一致公开，各不同厂家的设备之间可实现信息交换。现场总线开发者就是要致力于建立统一的工厂底层网络的开放系统。用户可按自己的需要和考虑，通过现场总线把来自不同供应商的产品组成大小随意的开放互连系统
互操作性与互用性	互操作性是指实现互连设备间、系统间的信息传送与沟通；而互用性则意味着不同生产厂家的性能类似的设备可实现相互替换
现场设备的智能化与功能自治性	它将传感测量、补偿计算、工程量处理与控制等功能分散到现场设备中完成，仅靠现场设备即可完成自动控制的基本功能，并可随时诊断设备的运行状态
系统结构的高度分散性	现场总线已构成一种新的全分散性控制系统的体系结构。从根本上改变了现有 DCS 集中与分散相结合的集散控制系统体系，简化了系统结构，提高了可靠性
对现场环境的适应性	工作在生产现场前端，作为工厂网络底层现场总线，是专为现场环境而设计的，可支持双绞线、同轴电缆、光缆、射频、红外线、电力线等。具有较强的抗干扰能力，能采用两线制实现供电与通信，并可满足本质安全防爆要求等

（2）现场总线的优点

现场总线的优点说明见表 11-16。基于现场总线的以上特点，特别是现场总线系统结构的简化，控制系统从设计安装、投运，到正常生产运行及检修维护，都体现出优越性。

表 11-16　现场总线的优点

类别	说明
节省硬件数量与投资	由于现场总线系统中分散在现场的智能设备能直接执行多种传感、测量、控制、报警和计算功能，因此可减少变送器的数量，不再需要单独的调节器、计算单元等，也不再需要 DCS 系统的信号调理、转换、隔离等功能单元及其复杂接线，还可以用工控 PC 机作为操作站，从而节省了一大笔硬件投资，并能减少控制室的占地面积
节省安装费用	现场总线系统的接线十分简单，一对双绞线或一条电缆上通常可挂接多个设备，NNe-N、端子、槽盒、桥架的用量大大减少，连线设计与接头校对的工作量也大大减少。当需要增加现场控制设备时，无需增设新的电缆，可就近连接在原有的电缆上，既节省了投资，又减少了设计、安装的工作量
节省维护开销	由于现场控制设备具有自诊断与简单故障处理的能力，并通过数字通信将相关的诊断维护信息送往控制室，用户可以查询所有设备的运行，诊断维护信息，以便早期分析故障原因并快速排除，缩短了维护停工时间。由于系统结构简化，连线简单而减少了维护工作量
用户具有高度的系统集成主动权	用户可以自由选择不同厂商所提供的设备来集成系统。避免因选择了某一品牌的产品而限制了使用设备的选择范围，不会为系统集成中不兼容的协议、接口而一筹莫展，使系统集成过程中的主动权牢牢掌握在用户手中
提高了系统的准确性与可靠性	由于现场总线设备的智能化、数字化，与模拟信号相比，它从根本上提高了测量与控制的精确度，减小了传送误差。同时，由于系统的结构简化，设备与连线减少，现场仪表内部功能加强，减少了信号的往返传输，提高了系统的工作可靠性

此外，由于它的设备标准化，功能模块化，因而还具有设计简单、易于重构等优点。下面对集散控制系统（DCS）和现场总线控制系统（FCS）进行比较，以说明 FCS 的优点。

FCS 打破了 DCS 结构形式，如图 11-23 所示。首先，FCS 采用了智能设备，把原先 DCS 系统中处于控制室的控制模块、输入 / 输出模块置于现场设备中，实现了彻底的分散控制。其次，采用数字信号代替模拟信号，可以实现一对电线上传输多个信号，同时可以为多个设备供电，这样为简化系统结构、节约硬件设备、节约连接电缆与各种安装、维护费用创造了条件。表 11-17 详细说明了 DCS 和 FCS 的特性对比。

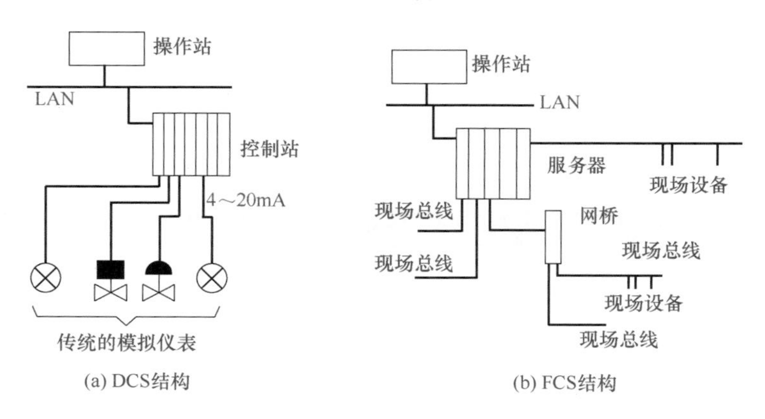

图 11-23　DCS 与 FCS 结构比较

表 11-17　DCS 和 FCS 的特性对比表

对比项	DCS	FCS
结构	一对一：一对传输线接一台仪表，单向传输一个信号	一对多：一对传输线接多台仪表，双向传输多个信号
可靠性	可靠性差：模拟信号传输不仅精度低，而且容易受干扰	可靠性高：数字信号传输抗干扰能力强，精度高
失控状态	操作员在控制室既不了解模拟仪表的工作状况，也不能对其进行参数调整，更不能预测故障，导致操作员对仪表处于失控状态	操作员在控制室既可以了解现场设备或现场仪表的工作状况，也能对设备进行参数调整，还可以预测或寻找故障，始终处于操作员的远程监视与可控状态之中
互换性	尽管模拟仪表统一了信号标准（4 ～ 20mA DC）。可是大部分技术参数仍由制造厂自定，致使不同品牌的仪表无法互换	用户可以自由选择制造商提供的性能和价格最优的现场设备和仪表，并将不同品牌的仪表互连，即使某台仪表故障，换上其他品牌的同类仪表照常工作，实现即接即用
仪表	模拟仪表只具有检测、变换、补偿等功能	智能仪表除了具有模拟仪表的检测、变换、补偿等功能外，还具有数字通信能力，并具有控制和运算能力
控制	所有的控制功能集中在控制站中	控制功能分散在各个智能仪表中

二、现场总线控制网络模型

现场总线本质上是一种控制网络，因此网络技术是现场总线的重要基础。与 Internet、Intranet 等类型的信息网络不同，控制网络直接面向生产过程，因此要求有很高的实时性、可靠性、数据完整性和可用性。为了满足这些特性，现场总线对标准的网络协议做了简化，一般只包括 ISO/OSI 7 层模型中的 3 层：物理层、数据链路层和应用层。此外，现场总线还要完成与上层工厂信息系统的数据交换和传递。综合自动化是现代工业自动化的发展方向，在完整的企业网架构中，现场总线控制网络模型应涉及从底层现场设备网络到上层信息网络的数据传输过程。

基于上述考虑、统一的现场总线控制网络模型应具有3层结构，如图11-24所示，从底向上依次为：过程控制层（PCS）、制造执行层（MES）、企业资源规划层（ERP）。

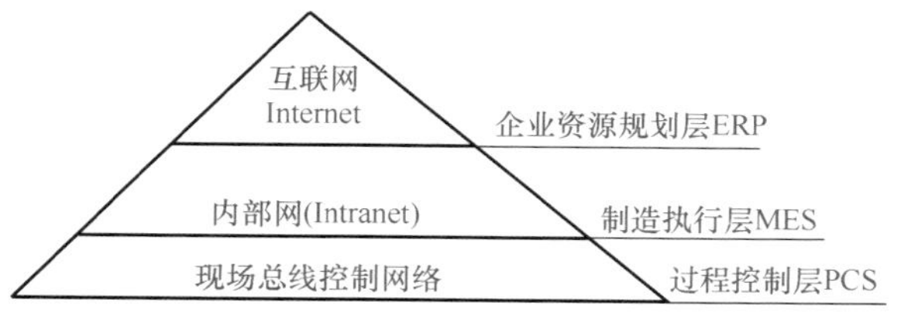

图 11-24　现场总线控制网络模型

（1）过程控制层

现场总线是将自动化最底层的现场控制器和现场智能仪表设备互连的实时控制通信网络，遵循ISO的OSI开放系统互连参考模型的全部或部分通信协议。

依照现场总线的协议标准，智能设备采用功能块的结构，通过组态设计，完成数据采集、A/D转换、数字滤波、温度压力补偿、PID控制等各种功能。智能转换器对传统检测仪表电流电压进行数字转换和补偿。此外，总线上应有PLC接口，便于连接原有的系统。

现场设备以网络节点的形式挂接在现场总线网络上。为保证结点之间实时、可靠地数据传输，现场总线控制网络必须采用合理的拓扑结构。常见的现场总线网络拓扑结构如表11-18所示。

表 11-18　技术特点

类别	说明
环状网	其特点是时延确定性好，重载时网络效率高，但轻载时会产生不必要的时延、传输效率下降
总线网	其特点是节点接入方便、成本低、轻载时时延小，但网络通信负荷较重时时延加大，网络效率下降。此外传输时延不确定
树状网	其特点是可扩展性好，频带较宽
令牌总线网	结合环状网和总线网的优点，即物理上是总线网，逻辑上是令牌网。这样，网络传输时延确定无冲突，同时节点接入方便，可靠性高。过程控制层通信介质不受限制，可用双绞线、同轴电缆、光纤、电力线、无线、红外线等各种形式

（2）制造执行层

制造执行层从现场设备中获取数据，完成各种控制、运行参数的监测、报警和趋势分析等功能，另外还包括控制组态的设计和下载。制造执行层的功能一般由上位计算机完成，它通过扩展槽中网络接口板与现场总线相连。协调网络结点之间的数据通信，或者通过专门的现场总线接口（转换器）实现现场总线网段与以太网段的连接，这种方式使系统配置更加灵活。这一层处于以太网中，因此其关键技术是以太网与底层现场设备网络间的接口，主要负责现场总线协议与以太网协议的转换，保证数据包的正确解析和传输。制造执行层除上述功能外，还为实现先进控制和远程操作优化提供支撑环境。例如，实时数据库、工艺流程监控、先进控制以及设备管理等。

（3）企业资源规划层

企业资源规划层的主要目的是在分布式网络环境下构建一个安全的远程监控系统。首先要将中间监控层数据库中的信息转入上层关系数据库中，这样远程用户就能随时通过浏览器查询网络运行状态以及现场设备的工况，对生产过程进行实时的远程监控。赋予一定的权限后，还可以在线修改各种设备参数和运行参数，从而在广域网范围内实现底层测控信息的实时传递。这样，企业各个实体将能够不受地域的限制进行监视与控制工厂局域网里的各种数据，并对这些数据进行进一步的分析和整理。为相关的各种管理、经营决策提供支持，实现管控一体化。目前，过程监控实现的途径就是通过Internet，主要方式是租用企业专线或者利用公众数据网。由于涉及实际的生产过程，必须保证网络安全，因此可以采用的技术包括防火墙、用户身份认证以及密钥管理等。

在整个现场总线控制网络模型中，现场设备层是整个网络模型的核心，只有确保总线设备之间可靠、准确、完整的数据传输，上层网络才能获取信息以及实现监控功能。当前，对现场总线的讨论大多停留在底层的现场智能设备网段，但从完整的现场总线控制网络模型出发，应更多地考虑现场设备层与中间监控层、Internet 应用层之间的数据传输与交互问题，以及实现控制网络与信息网络的紧密集成。

三、几种典型的现场总线

现场总线的种类有百余种，选择时应根据每种总线的支持厂商情况、推广情况、国内应用业绩、是否为我国标准等因素综合考虑。现场总线的思想一经产生，各国各大公司都致力于发展自己的现场总线标准，但每一种总线的生命力旺盛与否，取决于其技术是否先进。本节主要选取 PROFIBUS 现场总线、CAN 总线、基金会现场总线、LonWorks 总线等进行简要介绍。

（一）PROFIBUS 现场总线

PROFIBUS 是过程现场总线（process field bus），是以德国国家标准 DIN19245 和欧洲标准 EN50170 为标准的现场总线。PROFIBUS 产品的市场份额占欧洲首位，约为 40%；在中国，其市场份额为 30% ~ 40%。目前许多自动化设备制造商如西门子公司、和利时公司等都为其生产的设备提供 PROFIBUS 接口。

根据不同的应用，PROFIBUS 总线可分为 PROFIBUS-DP、PROFIBUS-PA 和 PROFIBUS-FMS 三种（表 11-19）。尽管这三种相互兼容，但它们应用的角度和针对的问题是不同的。

表 11-19　PROFIBUS 总线分类说明

类别	说明
PROFIBUS-DP	PROFIBUS-DP 协议是专为现场级控制系统与分散 I/O 的高速通信而设计的，数据传输速率范围在 9.6Kbps ~ 2Mbps 之间，每次可传输的数据量多达 244 字节，它采用周期性通信方式，可用于大多数工业领域
PROFIBUS-PA	PROFIBUS-PA 协议是需要本质安全或总线供电的设备之间进行数据通信的解决方案，数据传输速率是固定的，其大小为 31.25Kbps，每次可传输数据的最大长度为 235 字节，采用周期性和非周期性通信方式，用于石油、化工、冶金、发电等领域的过程工业自动化系统
PROFIBUS-FMS	PROFIBUS-FMS 协议旨在解决车间级通用性通信任务，为用户提供强有力的通信服务功能选择，实现中等传输速率的周期性和非周期性数据传输。建立在该协议基础上的网络通信系统，每次数据传输量可达上千字节，用于纺织、电气、楼宇等领域的一般自动化系统

PROFIBUS 同时考虑了数据量、传输时间和传输速率等测控网络中的重要因素，在现场级还兼顾了确定性和本质安全要求。因此，PROFIBUS 产品得到了广泛的认可，至今已有十几万个中小系统在工业现场运行，其应用遍及钢铁、石化、水泥、电力、水处理等工业自动化领域。PROFIBUS 已经成为现场总线技术的重要分支，其开放性、互操作性、可靠性也得到了学术界和工业界的一致认可，是目前应用最多的总线之一，既适合于自动化系统与现场 I/O 单元的通信，又可用于直接连接带有接口的各种现场仪表及设备。DP 和 PA 的完美结合，使得 PROFIBUS 现场总线在结构和性能上优于其他现场总线。

近年来随着 PROFIBUS 的迅速发展，PROFIBUS 现场总线又增加了以下几个重要版本：

ProriDriver：它主要应用于运动控制方面，用于各种变频器及精密动态伺服控制器的数据传输通信。

ProfiSafe：它是根据 IEC61508 制定的首部通信标准，主要应用在对安全要求特别高的场合。

Profinet：它是由 PROFIBUS 国际组织（PI）为自动化通信领域制定的开放的工业以太网标准，符合 TCP/IP 和 IT 标准。Profinet 为自动化通信领域提供了一个完整的网络解决方案，包括诸如实习以太网、运动控制、分布式自动化、故障安全及网络安全等当前自动化领域的热点话题。作为跨供应商的技术，Profinet 可以完全兼容工业以太网和现有的现场总线技术，保护现有投资。

PROFIBUS 采用主从通信方式，支持主从系统、纯主站系统、多主多从混合系统等几种传输方式。主站具有对总线的控制权，可主动发送信息。按 PROFIBUS 的通信规范，令牌在主站之间按地址编号顺序沿上行方向进行传递。主站在得到控制权时，可以按主从方式向从站发送或索取信息，实现点对点通信。主站可对所有站点广播（不要求应答），或有选择地向一组站点广播。

（1）PROFIBUS 现场总线通信系统的主要组成部分

PROFIBUS 现场总线控制系统网络结构如图 11-25 所示。从图中可以看出，整个通信网络系统共分为 4 级，最低一级是执行器 / 传感器级，采用 AS-I 位总线标准，现场级采用 PROFIBUS-DP 或 PROFIBUS-PA 现场总线，单元级采用 PROFIBUS-FMS 现场总线，管理级使用工业以太网。

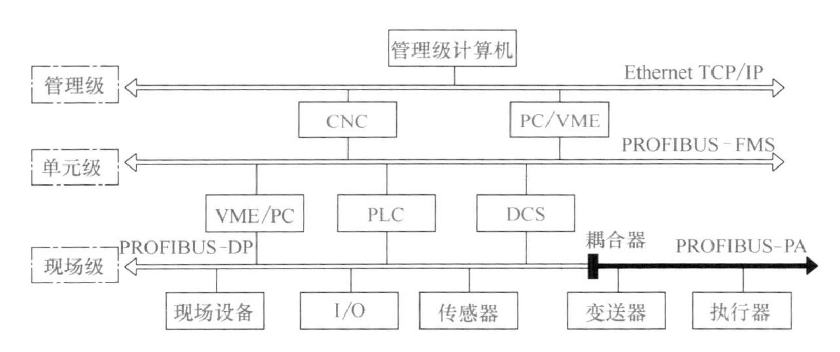

图 11-25　PROFIBUS 现场总线控制系统网络结构

（2）PROFIBUS-DP 总线拓扑结构及导线连接

PROFIBUS 标准的基本方案中，网络拓扑结构为总线网络，每段最多连接 32 个站，可以通过另外增加总线段来增加连接的站数，总线段之间由中继器（也称线路放大器）相连，中继器只起放大传输信号电平的作用，每增加一个中继器，总线传输距离增加 1200m。

PROFIBUS 规定，中继器不提供信号再生，在远距离传输时，会存在位信号的失真和延迟，因此，限定串联的中继器数不超过 3 个，总线上的最多站点数可扩展到 126 个。使用中继器不仅可以增加站数，扩大传输距离，也可以通过段与段之间的组合，实现树状和星状网络结构，以适应不同的自动化系统需要。

总线上两个站点之间允许的最大距离与总线的传输速率和中继器数目密切相关，其关系如表 11-20 所示，表中最大距离的数据是针对 A 型电缆的。

表 11-20　传输距离与传输速率和中继器数目的关系

传输速率 /Kbps	最大距离 /m			
	无中继器	1 个中继器	2 个中继器	3 个中继器
9.6、19.2 或 93.75	1200	2400	3600	4800
187.5	1000	2000	3000	4000
500	400	800	1200	1600

（3）导线连接

对于 PROFIBUS，若使用 RS-485 传输技术，则采用屏蔽双绞线作为物理层传输媒体，其特性如下：电缆的特性阻抗应在 100 ～ 220Ω 之间，电缆电容（导体间）应小于 60pF/m，导线截面积应大于或等于 $0.22mm^2$（24AWG）。

与屏蔽双绞线相连的机械连接器使用9针D型连接器。插头（带内孔的连接器）接在总线接口一侧，插座（带凸针的连接器）与总线电缆相接。电缆段与站之间的连接用T型连接器来实现，它包含3个9针D型连接器（1个插头、2个插座），可以用来连接总线电缆段与总线接口。9 针 D 型连接器的针脚如图 11-26 所示，对应的针脚分配见表 11-21，插头与插座的定义相同。两根 PROFIBUS 数据线也常称为 A 线和 B 线，A 线对应 RXD/TXD-N 信号（针脚 8），B 线则对应 RXD/TXD-P 信号（针脚 3），其中针脚 1、2、4、7 和 9 这些信号是可选的，而针脚 6 的信号仅总线电缆端点的站需要。

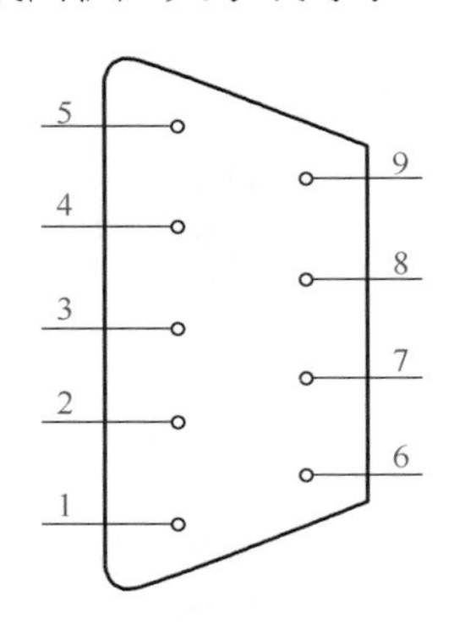

图 11-26　9 针 D 型连接器的针脚

表 11-21　D 型连接器针脚分配

针脚号	RS-485	信号名称	含义
1		屏蔽	屏蔽，保护地
2		M24V	–24V 输出电压
3	B/B′	RXD/TXD-P	接收 / 发送数据 -P
4		CNTR-P	数据传输方向控制 -P
5	C/C′	DGND	数据信号地
6		VP	正电压
7		P24-V	+24V 输出电压
8	A/A′	RXD/TXD-N	接收 / 发送数据 -N
9		CNTR-N	数据传输方向控制 -N

每个总线段的两端需要配置低阻值的终端电阻，如图 11-27 所示，且终端电阻上必须施加正的电源电压，这个电压一般由处于总线终端的站通过 D 型连接器的第 6 脚（VP）提供，其值一般为（+5±5%）V。当总线上没有站发送数据，也即当总线处于空闲状态时，终端电阻确保在总线上有一个确定的空闲电位。另外，几乎所有标准的 PROFIBUS 现场总线连接器上都组合了 PROFIBUS 所需要的现场总线终端器，而且可以由跳接器或开关进行启动。

总线电缆的连接方法如图 11-28 所示，所有信号接口的参考电位与 DGND 之间电位之差的绝对值必须小于 7V。两根信号线不能互换。如果电位差为 7V，则连接器的第 5 脚（DGND）之间需要连一根补偿地线。

PROFIBLJS-DP 采用半双工、异步传输，数据的发送采用 NRZ 编码，每个字符帧为 11 位，包括 1 个起始位、8 个数据位、1 个奇偶校验位和 1 个停止位，字符帧的基本格式如图 11-29 所示。

在图 11-29 中，起始位 ST=0，停止位 SP=1，数据位或奇偶校验位可为 0 或 1。接收方收到起始位下降沿后启动位同步，接收数据并进行正确性检查。

在传输期间，二进制信号“1”对应于 RXD/TXD-P 线（也称为 B 线）上的正电位，而在 RXD/TXD-N 线（也称为 A 线）上则相反。各报文间的空闲（Idle）状态对应于二进制信号“1”，如图 11-30 所示。

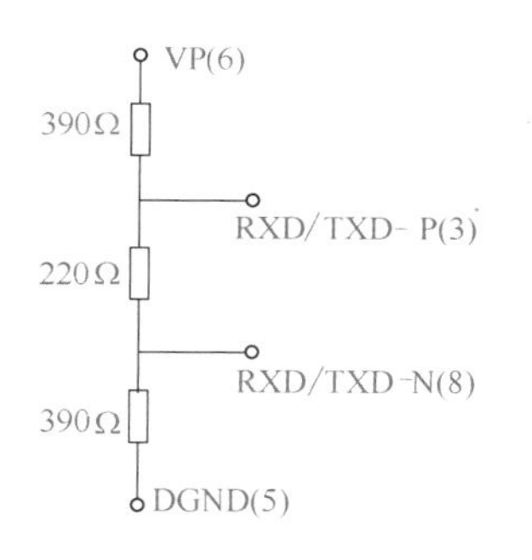

图 11-27 PROFIBUS 总线终端器

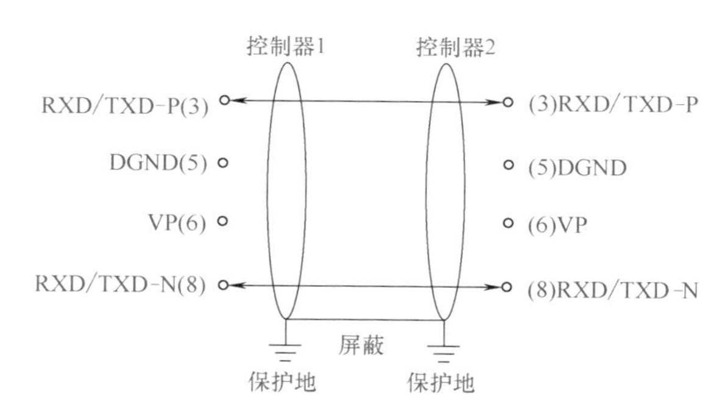

图 11-28 总线电缆的连接方法

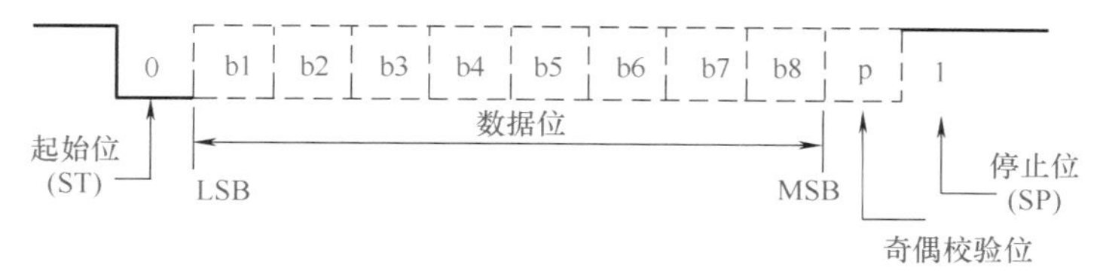

图 11-29 字符帧的基本格式

（4）PROFIBIJS-DP 的光纤传输

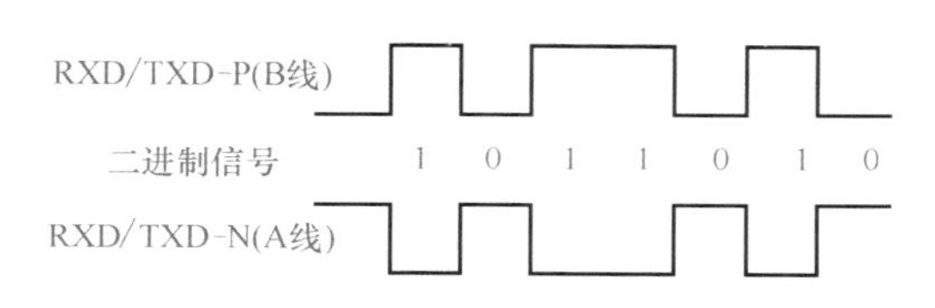

图 11-30 采用 NRZ 传输时的信号形状

PROFIBUS 系统可以使用光纤技术。光缆不仅能够抗电磁干扰，实现总线站之间的电气隔离，而且可以增加高速传输的距离。许多厂商提供专用的总线插头，可将 RS-485 信号转换为光纤信号，或将光纤信号转换为 RS-485 信号，并且为了在同一系统上使用 RS-485，还为光纤传输技术提供了一套非常方便的开关控制方法。

为了把总线站连接到光缆，可选用的连接技术有表 11-22 所示的 3 种。

表 11-22 总线站连接到光缆可选用的连接技术

类别	说明
OLM 技术	光链路模块（optical link module，OLM）类似于 RS-485 的中继器，OLM 有两个功能相互隔离的电气通道，并根据不同的模态占有一个或两个光通道（单光纤环或冗余的双光纤环）。OLM 通过一根 RS-485 导线与各个总线站或总线段连接，如图 11-31 所示。在单光纤环中，OLM 通过单上光缆相互连接，如果光缆断了或者 OLM 出现故障，则整个环路将崩坏。在冗余的双光纤环中，OLM 通过两个双工光缆相互连接，如果两根光缆中有一个出现故障，它们将做出反应并自动地切换总线系统为线型结构。适当连接信号指示传输线的故障，并传送这种信息以便进行相应的处理。一旦光缆中的故障被排除，总线系统就会返回正常的冗余环状态
OLP 技术	光链路插头（optical link plug，OLP）可以将很简单的总线从站用一个单光缆环进行连接，OLP 直接插入总线站的 9 针 D 型连接器，OLP 由总线站供电而不需要自备电源，但总线站 RS-485 接口的 +5V 电源必须保证能够提供至少 80mA 的电流，使用 OLP 技术的单光纤环路如图 11-32 所示
集成的光缆连接	使用集成在设备中的光纤接口将 PROFIBUS 节点与光缆直接连接

（二）基金会现场总线

基金会现场总线的最大特点在于它不仅是一种总线，而且是一个系统；不仅是一个网络系统，也是一个自动化系统。按照基金会总线组织的定义，基金会现场总线是一种全数字、串行、双向传输的通信系统，是一种能连接现场各种仪表的信号传输系统，其最根本的特点是专门针对工业过程自动化而开发，在要求苛刻的使用环境、本质安全、总线供电等方面都有完善的措施。为此，有人称基金会现场总线是专门为过程控制设计的现场总线。

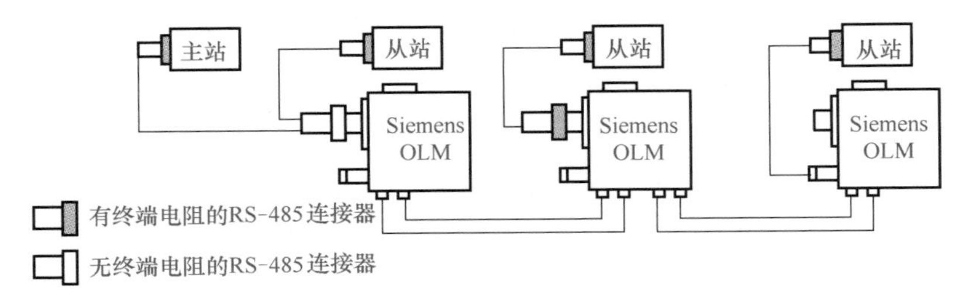

图 11-31　使用 OLM 技术的总线连接

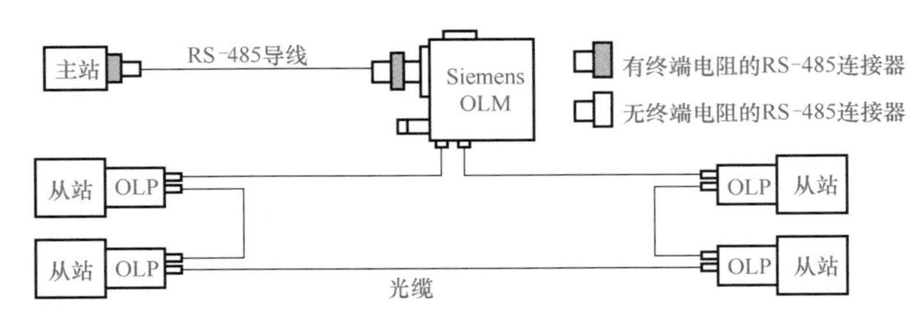

图 11-32　使用 OLP 技术的单光纤环路

FF 是现场总线基金会（fieldbus foundation）的缩写，在 FF 协议标准中，FF 分为低速 H1 总线和高速 H2 总线。H1 主要针对过程自动化，传输速率为 31.25Kbps，传输距离可达 1900m（可采用中继器延长），支持总线供电和本质安全防爆。H2 主要用于制造自动化，传输速率分为 1Mbps 和 2.5Mbps 两种。但原来规划的 H2 高速总线标准现在已经被现场总线基金会所放弃，取而代之的是基于以太网的高速总线 HSE。

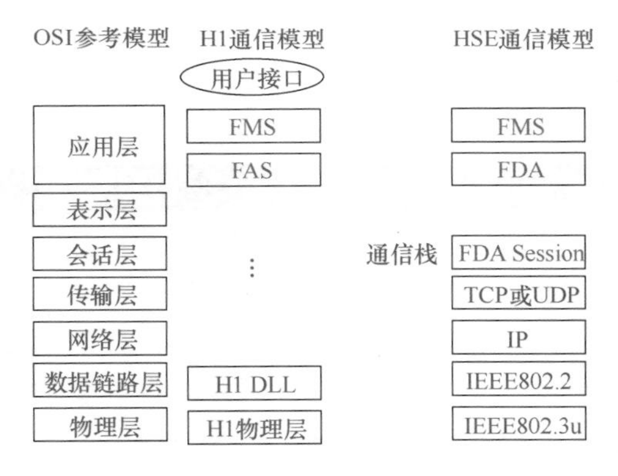

图 11-33　FF 通信模型

（1）FF 总线的通信模型和协议

FF 总线的核心之一是实现现场总线信号的数字通信。为了实现通信系统的开放性，FF 通信模型是在 ISO/OSI 参考模型的基础上，根据自动化系统的特点建立的，如图 11-33 所示。

H1 总线的通信模型包括物理层、数据链路层、应用层，并在其上增加了用户层。物理层采用 IEC61158-2 协议规范；数据链路层 DLL 规定如何在设备间共享网络和调度通信，通过链路活动调度器 LAS 来管理现场总线的访问；应用层则规定了在设备间交换数据、命令、事件信息及请求应答中的信息格式。Hl 的应用层分为两个子层——总线访问子层 FAS 和总线报文规范子层 FMS，功能块应用进程只使用 FMS，FAS 负责把 FMS 映射到 DLL。用户层则用于组成用户所需要的应用程序，如规定标准的功能块、设备描述等。不过，数据链路层和应用层往往被看作一个整体，统称为通信栈。

HSE 采用了基于 Ethernet 和 TCP/IP 七层协议结构的通信模型。其中，第一到四层为标准的 Internet 协议；第五层是现场设备访问会话，为现场设备访问代理提供会话组织和同步服务；第七层是应用层，也划分为 FMS 和现场设备访问 FDA 两个子层，其中 FDA 的作用与 H1 的 FAS 相似，也是基于虚拟通信关系为 FMS 提供通信服务。

H1 总线的物理层根据 IEC 和 ISA 标准定义，符合 ISA S50.02 物理层标准、IEC1158-2 物理层标准及 FF-816 31.25Kbps 物理层行规规范。当物理层从通信栈接收报文时，在数据帧加上前导码和定界码，并对其实行数据编码，再经过发送驱动器把所产生的物理信号传送到总线的传输媒体上。相反，在接收信号时，需要进行反向解码。

如图 11-34 和图 11-35 所示，基金会现场总线采用曼彻斯特编码技术将数据编码加载到直流电压或电流上形成“同步串行信号”。前导码是一个 8 位的数字信号 10101010，接收器采用这一信号同步其内部时钟。起始定界码和结束定界码标明了现场总线信息的起点和终点，长度均为 8 个时钟周期，二者都由“0”“1”“N+”“N−”按规定的顺序组成。

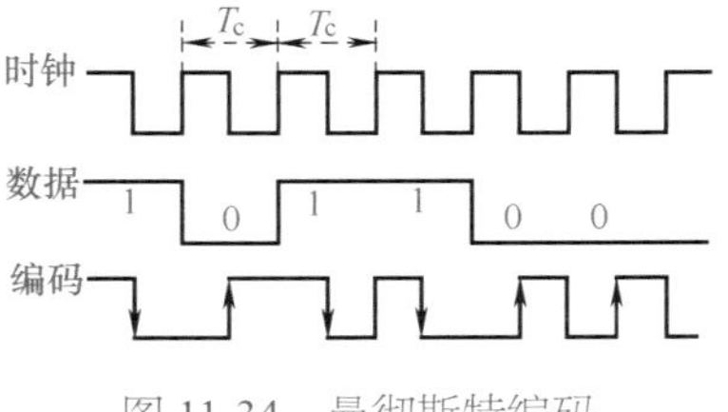

图 11-34 曼彻斯特编码

图 11-36 表示了 H1 总线的配置思想，总线两端分别连接一个终端器，形成对 31.25kHz 信号的通带电路。发送设备产生的信号是 31.25kHz、峰 - 峰值为 15 ～ 20mA 的电流信号，如图 11-37（a）所示；将其传送给相当于 50Ω 的等效负载，产生一个调制在直流电源电压上的 0.75 ～ 1V 的峰 - 峰电压，如图 11-37（b）所示。H1 支持总线供电和非总线供电两种方式。

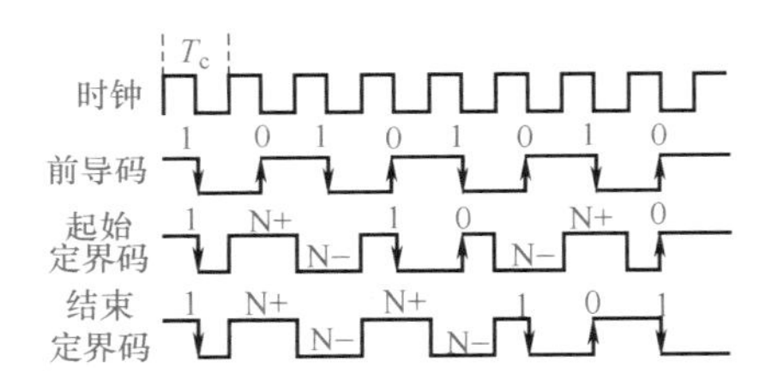

图 11-35 前导码和定界码

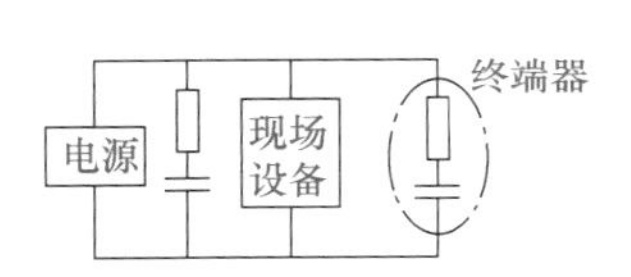

图 11-36 H1 总线配置思想

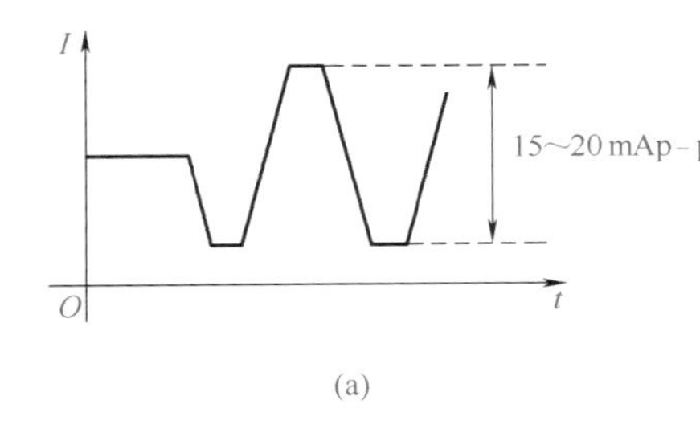

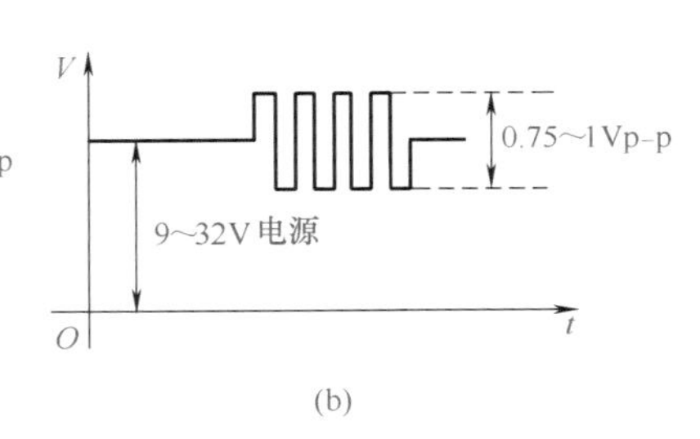

图 11-37 H1 上的信号波形

通信栈包括数据链路层 DLL、现场总线访问子层 FAS 和现场总线报文规范 FMS 三部分。

DLL 最主要的功能是对总线访问的调度，通过链路活动调度器 LAS 来管理总线的访问，每个总线段上有一个 LAS。H1 总线的通信分为受调度 / 周期性通信和非调度 / 非周期性通信两类。前者一般用于在设备间周期性地传送测量和控制数据，其优先级最高，其他操作只在受调度传输之间进行。

FAS 子层处于 FMS 和 DLL 之间，它使用 DLL 的调度和非调度特点，为 FMS 和应用进程提供报文传递服务。FAS 的协议机制可以划分为三层：FAS 服务协议机制、应用关系协议机制、DLL 映射协议机制，它们之间及其与相邻层的关系如图 11-38 所示。FAS 服务协议机制负责把发送信息转换为 FAS 的内部协议格式，并为该服务选择一个合适的应用关系协议机制。应用关系协议机制包括客户 / 服务器、报告分发和发布 / 接收三种由虚拟通信关

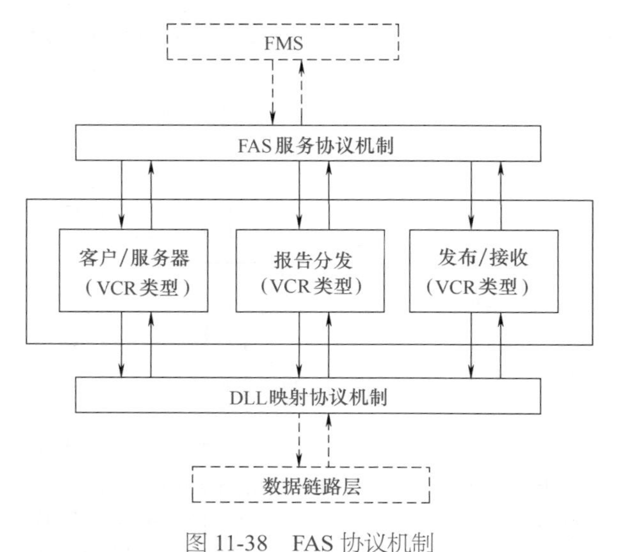

图 11-38 FAS 协议机制

系 VCR 来描述的服务类型，它们的区别主要在于 FAS 如何应用数据链路层进行报文传输。DLL 映射协议机制是对下层即数据链路层的接口。它将来自应用关系协议机制的 FAS 内部协议格式转换为数据链路层 DLL 可接受的服务格式，并传送给 DLL，反之亦然。

FMS 描述了用户应用所需要的通信服务、信息格式和建立报文所必需的协议行为。针对不同的对象类型，FMS 定义了相应的 FMS 通信服务，用户应用可采用标准的报文格式集在现场总线上相互发送报文。

用户层定义了标准的基于模块的用户应用，使得设备与系统的集成与互操作更加易于实现。用户层由功能块和设备描述语言两个重要的部分组成。

FF 现场总线的网络拓扑比较灵活，通常包括点到点型拓扑、总线型拓扑、菊花链型拓扑、树型拓扑及由多种拓扑组合在一起构成的混合型结构。其中，总线型和树型拓扑在工程中应用较多。在总线型结构中，总线设备通过支线电缆连接到总线段上，支线长度一般小于 120m，适用于现场设备物理分布比较分散、设备密度较低的应用场合，分支上现场设备的拆装对其他设备不会产生影响。在树型结构中，现场总线的设备都被独立连接到公共的接线盒、端子、仪表板或 I/O 卡，适用于现场设备局部比较集中的应用场合。HSE 网络拓扑如图 11-39 所示。

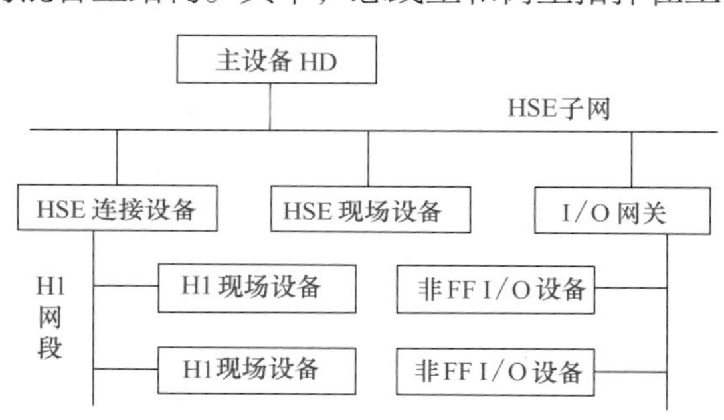

图 11-39 HSE 网络拓扑

(2) FF 总线的功能

FF 总线是为适应自动化系统，特别是过程控制系统在功能、环境和技术等方面的需要而专门设计的底层网络。因此，FF 总线能够适应工业生产过程的恶劣环境，例如，它能够适应工业生产过程的连续控制、离散控制和混合控制等不同控制的要求，提供各种用于过程控制所需的功能块，使用户能够方便地组成所需的控制系统。FF 总线的主要功能如下。

① 满足开放系统互联和互操作性及系统一致性测试。

② 满足生产过程实时性要求。

③ 为满足 FF 总线的设备、非基金会现场总线设备提供接口。

④ 在生产现场完成过程参数的检测、变送和显示功能。

⑤ 在现场完成过程参数的控制运算和其他所需的计算。

⑥ 在现场对生产过程的执行器实行控制和调节，使生产过程满足所需控制要求。

⑦ 将生产过程的信息，包括检测信号、控制信号和执行器的反馈信号等信息传送到控制室显示，将由控制室发送的调节指令传送到现场设备。

⑧ 当生产过程参数超过规定数值时，提供警告和报警等信息，并能够指导操作人员进行紧急处理或自动触发连锁系统。

⑨ 具有自诊断功能。

（三）CAN 总线

CAN 是控制器局域网（controller area network，CAN）的简称，它是设备级现场总线，其最大特点是废除了传统通信中的节点地址，采用通信数据块编码，理论上这样可以使节点不受限制，但目前因总线驱动电路的制约，最多可达 110 个节点，传输距离可达 10km，传输速率可达 1Mbps。该总线上的节点称为电子控制装置（electronic control unit，ECU），分为标准 ECU（如仪表盘、发动机、虚拟终端等控制单元）、网络互联 ECU（如路由器、中继器、网桥等）、诊断和开发 ECU 等类型。

由于其具有高性能、高可靠性及独特的设计，CAN 越来越受到工业界的重视。它最初是由 Bosch 公司为汽车监测、控制系统而设计的，是为解决汽车中大量的控制与测试仪器之间的数据交换而开发的一种串行数据通信协议。它是一种多主总线，通信媒体可以是双绞线、同轴电缆或光纤。由于 CAN 总线本身的特点，其应用范围已不再局限于汽车工业，而向过程工业、机械工业、纺织机械、农用机械、机器人、数控机床、医疗器械等领域发展。

CAN 能灵活有效地支持具有较高安全等级的分布式控制。在汽车电子行业，一般将 CAN 安装在车体的电子控制系统中，如刮水器、电子门控单元、车灯控制单元、电气车窗等，用以代替接线配线装置。CAN 总线也用于连接发动机控制单元、传感器、防滑系统等。

（1）通信模型和协议

CAN 总线遵从 ISO/OSI 参考模型，但只采用了 OSI 参考模型全部七层中的两层，即物理层和数据链路层。其中，物理层又分为物理层信号（physical layer signal，PLS）、物理媒体连接（physical medium attachment，PMA）与介质从属接口（media dependent interface，MDI）三部分，完成电气连接、定时、同步、位编码解码等功能；数据链路层分为逻辑链路控制（LLC）子层与媒体访问控制（MAC）子层两部分。其中，LLC 子层为数据传递和远程数据请求提供服务，完成超载通知、恢复管理等功能；MAC 子层是 CAN 协议的核心，其功能主要是控制帧结构、执行仲裁、错误检验、出错标定和故障界定。

CAN 有两种帧格式，一种是含有 11 位标识符的标准帧，另一种是含有 29 位标识符的扩展帧。当数据在节点间发送和接收时，是以四种不同类型的帧出现和控制的。数据帧将数据由发送器传送至接收器；远程帧由总线节点传送，以便请求发送具有相同标识符的数据帧；出错帧可以由任意节点发送，以便用于检测总线错误；超载帧用于提供先前和后续数据帧或远程帧之间的附加延时。此外，数据帧和远程帧都可以在标准帧和扩展帧中使用，它们借助帧间空间与当前帧分开。

（2）CAN 总线的独特之处

由于 CAN 总线采用了许多新技术，与其他类型的总线相比，在许多方面具有独特之处，主要表现在以下几个方面：

① CAN 为多主方式工作，网络上任一节点均可在任意时刻主动地向网络上其他节点发送信息，而不分主从，通信方式灵活，且无需占地址等节点信息。

② CAN 网络上的节点信息分为不同的优先级，可满足不同的实时要求，高优先级的数据最多可在 134μs 内得到传输。

③ CAN 采用非破坏性总线仲裁技术，当多个节点同时向总线发送信息时，优先级较低的节点会主动地退出发送，而最高优先级的节点可最终获得总线访问权，不受影响地继续传输数据，从而大大节省了总线冲突仲裁时间。

④ CAN 只需通过报文滤波即可实现点对点、一点对多点及全局广播等几种方式传送与接收数据，无需专门“调度”。

⑤ CAN 上的节点数主要取决于总线驱动电路，目前可达 110 个；报文标识符可达 2032 种（CAN 2.0A），而扩展标准（CAN 2.0B）的报文标识符几乎不受限制。

⑥ 采用短帧结构，总线上的报文以不同的固定报文格式发送，传输时间短，受干扰概率低，具有极好的检错效果，但长度受限。

⑦ CAN 的每帧信息都有错误检测、错误标定及错误自检等措施，保证了极低的数据出错率。

⑧ 通信距离与通信速率有关。最短为 40m，相应的通信速率是 1Mbps；最远可达 10km，相应的通信速率在 5Kbps 以下。不同的系统，CAN 的速率可能不同。可是，在一个给定的系统中，速率是唯一的，并且是固定的。

（四）LonWorks 总线

LonWorks（local operating networks）总线是美国埃施朗（Echelon）公司于 20 世纪 90 年代初推出的一种基于嵌入式神经元芯片的现场总线技术，具有强劲的实力。它被广泛应用在楼宇自动化、家庭自动化、保安系统、办公设备、运输设备、工业过程控制等领域，具有极大的潜力。它采用了 ISO/OSI 参考模型的全部七层通信协议，运用了面向对象的设计方法，通过网络变量把网络通信设计简化为参数设置，其通信速率为 300bps ~ 1.5Mbps，直接通信距离可达 2700m，并开发出支持双绞线、同轴电缆、光纤、射频、红外线、电源线等多种通信介质的总线，以及相应的本质安全防爆产品，被誉为通用控制网络。

LonWorks 技术主要由以下几部分组成。

① 智能神经元芯片；

② LonTalk 通信协议；

③ LonMark 互操作性标准；

④ LonWorks 收发器；

⑤ LonWorks 网络服务架构 LNS；

⑥ Neuron C 语言；

⑦ 网络开发工具 LonBuilder 和节点开发工具 NodeBuilder。

（1）LonWorks 总线的通信模型和协议

如上所述，LonWorks 总线的通信模型采用了 OSI 的全部七层通信协议，其各层的功能及所提供的服务见表 11-23。

表 11-23　LonWorks 总线的通信模型

模型分层	作用	服务
应用层	网络应用程序	标准网络变量类型；组态性能；文件传送
表示层	数据表示	网络变量；外部帧传送
会话层	远程传送控制	请求 / 响应；确认
传输层	端端传输可靠性	单路 / 多路应答服务；重复信息服务；复制检查
网络层	报文传递	单路 / 多路寻址；路径
数据链路层	媒体访问与成帧	成帧；数据编码；CRC；冲突仲裁；优先级
物理层	电气连接	媒体特殊细节；收发种类；物理连接

LonTalk 通信协议是 LonWorks 技术的核心，该协议遵循 OSI 参考模型，提供 OSI 参考模型的所有七层协议。该协议提供一套通信服务，使装置中的应用程序能在网上与其他装置发送和接收报文，而无需知道网络拓扑、名称、地址或其他装置的功能。LonTalk 通信协议提供如下服务。

① 物理信道管理（第一、二层）；

② 命名、编址与路由（第三、六层）；

③ 可靠地通信及有效地使用信道带宽（第二、四层）；

④ 优先级（第二层）;
⑤ 远程控制（第五层）;
⑥ 证实（第四、五层）;
⑦ 网络管理（第五层）;
⑧ 数据解释与外部帧传输（第六层）。

LonTalk 通信协议使用分层的以数据包为基础的对等通信协议，它的协议设计满足控制系统的特定要求。LonTalk 通信协议针对控制系统的应用而设计，因此，每个数据包由可变数目的字节构成，长度不定，并且包含应用层（第七层）的信息及寻址和其他信息。它能有选择地提供端到端的报文确认、报文证实、优先级发送服务。对网络管理业务的支持使远程网络管理工具能通过网络和其他设备相互作用，包括网络地址和参数设计、下载应用程序、报告网络故障和节点应用程序的启动、终止和复位等。为处理预测网络信息量发送优先级报文和动态调整时间槽数量，使网络在极高通信量出现时仍可正常运行，而在通信量较小时仍不降低网络的传输速率。

（2）LonWorks 总线的特点

LonWorks 网络控制技术在控制系统中引入了网络的概念，在该技术的基础上，可以方便地实现分布式的网络控制系统，并使得系统更高效、更灵活、更易于维护和扩展。具体说，有以下几个特点。

① 开放性和互操作性。

② 可采用双绞线、电力线、无线、红外线、光缆等在内的多种介质进行通信，并且多种介质可以在同一网络中混合使用。

③ 能够使用所有现有的网络结构，如主从式、对等式、客户 / 服务器式（C/S）。

④ 网络拓扑结构可以自由组合，支持总线、环状、自由拓扑等网络拓扑结构。

⑤ 无中心控制的真正分布式控制模式能够独立完成控制和通信功能。

⑥ 依据通信介质的不同，具有 300bps ~ 1.5Mbps 的通信速率。当通信速率达到最高值时，通信距离为 130m；对 78Kbps 的双绞线，直接通信距离为 2700m。

⑦ 网络通信采用面向对象的设计方法。

⑧ 采用域 + 子网 + 节点的逻辑地址方式，方便实现节点的替换，最大节点数为 255（子网 / 域）×127（节点 / 子网）=32385。

⑨ 采用可预测性 P 坚持（Predictive P-Persistent）CSMA，解决了网络过载的冲突及响应问题。

⑩ 提供一整套完整的从节点到网络的开发工具。

除上述特点外，LonWorks 控制网络具有网络的基本功能，本身就是一个局域网，与 LAN 具有很好的互补性，又可方便地实现互联，易于实现更加强大的功能。LonWorks 以其独特的技术优势，将计算机技术、网络技术和控制技术融为一体，实现了测控和组网的统一，而在此基础上开发的 LonWorks/Ethernet 可以将 LonWorks 网络与以太网更为方便地连接起来。

第五节　FCS 的构成、组态及维护

一、FCS 的构成

现场总线控制系统是第五代过程控制系统。虽然目前还处于发展阶段，但可以将现场总线控制系统按基本构成分为以下三类。

① 两层结构的现场总线控制系统；

② 三层结构的现场总线控制系统；

③ 由 DCS 扩展的现场总线控制系统。

（1）两层结构的现场总线控制系统

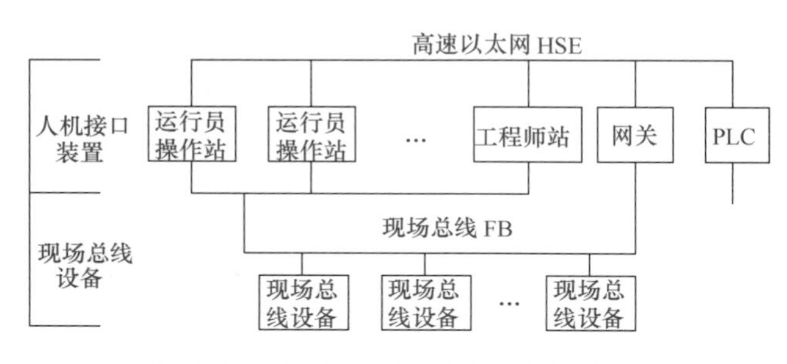

图 11-40　两层结构的现场总线控制系统

两层结构的现场总线控制系统由现场总线设备和人机接口装置组成，二者之间通过现场总线相连接。现场总线设备包括符合现场总线通信协议的各种智能仪表，如现场总线变送器、转换器、执行器和分析仪表等。由于系统中没有单独的控制器，系统的控制功能全部由现场总线设备完成。通常这类控制系统的规模较小，控制回路不多。两层结构的现场总线控制系统如图 11-40 所示。

（2）三层结构的现场总线控制系统

在两层结构的基础上增加控制装置，组成三层结构的现场总线控制系统，即由现场总线设备、控制站和人机接口装置组成。其中现场总线设备包括各种符合现场总线通信协议的智能传感器、变送器、转换器、执行器和分析仪表等；控制站可以完成基本控制功能或协调控制功能，执行各种控制算法；人机接口装置包括运行员操作站和工程师站，主要用于生产过程的监控及控制系统的组态、维护和检修。在这类控制系统中，控制站完成控制系统的基本控制运算，并实现下层的协调和控制功能。除了现场总线用于连接控制装置和现场总线设备外，还设置了高速通信网，用于连接控制站和人机接口装置，如高速以太网。与传统的 DCS 中的控制站不同，在这类控制系统中，大部分控制功能是在现场总线级完成的，控制站主要完成对下层的协调控制功能及部分先进控制功能。这类控制系统具有较完善的递阶结构，控制功能实现了较彻底的分散，常用于较复杂生产过程的控制。三层结构的现场总线控制系统如图 11-41 所示。

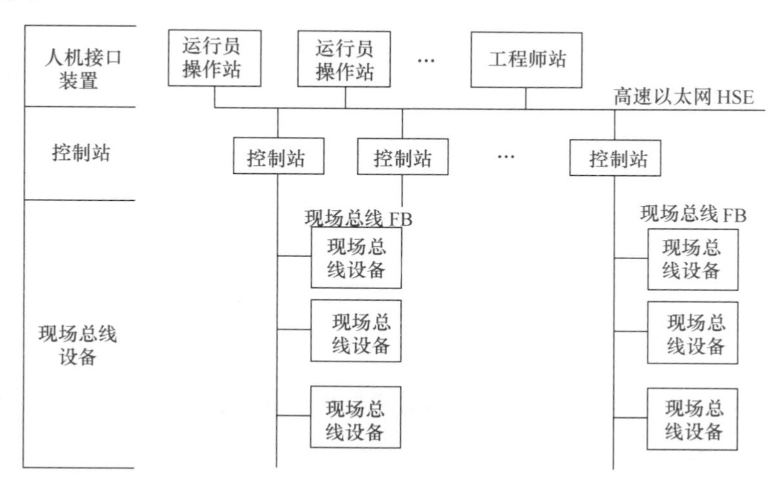

图 11-41　三层结构的现场总线控制系统

（3）由 DCS 扩展的现场总线控制系统

DCS 的分散过程控制站由控制装置、输入 / 输出总线和输入 / 输出模块组成。因此，

DCS 制造厂商在 DCS 的基础上，将输入 / 输出总线经现场总线接口连接到现场总线，将输入 / 输出模块下移到现场总线设备中，形成了由 DCS 扩展的现场总线控制系统，因此不可避免地保留了 DCS 的某些特征，例如，I/O 总线和高层通信网络可能是 DCS 制造商的专有通信协议，系统开放性要差一些，不能在 DCS 原有的工程师站上对现场设备进行组态等。由 DCS 扩展的现场总线控制系统如图 11-42 所示。

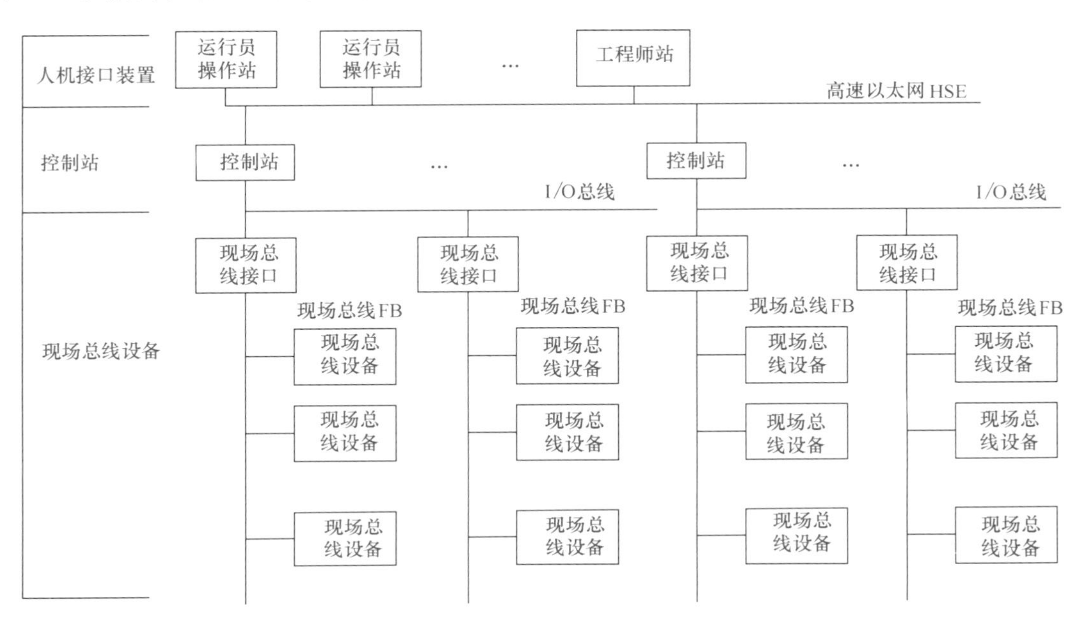

图 11-42 由 DCS 扩展的现场总线控制系统

二、FCS 的组态

整个现场总线控制系统的监控软件必须经过设计、开发、组态和调试阶段后才能运行。现场总线控制系统的组态通常采用专门组态软件进行。组态内容包括控制系统的控制组态和现场总线设备的组态。系统的控制组态与 DCS 的控制组态相似，主要区别是：

① 用现场总线连接代替原来模拟仪表的点对点连接，即现场总线设备可以挂接到现场总线网段，而不像 DCS 中需要将每个仪表信号连接到控制室。

② DCS 中的控制组态结果通常直接存放在 DCS 的分散过程控制装置（或控制器）中，虽然有时也从组态器下装到控制器。FCS 的控制组态先在上位机或组态器等装置中完成，然后，要下装到现场总线设备的存储器中。

③ DCS 控制组态所使用的功能模块，从数量或功能上通常要比 FCS 中可使用的功能模块多，但 DCS 中控制组态用的功能模块因不同的制造商而不同，FCS 中控制组态的功能模块是标准的，它们有标准的参数，因此，当技术人员熟悉了某种 FCS 后，掌握其他 FCS 控制组态会更方便，更容易操作。

④ 在 DCS 控制组态时，由于存储器容量较大，因此，较少考虑使用的功能模块数量约束，但 FCS 控制组态时，要较多考虑各种约束条件。当采用低功耗和低带宽模块时，有时要考虑宏循环时间和实际循环时间的矛盾，合理选择和分配网段上挂接的现场总线设备等。

⑤ 现场总线的功能模块是各 DCS 中功能模块的精华，因此，适用面更广，但参数的设置也因此要比 DCS 的参数设置复杂，尤其在对一些复杂控制系统组态时，更需注意各参数的关系和工作模式的切换等。

⑥ 原来在控制室的控制器因控制功能分散到现场设备而减少，功能的分散也减少了控制室和现场的机柜数量及有关的连接。

上位机系统的组态内容包括操作画面的组态、控制画面的组态和维护画面的组态等。

操作画面的组态是生产过程操作流程在画面的具体体现。通常将操作画面的组态分为操作画面组态、仪表面板画面组态、报警画面组态、趋势画面组态等。操作画面设计人员应与工艺技术人员一起，深入了解操作过程，熟悉各种设备工艺参数和操作条件、相互影响和制约条件，合理布置操作画面，设置过程变量的显示位置、显示方式等，使运行员能够方便地获取过程信息，监视生产过程的运行，并能够方便地对生产过程进行控制和干预，使生产过程能够正常、稳定运行。

当生产过程有报警或事故苗头出现时，操作画面应及时提供有关画面，为运行员显示故障信息，这样有利于运行员分析事故或隐患的原因，及时消除事故或隐患。操作画面应对操作进行分工和设置操作权限，并且应具有容错功能和诊断功能。与 DCS 操作画面的主要不同是对各种状态的显示，在 FCS 操作界面上，有关信号的状态通常与其数值一起被显示，例如，采用不同颜色表示熟知的状态等。

控制画面的组态主要是功能模块的组态，即功能模块之间的连接和参数设置。现场总线设备的模块与 DCS 中使用的功能模块或算法是相似的，它们由不同功能或算法的子程序组成，用于完成特定功能的运算，熟悉 DCS 控制系统组态的人员可以很容易地掌握 FCS 中控制组态的方法。

维护画面用于对系统进行维护和诊断，是维护人员维护上位机系统和现场设备所需的画面。因此维护画面的组态通常分为仪表调整画面组态、通信维护画面组态、CPU 和系统维护画面组态等。维护画面应有利于维护人员的维护操作，该画面组态应为维护人员提供有关维护的信息，包括网络 / 网段的运行状况、通信状况、CPU 运行状况、系统负荷、各种现场总线设备的运行状况等。必要时，可通过仿真方法对系统有关设备进行仿真，确定故障部位，为及时消除故障争取时间。所有操作画面、控制画面和维护画面的组态方法与 DCS 中相对应的组态方法类似。

三、FCS 的维护

在现场总线系统设计规划和安装完毕后，可进行系统设备调试、系统测试运行、系统运行维护和故障诊断。FCS 系统设备的调试、维护及故障诊断见表 11-24。

表 11-24　FCS 系统设备的调试、维护及故障诊断

类别	说明
系统设备调试	无论系统在设计和组态阶段准备得多么充分，在实际运行中都可能出现各种问题，因此，系统设备调试是一个非常重要的阶段。调试过程见表 11-25
系统测试运行	由于现场总线系统可能规模庞大，而且十分复杂，因此实际应用过程是逐步投运实现的，基本过程为： ① 软件代码的下载和测试（如有特殊应用），包括控制程序和上级监控软件测试 ② 系统设备和功能的组态，包括硬件组态（硬件模块地址和功能的确定）和软件组态（确定软件功能和连接方式） ③ 网络系统通信功能调试，用来确定网络通信是否能够达到设计要求 ④ 实际现场总线控制系统启动，低水平运行 ⑤ 逐步投运全部功能，实现整体系统可靠运行 实现应用的过程应根据系统的规模大小、现场环境和系统安全运行要求来确定
系统运行维护和故障诊断	现场总线系统的运行维护和故障诊断是现场总线系统的优势之一。由于现场总线系统具有强大的处理功能和通信能力，现场设备可以随时进行故障诊断。现场总线系统在这方面的功能说明见表 11-26

表 11-25 系统设备调试过程

类别	说明
检查设备	运行监控组态软件，在线状态观察各现场设备通信状态是否良好（如设备图标是实的、虚的还是没有），并检查设备的外部连线及现场总线终端电阻的位置（必须在每条总线的最远端）及连接情况
检查位号与量程	在人机界面上检查各点位号与现场是否一致，如不一致则应做出相应的修改，在监控组态软件中检查各设备量程是否符合实际要求
检查 PID 的作用方式和调节阀的动作方向	与工艺人员一起根据实际情况设置 PID 的作用方式及调节阀的动作方向，如不符合要求应及时更正，并将每一控制回路的输入设置为手动操作，连续设置一定值，以检测该回路能否正确动作
温度压力补偿和特殊算法	对于有温度压力补偿的，应在采用检查位号与量程步骤之后，验算其输出值是否正确
检查安全联锁装置	用检查位号与量程步骤验证能否及时正确完成联锁动作
检查 UPS 的自动切换功能	切断电源，以检查 UPS 能否自动切换

表 11-26 现场总线系统的运行维护和故障诊断功能

功能	说明
纠正性维护	快速故障定位和有效故障纠正是缩短停产时间的基础，可采取系统诊断、过程诊断和远程诊断的方法进行。可以解决自动化系统中的编程错误、内存错误、部件故障和通信错误；可以解决工厂生产运行过程中的错误，包括联锁装置不切换、电动机保护被触发、限位开关错误、执行元件运行错误等。远程诊断应用简单，无需进行新的组态，可从不同工作站进行远程控制或远程诊断，通过用户管理进行访问保护，具有用于远程访问的单独屏幕以方便使用
预防性维护	包括测试、测量、更换、调整和维修等活动，目的是将功能设备恢复或保持在一个指定的工作状态，设备可在该状态中执行所需任务。有效测试设备的运行状态，检验设备是否存在故障隐患，在故障萌芽状态即消除隐患。因此，预防性维护是预防故障、优化资源的重要方法。进行预防性维护可采用日历驱动、性能驱动和事件驱动的维护（运行计时器、运行循环计数器、过程信号），自动维护进度计算，自动激活，通过维护通知而取得最佳资源规划

参考文献

[1] 乐嘉谦. 仪表工手册 [M]. 第二版. 北京：化学工业出版社，2003.
[2] 历玉鸣. 化工仪表及自动化 [M]. 第六版. 北京：化学工业出版社，2018.
[3] 王化祥. 自动检测技术 [M]. 第三版. 北京：化学工业出版社，2017.
[4] 孟华，等. 化工仪表及自动化 [M]. 北京：化学工业出版社，2009.
[5] 黄文鑫. 教你成为一流仪表维修工 [M]. 北京：化学工业出版社，2018.
[6] 王慧. 计算机控制系统 [M]. 第三版. 北京：化学工业出版社，2011.
[7] 何道清，等. 仪表及自动化 [M]. 第二版. 北京：化学工业出版社，2011.
[8] 侯志林. 过程控制与自动化仪表 [M]. 北京：机械工业出版社，1998.
[9] 吴勤勤. 控制仪表及装置 [M]. 北京：化学工业出版社，2002.
[10] 金以慧. 过程控制 [M]. 北京：清华大学出版社，1993.
[11] 何离庆. 过程控制系统与装置 [M]. 重庆：重庆大学出版社，2003.
[12] 王树青. 先进控制技术及应用 [M]. 北京：化学工业出版社，2001.
[13] 边立秀. 热工控制系统 [M]. 北京：中国电力出版社，2001.
[14] 张玉铎，等. 热工自动控制系统 [M]. 北京：水利电力出版社，1985.
[15] 李政学. 化工测量及仪表 [M]. 北京：化学工业出版社，1992.
[16] 纪纲. 流量测量仪表应用技巧 [M]. 北京：化学工业出版社，2003.
[17] 吴忠智. 变频器应用手册 [M]. 北京：机械工业出版社，2003.
[18] 王森，等. 仪表常用数据手册 [M]. 第二版. 北京：化学工业出版社，2006.
[19] 簿永军，等. 仪表维修工工作手册 [M]. 北京：化学工业出版社，2007.
[20] 左国庆，等. 自动化仪表故障处理 [M]. 北京：化学工业出版社，2003.
[21] 陈浩. PLC 触摸屏及变频器综合应用 [M]. 北京：中国电力出版社，2007.
[22] 李宏民. 电工与测量仪表 [M]. 北京：中国水利水电出版社，2001.